VLSI 電路與系統

Introduction to VLSI circuits and systems

John P. Uyemura 原著
李世鴻　編譯

WILEY
全華圖書股份有限公司

前言

VLSI 已經成為現代科技的一項主要驅動力。它提供計算與通訊的基礎，而這個領域以一個令人訝異的步伐持續成長。

本書被寫成涵蓋數位 CMOS VLSI 系統設計基礎的一本教科書。它被寫來作為電機工程、資訊工程、資訊科學領域四年級水準的第一門課程來使用。它也可以被使用於研究所一年級課程，並以期刊論文來補充。核心的議題可以被涵蓋於一個 10 星期的課程之中，但是本書有足夠的內容來作為一個 15 星期課程的教科書，或者連同當前文獻的閱讀來作為一個 2 季系列課程的教科書。

在 VLSI 或 CMOS 方面之前的背景並不是必要的。我們假設讀者已經修過電機工程或資訊工程的核心課程，其中在數位邏輯設計與電路分析的課程是最為重要的。電子學是從基本階層來開始的，因此主修資訊科學的學生應該可以跟得上討論。本書是一本入門的書籍，這是因為我們並沒有假設讀者之前曾經接觸過這個領域。對學生及專業人士兩者的自修而言，它也是很容易瞭解。即便這些討論是從基礎開始，但它們會演進至先進議題的高階討論。

涵蓋的範圍

在**第一章**之中，在一段簡短關於某些術語及設計層級的觀念的介紹之後，這項討論被區分為三個主要的部分：

被命名為矽邏輯的第一部分介紹在一個 CMOS 技術之中的邏輯設計想法。它將學生從邏輯設計的想法帶到 CMOS 網路的設計。**第二章**介紹 MOSFET 為簡單的邏輯控制的開關，然後專注於 CMOS 靜態邏輯閘在布林階層的設計。在實體設計是在**第三章**之中所提供的，這一章將一個積體電路視為一組被使用來控制訊號流動的有圖案的材料層。這提供了由一種開關階層的描述往下到達實體階層的一項變遷。矽晶片的製作被涵蓋於**第四章**之中，並同時檢視製造程序的一般與特定層面。在**第五章**之中，這項討論繼續累積，在這一章之中實體設計與佈局圖被詳細地檢視。設計層級與囊胞元件庫的討論將這個材料連結至 CAD 工具的使用。到第一部分結束時，學生可以在 CMOS 之中實際裝置基本的邏輯設計，並瞭解它們是如何被轉譯至一個矽的環境。

CMOS 的電子學層面被呈現於第二部分之中，邏輯—電子學介面。這種方法强調簡單的解釋以及系統設計階層的開關模型。MOSFET 是在**第六章**之中使用平方定律方程式來表述其特性，然後這個定律被使用來推導線性 RC 切換模型。**第七章**涵蓋 CMOS 邏輯電路的電性。高速 CMOS 串級在**第八章**之中加以介紹。這項討論涵蓋古典的方法，但卻包含一節有關於邏輯效力。某些先進的 CMOS 邏輯族是在**第九章**之中加以討論；這些內容是很特別的，但是適合某些群體。

剩下的各章被包含在第三部分之中，VLSI 系統的設計。這些內容被挑選來將邏輯網路、實體佈局圖、及電子學連結在一塊而成爲 VLSI 系統設計的一個單一領域。**第十章**是 Verilog® HDL 的一項簡介，這被挑選來作爲在本書某些部分所使用的高階描述的一項基礎。已經熟悉 VHDL 的學生應該可以非常快速地適應 Verilog。**第十一章**以一種將高階 HDL 描述鏈結至這些邏輯、電路、及實際裝置的一個觀點來分析一些數位元件庫的組件。這種方法的目的乃是說明高階的抽象是如何來撰寫，然後檢視在 CMOS VLSI 之中可供使用來實際建構這些組件的許多選擇。相同的想法被使用來呈現**第十二章**之中的加法器與乘法器網路。這兩章强調在設計層級的各個階層之間的交互作用。**第十三章**涵蓋記憶體電路與建築。晶片階層的實體設計考慮被呈現於**第十四章**之中。交互連接的模擬、跨談、平面設計、及繞線也被討論。我們也介紹功率分佈規劃、I/O 電路、及低功率設計。**第十五章**處理系統階層的設計。時脈驅動器與分佈樹被呈現爲諸如管線化與位元切片設計等的系統階層數據路徑技術。本書是以**第十六章**之中有關於可靠度與測試的一項簡介來做結束。

作者非常努力來將 VLSI 呈現爲一個科際整合的領域，在每個階層都依賴許多專家一起合作。我們要强調的是說明不同觀點之間的交互作用，以及在一個階層所作的設計選擇是如何影響其它所有群組。

基本理念

「VLSI」這個名詞對不同的人代表不同的事物。它是由許多不同的專業以一種獨特的方式交互作用所構成的。一個眞實「VLSI 設計師」可能是在一個特別的領域之中工作，但卻瞭解單元是如何交互作用來構成一個系統。我在喬治亞理工學院已經教授大學部與研究所階層的 VLSI 課程許多年。在這裡所呈現的觀點乃是我發現將這個領域介紹給具有不同背景的學生很有效率的一種觀點。

每個議題都可以在其它地方找到更詳細的討論。這本教科書與專門的討論之間的差異在於範疇、階層、與應用。本書提供學習 VLSI 主要層面的一個相當均勻的基礎。這些議題被挑選是因爲它們對於看到這個領域的整體觀點的重要性的緣故。這些分析已經足夠詳細來提供有用的結果，而不須要成爲一個專家。

選擇在這個領域工作的學生將會專注於一個或兩個領域的研究。譬如，作者講授大四及研究所水準的數位電子學課程，這個課程就比這本書深入很多。參考書籍被列示於每一章的結尾提供這些議題的更深入的研究。我們並不想將期刊文章的列示包含進來，這是因爲它們比較適合一本特殊議題的教科書。

使用來作爲教科書

每一章之中的內容對應於 3 至 6 次一小時的授課。涵蓋特定的一節或一章所須要的實際時間會隨著學生的背景而改變。在大多數各章的結尾都提供習題，而習題解答也提供給採用本書作爲課本的教師。本書網站的 URL 爲

www.wiley.com/college/Uyemura

在某些章之中的內容強調實際的設計與佈局圖的議題，而無法輕易得出「作業型式」的習題。這些題目最好是以設計計畫的方式來進行。

我們挑選這些議題順序來由下而上引進這些觀念【第一部份與第二部分】，然後跳到第三部分之中的系統階層。這種順序對於電機工程及以硬體爲導向的資訊工程學生很合適。以系統爲導向的設計課程會發現從第十章之中的 Verilog 討論來開始來強調高階的系統設計與抽象將會比較自然。實體設計與電子學被使用來作爲實際裝置的一個基礎。這會使資訊科學及以系統爲導向的資訊工程學生更容易瞭解這些內容。

在這本書之中，數種課程概要已經被發展出來。大四程度的課程的三種一學期的格式被顯示於圖形之中。每一種格式都在逐章的基礎上提供一種提議的講授順序。視乎學生的背景以及教師的興趣而定，偏離這些格式將會是必要的。第一部分的議題應該按照順序來講授。第三章至第五章可以非常快速的涵蓋。第二部分之中的議題則須要較多的時間，這是由於電子學內容的緣故。第六章與第七章

一般的介紹	系統導向	強調電路
第一部分	**第三部分**	**第一部分**
第二至五章	第十章及第十五章	第二至五章
第二部分	**第一部分**	**第二部分**
第六至八章	第二至五章	第六至九章
第三部分	**第二部分**	**第三部分**
第十至十一章、第十四至十五章	第六・七章	第十二至十五章
	第三部分	
	第十四、十六章	

對於本書剩下的部分是很重要的。第八章與第九章強調先進的電子電路設計，因此它們是可教可不教的。在第三部分之中的內容是混合的。第十章討論 Verilog 可以在 3 或 4 堂課內來涵蓋。剩下的各章強調特定的議題，並不須要按照順序來閱讀。第十四章與第十五章應該被包含於一個系統設計的課程之中。

CAD 工具

CAD 工具是以一種一般性的方式來加以討論，而不指明一種特定的工具組。雖然這麼說，我們還是應該注意到這片伴隨的 CD 包含了 AIM-SPICE 與 MicroCap6 SPICE 電路分析程式，以及 Silos III Verilog 模擬器的有限功能的版本。這些程式可以被使用來提供 PC 使用者在電路模擬與 Verilog 程式碼的實際經驗。這片 CD 目前的內容被陳列於 README.TXT 檔案之中，這個檔案也會有裝載的指導。

設計計畫

一個設計計畫是在課堂環境之中學習 VLSI 的一項優良的載具。在喬治亞理工學院，最初的實驗習題處理佈局圖、DRC、萃取、及電路模擬等。這些習題的結果被儲存於一個元件庫之中，以供最終設計一個大晶片時使用。設計的規範每一年都會改變，這是受到技術的快速前進的刺激。

設計計畫本身永遠是以團隊的方式來進行的。每一個團隊是由 5 到 20 個學生所構成的。設計計畫是由授課老師來指定的。之前的計畫範例包括基本的微處理器、MIMD 陣列處理器、通訊介面、管線的數據路徑、及 DSP 網路。這種計畫的指派只包含一組系統階層的規劃而已。

所有細節全部留給學生團隊來設計。他們必須產生一個高階 HDL 模型，這個模型被使用來往下轉譯至行爲、邏輯、電路、及佈局圖階層。除了欠缺一個組合工具之外，我們提供一套完整的 CAD 來給學生使用。這種作法強迫這個團隊必須使用他們在之前的實驗習題之中所設計的這個囊胞元件庫。這個設計計畫的目的是使學生接觸到 VLSI 的儘可能多的層面。

致謝

John Wiley & Sons 公司的 Mark Berrafato 與 Charity Robey 在這個計畫的早期提供給我許多的鼓舞。我的編輯 Bill Zobrist 對於這本書終將會完成這一點似乎從來沒有喪失信心。即使在他的第一個小孩 Ian 誕生之後，他還是繼續提供支持，它就是有辦法在他的家庭與他的工作之間達到一個時間的平衡！Jenny Welter 與 Susannah Barr 追蹤無論大小的每項細節，使這個計畫得以持續地推動。除了設計本書的封面之外，Maddy Lesure 也幫我解決畫圖的問題，使整本書的外觀增强。最後，我要對我的產品編輯 Christine Cervoni 在協調這個計畫與檢查每個細節的傑出表現獻上最高的敬意！

許多評論者提供了很有幫助的評論，也影響這本書的最終形式。我要特別感謝杜克大學的 Krishnendu Chakrabarty 教授，喬治・華盛頓大學的 Mona Zaghloul 教授，約翰・霍普金斯大學的 Ralph Teeing- Cummings 教授，以及史丹福大學的 Giovanni De Micheli 教授。我想要謝謝在前幾年修過我的晶片設計課程的數百位喬治亞理工學院電機與資訊工程系的學生。他們在設計計畫上面所花費的無數個小時，使我得以瞭解這些授課內容可以多麼良好地被轉譯爲實際的應用。它們對課程與文稿的回　對於下一次開課的授課講解都有很大的幫助。特別是 Michael Robinson 對好幾章作了一次非常詳盡的閱讀。Cypress 半導體公司的 Tony Alvarez 以及 IDT 公司的 Brian Butka 更進一步提供本書之中的數張晶片的相片。

我要感謝喬治亞理工學院電機與資訊工程研究所所長 Roger Webb 博士對於我的撰寫計畫的持續支持。Bill Sayle 教授與 Joe Hughes 教授一直想辦法來接納我的授課請求，使我得以參與 VLSI 開課。與 John Buck 教授及 Glenn Smith 教授的對談一直對我的精神有很大的鼓舞。

最後，我要再度感謝我的太太 Melba, 以及我的女兒 Christine 與 Valerie 在這個【及每個】計畫的整個期間的無止盡的容忍與支持。雖然我無法補償她們我在撰寫本書所花費的時間，但是也許到法國一趟旅行將會有所幫助。再見！

John P. Uyemura
喬治亞州，亞特蘭大
2001 年 4 月

譯者序

本書翻譯自植村 (John P. Uyemura) 教授最新著作「Introduction to VLSI Circuits and Systems」一書。植村教授著作等身，爲超大型積體電路 (VLSI) 設計領域的知名學者，目前擔任美國喬治亞州亞特蘭大的喬治亞理工學院 (Georgia Institute of Technology) 電機暨資訊工程學院教授。除了本書之外，最近十年以來，植村教授還著有「Physical Design of CMOS Integrated Circuits Using L-Edit®」、「CMOS Logic Circuit Design」、及「A First Course in Digital Systems Design」等書籍。這些著作都得到學界很高的評價，並被全球各知名學府廣泛採用來作爲相關課程的教科書。

本書涵蓋了超大型積體電路設計領域的各個重要層面。舉凡數位邏輯、CMOS 電路、CMOS 製造技術、CMOS 邏輯閘分析與設計、一般性 VLSI 組件、各種算術電路、記憶體與可程式邏輯、時脈與系統設計、可靠度與測試等重要議題在本書之中皆有深入詳實的討論。學生只須要基本電路學、電子學的基礎便可以開始研讀本書，因此本書非常適合作爲大三或大四「VLSI 設計」等超大型積體電路設計入門課程的教科書。本書的內容足夠兩學期的教學使用，對於一學期的課程，授課教授可斟酌學生的程度，挑選其中適合的部分來講授。

編輯部序

「系統編輯」是我們的編輯方針，我們所提供給您的，絕不只是一本書，而是關於這門學問的所有知識，它們由淺入深，循序漸進。

本書譯自 UYEMURA 所著之「INTRODUCTION TO VLSI CIRCUITS ANDSYSTEMS」第一版。本書是一本入門的書籍，讀者只需具備數位邏輯設計與電路分析的基礎，即可閱讀此書。本書內容包括三大部份，第一部份介紹在 CMOS 技術之中的邏輯設計想法，第二部份爲邏輯電子學介面，第三部份爲 VLSI 系統的設計。本書內容紮實，每一部份皆由多位專家共同編寫而成，呈現一個科技整合的內容。本書適合科技大學電子、電機、資工系高年級「VLSI 設計」課程使用。

同時，爲了使您能有系統且循序漸進研習相關方面的叢書，我們以流程圖方式，列出各有關圖書的閱讀順序，以減少您研習此門學問的摸索時間，並能對這門學問有完整的知識。若您在這方面有任何問題，歡迎來函連繫，我們將竭誠爲您服務。

相關叢書介紹

書號：06449
書名：電子學(進階分析)
編著：林奎至.阮弼群

書號：06471
書名：CMOS 電路設計與模擬－使用 LTspice(附範例光碟)
編著：鍾文耀

書號：10541
書名：晶圓代工與先進封裝產業科技實務
編著：曲建仲

書號：05263
書名：數位邏輯設計
編著：黃慶璋.吳明順

書號：05299
書名：IC 封裝製程與 CAE 應用
編著：鍾文仁.陳佑任

書號：03672
書名：矽晶圓半導體材料技術(精裝本)
編著：林明獻

書號：06187
書名：半導體製程技術導論
英譯：蕭宏

流程圖

書號：04F32/04F33
書名：電子學上冊/下冊(附鍛鍊本)
編著：蔡朝洋.蔡承佑

書號：06300/06301
書名：電子學(基礎理論)/(進階應用)
英譯：楊棧雲.洪國永.張耀鴻

書號：06448
書名：電子學(基礎概念)
編著：林奎至.阮弼群

書號：06149
書名：數位邏輯設計－使用 VHDL(附範例程式光碟)
編著：劉紹漢

書號：05463007
書名：VLSI 電路與系統(附模擬範例光碟片)
英譯：李世鴻

書號：06471
書名：CMOS 電路設計與模擬－使用 LTspice(附範例光碟)
編著：鍾文耀

書號：05299
書名：IC 封裝製程與 CAE 應用
編著：鍾文仁.陳佑任

書號：06187
書名：半導體製程技術導論
英譯：蕭宏

書號：03672
書名：矽晶圓半導體材料技術(精裝本)
編著：林明獻

目錄

1. VLSI 的概觀

VLSI 乃是代表**超大型積集 (very-large-scale integration)** 的一個同意字。這個看起來有些模糊的字眼是用來指電機及計算機工程中處理非常稠密的電子積體電路的分析與設計的許多領域。雖然嚴格的定義難以獲得，但是我們通常使用計量來說明一個 VLSI 包含超過一百萬 (10^6) 的切換元件或邏輯閘。在 21 世紀第一個十年的早期，對最複雜的設計而言，在典型每一邊約一公分的一片矽【**晶片 (chip)**】上，**電晶體 (transistor)**【切換元件】的實際數目已經超過一億 (10^8)。

本書被撰寫來提供對於**數位 VLSI 晶片設計 (digital VLSI chip design)** 的基本原理的瞭解。本書所强調的重點在於呈現將一項系統規範轉譯至一小塊矽之中的細節。這項討論是非常技術性的，而且包含許多細節。某些陳述與分析是顯而易見的，但是其它的陳述與分析則要到後面幾章時看起來才會合理。這之所以會發生是因爲 VLSI 工程這個領域涵蓋數種不同的「專業領域」，而以一種獨特的方式被混合在一塊。學習 VLSI 最困難的一個層面在於看出將這些領域連結起來的共同主題。一旦這被達成之後，你就開始瞭解當代最令人著迷的領域之一。

1.1 複雜性及設計

製造一片 VLSI 晶片是一項極爲複雜的工作。當我們試圖對一群非技術人員來描述這個領域時，圖 1.1 中所顯示的「VLSI 設計漏斗」的這種想法對於打開話題是很有幫助的。這種想法將這個過程視爲我們提供諸如金錢、想法、及市場銷售資訊等基本必需品，並將它們全部丟進一個「神奇的技術漏斗」之中的一種過程。加進一堆矽來作爲原料會產生底部的超級晶片，這些超級晶片將會銷售數以百萬計的單元，而且很有可能會造成世界的革命性發展。而且可能會使某個人成爲大富豪。當然，在這個過程當中，工程師與科學家是必要的，但是他們只是將所有事物組合起來而已。但是很不幸地，這個過程會比這個範例之中所呈現的要來得稍微複雜一些。

任何一個由數百萬個元件所構成的系統本質上都是很難去瞭解的。人類的頭腦無法去處理這項設計與實際裝置所須要的複雜程度資訊。創造一組**設計團隊**

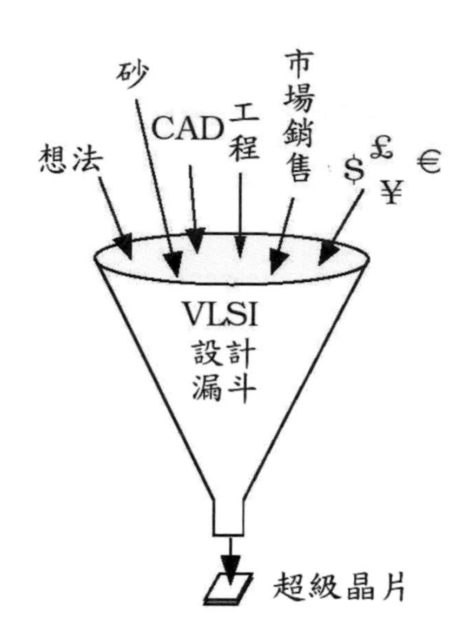

圖 1.1 VLSI 設計漏斗

(design team) 提供了著手處理一個 VLSI 計畫的一種實際的方法，這是因爲它使得每個人員只須要去研究這個系統的一小個區段即可。在一個現代的設計之中，數百個工程師、科學家、及技術人員可能會進行這項設計不同部分的工作。然而，由於這個團體是在進行單一計畫的工作，因此每個團體的成員對於他們的工作在整體規劃之中所處的位置必須有某種程度的瞭解。這是藉由**設計層級 (design hierarchy)** 的方式來達成的，在設計層級之中這片晶片是在由抽象到實體裝置的許多不同「階層」(level) 來加以看待。每個階層都很重要，而每一個階層又被劃分許多子階層，這些領域可以演進成爲一個人終身的生涯。

在我們對於 VLSI 的討論之中，我們將持續強調這個領域本質上是一個科際整合的本性。我們須要在無數個領域的專家來產生一個正常作用的設計。電腦結構師必須與程式設計師及邏輯設計師互動，而且他們必須能夠理解電路設計與矽製程的某些問題。電子專家必須超越電路來看出他們的單元將會如何影響這個系統。而每個人都依賴電腦輔助設計工具，而這裡我們還沒有描述進行其它大約 10,000 項工作的支持團體。如果這段敘述讓這個領域聽起來好像很複雜的話，這是因爲它的確是很複雜。VLSI 不是一個容易了解的領域。但是在一段合理的時間之內，學習基本原理卻是可能的。最終會留在這個領域工作的人們通常是在那裡被吸引，這是因爲其中的一個或更多個層面會抓住他們的興趣，並且落在他們的知識背景之內。

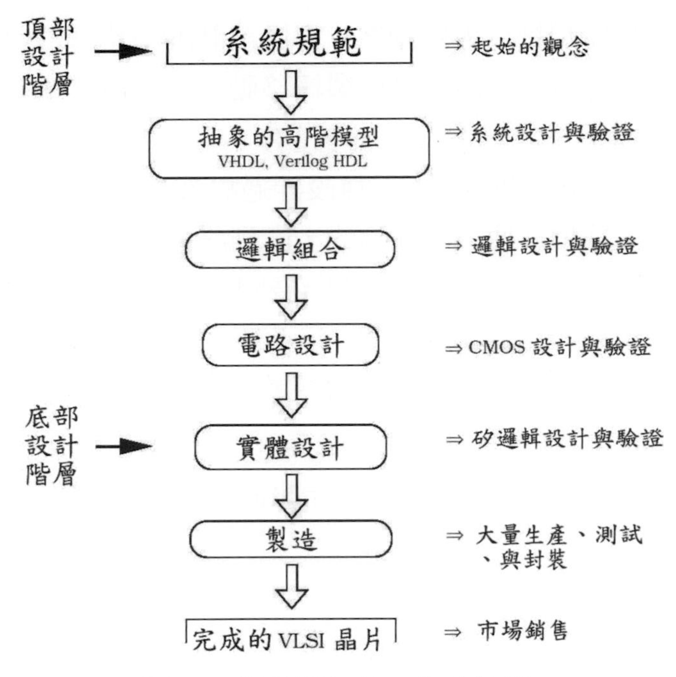

圖 1.2 設計層級的一般性概觀

既然我們對其中所涉及的已經有所瞭解，現在讓我們移動到設計過程的一種更好的描述。圖 1.2 中顯示這個序列之中主要步驟的一項概觀。一個 VLSI 設計的起點是系統的規範。在這個時點，這個產品是同時以一般性及特定的術語來加以定義，這提供了諸如功能、速度、尺寸等的整個計畫的設計目標。這是設計層級的「頂部」階層。這些系統規範被使用來產生一個抽象、高階的模型。數位設計通常是基於允許操作抽象模擬的某種型式的**硬體描述語言 (hardware description language, HDL)**。VHDL 與 Verilog™ 這兩者是實際上最常使用的兩種 HDL，但是【包括 C 與 C++】的其它數種也會被使用。這個抽象模型包含每個區塊的行爲，以及系統中各個區塊之間交互作用的資訊。這個模型會受到廣泛的驗證步驟，在這些步驟之中這個設計被一再地檢查以確保它是正確的。

在這個過程之中的下一個步驟被稱爲**組合 (synthesis)**。這個抽象邏輯模型藉由指定建構每個單元所須要的原始閘及單元而被使用來提供這個網路的**邏輯設計 (logical design)**。然後，這構成將這個設計轉移至**電子電路階層 (electronic circuit level)** 的基礎，在這個階層之中電晶體被使用來作爲開關，而布林變數被當作改變的電壓訊號來對待。爲了創造一個電晶體，我們往下移動到下一個**實體設計 (physical design)** 的階層。在這個階層，這個網路使用一種複雜的映像規劃，而被建構在一片矽上的一塊微小面積之上，這種規劃將電晶體與導線轉譯成爲金屬與其它材料的極端細微線路圖案。實體設計階層構成設計層級的底部。在這個設計過程被完成之後，這個計畫會繼續移動到製造線。最終的結果是一片完成的電子 VLSI 晶片。

當我們從系統階層規範開始時，這種設計過程被稱爲是**由上而下 (top-down)**的方法。最初的工作是相當抽象與理論的，直到許多步驟被完成之後，跟矽才會有直接的連接。相反的方法是從矽或電路階層開始，並建構諸如邏輯閘、加法器、及暫存器等原始單元來作爲最初的步驟。這些原始單元被合併來獲得較大且較複雜的邏輯區塊，然後這些區塊被使用來作爲更大型設計之中的建構區塊。這種**由下而上 (bottom-up)** 的方法對小計畫而言是可以接受的，但是現代 VLSI 設計的複雜程度使它不切實際；從單一位元開始來設計一個正常作用的 64 位元微處理器是極爲困難的。

VLSI 各個層面的一項由下而上的研究對於學習這個領域的基本原理的確是很有效的。因此，本書的第一部分選擇這種方法。我們將從簡單開始，並逐漸深入至較高的複雜程度與抽象程度。我們的目標乃是呈現這個領域的一項前後一致的瞭解，來作爲構成許多不同範圍的一個單一實體。即使有時候一段討論看起來似乎過度强調，但是之後它將會被連結到其它的觀念。一旦我們對於基本原理已經瞭解之後，我們可以來研究來自較高階層的問題。本書的第二部分介紹 VLSI 的系統層面來使討論更完整。

1.1.1 設計流程範例

作爲一種設計層級的一個範例，讓我們來決定一個基本微處理器的設計之中所必須的。最初的構想是在指令集與組件被定義的系統階層。一個指令 (instruction) 是這個微處理器被設計來執行的一個原始的運算【例如將兩個二元數目相加】；這個指令集是一個特殊處理器的所有指令的群集。一個組件 (component) 是一個提供一種特定功能【諸如加法】的數位邏輯單元。計算機結構這個領域關心構成計算機的這些單元，以及它們是如何被連接在一塊。

這個問題的一種基本設計流程被顯示於圖 1.3 之中。指令集與組件群組可以被使用來建構一個高階的建築模型。在這個階層，系統的行爲是以忽略實際建構這個網路所須要的低階細節的一種抽象的方式來加以描述。譬如，我們可以藉由寫出下式來定義一個相加的事件

Register_X ← A + B

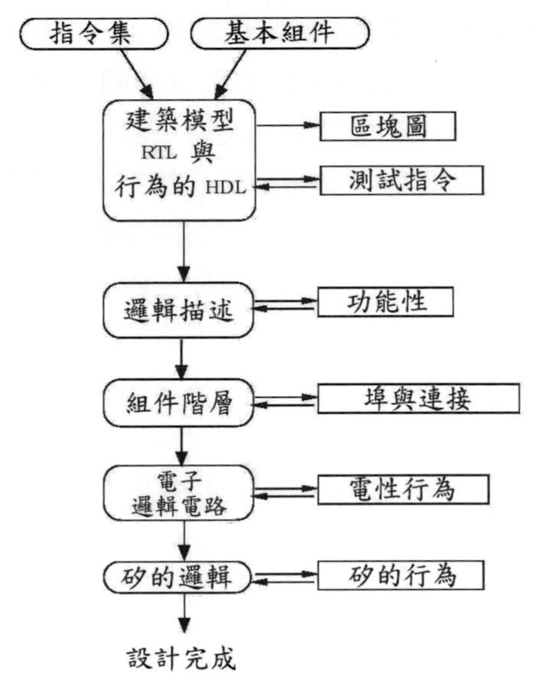

圖 1.3 **一個微處理器的一個簡單設計流程**

這被解讀爲 A 與 B 的總和被轉移至一個被命名爲 Register_X 的儲存元件。這種形式的高階抽象可以被使用來定義這個處理器的建築結構，而且通常被稱爲是暫存器轉移階層 (register-transfer level, RTL) 的描述。RTL 模型描述這個系統的操作，而不須要指明特定的組件。當以一種 HDL 來撰寫時，它可以被使用來測試指令，並且驗證建築結構的表現。抽象設計使我們得以建構這個系統的一個區塊圖。

RTL 程式碼可以被轉譯至一種包含關於操作與行爲組件的更多細節的等效敘述。每一個區塊的操作可以在 HDL **行爲階層** (**behavioral level**) 予以綜合整理，在這個階層所強調的是這些區塊與其它區段交互作用時的大規模行爲。在這個階段的行爲模擬是極爲關鍵的，這是因爲它被使用來驗證這個結構；在繼續往前推進之前，我們必須先將任何問題都加以解決。

設計過程的下一個階段包含將這些系統區塊轉譯成爲一個基於布林方程式與邏輯閘的邏輯模型。這將這個抽象的設計帶到一個更爲實際明確的階層，而且是朝向使硬體設計得以實現的第一個步驟。這個階段可以使用兩種方法：**自動化設計與組合** (**automated design and synthesis**) 或邏輯電路的**量身訂製的設計** (**custom design**)。自動化設計是基於一組在高效能工作站上跑的 CAD (computer-aided design) 工具。一個組合工具通常會接受 HDL 程式碼，並且以一組預先定義的法則來產生相對應的邏輯網路。恰當撰寫的 HDL 程式碼可以非常快速地產生邏輯設計，而自動化的組合則被使用於所有非關鍵的區段。當特殊的問題發生，而組合的解決方案無法達到必要的規範時，我們就會使用量身訂製的設計。各種邏輯方程式與網路被推導與測試來作爲求解手邊的這個問題的一種方式。這是一種密集、耗時的過程，因此它被保留作爲關鍵區段來使用。

邏輯模型產生功能的組件，然後這些組件被轉譯至電子電路。在設計過程的這個階段，這些矽電路的特性會變得很重要。給予一個大規模的功能，我們通常可以求得數種等效的邏輯表示式；這些表示式都會產生相同的輸出，但卻使用不同的方程式與閘。譬如，還記得一個卡諾圖 (Karnaugh map) 是如何被使用來簡化邏輯方程式。矽的 VLSI 會因爲每種形式的邏輯閘或電路都具有不同特性的這項事實而變得更複雜，而我們經常必須去尋找比一個明顯解決方案所能夠得到還來得更快速或更小的電路。一個功能複雜的組合工具可以抓取 HDL 程式碼，並提供邏輯閘與矽電路兩者的建議設計。然而，這些工具組還沒有達到威力足夠強大來產生「最佳」設計的程度，不論「最佳」的意義爲何。

在邏輯網路與電路被設計之後，下一個步驟乃是使用這些資訊在實體設計階層來產生一個積體電路。這是以一序列的步驟來達成的，在這些步驟之中電晶體被定義爲在一片矽晶片上的 3 維結構，然後使用另一組圖形的 CAD 工具來置放及導線連接。一旦這被達成之後，這些設計被測試與驗證，然後被使用來產生一個使製造線得以實際建構電子晶片的資料庫。製作一片 VLSI 晶片本身就是一個複雜、高度專業化的領域。

一旦開始之後，我們須要花費數星期來產生最終的電路。這個程序的特定細節是遠比這個簡單流程圖中所呈現的來得複雜。然而，它的確說明了一個由上而下的設計流程的精要。VLSI 設計所關心的是填進產生一片按照設計來運作、具有高可靠度、以及很長壽命的製造晶片所須要的細節。當然，還要獲利賣出。

1.1.2 VLSI 晶片型式

在工程的階層，數位 VLSI 晶片乃是依照實際裝置及建構電路的方式來加以分類的。一個**完全量身訂製 (full-custom)** 的設計乃是每一個電路都是針對這個計畫來訂製設計的一種設計。這是極爲繁瑣且耗時的程序，因此設計整個系統乃是不切實際。

特定應用積體電路 (application-specific integrated circuit, ASIC) 使數位設計師得以針對一種特殊應用來製造 IC。對原型開發或低量生產而言，ASIC 是非常受到歡迎的。它們是使用一套以標準數位邏輯構造來呈現系統設計功能很廣泛的 CAD 工具來加以設計的，這些標準數位邏輯構造有：狀態圖、功能表、及邏輯圖。通常，一個 ASIC 設計師並不須要底下所隱含的電子學或矽晶片的實際結構的任何知識。設計自動化 CAD 工具負責抓取邏輯設計與建構這片晶片的大部分。ASIC 設計的一項缺點乃是諸如速度的所有特性都是被建築結構設計所設定的；設計師並無法接觸到電子電路，因此延遲時間無法被改變。現代的 ASIC 已經逐漸演進成爲相當高的複雜程度，而且一般而言可以提供一大類問題的解決方案。

一個**半量身訂製** (**semi-custom**) 設計乃是介於一個完全訂製與一個 ASIC 型式電路之間。這片晶片大多數是使用一群預先定義的原始囊胞作爲建構區塊來設計。每一個囊胞 (cell) 提供諸如一個邏輯運算或一個儲存電路等的一項基本功能，而主要的設計則是存在於被稱爲元件庫 (library) 的一個資料庫集合之中。一個囊胞項目包含產生在矽上的電路所須要的所有資訊。如果我們不可能使用囊胞元件庫來符合系統的規範的話，那麼半量身訂製的方法允許設計師藉由產生具有我們所想要的特性的替代矽電路來找到一個解決方案。這些只會被使用於出現這些問題的小區段之中。譬如，在微處理器之中的浮點 (floating point) 電路可能會是極端複雜的，因此某些區段可能必須量身訂製設計以符合時脈的預算。半量身訂製設計的變形被使用於大多數高效能的晶片。

1.2 基本觀念

本書的目標乃是將 VLSI 領域予以完整地呈現。整體來看，VLSI 設計是一種系統設計的範疇。我們可以講授許多層面而不須要提到下面的矽電路。系統的解決方案可以使用 CAD 工具來產生，而必要的數據則被轉交給製造團體來生產。雖然這種方法會產生正常運作的解決方案，但是設計師看不到許多的細節。將設計過程加以簡化是很重要的。然而，許多威力最強大的 VLSI 技術與想法是坐落在較低的階層，因此會喪失掉。電路可以作用，但是它們已經不像它們本來應該可以地那麼快速或那麼微小。

我們應該將 VLSI 視爲處理複雜積體電路的構想、設計、及製造的一個單一領域。許多系統階層的觀念是基於在矽階層所製作的電子電路特性。當加州理工學院的 Carver Mead 在 1970 年代開創這個領域時，VLSI 的最重要基礎之一是源自於他對於數位電子的積體電路可以被視爲在一片矽晶片的表面上的一組幾

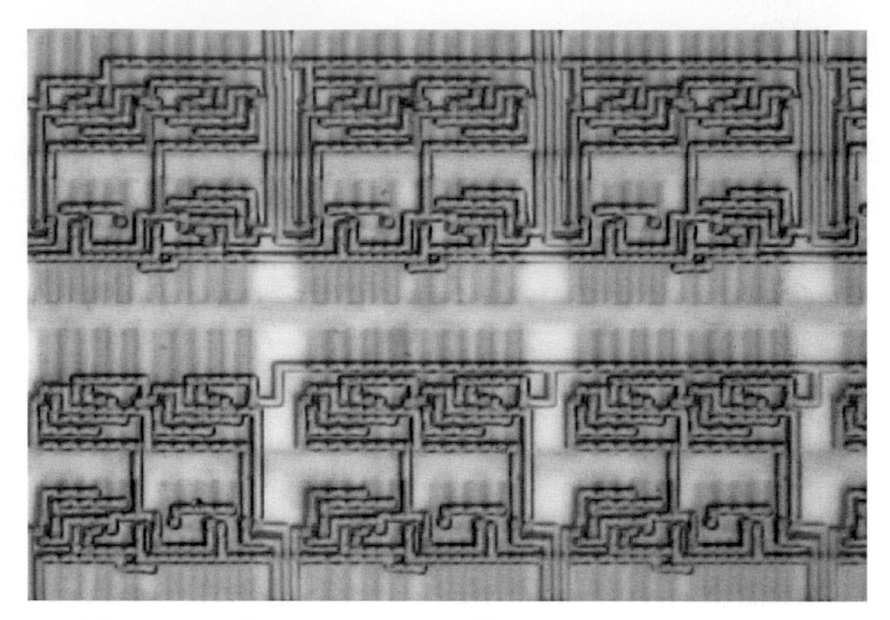

圖 1.4 **一個數位** CMOS **積體電路的一個區段的微相片**

何圖案的這項觀察。在這個系統之中，圖案的群組代表不同的邏輯函數，而且會被重複許多次。因此，複雜程度可以使用以一種結構化的方式而被塞在一塊的重複圖案的觀念來加以處理。我們可以透過追蹤承載電流的金屬「線路」的路徑來追隨訊號的流動與數據的移動。我們可以寫出可以以一種明確定義的方式而被直接轉譯至矽上的幾何圖案的布林表示式。圖 1.4 中的一片 CMOS 晶片的微相片顯示一個完成的元件中的許多特徵。圖中注意這些重複的圖案以及方形線路、多邊形、及幾何圖案群組的順序置放。[1] Mead 的觀察【以及大量的研究】已經將 VLSI 塑造成為今天的重要領域。獲得 VLSI 的一種總體整合的觀點的重要性現在變得顯而易見。

VLSI 設計涵蓋了數位系統設計的許多實際層面。一個層面乃是即使是威力最強大的**單晶片系統 (system on a chip, SOC)** 也必須與其它的組件介接來構成一個運作的單元。這是藉由將矽電路置於一塊方形材料的中央，然後提供某種型式的設計使外部的導線得以連接來達成的。圖 1.5 顯示**打線墊 (bonding pad)** 的使用，這是導線可以被打線並被連接到安裝晶片的封裝的方形金屬區段。IBM 公司所發展出來的一種更為先進的技術稱為 C4 技術，它使金屬「凸塊」得以被橫跨表面面積來加以置放。到封裝的接觸是藉由「翻轉」晶片，使得凸塊是在底部上，而且可以與一個導線連接的格線對齊來建立的。無論方法為何，晶片的實

[1] 這是在在喬治亞理工學院所設計的一個二元加法器網路的一個區段。每一群圖案將兩個位元相加，並產生總和與進位輸出。

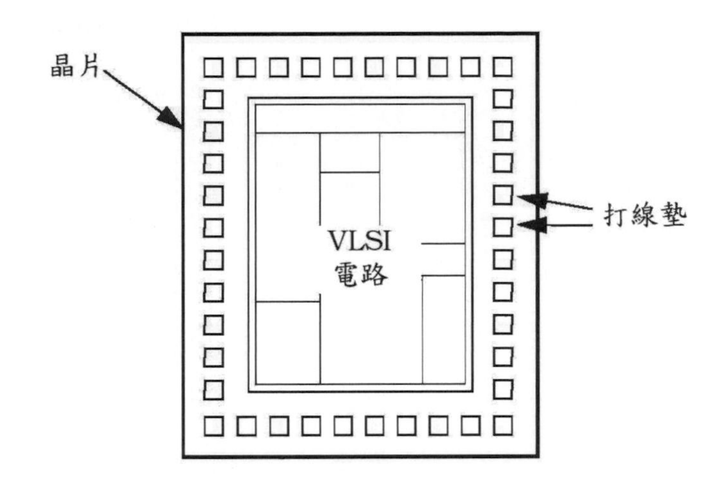

圖 1.5 介接的打線墊框架

際尺寸會受到限制。

在一個理想的世界中，我們可以按照我們所想要的使晶片儘可能的大。這使我們得以毫無限制地設計不斷增大的複雜系統。很不幸地，由於在矽結晶結構之中無法避免的缺陷，因此我們不可能來製造一個正常作用的設計。這個電路的面積愈大，會有一個缺陷出現的機率就會愈高。即使是一個單一不良的電晶體或連接都會使這個電路無法正常作用，因此我們試圖使這片晶片的尺寸保持很小。我們順便注意到製造的其它問題也會限制晶片的尺寸。

爲了克服這項限制，我們已經採取將一個電晶體的尺寸縮小將會允許更多的元件被置放於一個給予的晶片面積之中的這種理念。技術上而言，這是一個非常困難的問題。精確設計與製造技術給予最小尺寸大約是在 1.3×10^{-7} m 的元件。在這個階層，我們將量測計量改變至微米 (μm)，或簡稱爲 **micron**，使得 1 μm = 10^{-6} m，並稱這種技術爲 0.13 μm 的製程。

對於 VLSI 電晶體密度的一項經典的預測被稱爲是**摩爾定律** (**Moore's Law**)。英代爾公司 (Intel Corporation) 的創立人之一高登・摩爾 (Gordon Moore) 在 1970 年代便看出晶片建構技術將會非常快速地改進。他預測在一片晶片上的電晶體數目每 18 個月便會加倍。雖然由於技術問題或經濟衰退造成一些變化，摩爾定律已經被證明是非常接近實際的趨勢。圖 1.6 顯示從主要販賣商隨機挑選的微處理器晶片的元件數表示爲年度的一個函數的圖形。由於縮小尺寸的技術限制，關於電晶體數以這個速率增大還可以持續多久，一直以來都有爭論。無論實際的斜率爲何，然而，看起來在未來的許多年之內，VLSI 設計仍然還會是一

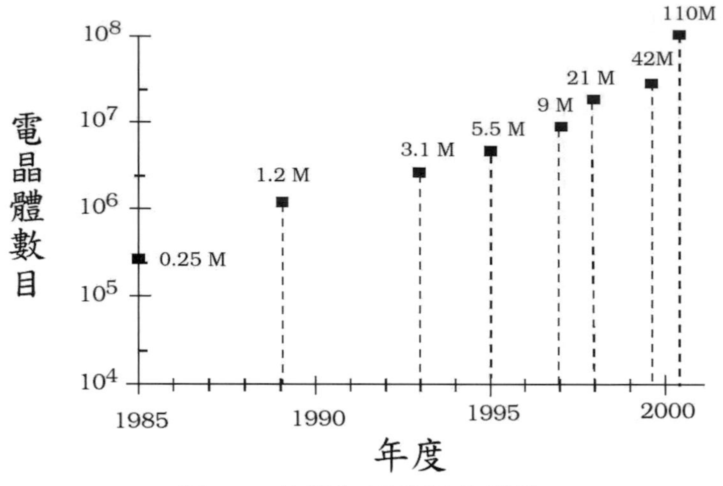

圖 1.6 依照年度的元件計數

項威力強大的力量。

這段關於 VLSI 問題的簡短介紹說明這個領域本身寬廣的本質。VLSI 設計團體的角色乃是在一小塊矽上面產生一個巨大、複雜的系統。從抽象的模擬與定時往下以致於建構一片具有數百萬個電晶體的晶片的每個階層，這個團體都必須面對限制。永遠都會有計畫狀態的討論、工程的綜合整理、及關鍵的截止期限。

歡迎來到 VLSI 多采多姿的世界！

1.3 本書的規劃

本書被區分爲三個主要的段落。對自修者而言，雖然在第一次閱讀時並不須要每一節都讀，但是最好還是按照順序來研讀。

第一部份的主題是「矽邏輯」且包括從第二章至第五章。這部分的內容檢視在矽中設計邏輯電路的技術。它專注於介紹電晶體邏輯電路，以及它們是如何將圖案轉移至一片矽晶片之上。CMOS 處理順序的細節被呈現，並且被應用於實際的晶片設計。在讀完第一部分之後，讀者應該可以在電路階層及矽階層設計許多的 CMOS 邏輯閘。

VLSI 的電子學被涵蓋於第二部分之中，它的標題是邏輯—電子介面。第二部分包括第六章到第九章，其中第八章與第九章是更先進的觀念。我們討論電晶體的切換特性，然後它被使用來分析數位電子邏輯閘。這項討論是相當詳細，但是它專注於影響系統績效及切換速度的重要基本原理。讀完本書的這個部份將會提供邏輯設計與電性之間關係的堅實瞭解。

系統階層的問題在第三部分「VLSI 系統的設計」之中被陳述，這一部分包括第十章到至第十六章。Verilog® HDL 的基本原理被呈現爲系統階層模擬的載具。許多 VLSI 邏輯組件例如多工器、加法器、與記憶體是在第十一章到第十三章之中來研讀。大規模的晶片設計議題是在第十四章與第十五章之中加以論述。本書是以最後一章之中的數位測試的簡介來做結束。

本書試圖以一種容易閱讀、前後一致的方式專注於解釋這些細節而來呈現這些內容。在第一部分之中更是如此，其中讀者會看到典型而言在其它課程之中不會發現的主題內容。

因此，不要再有任何耽擱，讓我們就此開始超大型積體電路世界的旅行。

1.4 一般性參考資料

[1] Dan Clein, **CMOS IC Layout**, Newnes Publishing Co., Boston, 2000.

[2] Randy H. Katz, **Contemporary Logic Design**, Benjamin-Cummings Publishing Co., Redwood City, CA, 1994.

[3] Ken Martin, **Digital Integrated Circuit Design**, Oxford University Press, New York, 2000.

[4] Jan Rabaey, **Digital Integrated Circuits**, Prentice-Hall, Upper Saddle River, NJ, 1996.

[5] Michael John Sebastian Smith, **Application-Specific Integrated Circuits**, Addison-Wesley Longman Inc., Reading, MA, 1997.

[6] John P. Uyemura, **A First Course in Digital Systems Design**, Brooks-Cole Publishers, Pacific Grove, CA, 2000.

[7] John P. Uyemura, **CMOS Logic Circuit Design,** Kluwer Academic Press, Norwell, MA, 1999.

[8] John P. Uyemura, **Physical Design of CMOS Integrated Circuits Using L-Edit®,** PWS /Brooks-Cole Publishers, Pacific Grove, CA, 1995.

[9] M. Michael Vai, **VLSI Design**, CRC Press. Boca Raton, FL, 2001.

[10] Neil H.E. Weste and Kamran Eshraghian, **Principles of CMOS VLSI Design**, 2nd ed., Addison-Wesley Publishing Co., Reading, MA, 1993.

[11] Wayne Wolf, **Modern VLSI Design**, 2nd ed., Prentice-Hall PTR, Upper Saddle River, NJ, 1998.

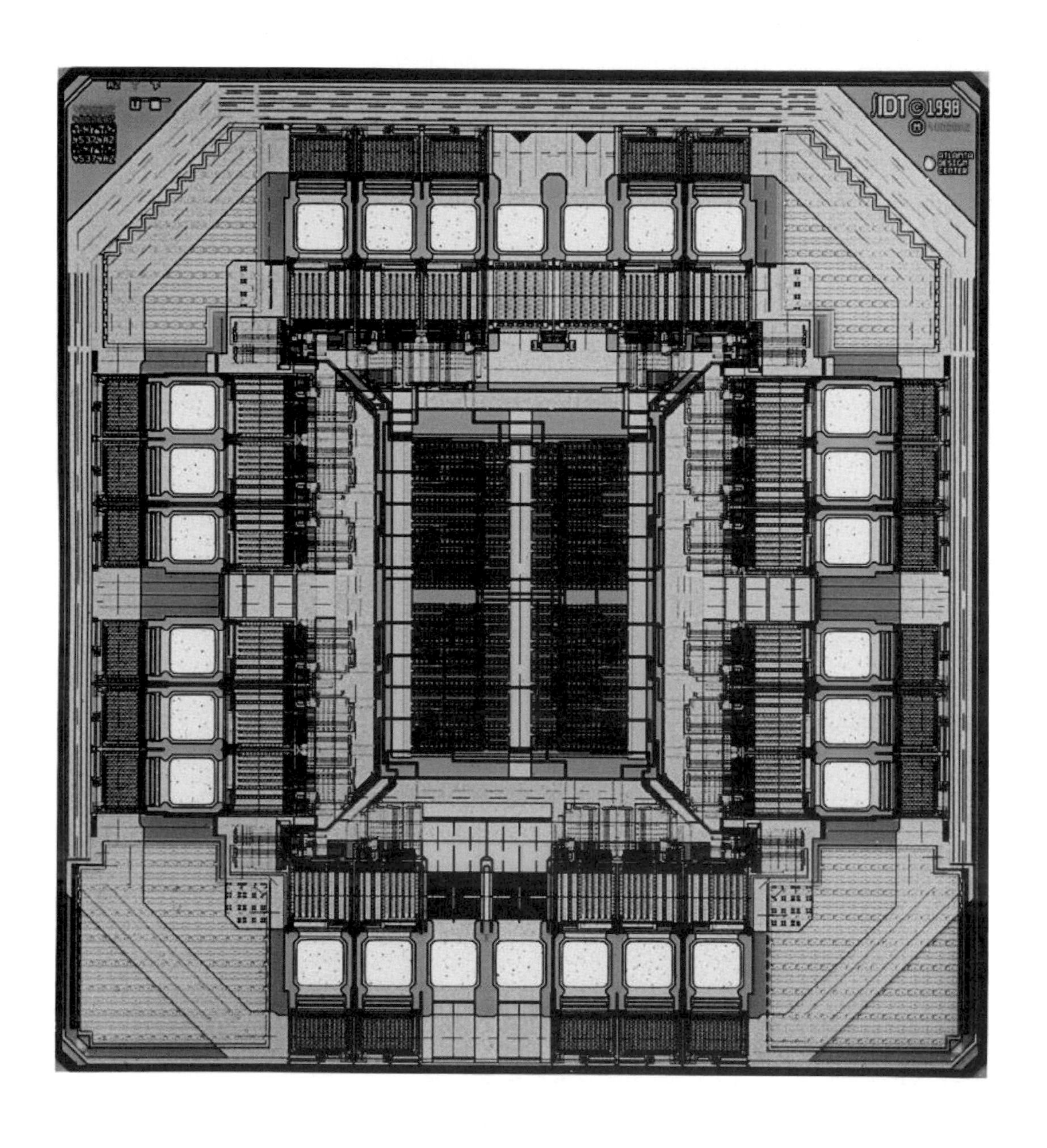
IDT ©1998

第一部分

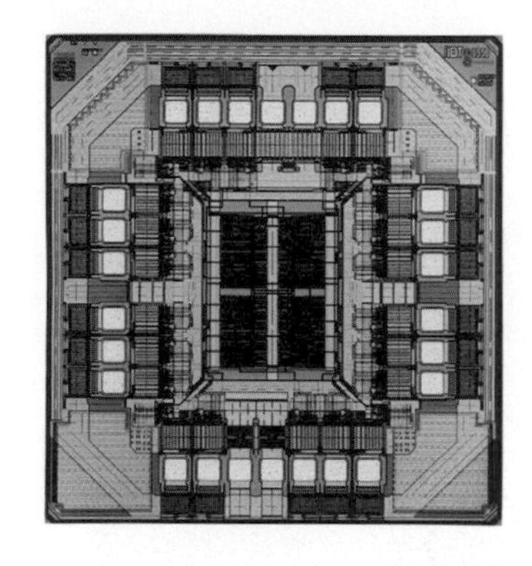

矽的邏輯

2. 以MOSFET來進行邏輯設計

CMOS 積體電路使用被稱為 MOSFET 的雙向元件來作為邏輯開關。本章檢視 MOSFET 的邏輯特性，並且把用以建構數位電路所需要的技術推導出來。

2.1 理想開關及布林運算

所有數位設計都是築基於相當基本的邏輯運算。在我們研讀 VLSI 時，首要的工作乃是產生可以被使用來作為複雜切換電路建構區塊的電子邏輯閘。邏輯閘是使用多組控制開關所產生的。

邏輯閘是使用多組控制開關所產生的。圖 2.1 中說明一個具有聲明高 (assert-high) 特性的控制開關。在這種理想化的情況之中，這個開關的狀態【打開或關閉】是由控制變數的值所決定的。在圖 2.1(a) 之中，控制位元的值為 $A = 0$，這個值被定義來給予一個打開的開關。這意指在 x 與 y 這兩個變數之間沒有任何關係，這是以左邊與右邊之間的間隙來加以表示。相反的狀況是一個關閉的開關，如同圖 2.1(b) 中所顯示，我們可以看到開關的頂部被「往下推」。這種狀況是發生在當 $A = 1$ 之時，並且將開關的兩邊連接起來使得

$$y = x \tag{2.1}$$

會成立。如果我們將左邊的變數 x 解讀為輸入，而將右邊的變數解讀為輸出，則我們可以說 $A = 1$ 這個條件使輸入變數得以流動通過這個開關，並建立起輸出的值。這被稱為一個「聲明高」的開關，這是因為我們須要一個 $A = 1$ 的高控制位元來使這個開關關閉。

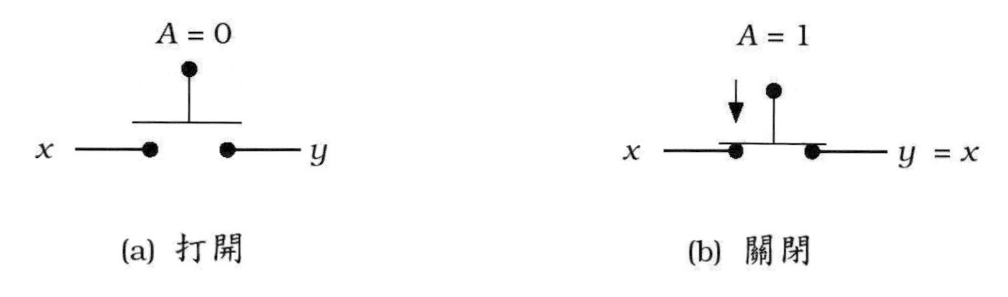

圖 2.1 一個聲明高的開關的行為

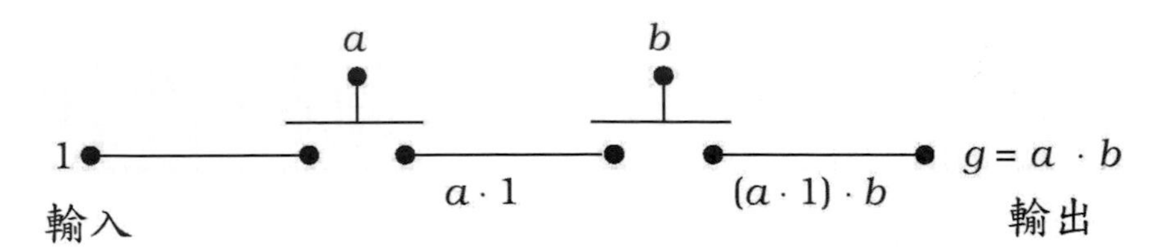

圖 2.2 **串聯連接的開關**

表述這個開關的特性的另外一種方式乃是寫出這個邏輯方程式[1]

$$y = x \quad \text{若且唯若} \quad A = 1 \tag{2.2}$$

如果 $A = 0$ 的話，x 與 y 之間的關係本身是沒有定義的。雖然這看起來是一項嚴重的缺陷，但是對這個狀況而言，實際上我們將藉由使用額外的開關來定義 y 的值以避免這個問題。

現在，藉由將理想開關與電壓源的觀念加以合併，讓我們來開始產生一個邏輯網路。假設我們取用兩個由獨立變數 a 與 b 所控制的開關，並將它們如同圖 2.2 中的圖形一般來加以連接。這兩個開關被稱爲是彼此串聯連接。當我們追蹤通過第一個開關的訊號路徑時，方程式 (2.2) 顯示輸出【緊接在這個開關之後】被給予爲圖形中所指明的 $a \cdot 1$。這個輸出是作爲第二個開關的輸入，因此再度應用方程式 (2.2) 獲得這個輸出

$$g = (a \cdot 1) \cdot b = a \cdot b \tag{2.3}$$

這很容易使用定性分析來解讀：當具有 $a = 1$ AND $b = 1$ 時，兩個開關都必須關閉來使輸入 1 得以到達這個輸出，並造成 $g = 1$。這個電路看起來會提供 AND2 的運算。[2] 然而，注意只有當這個控制位元具有一個 1 的值時，方程式 (2.2) 才會成立；如果它是 0 的話，則在這個開關的左邊與右邊之間沒有直接的關係。這兩個輸入有三種可能性：

$$(a, b) = (1, 0), (0, 1), (0, 0) \tag{2.4}$$

這些輸入的任何組合應該會造成一個 $g = 0$ 邏輯輸出，但是這個邏輯方程式說明 g 是沒有定義的。

在繼續往前推進之前，讓我們來澄清我們呈現邏輯網路的方法。一般而言，

---

[1] 我們使用縮寫數學符號「iff」來表示「若且唯若」(if and only if)。

[2] 我們以一個 AND2 來代表一個 2 輸入的 AND 運算。這種型式的符號將被使用於所有的閘。譬如，一個 OR2 運算代表一個 2 輸入的 OR。

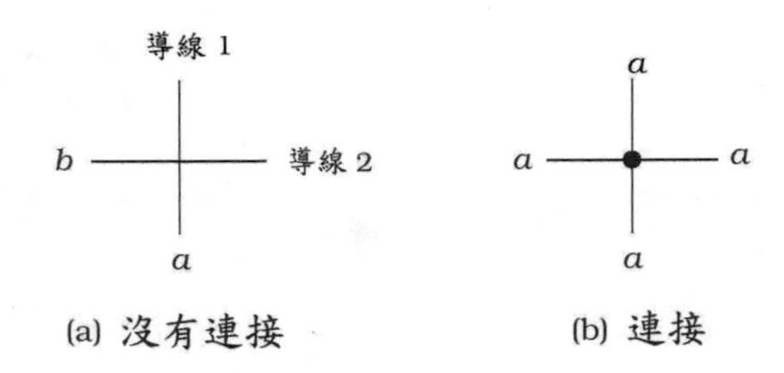

圖 2.3 在電路圖中所使用的連接符號規定

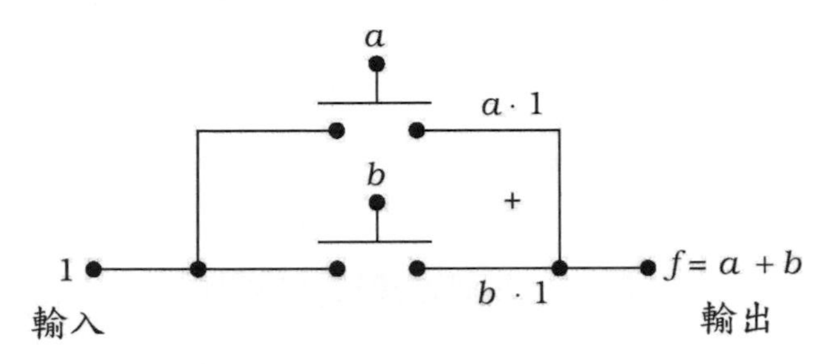

圖 2.4 並聯連接的開關

這些開關圖形將會被稱爲電路圖，這是因爲它們顯示了在導線連接中所使用的「規劃」(scheme)。我們將把這個術語延伸來包括含有電子元件的圖形。由於我們想要使這些圖形看起來相當精簡與整齊，因此在圖形中導線連接的線路經常會彼此交叉。當這種情況發生時，我們將採用圖 2.3 中所顯示的這種符號規定。在圖 2.3(a) 之中，導線 1 與導線 2 被假設爲完全分離的。在導線 1 上的這個訊號 a 與導線 2 上的這個訊號 b 沒有任何關係。如果我們想要產生一條連接，在圖 2.3(b) 之中我們將使用一個「點」。在這種狀況之下，這兩條導線被連接，因此在這些線路之中的一條之上置放一個訊號 a 會在兩條線路的所有點上都得到相同的值。

讓我們來檢視另外一個具有相同問題的電路。圖 2.4 顯示由獨立變數 a 與 b 所控制的兩個開關，但是這兩個開關被彼此並聯地導線連接；這意指左邊【輸入】被連接在一塊，而右邊【輸出】也被連接在一塊。這個輸出 f 可以藉由認知下列的事實來加以建構：依據方程式 (2.2)，頂部的開關會產生一個 $a\cdot 1$ 的輸出若且唯若 $a=1$，而下面的開關會產生一個 $b\cdot 1$ 的輸出若且唯若 $b=1$。兩個表示式都被顯示於圖形中的適當點。我們可以得到下列的結論，如果 $a=1$ 或 $b=1$ 中的任何一個【或兩個】，則這個輸出是以單一的表示式來加以描述

$$g=a+b \tag{2.5}$$

在這項分析之中，在這個時點這個方程式看起來是 OR2 運算。因此，並聯連接

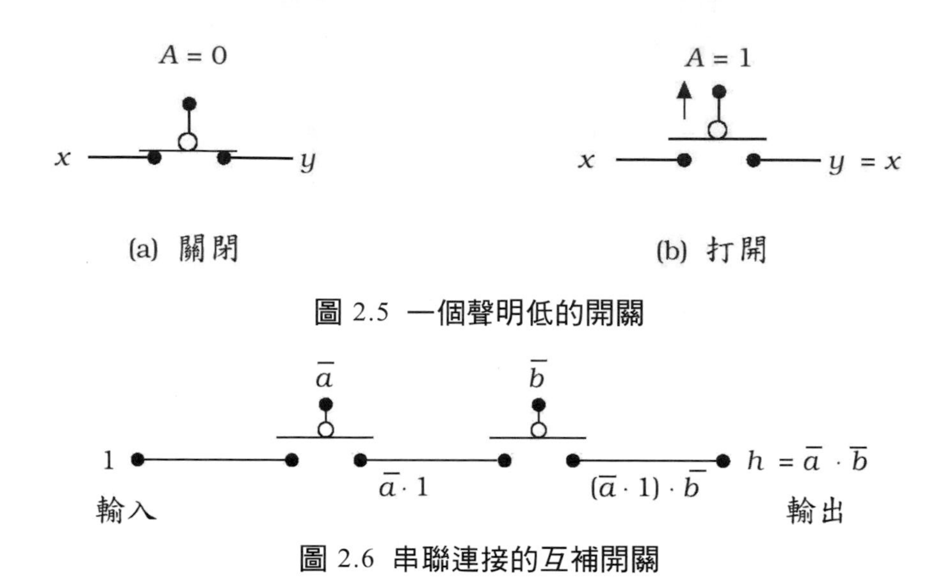

(a) 關閉　(b) 打開

圖 2.5 一個聲明低的開關

圖 2.6 串聯連接的互補開關

的開關可以被使用來將變數 OR 在一塊；在圖形上這是藉由在這些開關之間包含「+」來表明。然而，注意如果同時 $a = 0$ 與 $b = 0$，則這個切換網路的輸出 g 是沒有定義的。因此，它無法提供完整的 OR2 函數。

前面的範例說明，開關具有可以被使用來作爲實際裝置邏輯運算的特性。然而，由於邏輯方程式 (2.2) 只有當這個開關被關閉時才會成立，因此我們無法獲得完整的 AND 及 OR 閘，這是因爲這兩個電路都無法產生一個邏輯 0 的輸出。

在這個時點，引進另外一種形式的開關是很有的，這種開關是以恰恰相反的方式來表現。這被稱爲是一個聲明低 (assert-low) 的開關，而且被定義爲具有圖 2.5 中所說明的這種特性。我們已經在這個符號的頂端加上一個邏輯的「泡泡」(bubble) 來與一個聲明高的開關加以區別。由基本的定義，當這個控制位元是如同圖 2.5(a) 中所顯示在一個 $A = 0$ 的值時，一個聲明低的開關是關閉的。爲了打開這個開關，我們必須如同圖 2.5(b) 中一樣施加一個 $A = 1$ 的值到這個元件。這種行爲可以由下列的邏輯方程式來加以描述

$$y = x \cdot \overline{A} \quad \text{若且唯若} \quad A = 0 \tag{2.6}$$

在這種狀況下，如果 $A = 1$ 則 y 的值是沒有定義的。將這兩種型式的開關加以比較，我們看到它們的行爲是彼此互補的。

作爲這種形式的開關如何可以被使用的一個範例，讓我們來考慮圖 2.6 中的這對串聯連接對。追蹤由輸入通過第一個開關的訊號路徑會給予一個 $\overline{a} \cdot 1$ 的輸

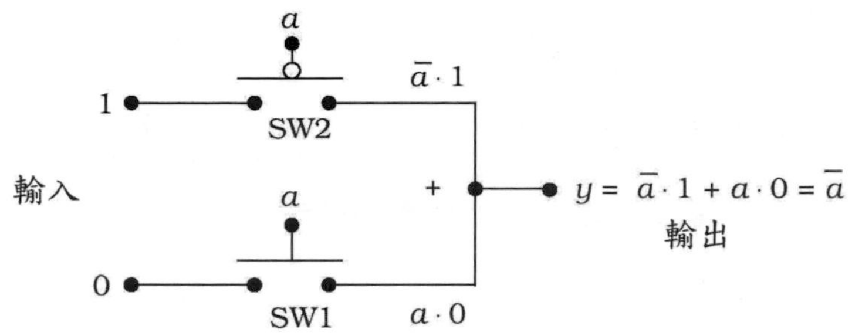

圖 2.7 一個以開關爲基礎的 NOT 閘

出若且唯若 $a = 0$。這是作爲第二個開關的輸入，因此這條串聯鏈的輸出被給予爲

$$\begin{aligned} h &= (\overline{a} \cdot 1) \cdot \overline{b} \\ &= \overline{a + b} \end{aligned} \tag{2.7}$$

其中我們已經使用德摩根關係式來寫出第二行。本書比較喜歡 NOR2 運算。然而，由於第二個開關必須以 $b = 0$ 來關閉，因此只有當 $a = 0$ 與 $b = 0$ 時，這個結果才會是正確的。如果 a 或 b 之中任一個是 1，則 g 是沒有定義的。因此，我們具有在之前的範例中所經驗過的相同型式的問題。

讓我們現在推進到在一個單一網路之中同時使用兩種形式的開關的這種想法。爲了致力於產生對所有輸入組合都會有定義的一個輸出，我們將同時提供邏輯 1 與邏輯 0 的輸入。在圖 2.7 之中，這個聲明高的開關 SW1 被使用來將一個邏輯 0 輸入連接至輸出 y，而這個聲明低的開關 SW2 則將一個邏輯 1 輸入連接至 y。這個變數 a 控制兩個開關。由於這兩個開關是並聯，我們可以寫出上面枝幹與下面枝幹之間的 OR 關係來得到下列型式的輸出

$$y = \overline{a} \cdot 1 + a \cdot 0 \tag{2.8}$$

藉由指定一個 a 值，我們可以瞭解這個電路的操作。如果 $a = 0$，則 SW1 是打開，而 SW2 是關閉，這會得到

$$y = \overline{0} \cdot 1 + 0 \cdot 0 = 1 \tag{2.9}$$

如果 $a = 1$，則 SW1 是關閉，而 SW2 是打開的。代入這個表示式之中，我們得到

$$y = \overline{1} \cdot 1 + 1 \cdot 0 = 0 \tag{2.10}$$

因此，這個電路消除了未定電壓的這個問題。而且，由於由邏輯上來看，$a \cdot 0 = 0$，

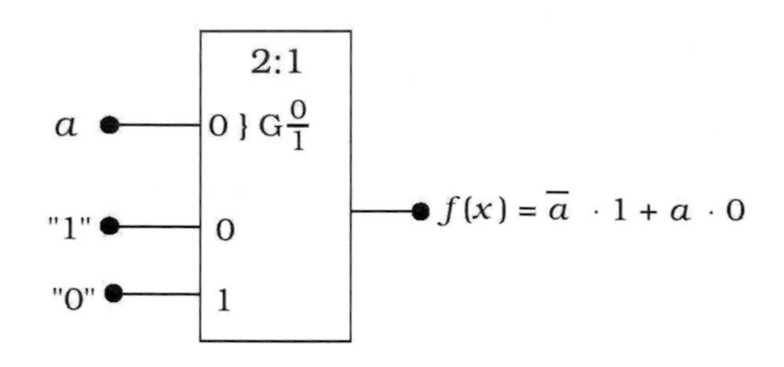

圖 2.8 **一個以 MUX 爲基礎的 NOT 閘**

因此這個表示式可以被簡化為

$$y = \overline{a} \tag{2.11}$$

換言之，這個電路實際裝置了這個 NOT 運算。

$$y = \mathrm{NOT}(a) = \overline{a} \tag{2.12}$$

這展現使用兩個具有相反特性的開關使我們得以建構具有明確定義結果的一個網路。

圖 2.7 之中的 NOT 電路乃是基於圖 2.8 之中所顯示的 2:1 多工器的行爲。當 $a = 0$ 時，這個 MUX 使用輸入 a 來選取輸入 0【一個「1」被外加】，或者當 $a = 1$ 時，輸入 1【一個「0」被外加】。這個輸出被給予爲下列的表示式

$$y = \overline{a} \cdot 1 + a \cdot 0 \tag{2.13}$$

這會簡化至 $y = \overline{a}$。仔細檢查圖 2.7 中的這個切換電路驗證了與這個 2:1 多工器之間的一個一對一對應關係。

2.2 MOSFET 作為開關

MOSFET 乃是在高密度數位 IC 設計之中被使用來導引並控制邏輯訊號的電子元件。[3] 縮寫「MOSFET」是代表一個**金屬—氧化物—半導體場效應電晶體 (Metal-Oxide-Semiconductor Field-Effect Transistor)**，但是我們目前還不煩惱這些細節。在許多方面，MOSFET 的行爲就如同前一節之中所介紹的理想開關。但是在我們開始使用這些 MOSFET 之前，我們還須要將一些重要的差異列入考

[3] 「MODFET」是唸成 *moss-fet*。

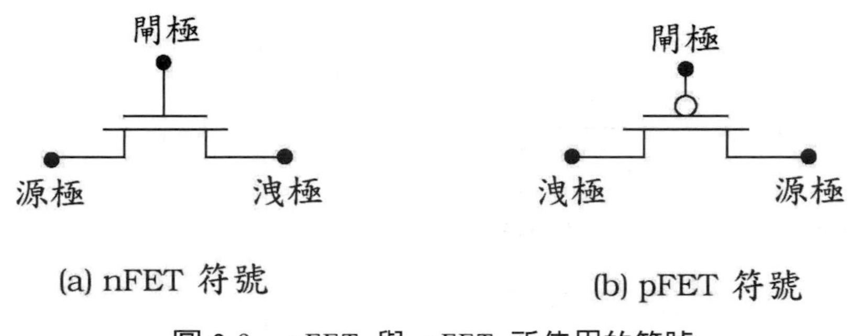

圖 2.9 nFET 與 pFET 所使用的符號

量。這些差異是源自於 MOSFET 必須遵守電路的方程式，而且它們的終極績效是被物理的定律所限制的這項事實。在這一節之中，我們將專注於產生這些元件的切換模型。電流流動的更爲複雜的層面將在後續各章中加以討論。

互補 MOS (CMOS) 使用兩種不同型式的 MOSFET 來產生邏輯網路。一種型式被稱爲 n 通道 MOSFET【或者簡稱 nFET】，並且使用帶負電的電子來傳導電流。一個 nFET 的電路符號被顯示於圖 2.9(a) 之中。閘極端點的作用乃是作爲這個元件的控制電極。在閘極電極上加上一個電壓決定了在洩極與源極端點之間的電流流動。另外一種型式的電晶體稱爲 p 通道 MOSFET 或 pFET。它使用正電荷來形成電流流動，並且具有圖 2.9(b) 中所畫的電路符號。在 nFET 與 pFET 符號之間唯一的圖形差別只是在閘極的反轉泡泡而已。如同 nFET 一般，外加到閘極端點的電壓決定了在源極與洩極端點之間的電流流動。千萬不要將一個 MOSFET 的閘極端點與一個邏輯閘搞混了，因爲這兩個「閘」並沒有任何關聯。討論的上下文將會對這種用法的澄清有所幫助。

本質上，MOSFET 是電子的元件。爲了將它們拿來作爲邏輯控制的開關，我們首先必須定義如何在布林值與電性參數之間作轉換。這是藉由使用當我們加上一個外部電壓供應時，在晶片上所存在的電壓來加以達成的。在最一般性的狀況

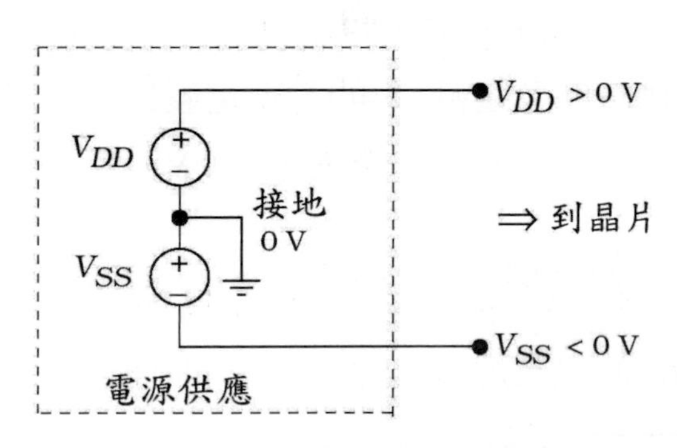

圖 2.10 雙重電源供應電壓

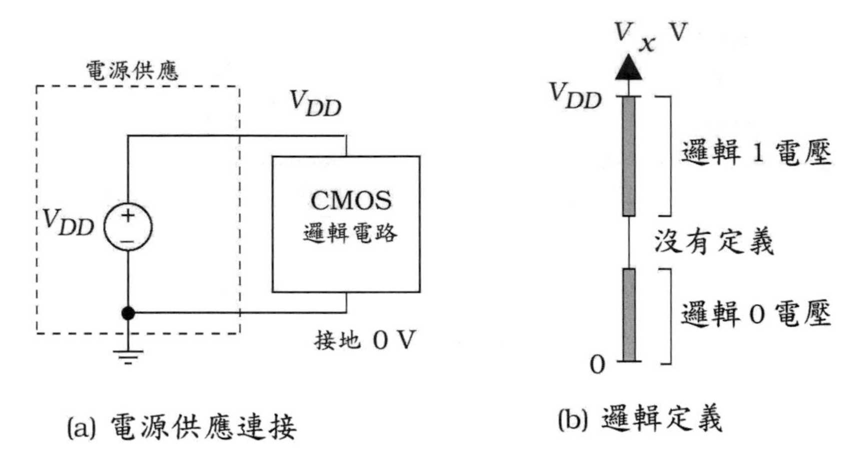

圖 2.11 單一電壓電源供應

之下，兩個電源供應器電壓 V_{DD} 與 V_{SS} 乃是如同圖 2.10 所顯示來加以定義的。參考端點是取兩個電源之間的接地連接【這是位於 0 伏特】，使得這片晶片會同時接收到一個正的功率電壓 V_{DD} 以及一個負的功率供應電壓 V_{SS}。矽 MOS 邏輯電路的早期世代同時使用正與負的供應電壓。然而，近代的設計只須要一個單一的正電壓 V_{DD} 以及接地連接即可；常見的值爲 $V_{DD} = 5$ V 及 3.3 V 或者更低。剩下的電源被設定爲 $V_{SS} = 0$ V 的值，這會造成圖 2.11(a) 中所展現的功率供應電路。[4] 我們將假設所有我們的電路都只使用一個單一的正電壓源 V_{DD}。實際上，我們平常還是使用 V_{SS} 來表示電路中的最低電壓，使得 V_{SS} 具有一個 0 V 的隱含值。

現在，我們可以來定義邏輯變數與電壓之間的關係。還記得布林變數是離散的；一個二元變數 x 只可能具有 $x = 0$ 或 $x = 1$ 的值。在電路的階層，我們使用一個電壓 V_x 來代表變數 x 使得

$$0 \le V_x \le V_{DD} \tag{2.14}$$

會給予正常的值，其中一個電源供應直接提供 0 V 與 V_{DD} 給這個電路。因此，正邏輯規定將理想的邏輯 0 及邏輯 1 的電壓定義爲

$$\begin{aligned} x=0 \quad & \text{意指 } V_x = 0\,\text{V} \\ x=1 \quad & \text{意指 } V_x = V_{DD} \end{aligned} \tag{2.15}$$

實際的電路是比較容易親近的，如同圖 2.11(b) 中所展示，它允許我們使用一個電壓的範圍來代表邏輯 0 以及邏輯 1 兩者。一般而言，

[4] 在本書之中，伏特的單位是以 V 來表示。

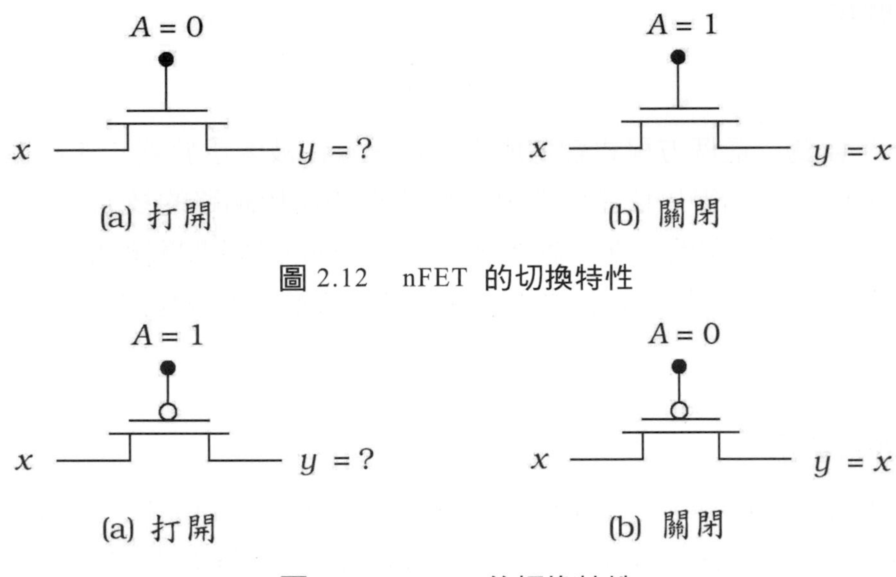

圖 2.12 nFET 的切換特性

圖 2.13 pFET 的切換特性

- 低電壓是對應於邏輯 0 的值。
- 高電壓是對應於邏輯 1 的值。

在最高的邏輯 0 電壓與最低的邏輯 1 電壓之間的變遷區域是沒有定義的，它既不代表 0，也不代表 1。兩個電壓範圍的實際大小是由這個邏輯電路的特性所決定的，並且將在後面加以處理。

具備所定義的邏輯－電壓轉換之後，現在讓我們來檢視 MOSFET 的切換特性。理想而言，一個 nFET 的表現有如一個聲明高的開關。這被顯示於圖 2.12 之中，其中 A 乃是被外加至這個閘的邏輯變數。如果 $A = 0$ 是對應於一個低電壓，則這個 nFET 的作用有如一個打開的開關，而左邊與右邊之間沒有關係；這在圖 2.12(a) 中加以說明。將閘極電壓增大至一個高的值就如同將邏輯變數改變至 $A = 1$。這會造成如同圖 2.12(b) 中所顯示的一個關閉的開關。如同聲明高的開關一般，這可由這個邏輯方程式來加以描述

$$y = x \cdot A \tag{2.16}$$

若且唯若 $A = 1$，這個方程式會成立。

pFET 恰恰相反，這是因爲它的行爲有如一個聲明低的開關。在圖 2.13(a) 之中，被施加到這個閘極的訊號具有對應於一個高電壓的一個 $A = 1$ 邏輯值。這會給予一個開路，而在 x 與 y 之間沒有直接的關係。如果這個閘極電壓被降低來給予 $A = 0$，則這個 pFET 是作爲一個關閉的開關來使用。這使我們得以寫出這

個理想的關係

$$y = x \cdot \overline{A} \tag{2.17}$$

只要 $A = 0$ 爲眞，這個方程式就會成立；這個條件被顯示於圖 2.13(b) 之中。

MOSFET 使我們得以使用聲明高與聲明低的切換網路的技術來設計邏輯電路。然而，FET 是實體的元件，並不會完全像上面的理想開關模型一樣的表現。只要我們瞭解其中的差異，並且學習它的限制，那麼它就不會成爲一個嚴重的問題。

FET 臨限電壓

切換方程式假設被施加到一個 FET 閘極的二元變數 A 只能是 0 或 1。相對應的電壓 V_A 是一個實質的數量，而不會以這樣一種離散的方式來表現。而且，我們想要定義 $A = 0$ 及 $A = 1$ 這兩種狀況的一個電壓範圍來幫助作用電路的設計。每個 MOSFET 都有一個稱爲臨限電壓 V_T 的特性參數，這個電壓對於重要的閘極電壓範圍的定義是有所幫助的。V_T 的特定值是在製造過程之中所建立的，因此對於 VLSI 設計師而言，這被視爲一個給予的值。其中一個複雜的因素乃是 nFET 與 pFET 會具有不同的臨限電壓。

一個 nFET 是以一個臨限電壓 V_{Tn} 來表述其特性，這個電壓是一個正的數目，典型的值是在大約 $V_{Tn} = 0.5$ V 至 0.7 V 之間。藉由參考圖 2.14(a) 中所顯示的這些參數，我們可以瞭解 V_{Tn} 的意義。首先，注意到這個洩極端點已經被指明爲最接近電源供應 V_{DD} 的這個端點，而源極端點被連接到接地 (0 V)。圖形

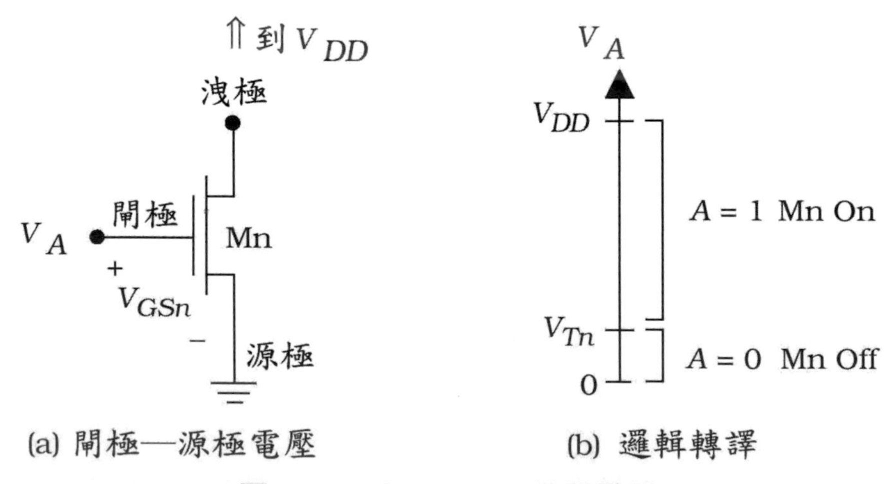

圖 2.14 一個 nFET 的臨限電壓

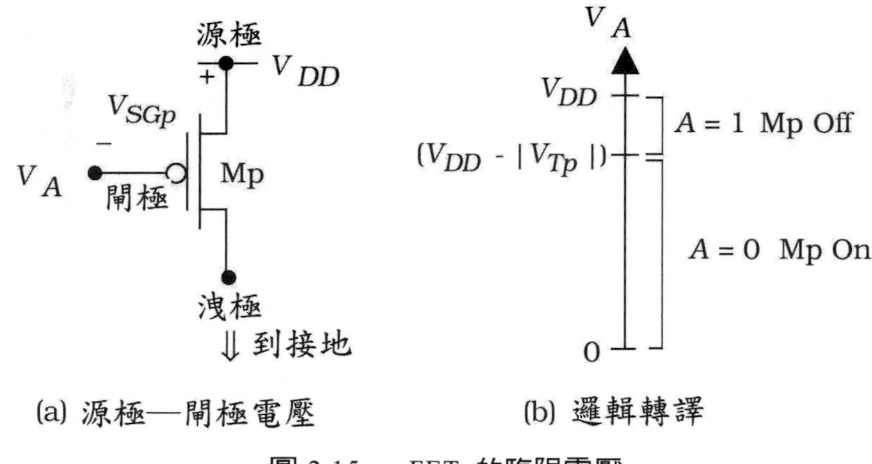

(a) 源極—閘極電壓　　(b) 邏輯轉譯

圖 2.15　pFET 的臨限電壓

中所顯示的閘極–源極電壓 V_{GSn} 是決定這個 nFET 究竟是作爲打開或關閉的開關來使用的一個重要的參數。特別是，如果

$$V_{GSn} \leq V_{Tn} \tag{2.18}$$

因此這個電晶體的作用有如一個打開的電路，而且在洩極與源極之間沒有電流流動；這種條件被稱爲是描述一個關閉的電晶體。如果相反的

$$V_{GSn} \geq V_{Tn} \tag{2.19}$$

則這個 nFET 的洩極與源極被連接起來，而這個等效的開關是關閉的。一個傳導電流的電晶體稱爲是導通 (on)。這種行爲使我們得以產生圖 2.14(b) 中所顯示的電壓圖，來定義附屬於這個二元變數 A 的這個電壓 V_A。特別是，我們注意到

$$V_A = V_{GSn} \tag{2.20}$$

這顯示 $A = 0$ 對應於 $V_A \leq V_{Tn}$ 的值，而 $A = 1$ 隱喻 $V_A \geq V_{Tn}$。這些關係建立了控制這個 nFET 所須要的電壓範圍。

一個 pFET 是以一種互補的方式來作用。考慮圖 2.15(a) 中所顯示的這個電晶體。對這個 pFET 而言，源極端點被連接到電源供應 VDD，而洩極是最接近接地的這一邊；這與 nFET 所使用的連接是剛好相反的。在這個元件之中，源極–閘極電壓 V_{SGp} 是重要的外加電壓。依據慣例，這個 pFET 的臨限電壓 V_{Tp} 是以閘極–源極電壓 V_{GSp} 當作參考，而且是一個負的數目，典型的值是在大約 V_{Tp} = - 0.5 V 至 V_{Tp} = - 0.8 V 的一個範圍。在本書之中，我們將藉由使用 $V_{SGp} = -V_{GSp}$ 來描述 pFET，因爲這使我們得以使用絕對值 $\left|V_{Tp}\right|$ 來代表臨限電壓。這個臨限電壓的意義說明如下。如果

$$V_{SGp} \le |V_{Tp}| \tag{2.21}$$

因此這個 pFET 是關閉，而且它是作為一個打開的開關來使用。相反地，一個大的源極–閘極電壓

$$V_{SGp} \ge |V_{Tp}| \tag{2.22}$$

將這個 pFET 導通，而它的行為就如同一個關閉的開關。為了將這種行為與外加的電壓 V_A 連結起來，首先我們將電壓加總起來而寫出

$$V_A + V_{SGp} = V_{DD} \tag{2.23}$$

因此，

$$V_A = V_{DD} - V_{SGp} \tag{2.24}$$

證明一個低的 V_A 值隱喻一個大 V_{SGp}，而且這個 pFET 是導通的。相類似地，如果 V_A 很大的話，則 V_{SGp} 會很小，而這個 pFET 被關閉。這給予我們在圖 2.15(b) 中所綜合整理的邏輯 0 與邏輯 1 範圍。注意在邏輯 0 與邏輯 1 之間的這個變遷是在這個電壓

$$V_{DD} - |V_{Tp}| \tag{2.25}$$

這是因為這個電壓是對應於這個元件導通的源極–閘極電壓。

我們必須注意，這兩種形式的 FET 的 V_A 邏輯 0 與邏輯 1 電壓範圍是不相同的。繞過這個問題的一種方式乃是注意到 $A = 0$ 與 $A = 1$ 兩個值會有重疊的區域，如果我們須要一個均勻的定義的話，這就可以被使用。然而，這兩個元件的理想值

$$\begin{aligned} V_A &= 0\text{ V} \\ V_A &= V_{DD} \end{aligned} \tag{2.26}$$

會成立。

通過特性

一個理想的電性開關可以讓任何外加的電壓通過。在我們對於開關邏輯網路的推導之中，這是被隱含地假設，其中我們使用這些開關來使邏輯 0 與邏輯 1 階層同樣良好地通過。MOSFET 的能力受到更多的限制，而且也無法使任意的電壓由源極通過到達洩極，反之亦然。

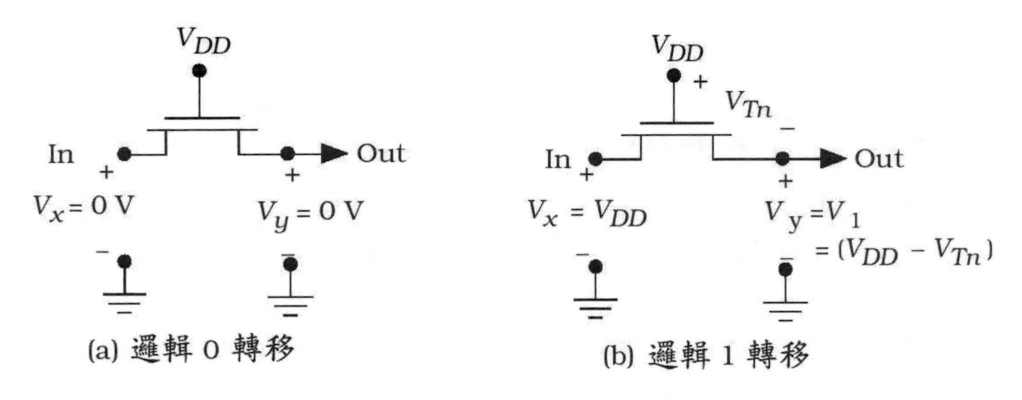

圖 2.16 nFET **的通過特性**

首先，讓我們來檢視 nFET 的通過特性。圖 2.16 將當我們嘗試使用這個元件來使一個電壓由左邊通過來到右邊時這個元件的行爲加以綜合整理。將 V_{DD} 施加到這個閘確保這個 nFET 是導通，而且這個元件的作用有如一個關閉的開關。在圖 2.16(a) 之中，一個 $V_x = 0$ V 的邏輯 0 電壓被施加到左邊。這會造成我們想要得到的一個輸出電壓 $V_y = 0$ V。將輸入電壓增大會導致這個值被傳輸到輸出邊。然而，如果如同圖 2.16(b) 中所顯示，我們施加一個理想的邏輯 1 輸入電壓 $V_x = V_{DD}$，將會有一個問題出現。在這種狀況之下，輸出電壓 V_y 被簡化爲下列的值

$$V_1 = V_{DD} - V_{Tn} \tag{2.27}$$

這比輸入電壓 V_{DD} 來得小。這被稱爲是**臨限電壓損耗 (threshold voltage loss)**。它是源自於維持一個導通狀態所須要的閘極–源極電壓極小值爲

$$V_{GSn} = V_{Tn} \tag{2.28}$$

的這項事實。使用柯西荷夫電壓定律，這會從圖形中所顯示被施加到閘極的電壓 V_{DD} 扣除。由於被傳輸的電壓 V_y 小於理想的邏輯 1 值 V_{DD}，因此我們可以說這個 nFET 只能讓一個**微弱**的邏輯 1 通過。以相同的術語，這個 nFET 被稱爲使一個**強大**的邏輯 0 通過，這是因爲它能夠產生一個 $V_y = 0$ V 的輸出電壓而不會有任何問題。一般而言，這個 nFET 可以讓在 $[0, V_1]$ 範圍之中的一個電壓通過，但是高於 V_1 的電壓則不會通過。

一個 pFET 具有相反的通過特性。爲了檢視 pFET 的性質，我們藉由接地而將一個邏輯 0 外加至閘極。圖 2.17 顯示兩個輸入值的這個電路。圖 2.17(a) 展現當 $V_x = V_{DD}$ 的這種狀況，這是對應於一個邏輯 1 輸出。輸出電壓爲

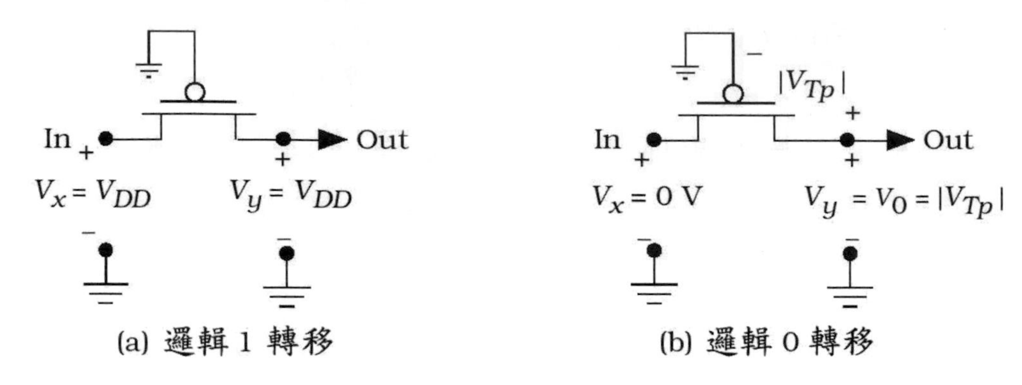

圖 2.17 pFET 的通過特性

$$V_y = V_{DD} \tag{2.29}$$

這是一個理想的邏輯 1 階層。因此，這個 pFET 能夠使一個強大的邏輯 1 電壓通過。當我們試圖使一個理想的邏輯 0 電壓 $V_y = 0$ V 通過時，問題就會出現，這被呈現於圖 2.17(b) 之中。在這種狀況之下，傳輸的電壓只能下降至下列的一個最小值

$$V_y = |V_{Tp}| \tag{2.30}$$

這也是因爲臨限效應所造成的。爲了使這個 pFET 保持導通，如同圖形中所顯示，我們必須有一個最小的源極–閘極電壓

$$V_{SGp} = |V_{Tp}| \tag{2.31}$$

由於這個閘極是在 0 V，這代表上升至 $|V_{Tp}|$ 的一個電壓，這反過來又會影響輸出。顯然，這個 pFET 會傳輸一個微弱的邏輯 0 電壓。總而言之，一個 pFET 可以使一個在 $[V_{DD}, V_0]$ 範圍的電壓通過，但是低於 V_0 的電壓就不會通過。

讓我們來重述上述討論的結果：

- nFET 會使強大的邏輯 0 電壓通過，但是卻不會使微弱的邏輯 1 值通過。
- pFET 會使強大的邏輯 1 電壓通過，但是卻不會使微弱的邏輯 0 階層通過。

互補 MOS (CMOS) 電路被設計來將傳輸階層列入考量。特別是，我們可以寫下下列的法則來作爲我們設計的基準：

- 使用 pFET 來使邏輯 1 電壓 V_{DD} 通過。

■ 使用 nFET 來使邏輯 0 電壓 $V_{SS} = 0$ V 通過。

這些使我們得以建構可以使理想的邏輯電壓 0 V 與 V_{DD} 通過到輸出端點的電路。然而，我們將會發現實際上我們不一定須要理想的階層。

2.3 在 CMOS 之中的基本邏輯閘

藉由參考圖 2.18 之中的圖形，我們可以瞭解一個一般性 CMOS 數位邏輯閘的觀念。在這個範例之中，a、 b、及 c 是輸入位元，合併起來會給予這個輸出函數位元 $f(a, b, c)$。由於這個電路是一個數位電路，因此所有的數量都是被侷限於 0 或 1 的值。數位邏輯電路乃是使用電晶體作爲電子開關來將供應電壓 V_{DD} 或 0 V 中的一個轉向至輸出的非線性網路。這是對應於 $f = 1$ 或 $f = 0$ 的一個邏輯結果。由內部來看，我們可以將這個閘的輸出網路視爲圖中所顯示由兩個開關

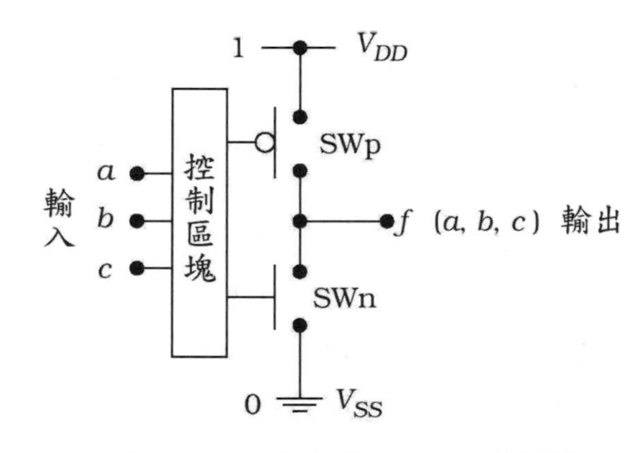

圖 2.18 一般性的 CMOS 邏輯閘

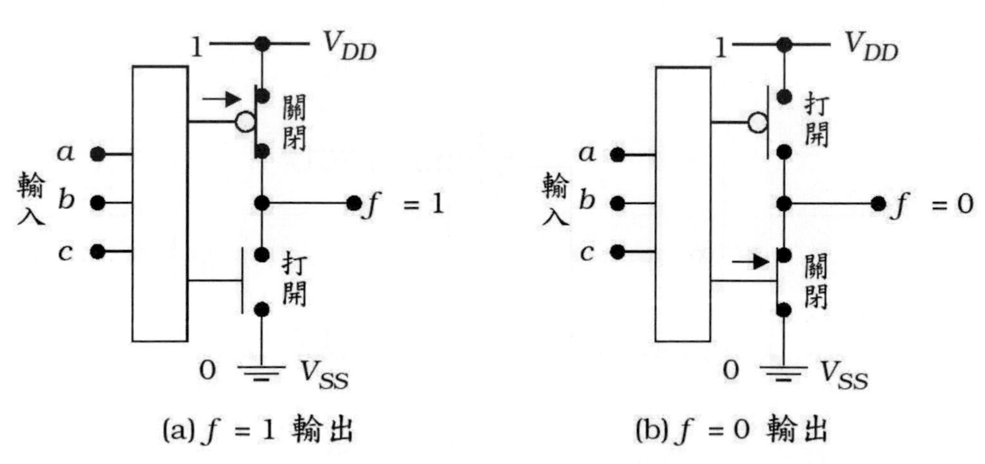

圖 2.19 一個 CMOS 邏輯閘的操作

SWp 【一個聲明低的元件】與 SWn 【一個聲明高的元件】所構成的。這些被導線連接以確保一個開關是關閉的，而另一個開關是打開的。

兩中輸出可能性的一般邏輯閘的運算顯示於圖 2.19。在圖 2.19(a) 之中，上面的開關是關閉的，而下面的開關是打開的。這將輸出連接至電源供應，並且得到一個 $f = 1$ 的值。相反的情況顯示於圖 2.19(b) 之中：上面的開關是打開的，而下面的開關是關閉的。因爲現在輸出被連接至 $V_{SS} = 0$ V，因此這個邏輯結果爲 $f = 0$。雖然這種觀點是相當簡化的，但是它的確說明了 CMOS 邏輯電路是如何操作的。在這個模型之中，唯一失落的特性乃是使用輸入變數來控制輸出開關的這種方法。這是以 MOSFET 來達成的。

互補對

CMOS 邏輯電路乃是基於使用電晶體的互補對來切換的這種觀念。一對互補對是由一個 pFET 與一個 nFET 所構成的，它們的閘極端點是如同圖 2.20 中所顯示地被連接在一塊。這個輸入訊號 x 同時控制通過兩個 FET 的傳導。注意這個 pFET Mp 的頂部被假設爲接近電源供應電壓 V_{DD}，而這個 nFET Mn 接近接地 (V_{SS})。藉由觀察圖 2.21 中的這兩個可能的輸入值的每個 FET 的狀態，我們可以輕易瞭解這個互補對的行爲。一個 $x = 0$ 的輸入將 Mp 導通，而這個 nFET Mn 是關閉，並且有如一個打開的開關來作用；這是顯示於圖 2.21(a) 之中。圖 2.21(b) 中所顯示的相反狀況乃是當 $x = 1$ 的狀況。現在這個 pFET Mp 是關閉，而 Mn 則是導通。「互補」這個名稱是由這種操作所得到的：當一個 FET 導通，另一個是關閉的。這種行爲的重要層面乃是這些 nFET 與 pFET 是電性相

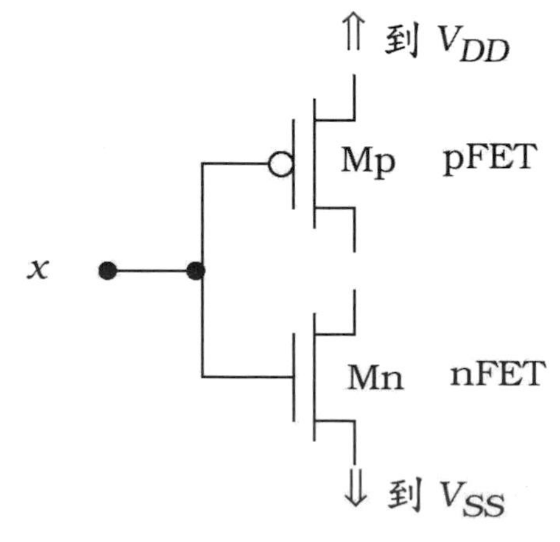

圖 2.20 一對 CMOS 的互補對

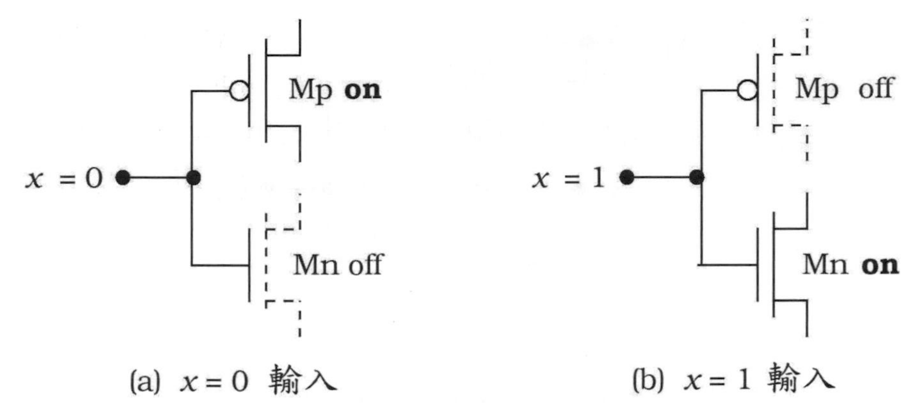

圖 2.21 互補對的操作

反的，這直接轉換成爲一種相互一致的切換規劃。

既然我們已經看過 CMOS 邏輯閘的完整結構，以及一組互補對的想法，現在我們已經擁有了產生及分析邏輯閘電路所須要的所有觀念。

2.3.1 NOT 閘

通常，NOT 或 INVERT 函數被視爲是最簡單的布林運算。它有一個輸入 x，而且會產生一個輸出 $f(x)$

$$f(x) = \mathrm{NOT}(x) = \overline{x} \tag{2.32}$$

使得

$$\begin{aligned} &\text{如果 } x = 0 \quad \text{則} \quad \overline{x} = 1 \\ &\text{如果 } x = 1 \quad \text{則} \quad \overline{x} = 0 \end{aligned} \tag{2.33}$$

定義這個符號。邏輯符號以及眞值表提供於圖 2.22 之中以作爲未來參考使用。

圖 2.23 之中顯示一個 CMOS NOT 閘。這是使用之前在圖 2.7 的文意之中

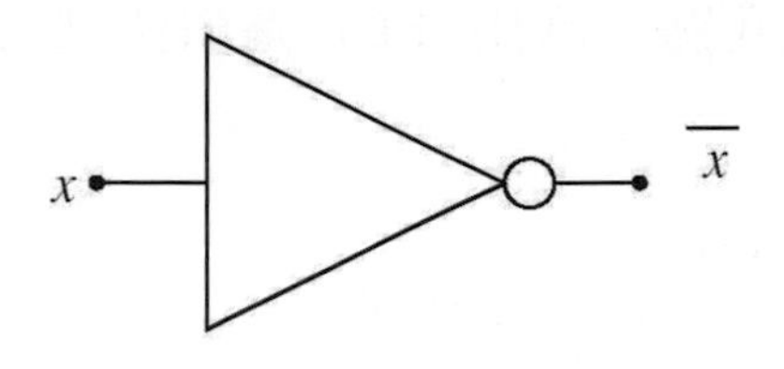

(a) 邏輯符號

x	$\overline{x}$
0	1
1	0

(b) 真值表

圖 2.22　NOT 閘

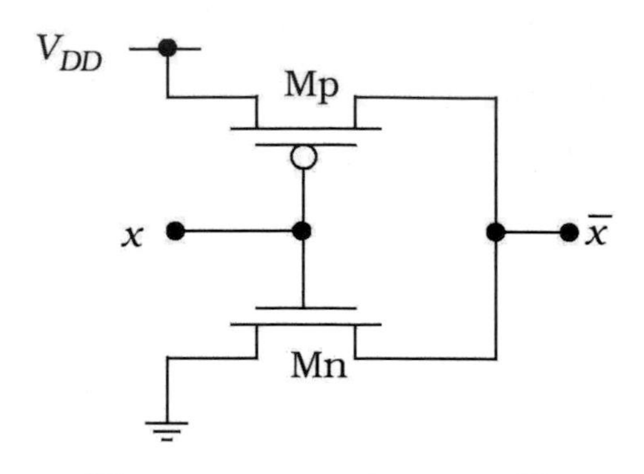

圖 2.23 CMOS 的 NOT 閘

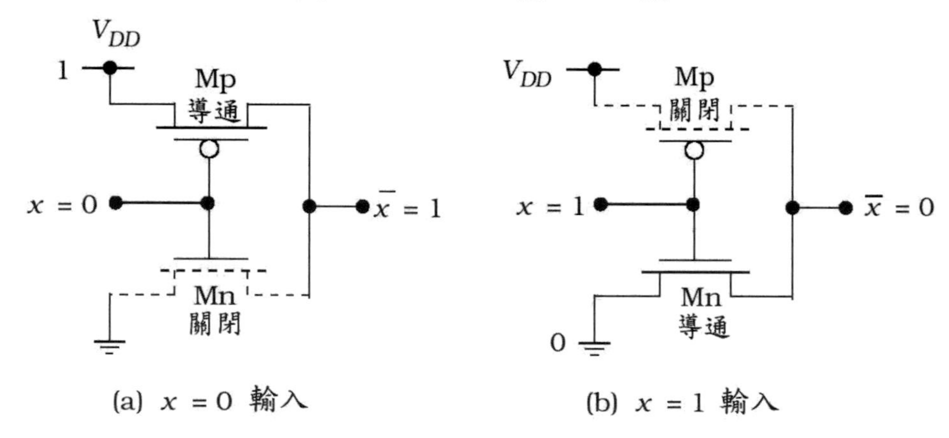

圖 2.24 CMOS 的 NOT 閘的操作

所討論以開關為基礎的電路相同的想法來建構的。這個電路使用一組 MOSFET 互補對使得輸入變數 x 同時控制兩個電晶體。

這種運算乃是直接由互補對的性質所得到的。如果輸入 x 具有一個 0 的值，則 pFET MP 是導通，而 nFET Mn 是關閉的。如同圖 2.24(a) 中所顯示，這將這個輸出節點連接至電源供應電壓 V_{DD}，而得到一個 $\overline{x} = 1$ 的輸出。相反地，如果 $x = 1$ 則 Mp 是關閉的，而 Mn 是導通的。因此，這個輸出被連接至接地節點，而如同圖 2.24(b) 中的這個電路所驗證會得到 $\overline{x} = 0$。顯而易見這個簡單的電路的確會提供 NOT 運算。這可藉由應用 FET 邏輯法則寫出下列的輸出來解析地加以驗證

$$f = \overline{x} \cdot 1 + x \cdot 0 \tag{2.34}$$

其中第一項描述 Mp，而第二項則是由於 Mn 所造成的。加以簡化，如同我們所預期地，我們會得到

$$f = \overline{x} \tag{2.35}$$

CMOS NOT 閘的最重要特性中的一項乃是對一個給予的 $x = 0$ 或 1 輸入邏輯狀態而言，互補 FET 對確保這個輸出被連接至 V_{DD} 或接地，並給予一個明確定義的值的方式。這個電路明確地避免 (i) 兩個 FET 同時關閉，或 (ii) 兩個 FET 同時導通的這兩種可能性，任一種可能性都會得到一個沒有明確定義的輸出。

2.3.2 CMOS NOR 閘

現在，我們已經看過基本的 NOT 閘，讓我們將這個觀念加以延伸，使用相同的原理來產生一個 2 個輸入的 NOR 閘。這些原理為：

- 每一個輸入使用一組互補的 nFET/pFET 對。
- 將輸出節點通過 pFET 而連接至功率供應 V_{DD}。
- 將輸出節點通過 nFET 而連接至接地，及
- 確定輸出一定是一個明確定義的高或低電壓。

這一組準則幫助我們來設計具有與 NOT 閘相容的輸入與輸出特性的邏輯電路。

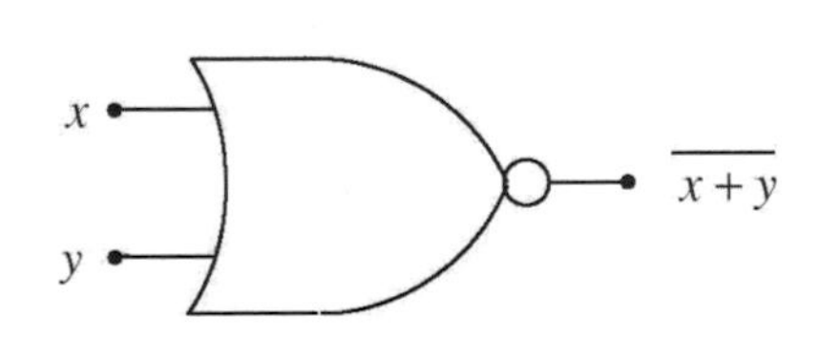

(a) 邏輯符號

x	y	$\overline{x+y}$
0	0	1
0	1	0
1	0	0
1	1	0

(b) 真值表

圖 2.25　NOR 邏輯閘

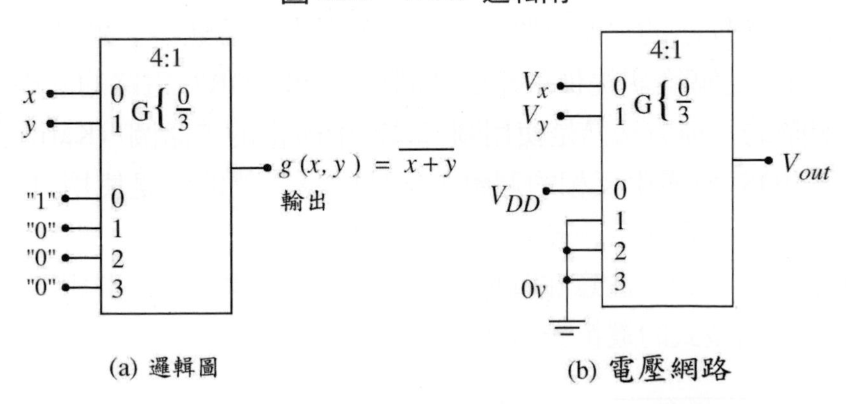

(a) 邏輯圖　　(b) 電壓網路

圖 2.26 使用一個 4:1 多工器的 NOR2 運算

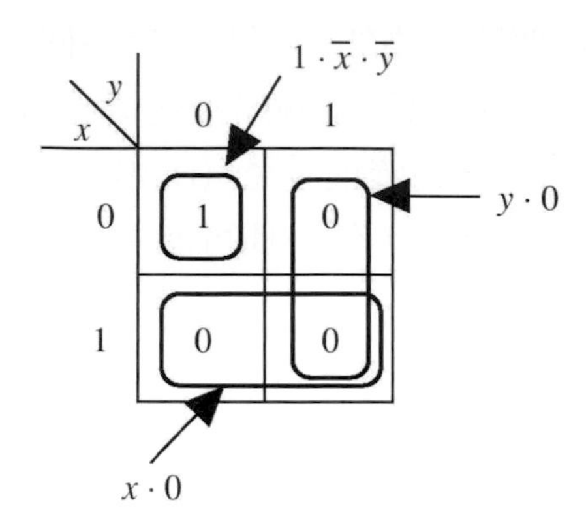

圖 2.27　NOR2 **閘的卡諾圖**

NOR2 閘的邏輯符號與眞值表提供於圖 2.25 之中。[6] 當具有輸入變數 x 與 y 時，這個 NOR2 會產生這個輸出

$$g(x,y)=\overline{x+y} \tag{2.36}$$

使得在任一個輸入的一個 1 會得到 $g=0$。只有 $(x, y) = (1,1)$ 的輸入組合會得到一個 $g=1$ 的輸出。

在邏輯設計階層，組合 NOR2 運算的一種方法乃是使用圖 2.26(a) 中所顯示的一個 4:1 MUX。路徑選擇是使用輸入對 (x, y) 來獲得的，使得每一種組合會得到一個 1 或 0 的輸出。這個 MUX 的輸出的布林表示式爲

$$g(x,y)=\overline{x}\cdot\overline{y}\cdot 1+\overline{x}\cdot y\cdot 0+x\cdot\overline{y}\cdot 0+x\cdot y\cdot 0 \tag{2.37}$$

使用德摩根 (DeMorgan) 定理，這會簡化成爲我們所想要的型式

$$g(x,y)=\overline{x+y} \tag{2.38}$$

藉由將二元數量已電壓來加以取代，我們可以獲得一個電壓的等效電路，並造成圖 2.26(b) 之中所顯示的這個電路。在這個圖形中，符號 V_x 與 V_y 分別代表布林變數 x 與 y。這個資訊提供了建構這個 CMOS NOR2 電路的基礎。

建構邏輯閘的一種方法乃是使用圖 2.27 中所畫的卡諾圖 (Karnaugh map)。一般而言，CMOS 會產生反相的邏輯，這是因爲我們的閘是使用 NOT 電路作爲基礎來建構的。這會產生一般而言當處理 K 圖時我們對 1 與 0 的出現都有興趣的這種情況。其中，注意在圖形中我們已經產生兩個 0 群組。這個圖形使我們得以寫出下列型式的邏輯表示式

[6] 「NOR2」這個術語意指一個 2 輸入的 NOR 閘。

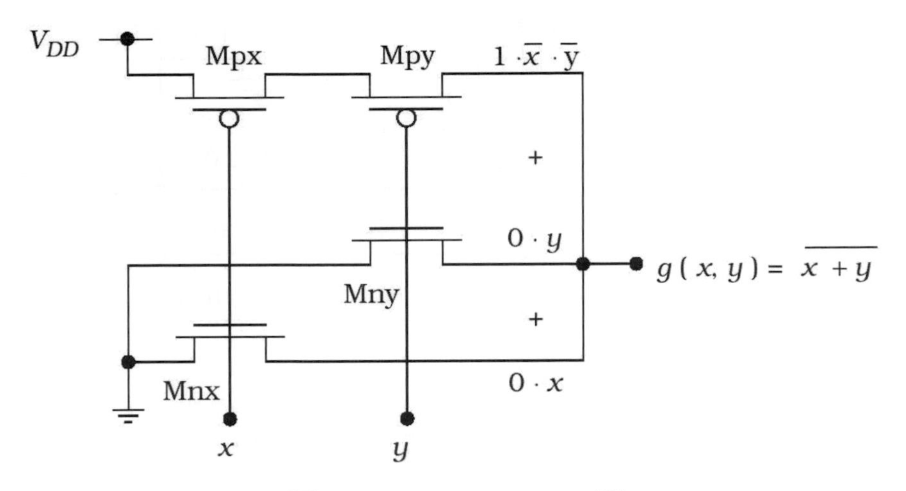

圖 2.28 CMOS NOR2 閘

x	y	Mpx	Mpy	Mnx	Mny	g
0	0	導通	導通	關閉	關閉	1
0	1	導通	關閉	關閉	導通	0
1	0	關閉	導通	導通	關閉	0
1	1	關閉	關閉	導通	導通	0

圖 2.29 NOR2 閘運算的綜合整理

$$g(x,y)=\overline{x}\cdot\overline{y}\cdot 1+x\cdot 0+y\cdot 0 \tag{2.39}$$

並反向工作來建構這個電路。每一項代表一條到輸出的 FET 路徑。第一項將這個輸出連接至 1【電源供應 V_{DD}】，並且是由一條串聯連接的 AND 排列之中的這些輸入變數的補數所控制的。第二項與第三項代表在輸出與 0【接地】之間的兩條獨立的 nFET 路徑。將這些陳述加以合併造成圖 2.28 中所顯示的 CMOS NOR2 電路；在這個方程式與這個電路之中每條線路之間的一對一對應關係是顯而易見的。

爲了驗證這個電路的確具有適當的電性行爲，我們可以來建構圖 2.29 之中的表格。這顯示對四種輸入可能性每個 FET 的狀態【導通或關閉】。追蹤每種可能性的輸出連接輕易地證明這個切換電路與眞値表是一致的。

這個 NOR2 閘的電性結構也說明了這些 FET 被導線連接在一塊的方式的另外一個重點。注意這兩個 pFET Mpx 及 Mpy 被串聯連接使得兩者都必須導通以建立一條由 V_{DD} 到輸出的傳導路徑。而另一方面，這些 nFET Mnx 及 Mny

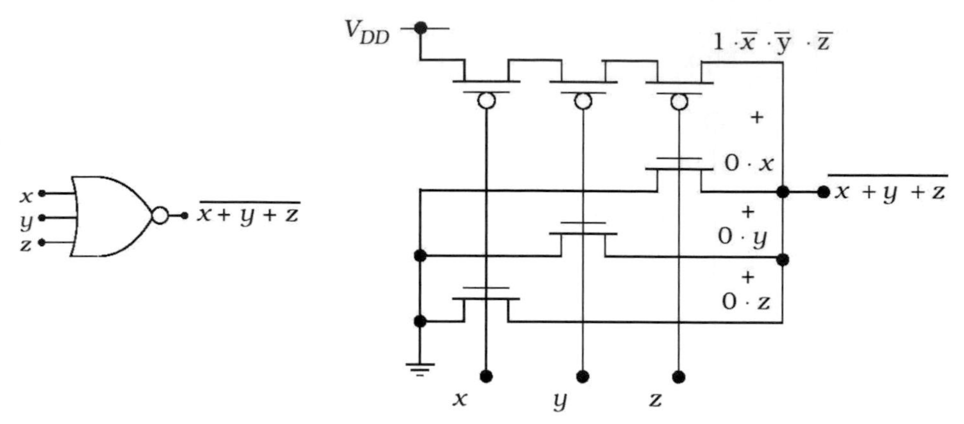

圖 2.30 在 CMOS 之中的一個 NOR3 閘

被並聯地導線連接，因此如果任一個 nFET 導通的話，在輸出與接地之間會有一條連接被產生。這稱爲是一種**串聯─並聯** (series-parallel) 的電晶體排列，這個原理使我們得以設計更爲複雜的閘。

作爲一個範例，讓我們使用 NOR2 的拓撲來作爲一個準則來建構一個 3 個輸入的 NOR (NOR3) 閘。讓我們將這些輸入標示爲 x、y、及 z。每個輸入被連接至一個互補的 nFET/pFET 對的閘。這個閘的邏輯輸出表示式被給予爲

$$f = \overline{x + y + z} \tag{2.40}$$

這說明如果一個或更多個輸入是邏輯 1 的話，那麼輸出會有一個 $f = 0$ 的值。由於輸出 0 是被這些 nFET 所控制，將這三個 nFET 並聯地置放會給予恰當的函數行爲。如果我們應用串聯─並聯結構原理，則這些 pFET 應該彼此串聯。圖 2.30 顯示以這種方式所建構的邏輯電路，注意它與圖 2.28 中的這個 NOR2 電路之間的相似性。由觀察法，我們可以來驗證這個 NOR3 邏輯閘的運算：如果任何輸入是一個 1，則這個輸出被連接至接地而給予 $f = 0$。得到一個 $f = 1$ 輸出的唯一狀況乃是如果所有三個輸入都是 0；這會將所有三個 pFET 都導通，而同時將這些 nFET 都關閉。

驗證這個邏輯的另外一種方法乃是使用 FET 開關的方程式並推導這個 MUX 方程式。圖 2.30 中的頂部枝幹通過一群三個串聯的 pFET，它們是由下式來加以描述

$$1 \cdot \overline{x} \cdot \overline{y} \cdot \overline{z} \tag{2.41}$$

其中我們認知到電源供應電壓 V_{DD} 是等同於一個邏輯 1。三個 nFET 枝幹的每一個都是由使接地通過來到輸出的一個單一 FET 所構成的。由於接地是在一個

邏輯 0，因此我們可以將四個枝幹 OR 在一塊來給予下列的一個完整輸出表示式

$$f=1\cdot\bar{x}\cdot\bar{y}\cdot\bar{z}+0\cdot x+0\cdot y+0\cdot z \tag{2.42}$$

這些 nFET 項確保每當一個或更多個輸入為 1 時，這個電路的輸出電壓是 0 V。然而，邏輯上，它們會得到 0 的值而得到最終的型式

$$f=1\cdot\bar{x}\cdot\bar{y}\cdot\bar{z}=\overline{x+y+z} \tag{2.43}$$

其中在簡化時我們使用一個德摩根關係式。這顯示這個電路實際上的確提供了 NOR3 運算。

原則上，我們可以使用相同的論述而在 CMOS 之中建構諸如一個 NOR4 或 NOR6 的多重輸入 NOR 閘。這種技術很容易應用，而且會得到可以運作的邏輯電路。然而，對 VLSI 的應用而言，邏輯電路的選擇不只是基於提供一種邏輯運算的能力而已。諸如切換速度及矽晶片上的面積消耗等硬體特性也必須被列入考量。在本章之中，我們將專注於來透過電路拓撲來形成邏輯函數。更多詳細的考慮將在後面的文章之中加以討論。

2.3.3 CMOS NAND 閘

再來，讓我們來建構具有圖 2.31 中所整理的邏輯符號與行為的這個 NAND2 閘的 CMOS 電路。這個閘的特性為除非兩個輸入都是 1 否則輸出為 0。這個眞值表可以被使用來建構圖 2.32(a) 中所繪製的這個 4:1 MUX 實際裝置使得這個輸出是描述為

$$h(x,y)=\bar{x}\cdot\bar{y}\cdot 1+\bar{x}\cdot y\cdot 1+x\cdot\bar{y}\cdot 1+x\cdot y\cdot 0 \tag{2.44}$$

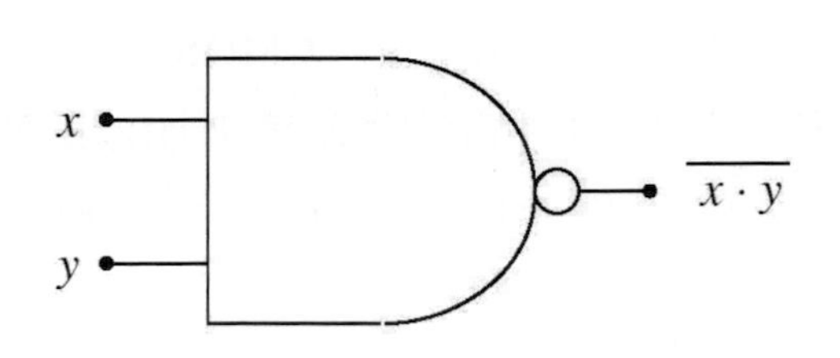

(a) 邏輯符號

x	y	$\overline{x\cdot y}$
0	0	1
0	1	1
1	0	1
1	1	0

(b) 真值表

圖 2.31　NAND2 邏輯閘

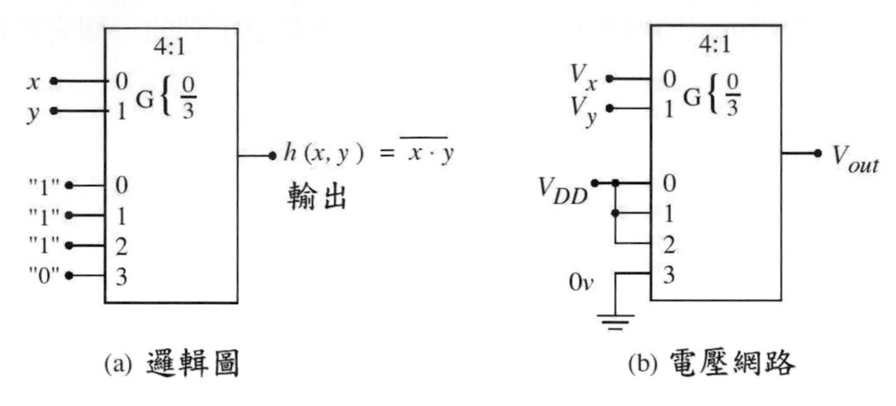

圖 2.32 使用一個 4:1 多工器的 NAND2 運算

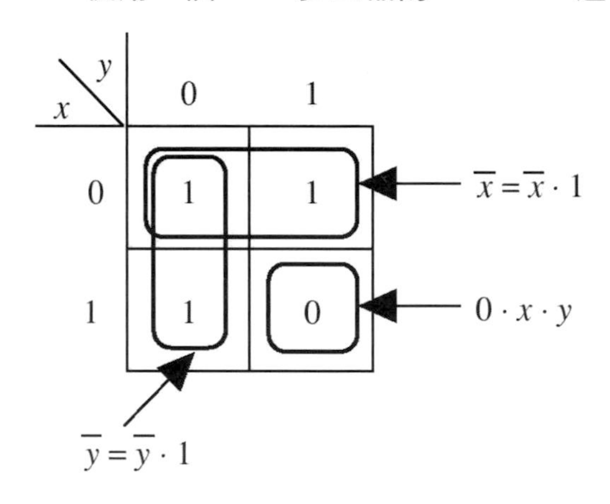

圖 2.33 NAND2 卡諾圖

現在，圖 2.32(b) 中的電壓等效網路看起來比較明顯。

如同 NOR2 閘一般，檢視這個 NAND2 函數的卡諾圖示很有用的。圖 2.33 顯示這個圖形連同使 $h = 1$ 這種狀況簡化的兩個群組。使用這些簡化，我們的表示式可以被重新寫成

$$h(x, y) = \overline{x} \cdot 1 + \overline{y} \cdot 1 + x \cdot y \cdot 0 \tag{2.45}$$

將每一項轉換成為 FET 群體就得到圖 2.34 中所顯示的 CMOS 電路。這給予 NAND2 函數，這可由圖 2.35 的表格所綜合整理的這個運算來加以驗證。這個 NAND2 閘的一項重要特性乃是它使用兩個並聯連接的 pFET，而 nFET 則是串聯的。這與 NOR2 閘的結構恰恰相反。

一個 NAND3 閘也可以使用相同的拓撲來加以產生。這須要三組互補對，每一組被一個分開的輸入所驅動。這些 nFET 被串聯地置放，而這些 pFET 則是被並聯地導線連接。這會得到圖 2.36 之中所顯示的閘。為了驗證這個電路的運

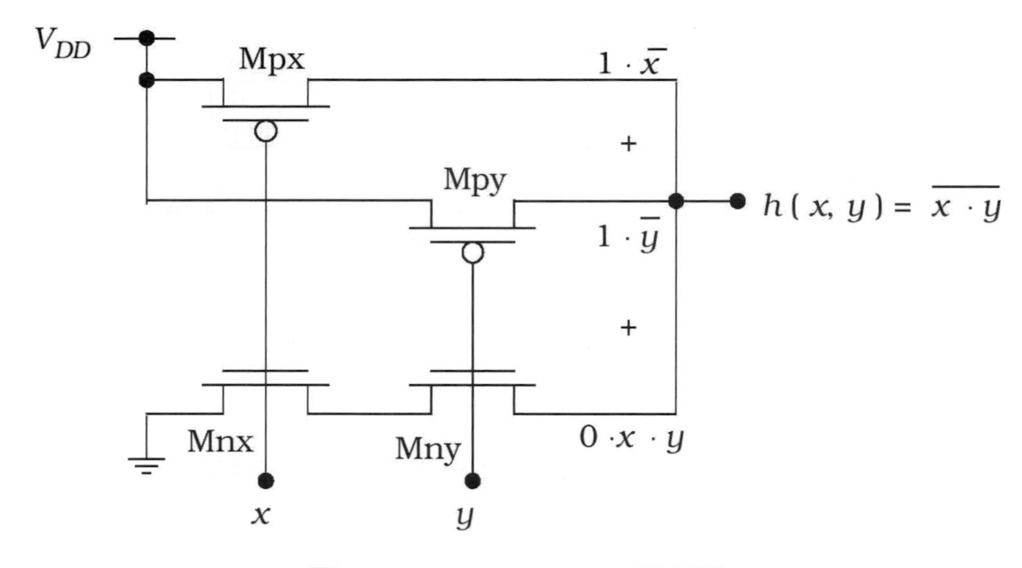

圖 2.34 CMOS NAND2 邏輯閘

x	y	Mpx	Mpy	Mnx	Mny	h
0	0	導通	導通	關閉	關閉	1
0	1	導通	關閉	關閉	導通	1
1	0	關閉	導通	導通	關閉	1
1	1	關閉	關閉	導通	導通	0

圖 2.35 NAND2 電路運算的綜合整理

算，注意所有三個輸入必須都是 1 以提供一條輸出與接地之間的傳導路徑。如果任何一個【或更多個】輸入是一個 0 的話，則這個對應的 nFET 是關閉，而這個 pFET 有如一個封閉的開關一般來驅動；這在輸出處給予一個邏輯 1 電壓 V_{DD}。

開關的邏輯分析也可以被應用來將這個電路當作一個多工器來處理。在這個電路底部的這條串聯連接的 nFET 鏈是以下列的邏輯項來加以描述

$$0 \cdot x \cdot y \cdot z \tag{2.46}$$

每個 pFET 枝幹是由一個單一電晶體所構成的，當一個 0 被外加時，這個電晶體的作用有如一個封閉的開關。在這四個枝幹之間進行 OR 運算會給予

$$0 \cdot x \cdot y \cdot z + 1 \cdot \overline{x} + 1 \cdot \overline{y} + 1 \cdot \overline{z} \tag{2.47}$$

刪除這些 0 項並使用德摩根簡化會給予輸出函數為

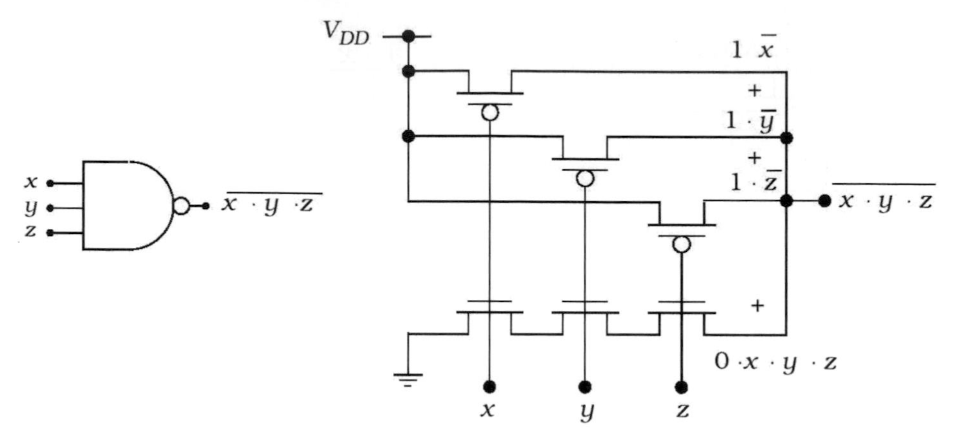

圖 2.36 在 CMOS 之中的一個 NAND3 邏輯閘

$$\overline{x \cdot y \cdot z} \tag{2.48}$$

這是 NAND3 函數。這種技術可以被延伸來設計具有更多輸入的 NAND 閘的 CMOS 電路。

2.4 在 CMOS 之中的複雜邏輯閘

在 CMOS 之中建構邏輯電路的一項重要的層面乃是產生一個單一電路來以一種積集的方式來提供數種基本運算【NOT、AND、及 OR】的能力。在我們的討論之中，這些將被稱爲複雜或組合的邏輯閘。在 VLSI 系統階層設計之中，複雜邏輯閘是非常有用的。

爲了說明複雜邏輯閘的主要想法，考慮布林表示式

$$F(a,b,c) = \overline{a \cdot (b+c)} \tag{2.49}$$

如同圖 2.37(a) 中所顯示，建構這個函數的邏輯網路的最簡單方式乃是使用一個 OR 閘、一個 AND 閘、及一個 NOT 閘。如果只有一個 NAND2 閘可供使用

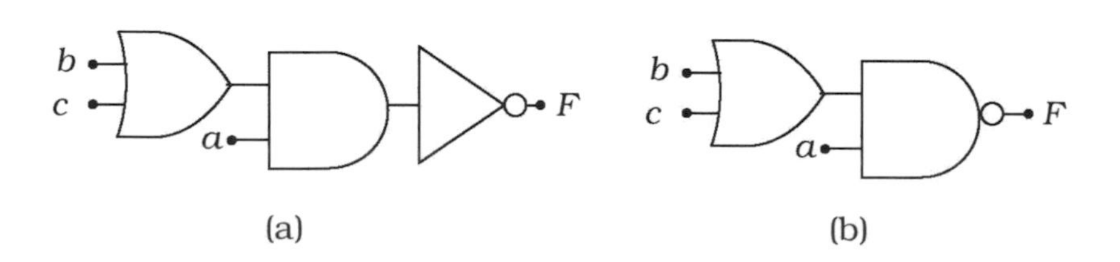

圖 2.37 邏輯函數的範例

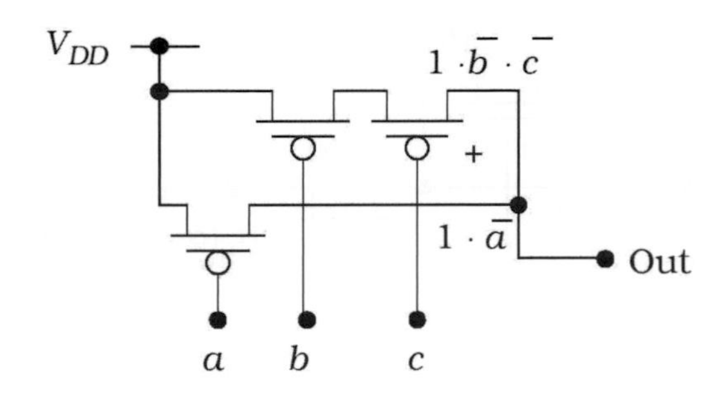

圖 2.38 **方程式** (2.51) **的** F **的** pFET **電路**

的話，我們也可以將這個網路簡化爲圖 2.37(b) 中的網路。如果我們建構任一種實際裝置的電子等效，則傳統的方法乃是使用一種一對一的映射：每一個閘都須要一個電子邏輯電路。對第一種狀況 (a)，這須要三個不同的閘，而 (b) 則會使閘數降低至二。對許多的應用而言，這種方法是完美可接受的；它的想法很直觀，而且它的裝置也是直截了當的。

在一個 VLSI 的實際裝置之中，這些設計的限制將更難以滿足。電晶體會在矽晶片之上佔據面積，而每個邏輯閘都使用電晶體。由於在一片 VLSI 晶片上的閘數可以輕易超過數十萬，因此我們經常尋求可以降低閘及或 FET 的數目而仍然能夠進行所須要的邏輯的這種技術。在目前的討論之中，我們將藉由建構一個能夠實際裝置這整個函數的單一的邏輯閘來達成這個目標。

藉由將德摩根展開應用於這個函數來寫出下式，讓我們來更詳細地研究這個函數 F 的特性。

$$\begin{aligned} F &= \overline{a \cdot (b+c)} \\ &= \overline{a} + (\overline{b+c}) \\ &= \left[\overline{a} + (\overline{b} \cdot \overline{c})\right] \cdot 1 \end{aligned} \tag{2.50}$$

最後一個步驟只是將這個結果與一個邏輯 1 的值 AND 起來而已。展開之後得到

$$F = \overline{a} \cdot 1 + (\overline{b} \cdot \overline{c}) \cdot 1 \tag{2.51}$$

這是可以被使用來建構圖 2.38 中所顯示的 pFET 切換電路的一種型式。藉由檢驗每一項，我們可以驗證這個對應關係。第一項隱喻一個 pFET 將電源供應 (V_{DD}) 連接至被輸入 a 所控制的輸出。第二項與 NOR2 閘所碰到的型式是完全相同的。它代表將電源供應連接至輸出的兩個串聯連接的 pFET【具有控制變數 b 與 c】。

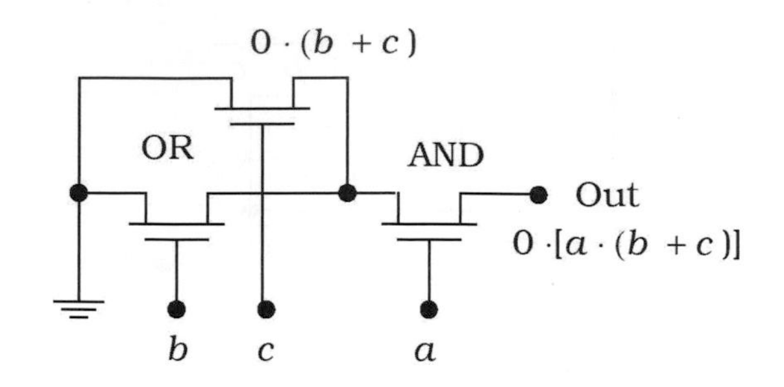

圖 2.39　F 的 nFET 邏輯電路

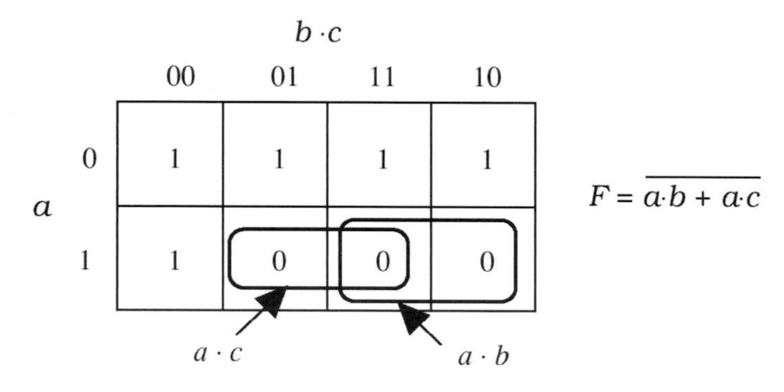

圖 2.40　nFET 電路的卡諾圖群集

這個 pFET 電路本身並不足以產生一個正常運作的電子電路。如果有須要，我們必須加進一個可以得到 $F=0$ 的 nFET 陣列。在方程式 (2.49) 之中這個函數的原始型式顯示 $F=0$ 會發生當

$$a=1 \quad \text{AND} \quad (b+c)=1$$

這是等同於寫出輸出表示式

$$0\cdot\left[a\cdot(b+c)\right] \tag{2.52}$$

這又可以被使用來描述圖 2.39 中所顯示的 nFET 陣列。由 b 與 c 所控制的兩個並聯連接的 nFET 會給予這項 OR 操作。這個群組與 a 輸入的 nFET 串聯來產生這個 AND。這個邏輯可以由圖 2.40 中的卡諾圖群組來加以驗證。由於這兩個群組所涵蓋的共同項的緣故，簡化至使用單一 a 輸入 nFET 會發生。

這個完成的 CMOS 邏輯閘乃是藉由將 nFET 與 pFET 電路加以合併來加以建構的，並造成圖 2.41 中的電路。我們已經將這些 FET 旋轉 90 度來達到這個完成的電路圖。這是繪製 CMOS 邏輯電路的最平常的方法，這是因爲它會使串聯與並聯連接的 FET 更明顯。這個電路的等效可以藉由追蹤每條枝幹，並將它與上面所開發出來的這些較簡單電路加以比較來加以驗證。

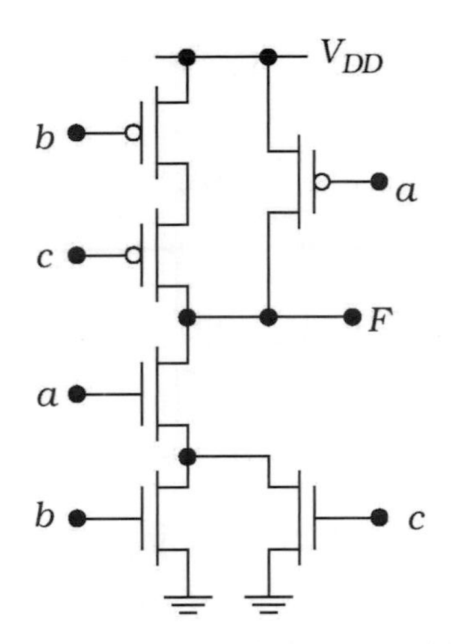

圖 2.41 完成的複雜 CMOS 邏輯閘電路

這個範例說明一個複雜函數可以以一個單一的 CMOS 邏輯電路來實際裝置，這個電路取代由兩個或更多個原始閘的一個串級。在 VLSI 設計之中，複雜邏輯閘電路可能會更有效率，這是因為它們將這些電路要求及這個邏輯流動簡化。一個 CMOS 技術的一項威力強大的層面乃是它使我們得以使用不同的技術來設計諸如複雜邏輯閘邏輯網路。這幫助增大積集的密度，這個密度量度在這片矽晶片上所能夠置放的邏輯數量。

2.4.1 結構化的邏輯設計

經由專注於電路的特性，我們可以推導出來一種設計邏輯閘的結構化方法。CMOS 邏輯閘本質上是反相的；這意指輸出一定會產生一個作用在輸入變數之上的 NOT 運算。圖 2.42 中這個簡單的反相器說明了這項性質的起源。如果這個輸入 a 是一個邏輯 1，則這個 nFET 是 ON，而這個 pFET 是 OFF。這個 nFET 使邏輯 0 【接地】通過到達輸出，而在那裡給予 $\overline{a}$。在 NAND 與 NOR 電路之中也可以觀察到這種特性。

CMOS 邏輯電路的反相本性使我們得以使用一種結構化的方式來建構 AOI 與 OAI 邏輯表示式的邏輯電路。一個 AOI 邏輯函數乃是以 AND 然後 OR 然後 NOT【反相】的順序來實際裝置這些運算的一個邏輯函數。譬如，

$$g(a,b,c,d) = \overline{a \cdot b + c \cdot d} \qquad (2.53)$$

有一個隱含的運算順序：先求得

$$(a \text{ AND } b) \text{ 及 } (c \text{ AND } d)$$

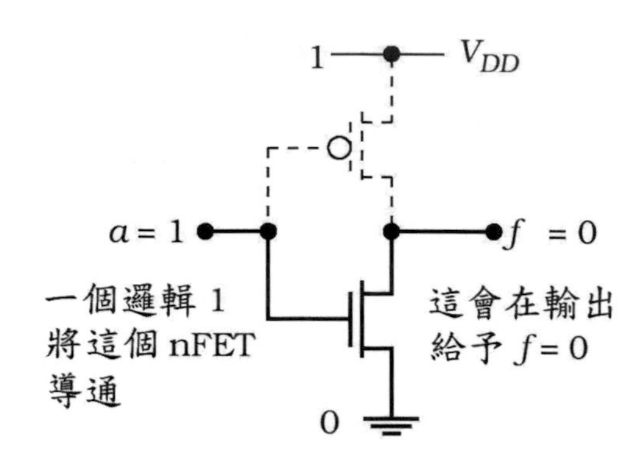

圖 2.42 CMOS 閘的反相特性的起源

然後進行 OR 運算，使得最終的結果爲

$$g = \text{NOT}[(a \text{ AND } b) \text{ OR } (a \text{ AND } b)]$$

藉由將這個函數展開來得到下列的型式，我們可以使用之前的 CMOS 閘範例來得到另一個範例

$$f(a,b,c) = \overline{a \cdot (b+c)} = \overline{a \cdot b + a \cdot c} \tag{2.54}$$

在分配這些項之後，我們可以看到 A-O-I 這種運算順序。一個 AOI 函數的一種替代的描述乃是說明它是一個反轉的**乘積的總和** (sum-of-products, SOP)。一個 OR-AND-INVERT (OAI) 函數將 AND 與 OR 運算的順序加以反轉。一個 OAI 型式的一個範例爲

$$h(x,y,z,w) = \overline{(x+y) \cdot (z+w)} \tag{2.55}$$

這是因爲這隱含我們首先計算

$$(x \text{ OR } y) \quad \text{連同} \quad (w \text{ OR } z)$$

因此

$$h = \text{NOT } [(x \text{ OR y}) \text{ AND } (w \text{ OR z})]$$

會求取 h 的值。一個 OAI 型式是等同於一個反相的**總和的乘積** (product-of-sums, POS) 表示式。

CMOS 切換特性提供了實際裝置諸如 AOI 與 OAI 等反相邏輯型式的一種自然的手段。這種技術是基於以一種一致的方式來使用 nFET 與 pFET 陣列。這種型式的複雜邏輯閘使設計師得以將三個或更多個原始的運算壓縮成爲一個單一的邏輯閘。首先考慮 nFET 的邏輯構成性質。由 NAND 的分析，我們已經

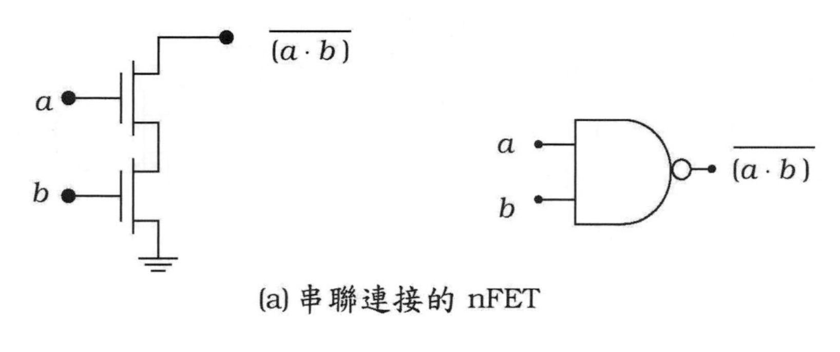

(a) 串聯連接的 nFET

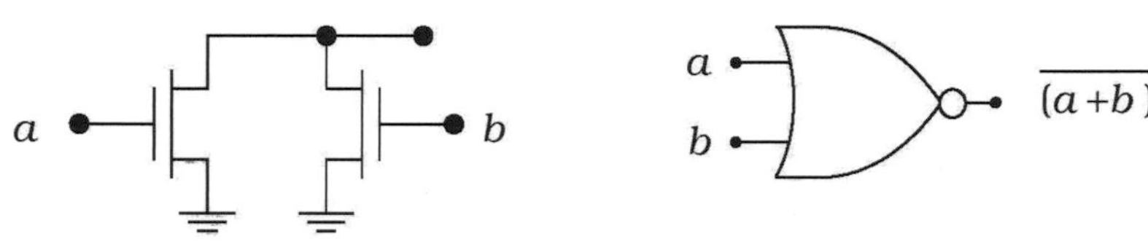

(b) 並聯連接的 nFET

圖 2.43　nFET 邏輯的形成

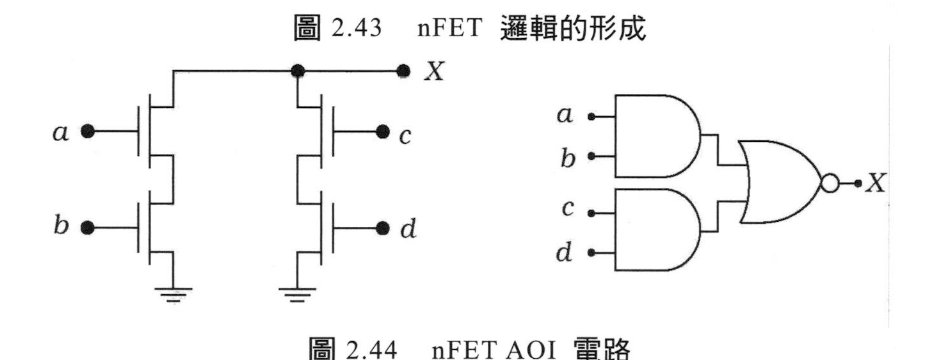

圖 2.44　nFET AOI 電路

得知串聯的 nFET 會提供 AND-INVERT 邏輯；這顯示於圖 2.43(a) 之中。相類似地，NOR 閘的分析顯示並聯連接的 nFET 會產生圖 2.43(b) 中所綜合整理的這些 OR-INVERT 運算。這些結果可以被推廣至較大數量的電晶體。譬如，具有輸入 a, b, c, d 的 4 個串聯連接的 nFET 會產生

$$\overline{a\cdot b\cdot c\cdot d} \tag{2.56}$$

而並聯連接的 FET 會得到 OR-INVERT 運算

$$\overline{a+b+c+d} \tag{2.57}$$

這項觀察的威力在於我們可以將串聯及並聯連接的 nFET 予以合併來產生複雜的邏輯閘。這種做法的一個範例顯示於圖 2.44 之中。這個陣列是由並聯連接的群組所組成的，每一個群組是由兩個串聯連接的 nFET 所作成的。左邊的這個電晶體形成 AND 運算 $(a\cdot b)$，而右邊的 nFET 群組會得到 $(c\cdot d)$；這兩個群組

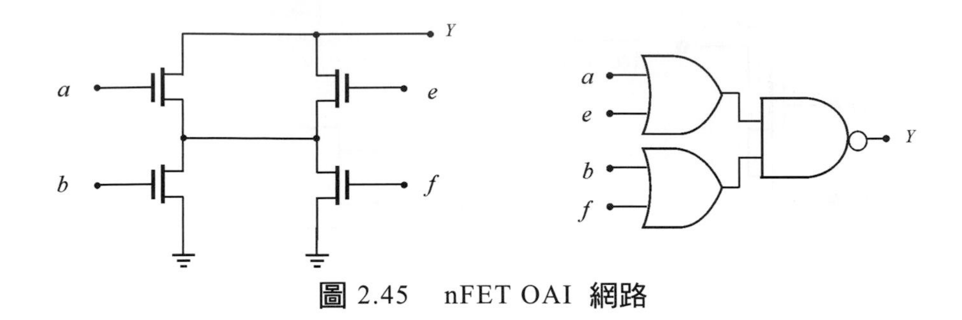

圖 2.45 nFET OAI 網路

的並聯連接得到 OR 運算，而這個閘的最終輸出會得到 NOT。因此，我們看到這個函數被描述為

$$X = \overline{(a \cdot b) + (c \cdot d)} \tag{2.58}$$

這是一個 AOI 表示式，它是以這個電路旁邊的這個邏輯電路來加以表示。我們必須注意，這項 NOT 運算是在這個邏輯【即，這個函數 X】的出口點所看到的。這個 AND 運算是由串聯連接的 nFET 所提供的，而 OR 是使用一個並聯連接的群組所達成的。雖然這種方法是基於從視覺上來追蹤這個邏輯的構成，但是我們可以使用切換方程式的型式來驗證這個結果。應用這個 nFET 方程式，我們得到輸出為

$$0 \cdot [(a \cdot b) + (c \cdot d)] \tag{2.59}$$

這是等同於 X 的陳述型式。

圖 2.45 說明一個修改的電路。與圖 2.43 相比較顯示一條連接線已經被加進來使得現在上面這兩個電晶體【具有輸入 a 與 e】是彼此並聯。相類似地，具有輸入 b 與 f 的 nFET 也是並聯的。兩個並聯群組實際裝置 OR 運算而得到 $(a+e)$ 與 $(b+f)$ 項。將並聯的群組予以串聯連接得到 AND 運算，因此將這個輸出反相會造成

$$Y = \overline{(a+e) \cdot (b+f)} \tag{2.60}$$

這具有 OAI 的型式。為了驗證這個結果，使用開關階層的方程式來寫出

$$0 \cdot [(a+e) \cdot (b+f)] \tag{2.61}$$

這是等同於方程式 (2.60) 之中的 Y 的表示式。

現在回想一個 CMOS 邏輯閘使用 nFET 來使一個 0 通過到達輸出，而 pFET 使一個邏輯 1 通過。由於 pFET 與 nFET 互補，我們可以建構在圖 2.46 中所綜合整理的邏輯構成特性。圖 2.46(a) 中所顯示的這些並聯連接的 pFET 是

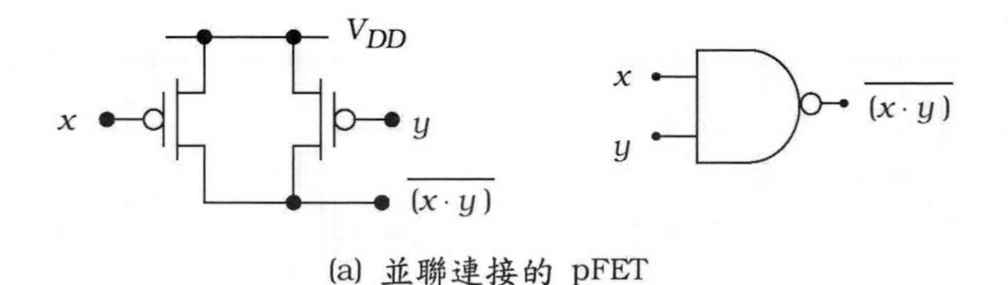

(a) 並聯連接的 pFET

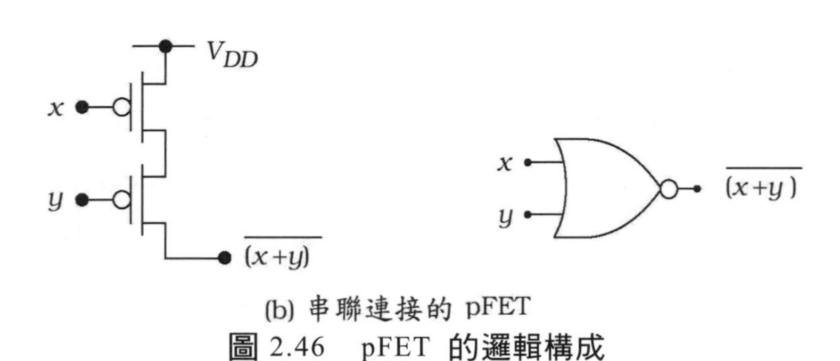

(b) 串聯連接的 pFET

圖 2.46　pFET 的邏輯構成

以下列的邏輯方程式來加以描述

$$1 \cdot (\overline{x} + \overline{y}) = 1 \cdot \overline{(x \cdot y)} \tag{2.62}$$

這是 AND-NOT 運算序列。為了獲得 OR-NOT 運算，我們必須使用圖 2.46(b) 中的串聯連接 pFET。在這種狀況之下，這個邏輯是由下面的切換方程式所構成的

$$1 \cdot \overline{x} \cdot \overline{y} = 1 \cdot \overline{(x + y)} \tag{2.63}$$

這個方程式驗證了這項陳述。

對之前所討論在圖 2.44 中所顯示的這個 nFET 電路，讓我們來檢視這個 AOI 函數所須要的 pFET 陣列

$$X = \overline{(a \cdot b) + (c \cdot d)} \tag{2.64}$$

使用這些 pFET 法則會產生圖 2.47(a) 中所說明的這個網路。相類似地，這個 OAI 函數

$$Y = \overline{(a + e) \cdot (b + f)} \tag{2.65}$$

會得到圖 2.47(b) 之中的 pFET 陣列。

這項討論顯示 nFET 與 pFET 群組是以不同的方式來表現。並聯連接的 nFET 得到 OR-NOT 運算，而並聯連接的 pFET 則會得到 AND-NOT 的順序。串聯連接的 nFET 提供了 AND-NOT，但是串聯的 pFET 則會給予我們

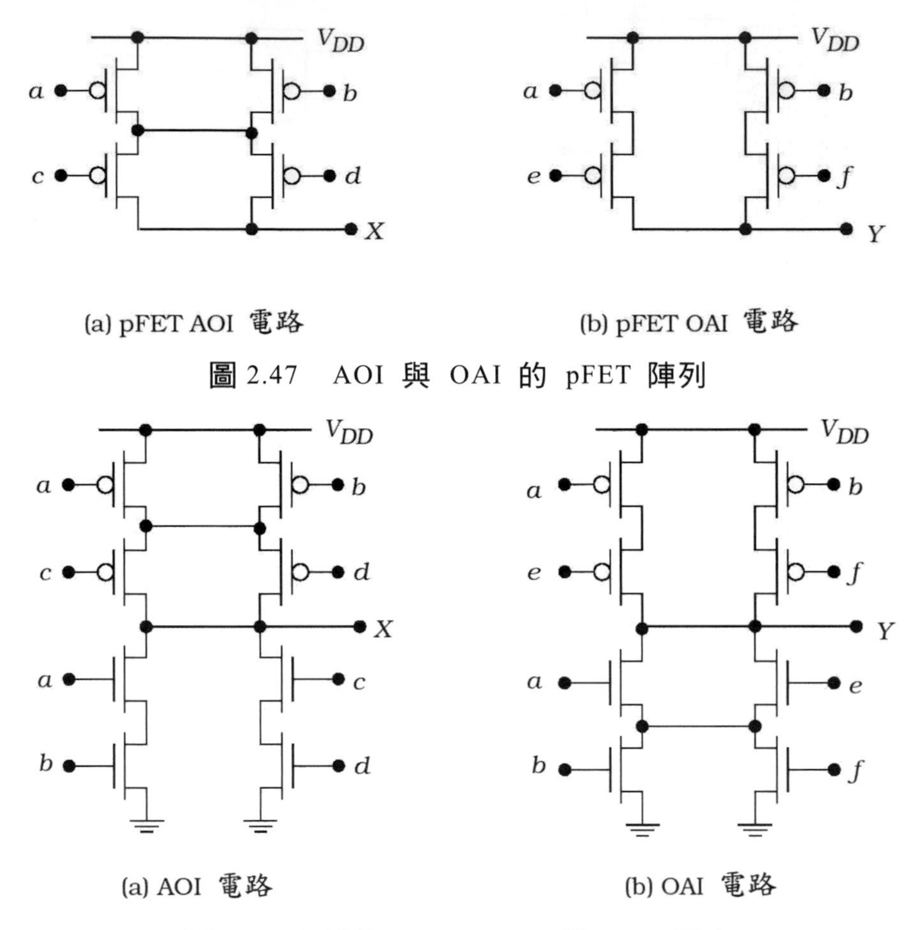

(a) pFET AOI 電路　　(b) pFET OAI 電路

圖 2.47　AOI 與 OAI 的 pFET 陣列

(a) AOI 電路　　(b) OAI 電路

圖 2.48 完整的 CMOS AOI 與 OAI 電路

OR-NOT。使用這些結果，我們可以來陳述相等導線連接的 nFET 群組與 pFET 群組是彼此的邏輯對偶 (dual)。換言之，如果一個 nFET 群組得到下列型式的一個函數

$$g = \overline{a \cdot (b + c)} \tag{2.66}$$

則一個完全相同導線連接的 pFET 陣列則會得到對偶的函數

$$G = \overline{a + (b \cdot c)} \tag{2.67}$$

其中 AND 及 OR 運算已經被交換了。這是 nFET-pFET 邏輯的一項很有意思的性質，在某些 CMOS 設計之中，這項性質可以被充分的開發運用。

藉由建構每一個範例的完整 CMOS 電路，我們可以看出這些範例的最重要層面；兩種電路都顯示於圖 2.48 之中。首先考慮在圖 2.48(a) 之中的 AOI 電路。具有輸入 a 與 b 的 nFET 是彼此串聯，而相對應的 pFET 是並聯地以導

線來加以連接。這種設計也可以應用於具有輸入變數 c 與 d 的 FET。最後，具有輸入 (a, b) 的這個 nFET 群組與具有輸入群組 (c, d) 是並聯的，因此這些相對應的 pFET 群組是串聯的。這是 nFET—pFET 陣列的串聯–並聯結構的另一個範例。圖 2.48(b) 之中的 OAI 電路展現相同的特徵。在這種狀況下，具有輸入 a 與 e 的這些 nFET 是並聯的，具有輸入 b 與 f 的這些 nFET 也是並聯的。具有輸入 a 與 e 的這個 pFET 群組被導線串聯地連接；對於由 b 與 f 所驅動的這些 pFET，相同的評論也會成立。最後，由於這個 nFET 的 (a, e) 群組是與 (b, f) 群組串聯，因此相對應的 pFET 群組是彼此並聯。這可以被使用來在 CMOS 之中建構任何 AOI 或 OAI 電路。

範例 2.1

考慮下面的這個複雜的函數

$$X = \overline{a + b \cdot (c + d)} \tag{2.68}$$

我們可以藉由使用下列的排列來建構這個 nFET 電路：

群組 1：具有輸入 c 與 d 的這些 nFET 是並聯的；
群組 2：具有輸入 b 而與群組 1 串聯的一個 nFET；
群組 3：具有輸入 a 而與群組 1—群組 2 電路並聯的一個 nFET。

圖 2.49 中的這個電路明白地顯示每個群組。這些 pFET 是使用串聯—並聯結構

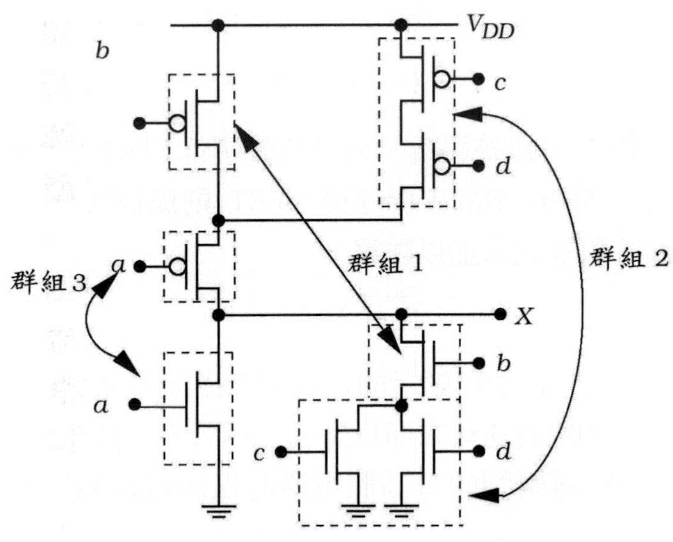

圖 2.49 範例 2.1 的 AOI 電路

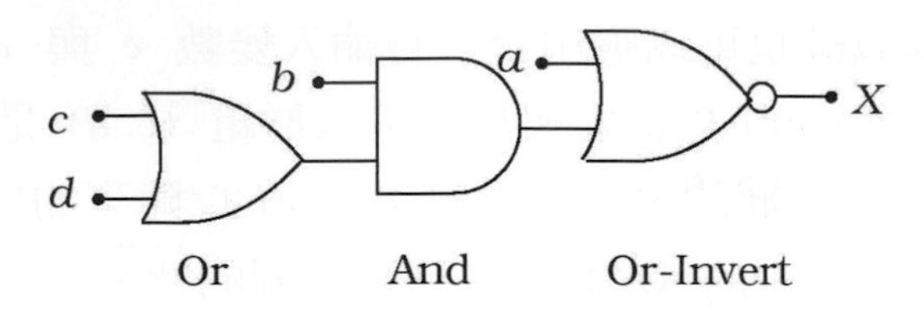

圖 2.50 範例 2.1 的等效邏輯圖

來加以排列。每個 pFET 群組可以附屬於具有相同輸入的這個 nFET 群組使得

群組 1 ：具有輸入 c 與 d 的這些 pFET 是串聯的這些 pFET；

群組 2 ：具有輸入 b 而與群組 1 pFET 並聯的一個 pFET；

群組 3 ：具有輸入 a 而與群組 1－群組 2 pFET 串聯的一個 pFET。

這個電路的等效邏輯圖顯示於圖 2.50 之中。追蹤由輸入至輸出的數據流動顯示這個閘具有 OAOI 的結構。這只是具有一個額外的 OR 輸出的一個 AOI 電路。

推泡泡 (Bubble Pushing)

使用一種基於邏輯圖形的方法，我們可以設計複雜 CMOS 邏輯電路的串聯-並聯導線連接。這種程序乃是將德摩根法則應用於圖 2.46 中所闡明的 pFET 關係。回想 pFET 也可以被模擬爲聲明低的開關。因此，讓我們將 pFET 族群模擬爲具有聲明低輸入的邏輯閘。這會導引我們得到圖 2.51 中所顯示的修改邏輯。在圖 2.51(a) 之中，我們應用德摩根法則來寫出

$$1\cdot(\overline{x\cdot y})=1\cdot(\overline{x}+\overline{y}) \tag{2.69}$$

因此並聯連接的 pFET 可以被視爲一個具有聲明低【推泡泡】輸入的 OR 運算。以相同的方式，圖 2.51(b) 中的串聯連接 pFET 則提供具有聲明低輸入的 AND 運算。這可由下面的恆等式來加以驗證

$$1\cdot(\overline{x+y})=1\cdot(\overline{x}\cdot\overline{y}) \tag{2.70}$$

兩種運算都可以以圖 2.52 中所顯示的這些運算以圖形來加以表示，圖中我們看到反向推泡泡通過這個閘到達輸入而以聲明低輸入埠來產生對偶的操作。

設計一個 CMOS 邏輯閘的電晶體電路的程序可以被歸納整理爲下列的步驟：

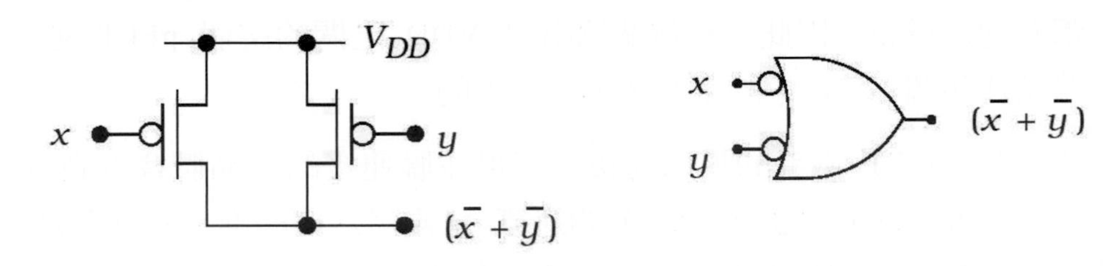

(a) 並聯連接的 pFET

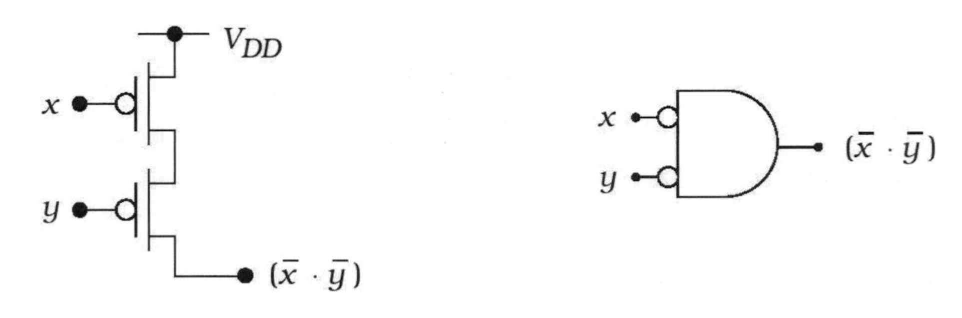

(b) 串聯連接的 pFET

圖 2.51　pFET 的聲明低模型

(a) NAND - OR

(b) NOR - AND

圖 2.52 使用德摩根法則來推泡泡

- 使用基本的 AOI 或 OAI 結構來建構邏輯圖。
- 諸如一個 OAOI 與 AOAI 的一個較深的套疊是被允許的。
- 使用在圖 2.43 中所綜合整理的這些閘—nFET 關係來建構輸出與接地之間的這個 nFET 邏輯電路。
- 爲了獲得這個 pFET 陣列的拓撲，從原始的邏輯圖出發，並使用德摩根法則將這個泡泡推回至這些輸出。持續往後推直到每個輸入都有泡泡為止。因此，在這個輸出與 VDD 之間的這個 pFET 電路是使用圖 2.51 中的這些法則所獲得的。

注意 nFET 與 pFET 兩者的導線連接，時得並聯連接的電晶體會得到 OR 運算，而串聯連接的 FET 則提供 AND 的運算。這兩者之間的唯一差別乃是 nFET 是聲明高的元件，而 pFET 則是聲明低【有泡泡的輸入】的開關。

範例 2.2

考慮圖 2.53 之中的邏輯圖。這提供我們建構 nFET 邏輯陣列的一份地圖。我們看到具有輸入 a 與 b 的 nFET 是串聯【由於 AND 閘的緣故】，而具有輸入 c 與 d 的 nFET 也是串聯。這些串聯連接的群組與一個具有輸入 e 的 nFET 並聯，這是因為它們在輸出被 OR 在一塊。在 nFET 陣列之中，這個【在 NOR 閘之中的】 NOT 運算是自動存在的。

為了獲得 pFET 的導線連接，我們將這個泡泡如同圖 2.54 中所顯示地推

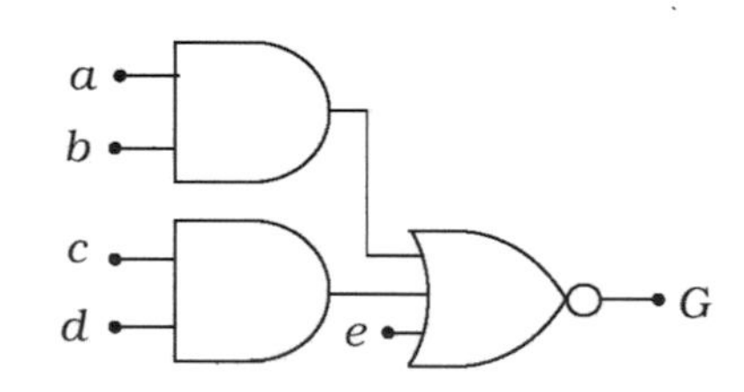

圖 2.53 推泡泡範例的 AOI 邏輯圖

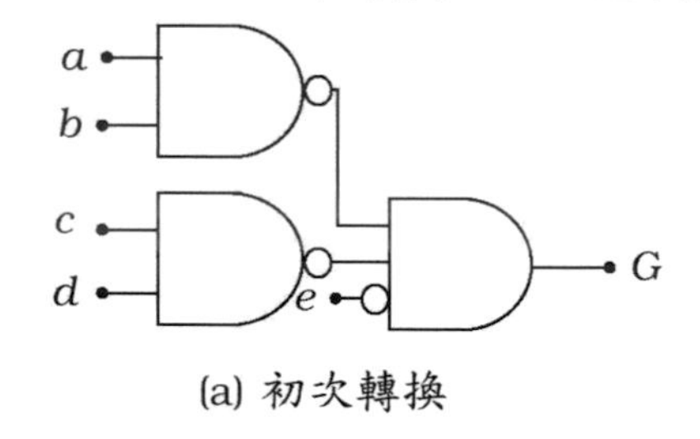

(a) 初次轉換

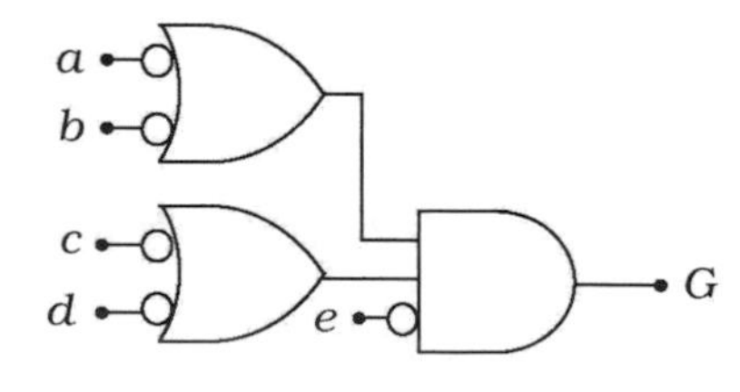

(b) 最終型式

圖 2.54 推泡泡來獲得 pFET 陣列的拓撲

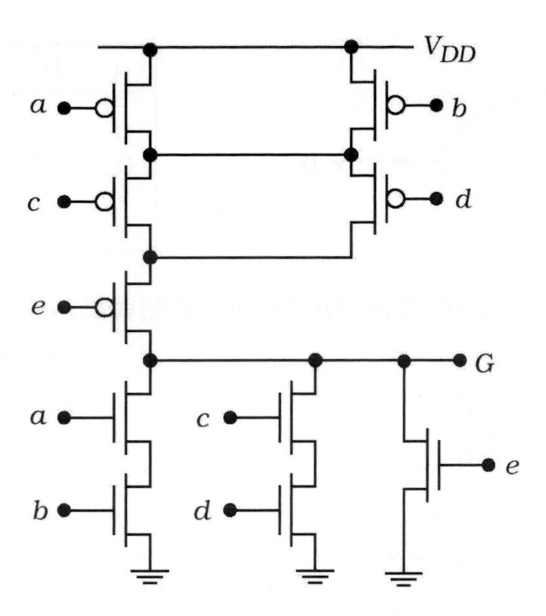

圖 2.55 推泡泡範例的最終電路

回。第一個步驟乃是將這個輸出 NOR 閘轉換成爲一個具有聲明低輸入的 AND 閘；這些會造成在圖 2.54(a) 中所繪製的中間圖形。將這些泡泡透過 AND 閘推回會給予圖 2.54(b) 中的這個聲明低的 OR 閘。這顯示這個 pFET 陣列是由下列所組成

- 兩個具有輸入 a 與 b 的 pFET 被並聯地導線連接。
- 兩個具有輸入 c 與 d 的 pFET 被並聯地導線連接。
- 一個具有輸入 e 的 pFET 與上面兩個群組串聯。

最終的電路被繪製於圖 2.55 之中。追蹤通過這個建構程序是值得的。而且，我們必須牢記這個 CMOS 邏輯閘實際裝置了這個邏輯圖中所呈現的整個函數 G。將這個電路再拆解成爲更基本的邏輯已經不可能了。

2.4.2 XOR 及 XNOR 閘

使用一個 AOI 電路的一個重要的範例乃是建構互斥 OR (XOR) 及互斥 NOR 電路。這些經常使用的閘是由邏輯原始閘所建構的。圖 2.56 給予這個 XOR 的電路符號及眞值表。由第二行及第三行讀取這個邏輯 1 的輸出給予這個標準的 SOP 方程式

$$a \oplus b = \overline{a} \cdot b + a \cdot \overline{b} \tag{2.71}$$

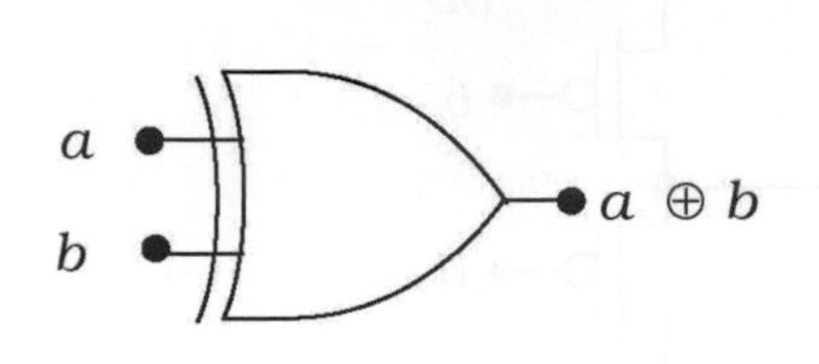

a	b	a ⊕ b
0	0	0
0	1	1
1	0	1
1	1	0

圖 2.56 互斥 OR (XOR) 符號與眞値表

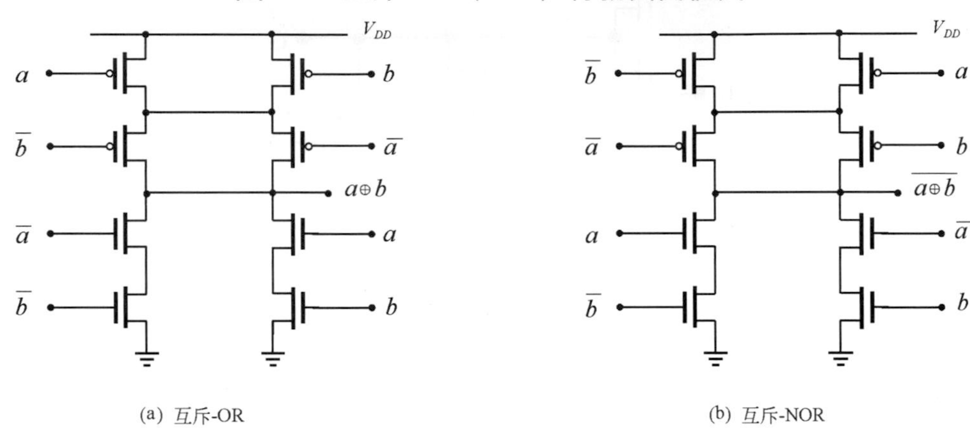

圖 2.57 AOI 的 XOR 與 XNOR 閘

這並不是 AOI 的型式。然而，如果我們讀取這條 0 輸出行，則這個 XNOR 表示式為

$$\overline{a\oplus b}=a\cdot b+\overline{a}\cdot\overline{b} \tag{2.72}$$

因此，這個 XOR 可以被表示為

$$a\oplus b=\overline{(\overline{a\oplus b})}=\overline{a\cdot b+\overline{a}\cdot\overline{b}} \tag{2.73}$$

這具有 AOI 的結構。使用圖 2.48(a) 的電路得到圖 2.57(a) 中所顯示的基本 AOI XOR 電路。由於這個 XOR 閘只具有 (a, b) 輸入，在這個電路之中，我們須要兩個反相器來提供 4 輸入組 $(a,b,\overline{a},\overline{b})$。

為了獲得一個 XNOR 電路，我們只要取這個 XOR SOP 方程式的補數來寫出

$$a\oplus b=\overline{\overline{a}\cdot b+a\cdot\overline{b}} \tag{2.74}$$

因此，將這個 XOR 電路的 a 與 $\overline{a}$ 交換會給予圖 2.57(b) 中的這個 XNOR 閘。將 b 與 $\overline{b}$ 變數加以切換將會給予相同的結果。

2.4.3 一般性的 AOI 與 OAI 邏輯閘

使用一般化的多重輸入 AOI 及 OAI 邏輯閘，標準的邏輯設計經常可以被簡化。特別是在依賴預先設計的邏輯電路的 ASIC 型式電路之中，這是眞實不虛。爲了在各種輸入組態之中加以區別的一種直截了當的術語被發展於圖 2.58 之中。圖 2.58(a) 之中的這個網路具有一個 AOI 圖案，其中每個 AND 閘有兩個輸入；因此它被稱爲一個 AOI22 閘。相類似地，圖 2.58(b) 中的這個邏輯圖案被稱爲一個 AOI321，其中一個「1」的標示隱喩繞過 AND 閘，而且被直接連接至一個 OR 閘的一個輸入。使用相同的符號規定，顯示於圖 2.58(c) 中的第三個範例被稱爲一個 OAI221 閘。這些 CMOS 電路可以使用串聯—並聯的導線連接或推泡泡來輕易地設計。

一般性的複雜邏輯閘提供了使用一個通用的閘來產生不同邏輯運算的一個均勻的基準。作爲一個簡單的範例，考慮圖 2.59(a) 之中所顯示的這個 AOI22 閘。這會提供一個輸出

$$\text{AOI22}(a,b,c,d)=\overline{a\cdot b+c\cdot d} \tag{2.75}$$

爲了產生一個 XOR 電路，我們可以如同圖 2.59(b) 之中所顯示來定義輸入，這使我們得以寫出

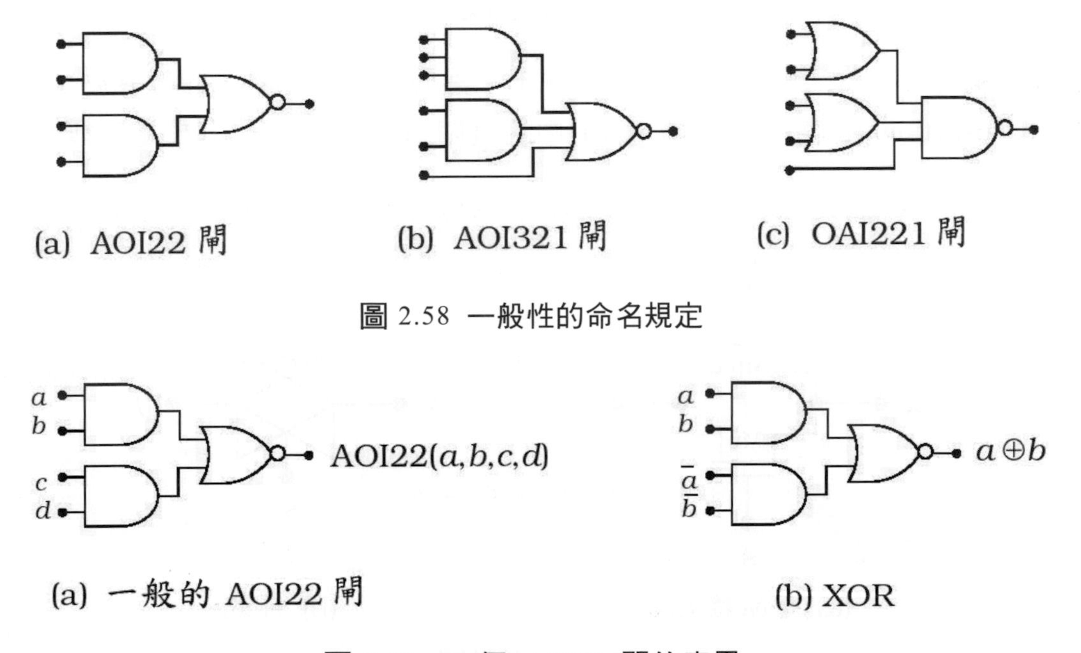

圖 2.58 一般性的命名規定

圖 2.59 一個 AOI22 閘的應用

$$a \oplus b = \text{AOI22}(a, b, \overline{a}, \overline{b}) \quad (2.76)$$

使用相同的推論，我們可以使用下式來獲得 XNOR 函數

$$\overline{a \oplus b} = \text{AOI22}(a, \overline{b}, \overline{a}, b) \quad (2.77)$$

這說明了一般性的邏輯閘是如何被使用於隨機的邏輯設計之中。

2.5 傳輸閘電路

一個 CMOS **傳輸閘** (transmission gate) 乃是如同圖 2.60(a) 中所顯示藉由將一個 nFET 與一個 pFET 並聯連接所產生的。這個 nFET Mn 是由訊號 s 所控制，而這個 pFET Mp 則是由補數 $\overline{s}$ 所控制的。當以這種型式來連接導線時，這一對的作用乃是介於 (a) AOI22 閘、(b) AOI321 閘、及(c) OAI221 閘之間的一個優良電性開關。

藉由分析 s 的兩種狀況，我們可以瞭解這個開關的操作。如果 $s = 0$，則這個 nFET 是 OFF；由於 $\overline{s} = 1$，這個 pFET 也是 OFF，使得這個 TG 的作用是一個打開的開關。在這種狀況下，x 與 y 之間並沒有任何關係。對 $s = 1$ 及 $\overline{s} = 0$ 的相反狀況，兩個 FET 都是導通，而這個 TG 在 x 與 y 之間提供了一條良好的傳導路徑。就邏輯上來看，這是等同於一個 nFET 的切換，因此我們可以寫出

$$y = x \cdot s \quad \text{若且唯若} \quad s = 1 \quad (2.78)$$

這個方程式假設 x 是輸入，而 y 是輸出。然而，這個 TG 被歸類爲一個**雙向的** (bi-directional) 開關。圖 2.60(b) 中的這個 TG 符號便是基於這項觀察。它

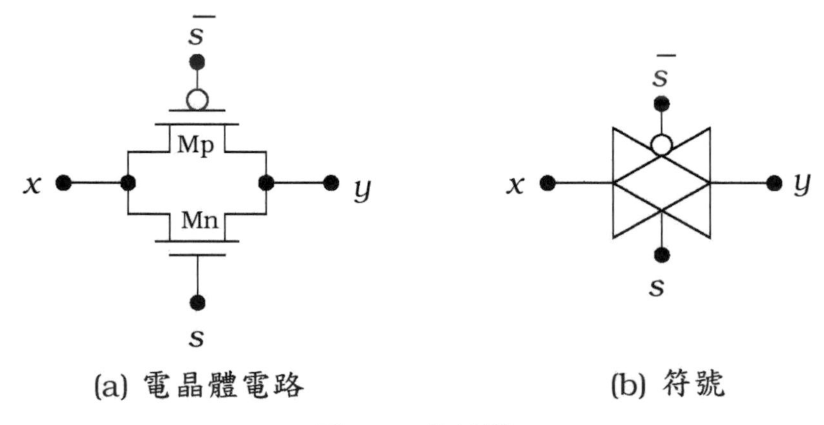

(a) 電晶體電路　(b) 符號

圖 2.60 傳輸閘

是使用兩個背靠背的箭頭所產生的，表示數據可以在任一方向上流動。控制是透過 s 與 $\bar{s}$ 來達成的；這個泡泡指明到這個 pFET 閘的連接。

傳輸閘是很有用的，這是因爲它們可以由左到右來傳輸 $[0, V_{DD}]$ 的整個電壓範圍【反之亦然】。這是因爲這些電晶體的並聯連接所造成的。零電壓階層被這個 nFET 所傳輸，而這個 pFET 則負責傳輸電源供應電壓 V_{DD}。在現代 VLSI 之中使用 TG 的主要缺點乃是它們須要兩個 FET，以及一個抓取 s 並產生 $\bar{s}$ 的隱含的反相器。

2.5.1 邏輯設計

許多年來，傳輸閘邏輯設計已經被廣泛地使用於 CMOS 設計之中。切換的簡單程度以及傳輸整個電壓範圍的能力使它對許多應用很有吸引力。TG 電路被發現在許多 ASIC 結構之中，這使它們值得被更詳細地研究！

多工器

TG 的理想開關特性使它們對於產生某些相當獨特電路會很有用。其中的一個範例乃是圖 2.61 中所顯示的這個 2—至—1 的 MUX。這個電路的操作被整理於這個標之中。當這個選取元訊號有一個 $s = 0$ 的值時，則 TG0 是封閉的，而 TG1 是打開的，因此 P_0 被傳輸至輸出。如果 $s = 1$，這個情況會被反轉，其中 TG0 是打開，而 TG1 是封閉；在這種狀況之下，$F = P_1$。將這些結果合併起來給予

$$F = P_0 \cdot \bar{s} + P_1 \cdot s \tag{2.79}$$

這是必要的方程式。注意使用一對 TG 刪除了具有一個浮動【不連接】的輸出，

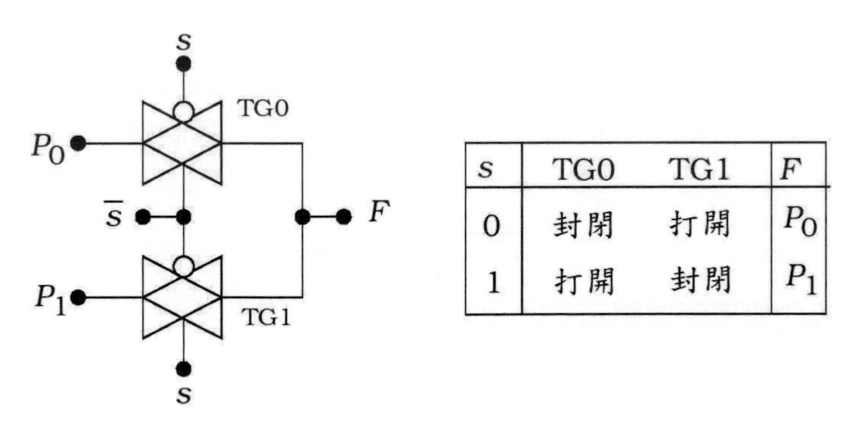

s	TG0	TG1	F
0	封閉	打開	P_0
1	打開	封閉	P_1

圖 2.61 一個以 TG 爲基礎的 2—至—1 多工器

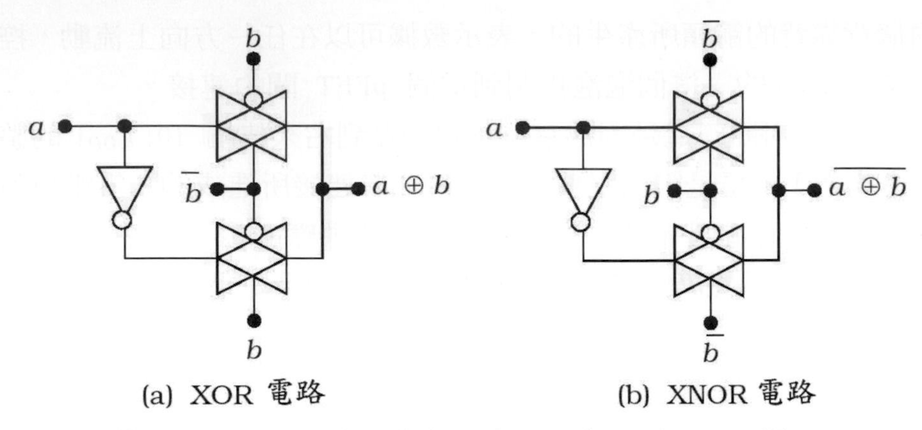

圖 2.62 以 TG 為基礎的互斥 OR 與互斥 NOR 電路

這是因為一個 TG 永遠是封閉的，而另一個將永遠是打開的。藉由使用具有 (0 0)、(0 1)、(1 0)、及 (1 1) 值的 2 位元選取元字元 (s_1 s_0)，這種 2—對—1 的建築可以被延伸至一個 4:1 網路。每條輸入線路 (P_0, P_1, P_2, P_3) 在它的路徑之中將會有兩個 TG 使得這個輸出為

$$F = P_0 \cdot \overline{s_1} \cdot \overline{s_0} + P_1 \cdot \overline{s_1} \cdot s_0 + P_2 \cdot s_1 \cdot \overline{s_0} + P_3 \cdot s_1 \cdot s_0 \tag{2.80}$$

譬如，這條 P_0 路徑具有以 (s_1 s_0) = (0 0) 而被關閉的 TG。這個電路的結構留給讀者作為習題。

這個 2:1 MUX 可以被修改來產生其它有用的函數。其中一個函數被說明於圖 2.62(a) 之中。頂部 TG 的輸入是 a；這個輸入被反相因此 $\overline{a}$ 會進入下面的 TG。變數 b 與它的補數被使用控制這些 TG。當 $b = 0$ 時，上面的 TG 是封閉的，而且 a 被傳送至輸出，而 $b = 1$ 會使下面的 TG 封閉，並將 $\overline{a}$ 轉向至輸出。這給予

$$a \cdot \overline{b} + \overline{a} \cdot b = a \oplus b \tag{2.81}$$

換言之，這個電路提供 XOR【互斥 OR】函數。這個表示式可以使用 2:1 MUX 的結果來加以驗證。如果我們將 b 與 $\overline{b}$ 予以交換，我們獲得一個 XNOR 函數

$$\overline{a \oplus b} = a \cdot b + \overline{a} \cdot \overline{b} \tag{2.82}$$

這個經過修改的簡單電路顯示於圖 2.62(b) 之中。

OR 閘

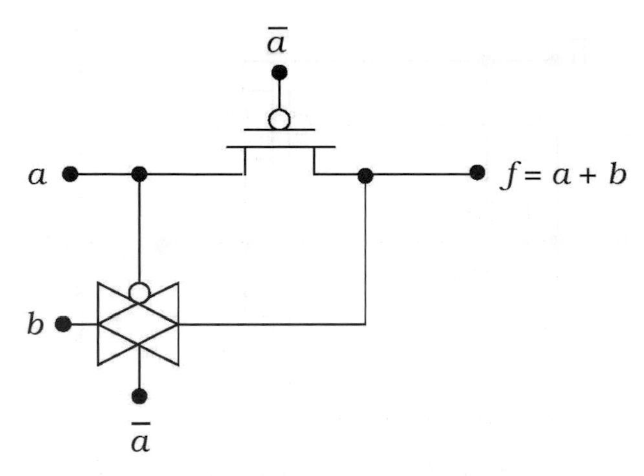

圖 2.63 一個以 TG 為基礎的 OR 閘

我們可以使用傳輸閘的特性來產生圖 2.63 之中所顯示的簡單 OR 電路；由於互補 CMOS 閘只能提供 NOR 運算，因此這是很有用的。藉由檢視 a 對開關的效應，我們可以瞭解這個電路的操作。如果 $a = 0$，則這個 pFET 是 OFF【這是因為 $\overline{a} = 1$ 會將它驅動進入截止之中】，而 TG 是作為一個關閉的開關來使用。這會得到一個 $f = b$ 的輸出。如果 $a = 1$，則這個 pFET 是 ON，而 $f = a = 1$ 的這個值會被傳輸至輸出。因此，如果任一輸入是一個 1 的話，這個輸出是 $f = 1$，這建立起了 OR 的操作。我們可以交替地使用 TG 及 pFET 的邏輯方程式來寫出輸出。

$$\begin{aligned} f &= a \cdot (\overline{\overline{a}}) + \overline{a} \cdot b \\ &= a + \overline{a} \cdot b \\ &= a + b \end{aligned} \tag{2.83}$$

其中最後一個步驟是由併入所得到的。這驗證了較簡單一個位元一個位元的分析。

另一種 XOR/XNOR 電路

如同在 OR 閘電路之中一般，將 TG 與 FET 加以混合會產生基本邏輯閘設計的許多變形。這些設計中的許多種都是針對互斥 OR 及其等效的 (XNOR) 函數，這是因為它們在加法器與錯誤檢測及修正演算法之中的重要性所造成的。

這種型式的電路的一個範例就是圖 2.64 中的 XNOR 網路。這個網路使用輸入對 $(b,\overline{b})$ 來控制傳輸閘。為了瞭解這項操作，還記得一個 XNOR 閘的輸出是 1 若且唯若這些輸入相等。假設 $b = 1$；這個 TG 是作為一個封閉的開關來

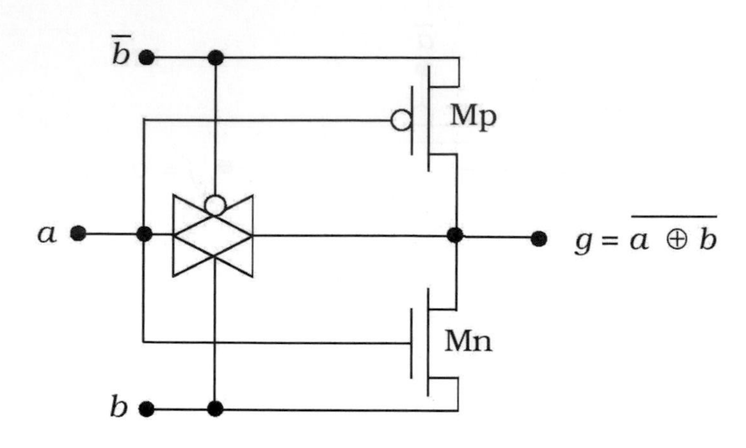

圖 2.64 **一個使用 TG 與 FET 兩者的 XNOR 閘**

使用，而 a 被傳輸至輸出來給予 $g = a$。對這種狀況而言，這個輸出是一個 1 若且唯若 $a = 1$。如果 $b = 0$，這個電路會以不同的方式來運作。現在，這個 TG 是關閉的，而 a 被導引至這個 Mp/Mn 對的這些閘。由於 $b = 0$ 被應用於這個 nFET Mn 的源極，且 $\overline{b} = 1$ 被連接至這個 pFET 的源極【上面這一邊】，因此 $(b,\overline{b}) = (0, V_{DD})$ 這一對提供到這些 FET 的功率，因而造成一個反相器！對這種狀況而言，這個輸出是 $g = \overline{a}$，因此 g 是 1 若且唯若 $a = 0$。這將這個電路建立爲一個所陳述的 XNOR 閘。將 b 與 $\overline{b}$ 加以交換會給予一個 XOR 閘。

2.6 時脈與數據流動控制

同步的數位設計依賴使用一個時脈的訊號 ϕ 來控制數據流動的能力。這些 TG 的切換特性可以被使用來提供一種簡單的系統時賣的方法。由於我們須要互補的訊號來切換一個 TG，因此在這種型式的設計之中，ϕ 與 $\overline{\phi}$ 兩者都會被使用；波形顯示於圖 2.65 之中。週期 T 是一個完整循環所須要的時間，單位爲秒。頻率 f 被定義爲

$$f = \frac{1}{T} \tag{2.84}$$

而且具有 Hertz [Hz] = [1/sec] 的單位，其中 1 Hz 意指在一秒之內完成一個循環。我們假設這個時脈有半個週期是在邏輯 1 的值，而剩下的半個週期則是在邏輯 0 的值。

讓我們來檢視施加互補的時脈至一個傳輸閘的效應。圖 2.66(a) 顯示當一個 $\phi = 1$ 的值被外加至這個 nFET 且 $\overline{\phi} = 0$ 被外加至這個 pFET 時，這個 TG 是

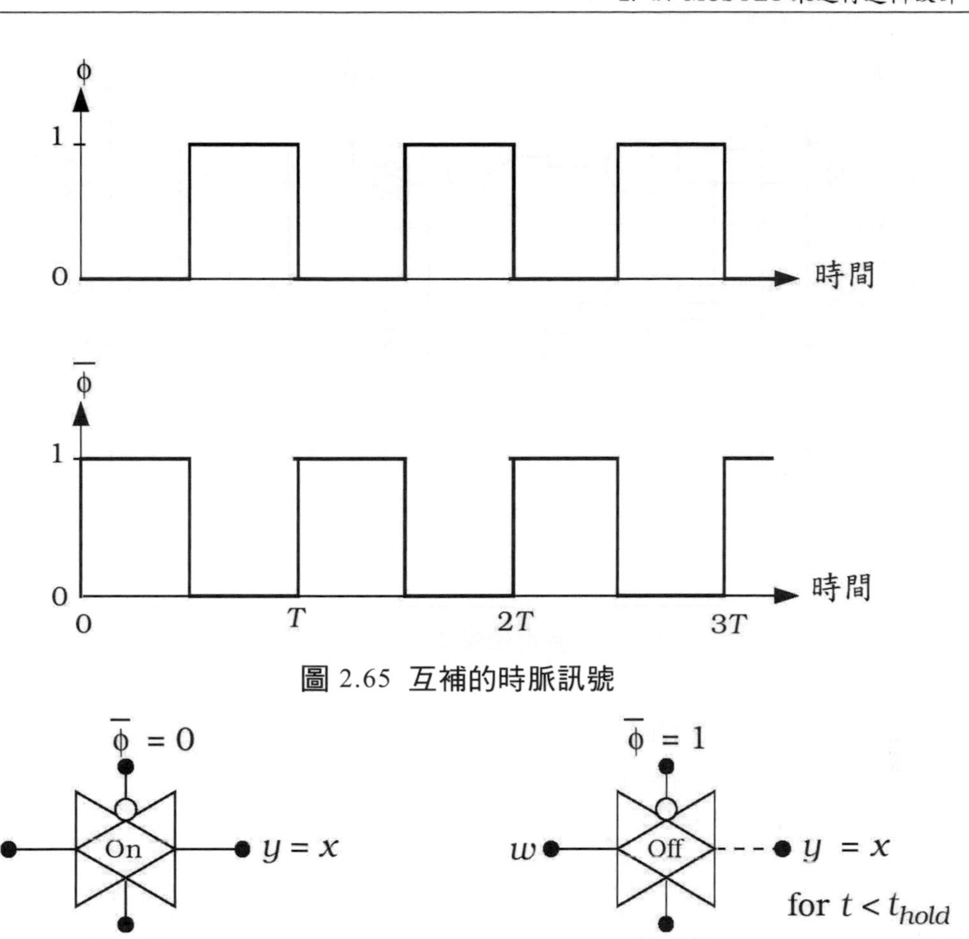

圖 2.65 互補的時脈訊號

(a) 封閉的開關　　(b) 打開的開關

圖 2.66 一個時脈的 TG 的行爲

On 並且是如同一個封閉的開關來作用。將這些值如同圖 2.66(b) 之中加以反轉會給予一個打開的開關。在靜態的條件之下，當這個開關被打開時，我們並不知道 y 的值。然而，CMOS 的電性使我們得以暫時地保持 $y = x$ 的值持續一小段時間 t_{hold}；典型而言，t_{hold} 小於 1 秒。如果我們使用一個高頻的時脈，則這個週期性的打開－關閉改變會在每半個時脈循環出現。只要 $(T/2) < t_{hold}$，這個節點就可以保持之前的值。這提供了在一個複雜的網路之中控制數據流動的一項精確的時間基礎。

爲了使用時脈的 TG 來控制數據的流動，我們在邏輯區塊的輸入與輸出處置放相反相位的 TG。一個閘階層的範例顯示於圖 2.67 之中。當這個時脈是具有 $\phi = 1$ 的高準位時，左邊的輸入被允許進入；第一個邏輯閘群組求取這些輸入位元

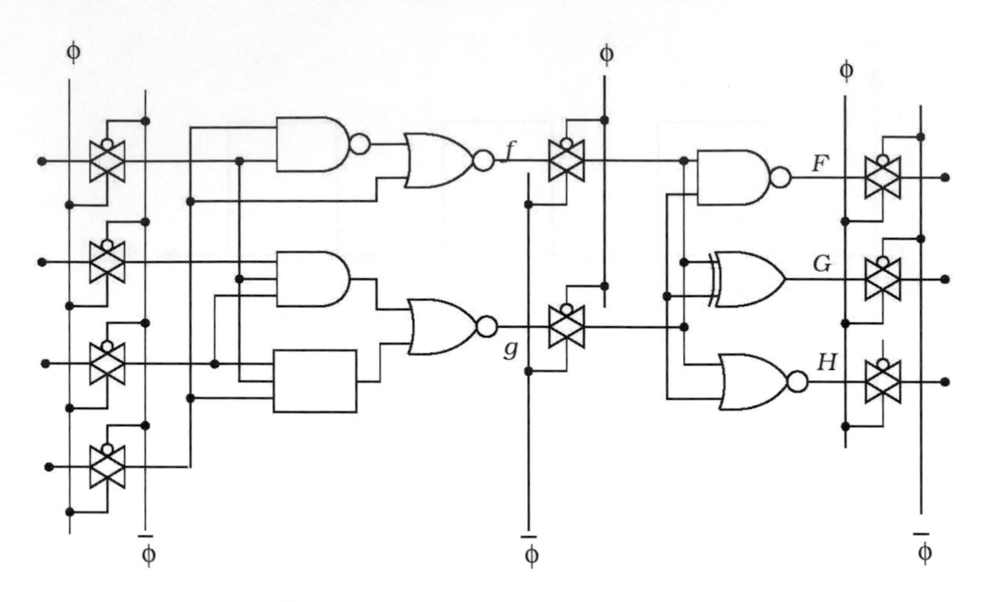

圖 2.67 使用傳輸閘的數據同步化

的值，並在這段時間之內產生輸出 f 與 g。由於這些輸出 TG 是關閉的，因此這些輸出被保持直到這個時脈改變至 $\phi = 0$ 爲止。當這發生時，f 與 g 被允許進入下一個邏輯閘群組織中，這會造成 F、G、及 H。這些會被保持在這些輸出，直到當時脈回到 $\phi = 1$ 的值時，它們會被轉移出去。這顯示時脈的 TG 是如何將流動通過這個系統的數據同步化。

數據流動可以使用如同在圖 2.68 中的系統階層區塊定時圖形來目視。每個時脈平面是以在旁邊具有 ϕ 或 $\overline{\phi}$ 的一條虛線來以圖形表示。這些代表在每個輸入處的一個時脈控制的 TG。當這個變數爲眞【等於 1】時，則數據被允許由一邊通過這個平面到另一邊。否則，這個數據被保持在左邊，直到一個時脈變遷發生爲止。當具有圖中所顯示的標示時，這說明了一個 $\phi = 1$ 的時脈使輸入得以進入邏輯區塊 1 之中。當這個時脈改變至 $\phi = 0$ 時，這些輸出被轉移至邏輯區塊 2，以此類推。在這種設計之中，每半個循環數據會移動通過一個邏輯區塊。由於這個邏輯區塊是任意的，因此它可以被使用來作爲建構非常複雜邏輯鏈的基石。它也使我們得以將一個 n 位元的二元字元的每個位元上所進行的這些運算同步化。

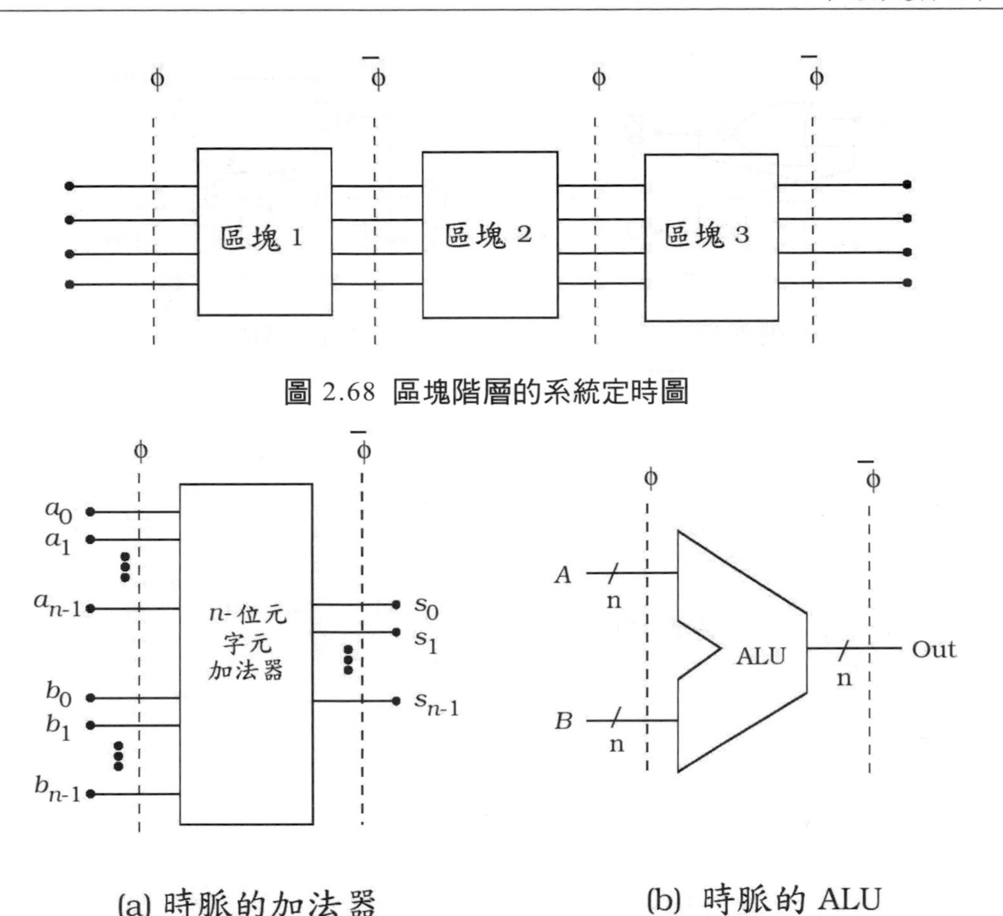

圖 2.68 區塊階層的系統定時圖

圖 2.69 使用時脈平面來控制二元的字元

一個同步化的字元加法器是在圖 2.69(a) 中加以說明。這些輸入字元 $a_{n-1} \ldots a_0$ 及 $b_{n-1} \ldots b_0$ 被這個 ϕ 時脈平面所控制，而當 $\phi = 0$ 時，總和 $s_{n-1} \ldots s_0$ 被轉移至輸出。一個字元中的每個位元在同一時間由一個點被傳輸至另一個點，這使我們得以來追蹤通過這個系統的數據流動。這是以圖 2.69(b) 中的這個 ALU 【算術及邏輯單元】範例而被延伸至一個較大的規模。輸入 A 與 B 藉由 ϕ 平面的控制而被「閘」進這個 ALU 之中；當 $\overline{\phi} = 1$ 時，即當 $\phi = 0$ 時，這個結果字元 Out 被轉移至下一級。這說明了在 VLSI 設計之中使用時脈的數據轉移的威力。

時脈的傳輸閘將訊號的流動同步化，但是這些線路本身無法儲存這些值超過 t_{hold} 的時間，這是一段非常短的時間。譬如，我們必須使用一個閂的一個儲存元件來長期儲存一個數據位元。圖 2.70(a) 顯示一個簡單以 NOR 爲基礎的 SR 閂的邏輯圖。圖 2.70(b) 之中的這個 CMOS 電路是藉由將兩個 NOR2 閘導線連接在一塊所獲得的。

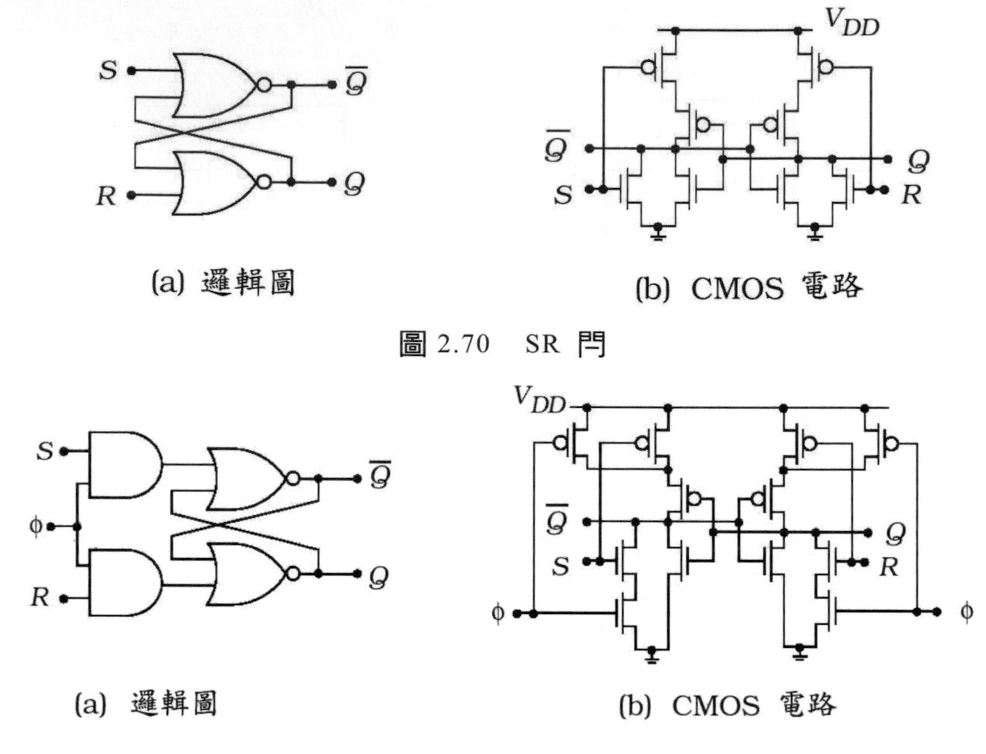

圖 2.70 SR 閂

圖 2.71 時脈的 SR 閂

時脈控制可以藉由在這些輸入處插入 AND 閘來達到圖 2.71(a) 中的修改的邏輯圖而被加到這個電路。這只有當 $\phi = 1$ 時才允許這些輸入的改變。一個精簡的 CMOS 電路可以藉由觀察兩個完全相同的 CMOS AOI 電路來獲得，這兩個電路可以被使用來產生圖 2.71(b) 中的這個電路。因此，使用一個邏輯圖來作爲設計一個 CMOS 電路的起點已經成爲一種直截了當的過程。這使得 CMOS 很容易來調適。它對我們的挑戰乃是製作儘可能快、儘可能精簡的電路。

2.7 深入研讀

[1] Ken Martin, **Digital Integrated Circuit Design**, Oxford University Press, New York, 2000.

[2] Michael John Sebastian Smith, **Application Specific Integrated Circuits**, Addison-Wesley Longman Inc., Reading, MA, 1997.

[3] John P. Uyemura, **A First Course in Digital Systems Design**, Brooks- Cole Publishers, Pacific Grove, CA, 2000.

[4] John P. Uyemura, **CMOS Logic Circuit Design**, Kluwer Academic Press,

Norwell, MA, 1999.

[5] M. Michael Vai, **VLSI Design**, CRC Press, Boca Raton, FL, 2001.

[6] Neil H.E. Weste and Kamran Eshraghian, **Principles of CMOS VLSI Design**, 2nd ed., Addison-Wesley Publishing Co., Reading, MA, 1993.

[7] Wayne Wolf, **Modern VLSI Design**, 2nd ed., Prentice-Hall PTR, Upper Saddle River, NJ, 1998.

2.8 習題

[2.1] 假設 $V_{DD} = 5$ V 且 $V_{Tn} = 0.7$ V。對下列輸入電壓值：(a) $V_{in} = 2$ V；(b) $V_{in} = 4.5$ V；(c) $V_{in} = 3.5$ V；(d) $V_{in} = 0.7$ V，求圖 P2.1 中 nFET 的輸出電壓 V_{out}。

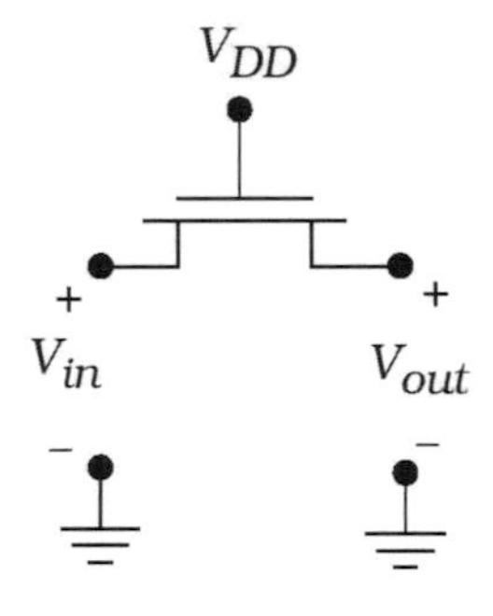

圖 P2.1

[2.2] 考慮圖 P2.2 之中的這條 2-FET 鏈。功率供應被設定為 $V_{DD} = 3.3$ V 的一個值，而 nFET 的臨限電壓是 $V_{Tn} = 0.55$ V。對下列 V_{in} 值：(a) $V_{in} = 2.9$ V；(b) $V_{in} = 3.0$ V；(c) $V_{in} = 1.4$ V；(d) $V_{in} = 3.1$ V，求這條鏈右邊的輸出電壓 V_{DD}。

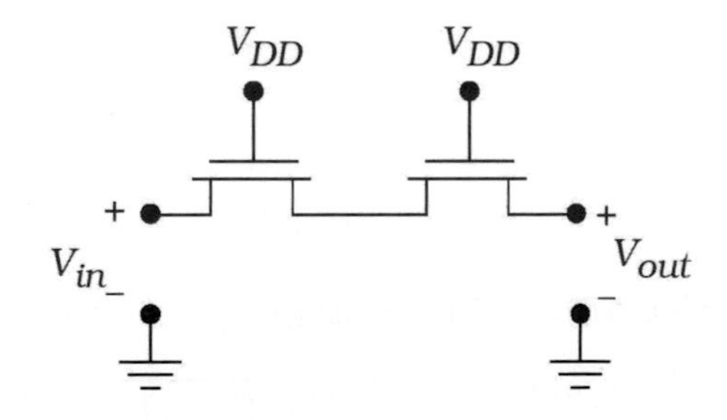

圖 P2.2

[2.3] 如同圖 P2.3 所示，一個 nFET 的輸出被使用來驅動另外一個 nFET 的閘。假設 $V_{DD} = 3.3$ V 且 $V_{Tn} = 0.60$ V。當輸入電壓是在下列值時：(a) V

$_a = 3.3$ V 且 $V_b = 3.3$ V；(b) $V_a = 0.5$ V 且 $V_b = 3.0$ V；(c) $V_a = 2.0$ V 且 $V_b = 2.5$ V；(d) $V_a = 3.3$ V 且 $V_b = 1.8$ V，求輸出電壓 V_{out}。

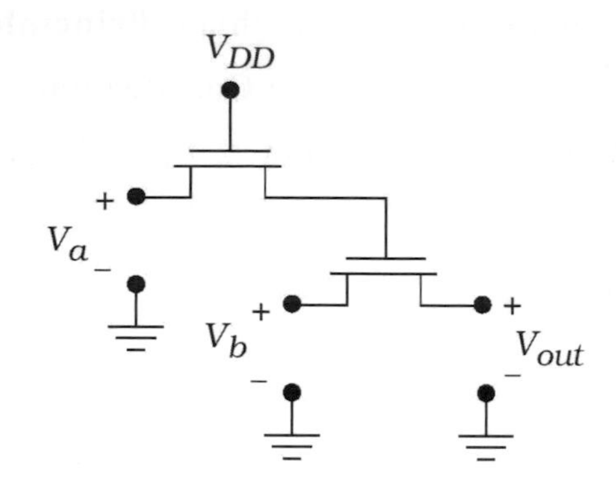

圖 P2.3

[2.4] 使用一個 8:1 MUX 來設計一個 NAND3 閘。

[2.5] 使用一個 8:1 MUX 作爲偏壓來設計一個 NOR3 閘。

[2.6] 考慮 2 輸入 XOR 的函數 $a \oplus b$。(a) 使用一個 4:1 MUX 來設計一個 XOR 閘。(b) 修改 (a) 之中的電路來產生一個 2 輸入的 XNOR。(c) 一個全加器接受輸入 a、b、及 c ，並計算總和位元

$$s = a \oplus b \oplus c \tag{2.85}$$

使用你以 MUX 爲基礎的閘來設計一個具有這項輸出的電路。

[2.7] 設計一個具有下列函數的 CMOS 邏輯閘

$$f = \overline{a \cdot b + a \cdot c + b \cdot d} \tag{2.86}$$

使用最小數目的電晶體。

[2.8] 設計下列 OAI 表示式的一個 CMOS 電路

$$h = \overline{(a+b) \cdot (a+c) \cdot (b+d)} \tag{2.87}$$

在你的設計之中使用最少的電晶體。

[2.9] 建構具有下列函數的 CMOS 邏輯閘

$$g = \overline{x \cdot (y+z) + y} \tag{2.88}$$

從最小電晶體 nFET 網路開始，然後應用推泡泡來求得 pFET 的導線連接。

[2.10] 設計一個 CMOS 邏輯閘電路來裝置

$$F = \overline{a + b \cdot c + a \cdot b \cdot c} \tag{2.89}$$

使用串聯—並聯邏輯。這個目標乃是使電晶體數目極小化。

[2.11] 考慮在圖 P2.4 的圖形中所描述的邏輯。我們想要設計 F 的一個單一、複雜邏輯 CMOS 閘。(a) 使用這個邏輯圖來建構 nFET 陣列。(b) 應用推泡泡來獲得這個 pFET 邏輯。然後使用這些法則來建構這個 pFET 陣列。

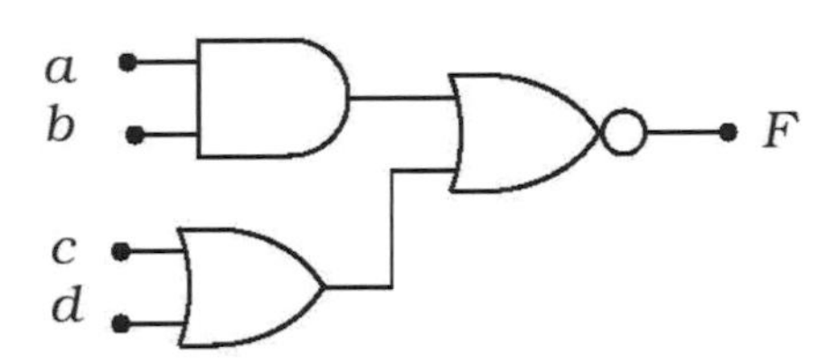

圖 P2.4

[2.12] 一個 AOAI 邏輯閘是以圖 P2.5 的圖形來加以描述。(a) 使用這個邏輯圖形來建構 nFET 陣列。(b) 應用推泡泡來獲得 pFET 邏輯。使用這個圖形，使用 pFET 法則來建構 pFET 陣列。

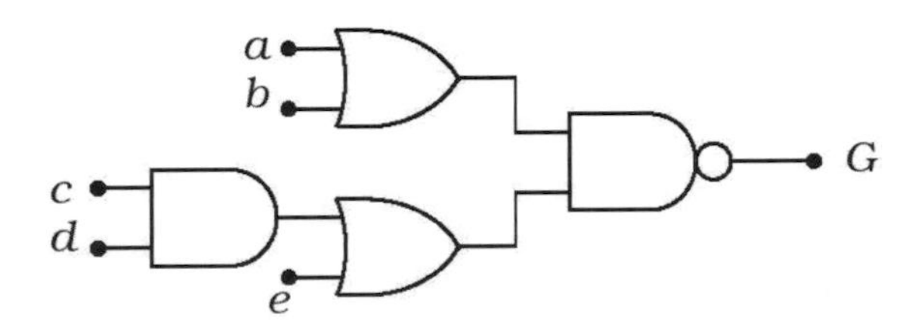

圖 P2.5

[2.13] 一個 pFET 邏輯陣列顯示於圖 P2.6 之中。使用 pFET 邏輯方程式來建構這個邏輯圖形。然後，建構 nFET 電路。

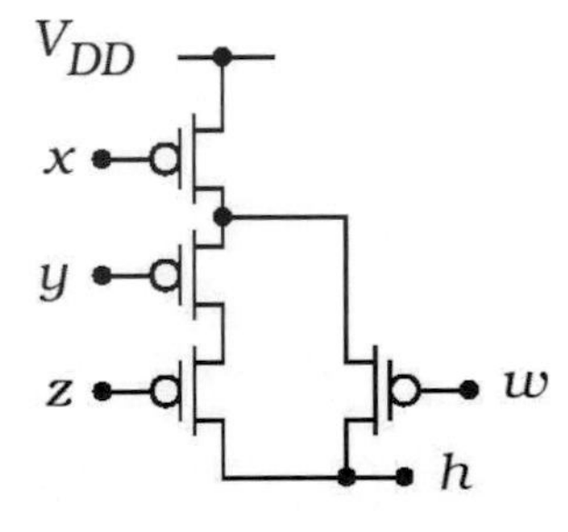

圖 P2.6

[2.14] 藉由使用 TG 開關，設計 4:1 多工器電路來實際裝置方程式 (2.80)。

[2.15] 使用一個 AOI22 閘來設計一個 2:1 MUX。在你的設計之中允許使用反相器。

[2.16] 使用三個 2:1 TG 多工器來設計一個 4:1 MUX。

[2.17] 一個 CPU 的時脈 ϕ 具有一個 2.1 GHz 的頻率。週期 T 是多少？

[2.18] 假設一個 TG 的保持時間是給予爲 $t_{hold} = 120$ 微秒 (ms)。對於使用諸如圖 2.67 中所顯示的一種規劃的數據流動定時而言，可以使用的最小時脈頻率是多少？

3. CMOS 積體電路的實體結構

CMOS 積體電路乃是在一片矽晶圓上的微小面積上使用一組複雜的物理及化學程序所製造的電子切換電路。VLSI 設計師的一項主要工作就是將電路圖形轉換成爲矽的型式。這項程序被稱爲是**實體設計 (physical design)**，而且這也就是 VLSI 領域與一般數位工程有所區隔的一個層面。在本章之中，我們將檢視在設計層級之中的微觀矽階層所看到的一個 CMOS 積體電路的結構。

3.1 積體電路層

我們可以把一個矽的積體電路視爲是一些具有圖案的材料層的一個集合，而每一層都會具有特定的傳導性質。這些層可以是很會傳導電流的**金屬 (metal)** 層，或者它們也可以是會阻擋電流流動的**絕緣體 (insulator)** 層。另外一種被使用來產生這些層的材料是**矽 (silicon)** 元素。它被歸類爲一個**半導體 (semiconductor)**，這意指它是一個「部分的」導體。有時候，我們會把金屬與矽都稱爲是「導體」，但是這兩者之間的區別還是很重要的。

一個矽的積體電路乃是藉由將不同材料層以一種特定的順序加以堆疊來構成三維的結構所作成的，這個整體是作爲一個電子的切換網路。每一層都具有一個預先決定的圖案，這個圖案乃是在系統設計程序之中所指定的。這種想法可以藉由參考圖 3.1 來加以瞭解，這個圖呈現兩層分離的層。底層是在一塊基底材料上被稱爲「基板」 (substrate) 的一「片」絕緣體。在這上面是一層被標示爲

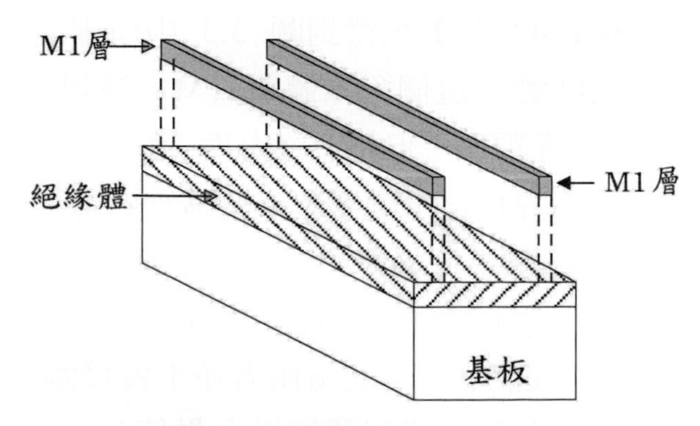

圖 3.1 兩層分開的材料層

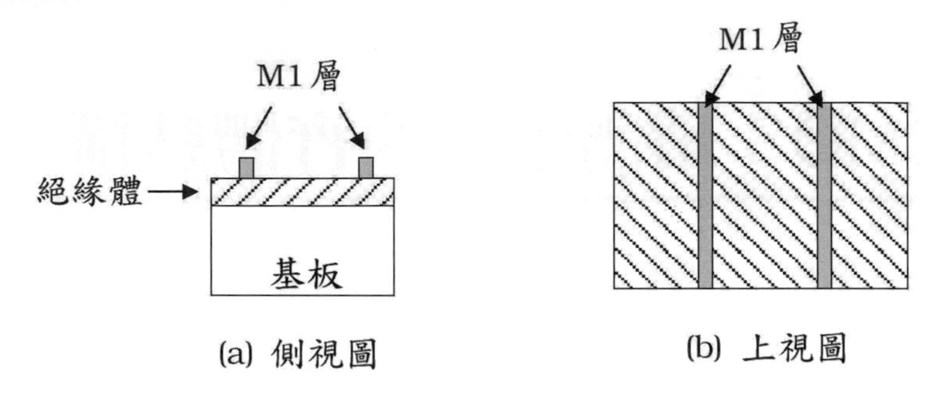

圖 3.2 **在堆疊過程被完成之後的各層**

「M1 層」具有圖案的金屬材料層。這個圖案是由兩條平行的材料**線路** (**line**) 所組成的，這些材料將被置於絕緣體上面以虛線所表明的位置。圖 3.2 顯示在堆疊操作完成之後的結構。上視圖是在圖 3.2(a) 中加以說明，並且顯示在絕緣層上的 M1 層的兩條線路。圖 3.2(b) 則提供上視圖，它顯示這兩條線路是平行的。這個絕緣體被明白地顯示於圖形之中，但是我們經常將它的存在視為已經被隱含，而將它從上視圖中刪除。實質上，這是可以被接受的，因為這個絕緣體本身經常是一層**二氧化矽** (**silicon dioxide**, SiO_2)，它被稱為**石英玻璃** (**quartz glass**)，而且在視覺上是透明的。雖然這個範例相當簡單，但是它提供了矽積體電路 (IC) 佈層的一項主要特徵：在一塊玻璃絕緣體頂部上具有圖案的導電層。複雜的 VLSI 晶片採用數層具有這種結構型式的鋁或銅導電層。

在前一個圖形中所介紹的這些觀念可以藉由加進更多層而加以延伸。假設我們想要在圖 3.2 中所顯示的結構上面置放另一種金屬圖案。首先，我們在表面上鍍上另外一層絕緣玻璃來使它不致與 M1 層接觸，然後我們讓它進行一種**化學機械平坦化** (**chemical-mechanical planarization, CMP**) 的順序。在 CMP 之中，這個表面會被蝕刻及「磨光」來提供下一層一個平坦的基板表面。再來，我們將表面鍍上第二層金屬【M2 層】來得到圖 3.3 中所畫的結構。圖 3.3(a) 中的側視圖顯示所加上的絕緣體，這個絕緣體覆蓋M1 層以及上面的第二層金屬 M2 層。這說明了各層的堆疊順序，但是並沒有顯示這兩層金屬層會具有不同的圖案。圖 3.3(b) 中的上視圖提供這項圖案製作的區別特徵。尤其，我們看到 M2 層的圖案是一條垂直於 M1 層平行線路的單一條金屬線路。這條線路被畫成當兩條線路交叉時會覆蓋 M1 層的圖案。而且注意到在上視圖中我們並沒有明白地顯示任何的絕緣層，但是我們必須牢記這兩者並不會接觸。

將一個積體電路的上視圖及尾端視圖加以合併使我們得以目視這個三維的

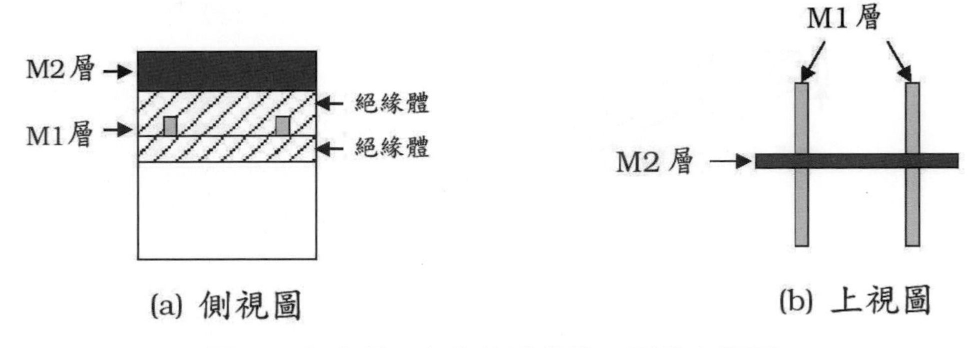

圖 3.3 加上另一個絕緣體與第二層的金屬層

結構。由這個範例所出現的一些重點爲

- 側視圖說明堆疊的順序。
- 絕緣層將兩層金屬層加以分隔，使得它們在電性上是不同的。
- 每一層的圖案製作是以一個上視圖來顯示。

堆疊的順序是在製造程序之中所確立的，而且也不是 VLSI 設計師所能夠改變的。然而，創造每一層的圖案卻是晶片設計序列之中的一個關鍵的部分，這是因爲它定義了所有 MOSFET 的尺寸與位置，並且指明這些電晶體是如何被連接在一塊的。

3.1.1 交互連接線的電阻及電容

邏輯閘之間是藉由從一個點到另一個點的這些訊號流動路徑來彼此聯繫的。在積體電路階層，這是藉由使用具有圖案的金屬線路來作爲傳導電流的導線所達成的。一般而言，這些線路被稱爲是**交互連接線 (interconnect)**。雖然這看起來好像是一種直截了當的轉換，但是電流流動的階層是由材料的物理特性以及線路的尺寸所掌控的。這隱喻訊號傳輸的速度會被導線的實際裝置所影響，這會使它成爲晶片設計的一項重要的層面。

施加一個電壓 V【具有伏特 V 的單位】到一個具有圖案的金屬線路會產生

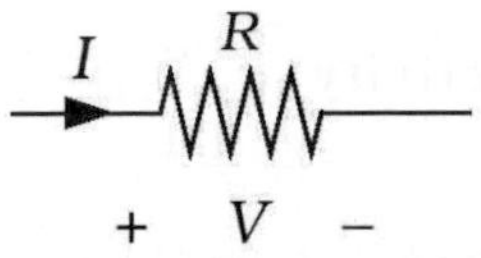

I R

$+ \quad V \quad -$

圖 3.4 一個線性電阻器的符號

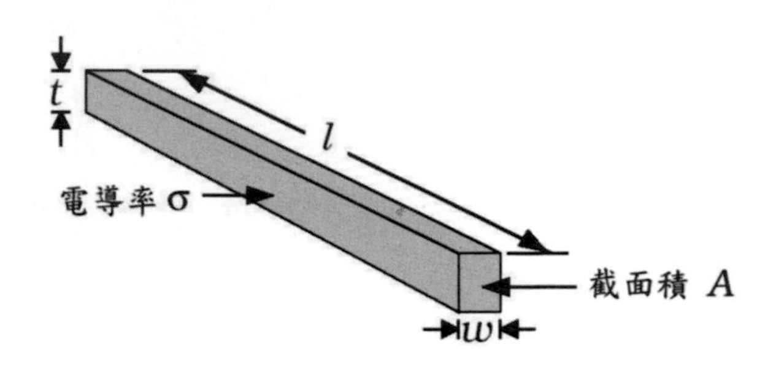

圖 3.5 **一條傳導線路的幾何形狀**

通過它的電流流動 I【單位爲安培 A】。對於諸如一塊金屬的一個簡單的導體而言，電壓與電流之間的關係被給予爲歐姆定律

$$V = IR \tag{3.1}$$

其中 R 是一個被稱爲**電阻 (resistance)** 的比例常數。電阻的單位是**歐姆 (Ohm)**，而且我們以希臘大寫字母 Ω 來加以表示。它具有一個 V/A 的基本單位。在電子學之中，歐姆定律只對被稱爲**電阻器 (resistor)** 的簡單元件才會成立。一個電阻器所使用的符號被顯示於圖 3.4 之中。這條鋸齒狀的線路是爲了要表明這個元件會阻礙電流的流動。這個符號只使用於電壓與電流成正比的一個「線性」電阻器之中。

現在，回想在一個 CMOS 電路之中，布林變數 x 是以電壓 V_x 來代表。當施加至一條具有圖案的金屬線路時，這個電壓會造成一個電流 I_x 流動；I_x 的實際值是由**線路電阻 (line resistance)** R_{line} 以及一些其它電性參數所決定的。R_{line} 是以歐姆的單位來加以量度，並且被歸類爲一種無可避免的**寄生 (parasitic)**【我們所不想要的】電路元件。電阻會阻礙電訊號的流動，因此 R_{line} 的值應該被保持在儘可能地小。

一條給予的線路的 R_{line} 值可以使用圖 3.5 中所顯示的幾何形狀來計算得到。這條線路的長度是以 l 來表示，而且是以公分 [cm] 的單位來加以量度。截面積 A 【具有 cm^2 的單位】 是這一層的寬度 w 與厚度 t 的乘積：

$$A = wt \tag{3.2}$$

圖形中所顯示的**電導率 (conductivity)** σ 是在這一層之中所使用材料的特性。它是以 $[\Omega\text{-cm}]^{-1}$ 的單位來加以量度，並代表電流可以多麼容易地流動：一個大的 σ 值意指這一層可以非常良好地傳導。金屬具有大電導率，而絕緣體則會有非常小

的 σ 的值，我們假設 σ 的數值是已知。當具有這些參數時，單位爲歐姆的線路電阻是由下列的表示式來計算得到

$$R_{line} = \frac{l}{\sigma A} \tag{3.3}$$

這顯示一個重要的關係，即 R_{line} 與線路的長度 l 成正比，而與截面積 A 成反比。

電阻率 (resistivity) 是電導率的倒數，使得

$$\rho = \frac{1}{\sigma} \tag{3.4}$$

ρ 具有 [Ω-cm] 的單位。高電阻率隱喻低電導率。藉由簡單的替換，線路電阻的公式會變成

$$R_{line} = \rho \frac{l}{A} \tag{3.5}$$

一個 VLSI 設計師並無法控制 t 或 σ 的值，這是因爲這些參數是由製造程序所建立的。由於這項理由，我們將方程式重寫爲下列的型式將會是很有用的

$$R_{line} = \left(\frac{1}{\sigma t}\right)\left(\frac{l}{w}\right) \tag{3.6}$$

在上式之中，與製程相關的項被集合在一塊。這可以被使用來定義線路的**片電阻 (sheet resistance)** R_s 爲

$$R_s = \frac{1}{\sigma t} = \frac{\rho}{t} \tag{3.7}$$

我們可以輕易地驗證 R_s 的單位爲歐姆 [Ω]。基於兩項理由，一層的片電阻將會是非常有用的。首先，我們發現不須要知道 σ 或 t 的實際值，在實驗室中我們便可以直接量測這個片電阻。第二個理由乃是由於具有一個 $l = w$ 長度的一條線路會具有下列的一個線路電阻的這項觀察所造成的

$$R_{line} = R_s\left(\frac{w}{w}\right) = R_s \tag{3.8}$$

換言之，R_s 代表一塊具有頂部尺寸 $(w \times w)$ 的方塊的電阻。由於這個原因，這個 R_s 的單位有時候是「Ω 每個方塊」。這個片電阻的解釋可以被使用來推導得

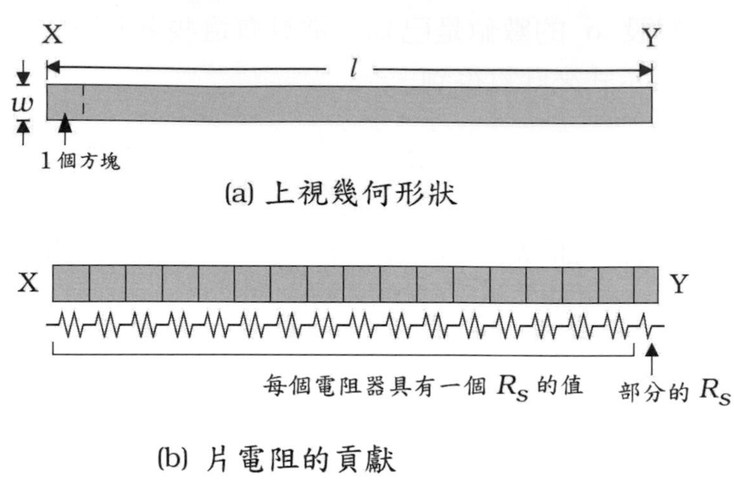

圖 3.6 一條具有圖案的線路的上視幾何形狀

到計算線路電阻值的一種簡單的技術。

考慮在圖 3.6(a) 中所闡明的上視幾何形狀，這表明一個方塊。由定義，這個方塊具有 R_s 的端點–至–端點電阻。藉由將許多方塊以直線的方式串接起來，這個方塊可以被使用來建構圖 3.6(b) 中所顯示的等效線路。爲了計算端點–至–端點的總電阻 R_{line}，我們注意到每一個方塊具有 R_s 的電阻，而一串串聯的電阻器是等同於電阻值等於個別電阻的總和的一個單一電阻器。如果總共有 n 個方塊，則我們可以寫出

$$R_{line} = R_s n \tag{3.9}$$

其中

$$n = \frac{l}{w} \tag{3.10}$$

給予從一個端點到另一個端點的方塊總數。注意我們並沒有限制 n 是一個整數；如同在線路的右手邊所顯示，分數的貢獻也是被允許的。

這項分析展現，對於一層給予的層，線路的電阻是由這條具有圖案的線路的 (l/w) 比值所決定的。這個結果的重要性是基於下面的定性觀察，沿著一條具有圖案的線路來傳輸的訊號的速度是被 R_{line} 的值所影響的。一個微小的 R_{line} 值允許高階層的電流流動，而且也是高速設計所想要的。之後，我們將把這些陳述數量化。

交互連接線路也會展現**電容** **(capacitance)** 的性質，這項性質乃是儲存電荷

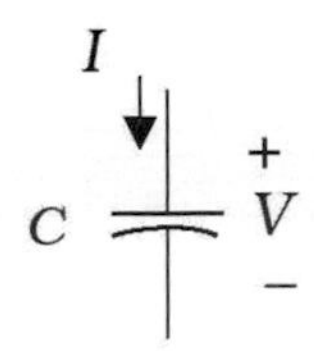

圖 3.7 一個電容器的電路符號

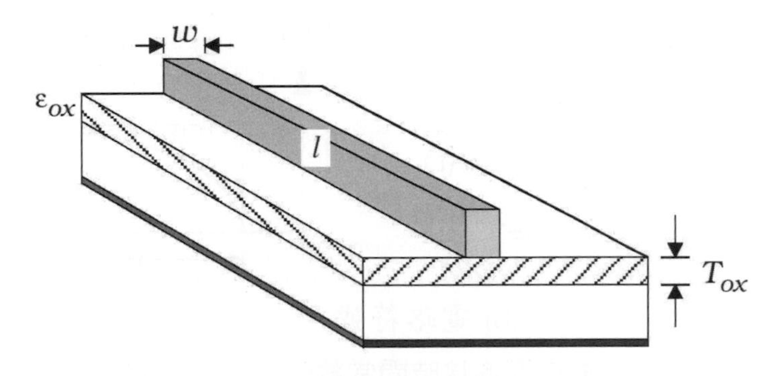

圖 3.8 計算線路電容的幾何結構

及電能的能力。在電子學之中，儲存電荷的這種元件被稱爲是一個**電容器** **(capacitor)**，並且會具有圖 3.7 之中所顯示的電路符號。它是以電容值 C_s 來加以表述，使得在這個元件的正邊上的電荷 Q 被給予爲

$$Q = CV \tag{3.11}$$

其中 V 是電壓；這個電荷是被另一塊平板上的一個負電荷 $-Q$ 加以平衡。電容的單位是**法拉 (farad)** [F]，其中 1 F 被定義爲 1 C/V。由於電流被定義爲時間的導數 $I = (dQ/dt)$，因此將電荷加以微分會得到這個元件的 I-V 方程式

$$I = C\frac{dV}{dt} \tag{3.12}$$

電容是存在於被電性分離的任意兩塊導體之間。對交互連接的線路而言，導體與半導體基板之間是被一層絕緣的二氧化矽玻璃層所隔開。這個電容是由線路的幾何形狀來決定的。考慮圖 3.8 中所顯示的這個結構，其中 T_{ox} 是交互連接線路與基板之間的氧化物厚度，單位是 cm。由基本的物理學，線路電容是由下列平行板公式 (parallel-plate formula) 所給予

$$C_{line} = \frac{\varepsilon_{ox} wl}{T_{ox}} \tag{3.13}$$

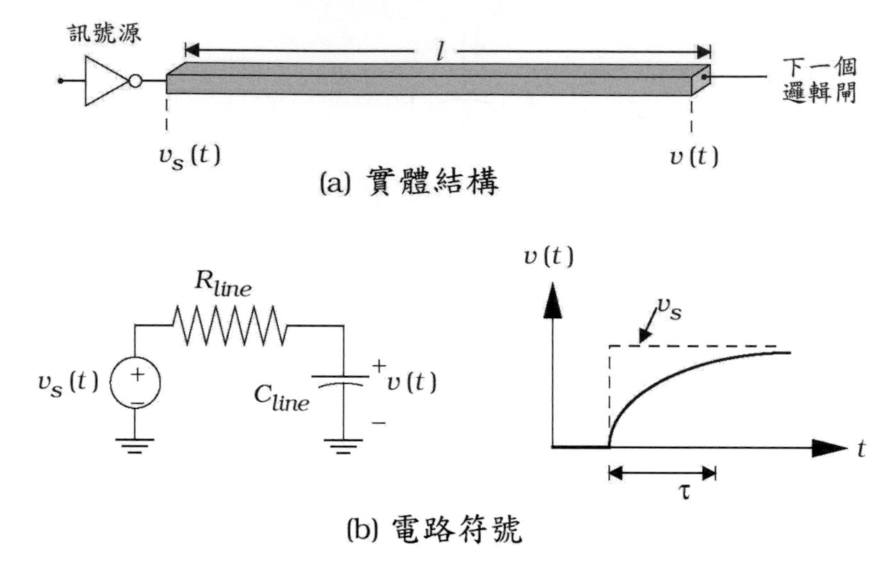

圖 3.9 由於交互連接時間常數所造成的時間延遲

而且是以法拉的單位來量度。在這個方程式之中，wl 是從頂部所看到的交互連接面積，單位為 cm^2。這個參數 ε_{ox} 是絕緣氧化物的電容率，具有 F/cm 的單位；ε_{ox} 是由氧化物的組成成分所決定的。

電容將在本章後面更詳細地檢視。對我們目前的目的而言，注意到這條交互連接線路會同時展現寄生電阻 R_{line} [Ω] 與電容 C_{line} [F] 便已足夠。將這兩個數量相乘會給予

$$\tau = R_{line}C_{line} \tag{3.14}$$

其中 τ 的單位為秒 [s]，並被稱為是一個**時間常數 (time constant)**。在高速的數位電路之中，在一條交互連接線路上的訊號會被延遲 τ，這會在這個網路的速度上加上一個限制因數。這是在圖 3.9 之中加以說明。在圖 3.9(a) 的實體佈局之中，一個 NOT 閘的輸出訊號 $v_s(t)$ 被連接到一條交互連接線路，這條線路引領來到一條邏輯鏈之中的下一個閘。在交互連接尾端的電壓被標示為 $v(t)$。如同圖 3.9(b) 所顯示，這些寄生的元件 R_{line} 與 C_{line} 被使用來模擬交互連接的電路。當具有這個簡單的電路時，$v(t)$ 是跨降在這個電容器上的電壓。如果這個 NOT 閘的輸出電壓 $v_s(t)$ 是如同波形圖中所顯示由 0 變遷至一個 1 階層的話，那麼 $v(t)$ 也會以相同的方式上升。然而，這個電容器電壓會被延遲一個時間常數 τ，而且這個波形的形狀也不像源頭這麼銳利。

VLSI 製程的許多層面都被導引來使 R_{line} 與 C_{line} 兩者都被極小化；然後，

電路設計師所面臨的乃是在交互連接延遲的極限之內來創造最快速的可能切換網路。這段簡單的討論給予我們交互連接線路的訊號傳輸特性。在高密度 VLSI 晶片設計之中，附屬於交互連接延遲的這些問題會有關鍵的重要性。

3.2 MOSFET

在前一章之中，我們的討論強調由 MOSFET 開關來設計邏輯閘的技術。為了建構在矽之上的電路，我們首先須要去瞭解在實體階層一個 MOSFET 會是什麼模樣。然後，我們開始研讀邏輯閘是如何設計的。

一個積體電路的 MOSFET 是兩種基本圖案層的一組小塊面積，這兩種圖案層合起來是作為一個控制的開關使用。為了決定佈層規劃看起來應該像什麼，還記得在圖 3.10(a) 中所顯示的一個 nFET 的電路符號。這個電路符號被設計來與這個 FET 本身的實體結構相像。每個端點都提供在晶片階層構成這個電晶體這些層中的一層上一個圖案的特徵的一個電性「入口點」。這些端點被標示為閘極、源極、及洩極，而且每一個端點都提供這個元件的出入口。由前一章之中的分析，我們知道閘極電極是作為控制端點來使用，這是因為被施加到閘極的電壓決定這個開關究竟是打開抑或是關閉的。以電機的術語來說明，被施加到閘極的電壓決定源極與洩極端點之間的電流流動。

在這個時點，我們的工作乃是使用積體電路層的觀念來產生一個矽的 FET。在圖 3.10(b) 之中，我們已經使用導電層來繪製 nFET 的一種簡單的表示法。垂直的線路代表閘極層，並且將另一層劃分而成為對應於這個電路圖符號的源極及洩極區域。這種簡化的觀點便足以來瞭解一個積體電晶體的實體結構及操作。

我們可以使用這個圖形來決定在實體的結構之中所須要的操作特性。讓我們

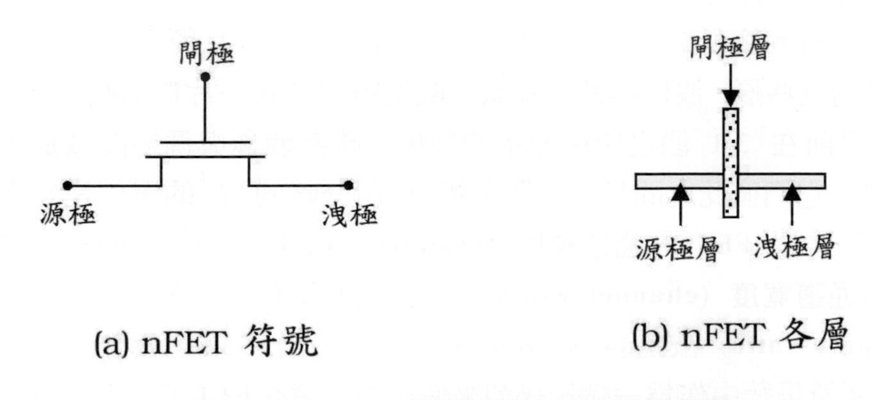

圖 3.10 nFET 的電路符號以及等效的層

(a) 打開的開關　　(b) 關閉的開關

圖 3.11 一個 nFET 的簡化操作圖

假設一個訊號 G 被施加到閘極，並且研究這個 nFET 的行為。如果 $G = 0$，則源極與洩極並沒有被電性連接。這是顯示於圖 3.11(a) 之中，圖中我們已經將閘極層移除，以更清楚地說明這個元件的行為。在這種狀況之下，會有一個開路的電路存在，因此這兩邊是電性分離的；這意指 A 與 B 之間沒有任何關係。如果我們施加一個 $G = 1$ 的閘極訊號來取代的話，則這個 nFET 是作為一個關閉的開關來使用，而源極與洩極邊會被電性連接。這是在圖 3.11(b) 之中加以說明。貫穿這個間隙的一層傳導層已經被形成，得到這個邏輯表示式

$$B = A \tag{3.15}$$

假設洩極與源極是在同一層上所形成的，則這種行為可以被用來推論

- 閘極訊號 G 決定在洩極與源極區域之間有或沒有傳導區域存在。

事實上，這就是一個 MOSFET 是如何運作的。施加到這個閘極的電壓 V_G 被使用來電性地產生一條傳導路徑，使電流得以在這個電晶體的洩極與源極區段之間流動。

既然我們已經看到這些 IC 層可以被如何使用來產生一個 MOSFET，現在讓我們來更詳細地檢視這個電晶體的實體結構。圖 3.12 顯示產生一個一般性 FET 所包含的這些層。洩極與源極區域的圖案被製作在一片矽晶圓之中，這片晶圓是等同於之前在 3.1 節之中所介紹的基板。雖然洩極與源極區域是在相同的層上，實質上，它們彼此之間是被一段距離 L 所分離的；L 的單位是公分 [cm]，並且被稱為是這個 FET 的**通道長度 (channel length)**。洩極與源極區域的寬度 W 被稱為是**通道寬度 (channel width)**，而且它的單位也是公分。這個 FET 的**縱橫比 (aspect ratio)** 被定義為 (W/L)，而且它也是 VLSI 設計師的最重要參數。這層閘極層是藉由作為一個絕緣體來使用的二氧化矽【玻璃】層而與矽晶圓

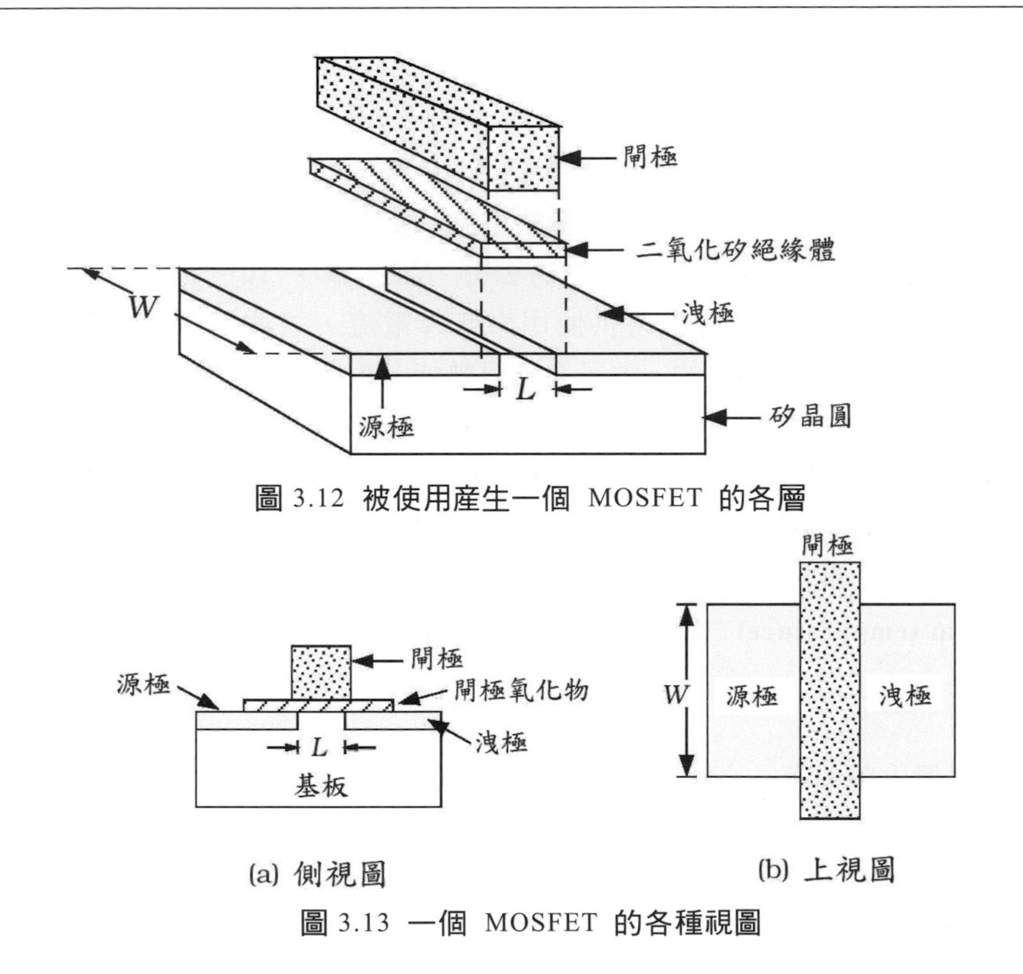

圖 3.12 被使用產生一個 MOSFET 的各層

(a) 側視圖

(b) 上視圖

圖 3.13 一個 MOSFET 的各種視圖

分隔開來。圖形中的垂直虛線顯示在堆疊過程被完成之後這些層的對齊。

將這些層堆疊起來會造成以圖 3.13 中的圖形來表述特性的三維結構。圖 3.13(a) 的這個視圖顯示這種佈層規劃的一個截面圖。這層二氧化矽層已經被重新命名爲**閘極氧化物 (gate oxide)**，這是因爲它是直接座落在閘極區域的下面。通道長度 L 被明白地顯示於這個圖形之中。在圖 3.13(b) 中的上視圖與我們在圖 3.10(b) 中所產生的這個簡單 FET 圖形的形式是完全相同的。它顯示洩極與源極層是被這個閘極圖案所分隔。唯一主要的差異乃是這個簡單的圖形只關心各層及傳導路徑，而不指明尺寸。

nFET 與 pFET 的基本結構是與圖 3.13 中所呈現的相同。這兩個元件之間的差異乃是用來作爲洩極與源極區域的這些層的本性。兩者在矽之中都使用具有圖案的層，但是這層 nFET 層被製作來具有過量的帶負電荷的電子，而 pFET 的洩極–源極層則在其中會有過量的正電荷。讓我們到矽物理的世界作一次短途的漫遊來看看這是如何達成的。

3.2.1 矽之中的電傳導

就其純粹的型式來看，矽是相當差的電導體。它的正式名稱是**半導體** **(semiconductor)**，因爲它只能傳導小量的電流，使它成爲一個「部分的」導體。一個矽晶體的原子密度大約是每一立方公分 $N_{Si} \approx 5 \times 10^{22}$ 個原子【單位爲 cm^{-3}】，但是只有少量的電子可供使用來傳導電流。這些電子是由於**熱激勵** **(thermal excitation)** 所造成的，電子會獲得熱能，並且脫離它們的宿主矽原子。一塊純質的矽晶體被稱爲是**本徵的** **(intrinsic)** 材料。每一立方公分之中可以自由承載電流的電子數目是以符號 n_i 來加以表示，並被稱爲是**本徵載子密度** **(intrinsic carrier density)**；「載子」(carrier) 這個名詞乃是「電荷載子」(charge carrier) 的縮寫，意指這個粒子具有電荷。n_i 的值乃是溫度 T 的一個函數。在**室溫** **(room temperature)**【$T = 27\ °C = 300\ K$】之下，本徵的密度被給予爲

$$n_i \approx 1.45 \times 10^{10} \quad cm^{-3} \tag{3.16}$$

因此，在晶體之中只有一小部分電子可供使用來傳導。n_i 的值會隨著溫度的上升而增大，這是因爲有更多的熱能被加到這個結構之中所造成的。然而，相較於一塊金屬而言，自由電子的數目還是比較小。

如果我們分析純粹單晶矽的鍵結結構，我們會發現大多數的電子被侷限於環繞原子核的軌道。當一個電子獲得足夠的熱能來脫離它的宿主原子時，它會如同一個**自由** **(free)**【或可移動的】電子一般在晶體之中到處移動。當一個電子離開它的原子位置時，它會留下一個空置的共價鍵，這被稱爲是一個**電洞** **(hole)**；這是在圖 3.14 之中加以說明。電洞代表欠缺一個電子，而且也可以被視爲是一個具有與電子相反性質的「粒子」。特別是，由於電子具有一個 $-q$ 的附屬負電荷，因此電洞會承載一個 $+q$ 值的正電荷，這使它們得以參與電流的流動過程。[1] 雖然這些粒子是彼此獨立的，但是當它們被產生時，它們會構成一組**電子－電洞對** **(electron-hole pair)**。

一個材料傳導電流的能力乃是由可供使用的自由移動帶電粒子的數目所決定的。讓我們來介紹可以提供這項資訊的兩個變數。我們定義 n 爲每一立方公分之中自由電子的數目，而 p 是每一立方公分之中自由電洞的數目；n 及 p 兩者都具有 cm^{-3} 的單位。在一片純粹的矽試樣之中，產生一個電洞的唯一方法乃

---

[1] 基本電荷單元的數值是 $q = 1.602 \times 10^{-19}$ 庫倫。

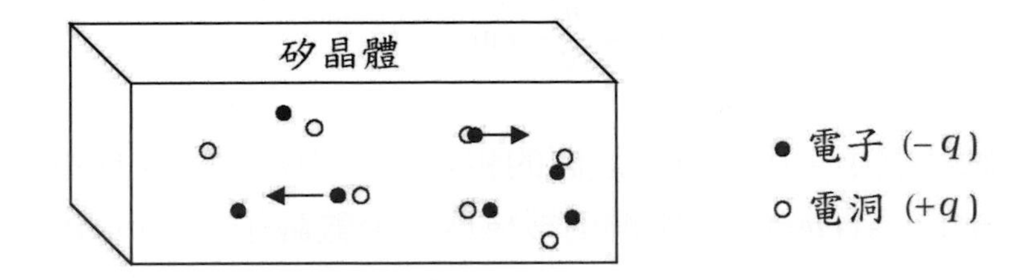

圖 3.14 在矽中電子─電洞對的產生

是藉由將一個電子從它的宿主原子處釋放出來。因此，我們發現對我們的試樣而言

$$n = p = n_i \tag{3.17}$$

會成立。這兩個值的乘積會得到

$$np = n_i^2 \tag{3.18}$$

這是**質量─作用定律 (mass-action law)** 的一項陳述，如果沒有電流流動的話，這個定律會掌控電子及電洞的相對數目。對於處於熱平衡的任何半導體而言，這個定律都會成立，這個條件是等同於具有零電流的流動。

純粹的矽並無法良好地傳導電流，但是這可藉由特意地加進少量的雜質原子來加以改變，雜質原子稱爲**摻質 (dopant)**，而這會產生一個**摻雜的 (doped)** 試樣。基本的想法乃是增加電子的數目，或者增加電洞的數目，來幫助電流流動的過程。藉由在晶體之中加進砷 (arsenic, As) 或磷 (phosphorus, P) 原子，自由電子的總數可以被增大。所得到的這片試樣被稱爲是 **n 型 (n-type)** 的材料，這是因爲它具有過量帶負電的電子。當砷及磷被使用來作爲摻質時，它們兩者都會「施捨」自由電子給予晶體，因此被稱爲是**施體原子 (donor atom)**，或者就簡稱爲**施體 (donor)**。在每一立方公分之中所加進的施體數目的符號是 N_d，N_d 值的典型範圍大約是落在 10^{16} 至 10^{19} cm^{-3} 之間。每一個施體原子都會在晶體之中加進一個自由的電子，因此我們可以由下式來計算電子的密度

$$n_n \approx N_d \ \text{cm}^{-3} \tag{3.19}$$

其中符號 n_n 表示在一塊 n 型試樣之中的電子密度。由質量─作用定律，在 n 型試樣之中的電洞數目 p_n 爲

$$p_n \approx \frac{n_i^2}{N_d} \text{ cm}^{-3} \tag{3.20}$$

在一塊 n 型的試樣之中，由於它們之間的相對數目的緣故，這些電子被稱爲是**多數載子 (majority carrier)**，而電洞則被稱爲是**少數載子 (minority carrier)**。

範例 3.1

假設施體摻雜密度爲 $N_d = 2 \times 10^{17}$ cm^{-3}。電子的密度爲

$$n_n \approx N_d = 2 \times 10^{17} \text{ cm}^{-3} \tag{3.21}$$

而電洞的濃度爲

$$p_n \approx \frac{n_i^2}{N_d} = \frac{(1.45 \times 10^{10})^2}{2 \times 10^{17}} \tag{3.22}$$

這會得到

$$p_n \approx 1 \times 10^3 \text{ cm}^{-3} \tag{3.23}$$

顯然，對這個範例而言，$n_n >> p_n$ 會成立。

這種相反極性材料被稱爲是 **p 型 (p-type)** 的材料，而且是藉由在晶體中加進硼 (boron, B) 原子所產生的。一塊 p 型材料會具有較多的帶正電電洞，而會具有較少的帶負電電子。使用硼的理由乃是每一個雜質原子都會衍生一個自由的電洞進入鍵結之中。由於一個電洞可能會「接納」一個電子，因此硼被稱爲是一個**受體 (acceptor)** 摻質，而在每一立方公分之中所加進的受體數目是以符號 N_a 來表示。受體密度的範圍大約與施體相當【大約是 10^{14} 至 10^{19} cm^{-3}】，但是這個效應恰恰相反：加進硼會使 p 型半導體之中的電洞濃度 p_p 增大。爲了計算載子的濃度，我們使用

$$p_p \approx N_a \qquad n_p \approx \frac{n_i^2}{N_a} \tag{3.24}$$

並且稱電洞爲多數載子，而電子是少數載子，這是因爲 $p_p > n_p$。p_p 與 n_p 的單位都是 cm^{-3}。

具有載子密度 n 與 p 的一個半導體區域的電導率 σ 被給予爲

$$\sigma = q(\mu_n n + \mu_p p) \tag{3.25}$$

其中 μ_n 與 μ_p 分別被稱爲是電子與電洞的**遷移率** (**mobility**)，它們的單位是 $cm^2/V\text{-}sec$。定性而言，這些遷移率是指明一個粒子「多麼會移動」的參數。一個微小的 μ 值表明這個粒子很難移動，而一個大的 μ 值則暗示相當自由的運動。對本徵的矽而言，室溫下的遷移率爲

$$\mu_n = 1360 \qquad \mu_p = 480 \tag{3.26}$$

這會得到一個 $\sigma \approx 4.27 \times 10^{-6}$ [Ω-cm]$^{-1}$ 電導率，或一個 $\rho \approx 2.34 \times 10^5$ [Ω-cm] 的電阻率。爲了加以比較，我們注意到優良絕緣體的石英玻璃則具有大約 10^{12} [Ω-cm] 的一個電阻率。

如果我們專注於 $n_n >> p_n$ 的一個 n 型的試樣，則我們經常可以將電導率近似爲

$$\sigma = q\mu_n n_n \tag{3.27}$$

相類似地，一個 p 型區域的電導率通常被估計爲

$$\sigma = q\mu_p p_p \tag{3.28}$$

然而，對於目前的討論而言，最重要而且必須牢記的一點乃是一個 n 型區域是由帶負電的電子所主控的，而一個 p 型區域則會具有絕大多數的帶正電的電洞。

範例 3.2

考慮一塊矽試樣加進密度爲 10^{15} cm^{-3} 的硼原子而被摻雜爲 p 型。多數載子是電洞，具有下列的一個密度

$$p_p = 10^{15}\ cm^{-3} \tag{3.29}$$

而少數載子電子的密度爲

$$n_p = \frac{(1.45 \times 10^{10})^2}{10^{15}} = 2.2 \times 10^5\ cm^{-3} \tag{3.30}$$

對這塊試樣而言，這些遷移率被給予爲 $\mu_n \cong 1350$ $cm^2/V\text{-}sec$ 及 $\mu_p \cong 450$ $cm^2/V\text{-}sec$。電導率爲

$$\sigma = (1.6\times10^{-19})[(1350)(2.2\times10^{5}) + (450)(10^{15})]$$
$$= 0.072\ [\Omega - \text{cm}]^{-1} \quad (3.31)$$

這是等同於下列的一個電阻率

$$\rho = \frac{1}{0.08} = 13.9\ [\Omega - \text{cm}] \quad (3.32)$$

對這些值的一項快速檢查顯示，對這個範例而言，$\mu_p\, p_p >> \mu_n\, n_p$。一般而言，矽試樣的電阻率是在 1 至 10 Ω-cm 的階層。

這個範例顯示摻雜階層乃是決定在 n 型或 p 型矽的電導率的最重要因素。將摻雜密度增大會產生更多的帶電粒子來幫助電流傳導的過程。然而，大量的雜質原子會產生更多這些粒子通過時所必須克服的障礙，因此會使它們比較不容易移動。這種效應被稱爲是**雜質散射 (impurity scattering)**，而且這是藉由將遷移率 μ 寫成總摻雜密度 N 的一個函數來加以表示。一般而言，$\mu(N)$ 會隨著 N 的上升而下降。這個效應的一個經驗方程式【參見參考資料 [3]】爲

$$\mu = \mu_I + \frac{\mu_2 - \mu_1}{1 + \left(\dfrac{N}{N_{ref}}\right)^{\alpha}} \quad (3.33)$$

其中 μ_1、μ_2、N_{ref}、與 α 都是常數。對電子而言，室溫的矽值大約是 μ_1 = 92 cm^2/V-sec、μ_2 = 1380 cm^2/ V-sec、$N_{ref} = 1.3\times10^{17}$ cm^{-3}、及 $\alpha = 0.91$。相對應的電洞值爲 μ_1 = 47.7 cm^2/V-sec、μ_2 = 495 cm^2/V-sec、$N_{ref} = 6.3\times10^{16}$ cm^{-3}、及 α = 0.76。在元件物理學之中，遷移率隨著摻雜的增大而降低被稱爲是一個**二階的效應 (second-order effect)**。雖然在簡單的計算之中將雜質散射忽略不計看起來是很誘惑人的，但是這麼作可能會引進顯著的誤差。最後的一項評論乃是，對於一個給予的摻雜階層 N 而言，

$$\mu_n > \mu_p \quad (3.34)$$

這意指電子會比電洞更容易移動。物理上，這是透過假設電子是古典意義的眞實粒子，而電洞則被視爲「欠缺電子」來加以看待。

上面的分析假設在試樣之中只會有施體 N_d 或受體 N_a 出現。然而，在 CMOS 的製程之中，大多數的摻雜區域會同時有施體及受體存在。它的極性是由

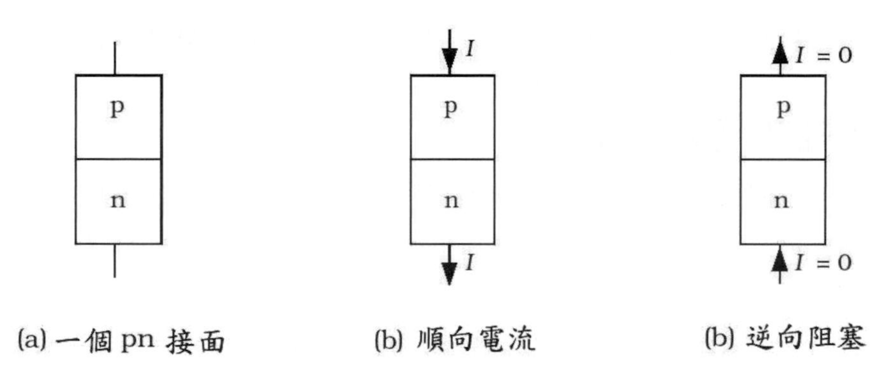

圖 3.15 一個 pn 接面的構成與特性

主控的摻質種類所建立的。為了產生一個 n 型區域，我們須要 $N_d > N_a$，使得施體的數目會比受體的數目來得多。載子的濃度是由下式來計算所得到

$$n_n = N_d - N_a \qquad p_n = \frac{n_i^2}{(N_d - N_a)} \tag{3.35}$$

其中電子是多數載子。對一塊 p 型的區域而言，我們須要 $N_a > N_d$ 使得多數載子電洞的載子密度 p_p 與少數載子電子的載子密度 n_p 被給予為

$$p_p = N_a - N_d \qquad n_p = \frac{n_i^2}{(N_a - N_d)} \tag{3.36}$$

為了計算遷移率，在方程式 (3.33) 之中，我們使用總摻雜密度 $N = N_a + N_d$。電導率仍然是由下式計算所得到

$$\sigma = q(\mu_n n + \mu_p p) \tag{3.37}$$

這是因為只有值會被改變而已。一種特殊的狀況乃是 $N_d = N_a$ 的狀況。由於每個電子都是由一個施體所釋放出來的，而這個電子會被一個受體之中的一個電洞所匹配，因此這個材料看起來像一塊具有 $n = p = n_i$ 的本徵試樣。這稱為**完全補償 (total compensation)**。注意由於摻質的數目不為零，因此遷移率將會比本徵值來得小。

當一個 n 型區域接觸到一個 p 型區域時，一種非常特殊的介面會被形成。這種 **pn 接面 (pn junction)** 使得電流只會在由 p 型邊到 n 型邊的一個方向上來傳導。如果我們試圖強迫由 n 型邊到 p 型邊的電流，那麼這個接面會將它阻擋，並且會像一個打開的開關一樣地作用。一個 pn 接面的性質被綜合整理於圖 3.15 之中。在電子學之中，這種特徵被使用來製作一個被稱為**二極體 (diode)**

的元件。這種只允許電流在一個方向來流動的特性稱爲是**整流** (**rectification**)。

3.2.2 nFET 與 pFET

一旦 n 型與 p 型區域之間的區別被建立之後，現在我們就可以來定義 nFET 與 pFET 的結構。這是一項非常簡單的工作：一個 FET 的極性【n 或 p】是由洩極與源極區域的極性所決定的。這個元件被設計來使得當這個元件正在傳導時，圖 3.11(b) 中所顯示的這層傳導層會具有與洩極與源極區域相同的極性。一個 nFET 使用 n 型的洩極與源極區域，而一個 pFET 則會有 p 型的洩極與源極區域。這些分別被顯示於圖 3.16(a) 與 (b) 之中。金屬接觸已經被加進來說明我們如何可以將洩極與源極區域連接到這個電路的其它部份。

首先，讓我們來檢視 nFET。洩極與源極區域被標示爲「n+」來表明它們是**重摻雜的** (**heavily doped**)。這意指這個施體摻雜密度 N_d 是相對大的，具有大約在 $N_d = 10^{19}\ cm^{-3}$ 的一個典型值。【在底部的】基板層現在被指定爲 p 型且具有一個隱含的硼摻雜密度 N_a；受體摻雜的一個合理值爲 $N_a = 10^{15}\ cm^{-3}$。注意這些 pn 接面是在 n+ 區域與 p 型基板之間所形成的。如同在圖 3.15 中的文意中所討論，這些接面被使用來阻擋這個元件的基板與頂部 n+ 層之間的電流流動。

這個 pFET 具有與 nFET 相同的結構，但是極性會被反轉。源極與洩極區域是被內嵌於一個 n 型「井」層之中的 p+ 區段；這個 n 井本身是坐落在這塊 p 型基板的頂部。在這個元件之中會有數個 pn 接面被形成；所有接面都被使用來防止電流在相鄰層之間的流動。這種佈層的規劃會比較複雜，因爲 CMOS 設計同時使用被建構在一片單一矽晶圓之中的 nFET 與 pFET 兩者。如果我們選取這片晶圓爲 p 型，則這些 nFET 可以如同在圖 3.16(a) 中一般藉由只加上

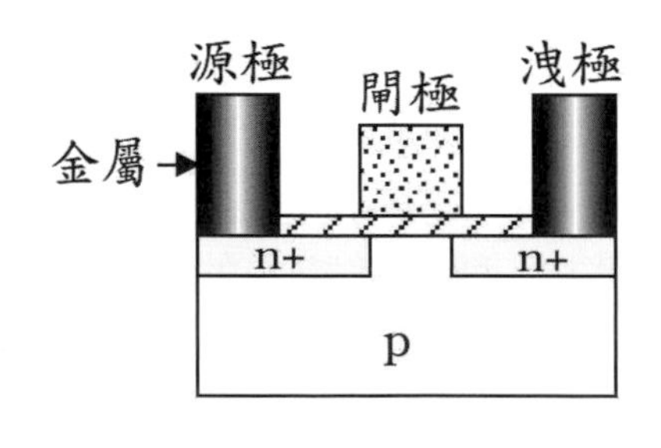

(a) nFET 截面

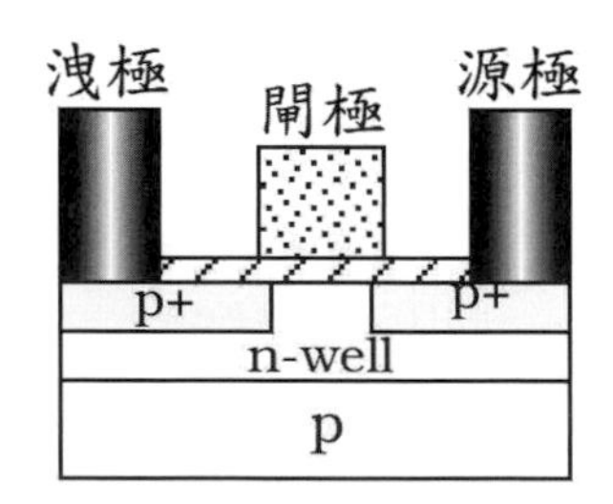

(b) pFET 截面

圖 3.16 nFET 與 pFET 的各層

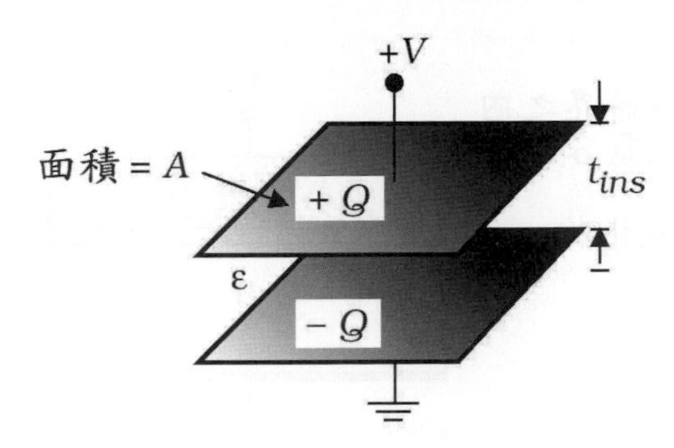

圖 3.17 一個平行板電容器

n+ 區域來產生。然而，如果我們直接將 pFET 的 p+ 區域加到這塊 p 型基板，那麼我們喪失了這種佈層所須要的結構：p+ 必須進入一個 n 型區域之中。如果沒有 pn 接面被形成的話，那麼我們就無法控制電流的流動。為了改正這項問題，這層 n 井層被使用來建構圖中所顯示的這個 pFET。這跟我們保證這些電晶體會具有相反的電性。

3.2.3 一個 FET 之中的電流流動

MOSFET 被使用來作為 CMOS 邏輯電路之中的電壓控制開關。如同我們之前在圖 3.11 中對一個 nFET 所看到的，施加一個訊號到閘極電極會造成一個打開或關閉的開關。在閘極之下的傳導層的產生是由於被建構進入這個 MOSFET 本身的閘極區域之中的這種電容性質所造成的。基本物理學中的簡單平行板電容器顯示於圖 3.17 之中。這個元件是由兩塊完全相同的金屬平板所組成的，這兩塊平板是被一個厚度為 t_{ins} cm 的絕緣體所分隔。這些平板的面積為 A，它的單位為 cm^2。如同圖形中所指明，一個電容器會在平板上儲存 Q 的電荷。當有一個電壓差異 V 被施加跨降在這些平板之上時，電荷被給予為

$$Q = CV \tag{3.38}$$

其中 C 是電容。對一個平行板的結構而言，這個電容的基本公式是著名的

$$C = \frac{\varepsilon A}{t_{ins}} \tag{3.39}$$

其中 ε 是這個絕緣體的電容率，單位為 F/cm。ε 的值是由分隔這些平板所使用的材料來決定的。[2] 最重要的觀察乃是施加一個正的電壓 V 到上面的平板會在

[2] 物理上，電容率是這個材料儲存電能能力的一種量度。

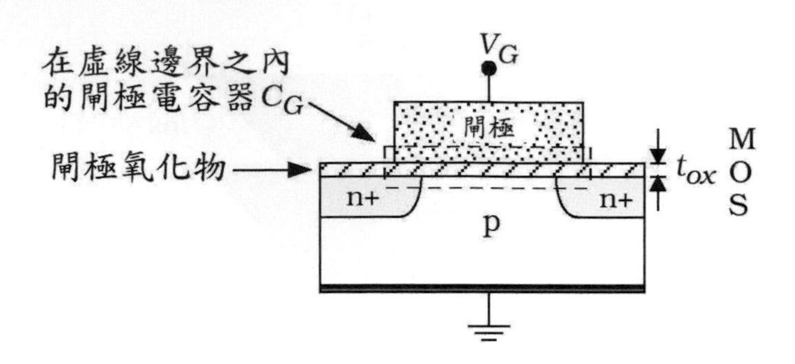

圖 3.18 一個 n 通道 MOSFET 之中的閘極電容

下面的平板上**感應** (induce) 一個負的電荷 $-Q$。

藉由參考圖 3.18 之中的圖形，讓我們來更詳細地檢視一個 nFET。這個元件的中央區域被設計成為一個電容器。這層閘極氧化物層是在閘極【這作為上面的平板來使用】與這塊 p 型基板【作為下面的平板來使用】之間的絕緣玻璃。在 MOS 的早期，這個閘極是由鋁 (Al) 所製作而成的，而這是一種金屬。因此，這種佈層會得到代表金屬—氧化物—半導體的這個縮寫「MOS」。在現代的製程中，閘極材料是使用**多結晶的矽 (polycrystal silicon)**，而這種材料經常被稱為是**多晶矽 (polysilicon)**，或者就簡稱為**多晶 (poly)**。[3] 雖然這個閘極材料已經不再是一塊金屬，但是這個縮寫從來沒有被成功改變過，時至今日仍然還在繼續使用。[4]

為了描述這個 MOS 結構，我們引進氧化物的**電容**

$$C_{ox} = \frac{\varepsilon_{ox}}{t_{ox}} \tag{3.40}$$

這個電容具有 F/cm^2 的單位。將這個方程式與方程式 (3.39) 之中的平行板電容器公式加以比較顯示面積已經被丟掉了。我們是故意這樣做，來使得 C_{ox} 可以被應用於這個電路之中的任何元件。如果閘極的面積為 A_G cm^2，則這個 FET 的總**閘極電容 (gate capacitance)** 為

$$C_G = C_{ox} A_G \tag{3.41}$$

它的單位是法拉 (farad)。在這個公式中，ε_{ox} 是玻璃絕緣層的電容率。在現代技

[3] 多晶體是由稱為微晶 (crystallite) 的小區域矽晶體所構成的；這種材料將在第四章之中更詳細地討論。
[4] 最常見的替代名稱為 IGFET，這代表絕緣閘極的 FET (insulated-gate FET)。

術之中，幾乎所有矽的 MOSFET 都使用二氧化矽 (SiO_2)，而它的電容率被給予爲

$$\varepsilon_{ox} = 3.9\varepsilon_0 \tag{3.42}$$

其中 $\varepsilon_0 \approx 8.854 \times 10^{-14}$ F/cm 是自由空間的電容率。氧化物的厚度 t_{ox} 是 CMOS 之中的一個關鍵參數。由於我們在後面即將看到的理由，我們所想要的乃是一層薄的氧化物層【微小的 t_{ox}】。具有先進製造設施的現代製程線會有 $t_{ox} \leq 10$ nm = 100 Å，這提供了產生這個厚度的一半的氧化物的能力。[5]

範例 3.3

考慮厚度爲 t_{ox} = 50 Å = 50 × 10^{-8} cm 的一個閘極氧化物。每單位面積的氧化物電容爲

$$C_{ox} = \frac{(3.9)(8.854\times10^{-14})}{50\times10^{-8}} = 6.91\times10^{-7}\ \text{F/cm}^2 \tag{3.43}$$

這是一個典型的值。假設一個 FET 的閘極具有一個面積

$$A_G = \left(1\times10^{-4}\ \text{cm}\right)\times\left(0.4\times10^{-4}\ \text{cm}\right) = 4\times10^{-9}\ \text{cm}^2 \tag{3.44}$$

我們注意到 10^{-4} cm = 10^{-6} m = 1 μm【微米】，這通常被稱爲 1 **micron**，而且也是我們用來描述 FET 尺寸的單位。對這個範例而言，閘極電容是

$$C_G = (6.91\times10^{-7})(4\times10^{-9}) = 2.76\times10^{-15}\ \text{F} \tag{3.45}$$

定義 1 **femtofarad** (fF) 爲 1 fF = 10^{-15} F，則閘極電容爲

$$C_G = 2.76\ \text{fF} \tag{3.46}$$

這是一個現代元件的典型值。電子學的專家將會注意到，這比我們在日常世界之中所碰到的典型電容值小非常多。

上述的討論說明一個 MOSFET 的閘極事實上是一個 MOS 電容器的一邊。在閘極上施加一個電壓會造成在電容器的相反面上，也就是在閘極氧化物下面的矽區域之中，會形成一層相反極性的電荷層。如果我們在閘極上施加一個正

[5] 一埃 (Å) 是 10^{-10} cm = 10^{-8} m。

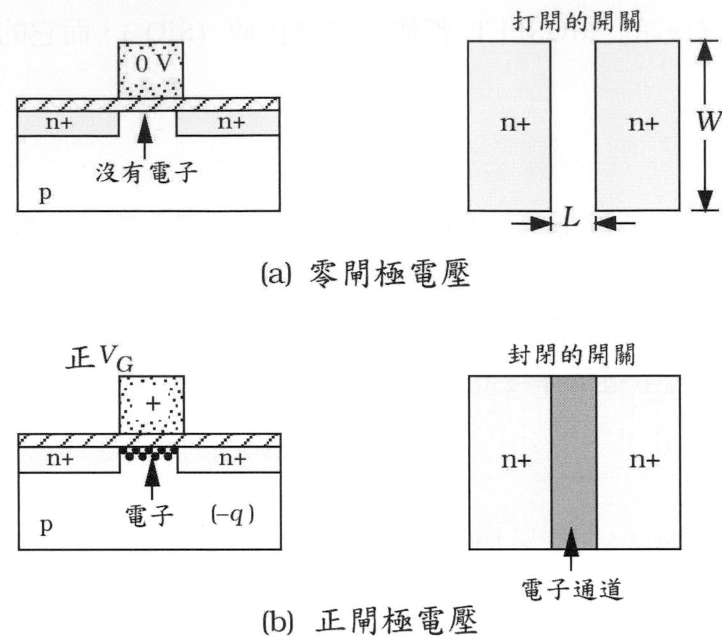

圖 3.19 在一個 nFET 之中控制電流的流動

電壓，則在矽之中會產生一層帶負電的電子層。相反地，使用相對於這個元件的其餘部分的一個負的電壓都會在矽之中產生一層帶正電的電洞層。在矽之中電荷薄層的形成是可能的，這是因為它是一種半導體材料，其中電荷載子的數目是由區域電性條件所決定的。具備這項觀察之後，電流流動的機制變成相當容易來看出。

考慮圖 3.19 之中所顯示的一個 nFET。洩極與源極區域都是 n 型的區域，但是實體上它們是被 p 型基板的一段所分隔。在圖 3.19(a) 之中，閘極電壓具有 0 V 的值，因此在閘極氧化物之下並沒有衍生的電荷。右邊所提供的矽的上視圖顯示洩極與源極是被分隔的，因此在它們之間沒有電流流動。這是由於這些 pn 接面的電流阻擋性質所造成的，而且是類比於具有一個打開的開關。如同在圖 3.19(b) 之中一般施加一個正的電壓到這個閘極時，這個電容性的 MOS 結構會在閘極氧化物之下衍生一層帶負電的電子層。如同圖中所顯示，這層電子層建立了洩極與源極區域之間的一條電性連接。這些電子構成了電流流動通過這個 nFET 的一條「通道」，而這個元件的作用有如一個關閉的開關。這一層的形成要求閘極電壓必須大於在第二章之中所介紹的**臨限電壓 (threshold voltage)** V_{Tn}。這個 nFET 臨限電壓的一個典型值為 $V_{Tn} = 0.70$ V。這個參數是由製造的序列所建立的，而且在 VLSI 設計階層永遠被假設是已知的。

單位為庫侖的通道電荷被給予為

$$Q_c = -C_G(V_G - V_{Tn}) \tag{3.47}$$

其中 V_G 是閘極電壓，而 C_G 是閘極的電容。由於直到 V_G 達到 V_{Tn} 時才會有電流形成，因此我們使用電壓差 $(V_G - V_{Tn})$。在方程式之中的這個負號指明這條通道是由帶負電的電子所構成的。流動通過這條通道的電流 I 可以被寫成

$$I = \frac{|Q_c|}{\tau_t} \quad \text{C/sec} \tag{3.48}$$

其中我們已經引進通道**過境時間** (**transit time**) τ_t，單位為秒。物理上，τ_t 是一個電子由一個 n+ 區域移動到另一個 n+ 區域所須要的平均時間，而且可以由下式來計算得到

$$\tau_t = \frac{L}{v} \tag{3.49}$$

其中 v 是粒子的速度，單位為 cm/sec。代入方程式 (3.48) 的電流方程式之中，得到

$$\begin{aligned} I &= \frac{C_G}{(L/v)}(V_G - V_{Tn}) \\ &= vC_{ox}W(V_G - V_{Tn}) \end{aligned} \tag{3.50}$$

我們已經使用方程式 (3.41) 的閘極電容 C_G 的定義來寫出第二行。在一個 FET 之中，移動的帶電粒子的速度可以被估計為

$$v = \mu_n E \tag{3.51}$$

其中 E 是電場，而 μ_n 是電子的遷移率。當一個電壓 V 被施加在這些 n+ 區域之間時【這與閘極電壓是無關的】，這個電場被近似為

$$E = \frac{V}{L} \tag{3.52}$$

具有 V/cm 的單位。將這些關係式代入方程式 (3.50) 之中，得到

$$I = \mu_n C_{ox}\left(\frac{W}{L}\right)(V_G - V_{Tn})V \tag{3.53}$$

來作為我們對於這個電流的最初近似。這個元件的線性電阻 R_n 可以藉由取下列的比值來計算得到

$$R_n = \frac{V}{I} = \frac{1}{\beta_n(V_G - V_{Tn})} \tag{3.54}$$

其中我們已經定義下列的參數

$$\beta_n = \mu_n C_{ox}\left(\frac{W}{L}\right) \tag{3.55}$$

稱爲**元件轉移電導** (**device transconductance**)[6]，單位爲 A/V^2。以這個模型，我們可以將這個 nFET 視爲一個不具有通道且 $R \to \infty$ 的一個打開的開關，或者視爲在洩極與源極兩邊之間具有一個 R_n 電阻的關閉開關。

必須提及的一個細微的點乃是在 MOSFET 分析之中所使用的遷移率 μ_n 是在矽的「表面」的值，因此被稱爲是**表面遷移率** (**surface mobility**)。這與使用方程式 (3.33) 所計算得到的值是不相同的，這個方程式對**本體遷移率** (**bulk mobility**)，也就是在這個材料之中的值才會成立。一項簡單的估計乃是表面遷移率大約是本體遷移率值的一半。實際上，我們使用由實驗室所量測得到的值來設計電路。

一項更深入的分析將會顯示，MOSFET 本質上是**非線性的元件** (**non-linear device**)，它的意義在於通過一個 FET 的電流 I 乃是跨降在它上面的電壓 V 的一個非線性函數。這項關係將在第六章之中更詳細地加以檢視。然而，對簡單的模擬而言，我們經常將電晶體視爲一個具有下列電阻值的一個線性電阻器來加以對待

$$R_n = R_{c,n}\left(\frac{L}{W}\right) \tag{3.56}$$

其中

$$R_{c,n} = \frac{1}{\mu_n C_{ox}(V_G - V_{Tn})} \tag{3.57}$$

是這一條電子電流流動通道的等效的片電阻。

除了所有的極性都被反轉之外，一個 pFET 是以一種類似的方式來表現。這種操作被綜合整理於圖 3.20 之中。如果我們使閘極電壓爲正【參見圖 3.20(a)】，則只有來自 n 型層的負電荷會存在於閘極氧化物之下。由於洩極與源極區域兩

[6] 一般而言，轉移電導參數具有安培除以伏特的平方、立方等的單位。一個轉移電阻具有 V/A 的基本單位。

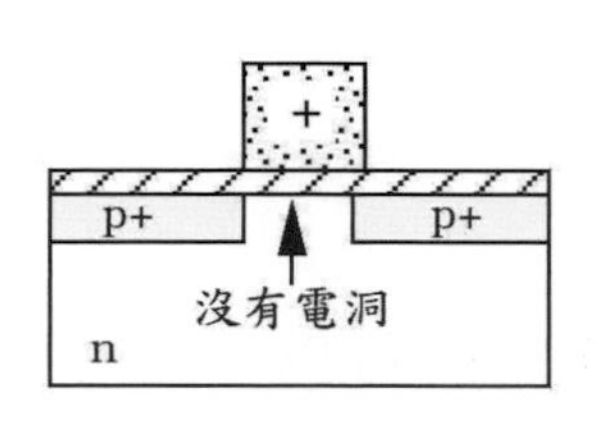

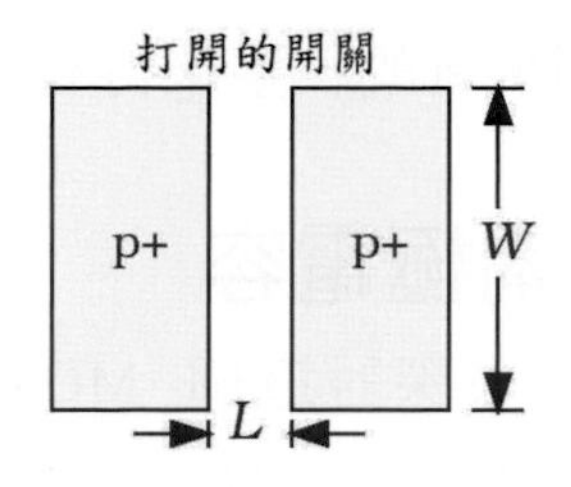

(a) 高閘極電壓

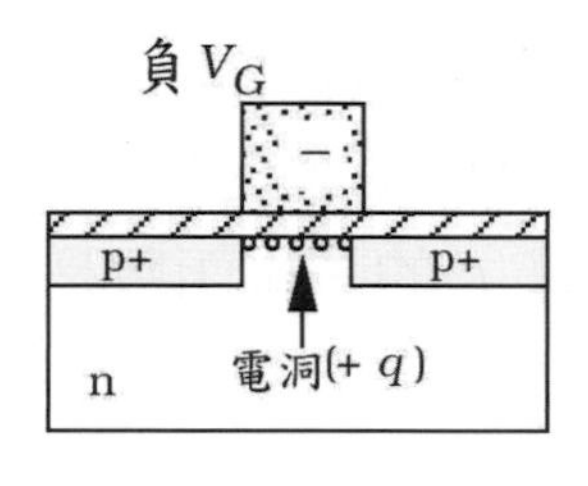

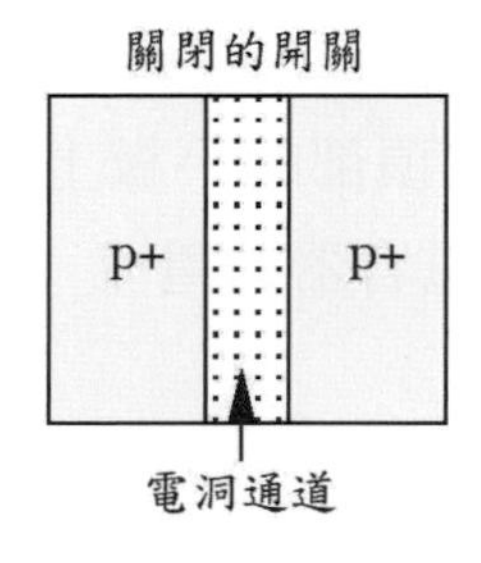

(b) 負閘極電壓

圖 3.20 **一個 pFET 的切換行為**

者都是 p 型，因此它們都會被這個 n 型區域彼此電性分離。因此，這個電晶體是作為一個打開的開關來使用。而另一方面，如果我們在閘極上施加一個負的電壓，則如同在圖 3.20(b) 中所說明，一層帶正電的電洞層可以在閘極氧化物之下形成。為了產生這層電洞層，在最高電壓的 p+ 區域與閘極之間的電壓差異必須大於這個 pFET 電壓 $|V_{Tp}|$ 的大小。這會給予在 p 型源極與洩極區域之間的一條電性傳導通道，因此電流會流動通過這個電晶體。因此這個 pFET 是類似於一個封閉的開關。如同 nFET 一般，這個 pFET 也會展現一個電阻，這個電阻被估計為

$$R_p = \frac{1}{\beta_p\left(V_G - |V_{Tp}|\right)} \tag{3.58}$$

由符號規定，V_{Tp} 是一個負的數目，因此我們使用 $|V_{Tp}|$ 來使這個公式具有與 nFET 表示式相同的型式。在這個方程式之中，

$$\beta_p = \mu_p C_{ox}\left(\frac{W}{L}\right) \tag{3.59}$$

是 pFET 的元件轉移電導，而 μ_p 是電洞的遷移率。

雖然我們對於通過 nFET 與 pFET 的傳導的最初探討是被高度地簡化，但是它的確是倚賴 VLSI 設計師的一種有用的目視圖形所得到的。通常，一個簡單

的模型會比一個複雜的模型來得有用。

3.2.4 驅動閘極電容

讓我們更深入地來探討這個 MOS 電容器系統的行爲。這個電容器對於這個 FET 的操作有根本的重要性，但是在一個 CMOS 積體電路之中任何電容的出現都會造成訊號的延遲。圖 3.21 顯示具有電容 C 的一個電容器的電路符號。這個圖形將一個正的電流 i 定義爲流動進入電容器正電壓這一邊的電流。注意正電荷 $+Q$ 被儲存在頂部的平板上，而底部的平板則會保持一個 $-Q$ 值的負電荷。流動進入這個電容器的電流 i 表示爲時間 t 的一個函數是這個電荷的時間改變速率

$$i(t) = \frac{dQ}{dt} \tag{3.60}$$

由於 $Q = CV$，因此我們可以代入來取代電荷，而獲得一個電容器的 I-V 關係爲

$$i = C\frac{dV}{dt} \tag{3.61}$$

這告訴了我們電壓訊號在一個 CMOS 電路之中是如何表現的數件事情。首先，以 $dt \to 0$ 的瞬間方式來改變跨降在一個電容器的電壓 $V(t)$ 是不可能的；這是因爲 (dV/dt) 的值必須是無窮大，但是實質上具有一個無窮大的電流 i 是不可能的。如果我們將這項結論應用於圖 3.22 中所顯示的一個 FET 的閘極電容 C_G，我們會得到一個結論，閘極電壓 V_G 無法不經驗一項延遲而被改變。這個延遲是對應於轉移這些電荷進入或離開這個閘極電極所須要的時間

$$Q = C_G V_G \tag{3.62}$$

當將一個 FET 切換至打開或關閉的切換狀態的機制加以合併時，這隱喻這個電晶體本身會引進訊號的延遲。這個電容 C_G 的值決定了改變電壓所須要的電荷數量，因此一個大電容暗示會有一個長的延遲。

第二項重要的觀察乃是電容器會儲存電能。將 C_G 充電及放電乃是對應於改變這個元件之中所儲存的能量，因此將一個電晶體切換導通或關閉要求我們必須將能量從電路中的一個點傳輸至另一個點。功率 P 的單位爲**瓦特 (watt)** [W]，而且與能量 E 之間的關聯爲

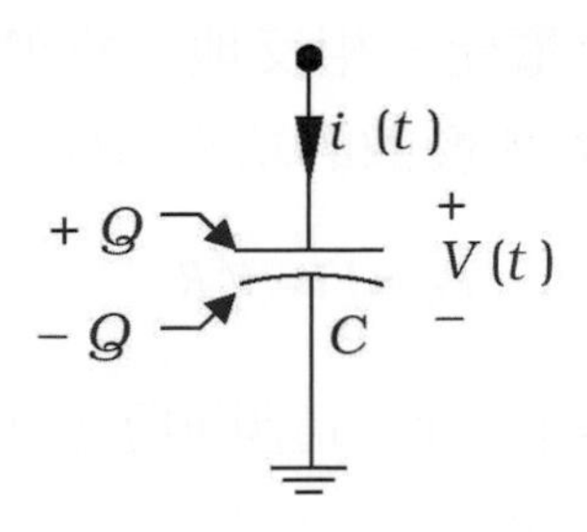

圖 3.21 **一個電容器之中的電壓與電流**

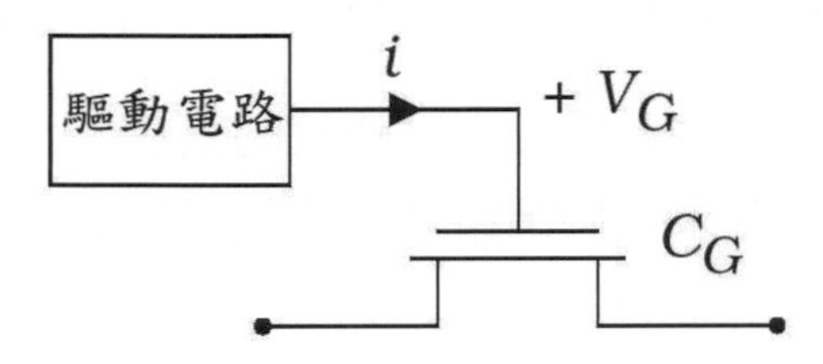

圖 3.22 **驅動一個 pFET 的閘極**

$$P = \frac{dE}{dt} \tag{3.63}$$

其中 E 的單位爲**焦耳 (joule)** [J]。由定義，1 瓦特的功率表示 1 焦耳的能量在一秒鐘之內被傳輸。對具有電壓 V 而有一個電流 i 流動進入的一個電性元件而言，功率被給予爲 $P = Vi$ 這個乘積。使用方程式 (3.61) 的電容器公式會得到

$$P = V\left(C\frac{dV}{dt}\right) = \frac{d}{dt}\left(C\frac{V^2}{2}\right) \tag{3.64}$$

因此儲存在一個具有電壓 V 的電容器之中的電能 E_e 爲

$$E_e = \frac{1}{2}CV^2 \tag{3.65}$$

當應用於一個 CMOS 切換網路時，這意指將一個 FET 的閘極電壓由 0 V 改變至 V_{DD} 時所須要的能量爲

$$E_e = \frac{1}{2}C_G V_{DD}^2 \tag{3.66}$$

對電路中的**每一個**電晶體。

現在，注意這個驅動電路必須傳輸電流通過具有一個 R_{line} 電阻的一條交互

連接導線。電阻器並無法儲存電能。相反地，它們藉由將電能改變爲熱來**發散** **(dissipate)** 功率。一個電阻 R 所發散的功率 P_R 是由下式計算所得到

$$P_R = Vi = i^2 R \tag{3.67}$$

在上式之中，我們已經使用歐姆定律。這說明了流動的電流會衍生區域化的加熱效應。這適用於電路之中的每一個電路元件，而不僅只是交互連接線路而已。

這些簡單的觀察帶出 VLSI 電路設計的某些關鍵的層面，這在本書整本書之中都將加以檢視。會立即出現的兩項考慮爲：

- 切換延遲是由於這些元件及交互連接的實體特性所造成的。
- 每個切換事件都要求這個電路之中的能量轉移。這暗示在這個電路之內將會發生功率的發散。

第一項考慮隱喻設計師必須瞭解切換延遲的本性以設計一個快速的數位網路。這些 FET 與交互連接的特性都會影響整體系統的速度，因此 VLSI 設計將網路當作一個整體來處理。第二段陳述更爲實際。過量的區域性加熱可能會很嚴重，使得這個矽晶體會熔化，並將這片晶片摧毀。當然，我們必須以適當的設計以及使用熱移除技術來避免。如果這片晶片是使用於一個使用電池來作爲電源供應的可攜式單元之中的話，那麼這個設計必須降低功率的要求來延伸電池的壽命。

3.3 CMOS 的各層

既然我們已經看到具有圖案的材料層是如何被使用來產生 nFET 與 pFET，現在讓我們移動到一個較高的階層，並檢視一個 CMOS 積體電路的整體結構。

CMOS 提供了全球電腦工業的一個巨大部分的經濟基礎。許多公司在市場上競爭，每個公司都試圖提供比其它公司更先進的技術基礎。由於在二十一世紀前幾年在高密度電路製造技術的快速演進，因此在 CMOS 之中的無數變形已經被引進。在這裡我們將挑選一種相當簡單的製程來研究，並且故意避免先進【因而複雜的】技術。其中，我們將專注於一種典型的 **n 井製程 (n-well process)**。

首先，讓我們來定義一個「CMOS 製造過程」是什麼。以最簡單的講法，這提到我們從一片矽的裸「晶圓」到一個電子積體電路的完成型式的過程之中所使用的一序列步驟。製造過程的細節將在第五章之中加以討論。目前，我們將只關心最終的結構。

這種 n 井過程是從作爲被用來建構所有電晶體的基底層的一塊 p 型基板

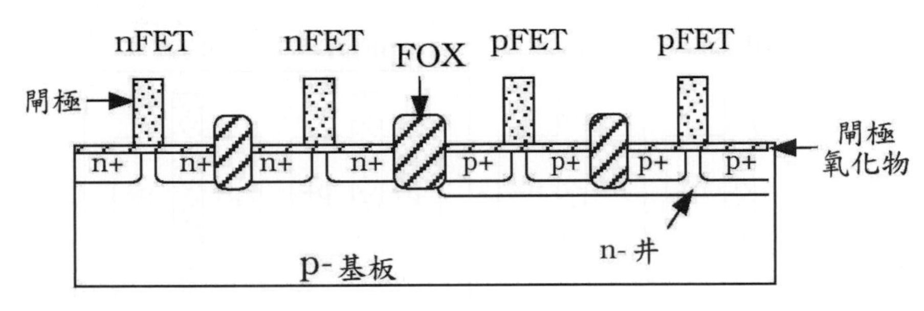

圖 3.23 一個 n 井製程之中 MOSFET 的各層

【晶圓】來開始的。nFET 可以直接在 p 型基板之中來製造，而 n 井區域被加進來容納 pFET。圖 3.23 之中的這個截面圖說明在這些 nFET 與 pFET 被製作在基板上之後的結構。由這個圖形，我們可以指出下列這些層的形式：

- p 型基板
- n 井
- n+【nFET 洩極/源極】
- p+【pFET 洩極/源極】
- 閘極氧化物
- 閘極【多晶矽】

注意「層」這個術語隱喻一個具有不同電性的區域，即便在實質的階層上，它可能與另一層【例如 n+ 層與 p+ 層】是在相同的幾何階層。這個圖形也顯示被標示爲「FOX」的區域，這定義了**場氧化物 (field oxide)** 的區段。**場區域 (field region)** 只是被插入在相鄰的 FET 之間的退縮絕緣玻璃【二氧化矽】區段來提供**電性隔離 (electrical isolation)**。這個玻璃的作用是確保在這兩個電晶體之間沒有電流流動，使它們保持電性分離。值得再度重提的另一個重點乃是 n 型與 p 型區域之間的接面具有阻擋電流流動的能力。因此，我們假設 n 區域與 p 區域是電性隔離的。[7]

這個範例的上視圖案被顯示於圖 3.24 之中。在這個圖形之中，唯一被明白顯示的這些層爲 n 井、n+【nFET 洩極/源極】、p+【pFET 洩極/源極】、及閘極【多晶矽】。這個 p 型基板是被隱含的，氧化物層也同樣是被隱含的。注意 FOX 環繞每個電晶體，因此除了在每個電晶體的位置之外，到處都會有一個隱含的場區域。FOX 區域很少被明白地顯示，因此我們必須牢記晶圓中的每個元

[7] 這種阻擋電流流動的能力要求在 n 邊上的電壓必須比在 p 邊上的電壓來得高。

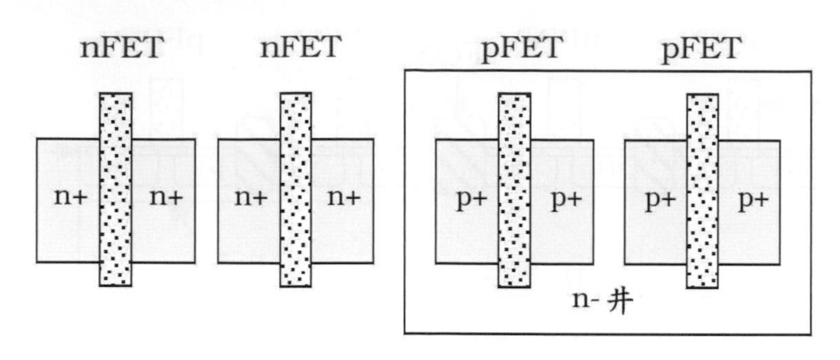

圖 3.24 FET 圖案製作的上視圖

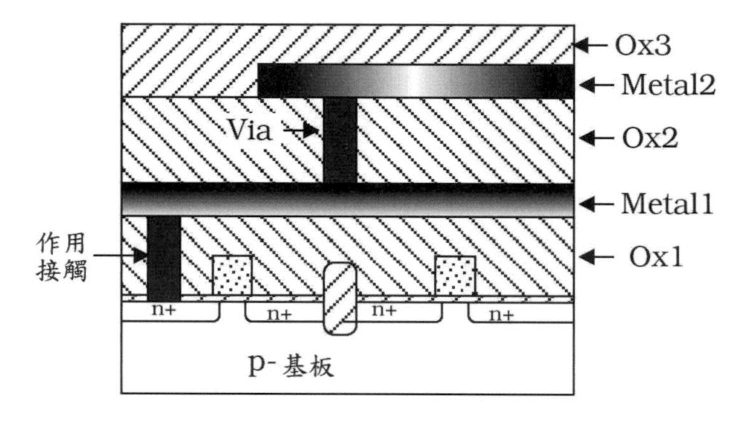

圖 3.25 金屬交互連接的各層

件都會自動地與其它每個元件隔離開來。

一旦這些基底電晶體層被定義之後，我們加上以玻璃絕緣體來隔離的傳導金屬層來允許導線連接。現代的製程通常會允許五層或更多層金屬交互連接層，使得複雜電路之中的大量導線連接問題變和緩。在圖 3.25 中的這個範例顯示兩層金屬層來說明這些重點。在這些 FET 被形成之後，一層氧化物層 (Ox1) 被沉積在這片晶圓表面上，並被平坦化。然後，在氧化物中的一個「洞」【稱爲一個接觸切割】被蝕刻，以得到電性存取的洩極/源極區域。在圖形之中，這被顯示爲作用的接觸；它是以諸如鎢的一種導電金屬來填充。然後，Metal1 被沉積在上面，之後則跟隨另一層絕緣的氧化物層 (Ox2)。我們注意到藉由使用在 Ox1 之中的一個蝕刻洞，Metal1 也可以被連接到閘極層。然後，第二層金屬層 (Metal2) 被沉積在 Ox2 上面。在 Metal1 與 Metal2 之間的電性接觸是使用一條孔道 (via) 所達成的，這是在 Ox2 之中所蝕刻的一個洞，而且是以圖中所顯示的一個導電金屬的「柱塞」(plug) 來加以填充。

既然我們已經看到金屬交互連接層是如何被加到這個 CMOS 製程，我們可以得到下列重要的觀察：

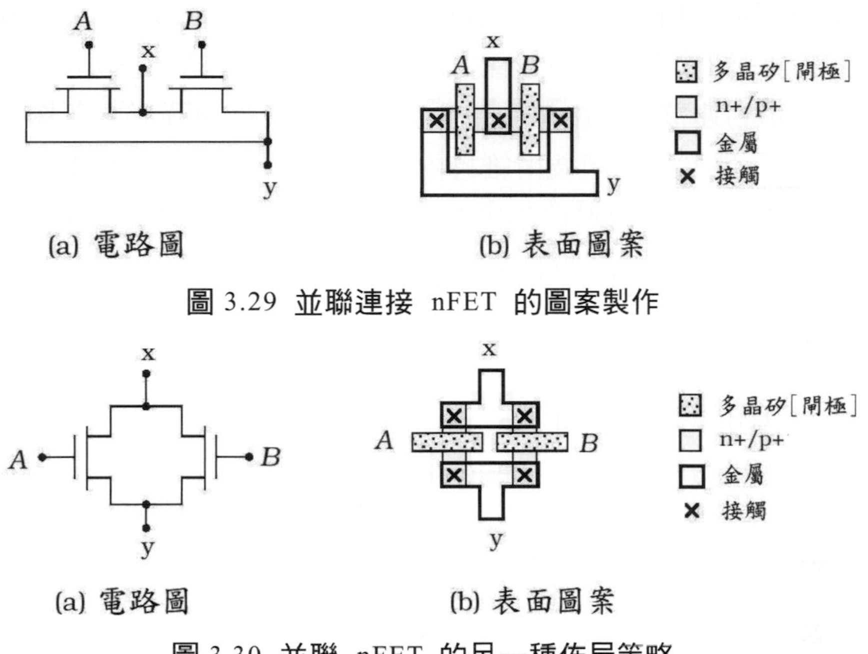

圖 3.29 並聯連接 nFET 的圖案製作

圖 3.30 並聯 nFET 的另一種佈局策略

一種特定的材料聯結起來的一種圖例通常會更方便使用。以顏色來將這些層編碼會更簡單，而且也是在以電腦爲基礎的設計輔助之中我們比較喜歡的技術。金屬線路已經被加在左邊與右邊，連同【將金屬連接至 n+ 區域】的作用接觸。這些定義了圖形中所顯示連接到節點 x 與 y 的電性連接，而且也是將這群電晶體連接至這個電路的其它部分所必須的。這個圖案也顯示這三個電晶體的通道寬度 W，因此提供了比圖 3.27 中所使用的較簡單表面圖案規劃更多的資訊。在剛開始設計的階段，這個寬度並不一定會明白地顯示。在設計中的這個時點，我們通常對於訊號的流動路徑及這個電路的拓撲會比這個電晶體的細節還來得更有興趣。換言之，在處理挑選電晶體的實際尺寸所涉及的細節之前，我們想要：(a) 電路圖、(b) 表面圖案來設計並驗證這個邏輯。

並聯連接的 FET 也可以以相同的方式來製作圖案。在圖 3.29 之中，兩個 nFET 是使用金屬圖案以並聯的方式來予以導線連接。這種並聯的連接由下面來加以瞭解，在被標示爲 x 與 y 的節點之間的兩個電晶體的洩極/源極區域被連接，這隱喻它們是並聯的。這種規劃是顯示於圖 3.29(a) 之中，而圖 3.29(b) 說明這些電晶體圖案與導線連接的規劃。這種表面圖案製作的方法維持這個串聯連接群組所使用的電晶體圖案方向。這可能會是我們所想要的，這是因爲一個均勻的佈局圖理念可能會導致在矽的表面上的一個較高的組裝密度。

並聯 FET 的一種替代的佈局策略被顯示於圖 3.30 之中。這種策略使用垂直的電晶體洩極–源極方向。在這種方法之中，兩個 FET 是以分開的 n+ 區域來產生的。並聯的連接是藉由使用金屬交互連接來給予圖形中所顯示的節點 x 與 y 所達成的。雖然這兩種技術維持兩個 FET 【水平與垂直】的相同方向，但是這並不是必要的。唯有導線連接與所得到的電性連接才是重要的。分隔的電晶體通常會比那些分享洩極/源極區域的電晶體須要更多的面積，因此這種型式的設計被侷限於特殊的情況。

3.4.1 基本的閘極設計

既然我們已經看過在 CMOS 佈局圖中所包含的基本想法，現在讓我們來檢視在矽中的 CMOS 邏輯閘所使用的表面圖案。以本節之中所使用的簡化觀點，在這些傳導層上製作圖案的線路被視爲是使電流「轉向」並建立電壓的路徑。在這個階層，這些線路的寬度並不重要；我們只須要這個網路的拓撲就可以來追蹤這個

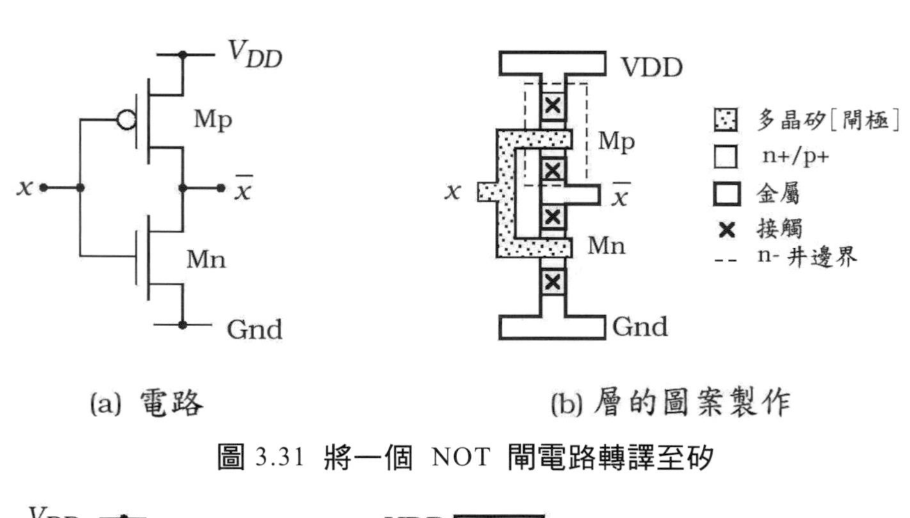

(a) 電路　　(b) 層的圖案製作

圖 3.31 將一個 NOT 閘電路轉譯至矽

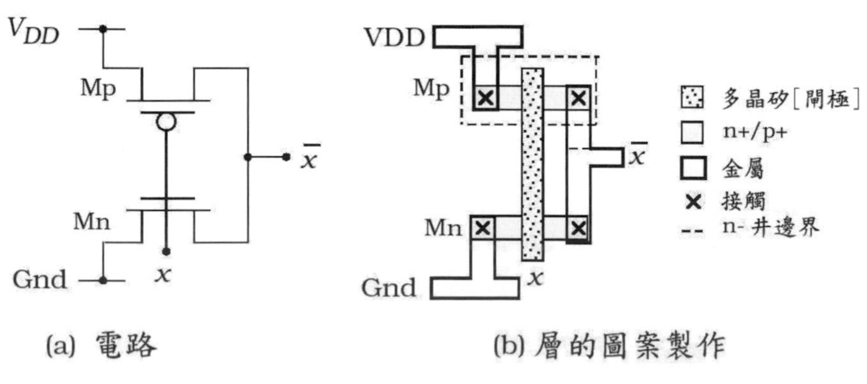

(a) 電路　　(b) 層的圖案製作

圖 3.32 一個 NOT 閘的另一種佈局

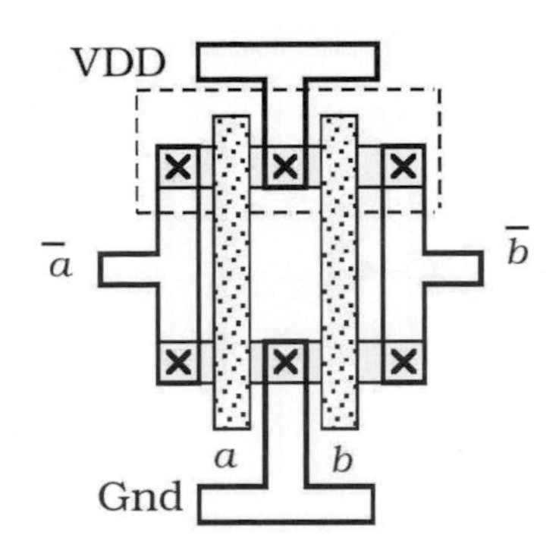

圖 3.33 **兩個分享電源供應與接地的** NOT **閘**

邏輯。這種方法在產生一個 CMOS 佈局圖設計的起始階段是非常有用的，這是因爲它使我們得以操控這些元件的位置與方向來看它們可以如何緊密地被組裝在一塊。

首先考慮一個 NOT 閘。圖 3.31(a) 顯示這個電路是如何使用電晶體 Mn 及 Mp 作爲一組互補對來加以導線連接的。矽的實際裝置被顯示於圖 3.31(b) 之中。這個佈局圖是結構化的佈局圖，因此在視覺上與這個電路之間會有一個一對一的對應關係。某些重要的層面爲

- 電源供應 (VDD) 與接地 (Gnd) 是使用 Metal 層來繞線連接。
- n+ 與 p+ 區域都是以相同的填充圖案來表示。它們的差異在於 pFET 是被內嵌在一個 n 井邊界之中。
- 從 Metal 到 n+ 或 p+ 的接觸是必須的，這是因爲在這個結構之中它們是位於不同的階層。

在佈局圖上追蹤邏輯運算的這個能力是一項我們想要發展的有用技巧。在這種狀況下，輸入 x 會控制多晶矽閘極。當 $x = 0$ 時，Mp 的作用有如一個關閉的開關，而 Mn 是打開的，這會給予一個 VDD 的輸出，即 $\bar{x} = 1$。相反地，一個 $x = 1$ 的輸入會強迫 Mn 進入傳導之中，而 Mp 是打開的。這會將 Gnd 連接到輸出，而且這是等同於 $\bar{x} = 0$。

一個替代的佈局圖被顯示於圖 3.32 之中。在這種狀況之下，這個 NOT 閘被畫成像一個 2:1 的多工器一般。雖然這些運算是完全相等的，但是一個一對一的轉譯會造成與圖 3.31 中的 FET 成直角的 FET。這說明了不同幾何形狀的佈局圖可以被使用來實際裝置 CMOS 電路的這件事實。直到這些圖案的實際尺寸被列入考慮之前，在佈局圖策略之中的變形並不重要。實體設計的這個層面是

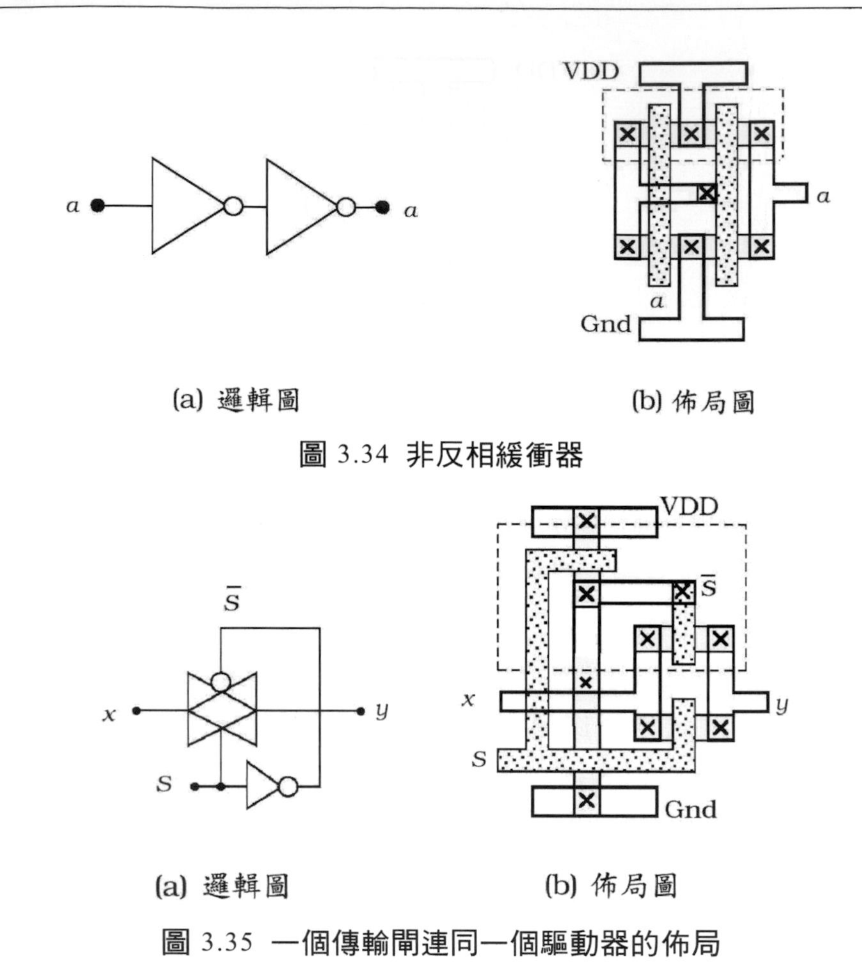

(a) 邏輯圖　　(b) 佈局圖

圖 3.34 非反相緩衝器

(a) 邏輯圖　　(b) 佈局圖

圖 3.35 一個傳輸閘連同一個驅動器的佈局

在本書後面再加以討論。

實體設計的一項目標乃是使晶片的整體面積極小化。這項目標可以在許多階層使用各種技術來達成。圖 3.33 顯示其中的一個範例，其中兩個 NOT 電路分享 VDD 及 Gnd 連接。左邊的反相器有一個輸入 a 並且會產生 $\bar{a}$，而右邊的電路會將 b 反相至 $\bar{b}$。我們可以很容易觀察到，相較於使用兩個分離電路的蠻力方法而言，這會比較節省面積。當然，這項設計必然要求這條邏輯鏈之中的兩個反相器必須緊密地在一塊。這個相同的佈局圖可以被使用來作爲產生圖 3.34 中的非反相緩衝器的一個基礎。這使用圖 3.34(a) 中所顯示這兩個串聯連接的反相器來提供這個邏輯。雖然一個 a 的輸入會產生與 a 相同的布林邏輯值，但是這個緩衝器會提供訊號的重新塑形，並且提供大扇出所須要的額外「驅動強度」。圖 3.34(b) 中的這個佈局規劃使用左邊反相器的輸出來饋送到右邊反相器的輸入。這要求在圖中所顯示的這兩級之間必須有一個金屬一至一多晶矽接觸。[8] 此

[8] 這被稱爲一個**多晶矽接觸** (poly contact)，並且定義一個氧化物切割。

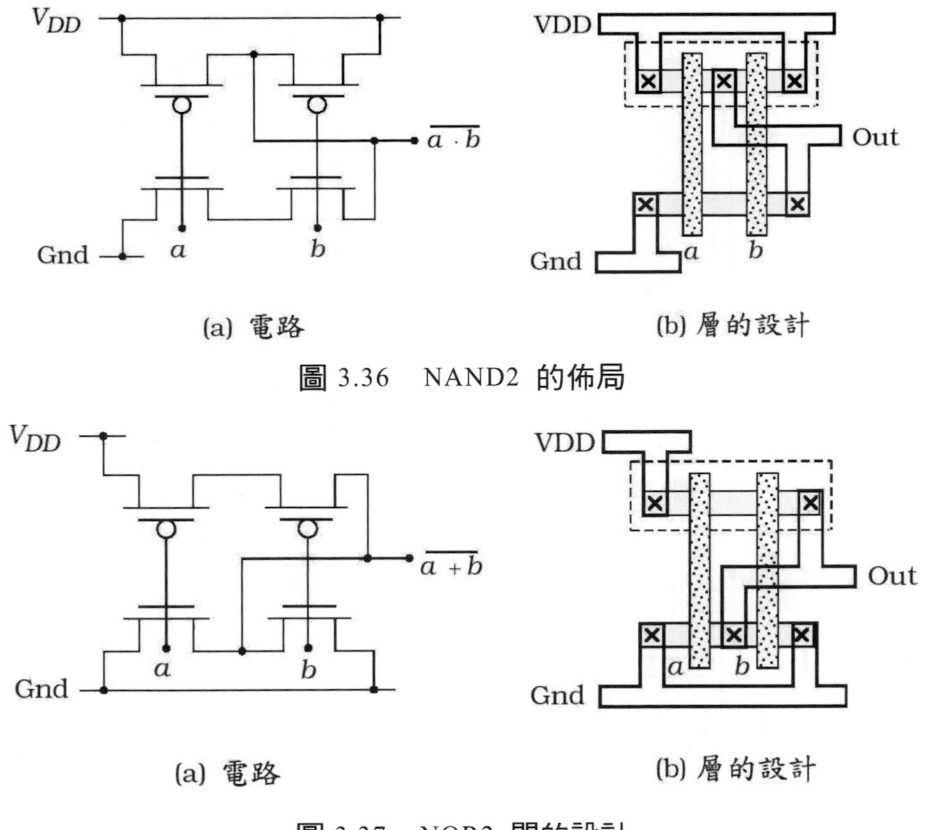

圖 3.36 NAND2 的佈局

圖 3.37 NOR2 閘的設計

外，這種規劃充分利用金屬可以從輸入多晶矽閘極上跨越而不會產生一條電性連接的這項事實。

傳輸閘的問題說明了在佈局圖中所發生的某些交互連接繞線問題。圖 3.35(a) 中的這個邏輯圖顯示具有一個輸入 x 及一個輸出 y 的一個 TG。由於一個傳輸閘只有兩個 FET，因此它在實體階層是很容易設計。使設計變複雜的因素乃是這個反相器會抓取切換訊號 S，並且必須產生 $\overline{S}$ 來驅動這個 TG 的 pFET 邊。這個 NOT 閘必須被連接到電源供應與接地，但是這個 TG 的 nFET 與 pFET 可以按照須要來置放。一種解決方案被顯示於圖 3.35(b) 之中。這種解決方案使用具有一個高大 n+ 區域的反相器 FET，因此承載 x 的金屬 TG 輸入線路可能會跨越它。互補的切換訊號 $\overline{S}$ 是直接由反相器取得，並被饋送到這個 TG 的 pFET。

一旦我們奠立簡單佈局的基礎之後，它也可以被使用於複雜閘的佈局。圖 3.36(a) 顯示一個 NAND2 電路，這個電路是以會導致圖 3.36(b) 中的圖案製作

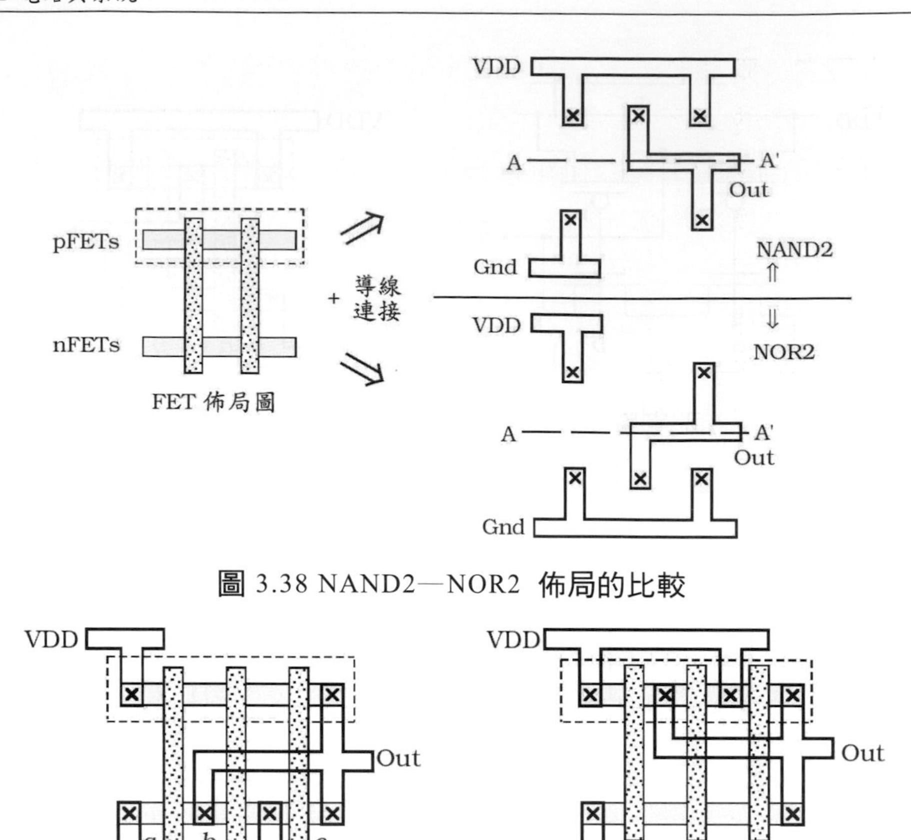

圖 3.38 NAND2—NOR2 佈局的比較

(a) NOR3

(b) NAND3

圖 3.39 3 輸入閘的佈局

的方式來加以繪製的。這兩個 nFET 是彼此串聯的，而且可以使用圖 3.27 中所顯示的方法來加以佈局。由於這些閘【具有輸入 *a* 與 *b*】是在垂直方向上來跑的，因此這些並聯連接的 pFET 可以使用之前在圖 3.29 中所介紹的技術而被加總起來，這種技術是以 Metal 導線連接來達成並聯的連接。這使我們得以維持圖中所顯示的簡單閘極多晶矽線路。相同的方法可以被使用來建構 NOR2 閘。如同圖 3.37(a) 之中所顯示，FET 的排列與這些並聯的 nFET 及這些串聯的 pFET 相反。圖 3.37(b) 之中所得到的這個佈局圖追隨與 NAND2 閘導線連接相同的理念。

藉由將這些結構分解爲電晶體及導線連接兩部分，我們可以看出 NAND2 與 NOR2 佈局圖之間的相似性。這兩種閘的基本 FET 排列被顯示於圖 3.38(a) 之中。爲了獲得一個 NAND2 閘，我們使用圖 3.38(b) 中所提供的這種金屬導線連接圖案；NOR2 閘則是使用圖 3.38(c) 之中的導線連接所獲得的。如果你花一點時間來研究這兩個閘的金屬圖案，你將會發現它們是完全相同的！藉由畫出通過一個閘的中央的一條想像的水平線，然後將這個圖案對這條線來旋轉【也就是將這個圖案垂直翻轉】，我們可以來加以驗證。這說明了這種 AND—OR 對偶性質是如何被轉換成爲佈局的對稱性。

這些佈局技術可以被延伸至具有 3 個或更多個輸入的閘。一個 NOR3 閘顯示於圖 3.39(a) 之中。這個閘使用 3 個串聯連接的 pFET 以及 3 個並聯連接的 nFET。如果我們將金屬圖案「翻轉」，則我們會獲得圖 3.39(b) 中的 NAND3 電路。在紙上，4 輸入的閘也可以以相同的方式來加以設計。然而，4 輸入 NAND 及 NOR 閘的電性切換時間是相當慢的，這通常會排除它們的使用。

3.4.2 複雜的邏輯閘

複雜邏輯閘的佈局圖可以以相同的方式來加以達成。考慮圖 3.40(a) 之中實際裝置下列函數的這個電路

$$f = \overline{a + b \cdot c} \tag{3.68}$$

這可使用標準的分析來加以驗證。這個電路要求一個 nFET 與由兩個串聯連接的 nFET 所組成的一個群組平行地置放。這個 pFET 陣列是由兩個並聯連接的電晶體的一個群組所構成的，這個群組是與另一個元件串聯導線連接的。圖 3.40(b) 之中的這個佈局圖提供正確的導線連接，而且每個輸入都使用單一多晶矽閘極圖案。然而，注意訊號的置放順序對於獲得這個邏輯輸出是很關鍵的。

這個佈局圖的一個有意思的變形展現另外一個重點。假設我們將金屬導線圖案繞著一條想像的水平線來加以翻轉。所得到的佈局圖案被顯示於圖 3.41(a) 之中。追蹤這個電路會得到圖 3.41(b) 之中的這個電路圖。我們可以看出這個新的電路會實際裝置下列的函數

$$g = \overline{a \cdot (b + c)} \tag{3.69}$$

我們發現這是 f 的邏輯對偶。這與我們對 NOR-NAND 閘所求得的關係是相同的，而且也說明了許多邏輯的對稱性會直接轉換到這個佈局圖的這項事實。

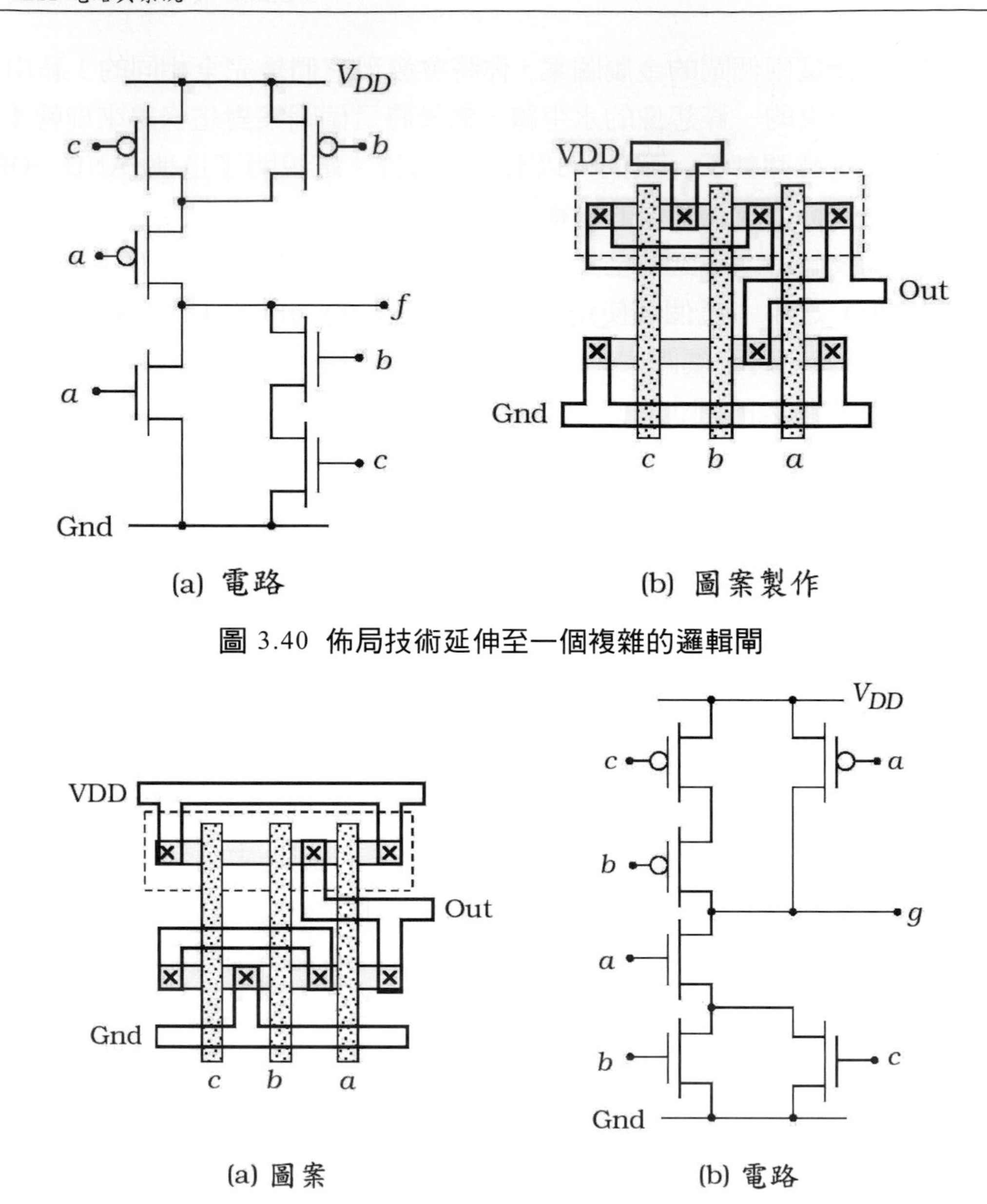

(a) 電路　(b) 圖案製作

圖 3.40 佈局技術延伸至一個複雜的邏輯閘

(a) 圖案　(b) 電路

圖 3.41 對偶網路的創造

很不幸地，並不是所有的閘佈局圖都是像這些範例這麼簡單。許多佈局圖都必須深思熟慮，而且可能須要嘗試錯誤的草圖來達到最終的設計。考慮這個一般性的 AOI 表示式

$$F=\overline{x\cdot y+z\cdot w} \tag{3.70}$$

這可以使用圖 3.42(a) 中的這個電路來予以實際裝置。如果我們想要維持這個佈局策略，其中對每個輸入我們使用一條在垂直方向跑的多晶矽線路，則我們從具

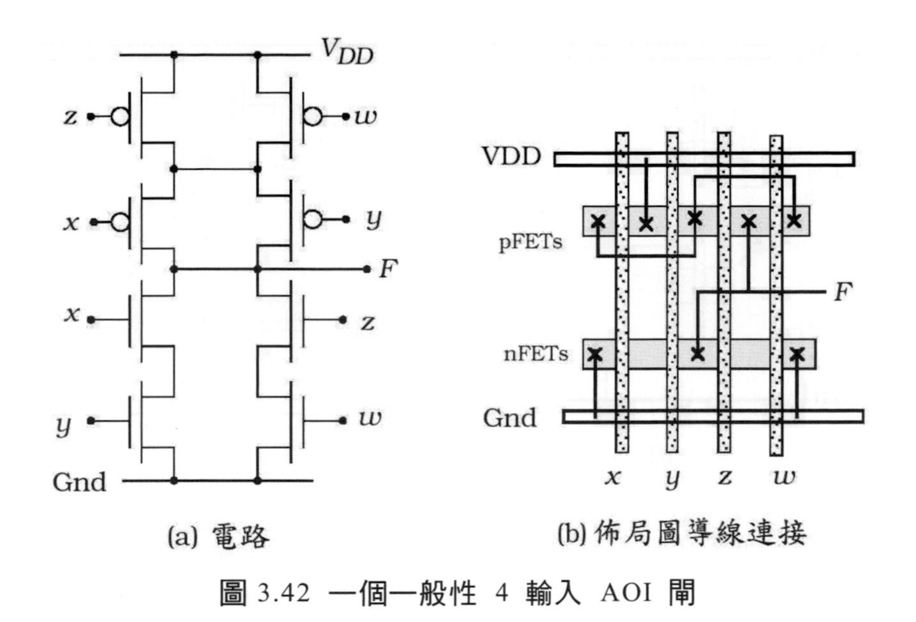

圖 3.42 一個一般性 4 輸入 AOI 閘

有 VDD 與 Gnd 線路的 4 閘極線路來開始。爲了使面積極小化，我們想要來分享 n+ 及 p+ 區域。這個 nFET 的圖案製作是很容易的，這是因爲它是由兩群並聯所構成的，每一群包含兩個 nFET。這些是顯示於圖 3.42(b) 的佈局圖之中。我們已經使用厚的線路來代表金屬的導線連接，這是因爲對於最初的設計而言，只有繞線連接才是重要的。一旦我們將這些 nFET 置放之後，則這些 pFET 必須按照這個電路所要求被恰當地導線連接。對這個閘而言，佈局圖中所顯示的 pFET 導線連接是一種有效的解決方案。注意這個電路圖顯示 z 與 w 這些 pFET 會碰觸到這個電源供應，而這個佈局圖使用在 VDD 的 x 與 y 群組。這兩者提供了 VDD 與輸出 F 之間相同的切換特性，因此圖中所顯示的這個佈局圖是可接受的。

3.4.3 一般性的討論

這些範例說明了產生閘階層佈局圖的一些基本技術。在所檢視的基本閘之中，數個電晶體來分享 n+ 或 p+ 區域乃是可能的，這會使面積及導線複雜度降低。這不見得永遠可能，特別是在複雜的排列之中更是如此。這些年以來，各種處理 FET 置放及導線連接的方法已經被發展出來，而且值得在這裡加以討論。

考慮將電晶體置放於一個 CMOS 電路之中的這個一般性問題。經驗顯示規則的圖案及陣列將會得到最佳的組裝密度，而如果可能的話，隨機置放的多邊形應該避免。一般而言，每個邏輯閘都必須有一個電源供應 (VDD) 與接地 (VSS)

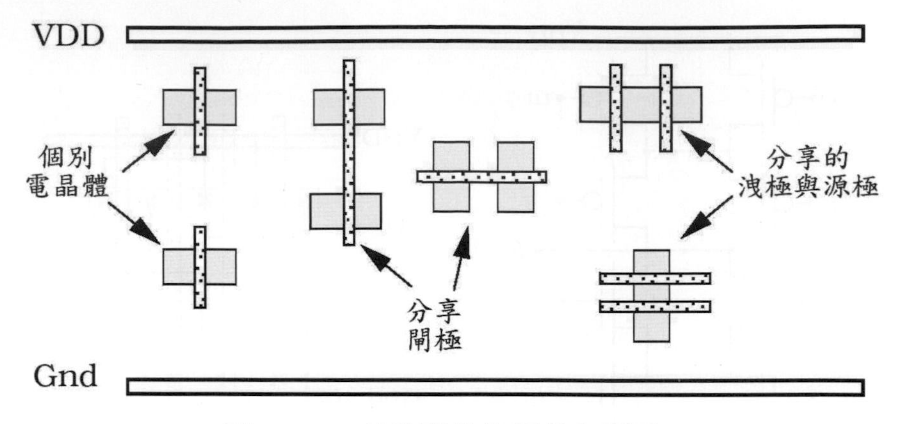

圖 3.43 一般性閘的佈局幾何圖形

的連接，在我們的範例之中，這將會成爲水平的金屬線路，而不會喪失一般性。這會引領我們得到圖 3.43 中的基本架構。所有的 FET 都被置放於這兩條電源軌之間。在這個圖形之中，電晶體被顯示爲個別的元件、具有分享的閘極多晶矽線路的群組、以及具有分享的洩極/源極區域的群組。後者的狀況是面積效率最高的置放，但是我們卻不一定能夠鏈結這些電晶體。這個圖形也顯示閘線路也可以在與電源供應軌垂直或平行的方向上來跑。雖然在這個圖形之中並沒有被明白地顯示，但是這些 pFET 將會內嵌在環繞 VDD 的 n 井之中，而這些 nFET 則會比較接近接地軌。

佈局的一種方法乃是基於簡單**桿狀圖** (stick diagrams) 的觀念，在這種圖形之中每一層是以一種不同的顏色來代表，而繞線連接則是由遵守晶片構成法則的彩色線路所構成的。一個桿狀圖的一個簡單範例被顯示於圖 3.44 之中。爲了節省印刷成本，並使本書的價格保持儘可能地低，這個圖形是單色的，而各層是由諸如改變線路寬度或使用一條虛線等不同的線路特徵來代表。這個圖例被使用來將這些線路轉譯成爲相對應的各層。每一層最常使用的顏色被陳列於圖形之中。它們是

- 多晶矽【閘極】：紅色
- 摻雜的 n+/p+ 【作用的】：綠色
- n 井：黃色【會改變】
- Metal1：藍色
- Metal2：灰色【會改變】
- 接觸：黑色 X

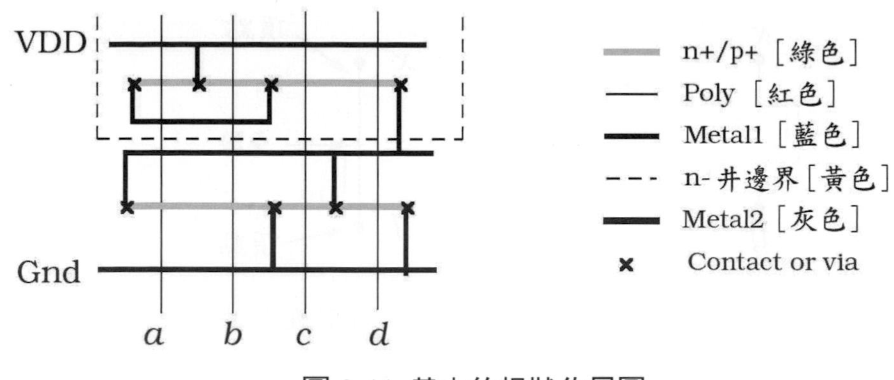

圖 3.44 基本的桿狀佈局圖

使用一組彩色鉛筆，佈局圖設計師可以輕易產生並驗證最終會被轉移至矽的嘗試佈局圖。附屬於彩色桿狀圖的一些簡單法則被說明如下。

- 一條紅色線路跨越一條綠色線路會產生一個電晶體。
- 在一個黃色邊線的區域之中，紅色在綠色上面是一個 pFET；否則，它是一個 nFET。
- 紅色可以跨越藍色或灰色。
- 藍色可以跨越紅色、綠色、或灰色。
- 灰色可以跨越紅色、綠色、或藍色。
- 電晶體接觸必須由藍色到綠色來置放。
- 必須指定孔道來使藍色與灰色作接觸。
- 一個【多晶矽】接觸必須被使用來將藍色連接到紅色。

這一組簡單的法則提供了桿狀圖佈局的基礎。伴隨本書的 CD 提供一項使用一種彩色的螢幕上的呈現有關於桿狀圖的一項更詳細的討論。桿狀圖通常被使用來進行快速的佈局，或者被使用來研究大型複雜的繞線問題。

一種更爲結構化的方法乃是將圖形理論應用於電晶體置放以及邏輯閘佈局圖的問題。圖 3.45 定義代表一個 FET 的一個圖形元件的基本組件。在這種方法之中，這個電晶體的洩極及源極節點 x 及 y 會轉譯至被稱爲**頂點** (vertice) 的連接節點。這個電晶體本身是以對應於這條訊號流動路徑的一個**邊緣** (edge) 來加以表示。任何 CMOS 電路都可以被轉譯成爲一個由邊緣與頂點所組成的等效圖形。

歐勒圖 (Euler graph) 會幫助電路導線連接的置放，其中這些電晶體具有分享的洩極/源極區域。爲了建構一個歐勒圖，我們從 CMOS 電路圖開始，並挑選

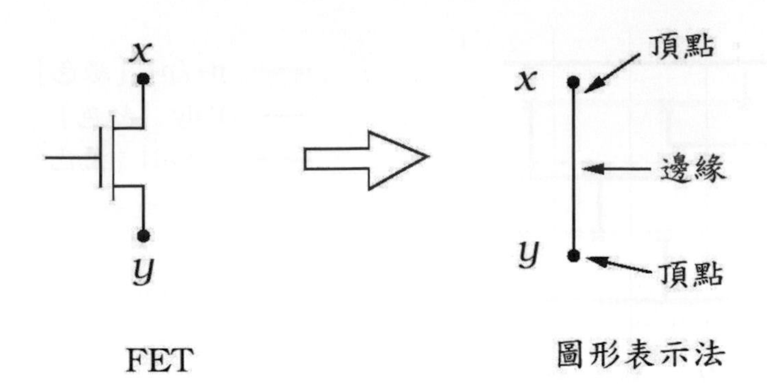

圖 3.45 在圖形理論中的一個 FET 的表示法

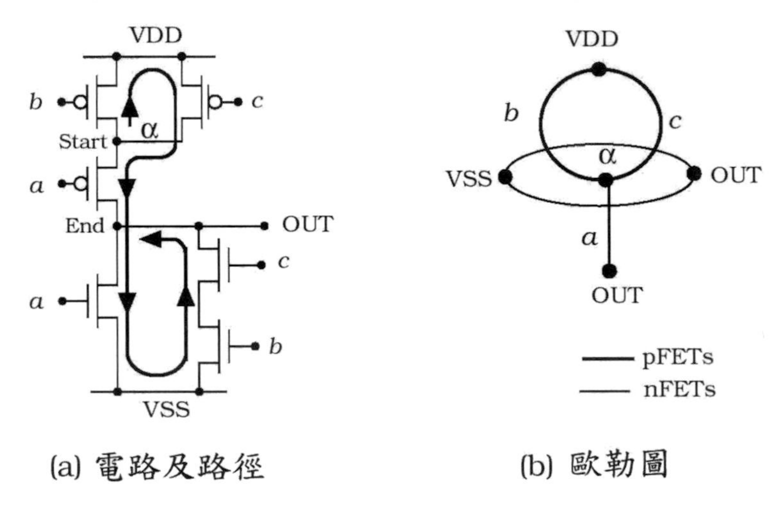

圖 3.46 一個歐勒圖的建構

一個起始的頂點【節點】。如果我們不須要不只一次通過一個邊緣就可以追蹤整個圖形的話，那麼使用 nFET/pFET 的共同 n+/p+ 區域是可能的。然後，所得到的圖形可以被直接使用來產生佈局圖策略。

這種製程的一個範例顯示於圖 3.46 之中。圖 3.46(a) 之中的這個電路可以按照所顯示地加以追蹤。這條路徑是從所顯示的這個頂點開始，並追隨箭頭而來到終止頂點，而且每個邊緣只通過一次；這定義了一條**歐勒路徑** (Eulerian path)。由於這條路徑存在，因此我們可以使用它來建構圖 3.46(b) 之中的歐勒圖。這個圖形是由交叉的 pFET 及 nFET 圖所組成的。這個 pFET 圖形將 V_{DD} 連結到節點 α，然後連結到輸出節點 OUT；這些輸入變數被使用來標示每個邊緣。這個 nFET 圖形是以與每個 pFET 邊緣交叉一次的方式來畫圖；所得到的路徑指明這條 nFET 鏈。注意 nFET 與 pFET 圖形兩者都是封閉的；這代表每一種極性可以使用一個單一 n+/p+ 區域的聲明。為了將這個歐勒圖形轉換成為佈局

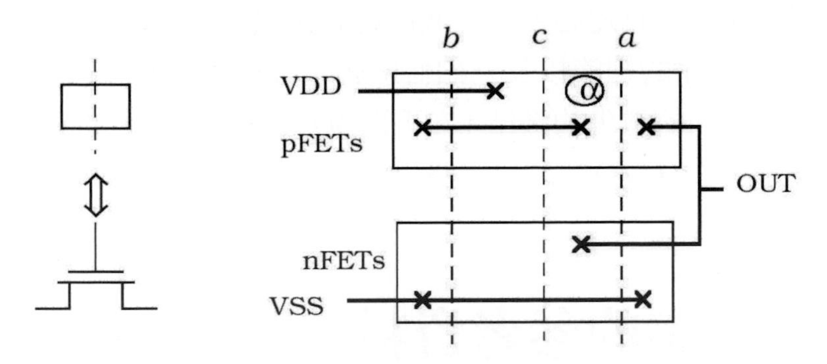

圖 3.47 使用一個歐勒圖的佈局

圖，我們使用這條電晶體路徑來將 FET 以圖中所顯示的順序來導線連接。目前的這種狀況的佈局圖被顯示於圖 3.47 之中。FET 是以這個圖形左邊所定義的簡化符號來表示。一個 pFET 的群組被鏈在一塊，而歐勒圖形的 pFET 部分之中所指明的導線連接被轉移到這個圖形。相類似地，我們使用這些 nFET 的一個共同的 n+ 區域，並跟隨這個歐勒圖形的這個 nFET 部分之中的導線連接。然後，這可以被轉譯成為最終的佈局圖。

如果我們無法找到一條歐勒路徑，那麼它表示我們不可能使用 FET 鏈來建構這個電路。我們將須要兩群或更多群的電晶體，而佈局圖將會更為複雜。有一些設計自動化工具已經被開發出來以幫助閘佈局圖的某些層面，但是在關鍵的應用之中，一個有經驗的佈局圖設計師仍然被認為是必要的。許多具有繪圖或藝術的背景的佈局圖專家能夠產生令人驚訝的精簡設計，這種精簡設計對於群體中的其它人可能不是那麼顯而易見。

3.4.4 綜合整理

在本章之中，我們已經看到將 FET 邏輯電路轉譯至矽的基本原理。這裡所呈現的佈局圖考慮便足以讓我們使用一組標準的 MOSFET 作為建構區塊而來產生複雜的邏輯網路。在許多設計之中，按照佈局圖所指明來置放合理調整尺寸的電晶體，並將它們導線連接在一塊是可能的。如果正確地實現的話，它將會造成一個邏輯上可以作用的電路。然而，這個電路的切換速度可能不會如同我們所想要的這麼快速。

高速 VLSI 設計的關鍵乃是產生能夠儘可能快速地進行所要求運算的切換網路。這意指我們必須開始關心由電晶體切換時間以及寄生電阻與電容元件所衍生的訊號延遲。這將我們帶入 VLSI 設計師的特異世界。我們並不滿足於只獲得一個可以作用的網路，它還必須是一個快速的網路！

CMOS 製造程序的細節以及它如何影響電性績效提供了本章之中的討論與高績效系統設計之間的遺失的鏈結。在下面幾章之中所介紹的觀念將這裡的內容加以強化並推廣。在 CMOS 邏輯電路、佈局圖、電晶體、及系統設計之間的關係是相當自然的。

3.5 深入閱讀的參考資料

[1] H. B. Bakoglu, **Circuits, Interconnections, and Packaging for VLSI**, Addison-Wesley, Reading, MA, 1990.

[2] Dan Clein, **CMOS IC Layout**, Newnes, Woburn, MA, 2000.

[3] Richard S. Muller and Theodore I. Kamins, **Device Electronics for Integrated Circuits**, 2nd. ed., John Wiley & Sons, New York, 1986.

[4] Robert F. Pierret, **Semiconductor Device Fundamentals**, Addison- Wesley, Reading, MA, 1996.

[5] Bryan Preas and Michael Lorenzetti (eds.), **Physical Design Automation of VLSI Systems**, Benjamin/Cummings Publishing Company, Menlo Park, CA, 1988.

[6] M. Sarrafzadeh and C. K. Wong, **An Introduction to VLSI Physical Design**, McGraw-Hill, New York, 1996.

[7] Naveed Sherwani, **Algorithms for VLSI Physical Design Automation**, Kluwer Academic Publishers, Norwell, MA, 1993.

[8] Jasprit Singh, **Semiconductor Devices**, John Wiley & Sons, New York, 2001.

[9] Ben G. Streetman and Sanhay Banerjee, **Solid State Electronic Devices**, 5th ed., Prentice Hall, Upper Saddle River, NJ, 1998.

[10] John P. Uyemura, **Physical Design of CMOS Integrated Circuits Using L-EditTM**, PWS Publishers, Boston, 1995.

[11] M. Michael Vai, **VLSI Design**, CRC Press, Boca Raton, FL, 2001.

3.6 習題

[3.1] 考慮圖 P3.1 中所顯示的交互連接圖案。這條線路具有 1 單位的寬度，而片電阻爲 R_s = 25 Ω。如果每個轉角方塊會有「直線路徑」方塊的一個

0.625 因數的貢獻，求由 A 點到 B 點的電阻。

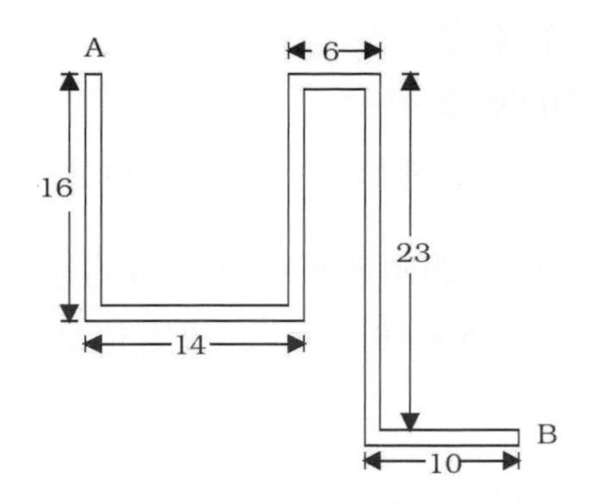

[3.2] 一條交互連接線路可以以兩層中的任一層來加以製作。如果一層閘極多晶矽層被選取的話，則片電阻為 25 Ω；對這種狀況而言，這條交互連接將會有一個 0.5 μm 的寬度及一個 27.5 μm 的長度。我們也可以使用一層金屬層。它具有一個 0.08 Ω 的片電阻。這條金屬線路有一個 0.8 μm 的寬度，但卻要求一個不同的繞線長度 32.4 μm。

計算每一種狀況的線路電阻 R_{line}，並決定這個較低的替代電阻。如果較大的電阻線路被使用來取代的話，電阻增大的百分比是多少？

[3.3] 一條交互連接線路是由電阻率為 ρ = 4 μΩ-cm 的一種材料所作成的。這條交互連接是 1200 Å 厚，其中 1 埃 (Å) 是 10^{-8} cm。這條線路具有一個 0.6 μm 的寬度。

(a) 計算這條線路的片電阻 R_s。

(b) 對一條 125 μm 長的線路，求這條線路的電阻。

[3.4] 考慮方程式 (3.14) 的交互連接時間常數 τ。藉由將歐姆及法拉以基本的 MKS 單位來表示並簡化，證明 τ 的單位為秒。

[3.5] 一條交互連接線路從一層 10,000 Å 厚的絕緣氧化物層上面通過。這條線路具有一個 0.5 μm 的寬度，而且是 40 μm 長。已知片電阻為 25 Ω。

(a) 求這條線路的電阻 R_{line}。

(b) 求這條線路的電容 C_{line}。使用 $\varepsilon_{ox} = 3.453 \times 10^{-13}$ F/cm，並且將你的答案以 fF 來表示，其中 1 fF = 10^{-15} F。

(c) 求這條線路的時間常數 τ，以 ps 的單位來表示，其中 1 ps = 10^{-12} sec。

[3.6] 一塊矽試樣是以砷在 $N_d = 4 \times 10^{17}$ cm^{-3} 下來摻雜的。

(a) 求多數載子的密度。

(b) 求少數載子的密度。

(c) 計算電子與電洞的遷移率，然後計算這塊試樣的電導率。

[3.7] 一個矽區域是以磷及硼兩者來摻雜。磷的摻雜爲 $N_d = 2 \times 10^{16}$ cm^{-3}，而硼的摻雜階層爲 $N_a = 6 \times 10^{18}$ cm^{-3}。決定這個區域的極性【n 或 p】，並求這些載子的密度。

[3.8] 一塊矽試樣是以硼原子在 $N_a = 4 \times 10^{14}$ cm^{-3} 的受體密度下加以摻雜。

(a) 求多數載子的密度及少數載子的密度。

(b) 求這個試樣的電阻率 ρ。

(c) 假設這個區域的尺寸是 2 μm × 0.5 μm × 100 μm。求這個區域的端點－至－端點區塊的最大電阻。

[3.9] 考慮一個摻雜的半導體，其中

$$\sigma = q(\mu_n n + \mu_p p) \tag{3.71}$$

且 $np = n_i^2$。假設我們想要使電導率極小化。

(a) 使用質量－作用定律來寫出只以 p 來加以表示的方程式。

(b) 計算導數 $(d\sigma/dp)$ 並且令它等於 0 來求得使 σ 極小化的電洞濃度。

(c) 注意 $\mu_n > \mu_p$，最高電阻率所要求的極性【n 型或 p 型】爲何？ 然後使用你的方程式來求得可以得到最高電阻率的摻雜型式與密度。

[3.10] 一個 n 通道 MOSFET 有一個 $\mu_n = 560$ cm^2/V-sec 的遷移率值，並且使用一個具有 $t_{ox} = 90$ Å 厚度的閘極氧化物。閘極電壓被給予爲 $V_G = 2.5$ V，而臨限電壓爲 0.65 V。

(a) 計算 C_{ox} 的值，以 F/cm^2 的單位來表示。

(b) 求製程轉移電導 k'_n。

(c) 如果這個 FET 有一個 0.25 μm 的通道長度及一個 2 μm 的通道寬度，求元件轉移電導 β_n。

[3.11] 使用方程式 (3.57) 的 R_n 來求得電子遷移率 μ_n 的單位。然後，假設 $\mu_n = 500$ cm^2/V-sec 以及 $(V_G - V_{Tn}) = (3.3 - 0.7)$ V 是已知。

(a) 如果 $W = 10$ μm、$L = 0.5$ μm、且 $t_{ox} = 10$ nm，求這個 nFET 的電阻。

(b) 如果通道寬度被增大至一個 $W = 22\ \mu m$ 的值，而通道長度保持相同的值，求 R_n。

[3.12] 一個 pFET 是以 $\mu_p = 220\ cm^2/V\text{-}sec$ 及 $(V_G - |V_{Tp}|) = (3.3 - 0.8)$ V、$W = 14\ \mu m$、$L = 0.5\ \mu m$、及 $t_{ox} = 11.5$ nm 來加以描述。求這個元件的 pFET 電阻 R_p。

[3.13] 考慮一個具有 $t_{ox} = 9.5$ nm 氧化物厚度的製程。粒子的遷移率被給予爲 $\mu_n = 540$ 及 $\mu_p = 220\ cm^2/V\text{-}sec$。一個 nFET 及一個 pFET 被製作，兩者都具有 $W = 12\ \mu m$、$L = 0.35\ \mu m$。兩者都具有閘極電壓 $V_G = 3.3$ V，而臨限電壓爲 $V_{Tn} = 0.65$ V 與 $V_{Tp} = -0.74$ V。

(a) 求這兩個電晶體的 R_n 與 R_p 值。

(b) 假設我們想要這個 nFET 保持相同的尺寸，但是將這個 pFET 的寬度增大至 $R_p = 0.8R_n$ 的這個點。求這個 pFET 所需要的寬度。

[3.14] 設計一個 CMOS 邏輯閘來提供下列的函數

$$Out = \overline{x \cdot (y \cdot z + z \cdot w)} \tag{3.72}$$

然後進行電路的基本佈局。

[3.15] 設計一個將下列函數予以實際裝置的這個電路，以及一個 CMOS 閘的佈局。

$$F = \overline{a \cdot b \cdot c + a \cdot d} \tag{3.73}$$

使用最少數目的電晶體及簡潔的佈局風格。

[3.16] 考慮 OAI 邏輯函數

$$g = \overline{(a+b) \cdot (c+d) \cdot e} \tag{3.74}$$

設計 CMOS 邏輯閘，然後建構這個電路的基本佈局。

[3.17] 將【上面的習題 3.16 的】方程式 (3.74) 中所給予的這個函數 g 展開成爲 AOI 的型式。然後設計 CMOS 邏輯電路及佈局圖。

[3.18] 檢視圖 3.44 中的桿狀圖。這是一個正常運作的邏輯閘嗎？如果是的話，決定它所提供的邏輯運算。

[3.19] 考慮邏輯函數

$$g = \overline{a \cdot b \cdot c + d} \quad (3.75)$$

(a) 設計提供這個函數的 CMOS 邏輯閘。

(b) 這個電路是否能夠找到一個歐勒圖？如果可以的話，建構這個圖形，並使用它來進行桿階層的佈局。如果不行的話，求這個閘的佈局策略。

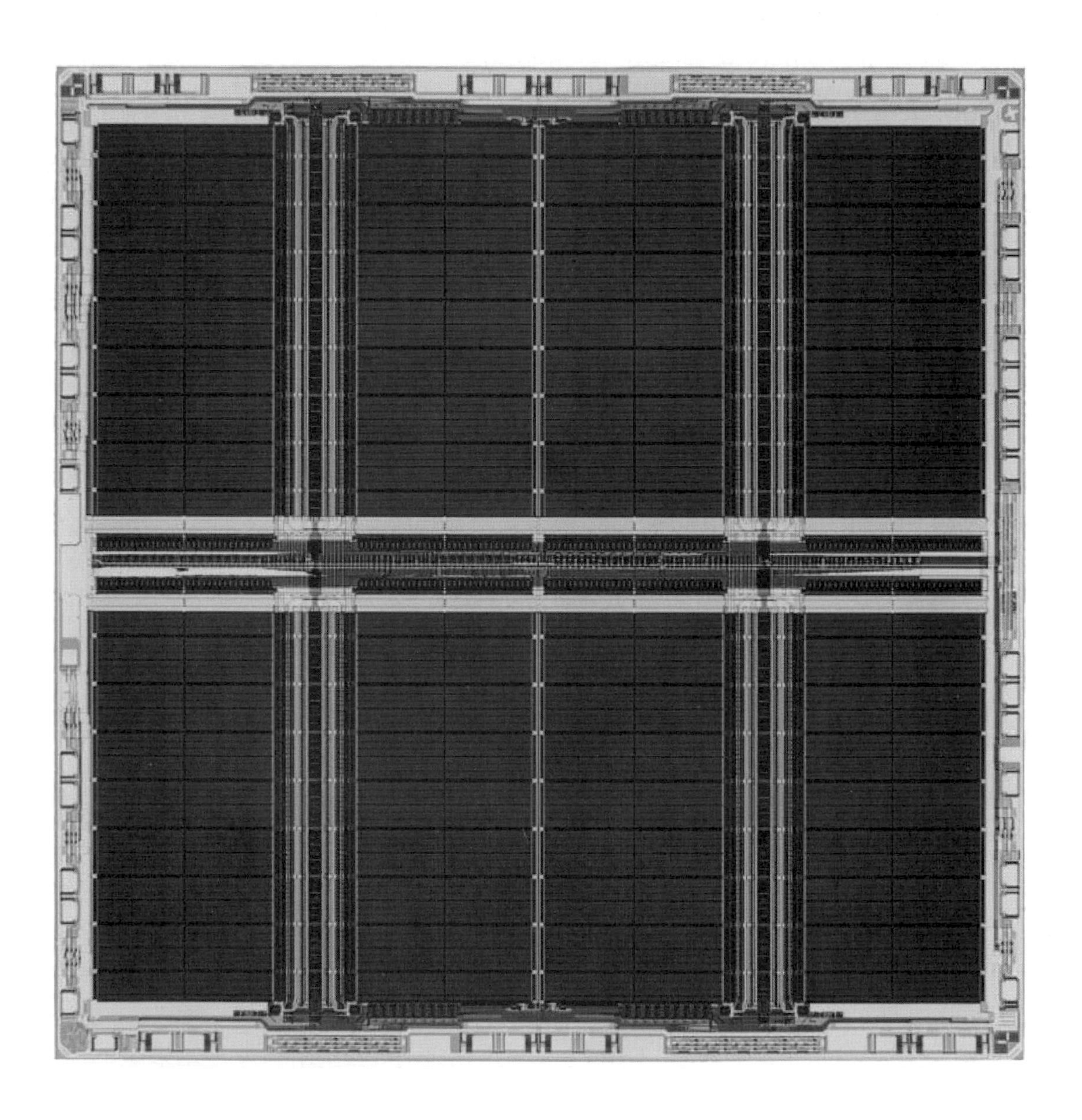

4. CMOS 積體電路的製造

一個積體電路是由被用來構成電晶體的數層具有圖案的材料層，以及提供這個電路的電性交互連接所組成的。在一個現代的製程之中，最小的特徵尺寸是小於 0.12 μm，這會允許一個極大的組裝密度。具有超過一億個 FET 的個別晶片已經相當平常。製造這麼複雜的矽晶片所需要的技術是在數十年的期間以巨大的成本所發展出來的。事實上，矽已經被表述爲地球上被研究最透徹的元素！

既然我們已經了解 CMOS 積體電路的實體結構，現在我們可以繼續推進來研究這個電路是如何在製造程序之中被製作的。我們的討論將專注於對於 VLSI 設計很重要的矽晶片製造的這些層面。

4.1 矽製程的概觀

矽的積體電路是製作在被稱爲晶圓 (wafer) 的較大圓形矽片之上。典型而言，它們的直徑是 100–300 mm，大約是 0.4–0.7 mm 厚。一個大的矽電路每一邊大約 1 cm，因此許多個別的電路可以被製作在一片單一的晶圓之上。一個電路的位置被稱爲一個晶粒的處所 (site)，其中每片晶圓的處所數目是由每個處所的尺寸相對於這片晶圓的整體表面積所決定的。圖 4.1 展現一片晶圓連同個別的處所。這個平坦處被使用來作爲一個參考平面以形成被使用來置放個別處所的一個想像的格線。某些晶圓將會有額外的平坦被編碼來提供結晶方向的資訊。

從一塊裸露研磨的表面開始，這片晶圓在製造過程之中會遭受數以千計的個別步驟。在這個序列之中最重要的步驟乃是產生並製作圖案在 CMOS 結構之中所須要的這些材料層。剩下的步驟大部分是晶圓的清洗與沖洗。一座晶片工廠的製造能力通常是以每個星期的**晶圓啓始 (wafer start)** 的數目來量度，也就是新鮮的晶圓被引進製造序列之中的數目。晶圓是成群地被處理，而且一批通過整條製程線會花費數個星期的時間。

很不幸地，並不是晶圓上的每個處所都會成爲一個正常作用的電路。這是由於製程線之中可能發生的許多因素所造成的，這些因素則是由於製程序列的複雜程度所固有的。爲了描述這個問題，我們引進製造**良率 (yield)** Y 的這個觀念使得

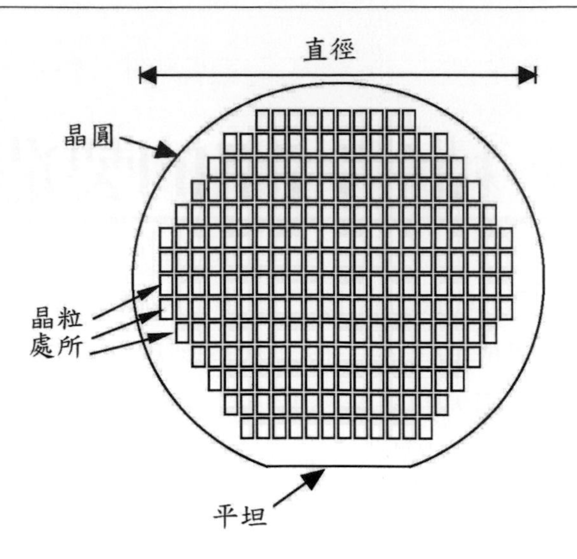

圖 4.1 顯示晶粒處所的矽晶圓

$$Y = \frac{N_G}{N_T} \times 100\% \tag{4.1}$$

其中 N_G 是作用良好的處所的數目，而 N_T 是處所的總數。一個 $Y = 85\%$ 的良率意指 85% 的晶片會如同所應該的方式來操作，而且可以被販賣給消費者。當然，高良率值我們爲了幫助確保這個公司的經濟穩定性所想要的。然而，良率的增强是一個複雜的問題，需要無數個鐘頭的思考以及在製程線的實驗。

良率分析是基於預測一個特殊的製程的良率，而且須要對於矽製程序列所有層面的徹底瞭解。在這個領域工作的人員會面臨的一個問題是提升一個給予的設計的 Y 值。對於提升良率有關鍵重要性的一個變數乃是這個晶粒的面積 A_{die}。在一片直徑爲 d 的晶圓上的晶粒處所 N_T 是由下式來估計

$$N_T = \pi \frac{(d - d_e)^2}{4A_{die}} \tag{4.2}$$

其中 d_e 是浪費的邊緣距離，這是將方形的處所置於一片圓形的晶圓上會出現的浪費。實驗的分析顯示大面積晶粒會被較小的良率所折磨。描述這種現象的一個簡單的表示式爲

$$Y = e^{-\sqrt{DA}} \tag{4.3}$$

其中 A 是這個晶片的面積。參數 D 是**缺陷密度 (defect density)**，單位是 cm^{-2}，而且晶圓上每 cm^2 的平均缺陷數目。D 代表對於矽晶圓我們所可以預期

的「完美的極限」，這是由於每片結晶晶圓都具有無法被消除的隨機缺陷的這件事實所造成的。在現代的技術之中，$D = 1\ \text{cm}^{-2}$ 是缺陷密度極限的一個合理的值。

某些實體的缺陷會有在晶圓上成串出現的傾向。當這些缺陷主控時，良率的估計一個估計被給予爲

$$Y = \left(1 - \frac{A_{die} D}{c}\right)^{c} \tag{4.4}$$

其中 c 是代表這些串的一個經驗參數。這種想法已經被使用來寫出一個下列型式的雙項方程式

$$Y = \frac{1}{\left(1 + \frac{A_{die} D}{c}\right)^{2}} \tag{4.5}$$

另外，當數個晶粒在晶圓的一個大面積 A_{fail} 之中失效時，則良率可以使用下列的表示式來近似

$$Y = (1 - g)e^{-A_{die} D} \tag{4.6}$$

其中

$$g = \frac{A_{fail}}{A_{wafer}} \tag{4.7}$$

是缺陷存在的面積比例。

良率分析是 VLSI 製造的一個非常特殊化的層面。在這個領域工作的人員傾向在物理、一般化學及物理化學、數學、統計學、或工程【化學工程、材料工程、或電機工程】等方面具有非常强的背景，而且與製造線及晶圓分析群體緊密地工作來使良率達到最大。在一個問題被發現並且被定義之前，我們不可能去解決這個問題。可以找出問題並引領得到解決方案的「實驗設計」變得非常關鍵。

經濟學 101

檢視 VLSI 電路的設計、製造、及銷售的一些重要的經濟因素是很有價值的。令 C_{chip} 爲一片晶片的製造成本，而 C_{sell} 是售價。因此每片晶粒的獲利被給予爲

$$\text{獲利} = C_{sell} - C_{chip} \tag{4.8}$$

為了存活下來，一條生產線必須造成下列的值

$$\text{獲利} > 0 \tag{4.9}$$

雖然這看起來可能非常的明顯，但是 VLSI 設計師必須認知 C_{chip} 與 C_{sell} 都不容易計算得到。晶片的製造成本包括材料及所有人員【設計、製造、測試等】的薪資，再加上固定成本【電力、水、稅金等】。增大良率會降低每個單元的整體成本，因此良率分析的重要性不言可喻。這些因素以及其它更多因素對於 C_{chip} 會有所貢獻。

在現代的 VLSI 之中，一座現代工藝的晶片製造廠的成本大約是在十億至三十億美元之間的某個數字。這個成本包括土地、建築、設備、及開業成本，但不包括日常操作的材料。這些設施的成本必須在這個工廠壽命的期間之內對這些生產線來攤提。

每個產品的售價 C_{sell} 必須包括所有直接及間接成本，再加上一部分工廠債務。供需定律也必須也會有所影響：C_{sell} 必須是在消費者願意支付的這個階層。如果一樣產品有很大的需求，那麼 C_{sell} 可能會遠高於成本，而這項設計會產生很大的收入。在這種狀況下，晶片【以及一般的產品】可以以一個完全由需求來決定的一個價格來銷售，描述這個價格的一種常用的講法乃是「市場所能夠忍受」的價格。而另一方面，即使一個偉大的工程設計可能也無法獲得使用者的跟隨，而最終會被撤掉；在這種狀況下，我們會得到利益 < 0 的這種不想要的結果。

另外一個複雜因素乃是 C_{sell} 會有隨著時間降低的傾向。即使是「最熱門的」新微處理器最終也會成為一個地下廉價商場之中的一個廉價的項目。只要我們已經償付了工程成本之中所做的投資的話，那麼這就不會是一個主要的問題。複雜的 VLSI 晶片是非常難以設計，而原始的設計可能會非常昂貴。另一個有用的因素乃是隨著時間的進展，

$$C_{chip} \rightarrow C_{materials} \tag{4.10}$$

其中 $C_{materials}$ 是材料的成本。矽具有非常廉價的這種優勢，特別是當與諸如砷化鎵 (GaAs) 等其它替代品比較時更是如此。使一條生產線保持活躍許多年會大幅提升獲利性。

這段簡短的介紹被設計來幫助戰志昂揚的 VLSI 設計師了解這個產業的整體結構。產生一個具有一億個電晶體的矽晶片會比開設一個「達康」(dot-com) 網站要來得複雜。它須要財務的支持、堅强的技術支持、創新的工程、以及一支可

靠的銷售團隊。製造程序被認爲是在這個獲利方程式之中的一項主要的開支，因此在這一章之中我們選擇詳細地研究它。設計與工程的成本幾乎是一樣高，而且在本書其它地方加以討論。

4.1.1 本章的概要

我們已經介紹了一片矽晶片乃是一組有圖案的材料層的這個觀點。當這些層被適當地堆疊，所得到的三維結構是控制的開關【電晶體】被導線連接在一塊來實際裝置邏輯運算。

在本章之中，我們首先檢視在矽的製程之中所使用的最重要的材料層。這包含氧化物、摻雜的矽區域、及金屬。我們將提出一些化學反應，以及這一層是如何被成長或沉積的一段簡短描述。然後，我們往前推進並且研究一層是如何實體地被製作圖案以具有導線及電晶體所須要的恰當形狀與尺寸。這使我們得以推進至被使用來製作一個基本 CMOS 電路這些步驟。

這項處理的主要目標乃是提供這些基本原理以及它們如何與一個 VLSI 電路的實體設計關聯起來的一項瞭解。許多具有堅强科學背景的人員對矽的製程非常著迷，並且在這個領域之中建立了個人的職業生涯。

4.2 材料成長及沉積

一個積體電路是藉由各種材料層以一種預先指定的序列來加以堆疊所產生的。這個材料的電性與這一層的幾何圖案兩者對於元件與網路特性的建立都是很重要的。

大多數的層首先被產生，然後使用在下一節之中所描述的石刻印刷的序列來製作圖案。摻雜的矽層是這項法則的一個例外，這是因爲它們是藉由使用石刻印刷製程來定義摻質可以進入矽的什麼地方來產生我們所想要的形狀。在這一節之中，我們將檢視在矽 VLSI 製程之中所使用的一些基本處理步驟。

4.2.1 二氧化矽

在 IC 製程之中，二氧化矽 (SiO_2) 是一種具有關鍵重要性的材料，這是因爲

- 它是一種優良的電絕緣體。
- 它可以良好地附著在大多數的材料上。
- 它可以在一片矽晶圓上「成長」，或者沉積在這片晶圓之上。

一般而言，SiO_2 稱爲是石英玻璃 (quartz glass)，或者就簡稱爲「玻璃」，而且除了其它無數的應用之外，它還被使用來作爲一個 MOSFET 之中的閘極氧化物。

在 VLSI 電路之中，可以發現兩種型式的 SiO_2 層，它們之間的差區別在於它們是如何產生的。一個**熱氧化物 (thermal oxide)** 是由下列的化學反應所形成的

$$\mathrm{Si} + \mathrm{O_2} \rightarrow \mathrm{SiO_2} \tag{4.11}$$

而使用熱來作爲觸媒。一個熱氧化物的獨一無二的層面乃是由矽晶圓本身所獲得的矽 (Si) 是這個反應所必須的。這是在圖 4.2(a) 中加以說明，圖中氧分子 O_2 從發生反應的晶圓表面上通過。這會「成長」玻璃層，而具有顯示於圖 4.2(b) 之中的結果。在這個圖形中，氧化物的最終厚度被表示爲 x_{ox}，而且是由溫度、結晶方向、及成長時間所決定的。由於晶圓表面的矽原子會被這個反應使用，一層矽厚度

$$x_{Si} = 0.46 x_{ox} \tag{4.12}$$

會被消耗。一種相等【且有用的】的觀點乃是矽的表面會從它的原始位置「退縮進來」。

雖然，純氧會得到高品質的氧化物層，但是它的速率是很緩慢的。使用蒸氣型式的水 (H_2O) 經由下列的反應，我們可以獲得一個較快速的成長速率

$$\mathrm{Si} + 2\mathrm{H_2O} \rightarrow \mathrm{SiO_2} + 2\mathrm{H_2} \tag{4.13}$$

這被稱爲是「濕氧化」 (wet oxidation)。實際上，我們使用 O_2 與蒸氣的混合物，連同作爲一種載氣 (carrier gas) 使用的氮氣，以及諸如氯氣 (chlorine, Cl) 的其它化學物質。

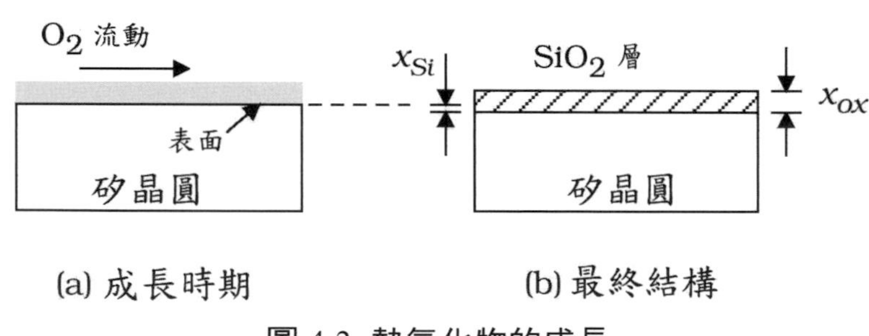

圖 4.2 熱氧化物的成長

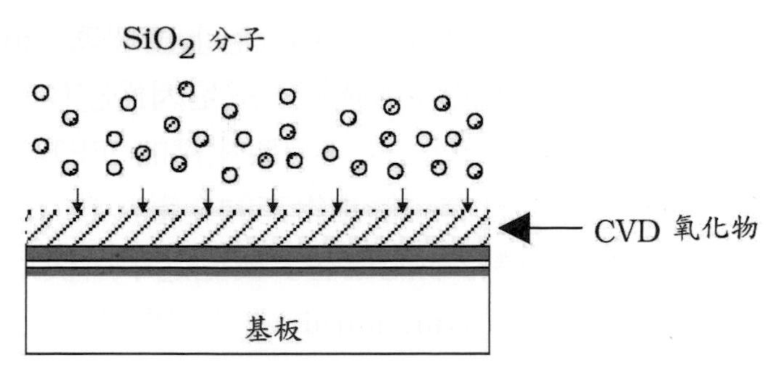

圖 4.3 CVD 氧化物的製程

熱氧化物是**原生氧化物** (**native oxide**) 的一種型式，換言之，當表面曝露在含氧的氛圍時所產生的氧化物。如果你那拿一片裸露的矽晶圓，並且將它置於空氣之中，將會形成一層薄的原生氧化物層。將溫度升高會使成長速率增大。典型而言，矽的氧化溫度是在大約 850–1100°C 的範圍。

在 VLSI 電路之中，大多數的氧化物層都是遠高於晶圓的表面，而且沒有矽可供熱氧化物成長來使用。在這種狀況下，我們使用氣體的化學反應來產生 SiO_2 分子，然後將它們**沉積** (**deposit**) 在表面之上來提供一層氧化物鍍層。這個製程是以圖形的方式而被顯示於圖 4.3 之中。諸如下列使用矽甲烷 (silane, SiH_4) 的一個化學反應

$$SiH_4(\text{氣體}) + 2O_2(\text{氣體}) \rightarrow SiO_2(\text{固體}) + 2H_2O(\text{氣體}) \tag{4.14}$$

可以被使用來在晶圓上產生 SiO_2 分子。這種技術稱爲**化學氣相沉積** (**chemical vapor deposition, CVD**)，而所得到的這些層通常稱爲是 **CVD 氧化物** (**CVD oxides**)。這一層氧化物層的厚度是使用成長速率及沉積時間來加以控制。氧化物也可以在低溫之下來沉積，因此得到 **LTO (low-temperature oxide)【低溫氧化物】**這個名稱。而且，有時候將玻璃摻雜是有好處的。譬如，磷的摻雜得到「P 摻雜玻璃」，這對特定型式的平坦化 (planarization) 步驟會有所助益。

4.2.2 矽的氮化物

另外一種有用的材料是**氮化矽** (silicon nitride, Si_3N_4)，當內文沒有疑義時，我們通常就稱之爲「氮化物」。這項化學反應爲

$$3SiH_4(\text{氣氣體} \; 4NH_3(\text{氣體}) \longrightarrow Si_3N_4(\text{固體}) + 12H_2(\text{氣體}) \tag{4.15}$$

說明其中的一種技術。作爲對於大多數原子的一種堅固的障礙，氮化物在這方面

的能力是獨一無二的。這使它們非常適合作爲一層**上蓋玻璃** (**overglass**) 層來使用，這是在一片晶片上的一層最終的保護鍍層，這是因爲它使污染物無法到達敏感的矽電路。氮化矽被使用於製造序列之中，它將相鄰的 FET 予以電性隔離【將在後面加以討論】。而且，它們具有一個相對高的介電常數 $\varepsilon_N > 7.8\varepsilon_o$，這使它們成爲在諸如 DRAM【動態雖機存取記憶體】囊胞之中所使用的各種電容器結構的絕緣 ON【氧化物—氮化物 (oxide-nitride)】「三明治」絕緣體的候選人。

4.2.3 多晶矽

如果我們將矽原子沉積在一層非結晶的 SiO_2 層上的話，這些矽會試圖結晶，但卻找不到一個參考的晶格結構。這會造成**微晶** (**crystallites**) 的形成，這些小晶片是矽晶體的微小區域。因此，這個材料被稱爲**多晶矽** (**polycrystal silicon** or **polysilicon**) 或者就只簡稱爲 **poly** 。在所有 FET 之中，多晶矽被使用來作爲閘極材料。它擁有可以被摻雜這種我們所想要的特性，它可以良好地附著於二氧化矽，而且它可以以諸如 Ti 或 Pt 的高熔點溫度【反射】金屬來「鍍層」以降低片電阻。多晶矽提供在 CMOS 積體電路之中建構 MOSFET 的一個優良的基礎。

一種使用矽甲烷 (silane) 的基本化學反應爲

$$SiH_4 \longrightarrow Si + 2H_2 \tag{4.16}$$

這是在大約 500–600°C 的溫度下進行的。最近幾年，多晶矽的沉積技術已經演進而被使用於先進的動態隨機存取記憶體 (DRAM) 囊胞之中所使用的**堆疊電容器** (**stacked capacitors**) 的製造之中。這些將在第十三章的 13.3 節之中加以檢視。

4.2.4 金屬

鋁 (Al) 是積體電路中最常使用來作爲交互連接導線的金屬。它可以藉由在一個眞空腔之中加熱來蒸發，其中所得到的通量被使用來將這片晶圓鍍層。Al 具有良好的黏著特性，而且很容易來製作圖案。它受歡迎的程度是可以理解的。鋁具有一個大約 $\rho = 2.65\ \Omega\text{-cm}$ 的本體電阻率。一條厚度爲 0.1 μm 的鋁交互連接線路的片電阻大約爲

$$R_s = \frac{\rho}{t} = \frac{2.56 \times 10^{-6}}{10^{-5}} = 0.265\ \Omega \tag{4.17}$$

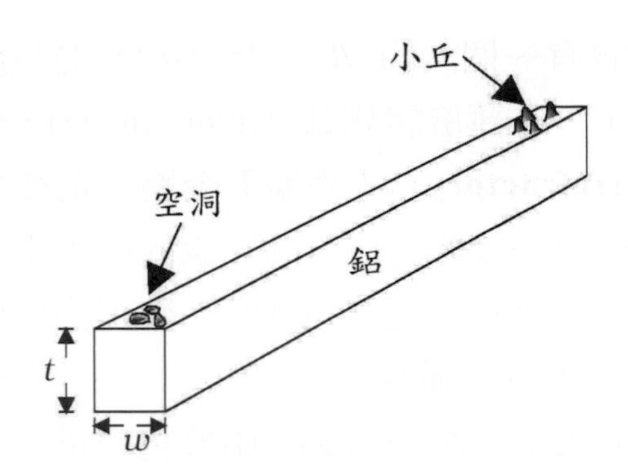

圖 4.4 鋁中的電致遷移效應的目視圖

然而，鋁展現一種稱爲**電致遷移** (**electromigration**) 的問題。高電流流動密度會有使原子由一條交互連接線路的一端橫向移動的傾向，而產生被稱爲**空洞** (**void**) 的坑洞。這些原子堆積在微觀結構之中的另一端稱爲**小丘** (**hillock**)。這些是在圖 4.4 中以圖形來加以說明。小丘與空洞可能會導致失效，而且已經有許多研究都致力於研究這個問題。一種常見的解決方案乃是在金屬沉積步驟之中將銅與鋁加以混合。這會降低電致遷移的效應，但卻會使電阻率的值增大至大約 ρ = 3.5 Ω-cm。片電阻成正比地被增大。

在實體設計階層，我們藉由控制在交互連接之中所流動的電流密度 J A/cm^2 來避免小丘與空洞的過量形成。對一條具有厚度 t 與寬度 w 的交互連接線路，電流密度被給予爲

$$J = \frac{I}{A} \tag{4.18}$$

其中 I 是電流，單位是安培，而 $A = wt$ 是截面面積，單位是平方公分。佈局圖設計師並無法改變這一層的厚度 t，這是因爲它是在製程線中所建立的。因此，電致遷移是藉由指定保持 J 低於一個最大值 J_{max} 所需要的最小線路寬度 w。這是我們有關於佈局圖設計法則 (**design rule**) 的第一個範例，這種設計法則指定一個特殊情況的一個特徵的最小尺寸。在本章的後面幾節之中，我們將更透徹地研究設計法則。

MOS 一開始是從金屬閘極技術，其中「M」代表金屬，而鋁是閘極層的選擇。使用 Al 來作爲電晶體閘極的缺點乃是一旦它被沉積在晶圓上之後，它的低熔點溫度便使高溫的製程步驟無法被使用。當製程技術隨著愈來愈複雜的製程序列而持續改進時，這會成爲一個限制的因素。使用多晶矽閘極的電晶體已經被發展出來，而且現在在 CMOS 之中已經成爲標準。矽閘極的一個重要問題乃是即

使是重摻雜的多晶矽也會有一個大約 $R_s = 25\text{–}50\ \Omega$ 的高片電阻。爲了克服這個問題，這層多晶矽被鍍上一層薄層諸如鈦 (titanium, Ti)、鎢 (tungsten, W)、或鉑 (platinum, Pt) 的**反射 (refractory)**【高溫】金屬。這種組合被稱爲是一個**矽化物 (silicide)**，而這種多晶矽–金屬的混合物在設計中通常被視爲一層單一層來處理。這將會明白地顯示在後面所描述的 CMOS 製程序列之中。鎢也經常被使用來作爲管道之中的柱塞來連接金屬層。

最近，銅 (Cu) 已經被引進來取代鋁。由於它的電阻率大約只有鋁的一半而已，因此它會得到較小的片電阻。在元件的階層，這項差異並不太重要。然而，當銅被使用來作爲系統階層交互連接線路時，片電阻的降低是很關鍵的。技術的改良並不容易得到。標準的製作圖案技術並無法被使用於銅層之上；我們必須發展出來特殊的技術。銅的使用將在 4.4.1 節之中加以討論。

4.2.5 摻雜的矽層

矽晶圓是 CMOS 製造程序的起始點。它是在結晶成長期間之內被定義爲 n 型或 p 型，並且是作爲整個電路結構的基礎基板來使用。由我們的定義，一層摻雜的矽層是晶圓表面的一個被製作圖案的 n 或 p 型區段。即使這些矽層不見得是以平常意義的來「堆疊」，但是爲了前後一致起見，我們還是繼續使用這個術語。

在基板之中產生摻雜層的關鍵乃是將施體或受體原子引進這片晶圓之中，最終可以被融入這個矽晶格之中。在現代的 CMOS 之中，這是藉由一種稱爲**離子佈植 (ion implantation)** 的技術來達成的，在這種技術當中原子首先在一個腔體之中被解離，然後在一個粒子加速器之中被加速至高能量。我們使這一束粒子通過一個使用磁場來選取我們所想要的電荷種類的質量分離單元。完整的系統被顯示於圖 4.5 之中。這些快速移動的離子打擊進入基板之中。以大約 100–200 keV

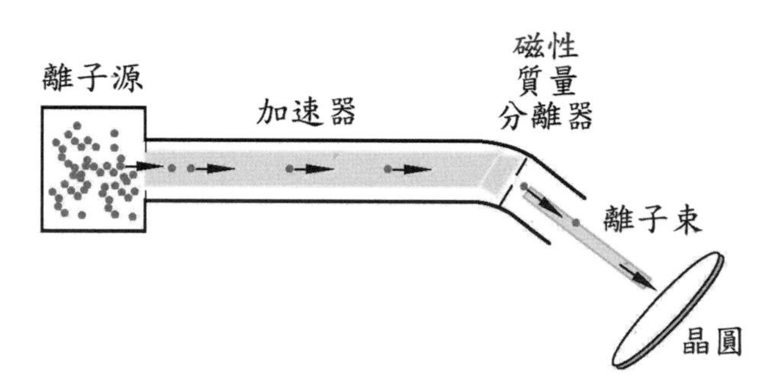

圖 4.5 一部離子佈植機的基本區段

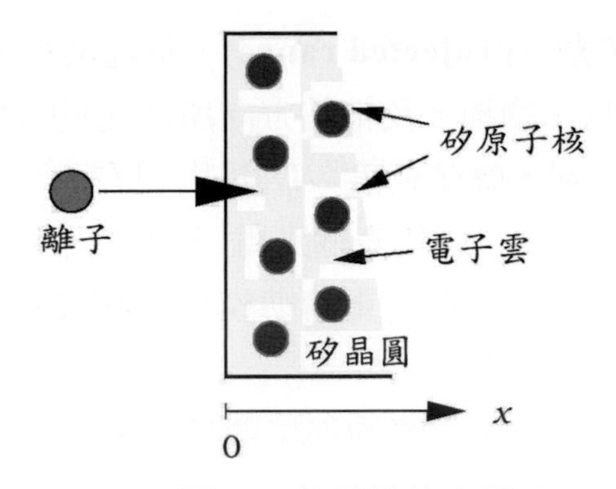

圖 4.6 離子的停止過程

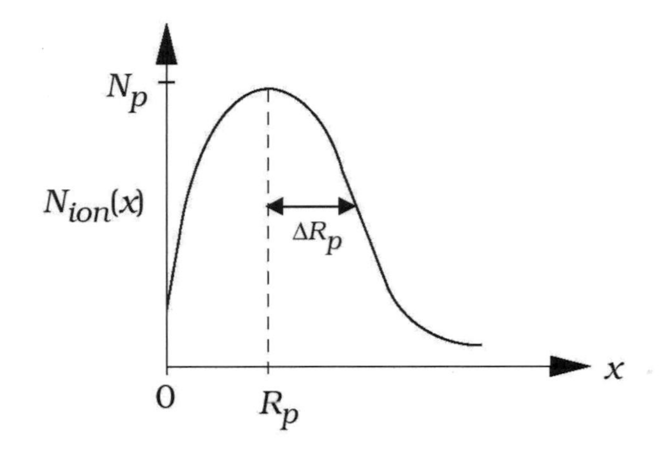

圖 4.7 高斯的佈植輪廓

的典型能量. 這些離子在矽晶圓之中與電子及原子核數次撞擊之後會達到靜止。這是在圖 4.6 中以圖形來加以說明。這種減速機制會傷害這個晶格，並將摻質遺留在隨機的位置。爲了修復這個晶體，並將摻質推入結晶晶格之中的適當位置，這片晶圓在一個退火 (**anneal**) 步驟之中被加熱。在退火步驟之中，摻質會稍微重新分佈，這是由於一種稱爲**粒子擴散** (**particle diffusion**) 的過程；擴散只是粒子的整體熱衍生運動而已，這種運動使集中在一小塊區域之中的粒子散佈開來。

進入矽之中的離子分佈可以使用高斯 (Gaussian) 的型式來一階地近似爲

$$N_{ion}(x) = N_p \exp\left[-\frac{1}{2}\left(\frac{x - R_p}{\Delta R_p}\right)^2\right] \tag{4.19}$$

具有 cm^{-3} 的單位；這個晶圓的表面是被定義爲 $x = 0$。這個函數顯示於圖 4.7 之中。數量 R_p 被稱爲**投射範圍 (projected range)**，而且是一個被佈植離子的平均深度。R_p 的值是由入射能量、物種、及結晶方向所決定的，而且可以由大約 0.1 μm 以至於深達 1 μm 的範圍。峰值密度 N_p 是出現在 $x = R_p$ 處。標準差是以**雜散 (straggle)** ΔR_p 來加以表示；這代表個別離子的停止深度由於能量損耗過程的統計本性所造成的變化。佈植輪廓的更精準模型採用皮爾森 (Pearson) 第 IV 型的分佈及數值模擬。

佈植離子的數目經常是下式所定義的佈植劑量 D_I 來加以描述

$$D_I = \int_{\text{所有 } x} N_{ion}(x)\, dx \tag{4.20}$$

這具有每 cm^2 個離子的單位【或者就只是 cm^{-2}】。使用電荷計數器，這個量可以被非常精準地量測。當我們分析 MOS 電容器的宏觀電性時，我們經常使用這個劑量。

4.2.6 化學機械研磨

假設我們沉積並製作一個多晶矽特徵的圖案，然後在它的上面沉積二氧化矽。如同圖 4.8(a) 中所顯示，由於下面的多晶矽線路的緣故，所沉積的氧化物的頂部表面可能會有一個「丘陵」。如果我們在上面沉積一層金屬交互連接層，它將會追隨表面的輪廓，但是可能必須寬一些且厚一些來將這些變形列入考量。如果我們持續加上金屬層，表面將會愈來愈粗糙，而且可能會導致細微的線路特徵破裂以及其它的問題。當只使用一條或兩條金屬交互連接線路時，非平坦化的表面並不眞正是一個問題。然而，在五層或更多層交互連接層是很平常的現代 CMOS 製程之中，使表面平坦化的技術已經成爲是必要的。

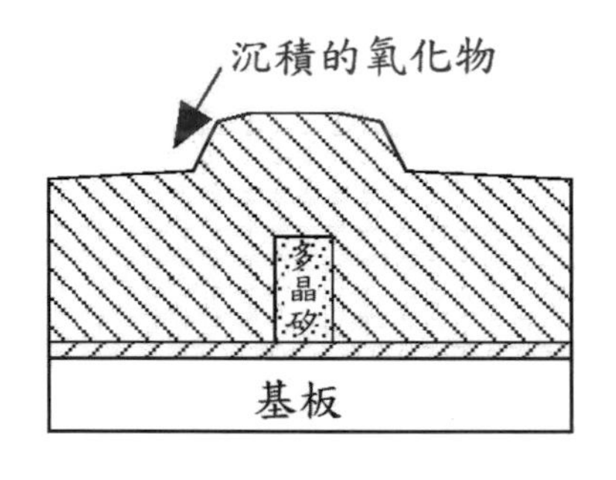

(a) 氧化物沉積之後

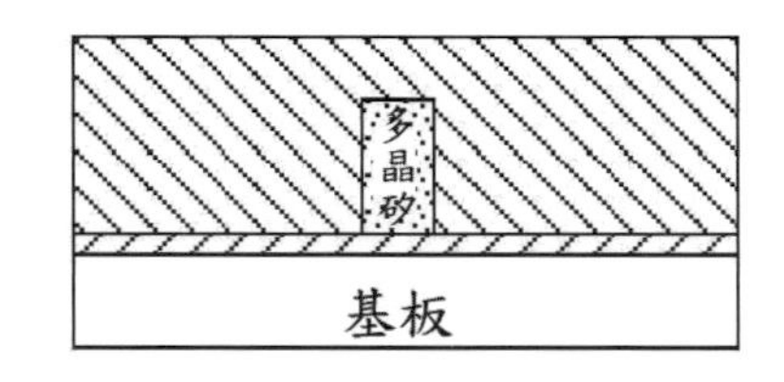

(b) CMP 之後

圖 4.8 表面平坦化

化學機械研磨 (chemical-mechanical polishing, CMP) 使用化學蝕刻與機械「磨光」(sanding) 的一種組合而在矽晶圓上產生平坦的表面。當應用於氧化物時，它會造成如同圖 4.8(b) 中所呈現的一個平坦的表面。CMP 步驟被包含在 CMOS 製作序列之中的一些選擇的時點，在這個製作序列之中擁有一個平坦的工作平面是很重要的。這包含金屬沉積步驟，以及在下一節之中所討論的石刻印刷序列之中所使用的光阻應用。

4.3 光石刻印刷

我們已經將一個積體電路定義為一組三維有圖案的層。在現代 CMOS 製造之中最關鍵的問題之一乃是被使用來在每一層上產生具有在一層材料層的次微米特徵的一個圖案的技術。這是使用**光石刻印刷** (**photolithography**) 的製程所達成的，在這種製程之中我們將圖案的陰影光學投射至晶片的表面，然後採用攝影型式的技術來將這個圖案轉移至這個表面。相同的製程也被使用來製作印刷電路板，但是晶片的製作允許小於 0.12 μm 的解析度。石刻印刷已經演進成為一個複雜的領域，而且身負使特徵尺寸持續縮小的責任。在這裡所呈現的這個概論對於瞭解這些主要的重點以及它們與 VLSI 系統設計之間的關係已經夠用。

這種光石刻印刷的製程是從一層我們所想要的圖案定義來開始。這具有電腦資料庫檔案的型式，這是在這個設計的晶片佈局階段所產生的。這些數據被使用來產生一片使用諸如鉻的一種金屬所定義的這個圖案的高品質的玻璃。這被稱為一塊**分劃板** (**reticle**)【或 **mask**】，而且典型而言大約是實際晶片尺寸的 5–10 倍。因此，這片分劃板是由兩種形式的區域所構成的：透明【沒有金屬】及不透明【有金屬的區域】。一片分劃板的組件是在圖 4.9 中以圖形來加以說明。當光線被使用來照射這片分劃板時，它將這片分劃板的陰影投射至晶片的表面。

為了將分劃板的圖案轉移至一個矽區域的表面，我們首先將這片晶圓鍍上一

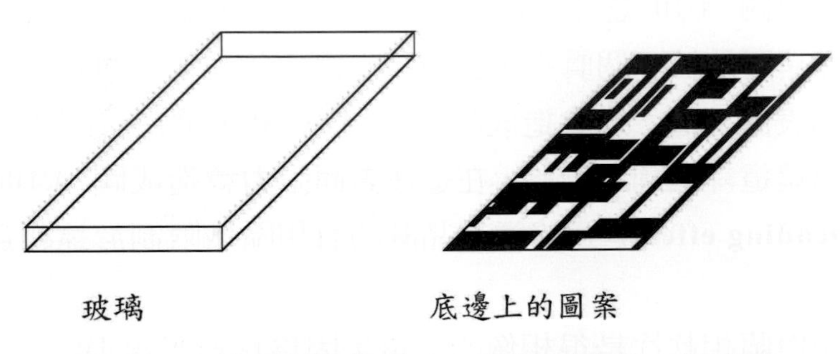

圖 4.9 一片分劃板是具有一個鉻圖案的一片玻璃

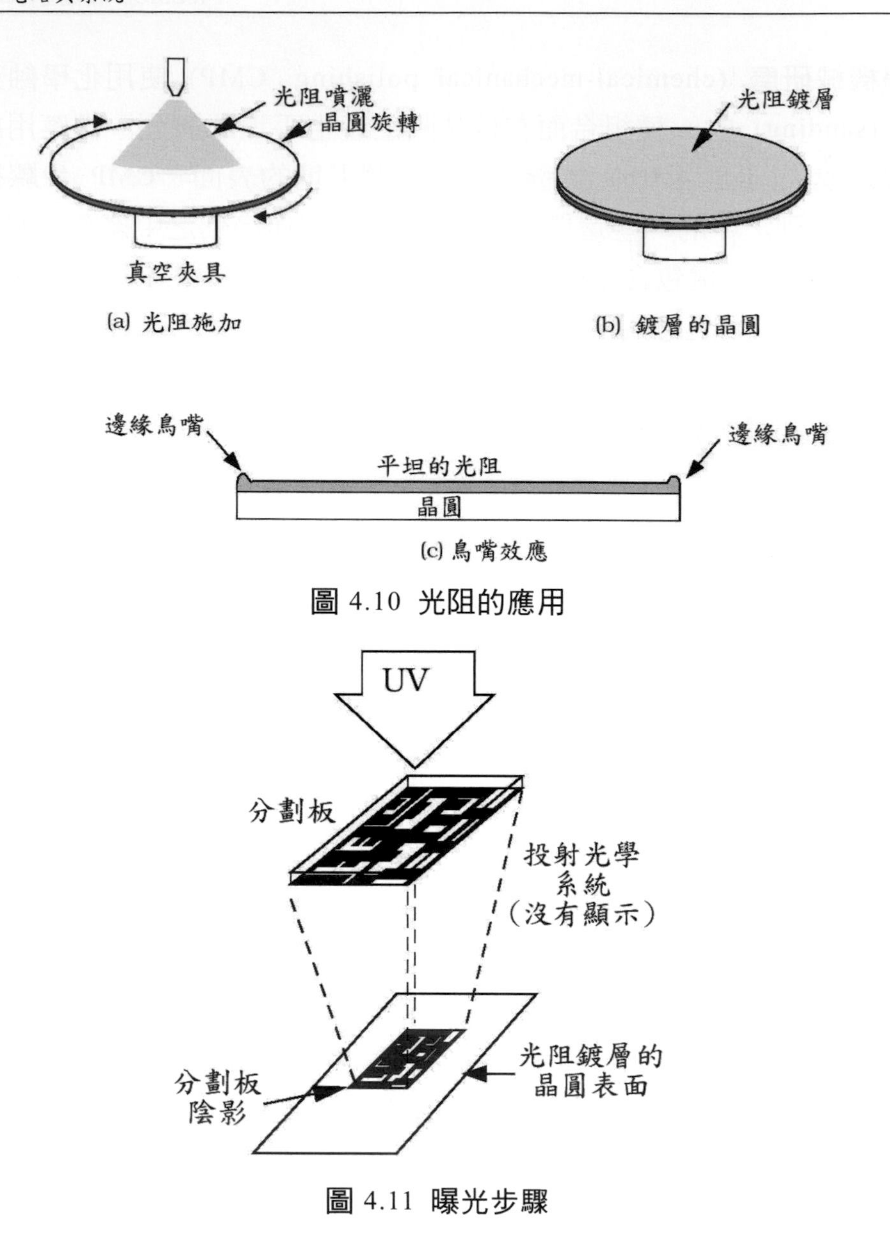

圖 4.10 光阻的應用

圖 4.11 曝光步驟

層被稱爲**光阻** (**photoresist**)【或者就簡稱爲 **resist**】的光敏感的液體塑膠材料。這個過程被顯示於圖 4.10 之中。圖 4.10(a) 描述被噴灑至一片旋轉的晶圓上的液體光阻，這片晶圓是被一個眞空夾具挾持在固定的位置。將這片晶圓自旋允許離心力來將整個表面鍍層，這會造成如同圖 4.10(b) 中的一層合理均勻的鍍層。例外是出現在環繞這片晶圓的邊緣，在這裡表面張力會造成圖 4.10(c) 中所說明的**鳥嘴效應** (**beading effect**)。這將這片晶圓的有用區域限制於遠離邊緣的內部部份。

光阻的作用與照相軟片是很相像的，這是因爲它對光線很敏感。VLSI 光阻

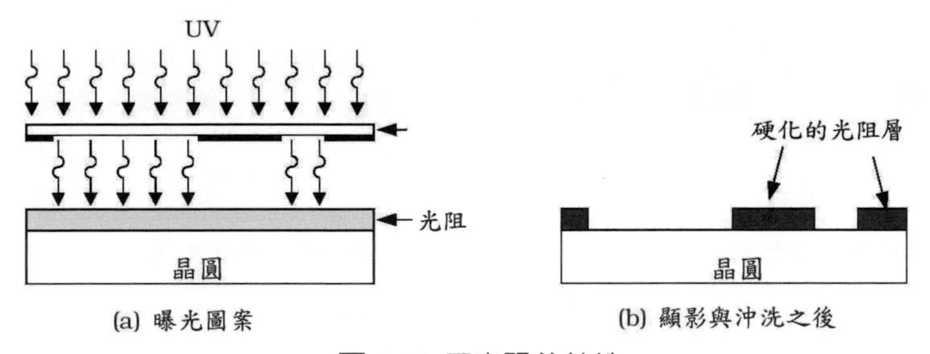

(a) 曝光圖案　　(b) 顯影與沖洗之後

圖 4.12 正光阻的特性

對光譜的紫外光 (ultraviolet, UV) 區域會有所反應，在這個區域之中的光子能量是最高，而它的波長則是最短。這是**曝光步驟 (exposure step)**；圖 4.11 顯示這個主要的想法。在曝光完成之後，光阻層使用一種化學沖洗來顯影。大多數 VLSI 製程都使用**正光阻 (positive photoresist)**，其中被遮蔽的區域在顯影過程之中會被硬化，而被曝光的區域則會被沖洗掉。一個正光阻的特性被顯示於圖 4.12 之中。在圖 4.12(a) 中的這個曝光步驟定義了在分劃板陰影之中的明亮及陰暗區域。在光阻被顯影之後，硬化層會留在被保護免於光線照射的區域；這是在圖 4.12(b) 中加以說明。負光阻具有相反的特性：照光的區域會硬化，而被保護的區域是可溶解的，而且會被沖洗掉。

這層硬化的光阻層被使用來保護下面的區域免於**蝕刻 (etching)** 製程。這是晶圓表面承受一個氣體電漿 (plasma) 的地方，這個電漿是由一種惰性氣體諸如氬 (argon, Ar) ，並且在它之中有反應性的化學物質所構成的；整體而言，這被稱爲**反應性離子蝕刻 (reactive-ion etch, RIE)**。這些化學物質與電漿被挑選來攻擊並移除沒有被硬化光阻保護的材料層。在這個製程的期間之內，這個光阻本身可以承受蝕刻劑混合液。一個範例被顯示於圖 4.13 之中。在圖 4.13(a) 之中，一個光阻圖案被產生在一層氧化物層之上。這個蝕刻步驟移除未保護區域之中的氧化物，因此這個氧化物具有與光阻相同的圖案，這是在圖 4.13(b) 中加以說明。這種技術可以被使用來在晶圓表面上的任何材料層製作圖案，包括多晶矽、CVD 氧化物、及金屬。[1] 它使我們得以將圖案由一個電腦佈局圖設計轉移至實體的矽階層，因此產生了一個邏輯網路的實際裝置。

摻雜的矽區域也是使用石刻印刷的過程來製作圖案，但是這個序列是不同的。在這種狀況下，我們在晶圓上成長一層氧化物層，然後使用石刻印刷來往下

[1] 銅是一個例外，因爲它使用一種不同的技術來製作圖案。

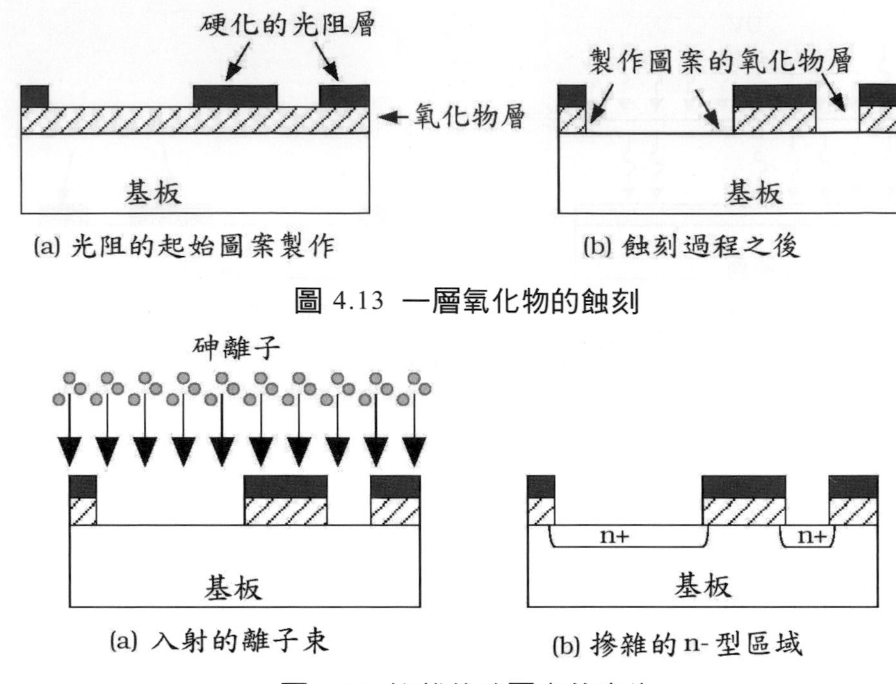

圖 4.13 一層氧化物的蝕刻

圖 4.14 摻雜的矽圖案的產生

蝕刻至矽的表面；這與圖 4.13(b) 中所顯示的截面完全相同。然後，這層光阻—氧化物層被使用來防衛矽免於一個離子佈植步驟。圖 4.14(a) 顯示一束入射的砷離子覆蓋整個表面，但是這些摻質只會由氧化物已經被蝕刻掉的地方進入矽之中。因此，所得到的 n+ 區域是由氧化物的開口所決定的。注意這些 n+ 圖案的寬度會稍微大於氧化物開口的寬度。這是由於一種被稱爲**橫向摻雜 (lateral doping)** 的效應所造成的，這是在退火步驟期間之內的摻質擴散所產生的。橫向的效應可能會限制一個窄線路印刷系統的解析度。

雖然在我們的範例之中，我們只顯示一個單一的圖案，但是製造過程使用可以容納許多個別晶片處所的較大晶圓。每個處所都是使用一種**步進且重複的過程 (step-and-repeat process)** 被個別曝光；一部**晶圓步進機 (wafer stepper)** 是抓住晶圓並允許精確的移動來使光學系統一次一個地對齊至每個處所的一套設備。在一個處所被曝光之後，這個機構將這片晶圓「步進」至下一個處所。如同在圖 4.15 中所說明，這個序列會產生具有大量完全相同處所的一片晶圓。**測試處所 (test site)** 位置包含各種測試結構及電路，例如 MOS 電容器、摻雜的矽區域、MOSFET、及簡單的電路。這些被包含來使得在製造序列的各個時期之內這片晶圓可以被電性測試。**晶圓探針 (wafer probes)** 乃是可以接觸晶圓上的區域使這些測試得以進行的非常小的探針組。這些讀數提供製造流程進行得多好的資訊，

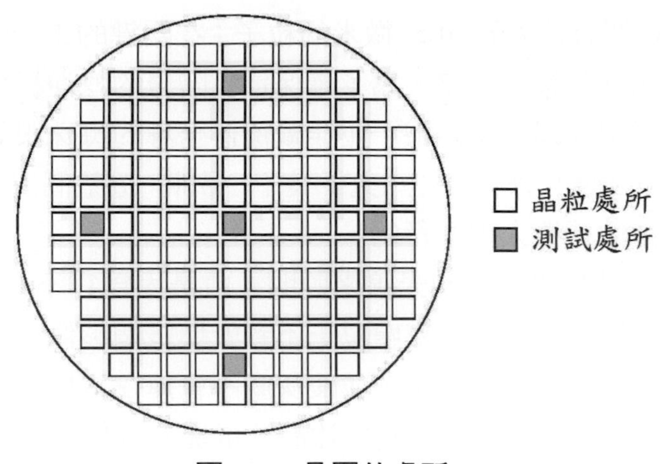

圖 4.15 **晶圓的處所**

而且給予電路設計所需要的電性參數的關鍵數據。由於橫跨這片晶圓的不均勻的溫度、氣體流量密度、及其它參數會改變並影響電性，因此包含這片晶圓的所有區域具有代表性的數個測試處所是很重要的。

這種石刻印刷的序列會對建構這個積體電路所必須的每個罩幕步驟來重複。我們必須注意第一個罩幕步驟定義這些晶片圖案的基本概要；後續的罩幕步驟必須在具有相對於這些在基板上已經被產生的特徵的正確間隔的這些層上製作圖案。一個罩幕與其它罩幕上的這些圖案的對齊對於良率是很關鍵的。罩幕的不對齊可能會造成整個晶片無法作用。精準的對齊是使用**登錄標的 (registration target)** 來達成的，這些標的是只為了幫助後續罩幕步驟的對齊而在一層基底層上所產生的幾何圖案。隨著這些層建構起來，我們須要更多組登錄標記。

4.3.1 潔淨室

這種石刻印刷的過程對於灰塵粒子非常敏感。如果一抹灰塵降落在光阻上，它將會干擾曝光與顯影，而且可能會導致一個缺陷。相類似地，如果一個灰塵粒子降落在光學系統的對焦平面之中的這塊分劃板上，那麼它將會被往下投射影像到晶圓處所。諸如這樣的一些的事件會使良率下降，而且在次微米的幾何形狀之中是特別地關鍵。

許多程序已經被發展出來以處理這些問題。石刻印刷是在使用 HEPA【高效率微粒子空氣 (high-efficiency particulate air)】濾清器來移除灰塵粒子的一個**無塵室 (clean room)** 環境之中來進行的。HEPA 濾清器必須能夠 99.97% 有效地移除直徑 0.5 μm 或更大的粒子。一個 **X 級 (Class X)** 的無塵室意指每一立方呎具有少於 X 個直徑大於 0.5 微米的粒子；在關鍵的工作區域，現代的設施具有 Class 1 或更佳的額定規格。爲了確保這種階層的乾淨程度，工作人員在進入這個區域之前必須先以空氣沐浴，並穿戴覆蓋全身的特殊服裝；由於它們的外形的關係，這些服裝通常被稱爲是「兔子裝」。另外，這整個流程可以被自動化，而所有的移動都是由機器人來進行的。

石刻印刷的區域是以黃色的光線來照明，這是因爲它不會影響對 UV 敏感的光阻。爲了使這塊分劃板上的灰塵粒子不致毀壞這個影像，一層薄的透明塑膠被置於這塊分劃板之上來捕捉灰塵，並使灰塵不會掉在這塊分劃板的表面。這被稱爲是一層**薄膜 (pellicle)**，並且被置於遠高於這塊分劃板使灰塵遠離投射光學系統的影像平面。

製程環境的許多其它特徵被包含進來以確保正常作用的晶片可以被產生。我們須要許多科學家、工程師、及技工來設計、維護、與更新製程等各方面。參觀一個先進的晶片製造設施通常是 VLSI 科技的一場難以抗拒的秀。

4.4 CMOS 處理流程

無論從任何定義來看，現代的 CMOS 製程都是「技術的驚奇」。從矽開始，這條製造線產生提供整個世界電腦威力的細微方形切片。半導體製造公司已經開發高度先進的製程技術，而它們的製程流程細節是高度專有的秘密。由於一座新的製造工廠的成本超過十億美元，難怪這些公司必須保守秘密。

在本節之中，我們將研究在一個「標準」的矽 CMOS 過程之中的主要步驟。討輪得階層被選取來確保重點會被討論，而不須要探討過多的細節。瞭解 CMOS 製程對於每個 VLSI 設計師都是很重要的，對於某些設計師可能會比對其它設計師來得更爲重要。它是由工程師目前正在從事的工作所決定的。元件與電路工程師將製程參數視爲他們的電晶體與電路可以多快速切換的基本限制。系統建築師瞭解邏輯區塊必須被產生在矽之中，而且製程指示面積的分配、交互連接階層、延遲、時脈速度、及數十種其它系統階層的考慮。涉及一個 VLSI 晶片設計的每一個人都會受到影響。

起始的步驟是在圖 4.16 中加以說明。我們應該注意，特別是在垂直方向上，這些特徵並不是按照比例來畫圖的，因爲這可能會使某些重要的細節被模糊掉。在圖 4.16(a) 中的起始點是一片具有一層薄 p 型的矽**磊晶層 (epitaxial layer)** 成長在頂部的 p+ 晶圓。這層磊晶層是藉由將矽原子丟在一片加熱的晶圓

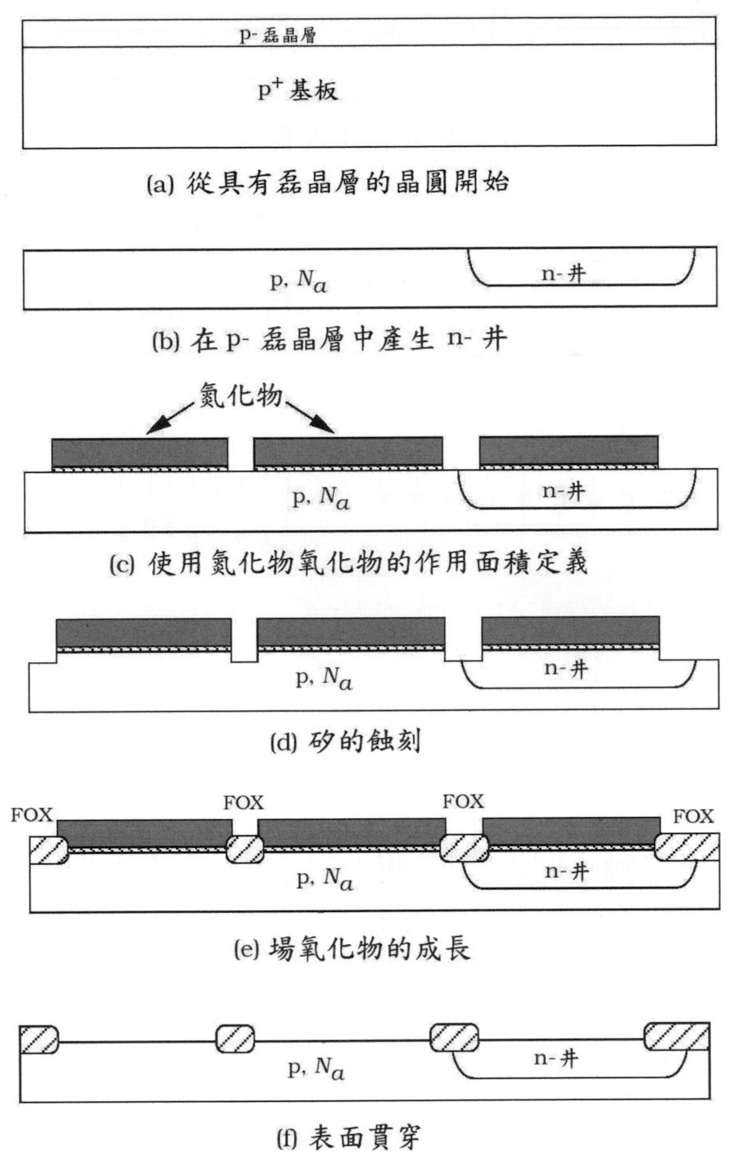

圖 4.16 **在 CMOS 製造序列之中的起始序列**

之上來形成電晶體的一層高品質結晶層所產生的。這片晶圓本身是作為建構晶片的基板來使用，而且在其餘的任何圖形之中都不會被明白地顯示出來。

被顯示於圖 4.16(b) 之中的下一個步驟乃是使用一個罩幕步驟來形成 n 井區域。這個步驟定義 pFET 的位置。一般而言，每個電晶體【nFET 或 pFET】都是建構在晶圓表面的一個**作用區域** **(active area)** 之中。作用區域乃是藉由將坐落在一層薄層的熱氧化物之上的一層氮化矽來製作圖案的一個罩幕步驟來加以定義的，這層氧化物被使用來舒緩結晶表面的機械應力。圖 4.16(c) 顯示圖案

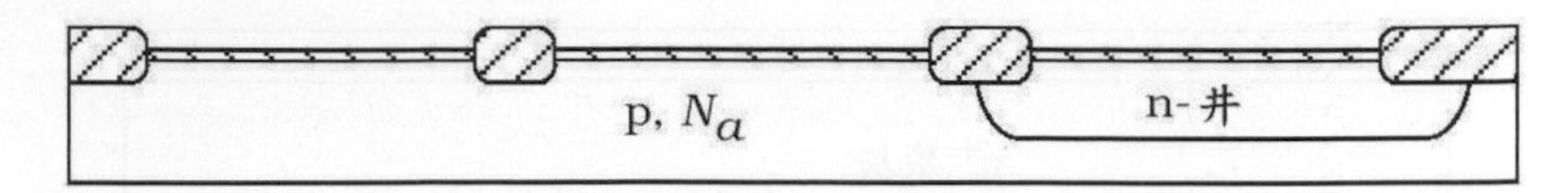

(a) 閘極氧化物成長

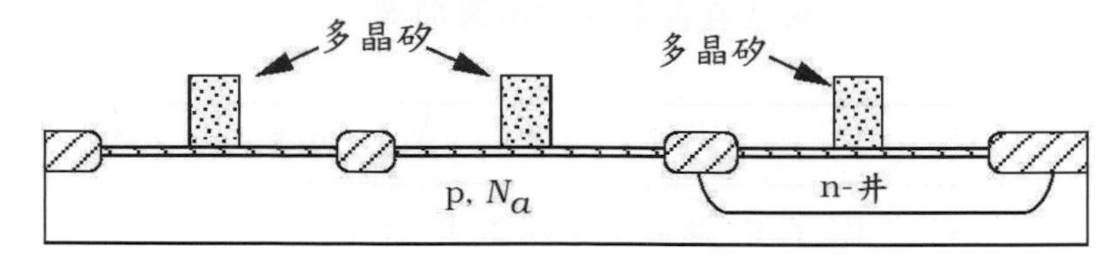

(b) 多晶矽閘極沉積與圖案製作

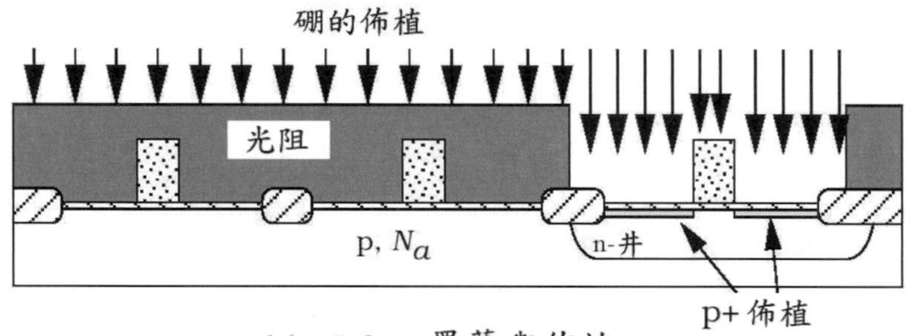

(c) pSelect 罩幕與佈植

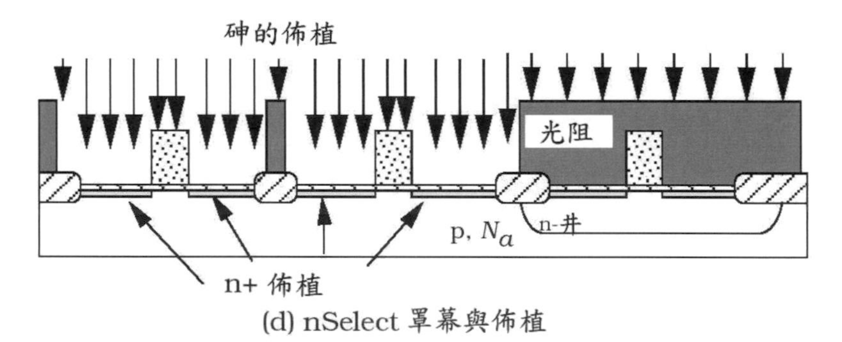

(d) nSelect 罩幕與佈植

圖 4.17　nFET 與 pFET 的形成

製作的細節。作用區域被引進來作爲**電性隔離 (electrical isolation)** 規劃的一部份，這種規劃使用退縮的玻璃【氧化物】區域來作爲一個絕緣體來避免相鄰元件之間的電性傳導。爲了達成隔離，氮化物圖案被使用來定義圖 4.16(d) 中所顯示的矽蝕刻區域。然後，氧化物被成長或沉積在圖 4.16(e) 中的蝕刻的區域之中。作用區域之間的玻璃隔離定義**場 (field)** 區域，而這裡的氧化物被稱爲**場氧化物 (field oxide, FOX)**。一旦 FOX 被成長之後，這些層被移除來暴露矽的表面。現在，以圖 4.16(f) 之中的截面圖來加以說明的這片晶圓已經準備好來進行電晶體的製造過程。

(a) 在退火及 CVD 氧化物之後

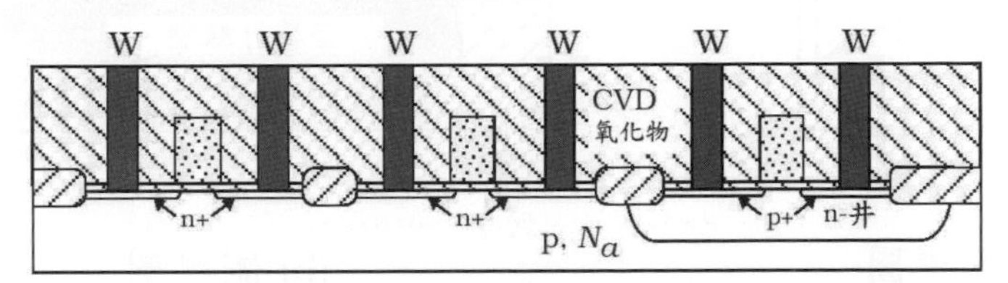

(b) 在 CVD 氧化物作用接觸、W 塞之後

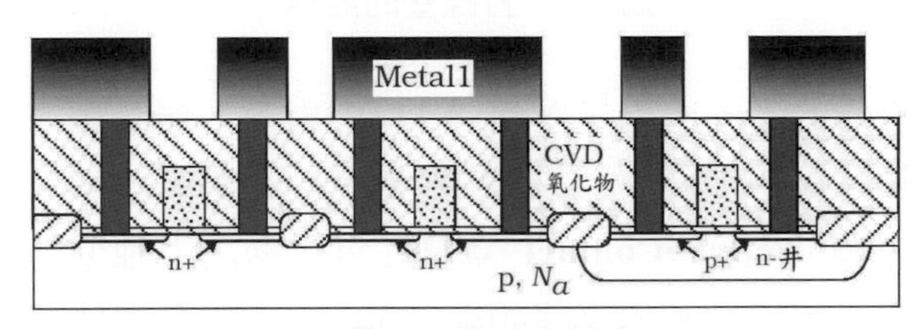

(c) 金屬鍍層與圖案製作

圖 4.18 **最初的金屬交互連接層**

FET 是使用**自我對正閘極製程** **(self-aligned gate process)** 所形成的。在這種技術之中，閘極首先被產生，然後被使用來作爲佈植罩幕來定義 n+ 或 p+ 洩極/源極區域。起始點是圖 4.17(a) 中的閘極氧化物的成長。t_{ox} 的值是在這個步驟之中所建立的。再來，多晶矽層被沉積並製作圖案來形成電晶體的閘極。在圖 4.17(b) 中所得到的結構顯示在這個時點的截面圖。爲了形成電晶體，我們須要在矽中產生摻雜的洩極與源極區域。一個 pFET 是使用一個 **pSelect** 罩幕圖案連同硼離子佈植所產生的。如同在圖 4.17(c) 中所說明，這個 pSelect 罩幕會產生阻擋在 nFET 位置上面的佈植的一層硬化的光阻層，但卻允許離子束打到 pFET 區域。離子被閘極多晶矽層所吸收，但是輕易地通過薄氧化物來到達矽。「自我對正閘極」這個名詞是由這個步驟所產生的。nFET 是以一種類似的方式來形成的。一個 **nSelect** 罩幕被使用來阻擋一個 n 型離子佈植到達 pFET 處所。離子被允許來轟炸 nFET 位置，產生圖 4.17(d) 中所顯示的 n+ 區域。在這個時間點，所有電晶體都已經被建構完成。矽化的閘極也可以藉由在多晶矽上鍍上一層反射金屬來產生。這會降低多晶矽線路的片電阻。在製程流程中剩下的步驟被使用來產生交互連接層。

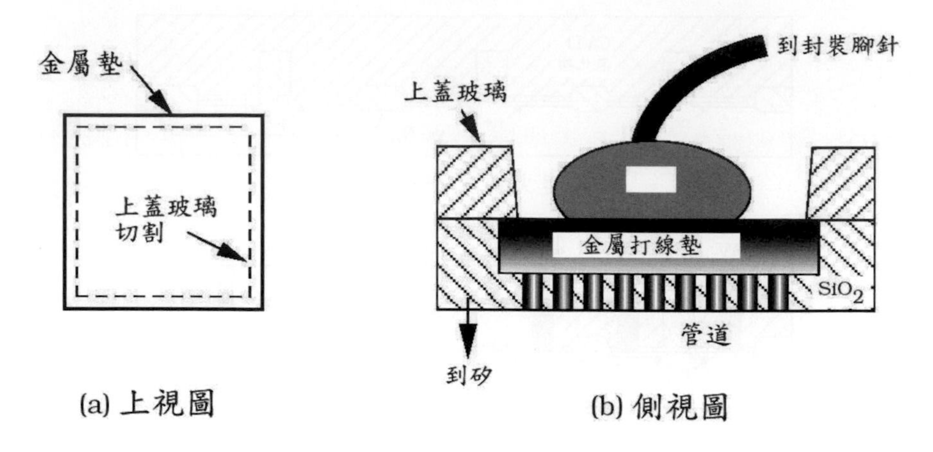

圖 4.19 打線墊的結構

加入交互連接層的基本序列是在圖 4.18 中對第一層金屬來加以說明。如同圖 4.18(a) 中所顯示，CVD 氧化物被使用來將表面鍍層。與 n+ 與 p+ 區域的電性接觸是使用一個 **Active Contact** 罩幕在氧化物之中蝕刻出洞所建立的。在這些切割被作成之後，它們被填充諸如鎢 (W) 的一種金屬柱塞材料。所得到的結構顯示於圖 4.18(b) 之中。第一層金屬被沉積，並以一個 Metal1 罩幕來製作圖案。這個罩幕定義了被用來將這個電路以導線連接在一塊的第一階層的金屬交互連接。圖 4.18(c) 中的這個圖形說明在第一金屬被製作圖案之後最終圖形。額外的金屬層是以相同的方式被加進來。目前的製程線有五層或更多層金屬交互連接層【以氧化物來加以分隔】來幫助複雜的導線連接。

在所有金屬層都被加進來之後，整片晶片是被上蓋玻璃層所覆蓋，這一層保護表面免於外部的污染。氮化矽是最常見的上蓋玻璃材料，這是因爲它是一個稠密的介電質，可以避免我們所不想要的原子的擴散而且可以良好地附著在金屬上。它是一個絕緣體，因此一條管道必須被蝕刻來獲得到這個晶片的電性進出；這須要另外一個罩幕的步驟。這個矽電路與外在世界的介面的最簡單方式乃是使用一個墊框架 (**pad frame**) 排列，在這個框架中大的金屬打線墊 (**bonding pad**) 會環繞中央的晶片核心區域。導線被附著在這些墊與封裝上的輸出腳針之間。圖 4.19 說明這個基本想法。圖 4.19(a) 中所顯示的這個上視圖顯示金屬墊【實線】及一個上蓋玻璃的切割【虛線】。打線墊本身可能會相當大，在某些製程之中使用 100 μm × 100 μm。圖 4.19(b) 中所顯示的測視圖顯示這個墊本身的細節。一個機器人裝置被使用來將這個墊精確地置放，並由這片晶片拉一條導線到封裝導線架上指定的腳針。

4.4.1 變形

現代的 CMOS 製程線對於上面所描述的基本流程使用了大量的增强。這些經常被包含進來以提供較佳的電性，以克服小元件或高密度的問題，或增强良率。我們將檢視現在已經成爲標準的兩個額外步驟：**輕摻雜洩極 (lightly doped drain, LDD)** 的 FET 以及矽化物。此外，我們將簡短地檢視銅的交互連接圖案是如何被產生的。

一個輕摻雜洩極的 MOSFET藉由提供 n【輕摻雜的】洩極與源極區域來取代平常的 n+ 區域而被設計來降低通道區域之中的電場。理論上，這會使最大電場強度降低，而這又會提升這些電晶體的可靠度。[2] 不須要一個額外的罩幕便可以來產生 LDD 結構，因此它們的出現對於佈局設計師而言是透明的。

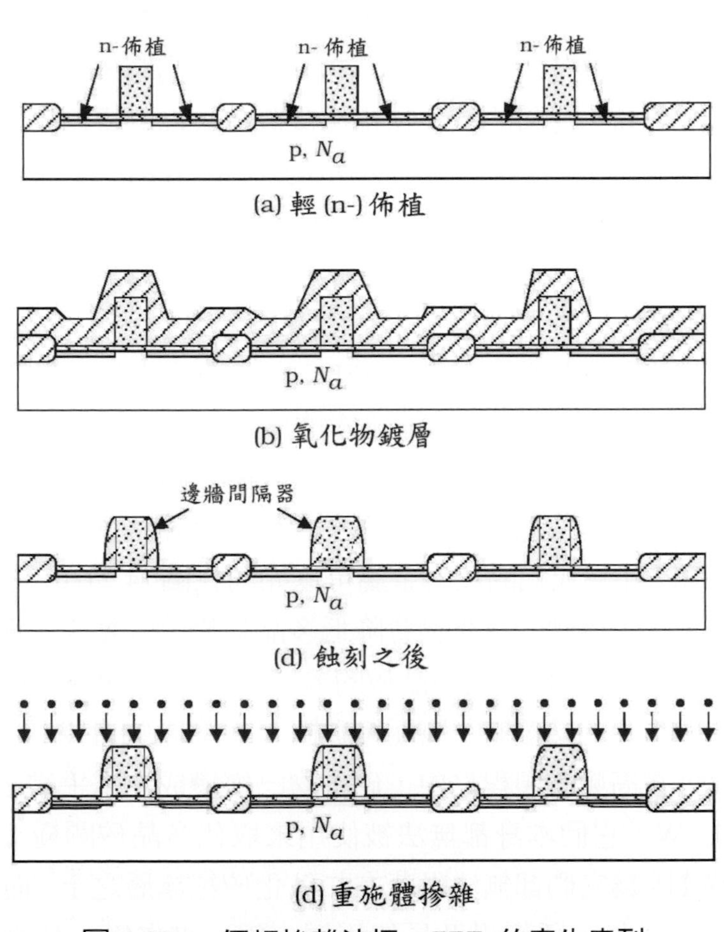

圖 4.20 一個輕摻雜洩極 nFET 的產生序列

[2] 這是藉由使用 LDD FET 來降低在短通道元件之中所發現的**熱電子效應 (hot-electron effects)** 來達成的。

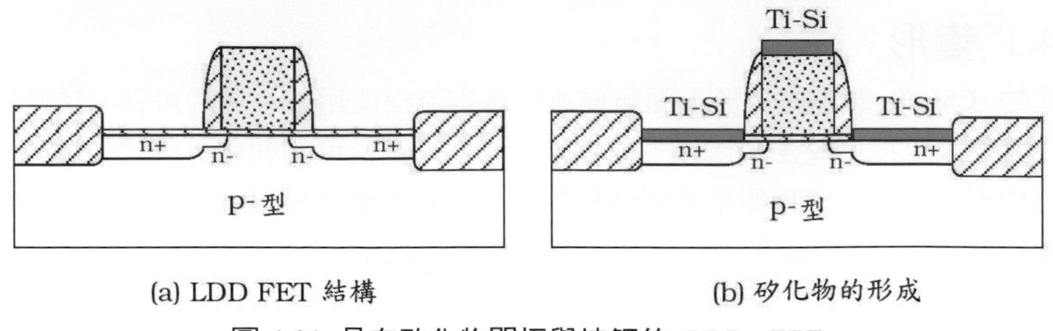

(a) LDD FET 結構

(b) 矽化物的形成

圖 4.21 **具有矽化物閘極與接觸的** LDD nFET

產生一個 LDD FET 的一個序列被展現於圖 4.20 之中。起始點被顯示於圖 4.20(a) 之中。為了產生一個 n 通道 MOSFET，我們從一個低劑量施體摻雜開始來產生圖中所顯示的 n 型【輕摻雜的】洩極與源極區域。【在圖 4.20(b) 中加以說明的】下一個步驟乃是在表面之上沉積一層氧化物層。注意一層氧化物層鍍在多晶矽閘極特徵的邊【垂直】牆上。之後，這片晶圓會承受一個氧化物蝕刻步驟。當由頂部來看時，邊牆的氧化物會比覆蓋在表面的平坦部分的氧化物來得厚。這會造成圖 4.20(c) 的圖形之中所顯示的**邊牆間隔器 (sidewall spacer)**。這些間隔器被使用來阻擋圖 4.20(d) 中的重 n+ 施體佈植，這會使洩極與源極區域保持在非常接近這條輕摻雜階層的通道。這些間隔器的橫向【水平】寬度決定這些 n 型區域的範圍。

圖 4.21(a) 提供一個完成的 LDD nFET 的一個展開圖，圖中顯示了摻雜區域的細節。這可被使用來作為研究矽化物的基礎，這是我們即將檢視的基本 CMOS 流程的第二種變形。即便是重摻雜的多晶矽也會展現大約為 25 Ω 或更高的一個片電阻，這將它的用途限制於作為一個交互連接的材料來使用。為了克服這個問題，一種諸如　或鉑的反射金屬可以如同在圖 4.21(b) 之中一樣被鍍層在矽或多晶矽之上。所得到的矽化物會降低多晶矽層的片電阻，而不會影響這個 MOS 閘結構的電性；一個矽化的多晶矽的典型數量級為 $R_s \approx 10\ \Omega$。當一個鎢塞被使用來作為一個作用的接觸時，洩極與源極 n+ 矽化物會降低接觸電阻。由於這件事實的緣故，在高頻的製程之中，矽化物已經變成非常平常了。我們順便注意，無論 Pt 或 W，它們本身都無法被使用來取代多晶矽閘極【並構成一個真實的 MOS 結構】因為它們都無法附著在二氧化矽絕緣層之上，而只會「滑落」。

我們將檢視的最後一種變異乃是使用銅 (Cu) 來作為一種交互連接材料來取代鋁。本體銅的電阻率為 ρ. = 1.67 Ω-cm 是一項大家所熟知的事實，而這個值

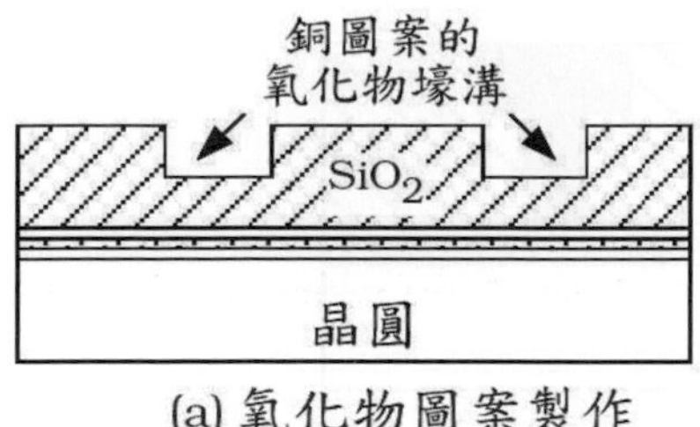

(a) 氧化物圖案製作

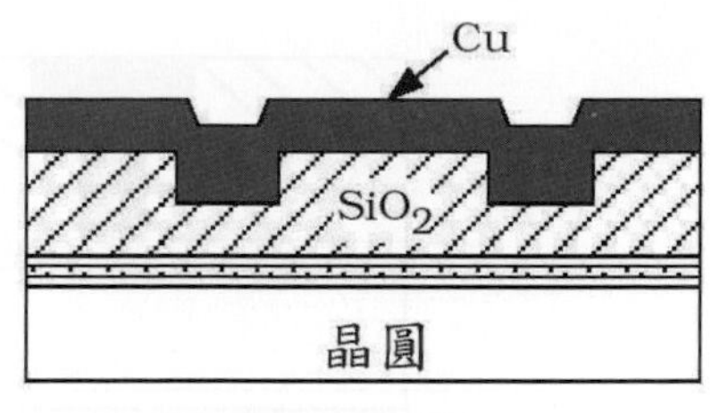

(b) 銅的沉積

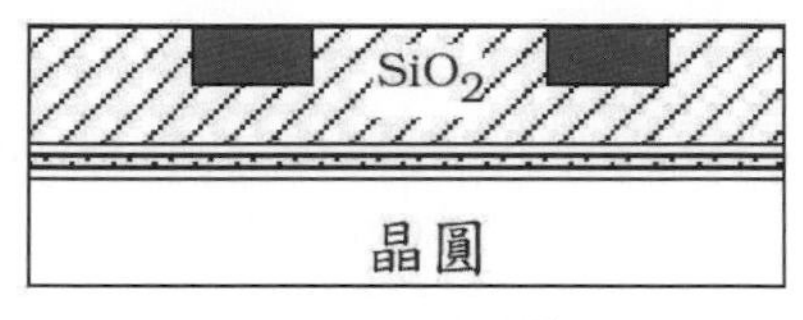

(c) 平坦化之後

圖 4.22 使用嵌刻製程的銅圖案製作

大約只有鋁的一半而已。當銅被使用來作爲一種交互連接線路材料時，片電阻大約只有相同厚度的鋁線路的一半。然而，銅已經被證明難以被引進製程線之中。它無法使用標準的沉積之後跟隨一個石刻印刷步驟的序列來製作圖案，這是因爲它是非常難以使用標準的 RIE 技術來加以蝕刻。銅非常快速地擴散通過矽，而且可以改變電性，因此它無法被直接沉積在任何矽區域之上。它也會擴散通過二氧化矽，使這個問題甚至更難以處理。許多研究都被引導來發展以低電阻率的交互連接金屬來取代鋁的技術。在目前的時間，銅正被引進大多數的新高速 CMOS 線之中，使得 VLSI 設計師對它很有興趣。最早使用銅技術的 VLSI 晶片中的一個乃是先進世代的功率 PC 爲處理器設計。

首先讓我們來檢視銅的圖案是如何被產生的。如同上面所提及，乾蝕刻技術並沒有辦法蝕刻銅。即使從 Al-Cu 混合物跑出來的少量的銅也很難從一個晶片的表面來移除。爲了繞過這個問題，我們使用嵌刻 **(Damascene)** 過程，這種製程是基於古代被使用來將金或銀鑲入一把鐵劍之中的這種方法。這個名稱是從大馬士革 (Damascus) 這個城市所取用而來的，這個城市的工匠的作品是很有名的。在這種技術之中，這個銅的圖案首先被蝕刻進入一層二氧化矽層之中；然後銅被沉積【比方說，使用電鍍】在表面上。這個序列被顯示於圖 4.22(a) 與 (b) 之中。爲了避免這種蝕刻的問題，我們讓這片晶圓接受使表面平坦化的一個化學機械研磨 (CMP) 步驟，並移除不在一條氧化物壕溝的銅。這會造成圖 4.22(c) 中所顯示的這個結構。

允許銅管道被產生的雙重嵌刻 **(Dual-Damascene)** 製程也已經被發展出

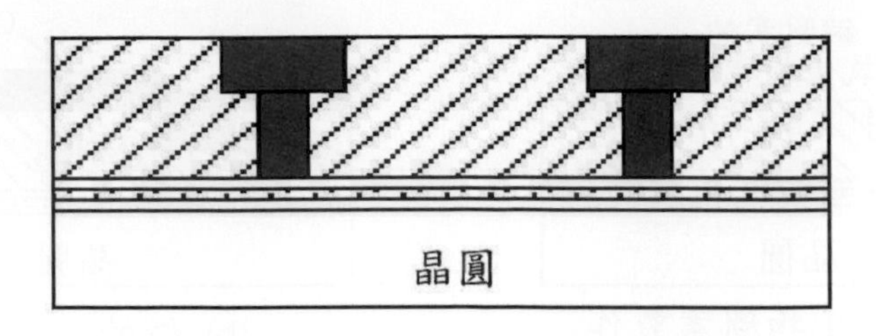

圖 4.23 具有銅管道的雙重嵌刻結構

來。除了這兩個氧化物蝕刻步驟被使用來給予圖 4.23 中所呈現的這個一般性結構之外，基本的序列是相同的。銅的管道具有一個比鎢低的電阻，而且避免了一個標準 Al-W 介面所引進的接觸電阻。

使用銅來作為一種交互連接材料的另外一個主要的問題乃是須要避免讓它擴散進入矽區域之中。這是藉由使用薄障礙層來包含這個材料而達成的。銅具有相對差的附著性質，因此提供一層障礙層來圍繞一個銅特徵將會有所幫助。各種障礙材料已經被嘗試，而結果也已經發表於文獻之中。在這一群材料之中包括 W、Ti、TiN、Ta、TaN、及 TaN_x【其中 x 是氮的摩爾分量】。材料的選擇會影響交互連接的電阻率及片電阻，因此會有許多交換關係存在。而且，可靠度議題及長期效應仍然還須要被更詳細地研究。

使用銅所引進的製程問題說明一條現代矽製程線的複雜程度。即使一項微小的擾動也會是很顯著的，但是一項主要的改變在它能夠到達生產線之前可能需要好幾年的研究。在它被研究並對生產線重新規劃之前，離子佈植只是一種研究技術而已。雖然在時間與金錢方面的投資很大，這些範例顯示報酬可能是非常大的。

4.5 設計法則

實體設計所扮演的角色乃是產生定義這個電路的一組罩幕。這個佈局圖本身是使用一個圖形 CAD 工具來進行的，在這種工具之中在每一層上的每個多邊形被畫在螢幕上。這些層是使用不同的色彩及或填充圖案來加以區別。繪圖的面積是基於一個參考格子圖案，這個圖案中的每個格子點之間的距離代表一個特定長度。設計一個矽晶片的圖案與在一張方格紙上使用一組彩色鉛筆來畫箱子是很相像的。然而，我們能夠畫出某個東西並不代表我們就可以將它製造出來。在 IC 製造程序之中所使用的每一樣製造設備都具有有限的精確度。被設計來曝光 0.25 μm 線路寬度影像的一部石刻印刷步進機 (lithographic stepper) 單元將無法在 0.18 μm 操作。對一套蝕刻系統而言，這也是眞確的。在矽階層的實體限制也會

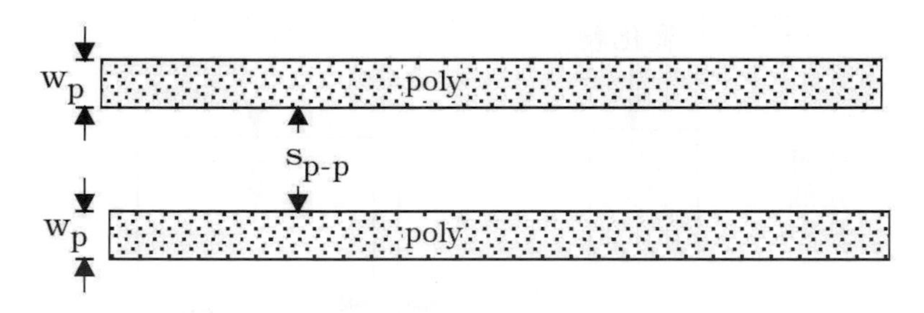

圖 4.24 兩條多晶矽線路的設計法則限制

限制在矽電路的細微世界之中能夠製造什麼。

拓撲的設計法則 (**design rules, DR**) 是規定佈局圖罩幕的設計的一組幾何的規格要求。一組設計法則提供最小尺寸、線路間隔、及其它幾何數量的數值，這些是由一條特定製程線所推導得到的限制。這些設計法則必須被遵守以確保在製造的晶片上會有正常運作的結構。對於兩條緊密間隔的多晶矽線路這種狀況，一個設計法則規格要求的一個範例被顯示於圖 4.24 之中。這個圖形被使用來顯示兩個參數：

w_p = 一條多晶矽線路的最小寬度
$s_{p\text{-}p}$ = 多晶矽至多晶矽的最小間隔

這些是在 DR 列示之中所給予的數值；違反這些值可能會導致失效。這個製程中的每一層將會有指派給它的類似數量。以我們的符號來表示，

w = 最小寬度規格
s = 最小間隔值
d = 一般性的最小距離

下標被用來表示相關的層。譬如，

w_{m1} = 一條 metal1 線路的最小寬度
$s_{m1\text{-}m1}$ = metal1 線路之間的最小間隔

當它被引進並使用於佈局圖之中時，這項規定使它容易瞭解每條法則。實際上，各層會被編號，而設計法則通常會被指派與各層號碼聯結的識別元。

諸如 w 與 s 的所有設計法則規範都具有長度的單位，其中微米 (μm) 是最常用的計量。譬如，一個製程可能會以下列的最小寬度與間隔值來指定多晶矽

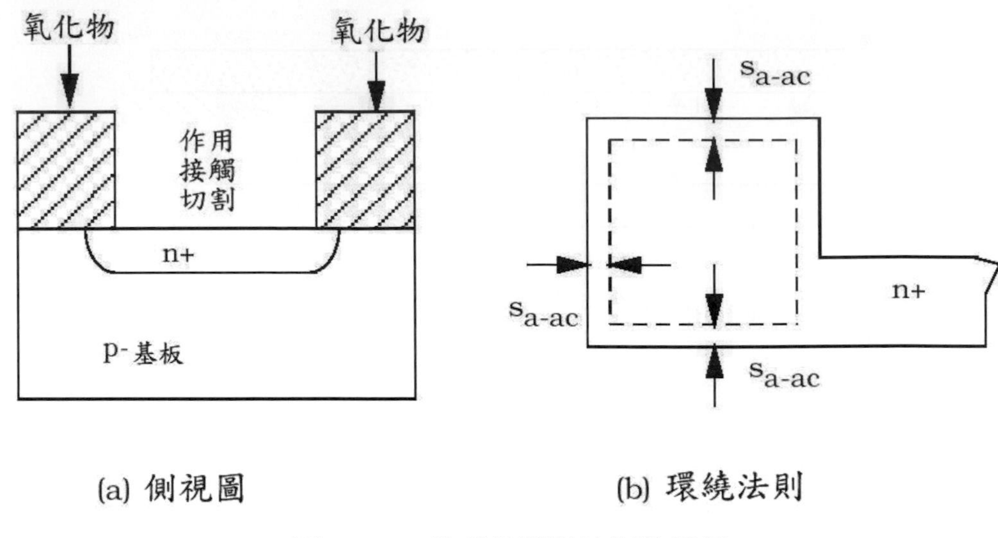

圖 4.25 一條環繞設計法則的範例

特徵

$$w_p = 0.25\ \mu\text{m}, \qquad s_{p\text{-}p} = 0.425\ \mu\text{m}$$

在 CAD 系統之中的佈局圖格線通常會被校正來容納所需要的解析度。這些值是由製造線的相關部分的一項仔細的分析所獲得的，而且會隨著製程而改變。一組拓撲設計法則可能需要 100 頁或更多頁的文件列示，而且須要花費一些時間來學習。這種階層的細節是產生具有最高的可能組裝密度的晶片所須要的。

設計法則會隨著技術的改進而改變，因此我們決定在這本書之中不包含任何一組特定的設計法則。在美國，由政府所資助的 MOSIS 團體提供大學及小型公司可以使用代工設施。[3] 讀者可以到 MOSIS 在 **www.mosis.org** 的網站，這裡可以看到隨時更新的設計法則組，並且可以下載來馬上使用。基於這種精神，我們的討論再本質上將儘可能地一般性。

現代 VLSI 應用的受歡迎程度已經引進**矽代工 (silicon foundry)** 的觀念。一個代工廠提供在付費使用 (pay-by-use) 的基礎上來使用一個晶片製造過程。在一種更為全球的規模上，諸如台灣積體電路公司 TSMC 的代工廠被大型公司以致於富有的個人使用來產生它們的設計。[4] 一個代工廠使設計師得以委託使用現代工藝製程的設計。由於顧客的來源相當寬廣且變化多端，因此大多數的代工操

[3] MOSIS 代表 MOS Implementation Service。
[4] TSMC 代表台灣積體電路製造公司 (Taiwan Semiconductor Manufacturing Corporation)。

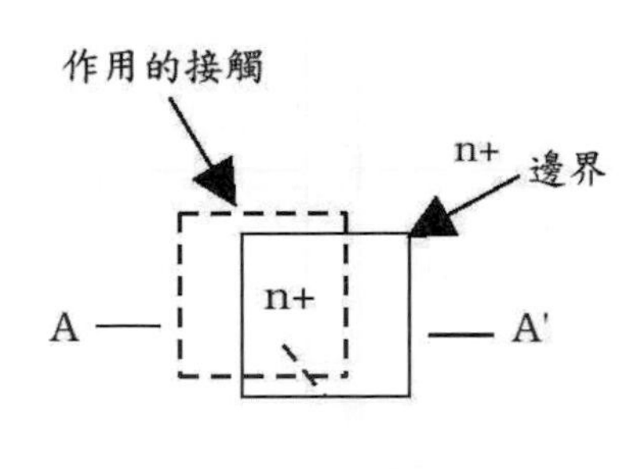

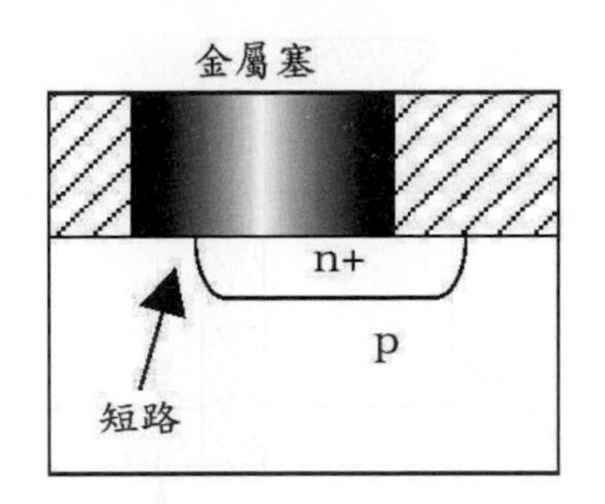

(a) 上視圖 (b) 沿著 A-A' 的側視圖

圖 4.26 不對齊所衍生的缺陷

作允許使用一組可以被輕易縮放至不同製程的較簡單的設計法則的設計委託。這些設計法則被稱為是 λ **設計法則 (lambda design rules)**。

λ 設計法則是基於具有 μm 單位的一個參考計量。所有的寬度、間隔、及距離都是寫成下列的型式

$$\text{值} = m\lambda \tag{4.21}$$

其中 m 是縮放的乘數。譬如，我們可以規定在一層上的最小寬度與間隔為 $w = 2\lambda$ 與 $s = 3\lambda$。直到 λ 本身被指定之後，我們才會知道 w 與 s 的數值。如果 $\lambda = 0.15$ μm，則這些會指明這個設計的

$$w = 2(0.15) = 0.30\ \mu\text{m}$$
$$s = 3(0.15) = 0.45\ \mu\text{m}$$

如果這個佈局圖是基於一個 λ 格線，則將這個設計送到一個不同的製程只是表示 λ 的數值必須被改變而已。相對的尺寸會保持不變。使用這種形式的一種**可縮放 (scalable)** 設計的主要缺點乃是我們不可能使用整數值的 m 來獲得最高的組裝密度。

這些設計法則可以被歸類為四種主要的型式：最小寬度 (minimum width)、最小間隔 (minimum spacing)、環繞 (surround)、及延伸 (extension)。我們已經看過最小寬度及最小間隔的範例。當一個特徵必須被置於晶片表面上的一個現有特徵之內時，一個環繞法則會被強制實施。一個延伸法則是類似的，這是因為它要求這個圖案的一部份被延伸超越一個既存的邊界的邊緣。

讓我們來考慮一個作用接觸的置放來作為一個環繞法則的一個範例。如同圖 4.25(a) 中所顯示，氧化物的接觸切割必須被對齊，因此它是在現有的【作用】 n+

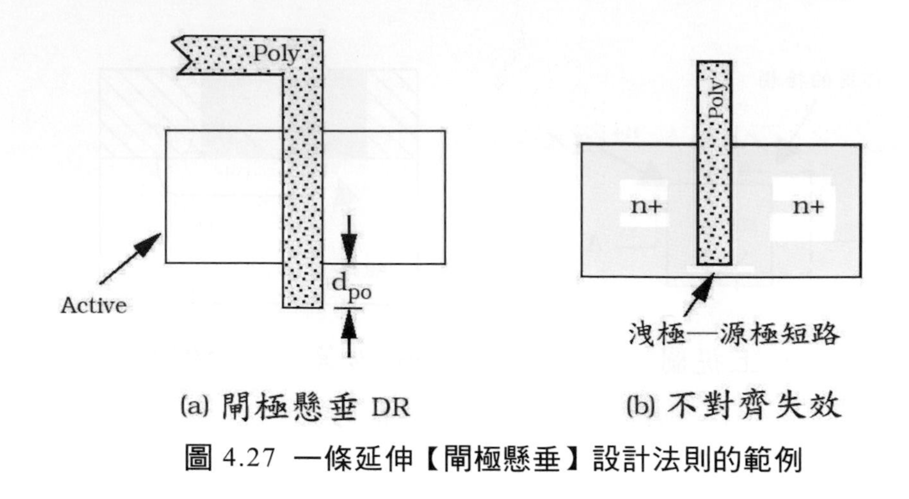

圖 4.27 一條延伸【閘極懸垂】設計法則的範例

區域的上面。相對應的設計法則被顯示於圖 4.25(b) 之中。作用面積 (n+) 與作用接觸邊緣之間的這個環繞間隔 $s_{a\text{-}ac}$ 必須被維持以保衛對抗在石刻印刷的曝光步驟期間之內的一個不對齊接觸切割圖案。

不對齊的問題必須被包含在設計法則組之中，這是因爲以一個任意的精準度將這塊分劃板的影像投射到晶片表面乃是不可能的。登錄標記是在製程期間之內在某些層上的幾何標的圖案。這些標的被使用來將後續的數個圖案製作步驟對齊。當一層不透明的材料層被沉積時，我們必須引進一組新的標記。環繞法則被包含進來補償步進機的不對齊容許公差 (tolerance)。

圖 4.26 說明這個作用接觸的潛在問題。假設如同圖 4.26(a) 中所看到，這個接觸切割並沒有對齊來落在這個 n+ 作用區域之內。在這個接觸被製作而金屬塞被加進去之後，圖 4.26(b) 中的這個截面圖顯示會有一個金屬—基板的短路存在。這將會使這片晶片無法作用。

延伸型式的設計法則也會有基於不對正這個問題的傾向。考慮一個自我對正的 nFET 的構成來作爲一個範例。這個多晶矽閘極被使用來作爲定義洩極與源極區域的 n 型離子佈植的一個摻質罩幕。在圖 4.27(a) 之中，【多晶矽懸垂的】延伸距離 d_{po} 被包含進來以確保可以作用的 FET 結構。如果我們不提供懸垂距離的話，那麼一個不對齊的多晶矽罩幕可能會造成圖 4.27(b) 中所顯示的這種情況。在這種狀況之下，多晶矽的邊緣並不會跨越整個作用的面積，因此離子佈植會在洩極與源極兩邊產生一個短路。

4.5.1 實質的限制

某些幾何的設計法則是源自於實體的考量。這些考量會進入設計法則組的構成之

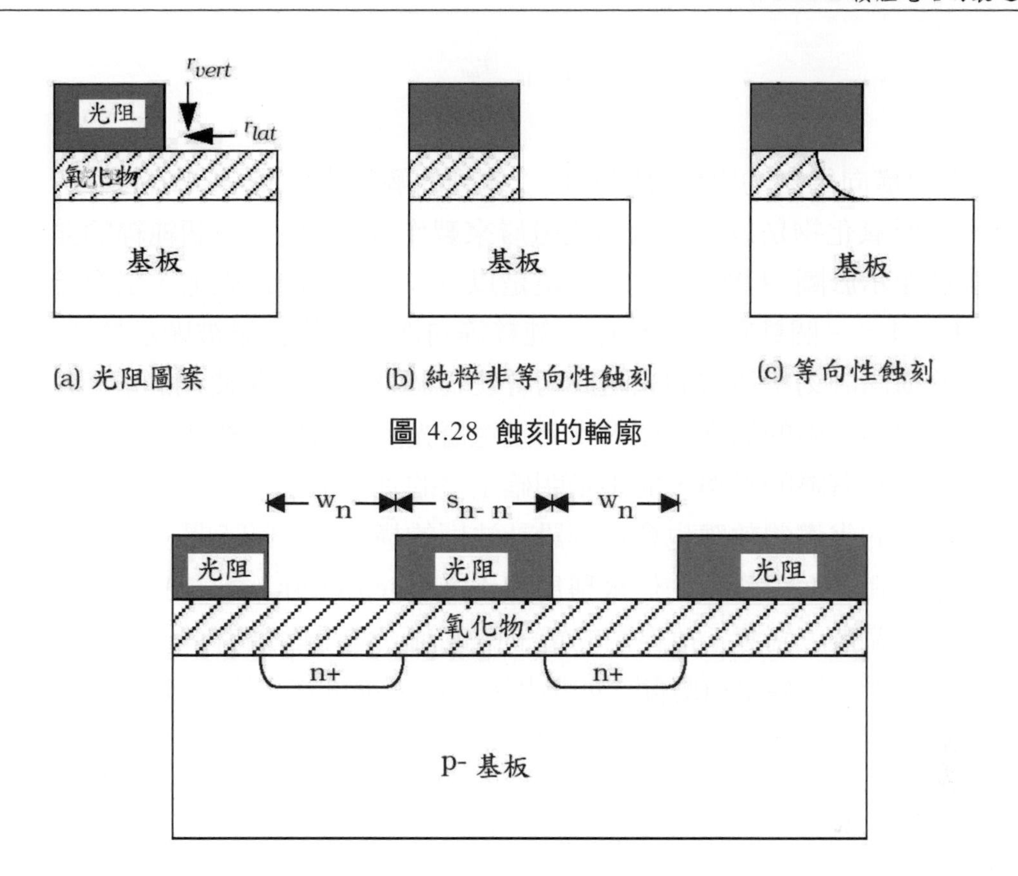

圖 4.28 蝕刻的輪廓

圖 4.29 在 n+ 間隔上的限制

中，而且可能是很明顯，也可能不是那麼顯而易見。

一個重要的層面乃是一個影像系統的線路寬度限制。這個分劃板的陰影被投射到光阻的表面由於光學繞射的緣故並不會有銳利的邊緣。作爲一個簡單的經驗法則 (rule of thumb)，一個具有 λ 光波波長的光線無法精準地將讓比這個值小很多的特徵尺寸成像。對 UV 敏感的正光阻正被使用，這是因爲紫外線的短波長使我們得到較佳解析度的細微線路寬度，而且正光阻會有比負光阻更佳的顯影性質。此外，一塊分劃板的結構遠比我們之前所暗示的還來得更複雜；諸如相位平移結構 (phase-shifting structure) 的先進光學技術被使用來增强解析度。

蝕刻製程會引進另一種型式的問題。當我們環繞一個光阻邊緣來移除材料時，垂直【垂直於晶圓表面】與橫向【與表面平行】蝕刻蝕刻都會發生。我們可以藉由 r_{vert} [μm/min] 與 r_{lat} [μm/min] 來表述這兩者的個別蝕刻速率，並定義**非等向性程度 (degree of anisotropy)** A by

$$A = 1 - \frac{r_{lat}}{r_{vert}} \tag{4.22}$$

在 r_{vert} 之中橫向蝕刻的出現會限制可以達到的解析度。圖 4.28(a) 顯示一層氧化物層，這層氧化物是以它上面的光阻層來製作圖案的。 一個純粹的非等向性蝕刻輪廓被顯示於圖 4.28(b) 之中。這是以 $r_{lat} = 0$ 來加以表述，這會給予垂直的牆及 $A = 1$。一個具有 $r_{lat} = r_{vert}$ 純粹等向性蝕刻的結果被顯示於圖 4.28(c) 之中。由於橫向蝕刻所造成的光阻底切會使這個設計之中所使用的解析度下降。進入到這個問題之中的另外一個因素乃是這層光阻本身的光線吸收輪廓；這會造成光阻邊緣具有有限的斜率，而不是明確定義的垂直形狀。

在矽之中的半導體效應也會影響設計法則的構成。任何時間一個 pn 接面被形成時，它會在介面處產生一個被稱爲**空乏區 (depletion region)** 的區域。由基本定義，空乏區被「剝奪」掉自由的電子與電洞，這是因爲有一個源自於這些摻質的電場，並强迫這些電荷離開。如果相鄰 pn 接面的空乏區接觸的話，那麼這種電流阻擋特性會被改變，而電流可以在這兩者之間流動。這限制了圖 4.29 中所顯示的這個間隔法則 s_{n-n}。這個圖形也顯示最小線路寬度參數 w_n 必須將橫向摻雜與非等向性蝕刻 (isotropic etching) 效應列入考量。

另外一個實體的問題乃是發生在緊密間隔的傳導線路之間的電容性耦合。這會引起一種稱爲跨談 (crosstalk) 的問題，在這種狀況下，來自一條線路的一部分電能會被耦合至另一條線路，造成一個我們所不想要而稱爲「雜訊」的擾動。這可能會導致錯誤，而且也是在高密度的設計之中的一個主要的問題。記憶體晶片對於這種型式的衍生雜訊是特別地敏感。跨談的考慮可能會導致設計法則間隔值比石刻印刷所獲致的最小值大非常多。跨談這個問題本身是在第十四章之中更詳細地討論。

4.5.2 電性法則

除了拓撲設計法則之外，一個 CMOS 製程也提供電性的佈局法則。這些電性法則會傾向於具有當特定電性條件發生時，將這些基本設計法則的值加以改變的型式。電性法則可能是在一般的法則集合之中所直接提供，或者也可能是作爲一項附錄。

一個電性法則的一個範例乃是一條金屬交互連接線路的可允許寬度。爲了避免電致遷移的效應，這組設計法則將會規定一個給予的線路寬度所允許的最大電流流動階層。較大的電流須要較寬的線路。

4.6 深入研讀

[1] Stephen A. Campbell, **The Science and Engineering of Microelectronic Fabrication**, Oxford University Press, New York, 1996.

[2] C. Y. Chang and S.M. Sze, **ULSI Technology**, McGraw-Hill, New York, 1996.

[3] James D. Plummer, Michael Deal, and Peter B. Griffin, **Silicon VLSI Technology**, Prentice Hall, Upper Saddle River, NJ, 2000

5. 實體設計的基礎

在前一章之中，我們檢視了製造 CMOS 積體電路的基本製作順序。在本章之中，我們將研究將邏輯電路轉譯成為矽的細節，這稱為**實體設計** (**physical design**)。諸如最小尺寸規範的細節使我們得以將一個已經製作圖案的區域變成很關鍵。然而，在 VLSI 晶片的實體設計之中的最重要一課卻是圍繞在 CAD 工具的使用，以及描述矽的罩幕的資料庫結構。這些給予我們產生這個晶片所須要的資訊，並且提供大型複雜邏輯網路的層級式設計的基礎。

5.1 基本觀念

實體設計乃是在矽之上產生電路的實際過程。在 VLSI 設計程序之中的這一階段，電路圖被小心地轉譯成為多組被用來定義晶片上實體結構的幾何圖案。在 CMOS 製造順序之中的每一層都是由一個不同的圖案來加以定義的。具有圖案的一層是由一群通稱為**多邊形** (**polygon**) 的幾何物體所組成的。很自然地，這包含長方形與正方形，但是它也允許我們將具有特定尺寸複雜的 n 個頂點的任意包含進來。在一個 CMOS 設計之中所發生的這種多邊形型式的範例顯示於圖 5.1 之中，圖中數個多邊形被附加來形成完整的佈局圖。當被堆疊而成為三維的結構時，這些層在電性上會等同於這個電路圖。

截至這個時點，我們的研讀顯示電晶體網路的**拓撲** (**topology**) 建立邏輯函數。換言之，這些 FET 如何被導線連接【串聯、並聯等等】在一塊的這些細節便足以決定這個電路的二元運算。邏輯的另外一個層面辨識切換的速度。這分析起來是更為複雜，但是對於現代晶片設計卻有關鍵的重要性。雖然這些細節將在後面加以討論，但是在這裡我們還是將主要的重點予以綜合整理。對一組給予的製程參數而言，我們將會發現一個邏輯閘的電性是由電晶體的縱橫比所決定的。這是同時由於電流流動階層以及這個元件的寄生的電阻與電容所造成的。實體設計必須同時關心這兩個領域。如同在第 3 章之中所討論，我們必須產生這些圖案來正確地實際裝置這個訊號流動的網路。複雜的因素乃是每個特徵的尺寸都會影響這個電路的績效。在一片 VLSI 晶片之中，某些閘的切換速度將會有關鍵的重要性，特別是在長且複雜邏輯路徑之中的這些邏輯閘。在本章之中，我們將專

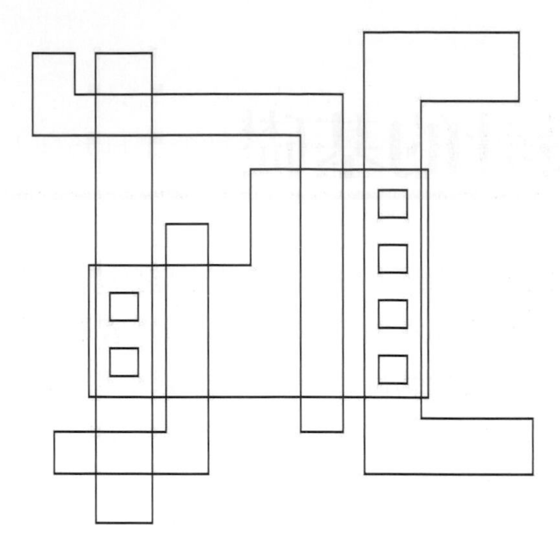

圖 5.1 在實體設計之中的多邊形範例

注於研讀電路佈局的基礎，而在本書的第二部分之中才會探究高速電路的錯綜複雜之處。

實體設計的程序乃是使用一種稱爲**佈局圖編輯器** (**layout editor**) 的電腦工具來進行的。這是使設計師得以指定在晶片上的每一層上的每一個多邊形的形狀、尺寸、及定位的一種繪圖程式。複雜程度的議題是藉由首先設計簡單的閘，並且將它們的描述檔案儲存於一個元件庫 (**library**) 的子目錄或檔案夾之中；這些閘構成元件庫中的**囊胞** (**cell**) 來加以攻擊。藉由產生基本囊胞的複製來建構一個較大且更爲複雜的電路，元件庫的囊胞被使用來作爲建構區塊。這種過程被稱爲這些囊胞的**引例** (**instancing**)，而一個囊胞的一個複製則稱爲是一個**例證** (**instance**)。

這個佈局圖必須是這個邏輯網路的一個準確的表示法，但是設計師大部分的工作乃是朝向獲得一個具有最小面積的快速電路的目標前進。一個多邊形的形狀或面積的微小改變將會影響這個電路所得到的電特性。然而，這些改變對這條邏輯鏈可能會也可能不會是顯著的。一個有經驗的設計師會獲致某種特定程度的直覺，這種直覺對於對於找到困擾點通常會有所幫助。電路的模擬對於確保這個佈局圖是準確的是很有助益，而且也提供了一個能夠符合規格的一個網路。

5.1.1 CAD 工具組

實體設計是基於使用 CAD 工具來簡化設計程序並幫助驗證程序。威力最強大的工具組乃是一組程式，合併起來成爲一個整合的套房環境。有數種套裝程式可供使用，每一種都有自己的長處。

藉由列出一些晶片設計的特徵，讓我們來檢視基本的晶片設計工具組是由什麼所構成的。對於實體的設計程序而言，主要的工具乃是上面所描述的佈局圖編輯器。這是資料庫的一種圖形介面允許使用者畫出電晶體及導線連接由多邊形所構成的的圖案。每一層在螢幕上有一個不同的顏色或填充圖案。在每一層上這些箱子或多邊形的重疊成爲我們的電晶體圖形。佈局圖編輯器產生每一層的一個描述在一個通用的格線上製作圖案的資料庫。最終，這個資料庫被使用來產生在製造順序中在這些層製作圖案所須要的這些罩幕。

在完成一個佈局圖之後，我們必須執行數個使用資料庫資訊來決定我們的佈局圖是否有效的次要程式。首先，這個設計的電性行爲是使用一個**萃取 (extraction)** 副程式來將這個多邊形的圖案及各層轉移成爲一個等效的電性網路。一個萃取副程式的輸出是一個**網列檔** (netlist file)，這個檔案可以被使用於一個電路模擬程式之中；SPICE 格式是最常見的檔案格式。萃取程式提供重要的幾何參數，譬如每一個 FET 的繪圖通道寬度及長度。它們也會指明這些電晶體是如何被導線連接的。製程相關的電性參數被加進萃取輸出檔案之中來構成模擬的一個完整的基礎。通常，爲了容易取用起見，諸如 SPICE 的電路模擬程式會被包含在這個工具組之中【或在一個相關的子目錄之中】。這使得設計師須要時就可以馬上進行模擬。

在設計環境之中，一個經常被包含相關的程式被稱爲是**佈局對電路圖 (layout versus schematic)** 程式，或者就簡稱爲 **LVS**。如同它的名稱所暗示，這個程式拿電路圖來檢驗這個佈局圖。驗證這個佈局的確對應於我們所想要的電路是很重要的。LVS 可以使用邏輯圖或電子電路圖來進行皆可。

設計法則檢查器 (design rule checker, DRC) 乃是使用佈局圖資料庫，並在佈局圖上檢查每一個設計法則列示的出現的一個程式。例如，這意指佈局圖中每條金屬線路的寬度及間隔都會被檢查以確保它們不會違反最小的指定值。透過一個 DRC，我們可以確保這個設計可以在製造程序的限制之內被製作出來。

在大型設計之中，還有其它工具可供我們使用來幫助設計。**置放及繞線 (place and route)** 程式乃是藉由自動地求取兩個指定的點之間的可行導線連接路線來幫助佈局圖設計師的一種副程式。當試圖將兩個複雜的單元連接在一塊時，這個程式是很有的。電性的連接可以使用使連接路徑變顯著的一個**電性法則檢查器 (electrical rule checker, ERC)** 程式來看出。

這段關於晶片設計環境的簡短描述提供我們作爲有關 VLSI 矽網路的佈局

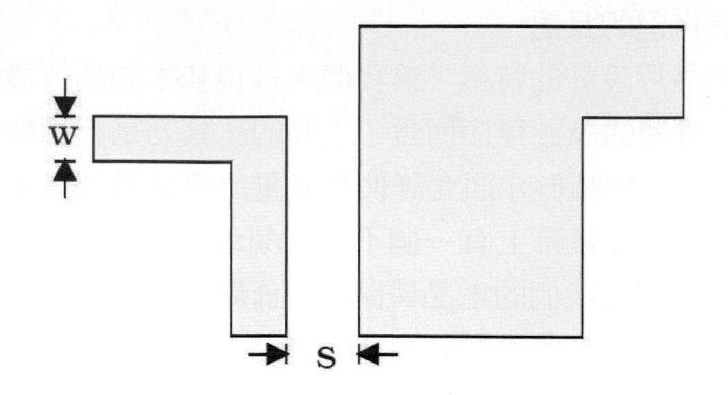

圖 5.2 最小線路寬度及間隔

與設計的更詳細討論的一個起點。我們的討論方式乃是強調基本的觀念與程序，而不會進入使用任何特定 CAD 工具的細節。一旦瞭解並熟悉這些技術之後，它們就可以被應用於任何環境。

5.2 基本結構的佈局

讓我們由被使用來定義晶片區域的這些順序來開始討論。我們將以第 4 章之中所描述的 p 基板【n 井】技術來作爲我們討論的基礎。[1] 罩幕的序列被建立爲

0. 由 p 型基板開始
1. nWell
2. 作用的 (Active) 區域
3. 多晶矽 (Poly)
4. pSelect
5. nSelect
6. 作用的 (Active) 接觸
7. 多晶矽 (Poly) 接觸
8. Metal1
9. 管道
10. Metal2
11. 上蓋玻璃

我們必須牢記，氧化物是被成長或沉積在基板上的兩層傳導層之間。晶片佈局圖所須要的細節會隨著順序而改變。然而，這裡的想法只須要小幅的修改便可以被延伸至任意的製程線

[1] 這些技術是相當一般性的，而且稍加修改就可以輕易地被延伸至其它製程技術。

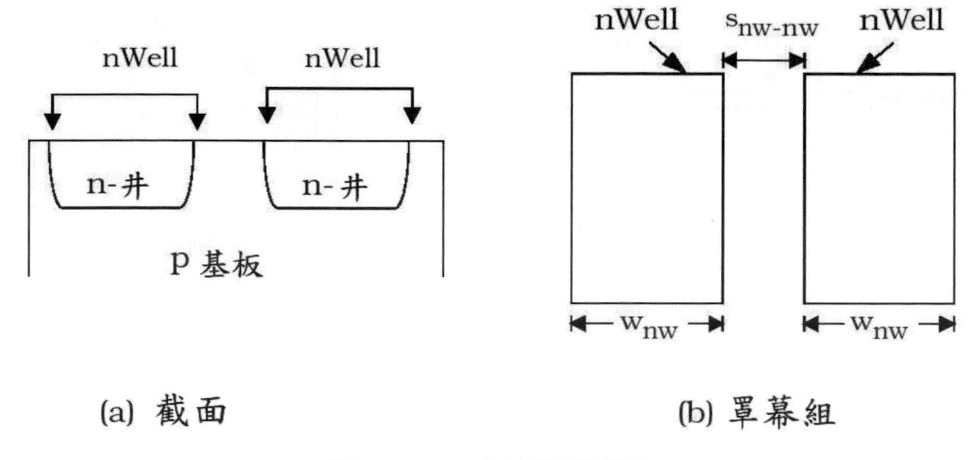

圖 5.3　n **井結構及罩幕**

在這一節之中，我們將研讀如何使用基本的罩幕順序在諸如 n+ 與 p+ 區域及 MOSFET 晶片上來設計基本的結構。每個結構都會引進相關的設計法則。應該銘記在心的是，在每一階層上特徵都會具有一條線路的最小寬度 w，以及相鄰多邊形之間的最小邊緣─至─邊緣間隔 s 的設計法則規格。這些是在圖 5.2 之中加以說明。w 與 s 的實際值是由這一層所決定的。設計法則只適用於這一層罩幕 (*mask*) 【分劃板 (reticle) 的一個一般性名稱】上的特徵。在晶片上所實際製作的結構將會具有不同的尺寸。由於這一項理由，有時候我們將把這個佈局圖尺寸稱為**繪圖** (**drawn**) 的值，而在完成的晶片上所得到的尺寸則會具有**等效** (**effective**) 或**最終** (**final**) 的值。在設計 FET 時，這會是特別地重要。

我們的討論將只考慮**曼哈頓** (**Manhattan**) 幾何結構，在這種結構之中所有的轉彎都是 90° 的倍數。直角的佈局圖最直截了當容易瞭解，但是並不一定會得到最佳的組裝密度。許多佈局編輯器允許你以任意的方式來挑選角度，但是你必須先確定製程技術可以支撐這樣的結構。

如同在前一章之中所提及，我們的討論本質上將會是一般性的。各種製程的詳細及最新的設計法則可以由 MOSIS 的網站 **www.mosis.org** 來獲得。

5.2.1 n 井

在即將製作一個 pFET 的每一個位置都須要一個 n 井。我們使用 nWell 罩幕來定義這些 n 井，在這些罩幕上的封閉多邊形代表這些井的定位。圖 5.3(a) 顯示兩個相鄰 n 井區域的截面圖。圖 5.3(b) 之中的多邊形構成晶片的這個部分的罩幕。這個圖形說明下面這兩條設計法則：

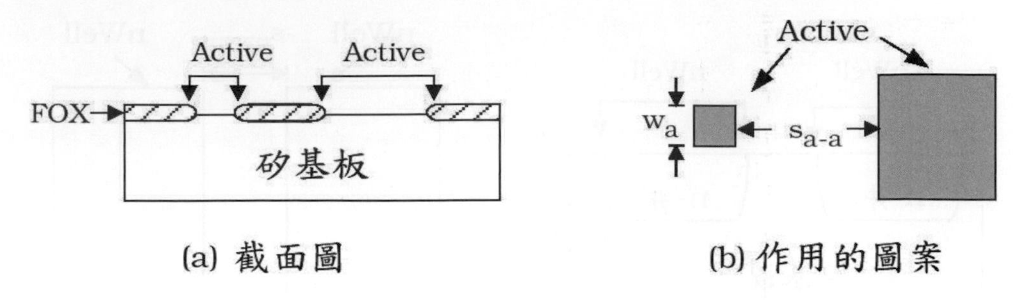

圖 5.4 作用區域的定義

w_{nw} = 一個 n 井罩幕特徵的最小寬度
s_{nw-nw} = 相鄰 n-井之間的最小邊緣–至–邊緣間隔

將相鄰的 n 井合併起來而成爲一個 n 井經常是可能的。而且，我們必須牢記，當一個 n 井是被 pFET 所使用時，它必須連接至電源供應 V_{DD}。

5.2.2 作用區域

矽元件都是建構在基板的作用區域 (active area) 之上。圖 5.4(a) 說明一個作用區域的截面圖。在成長隔離【場】氧化物之後，一個作用區域是平坦的，並提供到這個矽晶圓頂部的通路。場氧化物 (FOX) 則是存在於晶圓上的其它地方。作用區域是由 **Active** 罩幕上的封閉多邊形所定義的。定義圖 5.4(a) 中的圖案所須要的這組多邊形顯示於圖 5.4(b) 之中。相關的設計法則間隔被表示爲

w_a = 一個 Active 特徵的最小寬度
s_{a-a} = Active 罩幕多邊形的最小邊緣–至–邊緣間隔

這些是在最大密度設計之中必定會觀察到的最小值。場氧化物區域可以由下面的 Active 罩幕表示式來推導得到

$$\text{FOX} = \text{NOT}(\text{Active}) \tag{5.1}$$

這是基於下列的觀察所得到的一個符號表示式 (symbolic expression)

$$\text{FOX} + \text{Active} = \text{表面} \tag{5.2}$$

換言之，如果一塊區域不是 Active，那麼它被自動假設爲 FOX。

5.2.3 摻雜的矽區域

再來，讓我們來產生 n+ 與 p+ 區域。這些區域分別又稱爲 **ndiff** 及 **pdiff**，這個名稱是當摻質還是使用一種稱爲**擴散** (**diffusion**) 的熱技術，而不是使用離子佈植而被引進晶圓之中的那個時期所一直延用下來的。圖 5.5(a) 中顯示一個 n+ 區域。它是藉由將砷或磷離子佈植進入基板中以 nSelect 罩幕所描述的面積之中所產生的。由於這是在隔離製程之後所進行的，因此這個 nSelect 罩幕定義了覆蓋 Active 面積的區域。

圖 5.5(b) 之中所顯示的罩幕組顯示， nSelect 及 Active 面積對於產生這個 n+ 區域都是必須的。讓我們使用這個符號 (Mask_name) 來暗示這一組所有多邊形都是在這一層上。如果只有 nSelect 及 Active 罩幕被包含進來，我們可以將一個 n+ 區域表示爲[2]

$$n+ = (\text{nSelect}) \cap (\text{Active}) \tag{5.3}$$

這說明每當 Active 罩幕與 nSelect 罩幕交叉時，n+ 區域就會被產生，這是以交集運算元 ∩ 來加以表示。在這個圖形之中說明兩條設計法則。這些法則是

w_a = 一個 Active 面積的最小寬度

$s_{a\text{-}n}$ = Active 至 nSelect 的最小間隔

其中間隔距離是由邊緣至邊緣來加以量度的；在本書之中將遵守這種不成文的規定。設計法則通常是不隨著方向而改變，因此相同的值也適用於水平的尺寸。

一個 p+ 區域乃是藉由將硼以離子佈植進入晶圓上的一個作用區域開口所獲得的。圖 5.6(a) 中的截面圖顯示在這種技術之中 p+ 區域是在 n 井面積所產生的。這個作用區域是藉由使用以 **pSelect** 罩幕所定義的離子佈植而成爲 p 型。所須要的罩幕組顯示於圖 5.6(b) 之中，其中爲了完整起見，**nWell** 也被包含進來。當我們只考慮這三個罩幕時，一個 p+ 區域的表示式爲

$$p+ = (\text{pSelect}) \cap (\text{Active}) \cap (\text{nWell}) \tag{5.4}$$

這說明每當 pSelect 與 Active 罩幕上的區域在一個 nWell 區域之內重疊時，p+ 區域會被產生。重要的設計法則間隔被顯示爲

---

[2] 在 Magic 佈局圖編譯器之中，**ndiff** 與 **pdiff** 是一個單一指令所畫成的，因此並不需要分開的 Active 及 nSelect 圖案。然而，注意在這種製程之中並沒有所謂的 ndiff 及 pdiff 罩幕這樣的東西。

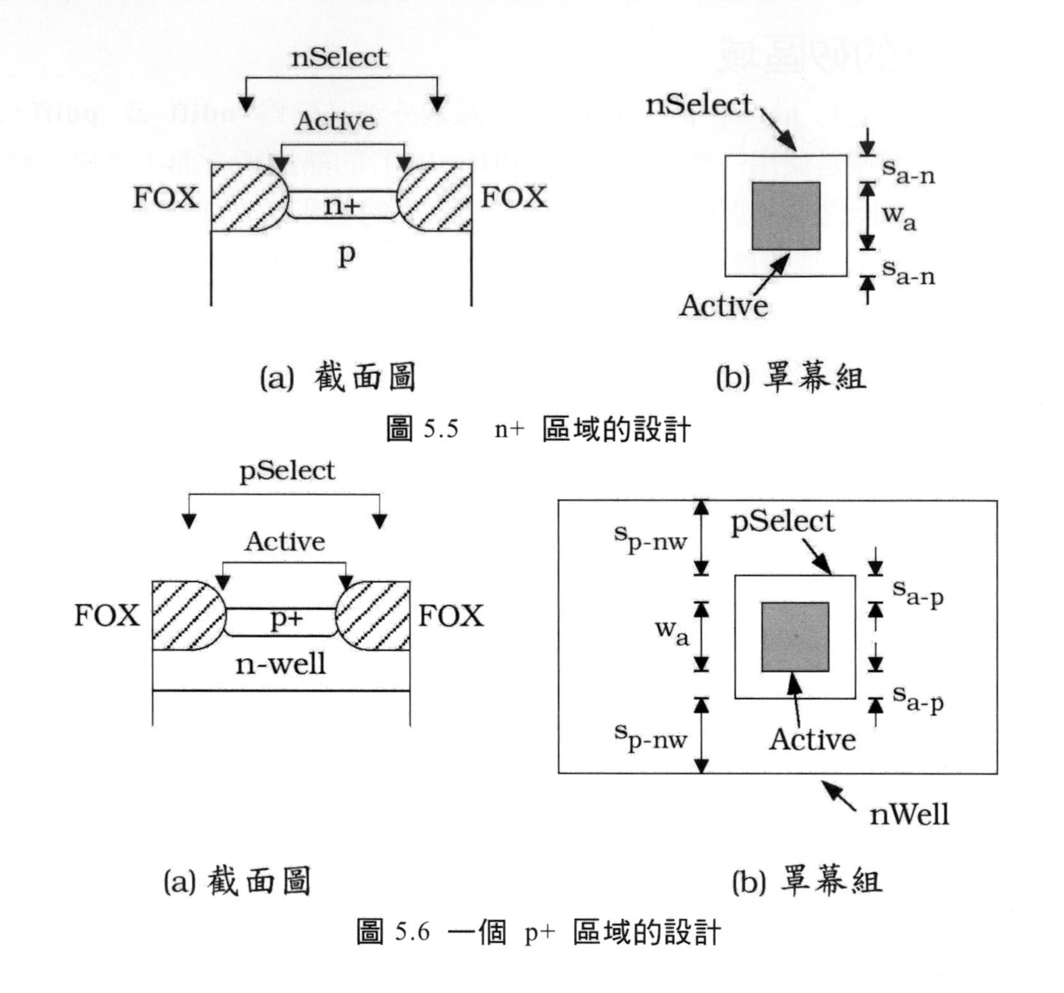

圖 5.5 n+ 區域的設計

圖 5.6 一個 p+ 區域的設計

w_a = Active 面積的最小寬度

s_{a-p} = Active 至 pSelect 的最小間隔

s_{p-nw} = pSelect 至 nWell 的最小間隔

再度說明，這些是由製程設計法則組所指定的。

5.2.4 MOSFET

每一次一條多晶矽閘極線路完全跨越一個 n+ 或 p+ 區域時，自我對正的 MOSFET 結構就會存在。物理上，這條多晶矽線路是在離子佈植之前所沉積的，而且它的作用是阻擋摻質進入矽之中。因此，FET 必須使用 **Poly** 罩幕層上的多邊形。Poly 特徵的基本設計法則是

w_p = poly 的最小寬度

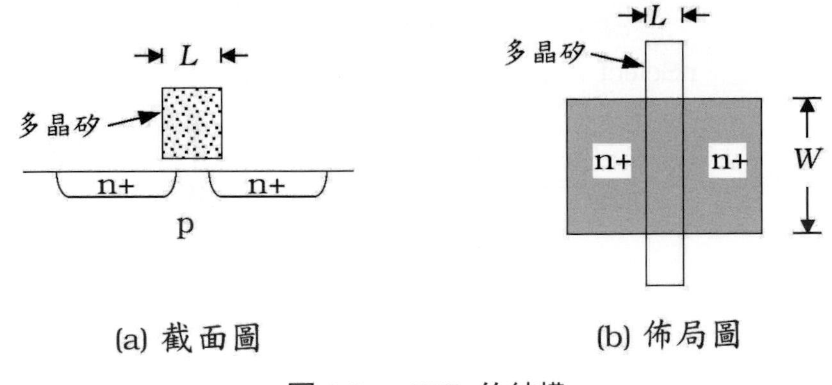

(a) 截面圖　(b) 佈局圖

圖 5.7　nFET 的結構

$s_{p\text{-}p}$ = poly 至 poly 的最小間隔

最小多晶矽線路寬度 w_p 與一個 FET 的繪圖通道長度是相同的。

首先，讓我們來建構一個 nFET。在圖 5.7(a) 之中，這個截面圖顯示 n+ 及多晶矽層；閘極與基板之間的閘極氧化物並沒有明白地顯示出來。在圖 5.7(b) 中的上視圖顯示這個電晶體的通道長度 L 及通道寬度 W 的繪圖值。爲了建構這組罩幕組，我們只要在 Poly 罩幕上加上一個將 n+ 分開爲兩個區域的多邊形即可。這會造成圖 5.8 中所顯示的這些罩幕。隱含的設計法則爲

$L = w_p$ = 一條 Poly 線路的最小寬度

所顯示的其它設計法則爲

d_{po} = Poly 超越 Active 的最小延伸

如果在石刻印刷之中有微小登錄誤差出現，這是確保自我對正 FET 的形成所必須的。這稱爲是**閘極懸垂 (gate overhang)** 距離。使用這個數字使我們得以寫出這個 nFET 的中央部分的定義爲

$$\text{nFET} = (\text{nSelect}) \cap (\text{Active}) \cap (\text{Poly}) \tag{5.5}$$

這是因爲這是形成通道的地方。這些 n+ 區域是以下是來加以定義

$$\text{n+} = (\text{nSelect}) \cap (\text{Active}) \cap (\text{NOT}[\text{Poly}]) \tag{5.6}$$

這是比之前在方程式 (5.3) 中忽略 Poly 罩幕的存在所給予的有限定義來得更爲精確。

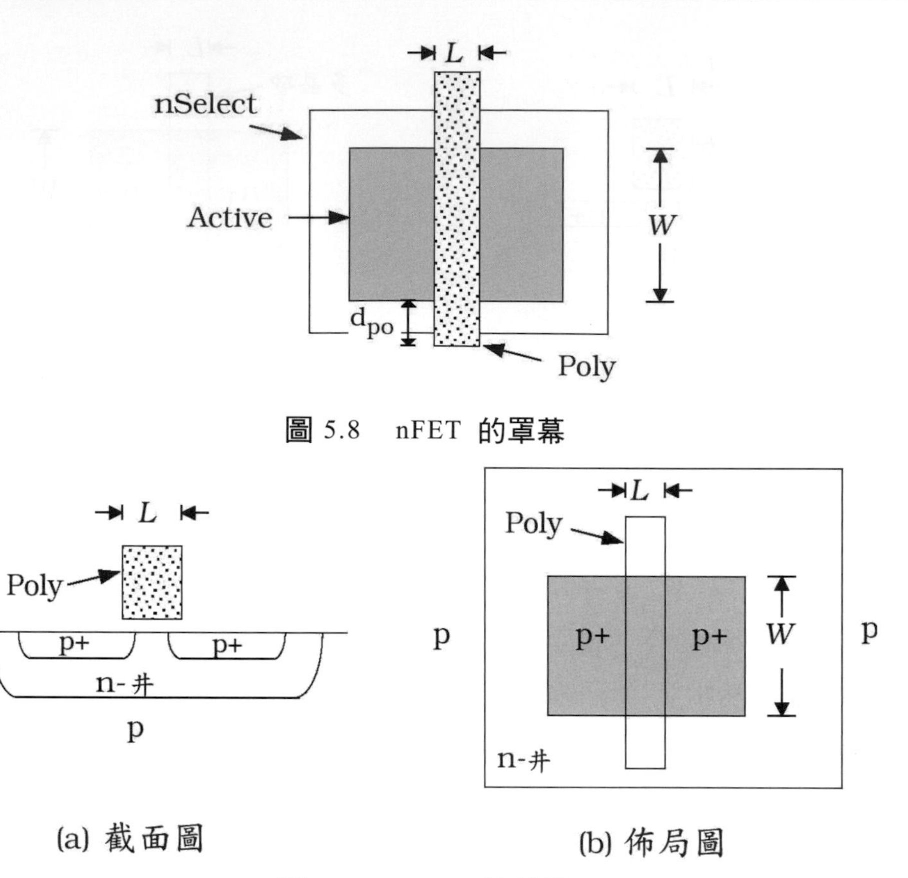

圖 5.8　nFET 的罩幕

(a) 截面圖　　(b) 佈局圖

圖 5.9　pFET 的結構

一個 pFET 是以相同的方式來產生的。圖 5.9(a) 顯示這個元件的截面圖，而在圖 5.9(b) 之中的上視圖提供了如同在罩幕上所繪圖的重要通道尺寸 L 與 W。值得一提的是，這個 n 井區域是被隱喻的 p 基板所包圍；這是明白地顯示於上視圖之中。圖 5.10 中所顯示的這個 pFET 罩幕組具有與 nFET 罩幕群相同的基本特徵。它們之間的差異在於佈植的極性【pSelect 而不是 nSelect】以及環繞這個電晶體的 nWell。繪圖的通道長度 L 是對應於最小 Poly 線路寬度，而 d_{po} 則是閘極懸垂的設計法則。這個圖形所隱含的其它設計法則之前已經討論過了。中央 pFET 區域的一個簡單的表示式爲

$$\text{pFET} = (\text{pSelect}) \cap (\text{Active}) \cap (\text{Poly}) \cap (\text{nWell}) \tag{5.7}$$

這個表示式將這個元件表示爲四個罩幕的重疊。因此，一個 p+ 區域被描述爲

$$\text{p+} = (\text{pSelect}) \cap (\text{Active}) \cap (\text{nWell}) \cap (\text{NOT}[\text{Poly}]) \tag{5.8}$$

也就是說，在這個元件之中沒有多晶矽被產生的區段。這比方程式 (5.4) 之中忽

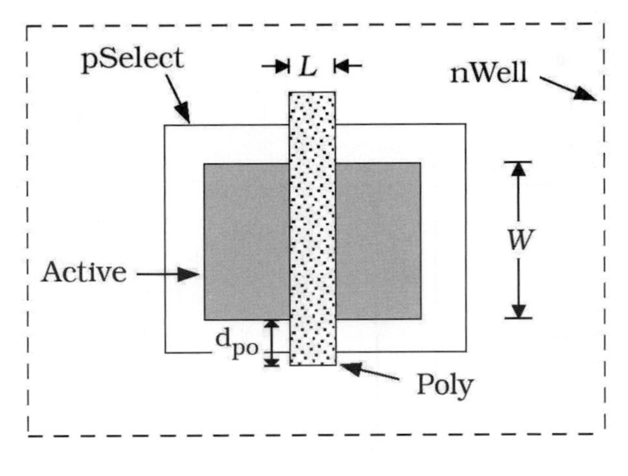

圖 5.10 pFET 罩幕組

略 Poly 罩幕的較簡單表示式更精準。

MOSFET 之中的繪圖及等效的值

一個 MOSFET 的關鍵尺寸爲通道長度 L 及通道寬度 W。如同之前我們所看到的，L 是由多晶矽閘極線路的寬度所建立的。追溯製造的順序顯示通道寬度 W 是由作用的電晶體面積的適當邊緣量測所設定的，這是因爲這個區域定義了洩極／源極離子佈植貫穿進入矽之中的區域。如同前一章之中所提及，設計法則主控罩幕的佈局圖，並且代表繪圖的尺寸。在晶片上量測所得到的最終值將會稍微不同。在電晶體的電性分析之中，確切的關係是特別重要。

讓我們來檢視圖 5.11(a) 之中所顯示的 FET 佈局幾何結構；這種一般性的佈局適用於 nFET 及 pFET。首先考慮這個元件的通道長度。繪圖的值 L 是這條多晶矽線路的寬度。然而，在佈植退火步驟之內的橫向摻雜會造成最終結構之中的這兩個 n+ 區域之間的距離會小於 L。當這片晶圓被加熱時，兩邊的的摻質會移動前往另一邊。這種重疊效應是對稱的，而且會得到兩邊重疊距離 L_o。在電晶體的電性分析之中，重要的距離乃是這兩個 n+ 區域之間的最終值。當我們必須加以區別時，這個最終值被稱爲是**電性或等效的通道長度 (electrical or effective channel length)**。以 L_{eff} 來表示等效值，我們看到

$$L_{eff} = L - 2L_0 \tag{5.9}$$

給予一個數值。一個更爲廣泛的型式爲

$$L_{eff} = L - \Delta L \tag{5.10}$$

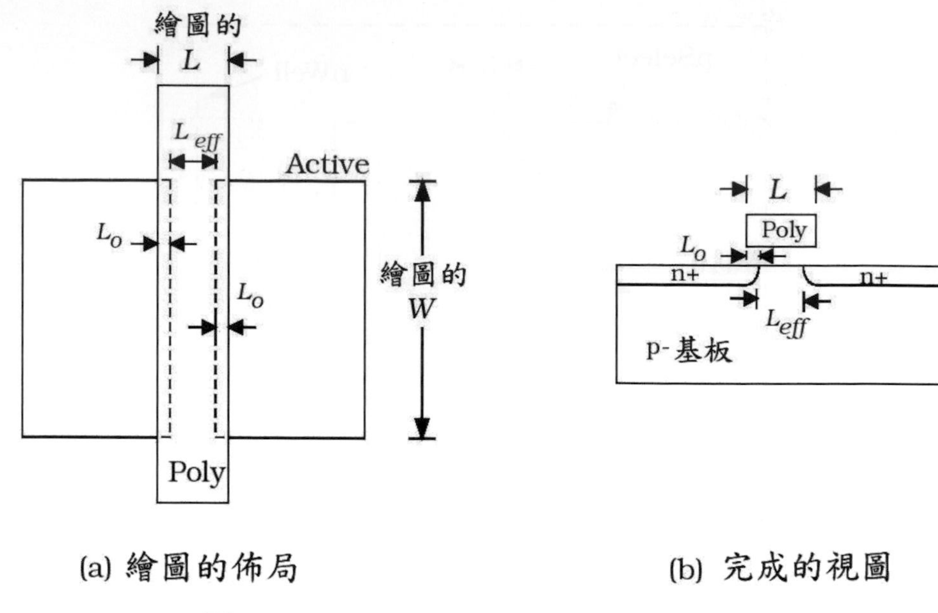

(a) 繪圖的佈局　　　(b) 完成的視圖

圖 5.11 一個 MOSFET 的繪圖與等效尺寸

其中 L 是通道長度由於重疊及其它效應所造成的總縮小。

由於場氧化物的成長會造成作用面積的縮小，因此這個通道寬度也會小於繪圖值。這稱為是作用面積的**侵入 (encroachment)**，並且會導致下列型式的一個等效通道寬度

$$W_{eff} = W - \Delta W \tag{5.11}$$

其中 W 是繪圖值，而 W 是由於所有效應所造成的通道長度總縮小。被使用於表述電性特徵的電晶體縱橫比一定是等效值的比值。

$$\frac{W_{eff}}{L_{eff}} \tag{5.12}$$

而不是繪圖的 (W/L) 值。當應用公式來求比如說 nFET 的電阻 R_n 時必須牢記。如果我們使用一個電路模擬的 CAD 工具，我們傾向使用繪圖值，並且讓電腦程式來計算等效值。這將在本書後面的 SPICE 範疇之中加以討論。.

5.2.5 作用的接觸

一個作用的接觸是在氧化物 Ox1 之中的一項切割使得第一層金屬層與一個作用的 n+ 或 p+ 區域的接觸。這被顯示於圖 5.12(a) 中的截面圖之中。這些是以

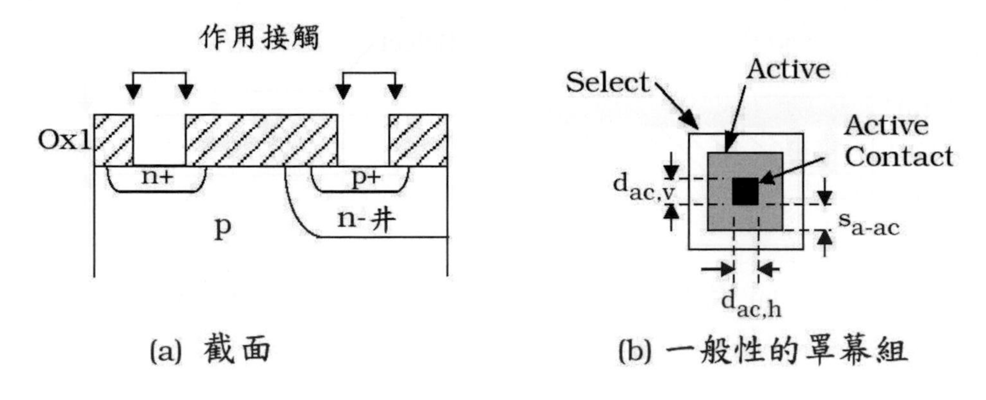

圖 5.12 作用接觸的形成

Active Contact Mask 連同圖 5.12(b) 中所顯示一般覆蓋來加以定義的。由於這個接觸被安置落在一個 n+ 或 p+ 區域之中，因此它會受到環繞設計法則的限制。

$s_{a\text{-}ac}$ = Active 與 Active Contact 之間的最小間隔

這個接點的尺寸是給予為

$d_{ac,\,v}$ = 接觸的垂直尺寸
$d_{ac,\,h}$ = 接觸的水平尺寸

這些是確切的規範。我們會得到一個方形的接觸，如果

$$d_{ac,v} = d_{ac,v} = d_{ac} \tag{5.13}$$

但是具有不為 1:1 的縱橫比也沒有什麼不平常。

5.2.6 Metal1

Metal1 是在 Ox1 氧化物之後被應用於這片晶圓之上。它被用來作為訊號的交互連接線路，而且也被使用來作為電源供應的分配。圖 5.13(a) 顯示第一層金屬線路連同到達一個 n+ 區域的作用接觸的截面圖。如同在前一章之中所描述，通過氧化物的接觸切割是以一個柱塞來填充。這種排列的罩幕組被畫在圖 5.13(b) 之中，其中 **Metal1** 的罩幕特徵與 Active Contact 重疊來獲得電性連接。在這個圖形之中所表明的兩條設計法則為

w_{m1} = 一條 Metal1 線路的最小寬度

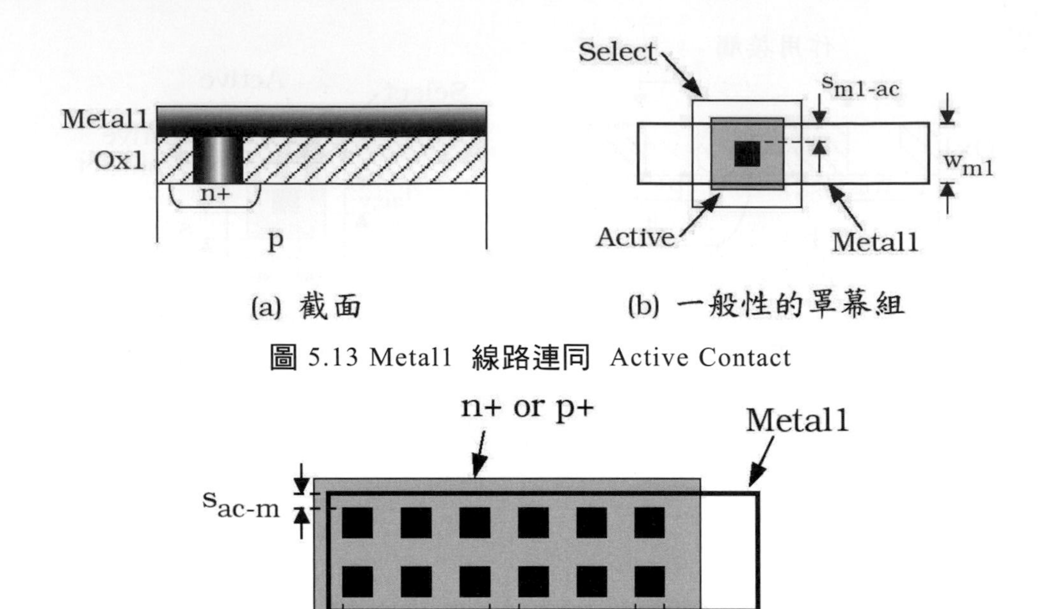

(a) 截面　　(b) 一般性的罩幕組

圖 5.13 Metal1 線路連同 Active Contact

圖 5.14 多重接觸以降低接觸電阻

及

$s_{m1\text{-}ac}$ = 由 Metal1 至 Active Contact 的最小間隔

此外，這個金屬具有一個最小間隔法則值 $s_{m1\text{-}m1}$，這沒有被顯示出來。

每個接觸是以一個由於金屬連接所造成的電阻來表述其特徵

$$R_c = \text{接觸電阻} \quad \Omega$$

爲了限制整體的電阻，使用設計法則所許可的儘可能多的接觸是很平常的。一個範例顯示於圖 5.14 之中。由於這些接觸都是並聯的，因此具有 N 個接觸的 Metal1-Active 連接的等效電阻會降低爲

$$R_{c,eff} = \frac{1}{N} R_c \tag{5.14}$$

在這個範例之中，N = 16，因此這個連接的等效電阻是一個單一接觸的值的 (1/16)。這些接觸也會使這個電流流動散佈開。

Metal1 使用 Active Contact 氧化物切割來使我們得到 MOSFET 的作用區域。如同圖 5.15(a) 中所顯示，一個 nFET 的洩極與源極端點經常是在 Metal1

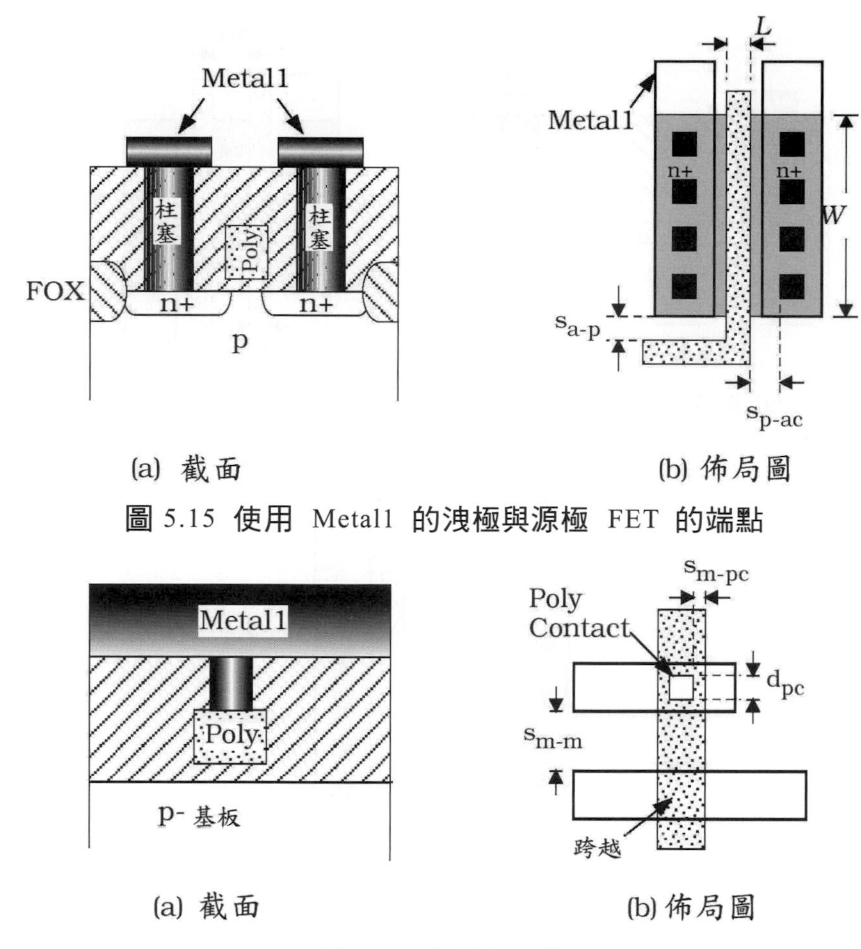

圖 5.15 使用 Metal1 的洩極與源極 FET 的端點

圖 5.16 多晶矽接觸

階層。相對應的佈局圖是提供於圖 5.15(b) 之中，圖中我們已經包含了下列的設計法則：

$s_{p\text{-}ac}$ = 從 Poly 到 Active Contact 的最小間隔

$s_{a\text{-}p}$ = 從 Active 到 Poly 的最小間隔

第一個參數是一個環繞型式的規格以確保這個 Active Contact 不會摧毀任何一個多晶矽閘極。第二個間隔距離 $s_{a\text{-}p}$ 是由於自我對正的 FET 序列所造成的；它確保 FET 具有適當的尺寸即使 Poly 罩幕與晶圓上現存的 Active 圖案並沒有完美地登錄。

一個 Poly Contact 罩幕被使用來允許 Metal1 與多晶矽閘極之間的電性連接。圖 5.16(a) 是這兩層之間的接觸的截面圖。這個 Poly Contact 罩幕將氧化物切割定義爲圖 5.16(b) 中這個佈局圖上半部分中所顯示的「空」方塊所表明的

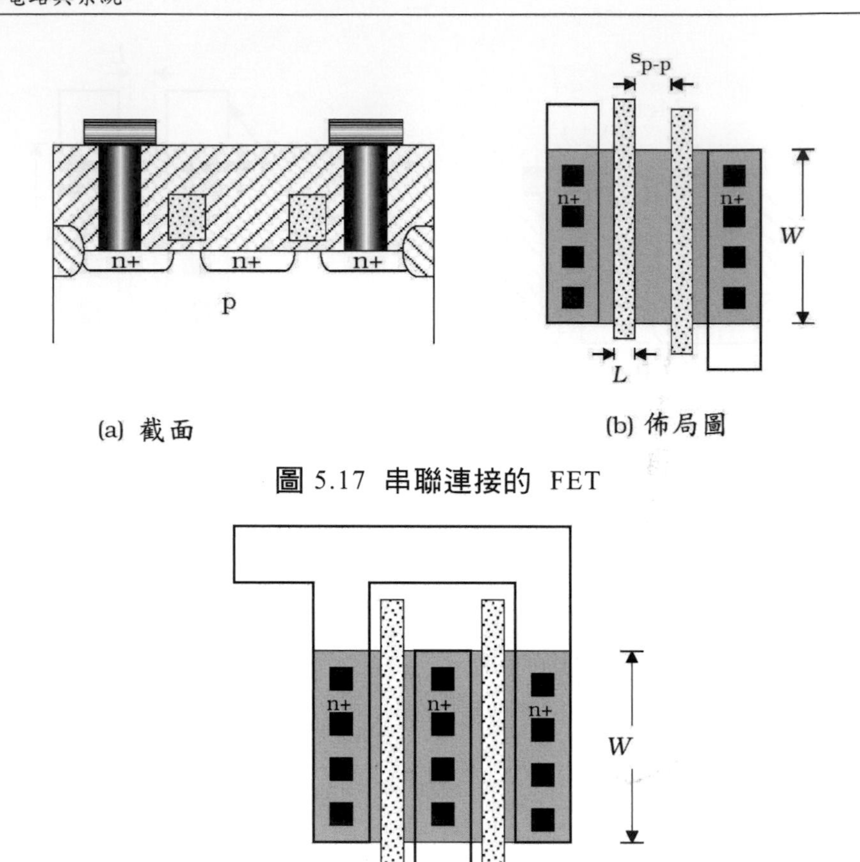

(a) 截面　　(b) 佈局圖

圖 5.17 串聯連接的 FET

圖 5.18 並聯連接的 nFET

區域。在佈局圖的下半部分之中，Metal1 與 Poly 層並沒有被連接。這種「跨越」特性對導線連接的繞線是很有用的。

最後一個範例，讓我們來建構一對串聯連接的 FET。圖 5.17(a) 顯示兩個 nFET 的截面圖。串聯導線連接是藉由分享中央的 n+ 區域所達成的；由於 n+ 是一個合理的導體，因此在這個元件之間不需要額外的導線連接。圖 5.17(b) 中的這個佈局圖使用這項觀察：串聯電晶體是由平行的 Poly 線路所產生的。重要的設計法則間隔為

$s_{p\text{-}p}$ = Poly 至 Poly 的最小間隔

為了獲得一對並聯連接的 FET，我們加進圖 5.18 中所顯示的接點。圖形中所顯示的間隔 $s_{g\text{-}g}$ 是兩個閘極之間的距離。它並不是一條設計的法則，但是可以以截至目前所提出的基本設計法則來加以表示而寫成

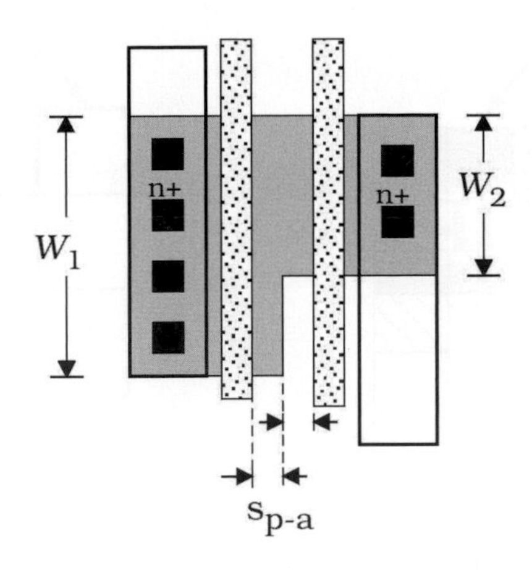

圖 5.19 使用相同作用區域的不同通道寬度

$$s_{g-g} = d_{ac} + 2s_{p-ac} \tag{5.15}$$

這是因爲我們必須允許接觸本身的尺寸，加上兩單元的多晶矽—作用間隔。這並不是可以被應用於每個製程的一般性法則。在某些次微米的設計法則組之中，無論情況爲何，這個多晶矽—至—多晶矽間隔 $s_{p\text{-}p}$ 都可適用；在兩個閘之間也可以加進接觸而不須增加間隔。

當我們使用一個共同的作用區域來產生具有不同 W 值的 FET 時，另外一條設計法則也出現了。具有 $W_2 > W_1$ 通道寬度的兩個串聯連接的 nFET 顯示於圖 5.19 之中。這個 poly-active 間隔 $s_{p\text{-}a}$ 是介於一個閘極的邊緣與作用的邊界的一項改變之間。由於兩個 FET 都看到這項改變，因此在這個設計之中，它必須遵行兩次。

5.2.7 管道及較高階層的金屬

雖然簡單的電路可以在一個單一多晶矽、單一金屬的製程中被產生，在複雜的網路中交互連接的繞線會變得非常困難。現代 CMOS 製程加進數層可以被用來作爲訊號及功率分佈使用的額外金屬層。我們將依據這些層被加入的順序來加以標示。例如，在一個 4 金屬的製程中，鍍層的序列爲

$$\text{Metal1} \underset{\cdot}{\rightarrow} \text{Metal2} \underset{\cdot}{\rightarrow} \text{Metal3} \underset{\cdot}{\rightarrow} \text{Metal4}$$

CVD 氧化物被沉積在各層之間，使每一層的電性是不相同的。相鄰的層之間的連接是使用一個 Via 罩幕所達成的。這是等同於一個 Active Contact 罩幕它定

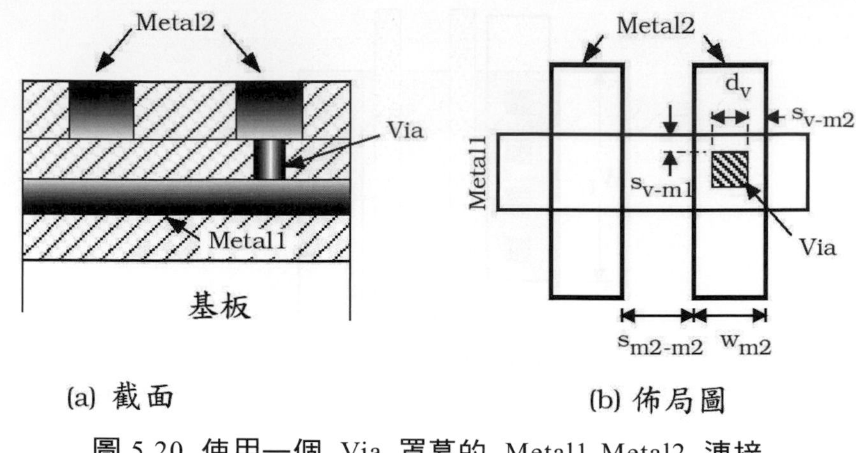

(a) 截面 (b) 佈局圖

圖 5.20 **使用一個** Via **罩幕的** Metal1-Metal2 **連接**

義了氧化物切割的位置；這些切割是以一種柱塞材料來加以塡充，而給予兩層金屬之間的電性接觸。

圖 5.20(a) 說明使用一個 via 來將 Metal1 連接至 Metal2。沒有一個 Via【在圖形中的左邊】的話，這兩層金屬就會是電性分離的。截面圖右邊的這個 Via 提供這兩層之間的連接。罩幕埠局圖顯示於圖 5.20(b) 之中。這條新的設計法則被顯示爲

d_v = Via 的尺寸【垂直方向可能會不同】

w_{m2} = Metal2 特徵最小寬度

s_{m2-m2} = 相鄰的 Metal2 特徵之間的最小間隔

s_{v-m1} = 在 Via 與 Metal1 邊緣之間的最小間隔

s_{v-m2} = 在 Via 與 Metal2 邊緣之間的最小間隔

其它金屬層之間的 Via 是類似的。我們注意到，對 $j > 1$ 的第 j 層金屬層的 w_{mj} 值與 s_{mj-mj} 值會改變，這是因爲晶圓表面的拓撲及粗糙度經常要求使用較寬的線路。

5.2.8 避免閉鎖

閉鎖 (latch-up) 是可能發生在以一種本體 CMOS 技術來加以製作的一個電路之中的一種狀況。當一片晶片處於閉鎖狀態之中時，它會由電源供應抽取一個大電流，但是無法回應輸入刺激來運作。一片晶片可能是在正常地操作，然後進入一個閉鎖狀態之中；在這種狀況之下，將電源供應移除並重新連接可能可以恢復操作。在最差的情況下，當電源被加上去時，這片晶片可能會進入閉鎖，而從此

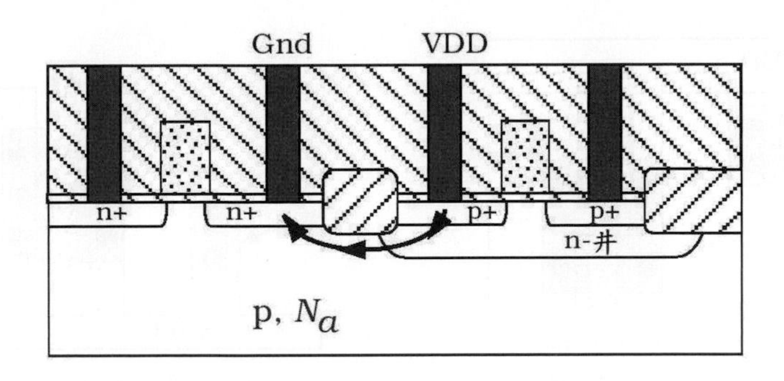

圖 5.21 閉鎖的電流流動路徑

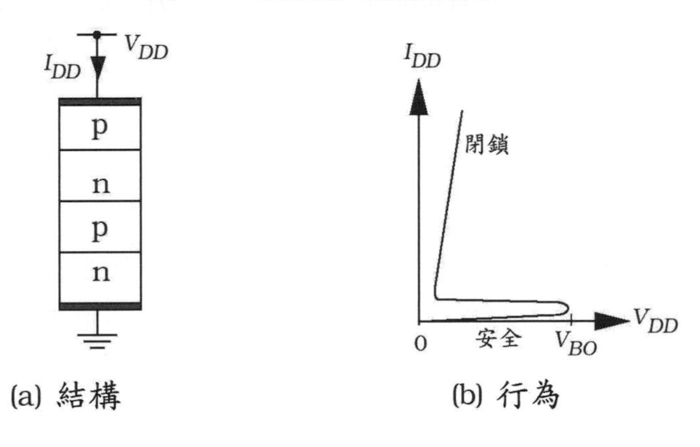

圖 5.22 一個 4 層 pnpn 元件的特性

無法運作。如果這個電流流動過大的話，熱發散將會摧毀這個晶粒。

圖 5.21 顯示當這片晶片是在閉鎖時的電流流動路徑。在適當的狀況下，這條路徑有一個非常低的電阻，而且可以允許大電流來流動。瞭解閉鎖的關鍵乃是注意到這種本體技術給予介於電源供應 VDD 與接地之間的一個 **4 層 pnpn (4-layer pnpn)** 結構。顯示於圖 5.22(a) 之中的這個結構具有圖 5.22(b) 中所顯示的這種電流一電壓相依性。對微小的 V_{DD} 電壓，電流 I_{DD} 會很小，這是因爲 pn 接面的阻擋特性的緣故。然而，如果 V_{DD} 到達**崩潰電壓 (breakover voltage)** V_{BO}，這種阻擋被內部電場所氾濫。這允許圖形中所顯示的大電流，表明這片晶片已經進入一個閉鎖狀態。

閉鎖的避免是以被使用來避免電流流動路徑形成的各種法則而從實體設計階層來開始。有一種想法相當簡單。由於這個電流必須流動通過 n 井及 p 基板，因此我們可以在許多不同的點置放 VDD 及接地連接，使這個電流轉向離開這條「不好的」路徑。這給予我們下列的一般性法則

- 每當有一個 pFET 被連接至電源供應 V_{DD} 時，包含一個 n 井

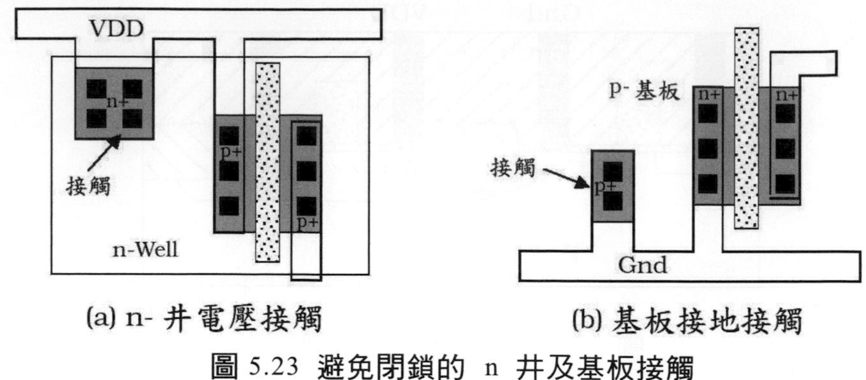

(a) n- 井電壓接觸

(b) 基板接地接觸

圖 5.23 避免閉鎖的 n 井及基板接觸

接觸，以及

- 每當有一個 nFET 被連接至一條接地軌時，包含一個 p 基板接觸。

由於反正不管怎樣我們本來就必須製作這些電性連接，因此記得將它們包含進來是一件輕而易舉的事情。這些是在圖 5.23 中加以說明，而且對於避免閉鎖是很有效的。其它技術也已經被發展出來，我們應該隨時檢查如何來避免閉鎖的設計法則的準則。

電晶體不是直接建構在一塊矽基板之上的非本體 CMOS 技術乃是藉由不擁有 pnpn 層結構而來避免閉鎖。這對於矽在絕緣體上 (silicon-on-insulator, SOI) 的設計是眞實不虛。另外，使用兩個分開的井來作 FET，一個 n 井來作 pFET 而一個 p 井來作 nFET，來幫助阻擋電流流動路徑的形成。這種**雙缸 (twintub)** 技術在先進製程線上是很受歡迎的。

由於閉鎖是由一個高電壓所衍生的，因此當設計諸如一個數據接收器電路等具有高階層衍生電「雜訊」的電路時，我們必須特別地小心。避免這種形式的問題的資訊也被包含於設計法則組之中。一位新的設計師不一定會去煩惱閉鎖，直到一片晶片因爲它而失效爲止；從這個時點開始，這個問題才會得到它應該有的尊重！

5.2.9 佈局圖編輯器

在這一節之中，數種佈局圖的重要層面已經被呈現。更爲關鍵的項目被綜合整理於下面以作爲未來的參考。

- 每當 Active 被 nSelect 所環繞時，n+ 會被形成；這又被稱爲

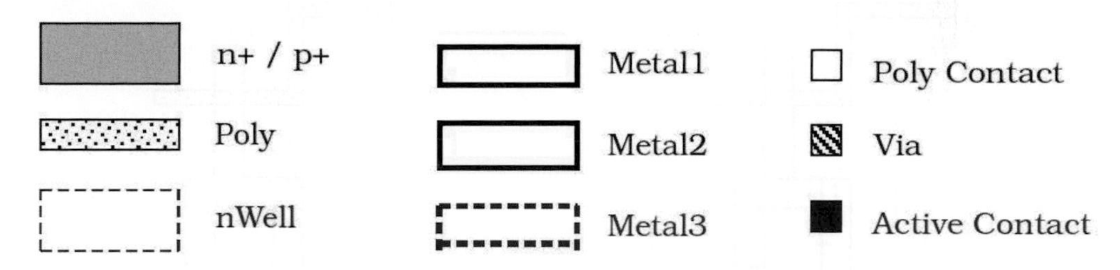

圖 5.24 在本書之中佈局繪圖的各層說明

ndiff。

- 每當 Active 被 pSelect 所環繞時，p+ 會被形成；這又被稱爲 pdiff。
- 每當 Poly 切割一個 n+ 區域成爲兩個分開的區段時，會有一個 nFET 被形成。
- 每當 Poly 切割一個 p+ 區域成爲兩個分開的區段時，會有一個 pFET 被形成。
- 在導電層【n+、p+、Poly、Metal、等】之間沒有電流路徑存在，除非有一個接觸切割【Active Contact、Poly Contact、或 Via】被提供。

這些簡單的觀察提供我們即將遭遇的大多數佈局圖問題的基礎。

一個佈局圖編輯器藉由定義每一層不同的色彩及或圖案由視覺上來區別這些層。在這裡我們已經選擇使用簡單灰階及線寬變化來節省彩色印刷本書的成本。[3] 圖 5.24 顯示在本書之中我們將使用來識別各層的外形。注意 n+ 與 p+ 區域都有相同的陰影，因此一個區域的極性是由它所處的位置來隱含的：在一個 nWell 之中它將會是一層 p+ 層，否則它是一個 n+ 區段。

每一種佈局圖編輯器是以稍微不同的方式來運作，但是都具有相同的基本特徵。一般而言，

- 我們藉由首先挑選我們所想要的材料層來加入一個多邊形，然後使用這些繪圖工具照所須要地來塑造這個物體。
- 佈局圖編輯器提供背景的格線。每一個格子點之間的距離是一個指定的距離。

[3] 這會使本書的成本變成四倍。

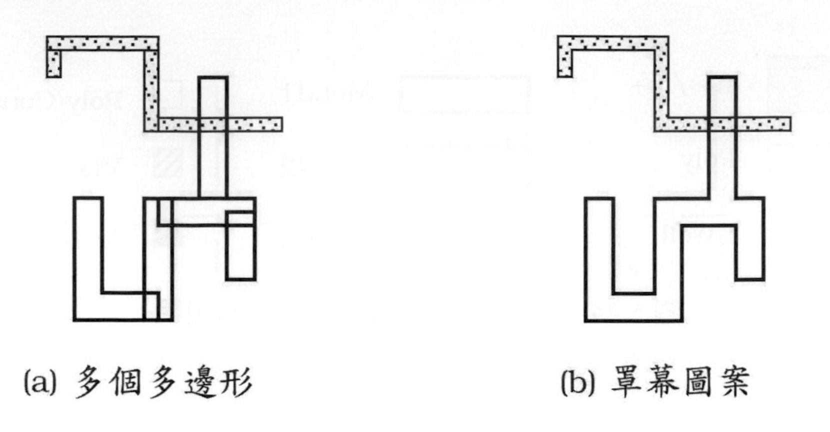

(a) 多個多邊形　　(b) 罩幕圖案

圖 5.25 使用方形來畫出複雜的多邊形

- 這些層可以以任何順序來畫圖，只要每個多邊形都可以由顏色、名稱、圖案來恰當地識別即可。資料庫會自動地追蹤在每一層上所畫的這些多邊形。
- 佈局圖的圖案被使用來產生製程的罩幕組，並構成這些繪圖的尺寸。
- 必須遵守設計法則，而且在完成繪圖之前必須檢查間隔。
- 我們可以將一層給予層上的多邊形畫成接觸或重疊。只有外形才是重要的。這是在圖 5.25 中加以說明。在圖 5.25(a) 中的這個佈局圖是使用長方形來畫圖，但會造成圖 5.25(b) 中所顯示完成的罩幕。這會使整個佈局過程簡化。

永遠以一種適時的方式來保存你的設計！當這片晶片被完成之後，它通常被放進一種標準的格式以傳輸至製程線。將晶片設計先驅的意念保存，這種過程被稱爲是帶子輸出 (tape-out)，因爲這些檔案是儲存在磁帶上而被轉移至製造群。最常使用的格式可能是 GDS 標準，這是早期以迷你電腦爲基礎的 CAD 系統的一種標準。學術界的使用者經常會產生在 1970 年代所發展出來的 CIF 格式【Caltech Intermediate Form—加州理工學院中間格式】的檔案。

5.3 囊胞的觀念

數位 VLSI 晶片是基於層級設計的這種想法。個別的電晶體被用來鍵構閘，而閘則被用來產生邏輯串級與功能區塊，而這些又被使用來作爲更大單元的基礎。在實體設計中的基本建築區塊稱爲**囊胞 (cell)**。一個囊胞可能是像一個 FET 這麼

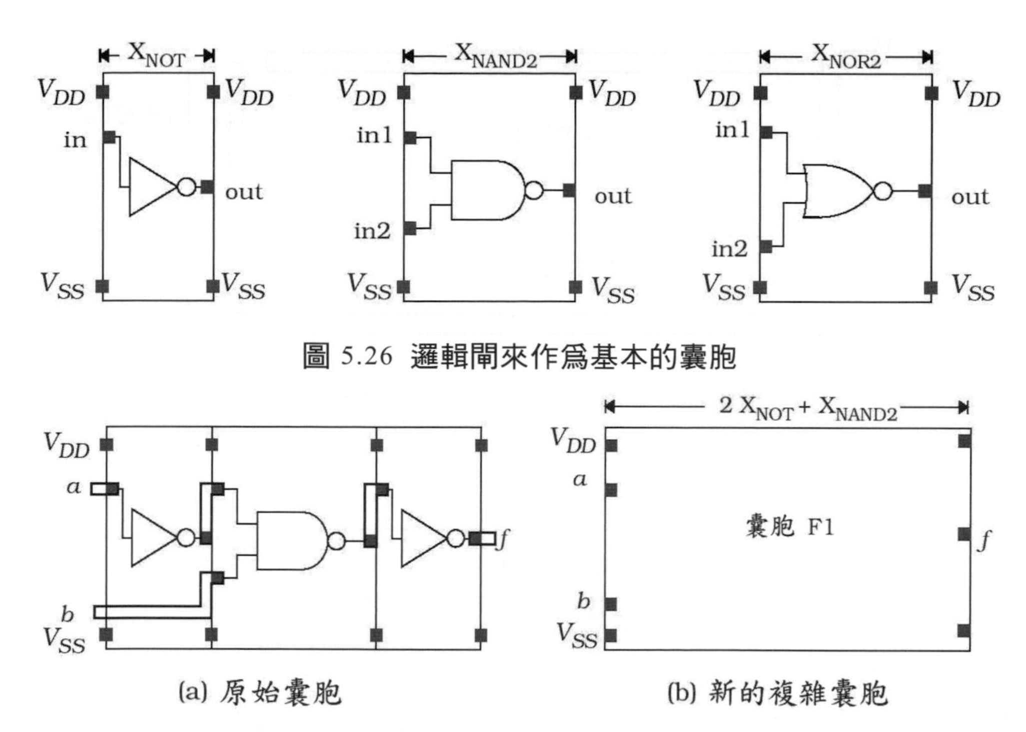

圖 5.26 邏輯閘來作爲基本的囊胞

圖 5.27 使用基本單元來產生一個新的囊胞

簡單，或者可能會像一個**算術邏輯單元** (ALU) 這麼複雜。無論內部的複雜程度如何，每個囊胞是以相同的方式來作用：它可以被使用來作爲一個組件以產生一個較大的邏輯網路。

以囊胞爲基礎 (**cell-based**) 設計的主要想法是顯而可見的。假設我們從一組 CMOS 邏輯閘【NOT、NAND2、NOR2】開始，並設計每個閘的實體電路佈局圖。在基本階層，我們專注於置放每一層具有所要求的尺寸的多邊形。然後，我們「退回」來看圖 5.26 中所展現的這些閘；每個區塊是一個獨立的囊胞。在設計層級中的這個階層，我們並不關心內部的細節。只有一個閘的內部特性才是重要的，因此我們已經以一個等效的邏輯符號來取代所有的佈局圖。在圖中所顯示的範例之中，輸入與輸出端點被顯示爲進入這個囊胞的**埠** (**port**)。一個埠允許進出內部的電路。並且注意一個囊胞須要 VDD 與 VSS 的電源供應埠，這些埠被選擇在每個囊胞的相同位置。最後，每個囊胞 NOT、NAND2、及 NOR2 的寬度分別被顯示爲 XNOT、XNAND2、及 XNOR2。這些數值是由在實體階層所使用的電晶體的尺寸及導線連接所決定的。

一旦一組囊胞被定義之後，它們可以被使用來產生更複雜的網路。假設我們想要一個能夠提供下列功能的囊胞

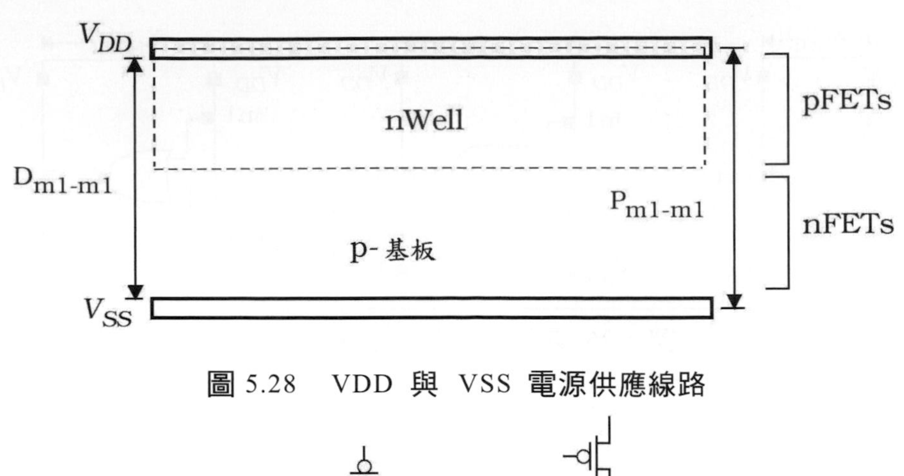

圖 5.28 VDD 與 VSS 電源供應線路

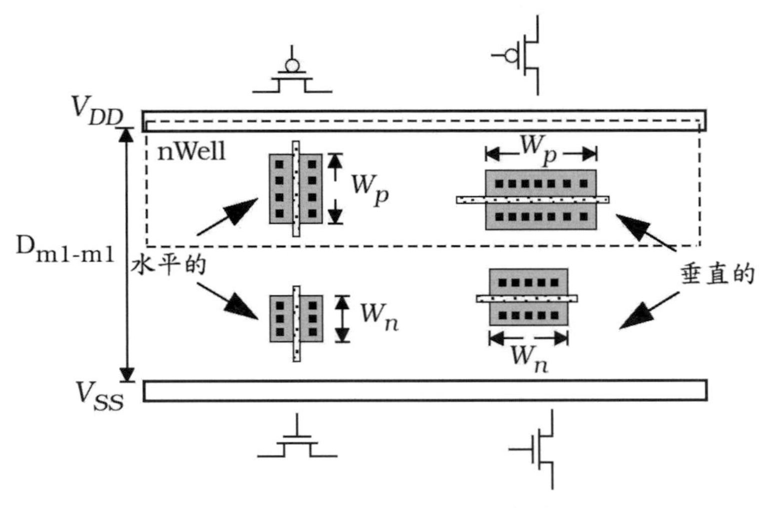

圖 5.29 MOSFET 的方向

$$f = \overline{a} \cdot \overline{b} \tag{5.16}$$

這可以使用圖 5.27(a) 中兩個 NOT 閘及一個 NAND2 閘的簡單串級來加以產生。Metal1 線路已經按照需要而被使用來導線連接這些囊胞的埠。譬如，第一個 NOT 閘的輸出被導線連接至 NAND2 閘的 In1。一旦這個串級被產生，我們可以定義在圖 5.27(b) 上的一個新的囊胞 F1。這個囊胞有一個總寬度

$$2X_{NOT} + X_{NAND2} \tag{5.17}$$

這只是用來建構它的三個囊胞寬度的總和而已。

一旦被定義之後，這個新的囊胞 F1 可以被使用來作爲一個建構區塊，而不須要再將它分解成爲用來產生它的那些原始的囊胞。它會變成像 NOT、NAND2、及 NOR2 電路一樣的基本。使用這種層級式的設計方法使我們得以來設計並建構極爲複雜的邏輯網路。事實上，它是在 VLSI 之中將要學習的最重要技術中的

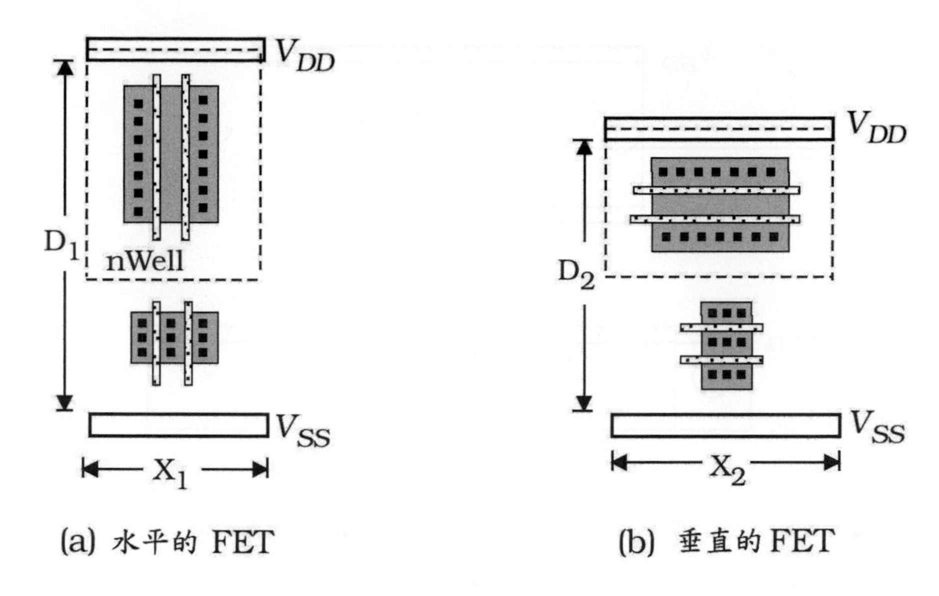

(a) 水平的 FET　　(b) 垂直的 FET

圖 5.30　FET 方向對囊胞尺寸的效應

之一項。

現在，讓我們將注意力轉到在實體階層產生囊胞的一個基本集合的問題。我們應該研究的第一項乃是電源供應線路 VDD 與 VSS 的置放。這個問題被顯示於圖 5.28 之中。兩條線路都被顯示在 Metal1 層上面。這兩條線路之間的間隔被顯示為

$D_{m1\text{-}m1}$ = VDD 與 VSS 之間的邊緣—至—邊緣距離

及**間距**（**pitch**）

$P_{m1\text{-}m1}$ = VDD 與 VSS 線路的中間點之間的距離

這兩者之間的關係為

$$P_{m1-m1} = D_{m1-m1} + w_{DD} \tag{5.18}$$

其中 w_{DD} 是電源供應線路的寬度。[4] 製程專家經常使用間距規範，而邊緣之間的實際距離 D 對電路的佈局圖會更有用。pFET 所使用的這個 nWell 區域是如同圖中所顯示相對於 VDD 線路來置放。環繞 VSS 的這個區域被保持為 p 基板，這是因為 nFET 被連接至它的緣故。

[4] 注意 w_{DD} 可能會比一條 Metal1 線路所允許的最小設計法則寬度 w_{m1} 來得大。

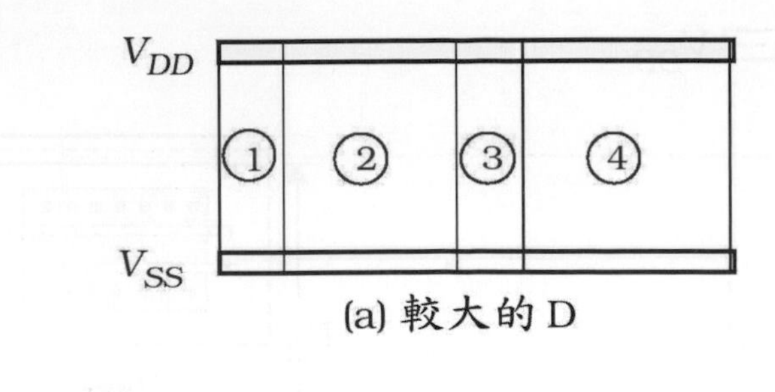

(a) 較大的 D

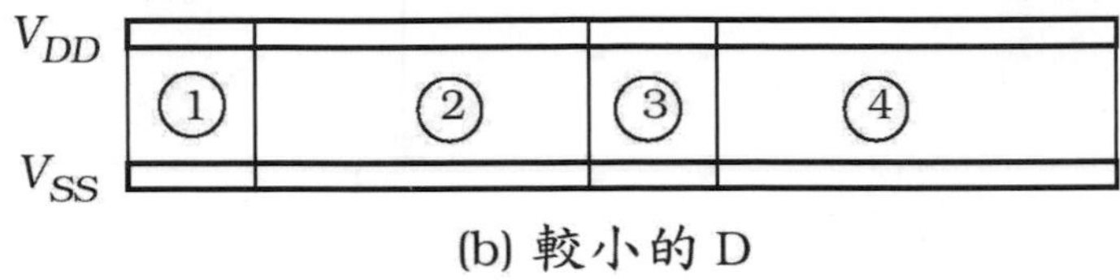

(b) 較小的 D

圖 5.31 瓷磚形狀對較大囊胞的效應

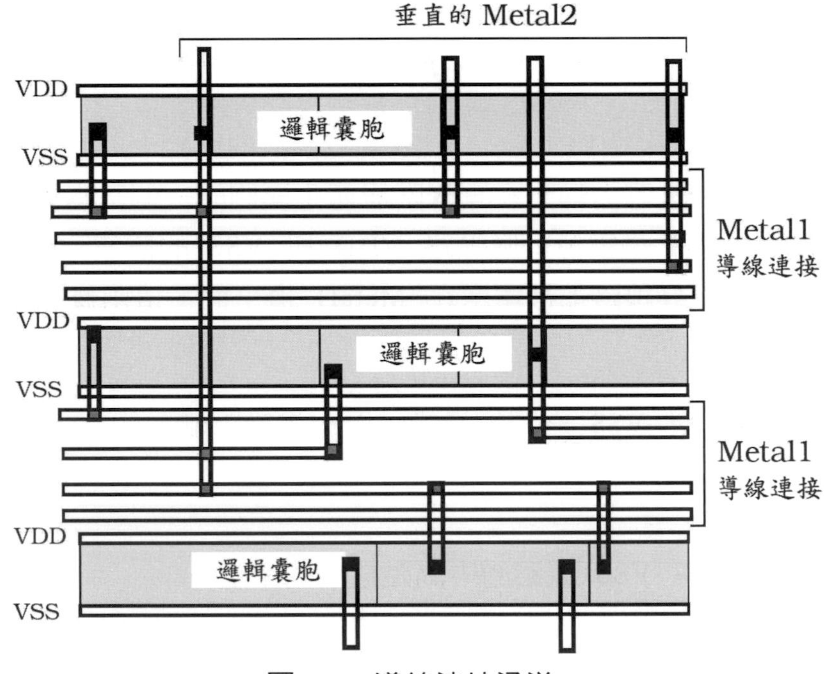

圖 5.32 導線連接通道

一旦我們建立了 VDD 與 VSS 線路，我們可以繼續進行而在它們之間置放 FET。圖 5.29 顯示電晶體方向的兩種不同方法。在圖形左邊的這些 FET 是以洩極與源極是在水平的方向上跑來決定方向的。在這種狀況之下，FET 的通道寬度 W_n 與 W_p 是被 $D_{m1\text{-}m1}$ 與 n-well 的尺寸所限制的。如果這些 FET 被旋轉 90 度至右邊所顯示的垂直方向，那麼我們選取任何須要的大小的通道寬度 W_n 與 W_p。然而，這個囊胞的寬度可能會變大。由於我們想要挑選一組每個囊胞所

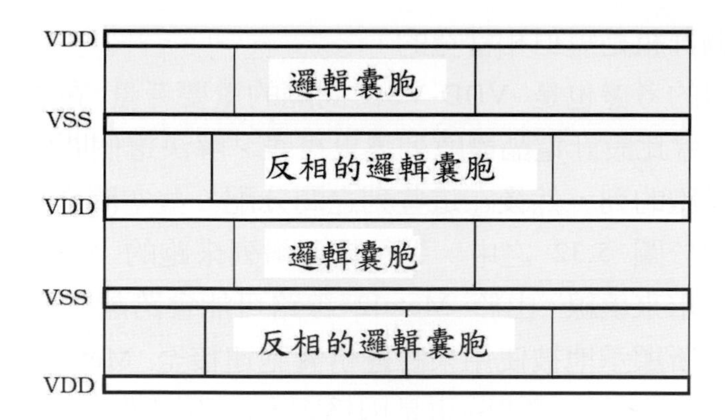

圖 5.33 溫柏格影像陣列

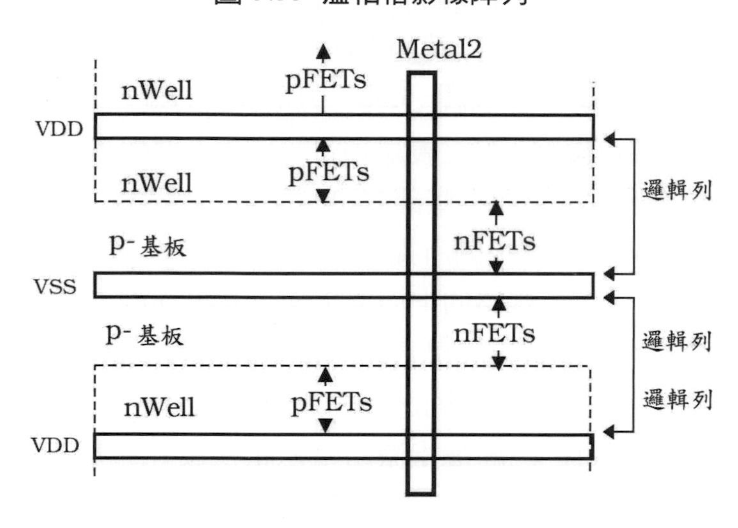

圖 5.34 在一個溫柏格陣列之中的 FET 置放

使用的 $D_{m1\text{-}m1}$ 值，因此我們應該研究 FET 置放對於這個囊胞尺寸的效應。

這種交換關係顯示於圖 5.30 之中。水平方向的電晶體被使用於圖 5.30(a) 之中。在這種狀況下，我們想要使 D1 足夠大來容納所須要的最複雜邏輯閘。使用垂直的 FET，我們可以使圖 5.30(b) 中所顯示的 D2 值比 D1 來得小。這個差異是在於這個囊胞的水平寬度。一般而言，對一個給予的電路，我們預期 X2 會大於 X1。

這些囊胞的形狀會影響囊胞在邏輯串級之中是如何被拼湊在一塊，並且會決定更複雜的單元看起來會像什麼。將這些囊胞貫穿在一塊被稱爲**砌磚 (tiling)**，這是因爲這些囊胞本身看起來像不均勻的**瓷磚 (tile)**。圖 5.31(a) 說明一個由四片瓷磚所產生的簡單串級以得到一個較大的 D 值。這給予一個整體的囊胞群集，相較於圖 5.31(b) 中所顯示一個較小 D 值而言，這是相對比較窄的。在這種狀況之下，這個群組是短但相當寬的。

交互連接繞線的考慮也是 VDD-VSS 間隔的重要考量。在複雜的數位系統之中，導線連接通常會比設計電晶體陣列還更複雜。解決這個問題的一種方法乃是平行地置放邏輯囊胞的列，然後在這些列之間分配一些空間作爲導線連接使用。一般性的想法呈現於圖 5.32 之中。平行於邏輯列來跑的 Metal1 線路可以被使用來使訊號按照要求來繞線。由於 Metal2 線路可能會跨越 Metal1，因此垂直的線路可以如同圖中所顯示地被使用來將邏輯囊胞連接至 Metal1 交互連接。這種技術經常在 ASIC 設計可以發現，這是因爲它允許不同設計非常大的自由。主要的缺點乃是相較於緊密組裝的佈局圖而言，邏輯密度是相當低。

一種替代的高密度技術乃是交替 VDD 與 VSS 功率線路，並且讓上面與下面的囊胞來分享它們。這會導致圖 5.33 中所顯示的**溫柏格影像 (Weinberger image)**。這種「反轉邏輯囊胞」被定義爲相對於這些「邏輯囊胞」列來上下翻轉。這是因爲它們在頂端有 VSS，而在底部有 VDD。在一個溫伯格影像之中 FET 置放的細節是由圖 5.34 中的緊接圖所提供的。這些 nWell 區域環繞 VDD 軌，並允許 pFET 被產生在電源線路的上面或下面。這些 nFET 被置放在這條 VSS 線路的兩邊。由於沒有空間被自動保留來作爲導線連接，這種規劃允許這些囊胞的高密度置放。主要的缺點乃是各列之間的連接必須藉由使用 Metal2 或更高階來達成，這是因爲 Metal1 已經被指派給電源供應使用。如果有足夠的空間的話，在一列之中使用水平的 Metal1 交互連接線路也是可能的。

埠的置放

一個囊胞的輸入與輸出埠必須被置放在合宜的點來使交互連接的導線連接比較容易。在基本的階層，我們將邏輯電路的輸入視爲到達這個 MOSFET 的閘極端點，而輸出則是金屬交互連接線路。由於 FET 閘是在多晶矽階層，我們必須提供一個多晶矽接觸來將一個囊胞的輸出連接至另一個囊胞的輸入。

圖 5.35 顯示這些埠是繞著一個囊胞的周線來置放的這種狀況。以這種簡單的圖形，輸入多晶矽線路是在左邊，並且包含一個 Metal1 墊及多晶矽接觸。在右邊的輸出是在 Metal1 階層，這使得囊胞的交互連接可以在同一階層被完成。圖中也顯示垂直的多晶矽輸入。如果這個佈局圖如同在圖 5.32 中一樣在囊胞列之間使用導線連接的通道的話，這將會很有用。

囊胞的埠的置放並沒有任何預設的 (*a priori*) 限制，實際上我們也使用內部的埠。最重要的因素乃是確保這些囊胞在一個複雜的設計之中可以按照需要而被

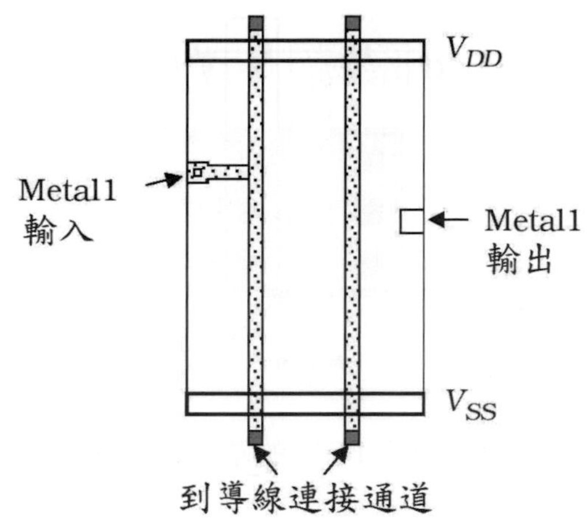

圖 5.35　**在一個囊胞之中的埠置放**

導線連接在一塊。導線連接的問題會有出現在關鍵時間的傾向。小心的囊胞規劃以及一個可靠的 CAD 工具組可以幫助我們更有效率地解決這些問題。

既然我們已經學習邏輯囊胞的基本，現在讓我們來研究在矽階層設計一組 CMOS 閘的細節。一旦我們得到一組合理的閘，我們就可以前進至我們建構更複雜的單元的下一個層級的設計階層。

5.4　FET 的尺寸調整與單位電晶體

場效應電晶體是以縱橫比 (W/L) 來加以指定，其中 W 是通道的寬度，而 L 是通道的長度。在現代的 VLSI 之中，兩者都是在微米 [μm] 的階層，而特定的數值是在罩幕的佈局圖中所建立的。這些尺寸與製程參數合併起來給予這個電晶體的電特性。

考慮圖 5.36 中所畫的基本 FET。圖中明白地顯示通道長度及寬度的繪圖值。藉由使用一些簡單的公式，我們可以估計電晶體的某些與佈局相關的電性。首先，閘極的面積 A_G 被定義爲在通道區域上面的這一部分的多晶矽。這個圖形顯示這個閘極的面積 A_G 是給予爲 $A_G = LW$。因此，從閘極端點【在這個圖形中被標示爲 G】看進去的閘極電容 C_G 爲

$$C_G = C_{ox}WL \tag{5.19}$$

其中我們還記得 C_{ox} 是每單位面積的氧化物電容。

現在讓我們來檢視由洩極【在圖形中爲 D】流動通過這個元件來到源極【被標示爲 S】的這個電流。進入洩極之中的電流是以 I_D 來代表，而流出源極的這

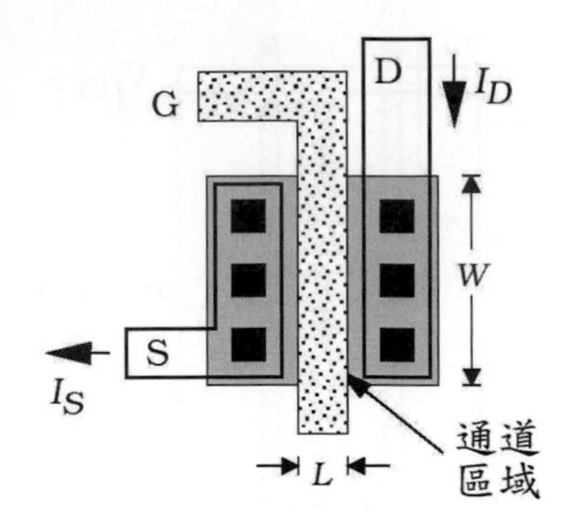

圖 5.36 **一個 FET 的基本幾何形狀**

個電流是 I_S 使得

$$I_D \approx I_S \tag{5.20}$$

是一個合理的近似。這說明電流使用這個通道區域而由洩極流動至源極，這個通道區域是在閘極下面。這條通道本身具有一個電阻 R_{chan} [Ω] 來阻礙電流的流動。如果這條通道被模擬爲一塊簡單的方形區塊，則這個電阻可以被近似爲

$$R_{chan} = R_{s,c}\left(\frac{L}{W}\right) \tag{5.21}$$

其中 $R_{s,c}$ 是這個通道區域的片電阻。然而很不幸地，FET 並沒有這麼簡單，而計算洩極－至－源極的電阻則是更爲複雜。然而，這個方程式的確與更嚴謹的分析是一致的，它正確地預測 R_{chan} 是與 W 成反比

$$R_{chan} \propto \frac{1}{W} \tag{5.22}$$

這說明將 W 增大會使這個電阻縮小，這會允許更多電流流動。因此，這些通道的尺寸建立起一個 FET 的電阻及電容。

另外還有一項特徵值得一提。一個 nFET 與一個 pFET 之間的主要差異乃是造成電流的電荷極性。一個 nFET 使用帶負電的電子，而一個 pFET 則依賴正電的電洞。然而，還記得電子比電洞更容易移動。這被表示爲下列的關係式

$$\mu_n > \mu_p \tag{5.23}$$

之前在第三章的 3.2 節已經介紹過。在這個方程式之中，μ_n 與 μ_p 分別是電子與電洞的遷移率。一個高遷移率值隱喻這個粒子比一個低遷移率的粒子「更會移

動」。假設我們設計具有相同縱橫比 (W/L) 的一個 nFET 及一個 pFET。由於電子具有一個較高的遷移率，nFET 的電阻 R_n 會比 pFET 電阻 R_p 來得小。讓我們來定義**遷移率比值 (mobility ratio)** r 爲

$$r = \frac{\mu_n}{\mu_p} \tag{5.24}$$

在現代的 CMOS 製程之中，這個遷移率比值 $r > 1$ 且通常是介於 2 與 3 之間，而實際的值是由摻雜密度及其它實質的考量所決定的。這個電阻是與電導率成反比，而電阻率又是與遷移率成正比。因此，我們得到下面的結論，相同尺寸的 FET 的 R_n 及 R_p 之間的關聯爲

$$\frac{R_p}{R_n} = r \tag{5.25}$$

在文獻中，這通常被陳述爲 pFET 不像 nFET 那麼會傳導。另外，由於電子比電洞移動得更快速，因此我們得到 nFET 比 pFET 來得快速的結論。這兩種陳述都假設拿來比較的這些電晶體都具有相同的尺寸。

一個 FET 的電阻可以藉由改變通道寬度 W 來加以調整。假設我們有一個 nFET，具有一個 $(W/L)_n$ 縱橫比而給予一個 R_n 的電阻。爲了設計一個具有相同電阻值 $R_p = R_n$ 的 pFET，我們使用一個 $(W/L)_p > (W/L)_n$ 的縱橫比來補償遷移率的差異。這是藉由挑選下列的比值來達成的

$$\left(\frac{W}{L}\right)_p = r\left(\frac{W}{L}\right)_n \tag{5.26}$$

當擁有這種設計時，這些電阻是相同的。然而，注意由於 pFET 的通道寬度被增大的緣故，這些閘極的面積是不同的，$A_{Gp} > A_{Gn}$。假設這些通道長度都是相同的，這會得到不同的閘極電容，使得

$$C_{Gp} = rC_{Gn} \tag{5.27}$$

這是因爲這些面積是與 W 成正比。

範例 5.1

考慮具有 $(W/L)_n = 4$ 的縱橫比的一個 nFET，這是在一個 $r = 2.4$ 的製程之中加

以製造的。為了產生一個具有相同電阻的 pFET，我們必須挑選

$$\left(\frac{W}{L}\right)_p = 2.4(4) = 9.6 \quad (5.28)$$

實際上，我們可能會使用最接近的整數值 $(W/L)_p = 10$。這個 pFET 的閘極電容會比相同比值的 nFET 的閘極電容更大

$$C_{Gp} = 2.4C_{Gn} \quad (5.29)$$

另外一個值得一提的是明顯事實乃是這個 pFET 將會比 nFET 消耗更多的表面面積。.

電晶體的電性決定一個 VLSI 電路的切換速度。在實體階層，這轉譯成選取電路之中每個 FET 的縱橫比 $(W/L)_n$ 及 $(W/L)_p$。一旦這些尺寸被決定之後，實體設計的問題是以使用指定的縱橫比來設計這個矽的電路為中心。暫時，讓我們來專注於實體設計的問題。本書剩下的許多節關心如何選取高速邏輯網路的電晶體尺寸。

電路佈局圖的一個有用的起點乃是定義一個**單位電晶體 (unit transistor)**。這是具有一個指定的縱橫比 (W/L) 的一個 FET，而在佈局圖中可以按照需要來加以複製。由於它只須要被畫圖一次，因此我們可以以比如果設計師必須建構每個電晶體快非常多的速度來完成這個佈局圖。而且，由於元件的電性是以知，因此切換績效分析將會是直截了當的。

單位電晶體的一種選擇乃是**最小尺寸 MOSFET (minimum-size MOSFET)**。如同它的名稱所隱喻，一個最小尺寸 FET 乃是使用這些設計法則組所能產生的最小電晶體。圖 5.37 之中顯示一個範例。繪圖的通道長度 L 是最小的可允許多晶矽寬度 w_p，而繪圖的通道寬度 W 則是在一個 Active 罩幕上的一個特徵所允許的最小寬度 w_a。因此，這個元件的縱橫比為

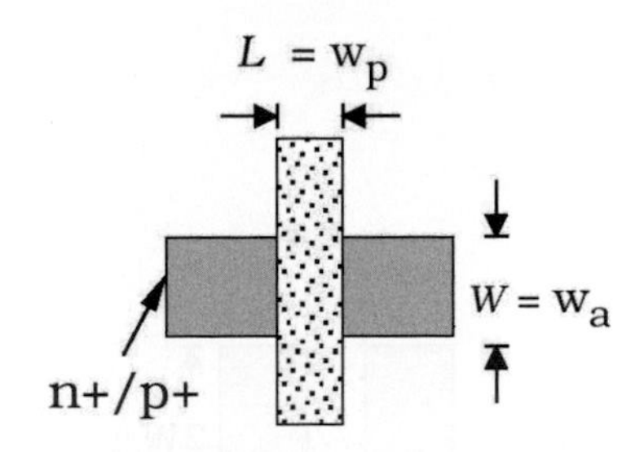

圖 5.37 一個最小尺寸 FET 的幾何形狀

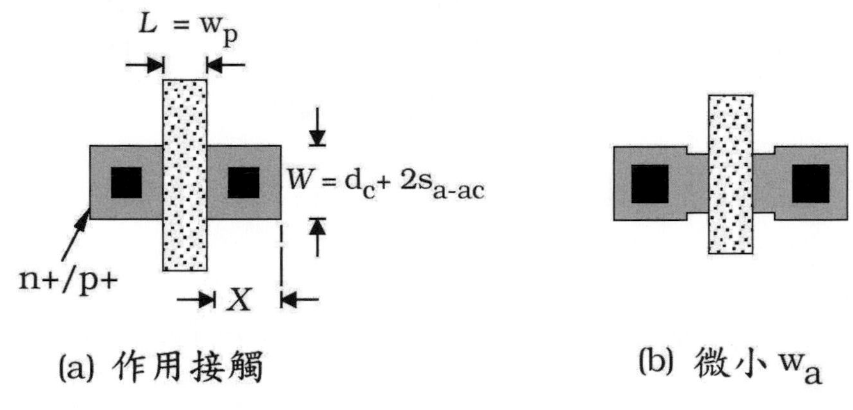

圖 5.38 最小尺寸 FET 連同 Active Contact 特徵

$$\left(\frac{W}{L}\right)_{min} = \frac{w_a}{w_p} \tag{5.30}$$

這可由觀察法來加以驗證。閘極電容被設定為

$$C_G = C_{ox} w_a w_p \tag{5.31}$$

這是因為閘極的面積只是 $A_G = w_a\, w_p$。這個最小尺寸元件是最小的電晶體，因此理論上它允許最高的組裝密度。然而，它的確會有任何 FET 的最大的電阻，因此它不見得是每個電路的最佳選擇。

圖 5.37 中所顯示的基本最小尺寸 FET 並沒有任何接觸。如果加上 Active Contacts 來允許 Metal1 連接，那麼我們的尺寸可能會改變。考慮圖 5.38(a) 中的修改佈局圖。通道長度仍然被給予為 $L = w_p$。然而，由於我們已經在氧化物之中使用 Active Contact 切割，因此設計法則

d_c = 接觸的尺寸

$s_{a\text{-}ac}$ = Active 與 Active Contact 之間的間隔

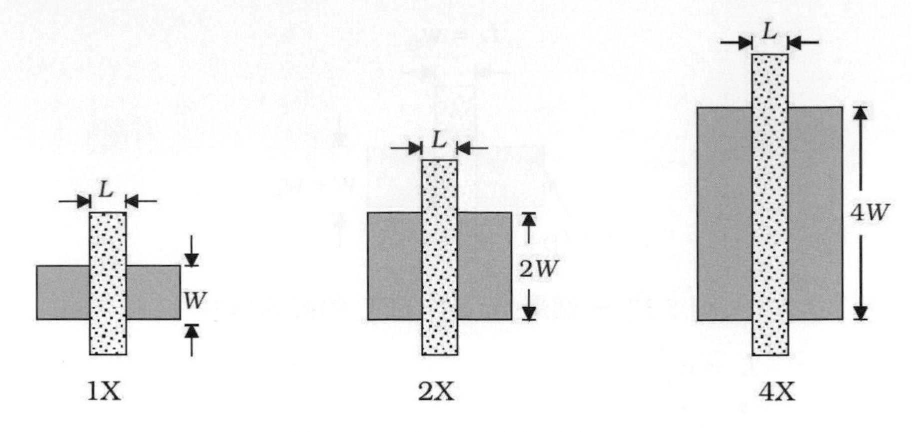

圖 5.39 **單位電晶體的縮放**

必須被應用。如同圖形中所顯示，現在最小寬度為

$$W = d_c + 2s_{a-ac} \tag{5.32}$$

在某些製程之中，這個值可能會與 $W = w_a$ 相同。如果不同的話，那麼這個 Active 區域可以被放大來容納圖 5.38(b) 中的這個接觸。這使我們得以擁有 $W = w_a < d_c + 2s_{a\text{-}ac}$。雖然由於它們的高電阻的緣故，最小尺寸的 FET 是很緩慢的，但是在緩慢切換並不是一項關鍵的關切的情況下，它們可能會有用。

一旦一個單位 FET 被選取之後，使它的尺寸可以**被縮放** (**scaled**) 是很有用的。在圖 5.39 之中，1X 電晶體被使用來作為參考基準。較大的電晶體是藉由乘上寬度來獲得的：2X 與 4X 版本被顯示於圖形之中。改變電晶體的尺寸會改變它的電阻與電容。讓我們分別以 R_{1X} 與 C_{1X} 來分別代表 1X 元件的電阻與閘極電容。如果這個 1X 元件的寬度為 W_{1X}，則我們可以產生較大的 FET 使用一個**縮放因數** (**scaling factor**) $S \geq 1$，使得

$$W_{SX} = SW_{1X} \tag{5.33}$$

譬如，設定 $S = 4$ 得到

$$W_{4X} = 4W_{1X} \tag{5.34}$$

這描述 4X 電晶體。一個縮放的 FET 的電阻與電容會被改變，因為它們是由這個元件的尺寸所決定的。應用縮放轉換會給予一般性的值

$$R_{SX} = \frac{R_{1X}}{S} \qquad C_{SX} = SC_{1X} \tag{5.35}$$

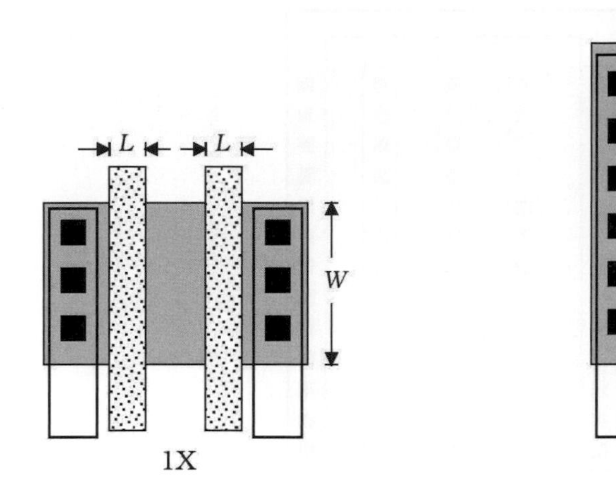

圖 5.40 **串聯連接的** FET **鏈的縮放**

譬如，這個 2X FET 具有

$$R_{2X} = \frac{R_{1X}}{2} \qquad C_{2X} = 2C_{1X} \tag{5.36}$$

這很容易記住。由於 pFET 具有與 nFET 不相同的傳導特性，因此引進每一種形式的單位電晶體是很常見的。無論極性為何，縮放關係式維持不變。

單位元件並不是被限制於個別的電晶體。定義 FET 的串聯及並聯群組為 1X 單元，然後使用相同的技術來縮放可能會是很有用的。圖 5.40 顯示在 1X 及 2X 尺寸的一條串聯連接的 2-FET 鏈的一個範例。由於每個電晶體都是以相同的方式來縮放，因此這些電阻與電容的關係仍然是成立的。然而，我們必須注意這個串聯連接的電晶體的總電阻是個別電阻的總和。如果一個 1X FET 的電阻是 R_{1X}，則這個串聯群組有一個 $2R_{1X}$ 的電阻。由於在這個 2X 電路之中的每個 FET 有一個被給予為 $(R_{1X}/2)$ 的電阻，藉由相加這對縮放的 2X 串聯對的電阻為

$$2\left(R_{1X}/2\right) = R_{1X} \tag{5.37}$$

串聯連接的 FET 通常被製作得比個別 FET 來得大以降低整體的端點至端點電阻。

大電晶體通常須要一些更多的思考。偶而也會有當縱橫比達到 100 或更大的這種情況。具有巨大通道寬度 W 的一個單一元件將會有一個長方形的形狀，而且可能無法輕易地被放進整個佈局圖之中。或者，閘極材料的電阻也可能會使

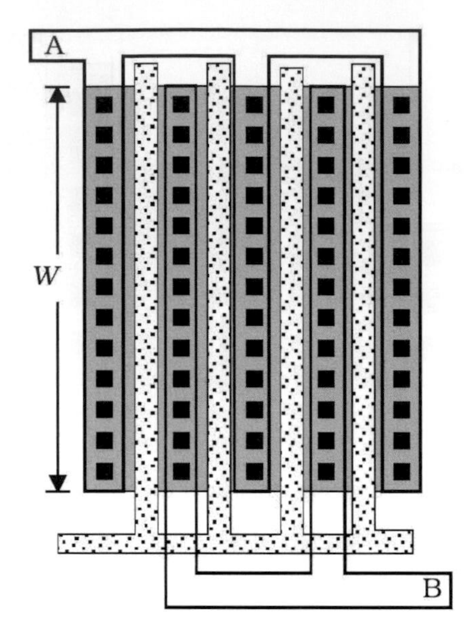

圖 5.41 由並聯連接的電晶體所產生的一個大的 FET

這個訊號變慢。

最常用的解決方案乃是使用一群並聯連接的電晶體。圖 5.41 顯示以通道寬度 W 為基準的一群電晶體。這四條閘線路都被連接在一塊，而且導線連接被繞線來給予在 A 與 B 邊之間的一個 $4W$ 的等效通道長度。這種方法的一項優點乃是整體的佈局圖幾何形狀可以被調整方形或者接近方形的形狀。

5.5 邏輯閘的實體設計

現在，讓我們將實體設計過程的基本應用於建構基本 CMOS 邏輯閘的一組佈局圖的問題。每個閘都被歸類為一個個別的囊胞。我們將專注於一個單位囊胞的設計，這是因為較大的囊胞可以藉由縮放來獲得。

5.5.1 NOT 囊胞

最簡單的 CMOS 邏輯電路乃是提供 NOT 運算的反相器。考慮圖 5.42(a) 中所顯示的示意圖；水平方向可以被直接轉譯至圖 5.42(b) 中的這個佈局圖。這個佈局圖顯示這些 FET 的通道寬度 W_p 及 W_n。它也顯示由 VDD 至 nWell【即 pFET 本體】以及 Gnd 至 p 型基板【即 nFET 本體】的這些重要的連接。這些連接並不一定會明白地顯示在我們的圖形之中，但是它們必須被包含在在每個囊胞之中才會產生一個正常作用的電路。

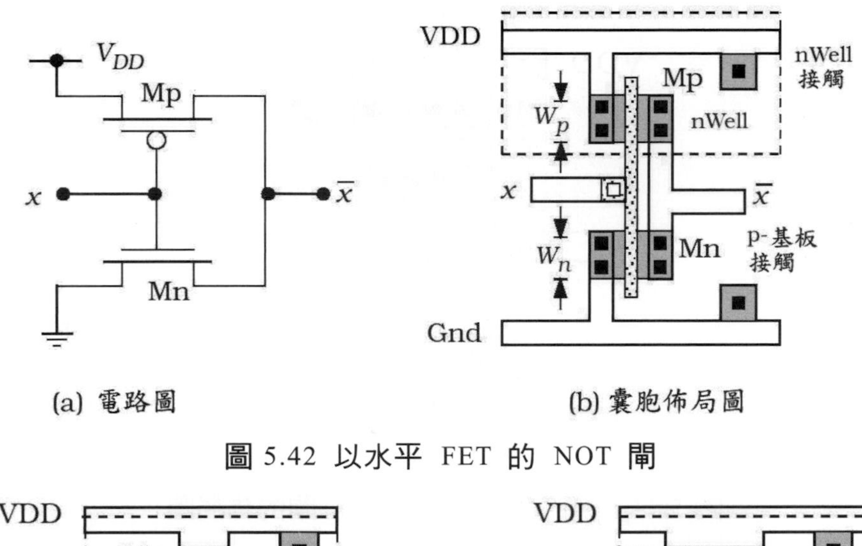

(a) 電路圖　　(b) 囊胞佈局圖

圖 5.42 以水平 FET 的 NOT 閘

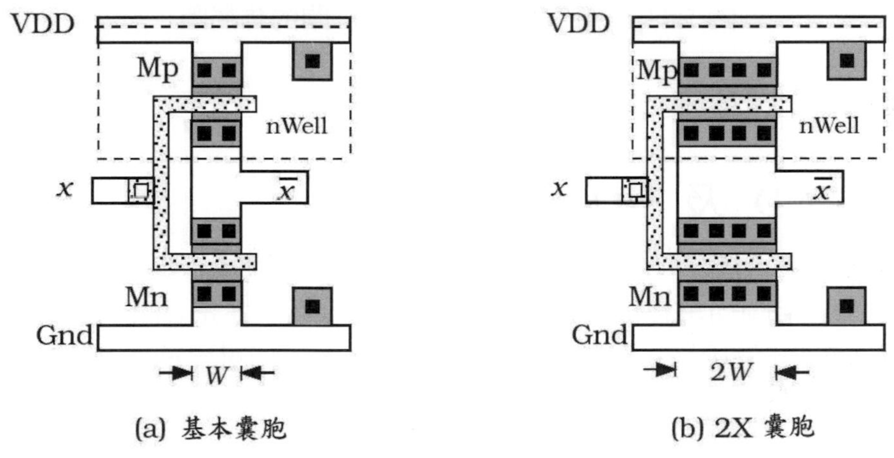

(a) 基本囊胞　　(b) 2X 囊胞

圖 5.43 使用垂直 FET 的 NOT 佈局圖

雖然這個簡單的範例說明了這個佈局圖的基本層面，但是 VDD-Gnd 的 Metal1 線路的微小間隔使它難以縮放。如果我們將這些 FET 旋轉 90 度，那麼將會比較容易來增大這些 FET 的通道寬度。這是以圖 5.43 中的這個範例來加以說明。在圖 5.43(a) 之中，這個單位 NOT 設計具有 Mn 與 Mp 兩者的縱橫比 (W/L)。圖 5.43(b) 中的這個 2X 囊胞使用相同的 VDD-Gnd 間距，但是藉由在水平方向上拉伸這些 FET 來提供具有縱橫比 $2(W/L)$ 的電晶體。

另外一個範例顯示於圖 5.44 之中。在這種設計之中，這個 pFET 透過一個遷移率比值 $r = 2.5$ 因而大於這個 nFET。這使得輸出 x 與兩條電源供應軌 VDD 與 Gnd 之間的電阻會相等。由於這有相等的 nFET 及 pFET 電阻，因此它被稱爲是一個**對稱的反相器 (symmetric inverter)**【即便它的幾何結構並不是對稱的】。這種設計的重要性將會在第七章的 CMOS 邏輯閘的電性設計的範疇

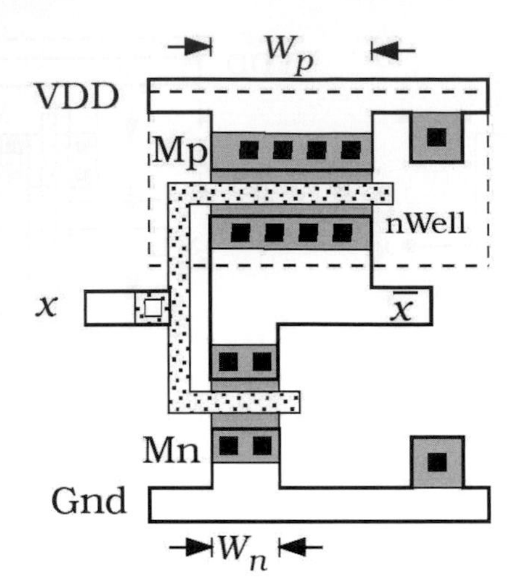

圖 5.44 一個電性對稱的 NOT 閘的佈局圖

之中加以討論。

5.5.2 NAND 及 NOR 囊胞

我們可以應用相同的技術來設計一個 NAND 閘的佈局圖。垂直的 FET 被使用於圖 5.45(a) 中所顯示的這個 NAND2 佈局圖之中。在這個設計之中，所有電晶體都具有相同的縱橫比。如同這個囊胞本身一樣，如果需要它們也可以被重新調整尺寸。如果我們使用更多的輸入，比方說在一個 NAND3 閘之中，那麼這些 nFET 的調整尺寸會變得更爲關鍵。在這種狀況下，W_n 的值應該被增大來降低從輸出到接地的這個串聯電阻。

一個 NOR 閘也可以以相同的方式來產生。圖 5.45(b) 之中的這個 NOR2 佈局圖只是藉由將這個 NAND2 佈局圖翻轉並重新定義 FET 及電源供應線路的極性所獲得的。這個設計也到處都使用相同尺寸的 FET。然而，由於這些 pFET 具有相對高的電阻值，因此由輸出至 VDD 的這條串聯連接的 pFET 鏈可能會造成過大的切換延遲。這個延遲可以藉由使用較大的 W_p 值來加以縮短。

使用在垂直方向跑的閘圖案的 NAND2 與 NOR2 閘的替代佈局圖被顯示於圖 5.46 之中；這種方法的導線連接是在第三章之中加以檢視。然而，這些圖形是更爲詳細，因爲它們顯示了 FET 的尺寸。兩種閘都將串聯連接的電晶體的通道寬度增大以降低電阻。在圖 5.46(a) 中 NAND2 閘的這些 nFET 比圖 5.46(b) 的 NOR2 閘所使用的並聯連接的 nFET 來得寬。相類似地，在 NOR2 之中的 pFET 比這個 NAND2 的並聯 pFET 來得寬。

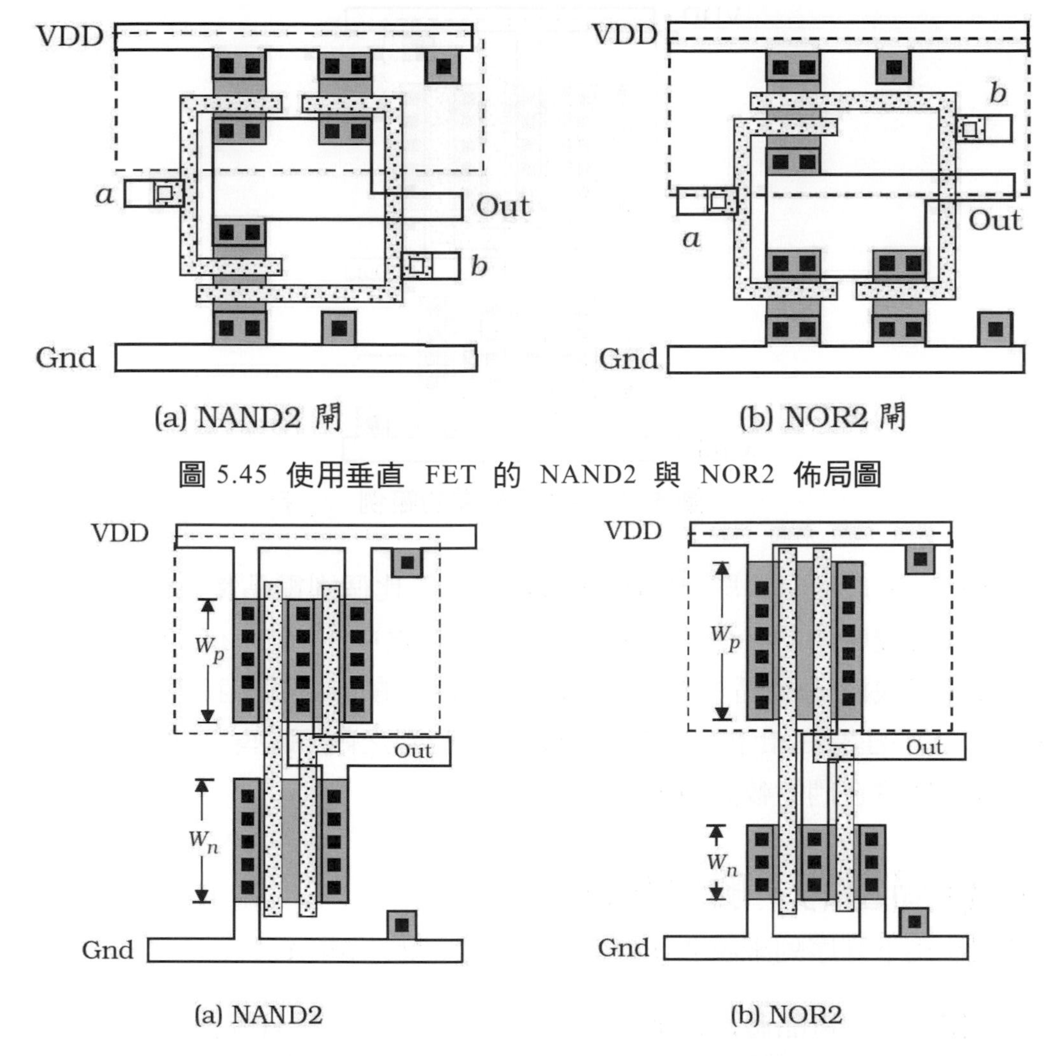

(a) NAND2 閘　(b) NOR2 閘

圖 5.45 使用垂直 FET 的 NAND2 與 NOR2 佈局圖

(a) NAND2　(b) NOR2

圖 5.46 替代的 NAND2 與 NOR2 囊胞

W_n 與 W_p 的實際值決定這個閘的電特性。在許多設計之中，佈局圖中使用方便尺寸的 FET。然後這個電路被模擬來決定它們的電性響應，如果需要的話再調整尺寸。在關鍵的數據路徑之中，這些值更加重要而起始的設計工作專注於求取可接受的值。邏輯閘設計的電性層面將在本書後續幾章之中加以討論。

5.5.3 複雜的邏輯閘

複雜邏輯閘的佈局圖以相同方式來進展。在第三章之中所呈現的繞線技術給予元件的置放。在實體設計階段，每個電晶體尺寸被指定，而這些 FET 結構被置放於 VDD 與 Gnd 軌之間。除非它們分享相同的 Active 面積，或者其它的考慮

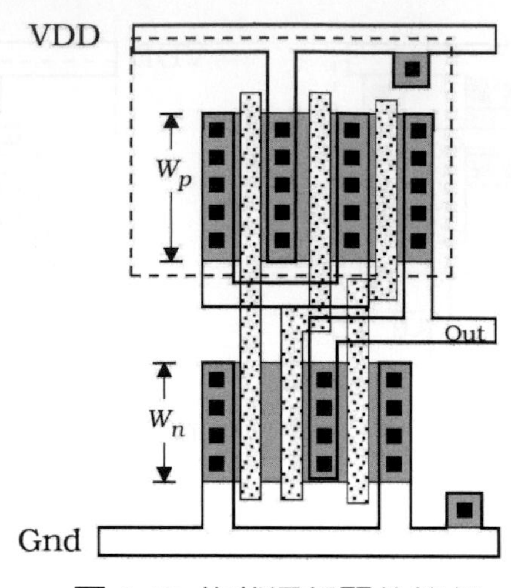

圖 5.47 複雜邏輯閘的範例

很重要，否則一般而言串聯連接的 FET被製作得比個別電晶體來得寬。

一個複雜邏輯閘的一個範例顯示於圖 5.47 之中。由於 nFET 與 pFET 兩個陣列都分享洩極/源極區域，因此為了簡化起見，在佈局圖中我們都使用 W_n 與 W_p 的單一值。注意在給予的 VDD-Gnd 間隔範圍之內，這些 pFET 可以被製作得寬一些來補償它們的較高電阻值。

5.5.4 佈局圖的一般性評論

這些範例使用下列序列來說明邏輯閘的實體設計的基本

- 使用這個電晶體電路來產生一個繞線圖，圖中只有導線連接的路徑與階層才是重要的。
- 使用包含所有特徵及符合這些設計法則的適當尺寸的繞線圖來作為這個閘的最終實體設計的基礎。

對新手而言，閘設計的最終層面能是非常耗費時間。即使對於一個有經驗的設計師，某些複雜的電路也會是很有技巧的。在一個佈局圖被完成之後，它必須使用製程參數來加以萃取及模擬。一個囊胞最終是否會被接受乃是由它是否滿足所有電性及尺寸規範所決定的。

VLSI 設計師嘗試在一塊給予的面積上置放儘可能多的電路。在工程階層，這是藉由使用規則、重複的圖案的想法，並且精通 CAD 工具來達成的。由設計簡單囊胞所學習到的課程提供了愈來愈複雜的網路的基礎。設計自動化工具正成爲威力相當强大且更有智慧，而且幫助難以置信的複雜程度的設計來鋪路。

5.6 設計層級

VLSI 系統是使用設計層級的觀念所產生的，其中簡單的建構區塊被使用來設計更複雜的單元。這種套疊會持續直到整片晶片完成爲止。一個佈局圖編輯器的程式碼被建造來提供晶片設計師這種形式的環境。創造這個層級的關鍵在於囊胞這個觀念。我們將一個囊胞定義爲被視爲單一項目來對待的物體的一個集合。這些物體本身的特性提供層級的觀點。

最簡單的囊胞是只由多邊形所構成的。在前一節之中諸如 NOT 與 NAND2 範例的這些邏輯閘落在這一種類之中。具有這種性質的一個囊胞被稱爲是**扁平** (flat) 的囊胞，這意指每個物體都是獨立的，而且與其它物體是沒有關聯的。在

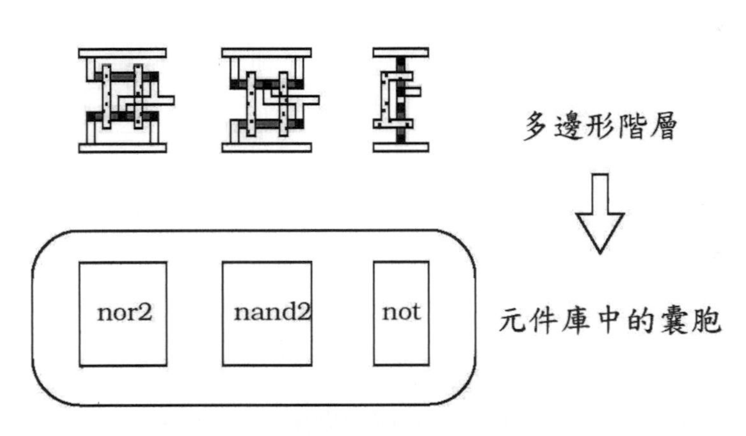

圖 5.48 原始的多邊形階層元件庫選項

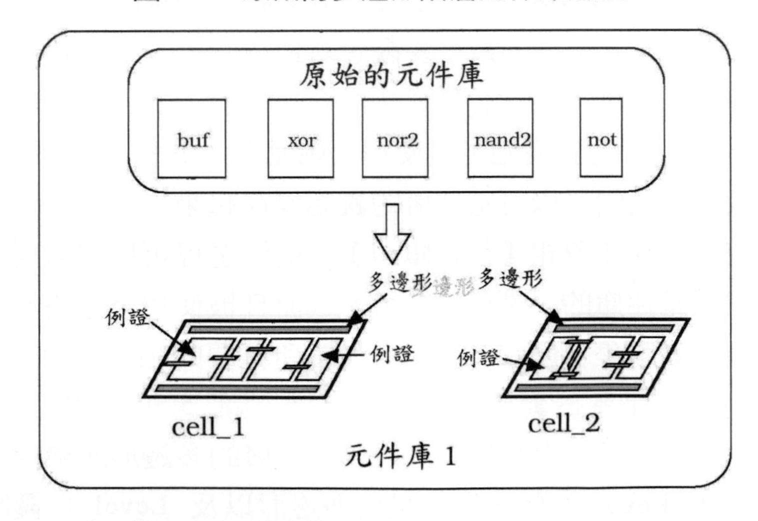

圖 5.49 以更複雜的囊胞來將元件庫展開

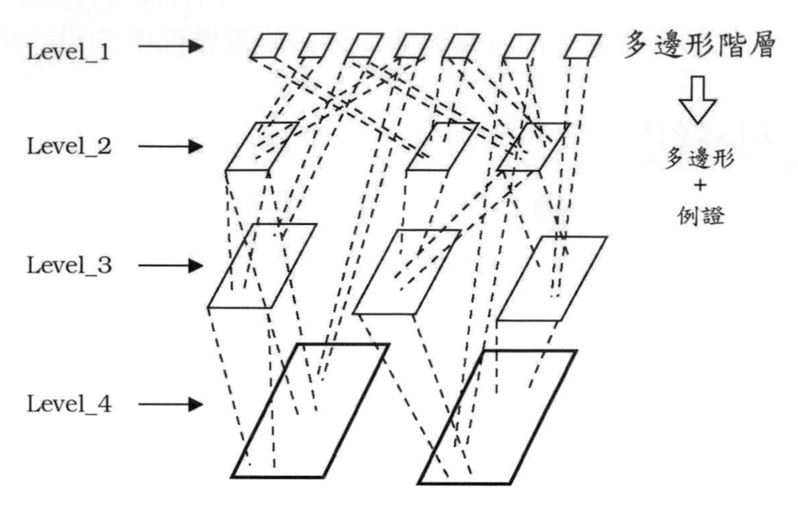

圖 5.50 **囊胞的層級**

一個平坦的囊胞之中，我們可以改變任何多邊形而不會影響其它任何東西。爲了啓動這個設計過程，我們產生大量的平坦囊胞，並將它們儲存在一個元件庫之中。最原始的元件庫項目被挑選爲可以在更複雜的設計之中被使用來作爲建構區塊的電晶體與邏輯閘。圖 5.48 說明這個想法。在這個簡單的範例之中，三個閘階層的設計 nor2、nand2、及 not 被產生在多邊形階層。然後，每個設計被儲存爲元件庫中的一個分離的囊胞。每個囊胞與其它囊胞獨立。

一旦起始的元件庫被建立起來之後，我們可以藉由將它們引例進入我們的佈局圖之中而在我們的設計之中使用這些囊胞項目。一個例證是這個元件庫中的囊胞的一個複製。一個被引例的物體在新的佈局圖中無法被改變，因爲它永遠是元件庫項目的一個完全相同的複製品。改變一個例證的特性的唯一方法乃是改變元件庫的項目。我們所需要掌控的最重要觀念乃是這個新的佈局圖將會是一個更複雜的物體，本身可以被回復爲元件庫之中的一個囊胞。在圖 5.49 之中，兩個被稱爲 cell_1 與 cell_2 的新囊胞乃是使用原始元件庫的例證，再加上它們自己的多邊形來加以設計。我們可以將這個新的囊胞儲存起來，並產生一個使用於更複雜設計之中的較大元件庫群組【元件庫 1】。這個過程可以視需要來重複。有用的函數被設計成爲元件庫的一部份的新囊胞，而且被使用來建構其它的囊胞。元件庫所挑選的最終囊胞集合應該包含設計計畫所需要的絕大多數的囊胞。

囊胞層級的觀念是基於囊胞元件庫的建構。圖 5.50 提供這種規劃的目視圖。在最原始的階層，這些囊胞是只由代表材料層的多邊形所構成的。這被指定爲層級的 Level_1。Level_2 的囊胞則是由多邊形以及 Level_1 囊胞的例證所構

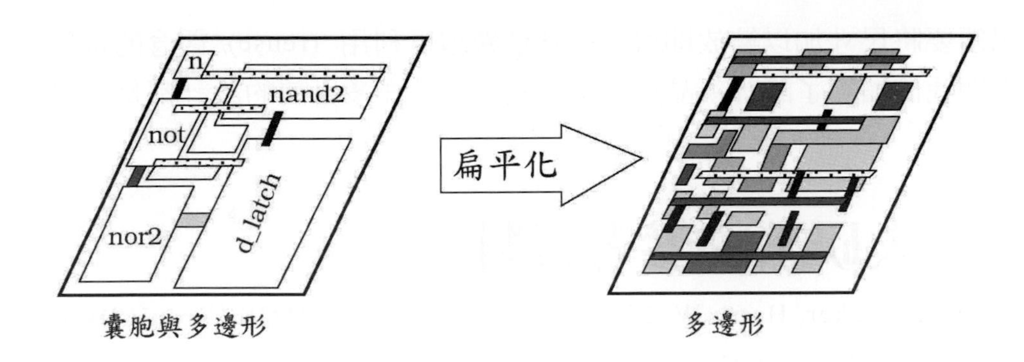

圖 5.51 **扁平化操作的效應**

成的。下一群被指定爲 Level_3 囊胞。這些囊胞是由多邊形來構成的，而且可能會包含來自 Level_1 與 Level_2 例證項目。圖形中所顯示的最後一群是 Level_4 囊胞。它們是由多邊形以及由 Level_1 至 Level_3 的任何囊胞的例證所作成的。

我們必須牢記，一個例證只是一個較簡單實體的一個複製而已，而且它的內部結構無法在一較高的階層上被改變。譬如，如果一個 Level_2 囊胞被引例進入一個 Level_4 囊胞之中，這個 Level_4 設計會把它視爲不變來對待。爲了改變 Level_2 囊胞，我們必須回到原始的 Level_2 設計之中。在這個囊胞之中的任何改變將會傳播至這個被引例的所有較高的階層。在實際的操作之中，這個元件庫被大量的設計師所使用，但是大多數的使用者並沒有取用囊胞中央群組的特權。這避免某個人來改變在另一個人的設計之中可能會是很關鍵的一項特性。

雖然一個例證的內涵可以被改變，但是我們也可以藉由**扁平化** **(flatten)** 指令來將它分解成爲多邊形。在一個囊胞被扁平化之後，所有與原始囊胞之間的參考關係都會喪失掉，而這個電路的個別特徵都可以被修改。圖 5.51 說明扁平化操作的效應。一個被扁平化的囊胞無法被回復到它的原始引例型式。

設計層級的觀念在 VLSI 工程之中是不可或缺的。它使我們得以從原始的階層來開始，並加進被認爲有用的囊胞來建構複雜的網路。以這種方式，各種元件庫可以被建構起來並加以維護，以提供許多不同的計畫來使用。複雜的系統會被拆解成爲可處理的區段，而建構具有數以百萬計電晶體的晶片的觀念會成爲一個事實。

作爲結束的評論，注意佈局圖與製程是相關的。這意指每一次一座新製造廠上線，我們就必須建構一個新的元件庫。除非這個新的製程是徹頭徹尾地不相同，否則這些舊的囊胞還是可以被使用來作爲新群組的一個起點。有時候，我們可能只須要將尺寸加以縮放即可，這就是囊胞再利用 (reuse) 觀念的基礎。這種觀念幫助我們縮短了設計新晶片所須要的時間。許多目前的設計都是以再利用來創造的。

5.7 深入研讀的參考資料

[1] R. Jacob Baker, Harry W. Li, and David E. Boyce **CMOS Circuit Design, Layout and Simulation,** IEEE Press, Piscataway, NJ, 1998.

[2] H. B. Bakoglu, Circuits, **Interconnections, and Packaging for VLSI,** Addison-Wesley, Reading, MA, 1990.

[3] Kerry Bernstein, et al., **High-Speed CMOS Design Styles,** Kluwer Academic Publishers, Norwell, MA, 1998.

[4] Dan Clein, **CMOS IC Layout,** Newnes Publishing Co., Woburn, MA, 2000.

[5] Robert F. Pierret, **Semiconductor Device Fundamentals,** Addison- Wesley, Reading, MA, 1996.

[6] Bryan Preas and Michael Lorenzetti (eds.), **Physical Design Automation of VLSI Systems,** Benjamin/Cummings Publishing Co., Menlo Park, CA, 1988.

[7] M. Sarrafzadeh and C.K. Wong, **An Introduction to VLSI Physical Design,** McGraw-Hill, New York, 1996.

[8] Jasprit Singh, **Semiconductor Devices,** John Wiley & Sons, New York, 2001.

[9] Ben G. Streetman and Sanhay Banerjee, **Solid State Electronic Devices,** 5th ed., Prentice Hall, Upper Saddle River, NJ, 1998.

[10] R. R. Troutman, **Latchup in CMOS Technology,** Kluwer Academic Publishers, Norwell, MA, 1986.

[11] John P. Uyemura, **CMOS Logic Circuit Design,** Kluwer Academic Publishers, Norwell, MA, 1999.

[12] John P. Uyemura, **Physical Design of CMOS Integrated Circuits Using L-Edit™,** PWS Publishing Company, Boston, 1995.

[13] M. Michael Vai, **VLSI Design,** CRC Press, Boca Raton, FL, 2001.

第二部分

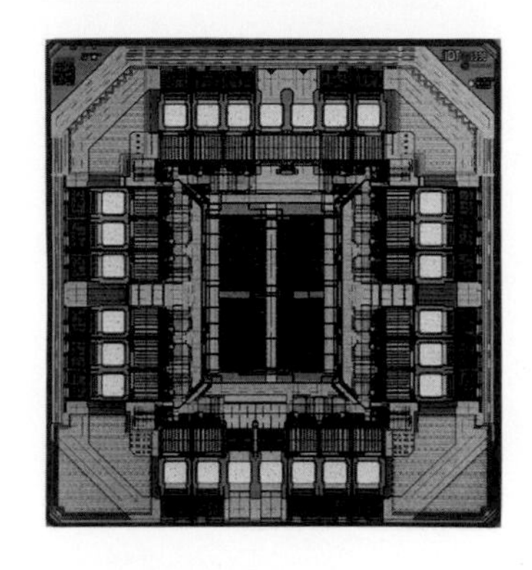

邏輯——電子學介面

6. MOSFET 的電性

本章專注於 MOSFET 的特性，並啟動 VLSI 的「電子學」的這一面，其中電流與電壓是最重要的數量。然而，我們所要強調的並不是電子學本身，而是強調實體設計與邏輯網路之間的連結。

6.1 MOS 的物理

MOSFET 藉由使用一個外加的電壓來使電荷由這個元件的源極邊移動到洩極邊而來傳導電流。由於洩極與源極實質上是分離的，因此唯有當一條傳導路徑或**通道 (channel)** 被產生時，在閘極之下才可能會有電荷的流動。

考慮圖 6.1 中所顯示的這個 nFET 圖形符號。洩極電流 I_{Dn} 是由施加到這個元件的電壓所控制的。在圖形中所指明的這個主要電壓是閘極–源極電壓 V_{GSn} 以及洩極–源極電壓 V_{DSn}。決定電流對電壓 (I-V) 的關係爲

$$I_{Dn} = I_{Dn}(V_{GSn}, V_{DSn}) \tag{6.1}$$

對於獲得這個元件的操作模型是非常重要的。一旦這項推導被達成之後，我們將會同時擁有實質的瞭解以及分析及設計 CMOS 切換網路的一個數學模型。

我們研讀的起始點是圖 6.2 中所顯示的這個簡單 MOS 結構；還記得「MOS」這個縮寫被使用來描述任何導體–氧化物–半導體層，即使最上層並不是一層金屬也沒有關係。在目前的狀況之下，閘極層是頂部的導電層。這個圖形代表一個 nFET 的中央區域，而且提供了洩極與源極區域之間的傳導層是如何形成的物理。被施加到閘極的電壓是以 V_G 來加以表示，而且也假設圖中所顯示的極性是一個正的值。氧化物層是二氧化矽 (SiO_2)，這層的作用是作爲閘極與基板

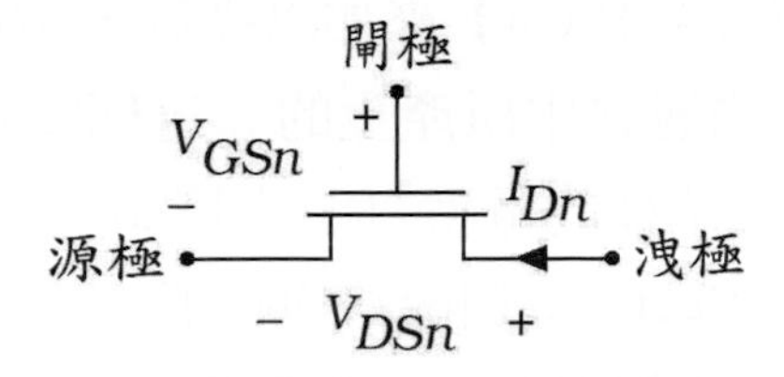

圖 6.1 nFET 的電流與電壓

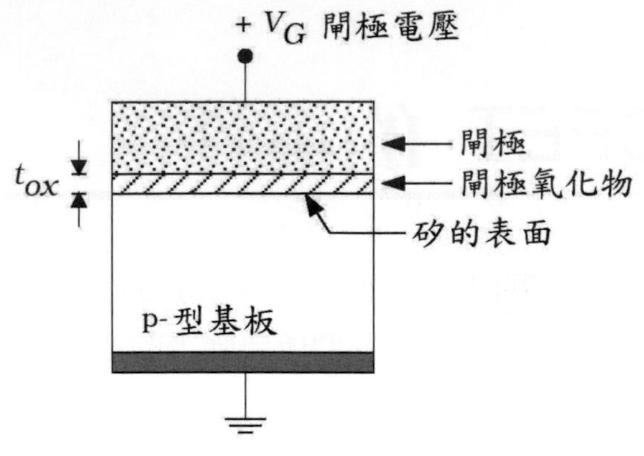

圖 6.2 MOS 系統的結構

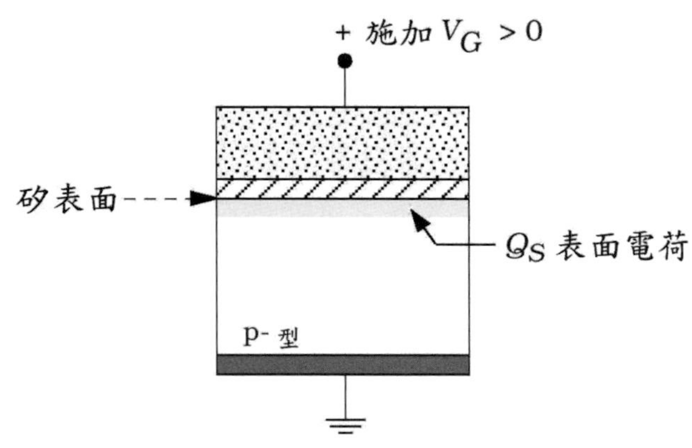

圖 6.3 表面電荷密度 Q_S

之間的一個絕緣體。這會得到每單位面積的氧化物電容【單位爲 F/cm^2】爲

$$C_{ox} = \frac{\varepsilon_{ox}}{t_{ox}} \tag{6.2}$$

其中 t_{ox} 是氧化物的厚度，單位爲 cm。由第三章，我們還記得二氧化矽的電容率爲 $\varepsilon_{ox} = 3.9\ \varepsilon_0$，其中 $\varepsilon_0 = 8.854 \times 10^{-14}$ F/cm 是自由空間的電容率。在現代的 CMOS 製程中的氧化物層是非常薄的，典型的厚度是 $t_{ox} < 10$ nm $= 10^{-6}$ cm。

C_{ox} 的值決定在閘極電極與 p 型矽區域之間所存在電性耦合數量。在**矽的表面 (silicon surface)**，也就是在矽區域的頂部，這個效應是最爲顯著。這種耦合是以一個電場 E【單位爲 V/cm】來加以描述，這個電場是當一個電壓被外加至閘極時在絕緣的氧化物層之中所產生的。這個電場會在半導體之中衍生電荷，並使我們得以藉由改變閘極的電壓 V_G 來控制流動通過這個 FET 的電流。這就是「場效應」(field-effect) 這個術語的起源。

爲了描述這種場效應，我們引進了表面電荷密度 Q_S 的這個觀念，單位是每

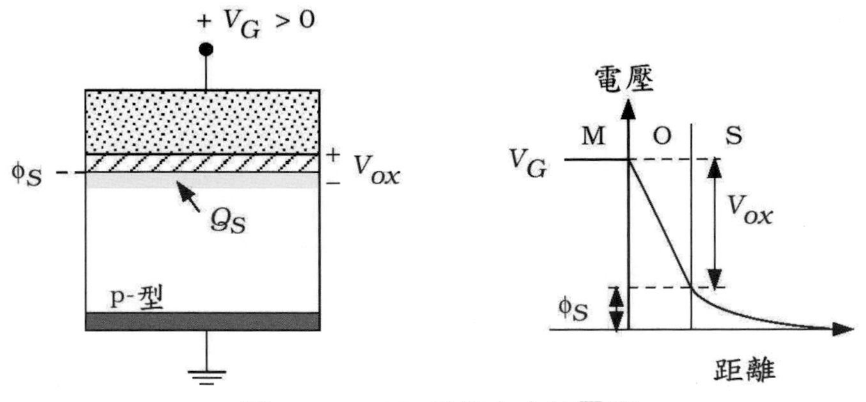

圖 6.4　MOS 系統之中的電壓

平方公分的庫倫數 [C/cm^2]。表面電荷密度與閘極電壓是藉由下式而被關聯起來

$$Q_S = -C_{ox}V_G \tag{6.3}$$

表面電荷的這個觀念可以使用圖 6.3 中的繪圖來加以瞭解。物理上，Q_S 代表由氧化物層往下看進這個半導體所看到的電荷密度。這個負號被包含進來是因為一個正的 V_G 會衍生一個負的表面電荷密度。雖然這是一個看起來很簡單的方程式，MOS 的物理會因為 Q_S 代表在半導體表面的所有電荷，以及這些電荷的特性是由外加閘極電壓的值所決定的這項事實而變得很複雜。

在電路的階層，臨限電壓是藉由將柯西荷夫電壓定律[1] (KVL) 應用於圖 6.4 中所顯示的 MOS 系統而得到的。假設這個閘極電壓 V_G 具有圖中所顯示的極性，則 KVL 給予這個表示式

$$V_G = V_{ox} + \phi_S \tag{6.4}$$

其中 V_{ox} 是跨降在氧化物層上的電壓，而 ϕ_S 則是**表面位勢 (surface potential)**，代表在矽的頂部的電壓。我們可以繪出在 MOS 系統中的電壓，圖中 V_G 是閘極的電壓，而 ϕ_S 是矽表面的電壓。氧化物電壓 V_{ox} 是電壓差 (V_G - ϕ_S)，而且如同圖形中所說明的，它是在氧化物之中的下降電位勢所造成的結果。而且注意在半導體中的電壓會以較為和緩的型式由一個 ϕ_S 的值下降至 $\phi = 0$。

圖 6.5 說明在 MOS 系統中的電場，圖中我們將氧化物的垂直尺寸予以展開，使我們得以看到更多的細節。這顯示絕緣體中的**氧化物電場 (electric field)** E_{ox} 是由較高位勢的閘極電極指向外。**表面電場 (surface electric field)** E_S 也是

[1] KVL 說明當一個電路繞著一個封閉迴路的軌跡時，電壓上升的總和必須等於電壓下降的總和。

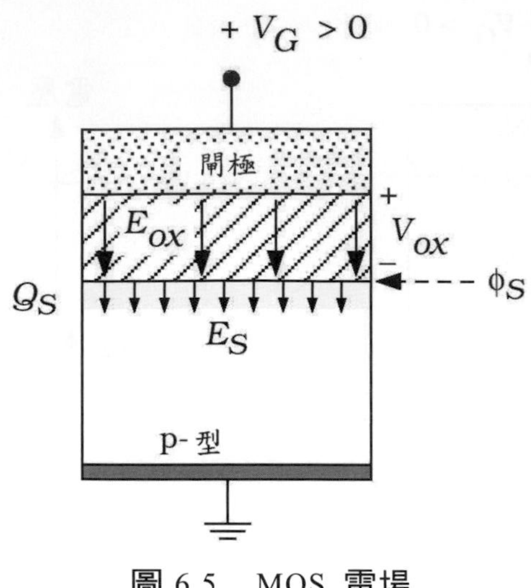

圖 6.5 MOS 電場

指向相同的方向【指向接地的連接】，而且是控制在半導體表面的表面電荷密度 Q_S 的這個電場。這是由於一個電場會在一個帶電粒子上施加一個作用力的事實所造成的，這個作用力是依據勞倫斯 (Lorentz) 定律

$$F = Q_{particle}E \tag{6.5}$$

其中 $Q_{particle}$ 是粒子上的電荷，並具有適當的正負號。帶正電的電洞具有一個 + q 的電荷，而力量的方程式爲

$$F_h = +qE \tag{6.6}$$

表明電洞會體驗一個與電場相同方向的力量。[2] 相反地，電子具有一個負電荷 $-q$，因此它們會體驗一個力量

$$F_e = -qE \tag{6.7}$$

在這種狀況下，這個負號說明電子會受到與電場相反方向的力量。當具有圖 6.5 中所顯示指向下的表面電場 E_S 時，正電荷被強迫離開這個表面，而負電荷則會被吸引前往表面。這解釋了何以這個表面電荷密度是由負電荷所構成的，而 Q_S 本身是一個負的數目。

表面電荷的本性是由外加的閘極電壓的大小所決定的。假設 V_G 是從 0 V 開始，然後被增大至一個微小的正值，比如說 $V_G = 0.1$ V。這個表面電場會吸引

[2] 還記得基本電荷的數值爲 $q = 1.6 \times 10^{-19}$ C。

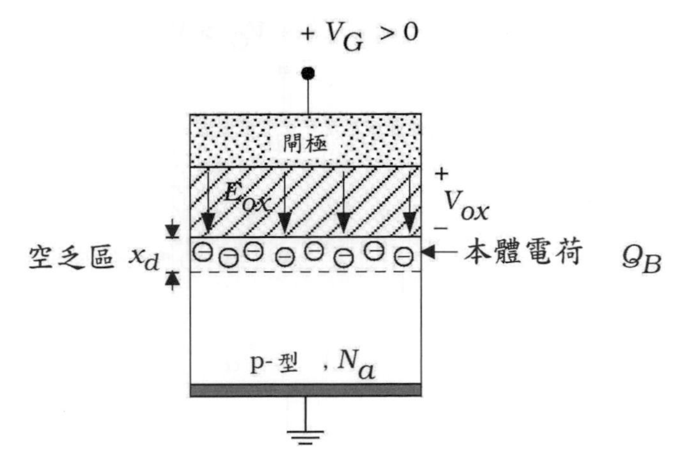

圖 6.6 MOS **系統之中的本體【空乏】電荷**

電子前往表面，而且會將電洞往下推。這會造成在半導體表面上的一個負電荷稱爲**本體電荷** (**bulk charge**)，密度爲 $Q_B < 0$ 具有 C/cm^2 的單位。本體電荷是由於 p 型基板中硼原子的出現所造成的。由於一個硼的作用是作爲一個受體，因此它可以捕捉並保持一個帶負電的電子。當這種現象發生時，它會變成一個具有淨負電荷的**解離摻質** (**ionized dopant**)。本體電荷是不動的，這是因爲這些離子無法移動所造成的。一項物理分析會得到

$$Q_B = -\sqrt{2q\varepsilon_{Si}N_a\phi_S} \tag{6.8}$$

其中 ε_{Si} 是矽的電容率，$\varepsilon_{Si} \approx 11.8\ \varepsilon_0$。對氧化物的這種狀況，電壓與本體電荷之間的關聯爲

$$Q_B = -C_{ox}V_{ox} \tag{6.9}$$

本體電荷被顯示於圖 6.6 之中，圖中本體電荷是以內部包含負號的圓圈來代表。由矽的表面到本體電荷層底部的這一段被稱爲是**空乏區** (**depletion region**)，這是因爲它的自由電子與電洞已經被「空乏」了：電洞已經被強迫離開，而電子已經被硼摻質原子所「吸收」。空乏層的深度 x_d 會隨著外加的電壓而增大。這種情況定義了一個 MOS 系統之中的「空乏操作模式」。一個空乏的 MOS 結構無法支撐電流的流動，這是因爲本體電荷被矽晶格所陷捕而無法移動。

如果我們將閘極電壓增大至一個被稱爲**臨限電壓** (**threshold voltage**) V_{Tn} 的特殊值，因此我們觀察到電荷性質的一項改變。如同它的名稱所暗示的，臨限電壓是兩個不同的現象的邊界。對 $V_G < V_{Tn}$ 而言，電荷是無法移動的本體電荷，且 $Q_S = Q_B$。然而，對 $V_G > V_{Tn}$ 而言，這些電荷是由兩個不同的分量所構成的，

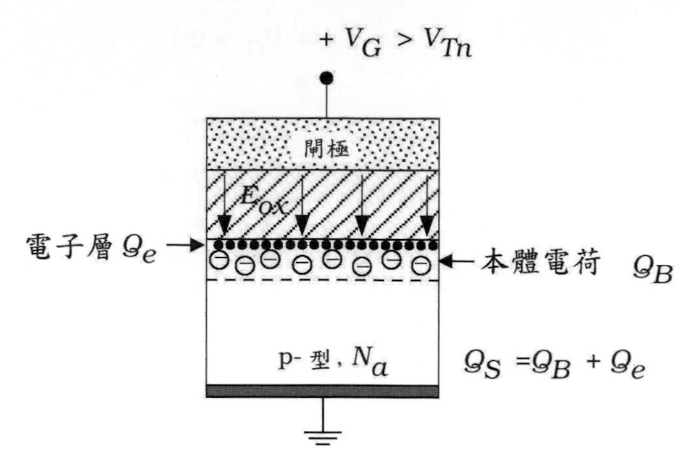

圖 6.7 電子電荷層的形成

使得

$$Q_S = Q_B + Q_e < 0 \tag{6.10}$$

其中 Q_B 是本體電荷，但是現在我們觀察到一層電子電荷層，這個電荷是以數量 Q_e C/cm^2 來加以描述。表面電荷的兩個分量被顯示於圖 6.7 之中。重點在於電子是可移動的，而且可以在橫向【與表面平行】的方向上移動。因此，這層電子層可以被使用來建構一個 MOSFET 的通道區域。臨限電壓 $V_G = V_{Tn}$ 代表 Q_e 剛剛開始形成的這個閘極電壓的值。這意指對 $V_G = V_{Tn}$ 而言，$Q_e = 0$，但是對 $V_G > V_{Tn}$ 而言，Q_e 會依據電容器關係式來增大

$$Q_e - C_{ox}(V_G - V_{Tn}) \tag{6.11}$$

在這層電子層已經被形成之後，我們必須將臨限電壓由 V_G 之中扣除來獲得跨降在絕緣體上的等效電壓。注意這暗示對於滿足 $V_G > V_{Tn}$ 的閘極電壓而言，這個本體電荷 Q_B 並不會增大。在這個方程式之中包含負號來表明電子是負電荷。

臨限電壓的數值是在製造程序之中所設定的。典型而言，視乎這個電路所意圖的應用型式而定，臨限電壓的範圍大約是由 V_{Tn} = 0.5 V 至 V_{Tn} = 0.8 V。在 VLSI 系統的設計之中，我們假設 V_{Tn} 會具有在電性參數表中所指定的一個值。

6.1.1 臨限電壓的推導[3]

推導足以來說明這個數值的起源的一個近似表示式並不困難。還記得 KVL 給予

---

[3] 這一小節可以跳過而不會影響連續性。

我們這個電壓方程式

$$V_G = V_{ox} + \phi_s \tag{6.12}$$

對於 MOS 系統的一項更爲深入的研究顯示，當表面位勢達到下面的這個值時，這層電子層剛剛才要開始形成

$$\phi_S = 2|\phi_F| \tag{6.13}$$

其中 $|\phi_F|$ 稱爲**本體費米位勢 (bulk Fermi potential)**，這個值是由 p 型半導體之中的受體硼的摻雜密度 N_a 所設定的。這項分析會得到

$$|\phi_F| = \left(\frac{kT}{q}\right)\ln\left(\frac{N_a}{n_i}\right) \tag{6.14}$$

其中 k 是波茲曼常數 (Boltzmann's constant)，而 T 是溫度，單位爲凱文 (Kelvin)。參數群 (kT/q) 又被稱爲是**熱電壓 (thermal voltage)** V_{th}，而且在室溫 (T = 27°C = 300 K) 下會具有一個 $(kT/q) \approx 0.026$ V 的數值。

當這被建立起來時，我們可以寫出 KVL 方程式 $V_G = V_{Tn}$ 爲

$$V_{Tn} = V_{ox}\Big|_{\phi_S=2|\phi_F|} + 2|\phi_F| \tag{6.15}$$

然後，回想 Q_B 的方程式 (6.8) 與 (6.9) 得到

$$V_{Tn} = \frac{1}{C_{ox}}\sqrt{2q\varepsilon_{Si}N_a(2|\phi_F|)} + 2|\phi_F| \tag{6.16}$$

這是一個理想 **MOS** 結構的臨限電壓，在這種結構中氧化物完全沒有雜散電荷，而閘極與半導體的材料是完全相同的。代表更爲實際的情況的一個一般性的表示式爲

$$V_{Tn} = \frac{1}{C_{ox}}\sqrt{2q\varepsilon_{Si}N_a(2|\phi_F|)} + 2|\phi_F| + V_{FB} \tag{6.17}$$

其中 V_{FB} 稱爲**平帶電壓 (flatband voltage)**，並且代表氧化物以及不同閘極與基板材料之中的兩種電荷。[4] 在大多數的現代 CMOS 製程之中，V_{FB} 是一個負的數目，這會得到 $V_{Tn} < 0$。由於大多數的 CMOS 電路都是以一個正的電源供應來

[4] 平帶電壓這個名稱是源自於這個系統能帶圖的一項分析，但是這已經超越本書的範圍。

操作的事實，因此我們想要得到一個具有 $V_{Tn} > 0$ 的正的臨限電壓。這是藉由引進將額外的硼離子佈植進入這個區域的表面之中的另外一個製程步驟來達成的。這會將臨限電壓的方程式改變爲

$$V_{Tn} = \frac{1}{C_{ox}}\sqrt{2q\varepsilon_{Si}N_a\left(2|\phi_F|\right)} + 2|\phi_F| + V_{FB} + \frac{qD_I}{C_{ox}} \tag{6.18}$$

其中 D_I 給予每平方公分被佈植的離子數目的佈植劑量 (implanted dose)；D_I 具有 cm^{-2} 的單位。因此，臨限電壓可以藉由調整佈植劑量來加以設定。由於閘極摻雜可以修改平帶電壓 V_{FB}，因此在許多製程之中，藉由改變閘極的摻雜來修改臨限電壓也是可能的。

6.2 nFET 的電流–電壓方程式

現在，讓我們將我們的興趣導引至一個 n 通道 MOSFET 的 *I-V* 特性。這些特性是由這個元件本身的實體結構所決定的。這個 nFET 是由一個 MOS 電容器連同被加在兩邊的 n+ 區域所組成的。在圖 6.8(a) 之中的截面圖顯示這些源極與汲極 n+ 區域是如何被相對於這個 MOS 【閘極氧化物–基板】電容器來置放。這些 n+ 區域的邊緣之間的距離是以 L 來表示，這被稱爲是這個元件的【電性】**通道長度 (channel length)**。L 具有長度的單位，而且是在 FET 之中的最小特徵尺寸。在這個時點，汲極與源極的標示純粹是任意的，因爲在這些電壓被施加之前，這兩者之間的區別並無法被決定。作爲未來的參考，我們將注意到在一個 nFET 之中，汲極乃是具有較高電壓的 n+ 邊。這個 nFET 的一個上視圖被提供於圖 6.8(b) 之中。這個圖形定義了【電性的】**通道寬度 (channel width)** W，它也具有長度的單位。無因次的數量 (W/L) 是被使用來指明一個電晶體相對於電路中其它電晶體的相對尺寸的縱橫比。

值得注意的是，在本章之中所使用的 W 與 L 的值乃是電性或「等效」值，而不是在前一章之中所介紹的繪圖值。這種符號的規定是使用於元件物理的討論之中，而且即使當這項討論是在電子學階層時，這種符號規定還是值得加以維持。爲了避免混淆，我們將以符號 L' 與 W' 來表示【佈局圖所使用的】繪圖值，使得

$$\begin{aligned} L &= L' - \Delta L \\ W &= W' - \Delta W \end{aligned} \tag{6.19}$$

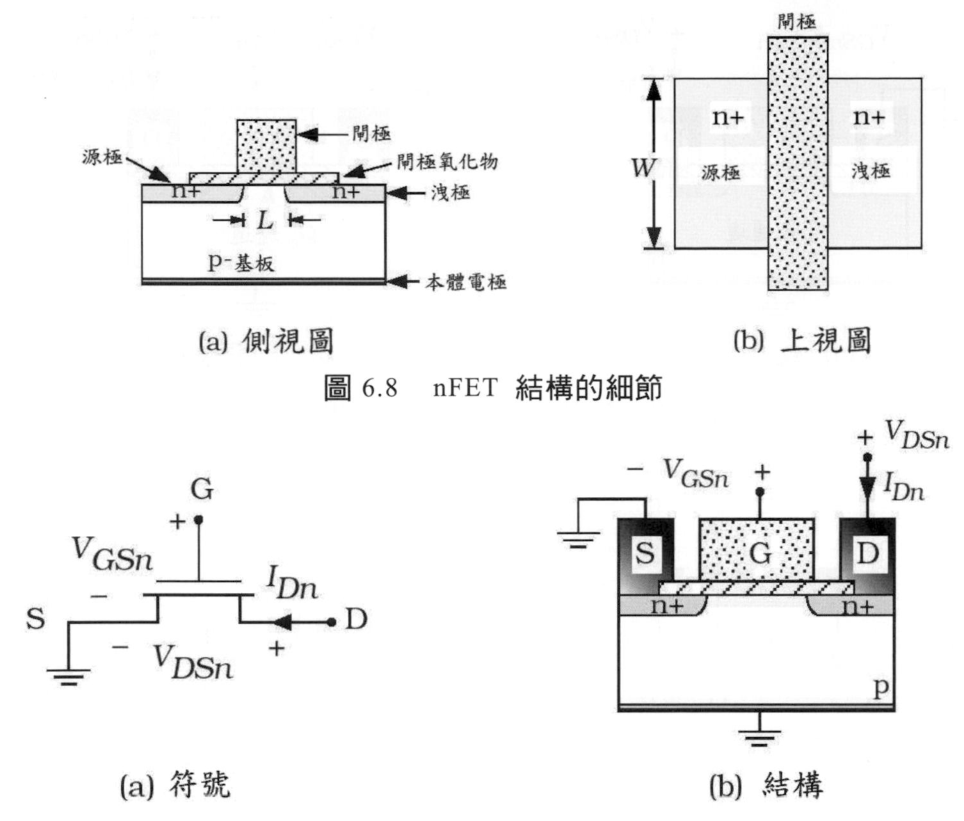

(a) 側視圖 (b) 上視圖

圖 6.8 nFET 結構的細節

(a) 符號 (b) 結構

圖 6.9 一個 nFET 的電流與電壓

給予電性與繪圖值之間的關係；ΔL 與 ΔW 是製程的縮小因數。在本章之中的所有方程式都使用 W 與 L 的電性值，而在本書剩下的部分我們也會維持這種從屬關係。這兩者在 SPICE 中的實際用途將在後面加以討論以提供最後的澄清。

電流流動的特性乃是藉由施加電壓到這個實體結構，然後分析這個元件的物理來求得的。如同圖 6.9 中所顯示，在符號所代表電壓【參見圖 6.9(a)】以及施加到積體結構的電壓【參見圖 6.9(b)】之間會有一個一對一的關聯。為了簡化起見，源極已經被接地。這並不會影響這些結果的一般性，這是因為我們只使用相對的電壓 V_{GSn} 與 V_{DSn}。在這個時點，我們的計畫乃是決定電流 I_{Dn} 對這些電壓的相依性。

瞭解在一個 n 通道 MOSFET 之中的電流流動的關鍵乃是注意到，這種 MOS 結構使我們得以藉由使用閘極–源極電壓 V_{GSn} 來控制閘極氧化物下面的這層電子電荷層 Q_e 的產生。這是在圖 6.10 之中加以說明。如果 $V_{GSn} < V_{Tn}$，則如同圖 6.10(a) 之中所闡明，$Q_e = 0$。由於沒有電子層存在，因此這兩個 n+ 區域實質上是彼此分隔的，而在它們之間沒有直接的電流流動路徑存在。由外部世

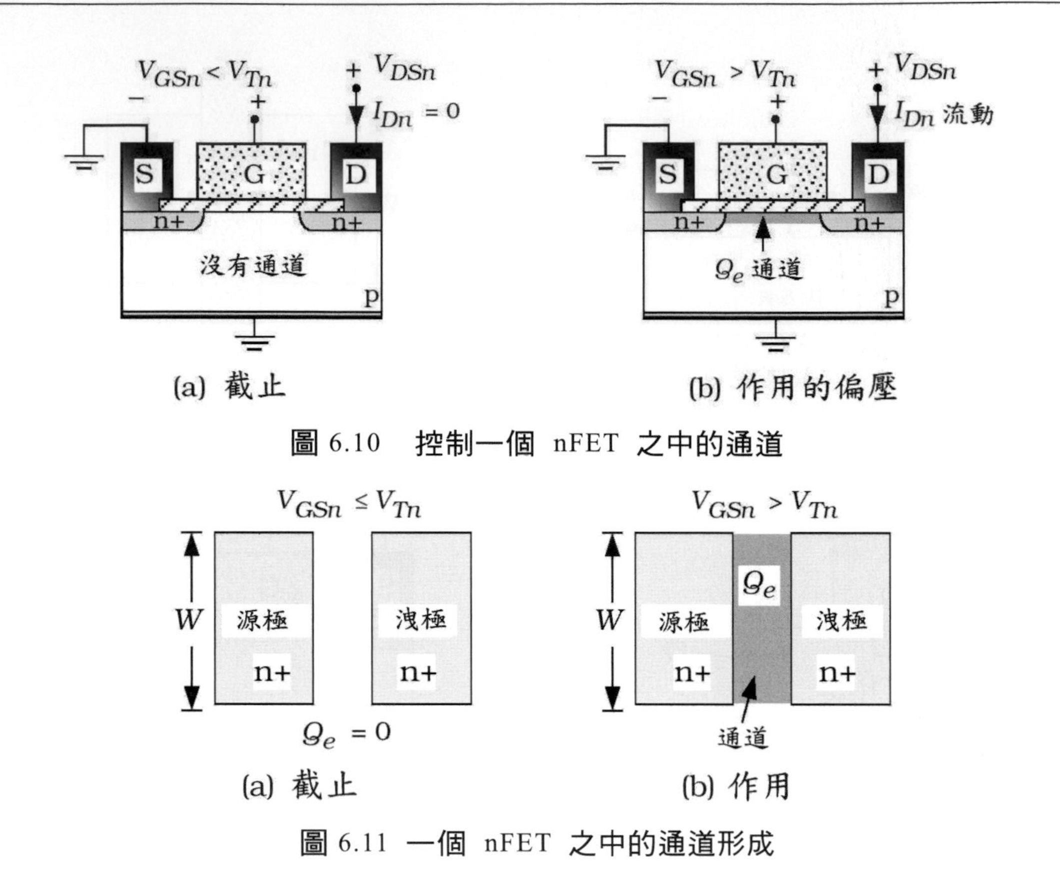

圖 6.10　控制一個 nFET 之中的通道

圖 6.11　一個 nFET 之中的通道形成

界來看，在洩極與源極端點之間有一個打開的電路存在，因此這說明電流 I_{Dn} 必定為 0。這種操作狀態被稱為**截止** **(cutoff)**，而且是以具有 $V_{GSn} < V_{Tn}$ 連同 $I_{Dn} = 0$ 來加以定義的。一個截止的電晶體是等同於在洩極與源極端點之間具有一個打開的開關。

另一方面，如果閘極–源極電壓被增大至一個 $V_{GSn} > V_{Tn}$ 的值，這種情況會有戲劇性的改變。如同圖 6.10(b) 中所顯示，在閘極氧化物下面會有一層電子電荷層 Q_e 被產生。這一層提供洩極與源極 n+ 區域之中的電子的一條電**通道** **(channel)**，並允許電流在這兩者之間流動。一條通道的出現定義了這個電晶體的**作用** **(active)** 操作模式。電流 I_{Dn} 的數值是由 V_{GSn} 與 V_{DSn} 這兩者所共同決定。

圖 6.11 顯示由這些層的觀點來看這個 FET 的操作模式。這些圖形就如同這個元件是出現在矽的表面一般地來說明這個元件的操作，也就是說如果我們使閘極層變透明的話。具有 $V_{GSn} < V_{Tn}$ 的截止被顯示於圖 6.11(a) 之中；由於 $Q_e = 0$，因此在洩極與源極區域之間沒有通道存在，而這個元件的作用有如一個打開的開關。圖 6.11(b) 說明當閘極—源極電壓滿足 $V_{GSn} > V_{Tn}$ 並造成一層電子電荷

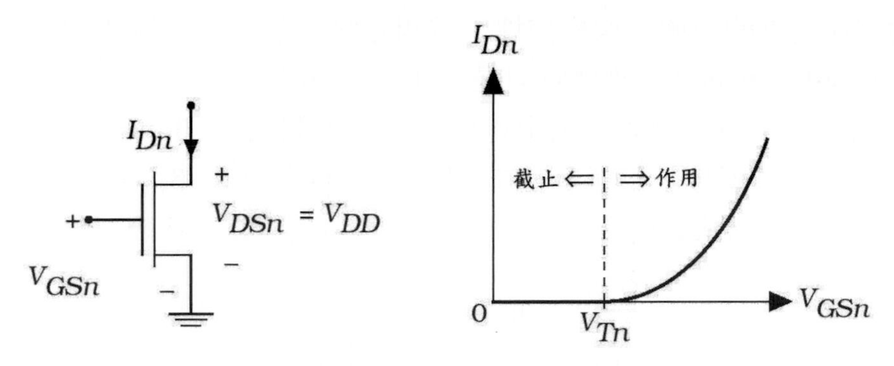

圖 6.12 *I-V* 特性表示爲 V_{GSn} 的一個函數

層 Q_e 被形成的這種相反的狀況。這定義了作用的操作模式。這層電荷層的作用是作爲這兩個 n+ 區域之間的一條通道，允許在這兩個區域之間的電荷傳導。

在前一個段落之中所描述的這種行爲幾乎能夠說明將一個 nFET 模擬爲一個作用高的開關的正當性，在一個微小閘極電壓 ($V_{GSn} < V_{Tn}$) 時這種開關是 OPEN，而當具有一個大閘極電壓 ($V_{GSn} > V_{Tn}$) 時則是 CLOSED。在 VLSI 之中，如同在第二章之中所展現的，開關模型便已足夠設計邏輯閘來使用。然而，FET 的電性會實質地偏離一個理想開關的電性。雖然這項考慮並不會影響到以 FET 來形成邏輯的法則，但是它的確建立了一個 CMOS 網路的暫態響應的基本上限。由於在現代晶片設計之中，切換速度是關鍵的考量，因此深入地瞭解 MOSFET 的操作來提供 VLSI 設計環境的一個完整圖像是値得的。電晶體的尺寸調整提供實體設計與一個邏輯閘的電子操作之間的鏈結。

爲了在元件階層來表述一個 nFET 的特性，我們將採用電流被繪製爲電壓的一個函數的這種簡單程序。由於有兩個電壓【V_{GSn} 及 V_{DSn}】，因此我們將保持一個電壓固定不變，而改變另一個電壓，並進行兩種分開的實驗以獲得整體的行爲。第一個實驗被顯示於圖 6.12 之中，其中我們已經將洩極−源極電壓設定爲電源供應的値 ($V_{DSn} = V_{DD}$)，而我們將 V_{GSn} 由 0 V 正向地增大。這會造成顯示的 I_{Dn} 對 V_{GSn} 圖形。對 $V_{GSn} < V_{Tn}$ 的電壓而言，這個電晶體是在截止，而 $I_{Dn} = 0$。將閘極−源極電壓增大至 $V_{GSn} > V_{Tn}$ 的値會使這個 nFET 藉由形成電子電荷層 Q_e 而被偏壓到作用的操作區域。洩極—源極電壓 V_{DSn} 提供使電荷移動所需要的位勢差，這個位勢差會造成流動通過這個元件的電流 I_{Dn}。數學上，這個電流可以被近似爲下列的方程式

$$I_{Dn} = \frac{\beta_n}{2}\left(V_{GSn} - V_{Tn}\right)^2 \tag{6.20}$$

這顯示對這個電壓的一個二次相依性。這個方程式定義了一個 FET 的**平方定律模型 (square-law model)**。雖然它只是一種近似而已，但是它對於複雜的 CMOS 網路行爲的計算是很有用的。乘上電壓因數的這個因數 β_n 是元件轉移電導參數，具有 A/V^2 的單位。每個 nFET 都有一個不相同的 β_n 值，這個值是由它的縱橫比經由下式所決定的

$$\beta_n = k'_n\left(\frac{W}{L}\right) \tag{6.21}$$

在這個方程式之中，k'_n 是製程轉移電導參數，它是由下式來計算得到

$$k'_n = \mu_n C_{ox} \tag{6.22}$$

VLSI 設計師無法改變這個參數。在這個方程式之中，μ_n 是在矽表面的電子遷移率。在一個矽 MOSFET 之中，典型而言室溫下的 μ_n 大約是由 500 至 580 $cm^2/V\text{-}sec$，而且是這個材料的一項特性。

注意這個製程轉移電導是正比於每單位面積的氧化物電容

$$C_{ox} = \frac{\varepsilon_{ox}}{t_{ox}} \tag{6.23}$$

代入得到

$$k'_n = \frac{\mu_n \varepsilon_{ox}}{t_{ox}} \tag{6.24}$$

因此一層薄氧化物【小 t_{ox}】會得到一個大 k'_n 值。這會使元件對於閘極電壓的敏感度增大，並幫助這個元件更快速地切換。由實際的觀點來看，我們可以看到 t_{ox} 的下降會使 C_{ox} 增大，而這又會使場效應增大。

範例 6.1

考慮閘極氧化物的厚度爲 $t_{ox} = 12$ nm，且電子遷移率爲 $\mu_n = 540\ cm^2/V\text{-}sec$ 的一個 nFET。每一平方公分的氧化物電容爲

$$C_{ox} = \frac{(3.9)(8.854\times10^{-14})}{1.2\times10^{-6}} = 2.88\times10^{-7}\quad F/cm^2 \tag{6.25}$$

其中我們已經使用 $t_{ox} = 12\ nm = 1.2\times10^{-6}$ cm，這是因爲電容率的單位是 F/cm。

製程轉移電導是由下式計算所得到

$$k'_n = \mu_n C_{ox} = (540)(2.88\times10^{-7}) = 1.55\times10^{-4} \quad \mathrm{A/V^2} \tag{6.26}$$

或

$$k'_n = 155 \quad \mu\mathrm{A/V^2} \tag{6.27}$$

如果這個氧化物的厚度被縮小至 $t_{ox} = 8$ nm 的話，則製程轉移電導會被增大至下面的一個值

$$k'_n = 233 \quad \mu\mathrm{A/V^2} \tag{6.28}$$

表明這是一個更敏感的元件。

現在，讓我們將這個電壓改變至圖 6.13 中所顯示的這種情況。在這種狀況之下，我們施加一個固定的閘極–源極電壓 $V_{GSn} > V_{Tn}$ 到這個 nFET，並改變洩極–源極電壓 V_{DSn}。這會給予所顯示的這個 I_{Dn} 對 V_{DSn} 圖形。對微小的 V_{DSn} 值而言，電流可以由這個方程式來估計

$$I_{Dn} = \frac{\beta_n}{2}\left[2(V_{GSn} - V_{Tn})V_{DSn} - V_{DSn}^2\right] \tag{6.29}$$

這描述一條拋物線。峰值會出現在下面這個點

$$\frac{\partial I_{Dn}}{\partial V_{DSn}} = 0 \tag{6.30}$$

求取這個導數，並且令這個結果等於 0 會得到

$$\frac{\partial}{\partial V_{DSn}}\left[2(V_{GSn} - V_{Tn})V_{DSn} - V_{DSn}^2\right] = 2(V_{GSn} - V_{Tn}) - 2V_{DSn} = 0 \tag{6.31}$$

這個方程式的解答定義 V_{DSn} 的一個特殊值稱為**飽和電壓 (saturation voltage)**

$$V_{sat} = V_{DSn}\big|_{peak\ current} = V_{GSn} - V_{Tn} \tag{6.32}$$

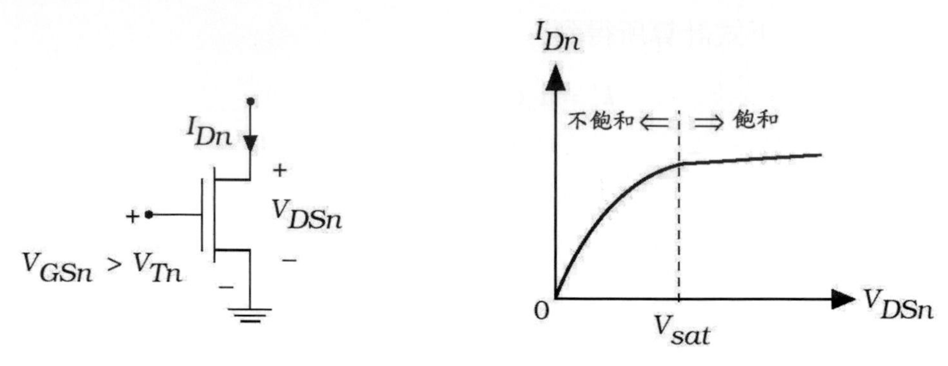

圖 6.13 *I-V* **特性表示爲** V_{DSn} **的一個函數**

這被顯示於圖形之中。對於滿足 $V_{DSn} \gtrsim V_{sat}$ 的較大洩極－源極電壓而言，電流約略是與 V_{DSn} 不相關的，而是被給予爲

$$I_{Dn} = \frac{\beta_n}{2}(V_{GSn} - V_{Tn})^2 \tag{6.33}$$

這與方程式 (6.20) 之中所給予的值是完全相同的，並且被稱爲是**飽和電流** **(saturation current)**，這是因爲它是使一個給予的 V_{GSn} 值能夠流動的最大 I_{Dn} 值。更詳細的分析顯示，對 $V_{DSn} \gtrsim V_{sat}$，飽和電流的確會稍微增大。通常，這是被模擬爲下列的方程式

$$I_{Dn} = \frac{\beta_n}{2}(V_{GSn} - V_{Tn})^2\left[1 + \lambda(V_{DSn} - V_{sat})\right] \tag{6.34}$$

其中 λ 是一個被稱爲**通道長度調變參數** **(channel length modulation parameter)** 的經驗數量，具有 V^{-1} 的單位。當我們以紙筆來進行數位電路計算時，爲了簡化起見，我們經常假設 $\lambda = 0$，如果有須要的話，我們可以輕易地將 λ 的效應包含在電路的計算機模擬之中。一般而言，我們說如果 $V_{DSn} \le V_{sat}$ 的話，那麼這個 MOSFET 是在**不飽和區域** **(non-saturation region)** 之中操作，而如果 $V_{DSn} \ge V_{sat}$ 的話，那麼這個 MOSFET 是在**飽和區域** **(saturation region)** 之中傳導。

圖 6.13 中的 *I-V* 圖形顯示只有一個 V_{GSn} 值會有電流流動。將數個不同閘極－源極電壓值的圖形重疊，我們會得到圖 6.14 中的**曲線族** **(family of curves)**。每一條線代表一個給予的 V_{GSn} 值。對一個給予的洩極－源極電壓 V_{DSn} 而言，電流會隨著 V_{GSn} 而增大。不飽和與飽和區域之間的區隔是由飽和電流所給予的

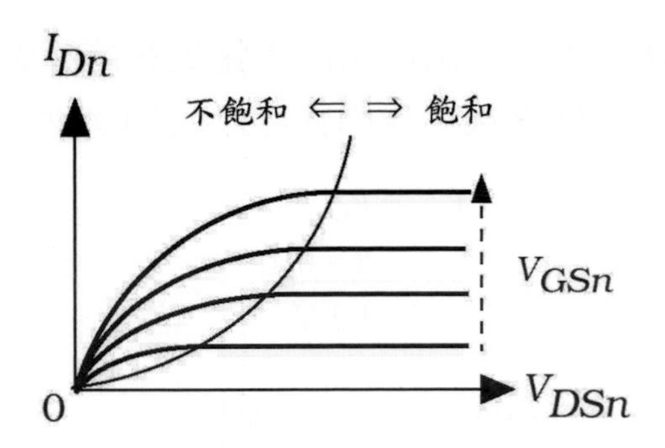

圖 6.14 nFET 的曲線族

$$I_{Dn} = \frac{\beta_n}{2} V_{sat}^2 \tag{6.35}$$

其中 $V_{sat} = (V_{GSn} - V_{Tn})$ 是由閘極–源極電壓的值所決定的。一旦我們知道這個電壓之後，這一組方程式使我們得以求得洩極電流 I_{Dn}。

範例 6.2

考慮一個 n 通道 MOSFET 具有下列的特性：

t_{ox} =10 nm、μ_n = 520 cm^2/V-s、(W/L) = 8、V_{Tn} = + 0.70 V

這些資訊使我們得以求得元件的方程式。我們將從使用下式來求得氧化物電容而來開始

$$C_{ox} = \frac{\varepsilon_{ox}}{t_{ox}} = \frac{(3.9)(8.854\times10^{-14})}{10\times10^{-7}} = 3.45\times10^{-7}\ \mathrm{F/cm^2} \tag{6.36}$$

製程轉移電導是由下式來求得

$$k'_n = \mu_n C_{ox} = (520)(3.45\times10^{-7}) = 1.79\times10^{-4}\quad \mathrm{A/V^2} \tag{6.37}$$

或 k'_n = 179 μA/V^2。現在，元件轉移電導可以由下式來計算得到

$$\beta'_n = k'_n\left(\frac{W}{L}\right) = 179(8) = 1.435\ \mathrm{mA/V^2} \tag{6.38}$$

現在，讓我們來計算不同電壓組合的洩極電流。

假設我們在 nFET 上加上 V_{GSn} = 2 V 與 V_{DSn} = 2 V 的電壓。第一項工作乃

是決定傳導的狀態，也就是說，這個電晶體究竟是在飽和區中操作，還是在非飽和區之中操作？一旦知道這個之後，我們就可以使用適當的方程式。飽和電壓爲

$$\begin{aligned} V_{sat} &= V_{GSn} - V_{Tn} \\ &= 2 - 0.7 \\ &= 1.3\ \text{V} \end{aligned} \tag{6.39}$$

由於 $V_{DS} = 2\ \text{V} > V_{sat}$，這個 nFET 已經飽和使得

$$\begin{aligned} I_{Dn} &= \frac{\beta_n}{2}(V_{GSn} - V_{Tn})^2 \\ &= \left(\frac{1.435}{2}\right)(2 - 0.7)^2 \\ &= 1.213\ \text{mA} \end{aligned} \tag{6.40}$$

現在讓我們將洩極─源極電壓降低至 $V_{DSn} = 1.2\ \text{V}$ 而維持 $V_{GSn} = 2\ \text{V}$。飽和電壓仍然被表示爲

$$V_{sat} = V_{GSn} - V_{Tn} = 1.3\ \text{V} \tag{6.41}$$

但是現在 $V_{DSn} = 1.2\ \text{V} < V_{sat}$，這說明這個電晶體是非飽和的。因此，計算所得到的電流爲

$$\begin{aligned} I_{Dn} &= \frac{\beta_n}{2}\left[2(V_{GSn} - V_{Tn})V_{DSn} - V_{DSn}^2\right] \\ &= \left(\frac{1.435}{2}\right)\left[2(1.3)(1.2) - (1.2)^2\right] \\ &= 1.21\ \text{mA} \end{aligned} \tag{6.42}$$

這一組計算說明了一個 MOSFET 的一般性電流特性。.

6.2.1 SPICE 的 Level 1 方程式

將通道長度調變效應包含在 SPICE 模擬之中是很容易達成的，但是使用上面的方程式組來作紙筆計算卻似乎有些過於繁雜。來自 SPICE LEVEL 1 模型的另外一組 MOSFET 方程式乃是將對 $V_{DSn} \le V_{sat}$ 會成立的不飽和電流寫成下列的型式

$$I_{Dn} = \frac{\beta_n}{2}\left[2(V_{GSn} - V_{Tn})V_{DSn} - V_{DSn}^2\right](1 + \lambda V_{DSn}) \tag{6.43}$$

這提供了飽和電流的一種連續的變遷

$$I_{Dn} = \frac{\beta_n}{2}(V_{GSn} - V_{Tn})^2(1 + \lambda V_{DSn}) \tag{6.44}$$

這對 $V_{DSn} \geq V_{sat}$ 會成立。這與實體分析並不一致，這是因爲通道長度調變只會發生在一個飽和的元件之中。然而，它會使電路分析變得簡單些。在類比的 CMOS 設計之中，這些型式是很常見的。然而，通道長度調變效應對於數位電路的紙筆計算並不會有足夠大的影響來合理化代數複雜性的增加，因此它們很少被使用於這裡的紙筆計算。

6.2.2 本體偏壓效應

直到這個時點爲止，我們一直忽視這片 p 型基板的存在。事實上，這個 MOSFET 是一個四端點的元件，而以基板來作爲這個元件的**本體 (bulk)** (B) 端點。如同在圖 6.15 之中，當一個電壓 V_{SBn} 存在於一個 nFET 的源極與本體端點之間時，**本體偏壓效應 (body-bias effects)** 會出現。本體偏壓電壓 V_{SBn} 會隨著這個元件的臨限電壓而增大使得

$$V_{Tn} = V_{T0n} + \gamma\left(\sqrt{2|\phi_F| + V_{SBn}} - \sqrt{2|\phi_F|}\right) \tag{6.45}$$

其中 γ 是本體偏壓係數，單位是 $V^{1/2}$，而 $2|\phi_F|$ 則是方程式 (6.14) 的本體費米位勢項。V_{T0n} 這一項是零本體偏壓的臨限電壓

$$V_{T0n} = V_{Tn}\big|_{V_{SBn}=0} \tag{6.46}$$

而且也是在一組製程規範之中所引用的值。本體偏壓係數可以被估計爲

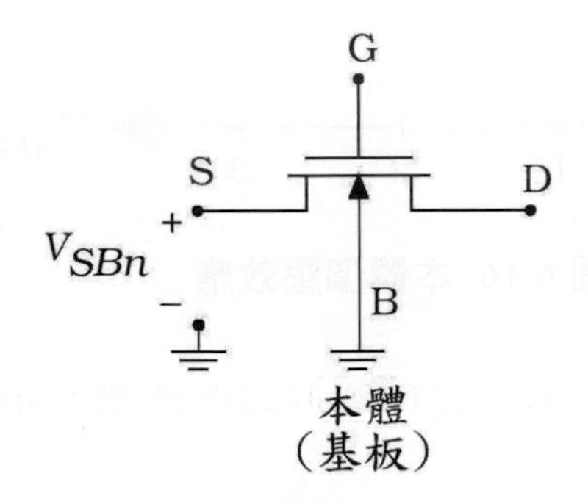

圖 6.15 本體電極與本體偏壓電壓

$$\gamma = \frac{\sqrt{2q\varepsilon_{Si}N_a}}{C_{ox}} \tag{6.47}$$

其中 $q = 1.6 \times 10^{-19}$ C 是基本電荷單位，$\varepsilon_{Si} = 11.8\ \varepsilon_o$ 是矽的電容率，而 N_a 是在 p 型基板之中的受體摻雜。在製程規範之中經常引用這個 γ 值。注意薄氧化物會使 γ 的值降低。

範例 6.3

考慮一個 nFET，其中 $V_{T0n} = 0.7$ V、 $\gamma = 0.08\ \text{V}^{1/2}$、而 $2|\phi_F| = 0.58$ V。臨限電壓是依據下式而由本體偏壓電壓 V_{SBn} 所決定的

$$V_{Tn} = 0.70 + 0.08\left(\sqrt{0.58 + V_{SBn}} - \sqrt{0.58}\right) \tag{6.48}$$

某些值可以計算得到下：

V_{SBn} (V)	V_{Tn} (V)
0	0.70
1	0.74
2	0.77
3	0.79

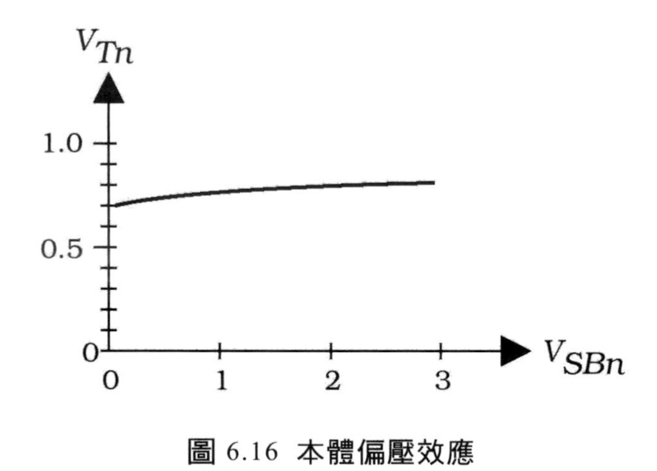

圖 6.16 本體偏壓效應

這個函數被繪製在圖 6.16 之中，這個圖形說明特徵的平方根相依性。

6.2.3 電流流動方程式的推導[5]

不飽和電流流動方程式是藉由分析這個通道區域的物理所獲得的，這個通道區域是以施加一個閘極—源極電壓 $V_{GSn} > V_{Tn}$ 所產生的這個電子電荷密度 Q_e C/cm^2 來加以描述的。這項重要的特徵是在圖 6.17 中詳細地描述。物理上，施加跨降在這個元件的洩極—源極電壓 V_{DSn} 會衍生一個由洩極指向源極的電場 E【由定義，我們還記得洩極是位於較高電壓的這一邊】。由於電子具有一個負電荷 $-q$，因此它們會體驗一個與電場相反方向的力量。因此，這些電子會由源極流動通過這條通道到達洩極；這是這些電極的名稱的起源。在電子學之中，我們通常處理**傳統的電流 (conventional current)**，這個電流是正電荷的移動方向；電流是在與電子運動相反的方向上來流動的。將這應用於 nFET 顯示電流是由洩極流動至源極。

既然我們已經討論物理的定性層面，現在讓我們來更深入地分析這種情況。由電磁理論，我們知道電場是守恆的。這意指將會有一個靜電位勢【或電壓】$V(y)$ 存在使得

$$E(y) = -\frac{dV}{dy} \tag{6.49}$$

其中 y 是如同圖形中所定義的一個座標軸。$V(y)$ 被稱爲**通道電壓 (channel voltage)**，而且是由於外加的洩極—源極電壓 V_{DSn} 所造成的。在這條通道的尾端，它具有下列的已知值

$$\begin{aligned} V(0) &= 0 \\ V(L) &= V_{DSn} \end{aligned} \tag{6.50}$$

這些方程式是作爲這個問題的邊界條件，並表明 $V(y)$ 會由洩極下降至源極。通道電壓的存在會改變通道中的電荷，並且使 Q_e 成爲座標 y 的一個函數。爲了瞭解這個現象，還記得在一個簡單的 MOS 結構【而不是一個 FET】之中，電子電荷密度被給予爲

$$Q_e = -C_{ox}\left(V_{GSn} - V_{Tn}\right) \qquad \text{(MOS值)} \tag{6.51}$$

其中 $(V_{GSn} - V_{Tn})$ 是跨降在絕緣氧化物層上的等效電壓。然而，對於 nFET 而言，由於氧化物之下的通道電壓 $V(y)$ 的緣故，因此情況會有所改變。短暫回想

[5] 這一節可以跳過而不會影響閱讀的連續性。讀者可以直接跳到 6.3 節，主要的討論會在那裡回復。

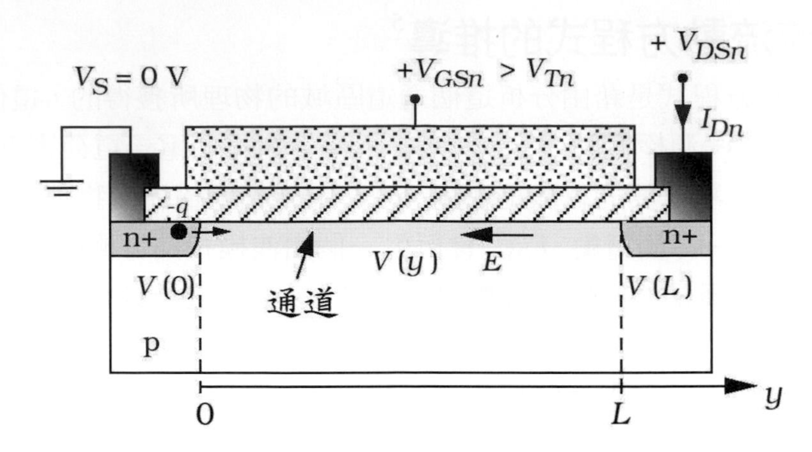

圖 6.17 一個 MOSFET 之中的通道電壓

將可驗證，$V(y)$ 的極性是與外加的閘極−源極電壓 V_{GSn} 相反，這是因爲它是一個正的數目。因此，這條 nFET 通道的電荷方程式被給予爲

$$Q_e(y) = -C_{ox}\left[V_{GSn} - V_{Tn} - V(y)\right] \quad \text{(MOSFET)} \tag{6.52}$$

這顯示通道中的 Q_e 會改變。最小値是位於洩極邊，其中

$$Q_e(L) = -C_{ox}\left[V_{GSn} - V_{Tn} - V_{DSn}\right] \tag{6.53}$$

而最大的電荷密度被發現是位於源極具有

$$Q_e(0) = -C_{ox}\left[V_{GSn} - V_{Tn}\right] \tag{6.54}$$

$Q_e(y)$ 的函數相依性是很重要的，因爲它意指電荷密度是不均勻的。這反過來又暗示 I-V 關係也將會是非線性的。

藉由將上面的觀察應用於圖 6.18 之中所說明的這種通道幾何形狀，我們可以獲得 I_{Dn} 的方程式。爲了處理正在改變中的電荷密度，讓我們從圖中所顯示的一段長度爲 dy 的微分通道來開始討論。電流 I_{Dn} 會流動通過這一區段，並造成一個電壓降

$$dV = I_{Dn} dR \tag{6.55}$$

其中 dR 是這個區段的差分電阻

$$dR = \frac{dy}{\sigma_n A_n} \tag{6.56}$$

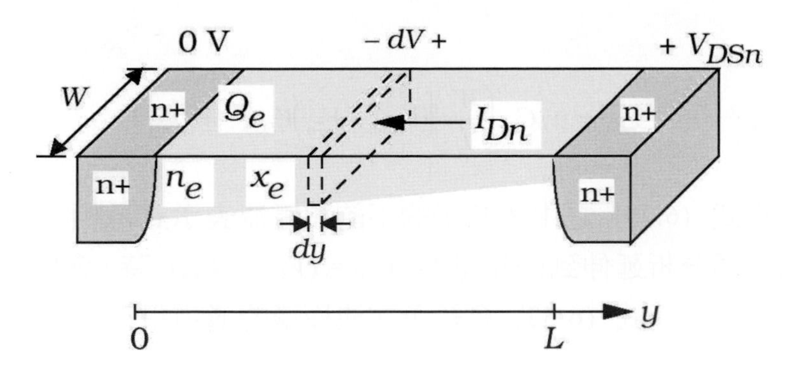

圖 6.18 通道的幾何形狀

在這個方程式之中，σ_n 是電導率，而 A_n 則是截面的面積。由於一個 n 形區域的電導率被給予爲 $\sigma_n = q\mu n$，因此我們可以將分母重寫爲下列的型式

$$\sigma_n A_n = q\mu_n n_e W x_e \tag{6.57}$$

其中 n_e 是電子的密度，單位是 cm^{-3}，而 x_e 是在這個點的通道厚度。通道的電荷密度等於

$$Q_e = -q n_e x_e \tag{6.58}$$

這可藉由注意 Q_e 的單位是 C/cm^2 來看出，而且給予的數量是在物理的基礎上來合併的；這個負號是由於 Q_e 被定義爲一個負的數目的這件事實所造成的。然後，將這個方程式代入電阻方程式之中得到

$$dV = -\frac{I_{Dn}dy}{\mu_n W Q_e} = \frac{I_{Dn}dy}{\mu_n W C_{ox}(V_{GSn} - V_{Tn} - V)} \tag{6.59}$$

使用方程式 (6.52) 的 Q_e 表示式。這個方程式可以被重新整理，並被積分來得到

$$I_{Dn}\int_0^L dy = \mu_n W C_{ox}\int_0^{V_{DSn}}\left[(V_{GSn} - V_{Tn}) - V\right]dV \tag{6.60}$$

我們已經選取積分的極限爲 $y = 0$ 至 $y = L$ 來包含整條通道。右邊的這個電壓積分使用在這些點的等效通道電壓，也就是 $V(0) = 0$ V 及 $V(L) = V_{DSn}$。假設右邊 $(V_{GSn} - V_{Tn})$ 這個項是與通道電壓 V 無關，得到

$$I_{Dn}L = \mu_n W C_{ox}\left[(V_{GSn} - V_{Tn})V_{DSn} - V_{DSn}^2\right] \tag{6.61}$$

因此

$$I_{Dn}=\mu_n C_{ox}\left(\frac{W}{L}\right)\left[(V_{GSn}-V_{Tn})V_{DSn}-V_{DSn}^2\right] \tag{6.62}$$

這與之前在方程式 (6.29) 之中所給予的不飽和電流表示式是相同的。

當我們將這項分析延伸到飽和電壓 $V_{sat}=(V_{GSn}-V_{Tn})$ 時，會出現關於通道的一個有意思的點。方程式 (6.53) 會給予在洩極邊的通道電荷。將飽和電壓 $V_{DSn}=V_{sat}$ 代入，得到

$$Q_e(L)=-C_{ox}\left[V_{GSn}-V_{Tn}-V_{sat}\right]=0 \tag{6.63}$$

換言之，當達到飽和電壓時，電荷密度看起來好像會下降至 0。更詳細的分析顯示，電荷並不會眞正下降至零，但是的確是很小。這是對應於一種稱爲 FET 中的**通道夾止 (channel pinch-off)** 的現象。正式來講，它是飽和與不飽和操作區域之間的界限。對 $V_{DSn}>V_{sat}$ 而言，電荷的夾止限制了電流的流動【因而得到**飽和 (saturation)** 的這個名稱】，而夾止效應本身會使通道的等效長度【因而也會使**通道長度調變 (channel-length modulation)** 因數 λ】縮小。

6.3 FET 的 RC 模型

上面的電流流動方程式說明這個 nFET 會展現非線性 **(non-linear)** 的 *I-V* 特性。這項性質會使我們難以分析這些使用 FET 的電路，這是因爲這個電路方程式本身會變成非線性，因此手算會變成相當繁雜所致。當然，解決方案乃是使用諸如 SPICE 的 CAD 工具來進行這種困難的分析。但是這並沒有解決 VLSI 設計師們所面對的這個問題：他們必須**創造 (create)** 具有適當電性的電路。這明確指出**分析 (analysis)** 與**設計 (design)** 之間的差異：分析所處理的是研究由設計過程所得到的一個新的網路。設計師是眞正的解題者，因爲他們使用既有的知識來作爲建構新系統的基石。

有兩種方法可以來處理大量電晶體方程式的問題。第一種方法乃是讓電路專家來處理這些由非線性元件所引進的問題。在晶片設計程序之中，有技巧的電子設計師是不可或缺的。而另一方面，VLSI 系統設計是以邏輯與數位建築結構爲基礎；在系統階層工作的工程師也須要瞭解 FET 電路。這提供了第二種方法的基礎：產生這個元件的一個簡化的**線性模型 (linear model)**，這在邏輯及系統階層是很有用的。就它的本性來看，這個模型將會忽略大部分的電流流動細節。然

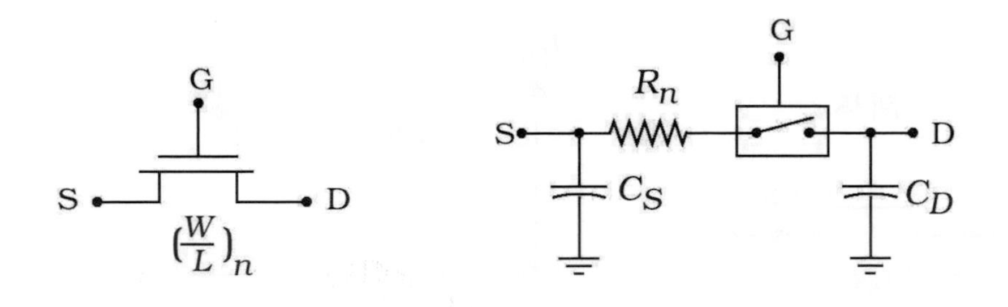

(a) nFET 的符號　　(b) nFET 的線性模型

圖 6.19 一個 nFET 的 RC 模型

而，對於在系統階層在複雜的網路之中來追蹤訊號的流動而言，這個模型將會更容易來使用。如果我們可以至少將某些重要的電晶體特性帶進這個模型之中的話，那麼它可以被使用來提供最初設計時期的一項基礎。簡化的線性模型也使我們得以發展出來比較各種演算法來挑選最有效率的 VLSI 方法的技術。

在我們的討論之中即將使用的線性模型被顯示於圖 6.19 之中。這個模型將 nFET 簡化爲一個電阻器 R_n、兩個電容器【C_S 與 C_D】、以及一個聲明高的邏輯控制開關。這些線性組件的值是由 nFET 的縱橫比 $(W/L)_n$ 以下面兩節即將發展出來的一種方式來決定的。

6.3.1 洩極–源極的 FET 電阻

本質上，場效應電晶體是非線性的元件，因此對於使用一個具有固定值 R_n 的一個線性電阻器來模擬流動通過一個 nFET 的電流，我們必須非常小心。

考慮圖 6.20 中所顯示的這種情況。在圖 6.20(a) 之中，閘極–源極電壓被假設是被設定爲一個 $V_{GSn} > V_{Tn}$ 的值來使這個 nFET 作用。因此如同圖 6.20(b) 中所繪製，電流 I_{Dn} 是洩極–源極電壓 V_{DSn} 的一個函數。因此，在這條曲線上的任何點的洩極–源極電阻被給予爲

$$R_n = \frac{V_{DSn}}{I_{Dn}} \tag{6.64}$$

這種非線性效應是由於 I_{Dn} 隨著 V_{DSn} 而改變的這項事實所造成的，這造成 R_n 本身是 V_{DSn} 的一個函數。

藉由寫出圖形中被標示爲「a」、「b」、及「c」三個點的電阻方程式，我們可以看到這種相關性的效應。對微小的 V_{DSn}【a 點】值而言，藉由忽略不飽和

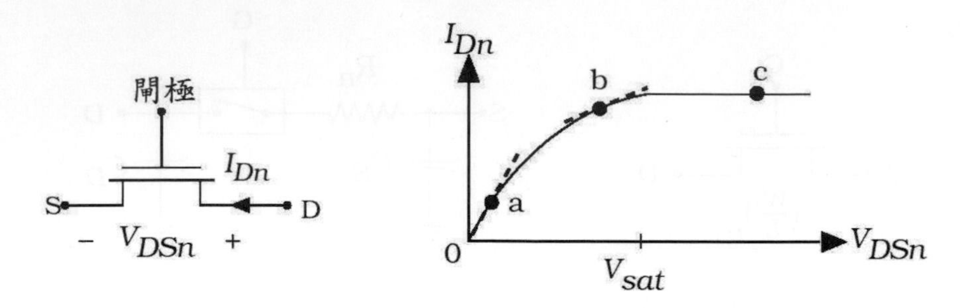

圖 6.20 決定 nFET 的電阻

電流流動方程式 (6.29) 之中的平方項，這個電流被近似爲

$$I_{Dn} \approx \beta_n (V_{GSn} - V_{Tn}) V_{DSn} \tag{6.65}$$

因此，這個電阻爲

$$R_n \approx \frac{1}{\beta_n (V_{GSn} - V_{Tn})} \tag{6.66}$$

因此 R_n 會隨著 V_{GSn} 而改變。在 b 點，我們必須使用整個電流方程式，因此

$$R_n = \frac{2}{\beta_n [2(V_{GSn} - V_{Tn}) - V_{DSn}]} \tag{6.67}$$

顯示 R_n 同時是 V_{GSn} 與 V_{DSn} 的一個函數。當這個元件在點 c 達到飽和時，藉由使用忽略通道長度調變的方程式 (6.20)，電阻會變成

$$R_n = \frac{2V_{DSn}}{\beta_n (V_{GSn} - V_{Tn})^2} \tag{6.68}$$

再一次，電阻會同時隨著 V_{GSn} 與 V_{DSn} 而改變。

這些方程式說明，定義一個固定 R_n 值而仍然維持正確的電流流動行爲是不可能的。然而，注意在所有狀況下，R_n 是與 β_n 成反比，也就是

$$R_n \propto \frac{1}{\beta_n} \tag{6.69}$$

這只是一個具有大 β_n 的元件會比一個小 β_n 的元件傳導更多的電流的陳述而已。使用這個定義

$$\beta_n = k'_n \left(\frac{W}{L}\right)_n \tag{6.70}$$

顯示這個元件的縱橫比 $(W/L)_n$ 的重要參數。定性而言，將 nFET 的寬度 W 增大會使電阻降低。

藉由寫出下式，我們將引進一個簡單的方程式來把這個電阻模擬爲這個電晶體縱橫比【或寬度】的一個函數

$$R_n = \frac{\eta}{\beta_n (V_{DD} - V_{Tn})} \tag{6.71}$$

在建構這個方程式之時，藉由與上面的表示式的類比，我們已經使用電源供應電壓 V_{DD} 來作爲 V_{GSn} 的最大可能值。因數 η 被包含進來來代表當這個電晶體被切換而通過各個操作區域時的某些變化；它並沒有物理的基礎。在文獻中，乘積因數傾向於落在由 $\eta = 1$ 至大約 $\eta = 6$ 的範圍之中。由於我們知道所得到的數值將會小一些，因此爲了簡化起見，我們將挑選 $\eta = 1$。因此，這個公式會被簡化爲

$$R_n = \frac{1}{\beta_n (V_{DD} - V_{Tn})} \quad \Omega \tag{6.72}$$

這是最終的型式。電阻 R_n 的單位是歐姆，這與分母所建立的單位是一致的。

範例 6.4

考慮具有一個通道寬度 $W = 8\ \mu m$、通道長度 $L = 0.5\ \mu m$ 的一個 nFET，而且是在 $k'_n = 180\ \mu A/V^2$、$V_{Tn} = 0.70$ V、且 $V_{DD} = 3.3$ V 的一個製程中所製作的。這個線性化的洩極–源極電阻被計算爲

$$R_n = \frac{1}{\beta_n (V_{DD} - V_{Tn})} \tag{6.73}$$

因此代入這些值，會得到

$$R_n = \frac{1}{(180 \times 10^{-6})\left(\frac{8}{0.5}\right)(3.3 - 0.7)} = 133.5\ \Omega \tag{6.74}$$

如果我們將通道寬度收縮至 $W = 5\ \mu m$，而所有其它數量保持相同的話，則電阻

會增大至

$$R_n = 133.5\left(\frac{8}{5}\right) = 213.6\ \Omega \tag{6.75}$$

其中我們只是將這個值加以縮放，這是藉由注意 R_n 是與通道寬度成反比來進行的。我們必須牢記的是，這些值並不是這個 nFET 電阻的實際值，而只是簡化的模擬所使用的值而已。

6.3.2 FET 電容

一個 MOSFET 有幾個寄生的電容，這些寄生的電容必須被包含在簡化的切換模型之中。如同我們即將在後面的推導之中所看到的，一個 CMOS 電路的最大切換速度是由這些電容所決定的。

MOS 電容

金屬—氧化物—半導體的佈層規劃本質上是一個電容器，因此首先讓我們分析它的值。圖 6.21(a) 顯示這個電路模型。如果我們從這個 FET 的閘極端點看進去，我們會看到由於這個 MOS 結構所造成的**閘極電容** (**gate capacitance**) C_G。由於這個電容是具有閘極氧化物厚度 t_{ox} 的這個區域，因此它是以每單位面積的氧化物電容 C_{ox} 來加以描述的。以 A_G 來表示閘極區域的面積，得到

$$C_G = C_{ox} A_G \tag{6.76}$$

單位是法拉，這被視為是閘極端點與接地之間的電容。對於圖 6.21(b) 中所顯示

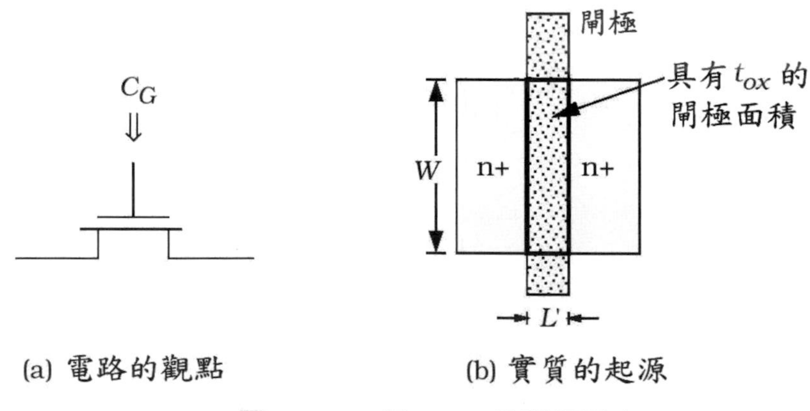

圖 6.21 一個 FET 的閘極電容

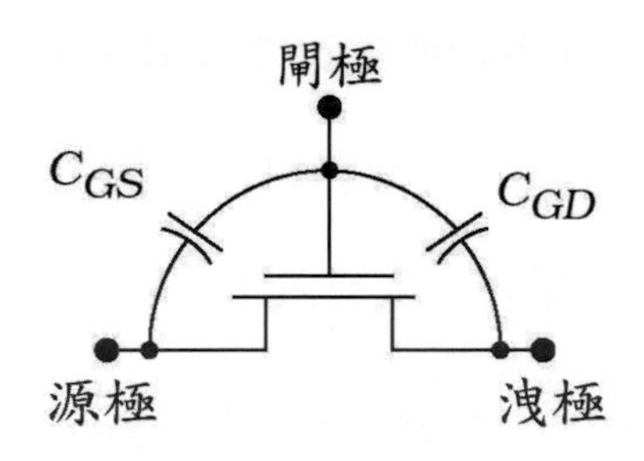

圖 6.22 **閘極—源極與閘極—洩極電容**

的這個簡單幾何結構，閘極的面積是 $A_G = WL'$，其中 W 是通道寬度，而 L' 是繪圖的通道長度。L' 只是當由佈局圖的頂部看下來時，由閘極的範圍所定義的這個通道長度。因此，

$$C_G = C_{ox}WL' \tag{6.77}$$

得到閘極電容是與這個通道寬度 W 成正比的這項重要的結果。

我們也使用圖 6.22 中所顯示的閘極−源極電容 C_{GS} 及閘極−洩極電容 C_{GD} 來描述這些 MOS 的貢獻。由於這兩個寄生電容的值會隨著電壓而改變，因此會變得更爲複雜。這種電容的改變是由於通道區域正在改變形狀所造成的。當我們有 $C = C(V)$ 時，這個電容被稱爲是**非線性** (**non-linear**) 的電容。在 VLSI 系統設計之中，我們經常採用諸如 SPICE 的一個電路模擬程式來處理詳細的計算。就我們的目的而言，我們將只藉由寫出下式來估計這些值

$$C_{GS} \approx \frac{1}{2}C_G \approx C_{GD} \tag{6.78}$$

換言之，我們只是把閘極電容除以 2，並將它平均分配給 C_{GS} 與 C_{GD} 而已。雖然，這並不是非常準確，但是它使我們得以專注於大規模的特性。適當地使用一種 CAD 工具包將會提供最終的驗證。

範例 6.5

考慮一個 FET 具有一個氧化物電容 $C_{ox} = 3.45 \times 10^{-7}$ F/cm^2，以及尺寸爲 $W = 8$ μm 與 $L' = 0.5$ μm 的一個閘極。由閘極電容的公式得到

$$C_G = (3.45\times10^{-7})(8\times10^{-4})(0.5\times10^{-4}) \tag{6.79}$$

雖然這是一項簡單的計算，但是藉由注意到 $C_{ox} = 3.45 \times 10^{-7} = 3.45$ fF/μm^2，讓

我們來將它更進一步簡化，其中我們還記得 1 fF = 10^{-15} F。因此

$$C_G = 3.45(8)(0.5) = 13.8 \text{ fF} \tag{6.80}$$

因此，閘極─源極與閘極─洩極的貢獻被估計爲

$$C_{GS} \approx \frac{1}{2} C_G = 6.9 \text{ fF} = C_{GD} \tag{6.81}$$

這些是 FET 電容的典型數量級。我們必須牢記在心的是，我們所處理的元件電容一定是在幾個 fF 的階層。

接面電容

半導體物理透露由於一個 pn 接面包含相反極性的電荷，因此會自動顯現電容。這個電容被稱爲**接面電容** **(junction capacitance)** 或**空乏電容** **(depletion capacitance)**，而且在一個 FET 的每個洩極或源極區域都可以找到。圖 6.23 說明這個 pn 接面以及附屬的電容 C_{SB}【源極─本體】與 C_{DB}【洩極─本體】的存在。我們通常藉由引進一個具有 F/cm^2 單位的參數 C_j 來表述這個電容的特性，這使得總電容爲

$$C_0 = C_j A_{pn} \text{ F} \tag{6.82}$$

其中 A_{pn} 是這個接面的面積，單位是 cm^2。C_j 的值是由製程所決定的，而且會隨著摻雜階層而改變。

將這個公式應用於 nFET 時會有兩個問題。第一個問題乃是這個電容也會隨著電壓而變化。當外加一個逆向偏壓電壓 V_R 時，通常這是以一個下列型式的方程式來加以模擬

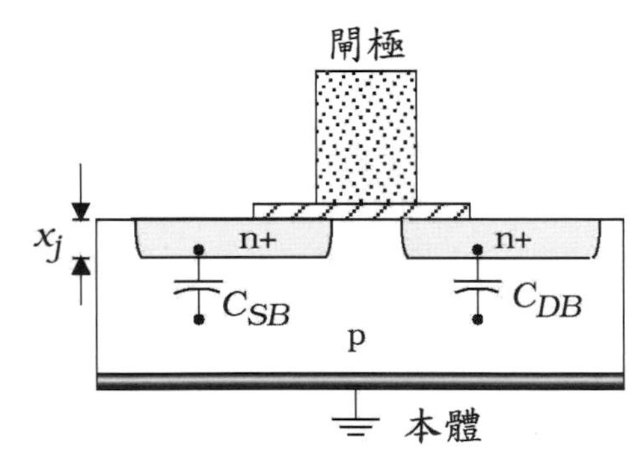

圖 6.23 一個 MOSFET 之中的接面電容

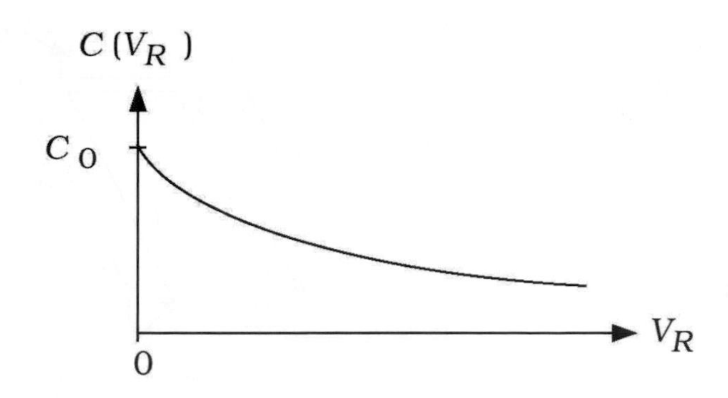

圖 6.24　接面電容隨逆向電壓的變化

$$C=\frac{C_0}{\left(1+\frac{V_R}{\phi_0}\right)^{m_j}} \tag{6.83}$$

其中 C_0 是**零偏壓電容** **(zero-bias capacitance)**【具有 $V_R=0$】，ϕ_0 是這個接面的**內建位勢** **(built-in potential)**，而 m_j 被稱爲是這個接面的**漸變係數** **(grading coefficient)**。ϕ_0 與 m_j 兩者都是由摻雜特性所決定的。其中的一種特殊的狀況乃是**陡峭** **(abrupt)** 或**步階** **(step)** 的接面，在這種接面之中，摻雜是由一個固定的受體密度 N_a 改變至一個固定的施體密度 N_d。在這種狀況下，$m_j=1/2$，而內建電壓是由下式計算得到

$$\phi_0=\left(\frac{kT}{q}\right)\ln\left[\frac{N_dN_a}{n_i^2}\right] \tag{6.84}$$

另外一個簡單的模型是**線性漸變接面** **(linearly graded junction)**，在這個模型之中，摻雜的變遷是位置的一個線性的函數。這會給予一個 $m_j=1/3$ 的漸變係數，而如果摻雜的詳細情形是已知的話，那麼內建位勢 ϕ_0 可以被計算得到。就我們的目的而言，我們將一直假設 C_j、ϕ_0、及 m_j 是已知的參數。一般而言，最大的電容值是當 $V_R=0$ 時的 $C=C_0$；如同圖 6.24 中所說明，將跨降在這個接面的逆向電壓增大會造成 C 下降。我們將使用零偏壓值來作爲紙筆計算時的估計，而當須要更精準的值時，我們就會訴諸於使用 CAD 工具。

在計算 pn 接面電容時，我們須要去考慮的第二種複雜的因素乃是這個 pn 接面的幾何結構。圖 6.23 中所顯示的截面圖顯示這個 n+ 區域被「內嵌」在 p 基板之內【被稱爲**接面深度** **(junction depth)**】的一個深度 x_j。當計算這個 pn 接

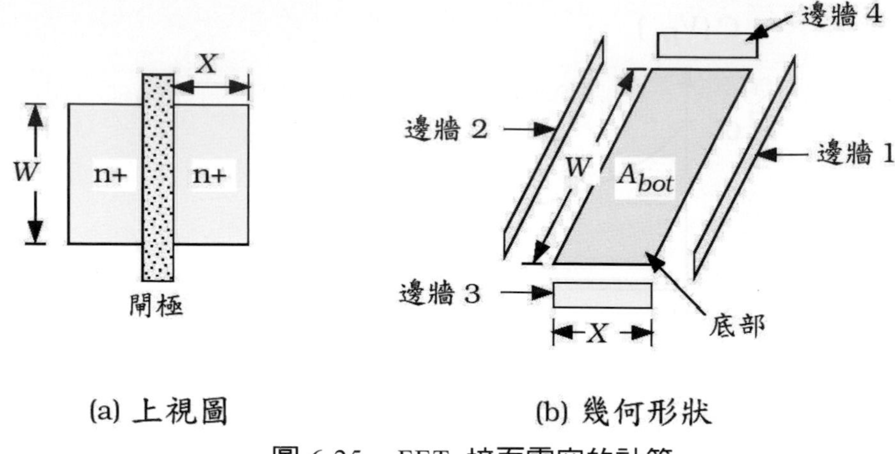

圖 6.25　FET **接面電容的計算**

面的面積 A_{pn} 時，我們必須小心來包括底部與側邊的貢獻。圖 6.25 說明這個幾何結構。圖 6.25(a) 中的這個 FET 的上視圖定義了這個電晶體的通道寬度 W，以及這個 n+ 區域【離開閘極】的程度 X。這個 pn 接面面積計算的三維層面是在圖 6.25(b) 中加以說明。由於這個 n+ 區域可以被視為一個「開放箱」(open box) 的結構，因此我們可以把這些邊界分解為圖中所顯示的底部及邊牆區段。我們可以輕易發現底部區域的面積為

$$A_{bot} = XW \tag{6.85}$$

這等於在上視圖中所看到的 n+ 區域的面積。因此，將這個區域的每單位面積的零偏壓接面電容以具有 F/cm^2 單位的 C_j 來代表，底部區段所造成的電容為

$$C_{bot} = C_j XW \tag{6.86}$$

為了計算邊牆的電容 C_{sw}，我們注意到總邊牆面積乃是將四個貢獻加總起來所得到的。每個邊牆區段具有等於接面深度 x_j 的一個高度。邊牆區段 1 及 2 具有 $(W \times x_j)$ 的面積，而邊牆區段 3 及 4 會有 $(X \times x_j)$ 的面積。將這些項加總得到

$$\begin{aligned} A_{sw} &= 2(W \times x_j) + 2(X \times x_j) \\ &= x_j P_{sw} \end{aligned} \tag{6.87}$$

其中 P_{sw} 是**邊牆周線 (sidewall perimeter)**，單位為 cm，使得範例之中所顯示的這個方形幾何結構的

$$P_{sw} = 2(W + X) \tag{6.88}$$

邊牆電容乃是藉由乘以每單位面積的接面電容而獲得的。通常，這會被修改爲下列的型式

$$C_{sw} = C_{jsw} P_{sw} \quad \text{法拉} \tag{6.89}$$

其中

$$C_{jsw} = C_j x_j \quad \text{F/cm} \tag{6.90}$$

是**每單位周線邊牆電容** (**sidewall capacitance per unit perimeter**)。由於周線 P_{sw} 可以直接由佈局圖來求得，因此這是很方便使用的。實際上，C_{jsw} 被指定爲一個製程的參數，而 C_j 自動地與底部電容關聯起來。

這些公式忽略在閘極之下的這些 n+ 區域的閘極重疊 L_o。對紙筆的計算而言，藉由改變每個地方的

$$X \to (X + L_o) \tag{6.91}$$

這些應該被包含進來。在一個 SPICE 模擬之中，L 與 W 的繪圖值被使用來描述電路及閘極重疊【及其它】的修正因數。這些參數值是透過模擬資訊而被包含進來的。

這個 n+ 區域的零偏壓總電容是藉由將底部及邊牆的貢獻加總而被給予爲：

$$\begin{aligned} C_n &= C_{bot} + C_{sw} \\ &= C_j A_{bot} + C_{jsw} P_{sw} \end{aligned} \tag{6.92}$$

這可以被使用來計算 C_{SB} 與 C_{DB} 兩者。值得注意的是，底部與邊牆接面的非線性特性經常是不同的。這會給予一個下列型式的非線性變化

$$C_n = \frac{C_j A_{bot}}{\left(1 + \dfrac{V}{\phi_o}\right)^{m_j}} + \frac{C_{jsw} P_{sw}}{\left(1 + \dfrac{V}{\phi_{osw}}\right)^{m_{jsw}}} \tag{6.93}$$

其中 V 是逆向電壓，m_j 及 ϕ_0 描述底部接面，而 m_{jsw} 及 ϕ_{0sw} 則是邊牆的參數。這些一成不變地被包含在 SPICE 模擬之中。

6.3.3 模型的建構

現在，寄生電阻與電容的貢獻可以被合併而來建構這個 nFET 的簡單 RC 模型。一個佈局圖對於這個模型的目視是很有幫助的。圖 6.26 顯示具有這些電容貢獻的一個 nFET 的上視圖。環繞這個電晶體的 p 型基板是在接地位勢。從任一邊進入的一個訊號會同時看到一個 MOS 項【C_{GS} 或 C_{GD}】以及一個接面的寄生電容【C_{SB} 或 C_{DB}】。

這個實體佈局構成了圖 6.27(a) 中的電路圖階層電路的基礎，圖中這些電容器被區分爲源極與洩極的組件。最簡單的方法乃是寫出

$$
\begin{aligned}
C_S &= C_{GS} + C_{SB} \\
C_D &= C_{GD} + C_{DB}
\end{aligned}
\tag{6.94}
$$

這藉由將碰觸到一個給予節點的所有貢獻加總來近似總電容。而且，爲了簡化起見，在所有紙筆計算之中，我們將使用零偏壓的值。我們必須注意電阻 R_n 是與縱橫比 $(W/L)_n$ 成反比，而這個電容會隨著通道寬度 W 而增大。

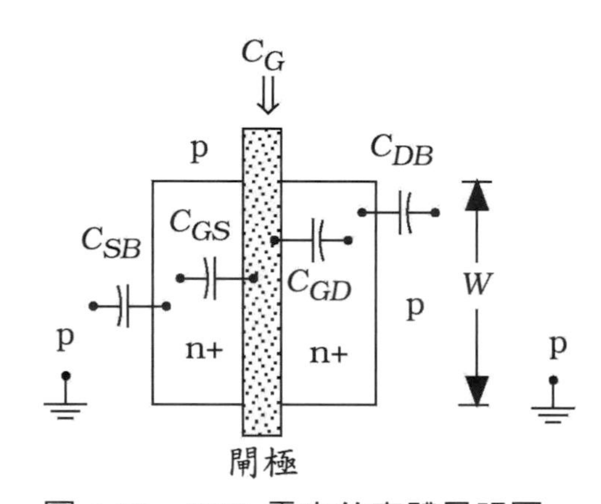

圖 6.26 FET 電容的實體目視圖

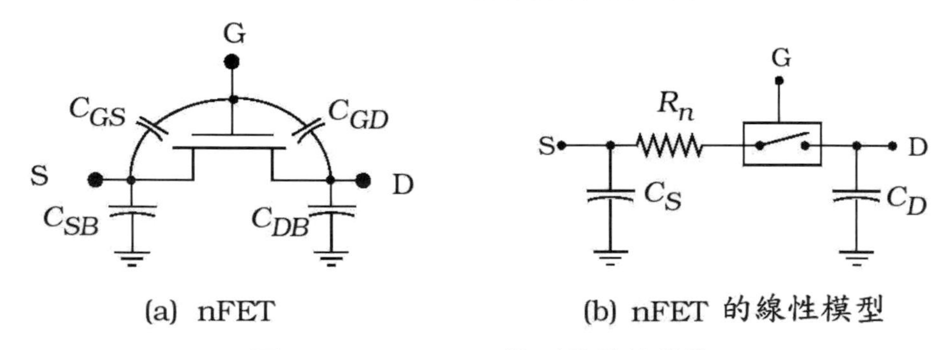

(a) nFET　　(b) nFET 的線性模型

圖 6.27 nFET RC 模型的最終構造

範例 6.6

讓我們來產生圖 6.28 中所顯示的這個 nFET 的一個開關模型；量測的單位是微米 (μm)。首先，由於我們被給予重疊距離為 L_o = 0.05 μm，因此電性通道長度為 $L = 0.5 - 2\,(0.05) = 0.4$ μm。通道寬度被顯示為 $W = 5$ μm。假設一個 $V_{DD} = 3.3$ V 的電源供應電壓，線性電阻被給予為

$$R_n = \frac{1}{\left(\frac{5}{0.4}\right)(150\times10^{-6})(3.3-0.6)} = 197.5\,\Omega \tag{6.95}$$

如果這個 n+ 區域的片電阻是已知，寄生電阻可以被求得，並且被加到這個值。

閘極電容為

$$C_G = (2.7)(5)(0.5) = 6.75\ \text{fF} \tag{6.96}$$

使得

$$C_{GS} = C_{GD} = 3.375\ \text{fF} \tag{6.97}$$

這是藉由取閘極值的一半而得到的。每一邊的接面電容為

$$C_n = (0.86)A_{bot} + (0.24)P_{sw} \tag{6.98}$$

當具有 L_o =0.05 μm 的重疊時，面積與周線分別會大於 (3 × 5) μm^2 與 16 μm 的繪圖值。將這項觀察包含在公式之中會給予

$$\begin{aligned} C_n &= (0.86)(5)(3.05) + (0.24)(2)(5+3.05) \\ &= 16.98\ \text{fF} \end{aligned} \tag{6.99}$$

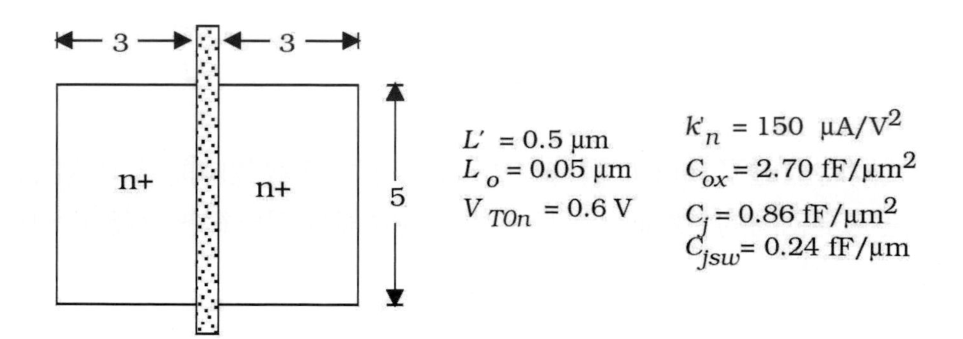

圖 6.28 模擬範例的 FET 幾何形狀

因此，最終的洩極及源極的電容為

$$C_D = C_S = 16.98 + 3.375 = 20.36 \text{ fF} \tag{6.100}$$

這完成了這項計算。

這個簡單的模型提供了設計估計的一種合理的基礎。為了在一個電路的問題之中使用這個模型，我們只須以這個模型來取代這個電晶體，然後應用標準的線性電路技術即可。由於這個模型忽略了 FET 固有的非線性，因此這項分析的精確度是很有限的。藉由在起始的設計已經產生一個可能的電路之後所進行的電腦模擬，我們可以獲得增大的精準度。簡化的元件模擬是 VLSI 設計程序中的一個重要的部分，這是因為它使我們得以非常快速地產生基本的網路。然而，我們必須小心檢查這些網路，並使用 CAD 工具來加以「微調」。

6.4 pFET 的特性

一個 p 通道 MOSFET 是一個 nFET 的電性互補。這在第 2 章之中可以看到，其中 nFET 被模擬為一個聲明高的開關，而 pFET 的行為有如一個聲明低的開關。在元件的階層，這種互補特性甚至會更明顯。假設我們從一個 nFET 開始，並且想要修改它來形成一個 pFET。我們對這個結構所須要做的事情為

- 把所有 n 型區域改成 p 型區域。
- 把所有 p 型區域改成 n 型區域。

而所得到的元件實質上將會是一個 pFET。這被顯示於圖 6.29 之中。對這兩個元件，我們都挑選一塊 p 型基板，因此這使得我們必須包括 n 井區域來嵌入這個 pFET。我們假設兩個元件都有相同的氧化物厚度 t_{ox}，因此

$$C_{ox} = \frac{\varepsilon_{ox}}{t_{ox}} \tag{6.101}$$

這個方程式同時描述了 nFET 與 pFET。這表示這種場效應的基本機制與 nFET 所討論的是完全相同的。然而，由於這些區域的極性都已經被反轉了，因此電場的方向及電荷的極性也都會是相反的。

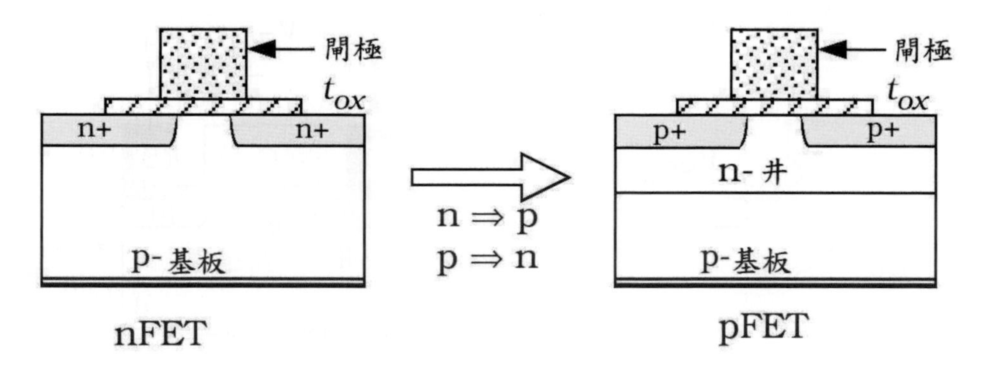

圖 6.29 將一個 nFET 轉換到一個 pFET

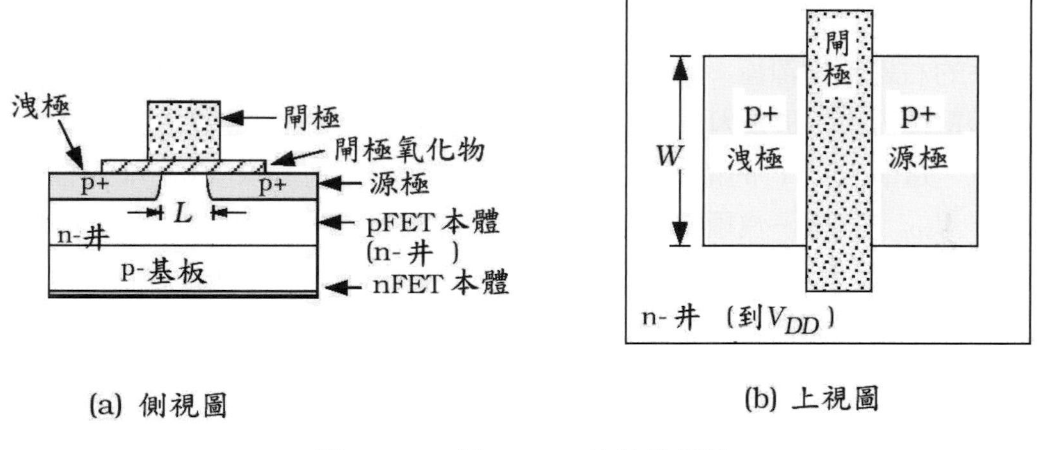

圖 6.30 一個 pFET 的結構細節

一個 pFET 的結構細節被提供於圖 6.30 之中。如同圖 6.30(a) 的側視圖所顯示，通道長度 L 被定義爲源極與洩極 p+ 區域的邊緣之間的距離，而通道寬度 W 則是被圖 6.30(b) 的上視圖中的 p+ 區域的大小所定義的；這些特徵尺寸與用來定義 nFET 的那些特徵尺寸是相同的。在兩個圖形之中都顯示 n 井的出現，而且是一個 pFET 的重要區域，這是因爲它是作爲這個元件的本體電極使用。電性上，這個 n 井被綁到這個正的電源供應電壓 V_{DD}，它的作用是確保這個電壓是明確定義的。如同 nFET 一樣，源極與洩極端點的命名要求我們必須知道相對的電壓階層。然而，這個 pFET 的定義與一個 nFET 所使用的定義恰恰相反。這意指位於較高電壓的 p+ 邊是源極，而剩下【位於較低電壓】的這邊是洩極。

一個 p 通道 MOSFET 使用帶正電的電洞來造成電流流動。這個 pFET 電流 I_{Dp} 及這些元件的電壓被定義於圖 6.31 之中，在兩個圖形之中我們已經假設

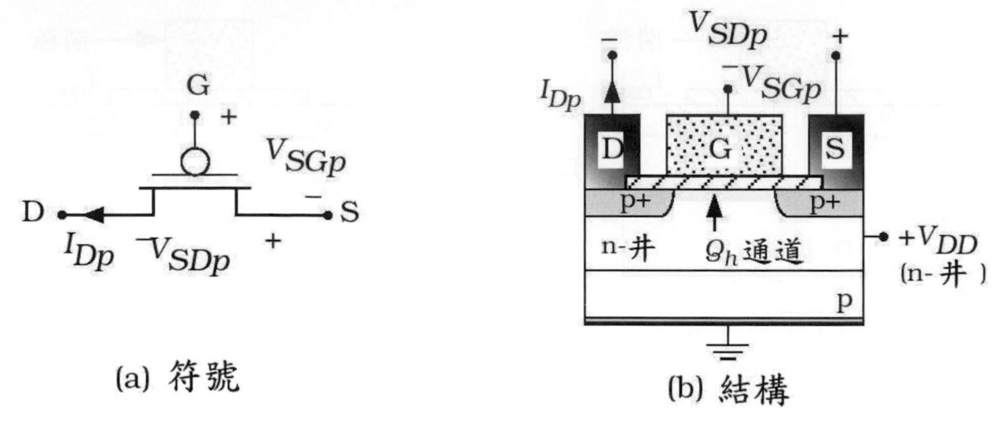

圖 6.31 一個 pFET 之中的電流及電壓

這個元件的右邊都是源極。首先注意到圖 6.31(a) 中的電路圖符號顯示電流 I_{Dp} 是從洩極電極流出。這是因爲正電荷是由源極移動到洩極，這會給予在這個方向上的電流。這個 pFET 的電壓是以源極作爲參考，而且是以 V_{SGp}【源極─閘極電壓】及 V_{SDp}【源極─洩極電壓】來加以表示；注意這些電壓與類比的 nFET 數量 V_{GSn} 及 V_{DSn} 在極性上是相反的。圖 6.31(b) 中的這個結構圖包含了 n 井層是被電性連接至電源供應電壓 V_{DD} 的這項事實。

通過這個 pFET 的傳導是被源極─閘極電壓 V_{SGp} 所掌控的。這個 MOS 結構是由閘極、氧化物所組成的，而 n 井層是以一個 pFET 臨限電壓 V_{Tp} 來表述其特性。按照慣例，V_{Tp} 是一個負的數目，典型值是由 V_{Tp} = -0.5 V 至大約 V_{Tp} = -1.0 V。由物理的觀點來看，V_{SGp} 的值決定這個閘極相對於源極是否足夠負，而能夠在閘極氧化物之下產生一層電洞層，因而建立起可以被使用來作爲源極與洩極之間的一條通道的一個 Q_h C/cm^2 的正的電洞電荷密度。這被綜合整理於下列的陳述之中

$$\begin{aligned} &Q_h = 0 \quad && \text{對}\left(V_{SGp} < \left|V_{Tp}\right|\right) \\ &Q_h \text{存在} \quad && \text{對}\left(V_{SGp} > \left|V_{Tp}\right|\right) \end{aligned} \tag{6.102}$$

其中我們已經使用臨限電壓的絕對值 $\left|V_{Tp}\right|$。第一行是對應於閘極電壓並不足夠負，而無法在 n 井中誘導一層電洞導電層形成的這種情況，而第二種狀況乃是 V_{SGp} 足夠大來確保這個閘極電壓可以吸引電洞並形成通道。這個源極─洩極電壓 V_{SDp} 所扮演的角色乃是，如果通道存在的話，會將電荷由源極移動至洩極。

pFET 的臨限電壓可以由下式來計算得到

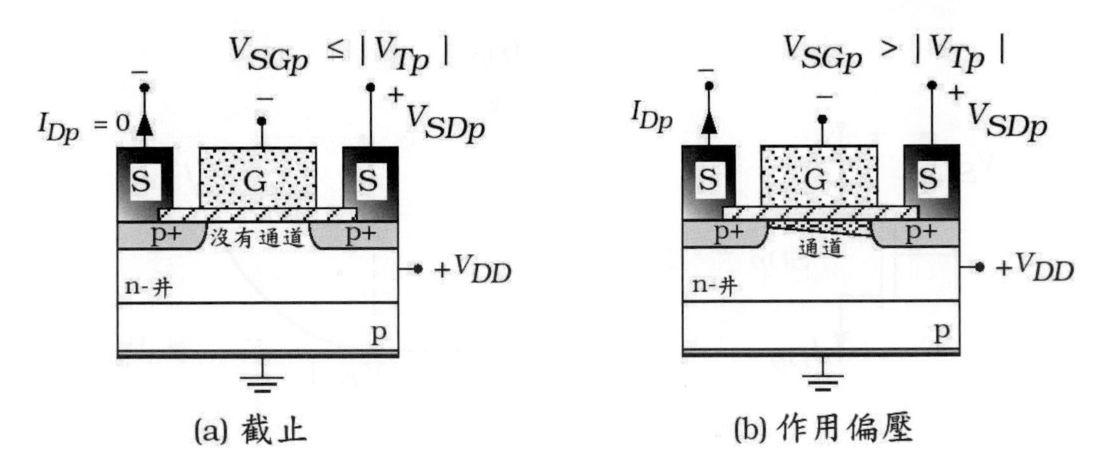

圖 6.32 一個 pFET 的傳導模式

$$V_{Tp} = -\frac{1}{C_{ox}}\sqrt{2q\varepsilon_{Si}N_d(2\phi_{Fp})} - 2\phi_{Fp} + V_{FBp} \mp \frac{qD_I}{C_{ox}} \tag{6.103}$$

其中 N_d 是在 n 井之中的摻雜濃度

$$2\phi_{Fp} = 2\left(\frac{kT}{q}\right)\ln\left(\frac{N_d}{n_i}\right) \tag{6.104}$$

乃是在 pFET 之中產生電洞所須要的表面位勢，V_{FBp} 是 pFET MOS 結構的平帶電壓，而最後一項代表具有 D_I 離子劑量的臨限調整的離子佈值步驟。如果施體被佈植的話，負號「-」會被使用，而正號「+」則是對應於受體被使用的這種狀況。

一個 pFET 的傳導模式被整理於圖 6.32 之中。截止 (cutoff) 狀況被呈現於圖 6.32(a) 之中。在這種情況之下，V_{SGp} 小於 $|V_{Tp}|$，因此 $Q_h = 0$，而且沒有通道存在。這會給予 $I_{Dp} = 0$，這可以被模擬爲一個打開的開關。作用 (active) 的操作模式被顯示於圖 6.32(b) 之中，而且是以 $V_{SGp} \ge |V_{Tp}|$ 來定義的。這層電洞傳導層會形成，並得到圖中所顯示的通道。由於電場是由右邊指向左邊，因此正電的電洞源自於源極【右邊】而流動至洩極【左邊】。因此，如同圖中所顯示，這個 pFET 電流 I_{Dp} 是由洩極電極流出。

使用與 nFET 所介紹的相同方法，我們也可以描述一個的 pFET 的電流－電壓特性。在圖 6.33 之中，源極—洩極電壓 V_{SDp} 被指定爲 V_{DD}【電源供應器的值】，而源極–閘極電壓 V_{SGp} 會被增大。對 $V_{SGp} \le |V_{Tp}|$ 而言，由於沒有通道存在，因此這個元件是在截止狀況，而具有 $I_{Dp} = 0$。當 V_{SGp} 被提升至比 $|V_{Tp}|$

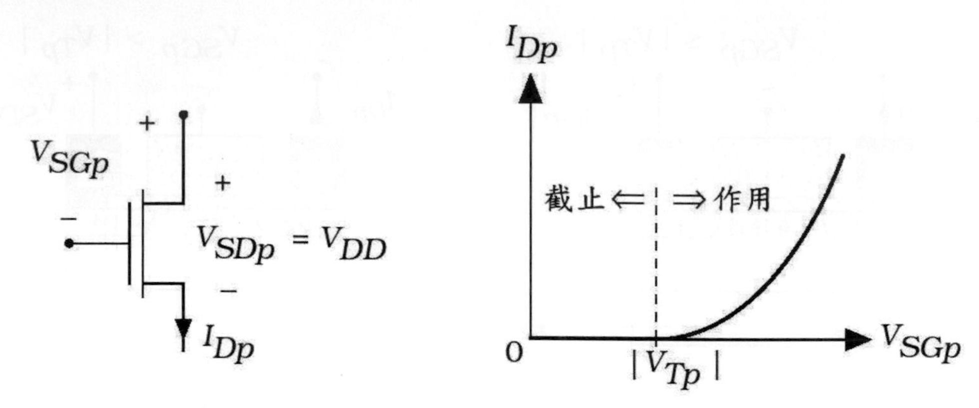

圖 6.33 閘極控制的 pFET 的電流—電壓特性

高時，這層電荷層 Q_h 會被形成，而這個元件是作用。這個電流可以以平方定律 (square-law) 表示式來加以近似

$$I_{Dp} = \frac{\beta_p}{2}\left(V_{SGp} - \left|V_{Tp}\right|\right)^2 \tag{6.105}$$

其中

$$\beta_p = k'_p\left(\frac{W}{L}\right)_p \tag{6.106}$$

是 pFET 的製程轉移電導參數

$$k'_p = \mu_p C_{ox} \tag{6.107}$$

具有 A/V^2 的單位。在這個方程式之中，μ_p 是電洞的遷移率。除了我們必須使用 μ_p 來描述在矽之中的電洞運動之外，這些定義與 nFET 參數的定義完全相同。在矽之中在室溫下表面電洞遷移率的一個典型的值爲 μ_p = 220 cm^2 /V-sec；這是明顯地低於之前所引述的電子的值【大約 550 cm^2 /V-sec】。一個典型的比值爲

$$r = \frac{\mu_n}{\mu_p} \approx 2-3 \tag{6.108}$$

注意在 FET 的電流之中的重要乘積因數是轉移電導參數

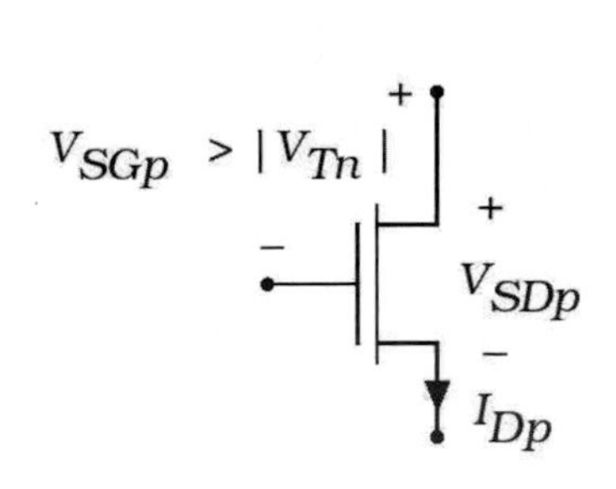

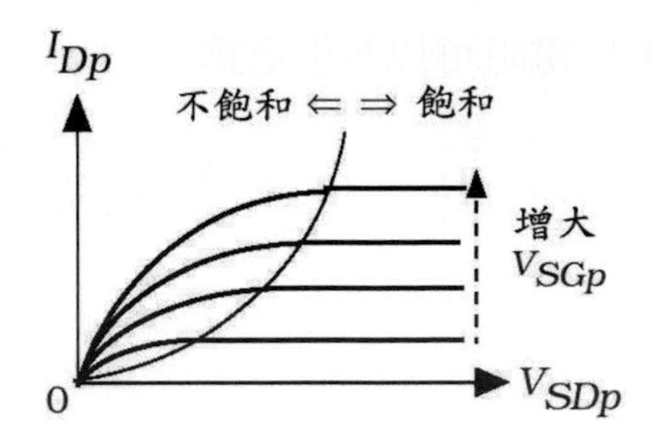

圖 6.34 pFET 的 *I-V* 的曲線族

$$\beta_n = k_n'\left(\frac{W}{L}\right)_n$$
$$\beta_p = k_p'\left(\frac{W}{L}\right)_p \tag{6.109}$$

當 nFET 與 pFET 被使用於相同的電路之中時，k_n' 與 k_p' 之間的差異會導致某些 $(W/L)_n$ 與 $(W/L)_p$ 的獨特設計選擇。

圖 6.34 顯示當 V_{SGp} 被保持固定不變，而 V_{SDp} 被增大的這種更爲一般性的狀況。每個 V_{SGp} 值都會給予一個不同的 I_{Dp} 對 V_{SDp} 圖形，這會造成圖中所顯示的曲線族。一個 pFET 的飽和電壓被定義爲

$$V_{sat} = V_{SGp} - |V_{Tp}| \tag{6.110}$$

使得在 $V_{SDp} \le V_{sat}$ 時會發生非飽和傳導，而且可以被描述爲

$$I_{Dp} = \frac{\beta_p}{2}\left[2\left(V_{SGp} - |V_{Tp}|\right)V_{SDp} - V_{SDp}^2\right] \tag{6.111}$$

對 $V_{SDp} \equiv V_{sat}$，飽和會發生而具有

$$I_{Dp} = \frac{\beta_p}{2}\left(V_{SGp} - |V_{Tp}|\right)^2 \tag{6.112}$$

飽和的傳導之前在圖 6.33 之中已經被呈現；如果源極與洩極之間的電壓【相較於 V_{sat} 】是相當大的話，那麼一個 FET 可以被視爲是在飽和之中。

6.4.1 pFET 的寄生

這個 pFET 的寄生電阻與電容是以與 nFET 相同的方式來計算得到的。一個線

性化的 pFET 電阻可以被引進爲

$$R_p = \frac{1}{\beta_p \left(V_{DD} - |V_{Tp}|\right)} \tag{6.113}$$

這說明相依性

$$R_p \propto \frac{1}{\beta_p} = \frac{1}{k'_p (W/L)_p} \tag{6.114}$$

因此，巨大的縱橫比會給予微小的電阻，這會允許較大的電流流動。

這些電容是使用與 nFET 相同的方程式來計算得到。譬如，輸入閘極的電容被給予爲

$$C_{Gp} = C_{ox}(WL)_p \tag{6.115}$$

其中兩種形式的電晶體的 C_{ox} 是相同的。閘極—源極及閘極—洩極電容被近似爲

$$C_{GS} \approx \frac{1}{2} C_{Gp} \approx C_{GD} \tag{6.116}$$

一個 p+-n 接面的接面電容仍然是

$$C_p = C_j A_{bot} + C_{jsw} P \tag{6.117}$$

但是我們必須記得由於摻雜的不同，nFET 與 pFET 的 C_j 及 C_{jsw} 數值是不同的。除了 pFET 值以及一個聲明低的開關被使用之外，一個 pFET 的線性模擬與圖 6.27 中所顯示的 nFET 的模擬是完全相同的。

6.5 微小 MOSFET 的模擬

在本章之中所呈現的這些方程式都是簡化的模型，這些模型對於最初設計的估計是很有用的。在 L 是大於約 20–30 μm 的**長通道 (long channel)** MOSFET 之中，它們是相當準確的；在離散【個別分開】的元件之中仍然可以發現這些長通道元件。現代的 IC 工藝已經使生產線的 VLSI 電晶體的通道長度縮小至 L = 0.13 μm，而且這個值還在繼續縮小之中。次微米尺寸元件的物理是相當複雜的。我們不可能來求取精確描述這些電晶體的封閉型式表示式。在電路設計階層，我

們將注意力轉到模擬的兩個階層：縮放理論及電腦模型。

6.5.1 縮放理論

縮放理論處理這個「不可思議縮小中的電晶體」，而且當一個元件的尺寸以一種結構化的方式被縮小時，縮放理論會引導我們來到一個元件的行爲。

考慮一個電晶體具有通道寬度 W 及一個通道長度 L。當這兩個尺寸以 $s>1$ 的一個縮放因數被縮小時，我們希望找出主要的電性是如何改變的。這個新的【縮放後的】電晶體的尺寸爲

$$\widetilde{W}=\frac{W}{s} \qquad \widetilde{L}=\frac{L}{s} \tag{6.118}$$

我們注意到原始的電晶體具有一個閘極面積 $A=WL$，而縮放後的 FET 會佔據

$$\widetilde{A}=\frac{A}{s^2} \tag{6.119}$$

例如，$s=2$ 暗示這個縮放後的元件只佔據原始元件 25% 的面積。這提供了持續改良石刻印刷製程的動機。

現在，讓我們來考慮元件的轉移電導。由於 W 與 L 兩者都是以相同的因數來縮放，因此縱橫比是不變的：

$$\left(\frac{W}{L}\right)=\left(\frac{\widetilde{W}}{\widetilde{L}}\right) \tag{6.120}$$

氧化物的電容爲

$$C_{ox}=\frac{\varepsilon_{ox}}{t_{ox}} \tag{6.121}$$

其中 t_{ox} 是閘極氧化物的厚度。如果這個新的 FET 具有一個被下降爲下式的較薄氧化物

$$\widetilde{t}_{ox}=\frac{t_{ox}}{s} \tag{6.122}$$

那麼這個縮放後的元件會具有

$$\tilde{C}_{ox} = \frac{\varepsilon_{ox}}{\left(\frac{t_{ox}}{s}\right)} = sC_{ox} \tag{6.123}$$

換言之，它是以一個 s 的因數被增大。由於製程轉移電導被給予爲 $k' = \mu C_{ox}$，因此在這個縮放的元件之中，元件轉移電導 $\beta = k'(W/L)$ 會被增大爲

$$\tilde{\beta} = sk'\left(\frac{W}{L}\right) = s\beta \tag{6.124}$$

然而，注意藉由 s 來將 L 及 W 加以縮放的這個能力並不表示氧化物厚度也可以以相同的因數來縮放，因此當我們應用這個關係式時必須很小心。如果它眞的可以成立的話，則這個 FET 的電阻

$$R = \frac{1}{\beta(V_{DD} - V_T)} \tag{6.125}$$

會有一個縮放的值

$$\tilde{R} = \frac{1}{s\beta(V_{DD} - V_T)} \tag{6.126}$$

如果我們不改變施加到這個縮小尺寸 FET 的電壓的話，那麼電阻會依照下式來縮小

$$\tilde{R} = \frac{R}{s} \tag{6.127}$$

而另一方面，如果我們將這個微小元件中的電壓縮放至新的值

$$\tilde{V}_{DD} = \frac{V_{DD}}{s}, \quad \tilde{V}_T = \frac{V_T}{s} \tag{6.128}$$

則這個縮放的 FET 的電阻會隨著下式而改變

$$\tilde{R} = R \tag{6.129}$$

這提供**電壓縮放 (voltage scaling)** 的基本原理，其中當這個元件的尺寸縮小時，我們將這個電壓降低。

爲了看出縮放電壓的效應，考慮一個具有下列縮小電壓的縮放 MOSFET

$$\widetilde{V}_{DS} = \frac{V_{DS}}{s}, \quad \widetilde{V}_{GS} = \frac{V_{GS}}{s} \tag{6.130}$$

使得原始元件的非飽和電流會被給予於下列的方程式

$$I_D = \frac{\beta}{2}\left[2(V_{GS} - V_T)V_{DS} - V_{DS}^2\right] \tag{6.131}$$

應用縮放公式會得到縮放後的 FET 的電流爲

$$\widetilde{I}_D = \frac{s\beta}{2}\left[2\left(\frac{V_{GS}}{s} - \frac{V_T}{s}\right)\frac{V_{DS}}{s} - \frac{V_{DS}^2}{s^2}\right] = \frac{I_D}{s} \tag{6.132}$$

這個電晶體的功率發散爲

$$\widetilde{P} = \widetilde{V}_{DS}\widetilde{I}_D = \frac{V_{DS}I_D}{s^2} \tag{6.133}$$

換言之，它會被縮小爲原來的 $1/s^2$。這是當 FET 的尺寸被降低時，將電源供應電壓降低的激勵因素。

電源供應電壓 V_{DD} 的實際值是一個系統階層的決策，這通常被用來降低這個電路的功率發散。臨限電壓 V_T 的值是在製程之中所控制的。雖然操作電壓也可以有一些改變，但是這項降低經常與由 s 所指定的幾何縮放不相同。然而，這的確會提供我們未來發展的一組指引規則。

6.5.2 微小元件的效應

隨著 MOSFET 的尺寸在 1980 及 1990 年代的縮小，很自然的方法乃是把新發現的效應列入考慮，而對電流流動方程式作一些修正。許多新的現象已經被發現並被研究，但是時至今日大多數的名稱及術語仍然還是被使用。

在一個 VLSI FET 之中，最重要的一個幾何參數是通道的長度 L。由於縱橫比 (W/L) 決定流動通過這個電晶體的最大電流，因此降低 L 使我們得以同時降低 W，而仍然還可以維持相同的縱橫比。在下一章之中，我們將展現縱橫比是主要的電路設計參數。因此，這個縮放後的電路會消耗較少的面積，但是仍然維持某些重要的電路特性。

當通道的長度被縮小至低於大約 20 μm 時，我們發現臨限電壓會由它的長通道值 $V_{T,long}$ 下降。這被稱爲是一個**幾何的短通道效應 (geometrical short-channel effect, SCE)**，而且是以下列型式的一個方程式來加以表示

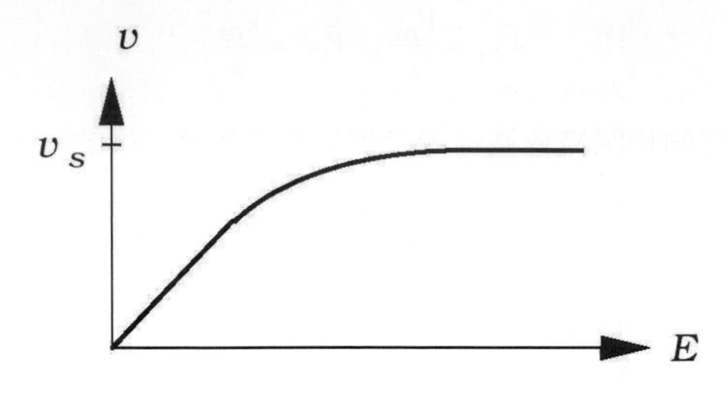

圖 6.35 **在矽中帶電粒子的速度—電場關係**

$$V_T = V_{T,long} - (\Delta V_T)_{SCE} \tag{6.134}$$

其中 $(\Delta V_T)_{SCE}$ 會隨著 L 的下降而增大。藉由將電荷列入考量，我們可以以比在長通道推導之中所做的更精確地計算得到這個降低。**窄寬度效應 (narrow-width effect, NWE)** 也是當 W 降低時臨限電壓會增大的一項幾何修正。這個效應可以被表示爲下列的型式

$$V_T = V_{T,long} + (\Delta V_T)_{NWE} \tag{6.135}$$

而且它是由於在長通道分析之中所忽略的邊緣電場所造成的。最小尺寸的元件可能會同時展現 SCE 及 NWE。

縮小 L 也會造成通道之中傳導特性的改變。考慮一個 FET 具有一個外加的洩極–源極電壓 V_{DS}。通道的電場可以被估計爲

$$E = \frac{V_{DS}}{L} \tag{6.136}$$

這顯示 E 會隨著 L 的下降而增大。在矽之中一個帶電粒子的速度被觀察到會遵守圖 6.35 中所說明的相依性。對微小的 E 值而言，速度會線性地增大，可被表示爲

$$v = \mu E \tag{6.137}$$

這定義了我們在推導 FET 電流時所使用的遷移率 μ。然而，當電場強度被增大時，$v(E)$ 會進入非線性區域之中，而遷移率不再是一個常數。這個速度值最終會達到**飽和速度 (saturation velocity)** v_s，對矽中的電子在室溫下，這個速度大約是 10^7 cm/sec。因此，這些簡化的方程式不再成立，而必須被修改。現代的短通道 FET

一成不變地會進入速度飽和區域之中。

這個速度對於估計過境時間 τ_t 也是很有用的，這是一個電荷穿越這條通道所須要的時間。這個時間被視為一個 FET 可以多快切換的基本限制。為了獲得一個簡單的表示式，我們使用這個速度 v 來寫出

$$\tau_t = \frac{v}{L} \tag{6.138}$$

在 v-E 圖形的線性區域之中，

$$\tau_t = \frac{\mu E}{L} = \frac{\mu V_{DS}}{L^2} \tag{6.139}$$

這給予了降低通道長度的另一項理由：τ_t 的值會被降低，表明會有較快速的切換。一旦這個粒子速度達到飽和，過境時間會達到這個常數

$$\tau_t = \frac{v_s}{L} \tag{6.140}$$

因此這個效應某種程度上會被消音。另外一個短通道的效應乃是電流流動之中所涉及的電子較少。由統計來推導得到電荷濃度之中所包含的許多假設開始變成不成立。

隨著元件的尺寸持續縮小，而且新的電晶體被提議且被發展出來，在微小幾何結構的 MOSFET 之中的許多其它效應已經被觀察到，而研究也持續進行。有興趣的讀者請參考當代的文獻來得到更多細節。

6.5.3 SPICE 模擬

這些年以來，我們已經學習到推導封閉型式的方程式來精確描述現代的電晶體乃是不可能。很幸運地，功能複雜的 CAD 工具的發展使我們得以在元件及電路階層上進行精準的模擬。元件模擬器超越了本書的範疇。而另一方面，電路模擬在 VLSI 電路的設計之中是一種一成不變的程序。設計的流程乃是首先使用 FET 切換理論來產生邏輯電路，然後使用簡化的方程式來估計電性。然後，這個電路會被模擬，而這些結果被使用來改良這個電性設計。最被廣泛使用的電路模擬引擎為 SPICE。[6] 這個程式是在加州大學柏克萊分校所構思及撰寫，來幫助積體電路的設計。由於在產業中它被視為一項標準，因此我們將把我們的討論圍繞

[6] 這是「强調積體電路的模擬程式」 (Simulation Program with Integrated Circuit Emphasis) 的縮寫。

它。SPICE 有數種實際裝置可供使用，但是它們在操作上都很類似。

在 SPICE 之中，MOSFET 是使用下列型式的元件陳述而進入這個電路的列示之中

```
Mname ND NG NS NB model_name L=length W=width <AS, PS, AD, PD >
```

其中

- Mname 是這個 FET 的名稱，例如 M1 或 Mn_out。
- ND, NG, NS, NB 分別是洩極、閘極、源極、極本體的節點數字【或名稱，如果允許的話】。
- model_name 乃是提供製程參數列示的 .model 這一行的名稱。
- AS, PS, AD, PD 是這個元件的洩極 (AD, PD) 及源極 (AS, PS) 的面積及周線【可有可無】。面積的單位是 m^2，而周線必須以 m 的單位來加以指定。

重要的電性參數被包含在 .model 這一行之中，它具有下列的型式

```
.model < listing >
```

其中 < listing > 是一系列的數值。有許多不同的 MOSFET 模型正被使用之中。它們的區別是使用在 < listing > 陳述之中的

```
Level = N
```

其中 N 的值定義這個方程式組。原始的 SPICE 可允許 Level = 1, 2, 3 其中階層 1 是基於 6.2.3 節之中所推導得到的這個方程式組的一種修改型式。又稱爲本體電荷方程式的階層 2 的模型是更爲準確，而階層 3 是一個經驗模型。當應用於現代的次微米元件時，階層 1 及階層 2 會喪失準確性，但是它們經常被使用來作爲最初的估計因爲它們允許非常快速的模擬。

我們經常在元件陳述中輸入所有尺寸的繪圖值。例如，在範例 6.6 之中的電晶體被描述爲

```
MExa6_6 10 20 30 0 nFET L=0.4U W=5U AD=15P PD=16U AS=15P
    PS=16U
```

其中 P 是微微縮放元 (10^{-12})，而 U 是微縮放元 (10^{-6})。繪圖值與等效【電性】值之間的差異是由下面製程所提供的列示之中所提供的資訊來計算得到的

```
.MODEL nFET <parameters>
```

這使得由佈局圖到模擬檔案之間的轉譯變成簡單很多。

在現代的 CMOS 之中，BSIM 模型組提供了最準確的 SPICE 模擬。[7] 很不幸地，這組參數本身是有些隱密，而且這些值並不一定會與簡單的解析表示式有一種直接的關係。在參考資料 [2] 之中可以找到 BSIM 模型的更詳細討論。在 VLSI 設計之中，一般而言我們將模型解釋爲可以被使用於一個 CAD 工具包之中的一組給予的參數。從一個佈局圖來萃取網列檔使我們得以進行電性模擬。

6.6 深入研讀的參考資料

[1] R. Jacob Baker, Harry Li, and David E. Boyce, **CMOS Circuit Design, Layout and, Simulation,** IEEE Press, Piscataway, NJ, 1998.

[2] Yuhua Cheng and Chenming Hu, **MOSFET Modeling and BSIM3 User's Guide**, Kluwer Academic Press, Norwell, MA, 1999.

[3] Richard S. Muller and Theodore I. Kamins, **Device Electronics for Integrated Circuits**, 2nd ed., John Wiley & Sons, New York, 1992.

[4] Robert F. Pierret, **Semiconductor Device Fundamentals**, Addison- Wesley, Reading, MA, 1996.

[5] Ben G. Streetman and Sanjay Banerjee, **Solid State Electronic Devices**, 5th ed., Prentice Hall, Upper Saddle River, NJ, 1999.

[6] Jasprit Singh, **Semiconductor Devices**, John Wiley & Sons, New York, 2001.

[7] S. M. Sze, **Semiconductor Devices**, 2nd ed., Wiley-Interscience, New York, 1981.

[8] John P. Uyemura, **CMOS Logic Circuit Design**, Kluwer Academic Publishers, Norwell, MA, 1999.

[9] Edward S. Yang, **Microelectronic Devices**, McGraw-Hill, New York, 1988.

[7] BSIM 代表柏克萊次微米 IGFET 模型 (Berkeley Submicron IGFET Model)，其中 IGFET 代表絕緣閘極場效應電晶體 (Insulated Gate FET)。在日常使用之中，IGFET 與 MOSFET 這兩個名詞可以交換使用。

6.7 習題

[6.1] 一個 CMOS 製程產生厚度爲 $t_{ox} = 100$ Å 的閘極氧化物。這個 FET 的載子遷移率值被給予爲 $\mu_n = 550\ cm^2/V\text{-}sec$ 及 $\mu_p = 210\ cm^2/V\text{-}sec$。

(a) 計算每單位面積的氧化物電容，以 $fF/\mu m^2$ 的單位來表示。

(b) 求 nFET 與 pFET 的製程轉移電導値。.

將你的答案以 $\mu A/V^2$ 的單位來表示。

[6.2] 一個 nFET 具有 $W = 10\ \mu m$ 與 $L = 0.35\ \mu m$，而且是在 $k'_n = 110\ \mu A/V^2$ 及 $V_{Tn} = 0.70$ V 的一個製程之中所製造的。假設 $V_{SBn} = 0$ V。

(a) 如果電壓被設定爲 $V_{GSn} = 2$ V、$V_{DSn} = 1.0$ V，求電流。

(b) 如果電壓被設定爲 $V_{GSn} = 2$ V、$V_{DSn} = 2$ V，求電流。

[6.3] 一個 nFET 具有 $\beta_n = 2.3\ mA/V^2$ 的元件轉移電導，以及一個 0.76 V 的臨限電壓。假設 $V_{SBn} = 0$ V。

(a) 如果電壓被設定爲 $V_{GSn} = 1$ V, $V_{DSn} = 2.5$ V，求電流。

(b) 如果電壓被設定爲 $V_{GSn} = 2$ V, $V_{DSn} = 2.5$ V，求電流。

(c) 如果電壓被設定爲 $V_{GSn} = 3$ V, $V_{DSn} = 2.5$ V，求電流。

[6.4] 考慮具有閘極氧化物厚度爲 $t_{ox} = 60$ Å 的一個 pFET。電洞的遷移率被量測爲 220 $cm^2/V\text{-}sec$，而縱橫比爲 $(W/L) = (12/1)$。假設 $V_{DD} = 3.3$ V 且 $|V_{Tp}| = 0.7$ V.

(a) 計算製程轉移電導 k'_p，以 mA/V^2 的單位來表示。

(b) 求元件轉移電導 β_p 及電阻 R_p。

[6.5] 一個 nFET 具有厚度爲 $t_{ox} = 120$ Å 的閘極氧化物。p 型本體區域是以密度爲 $N_a = 8 \times 10^{14}\ cm^{-3}$ 的硼來摻雜的。已知 $V_{T0n} = 0.55$ V 及 $(W/L) = 10$。

(a) 計算本體偏壓係數。

(b) 如果外加一個 $V_{SBn} = 2$ V 的本體偏壓電壓，這個元件的臨限電壓是多少？

(c) 電子遷移率爲 $\mu_n = 540\ cm^2/V\text{-}sec$。計算當 $V_{GSn} = 3$ V、$V_{DSn} = 3$ V、及 $V_{SBn} = 3$ V 的偏壓電壓被施加到這個元件時的洩極電流。

[6.6] 建構圖 P6.1 中的 FET 佈局圖的 RC 開關模型。假設一個電源供應電壓

3 V，而且這些尺寸的單位為微米。

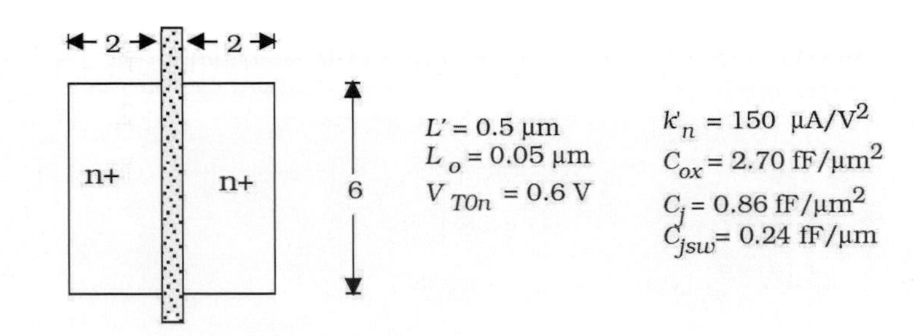

P6.1 習題 6.6 **的電晶體佈局圖幾何形狀**

[6.7] 寫出圖 P6.1 中的這個 nFET 的 SPICE 描述。使用你的列示來獲得 I_D 對 V_{DS} 的曲線族

[6.8] 考慮圖 P6.1 中所顯示的 FET 幾何結構，其中 n+ 區域的片電阻是 30 Ω，而多晶矽閘極擁有一個 26 Ω 的片電阻。藉由決定適用於每個參數的恰當幾何結構，計算附屬於這些參數的寄生電阻 R_{n+} 與 R_{poly}。這些寄生電阻會如何影響這個元件的操作？

[6.9] 一個 nFET 具有 $W = 20\ \mu m$ 及 $L = 0.5\ \mu m$ 是在 $k'_n = 120\ \mu A/V^2$ 且 $V_{Tn} = 0.65$ V 的一個製程之中所製造的。電壓被設定為一個 $V_{GSn} = V_{DSn} = V_{DD} = 5$ V 的值。

(a) 這個電晶體已經飽和，還是尚未飽和？

(b) 使用這個電晶體的適當方程式來計算洩極–源極電阻。

(c) 比較你在 (b) 中的值與使用方程式 (6.71) 連同一個 $\eta = 1$ 的值所求得的值。

[6.10] 一個 nFET 具有 $L = 0.5\ \mu m$ 是在 $k'_n = 100\ \mu A/V^2$ 且 $V_{Tn} = 0.70$ V 的一個製程之中所製造的。閘極–源極電壓被設定為 $V_{GSn} = V_{DD} = 3.3$ V 的一個值。計算為了獲得一個 $R_n = 950\ \Omega$ 的電阻所須要的通道寬度，使用方程式 (6.71) 連同一個 $\eta = 1$ 的值。

7. CMOS 邏輯閘的電子分析

在前一章之中，我們檢視了 MOSFET 的電特性。這奠定了在本章之中我們分析 CMOS 邏輯電路中電晶體行爲的基礎。這項討論是專注於切換速度與佈局設計的重要領域，並且會提供現代晶片設計的許多基礎。

7.1 CMOS 反相器的直流特性

CMOS 反相器給予計算邏輯閘電特性的基礎。考慮圖 7.1 中所顯示的這個電路。輸入電壓 V_{in} 決定這兩個 FET Mn 與 Mp 的傳導狀態。這會產生這個閘的輸出電壓 V_{out}。我們須要兩種型式的計算來表述一個數位邏輯電路的特性。對於一個給予的 V_{in} 值而言，一項**直流分析 (DC analysis)** 會決定 V_{out}。在這種型式的計算之中，我們假設 V_{in} 是非常緩慢地改變，而且在進行量測之前，V_{out} 被允許先穩定下來。一項直流分析提供了輸入到輸出的一種直接的映射，這反過來又告訴我們定義布林邏輯 0 與邏輯 1 值的電壓範圍。第二種型式的特性表述稱爲**暫態分析 (transient analysis)**。在這種狀況之下，輸入電壓是時間的一個明白的函數 $V_{in}(t)$，這是對應於一個改變中的邏輯值。這個電路的響應是包含在 $V_{out}(t)$ 之中。在輸入改變以及相對應的輸出改變之間的延遲乃是高速設計的基本限制因素。在這一節之中，我們將專注於 DC 分析。暫態分析則是在下一節之中再來

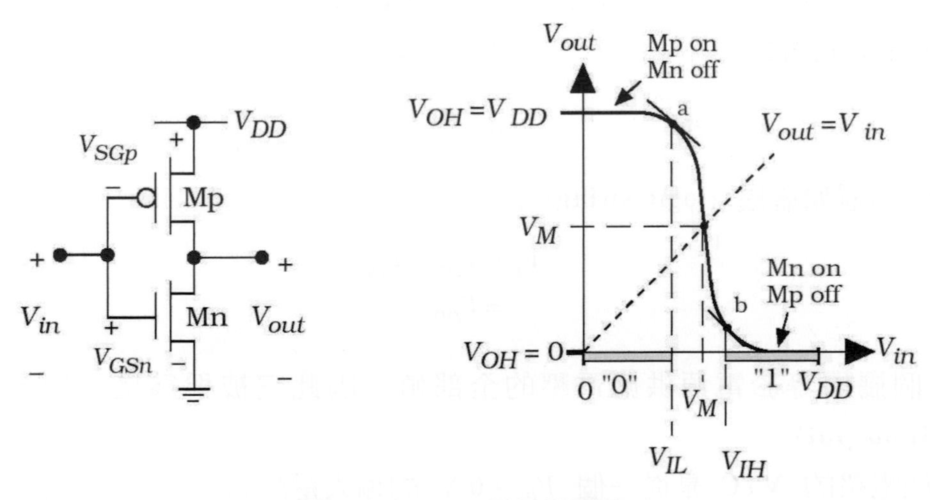

圖 7.1 CMOS 反相器電路

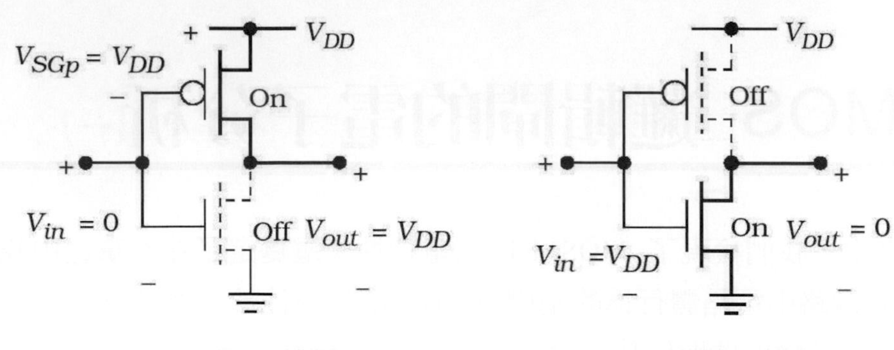

(a) 低輸入電壓　　(b) 高輸入電壓

圖 7.2 反相器電路的 V_{OH} **與** V_{OL}

分析。

反相器的 DC 特性被展現於**電壓轉移特性 (voltage transfer characteristic, VTC)** 之中，這是 V_{out} 被表示爲 V_{in} 的一個圖形。這是藉由在由 0 V 到 V_{DD} 的範圍之中改變輸入電壓 V_{in} 來求得輸出電壓 V_{out} 所得到的。終點的值可以輕易以圖 7.2 之中的電路來幫助求得。如果 V_{in} 會如同在圖 7.2(a) 之中等於 0 V 的話，則 Mn 是關閉的，而 Mp 是導通的。由於這個 pFET 是導通的，因此它會將輸出連接到電源供應，而得到 $V_{out} = V_{DD}$。這定義了這個電路的**輸出高電壓 (output high voltage)** 爲

$$V_{OH} = V_{DD} \tag{7.1}$$

換言之，最高的輸出電壓乃是電源供應的值 V_{DD}。具有 $V_{in} = V_{DD}$ 的相反狀況則是在圖 7.2(b) 中加以說明。這會使 Mn 導通，而 Mp 是在截止狀況。因此，輸出節點會通過這個 nFET 而被連接到 0 V【接地】，而將**輸出低電壓 (output low voltage)** 定義爲

$$V_{OL} = 0 \text{ V} \tag{7.2}$$

在輸出處的**邏輯擺幅 (logic swing)** 爲

$$\begin{aligned} V_L &= V_{OH} - V_{OL} \\ &= V_{DD} \end{aligned} \tag{7.3}$$

由於這個擺幅等於電源供應電壓的全部值，因此它被稱爲是一個**全軌輸出 (full-rail output)**。

這個電路的 VTC 是從一個 $V_{in} = 0$ V 的輸入電壓開始，然後將它增大至一

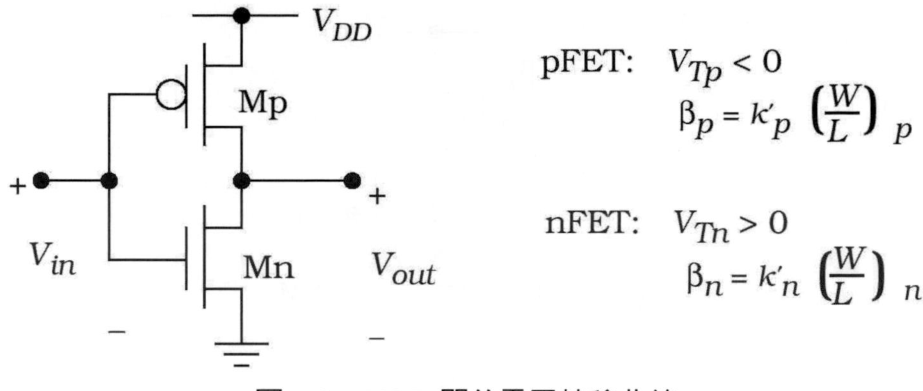

圖 7.3 NOT 閘的電壓轉移曲線

個 $V_{in} = V_{DD}$ 的值所獲得的。這會造成圖 7.3 中所顯示的圖形。藉由將這個元件的電壓以輸入及輸出電壓來加以表示，我們可以來瞭解這些細節

$$\begin{aligned} V_{GSn} &= V_{in} \\ V_{SGp} &= V_{DD} - V_{in} \end{aligned} \tag{7.4}$$

只要 $V_{in} \le V_{Tn}$，那麼 Mn 就會是在截止之中。由於輸出電壓具有一個 $V_{out} = V_{DD}$ 的高值，因此在這個範圍之中的任何被標示爲「0」的輸入電壓都可以被解讀爲一個邏輯 0 的輸入。將 V_{in} 增大會造成在 VTC 之中的一個向下的變遷。這是因爲這個輸入電壓將 nFET 導通，而 pFET 仍然是傳導的。然而，注意將 V_{in} 增大會使 V_{SGp} 下降，因此這個 pFET 會成爲一個比較沒有效率的導體，而輸出電壓會下降。Mp 進入截止當

$$V_{in} = V_{DD} - |V_{Tp}| \tag{7.5}$$

對大於這個值的 V_{in} 而言，由於只有這個 nFET 是作用的，因此 $V_{out} = 0$ V。這顯示會有一個作爲邏輯 1 輸入值的輸入電壓範圍，這在 VTC 上是被標示爲「1」來表示。

邏輯 0 與 1 的電壓範圍是以 VTC 的改變斜率來加以定義。圖形中「a」點乃是斜率具有一個 -1 的值，並定義了**輸入低電壓 (input low voltage)** V_{IL}。由基本定義，一個邏輯 0 輸入電壓被定義爲

$$0 \le V_{in} \le V_{IL} \tag{7.6}$$

第二個 -1 斜率的點被標示爲「b」，並定義**輸入高電壓 (input high voltage)** V_{IH}。這被使用來定義一個邏輯 1 輸入電壓爲

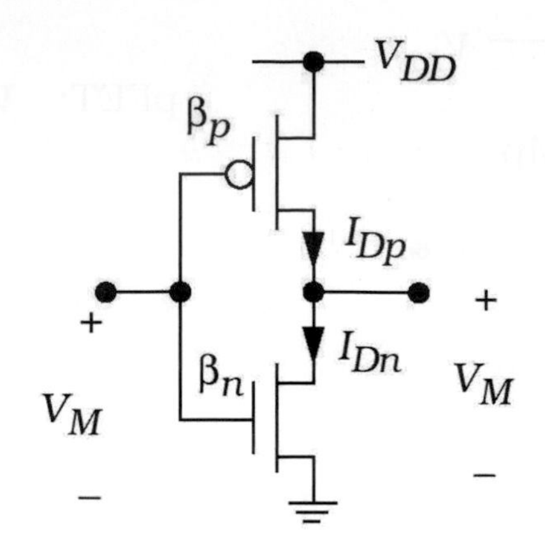

圖 7.4 使用來計算 V_M 的反相器電壓

$$V_{IH} \le V_{in} \le V_{DD} \tag{7.7}$$

高與低狀態的**電壓雜訊邊際 (voltage noise margin)** 分別是

$$\begin{aligned} VNM_H &= V_{OH} - V_{IH} \\ VNM_L &= V_{IL} - V_{OL} \end{aligned} \tag{7.8}$$

這個雜訊邊際給予這些輸入對於耦合的電磁訊號干擾會有多麼穩定的一個量度。

雖然由計算來得到定義邏輯 0 與 1 輸入電壓的確切值是可能的，但是引進 VTC 之中所顯示的中間點電壓 V_M 會比較簡單。這個電壓被定義爲 VTC 與被定義爲 $V_{out} = V_{in} = V_M$ 的這條單位增益線交會的這個點。一個 $V_{in} = V_M$ 的值是在變遷區域之中，而並不代表一個布林數量。然而，對於小於 V_M 的 V_{in} 而言，輸入電壓是靠近邏輯 0 的值，而 $V_{in} > V_M$ 則表明這個輸入是在邏輯 1 這一邊。因此，知道 V_M 的值告訴我們輸入變遷的中心點。

爲了計算得到電壓，如同圖 7.4 中所顯示，我們設定 $V_{in} = V_{out} = V_M$。令這些 FET 的洩極電流相等，得到

$$I_{Dn} = I_{Dp} \tag{7.9}$$

但是在我們可以使用這個方程式之前，我們必須先找到每個 FET 的操作【飽和或不飽和】區域。首先考慮 nFET，並回想飽和電壓被給予爲

$$\begin{aligned} V_{sat} &= V_{GSn} - V_{Tn} \\ &= V_M - V_{Tn} \end{aligned} \tag{7.10}$$

其中我們在第二行之中已經使用 $V_{in} = V_{GSn} = V_M$。洩極─源極電壓爲 $V_{DSn} = V_{out} =$

V_M。由於 V_{Tn} 是一個正的數字，因此

$$V_{DSn} > V_{sat} = V_M - V_{Tn} \tag{7.11}$$

這說明 Mn 必定是飽和的。由於 $V_{SGp} = V_{SDp}$，因此相同的論述也可以被應用於這個 pFET Mp。使用第六章的飽和電流方程式會給予

$$\frac{\beta_n}{2}(V_M - V_{Tn})^2 = \frac{\beta_p}{2}\left(V_{DD} - V_M - |V_{Tp}|\right)^2 \tag{7.12}$$

除以 β_p，並取平方根會給予

$$\sqrt{\frac{\beta_n}{\beta_p}}(V_M - V_{Tn}) = V_{DD} - V_M - |V_{Tp}| \tag{7.13}$$

因此，簡單的代數計算得到中間點電壓爲

$$V_M = \frac{V_{DD} - |V_{Tp}| + \sqrt{\dfrac{\beta_n}{\beta_p}}V_{Tn}}{1 + \sqrt{\dfrac{\beta_n}{\beta_p}}} \tag{7.14}$$

這個方程式顯示 V_M 是由 nFET 對 pFET 的比值所設定的

$$\frac{\beta_n}{\beta_p} = \frac{\kappa'_n\left(\dfrac{W}{L}\right)_n}{\kappa'_p\left(\dfrac{W}{L}\right)_p} \tag{7.15}$$

由於 k'_n 與 k'_p 是在製程之中所設定的，因此這些 FET 尺寸的比值建立這個切換點。必須牢記的是，nFET 與 pFET 具有不同的遷移率因數，一個典型的比值爲

$$\frac{\kappa'_n}{\kappa'_p} \approx 2 \text{ 至 } 3 \tag{7.16}$$

視乎製程的細節而定。在先進的 VLSI 設計之中，這項事實對於我們在個別電晶體的調整尺寸以及電路的型式上所作的選擇都會有顯著的影響。注意由於兩種 FET 型式的 C_{ox} 大約相等，因此

$$\frac{\kappa'_n}{\kappa'_p} = \frac{\mu_n}{\mu_p} = r \tag{7.17}$$

其中 r 是在第 5 章之中所介紹的遷移率比值。.

一個**對稱反相器** (**symmetrical inverter**) 的 VTC 乃是一個具有相等「0」與「1」輸入電壓範圍的反相器。這是藉由在方程式 (7.12) 之中選取

$$V_M = \frac{1}{2} V_{DD} \tag{7.18}$$

而來達成的。重新整理之後，我們得到下列的設計方程式

$$\frac{\beta_n}{\beta_p} = \left(\frac{\frac{1}{2} V_{DD} - |V_{Tp}|}{\frac{1}{2} V_{DD} - V_{Tn}} \right)^2 \tag{7.19}$$

這使我們得以來計算這個特殊的 V_M 選擇的電晶體尺寸。注意如果 $V_{Tn} = |V_{Tp}|$，則一個對稱的設計要求

$$\beta_n = \beta_p \tag{7.20}$$

換言之，這兩個 FET 的元件轉移電導值是相等的。我們必須牢記，β 與一個 MOSFET 的縱橫比 (W/L) 是成正比的，而且 (W/L) 是實際的設計變數。

範例 7.1

考慮一個 CMOS 製程具有下列的參數

$$\begin{aligned} \kappa'_n &= 140\ \mu A/V^2 \qquad V_{Tn} = +0.70\,V \\ \kappa'_p &= 60\ \mu A/V^2 \qquad V_{Tn} = -0.70\,V \end{aligned} \tag{7.21}$$

具有 $V_{DD} = 3.0$ V。

考慮當 $\beta_n = \beta_p$ 的這種狀況。藉由計算下式，我們可以驗證這是一個對稱的設計

$$V_M = \frac{3 - 0.7 + \sqrt{1}\,(0.7)}{1 + \sqrt{1}} = 1.5\ \text{V} \tag{7.22}$$

因此 V_M 是電源供應電壓值的一半。爲了達成這項設計，我們必須選取這個元件

的縱橫比使得

$$\frac{\beta_n}{\beta_p}=\frac{\kappa'_n\left(\frac{W}{L}\right)_n}{\kappa'_p\left(\frac{W}{L}\right)_p}=1 \tag{7.23}$$

其中我們還記得製程轉移電導參數 k' 被給予爲 $k' = \mu_n C_{ox}$，而且是由這個製程所設定的。對目前的這個狀況而言，我們將這個表示式重新整理來得到

$$\left(\frac{W}{L}\right)_p=\frac{\kappa'_n}{\kappa'_p}\left(\frac{W}{L}\right)_n \tag{7.24}$$

因此

$$\left(\frac{W}{L}\right)_p=\left(\frac{140}{60}\right)\left(\frac{W}{L}\right)_n=2.33\left(\frac{W}{L}\right)_n \tag{7.25}$$

這顯示這個 pFET 大約必須是 nFET 的 2.33 倍大。

現在讓我們來檢視 nFET 與 pFET 具有相同縱橫比：$(W/L)_n = (W/L)_p$ 的這種狀況。當具有問題陳述之中所提供的值時

$$\frac{\beta_n}{\beta_p}=\frac{\kappa'_n}{\kappa'_p}=2.33 \tag{7.26}$$

因此，中間點電壓被給予爲

$$V_M=\frac{3-0.7+\sqrt{2.33}\,(0.7)}{1+\sqrt{2.33}}=1.33\text{ V} \tag{7.27}$$

這項選擇將 V_M 平移到一個小於 $(V_{DD}/2)$ 的值。

圖 7.5 說明使用兩種設計風格的一個反相器之間的佈局差異。在這個反相器之中的兩個電晶體的通道長度是相同的，剩下通道寬度 W_p 與 W_n 來作爲設計的變數。在圖 7.5(a) 之中，這個 pFET 會具有大約 $W_p \approx 2W_n$ 的一個寬度，這會給予大約 $(V_{DD}/2)$ 的 V_M。相等尺寸的電晶體被使用於圖 7.5(b) 中的佈局之中，因此這個電路會具有 $V_M < (V_{DD}/2)$。我們必須牢記在心的是，目前我們只處理 DC 特性而已。如同我們將在下一節之中所看到，這兩種設計的切換性質

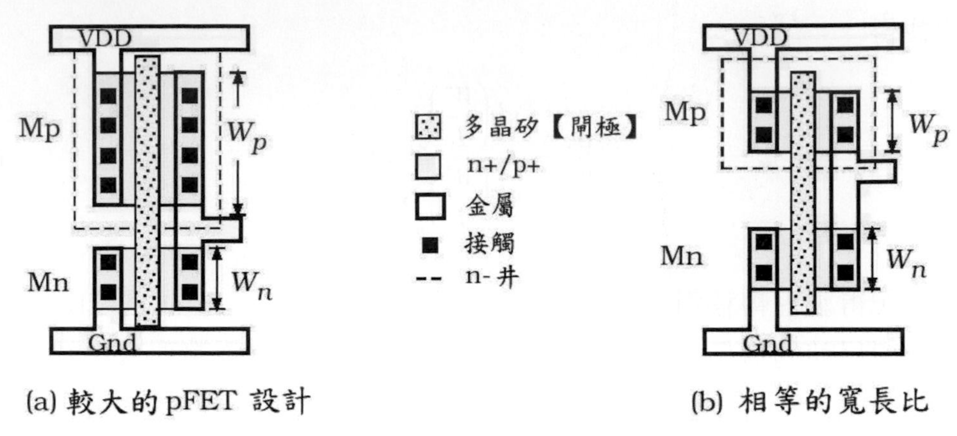

圖 7.5 範例 7.1 的佈局圖比較

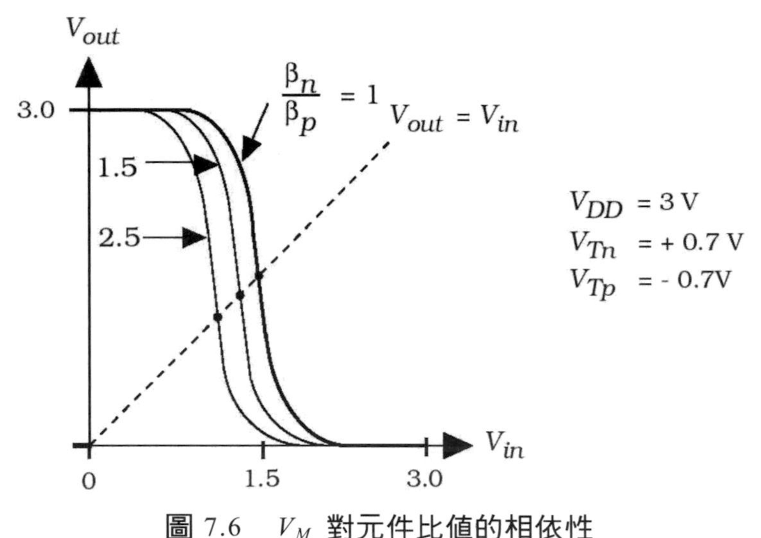

圖 7.6 V_M 對元件比值的相依性

也會受到縱橫比的影響。

上面的推導及範例說明了 FET 的縱橫比在邏輯閘的 DC 行爲上的重要性。在實體階層，在這個 (β_n/β_p) 比值之中所包含的相對元件大小決定這些切換點。一般而言，將 (β_n/β_p) 增大會使中間點電壓 V_M 的值下降。這種相依性是以圖 7.6 中的圖形來加以說明。具有圖中所顯示的參數，一個具有 $\beta_n = \beta_p$ 的對稱設計會給予 $V_M = (V_{DD}/2) = 1.5$ V。將這個比值增大至 $(\beta_n/\beta_p) = 1.5$ 會給予 $V_M \approx 1.42$ V，而 $(\beta_n/\beta_p) = 2.5$ 會使中間點電壓下降到 $V_M \approx 1.31$ V。使用 $(\beta_n/\beta_p) < 1$ 的一個比值也是可能的，但是這會使這個 VTC 往右邊平移，即 $V_M > (V_{DD}/2)$。然而，由於這個 pFET 的縱橫比會變成相當大，因此它很少被使用。

7.2 反相器的切換特性

高速數位系統設計是以非常快速進行計算的能力為基礎。這要求當輸入改變時，邏輯閘會引進一個最小量的時間延遲。設計快速邏輯電路乃是 VLSI 實體設計的更有挑戰性【但更關鍵】的層面之一。如同 DC 分析一般，分析這個 NOT 閘提供了研究更複雜電路的一個基石。

這個問題的一般特徵被顯示於圖 7.7 之中。一個輸入電壓 $V_{in}(t)$ 被施加到這個反相器，造成一個輸出電壓 $V_{out}(t)$。我們假設 $V_{in}(t)$ 有像步階一般的特性，而會在時間 t_1 時由 0 陡峭地變遷至 1【即，至一個 V_{DD} 的電壓】，而會在時間 t_2 時回到 0。這個輸出波形會對輸入有所反應，但是輸出電壓無法瞬間改變。這個輸出的 1 至 0 變遷會引進一個**下降時間 (fall time)** 延遲 t_f，而在這個輸出的 0 至 1 改變則是以一個**上升時間 (rise time)** t_r 來加以描述。我們可以從分析這個電路的電子變遷來計算得到上升時間與下降時間。

上升及下降時間的延遲是由於這些電晶體的寄生電阻與電容所造成的。考慮圖 7.8(a)中所顯示的這個 NOT 電路。兩個 FET 都可以以它們的開關等效電路來加以取代，這會得到圖 7.8(b) 中的這個簡化的 RC 模型。我們還記得組件的實際值是由元件的尺寸所決定的。一旦我們指定縱橫比 $(W/L)_n$ 與 $(W/L)_p$ 之後，我們就可以使用下式來計算 R_n 與 R_p

$$R_n = \frac{1}{\beta_n(V_{DD} - V_{Tn})}$$
$$R_p = \frac{1}{\beta_p(V_{DD} - |V_{Tp}|)} \tag{7.28}$$

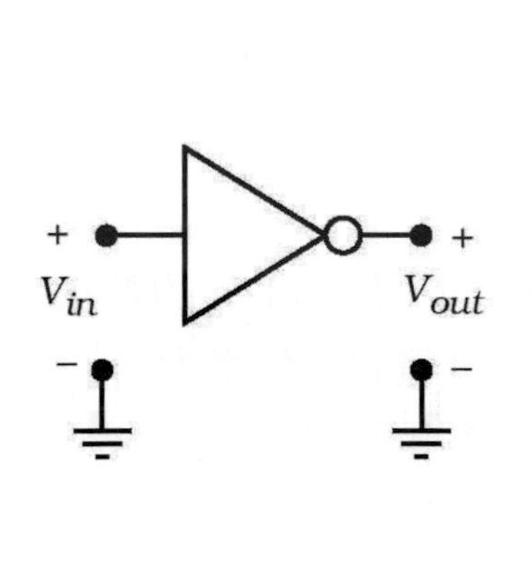

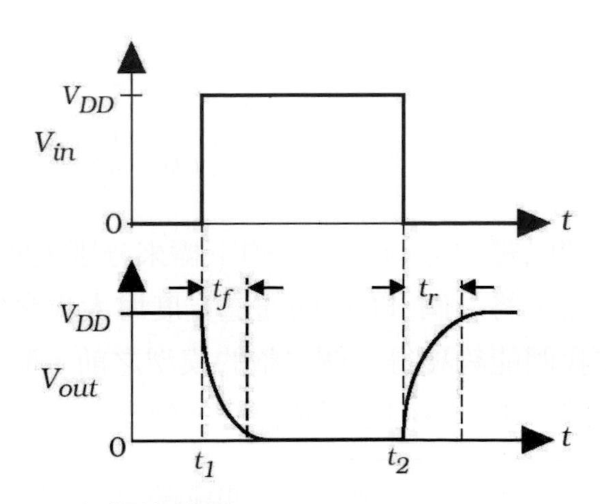

圖 7.7 一般切換波形

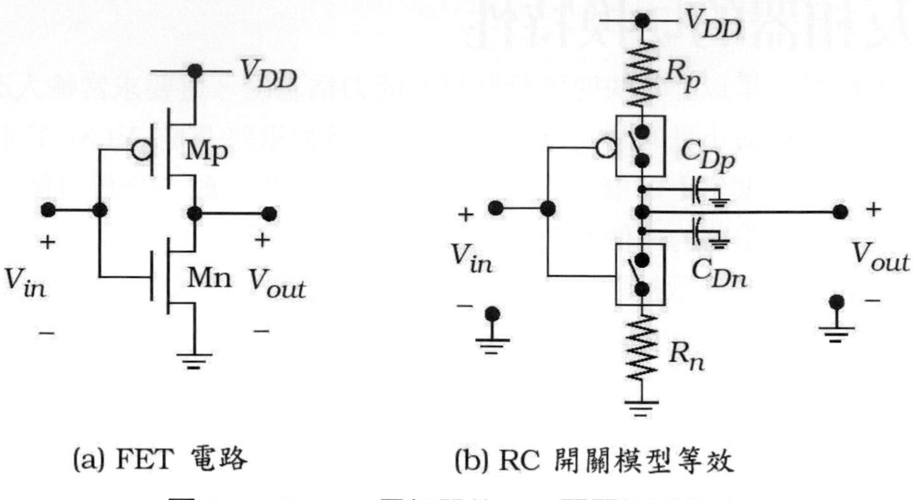

圖 7.8 CMOS 反相器的 RC 開關模型等效

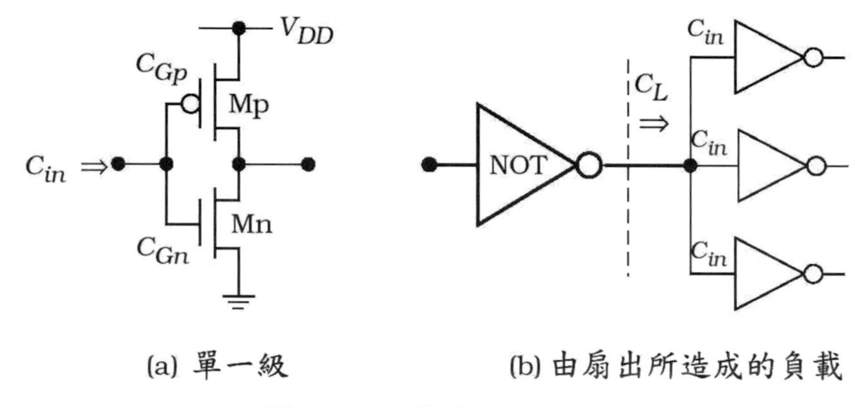

圖 7.9 輸入電容及負載效應

知道每個 FET 的佈局尺寸使我們得以求得在輸出節點處的電容 C_{Dn} 與 C_{Dp}。這些公式被給予爲

$$
\begin{aligned}
C_{Dn} &= C_{GSn} + C_{DBn} = \frac{1}{2} C_{ox} L' W_n + C_{jn} A_n + C_{jswn} P_n \\
C_{Dp} &= C_{GSp} + C_{DBp} = \frac{1}{2} C_{ox} L' W_p + C_{jp} A_p + C_{jswp} P_p
\end{aligned}
\tag{7.29}
$$

其中我們已經加上 n 與 p 的下標來分別表明 nFET 或 pFET 的數量。[1] 我們必須牢記，將一個 FET 的通道寬度增大也會使寄生電容的值增大。

在我們能夠獲得一個完整的模型之前，還有一個重點必須被包含進來。在一條邏輯鏈之中，每個邏輯閘都必須驅動另一個閘或一組閘，這樣才會有用。閘的

[1] 注意源極電容 C_{Sp} 與 C_{Sn} 並沒有進入這個問題之中，這是因爲它們分別是位於電源供應及接地電壓，因而會具有固定的電壓。

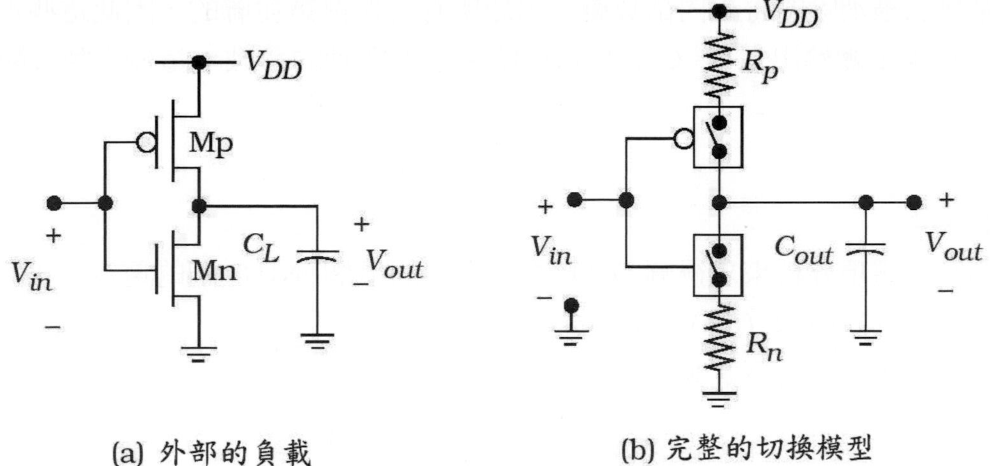

圖 7.10 反相器切換模型的演進

數目是以這個電路的**扇出** (**fan-out, FO**) 來加以表明。由於這些扇出的閘的**輸入電容** (**input capacitance**) C_{in} 的緣故，因此它們是作爲這個驅動電路的一個負載來使用。考慮圖 7.9(a) 中所顯示的這個反相器。這個反相器的輸入電容只是這些 FET 電容的總和而已

$$C_{in} = C_{Gp} + C_{Gn} \tag{7.30}$$

圖 7.8(b) 顯示一個 FO = 3 扇出的輸入電容效應。每個閘的輸入電容是作爲驅動閘的一個**外部負載電容** (**external load capacitance**) C_L。在這個範例之中，我們可以輕易看到

$$C_L = 3C_{in} \tag{7.31}$$

是呈現予這個 NOT 閘的負載值。

現在，我們可以計算得到這個反相器的切換時間。圖 7.10 說明這個一般性的問題。一個 CMOS NOT 閘被使用來驅動如同圖 7.10(a) 中所顯示的一個外部負載電容 C_L。這給予圖 7.10(b) 中所顯示的這個完整的切換模型，在這個模型中總輸出電容被定義爲

$$C_{out} = C_{FET} + C_L \tag{7.32}$$

之前在圖 7.8 中所顯示的 FET 電容已經被併入到這個單一項之中

$$C_{FET} = C_{Dn} + C_{Dp} \tag{7.33}$$

而且是無法被消除的寄生內部貢獻。由於所有元件都是並聯的，因此這些電容會與 C_L 相加。總輸出電容 C_{out} 是這個閘所必須驅動的負載；這個數值會隨著負載而改變。

範例 7.2

讓我們應用這項分析來求得圖 7.11 中所顯示的這個 NOT 閘的電容。我們假設所有尺寸都具有微米 (μm) 的單位。

首先我們將使用下式來求得閘電容

$$C_{Gp} = (2.70)(1)(8) = 21.6 \text{ fF}$$
$$C_{Gn} = (2.70)(1)(4) = 10.8 \text{ fF} \tag{7.34}$$

再來，注意重疊距離 L_o 被指定爲 0.1 μm，這應該被包含在接面電容的面積及周線因數之中。對這個 pFET 而言，p+ 電容爲

$$C_p = C_j A_{bot} + C_{jsw} P_{sw} \tag{7.35}$$

因此

$$C_p = (1.05)(8)(2.1) + (0.32)(2)(8 + 2.1) = 24.10 \text{ fF} \tag{7.36}$$

因此，在 pFET 洩極處的總電容被給予爲

$$C_{Dp} = \frac{21.6}{2} + 24.10 = 34.9 \text{ fF} \tag{7.37}$$

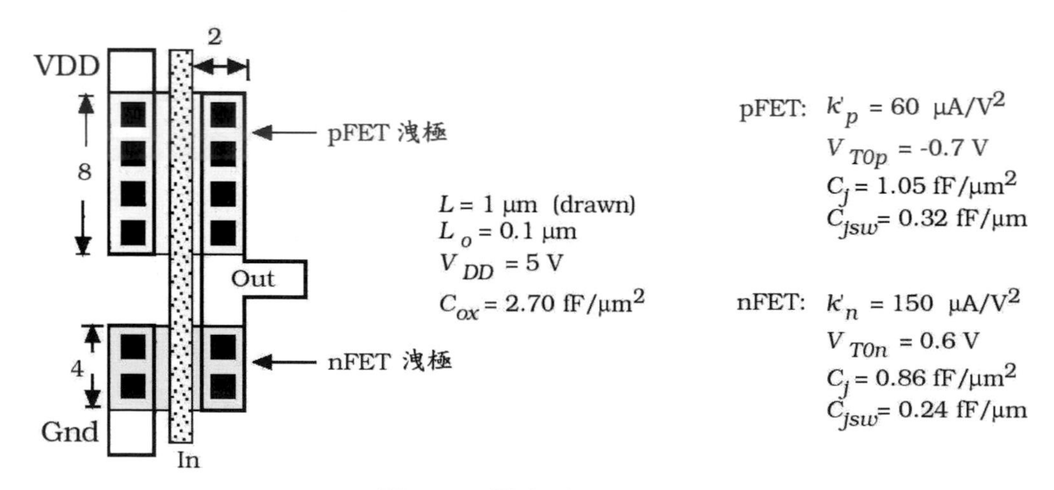

圖 7.11 電容計算的範例

這個 nFET 的洩極是使用相同的方法來分析。這個 n+ 接面的電容為

$$C_n = (0.86)(4)(2.1) + (0.24)(2)(4 + 2.1) = 10.15 \text{ fF} \tag{7.38}$$

因此

$$C_{Dn} = \frac{10.8}{2} + 10.15 = 15.55 \text{ fF} \tag{7.39}$$

是在這個 nFET 的洩極的總電容。將它們加總起來會給予

$$\begin{aligned} C_{FET} &= C_{Dp} + C_{Dn} \\ &= 34.9 + 15.55 \\ &= 50.45 \text{ fF} \end{aligned} \tag{7.40}$$

為 FET 的總內部電容。在輸出處的總電容為

$$C_{out} = 50.45 + C_L \tag{7.41}$$

單位為 fF，其中 C_L 是外部的負載【單位也是 fF】。

7.2.1 下降時間的計算

讓我們從計算輸出下降時間 t_f 來開始討論。我們將把時間原點平移使得 V_{in} 會在時間 $t = 0$ 時由 0 改變至 V_{DD}。在輸出處的起始條件為 $V_{out}(0) = V_{DD}$。當這個輸入被切換時，nFET 會進入到作用區之中，而 pFET 則會被驅動進入截止之中。以開關模型來說明，這個 nFET 開關是關閉的，而這個 pFET 開關是打開的。這給予我們圖 7.12(a) 中所顯示的這個簡化的放電電路。電容器 C_{out} 一開始被充電至一個 V_{DD} 的電壓，而且被允許通過 nFET 電阻 R_n 而被放電至 0 V。離開這個電容器的電流為

$$i = -C_{out}\frac{dV_{out}}{dt} = \frac{V_{out}}{R_n} \tag{7.42}$$

這給予這個放電事件的微分方程式。連同起始條件 $V_{out}(0) = V_{DD}$ 來求解得到這個著名的型式

$$V_{out}(t) = V_{DD}e^{-t/\tau_n} \tag{7.43}$$

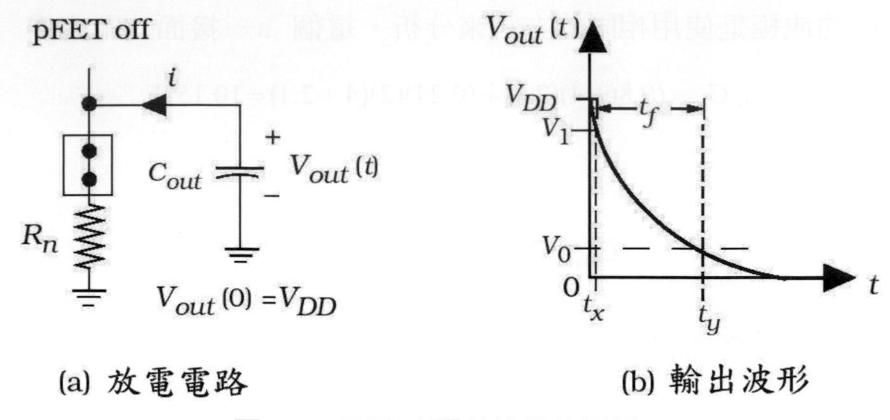

(a) 放電電路　　(b) 輸出波形

圖 7.12 下降時間計算的放電電路

其中

$$\tau_n = R_n C_{out} \tag{7.44}$$

是這個 nFET 的**時間常數 (time constant)**，具有秒的單位。這個函數被畫在圖 7.12(b) 之中。

傳統上，下降時間被定義爲由 $V_1 = 0.9\ V_{DD}$ 至 $V_0 = 0.1\ V_{DD}$ 的時間區間，這些電壓分別被稱爲是 90% 及 10% 電壓，這是以 V_{DD} 的全軌擺幅作爲參考電壓。將這個解答重新整理爲下列的型式

$$t = \tau_n \ln\left(\frac{V_{DD}}{V_{out}}\right) \tag{7.45}$$

這使我們得以來計算下降到一個特殊電壓 V_{out} 所須要的時間 t。由這個圖形，我們看到

$$\begin{aligned} t_f &= t_y - t_x \\ &= \tau_n \ln\left(\frac{V_{DD}}{0.1\,V_{DD}}\right) - \tau_n \ln\left(\frac{V_{DD}}{0.9\,V_{DD}}\right) \\ &= \tau_n \ln(9) \end{aligned} \tag{7.46}$$

其中在最後一個步驟之中，我們已經使用下列的恆等式

$$\ln(a) - \ln(b) = \ln\left(\frac{a}{b}\right) \tag{7.47}$$

近似 $\ln(9) \approx 2.2$ 給予最終的結果

$$t_f \approx 2.2\tau_n \tag{7.48}$$

這個電路的下降時間。這個輸出下降時間在一個一般性的數位邏輯閘之中經常被稱為是輸出的**高—至—低時間 (high-to-low time)** t_{HL}，而且與這裡所計算得到的值完全相同：

$$t_{HL} = t_f \tag{7.49}$$

在這項討論之中，我們將會交替使用這兩個符號。

7.2.2 上升時間

上升時間的計算追隨相同的方式。一開始，輸入電壓是在 $V_{in} = V_{DD}$ 然後被切換至 $V_{in} = 0$ V；為了簡化起見，我們將時間平移使這個事件是在 $t = 0$ 時發生。這會將這個 pFET 導通，而同時驅動這個 nFET 進入截止之中，因此圖 7.13(a) 的這個簡化的充電電路會成立。在 $t = 0$ 時的這個輸出電壓被給予為 $V_{out}(0) = 0$ V。

充電電流被給予為

$$i = C_{out}\frac{dV_{out}}{dt} = \frac{V_{DD} - V_{out}}{R_p} \tag{7.50}$$

求解並應用起始條件會給予指數型式的解答

$$V_{out}(t) = V_{DD}\left[1 - e^{-t/\tau_p}\right] \tag{7.51}$$

其中 pFET 的時間常數被定義為

$$\tau_p = R_p C_{out} \tag{7.52}$$

圖 7.13(b) 將輸出電壓顯示為時間的一個函數。上升時間被視為介於 10% 與 90% 的點之間的時間區間使得

$$t_r = t_v - t_u \tag{7.53}$$

一些代數計算會得到上升時間 t_r 的表示式

$$t_r = \ln(9)\tau_p \approx 2.2\tau_p \tag{7.54}$$

這具有與下降時間 t_f 相同的型式，這是因為充電電路與放電電路的對稱性的緣故。這個上升時間與輸出**低—至—高時間 (low-to-high time)** t_{LH} 完全相同，這些

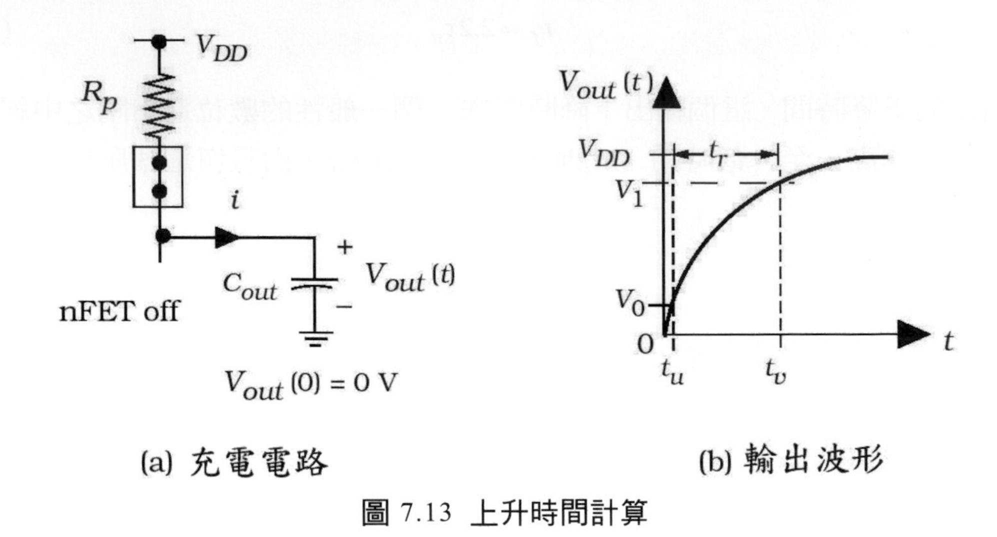

(a) 充電電路　　(b) 輸出波形

圖 7.13 上升時間計算

符號將被交替使用。

低一至一高時間 t_{LH} 與高一至一低時間 t_{HL} 分別代表這個輸出由邏輯 0 改變到邏輯 1 電壓，或者由邏輯 1 改變到邏輯 0 電壓所須要時間的最短數量。讓我們假設這個輸入是具有 T 秒週期的一個方波，使得這個電壓為 0 會持續 $(T/2)$ 的時間，而在一個 $(T/2)$ 的時間區間中為 V_{DD}。[2] 因此，我們定義**最大訊號頻率**（**maximum signal frequency**）為

$$f_{\max} = \frac{1}{t_{HL} + t_{LH}} = \frac{1}{t_r + t_f} \tag{7.55}$$

這是因為這個頻率是可以被施加到這個閘，而仍然允許這個輸出會安定至一個可定義狀態的這個最大電頻率。[3] 如果訊號頻率超過 f_{max}，那麼這個閘的輸出電壓將不再有足夠的時間來穩定到正確的值。

範例 7.3

考慮在下列製程之中具有 $(W/L)_n = 6$ 及 $(W/L)_p = 8$ 的 FET 縱橫比的一個反相器電路

$$\begin{aligned} k'_n &= 150\ \mu\text{A}/\text{V}^2 \quad V_{Tn} = +0.70\ \text{V} \\ k'_p &= 62\ \mu\text{A}/\text{V}^2 \quad V_{Tn} = -0.85\ \text{V} \end{aligned} \tag{7.56}$$

[2] 這被定義為一個 50% 的負荷循環。

[3] 這個定義假設 t_{HL} 與 t_{LH} 具有相同的數量級才會有用。

並且使用一個 V_{DD} = 3.3 V 的電源供應電壓。總輸出電容被估計為 C_{out} = 150 fF。讓我們使用上面所推導得到的方程式來計算上升時間及下降時間。

首先，考慮上升時間。這個 pFET 的電阻被給予為

$$\begin{aligned} R_p &= \frac{1}{\beta_p\left(V_{DD} - \left|V_{Tp}\right|\right)} \\ &= \frac{1}{\left(62\times10^{-6}\right)(8)(3.3-0.85)} \\ &= 822.9\ \Omega \end{aligned} \tag{7.57}$$

充電事件的時間常數是使用 RC 乘積 $R_p\,C_{out}$ 來計算得到

$$\tau_p = (822.9)(150\times10^{-15}) = 123.43\ \text{ps} \tag{7.58}$$

其中 1 ps 是 10^{-12} sec。上升時間為

$$t_r = 2.2\tau_p = 271.55\ \text{ps} \tag{7.59}$$

下降時間是以一種類似的方式來計算得到。首先，我們求得 nFET 的電阻

$$\begin{aligned} R_n &= \frac{1}{\beta_n\left(V_{DD} - V_{Tn}\right)} \\ &= \frac{1}{\left(150\times10^{-6}\right)(6)(3.3-0.70)} \\ &= 427.35\ \Omega \end{aligned} \tag{7.60}$$

因此，放電的時間常數為

$$\tau_n = (427.35)(150\times10^{-15}) = 64.1\ \text{ps} \tag{7.61}$$

下降時間為

$$t_f = 2.2\tau_n = 141.0\ \text{ps} \tag{7.62}$$

將這些結果加以合併，則最大的訊號頻率為

$$f_{\max} = \frac{1}{t_r + t_f} = \frac{1}{(271.55+141.0)\times10^{-12}} = 2.42\ \text{GHz} \tag{7.63}$$

其中 1 GHz = 10^9 Hz。雖然這是一個非常高的頻率，但我們還是要記得這只是一

個單一的反相器而已。

7.2.3 傳播延遲

傳播延遲時間 t_p 經常被使用來估計這個由輸入到輸出的「反應」延遲時間。當我們使用像步階的輸入電壓時，這個傳播延遲是以圖 7.14 中所顯示的這兩個時間區間的簡單平均來定義的

$$t_p = \frac{(t_{pf} + t_{pr})}{2} \tag{7.64}$$

在這個表示式之中，t_{pf} 是由最大值到「50 %」電壓線，也就是由 V_{DD} 到 $(V_{DD}/2)$ 的輸出下降時間；t_{pr} 則是由 0 V 到 $(V_{DD}/2)$ 的傳播上升時間。使用 V_{out} 的指數方程式，我們獲得

$$\begin{aligned} t_{pf} &= \ln(2)\tau_n \\ t_{pr} &= \ln(2)\tau_p \end{aligned} \tag{7.65}$$

因此以 $\ln(2) \approx 0.693$ 來近似，給予

$$t_p \approx 0.35(\tau_n + \tau_p) \tag{7.66}$$

傳播延遲時間是這個基本延遲的一項有用的估計，但是它並無法提供上升時間與下降時間個別數量的詳細資訊。傳播延遲通常使用於基本邏輯模擬程式之中。

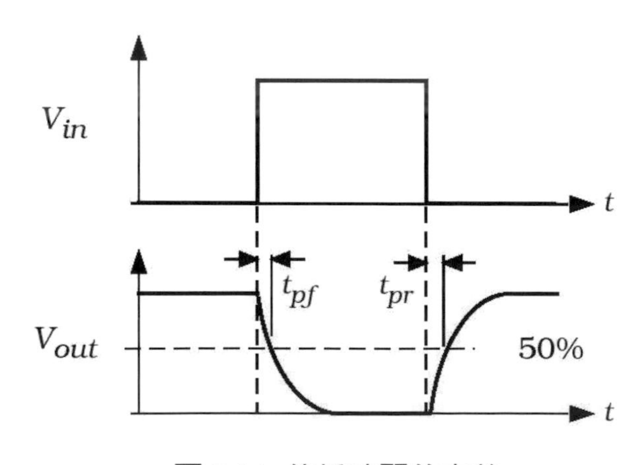

圖 7.14 傳播時間的定義

7.2.4 一般性分析

上升時間與下降時間的方程式提供了高速 CMOS 設計的基石。我們可以操控它們來顯示如何來設計單一邏輯閘，然後當被使用於邏輯串級時，來表述這個閘的行為特性。

為了要瞭解這些重要的因素，還記得總輸出電容是由兩項所構成的，使得

$$C_{out} = C_{FET} + C_L \tag{7.67}$$

C_{FET} 代表這個電晶體的寄生電容，而 C_L 是外部的負載。佈局圖的幾何形狀建立起 C_{FET} 的值，但是負載電容 C_L 則會隨著應用而改變。將這個表示式代入下降與上升時間方程式之中會給予

$$\begin{aligned} t_r &\approx 2.2R_p\left(C_{FET} + C_L\right) \\ t_f &\approx 2.2R_n\left(C_{FET} + C_L\right) \end{aligned} \tag{7.68}$$

這可被表示為下面的這種型式

$$\begin{aligned} t_r &= t_{r0} + \alpha_p C_L \\ t_f &= t_{f0} + \alpha_n C_L \end{aligned} \tag{7.69}$$

這些方程式顯示上升時間與下降時間都是負載電容 C_L 的線性函數。這兩個量的一般行為被顯示於圖 7.15 之中。在零負載 $(C_L = 0)$ 的狀況之下，這個反相器驅動本身的電容，使得

$$\begin{aligned} t_r &= t_{r0} \approx 2.2R_p C_{FET} \\ t_f &= t_{f0} \approx 2.2R_n C_{FET} \end{aligned} \tag{7.70}$$

是完全由反相器的參數所決定的。當加上一個外部的負載 C_L 時，切換時間會以一種線性的方式來增大。由於較長的延遲的緣故，大的電容性負載可能會造成問題。這種相依性是以下面的這些斜率值來加以描述

$$\alpha_p = 2.2R_p = \frac{2.2}{\beta_p\left(V_{DD} - |V_{Tp}|\right)} \tag{7.71}$$

及

$$\alpha_n = 2.2R_n = \frac{2.2}{\beta_n\left(V_{DD} - V_{Tn}\right)} \tag{7.72}$$

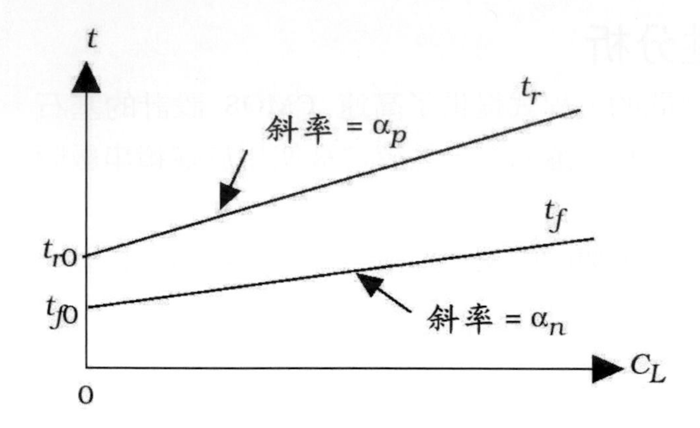

圖 7.15 上升與下降時間的一般行為

注意這些斜率值是與縱橫比成反比，這是因為

$$\beta_p = k'_p\left(\frac{W}{L}\right)_p, \quad \beta_n = k'_n\left(\frac{W}{L}\right)_n \tag{7.73}$$

對一個給予的負載電容 C_L 而言，t_r 與 t_f 可以藉由使用大 FET 來使它們縮小。然而，將一個電晶體的縱橫比增大隱喻它將會消耗更多的晶片面積，在分配給這個設計來提升速度的電路的晶片面積上，這又會使可以被置放的元件數目降低，因而降低了這個電路的積集密度。這被稱為是**速度對面積的交換關係 (speed versus area trade-off)**，這說明

快速的電路比慢速的電路消耗更多的面積

晶片設計師固定面對使切換延遲極小化，而又不需要過量的矽「地產」(real estate) 這個的問題，「地產」是晶片領域中的俗語。

範例 7.4

讓我們使用範例 7.3 的結果來求得內部 FET 電容是 C_{FET} = 80 fF 這種狀況的一般性的延遲方程式。

上升時間 t_r 是由電阻為 R_p = 822.9 的這個 pFET 所控制的。斜率被給予為

$$\alpha_p = 2.2R_p = 1{,}810.4\ \Omega \tag{7.74}$$

而

$$t_{r0} \approx 2.2R_p C_{FET} = 2.2(822.9)(80\times10^{-15}) = 144.9 \text{ ps} \quad (7.75)$$

因此，上升時間可以被寫成下列的型式

$$t_r = t_{r0} + \alpha_p C_L = 144.9 + 1.810C_L \text{ ps} \quad (7.76)$$

這個方程式要求 C_L 的單位必須是 fF。

對下降時間的方程式，我們計算得到

$$\alpha_n = 2.2(427.35) = 940.2\ \Omega \quad (7.77)$$

及

$$t_{f0} \approx 2.2(940.2)(80\times10^{-15}) = 165.5 \text{ ps} \quad (7.78)$$

獲得

$$t_f = 165.5 + 0.940C_L \text{ ps} \quad (7.79)$$

來作爲一般性的表示式。

假設負載被指定爲 $C_L = 150$ fF 來作爲使用這些方程式的一個範例。我們計算得到輸出的上升及下降時間爲

$$t_r = 144.9 + 1.810(150) = 416.4 \text{ ps}, \quad t_f = 165.5 + 0.940(150) = 306.5 \text{ ps} \quad (7.80)$$

這對應於這個閘的最大切換頻率爲 $f_{max} \approx 1.38$ GHz。

$(W/L)_n$ 與 $(W/L)_p$ 的相對值決定這個輸出波形的形狀。譬如，如果我們設計這個電路使得

$$R_p = R_n \quad (7.81)$$

因此，這個輸出波形是對稱於

$$t_r = t_f \quad (7.82)$$

爲了使電阻相等，我們必須設計這個電路使得

$$\beta_p\left(V_{DD}-\left|V_{Tp}\right|\right)=\beta_p\left(V_{DD}-V_{Tn}\right) \tag{7.83}$$

會滿足。如果 $V_{Tn} = \left|V_{Tp}\right|$，則這項要求會簡化爲

$$\beta_p=\beta_p \tag{7.84}$$

這給予在 $V_M = (V_{DD}/2)$ 的 DC 中間點電壓。這說明了 nFET/pFET 的 (β_n/β_p) 比值會決定 DC 中間點電壓，而 β_n 與 β_p 個別值會分別建立切換時間 t_f 與 t_r 的這項事實。

7.2.5 反相器電路的綜合整理

花費一些時間來將截至這個時點我們所研讀的結果予以綜合整理是很值得的。一個隔離的 CMOS 反相器的電性是由兩組參數所建立起來的：

- 製程變數，例如 k' 與 V_T 值，以及寄生電容，及
- 電晶體縱橫比 $(W/L)_n$ 與 $(W/L)_p$。

VLSI 設計師對於製程參數並無法加以控制，這是因爲它們是由製造序列的細節所設定的。因此，在高速的電路設計之中，元件的尺寸調整將會成爲一項關鍵的議題。

系統設計乃是藉由使用邏輯閘的串級來進行必要的二元運算所達成的。以電機的術語來講，這條邏輯流動路徑建立由每個閘所看到的負載電容 C_L。縱橫比的選擇乃是在一條閘的鏈之中獲致我們所想要得到的暫態響應的關鍵。

7.3 功率發散

藉由一種特殊設計技術的功率發散是 CMOS 積體電路的一項重要特性。一般性的問題被顯示於圖 7.16 之中。由電源供應流動到接地的電流 I_{DD} 會得到一個發散功率爲

$$P=V_{DD}I_{DD} \tag{7.85}$$

由於電壓供應的值 V_{DD} 被假設是一個固定的常數，因此藉由研究電流流動的本性，我們可以求得 P 的值。我們通常將電流區分爲 DC 與動態【或切換】的貢獻，因此讓我們寫出

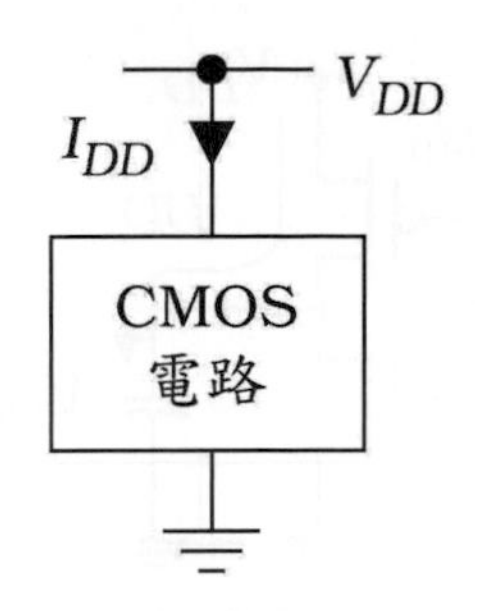

圖 7.16 功率發散計算的起源

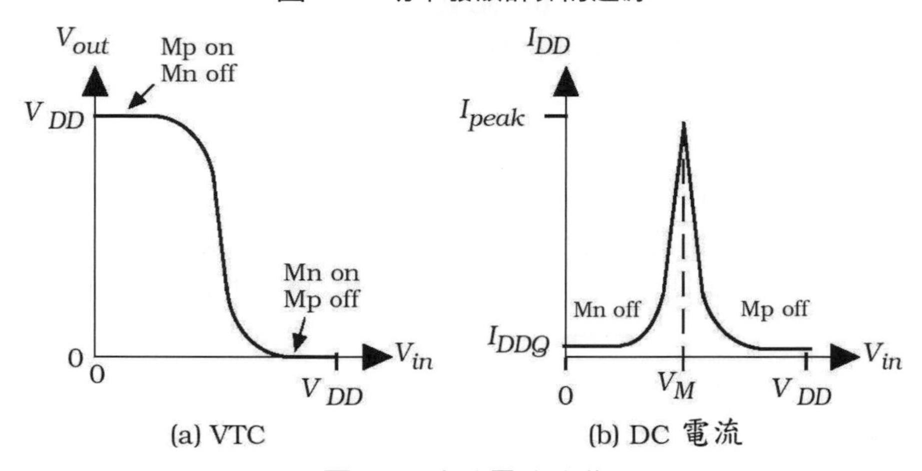

圖 7.17 直流電流流動

$$P = P_{DC} + P_{dyn} \tag{7.86}$$

其中 P_{DC} 是 DC 項，而 P_{dyn} 則是由於動態切換事件所造成的功率發散。

藉由檢視在圖 7.17(a) 之中重製的電壓轉移曲線，我們可以計算得到這個 DC 貢獻。當輸入電壓 V_{in} 是穩定於一個低的邏輯 0 的值時，如同之前在圖 7.2 中所看到，這個 nFET Mn 是關閉的，在 V_{DD} 與接地之間並沒有直接的電流流動路徑存在。理想而言，這種狀況的 DC 電流流動是 $I_{DD} = 0$，但是在一個實際的電路之中，會有微小的**洩漏電流 (leakage current)** 存在。[4] 這個值是以符號 I_{DDQ} 來表示，而且被稱爲**準靜的 (quiescent)** 洩漏電流。當 V_{in} 被切換時，如同圖 7.17(b) 中所顯示，這個電流流動會在 V_M 達到一個峰值 I_{peak}。然而，當輸入達到一個邏輯 1 的電壓時，則這個 pFET Mp 關閉，再度避免了一條直接的電流流動路徑。如果我們假設這些輸入是在如同在一個閒置系統中的穩定 0 或 1 狀態的話，那麼 DC 功率發散被給予爲

[4] 這些將在第九章之中更詳細的討論。

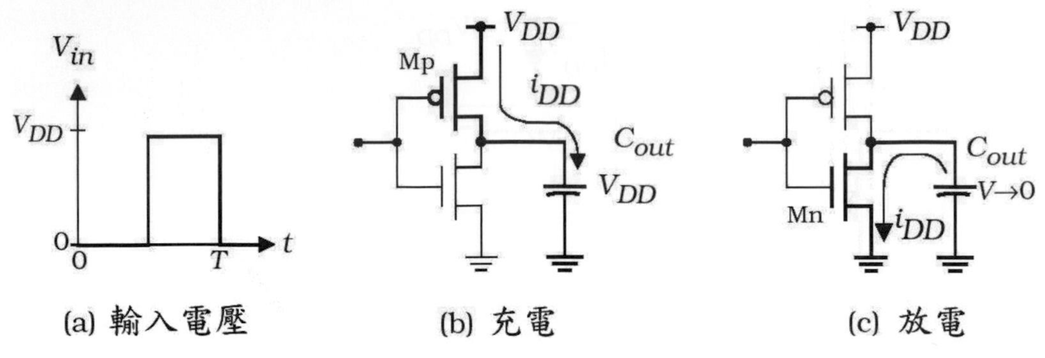

圖 7.18 求取暫態功率發散的電路

$$P_{DC} = V_{DD} I_{DDQ} \tag{7.87}$$

洩漏電流 I_{DDQ} 經常是相當小的，具有一個在每個閘 pA 階層的一個典型值。因此，P_{DC} 的值是相當地小。這項考慮就是在 1990 年代時往 CMOS 移動的一項主要因素。

爲了求得動態的功率發散 P_{dyn}，我們使用圖 7.18(a) 中所顯示的一個方塊波輸入電壓 $V_{in}(t)$。這個波形具有一個週期 T，這是對應於下列的一個切換頻率

$$f = \frac{1}{T} \tag{7.88}$$

單位爲 Hertz；頻率乃是在一秒之中所完成的循環數目。在上半個循環之中，輸入電壓是在一個 $V_{in} = 0$ 的值。如同在圖 7.18(b) 中所顯示，這會將這個 pFET Mp 導通。由於這個 nFET 是關閉的，因此電流 i_{DD} 會流動通過 Mp，並將 C_{out} 充電至一個 $V_{out} = V_{DD}$ 的電壓。在下半個循環之中，輸入電壓是高電壓，將這個 nFET Mn 導通。這造成圖 7.18(c) 中所說明的放電事件，其中 V_{out} 衰減至 0 V。動態功率 P_{dyn} 是由一個完整循環實質上會產生由電源供應流動至接地的一條電流流動路徑的這項觀察所得到的：在充電事件的過程之中，電流會流動到電容器 C_{out}，而這條到接地的放電路徑使這個電路完整。

爲了計算 P_{dyn}，我們注意到充電事件會在 C_{out} 上遺留一個 $V_{out} = V_{DD}$ 的電壓。這是對應於在這個電容器上的一個儲存電荷

$$Q_e = C_{out} V_{DD} \tag{7.89}$$

這會具有庫倫的單位。當這個電容器通過 nFET 而被放電時，會有相同數量的電荷喪失。在週期爲 T 的一個單一循環期間之內所發散的平均功率爲

$$P_{av} = V_{DD} I_{DD} = V_{DD} \left(\frac{Q_e}{T} \right) \tag{7.90}$$

代入 Q_e 給予

$$P_{sw} = C_{out} V_{DD}^2 f \tag{7.91}$$

來作爲切換功率。將 DC 與動態功率項合併給予總功率爲

$$P = V_{DD} I_{DDQ} + C_{out} V_{DD}^2 f \tag{7.92}$$

通常這是由這個動態項所主控的。這說明一個極爲重要的重點：

- 動態功率發散與訊號的頻率成正比。

換言之，一個快速的電路會比一個緩慢的電路發散更多的功率。如果我們將切換速度加倍，則動態功率發散也會加倍。這些只是物理定律的陳述而已，我們必須提供能量才能在電路中衍生改變。切換一個電路而不花費能量是不可能的。

7.4 DC 特性：NAND 與 NOR 閘

反相器電路的基本計算可以被使用來分析 NAND 及 NOR 閘。DC 與暫態特性都可以以相對簡單的技術來獲得。在本節之中，我們將檢視元件尺寸以及 VTC 所描述的變遷之間的關係。

7.4.1 NAND 的分析

讓我們由圖 7.19 中所說明的 NAND2 閘來開始。我們將分析相同極性的 FET 具有相同縱橫比的這種狀況。這意指兩個 pFET 都是以 β_p 來加以描述，而兩個 nFET 都會有相同的 β_n。由於這些 pFET 是並聯的，而這些 nFET 是串聯的，因此這個電路的行爲與簡單反相器是相當不同的。

兩個獨立輸入的出現暗示我們須要不只一條 VTC 曲線來描述這個電路。假設我們要尋找的是 V_{out} 一開始是在 V_{DD} 的高電壓，然後當輸入被改變時會下降至 0 V 的這種變遷。圖 7.20(a) 將所有能夠導致這種情況的可能起始點予以綜合整理。在狀況 (i) 之中，V_A 與 V_B 兩者都被設定爲 0 V，然後被切換至 $V_A = V_B = V_{DD}$ 使得 $V_{out} = 0$ V 的底線狀況。由於兩個輸入是在相同時間被增大，因此這描述同時輸入切換的狀況。其它兩種可能性 (ii) 與 (iii) 則描述只有一個單一

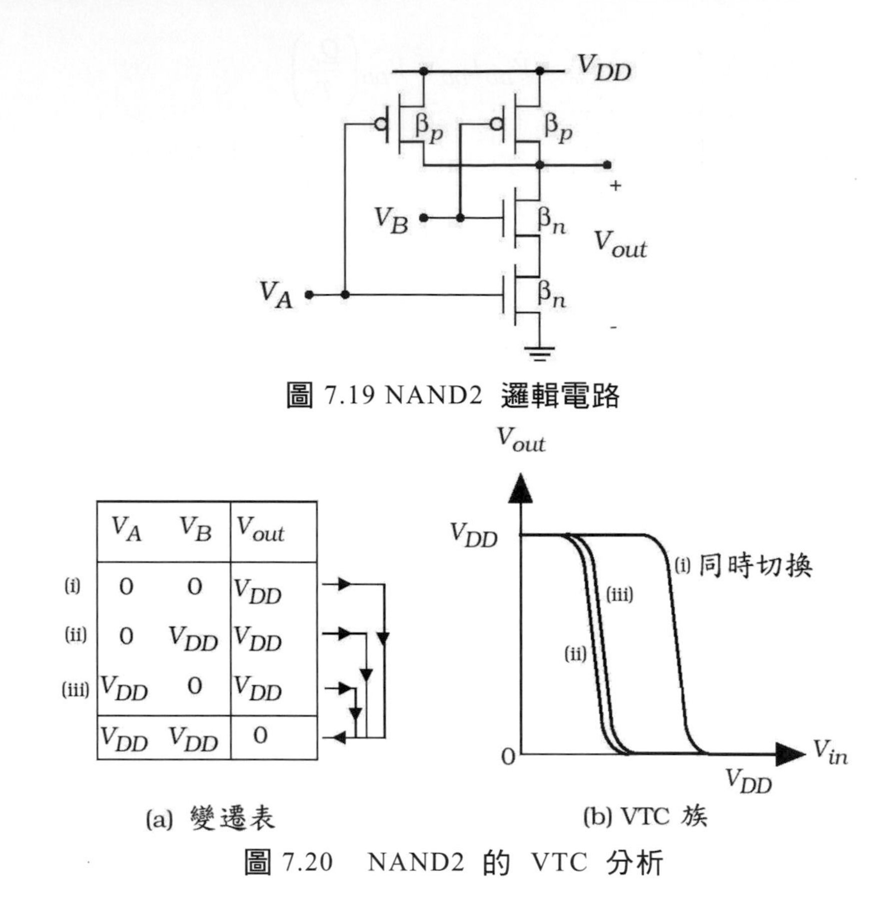

圖 7.19 NAND2 邏輯電路

	V_A	V_B	V_{out}
(i)	0	0	V_{DD}
(ii)	0	V_{DD}	V_{DD}
(iii)	V_{DD}	0	V_{DD}
	V_{DD}	V_{DD}	0

(a) 變遷表

(b) VTC 族

圖 7.20 NAND2 的 VTC 分析

輸入被改變的狀況。譬如，在 (ii) 之中，V_A 由 0 V 被改變至 V_{DD}，而 V_B 被保持固定在 V_{DD}。這三種可能性會導致圖 7.20(b) 的圖形中所顯示的三種不同的變遷。這個圖形顯示相較於單一切換的輸入狀況而言，同時切換狀況會被「推到右邊」。

對同時切換狀況使用佈局圖來計算中間點電壓 V_M 的值會是很有啓發性的。這個電路的問題是在圖 7.21 之中加以說明，其中 W_n 與 W_p 分別是 nFET 與 pFET 的通道寬度。所有電晶體都被假設具有相同的通道長度 L。現在，對這個狀況而言，兩個輸入電壓 V_A 與 V_B 都等於 V_M。因此在佈局圖上，兩個閘是在相同的位勢，可以被連接來使這些計算簡化。

首先考慮 nFET。在圖 7.22(a) 之中，這個佈局圖被顯示為具有兩個分開的串聯連接電晶體的原始型式。讓我們將兩個閘「合併」成為一個閘，以獲得圖 7.22(b) 中所顯示的圖案。如果我們忽略分隔兩個閘的這個 n+ 區域的話，那麼這個結構可以被近似為一個單一 nFET，而具有如同圖中所顯示的一個 $(W_n/2L)$ 的縱橫比。由於每一個原始的 nFET 都有一個 β_n 的元件轉移電導，因此這個單

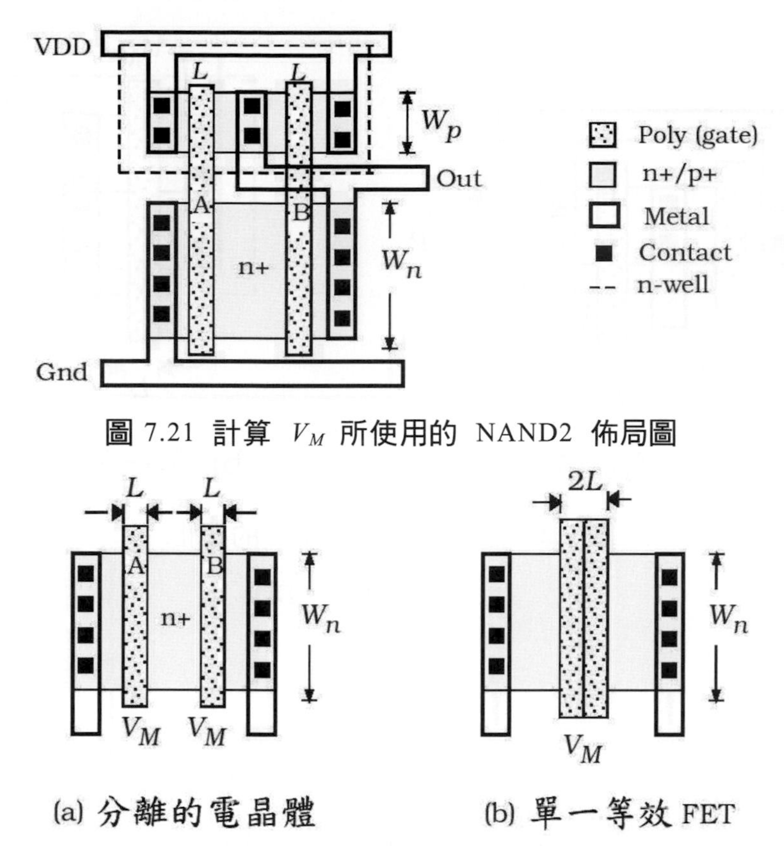

圖 7.21 計算 V_M 所使用的 NAND2 佈局圖

圖 7.22 串聯連接的 nFET 的簡化

一等效電晶體是以 $(\beta_n/2)$ 的值來加以描述。

我們也可以以一種類似的方式來將這些 pFET 合併。原始的並聯連接電晶體是在圖 7.23(a) 中加以說明。由於並聯導線連接的緣故，因此左邊與右邊是在相同的電性點，因此這兩邊可以被簡化成爲圖 7.23(b) 中所顯示的單一閘結構。在這種狀況之下，這兩邊被合併來作爲具有一個 $(2W_p/L)$ 縱橫比的一個單一 pFET 使用。如果每個原始的元件都具有 β_p 的話，那麼這個等效結構的作用會有如一個具有 $2\beta_p$ 的 pFET。

現在，讓我們使用這些結果來求得同時切換狀況的 V_M。以它們的單一 FET 等效來取代這對電晶體會給予圖 7.24 中的這個反相器電路，其中 nFET 與 pFET 的轉移電導分別是 $(\beta_n/2)$ 與 $2\beta_p$。然後，這項計算是以與「正常的」 NOT 閘極相同的方式來進行的。兩個電晶體都被飽和，因此令電流相等電流會給予

$$\frac{(\beta_n/2)}{2}\left(V_M - V_{Tn}\right)^2 = \frac{(2\beta_p)}{2}\left(V_{DD} - V_M - \left|V_{Tp}\right|\right)^2 \tag{7.93}$$

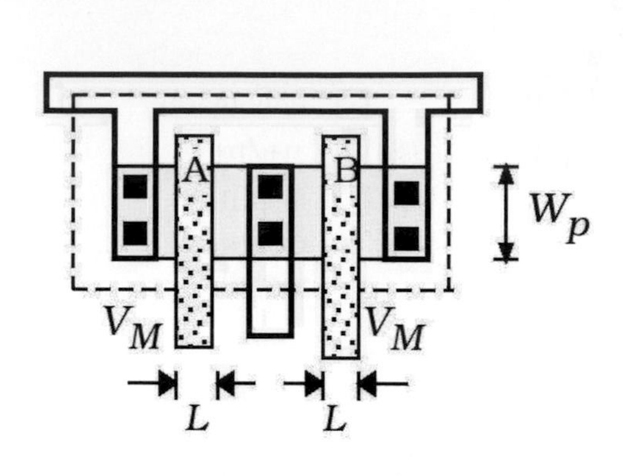

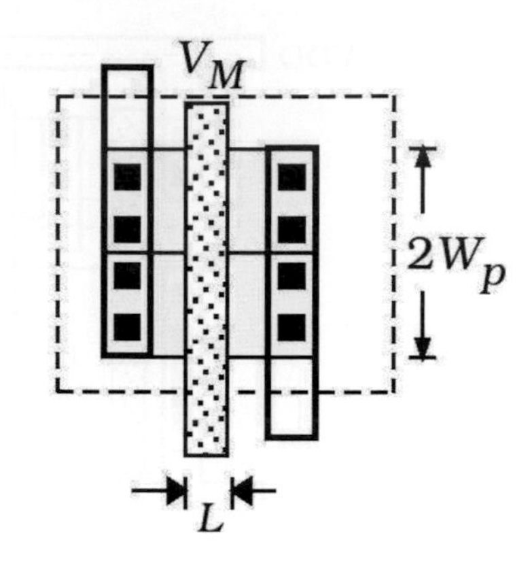

圖 7.23 並聯連接的 pFET 的簡化

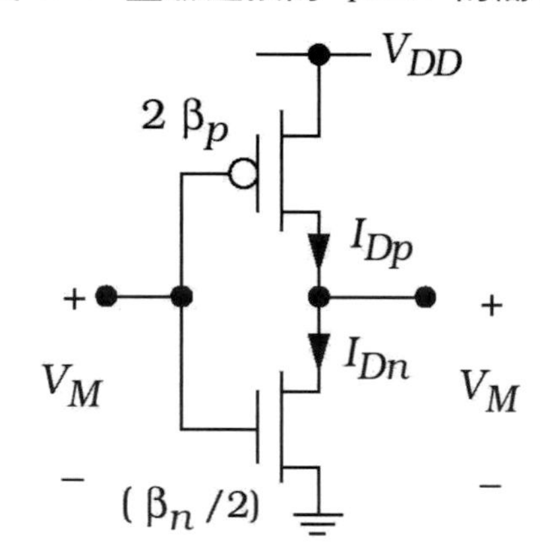

圖 7.24 NAND2 閘的簡化 V_M 電路

對兩邊取平方根，並求解中間點電壓得到下列的表示式

$$V_M = \frac{V_{DD} - |V_{Tp}| + \frac{1}{2}\sqrt{\frac{\beta_n}{\beta_p}}\, V_{Tn}}{1 + \frac{1}{2}\sqrt{\frac{\beta_n}{\beta_p}}} \tag{7.94}$$

除了平方根的項有乘上一個 (1/2) 的因數之外，這個值具有與方程式 (7.14) 中的 NOT 閘完全相同的型式。這會使分母簡化，這就是爲什麼這條 VTC 曲線被往右邊平移。如果我們將相同的推論應用於一個 N 輸入 NAND 閘，我們發現同時切換點爲

$$V_M = \frac{V_{DD} - |V_{Tp}| + \frac{1}{N}\sqrt{\frac{\beta_n}{\beta_p}} V_{Tn}}{1 + \frac{1}{N}\sqrt{\frac{\beta_n}{\beta_p}}} \tag{7.95}$$

這種往右的平移是由於串聯連接的 nFET 所造成的，這是因爲它們的電阻會相加。

7.4.2 NOR 閘

我們也可以使用相同的技術來分析 NOR2 閘。我們假設這些 nFET 具有相同的 β_n，而且如同圖 7.25 中的基本電路所顯示，兩個 pFET 都是以 β_p 來描述的。爲了建構 VTC，注意 $V_{out} = V_{DD}$ 要求 $V_A = V_B = 0$ V。如果這兩個輸入中的一個【或兩個同時】被切換至邏輯 1 的值，則輸出將會下降至 $V_{out} = 0$ V。這三種組合被陳列於圖 7.26(a) 的這個函數表之中。如同 NAND2 閘一般，三種不同的變遷被顯示於圖 7.26(b) 的 VTC 曲線族之中。狀況 (i) 描述 V_A 與 V_B 兩者都是由 0 V 被增大至 V_{DD} 的這種同時切換事件。這種狀況是在 VTC 曲線族中最左邊的圖形，這與對 NAND2 所求得的結果恰好相反。單一輸入切換狀況 (ii) 與 (iii) 是不相同的，但是彼此非常接近。

將串聯及並聯的電晶體合併的這種技術可以被使用來計算同時切換狀況的 V_M。由於這些 nFET 是並聯的，因此它們可以被合併而成爲一個具有 $2\beta_n$ 轉移電導的單一等效 nFET。這些串聯連接的 pFET 則是作爲一個具有 $(\beta_p/2)$ 的單一 pFET 來使用，這會產生圖 7.27 中的這個簡化的等效電路。使用等效轉移電導值來得到飽和電流的方程式會給予我們

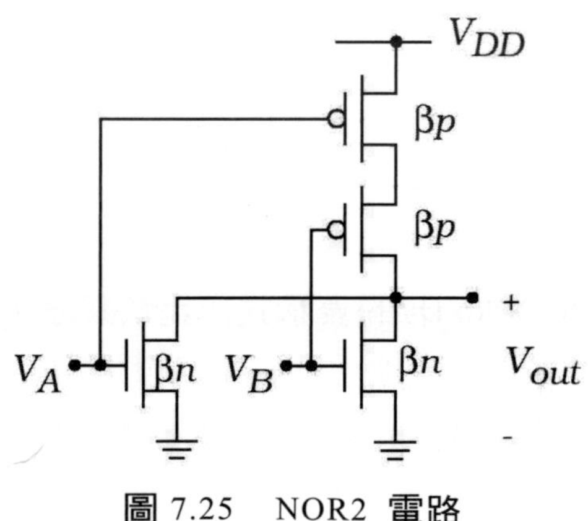

圖 7.25 NOR2 電路

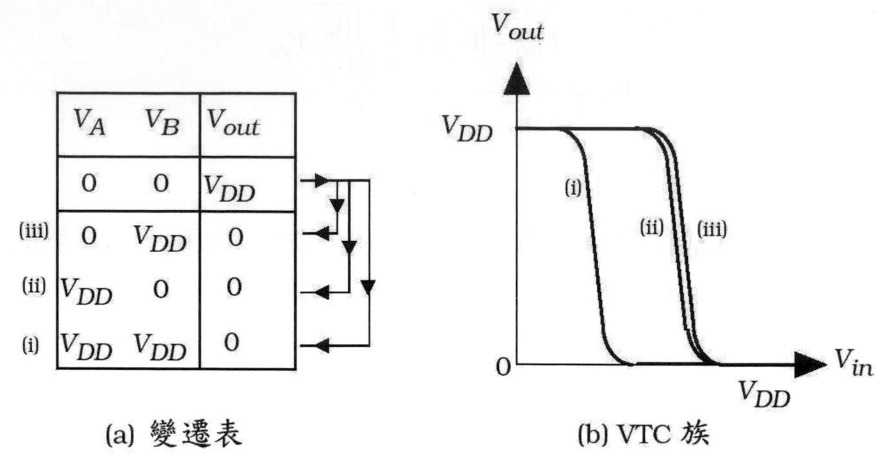

圖 7.26 NOR2 的 VTC 建構

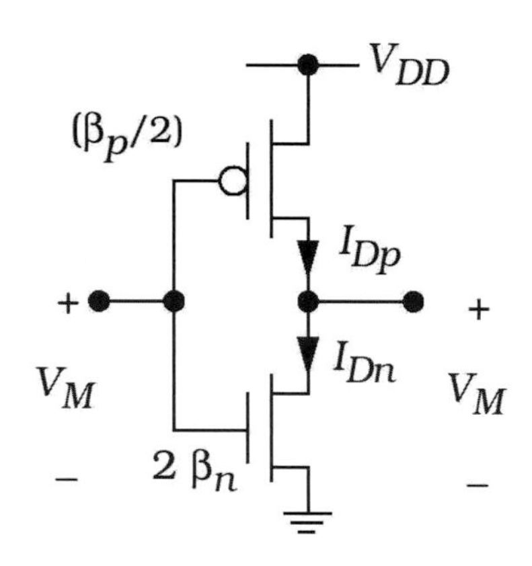

圖 7.27 同時切換的 NOR2 的 V_M 計算

$$\frac{(2\beta_n)}{2}(V_M - V_{Tn})^2 = \frac{(\beta_p/2)}{2}\left(V_{DD} - V_M - |V_{Tp}|\right)^2 \tag{7.96}$$

這可被求解來得到

$$V_M = \frac{V_{DD} - |V_{Tp}| + 2\sqrt{\frac{\beta_n}{\beta_p}}V_{Tn}}{1 + 2\sqrt{\frac{\beta_n}{\beta_p}}} \tag{7.97}$$

將這個方程式與 NOT 及 NAND 的表示式作比較顯示，唯一的差異乃是平方根項乘上 2 的這個因數。這會使分母增大，而這又會使 V_M 的值由一個具有 (β_n/β_p) 的一個反相器的 V_M 值降低下來。一個 N 輸入 NOR 閘的中間點電壓為

$$V_M = \frac{V_{DD} - |V_{Tp}| + N\sqrt{\frac{\beta_n}{\beta_p}}V_{Tn}}{1 + N\sqrt{\frac{\beta_n}{\beta_p}}} \tag{7.98}$$

值得注意的是，NAND 與 NOR 閘會具有與參考 NOT 閘的 VTC 相反行爲的傾向。

最後的一點評論，我們注意到 NAND 與 NOR 閘兩者都會展現低 DC 功率發散值爲

$$P_{DC} = V_{DD} I_{DDQ} \tag{7.99}$$

這是因爲當這些輸入是穩定的邏輯 0 或邏輯 1 的值時，由電源供應到接地之間並沒有直接的電流流動路徑存在。這些閘的低功率特性是由於使用互補對及電晶體陣列的串聯並聯結構所造成的。在一般的型式之中，動態功率仍然會存在

$$P_{sw} = C_{out} V_{DD}^2 f_{gate} \tag{7.100}$$

這顯示了對於閘切換頻率 f_{gate} 的相依性。由於它須要不只一個單一輸入來切換這個閘，因此這個 f_{gate} 與反相器所使用的基本切換頻率並不相同。這將在後面更詳細地討論。

7.5 NAND 與 NOR 的暫態響應

暫態切換時間通常代表設計一條數位邏輯鏈時的限制因數。在這一節之中，我們將檢視 FET 的拓撲與元件的尺寸調整是如何來影響這個閘的運算速度。

7.5.1 NAND2 切換時間

考慮圖 7.28 中所顯示的這個 NAND2 閘。總輸出電容被表示爲

$$C_{out} = C_{FET} + C_L \tag{7.101}$$

其中 C_L 是外部的負載，而且

$$C_{FET} = C_{Dn} + 2C_{Dp} \tag{7.102}$$

代表寄生的內部 FET 電容。注意對於 C_{Dp} 的貢獻有兩種，這是因爲有兩個

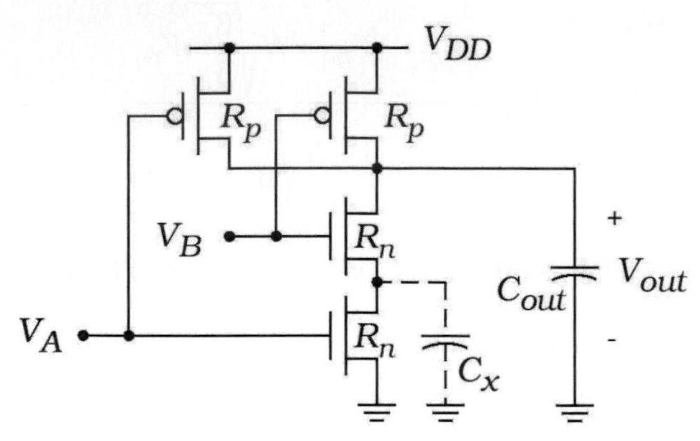

圖 7.28 暫態計算的 NAND2 電路

pFET 被連接到這個輸出節點所致。這個圖形是以它們的電阻值來識別電晶體

$$R_p = \frac{1}{\beta_p \left(V_{DD} - \left|V_{Tp}\right|\right)}, \qquad R_n = \frac{1}{\beta_n \left(V_{DD} - V_{Tn}\right)} \tag{7.103}$$

這個暫態計算是以求取這些變遷的充電時間【t_r 或 t_{LH}】及下降時間【t_f 或 t_{HL}】的 RC 時間常數爲基礎。這種程序會因爲兩個輸入的出現而變得更複雜。我們將專注於最差狀況的切換時間值的估計。

讓我們首先來考慮上升時間 t_r。輸出電壓一剛開始是位於一個 $V_{out}(0) = 0$ V 的值，然後被充電至 V_{DD}。如果只有一個 pFET 正在導電的話，我們會獲得圖 7.29(a) 中所顯示的這個簡化的充電電路，其中 C_{out} 是通過一個 pFET 電阻 R_p 來充電的。由於這個電路看起來像是一個簡單反相器的充電電路，因此我們可以寫出

$$V_{out}(t) = V_{DD}\left[1 - e^{-t/\tau_p}\right] \tag{7.104}$$

其中

$$\tau_p = R_p C_{out} \tag{7.105}$$

是時間常數。因此，這個上升時間被給予爲

$$t_r \approx 2.2\tau_p \tag{7.106}$$

這被認爲是「最差狀況」的情況，這是因爲只有一個 pFET 正在對 C_{out} 充電。注意這可以被塑造成爲線性的型式

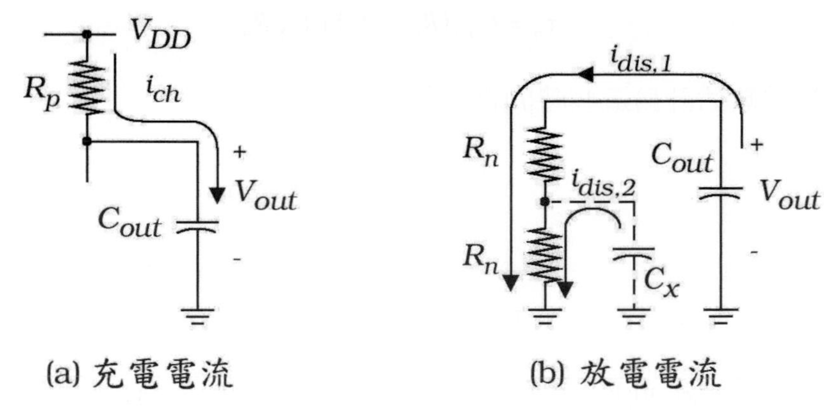

圖 7.29 估計上升與下降時間的 NAND2 子電路

$$t_r = t_0 + \alpha_0 C_L \tag{7.107}$$

其中

$$t_0 = 2.2 R_p C_{FET} \tag{7.108}$$

是零負載時的值，而

$$\alpha_0 = 2.2 R_p \tag{7.109}$$

是 t_r 的斜率被表示為負載電容 C_L 的一個函數。如果兩個 pFET 都正在傳導的話，那麼由於這兩個是彼此並聯，因此這個等效電阻會被降低為 $(R_p/2)$；這將會是「最佳狀況」的事件，也就是具有最短充電時間的這種狀況。設計經常是基於最差狀況的分析，這是因為我們想要確保這個電路在所有狀況之下都可以操作。

當我們分析下降時間 t_f 時，情況將會變得更複雜，在這種情況下 C_{out} 會放電通過這條串聯連接的 nFET 鏈。每個元件的 RC 模擬會導致圖 7.29(b) 中所顯示的這個「階梯」網路。雖然我們有興趣的主要項目是將 C_{out} 放電，但是這個情況會被因為在這兩個 n 通道電晶體之間的這個 FET 之間的電容 C_X 而變得更複雜。在最差狀況的分析之中，C_X 將會有電荷流動通過 nFET MnA 而到接地。由於通過一個 FET 的電流是被它的縱橫比 (W/L) 所限制的，因此放電速率是被 MnA 可以維持的電流所限制。

藉由將輸出電壓以指數的型式來模擬，放電可以被描述為

$$V_{out}(t) = V_{DD} e^{-t/\tau_n} \tag{7.110}$$

使得這個時間常數被給予為**艾耳摩公式** (**Elmore formula**) 為

$$\tau_n = C_{out}(R_n + R_n) + C_X R_n \tag{7.111}$$

這將這個時間常數估計為這些時間常數的加成

$$\tau_n = \tau_{n1} + \tau_{n2} \tag{7.112}$$

其中

$$\tau_{n1} = C_{out}(R_n + R_n) \tag{7.113}$$

是 C_{out} 放電通過兩個 nFET 的時間常數，每個 nFET 具有一個電阻 R_n；在圖形中，這被顯示為電流 $i_{dis,1}$。另一項

$$\tau_{n2} = C_X R_n \tag{7.114}$$

是 C_X 放電通過一個具有電阻 R_n 的 nFET 的時間常數。這是對應於一個 $i_{dis,2}$ 的放電電流。因此，下降時間 t_f 是給予為

$$t_f \approx 2.2\tau_n \tag{7.115}$$

代入時間常數的表示式會將這轉換成為

$$t_f \approx 2.2[(C_{FET} + C_L)(2R_n) + C_X R_n] \tag{7.116}$$

將這些項收集會得到這個線性表示式

$$t_f = t_1 + \alpha_1 C_L \tag{7.117}$$

具有零負載延遲

$$t_1 = 2.2R_n(2C_{FET} + C_X) \tag{7.118}$$

以及下面的一個斜率

$$\alpha_1 = 4.4R_n \tag{7.119}$$

其中乘數是從 (2×2.2) 所得到。雖然我們可以將 t_f 寫成 C_L 的一個線性函數，但是零負載延遲與這個斜率還是會受到放電電路之中的這些串聯連接 nFET 所影響。

RC 階梯型式網路時間常數的艾耳摩公式說明串聯連接的 FET 會導致在 CMOS 電路之中的較長的延遲。為了瞭解這段評論，讓我們將方程式 (7.111) 重

寫為

$$\tau_n = R_n\left(2C_{out} + C_X\right) \quad (7.120)$$

寫成這種型式之後，我們就可以將這個時間常數解讀為 R_n 乘以具有下列值的一個等效電容

$$C_{eff} = 2C_{out} + C_X \quad (7.121)$$

這比輸出電容的兩倍還大。另外一種方式是，我們可以寫出

$$\tau_n = C_{out}(2R_n) + C_X R_n \quad (7.122)$$

在 $2R_n$ 這個項之中明顯地顯示串聯連接的 FET 的效應，以及由於寄生電容 C_X 所造成的增大。不管我們所選取的解釋為何，我們必須記得串聯連接的 FET 鏈可能會導致過大的邏輯延遲。

7.5.2 NOR2 切換時間

NOR2 的暫態分析是以相同的方式來進行。圖 7.30 顯示這個電路連同 FET 電阻與電容。任何閘的輸出電容被給予為下列的一般型式

$$C_{out} = C_{FET} + C_L \quad (7.123)$$

對這個 NOR2 電路而言，內部的電容可以被拆解為下列的分量

$$C_{FET} = 2C_{Dn} + C_{Dp} \quad (7.124)$$

這是因為有兩個 nFET 被連接到輸出節點，而只有一個 pFET 被連接到輸出節點的緣故。而 FET 之間的電容 C_y 代表這兩個 pFET 之間的寄生貢獻。

圖 7.31 顯示輸出暫態的子電路。使用圖 7.31(a) 中的最差狀況電路來計算，我們可以得到下降時間 t_f，在最差的狀況下只有一個 nFET 會使輸出電容放電。因此，我們寫出輸出電壓為

$$V_{out}(t) = V_{DD}e^{-t/\tau_n} \quad (7.125)$$

及

$$\tau_n = R_n C_{out} \quad (7.126)$$

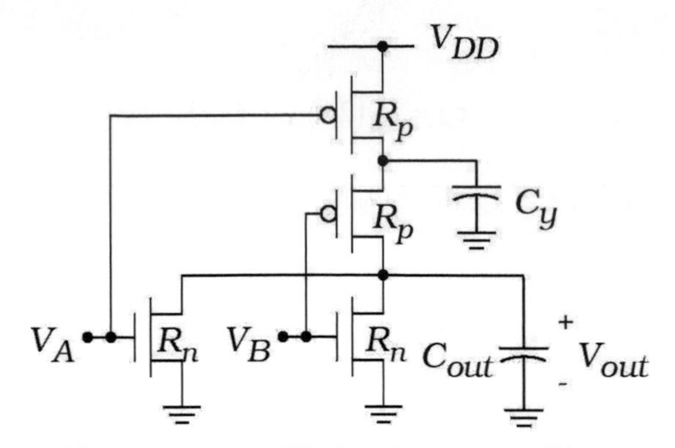

圖 7.30 切換時間計算的 NOR2 電路

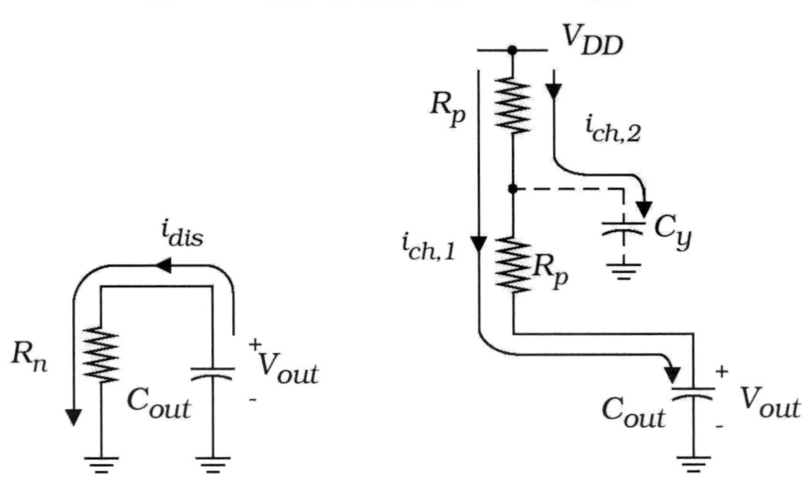

圖 7.31 NOR2 暫態計算的子電路

為時間常數。因此，下降時間為

$$t_f \approx 2.2\tau_n \tag{7.127}$$

這與一個簡單反相器的下降時間是完全相同的。將 C_{out} 展開會得到下列的線性相依性

$$t_f = t_1 + \alpha_1 C_L \tag{7.128}$$

其中零負載的延遲為

$$t_1 = 2.2 R_n C_{FET} \tag{7.129}$$

而這個斜率為

$$\alpha_1 = 2.2R_n \tag{7.130}$$

這些結果是類似於 NOT 閘，但是我們必須牢記 NOR2 閘的 C_{FET} 會比較大。

求取上升時間 t_r 所使用的這個充電電路被顯示於圖 7.31(b) 之中。我們將把輸出電壓寫成指數的型式

$$V_{out}(t) = V_{DD}\left[1 - e^{-t/\tau_p}\right] \tag{7.131}$$

然而，由於在這個事件的期間，C_y 將會被充電，因此我們必須使用艾耳摩公式來求得這個時間常數。在圖形之中，這兩條路徑被顯示為 $i_{ch,1}$ 及 $i_{ch,2}$。由 $i_{ch,1}$ 所造成的主要電荷路徑是以一個時間常數來加以描述

$$\tau_1 = C_{out}\left(R_p + R_p\right) \tag{7.132}$$

而附屬於 $i_{ch,2}$ 的時間常數為

$$\tau_2 = C_y R_p \tag{7.133}$$

將這兩個時間常數相加會得到下列型式的等效總時間常數

$$\begin{aligned}\tau_p &= \tau_1 + \tau_2 \\ &= C_{out}(2R_p) + C_y R_p\end{aligned} \tag{7.134}$$

使得上升時間為

$$t_r = 2.2\tau_p \tag{7.135}$$

由於串聯連接的 pFET 會引進了一個大的時間常數，因此相較於下降時間而言，上升時間可能會相當大。代入 C_{out}，得到這個線性方程式

$$t_r = t_0 + \alpha_0 C_L \tag{7.136}$$

其中

$$t_0 = 2.2R_p\left(2C_{FET} + C_y\right) \tag{7.137}$$

及

$$\alpha_0 = 4.4R_p \tag{7.138}$$

表述 t_r 對 C_L 的相依性特性。如同 NAND2 閘一樣，串聯連接的 FET 的出現

會使附屬的切換時間變緩慢。

7.5.3 綜合整理

上面的分析說明了 NAND 與 NOR 閘兩者在 DC 與暫態階層都展現互補的特性。這是因爲它們都是使用互補的串聯－並聯電晶體排列來建構所造成的。

雖然 DC 特性很重要，但是大部分的設計努力是指向使通過邏輯鏈的最小延遲極小化。上面的研究使我們得以就 NAND 與 NOR 閘與較簡單的 NOT 電路之間的比較作一些一般性的陳述。首先，我們已經看到上升時間可以被寫成下列的型式

$$t_r = t_0 + \alpha_0 C_L \tag{7.139}$$

而下降時間具有相同的結構爲

$$t_f = t_1 + \alpha_1 C_L \tag{7.140}$$

這些常數【上升時間的 t_0 與 α_0，以及下降時間的 t_1 與 α_1】是由寄生電晶體的電阻及電容所決定的。一個 NOT 閘的這些常數是最小，因此我們經常使用它來作爲一個參考。當然，這是因爲這個反相器是只由兩個 FET 所組成的。一般而言，加上互補的電晶體對會使延遲時間增大，這是因爲 C_{FET} 會被增大所導致的。一個邏輯閘的輸入數目稱爲**扇入 (fan-in, FI)**。由於每個輸入都被連接到一個互補對，因此我們陳述

- 切換延遲會隨著扇入數而增大。

這說明一個 NAND3 閘將會比一個 NAND2 閘來得緩慢，如果這兩個閘使用相同尺寸的電晶體的話。當然，實際的延遲是由負載電容的值 C_L 所決定的，使得

- 切換延遲會隨著外部的負載而增大。

由於邏輯函數是使用串級的閘來予以裝置的，這種相依性的效應會隨著這個電路而改變。

讓我們將 NAND 與 NOR 分析的結果予以綜合整理。如同反相器一般，這些閘的電特性是以下列參數來設定

- 製程變數，及
- 每個 FET 的縱橫比 $(W/L)_n$ 與 $(W/L)_p$。

而且，串聯的電晶體會引進這兩個元件之間的寄生電容的問題。這個因素引領我們來作一額外的陳述：

- 佈局的幾何形狀會影響這個邏輯閘的暫態響應。

因此，我們得到下列的結論，這個電路的實體佈局及結構是設計高速邏輯網路時的一個關鍵因素。

7.6 複雜邏輯閘的分析

針對 NAND 與 NOT 電路所發展出來的分析技術可以被延伸來分析具有 AOI 與 OAI 結構的複雜 CMOS 邏輯閘。最重要的問題乃是附屬於串聯連接的 FET 的暫態延遲。

考慮圖 7.32 中所顯示的邏輯閘。這個邏輯閘是以串聯－並聯的 FET 陣列來實際裝置下列的邏輯函數

$$f = \overline{x \cdot (y+z)} \tag{7.141}$$

圖形中所顯示的這個縱橫比值是影響上升時間及下降時間的一個關鍵參數。下降時間是由 nFET 所掌控的。如果我們假設它們都具有相同的尺寸

$$\left(\frac{W}{L}\right)_{nx} = \left(\frac{W}{L}\right)_{ny} = \left(\frac{W}{L}\right)_{nz} \tag{7.142}$$

那麼這個 nFET 電阻 R_n 可以被使用來描述每一個 nFET。最差狀況的下降時間將會發生在當 $x = 1$ 之時，但是 OR 的輸入 y 與 z 之中只會有一個是 1。這會造成一個必須能夠應付這個輸出電容器放電的 2-FET 串聯對。

$$C_{out} = C_{FET} + C_L \tag{7.143}$$

當在這條鏈之中具有電容 C_n 時，時間常數為

$$\tau_n = R_n C_n + 2R_n C_{out} \tag{7.144}$$

這會得到一個下降時間

$$\begin{aligned} t_f &= 2.2\tau_n \\ &= 2.2R_n\left[C_n + 2\left(C_{FET} + C_L\right)\right] \\ &= t_1 + \alpha_1 C_L \end{aligned} \tag{7.145}$$

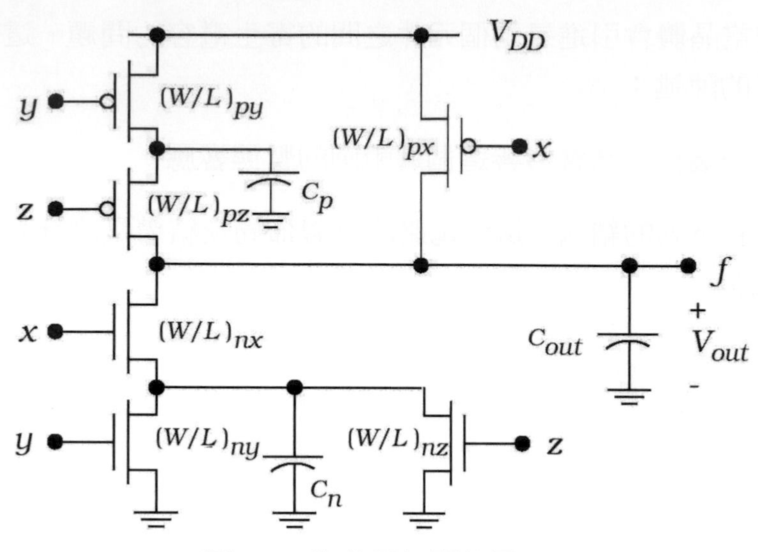

圖 7.32 複雜邏輯閘的電流

其中

$$t_0 = 2.2R_n\left(C_n + 2C_{FET}\right) \tag{7.146}$$

是零負載時間，而

$$\alpha_1 = 2.2R_n \tag{7.147}$$

是斜率。

上升時間 t_r 是由這些 pFET 所決定的。如果這些 pFET 被挑選具有相等的縱橫比

$$\left(\frac{W}{L}\right)_{px} = \left(\frac{W}{L}\right)_{py} = \left(\frac{W}{L}\right)_{pz} \tag{7.148}$$

因此對每個元件，我們都可以使用相同的 R_p。極限的串聯鏈乃是具有 y 與 z 輸入的 p 通道電晶體；這個 x 輸入的 pFET 提供快速的切換，而且可以被降低至一半的尺寸，而不會影響這些結果。這條串聯鏈會給予下列的一個時間常數

$$\tau_p = R_pC_p + 2R_pC_{out} \tag{7.149}$$

其中 C_p 是 pFET 之間的寄生電容。因此，最差狀況的上升時間會具有下列的型式

$$t_r = t_0 + \alpha_0 C_L \tag{7.150}$$

其中零負載延遲爲

$$t_0 = 2.2R_p\left(C_p + 2C_{FET}\right) \tag{7.151}$$

而這個斜率爲

$$\alpha_0 = 2.2R_p \tag{7.152}$$

一個任意的閘會得到相同型式的上升時間與下降時間方程式，這說明了這個程序的一般性。

重要的步驟是很容易遵行。求取最差狀況下降時間的最長串聯連接 nFET 鏈。最長的上升時間將會是由於最長的串聯連接 pFET 鏈所造成的。對這兩種狀況而言，使用艾耳摩公式來計算時間常數，然後將它分爲零偏壓延遲與斜率的項。

7.6.1 功率發散

還記得在一個簡單的反相器中的功率發散被寫成下列的型式

$$P = V_{DD}I_{DDQ} + C_{out}V_{DD}^2 f \tag{7.153}$$

當我們分析一個一般性的靜態 CMOS 邏輯閘時，DC 項仍然會很小，但是在高速、高密度的設計之中，動態切換功率 P_{dyn} 將會變成很重要。

爲了模擬一個任意閘的動態功率發散，我們還記得 P_{dyn} 是源自於一個輸出的切換事件。首先，輸出電容器 C_{out} 會由 0 V 被充電到 V_{DD}，這是對應於一個由邏輯 $0 \rightarrow 1$ 的變遷。因此，C_{out} 放電會得到一個 $1 \rightarrow 0$ 的變遷，這完成一個循環。爲了模擬在一個切換週期 T 之內所發生的變遷數目，我們引進**活動係數 (activity coefficient)** a，這個係數代表在一個週期之內一個輸出發生 $0 \rightarrow 1$ 變遷的機率。因此，動態功率被修改爲

$$P_{dyn} = aC_{out}V_{DD}^2 f \tag{7.154}$$

對於由 N 個閘所組成的一個網路而言，總動態功率可以更一般性地被寫成下列的型式

$$P_{dyn} = \sum_{i=1}^{N} a_i C_i V_i V_{DD} f \tag{7.155}$$

其中，a_i 是第 i 個閘的活動係數，而 C_i 是充電至一個 V_i 最大值的節點電容。

A	B	$\overline{A+B}$	$\overline{A \cdot B}$
0	0	1	1
0	1	0	1
1	0	0	1
1	1	0	0

圖 7.33 決定活動係數的眞值表

活動係數可以由眞值表來決定。圖 7.33 提供 NOR2 與 NAND2 函數的眞值表。我們將假設每個輸入組合有相同的發生機率。首先，讓我們來分析 NOR2 的變遷。由於活動因數 a_{NOR2} 是這個閘發生 $0 \rightarrow 1$ 變遷的機率，這可由下式來計算得到

$$a = p_0 p_1 \tag{7.156}$$

其中 p_0 是輸出一開始是在 0 的機率，而 p_1 則是它變遷至 1 的機率。眞值表顯示 $p_0 = (3/4)$ 且 $p_1 = (1/4)$，因此

$$a_{NOR2} = \left(\frac{3}{4}\right)\left(\frac{1}{4}\right) = \frac{3}{16} \tag{7.157}$$

這個 NAND2 閘極可以以相同的方式來加以分析。對這個閘而言，眞值表顯示 $p_0 = (1/4)$ 且 $p_1 = (3/4)$，因此

$$a_{NAND2} = \left(\frac{3}{4}\right)\left(\frac{1}{4}\right) = \frac{3}{16} \tag{7.158}$$

具有與 NOR2 閘相同的值。如果我們檢視這個 3 個輸入的閘，則由眞值表會得到

$$a_{NOR3} = \frac{7}{64} = a_{NAND3} \tag{7.159}$$

相類似地，我們可以計算得到

$$a_{XNOR2} = \frac{1}{4} = a_{XOR2} \tag{7.160}$$

這是因爲 $p_0 = (1/4) = p_1$。這項技術可以被應用於任意的一個閘。

這種簡單處理的限制乃是在實際操作之中我們很少會有相等發生機率的輸入組合。許多先進的技術已經被發展出來來處理這些情況。有興趣的讀者可以參閱參考資料 [2] 中優秀的詳細討論。而參討資料 [8] 是功率發散與低功率設計的一項非常透徹的分析。

7.7 暫態績效的閘設計

高速電路是由個別閘的切換時間所限制的。邏輯的構成決定這些電晶體的串聯與並聯連接。縱橫比是 DC 與暫態切換時間的關鍵設計參數。一旦這些被指定而且這些電晶體被產生之後，所有這些寄生就都被設定了。

DC 切換特性通常被認爲沒有像切換速度這麼重要。設計一個閘來具有我們所想要的暫態時間，然後檢查 DC 的 VTC 來確保它是可接受的乃是一件平常的事。這種方法是基於個別 nFET 與 pFET 的縱橫比會決定切換響應，而 DC 變遷點只是 nFET 對 pFET 值比值的一項必然的結果的這件事實。譬如，一個反相器的 β_n/β_p 的值會給予 V_M，而 t_r 主要是由 β_p 所決定，且 t_f 是由 β_n 所建立的。

用來選取縱橫比的這種設計哲學會隨著處境而改變。一種直截了當的方法乃是使用反相器來作爲一個參考，然後試圖來設計具有約略相同切換時間的其它閘。由於這個 NOT 閘是最簡單的閘，因此它可以使用相對小的電晶體來建構。我們將使用這個元件轉移電導

$$\beta = k'\left(\frac{W}{L}\right) \tag{7.161}$$

來視爲與縱橫比相等。

圖 7.34(a) 顯示以 β_p 及 β_n 來指定元件尺寸的一個反相器，我們假設已經知道這些參數值。這些參數設定這個電路的上升與下降時間 t_r 與 t_f，這些時間被當作是參考切換時間。由於兩個電晶體都驅動相同的電容，因此它們的差異在於電阻的值

$$R_p = \frac{1}{\beta_p\left(V_{DD} - \left|V_{Tp}\right|\right)}, \qquad R_n = \frac{1}{\beta_n\left(V_{DD} - V_{Tn}\right)} \tag{7.162}$$

還記得一個對稱的反相器具有

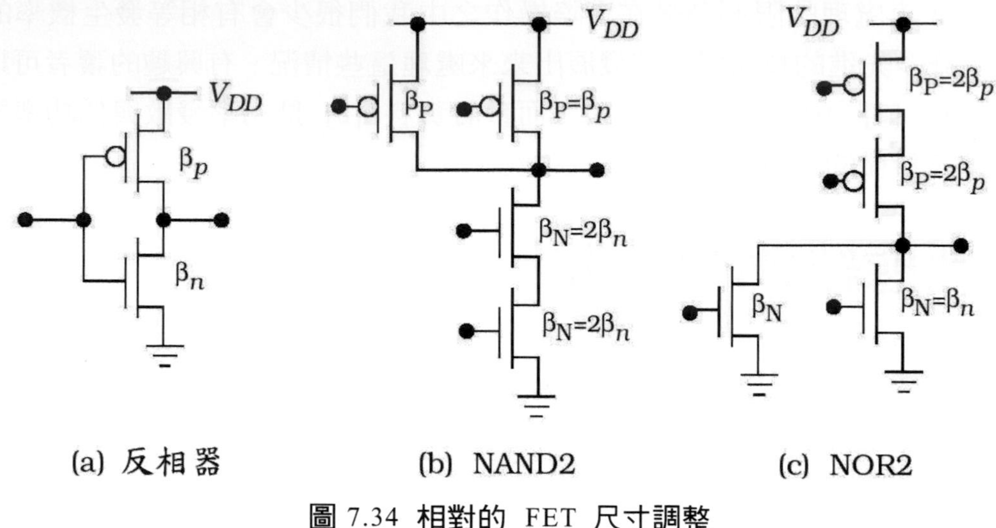

圖 7.34 相對的 FET 尺寸調整

$$\beta_n = \beta_p \tag{7.163}$$

並且要求這些元件的尺寸之間的關聯爲

$$\left(\frac{W}{L}\right)_p = r\left(\frac{W}{L}\right)_n \tag{7.164}$$

其中

$$r = \frac{k_n'}{k_p'} \tag{7.165}$$

是製程轉移電導的比值。一個使用相等大小的電晶體使得 $\beta_n > \beta_p$ 的不對稱設計也經常被使用來作爲一個參考。

我們的理念乃是希望能夠獲得類似的上升及下降時間，因此讓我們使用這些值來求得圖 7.34(b) 中的這個 NAND2 閘的元件尺寸 β_P 與 β_N。首先考慮並聯的 pFET。由於最差的狀況乃是只有一個電晶體對上升時間會有所貢獻，因此我們可以選取具有與反相器相同的尺寸

$$\beta_P = \beta_p \tag{7.166}$$

實際的上升時間 t_r 將會比反相器的上升時間更長，這是因爲 C_{out} 比較大的緣故。這條串聯連接的 nFET 鏈必須被模擬爲介於輸出與接地之間的兩個串聯連接的電阻器，具有總電阻

$$R = R_N + R_N \tag{7.167}$$

其中

$$R_N = \frac{1}{\beta_N(V_{DD} - V_{Tn})} \tag{7.168}$$

使用反相器作爲參考，我們令

$$R = R_n = 2R_N \tag{7.169}$$

代入，

$$\frac{1}{\beta_n(V_{DD} - V_{Tn})} = \frac{2}{\beta_N(V_{DD} - V_{Tn})} \tag{7.170}$$

這個方程式的解答爲

$$\beta_N = 2\beta_n \tag{7.171}$$

換言之，這些串聯連接的 nFET 是反相器電晶體的兩倍大

$$\left(\frac{W}{L}\right)_N = 2\left(\frac{W}{L}\right)_n \tag{7.172}$$

在 NAND2 閘之中所得到的下降時間 t_f 將會比較大，這是因爲較大的輸出電容與這個 FET 與 FET 之間的內部電容所造成的。然而，這的確會給予調整閘尺寸的一種結構化的方法。

圖 7.34(c) 之中的這個 NOR2 閘也可以以相同的方式來設計。並聯的 nFET 被挑選具有與反相器元件相同的尺寸，連同

$$\beta_N = \beta_n \tag{7.173}$$

這是因爲這會給予最差狀況的放電。串聯連接的 pFET 電阻加起來會得到一個 $2R_P$ 的總電阻。令這個總電阻與反相器電阻 R_p 相等會給予

$$\frac{1}{\beta_p(V_{DD} - |V_{Tp}|)} = \frac{2}{\beta_P(V_{DD} - |V_{Tp}|)} \tag{7.174}$$

因此

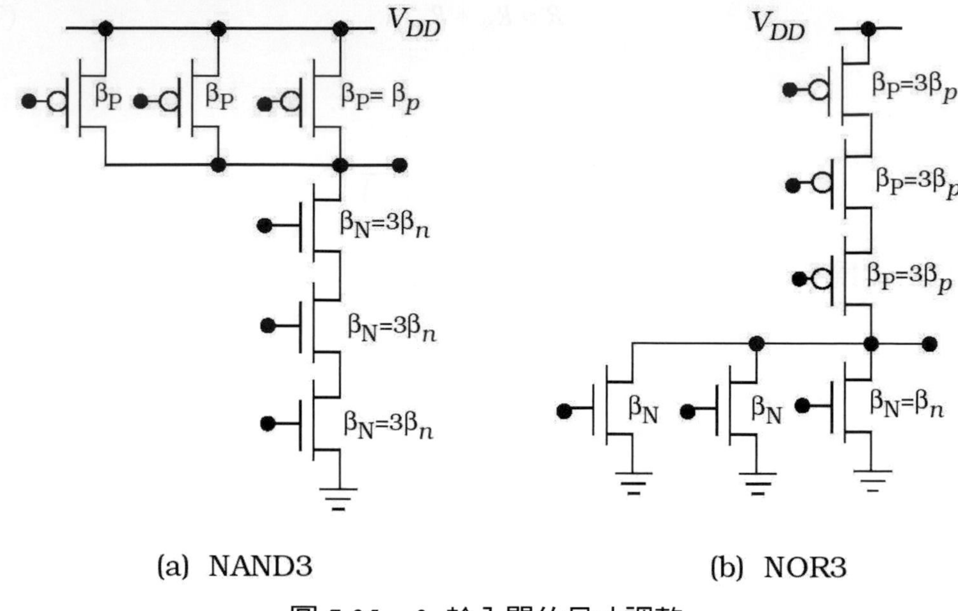

圖 7.35　3 輸入閘的尺寸調整

$$\beta_P = 2\beta_p \tag{7.175}$$

表示這些 pFET 是反相器電晶體的兩倍大。

$$\left(\frac{W}{L}\right)_P = 2\left(\frac{W}{L}\right)_p \tag{7.176}$$

主要的問題乃是 pFET 本質上是很緩慢的，因此一開始 $(W/L)_p$ 的值就可以很大。

這種技術可以被延伸至較大的邏輯鏈。對 n 個串聯連接的 FET 而言，這個尺寸必須是反相器值的 n 倍大。因此，在圖 7.35(a) 之中的這個 NAND3 閘必須被設計來具有

$$\beta_N = 3\beta_n, \qquad \beta_P = \beta_p \tag{7.177}$$

使得

$$\left(\frac{W}{L}\right)_N = 3\left(\frac{W}{L}\right)_n, \quad \left(\frac{W}{L}\right)_P = \left(\frac{W}{L}\right)_p \tag{7.178}$$

而圖 7.35(b) 中的 NOR3 閘會得到

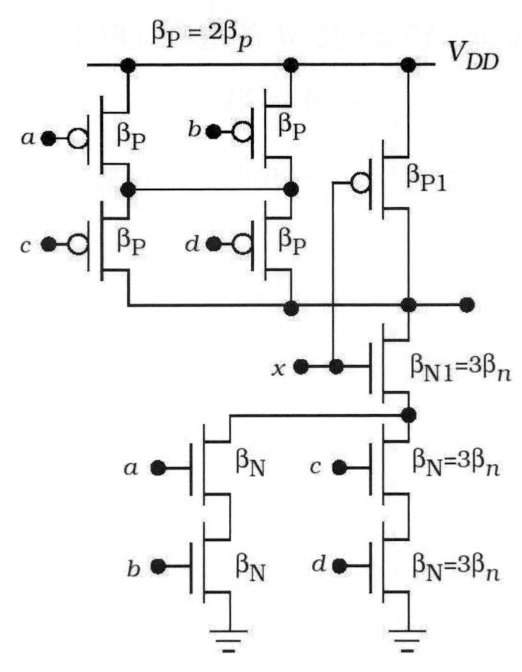

圖 7.36 複雜邏輯閘的尺寸調整

$$\beta_N = \beta_n, \qquad \beta_P = 3\beta_p \tag{7.179}$$

具有

$$\left(\frac{W}{L}\right)_N = \left(\frac{W}{L}\right)_n, \quad \left(\frac{W}{L}\right)_P = 3\left(\frac{W}{L}\right)_p \tag{7.180}$$

由於參考值 β_n 與 β_p 是任意的，因此如果須要的話，這些尺寸可以被調整來接受合理的值。而且注意如果我們選取具有 $\beta_n = \beta_p$ 的一個對稱反相器設計，則所得到的閘大致上也將會是對稱的。

我們可以以相同的方式來設計複雜的邏輯閘。考慮圖 7.36 中的這個閘，它具有下列使用串聯–並聯結構的輸出

$$f = \overline{(a \cdot b + c \cdot d) \cdot x} \tag{7.181}$$

首先考慮這個 nFET 陣列。任何放電事件將會有電流流動通過三個串聯連接的 nFET 之中最小的一個。這些元件的尺寸都會相同，並具有下列的值

$$\beta_N = 3\beta_n = \beta_{N1} \tag{7.182}$$

而 pFET 陣列則會有一些不同。最差狀況的電荷路徑是通過這個電路左邊兩個串

聯連接的電晶體。輸入 a、b、c、及 d 的這些 pFET 的尺寸爲

$$\beta_P = 2\beta_p \tag{7.183}$$

這個 x 輸入的 pFET 是單獨的，因此我們可以選取它的尺寸來與一個反相器的尺寸相同。

$$\beta_{P1} = \beta_p \tag{7.184}$$

另外一種方法是，選取

$$\beta_{P1} = \beta_P = 2\beta_p \tag{7.185}$$

可能會導致比較簡單的佈局，這是因爲我們只使用一個單一尺寸的 pFET。注意這兩種 β_{P1} 的選擇會造成 x 輸入的不同輸入電容。

雖然這種方法提供了一套結構化的方法，但是它會導致大型的電晶體。設計師必須決定這個增大的速度是否值得這些面積的消耗。當 FET 的數目增大時，這會變得更複雜，這是因爲在艾耳摩時間常數公式中的這個 FET 到 FET 的寄生電容項也會增大所致。實際上，我們可以就選取一個符合面積配置要求的標準囊胞，然後求這個邏輯串級的整體速度。如果這個設計不夠快的話，我們可以應用在下一章之中的某些技術來求得一個更好的設計。

7.8 傳輸閘及通過電晶體

如同圖 7.37(a) 中所顯示，傳輸閘是由一對 nFET/pFET 並聯導線連接所組成的。圖 7.37(b) 中所顯示的 RC 切換模型是由一個 TG 電阻 R_{TG} 以及代表這兩個 FET 的寄生貢獻的電容所組成的。即便這些 FET 是並聯的，在任何給予的時間，通常有一個 FET 會主控這個傳導過程。譬如，一個邏輯 0 的變遷是由這個 nFET 所控制的。由於這個緣故，這個線性電阻的一個合理的近似乃是

$$R_{TG} = \max\left(R_n, R_p\right) \tag{7.186}$$

換言之，我們使用這兩個值之中較大的值。這些電容是藉由將這些貢獻加總來得到的。譬如，假設左邊是位於一個比右邊更低的電壓，

$$C_{in} = C_{S,n} + C_{D,p} \tag{7.187}$$

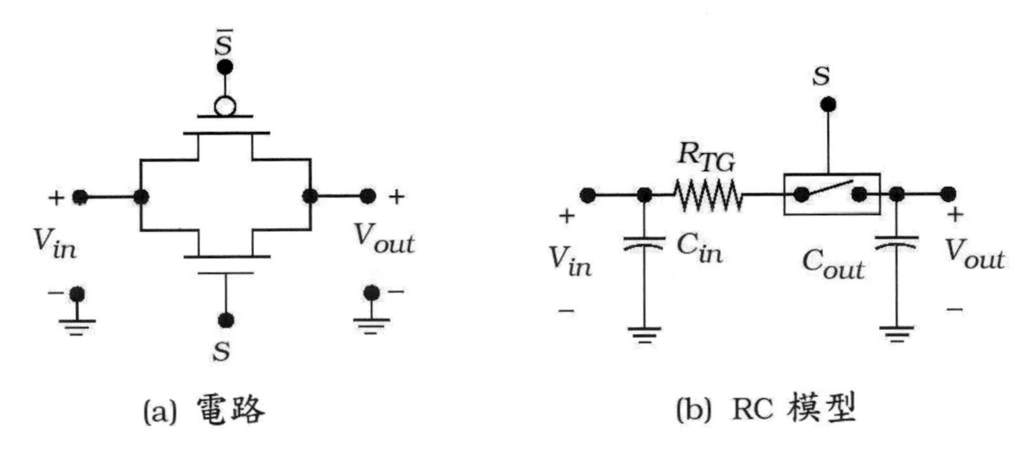

(a) 電路 (b) RC 模型

圖 7.37 傳輸閘的模擬

這是因爲這些 nFET 的左邊是源極，而同一個節點卻是這個 pFET 的洩極。[5] 我們注意到選取這兩個電晶體的縱橫比時的交換關係：大 (W/L) 值會使電阻降低，但是一個大 W 卻暗示會有大電容。這使得在高密度 VLSI 的演進過程之中，TG 愈來愈沒有吸引力。

傳輸閘【以及下面所討論的通過 FET】的一項重要的電特徵乃是沒有到電源供應 V_{DD} 或接地的直接訊號連接。藉由使用一條電源供應軌，靜態邏輯電路能夠提供全軌輸出 $V_{OH} = V_{DD}$ 及 $V_{OL} = 0$ V。由於這些 TG 並不是以這種方式來被使用，因此是由驅動電路【在傳輸閘前面的這個電路】來負責提供輸入訊號電壓。然而，這個 TG 看起來好像是驅動閘的一個寄生的 RC，因此這個響應會比沒有 TG 時來得慢。因此，我們須要額外的緩衝器電路來維持這個速度。

通過電晶體 (pass transistor) 乃是可以使**訊號 (signal)**，而不是一個固定的電源供應值，通過洩極與源極端點之間的單一 FET。在大多數的電路之中，「通過 FET」可以被使用來取代傳輸閘。它們要求較少的面積與導線連接，但是並無法使整個電壓範圍通過。當在這兩種極性之間選擇時，對這種應用而言，我們比較喜歡 nFET，這是因爲較大的電子遷移率隱喻它們可以獲得比相同尺寸的 pFET 更快速的切換。

基本的 nFET 通過電路被顯示於圖 7.38 之中。開關是由閘極電壓 V_G 所控制的。如果 $V_G = 0$，則這個電晶體是關閉的，而在輸入與輸出之間沒有連接。置放一個 $V_G = V_{DD}$ 的高電壓會將這個 nFET 驅動至主動區，而電流可以流動。對一個邏輯 1 轉移的狀況而言，我們使用一個輸入電壓 $V_{in} = V_{DD}$。假設一個

[5] 還記得洩極與源極是由相對的電壓所決定的。

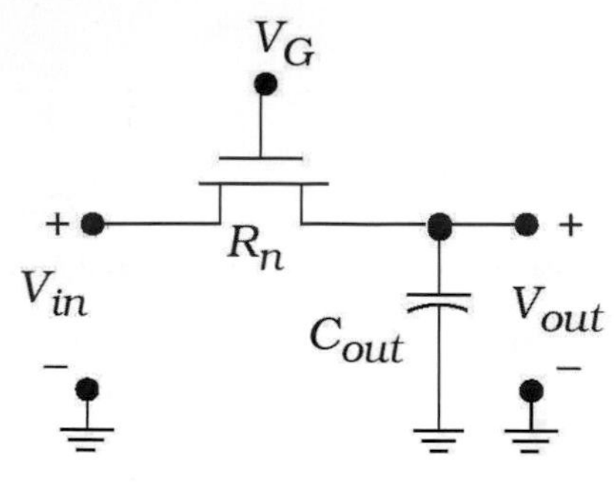

圖 7.38 nFET **通過電晶體**

$V_{out}(t=0)=0$ 的起始條件，這項分析會得到[6]

$$V_{out}(t)=V_{\max}\left(\frac{t/2\tau_n}{1+t/2\tau_n}\right) \tag{7.188}$$

其中

$$V_{\max}=V_{DD}-V_{Tn} \tag{7.189}$$

是轉移通過一個 nFET 的最大電壓，這可由下列的極限看出來

$$\lim_{t\to\infty}V_{out}(t)=V_{\max} \tag{7.190}$$

這清楚地展現了臨限下降的問題。時間常數被定義爲

$$\tau_n=R_nC_{out} \tag{7.191}$$

但是與它出現在一個指數之中時會有不同的解釋。這個輸出電壓由 0 V 上升至一個 0.9 V_{max} 的值所須要的上升時間被計算爲

$$t_r=18\tau_n \tag{7.192}$$

這些結果顯示邏輯 1 轉移事件是很緩慢，而且會遭受臨限損耗的問題。

一個邏輯 0 的轉移是藉由設定 $V_{in}=0$ V 來加以分析。當具有 $V_{out}(0)=V_{max}$ 的起始條件時，這項分析會給予

$$V_{out}(t)=V_{\max}\left(\frac{2e^{-(t/\tau_n)}}{1+e^{-(t/\tau_n)}}\right) \tag{7.193}$$

[6] 參見參考資料 [10] 來得到這項推導的細節。

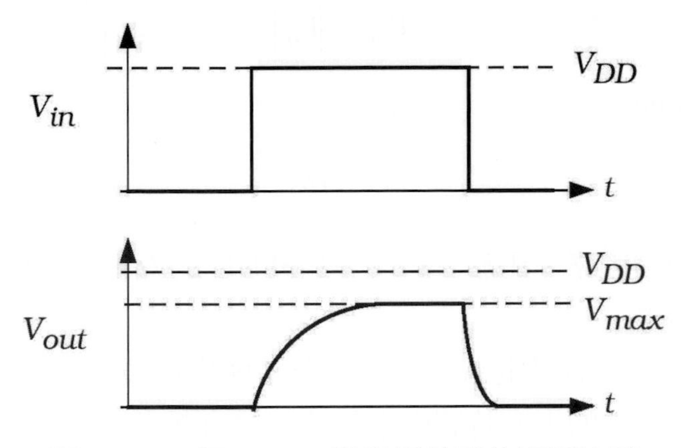

圖 7.39 **一個 nFET 通過電晶體的電壓波形**

其中時間常數具有相同的定義。這個指數函數具有下列的極限

$$\lim_{t\to\infty} V_{out}(t) = 0 \tag{7.194}$$

這顯示一個 nFET 可以使一個邏輯 0 通過而不會有任何問題。輸出由 V_{max} 改變至 10% 的電壓 $0.1V_{max}$ 所須要的下降時間爲

$$t_f = \ln(19)\tau_n \approx 2.94\tau_n \tag{7.195}$$

比較上升時間與下降時間顯示

$$t_r \approx 6t_f \tag{7.196}$$

因此上升時間是限制的因數。圖 7.39 之中這個圖形乃是一個 nFET 通過電晶體的輸入波形對輸出波形的形狀的一個範例。

如果我們使用一個 pFET 來作爲通過電晶體，我們會發現互補的結果。通過這個 FET 的最大電壓爲 V_{DD}，而輸出則會以下列的一個上升時間來相當快速地充電

$$t_r = 2.94\tau_p \tag{7.197}$$

其中

$$\tau_p = R_p C_{out} \tag{7.198}$$

因此，這個 pFET 能夠使一個強大的邏輯 1 電壓通過。然而，當一個邏輯 0 被施加到輸入時，輸出會放電至下列的一個階層

$$V_{\min} = |V_{Tp}| \tag{7.199}$$

而具有一個下降時間

$$t_f = 18\tau_p \tag{7.200}$$

因此，放電是限制的因素。由於 nFET 與 pFET 的互補行爲的緣故，因此這些是我們所預期的結果。

這項分析顯示這個通過電晶體無法被準確地模擬爲簡單的 RC 電路，這是因爲臨限損耗及不對稱的上升時間與下降時間將會被忽略不計。然而不管這件事實，在起始的設計期之中，在紙筆計算之中我們經常使用 R_n 或 R_p 來模擬一個通過 FET。這使我們得以快速地模擬估計，並且也是一種有價值的近似技術。更精準的計算可以使用計算機模擬來獲得。

7.9 對 SPICE 模擬的評論

在本章之中所進行的這項分析提供了設計 CMOS 邏輯閘的理論基礎。它們使我們得以估計一個電路的行爲，並且說明了電路的總體績效對於個別元件參數的相依性。

本質上，解析討論會受限於這個元件模型的準確度。在 MOSFET 的狀況下，平方定律模型只是眞實行爲的一個一階近似而已。另外一種階層的估計乃是假設像步階的輸入電壓波形來引進的。我們也忽略電容對於電壓的相依性來使這項分析簡化。在晶片設計之中，一個電路的操作必須藉由計算機模擬來加以驗證。由於收斂問題及計算的雜訊可能會影響這些結果，因此這些計算機模擬也不是完全不會錯的。然而，一旦設計師熟悉這個問題的範圍之後，它們的確提供了合理的驗證。在本節之中，我們將檢視 SPICE 模擬的一些重要特徵。

一個電路的一個 SPICE 網列檔是由佈局圖編輯器之中的一個萃取副程式所獲得的。每個元件在列示之中是以分開的一行來代表，而這些元件是依據佈局圖來導線連接的。爲了進行模擬，我們必須加上電源供應值、輸入電壓、及模擬的資訊。假設我們由一個反相器的佈局圖來萃取網列檔以作爲一個範例，並獲得下列的列示：

```
M1 15 17 20 20 NFET W=5U L=0.5U
M2 15 17 12 12 PFET W=10U L=0.5U
```

這指明使用任意元件及節點編號的這兩個電晶體。在這段列示之中，M1 是一個 nFET，而 M2 是一個 pFET。由於 MOSFET 的節點順序是洩極—閘極—源極—本體，因此這個反相器的輸入是共同的閘極節點 17，而反相器的輸出是由洩極節點 15 所得到。節點 20 必須被接地，而節點 12 是電源供應。某些威力更強大的萃取器也會以下列的型式來提供接面電容計算所需要的洩極與源極的尺寸

```
M1 15 17 20 20 NFET W=5U L=0.5U AD=12.5P PD=15U AS=20P PS=18U
M2 15 17 12 12 PFET W=10U L=0.5U AD=25P PD=25U AS=40P PS=36U
```

如果這個萃取器無法求得洩極與源極的面積與周線的話，那麼我們就必須自己加上。

為了進行完整的模擬，我們將加上一些元件來給予下列的列示：

```
NOT SIMULATION
VDD 12 0 5V
M1 15 17 20 20 NMOS W=5U L=0.5U AD=12.5P PD=15U AS=20P
PS=18U
M2 15 17 12 12 PMOS W=10U L=0.5U AD=25P PD=25U AS=40P PS=36U
RGND 20 0 1U
CLOAD 15 0 100F
.MODEL NFET NMOS <parameter listing ... >
.MODEL PFET PMOS <parameter listing ... >
...
```

其中第一行與這個電路的名稱相同，而 CLOAD 已經被挑選為一個 100 fF 的外部負載電容器。RGND 是一個 1 Ω 的電阻器來將節點 20 拉到接地；另外，我們也可以將這個網列檔重新編號，或者在萃取之前，佈局圖編輯器可以使它被定義在佈局圖之中。[7]

在節點 17 的輸入電壓使我們得以模擬更實際的波形。一種有用的 SPICE 構造乃是圖 7.40 中所顯示的這個 PULSE 波形。它是以下列型式的一個陳述來指定的

```
VIN 17 0 PULSE(V1 V2 TD TR TF PW PER)
```

其中 V1 與 V2 是起始與最終的電壓，TD 是變遷開始之前的時間延遲，TR 是

[7] 還記得在 SPICE 中的接地節點必須被編號為節點 0。

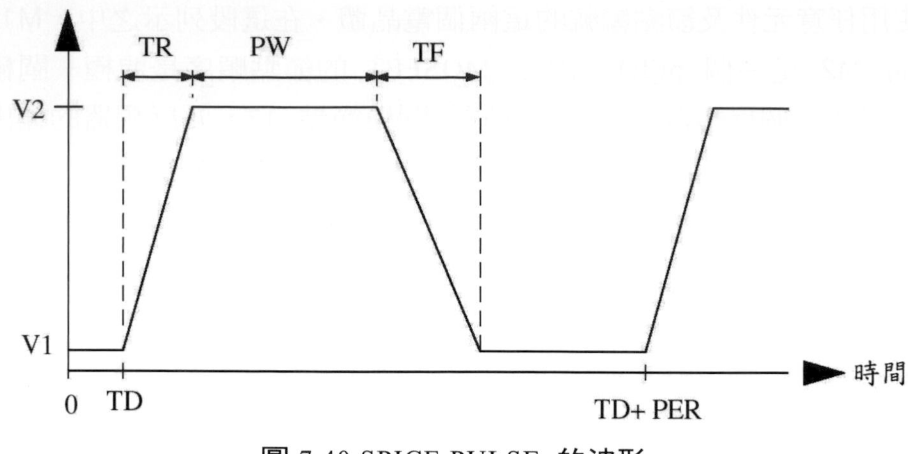

圖 7.40 SPICE PULSE 的波形

上升時間，TF 是下降時間，而 PER 是波形本身重複之前的這個週期。這使我們得以計算低–至–高及高–至–低變遷的時間，這些時間比使用像步階輸入所求得的那些時間更準確。另外一個有用的波形乃是指數電源 EXP，這是以下列型式的一段列示來指定

VIN_EXP 17 0 EXP (V1 V2 TD1 TAU1 TD2 TAU2)

其中 TD1 與 TAU1 是 V1 至 V2 變遷的時間延遲與時間常數，而 TD2 與 TAU2 則是相反狀況的時間延遲與時間常數。在這兩種狀況之下，我們必須小心地選取這些時間值來代表提供暫態響應資訊的一項模擬，而這個暫態響應是藉由將輸出的改變呈現爲時間的平滑函數所得到的。這些時間值也可以由 RC 模型來加以估計。

電壓轉移曲線是以下列的點指令來啓動一個 DC 掃描所得到的

.DC VIN 0 VDD VSTEP

這是從 VIN = 0 開始，並以 VSTEP 來增量至一個最終值 VDD。暫態響應是以下列的指令來計算得到

.TRAN TSTEP TSTOP

這是從時間 0 時開始，並且以 TSTEP 時間單位來增量，直到時間 TSTOP 到達爲止。這兩個指令提供了在本章之中所討論的電路最關鍵的操作特性。

相同的技術也可以被應用來模擬任何 CMOS 電路。有時候可能會造成混淆的一個細微的點乃是被相鄰的閘極所分享的一個共同作用【n+ 或 p+】區域的位

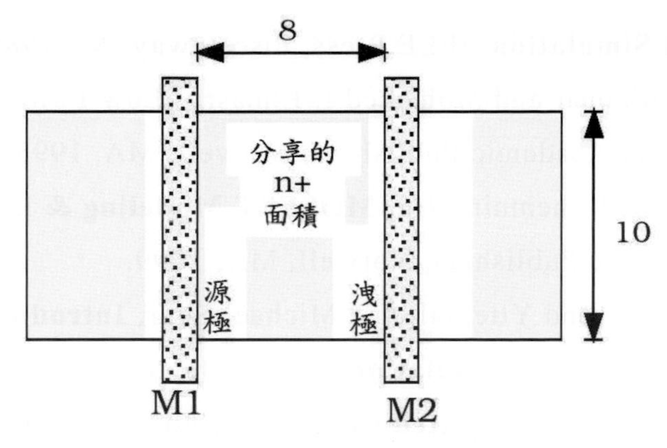

圖 7.41 分享的作用區域

置。洩極或源極的指定是任意的，而總面積及周線可以隨意分裂在這兩個 FET 之間。我們必須小心來確保這兩個電晶體所指定的總面積及總周線長度不會超過實際的佈局圖。

範例 7.5

考慮圖 7.41 中的這兩個 FET。分享的區域具有 (10) (8) = 80 的總面積，以及 2(10 + 8) = 36 的總周線長度。M1 使用這塊區域來作爲源極區域，而 M2 則把它當作是一個洩極。這項分裂可以藉由寫出下式來列示

```
M1 ... AS=40P PS=18U
M2 ... AD=40P PD=18U
```

這是一個相等的分配。另外一種選擇爲

```
M1 ... AS=10P PS=4.5U
M2 ... AD=70P PD=31.5U
```

這也會同樣良好地運作。

在參考資料中，我們可以找到有關於 CMOS 電路 SPICE 模擬的更多秘訣及技巧。如同學習任何程式語言一般，經驗永遠是最好的教師。

7.10 深入研讀的參考資料

[1] R. Jacob Baker, Harry W. Li, and David E. Boyce, **CMOS Circuit Design,**

Layout, and Simulation, IEEE Press, Piscataway, NJ, 1988.

[2] Abdellatif Bellaouar and Mohamed I. Elmasry, **Low-Power Digital VLSI Design**, Kluwer Academic Publishers, Norwell, MA, 1995.

[3] Yuhua Cheng and Chemning Hu, **MOSFET Modeling & BSIM3 User's Guide**, Kluwer Academic Publishers, Norwell, MA, 1999.

[4] Tor A. Fjeldly, Trond Ytterdal, and Michael Shur, **Introduction to Device Modeling and Circuit Simulation**, John Wiley & Sons, New York, 1998.

[5] Ken Martin, **Digital Integrated Circuit Design**, Oxford University Press, New York, 2000.

[6] Jan Rabaey, **Digital Integrated Circuits**, Prentice Hall, Upper Saddle River, NJ, 1996.

[7] Michael Reed and Ron Rohrer, **Applied Introductory Circuit Analysis**, Prentice Hall, Upper Saddle River, NJ, 1999.

[8] Kaushik Roy and Sharat C. Prasad, **Low-Power CMOS VLSI Circuit Design**, Wiley-Interscience, New York, 2000.

[9] Michael John Sebastian Smith, **Application-Specific Integrated Circuits**, Addison-Wesley, Reading, MA, 1997.

[10] John P. Uyemura, **CMOS Logic Circuit Design**, Kluwer Academic Publishers, Norwell, MA, 1999.

[11] Andrei Vladimirescu, **The SPICE Book**, John Wiley & Sons, New York, 1994.

[12] Gary K. Yeap, **Practical Low Power Digital VLSI Design**, Kluwer Academic Publishers, Norwell, MA, 1998.

7.11 習題

[7.1] 一個 CMOS 反相器是在一種製程之中來建構的，其中

$$\begin{aligned} k_n' &= 100\ \mu A/V^2 \quad V_{Tn} = +0.70\,V \\ k_p' &= 42\ \mu A/V^2 \quad V_{Tp} = -0.80\,V \end{aligned} \tag{7.201}$$

而且我們使用一個 $V_{DD} = 3.3$ V 的電源供應。如果 $(W/L)_n = 10$ 且 $(W/L)_p = 14$，求中間點電壓 V_M。

[7.2] 求以一個 3 V 的電源供應來獲得一個反相器中間點電壓 $V_M = 1.3$ V 所須要的 β_n/β_p 比值。假設 $V_{Tn} = 0.6$ V 及 $V_{Tp} = -0.82$ V。如果 $k'_n = 110$ μA/V^2 且遷移率值之間的關係爲 $\mu_n = 2.2\ \mu_p$，則相對的元件尺寸爲何？

[7.3] 一個反相器使用具有 $\beta_n = 2.1$ mA/V^2 及 $\beta_p = 1.8$ mA/V^2 的 FET。臨限電壓被給予爲 $V_{Tn} = 0.60$ V 及 $V_{Tp} = -0.70$ V，而電源供應有一個 $V_{DD} = 5$ V 的值。在輸出節點的寄生 FET 電容被估計爲 $C_{FET} = 74$ fF。

(a) 求中間點電壓 V_M。

(b) 求 R_n 與 R_n 的值。

(c) 當 $C_L = 0$ 時，計算在輸出處的上升及下降時間。

(d) 當一個值爲 $C_L = 115$ fF 的外部負載被連接至這個輸出時，計算上升及下降時間。

(e) 將 t_r 及 t_f 畫成 C_L 的函數。

[7.4] 對圖 7.11 之中所顯示的這個反相器佈局圖，求中間點電壓。

[7.5] 考慮圖 7.11 中所顯示的這個 NOT 閘，其中一個 $C_L = 80$ fF 的外部負載被連接至輸出。注意電性通道長度爲 $L = 0.8$ μm。

(a) 求這個電路的輸入電容。

(b) 求 R_n 與 R_p 的值。

(c) 計算這個反相器的上升時間與下降時間。

[7.6] 使用 SPICE 來模擬圖 7.11 中的這個電路。假設一個 $C_L = 100$ fF 的外部負載，進行直流與暫態的模擬。

[7.7] 一個 CMOS NAND2 是使用具有一個 $\beta_n = 2\beta_p$ 值的完全相同的 nFET 來設計；這些 pFET 具有相同的尺寸。電源供應被挑選爲 $V_{DD} = 5$ V，而這個元件的臨限電壓被給予爲 $V_{Tn} = 0.60$ V 及 $V_{Tp} = -0.70$ V。

(a) 對同時切換的狀況，求中間點電壓 V_M。

(b) 以相同規範所作成的一個反相器的中間點電壓是多少？

[7.8] 一個 CMOS NOR2 閘是使用具有一個 β_n 值的 nFET 來設計的。這兩個 pFET 都是以 $\beta_p = 2.2\beta_n$ 來加以描述。如果 $V_{DD} = 3.3$ V、$V_{Tn} = 0.65$ V、及 $V_{Tp} = -0.80$ V，求同時切換狀況的 V_M 值。

[7.9] 一個 NAND3 閘使用具有一個縱橫比 4 的完全相同 nFET。nFET 製程轉移電導為 120 μA/V^2，而臨限電壓為 0.55 V。我們挑選一個 5 V 的電源供應。求產生一個閘所須要的 pFET β_p 值，其中同時切換的狀況會給予 $V_M = 2.4$ V 的一個中間點電壓。假設 $V_{Tp} = -0.90$ V 且 $r = 2.4$。

[7.10] 考慮圖 P7.1 中所顯示的 nFET 鏈。這代表一個 NAND3 閘的一部份。輸出電容具有一個 $C_{out} = 130$ fF 的值，而內部的值為 $C_1 = 36$ fF 及 $C_2 = 36$ fF。這些電晶體是完全相同具有 $\beta_n = 2.0$ mA/V^2，是在一個 $V_{DD} = 3.3$ V 及 $V_{Tn} = 0.70$ V 的製程中所製作的。

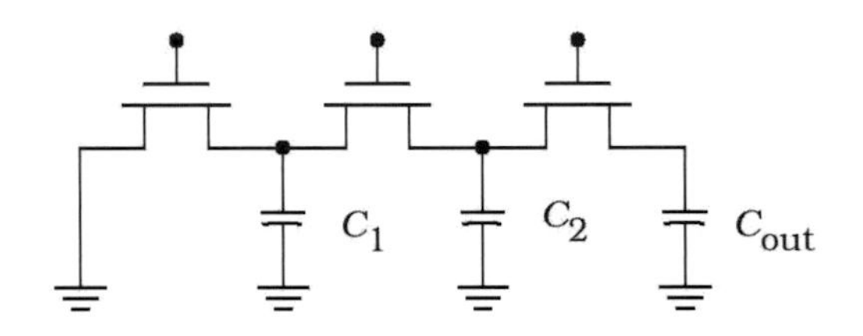

圖 P.7.1

(a) 使用一個階梯 RC 網路的艾耳摩公式，求 $C_{out} = 130$ fF 的放電時間常數。

(b) 如果我們忽略 C_1 與 C_2，求時間常數。如果我們不包含這些內部電容器的話，則所引進的誤差百分比是多少？

[7.11] 考慮實際裝置下列函數的一個複雜的 CMOS 邏輯閘

$$F = \overline{a \cdot b + c \cdot d \cdot e} \tag{7.202}$$

(a) 設計這個邏輯電路。

(b) 一個具有 $\beta_n = \beta_p$ 的反相器被使用來作為調整尺寸的參考。如果我們選擇使 nFET 與 pFET 的電阻相等，求這個閘中的元件尺寸。

[7.12] 在一個控制網路之中，我們須要一個實際裝置下列函數的 CMOS 邏輯閘

$$F = \overline{x \cdot (y+z) + x \cdot w} \tag{7.203}$$

(a) 設計這個邏輯電路。一個具有 $\beta_n = \beta_p$ 的反相器被使用來作為調整尺寸的一個參考。

(b) 如果我們選擇使 nFET 與 pFET 的電阻相等，求這個閘之中的元件尺寸。

(c) 假設我們使用與反相器值相同尺寸的電晶體來取代。指出使這個響應變慢的最差狀況 nFET 與 pFET 路徑。

[7.13] 一個下列型式的 OAI 函數

$$f = \overline{(a+b)\cdot(b+c)\cdot d} \tag{7.204}$$

是使用串聯—並聯 CMOS 構造來建構。

(a) 設計這個電路。

(b) 一個具有 $\beta_n = 1.5\beta_p$ 的反相器被使用來作爲調整尺寸的參考。求在 nFET 與 pFET 鏈之中使路徑電阻相等所須要電晶體尺寸。

(c) 將這個函數展開成爲 AOI 型式，然後應用相同的尺寸理念。哪一種設計【AOI 或 OAI】需要最小的電晶體總面積？

[7.14] 圖 P7.2 中的這個 nFET 有 $\beta_n = 1.50$ mA/V^2，而且被使用來作爲圖中所顯示的一個通過電晶體。這種製程使用 $V_{DD} = 5.0$ V 與 $V_{Tn} = 0.5$ V。一個邏輯 1 電壓 $V_{in} = V_{DD}$ 被施加至輸入邊，而這個輸出有一個 $C_{out} = 84$ fF 的總電容。這個輸出電晶體一開始是沒有充電的。

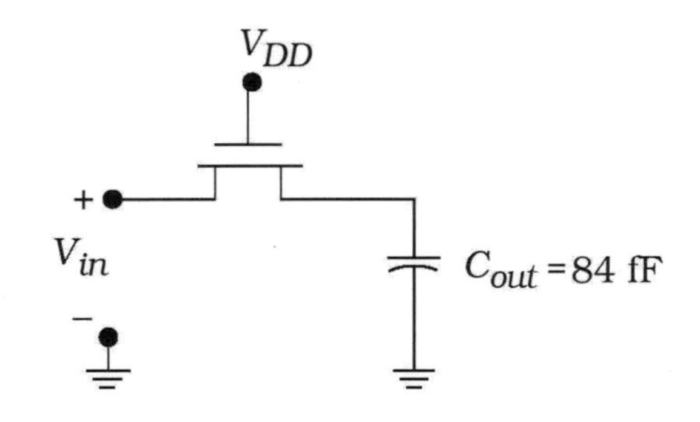

圖 P.7.2

(a) 求邏輯 1 充電事件的時間常數。

(b) 計算上升時間，以 ps 單位來加以表示。

(c) 輸入被切換至 $V_{in} = 0$ V。計算下降時間。

(d) 使用 SPICE 來產生輸入與輸出的波形來模擬這個脈波響應。

[7.15] 圖 P7.3 中的這個 pFET 通過電晶體有一個縱橫比 8，它是在一個具有 $k'_p = 60$ μA/V^2、$V_{DD} = 3.3$ V、及 $V_{Tp} = -0.8$ V 的製程之中製造的。在時間 $t = 0$ 時，這個輸出電容器被充電至一個 V_{DD} 的電壓，而這個輸入被切換至 $V_{in} = 0$ V。

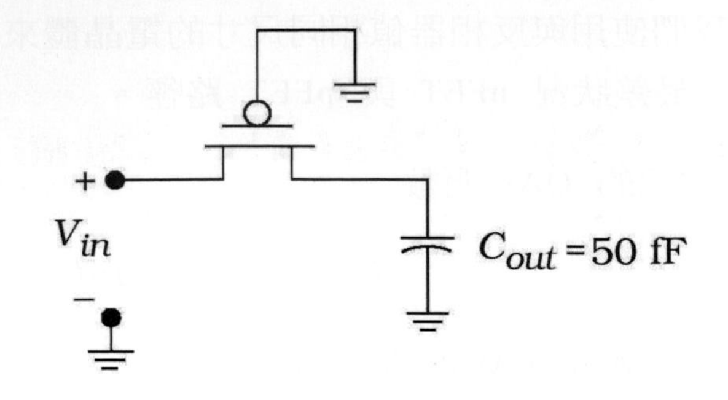

圖 P.7.3

(a) 求在輸出節點的下降時間。

(b) 輸入被切換回到 V_{DD}。求將輸出電壓驅動回到它的高值所須要的上升時間。

8. 設計高速 CMOS 邏輯網路

現代 CMOS 技術能夠製作具有小於 0.1 μm 通道長度的 MOSFET。一個 FET 的通道寬度 W 建立縱橫比 (W/L)，這是決定一個邏輯電路電性的關鍵參數。

系統設計師必須有整體的視野，其中邏輯與建築特徵是事務的第一階層，而這些電路被挑選來實際裝置所須要的函數。然而，在 VLSI 之中，符合系統定時目標的能力與這些邏輯電路的切換速度都是緊密相關的。如果我們無法以這個電路來符合定時的規範的話，那麼我們可能會被強迫來修改這個邏輯。

在這一章之中，我們將開始研讀高速系統的設計，並學習選取電晶體尺寸的技術。這些方法對於元件庫集合及量身訂製的設計都是很有用的。在本章之中所呈現的這些技術是高速 VLSI 設計的一個整合的部份，而且是以電子學爲取向的。由於這些內容的特殊化本性的緣故，有些讀者可能會比較喜歡在第一次閱讀時先跳過這一章及下一章，而當須要的時候再回來參考它們。

8.1 閘的延遲

在前一章之中，我們發現在圖 8.1 中的 CMOS 邏輯閘的輸出切換時間是以下列的線性表示式來加以描述

$$
\begin{aligned}
t_r &= t_{r0} + \alpha_p C_L \\
t_f &= t_{f0} + \alpha_n C_L
\end{aligned}
\tag{8.1}
$$

其中 C_L 是外部的負載電容。給予佈局圖幾何形狀及製程參數之後，這一組方程式使我們得以分析一個任意閘的切換績效。VLSI 設計師則會面臨相反的問題。選取邏輯串級，然後指定每個電晶體的縱橫比是 VLSI 設計師的責任。這項系統定時規範必須被符合，而在一個有限的地產分配之內來工作。這提供了我們在 CMOS 閘之中發展出來估計邏輯延遲的一種結構化方法的動機。

讓我們檢視一種使用最小尺寸的 MOSFET 來作爲基礎的方法。這個佈局圖的幾何形狀被顯示於圖 8.2(a) 之中。繪圖的縱橫比 (W/L) 及作用的尺寸 X 是由這些設計法則所決定的。一旦我們知道這些法則之後，我們可以定義這個元件的寄生電阻與電容，並使用它們來作爲參考。讓我們以下標「u」來表示單位 FET

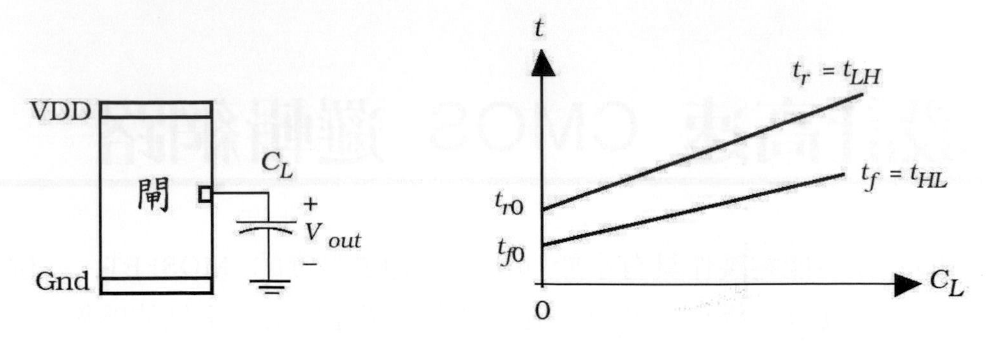

圖 8.1 **輸出切換時間**

的參數，使得電晶體的電阻為

$$R_u = \frac{1}{k'\left(\frac{W}{L}\right)_u (V_{DD} - V_T)} \tag{8.2}$$

而

$$\begin{aligned} C_{Gu} &= C_{ox}(WL)_u \\ C_{Du} &= (C_{GD} + C_{DB})_u \\ C_{Su} &= (C_{GS} + C_{SB})_u \end{aligned} \tag{8.3}$$

給予這些電容的值。在分析之中，這些電容被假設是已知的參數。為了產生一種設計的方法論，我們將指定所有電晶體的尺寸都是最小寬度 $W_{min} = W_u$ 的整數倍。一個範例是圖 8.2(b) 中所顯示的一個 $m = 3$ 的 FET。一般而言，這會得到

$$\left(\frac{W}{L}\right)_m = m\left(\frac{W}{L}\right)_u \tag{8.4}$$

其中 $m = 1, 2, 3, \ldots$ 是尺寸的指定元。這個 m 尺寸的 FET 的電阻與閘極電容是以單位電晶體來表示，可被寫成

$$\begin{aligned} R_m &= \frac{R_u}{m} \\ C_{Gm} &= mC_{Gu} \end{aligned} \tag{8.5}$$

我們將縮放這個 FET，使得 X 會與單位 FET 相同。對任意的 m 而言，這隱喻這些洩極與源極的電容大約是以下式來縮放

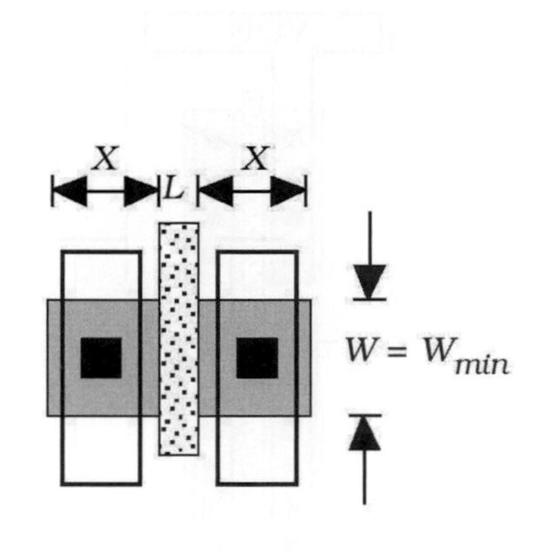

(a) 最小尺寸

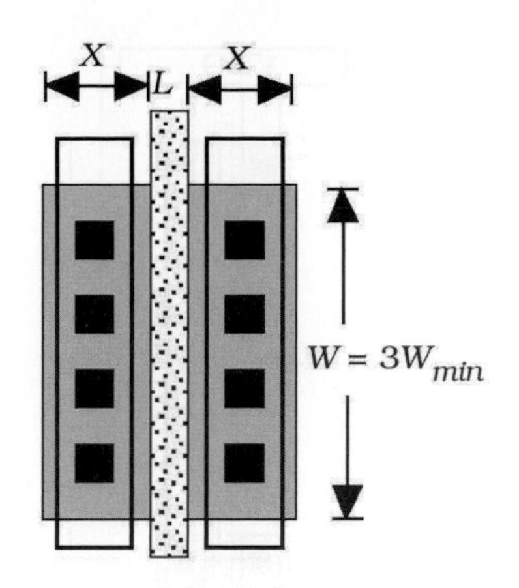

(b) 3X 縮放的 FET

圖 8.2 單位電晶體的參考

$$C_{Dm} \approx mC_{Du}$$
$$C_{Sm} \approx mC_{Su} \tag{8.6}$$

在我們的討論當中，這些方程式將被當作等式來使用。與電阻公式加以合併會給予下列的結果

$$R_m C_m = R_u C_u = \text{常數} \tag{8.7}$$

這在縮放理論之中是很有用的。

現在假設我們對 nFET 與 pFET 兩者使用最小尺寸的幾何形狀來設計一個反相器。這會造成圖 8.3(a) 中所顯示的這個佈局圖；注意這個設計的 $\beta_n > \beta_p$。這個電路的上升時間是由 pFET 所控制的，而且可以被表示為

$$t_{ru} = t_{r0} + \alpha_{pu} C_L \tag{8.8}$$

而下降時間

$$t_{fu} = t_{f0} + \alpha_{nu} C_L \tag{8.9}$$

是由 nFET 的參數所掌控的。由於 $R_p > R_n$、$t_{r0} > t_{f0}$、且 $\alpha_{pu} > \alpha_{nu}$，因此對一個給予的負載 C_L 而言，$t_{ru} > t_{fu}$。而中間點電壓為

$$V_M = \frac{V_{DD} - |V_{Tp}| + \sqrt{r}\, V_{Tn}}{1 + \sqrt{r}} \tag{8.10}$$

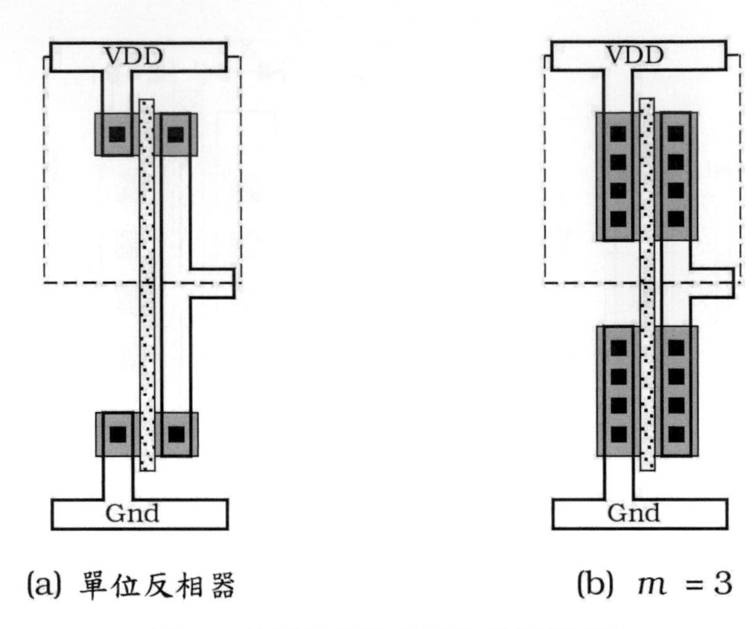

圖 8.3 使用縮放電晶體的反相器設計

其中 $r = (\mu_n/\mu_p)$ 是遷移率比值。一對互補對的輸入電容是最小值

$$C_{in} = 2C_u = C_{\min} \tag{8.11}$$

這是因爲兩個電晶體都是最小尺寸的元件所致。

如果我們以一個 $m = 3$ 的因數來將這些 FET 加以縮放，則我們達到圖 8.3(b) 中的這個佈局圖。這並不會改變中間點電壓，但是的確會變更這些切換時間。爲了求得這個新電路的響應，首先我們注意到如同方程式 (8.7) 所展現，零負載時間 t_{r0} 與 t_{f0} 是【大約是】固定的常數。斜率參數 α 會隨著 $(1/m)$ 而下降，這是因爲電阻會以相同的因數來下降。因此，

$$\begin{aligned} t_{r3} &= t_{r0} + \frac{\alpha_{pu}}{3} C_L \\ t_{f3} &= t_{f0} + \frac{\alpha_{nu}}{3} C_L \end{aligned} \tag{8.12}$$

描述這個被縮放的電路。這個閘的輸入電容爲

$$C_{in} = 3C_{\min} \tag{8.13}$$

再來讓我們來考慮在圖 8.4(a) 之中使用最小尺寸電晶體的這個 NAND2 閘。這個電路的這些切換方程式必須被修改。首先，還記得這些零負載時間 t_{r0} 與

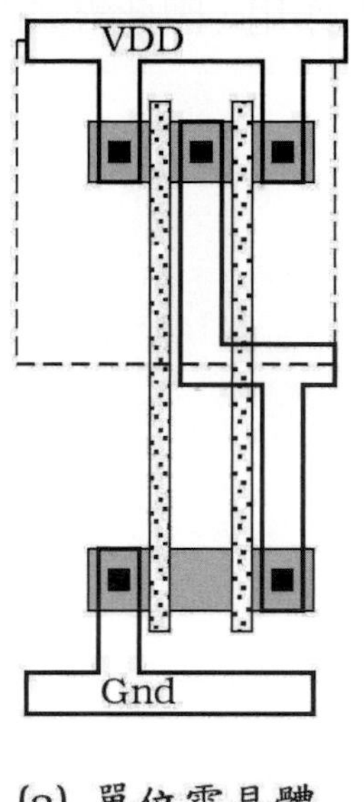

(a) 單位電晶體

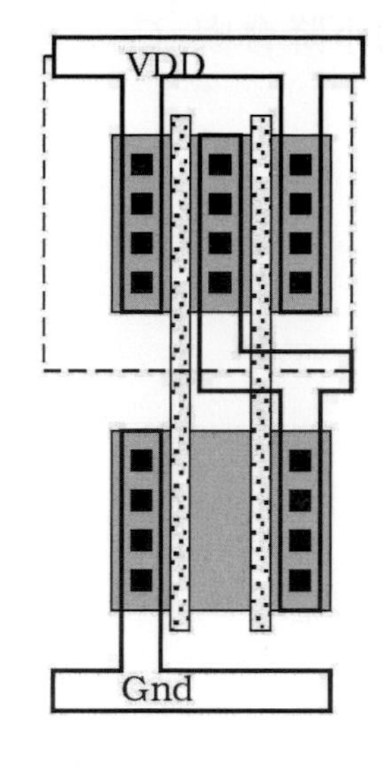

(b) $m = 3$ 電路

圖 8.4 NAND2 閘的縮放

t_{f0} 是與 C_{FET} 及這個電阻的乘積成正比的。在這個反相器之中，有兩個 FET 會對電容有所貢獻。由於現在有三個接觸到輸出節點的 FET，因此我們引進一個 (3/2) 的因數來乘以這個內部電容。[1] 這些電阻是以一種不同的方式來縮放。這個 pFET 電阻 R_p 與一個反相器的電阻相等，而這個介於輸出節點與接地之間的 nFET 電阻 R_n 則會因為串聯連接的關係而被加倍；這會使 t_{f0} 與 α_{nu} 兩者都以一個 2 的因數來增大。在這個方程式之中所包含的這些乘數會給予

$$t_{r3} = \left(\frac{3}{2}\right) t_{r0} + \alpha_{pu} C_L \qquad \text{(單位 NAND2)} \qquad (8.14)$$
$$t_{f3} = 3t_{f0} + 2\alpha_{nu} C_L$$

這個方程式忽略了這些串聯連接的 nFET 之間的電容，但是它的確說明了這些趨勢。輸入電容為

$$C_{in} = C_{\min} \qquad (8.15)$$

這是因為一對 nFET/pFET 是由最小尺寸的元件所構成的。

如果我們將這些電晶體以 $m = 3$ 來加以縮放，如同在圖 8.4(b) 之中一樣，則這些方程式必須被修改。兩個 α 因數都會因為電阻的下降而被將低為原來的

[1] 這假設 nFET 與 pFET 的電容相等，即便它們具有相等的尺寸，這個假設也不見得是正確的。

$(1/m)$。電阻的下降會與 C_{FET} 的增大以相反方向來作用，因此零負載的項不會改變。因此，

$$t_r = \left(\frac{3}{2}\right)t_{r0} + \frac{\alpha_{pu}}{3}C_L \tag{8.16}$$

而

$$t_f = 3t_{f0} + \frac{2\alpha_{nu}}{3}C_L \tag{8.17}$$

提供了縮放的響應時間。輸入電容為

$$C_{in} = 3C_{\min} \tag{8.18}$$

如果 N 是扇入 (fan-in)【輸入的數目】，則我們可以將這項分析延伸來寫出一個使用 m 尺寸 FET 的 N 輸入 NAND 閘的

$$\begin{aligned} t_r &= \left(\frac{N+1}{2}\right)t_{r0} + \frac{\alpha_{pu}}{m}C_L \\ t_f &= (N+1)t_{f0} + \frac{N\alpha_{nu}}{m}C_L \end{aligned} \qquad \text{(NAND-}N\text{)} \tag{8.19}$$

在這種狀況下，

$$C_{in} = mC_{\min} \tag{8.20}$$

給予輸入電容。

我們可以使用相同的技術來分析一個 NOR2 閘。圖 8.5(a) 中的這個單位電晶體的佈局具有可以以下式來近似的切換時間

$$\begin{aligned} t_r &= 3t_{r0} + 2\alpha_{pu}C_L \\ t_f &= \left(\frac{3}{2}\right)t_{f0} + \alpha_{nu}C_L \end{aligned} \qquad \text{(單位 NOR2)} \tag{8.21}$$

圖 8.5(b) 中的這個 $m = 3$ 縮放電路將這些表示式修改為

$$\begin{aligned} t_r &= 3t_{r0} + \frac{2\alpha_{pu}}{3}C_L \\ t_f &= \left(\frac{3}{2}\right)t_{f0} + \frac{\alpha_{nu}}{3}C_L \end{aligned} \tag{8.22}$$

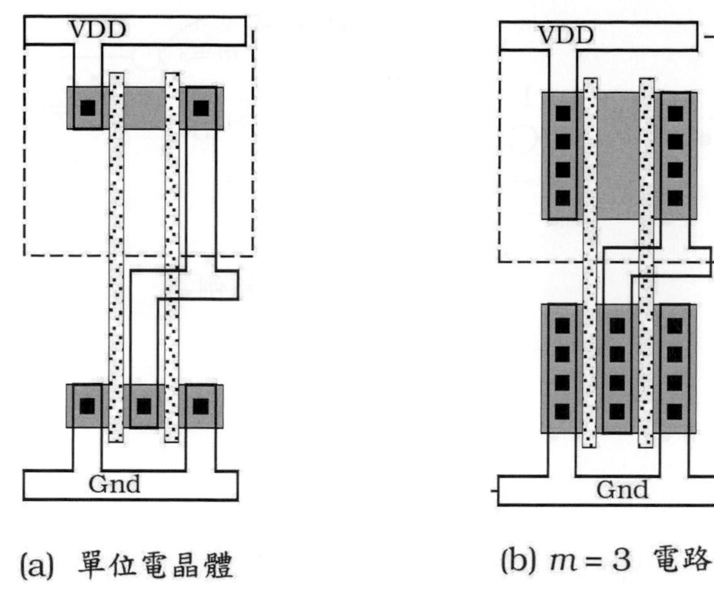

(a) 單位電晶體　　(b) $m=3$ 電路

圖 8.5　NOR 閘的縮放

這是因爲斜率參數 α 的下降所造成的。對 N 個輸入以及一般性縮放因數 m 而言，這些可以被延伸爲

$$t_r = (N+1)t_{r0} + \frac{N\alpha_{pu}}{m}C_L \qquad \text{(NOR-}N\text{)} \qquad (8.23)$$
$$t_f = \left(\frac{N+1}{2}\right)t_{f0} + \frac{\alpha_{nu}}{m}C_L$$

對一個 N 輸入的 NOR 閘。而且，

$$C_{in} = mC_{\min} \qquad (8.24)$$

得到輸入電容。

這些方程式清楚地展現切換時間及輸入電容對下列因素的相依性

- 輸入的數目 N 【扇入】。
- 電晶體縮放因數 m。

這個輸入電容是很重要的，這是因爲它是一個閘對驅動它的這一級會有多大的負載的一種量度。

這種閘設計的技術提供了估計延遲的一種結構化的方法。對於一個具有 M 級的一條邏輯鏈而言，我們可以將個別延遲加總起來來近似通過這條鏈的總延遲

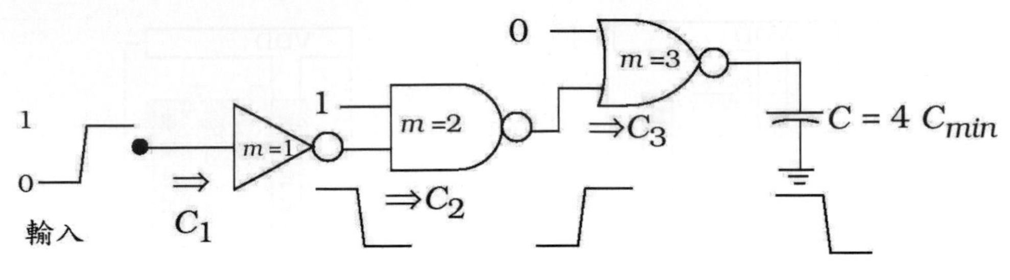

圖 8.6 延遲時間的範例

為：

$$t_d = \sum_{i=1}^{M} t_i \tag{8.25}$$

除了這條鏈中下一個閘的尺寸及型式之外，個別的貢獻是由閘的型式【即，NOT、NAND 等等】以及它的尺寸所決定的。我們也須要知道上升時間與下降時間之間的差異。

作為一個範例，讓我們來考慮圖 8.6 中的這條邏輯鏈，其中這個輸入一開始是在 0，然後變遷至一個 1。這些級是以增大的 m 值來加以縮放，而這個輸出是具有 $C = 4\ C_{min}$ 值的一個電容器。總延遲為

$$t_d = t_{NOT}\big|_{m=1} + t_{NAND2}\big|_{m=2} + t_{NOR2}\big|_{m=3} \tag{8.26}$$

其中第一項與第三項代表下降時間，而第二項是一個上升時間。應用上面的這些方程式會給予這些項為

$$\begin{aligned} t_{NOR}\big|_{m=1} &= t_{f0} + \alpha_{nu} 2C_{\min} \\ t_{NAND2}\big|_{m=2} &= \left(\frac{3}{2}\right) t_{r0} + \frac{\alpha_{pu}}{2} 3C_{\min} \\ t_{NOR2}\big|_{m=3} &= \left(\frac{3}{2}\right) t_{f0} + \frac{\alpha_{nu}}{3} 4C_{\min} \end{aligned} \tag{8.27}$$

因此這條鏈的總延遲為

$$\begin{aligned} t_d &= \left(\frac{5}{2}\right) t_{f0} + \left(\frac{10}{3}\right) \alpha_{nu} C_{\min} + \left(\frac{3}{2}\right) t_{r0} + \left(\frac{3}{2}\right) \alpha_{pu} C_{\min} \\ &= \frac{1}{2}\left(5t_{f0} + 3t_{r0}\right) + \left[\left(\frac{10}{3}\right)\alpha_{nu} + \left(\frac{3}{2}\right)\alpha_{pu}\right] C_{\min} \end{aligned} \tag{8.28}$$

我們必須注意如果我們加上不同的輸入的話，t_d 的表示式將會改變。整體而言，這項技術使我們得以估計以一種均勻的方式通過邏輯串級的延遲。

雖然這項分析是使用 nFET 與 pFET 的最小尺寸電晶體來進行的，但是對於具有 $\beta_n = \beta_p$ 的一個對稱設計，這項分析的修改是直截了當的。在這種狀況之下，對一個具有 $W_n = W_{min}$ 且 $W_p = rW_{min}$ 的電路而言，反相器的上升時間與下降時間會相等，而且被給予爲

$$t_s = t_0 + \alpha C_L \tag{8.29}$$

輸入電容被增大爲

$$\begin{aligned} C_{in} &= C_u(1+r) \\ &= C_{inv} \end{aligned} \tag{8.30}$$

現在這會成爲參考值。如同在前一章之中所討論，將這個 NOT 閘的電晶體以 m 來加以縮放會給予

$$t_s = t_0 + \frac{\alpha}{m} C_L \tag{8.31}$$

諸如 NAND 與 NOR 電路的多輸入閘的分析也是以相同的方式來進行的。注意如果 m 被使用來將 nFET 與 pFET 相等地縮放，則對具有 $N > 1$ 的閘而言，上升時間與下降時間將會是不相等的。只有當這兩種 FET 型式具有不同的尺寸時，切換時間的相等才可以獲得。如果並聯連接的 FET 是以 m 來增大，則串聯連接的電晶體必須以一個 mN 的因數來增大以獲得一個對稱的設計。

估計通過一條邏輯鏈的延遲的其它方法也已經被發展出來。一種簡單的技術乃是使用最小尺寸反相器來作爲一個基準，然後再來建構具有增大輸入數目 N 的 NAND 及 NOR 閘。如果切換延遲被繪製成負載電容 C_L 的一個函數的話，我們可以獲得諸如圖 8.7 中所顯示的一個趨勢。由定義，一個反相器是以 $N = 1$ 的圖形來加以描述，而得到寫出下列延遲時間的基礎

$$t_d = (A + Bn)\tau_{\min} \tag{8.32}$$

其中 A 與 B 是無因次的常數，而

$$\tau_{\min} = R_{\min} C_{\min} \tag{8.33}$$

是最小尺寸反相器的時間常數，而

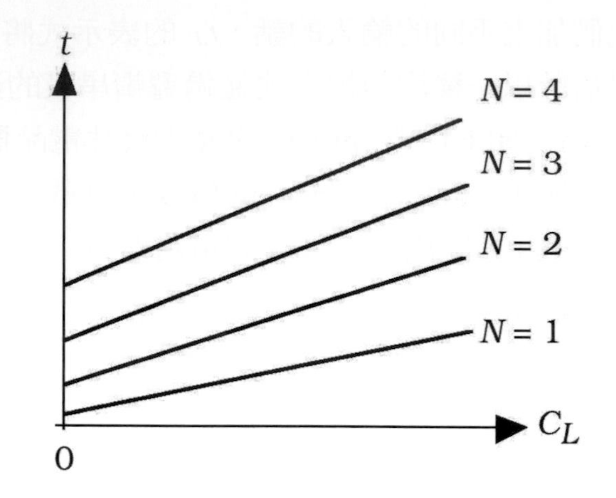

圖 8.7 延遲時間表示爲扇入 N 的一個函數

$$n = \frac{C_L}{C_{\min}} \tag{8.34}$$

是這一級所驅動的最小負載因數的數目。這些是取經驗所量測到的數量，也就是曲線符合 (curve fitting) 的參數。另外，它們也可以是由一個電路模擬所產生的。如果扇入被增大爲 $N = 2$【對一個 NAND2 或一個 NOR2 閘而言】的話，則最差狀況延遲時間會有一個大的零負載值，以及一個較陡峭的斜率。當我們增大至 $N = 3$ 時，相同的評論也會成立。一種經驗的符合是藉由將 t_d 以下列的型式來乘以一個代表這些增大的因數 x_1 而獲得的

$$t_{d,N} = (x_1)^{(N-1)}(A + Bn)\tau_{\min} \tag{8.35}$$

譬如，如果由 $N = 1$ 至 $N = 2$ 時，每個輸入的增大是 17%，這意指 $x_1 = 1.17$ 且

$$t_{d,N} = (1.17)^{(N-1)}(A + Bn)\tau_{\min} \tag{8.36}$$

實際上，我們可以使用一個許多比較所得到的平均值。如果這些電晶體是以一個因數 $m = 1, 2, \ldots$ 來加以縮放的話，那麼我們將這個表示式修改爲

$$t_{d,N}^{m} = (x_1)^{(N-1)}\left(A + \frac{B}{m}n\right)\tau_{\min} \tag{8.37}$$

來代表這個增大的驅動長度。而且，對一個複雜的 N 輸入邏輯閘而言，延遲甚至會更大，這是因爲這個內部電路的電容將會增大，並使充電或放電事件變緩慢。在這種狀況之下，我們乘以另一個經驗參數 $x_2 > 1$ 來獲得

$$t_{d,N}^{m} = x_2 (x_1)^{(N-1)} \left(A + \frac{B}{m} n \right) \tau_{\min} \tag{8.38}$$

實際上，我們可以預期由於額外 FET 寄生電阻與電容所造成的一個大約 5 至 20% 的增大。

雖然這種方法本質上只是一種近似的方法，但是它的確反映切換時間會隨著扇入而增大的確定事實。如果我們以一種均勻的方式來將延遲估計應用於這些閘，則它會使我們得以來比較通過各種串級排列的延遲。這些實際的數值並不準確，但是我們預期它們相對的值還是會有相當價值的。

範例 8.1

讓我們將這些公式應用於圖 8.6 中的這條邏輯鏈。這三項爲

$$\begin{aligned} t_{NOR}\big|_{m=1} &= (A + B2)\tau_{\min} \\ t_{NAND2}\big|_{m=2} &= x_1 \left(A + \frac{B}{2} 3 \right) \tau_{\min} \\ t_{NOR2}\big|_{m=3} &= x_1 \left(A + \frac{B}{2} 4 \right) \tau_{\min} \end{aligned} \tag{8.39}$$

其中我們注意到 NAND2 與 NOR2 被視爲具有相同的最差狀況延遲時間。這條鏈的總延遲爲

$$\frac{t_d}{\tau_{\min}} = [x_1 + 1]A + \left[\left(\frac{7}{2} \right) x_1 + 2 \right] B \tag{8.40}$$

如果 $x_1 = 1.17$，則

$$\frac{t_d}{\tau_{\min}} = 2.17A + 6.1B \tag{8.41}$$

是相較於一個單一反相器的延遲。

如同我們在後面各章之中將會看到的，估計通過一條邏輯鏈的延遲的能力是高速設計的一項重要技巧。在實際的數位系統設計之中，我們經常可以求得提供相同結果的完全不同的方程式或演算法。然而，每一個方程式都將會使用一種不同型式的邏輯串級。諸如這些的技術提供了用以決定最快速度的設計的基礎。

8.2 驅動大電容性負載

藉由研究通過反相器電路的特性延遲，我們可以獲得在高速設計之中的許多重點。這些分析構成了數種可以被延伸來包括任意閘的著名設計技術的基礎。

考慮圖 8.8 之中的 NOT 閘，其中這個電路驅動外部的負載電容 C_L；這是因為這個電晶體所造成的內部寄生電容 C_{FET} 並沒有明白地被顯示於這個圖形之中。電性是由 β_n 與 β_p 的值所決定的。為了簡化起見，我們將會使用一個具有 $\beta_n = \beta_p = \beta$ 的對稱設計。由於，$\beta = k'(W/L)$，這意指這些縱橫比之間的關係為

$$\left(\frac{W}{L}\right)_p = r\left(\frac{W}{L}\right)_n \tag{8.42}$$

其中 r 是遷移率比值

$$r = \frac{\mu_n}{\mu_p} = \frac{k'_n}{k'_p} > 1 \tag{8.43}$$

假設具有相等大小的臨限電壓 $V_{Tn} = |V_{Tp}| = V_T$，這會得到相等的 FET 電阻

$$R_n = R_p = R = \frac{1}{\beta(V_{DD} - V_T)} \tag{8.44}$$

這項設計會得到具有一個中間點電壓 $V_M = (V_{DD}/2)$，以及相等的上升與下降時間的一條 VTC。對於在輸出處的一個 0 至 1 的變遷，跨降在 C_L 上的這個電壓

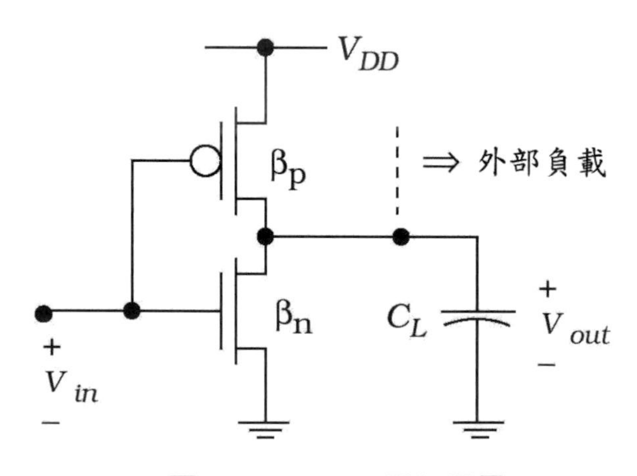

圖 8.8　CMOS 反相器電路

$V_{out}(t)$ 會具有下列的型式

$$V_{out}(t) = V_{DD}\left[1 - e^{-t/\tau}\right] \tag{8.45}$$

而一個由 1 至 0 的改變則被描述爲

$$V_{out}(t) = V_{DD}e^{-t/\tau} \tag{8.46}$$

在這兩個表示式之中，時間常數被表示爲下列的乘積

$$\tau = RC_{out} = R\left(C_{FET} + C_L\right) \tag{8.47}$$

因此，一般性的切換時間延遲 $t_s = t_r = t_f$ 被表示爲下列的型式

$$t_s = t_0 + \alpha C_L \tag{8.48}$$

其中 t_0 是零負載延遲，而 α 是這個 t_s 對 C_L 圖形的斜率。這個 t_0 的值對於電路中的改變幾乎是不變的，而 α 是正比於電阻 R：

$$\alpha \propto R = \frac{1}{\beta\left(V_{DD} - V_T\right)} \tag{8.49}$$

β 的數值可以被選擇來滿足這個暫態響應的要求。

這個反相器級的一項重要特性乃是它的輸入電容 C_{in}。這個電容只是 nFET 與 pFET 閘極電容的總和

$$\begin{aligned} C_{in} &= C_{Gn} + C_{Gp} \\ &= C_{ox}\left(A_{Gn} + A_{Gp}\right) \end{aligned} \tag{8.50}$$

其中 A_{Gn} 與 A_{Gp} 是個別元件的閘極面積。這兩個元件的通道長度 L 被假設爲相同的。如果我們忽略閘極重疊 L_o，並且以 $L = L'$ 來近似的話，那麼

$$\begin{aligned} C_{in} &= C_{ox}L\left(W_n + W_p\right) \\ &= (1+r)\left(C_{ox}LW_n\right) \\ &= (1+r)C_{Gn} \end{aligned} \tag{8.51}$$

其中在第二行之中，我們已經使用了方程式 (8.42)。

現在假設我們使用反相器來驅動一個與圖 8.9 中所顯示完全相同的閘。在這種狀況之下，閘 1 所看到的這個負載 C_{L1} 爲

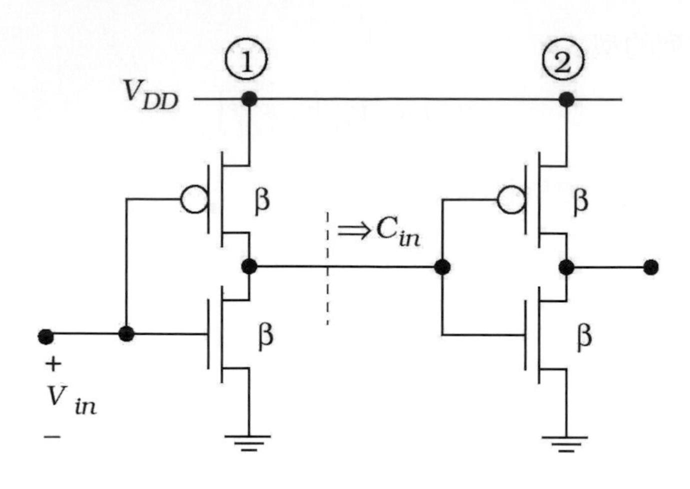

圖 8.9 **一個單位負載的觀念**

$$C_{L1} = C_{in} \tag{8.52}$$

由於這個負載電容與這個閘本身的輸入電容的緣故，因此我們稱之為一個**單位負載 (unit load)** 值。切換時間被給予為

$$t_{s1} = t_0 + \alpha C_{in} \tag{8.53}$$

當這個值被使用來驅動其它負載時，它是分析這個閘的績效的一個方便的參考值。

如果這個負載電容被增大至一個非常大的值 $C_L >> C_{in}$ 時，則這個切換時間也會成正比地增大。為了使 t_s 保持在很小的值，我們可以藉由使用較大的電晶體來降低電阻而使 α 降低。將 β 的值增大會補償這個較大的負載，並展現速度一對一面積的交換關係。假設縱橫比被一個縮放因數 $S > 1$ 所增大。這個新元件的轉移電導為

$$\beta' = S\beta \tag{8.54}$$

因此，這個電阻被縮小為

$$R' = \frac{R}{S} \tag{8.55}$$

斜率也會被降低至一個新的值

$$\alpha' = \frac{\alpha}{S} \tag{8.56}$$

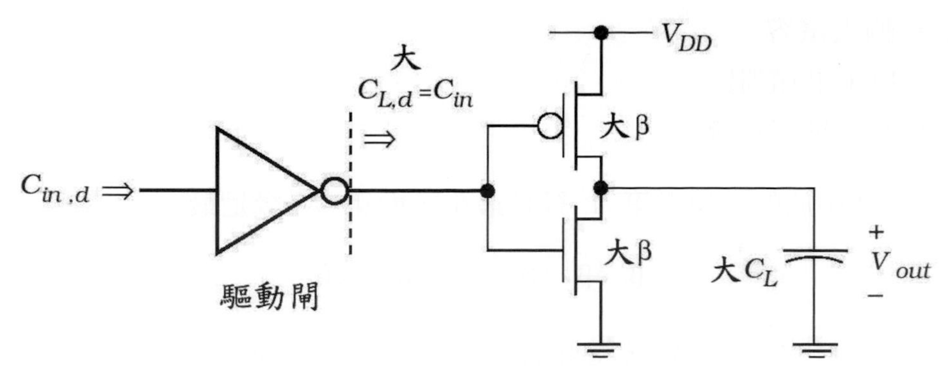

圖 8.10 驅動一個大輸入電容閘極

這些合併起來會得到這個新反相器的切換時間的方程式爲

$$t_s = t_0 + \left(\frac{\alpha}{S}\right) C_L \tag{8.57}$$

這個補償因數 (1/*S*) 使我們得以驅動較大 C_L 值。如果這個負載有一個 $C_L = SC_{in}$ 的值的話，那麼這個切換時間會與一個單位負載的切換時間相同。將這個電晶體加以縮放也會影響輸入電容，這是因爲

$$W_n' = SW_n \tag{8.58}$$

會使閘極面積增大。這個新的值是給予爲

$$C_{in}' = SC_{in} \tag{8.59}$$

換言之，它是以相同的縮放因數 *S* 來增大。這會引進在圖 8.10 中所說明的另外一個問題。這個大輸入電容乃是作爲這個驅動電路的負載 $C_{L,d} = C_{in}$ 來使用。爲了補償這種效應，我們必須使驅動閘的電晶體尺寸增大，而這又會使它的 $C_{in,d}$ 值增大。這反過來又會使它更難以驅動。顯然，一套有系統的方法論對於解決這個問題將會是很有用的。

8.2.1 在一個反相器串級中的延遲極小化

我們即將分析的一般性問題被顯示於圖 8.11 之中。一個大負載電容 C_L 是被一個大反相器閘 (*N*) 所驅動的，而這個閘又是被一個較小的閘 (*N* - 1) 所驅動的，如此繼續下去。第一級 (1) 是被使用來作爲參考電路的一個「標準尺寸」的反相器。這個反相器具有已知的參數

C_1 = 輸入電容

R_1 = FET 的電阻

β_1 = 元件轉移電導

這些級是單調縮放的，使得第 1 級是最小，而第 N 級是最大：

$$\beta_1 < \beta_2 < \beta_3 < \cdots < \beta_{N-1} < \beta_N \tag{8.60}$$

這些 NOT 符號的尺寸已經被調整來顯示相對的大小。最簡單的縮放乃是藉由將這些電晶體的尺寸以一個 $S > 1$ 的因數由一級增大至下一級來獲得的。這意指

$$\begin{aligned}\beta_2 &= S\beta_1 \\ \beta_3 &= S\beta_2\end{aligned} \tag{8.61}$$

於此類推。一般的表示式

$$\beta_{j+1} = S\beta_j \tag{8.62}$$

將第 j 級與第 $(j+1)$ 級予以關聯起來。

我們將主要的問題說明如下。一個訊號被置於反相器 1 的輸入。我們想要求得使訊號到達這個負載 C_L 所須要的時間會被極小化的狀態數目 N 及縮放因數 S。我們可以藉由首先研究一個典型級的特性，然後將這些結果應用於這條鏈來求解。

首先注意在縮放中使用 β_1 來作爲參考值隱喻

$$\begin{aligned}\beta_2 &= S\beta_1 \\ \beta_3 &= S\beta_2 = S^2\beta_1 \\ \beta_4 &= S\beta_3 = S^3\beta_1\end{aligned} \tag{8.63}$$

或者，一般而言

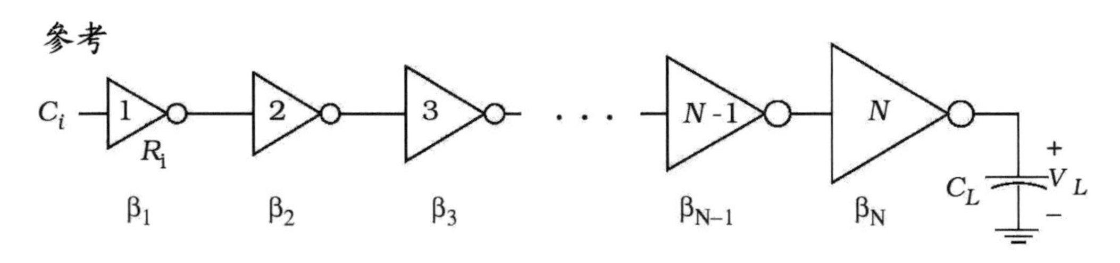

圖 8.11 反相器鏈的分析

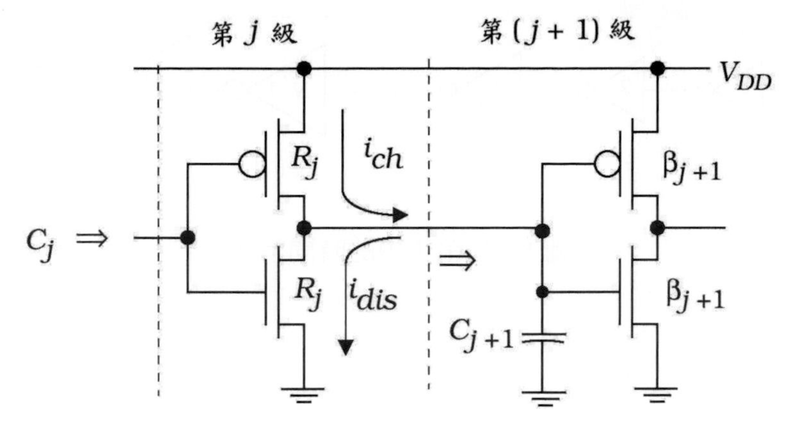

圖 8.12 在鏈中一個典型級的特性

$$\beta_j = S^{(j-1)}\beta_1 \tag{8.64}$$

對 $j = 2$ 至 N。這個輸入電容會隨著 β_j 來縮放，因此

$$C_j = S^{(j-1)}C_1 \tag{8.65}$$

是進入第 j 級的值。這個 FET 電阻會隨著 $(1/\beta_j)$ 來縮放，這引領我們來寫出

$$R_j = \frac{R_1}{S^{(j-1)}} \tag{8.66}$$

來作爲第 j 級的電阻。

現在讓我們來計算一個典型級的行爲。圖 8.12 顯示這條鏈中的第 j 級與第 $(j+1)$ 級。第 j 級的充電電流 i_{ch} 與放電電流 i_{dis} 被顯示於圖形之中。如果假設負載電容 $C_{j+1} >> C_{\mathrm{FET},j}$ 來作簡化，則第 j 級的時間常數爲

$$\tau_j = R_j C_{j+1} \tag{8.67}$$

對 $j = 1$ 至 N。這項結果可以被使用來分析通過這條鏈的總延遲。圖 8.13 顯示每一級的時間常數。我們可以將每一項加總而計算得到這條鏈的總時間常數

$$\begin{aligned}\tau_d &= \tau_1 + \tau_2 + \tau_3 + \cdots + \tau_{N-1} + \tau_N \\ &= R_1C_2 + R_2C_3 + R_3C_4 + \cdots + R_{N-1}C_N + R_NC_L\end{aligned} \tag{8.68}$$

其中我們已經藉由下列的指定來使用 N 級的負載 C_L

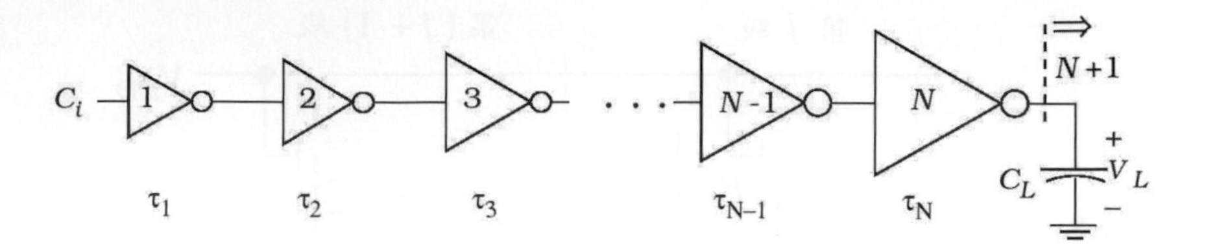

圖 8.13 **串級中的時間常數**

$$\begin{aligned} C_L &= C_{N+1} \\ &= S^N C_1 \end{aligned} \tag{8.69}$$

第二個步驟被加進來以維持與編號規劃之間的一致性。在方程式 (8.65) 與 (8.66) 之中代入縮放的關係式，這會被簡化為

$$\tau_d = R_1 S C_1 + \frac{R_1}{S} S^2 C_1 + \frac{R_1}{S^2} S^3 C_1 + \cdots + \frac{R_1}{S^{N-2}} S^{N-1} C_1 + \frac{R_1}{S^{N-1}} S^N C_1 \tag{8.70}$$

簡化之後得到

$$\begin{aligned} \tau_d &= S R_1 S C_1 + S R_1 S C_1 + S R_1 S C_1 + \cdots + S R_1 S C_1 + S R_1 S C_1 \\ &= N\left(S R_1 S C_1\right) \end{aligned} \tag{8.71}$$

這是因為每一項都是完全相同的。因此，總延遲被給予為

$$\tau_d = NS\tau_r \tag{8.72}$$

其中 $\tau_r = R_1 C_1$ 是一個參考的時間常數。這是必須牢記的非常重要結果；定性而言，它告訴我們使通過每一級的訊號延遲相等。

現在，讓我們將注意力轉移到使延遲極小化的這個問題。未知數是 N 與 S，因此我們須要兩個方程式。其中一個是方程式 (8.72) 的總延遲方程式。另一個可以由方程式 (8.69) 來獲得，這是這個問題的邊界條件。從下列型式開始

$$C_L = S^N C_1 \tag{8.73}$$

我們將兩邊都除以 C_1，並且取自然對數，得到下列的型式

$$\ln(S^N) = \ln\left(\frac{C_L}{C_1}\right) = N \ln(S) \tag{8.74}$$

這使我們得到

$$N = \frac{\ln\left(\frac{C_L}{C_1}\right)}{\ln(S)} \tag{8.75}$$

來作爲第二個方程式。代入方程式 (8.72) 之中會得到下列型式的延遲時間常數

$$\tau_d = \tau_r \ln\left(\frac{C_L}{C_1}\right)\left[\frac{S}{\ln(S)}\right] \tag{8.76}$$

這只是 S 的一個函數。爲了使 τ_d 極小化，我們應用導數的條件

$$\frac{\partial \tau_d}{\partial S} = \frac{\partial}{\partial S}\left[\frac{S}{\ln(S)}\right] = 0 \tag{8.77}$$

加以微分

$$\frac{1}{\ln(S)} - \frac{S}{S[\ln(S)]^2} = 0 \tag{8.78}$$

或

$$\ln(S) = 1 \tag{8.79}$$

這是一個非常有意思的表示式，因爲這個解答爲

$$S = e \tag{8.80}$$

換言之，歐勒常數 $e = 2.71...$ 是一條最小延遲鏈的縮放因數。這種設計的級數爲

$$N = \frac{\ln\left(\frac{C_L}{C_1}\right)}{\ln(S)} = \ln\left(\frac{C_L}{C_1}\right) \tag{8.81}$$

通過這條鏈的總延遲爲

$$\tau_d = e\ln\left(\frac{C_L}{C_1}\right)\tau_r \tag{8.82}$$

這是一個最小值，並完成這個問題的解答。

範例 8.2

爲了看出如何來應用這些結果，假設我們想要驅動一個值爲 $C_L = 10$ pF【其中 1 pF = 10^{-12} F】 的負載電容器。這個輸入級是以 $C_1 = 20$ fF = 20×10^{-15} F 來加以定義的，而且具有 $\beta_1 = 200\ \mu A/V^2$。使這項延遲極小化所須要的級數 N 被計算爲

$$N = \ln\left(\frac{10\times10^{-12}}{20\times10^{-15}}\right) = \ln(500) \tag{8.83}$$

由於 $\ln(500) \approx 6.21$，因此我們將選取 $N = 6$ 來獲得一條非反相的鏈。如果這個 N 方程式是完全眞確的話，這些結果會給予我們一個縮放因數 $S = e$。然而，由於我們已經將 N 四捨五入到一個【可以使用的】整數值，因此如果我們將方程式 (8.73) 重新整理爲下列型式的話，縮放因數將會更正確地被給予。

$$S = \left(\frac{C_L}{C_1}\right)^{1/N} \tag{8.84}$$

對我們的範例而言，這會得到

$$S = (500)^{1/6} = 2.82 \tag{8.85}$$

這是稍微大於理想值。

這項設計是由具有下列元件轉移電導的 6 個反相器所組成的

$$\begin{aligned}
\beta_2 &= (2.82)\beta_1 \\
\beta_3 &= (2.82^2)\beta_1 = (8)\beta_1 \\
\beta_4 &= (2.82^3)\beta_1 = (22)\beta_1 \\
\beta_5 &= (2.82^4)\beta_1 = (63)\beta_1 \\
\beta_6 &= (2.82^5)\beta_1 = (178)\beta_1
\end{aligned} \tag{8.86}$$

在上式中，我們已經將數字四捨五入到最接近的整數。注意當趨近輸出級時，這些 FET 尺寸會多麼快速地增大。

上面的這個理想化的計算會有低估縮放因數 S 的傾向，這是因爲這項分析忽略了寄生 FET 電容的存在。實際上，$S > e$，而且這個值是由製程所決定的。爲了看出這項增大的起源，讓我們包含這些寄生電晶體電容來重作這項計算。

圖 8.14 顯示第 j 級的電路，而在輸出處的寄生 FET 電容 $C_{F,j}$ 也被包含

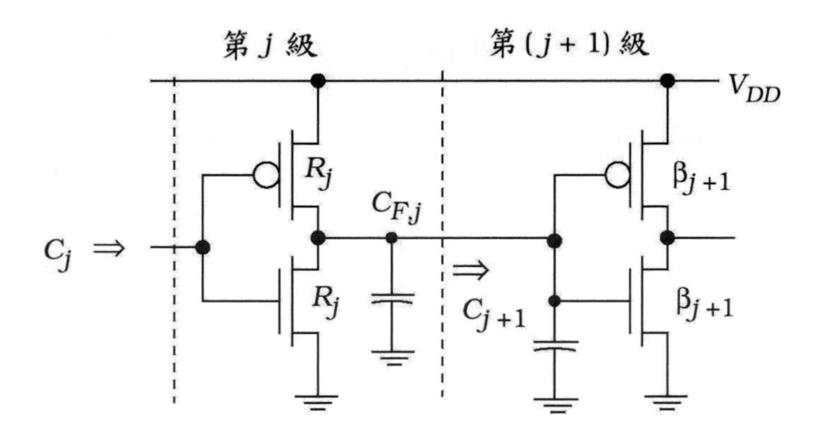

圖 8.14 **具有內部 FET 電容的驅動器鏈**

進來。現在，這一級的時間常數被給予為

$$\tau_j = R_j\left(C_{F,j} + C_{j+1}\right) \tag{8.87}$$

這是因為這些電晶體必須同時驅動 $C_{F,j}$ 與 C_{j+1}。寄生 FET 電容是正比於這個電晶體的寬度，因此這個縮放關係為

$$C_{F,j} = S^{(j-1)}C_{F,1} \tag{8.88}$$

其中 $C_{F,1}$ 是第一級 FET 的電容。當我們具備這個方程式時，整條鏈延遲時間常數為

$$\tau_d = R_1\left(C_{F,1} + C_2\right) + R_2\left(C_{F,2} + C_3\right) + \cdots + R_N\left(C_{F,N} + C_L\right) \tag{8.89}$$

使用這個縮放關係式顯示每一級都會有一個寄生的項 $R_1C_{F,1}$，因此總延遲為

$$\tau_d = NR_1C_{F,1} + N(SR_1C_1) \tag{8.90}$$

使用 N 的方程式 (8.75)，得到

$$\tau_d = \left[\frac{\tau_x}{\ln(S)} + \tau_r\left(\frac{S}{\ln(S)}\right)\right]\ln\left(\frac{C_L}{C_1}\right) \tag{8.91}$$

其中

$$\tau_x = R_1C_{F,1} \tag{8.92}$$

對 S 來微分，並將這個結果設定為 0 給予下列型式的極小化條件

$$S\left[\ln(S)-1\right]=\frac{\tau_x}{\tau_r} \tag{8.93}$$

這是一個超越的方程式，它的解答是由 τ_x 對 τ_r 的比值所決定的。注意對 $\tau_x = 0$ 而言，這會退化成爲給予 $S = e$ 的一個較簡單的方程式。

範例 8.3

假設 $\tau_x = 0.2\ \tau_r$。這個方程式爲

$$S\left[\ln(S)-1\right]=0.2 \tag{8.94}$$

這個方程式會有下列的解答

$$S \approx 2.91 > e \tag{8.95}$$

對 $\tau_x = 0.5\ \tau_r$。這個方程式得到

$$S \approx 3.18 \tag{8.96}$$

最後，$\tau_x = \tau_r$，我們得到

$$S \approx 3.59 \tag{8.97}$$

這說明了縮放因數對於這些寄生電阻與電容的相依性。

我們必須牢記這個演算法會使由輸入到輸出的時間延遲極小化，但是通常會指定太大而無法被實際裝置的電晶體尺寸。特別是如果我們增大縮放因數來代表這些寄生電阻與電容，而同時試圖來專注於設計一個非常大的輸出電容時，這更是眞實不虛。

8.3 邏輯效力

自從數位 MOS/VLSI 電路一開始以來，邏輯串級的縮放一直是一種主流的技術。它是作爲設計快速邏輯鏈時的一項指引，並提供許多應用於日常電路之中的定性特徵。

Sutherland 等人已經把縮放分析之中所包含的想法重新架構，並使用它們來發展被稱爲是**邏輯效力 (Logical Effort)** 的一種一般化的技術。邏輯效力表述這

些閘以及它們在邏輯串級之中是如何交互作用的特性，並且提供使這項延遲極小化的技術。除了複雜的邏輯閘電路之外，它使這個理論得以被延伸來包括諸如 NAND 與 NOR 等的標準邏輯閘。在本節之中，我們將檢視這種方法的基本原理以學習它們可以如何被使用來設計高速鏈。有興趣的讀者被導引至參考資料 [8] 以得到這種有用技術的一份完整且良好撰寫的論述。

8.3.1 基本定義

我們的起始點乃是定義一個反相器來作爲一個參考閘。最簡單的方法乃是使用一個對稱的 NOT 閘，其中 $\beta_n = \beta_p$ 與元件縱橫比之間的關聯爲

$$\left(\frac{W}{L}\right)_p = r\left(\frac{W}{L}\right)_n \tag{8.98}$$

這兩個 FET 之間的重要差異在於 $r > 1$ 的這個值。圖 8.15 顯示一個 1X 設計的參考電路。這些縱橫比【1 與 r】的相對值被包括在這些電晶體的旁邊。這個電路可以被應用於定義這個參考電路的任何 $(W/L)_n$ 值，但是這個 1X 參考是邏輯鏈中最小的尺寸。較大的元件是藉由將這個電路縮放所獲得的。譬如，一個 4X 的 NOT 閘會有尺寸分別爲 4 與 $4r$ 的 nFET 與 pFET。

一個閘的**邏輯效力 (logical effort)** g 被定義爲這個閘的電容對一個參考閘的電容的比值：

$$g = \frac{C_{in}}{C_{ref}} \tag{8.99}$$

注意這個參數 g 具有與這種技術相同的名稱；爲了區別這兩者，我們將把這個

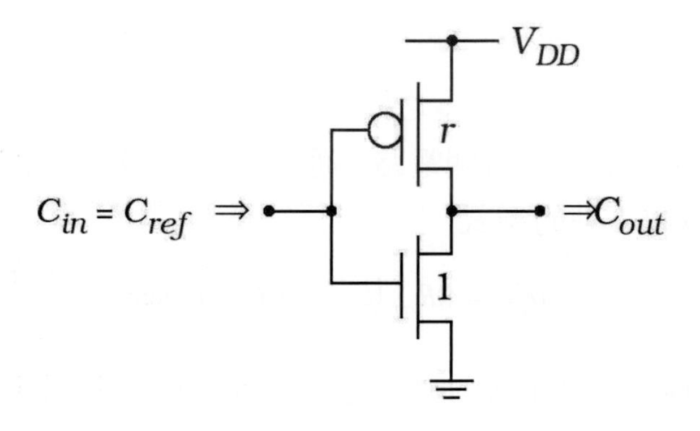

圖 8.15 邏輯效力的參考反相器

技術當作一個專有名詞來對待，並使用大寫字母：Logical Effort。對這個 1X 反相器而言，

$$C_{in} = C_{ox}\left(A_{Gn} + A_{Gp}\right) \tag{8.100}$$

其中 A_{Gn} 與 A_{Gp} 是個別閘的面積

$$A_{Gn} = W_n L \quad 且 \quad A_{Gp} = W_p L \tag{8.101}$$

而 L 是常見的通道長度。由於 $W_p = r\,W_n$，因此

$$\begin{aligned} C_{in} &= C_{ox} L W_n (1+r) \\ &= C_{Gn}(1+r) \\ &= C_{ref} \end{aligned} \tag{8.102}$$

定義了參考輸入電容 C_{ref}。因此，由定義，這個 1X 反相器的邏輯效力爲

$$g_{NOT} = \frac{C_{ref}}{C_{ref}} = 1 \tag{8.103}$$

$g_{NOT} = 1$ 的這個值提供了與其它閘的績效來作比較的基石。注意這個 nFET 的閘極電容 C_{Gn} 是輸入電容的基底單位。

電性效力 (electrical effort) h 被定義爲這個電容比值

$$h = \frac{C_{out}}{C_{in}} \tag{8.104}$$

其中 C_{out} 是在輸出所看到的外部負載電容。在符號中我們必須小心的是：在邏輯效力的文意之中，C_{out} 與本書剩下部分之中所使用的 C_L 是相同的。在本節之中，這個符號已經被改變來使想要更深入研讀這項技術的這些人得以有一更平順的變遷。電性效力乃是驅動 C_{out} 所須要的電性驅動長度相對於驅動它自己的輸入電容 C_{in} 所須要的電性驅動長度之間的比值。

使用圖 8.16 中所繪製的這個電路，通過這個反相器的絕對**延遲時間 (delay time)** d_{abs} 可以被寫成下列的型式

$$d_{abs} = \kappa R_{ref}\left(C_{p,ref} + C_{out}\right) \ \text{sec} \tag{8.105}$$

由於這個設計是對稱的，因此兩個電晶體的參考 FET 的電阻 R_{ref} 是相同的。在輸出節點的這個總電容是由外部的值 C_{out} 以及內部的寄生電容 $C_{p,ref}$ 【即，在

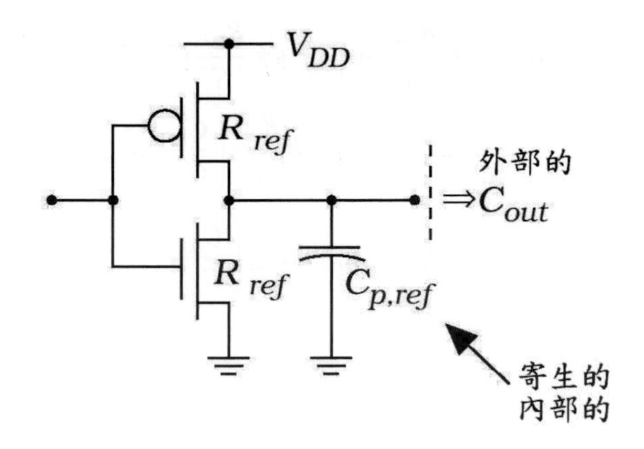

圖 8.16 **一個** 1X **反相器的延遲電路**

我們的符號中的 FET 電容 C_{FET}】所構成的。這個因數 κ 是縮放乘積因數；爲了獲得與第六章中的分析之間的關聯，我們挑選 κ = ln(9) ≈ 2.2。

現在考慮以一個因數 $S > 1$ 來加以縮放的一個反相器。nFET 與 pFET 相對的電晶體尺寸分別被增大爲 S 及 r_S。這個 FET 的電阻被增大爲

$$R = \frac{R_{ref}}{S} \tag{8.106}$$

而寄生電容會被增大爲

$$C_p = SC_{p,ref} \tag{8.107}$$

因此，縮放後的閘延遲爲

$$\begin{aligned} d_{abs} &= kR(C_p + C_{out}) \\ &= k\frac{R_{ref}}{S}(SC_{p,ref} + C_{out}) \end{aligned} \tag{8.108}$$

現在，注意縮放後的閘輸入電容爲

$$C_{in} = SC_{ref} \tag{8.109}$$

則將這些項加以分配會給予

$$
\begin{aligned}
d_{abs} &= k\frac{R_{ref}}{S}SC_{p,ref} + k\frac{R_{ref}}{S}C_{out} \\
&= kR_{ref}C_{p,ref} + k\frac{R_{ref}}{S}\left(\frac{C_{out}}{C_{ref}}\right)C_{ref} \\
&= kR_{ref}C_{p,ref} + kR_{ref}\left(\frac{C_{out}}{C_{ref}}\right)
\end{aligned}
\tag{8.110}
$$

定義參考時間常數爲

$$\tau = kR_{ref}C_{ref} \tag{8.111}$$

使我們得以將延遲因式分解爲

$$d_{abs} = \tau(h+p) \tag{8.112}$$

其中 h 是電性效力，而

$$p = \frac{\tau_{par}}{\tau} = \frac{R_{ref}C_{p,ref}}{R_{ref}C_{ref}} \tag{8.113}$$

是附屬於寄生電容的延遲項。**常規化延遲 (normalized delay)**

$$d = \frac{d_{abs}}{\tau} = h + p \tag{8.114}$$

是無單位的純數，並且提供有關於這個閘的重要資訊。在邏輯效力這種技術之中，我們所强調的重點被置於求取不同路徑的 d。

這種邏輯效力技術背後的基礎想法可以由圖 8.17 中的這個簡單 2 級反相器電路來加以瞭解。總路徑延遲 D 只是個別延遲的總和而已，它可以表示爲

$$
\begin{aligned}
D &= d_1 + d_2 \\
&= (h_1 + p_1) + (h_2 + p_2)
\end{aligned}
\tag{8.115}
$$

其中

$$h_1 = \frac{C_2}{C_1}, \qquad h_1 = \frac{C_3}{C_2} \tag{8.116}$$

是個別的電性效力值。**路徑電性效力 (path electrical effort)** H 被定義爲下列的比值

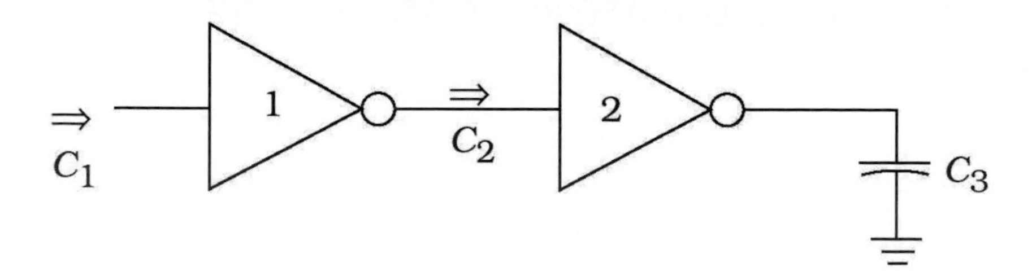

圖 8.17　2 級反相器鏈

$$H = \frac{C_{last}}{C_{first}} \tag{8.117}$$

而且可以被表示爲下列的乘積

$$H = h_1 h_2 \tag{8.118}$$

這可由下式來看出

$$H = \left(\frac{C_2}{C_1}\right)\left(\frac{C_3}{C_2}\right) = \frac{C_3}{C_1} \tag{8.119}$$

這種乘積型式是 H 的一項一般性的性質。使用

$$h_2 = \frac{H}{h_1} \tag{8.120}$$

路徑延遲方程式會成爲

$$D = (h_1 + p_1) + \left(\frac{H}{h_1} + p_2\right) \tag{8.121}$$

邏輯效力技術的主要目標乃是使通過邏輯鏈的延遲時間被極小化。對目前的狀況而言，藉由計算這個導數，這個條件可以被求得

$$\frac{\partial D}{\partial h_1} = \frac{\partial}{\partial h_1}\left[(h_1 + p_1) + \left(\frac{H}{h_1} + p_2\right)\right] \tag{8.122}$$

寄生的項 p_1 與 p_2 對於微分而言都是常數，因此

$$\frac{\partial D}{\partial h_1} = 1 - \frac{H}{h_1^2} = 0 \tag{8.123}$$

使用 $H = h_1 h_2$，這個方程式顯示路徑延遲會被極小化，如果

$$h_1 = h_2 \tag{8.124}$$

由於通過一個反相器的延遲都是正比於 h，因此這是等同於說明我們藉由使通過每一級的延遲相等來使路徑延遲被極小化。當然，這就是我們在更為嚴謹的分析之中所得到的相同結論。

8.3.2 推廣

邏輯效力技術的真實威力在於它可以被推廣來包括任意的 CMOS 邏輯閘。這些計算使我們得以估計通過邏輯串級的延遲，並提供最小延遲設計的縮放關係式。

使這項技術一般化的第一個步驟乃是發展出來基本 CMOS 閘的邏輯效力參數 g 的表示式。所有計算都是以具有輸入電容 C_{ref} 與電晶體電阻 R_{ref} 的一個 1X 參考反相器作爲參考。最簡單的設計乃是維持一個對稱設計的這些設計，也就是 $R_n = R_p = R_{ref}$。這要求我們必須調整這些串聯連接的電晶體的尺寸。

圖 8.18(a) 顯示一個對稱的 1X 的 NAND2 閘。這個 pFET 的大小仍然是 r，這是因爲由輸入到電源供應的最差狀況路徑與一個反相器相同。然而，這些 nFET 必須是這個反相器值的兩倍大，這是因爲它們是串聯；因此它們的相對值被表示爲 2。因此，對這兩個輸入之中的任一個輸入而言，輸入電容爲

$$C_{in} = C_{Gn}(2 + r) \tag{8.125}$$

因此這個 NAND2 閘的邏輯效力爲

$$g_{NAND2} = \frac{C_{Gn}(2+r)}{C_{ref}} = \frac{2+r}{1+r} \tag{8.126}$$

對延遲計算而言，這足以來表述這個閘的特性。

圖 8.18(b) 之中這個 1X 的 NOR2 電路也是以相同的方式來加以分析。這些並聯連接的 nFET 有一相對大小爲 1，而這些 pFET 則被挑選爲具有 $2r$ 的大小來使 R_p 與 R_{ref} 相同。因此，輸入電容爲

$$C_{in} = C_{Gn}(1 + 2r) \tag{8.127}$$

因此，這個閘的邏輯效力爲

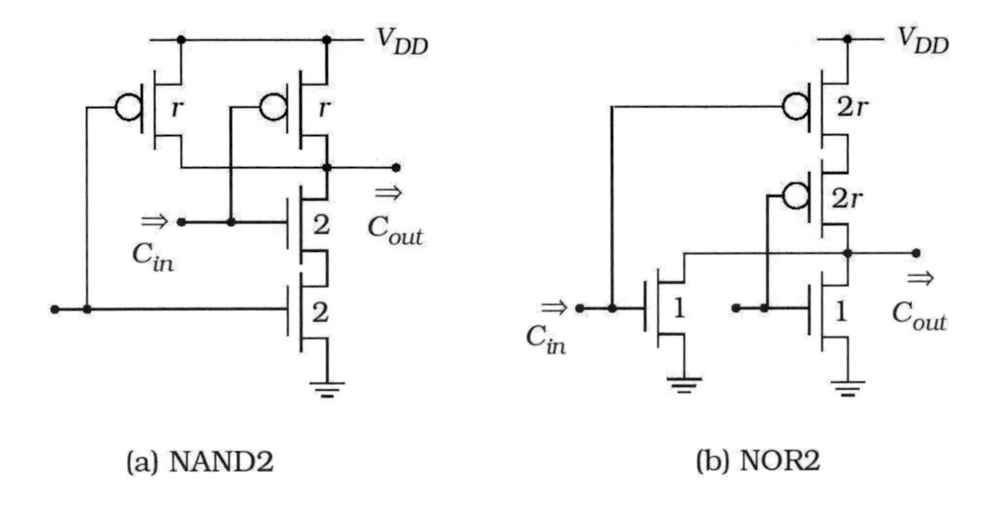

圖 8.18 對稱的 NAND 與 NOR 閘

$$g_{NOR2} = \frac{C_{Gn}(1+2r)}{C_{ref}} = \frac{1+2r}{1+r} \tag{8.128}$$

注意 g 的數值是由 r 這個比值所決定的。

這些結果可以被推廣至較大扇入的閘。一個 n 輸入的 NAND 閘將會有 n 個具有尺寸 r 且並聯的 pFET，以及 n 個具有尺寸 n 且串聯的 nFET。在一個輸入所看到的電容為

$$C_{in} = C_{Gn}(n+r) \tag{8.129}$$

因此邏輯效力為

$$g_{NAND} = \frac{n+r}{1+r} \tag{8.130}$$

一個 n 輸入的 NOR 閘會具有下列的一個邏輯效力

$$g_{NOR} = \frac{1+nr}{1+r} \tag{8.131}$$

這可使用相同方法來加以驗證。我們可以輕易看到任何基本 CMOS 閘都可以以一個邏輯效力 g 的值來表述其特性。

通過一個一般性的閘的延遲被表示為

$$d = gh + p \tag{8.132}$$

邏輯效力參數 g 的主要效應乃是將第一項修改來代表各個閘在驅動特性上的差異。對一個 N 級的邏輯串級而言，每個閘都將以一個延遲來表述其特性

$$d_i = g_i h_i + p_i \tag{8.133}$$

對 $i = 1$ 至 N。**總路徑延遲 (total path delay)** D 是這個總和

$$D = \sum_{i=1}^{N} d_i = \sum_{i=1}^{N} (g_i h_i + p_i) \tag{8.134}$$

路徑邏輯效力 (path logical effort) G 只是個別因數的乘積而已

$$G = \prod_{i=1}^{N} g_i = g_1 g_2 \cdots g_N \tag{8.135}$$

而**路徑電性效力 (path electrical effort)** H 則是以一種類似的方式來定義的

$$H = \prod_{i=1}^{N} h_i = h_1 h_2 \cdots h_N \tag{8.136}$$

這些合併起來會給予**路徑效力 (path effort)** F

$$\begin{aligned} F &= GH \\ &= (g_1 h_1)(g_2 h_2)(g_3 h_3) \cdots (g_N h_N) \\ &= f_1 f_2 \cdots f_N \end{aligned} \tag{8.137}$$

如果對每個 i

$$g_i h_i = \text{常數} = \hat{f} \tag{8.138}$$

的話，那麼通過這個串級的一個最小延遲將會被達成。這與我們在簡單的 2 級反相器鏈所得到的結論是相同的。因此，最佳的路徑效力爲

$$F = \hat{f}^{N} \tag{8.139}$$

因此最快速的設計乃是使每一級都具有

$$gh = \hat{f} = F^{1/N} \tag{8.140}$$

這是邏輯效力的主要方程式。一條 N 級邏輯鏈的組成使我們得以求得 F 的值。每一級都可以被調整尺寸來適應最佳電性效力值

$$h_i = \frac{\hat{f}}{g_i} \tag{8.141}$$

因此，最佳的路徑延遲為

$$\hat{D} = NF^{1/N} + P \tag{8.142}$$

其中

$$P = \sum_{i=1}^{N} p_i \tag{8.143}$$

是這些寄生延遲的總和。一般而言，一個反相器的 p_{ref} 是最小的，而多重輸入的閘會展現較大的寄生延遲時間。一個簡單的估計乃是寫成

$$p = np_{ref} \tag{8.144}$$

來作為一個 n 輸入閘的寄生延遲。.

範例 8.4

讓我們使用邏輯效力的技術來分析圖 8.19 中的邏輯串級。我們將假設 $C_4 = 500$ fF 及 $C_1 = 20$ fF 的值。首先，路徑邏輯效力被給予為

$$\begin{aligned} G &= g_{NOT} g_{NOR2} g_{NAND2} \\ &= (1)\left(\frac{1+2r}{1+r}\right)\left(\frac{2+r}{1+r}\right) \end{aligned} \tag{8.145}$$

假設 $r = 2.5$ 的一個值，我們計算

$$G = (1)\left(\frac{6}{3.5}\right)\left(\frac{4.5}{3.5}\right) = 2.2 \tag{8.146}$$

路徑電性效力為

$$H = \frac{C_4}{C_1} = \frac{500}{20} = 25 \tag{8.147}$$

因此路徑效力為

$$F = GH = 55 \tag{8.148}$$

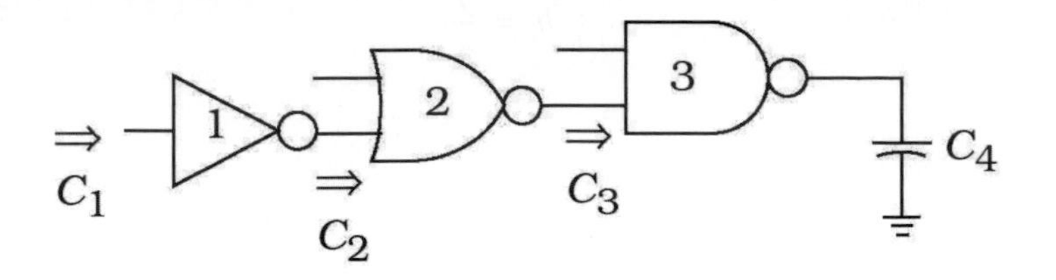

圖 8.19 **範例** 8.4 **的邏輯串級**

級的最佳效力爲

$$\hat{f} = F^{1/N} = (55)^{1/3} = 3.8 \tag{8.149}$$

這會給予下列的一個總路徑延遲

$$\begin{aligned} \hat{D} &= 3\,(3.8) + P \\ &= 11.41 + P \end{aligned} \tag{8.150}$$

其中

$$P = \left(p_{NOT} + p_{NOR2} + p_{NAND2}\right) \tag{8.151}$$

是由製程的規範所決定的寄生延遲項。

　　這個調整尺寸的方程式乃是由使用最佳化數量的這項分析所獲得的。從在輸出處具有 $g_{NAND2} = (4.5/3.5) = 1.29$ 的這個 NAND2 閘開始，我們得到

$$h_3 = \frac{3.8}{1.29} = 2.95 = \frac{C_4}{C_3} \tag{8.152}$$

因此

$$C_3 = \frac{500}{2.95} = 169.5 \text{ fF} \tag{8.153}$$

由於 C_3 是在進入一個 NAND2 閘的輸入電容之中，因此我們可以使用方程式 (8.125) 來寫出一個被縮放的閘爲

$$\begin{aligned} C_3 &= S_3 C_{Gn}(2+r) \\ &= S_3(4.5C_{Gn}) \end{aligned} \tag{8.154}$$

其中 S_3 是縮放因數。

NOR2 閘是以相同的方式來加以分析。由於 $g_{NOR2} = 1.71$，我們得到

$$h_2 = \frac{3.8}{1.71} = 2.22 = \frac{C_3}{C_2} \tag{8.155}$$

因此，

$$C_2 = \frac{169.5}{2.22} = 76.35 \text{ fF} \tag{8.156}$$

而進入這個 NOR2 閘的輸入電容為

$$\begin{aligned} C_2 &= S_2 C_{Gn}(1+2r) \\ &= S_2(6C_{Gn}) \end{aligned} \tag{8.157}$$

這個輸入 NOT 閘被定義為具有一個 1 的邏輯效力，因此

$$h_1 = \frac{3.8}{1} = \frac{C_2}{C_1} \tag{8.158}$$

按照要求，這會給予 $C_1 = (76.35/3.8) = 20$ fF。

還記得我們挑選具有 $C_1 = C_{ref} = 2.5\ C_{Gn}$ 的輸入 NOT 閘來作為參考。因此，這些 NOR 與 NAND 閘的縮放為

$$\begin{aligned} S_2 &= \frac{76.35}{(6)(3.5C_{Gn})} = \frac{3.64}{C_{Gn}} \\ S_3 &= \frac{169.5}{(4.5)(3.5C_{Gn})} = \frac{10.76}{C_{Gn}} \end{aligned} \tag{8.159}$$

以達成最小的延遲。這些縮放的值與一個電容的關聯為

$$C_{Gn} = \frac{20}{3.5} = 5.71 \text{ fF} \tag{8.160}$$

其中

$$C_{Gn} = C_{ox} W_n L \tag{8.161}$$

會得到這個參考 nFET 的通道寬度 W_n。

另外一種方法乃是選取一個最小尺寸 1X 反相器來作為參考。譬如，如果一個 1X 閘的 $C_{ref} = 8$ fF 的話，則【這個 NOT 閘的】這些縮放因數為 $S_1 = 2.5$、

$S_2 = 1.59$、及 $S_3 = 4.71$。通常，我們可以怎樣會比較方便而來選取這項參考。

8.3.3 使級數最佳化

CMOS 邏輯串級的一項著名的特性乃是，我們經常可以將反相器插入一條邏輯鏈之中，而使總延遲時間降低的這項事實。雖然這可能會與在初級的邏輯設計課程所發展出來的簡單直覺相反，但是它是基於將驅動强度在數級之中來分佈會比計數邏輯符號的數目來得更爲重要的這項事實。邏輯效力技術使用路徑延遲 D 來顯示這項特徵。

首先，注意到一個反相器的邏輯效力爲 $g_{NOT} = 1$。由於

$$G = g_1 g_2 \cdots g_N \tag{8.162}$$

乘以額外的 g_{NOT} 因數並不會改變路徑效力的數值。

$$F = GH \tag{8.163}$$

延遲時間的極小化被表示爲

$$\begin{aligned} \hat{f} &= F^{1/N} \\ &= (GH)^{1/N} \end{aligned} \tag{8.164}$$

使得總路徑延遲爲

$$\hat{D} = NF^{1/N} + P \tag{8.165}$$

一般而言，$F^{1/N}$ 會隨著 N 的增大而下降。因此，藉由插入反相器來獲得一個較小的路徑延遲是可能的。然而，注意由於多出來的反相器所造成在 P 之中所增大的寄生延遲將會抵銷一部分的績效。

範例 8.5

爲了看出這項相依性，假設 $F = 200$。對 $N = 3$ 而言，

$$3(200)^{1/3} = 17.54 \tag{8.166}$$

對 $N = 4$ 而言，

$$4(200)^{1/4} = 15.04 \tag{8.167}$$

而 $N = 5$ 會得到

$$5(200)^{1/5} = 14.43 \tag{8.168}$$

然而，如果我們嘗試 $N = 10$，則這一項會增大

$$10(200)^{1/10} = 16.99 \tag{8.169}$$

因此我們已經穿過最佳的級數。

這個問題的一項分析顯示，藉由求解這個超越方程式，我們可以獲得對於一個給予的 F 而言的最佳級數 [8]

$$F^{1/N}\left[1 - \ln\left(F^{1/N}\right)\right] + p_{ref} = 0 \tag{8.170}$$

藉由定義

$$\rho = F^{1/N} \tag{8.171}$$

這可以被重新寫成一個看起來比較簡單型式。因此

$$\rho\left[1 - \ln(\rho)\right] + p_{ref} = 0 \tag{8.172}$$

短暫的回想可以確認，這個方程式具有與從電路考慮所推導得到的方程式 (8.93) 具有相同的型式，因而展現了這兩種方法的等效。邏輯效力技術的威力在於它並不侷限於反相器。

對微小的 p_{ref} 值而言，近似的解答為

$$\rho \approx 0.71 p_{ref} + 2.82 \tag{8.173}$$

在一個起始的設計階段之中，這個方程式對於估計 N 的最佳值是很有用的。

8.3.4 邏輯面積

地產 (real estate) 面積是很重要的，特別是在縮放的設計之中更是如此。我們可以使用將每個 FET 的閘面積加總起來的邏輯效力技術數量而獲得這些電路要求的一項估計，而第 i 個閘的邏輯面積 (logical area, LA) 是由使用下式來計算得到的

$$LA_i = W_i \times L \tag{8.174}$$

其中 L 是通道的長度，而 W_i 是由尺寸調整所決定的。譬如，具有 $L=1$ 單位的一個 1X 的 NOT 閘的邏輯面積爲

$$LA_{NOT} = 1 + r \tag{8.175}$$

這將 pFET 與 nFET 的尺寸列入考量。如果這是以一個 $S>1$ 的因數來縮放的話，那麼邏輯面積會被增大爲

$$LA_{NOT} = S(1+r) \tag{8.176}$$

相類似地，一個縮放後的 NOR2 閘會具有

$$LA_{NOR2} = S(1+2r) \tag{8.177}$$

而

$$LA_{NAND2} = S(2+r) \tag{8.178}$$

適用於一個 NAND2 閘。對具有 M 個閘的一個網路，總邏輯面積爲

$$LA = \sum_{i=1}^{M} LA_i \tag{8.179}$$

這使我們得到比較不同設計的面積要求的一種簡單的計量。然而，注意由於它忽略洩極與源極的間隔、交互連接的導線連接、井等，因此它只是一個粗略的估計而已。

8.3.5 分枝

這種邏輯效力的技術適用於一條明確定義的路徑。當一個邏輯閘驅動兩個或更多個閘時，數據路徑會分裂，而我們必須將不在主要路徑上但卻會對電容有所貢獻的這些閘的出現列入考量。這種情況被呈現於圖 8.20 的邏輯圖之中，其中我們有興趣的由 In 到 Out 的主要路徑已經被強調。追蹤這個電路會顯示兩個**分枝點 (branching point)**。在這兩種狀況之下，這些 NOR2 閘會在這些 NAND2 負載上加上電容，因此不能被忽略不計。

這些效應可以藉由在每個枝幹點引進**分枝效力 (branching effort)** b 來處理，使得

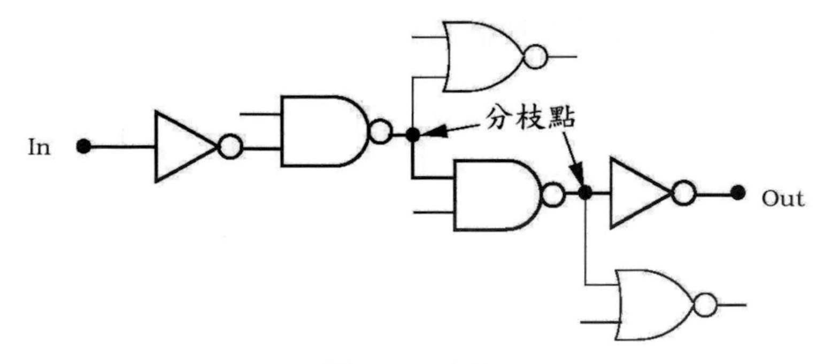

圖 8.20 分枝

$$b = \frac{C_T}{C_{path}} \tag{8.180}$$

其中 C_{path} 是在主要邏輯路徑之中的電容，而

$$C_T = C_{path} + C_{off} \tag{8.181}$$

代表在這個節點所看到的總電容。在這個方程式之中，C_{off} 包括所有不在主要路徑上的電容貢獻。這個分枝效力具有 $b > 1$ 的性質且代表額外的負載。**路徑分枝效力 (path branching effort)** 被給予爲下列的這個乘積

$$B = \prod_i b_i \tag{8.182}$$

其中 b_i 是個別的分枝效力。

範例 8.6

考慮圖 8.20 之中的這個邏輯網路。在第一個枝幹點，一個 NAND2 閘驅動另一個路徑上的 NAND2，以及不在路徑上的一個 NOR2 閘。假設單位閘尺寸，這個點的分枝效力 b_1 爲

$$\begin{aligned} b_1 &= \frac{C_{NAND2} + C_{NOR2}}{C_{NAND2}} \\ &= \frac{(2+r)+(1+2r)}{(2+r)} \\ &= \frac{3(1+r)}{(2+r)} \end{aligned} \tag{8.183}$$

在這個圖形之中的第二個枝幹點被描述為

$$b_2 = \frac{C_{NOT} + C_{NOR2}}{C_{NOT}} \tag{8.184}$$

或

$$\begin{aligned} b_2 &= \frac{(1+r)+(1+2r)}{(1+r)} \\ &= \frac{(2+3r)}{(1+r)} \end{aligned} \tag{8.185}$$

因此，路徑分枝效力為

$$B = \frac{3(1+r)(2+3r)}{(2+r)(1+r)} = \frac{3(2+3r)}{(2+r)} \tag{8.186}$$

對由 In 至 Out 的選取路徑而言。

一旦路徑分枝效力被計算得到，我們把路徑效力 F 修改為

$$F = GHB \tag{8.187}$$

而這個計算是以與沒有分枝的較簡單狀況相同的方式來進行的。這使我們得以將邏輯效力技術延伸至任意的邏輯組態，並分析每條路徑來得到相對的延遲。

8.3.6 綜合整理

這段邏輯效力技術的簡短討論說明了這項技術的用途。在先進的系統設計之中，這是特別有價值的，在這些設計之中我們有導致相同結果的數種演算法的選擇。邏輯效力技術使我們得以比較不同電路的績效，以看出哪一個電路對我們的設計會是比較好的。這些考慮將在本書後面各章之中加以討論。

8.4 BiCMOS 驅動器[2]

BiCMOS 是一種包含雙極性接面電晶體來作為電路元件的一種修改的 CMOS 技術。在數位設計之中，BiCMOS 級被使用來以比只有 MOSFET 的電路更有效

[2] 這一節可以被跳過而不會喪失這項討論的連續性。

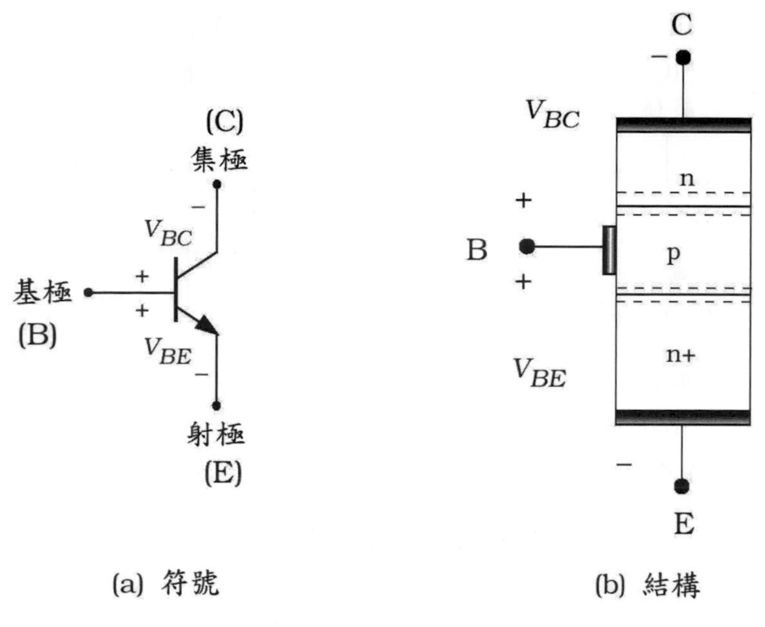

圖 8.21 **一個** npn BJT **的符號與結構**

率地驅動高電容的線路。BiCMOS 的製程會比標準的 CMOS 製程來得昂貴，而且雙極性電晶體會有一個無法避免的固有電壓降，這使它們不太適用於低電壓的應用。

8.4.1 雙極性接面電晶體的特性

一個**雙極性電晶體** (BJT) 是一個三端點的元件，它是由 pn 接面的性質來獲得它的電性。BJT 有兩種型式：npn 與 pnp。流動通過一個 npn 電晶體的這個電流主要是由電子所造成的，而通過一個 pnp 元件的電流主要是由電洞所造成的。由於電子會比電洞來得快速，因此在高速的 BiCMOS 電路之中，我們將專注於使用 npn 元件。

一個 npn BJT 的電路符號被顯示於圖 8.21(a) 之中。這個元件有三個端點稱為**基極** (**base, B**)、具有箭頭的**射極** (**emitter, E**)、與集極 (**collector, C**)。一個 npn BJT 的簡化「原型」結構被顯示於圖 8.21(b) 之中；這說明了賦予這個元件它的名稱的這層 npn 層。這個圖形顯示這個 npn 電晶體可以被視為兩個背靠背的 pn 接面二極體，其中一個接面是介於基極與射極端點之間，而另一個接面則是介於基極與集極電極之間。通過這個 BJT 的電流流動乃是由將這兩個 pn 接面加以偏壓的基極−射極電壓 V_{BE} 及基極−集極電壓 V_{BC} 這兩個電壓所控制的。當「+」極性被加在 p 型基極層時，它們被定義為正的值。一個正電壓代表

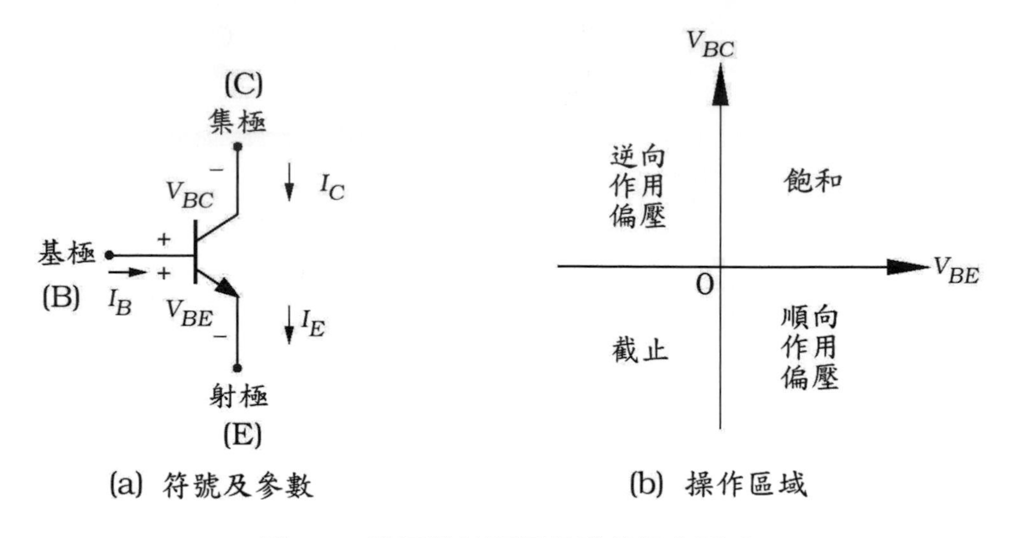

圖 8.22 **雙極性接面電晶體的操作區域**

接面上一個允許電流流動的順向偏壓，而一個負電壓則是一個逆向偏壓。

這個雙極性電晶體的操作會因爲這些電壓可以是正的也可以是負的【相反極性】這件事實而變得更複雜。考慮圖 8.22(a) 中所顯示的這種情況。電流 I_C、I_B、及 I_E 是由這些電壓所決定的，但是每一種極性的組合會得到一種不同的操作模式。這些被綜合整理爲圖 8.22(b) 中所顯示的這個圖形，它是以各個象限來指明 V_{BE} 與 V_{BC} 的極性。**順向作用偏壓 (forward-active bias)** 被定義爲 $V_{BE} > 0$ 且 $V_{BC} < 0$ 的這種狀況，換言之，基極─射極接面是順向偏壓，而基極─集極接面則是逆向偏壓。這種操作模式允許放大及控制的電流流動，而且被類比電路使用。而 $V_{BE} < 0$ 與 $V_{BC} > 0$ 的相反狀況被稱爲**逆向作用偏壓 (reverse-active bias)**，而且只使用於一些特殊的狀況。如果兩個接面都是以 $V_{BE} > 0$ 及 $V_{BC} > 0$ 來順向偏壓的話，那麼這個元件被稱爲是在**飽和 (saturation)** 之中。在這種狀況之下，大電流可以流動通過這個元件，但是這個電晶體並無法控制電流的值。我們必須牢記，一個 BJT 之中的飽和與一個飽和的 FET 之間並沒有任何關係。最後的狀況乃是兩個接面都是具有 $V_{BE} < 0$ 及 $V_{BC} < 0$ 的逆向偏壓。只有微小的洩漏電流會流動，而這個 BJT 被稱爲是在**截止 (cutoff)** 之中。這種狀況可以被模擬爲一個打開的開關。

雙極性電晶體會比 MOSFET 來得快速，但是要將它們建構成爲一個積體電路卻是比較複雜。讓我們來檢視順向作用偏壓以了解何以一個雙極性電路可以提供比較快速的切換。圖 8.23(a) 顯示具有這種偏壓的元件。集極電流與射極電流之間的關係爲

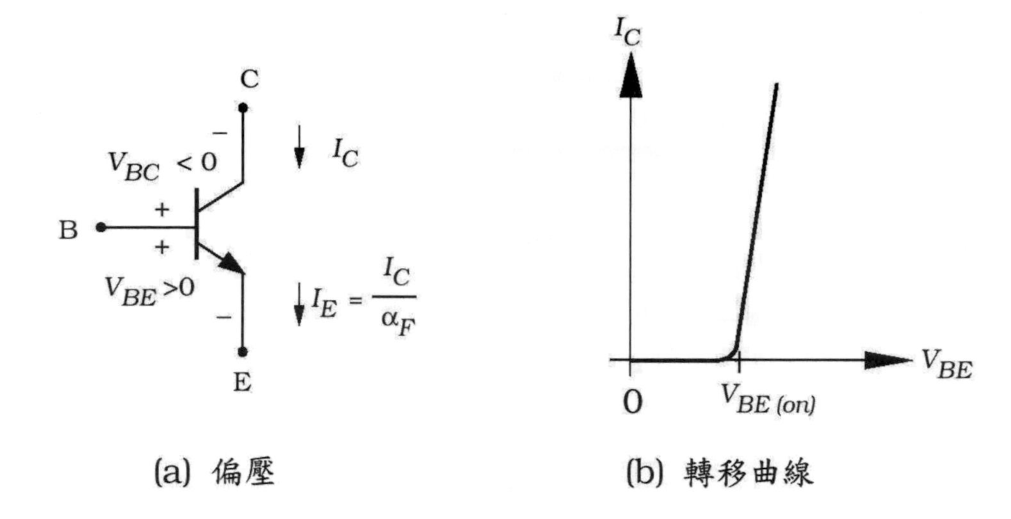

圖 8.23 一個 BJT 之中的順向作用偏壓

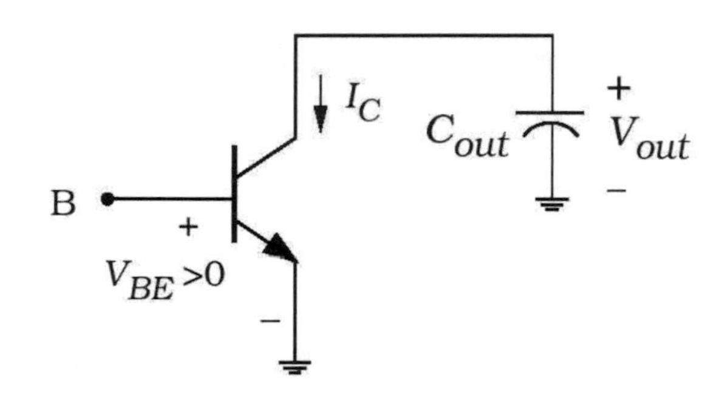

圖 8.24 使用一個 BJT 來將一個電容器放電

$$I_C = \alpha_F I_E \tag{8.188}$$

其中 $\alpha_F < 1$ 是這個元件的順向 α；在實際操作之中，$\alpha_F \approx 0.99$ 使得 I_C 與 I_E 約略相同。圖 8.23(b) 顯示在順向作用偏壓時的**轉移曲線** (transfer curve) $I_C(V_{BE})$，這條曲線是以下式來加以描述

$$I_C \approx I_S e^{V_{BE}/V_{th}} \tag{8.189}$$

其中 I_S 是飽和電流，而 V_{th} 是熱電壓。I_S 的值是由結構及製程所決定的，而在 $T = 300$ K 時熱電壓約為 26 mV，而且會隨著溫度線性地上升。這個圖形顯示當基極–射極電壓達到一個 $V_{BE}(on)$ 的值時，電流流動就會變成相當顯著，這個電壓通常被估計為大約由 0.5 V 至 0.7 V。一旦達到這個電壓，電流會隨著 V_{BE} 的增大而指數地上升。

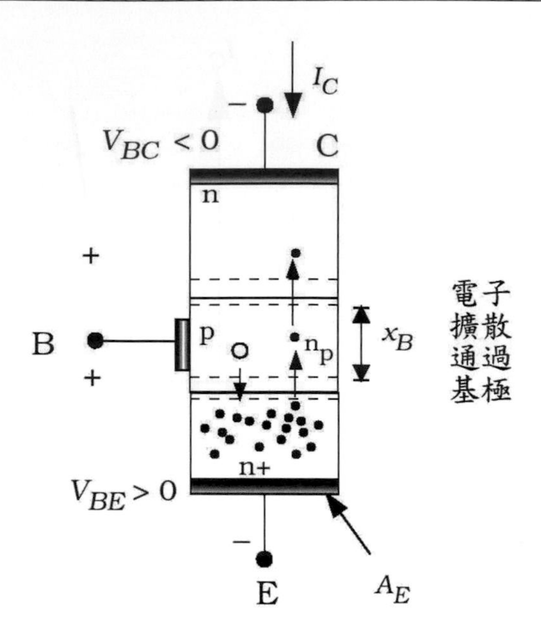

圖 8.25 順相偏壓的操作

考慮圖 8.24 中所顯示的這個簡單的電路。當這個 BJT 在順向作用偏壓時，離開這個電容器的電流流動爲

$$I_C = -C_{out}\frac{dV_{out}}{dt} = I_S e^{V_{BE}/V_{th}} \tag{8.190}$$

我們可以估計放電時間爲

$$\Delta t = \frac{(\Delta V_{out})}{I_C C_{out}} \tag{8.191}$$

其中 V_{out} 是電壓的改變。I_C 的值可能會是相當大，輕易地就能達到數十至數百毫安培，而這會使放電時間 Δt 縮短，即使對於大 C_{out} 值也是如此。一個 BJT 能夠比一個佔據相同面積的 FET 更快速地完成這項工作，這使得 BiCMOS 會很有吸引力。

流動通過一個 BJT 的電流乃是由粒子擴散的機制所造成的，而不是如同在一個 FET 之中是由電場所幫助的運動。這個原型元件的順向作用操作被綜合整理於圖 8.25 之中。當基極－射極被順向偏壓時，電子會由射極移動到基極。一旦進入基極之中，它們會成爲少數的電荷載子，並且擴散前往集極。雖然有一些電子會撞擊電洞而消失，但是如果基極的寬度 x_B 是足夠小【典型而言，小於 0.5 μm】的話，那麼大多數的電子將可抵達集極。這種電子的移動建立起由集極到射

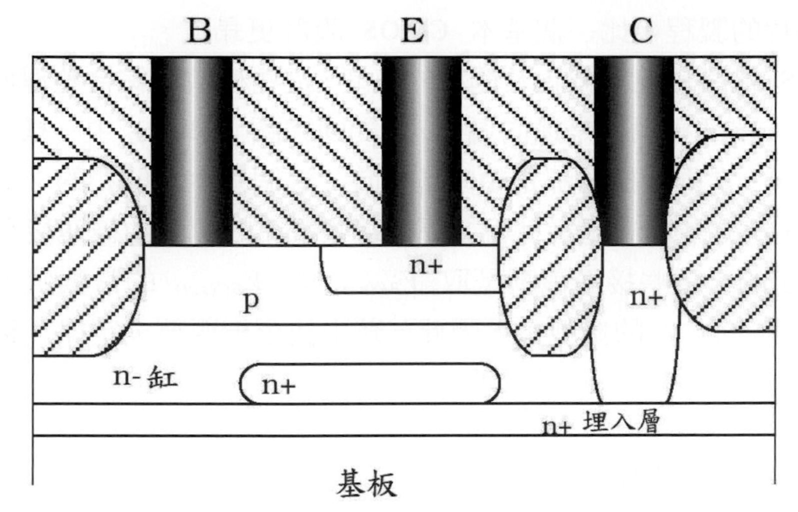

圖 8.26 一個積體電路的雙極性接面電晶體

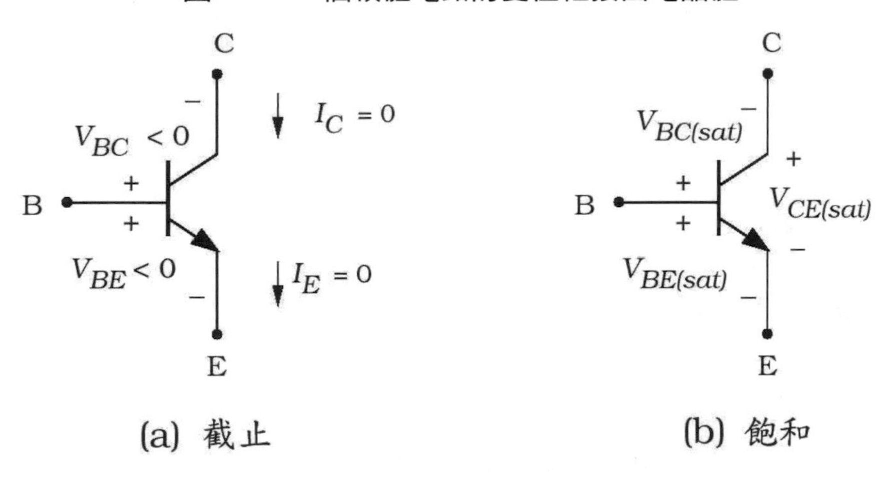

圖 8.27 一個 BJT 之中的截止與飽和

極的電流流動。分析顯示飽和電流被給予為

$$I_S = qA_E \frac{D_n n_i^2}{x_B N_{aB}} \tag{8.192}$$

其中 A_E [cm^2] 是射極的面積，D_n [cm^2/sec] 是基極之中的電子的擴散係數，而且是擴散運動的一種量度，q 是電子的電荷，而 N_{aB} [cm^{-3}] 是基極中的受體摻雜。飽和電流的一個典型值為 $I_S = 0.1$ pA $= 10^{-13}$ A。雖然這個值相當小，但是這個電流對 V_{BE} 的指數相依性將會給予很大的 I_C 值。一個積體電路的雙極性電晶體的截面圖被顯示於圖 8.26 之中。這個原型結構可以在射極 n+ 區域下面的這個中央區域之中看到。由於我們需要特殊化的層來產生這個元件，因此一片

BiCMOS 晶片的製程會比一個基本 CMOS 設計更昂貴。

BiCMOS 電路也使用截止及飽和的模型，這些模型被綜合整理於圖 8.27 之中。在截止時，兩個接面都是逆向偏壓，而如同在圖 8.27(a) 中一樣，I_C 與 I_E 兩者大約都是 0。當兩個接面都是順向偏壓時，這個元件是飽和的；這種狀況被顯示於圖 8.27(b) 之中。在這種狀況之下，這些電流的值是由被連接到這個電晶體的電路所決定的。這些接面電壓是取 $V_{BE(sat)}$ 與 $V_{BC(sat)}$ 的常數值，具有大約分別是 0.8 V 與 0.7 V 的典型值。因此，藉由使用柯西荷夫定律，集極—射極電壓約為 $V_{CE(sat)} \approx 0.1$ V。

8.4.2 驅動器電路

BiCMOS 電路採用被連接到一個雙極性輸出驅動器級的 CMOS 邏輯電路。一個一般性的結構被顯示於圖 8.28 之中。這個 CMOS 網路被使用來提供邏輯運算，並驅動這些輸出雙極性電晶體 Q1 與 Q2。在一個時間只會有一個 BJT 是作用的。電晶體 Q1 提供高輸出電壓，而 Q1 會將輸出電容放電，而得到低輸出狀態。

圖 8.29 中的這個反相電路給予操作細節的一個範例。這個 NOT 邏輯運算是以 FET Mp 與 Mn 來進行的，即使它們是彼此分離的。其它兩個 FET M1 與 M2 分別被使用來提供由 Q1 與 Q2 的基極端點來移除電荷的路徑。這會使這個電路的切換加速，增强它作為一個輸出驅動器的使用。

讓我們來檢視這個電路的直流操作。首先考慮輸入電壓位於 $V_{in} = 0$ V 值的這個狀況。這會將 Mp 導通，而 M1 與 Mn 是關閉的。由於 Mp 與 M1 構成

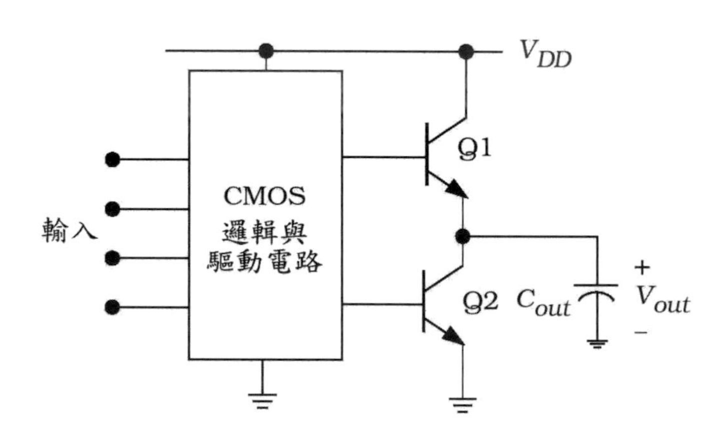

圖 8.28 一個 BiCMOS 電路的一般型式

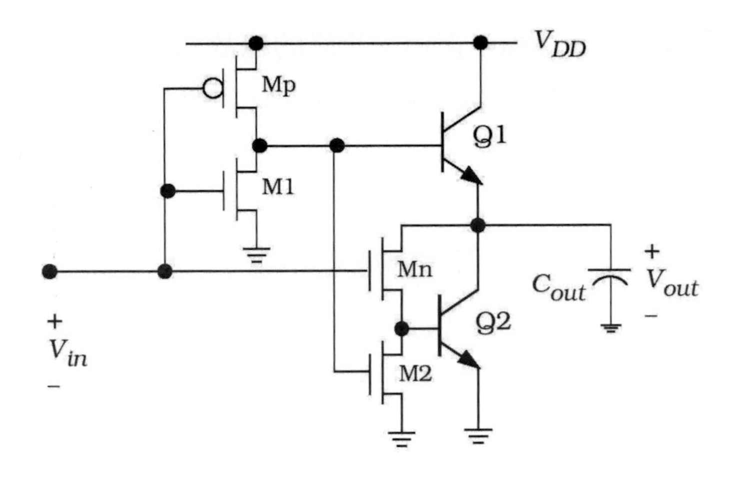

圖 8.29 一個反相的 BiCMOS 驅動器電路

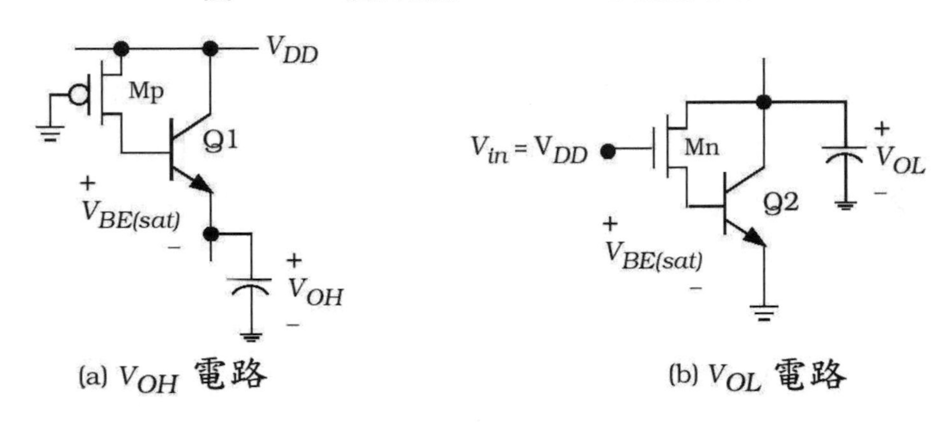

圖 8.30 輸出電壓的直流分析

一個反相器，因此 Q1 的基極是位於一個 V_{DD} 的高電壓，而它會進入作用區；相同的電壓會將 M2 導通，這會使 Q2 的基極接地，並將它驅動進入截止之中。這個狀況的輸出高電壓 V_{OH} 可以由圖 8.30(a) 中所顯示的這個子電路來計算得到。注意 Q1 最終將會進入飽和之中，我們得到

$$V_{OH} = V_{DD} - V_{BE(sat)} \tag{8.193}$$

這是因爲由基極到輸出這個電壓會被降低一個 $V_{BE(sat)}$ 的值。而 $V_{in} = V_{DD}$ 這種狀況的子電路被顯示於圖 8.30(b) 之中。現在我們看到 Mp 是關閉，而 M1 與 Mn 是導通。M1 將 Q1 的基底連接到接地，而將它驅動進入截止之中。這又會將 M2 關閉，因此 Q2 被這個饋送到基底的輸出電壓所偏壓。我們看到這個輸出低電壓 V_{OL} 爲

$$V_{OL} = V_{BE(sat)} \tag{8.194}$$

這是因爲 Q2 會衍生一個基極—射極電壓降的緣故。這種組態的問題乃是輸出邏輯的擺幅會由 V_{DD} 降低 $2V_{BE(sat)}$。這可藉由加上電晶體來降低或刪除。

範例 8.7

假設施加到這個 BiCMOS 電路的電源供應電壓爲 V_{DD} = 5 V。假設 $V_{BE}(sat)$ = 0.8 V，

$$
\begin{aligned}
V_{OH} &= 5 - 0.8 = 4.2\ \text{V} \\
V_{OL} &= 0.8\ \text{V}
\end{aligned}
\tag{8.195}
$$

這隱喻在輸出處會有一個 3.4 V 的邏輯擺幅。這可藉由設計輸出級來加以改善。

我們可以將這個 CMOS 電路加以修改來提供邏輯函數。基於這種設計的一個 NAND2 閘被顯示於圖 8.31 之中。小心地檢視這個電路顯示，這個邏輯是由驅動 Q1 的並聯 pFET 以及在 Q2 的集極與基極之間的串聯 nFET 所形成的。其它 FET 會被使用來作爲下拉的元件，來將輸出電晶體關閉。我們可以使用這個閘來作爲設計其它邏輯函數的基礎。一般而言，上面的輸出電晶體使用一個標準設計的 CMOS 電路來作爲一個驅動器。這個 nFET 區段會被複製並被置於下面的輸出電晶體的集極與基極之間；在基極加上一個下拉 nFET 完成這項設

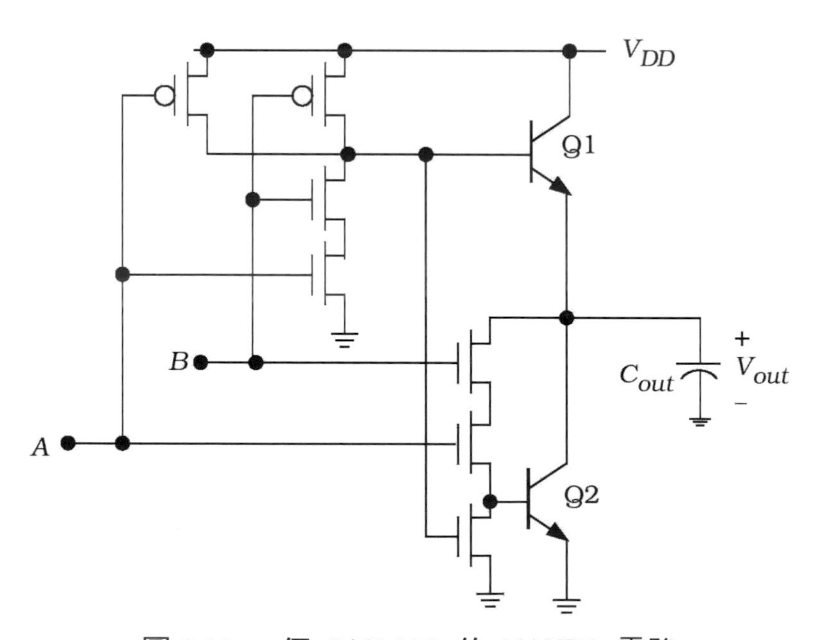

圖 8.31 一個 BiCMOS 的 NAND2 電路

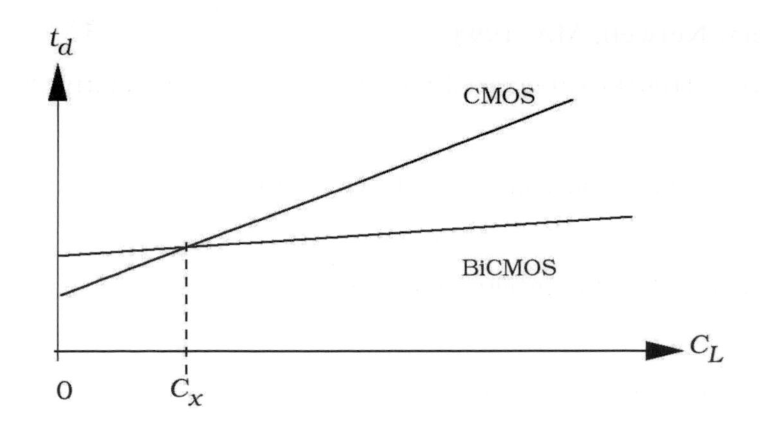

圖 8.32 **閘延遲對外部負載電容**

計。

顯然，BiCMOS 電路是比 CMOS 等效來得更爲複雜。如果我們將總輸出電容寫成

$$C_{out} = C_{transistors} + C_L \tag{8.196}$$

其中 C_L 是外部的負載，由於有額外的元件出現，因此我們看到在一個 BiCMOS 電路之中的寄生電晶體電容 $C_{transistor}$ 將會比較大。這會引領我們得到一個重要的結論：BiCMOS 只對大 C_L 值才會有效。時間延遲 t_d 對 C_L 的一個典型的圖形被顯示於圖 8.32 之中。由於這個較高的寄生元件電容的緣故，因此 CMOS 與 BiCMOS 的行爲會在 $C_L = C_X$ 這個值交會。對 $C_L < C_X$ 而言，一個標準的 CMOS 設計會提供比一個 BiCMOS 電路更快速的切換。這種速度增大只有對 C_L 非常大於 C_X 的這種負載才看得到。這將 BiCMOS 電路的應用侷限於諸如驅動長數據匯流排的應用。而且，成本以及 V_{BE} 下降的問題也是在數位 VLSI 之中使用這項技術的重要因素。

8.5 進一步研讀的書籍

[1] R. Jacob Baker, Harry W. Li, and David E. Boyce, **CMOS Circuit Design, Layout, and Simulation**, IEEE Press, Piscataway, NJ, 1998.

[2] Abdellatif Bellaouar and Mohamed I. Elmasry, **Low-Power Digital VLSI Design**, Kluwer Academic Publishers, Norwell, MA, 1995.

[3] Kerry Bernstein, et. al, **High Speed CMOS Design Styles**, Kluwer Academic

Publishers, Norwell, MA, 1998.

[4] Ken Martin, **Digital Integrated Circuits**, Oxford University Press, New York, 2000.

[5] Robert F. Pierret, **Semiconductor Device Fundamentals**, Addison Wesley, Reading, MA, 1996.

[6] Jan M. Rabaey, **Digital Integrated Circuits**, Prentice Hall, Upper Saddle River, NJ, 1996.

[7] Jasprit Singh, **Semiconductor Devices**, John Wiley & Sons, New York, 2001.

[8] Ivan P. Sutherland, Bob Sproull, and David Harris, **Logical Effort**, Morgan-Kauffman Publishers, Inc., San Francisco, 1999.

[9] John P. Uyemura, **CMOS Logic Circuit Design**, Kluwer Academic Publishers, Norwell, MA, 1999.

[10] Neil H. E. Weste and Kamran Eshraghian, **Principles of CMOS VLSI Design**, 2nd ed., Addison-Wesley, 1993.

[11] Edward S. Yang, **Microelectronic Devices**, McGraw-Hill, New York, 1988.

8.6 習題

[8.1] 一個 CMOS 反相器電路具有下列的特性：

$$\begin{aligned} C_L &= 100\text{ fF} \quad t_r = 123.75\text{ ps} \\ C_L &= 115\text{ fF} \quad t_r = 138.60\text{ ps} \end{aligned} \tag{8.197}$$

這個反相器被設計爲對稱的，具有 $\beta_n = \beta_p$ 且 $V_{Tn} = |V_{Tp}|$。

(a) 求這個 FET 的電阻 $R_n = R_p$，然後求內部的 FET 電容 C_{FET}。

(b) 求這個電路的 $t_f = t_r$ 表示式。

(c) 兩個電晶體的寬度被增大，使得它們是原始值的 3.2 倍。求這個新的表示式，然後計算負載爲 $C_F = 50$ fF 與 140 fF 的 $t_f = t_r$ 值。

[8.2] 一個 CMOS 反相器是以切換時間來表述其特性

$$\begin{aligned} t_r &= 430 + 3.68 C_L \quad \text{ps} \\ t_f &= 300 + 2.56 C_L \quad \text{ps} \end{aligned} \tag{8.198}$$

具有單位爲 fF 的外部負載電容 C_L。

(a) 對 $C_L = 0$ 至 $C_L = 200$ fF 的範圍，畫出上升與下降時間。

(b) 一個三反相器串級是使用完全相同的電路來建構的。如果每個 NOT 閘的輸出電容為 $C_L = 45$ fF，求通過這條鏈的最差狀況延遲。

[8.3] 考慮圖 P8.1 中所顯示的這條邏輯鏈。在 A 的這個輸入由一個 1 被切換至一個 0。使用對圖 8.6 中所顯示的這個網路所發展出來的這種程序來求得通過這條鏈的時間延遲的一個表示式。

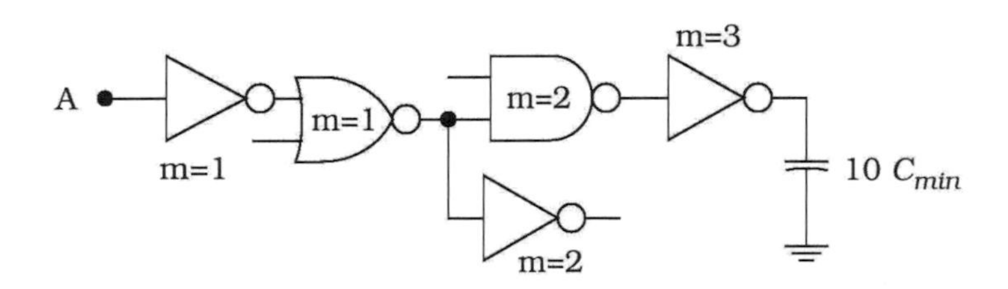

圖 P.8.1

[8.4] 一個 CMOS 製程是以 $C_{ox} = 8$ fF/μm^2、$r = 2.6$、及 $L = 0.4$ μm 來表述其特徵。nFET 與 pFET 臨限電壓的大小相等。這是作為一條在尾端有一個 $C_L = 38$ pF 負載的驅動器鏈的輸入級來使用。這項設計規定這條鏈必須產生具有最小出輸入級至這個負載的延遲的一個反相訊號。

(a) 計算這個反相器的輸入電容 C_{in}，以 fF 的單位來表示。

(b) 應用理想化的縮放來求得這條鏈之中所須要的級數。

(c) 已知具有 W = 1 μm 通道寬度的一個 nFET 會有一個 $R_n \approx 1725\ \Omega$ 的電阻。給予這個值之後，你能夠求得通過這條鏈的總時間延遲嗎？如果不能的話，我們還須要其它什麼資訊？

[8.5] 如果起始級有一個 $C_{in} = 50$ fF 的輸入電容，設計一條即將驅動一個 $C_L =$ 40 pF 負載電容的一條驅動器鏈。使用理想的縮放來決定級數與相對的尺寸。

[8.6] 一條交互連接線路是以一個每單位長度的電容 $c' = 0.86$ pF/cm 來加以描述的。這條線路本身在晶片的顯著部分上面跑，而且有一個 272 μm 的總長度。一個「標準的」反相器具有一個 52 fF 的輸入電容，並使用具有 $\beta_n = \beta_p$ 的對稱元件。這個製程的遷移率比值為 $r = 2.8$。這被使用來作為交互連接的一條驅動器鏈之中的第一級。當具有輸出必須為非反相的這個限制時，使用理想化的理論來設計這條驅動器鏈。

[8.7] 對 $\tau_x = 0.72\ \tau_r$ 的這種狀況，求解方程式 (8.93)。

[8.8] 考慮圖 P8.2 中所顯示的這個邏輯串級。使用邏輯效力技術來求得每一級使通過這條鏈的延遲極小化所須要的相對尺寸。假設具有 $r = 2.5$ 的對稱閘。

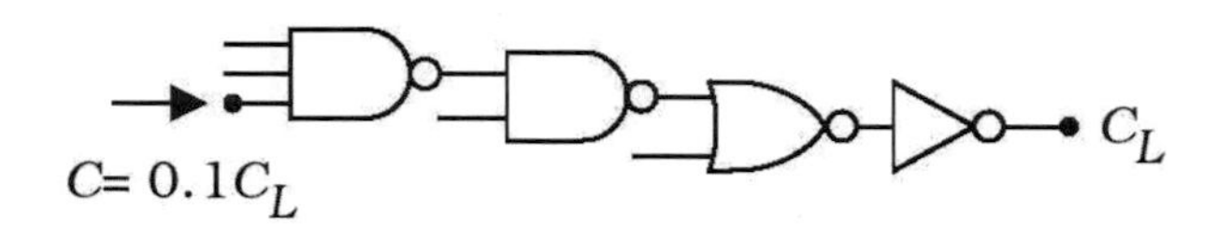

圖 P.8.2

[8.9] 圖 P8.3 中的這條邏輯鏈是在具有 $r = 2.5$ 的一個製程之中來建構的。決定每一級使用邏輯效力技術所指明的這條「强調的」路徑的最佳尺寸。

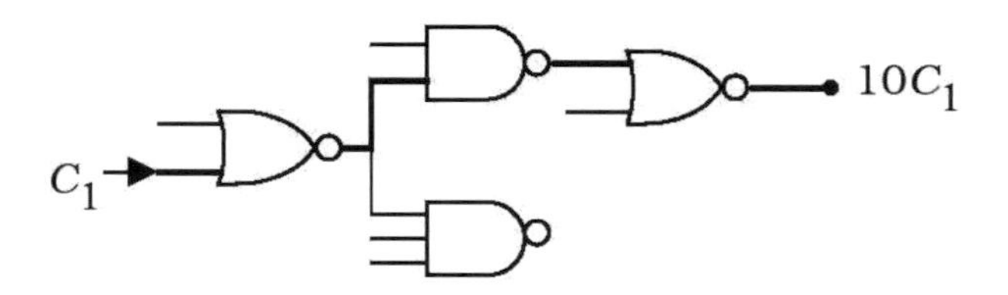

圖 P.8.3

[8.10] 考慮圖 8.29 中所顯示的這個 BiCMOS 反相器。假設我們以一個大型 nFET 來取代底部 BJT Q2 的位置，但是留下 Q1 來作為上拉的驅動器。畫出所得到的電路，只包含 Q1 所須要的這個 CMOS 驅動器電路。這項設計的邏輯擺幅為何？

[8.11] 使用圖 8.29 中的這個電路作為基礎來建構一個 BiCMOS NOR2 電路。

[8.12] 設計一個數位 BiCMOS 電路來實際裝置下列的函數

$$f = \overline{a + b \cdot c} \tag{8.199}$$

[8.13] 你能夠藉由保持所討論的基本結構，但修改這個輸出電路來設計一個具有 $V_{OH} = V_{DD}$ 及 $V_{OL} = 0$ V 的 BiCMOS 電路。
提示：還記得一個標準的 CMOS 設計會具有這些值。

9. CMOS 邏輯電路的先進技術

在高速 VLSI 網路的設計之中多種很有用的 CMOS 電路設計風格已經被發表。所有這些設計都是基於簡單的邏輯閘，但卻是以不同的方式來操作的。大多數的先進技術都是爲了克服這些年來隨著 VLSI 應用不斷上升所發生一個或多個問題而發展出來的。有些技術是相當一般性的，而其它的技術則只能使用於特殊的狀況之下。在本章之中，我們將揭示在 VLSI 之中所使用的現代 CMOS 電路技術的一個取樣。這將提供在後續幾章之中應用的基礎。

9.1 鏡像電路

鏡像 (mirror) 電路是以串聯−並聯的邏輯閘爲基礎，但是經常會比較快速，而且會有一個比較均勻的佈局圖。一個鏡像的基本想法可由圖 9.1 中的 XOR 眞值表看出。輸出 0 隱喻一條 nFET 鏈是傳導至接地，而一個輸出 1 則意指一群 pFET 提供來自電源供應的支撐。這項觀察的重要的層面乃是有相同數目的輸入組合會產生 0 與 1。

一個鏡像電路使用與 nFET 與 pFET 相同的電晶體拓撲。將這種拓撲應用於 XOR 函數會得到圖 9.2(a) 中的這個電路。圖中顯示每個枝幹的這些輸入的組合。這種「鏡像」效應可以藉由將一面鏡子沿著輸出線路面向上或向下來置放而來瞭解。在鏡子中所看到的鏡像影像將會是這個電路的另外一邊。一個 XOR 囊胞的佈局圖被顯示於圖 9.2(b) 之中；這些 pFET 會比 nFET 來得大，以補償較低的製程轉移電導 (k') 的值。

鏡像電路的優點在於更對稱的佈局，以及較短的上升時間與下降時間。使用

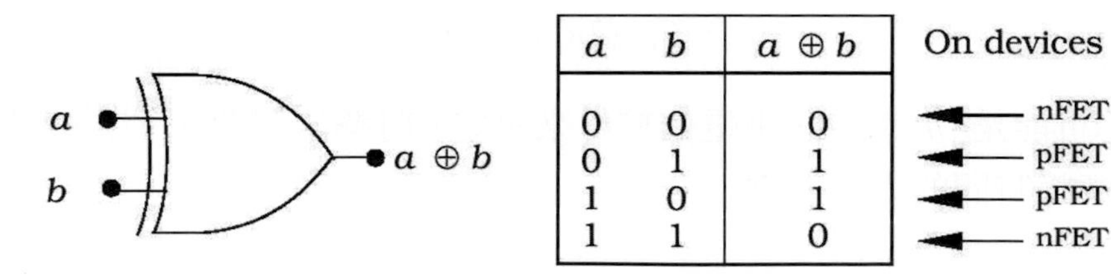

a	b	$a \oplus b$	On devices
0	0	0	nFET
0	1	1	pFET
1	0	1	pFET
1	1	0	nFET

圖 9.1　XOR **函數表**

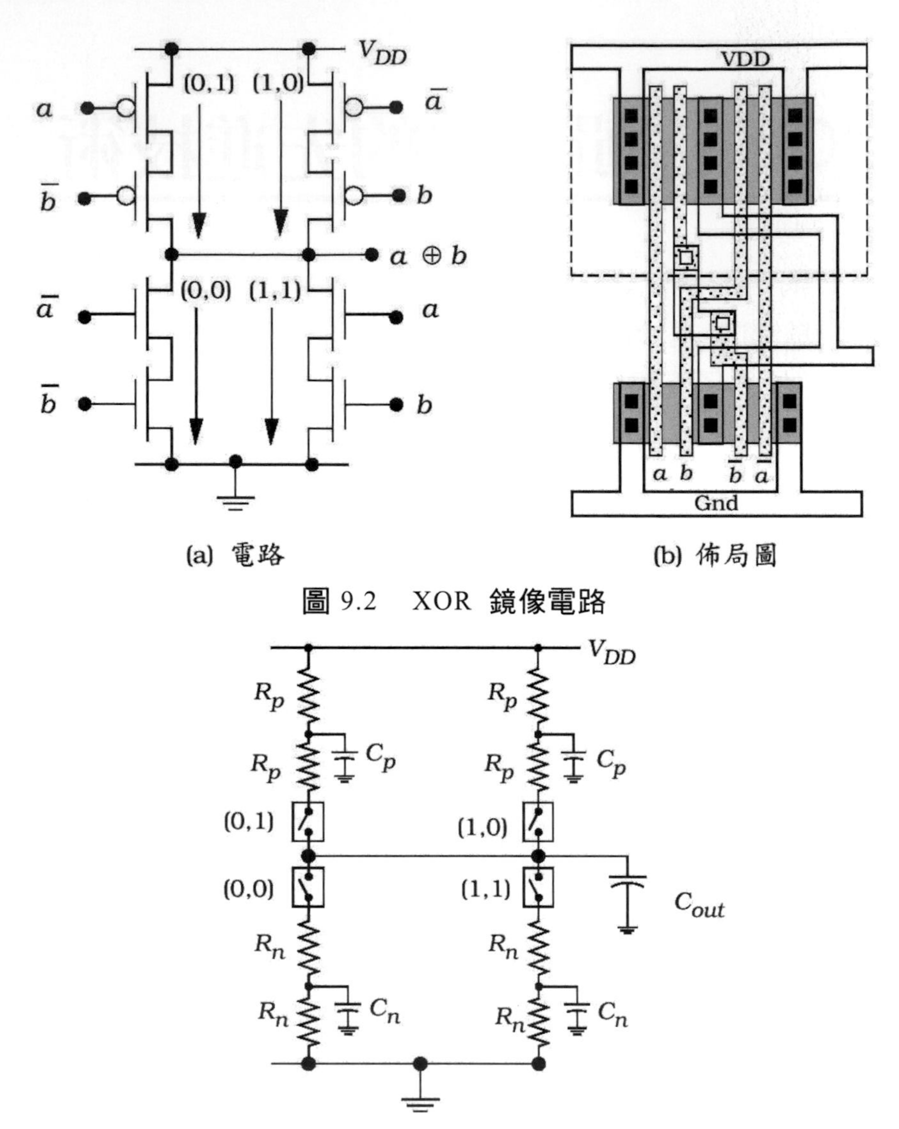

圖 9.2　XOR 鏡像電路

圖 9.3　暫態計算的開關模型

圖 9.3 中的這個 RC 開關模型，我們可以瞭解後面的評論。在輸出與一條電源供應軌之間的每一條路徑都是由兩個電阻器及一個 FET 之間的寄生電容器所構成的。這個艾耳摩時間常數具有下列的型式

$$\tau_x = C_{out}(2R_x) + C_x R_x \tag{9.1}$$

其中下標 x 可能是 n 或 p，由這個枝幹來決定。將輸出電壓近似爲指數函數會給予上升與下降時間的表示式爲

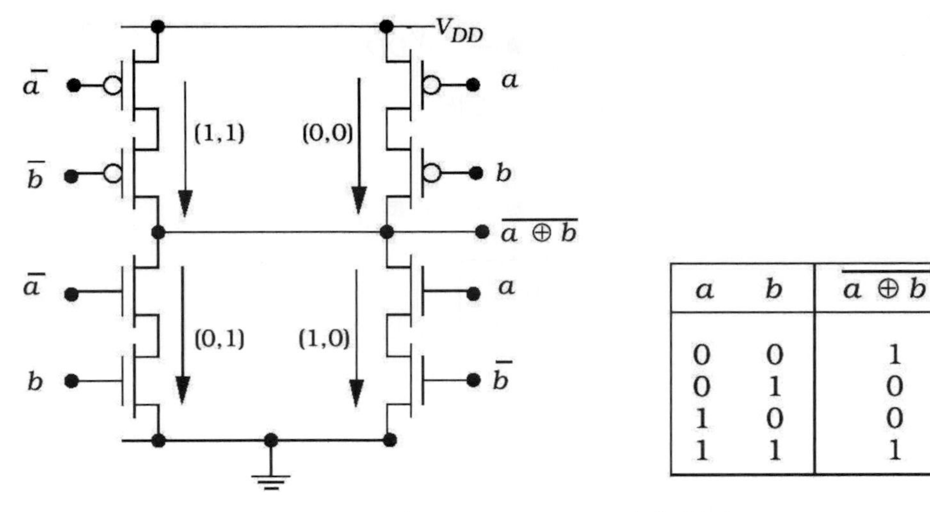

a	b	$\overline{a \oplus b}$
0	0	1
0	1	0
1	0	0
1	1	1

圖 9.4　**互斥** NOR (XNOR) **鏡像電路**

$$t_r = 2.2\tau_p$$
$$t_f = 2.2\tau_n \tag{9.2}$$

雖然這個型式與一個 AOI 網路的型式相同，但是上升時間將會比較小，這是因爲這個寄生電容 C_p 比較小的緣故。這是由於這個鏡像電路只有兩個 pFET 對於 C_p 會有所貢獻，而一個 AOI 網路在這個節點會有四個電晶體的這件事實所造成的。

這種想法可以被使用來產生圖 9.4 中的這個 XNOR 電路。它具有與 XOR 相同的特徵。這個關係爲

$$\overline{a \oplus b} = \overline{\overline{a} \cdot b + a \cdot \overline{b}} \tag{9.3}$$

這顯示只有輸入 a 與 $\overline{a}$ 必須被交換。其它鏡像電路在後面諸如加法器電路的特定應用的內容之中將會被引進。

9.2 虛 nMOS

在廣泛採用 CMOS 之前，單一 FET 極性的邏輯電路是主控的邏輯電路。許多微處理器是在「nMOS」技術之中使用只有 nFET 的電路來設計的。雖然 nMOS 已經由於高 DC 功率發散而被放棄，但是某些主要的想法還是被使用於 CMOS 技術之中。在一個只有 nFET 的電路之中加進單一個 pFET 會產生被稱爲**虛 nMOS (pseudo-nMOS)** 的一族邏輯。

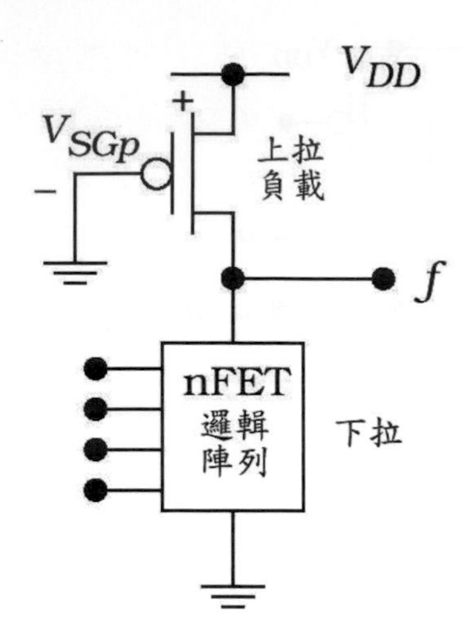

圖 9.5 一個虛 nMOS 邏輯閘的一般結構

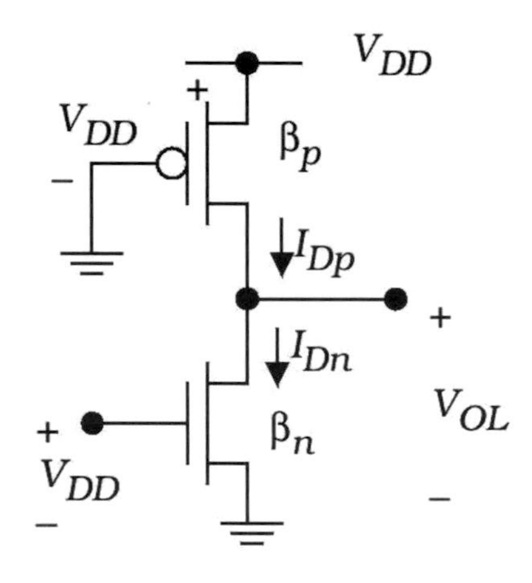

圖 9.6 虛 nMOS 反相器

虛 nMOS 邏輯使用較少的電晶體，這是因為我們只須要 nFET 邏輯區塊來產生這個邏輯。對 N 個輸入而言，一個虛 nMOS 邏輯閘須要 $(N+1)$ 個 FET。在傳統的 CMOS 之中，這個 pFET 群組被加進來使 DC 功率發散降低，但是這種邏輯是浪費的。標準的 N 個輸入 CMOS 閘使用 2 N 個電晶體。

一個虛 nMOS 閘的基本拓撲被繪製於圖 9.5 之中。這個單一個 pFET 被偏壓至作用區之中，這是因為接地的閘極會給予 $V_{SGp} = V_{DD}$。它是作為試圖將輸出 f 上拉到電源供應電壓 V_{DD} 的一個**上拉** (**pull-up**) 元件來使用。這個邏輯是使用我們已經看過的相同技術來設計的這個 nFET 陣列來進行的。這個陣列是作為輸出 f 與接地之間的一個大開關來使用。如果這個開關是打開的，那麼這個 pFET 將輸出上拉到一個 $V_{OH} = V_{DD}$ 的電壓。如果這個 nFET 開關被關閉，則這個陣列是作為一個試圖將 f 下拉至接地的**下拉** (**pull-down**) 元件。然而，由於這個 pFET 永遠被偏壓至導通，因此 V_{OL} 絕對達不到 0 V 的理想值。我們可能會想要使用虛 nMOS 電路來降低 FET 的數目及面積。然而，這種邏輯族還更複雜，這是因爲這些電晶體的相對大小設定了 V_{OL} 的數值，而我們必須小心來確保 V_{OL} 是足夠小來作爲一個電子邏輯 0 的電壓。

爲了說明這種尺寸調整的問題，讓我們來分析圖 9.6 中所顯示的這個簡單的反相器。輸入電壓已經被設定來在非飽和區域之中操作。因此，KCL 方程式會有下列的型式

$$\frac{\beta_n}{2}\left[2(V_{DD}-V_{Tn})V_{OL}-V_{OL}^2\right]=\frac{\beta_p}{2}\left(V_{DD}-\left|V_{Tp}\right|\right)^2 \tag{9.4}$$

這是 V_{OL} 的一個二次的方程式。求解得到實體的根爲

$$V_{OL}=(V_{DD}-V_{Tn})-\sqrt{(V_{DD}-V_{Tn})^2-\frac{\beta_p}{\beta_n}\left(V_{DD}-\left|V_{Tp}\right|\right)^2} \tag{9.5}$$

因此，V_{OL} 的值是由 $(\beta_n/\beta_p)>1$ 這個比值來決定的。將這個元件比值增大會使輸出低電壓降低。由於這項特性的緣故，虛 nMOS 是**成比例** (ratioed) 邏輯的一種型式，在這種邏輯中相對的元件大小會設定 V_{OL} 或 V_{OH}。

範例 9.1

考慮一種 CMOS 製程具有 V_{DD} = 5 V、V_{Tn} = + 0.7 V、V_{Tp} = -0.8 V、k'_n = 150 μA/V²、及 k'_p = 68 μA/V²。一個虛 nMOS 反相器具有 $(W/L)_n=4$ 及 $(W/L)_p=6$ 的大小會給予具有下列輸出低電壓的一個反相器

$$V_{OL}=4.3-\sqrt{(4.3)^2-\frac{408}{600}(4.2)^2}=1.75\text{ V} \tag{9.6}$$

這太大了，因爲它無法被一個具有相同型式的電路解讀爲一個邏輯 0。如果我們將 nFET 的尺寸增大至 $(W/L)_n=8$，而將 pFET 縮小到 $(W/L)_p=2$ 的話，這項計算會給予

$$V_{OL}=4.3-\sqrt{(4.3)^2-\frac{136}{1200}(4.2)^2}=0.24\text{ V} \tag{9.7}$$

這是可以接受的，這是因爲它低於將這個 nFET 導通的電壓 $V_{in}=V_{Tn}$。這說明

縱橫比的選擇對於這種設計風格是很關鍵的。我們必須注意當 $V_{in} = V_{DD}$ 時，會有一條由 V_{DD} 到接地的電流流動路徑被建立起來，這會導致一個大的 DC 功率發散。另外還有一個因素也會限制虛 nMOS 電路的用途。

一般性虛 nMOS 邏輯閘使用與標準 CMOS 之中相同的 nFET 陣列來加以設計。NOR2 與 NAND2 的範例顯示於圖 9.7 之中。令 β_n 與 β_p 爲一個反相器的元件值。圖 9.7(a) 中的 NOR2 閘可以基於相同的 β 值，這是因爲最差狀況的下拉情況乃是當只有一個單一的 nFET 是作用的這種情況。這種論述可以被延伸至一個 N 個輸入的 NOR 閘。圖 9.7(b) 之中的這個 NAND2 閘會因爲這些串聯的 nFET 而變得更複雜。爲了獲得相同的反相器下拉特性，這些邏輯電晶體必須被增大爲 $2\beta_n$ 以提供相同的由輸出到接地的總 nFET 電阻。這是必須有串聯的邏輯 FET 的虛 nMOS 邏輯閘的一個一般性的問題。

圖 9.8(a) 中所顯示的一個基本 AOI 電路使用相同的尺寸調整理念。產生

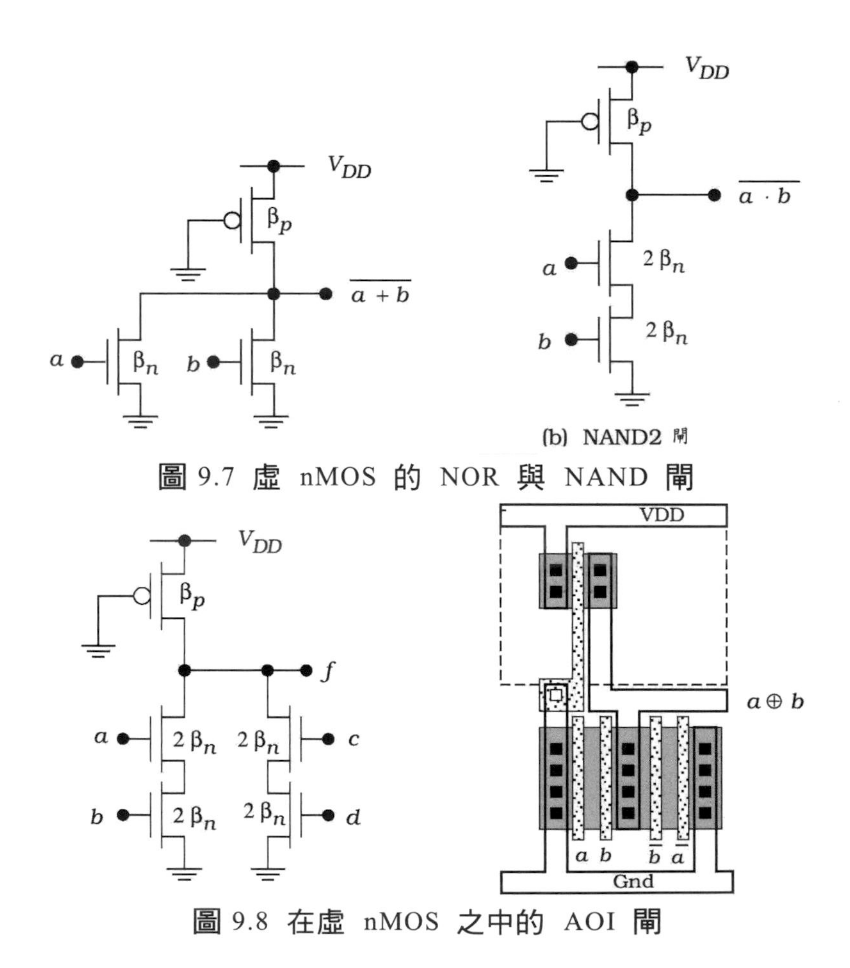

圖 9.7 虛 nMOS 的 NOR 與 NAND 閘

圖 9.8 在虛 nMOS 之中的 AOI 閘

較小較簡單的佈局圖的優點可以由圖 9.8(b) 中的這個 XOR 電路來看到。由於只有一個單一 pFET 被使用，因此這種交互連接會比較簡單。然而，我們須要調整尺寸以確保與下一級之間的恰當電性耦合。附屬於虛 nMOS 的這些問題將它的用途侷限於佈局問題是很關鍵的這種情況，或者侷限於某些會得到較簡單電路的特殊切換情況。

9.3 三態電路

一個**三態電路** (**tri-state circuit**) 會產生平常的 0 與 1 電壓，但是也會有一個與開路相同的第三種**高阻抗** (**high-impedance**) *Z* 【或 Hi-Z】狀態。三態電路對於電路與共同匯流排線路之間的隔離是很有用的。

一個三態反相器的符號被顯示於圖 9.9(a) 之中。這個致能訊號 *En* 控制這

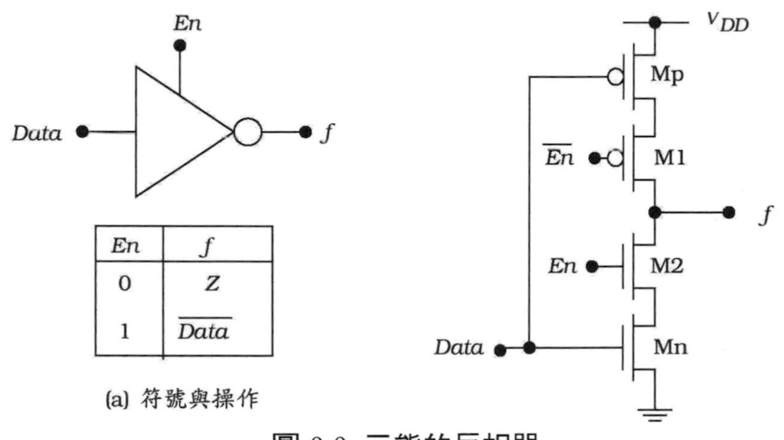

圖 9.9 三態的反相器

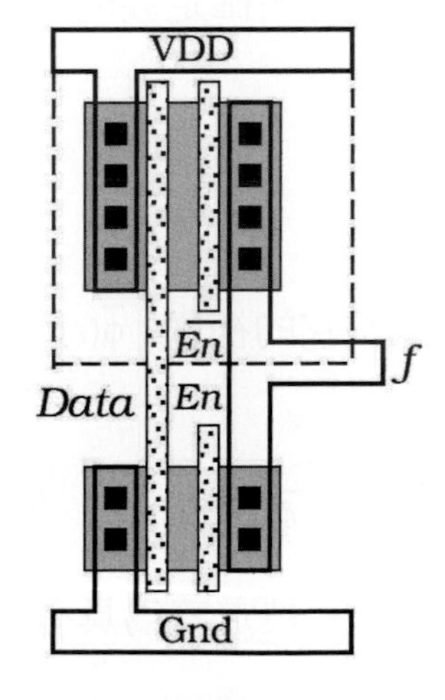

圖 9.10 三態的佈局圖

項操作。當具有 $En = 0$ 時，這個輸出是「三態的」，這意指 $f = Z$。當 $En = 1$ 時，正常的操作會發生。一個 CMOS 電路被顯示於圖 9.9(b) 之中。FET M1 與 M2 都是三態的元件。這個 $\overline{En}$ 訊號被施加於這個 pFET M1，而 En 則控制 M2。當具有 $En = 0$ 時，M1 與 M2 兩者都是關閉，而這個輸出同時與電源供應及接地隔離。這是 Hi-Z 狀態的電路狀況。注意即使沒有硬體連接存在，這個輸出電容【在圖形中並沒有明白地顯示】仍然可以保持一個電壓。當具有 $En = 1$ 時，M1 與 M2 兩者都是作用的，而 Mp 與 Mn 的作用就如同一個具有控制這些邏輯電晶體的 *Data* 的一個反相器。如同在圖 9.10 中所看到，這個佈局圖是直截了當的。

一個非反相的電路【一個緩衝器】可以藉由將一個規則化的靜態反相器加到這個輸入來獲得的。由於它們寬廣的用途的緣故，囊胞元件庫通常彙包含數種反相與非反相的三態電路。

9.4 時脈的 CMOS

直到這個時點爲止，所有我們已經檢視過的電路本性上都是完全**靜態的 (static)**。只要這些輸入值有效，而且這個電路已經達到穩定的話，那麼這個靜態邏輯閘的輸出就會是有效。邏輯延遲是由於「漣波」通過這個電路所造成的，而且與任何特定的時間基礎都是不相關的。唯有當我們推進到時脈控制及序列電路的觀念時，數位邏輯的眞實威力才能夠被實現。在這一節之中，我們將檢視一種稱爲**時脈的 CMOS (clocked CMOS)** 或者就簡稱爲 C^2MOS 的一種基本設計風格。

時脈訊號 ϕ【或 *Clk*】是具有明確定義的週期 T [sec] 與頻率 f [Hz] 的一個週期波形使得

$$f = \frac{1}{T} \tag{9.8}$$

圖 9.11 顯示這個時脈 $\phi(t)$ 以及它的補數 $\overline{\phi}(t)$。理想而言，這些時脈是**不重疊的 (non-overlapping)**，使得

$$\overline{\phi}(t) \cdot \phi(t) = 0 \tag{9.9}$$

對所有的時間 t。然而，如果 $\phi(t)$ 被定義爲具有一個 0 V 的最小值，以及一個 V_{DD} 的最大值，則

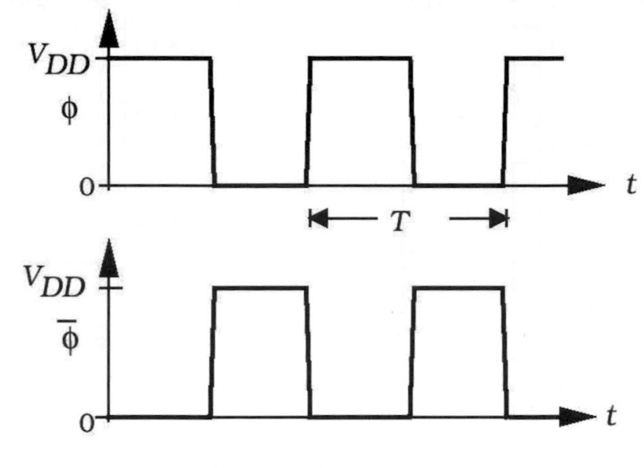

圖 9.11 時脈的訊號

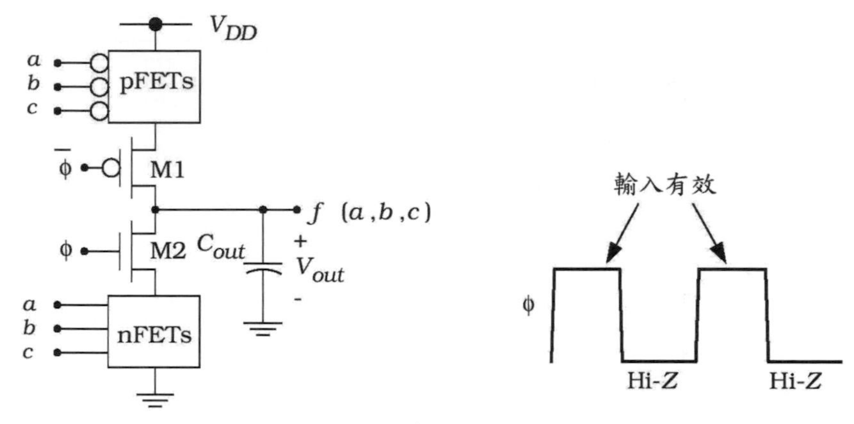

圖 9.12 一個 C²MOS 閘的結構

$$\overline{\phi}(t) = V_{DD} - \phi(t) \tag{9.10}$$

因此在一個變遷的期間之內，這些時脈會稍微重疊。產生對所有時間都是眞正不重疊的一組時脈可能會有好處。

一個 C^2MOS 閘的一般性結構被顯示於圖 9.12 之中。它是由一個靜態的邏輯電路連同一個由 ϕ 及 $\overline{\phi}$ 所控制的【由 M1 FET 與 M2 FET 所作成的】三態輸出網路所組成的。我們使用圖中所顯示的時脈波形來了解這個電路的操作。當 $\phi = 1$ 時，M1 與 M2 兩者都在作用區之中。由於 pFET 與 nFET 邏輯區塊兩者都被連接到輸出節點，因此這個電路會退化成爲一個標準的靜態邏輯閘。在這段時間之內，這個輸出 $f(a, b, c)$ 是有效的，這建立了輸出電容 C_{out} 上的電壓 V_{out}。當這個時脈改變到 $\phi = 0$ 的一個值時，M1 與 M2 兩者都是在截止之中，因此這個輸出是處於一個高阻抗狀態 Hi-Z。在這段時間區間之內，這個 FET

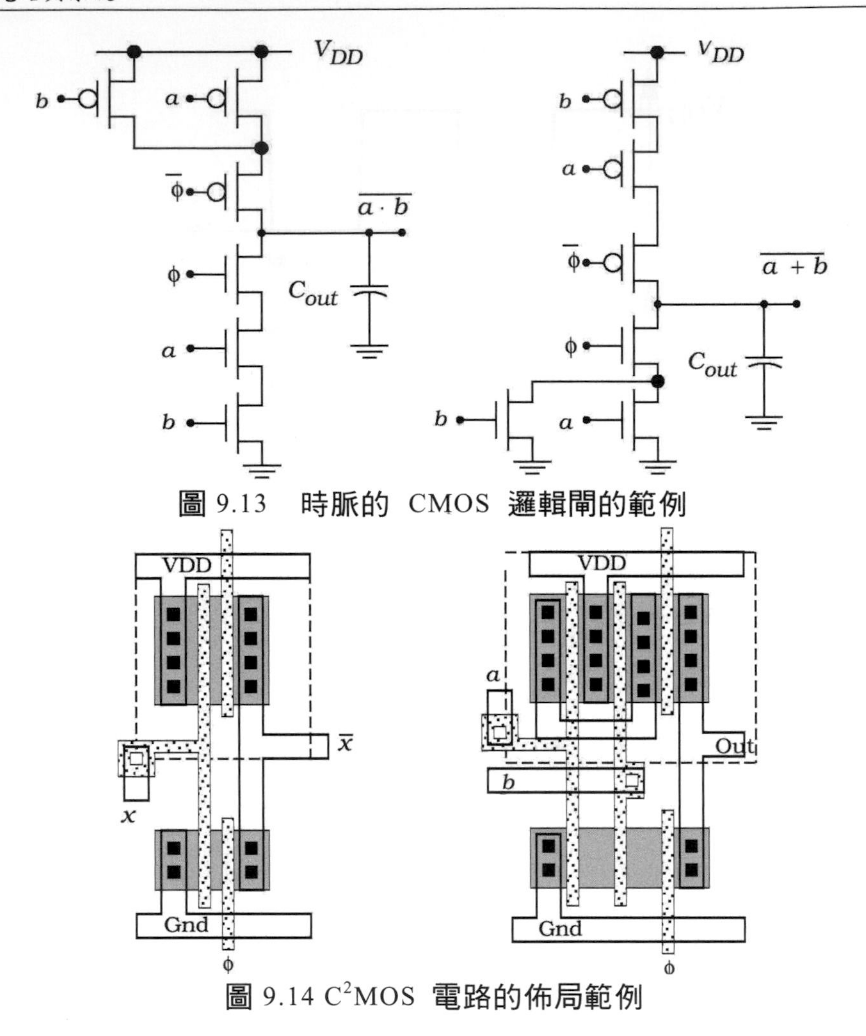

圖 9.13　時脈的 CMOS 邏輯閘的範例

圖 9.14 C^2MOS 電路的佈局範例

邏輯陣列並沒有被連接到輸出，因此輸入沒有任何效應。相反的，輸出電壓被保持在 C_{out} 上面，直到時脈回到一個 $\phi = 1$ 的值爲止。

這個電晶體陣列是使用與標準邏輯閘相同的技術來設計的。一個 NAND2 及一個 NOR2 的這種電路分別被顯示爲圖 9.13 之中的子圖形 (a) 與 (b)。這個佈局圖是類似於三態電路，而以時脈來取代致能訊號。圖 9.14 中的這個佈局圖提供了安置及連接這些電晶體的一種方法。注意這些串聯連接的時脈 FET 的出現自動地同時延長了這個電路的上升與下降時間。

時脈的 CMOS 是很有用的，這是因爲我們可以藉由控制這個閘的內部操作而使流動通過一組邏輯串級的數據同步。這個 φ 的每個循環允許一群新的數據位元進入這個網路。一個缺點乃是輸出節點無法使在 V_{out} 上的電荷保持非常久的時間，這是由於一種稱爲**電荷洩漏** **(charge leakage)** 的現象所造成的。這會在可允許的時脈頻率之上置放一個下限。

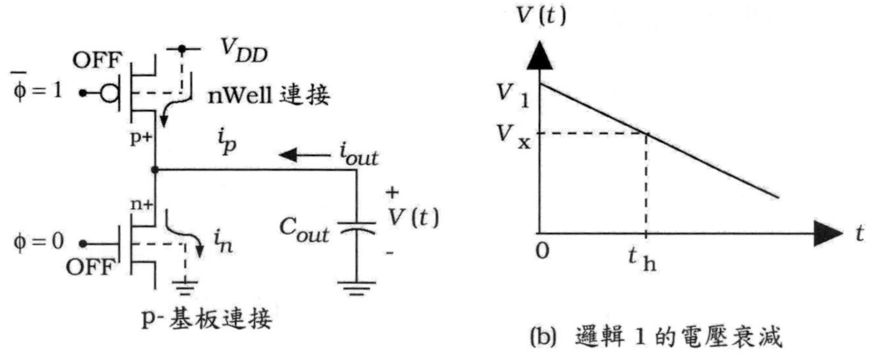

圖 9.15 電荷洩漏問題

電荷洩漏的基本原理被顯示於圖 9.15(a) 之中。即使這些電晶體是在截止狀況，使用一個 FET 來堵塞所有的電流流動還是不可能的。如果一個電壓被外加到洩極或源極，則會有一個微小的**洩漏電流 (leakage current)** 流動進入或離開這個元件。有許多因素對這個漏電流會有所貢獻。其中一個因素乃是圖形中所顯示的必要的本體連接所造成的。這個 pFET 的本體是 n 井區域，而這個區域會被連接到電源供應 V_{DD}。由於 pFET 的源極是一個 p+ 區域，因此這會產生一個 pn 接面【一個二極體】來允許一個微小洩漏電流 i_p 持續流到這個節點。nFET 也會有相同的問題，而 i_n 會由輸出流動到 p 基板。以 i_{out} 來代表流出這個電容器的電流，我們可以將這些貢獻加總來獲得

$$\begin{aligned} i_{out} &= i_n - i_p \\ &= -C_{out}\frac{dV}{dt} \end{aligned} \tag{9.11}$$

其中在第二行之中我們已經使用了電容器的 I-V 關係；注意負號的出現指明 i_{out} 是由正端點流出。

爲了看到這個漏電流的效應，假設我們有一個起始的電壓 $V(t=0)=V_1$ 儲存於電容器之上。如果 $i_n > i_p$，則 $i_{out} = I_L$ 是一個正的數目，表示電流是由這個電容器流出。將這個方程式重寫爲

$$I_L = -C_{out}\frac{dV}{dt} \tag{9.12}$$

我們可以將它重新整理而得到

$$\int_{V_1}^{V(t)} dV = -\int_0^t \left(\frac{I_L}{C_{out}}\right) dt \tag{9.13}$$

假設 I_L 是一個常數，這個方程式可以被積分而得到

$$V(t) = V_1 - \left(\frac{I_L}{C_{out}}\right)t \tag{9.14}$$

這是電壓隨著時間的一個線性衰減。這被繪製於圖 9.15(b) 之中。當這個電壓降低時，最終它會達到一個最小的邏輯 1 的值，在這個圖形中被顯示爲 V_x。如果 V 下降至低於這個值，它將會不正確地被解讀爲一個邏輯 0 的電壓。**保持時間 (hold time)** t_h 是對應於這個邏輯 1 電壓可以被儲存的最大時間。由定義，這會發生在

$$V(t_h) = V_1 - \left(\frac{I_L}{C_{out}}\right)t_h = V_x \tag{9.15}$$

重新整理

$$t_h = \left(\frac{C_{out}}{I_L}\right)(V_1 - V_x) \tag{9.16}$$

得到這種狀況的保持時間。藉由將這個電容估計爲 50 fF，將漏電流估計爲 0.1 pA，而將電壓改變估計爲 1 V，我們可以獲得保持時間的一個數量級估計。這些值會得到

$$t_h = \left(\frac{50\times 10^{-15}}{10^{-13}}\right)(1) = 0.5 \text{ sec} \tag{9.17}$$

在我們所生活的宏觀尺規上，這是一個非常短的時間區間。然而，在現代數位 CMOS 的微觀時間尺規上，t_h = 500 ms 就像無窮大這麼長！因此，快速的時脈可以幫助我們來避免這個問題。這項估計的確顯示在一個 C^2MOS 電路之中讓時脈訊號閒蕩是不可能的。

如果 $V(t = 0) = 0$ V 是對應於一個儲存的邏輯 0 電壓的話會怎樣呢？ 如果 $I_L = i_p - i_n > 0$，則相同的分析會成立，具有下列的結果

$$V(t) = \left(\frac{I_L}{C_{out}}\right)t \tag{9.18}$$

也就是說，這個充電電流 I_C 會使電壓隨著時間而增大。這意指邏輯 0 的電壓可能會漂移，因此我們再度要求一個最小的時脈頻率。

在次微米的元件之中，洩漏電流的問題會因為被稱為**次臨限電流 (subthreshold current)** I_{sub} 的另外一個 FET 洩漏電流的存在而更形惡化。這個電流是即使閘極電壓小於 V_T 也會流動的一個洩極–源極電流。次臨限電流的一項簡單的估計為

$$I = I_{D0}\left(\frac{W}{L}\right)e^{-(V_{GS}-V_T)/(nV_{th})} \tag{9.19}$$

其中 I_{D0} 會隨著 V_{DS} 而改變，V_{th} 是熱電壓，在 300 K 時，$(kT/q) \approx 26$ mV，而 n 是一個隨著電容而改變的一個參數。I_{D0} 的一個保守的值大約是 10^{-9} A，這會明顯地使保持時間下降。當具有之前的電容與電壓值且 $V_{GS} = 0$ 時，通過一個單位縱橫比 FET 的洩漏保持時間的估計為

$$t_h = \left(\frac{50 \times 10^{-15}}{10^{-9}}\right)(1) = 50\ \mu s \tag{9.20}$$

此外，這個洩漏電流的其它貢獻是源自於被使用來產生這個矽電路的實體結構與材料。在一個次微米的元件之中，找到一個 $I_L = 0.1\ \mu A = 10^{-7}$ A 的總電荷洩漏電流也沒有什麼不合理。當具有這種階層的洩漏時，保持時間被簡化為

$$t_h = \left(\frac{50 \times 10^{-15}}{10^{-7}}\right)(1) = 0.5\ \mu s \tag{9.21}$$

這清楚地顯示一個電容性節點上的電荷儲存是一個限制時間的事件，而且會對我們的邏輯電路構成重要的限制。

為了簡化起見，雖然我們已經把洩漏電流近似為具有一個固定的值，但是較深入的分析顯示它們是與電壓相關的函數。一般的微分方程式會具有下列的型式

$$I_L(V) = -C_{out}(V)\frac{dV}{dt} \tag{9.22}$$

其中我們已經注意到，輸出電容 C_{out} 也是由電壓所決定的。如果我們明確地知道 $I_L(V)$ 與 $C_{out}(V)$ 的函數，則

$$\int_0^t dt = \int_{V_x}^{V(t)} \frac{C_{out}(V)}{I_L(V)}\, dV = t \tag{9.23}$$

可以被積分來給予 $V(t)$。一種更實際的方法乃是使用一個數值解答。這些數量對

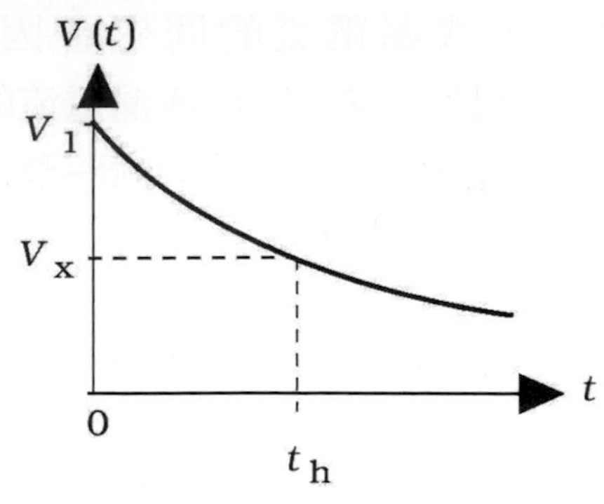

圖 9.16 一般性的電壓衰減

V 的相依性會造成一個非線性的衰減，譬如圖 9.16 中所說明的這個範例。保持時間仍然是以相同的方式來加以定義。在電路設計的階層，電荷洩漏的資訊通常是由電路模擬所獲得的。

每當我們試圖使用一個在截止之中的 MOSFET 來保持一個節點上的電荷時，電荷洩漏就會發生。在本章剩下的部分之中的許多先進電路都會具有這種特性，因此我們必須記得來檢查這個問題。簡單的 MOSFET 的 SPICE 模型並無法精確地代表洩漏電流。截至目前，最佳的結果是使用 BSIM 方程式所獲得的。

未來研究的動機

雖然電荷洩漏是動態電路中的一個重要問題，這項討論強調使用一個 MOSFET 來獲致一個「打開的開關」的這個問題。當尺寸縮小時，洩極–至–源極的洩漏電流會增大，而這個元件看起來愈來愈不像被使用來設計 CMOS 邏輯網路的這個理想化開關。這是在數位次微米 VLSI 中最爲關鍵的問題之一。元件的研究人員持續關注這個問題。以矽技術的術語而言，有兩種最爲風行的方法。一種技術乃是藉由使用不同材料來改善製程以及 FET 結構的變化來降低漏電流。這些年來，這已經造成了具有「可處理的」漏電流階層的較佳元件，這些是電路設計師所必須拿來工作的元件。

另外一種方法乃是發展新型的電晶體來取代標準的 MOSFET。具有改善特性的創新元件已經被提議而且被製造，而在文獻中也出現許多很有前途的結構。然而，元件的研究傾向於一開始先關心製造一個單一的電晶體，而不是一個高密度的 VLSI 晶片。製造的問題通常限制了這個元件在這些應用之中的用途。另外一個問題乃是，在電路與邏輯設計師可以發展出來數位設計方法論之前，他們必須先學習一個元件的特性。一種可以在標準 MOSFET 中良好運作的技術，即使

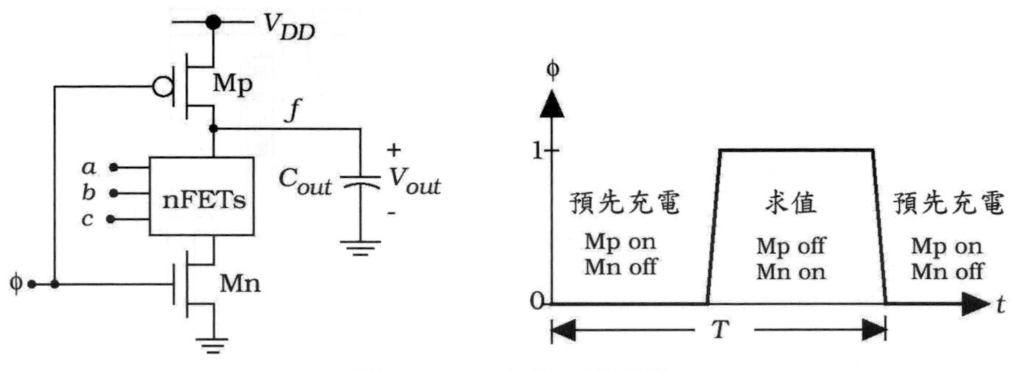

圖 9.17 基本動態邏輯閘

它還是可以運作，也不見得就是基於具有不同 I -V 特性的電晶體的電路的最佳選擇。

將一個 MOSFET 的尺寸加以收縮經常被視爲是製程技術的自然演進。次微米大小的 FET 的發展已經對於電路設計技術有一顯著的影響。引進新的切換元件將會影響 VLSI 設計層級的所有階層，而在我們能夠實際裝置高密度設計之前，還有許多研究必須先被完成。VLSI 設計師必須持續地注意這個領域之中的改變。

9.5 動態 CMOS 邏輯電路

一個**動態邏輯閘 (dynamic logic gate)** 使用時脈及 MOSFET 的電荷儲存性質來實際裝置邏輯的運算。這個時脈提供了一個同步的數據流動，這種同步的數據流動使得這種技術在設計序列網路時會是很有用的。一個動態邏輯閘的表述特徵乃是一項計算的結果只有在一小段時間區間之內才會成立。雖然這會使這個電路更加難以設計與使用，但是它們只須要較少的電晶體，而且會比靜態串級來得快速。

動態電路是以圖 9.17 中所說明的這個電路爲基礎。時脈 ϕ 驅動一組互補的電晶體對 Mn 與 Mp；這些時脈控制這個電路的操作，並提供同步化。這個邏輯是使用介於輸出節點與接地之間的一個 nFET 陣列來實際裝置的。輸出電壓 V_{out} 是取跨降在輸出電容器 C_{out} 上的這個電壓。

時脈訊號 ϕ 定義了在每個循環之內的兩種不同的操作模式。當 $\phi = 0$ 時，這個電路是在**預先充電 (precharge)**，其中 Mp 是導通，而 Mn 是關閉。這建立起在 V_{DD} 與輸出之間的一條傳導路徑，允許 C_{out} 充電至 $V_{out} = V_{DD}$ 的一個電壓。Mp 通常被稱爲預先充電 FET。由於這個 nFET 邏輯區塊的底部在預先充電期間之內並沒有被連接到接地，因此這些輸入沒有影響。

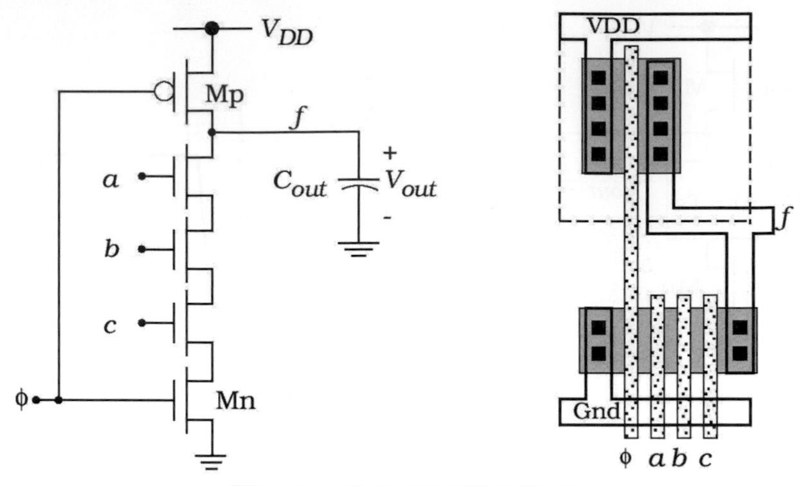

圖 9.18 動態邏輯閘的範例

時脈的一個到 ϕ = 1 的變遷會將這個電路驅動進入**求值** (**evaluation**) 模式之中，在這種模式之中 Mp 是關閉，而 Mn 則是導通的。這些輸入是有效的，並且控制這個 nFET 邏輯陣列的切換；Mn 經常被稱爲是求值電晶體。如果這個邏輯區塊的作用像一個關閉的開關，那麼 C_{out} 可以通過這個邏輯陣列及 Mn 來放電；這會得到 $V_{out} = 0$ V 的最終結果，這是對應於 $f = 0$ 的一個邏輯。如果這些輸入造成這個區塊的行爲有如從頂端至底端的一個打開的開關，那麼 C_{out} 上的電荷會被保持，而 $V_{out} = V_{DD}$；邏輯上，這是 $f = 1$ 的一個輸出。最終，電荷洩漏將會使輸出下降至 $V_{out} \to 0$ V，而這會是一個不正確的邏輯值。保持時間是由這個電路所決定的。一般而言，這項考慮會設定時脈上的最小頻率規定。

一個動態 NAND3 電路被顯示於圖 9.18(a) 之中。邏輯的構成是使用三個串聯連接的 FET 所達成的。輸出爲

$$f = \overline{a \cdot b \cdot c} \tag{9.24}$$

只有在當 ϕ = 1 時的這個求值期間之內，這個輸出方程式才會成立。如同圖 9.18(b) 中的這個範例所顯示，佈局圖是相當直截了當的。由於這個求值 nFET Mn 是與這個邏輯區塊串聯，因此 C_{out} 必須通過四個電晶體來放電。將這些 nFET 的尺寸增大將會使下降時間縮短。

如同之前所提及，當 $f = 1$ 時，電荷洩漏會使在輸出節點上所保持的這個電壓下降。這個電路的詳細分析顯示，當時脈進行 ϕ → 1 的變遷時，另外一個稱爲**電荷分享** (**charge sharing**) 的問題可能會發生。甚至在電荷洩漏效應開始變得明顯可見之前，這個電荷分享效應便會使輸出電壓降低。

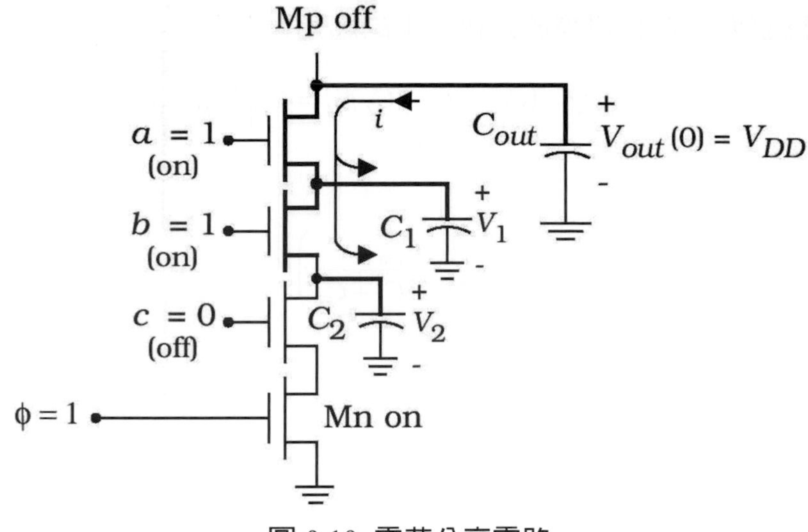

圖 9.19 電荷分享電路

如同圖 9.19 中所顯示，電荷分享問題的起源乃是在 FET 之間的這些寄生節點電容 C_1 與 C_2。這個時脈被設定在 $\phi = 1$，因此 Mp 是關閉的，這將輸出節點與電源供應隔離開來。在求值期間的一開始時，如同圖中所顯示，在 C_{out} 上的起始電壓是 $V_{out} - V_{DD}$。假設在這個時間電容器電壓 V_1 與 V_2 兩者都是 0 V，則電路上的總電荷爲

$$Q = C_{out}V_{DD} \tag{9.25}$$

這個電路的最差狀況的電荷分享條件乃是當這些輸入是在 $(a,b,c) = (1,1,0)$ 之時。當 $c = 0$ 時，並沒有到接地的放電路徑，因此這個輸出電壓應該保持在高電壓。然而，由於這些 a 及 b 輸入的 FET 是導通的，因此如同暗虛線所表示的，C_{out} 會被電性連接到 C_1 與 C_2。這個電流 i 之所以會流動是因爲 V_{out} 一開始就大於 V_1 或 V_2。這個電流是對應於電荷由 C_{out} 到 C_1 與 C_2 兩者的一項轉移。使用 $Q = CV$ 這個關係式顯示 V_{out} 會下降，而 V_1 與 V_2 則會增大。當這些電壓是相等而且具有下列的一個最終值時，電流就會停止流動。

$$V_{out} = V_2 = V_1 = V_f \tag{9.26}$$

因此，電路上的總電荷是依據下式來分佈的

$$\begin{aligned} Q &= C_{out}V_f + C_1V_f + C_2V_f \\ &= (C_{out} + C_1 + C_2)V_f \end{aligned} \tag{9.27}$$

應用電荷守恆原理，這必須等於系統之中的起始電荷：

$$Q=(C_{out}+C_1+C_2)V_f=C_{out}V_{DD} \tag{9.28}$$

求解最終的電壓，得到

$$V_f=\left(\frac{C_{out}}{C_{out}+C_1+C_2}\right)V_{DD} \tag{9.29}$$

由於

$$\left(\frac{C_{out}}{C_{out}+C_1+C_2}\right)<1 \tag{9.30}$$

因此我們發現

$$V_f<V_{DD} \tag{9.31}$$

因此，電荷分享會降低輸出節點上的電壓。為了使 V_{out} 保持在高電壓，這個電容器必須滿足這個關係式

$$C_{out}>>C_1+C_2 \tag{9.32}$$

由於這些電容值是由佈局尺寸所決定的，因此這並不難以達成。當電荷分享發生時，這個節點仍然會受制於洩漏電流，這個洩漏電流會使電壓隨著時間而下降。

9.5.1 骨牌邏輯

骨牌邏輯 (Domino logic) 是藉由將一個靜態的反相器加到一個基本的動態閘電路的輸出所造成的一種 CMOS 邏輯的風格。所得到的這種結構被顯示於圖 9.20 之中。預先充電及求值事件仍然會發生，但是現在會受影響的是介於動態級與反相器之間的這個電容器 C_X。一個 $\phi=0$ 的時脈值定義了預先充電。在這段時間之內，C_X 被充電至一個 $V_X=V_{DD}$ 的電壓，這個電壓強迫輸出電壓到達 $V_{out}=0$ V。當 $\phi=1$ 時，在求值期間之內，輸入是有效的。如果 C_X 保持它的電荷，V_X 會維持在高電壓，而 $V_{out}=0$ V 表示一個邏輯 0 的輸出。如果 C_X 放電的話，則 $V_X\to 0$ V 且 $V_{out}\to V_{DD}$。這是對應於一個邏輯 1 的輸出。

骨牌邏輯閘是**非反相的 (non-inverting)**，這是因為這個輸出反相器的緣故。這項特性的兩個範例被顯示於圖 9.21 之中。圖 9.21(a) 之中的這個 AND 閘是

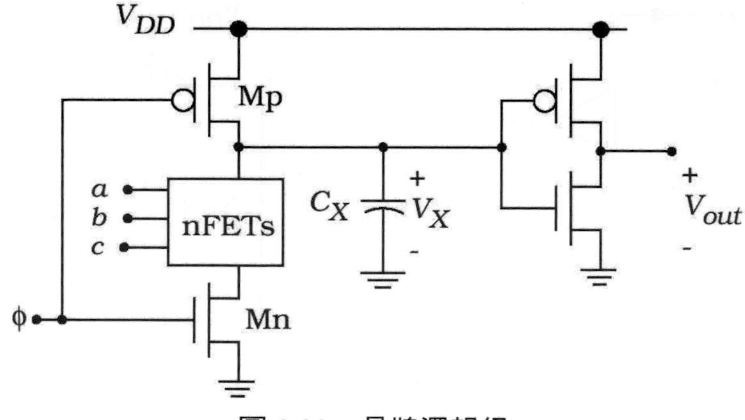

圖 9.20　骨牌邏輯級

很容易瞭解的：如果 $a = b = 1$，則內部的節點會放電至 0 V，強迫輸出達到一個邏輯 1 (V_{DD})。相類似地，如果 $a = 1$ 或 $b = 1$ 的話，圖 9.21(b) 中的這個 OR 閘會給予一個 1 的輸出。由於 NOT 運算乃是一組完整的邏輯運算所必要的，因此這會使得只使用骨牌閘的邏輯設計會須要一些技巧。[1] 雖然我們可以加上反相器，但是我們發現這可能會造成在這個電路之中引進硬體小故障的可能性，因此通常應該避免。反相器只能被使用於一條骨牌鏈的開頭或尾巴。一個 AND3 閘的骨牌佈局圖的範例被顯示於圖 9.22 之中。這只是一個動態的 NAND3 電路被串級進入一個靜態的反相器之中而已，因此這個佈局圖保存了一般動態邏輯的特徵。

骨牌邏輯是從一個串級操作的方式來得到它的名稱。一個 3 級的網路被顯示於圖 9.23 之中。每一級都是被相同的時脈相位 ϕ 所控制的。在具有 $\phi = 0$ 的一段預先充電期間之內，電容器 C_1、C_2、及 C_3 被同時充電至 V_{DD}。這會造成輸出 f_1、f_2、及 f_3 都成為 0。當 $\phi = 1$ 時，整條鏈都會進行求值。在一條骨牌串級之中，這就像必須從第一級開始，然後一級一級地傳播至輸出的一種「骨牌連鎖反應」。為了瞭解這項評論，假設我們監視第二級的輸出 f_2，並看到在求值的期間之內，它會由它的預先充電值 $f_2 = 0$ 被切換到 $f_2 = 1$。這可能發生的唯一方式乃是如果 C_2 被放電的話，但是這要求必須 $f_1 = 1$ 來導通放電鏈之中的 nFET。將相同的邏輯施加到第一級，只有當 C_1 已經被放電時，f_1 才能夠被切換至 1。將這個論述加以延伸，我們看到只有當第一級與第二級都已經作相同的變遷時，$f_3 \rightarrow 1$ 才會發生。

[1] 一組完整的邏輯運算乃是能夠產生任何邏輯組合的一組。沒有 NOT 運算元的話，諸如 XOR 與 XNOR 的函數是不可能達成的。

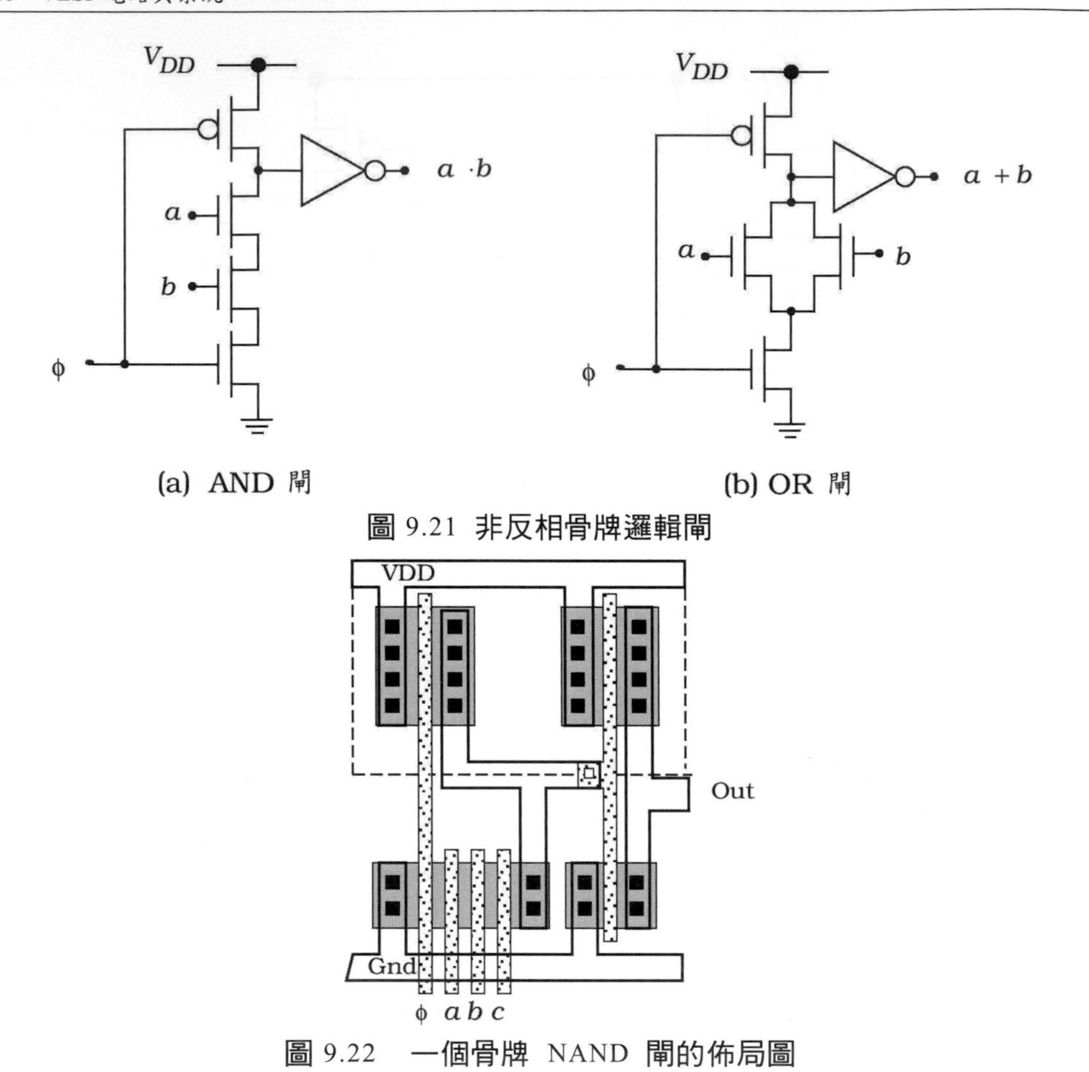

圖 9.21 非反相骨牌邏輯閘

圖 9.22 一個骨牌 NAND 閘的佈局圖

這種骨牌效應呈現於圖 9.24 之中來幫助我們觀察這個過程。圖 9.24(a) 以站立的骨牌來代表預先充電事件。這條鏈的求值被顯示於圖 9.24(b) 之中。一個給予 $f \to 1$ 輸出的放電事件是以一個正在倒下的骨牌來表示。這在下一級之中可以倒下，但是其它輸入可能會使放電無法發生。在這個圖形之中，第一級與第二級已經進行放電，但是第三級仍然維持高電壓【處於它的預先充電狀態】。注意這項操作表明骨牌邏輯閘只有在串級之中才會有用。

這種骨牌串級必須有一段求值的期間，這段時間必須足夠長來允許每一級都有時間來放電。這表示使區間電壓 V_X 降低的電荷分享及電荷洩漏過程可能是限制的因素。**電荷保持器電路 (charge-keeper circuit)** 已經被開發出來克服這個問題。兩種電荷保持器電路被顯示於圖 9.25 之中。在圖 9.25(a) 之中，一個 pFET MK 被偏壓至作用區來使一個微小電流得以補充 C_X 上的電荷。這個電荷保存器

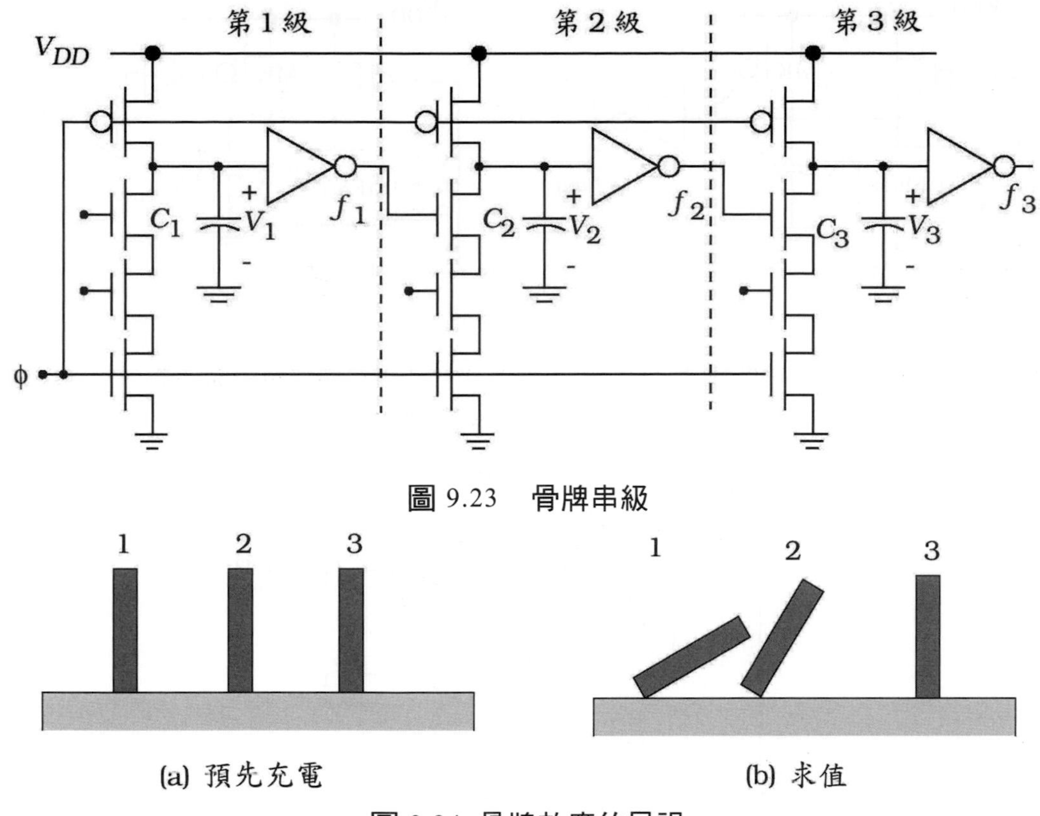

圖 9.23 骨牌串級

(a) 預先充電　　(b) 求值

圖 9.24 骨牌效應的目視

FET 的縱橫比必須很小，因此它才不會被一個放電事件以任何顯著的方式來干擾；這被稱爲是一個「微弱」元件。另外一種方法被顯示於圖 9.25(b) 之中。一個反相器控制這個微弱 pFET 的閘極。如果一個 C_X 的內部放電的確存在的話，那麼輸出電壓 V_{out} 會增大。將這個輸出電壓饋送通過這個反相器會將這個 pFET 關閉，並允許這種放電持續下去。

多重輸出骨牌邏輯 (**multiple-output Domino logic, MODL**) 是基本骨牌電路的一種很有意思的延伸。這種形式的電路允許來自一個單一邏輯閘的兩個或更多個輸出。一個 2 輸出 MODL 級的結構被顯示於圖 9.26 之中。這個邏輯陣列已經被分裂成爲被表示爲 F 與 G 的兩個分離區塊，這會產生一個額外的輸出節點。加上一個反相器以及一個預先充電的電晶體會造成下列的兩個輸出

$$f_1 = G \qquad f_2 = F \cdot G \tag{9.33}$$

這可藉由研究這個邏輯網路而輕易地瞭解。如果這個 G 邏輯區塊的作用有如一

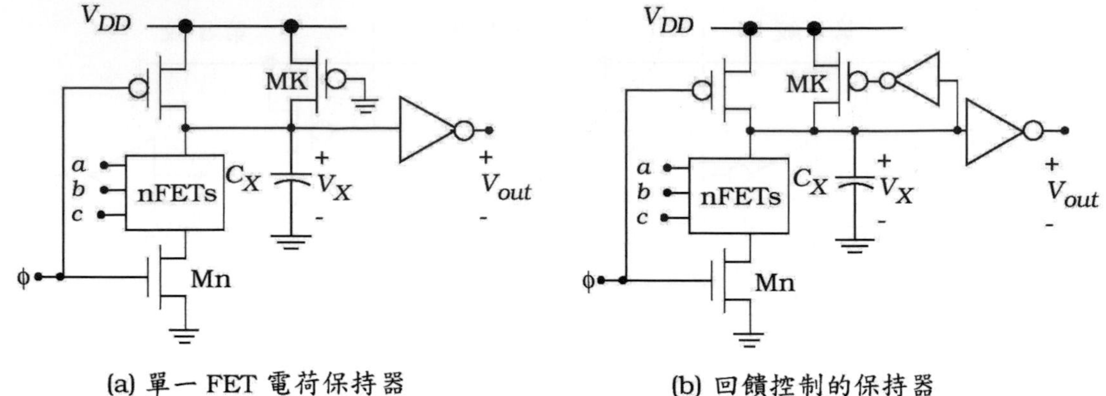

(a) 單一 FET 電荷保持器 (b) 回饋控制的保持器

圖 9.25 電荷保持器電路

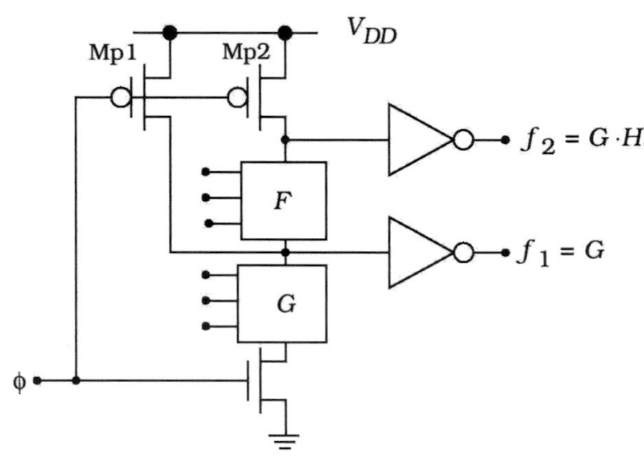

圖 9.26 一個 MODL 電路的結構

個封閉的開關，則它會提供一個 $f_1 = G$ 的輸出。如果這發生的話，則第二個邏輯區塊 F 也作為一個封閉的開關來衍生放電也會是可能的。這種相依關係會產生這兩個輸出之間的 AND 關係。雖然這種電路的限制相當多，但是 AND 運算的套疊的確出現在諸如進位前瞻加法器的數種重要的計算演算法之中。

9.5.2 動態邏輯電路的功率發散

CMOS 動態邏輯電路可以被設計來提供非常快速的切換連同適度的地產 (real estate) 消耗。它們已經被成功地應用於數種著名的晶片之中，而且也是 DRAM 及其它重要的電腦組件的基礎。很不幸地，它們可能會須要相當多的功率，而這會限制它們的用途。

在一個動態電路之中，時脈 ϕ 在每個循環之中定義一項預先充電及一項求值操作。由於電荷無法被保持在一個電容性節點之上，因此每個預先充電循環將會由電壓源拉出電流，使這個電路的整體功率發散增加。這些時脈電路本身必須

有動態功率來驅動這些 FET。在標準的組態之中，每一級代表對應於這些預先充電與求值電晶體的時脈驅動器的一個電容

$$C_L = C_{Gp} + C_{Gn} \tag{9.34}$$

時脈電路自己的功率消耗可能會是總發散功率的一個顯著的部分。

VLSI 系統設計經常會因爲一片晶片的總功率消耗而變得更爲複雜。這會影響封裝的選擇、意圖的應用【桌上型或可攜式】、電源供應的特性、及散熱片與外殼通風的要求。系統限制與電路設計之間的相互影響必須隨時被列入設計的考慮因素之中。

9.6 雙軌邏輯網路

我們一直專注於**單軌的** (single-rail) 邏輯電路，在這種電路之中一個變數的值只是一個 0 或一個 1 而已。在**雙軌** (dual-rail) 的網路之中，變數 x 與它的補數 $\bar{x}$ 兩者被使用來形成這個差

$$f_x = (x - \bar{x}) \tag{9.35}$$

使用這個數量 f_x 提供了切換速度的提昇。這可以藉由計算時間的導數來看到爲

$$\frac{df_x}{dt} = \left(\frac{dx}{dt} - \frac{d\bar{x}}{dt}\right) \tag{9.36}$$

並且注意

$$\frac{d\bar{x}}{dt} \approx -\left|\frac{dx}{dt}\right| \tag{9.37}$$

這是因爲 x 增大而 $\bar{x}$ 下降所致，反之亦然。因此

$$\frac{df_x}{dt} \approx 2\left|\frac{dx}{dt}\right| \tag{9.38}$$

因此 f_x 改變的速率大約是一個單一變數的改變速率的兩倍。若轉譯爲邏輯的專門術語來講，這意指切換速度大約是在單軌電路之中所能獲得的兩倍快。

在雙軌電路之中的複雜因素乃是電路複雜程度以及導線連接經常消耗的增大。現在每個輸入與輸出都是由這個變數以及它的補數所構成的一個成對訊號。這些電路是相對應地更爲複雜，而且可能會須要一些技巧來處理。然而，這種速

度的優點使它們相當值得研究。有些電路甚至會提供結構化與精簡佈局規劃。

9.6.1 CVSL

大致上，大多數的雙軌 CMOS 電路都是基於**微分串極電壓開關邏輯** **(differential cascode voltage switch logic)**，這通常是以 **DVCS 邏輯 (DCVS logic)** 或**微分 CVSL (differential CVSL)** 來縮寫；在這裡我們將採用後者。CVSL 提供具有內建在這個電路之中的閂住特性的雙軌邏輯閘。這些輸出結果 f 與 $\bar{f}$ 會被保持住，直到這些輸入衍生一項改變為止。

一個 CVSL 邏輯閘的基本結構被顯示於圖 9.27 之中。這組輸入是由這些變數 (a, b, c) 及它們的補數 $(\bar{a}, \bar{b}, \bar{c})$ 所構成的，這些輸入被繞線進入一棵 nFET「邏輯樹」**(logic tree)** 網路之中。這棵邏輯樹是以一對互補的開關 Sw1 與 Sw2 來加以模擬，使得輸入會決定其中一個開關是關閉的，而另一個開關則是打開的。這些開關的狀態建立輸出。譬如，如果 Sw1 是關閉的，則 $f = 0$。對面的

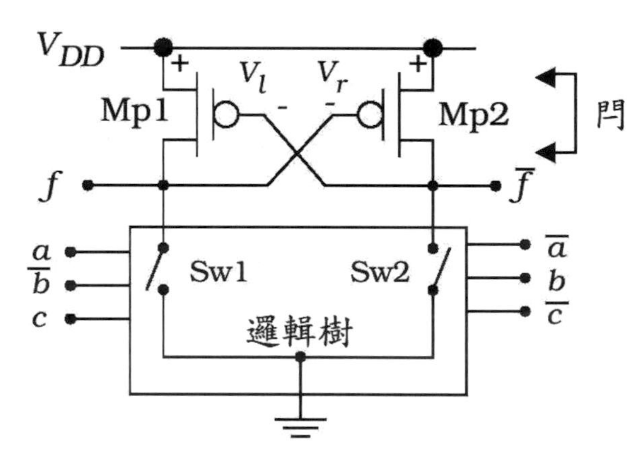

圖 9.27 一個 CVSL 邏輯閘的結構

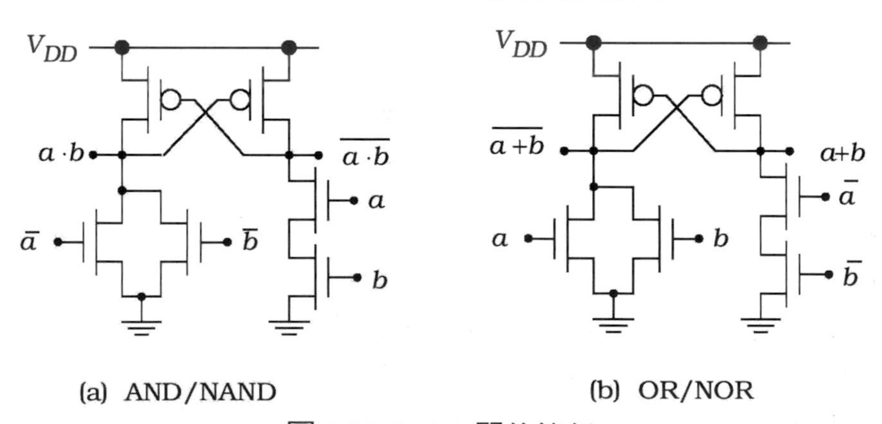

圖 9.28 CVSL 閘的範例

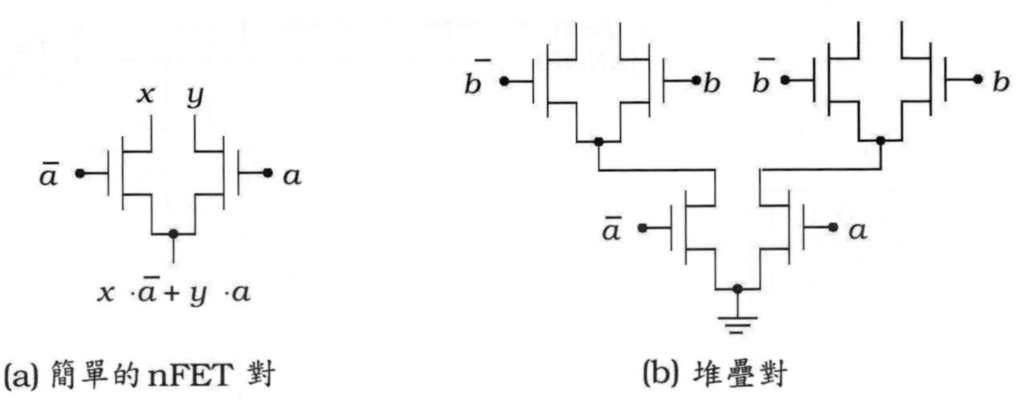

(a) 簡單的 nFET 對　　(b) 堆疊對

圖 9.29　nFET 邏輯對

這一邊 ($\bar{f}$) 是藉由這個 pFET 閂的作用而被強迫至互補的狀態 ($\bar{f}=1$)。

這個閂是由圖形中所顯示的左邊與右邊的源極–閘極電壓 V_l 與 V_r 所控制的。假設 Sw2 是關閉的，這會強迫右邊的 $\bar{f}=0$。在這種狀況之下，

$$V_l = V_{DD} \tag{9.39}$$

這會使 Mp1 導通。當 Mp1 導通時，左邊的輸出節點看到一條到電源供應的路徑，而在電源供應這裡會給予 V_{DD}；這是一個 $f=1$ 的狀態。這種在一邊使用一個下拉來設定這個閂的能力幫助這一級來快速地反應。

設計這種邏輯電路的數種技術已經被發表。一種直截了當的方法乃是使用左邊與右邊使用分開的電路。圖 9.28(a) 是在右邊有 (a,b) 的輸入，而在左邊有 $(\bar{a},\bar{b})$ 的輸入的一個 AND/NAND 電路，我們必須牢記雙軌邏輯閘必須有互補的輸入與輸出對。右邊的這個 NAND 運算的構成使用串聯的 nFET，這與標準 CMOS 之中的 nFET 邏輯完全相同。爲了獲得左邊的電路，我們只要使用德摩根恆等式

$$\overline{a \cdot b} = \bar{a} + \bar{b} \tag{9.40}$$

從我們對於推泡泡的研究可知，這表示具有互補輸入的並聯 nFET。一個 OR/NOR 電路被繪製於圖 9.28(b) 之中。這個邏輯的構成追隨與 AND/NAND 電路相同的方法。一項更爲重要的觀察乃是 OR/NOR 及 AND/NAND 閘的型式是完全相同的；只有輸入的位置不同而已。這種對稱性是由於 OR 與 AND 是邏輯對偶的這項事實所造成的。

如同圖 9.29(a) 中所顯示，邏輯樹提供了設計切換網路的一種結構化的方

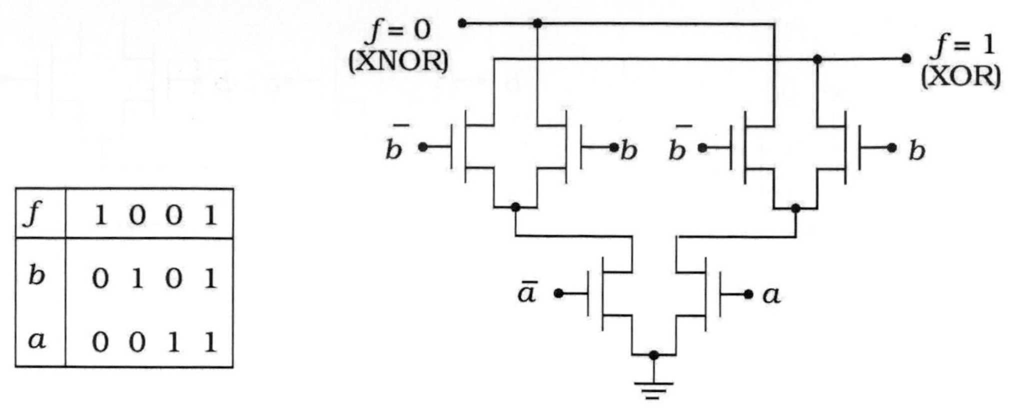

f	1 0 0 1
b	0 1 0 1
a	0 0 1 1

圖 9.30 **使用** nFET **對的一棵邏輯樹的範例**

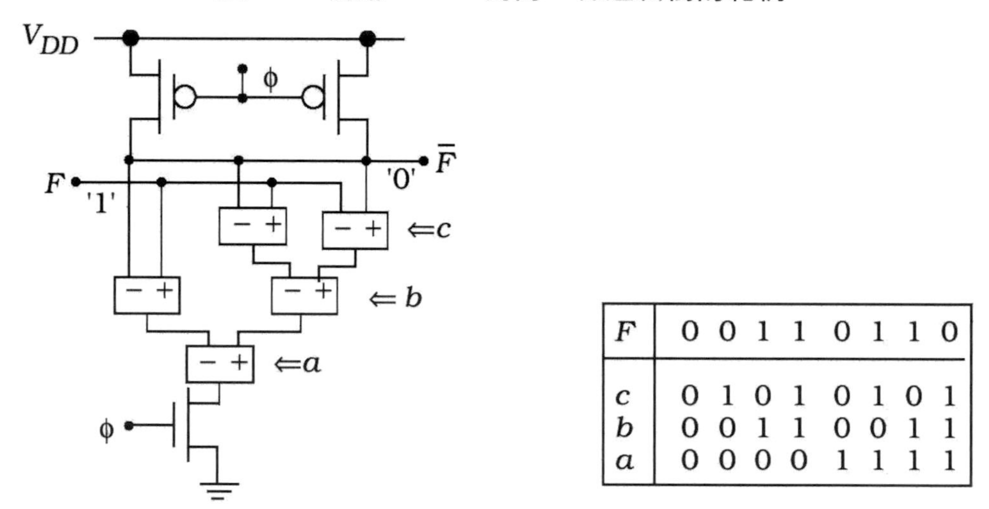

F	0 0 1 1 0 1 1 0
c	0 1 0 1 0 1 0 1
b	0 0 1 1 0 0 1 1
a	0 0 0 0 1 1 1 1

圖 9.31 **具有** 3 **階層邏輯樹的動態** CVSL **電路**

法。這些是基於被互補輸入所驅動的 nFET 對。當 x 與 y 被施加於這一對的頂部時，這一對的作用有如一個 2:1 MUX，這會有一個下列的【底部】輸出

$$x \cdot \overline{a} + y \cdot a \tag{9.41}$$

定性而言，這說明如果 $a = 0$，則 x 會被傳輸，而如果 $a = 1$，則輸出爲 y。因此，$(\overline{a}, a)$ 這一對是對應於一個 (0,1) 的輸入圖案，這個輸入圖案與輸入組合被列示於一個函數表之中具有相同的方式。如果 $x = y$，則這個輸出永遠是 x，而這些 FET 可以被刪除。一個 nFET 對的 2 階層堆疊被顯示於圖 9.29(b) 之中。在上面這一列的這些 b 輸入對是對應於 (01) (01) 的輸入序列，而底部的這對【a 輸入】則具有 (01) 的序列。這提供了由一個 2 輸入函數表到 nFET 陣列的一個一對一映射。

這個閘的另一個範例被顯示於圖 9.30 之中。這個眞值表的輸出 f 有 (1001) 這個序列，這指明 $f=1$ 的 XOR 函數，以及 $f=0$ 的 XNOR 函數。將這個表予以映射會給予圖中所顯示的這棵邏輯樹。這個 CVSL 閘是藉由加上一個 pFET 閂到這些 f 與 $\bar{f}$ 線路來完成的。這種技術可以被應用於數個變數的任意函數表。過剩的對可以被刪除，這會導致一個精簡的表示法。

一個動態 CVSL 電路被顯示於圖 9.31 之中。這個電路是以被使用來對輸出節點充電的這些時脈控制 pFET 來取代靜態的閂。在這棵樹底部的一個 nFET 被使用來求值。在這個電路圖之中，我們使用簡化的符號。每個「- +」箱對應於一對 nFET 對，其中這個變數被施加於「+」邊，而這個補數則被施加於「-」邊。我們已經做了兩項簡化來將這個函數表轉譯至這棵邏輯樹。這是因爲 f 的左邊項目具有 00 11 的序列，這使得兩對 c 階層的對都會被刪除所致。

9.6.2 互補的通過電晶體邏輯

互補的通過電晶體邏輯 (**CPL**) 是一種基於 nFET 邏輯方程式的有意思雙軌技術。讓我們來檢視圖 9.32(a) 之中的 nFET 對。輸出被給予爲

$$f = a \cdot b + \bar{a} \cdot a \tag{9.42}$$

邏輯上，這會簡化爲 AND 運算 $f = a \cdot b$，這是因爲 $\bar{a} \cdot a = 0$ 所致。右邊的電晶體被加進來以確保當 $a = 0$ 時的輸出 $f = 0$ 是一個明確定義的硬體電壓【來自輸入 a】。這是通過電晶體邏輯的基礎。爲了產生 CPL，我們必須加上 NAND 函數。這是以圖 9.32(b) 中所顯示的 AND/NAND 對來加以進行的。NAND 運算是由下列的簡化所獲得的

$$a \cdot \bar{b} + \bar{a} = \bar{a} + \bar{b} = \overline{a \cdot b} \tag{9.43}$$

由於 nFET 會遭受臨限損耗，因此靜態的輸出反相器已經被加進來將這些電壓回復到全軌的值。直到我們必須有完全電源供應之前，這些並不是必要的，但是它們對於使這個電路加速很有幫助。

CPL 的一項獨一無二的特徵乃是，藉由使用相同的電晶體拓撲連同不同的輸入序列，我們可以產生數個 2 輸入閘。圖 9.33(a) 顯示一個 OR/NOR 陣列。將這個陣列與 AND/NAND 加以比較顯示，我們只是將這些 FET 輸入上的 a 與 $\bar{a}$ 對調而已。一對 XOR/ XNOR 對被顯示於圖 9.33(b) 之中。這是藉由改變頂端的【洩極】輸入來達成的。CPL 也允許具有類似性質的 3 輸入邏輯閘。

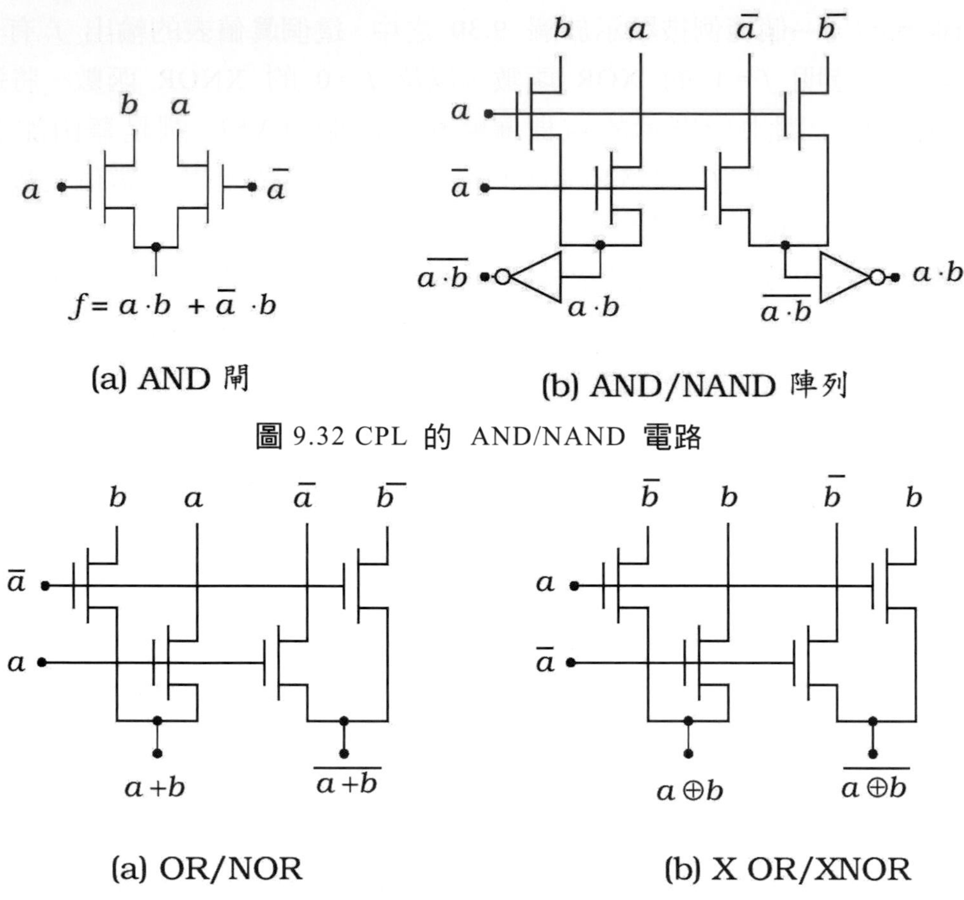

圖 9.32 CPL 的 AND/NAND 電路

圖 9.33 2 輸入的 CPL 陣列

CPL 是一種很有意思的方法，這是因爲它提供了精簡的邏輯閘，而且這個囊胞的佈局圖是可以被重複使用的。主要的缺點乃是臨限損耗，以及一個輸入變數可能必須驅動不只一個 FET 端點的這件事實。在文獻之中已經提議以類似的方法來設計以克服這些問題，但是它們都會導致更複雜的電路。

9.7 額外的閱讀

[1] Abdellatif Bellaouar and Mohamed I. Elmasry, **Low-Power Digital VLSI Design**, Kluwer Academic Press, Norwell, MA, 1995.

[2] Kerry Bernstein, et al, **High Speed CMOS Design Styles**, Kluwer Academic Press, Norwell, MA, 1998.

[3] Ken Martin, **Digital Integrated Circuit Design,** Oxford University Press, New York, 2001.

[4] Jan Rabaey, **Digital Integrated Circuits**, Prentice Hall, Upper Saddle River, NJ, 1996.

[5] John P. Uyemura, **CMOS Logic Circuit Design**, Kluwer Academic Press, Norwell, MA, 1999.

[6] Neil H. E. Weste and Kamran Eshraghian, **Principles of CMOS VLSI Design**, 2nd ed., Addison-Wesley, Reading, MA, 1993.

9.8 習題

[9.1] 你的同事中的一個決定使用一個鏡像電路來實際裝置表 P9.1 的眞值表中所描述的這個 2 輸入的函數。

a	b	f
0	0	0
0	1	1
1	0	0
1	1	1

圖 P.9.1

(a) 這個函數是否具有建構一個鏡像電路所須要的正確對稱性？如果是的話，建構這個邏輯閘。

(b) 對這種情況而言，鏡像電路是一種聰慧的設計嗎？請解釋。

[9.2] 如同圖 P.9.2 中所顯示，兩個串聯連接的 pFET 有一個 48 fF 的共同電容。這個電晶體具有 $\beta_p = 250\ \mu A/V^2$ 及 $(V_{DD} - |V_{Tp}|) = 2.65$ V。這些電晶體被使用於一個標準的 AOI XOR 電路及一個鏡像形式的 XOR 電路，在輸出節點具有一個 $C_{out} = 175$ fF 的總輸出電容。求兩種設計的 t_{LH} 值。

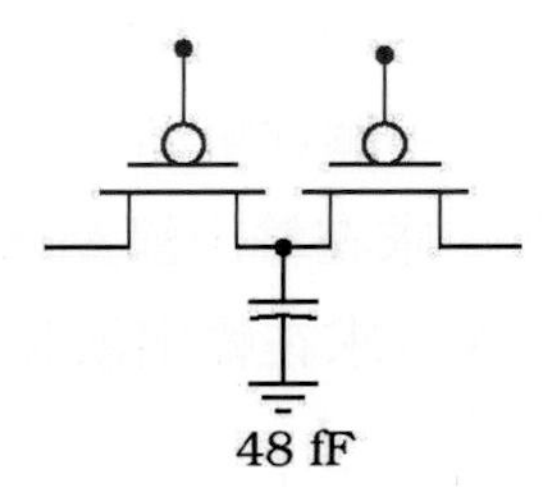

圖 P.9.2

[9.3] 考慮以 $V_{DD} = 5$ V、$V_{Tn} = 0.7$ V、$V_{Tp} = -0.85$V、$k'_n = 120\ \mu A/V^2$、及 $k'_p =$

55 $\mu A/V^2$ 來表述其特徵的一個 CMOS 製程。一個虛 nMOS 反相器使用縱橫比爲 4 的一個 FET 來設計。

(a) 求獲致 $V_{OL} = 0.3$ V 所須要的 pFET 縱橫比。

(b) 假設我們挑選縱橫比爲 $(W/L)_p = 3$ 的一個 pFET。求這種狀況的 V_{OL}。

[9.4] 考慮習題 9.3 中所描述的這種製程。設計一個 NAND2 閘及一個 NAND3 閘使兩者都具有 $V_{OL} = 0.4$ V。pFET 被指定有一個縱橫比 2。然後，比較這兩個閘的電晶體面積。

[9.5] 畫出提供下列邏輯運算的虛 nMOS 電路：

(a) $f = \overline{a \cdot b + c}$；(b) $h = \overline{(a+b+c) \cdot x + y \cdot z}$；(c) $F = \overline{a + (c \cdot [x + (y \cdot z)])}$。

[9.6] 考慮這些對偶的表示式

$$g = \overline{x \cdot y + z \cdot w} \qquad G = \overline{(x+y) \cdot (z+w)} \tag{9.44}$$

當使用虛 nMOS 設計來建構時，哪一種型式【AOI 或 OAI】會提供最佳的績效？

[9.7] 設計一個三態電路當控制訊號 $T = 1$ 時是在一個高阻抗狀態，而當 $T = 0$ 時是作爲一個非反相的緩衝器。

[9.8] 設計一個時脈的 CMOS 電路來實際裝置下列的函數

$$f = \overline{a \cdot (b+c) + x \cdot y} \tag{9.45}$$

[9.9] 當具有一個 $\phi = 0$ 的時脈訊號時，一個 C^2MOS 電路的輸出節點是三態。在這個節點的輸出電容爲 $C_{out} = 76$ fF。這些洩漏電流被估計爲 $i_n = 0.46$ μA 及 $i_p = 127$ nA。輸出電壓必須被維持在一個高於 2.4 伏特的值才會被下一級解讀爲一個邏輯 1。

(a) 如果 $V_{DD} = 5$ V，求在輸出節點處的保持時間。

(b) 如果 $V_{DD} = 3.3$ V，求在輸出節點處的保持時間。

[9.10] 考慮下列型式的一個電荷洩漏方程式

$$I_L(V) = -C_{out} \frac{dV}{dt} \tag{9.46}$$

其中 C_{out} 是一個常數，但是漏電流被描述為

$$I_L(V) = B\frac{V}{V_0} \tag{9.47}$$

其中 B 與 V_0 是常數。

(a) 使用 $V(0) = V_0$ 來求解 $V(t)$ 的微分方程式。

(b) 如果最小邏輯 1 電壓為 $V_x = 0.4\ V_0$，求保持時間 t_h 的一個表示式。

[9.11] 畫出一個具有下列輸出的動態邏輯閘的電路圖

$$f = \overline{a \cdot b + c \cdot a} \tag{9.48}$$

使用最少數目的電晶體。

[9.12] 畫出一個具有下列輸出的動態邏輯閘的電路圖

$$F = \overline{a \cdot (b + c + d)} \tag{9.49}$$

[9.13] 在圖 P9.3 中的這個 100 fF 電容器上所儲存的輸出電壓當 $A = B = 0$ 時有一個 5 V 的起始值。如果這些訊號被改變至 $A = 0$、$B = 1$，求 V_{out} 的值。

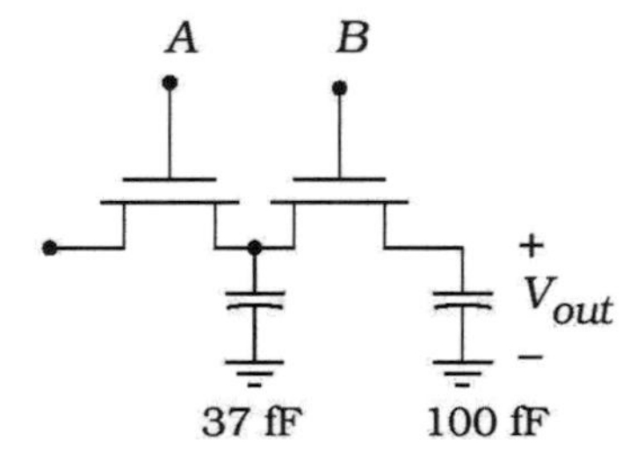

圖 P.9.3

[9.14] 如同圖 P9.4 中所顯示，四個 nFET 被使用來作為通過電晶體。輸入電壓被設定為 $V_{in} = V_{DD} = 5$ V，而它被給予 $V_{Tn} = 0.75$V。

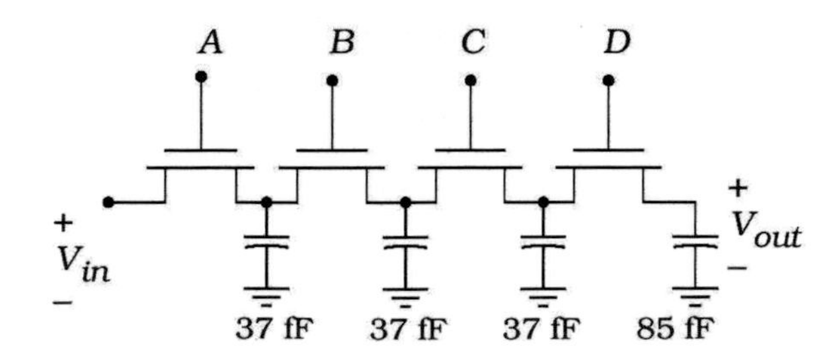

圖 P.9.4

(a) 對第一種狀況，假設這些訊號一開始是在 $(A,B, C, D) = (1, 1, 0, 0)$ 然後被切換至 $(A, B, C, D) = (0, 1, 1, 1)$。求 V_{out} 的最終值。

(b) 假設訊號一開始是在 $(A, B, C, D) = (1, 1, 1, 0)$ 然後被切換至 $(A, B, C, D) = (0, 0, 1, 1)$。求 V_{out} 的最終值。

[9.15] 建構一個 MODL 電路來提供這兩個輸出

$$F = a \cdot b \qquad G = (a \cdot b) \cdot (c + d) \tag{9.50}$$

[9.16] 藉由建構一個 nFET 的邏輯樹，求圖 P9.5 中這個函數表的 CVSL 閘。

f	1	1	0	1	0	0	1	1
c	0	1	0	1	0	1	0	1
b	0	0	1	1	0	0	1	1
a	0	0	0	0	1	1	1	1

圖 P.9.5

第三部分

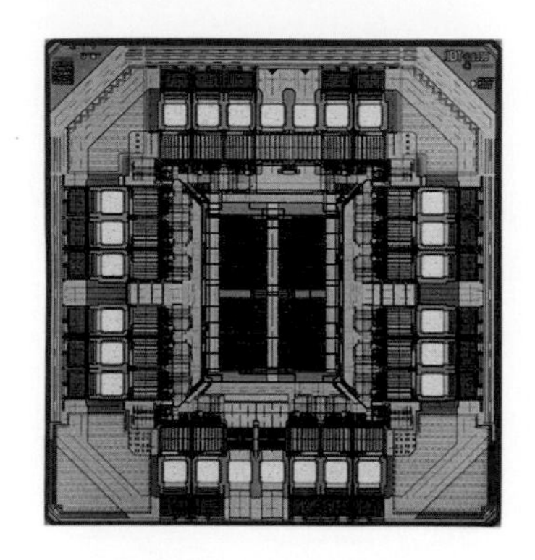

VLSI 系統的設計

10. 使用 Verilog® HDL 的系統規範

硬體描述語言 (hardware description languages, HDL) 是層級設計的一種理想的載具。一個系統可以由最高的抽象建築階層往下到原始的邏輯閘與開關來加以指定。兩種 HDL 主導這個領域。VHDL (VHSIC HDL)[1] 及 Verilog ® HDL。

VHDL 一開始是政府爲了使不同合約商的計畫整合所做的一項努力，而 Verilog 則是私人企業開發的結果。現在這兩者都已標準化而且被廣泛使用於工業之中，因此在這裡我們可以討論其中的任何一種。我們挑選 Verilog，主要因爲它在 VLSI 設計受歡迎的程度。相較於 VHDL，它是一種相對鬆散且自由流動的語言，而大多數的晶片設計師都覺得它符合他們的思考方式。Verilog 模仿 C 程式語言的結構，並且使用類似的程序與構造。然而，我們應該注意到 C 或 C++ 本身也可以被使用來作爲一種 HDL [9]，而且數個公司發展出來它們自己的語言。

本章介紹 Verilog 語言的基本觀念。如果你在其它課程已經熟悉 VHDL 的話，你將會發現學習 Verilog 是相當直截了當的。如果這是你進入一個 HDL 的第一次旅程，不要擔心，道路將會很平順，而想法將很容易掌握。

10.1 基本觀念

硬體描述語言使我們得以使用文字及符號來指定構成一個數位系統的組件，而不須要使用諸如區塊圖或邏輯圖等的一種圖形表示法。每個組件是由它的輸入及輸出埠、它所進行的函數、以及諸如延遲及時脈的定時特性來加以定義的。一整個數位系統可以使用一組預定的法則【及保留的字元】以文數的格式來加以描述。然後，這個檔案是以語言編譯器來加以處理，而這個輸出可以被分析來得到恰當的運算。這種方法適用於簡單的邏輯閘，或者甚至也適用於一個完整微處理器的設計。使用一個 HDL 的邏輯驗證通常被認爲是使這個設計有效所必要的。

[1] VHSIC 是一個 DoD 的縮寫代表非常高速的積體電路 (Very High-Speed Integrated Circuits)；DoD 是美國國防部 (Department of Defense) 的縮寫。

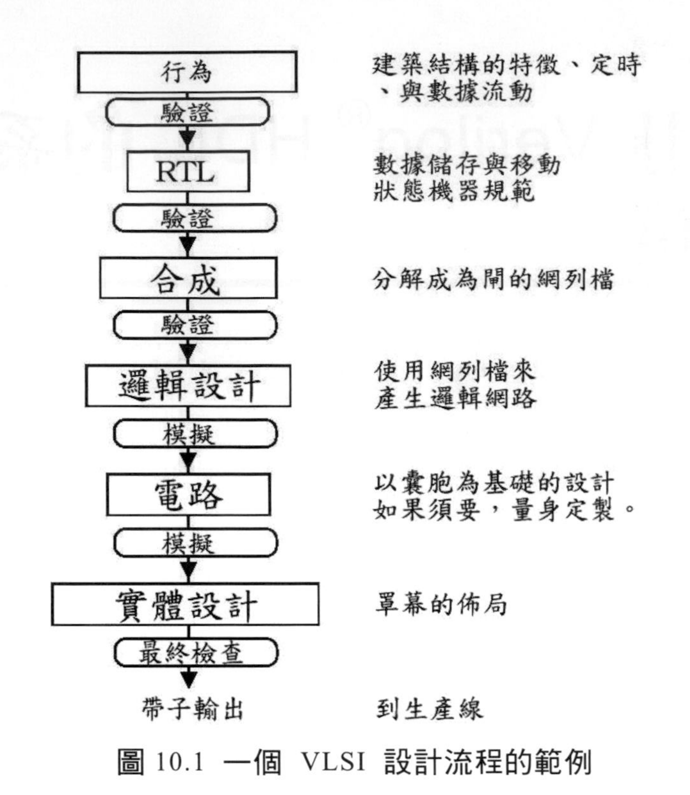

圖 10.1 一個 VLSI 設計流程的範例

一種典型的設計層級是呈現於圖 10.1 之中。在最高的階層是一種**行爲 (behavioral)** 的描述，這種描述是以它的結構特徵來描述這個系統。一般而言，這是相當抽象的，這是因爲它並不包含如何裝置這個設計的任何細節。一旦這個行爲的模型被模擬及改良之後，設計往下移至**暫存器轉移階層 (register transfer level, RTL)**。一個數位網路的一個 RTL 描述專注於這些數據是如何由單元到單元在這個系統中移動，以及主要的運算。狀態機器與序列電路可以在這個階層被引進。定時窗戶被一再的檢查，而設計的驗證再度是一項主要的目標。

在設計程序中的下一階層稱爲**組合 (synthesis)**。在完全自動化的設計之中，這種 RTL 描述被傳送通過一項組合工具來產生實際建構這個系統所需要的硬體組件的一個網列檔。較受歡迎的組合工具之一爲 Synopsis®。組合過程的成功或失敗通常是由程式碼撰寫者的技巧所決定的。並不是所有 HDL 結構都可以被組合，典型的估計大約是在 50% 附近盤旋。

在組合步驟之後，這個網列檔被使用來設計這個邏輯網路。在這個階層的驗證乃是由確保這個邏輯是正確的模擬所構成的。一旦這個邏輯被驗證之後，囊胞元件庫可以被使用來設計這個電路。組件被導線連接在一塊，而電性與邏輯兩者都使用模擬來加以驗證。這種囊胞的例證及導線連接被轉譯成爲實體設計期之中的矽圖案。在驗證這個佈局之後，這個設計【終於】完成，並被送去製造第一片的矽測試晶片。

Verilog HDL 提供一個數位系統在上面所列示的所有階層的描述。每個階層與其它階層都是相關聯的，而層級的設計哲學是由不同型式的程式碼來加以鏈結的。每個階層都有其自己的編碼風格，使用特定的指令集及構造。Verilog 甚至也提供 MOSFET 的開關模擬，雖然它並不像諸如 SPICE 的電路模擬器那樣的強健，而且對於 CMOS 製程變數也沒有那麼敏感。Verilog-A 則是把本質上是一種數位語言的 Verilog 加以延伸到類比的世界。

將各個階層鏈結起來的觀念乃是一個**模組 (module)** 的觀念。一個 Verilog 模組是執行某種函數的一個單元的描述。它可能是像一個基本 FET 開關這麼簡單，或者它也可能像一個 64 位元的 ALU 這麼複雜。簡單模組的引例被使用來產生更爲複雜的模組。這種層級的結構是類比於本書之前所討論在一個佈局圖編輯器之中設計囊胞時所使用的結構。

我們關於 Verilog 的討論將由數位邏輯階層來開始，在這個階層中簡單的閘被使用來建構更複雜的邏輯單元。一旦這種語言的結構被瞭解之後，較高階層的抽象思考就會被引進。

10.2 結構化的閘階層模擬

結構化的模擬是以構成這個系統的組件的型式來描述一個數位邏輯網路。閘階層的模擬是基於使用原始的 (primitive) 邏輯閘，並指定它們是如何被導線連接在一塊的。它是最容易瞭解的，這是因爲它與基礎邏輯之中所發展出來的觀念是平行的。

Verilog 是使用編譯器所瞭解的一些特定的關鍵字 (keyword) 來建構的。在這個族群之中包含原始閘 (primitives)【例如邏輯閘】、訊號型式、及指令。在我們的列示之中，Verilog 碼將使用 Arial 這種字型，而且將會從主文內縮進來。關鍵字是使用相同的字型的**粗體字 (boldface)**。在結構模擬階層，關鍵字通常是原始的邏輯運算【閘】，這會得到可讀性很高的一種編碼風格。學習 Verilog 的一種直截了當的方法乃是使用逐行分析來研究一個邏輯網路是如何被轉譯成爲一段 Verilog 描述。這將會以一種直接的方式來說明想法及語法。

10.2.1 Verilog 的範例

考慮圖 10.2 中所顯示的 4 輸入的 AOI 電路。這個邏輯是使用基本的 AND 與 NOR 閘來建構的，它取用 a、b、c、d 等輸入，並產生下列的一個輸出

$$f = \text{NOT}(a \cdot b + c \cdot d) \tag{10.1}$$

讓我們來檢視由內部結構來描述這個網路的 Verilog 模組的列示。然後，我們將研究這些細節來學習這個模組是如何被建構的。

```
module AOI4 (f, a, b, c, d) ;
    input a, b, c, d ;
    output f ;
    wire w1, w2 ;
    and G1 (w1, a, b ) ;
    and G2 (w2, c, d ) ;
    nor G3 (f, w1, w2) ;
endmodule
```

這段列示的第一次閱讀展現一個 Verilog 模組的結構與語法。關鍵字 **module** 定義具有 AOI4 名稱的一個網路的列示的開頭。這段列示的最後一行 **endmodule** 表明這個模組的描述已經完成。然後，輸出與輸入「識別元」的名稱被陳列於小括號之中，首先是輸出 f 然後是輸入 a, b, c, d。半分號被使用來作爲 Verilog 之中的界定符號；它們的用法應該被牢記。

再來幾行是指明輸入與輸出變數的埠關鍵字 **input** 與 **output**。這個 **wire** 關鍵字指明 w1 與 w2 是描述這個網路所需要的內部值，而不是 **input** 或 **output** 埠。一個 **wire** 宣告是被稱爲網 (net) 的一種數據型式。一個網的值是由驅動閘的輸出所決定的。在這種狀況下，w1 與 w2 是 AND2 閘的輸出，而這個輸出又是由輸入的值所決定的。

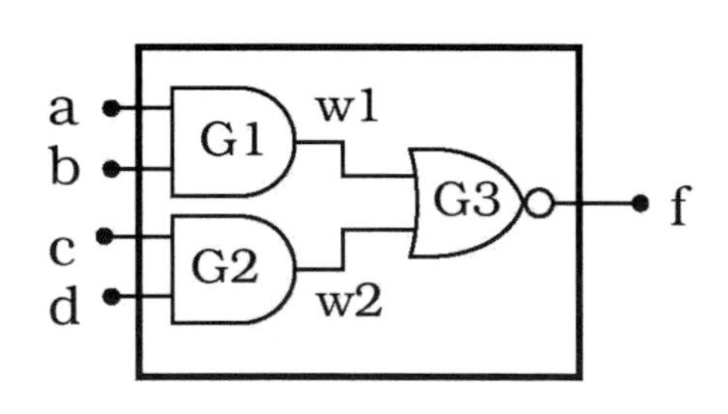

圖 10.2　AOI 模組範例

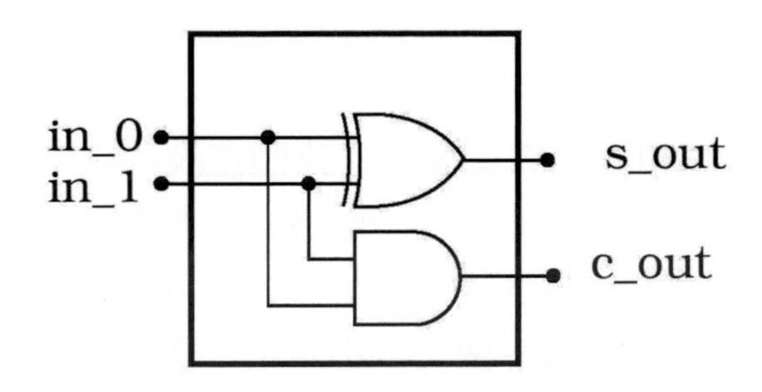

圖 10.3 由 Verlog 列示所得到的邏輯網路

這個邏輯的結構是由再來的三行所指定的。這些結構是引例 Verilog 語言的一部份原始 AND 與 NOT 閘。一個閘的例證具有下列的型式

```
gate_name instance_name (out, in_1, in_2, in_3, ... ) ;
```

其中 instance_name 是被使用來將閘與它們的列示予以關聯起來的一個選用的指定元。在我們的範例之中，我們已經將這些閘命名爲 G1、G2、及G3，因此這些名稱會出現在這段列示之中。編譯器將會以沒有這些名稱時的相同方式來解讀這個碼。

一段結構的列示提供一個邏輯網路的組件的一種獨一無二的一對一對應關係。假設我們從下列的模組描述開始，然後由它來建構邏輯圖。

```
module Example (s_out, c_out , in_0, in_1 ) ;
    input in_0, in_1 ;
    output s_out, c_out ;
    xor (s_out, in_0, in_1) ;
    and (c_out ,in_0, in_1 ) ;
endmodule
```

這會得到圖 10.3 中所顯示的內部細節。這是從 in_0 與 in_1 的輸入埠來開始畫圖，加上這些閘【**xor** 及 **and**】及指定的導線連接，然後將這些輸出【s_out 及 c_out】從這個模組的中央區域拉出來。邏輯方程式爲

$$s\_out = (in\_0) \oplus (in\_1)$$

$$c\_out = (in\_0 in\_1)$$

這被視爲一個半加器的總和及進位輸出。這些範例說明了一段 Verilog 結構化描述是等同於一個標準邏輯圖中所包含的資訊的這件事實。

在繼續往前推進之前，讓我們來檢視撰寫 Verilog 描述的某些基本事項。

識別元

識別元 (identifier) 是模組、變數、及其它我們在設計之中所會提及的物體的名稱。截至目前爲止，我們所使用的識別元範例包括 AOI4、a、b、in_0、及 s_out。識別元是由大寫及小寫字母、數字 0 至 9、底線字母 (_)、及金錢符號 ($) 所構成的。在正常的用法之中，第一個文字必須是一個字母或底線。一個識別元必須是單一文字群組。譬如，input_control_A 是一個單一的物體，但是 control A 的輸入則不被允許來作爲一個單一的識別元。

我們要指出 Verilog 語言是**對大小寫敏感 (case sensitive)**。我們必須小心不要將大寫與小寫字母搞混，因爲它們將會代表不同的事物。譬如，in_0、In_0、及 IN_0 都是不相同的，而且也不能交換使用。列示對於空白不敏感，因此你可以插入儘可能多的空格或空行來幫助閱讀。

值的集合

值的集合是指一個二元變數可能會有的特定值。Verilog 提供四個階層來代表描述硬體所須要的這些值：0、1、x、及 z。這些 0 與 1 階層是平常的二元值。一個 0 是一個邏輯 0 或一個 FALSE 陳述，而一個 1 則表示一個邏輯 1 或一個 TRUE 陳述。文意決定哪一種解釋是有效的。一個 x 代表一個未知的值，而 z 是高阻抗 (Hi-Z) 值。這個未知的值 x 是很重要的，因爲在許多情況之下，我們並沒有足夠的資訊。譬如，當我們一剛開始啓動一個電路時，邏輯閘的輸出是未知；我們必須等待一組輸入來建立一個值。

除了這四個階層之外，0 與 1 的值還可以再被區分成爲八個「强度」。這些强度被使用來模擬使控制一條線路的訊號變質的各種物理現象。强度將在後面予以更詳細的討論。

原始閘

原始的邏輯函數的關鍵字提供了在這個階層的結構化模擬的基礎。在 Verilog 之中重要的運算爲 **and**、**nand**、**or**、**nor**、**xor**、**xnor**、**not**、及 **buf**，其中 **buf** 是一個非反相驅動緩衝器。除了 **not** 及 **buf** 之外的所有閘都可以有兩個或更多個輸入。

對 0 與 1 輸入的眞值表是以平常的方式來加以定義。然而，由於 x 與 z 階層是被允許的，因此我們必須定義一個閘對於一組擴充的輸入刺激是如何反應

in	0	1	x	z
out	0	1	x	x

(a) **buf** 原始閘

in	0	1	x	z
out	1	0	x	x

(b) **not** 原始閘

圖 10.4 buf 與 not 閘的函數圖

的。這些 **buf** 及 **not** 閘是以圖 10.4 中所呈現的這些表格來定義的。在最上面一列的這些輸入值會產生在第二列上面的輸出，使這些輸入不言而喻。

圖 10.5 提供多重輸入的閘 **and**,、**nand**、**or**、**nor**、**xor**、及 **xnor** 的眞值表。這些表格本身是適用於兩個輸入，而且必須被外插來得到 3 或更多輸入的表格。在 Verilog 之中，這些表格的格式是標準的，並且具有一個卡諾圖的結構。最上面這一列給予一個輸入的值，而左邊的這一行是另一個輸入的值。每一種可能性的輸出值 out 是藉由將一列與一行對齊來讀取這個箱子之內所包含的這個矩陣所得到的。我們可以輕易認出在左上方角落的這個 4 × 4 子矩陣是 0 與 1

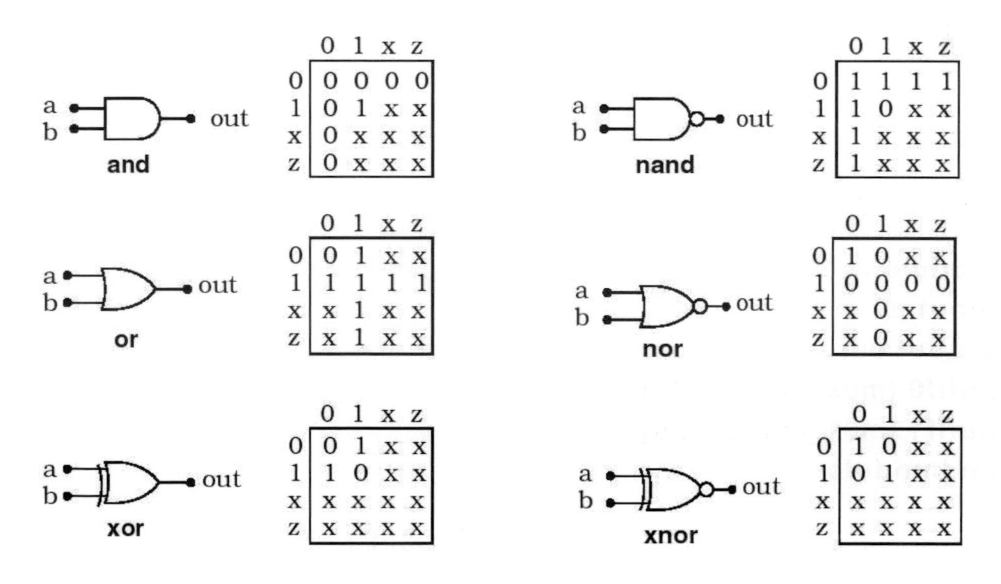

and

	0	1	x	z
0	0	0	0	0
1	0	1	x	x
x	0	x	x	x
z	0	x	x	x

nand

	0	1	x	z
0	1	1	1	1
1	1	0	x	x
x	1	x	x	x
z	1	x	x	x

or

	0	1	x	z
0	0	1	x	x
1	1	1	1	1
x	x	1	x	x
z	x	1	x	x

nor

	0	1	x	z
0	1	0	x	x
1	0	0	0	0
x	x	0	x	x
z	x	0	x	x

xor

	0	1	x	z
0	0	1	x	x
1	1	0	x	x
x	x	x	x	x
z	x	x	x	x

xnor

	0	1	x	z
0	1	0	x	x
1	0	1	x	x
x	x	x	x	x
z	x	x	x	x

圖 10.5 多重輸入閘的圖形

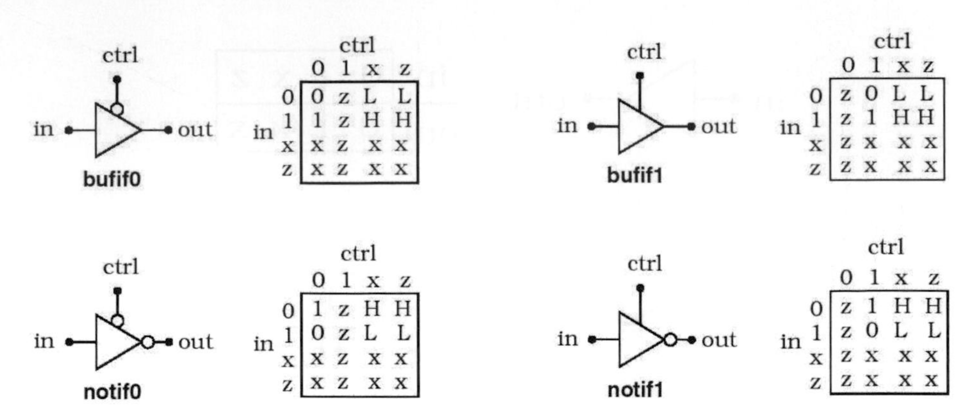

圖 10.6 三態原始閘的圖形

輸入的卡諾圖。

三態的基本閘爲 **bufif0**、**bufif1**、**notif0**、及 **notif1**。這些名稱幫助記住這個運算。如果這個控制爲 0，這個 **bufif0** 閘是一個緩衝器；如果這個控制爲 1，則它是具有一個 Hi-Z 輸出的三態電路。相類似地，如果這個控制爲 1，**notif1** 是作爲一個 **not** ，而一個 0 的控制則會給予一個 Hi-Z 輸出。三態閘有一個輸入，但是可能會有不只一個對應於它們作爲驅動器用法的輸出。爲了描述它們，我們使用下列的型式

```
tristate_name instance_name (out_0, out_1, out_2, ... , input, control);
```

其中 instance_name 是這個例證的選用名稱。這些原始的邏輯圖被綜合整理於圖 10.6 之中。三態電路的一個範例是圖 10.7 中所顯示的這個 2:1 MUX。這個網路的邏輯爲

$$out = p0 \cdot \overline{s} + p1 \cdot s \tag{10.2}$$

而且可以由下列的 Verilog 列示來加以描述

```
module 2_1_mux (out, p0, p1, s) ;
input p0, p1, s ;
output out ;
bufif0 (mux_out , p0 , s) ;
bufif1 (mux_out , p1 , s) ;
endmodule
```

其它原始閘將在後面加以介紹。這些包括 MOSFET 開關及其它有用的組件。

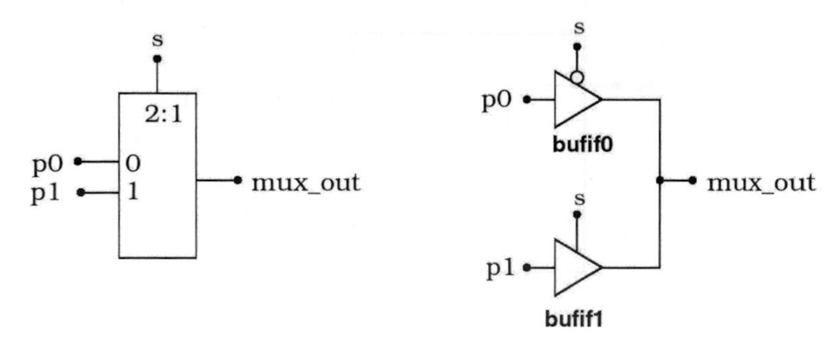

圖 10.7 使用三態原始閘的 2:1 MUX

評論行

評論對於程式碼的使用說明是很有用。在下列的陳述之中，

```
xor (s_out, in_0, in_1) ; // This line produces s_out
```

在 // 右邊的所有事物都會被編譯器所忽略。如果這段評論延伸兩行或更多行的話，那麼我們使用 /* 來代表第一行的評論的起頭，而 */ 代表最後一行的結尾，如同在

```
/* If we have a long comment that we want to insert
  then we may extend it into multiple lines
  or whatever is convenient */
```

第二行的縮排被包含來增進可讀性，而它是可有可無的。評論不能被套疊在其它評論之內。

埠

埠 (port) 是使一個模組得以與其它模組聯繫的介面端點。這些是對應於一個元件庫囊胞的輸入與輸出點。所有的埠都必須在一個模組列示之內被宣告。截至目前的這些範例具有下列的型式

```
Input in_0, in_1 ;
output s_out, c_out ;
```

一個雙向的埠是以下列的語法來加以宣告

```
inout IO_0, IO_1 ;
```

其中識別元 IO_0 與 IO_1 可以被使用來作為這個模組的輸入，也可以拿來作為輸出。

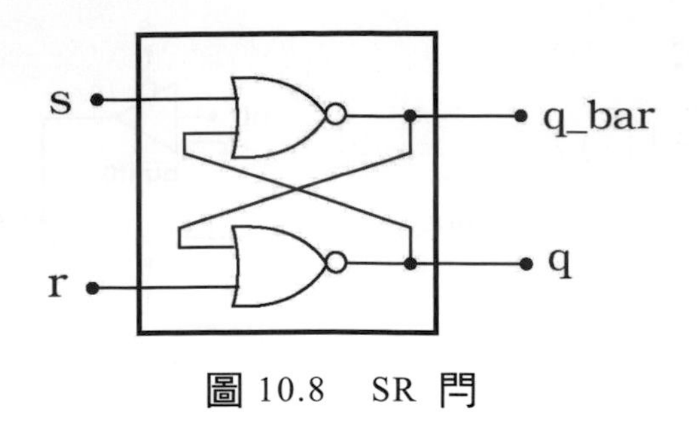

圖 10.8　SR 閂

再來考慮圖 10.8 中以 NOR 為基礎的 SR 閂。這個電路的一個 Verilog 模組描述可以寫成下列的型式

```
module sr_latch (q, q_bar, s, r) ;
    input s, r ;
    output q, q_bar ;
    reg q, q_bar ;
    nor (q_bar, s, q), (q, r, q_bar) ;
endmodule
```

兩項新特徵已經被引進。第一項特徵是暫存器 (**reg**) 數據型式的指定。一個暫存器數據型式乃是它的值會被保持直到它被其它值所覆蓋為止的一個數據。在目前的用法之中，這使得 q 與 q_bar 的值被保持來與一個不同模組之中的另一個埠聯繫。注意 q 與 q_bar 被同時指定為 **reg** 與 **output** 兩種埠。一個 Verilog 的 **reg** 數據型式不應該被解讀為諸如 D 型正反器的一個硬體的暫存器。相反地，我們將它們視為不須要任何外部驅動器就可以保持它們的值的線路。一個 **reg** 數量被歸類為網規範的一種型式。

第二個新的層面乃是這個 **nor** 原始閘使用一行的多重引例。由於輸入與輸出列示是不相同的，因此每個列示被群集在一組括號之中，而我們使用一個逗點來作為這兩者之間的一個界定符號 (delimiter)。因此，單一行代表兩個獨立的閘。這項技術可以被延伸到多重的閘。每個閘將例證的名稱包含進來對於程式碼的解碼會有所幫助。

閘的延遲

一種硬體描述語言必須使用允許時間延遲被包含進來的模擬。Verilog 提供數種在閘階層引進延遲的技術。

通過一個閘的邏輯延遲有時候是使用一個單一由輸入至輸出的延遲時間【傳

播延遲】來加以模擬。延遲是在引例之中使用磅的符號 (#) 來指定的

```
nand #(prop_delay) G1 (output, in_a, in_b) ;
```

其中 prop_delay 是這個延遲的值。如果上升時間及下降時間是已知，它們可以藉由寫出下式而被使用

```
nand #( t_rise, t_fall ) G1 (output, in_a, in_b) ;
```

關閉延遲也可以被包含進來，如同在下面的

```
nand #(t_rise, t_fall , t_off ) G1 (output, in_a, in_b) ;
```

在 #(listing) 之中，值的數目決定 Verilog 解讀這些資訊的方式。一個單一輸入項隱喻一個傳播延遲，兩個輸入項隱喻 t_r 與 t_f 的值，而三個輸入項則再加進關閉時間。

閘延遲值的數值被指定爲一個內部時間步階單位的整數值。例如，

```
and #(4, 2) A1 (out, A_in, B_in) ;
```

指定 t_rise = 4 單位，及 t_fall = 2 單位。對相當寬廣種類的模擬而言，相對的單位便已足夠，因此我們並不須要使用絕對的時間值【即，秒】。

如果數值是我們想要的話，那麼我們在這段列示之中使用下列型式的一個編譯器指示 (compiler directive)

```
'timescale t_unit / t_precision
```

在這個表示式之中，t_unit 與 t_precision 可以有 1、10、或 100 的值，之後跟隨一個時間尺規的單位 s、ms、us、ns、ps、或 fs 來分別代表秒、毫秒、微秒、奈秒、微微秒、或奈微秒。t_unit 給予時間的尺規，而 t_precision 則給予時間尺規的解析度；顯然，t_unit > t_precision。譬如，

```
'timescale 1ns / 100ps
```

給予每個單位 1 ns 的時間尺規，以及一個 100 ps 的時間尺規解析度。如果一個閘的範例被寫成

```
xor #(10) (out, A_0, A_1) ;
```

的話，那麼通過這個閘的絕對延遲爲 10 × t_unit = 10 ns。如果我們將時間尺規改變爲

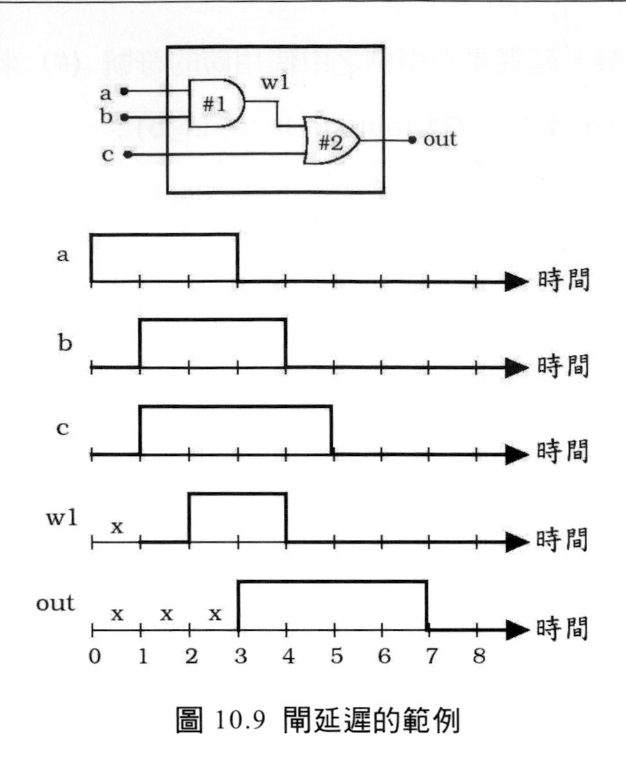

圖 10.9 閘延遲的範例

```
'timescale 10ns / 1ns
```

絕對延遲爲 10 × 10 ns = 100 ns。t_precision = 1 ns 的值決定這個解析度；譬如，如果我們指定一個 10.748 ns 的時間延遲，這個值會被四捨五入至 11 ns。

閘的延遲得以在一個動態的環境之中來監督一個網路的響應。讓我們針對波形中所顯示的輸入 a、b、及 c 來模擬圖 10.9 中所顯示的這個模組。下面的這段 Verilog 列示介紹提供這些訊號的一個刺激 (stimulus) 模組的觀念。

```
// This module has gate delays
module DelayEx (out, a, b, c) ;
    input a, b, c ;
    output out ;
    wire w1 ;
    and #1 (w1, a, b) ;
    or #2 (out, w1, c) ;
endmodule
// The stimulus module provides the input signals
module stimulus ;
    reg A, B, C ; // Hold input values
    wire OUT ; // This is a driven output value
// The circuit instantiation is next
```

```
    DelayEx G1 (OUT, A, B, C) ;
initial
    begin
    $monitor ($time, "A=%b, B=%b, C=%b, OUT=%b", A, B, C, Out) ;
    A=1 ; B=0 ; C=0 ;
    #1 B=1 ; C=1 ;
    #2 A=0 ;
    #1 B=0 ;
    #1 C=0 ;
    #3 $finish ;
    end
endmodule
```

在第一個模組 DelayEx 的列式之中，除了延遲的指定之外並沒有任何新的東西。這個刺激模組使我們得以藉由使用 Verilog 語法定義這些輸入來「測試」這個 DelayEx 模組。對這個刺激而言，我們定義變數 A、B、及 C 爲 **reg** 值，而 OUT 是一條**導線** (wire)。這個模組是藉由下面幾行而被引例進入這個刺激之中

```
// The circuit instantiation is next
DelayEx G1 (OUT, A, B, C) ;
```

其中我們將這些變數的順序與這個定義模組的順序相符。

下一群陳述指明這些輸入。這個 **initial** 指示使用 **begin** ... **end** 的結構來建立起零時間的值。內嵌在這一節之中的乃是系統輸出指令

```
$monitor ($time, "A=%b, B=%b, C=%b, OUT=%b", A, B, C, Out) ;
```

其中金錢符號表示這是一個編譯器指示。每當這些變數中的一個改變時，這會提供 A、B、C、與 OUT 的輸出。如同後面所解釋，一個 a = %b 的符號意指這個變數 a 將被顯示爲二元的格式。這些輸入變數的起始值在下一行之中被指派 A = 1、B = 0、C = 0 的值來對應這些波形。訊號的變遷是藉由下列格式的陳述以一種序列 (**sequential**) 的方式來加以描述

```
#1 B=1 ; C=1 ;
#2 A=0 ;
#1 B=0 ;
#1 C=0 ;
```

圖 10.10 測試台觀念

這些必須依照順序來加以執行。在 **#1** 的這個刺激意指在時間 0 + 1 = 1 時，B 與 C 都是邏輯 1 的值。下一行乃是在第一行之後 2 時間單位時在 **#2** 指定 A = 0 的值；對這個範例而言，絕對時間爲 1 + 2 = 3 單位。下一行是在 3 + 1 = 4 單位時將 B 重設爲 0，而最後一行則是在 4 + 1 = 5 時間單位時將 C 重設爲 0。我們可以輕易驗證這的確描述了這個輸入波形。最後的指示 **#3 $finish** 表明這個模擬在時間爲 5 + 3 = 8 時間單位時被完成。最後，**end** 將這個 **begin** 程序關閉。進行這個模擬會得到圖形中所顯示的 out 的這個波形。

這個範例提供了如何來建構 Verilog 碼的一個測試台 (testbench) 的一種想法。一旦這個網路被定義之後，我們可以寫不同的刺激模組來測試這個邏輯。這個觀念是在圖 10.10 之中以圖形來加以說明。刺激模組通常與邏輯模組分開，使得輸入可以被改變而不會影響這個邏輯。Verilog 工作環境使這兩者可以在模擬期間被鏈結起來。詳細的細節會隨著編譯器的實際裝置而改變，因此熟讀使用手冊是很重要的。邏輯的驗證是高階 VLSI 設計最重要的層面之一。

數目指定

在延遲的範例之中，輸入刺激是透過下列的陳述來加以定義

```
A = 1 ; B = 0 ; C = 0 ;
```

這些被解讀爲缺席的 (default) 二元值。我們也可以使用下列的格式來指定以根值 r 爲 2 【二進位，b】、8 【八進位，o】、10 【十進位，d】、及 16 【十六進位，h】的數值

```
<size> '<base designator> <value>
```

其中 <size> 是一個十進位數目來指明這個數目之中的位元數目。某些範例爲

```
1'b0 // 1-bit binary number with a value of 0
4'b1011 // 4-bit binary word with a value of 1011
```

```
16'h1a36 // 16-bit number with a value of hexadecimal 1a36
3'd4 // 3-bit number with a decimal value of 4 = 1002
```

數值也可以在一段列式之中被宣告。譬如，程式碼

```
reg reset ;
initial
    begin
    reset = 1'b1 ; // initialize reset to a value of 1
    #10 reset = 1'b0 ; // reset to 0 after 10 time units
    end
```

使我們得以按照須要來指定重設的這個值。

10.3 開關階層的模擬

Verilog 允許以 MOSFET 的行為為基礎的開關階層模擬。雖然電路階層的模擬器【例如 SPICE】對於進行關鍵的電性計算會更為準確，但是 Verilog 碼對於驗證通過由電晶體與邏輯閘兩者所構成的網路的邏輯流動是很有用的。更重要的是，如同在第二章之中所討論，開關階層的模型與 CMOS 電路及邏輯閘之間有一個直接的一對一對應關係。建構複雜的系統階層設計的 Verilog 描述一直到基本 CMOS 電路的能力展現了層級設計的威力。

這些開關原始閘被取名為 **nmos** 及 **pmos**，而且與具有相同名稱的電晶體以相同的方式來表現。圖 10.11 將兩者的行為予以綜合整理。這些原始閘的 Verilog 語法具有下列的型式

```
nmos name (out, data, ctrl) ;
```

nmos (ctrl, data, out)

data \ ctrl	0	1	x	z
0	z	0	L	L
1	z	1	H	H
x	z	x	x	x
z	z	z	z	z

pmos (ctrl, data, out)

data \ ctrl	0	1	x	z
0	0	z	L	L
1	1	z	H	H
x	x	z	x	x
z	z	z	z	z

圖 10.11 開關階層的原始閘

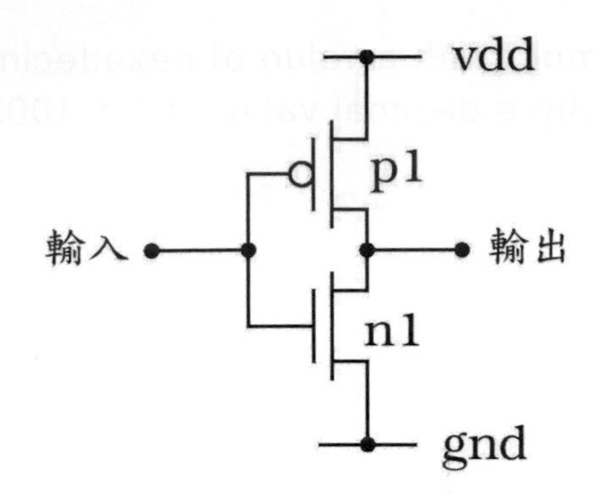

圖 10.12 使用 Verlog 開關的 CMOS 反相器

```
pmos name (out, data, ctrl) ;
```

其中 name 是選用的例證識別元。對於【外加至這個閘】 的 0 與 1 的 ctrl 值，這個行爲是等同於 FET。這些 **nmos** 開關對 ctrl = 0 是打開的，而對 ctrl = 1 則是關閉的，而 **pmos** 開關對 ctrl = 0 是關閉的，而對 ctrl = 1 則是打開的。一個打開的開關會衍生一個具有 out = z 的高阻抗狀態。這些表格也列舉當 ctrl 是 x 或 z 時 out 值的兩個新的選項 L 及 H。這個【低】符號 L 代表 0 或 z，而【高】符號 H 則代表 1 或 z。這種模糊性的基礎並不是沒有意義的。它是與輸出節點可以儲存電荷的這個物理觀念有關聯的，因此 out 可能會與之前的一個值有關聯。

MOS 開關可以被使用來描述 CMOS 邏輯閘。圖 10.12 中的這個簡單的 NOT 電路具有下列的 Verilog 描述

```
// CMOS inverter switch network
module fet_not (out, in) ;
    input input;
    output output;
    supply1 vdd ;
    supply0 gnd ;
    pmos p1 (vdd, output, input) ;
    nmos n1 (gnd, output, input) ;
endmodule
```

這個電路及列示已經被使用來引進定義電源供應 vdd 及接地 gnd 連接的兩個新的 Verilog 關鍵字 **supply1** 及 **supply0**。這些關鍵字分別代表最强的邏輯 1 及邏輯 0 驅動器。這個 Verilog 模組將它們視爲進入這些 FET 的數據來對

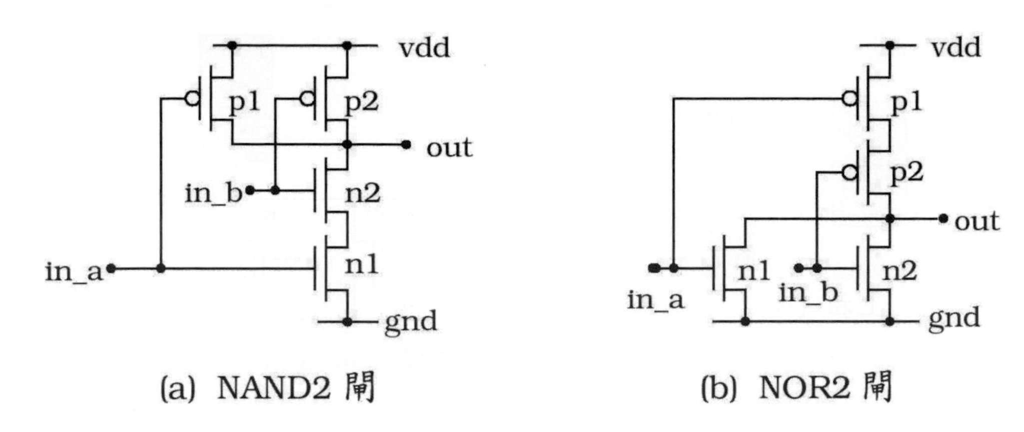

圖 10.13 邏輯閘的構造

待，而這個閘的輸入是開關 ctrl。

相同的構造可以被使用來模擬任意的 CMOS 邏輯閘。圖 10.13 之中的這些 NAND2 與 NOR2 切換網路是以下面這個模組來加以描述。對 NAND 閘而言，爲

```
// CMOS logic gates
module fet_nand2 (out, in_a, in_b) ;
    input in_a, in_b ;
    output out ;
    wire wn ; // This wire connects the series nmos switches
    supply1 vdd ;
    supply0 gnd ;
    pmos p1 (vdd, out, in_a) ;
    pmos p2 (vdd, out, in_b) ;
    nmos n1 (gnd, wn, in_a ) ;
    nmos n2 (wn, out, in_b ) ;
endmodule
```

而對 NOR 閘而言，則是

```
module fet_nor2 (out, in_a , in_b ) ;
    input in_a, in_b ;
    output out ;
    wire wp ; // This connects the series pmos switches
    supply1 vdd ;
    supply0 gnd ;
    pmos p1 (vdd, wp, in_a) ;
    pmos p2 (wp , out, in_b) ;
```

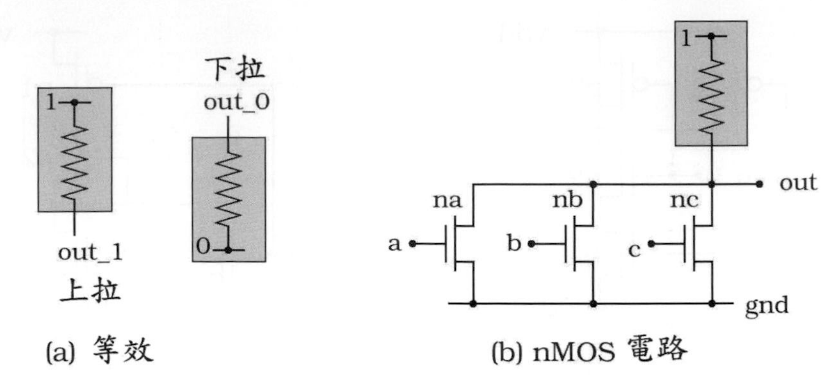

圖 10.14 **上拉與下拉的原始閘**

```
    nmos n1 (gnd, out, in_a ) ;
    nmos n2 (gnd, out, in_b ) ;
endmodule
```

這些可以使用逐行的比較來加以驗證。

另外一組有用的原始閘包括具有關鍵字 **pullup** 與 **pulldown** 的上拉與下拉組件。這些可以被模擬為如同圖 10.14(a) 中所顯示被連接至 **supply1** 與 **supply0** 的電阻器，而且在一段 Verilog 列示之中可以被描述為

```
pullup (out_1) ; // This gives a high output
pulldown (out_0) ; // This gives a low output
```

輸出強度被稱為 **pull1** 與 **pull0**，而且比 **supply1** 與 **supply0** 階層來得微弱。上拉或下拉原始閘被以各種方式來使用以模擬電路。譬如，一個 **pullup** 可以被使用來作為圖 10.14(b) 畫的這個 nMOS NOR3 閘之中的一個負載元件。這段 Verilog 的描述為

```
module fet_nor2 (out, in_a, in_b, in_c ) ;
input in_a, in_b ;
output out ;
supply0 gnd ;
nmos na (gnd, out, in_a) ,
     nb (gnd, out, in_b) ,
     nc (gnd, out, in_c) ;
pullup (out) ;
endmodule
```

注意 **pullup** 與 **pulldown** 只要求一個識別元。這是因為每個「元件」的等效

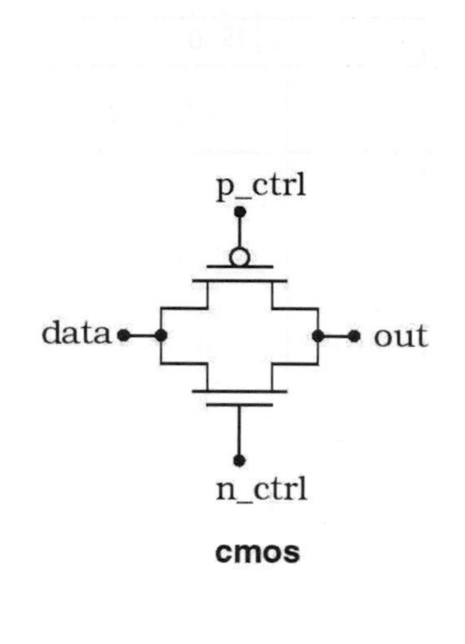

n_ctrl	p_ctrl	data 0	data 1	data x	data z
0	0	0	1	x	z
0	1	z	z	z	z
0	x	L	H	x	z
0	z	L	H	x	z
1	0	0	1	x	z
1	1	0	1	x	z
1	x	0	1	x	z
1	z	0	z	x	z
x	0	0	1	x	z
x	1	L	H	x	z
x	x	L	H	x	z
x	z	L	H	x	z
z	0	0	1	x	z
z	1	L	H	x	z
z	x	L	H	x	z
z	z	L	H	x	z

圖 10.15 Verlog **cmos** 傳輸閘

只提供一條單一的導線。

cmos 原始閘

Verilog 使用這個 **cmos** 關鍵字來模擬 CMOS 傳輸閘。[2] 符號與函數表被顯示於圖 10.15 之中。爲了引例這個 TG，我們使用這個語法

```
cmos tg1 (out, data , n_ctrl , p_ctrl) ;
```

其中 data 是輸入。在大多數的狀況之下，n_ctrl 與 p_ctrl 是互補的訊號。然而，這個表列舉了當這兩者是分開時的這種最一般性的狀況。在實際應用之中，當從一個訊號來產生另一個訊號時，由於一個反相器的延遲的緣故，因此這有可能會發生。

延遲時間

時間延遲的語法與邏輯閘所使用的語法完全相同。延遲是使用磅的符號指定元 **#** (times) 而以時間單位來加以指定的。在 (times) 之中的選項數目決定它們的意義。一個選項是傳播延遲，兩個選項意指 (t_rise, t_fall)，而三個選項隱喻 (t_rise , t_fall, t_off)。下面是一些範例

[2] 注意我們將使用小寫粗體字來將關鍵字與 CMOS 技術作區別。

邏輯 1			邏輯 0	
強度階層	名稱	型式	名稱	強度階層
supply1	Su1	驅動（最強）	Su0	supply0
strong1	St1	驅動	St0	strong0
pull1	Pu1	驅動	Pu0	pull0
large1	La1	儲存	La0	large0
weak1	We1	驅動	We0	weak0
medium1	Me1	儲存	Me0	medium0
small1	sm1	儲存	sm0	small0
high-z1	HiZ1	high-Z （最弱）	HiZ0	high-z0

圖 10.16 在 Verlog 之中的強度階層

```
nmos #(2) n1 (out, data, ctrl) ;
pmos #(3, 4) p1 (out_p, data_in, p_ctrl) ;
cmos #(2, 3, 3 ) TG1 (output, input, n_sig, p_sig ) ;
```

這些並不是一定會跟實質的負載相依值有關聯，因此當我們指定元件的延遲時必須很小心。

強度階層

除了強度 0、1、x、及 z 之外，變數還被允許具有不同的強度階層。這些被使用於當兩個或更多個訊號爭奪一個網的控制，或者來描述電壓的一個實質損耗的這些狀況。圖 10.16 將邏輯 1 與邏輯 0 兩者的值的範圍予以綜合整理。當各個訊號在競爭時，較强的訊號將會主控。這些强度對於模擬電壓改變是很有用的，例如模擬通過通過電晶體的臨限損耗。這些强度可以按照需要來加以指定，或者我們可以引進電阻性的開關，在它們的定義之中包含訊號改變的特性。

電阻性 (rmos) 開關

實際的 MOSFET 具有可以被通過它們的訊號強度來加以修改的洩極－源極電阻。藉由使用與正常開關相同控制方式的閘控制電阻性 MOS 開關，這些效應的某一些可以被包含進來，但是這些元件會改變輸出的強度。這些 FET 的等效原始閘爲 **rnmos**、**rpmos**、及 **rcmos**。引例的語法與非電阻性【理想】開關是相同的。譬如，

```
rnmos #(1, 2, 2 ) fet_1 (output, input, gate_ctrl) ;
```

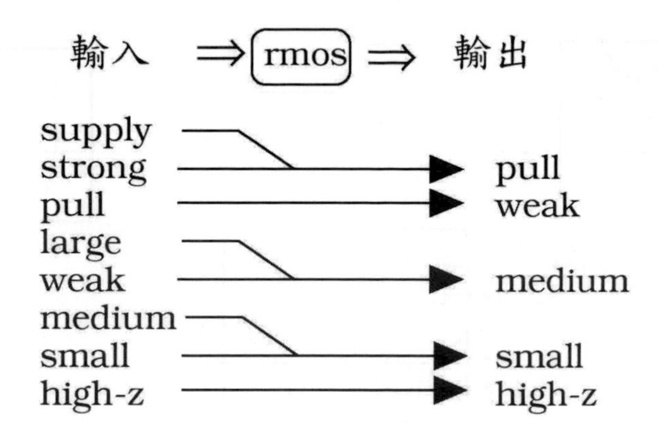

圖 10.17 電阻性 (rmos) 輸入—輸出強度圖

指定一個電阻性的 nFET。主要的差異在於輸入—輸出強度關係是由圖 10.17 之中的列示所定義的。這對於將諸如通過 nFET 通過電晶體的臨限電壓損耗的物理效應予以包含進來是很有用的。雖然在電子學階層的一個 SPICE 模擬會更爲精準，但是它們對於非關鍵路徑之中行爲的模擬是很有用的。

10.4 設計層級

原始閘、模組、及引例的觀念提供了在 Verilog 之中層級設計的基礎。直到這個時點，我們已經學習如何來寫出閘階層與開關階層的 Verilog 碼。這兩個階層可以分開使用，或者也可以在一個單一模組之中混合使用。我們將使用這兩個模擬階層來作爲學習層級設計基本原理的一種載具。

讓我們從一個簡單的範例來開始。假設我們已經使用圖 10.13 中所說明的電路來建構 NAND2 與 NOR2 閘的開關階層模型。這些模型分別是以被命名爲 fet_nand2 與 fet_nor2 的 Verilog 模組來加以描述的。我們的目標乃是比方說使用這兩個閘來產生一個 AND4 閘的模組。圖 10.18 顯示這個邏輯圖；這個 AND4 運算的形成可以輕易使用推泡泡來加以驗證。讓我們藉由引例開關階層的模組來建構這個閘的一個 Verilog 模組。

```
module fet_and2 (out, a, b, c, d) ;
    input a, b, c, d ;
    output out ;
    wire out_nor, out_nand1, out_nand2 ;
    // gate instances
    fet_nand2 g1 (out_nand1, a , b) ,
```

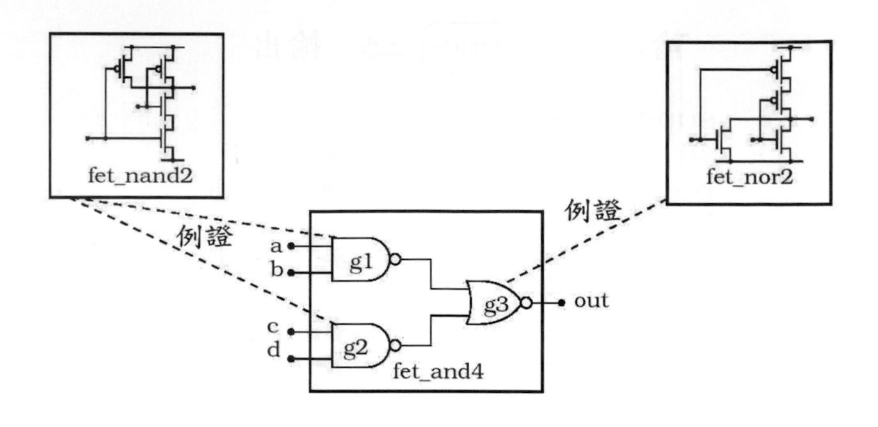

圖 10.18 **創造一個** AND4 **閘模組**

```
        g2 (out_nand2, c, d) ;
        fet_nor2 g3 (out, out_nand1 , out_nand2) ;
    endmodule
        /* The nand and nor module listings must be
        included in the complete code to insure that they
        are defined for instancing */
```

這說明了引例的程序，其中我們假設模組 fet_nand2 與 fet_nor2 已經使用之前寫過的模組來加以定義。現在假設我們想要使用這個 fet_and4 模組來建構一個更複雜的網路。這個我們稱爲 group_1 的新模組可以使用已經定義過的任何項目來加以建構。圖 10.19 說明如何使用開關階層模組及 fet_and4 模組的例證【虛線】，再與 Verilog 原始的 XOR 閘合併起來建構這個囊胞。這個模組的基本特徵是以下列的基本形式來綜合整理

```
    module group_1 (out_group_1, . . . ) ;
        ... // input and wire declarations
        output out_group_1 ;
            // gate instances
        fet_and4 ( . . . ) ;
        fet_nor2 ( . . . ) ;
        xor ( . . . ) ;
    endmodule
```

這顯示各個階層與一個原始閘【**xor**】的混合。當然，這個新的 group_1 模組本身在次高階層之中也可以被引例，於此類推。這種形式的程序使我們得以以一種結構化的方式來設計 VLSI 切換與邏輯網路，這種方式可以被完整地記錄與追

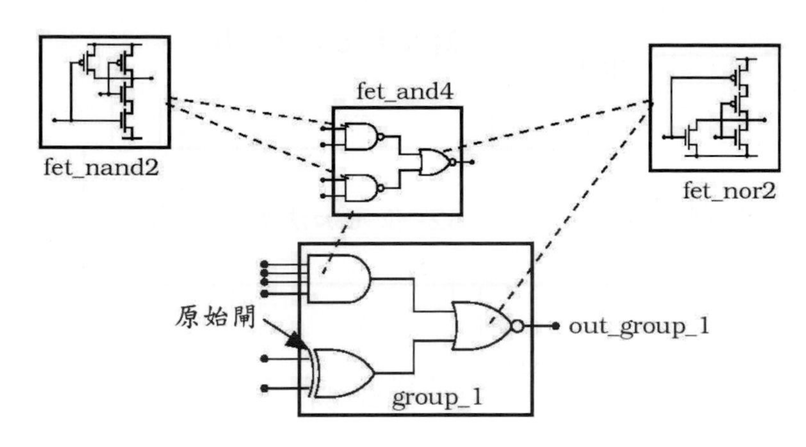

圖 10.19 建構層級之中的下一階層

蹤。驗證也會被簡化，因爲我們經常可以由錯誤出現在特定的模組之中，而更容易地將它們定位。而且，在實體設計時期之中，在 HDL 描述與一個囊胞元件庫的用法之間會有一個一對一的對應關係。

現在讓我們來考慮我們在 VLSI 系統階層所遭遇的問題。當位元移動通過一個複雜系統時，追蹤每個位元是不可能的，因此我們必須移到一個較高的模擬階層。這會使反映這些建築特徵所需要的觀點與編碼的抽象觀念增大。假設我們須要在我們的設計之中包括一個 32 位元的加法器。在建築階層，一個模組的重要特性是它所進行的功能以及延遲與定時等層面，這是因爲它們對於與其它模組的介接是很關鍵的。以圖 10.20 中所顯示的這個區塊來加以表示，我們將專注於諸如字元大小【32 位元】、輸入【*a* 與 *b*】及輸出【*s*】，以及所使用【來表明比方說有正負號 (signed) 或無正負號 (unsigned) 的加法】的任何控制訊號等特定事項。在這個階層，我們對於這個模組的內部細節並沒有興趣；我們並不須要知道這個電路是如何產生這些結果就可以在一項設計之中來使用這個單元。當然，如果我們想要實際建構這個加法器的話，那麼這個電路就會很重要的。

現代 VLSI 系統設計是從頂端的建築階層開始，往下運作至實體階層，這是因爲在開始煩惱矽上的多邊形之前，我們必須首先確保這項設計是有效的。如同之前所提及，這被稱爲**由上而下 (top-down)** 的設計。本質上，它假設我們可以在矽中建構所須要的單元，並將它們介接在一塊來達到系統的規格要求。經驗是預測矽的面積與速度的極限的最佳指引，並將這與建築結構關聯起來。當晶片的複雜程度增大時，這會變得更爲困難。很幸運地，矽的技術與 CAD 工具每年都會有所改進。

HDL 藉由引進不同階層的抽象來提供系統階層設計的一個威力强大的載

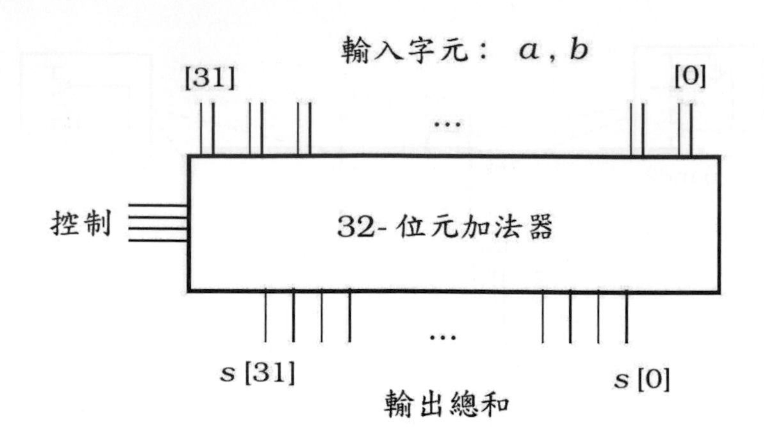

圖 10.20 可運作的 32 位元加法器區塊

具。最高的 Verilog 階層稱爲**行爲 (behavioral)** 的模擬。如同它的名稱所暗示，它專注於描述單元的一般行爲來表述當它們被內嵌於一個較大的系統之中時它們將會如何運作。定時通常是一個行爲模型之中最關鍵的特徵。一個單元的內部細節並沒有被指定，它們也不會影響這個模擬；我們假設這些規範是實體上可以實現的內部電路的一種必然的結果。

往下一階層的抽象觀念經常被稱爲是**暫存器轉移階層 (Register- Transfer Level, RTL)** 的模擬。RTL 專注於指定數據在各個硬體區段之中的移動。這個名稱本身是源自於同步數位系統對於時脈控制的儲存暫存器的使用依賴很深的這項事實。數據的轉移是發生在由時脈所主控的特定時間。一個 RTL 規範被視爲是純粹抽象的模擬與硬體設計之間的鏈結。RTL 碼通常是設計產生閘網列檔的組合階段的輸入【參見圖 10.1】。

本章剩下的各節是在 Verilog 之中的高階行爲模擬的一項簡介。這項討論涵蓋行爲與 RTL 程式碼的基本原理，以簡短的範例來澄清結構與觀念。在後面幾章之中，我們將介紹特定應用的先進構造與編碼技術。

10.5 行為的模擬與 RTL 模擬

Verilog 的行爲模擬是基於指定用以表述一個區塊的特性的一群同時發生的程序。我們所强調的重點是建築結構的一種精確的表示法，而大部分的實際裝置細節則被忽略不計。這些特徵使編碼的風格變成相當抽象。

行爲模擬的基石乃是**程序區塊 (procedural block)** 的建構。如同它的名稱所暗示，一個程序區塊乃是描述一組運算是如何被進行的陳述的一段列示。這些區

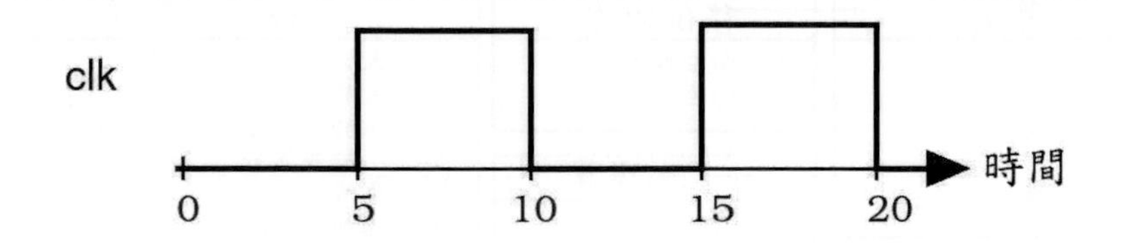

圖 10.21 時脈的波形 **clk**

塊之中許多與 C 程式語言的構造相類似，而它們在設計過程之中引進新階層的抽象。程序區塊包含指定陳述，諸如迴路及條件陳述的高階構造，以及定時的控制。有兩種形式的區塊是以關鍵字 **initial** 及 **always** 來開始的。一個 **initial** 區塊在模擬之中執行一次，而且被使用來設置起始條件及逐步的數據流動。一個 **always** 區塊則是在一個迴路之中執行，並在模擬期間之內重複。區塊的陳述被使用來將兩個或更多個陳述集合在一塊。序列的陳述被插入於關鍵字 **begin** 與 **end** 之間。使用 **fork** 及 **join** 關鍵字來撰寫同時執行的陳述也是可能的。

讓我們藉由寫出一個時脈變數 clk 的模組來開始我們的討論。我們將假設一個 10 個時間單位的時脈週期，因此如同圖 10.21 中所說明，這個變數每 5 個時間單位就必須改變。

```
module clock ;
reg clk ;
// The next statement starts the clock with a value of 0 at t = 0
   initial
      clk = 1'b0 ;
// When there is only one statement in the block, no grouping is required
   always
      #5 clk = ~ clk ;
   initial
      #500 $finish ; // End of the simulation
endmodule
```

這種循環的動作乃是在陳述之中使用 NOT 運算元 ~ 所獲得的。

```
# 5 clk = ~ clk ;
```

由於這個指令落在一個 **always** 陳述之內，因此它是在一個迴路之中被執行，直到這個模擬在 500 時間單位時結束爲止。

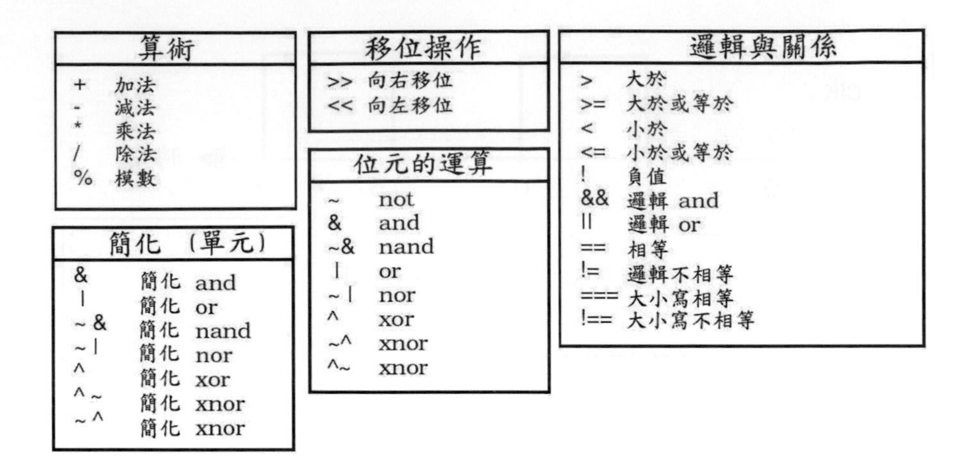

圖 10.22 Verlog 的運算元

運算元

諸如 ~ 的 Verilog 運算元 (operator) 被綜合整理於圖 10.22 之中以作爲未來參考使用。注意視乎上下文的文意而定，諸如 & 的一些符號會被不同地使用。我們將研究一些符號來瞭解它們是如何運作。

首先考慮還原 (reduction) 或單一位元的運算元【即在一個單一數目上的運算】的行爲。假設我們指派 a = 1101 與 b = 0000 的二元值。位元的負值會給予

~ a = 0010
~ b = 1111

因爲它在每個位元上獨立運算。一個邏輯的負值求得下列的值

! a = 0
! b = 1

邏輯運算元 !A 給予 A 的邏輯反轉。如果 A 都包含零，則它是虛假的 (0)。如果它是不爲零的話，那麼它就是眞實的 (1)；!A 給予 A 值的反轉。還原運算元在這個數目的每個位元上來運算，而獲致一個單一位元眞 (1) 或假 (0) 值。譬如，具有如同之前所陳述來定義的 a 與 b 時

& a = 0
& b = 0
| a = 1
| b = 0

```
^ a = 1
^ b = 0
```

這個 OR 所使用的符號 「|」 被稱爲是一條**管線 (pipe)**。

下一群是具有兩個運算域 (operand) 的二元運算元。這些被使用於位元與邏輯文意兩者之中。當具有 a = 1010 及 b = 0011 時，這些運算在位元上的應用是以一個位元一個位元的方式來運作的：

```
a & b = 0010
a | b = 1011
a ^ b = 1001
```

在一個邏輯的文意之中，答案是一個單一的眞【不爲零】或假【皆爲零】的數目。

```
a && b = 1
a || b = 1
a && c = 0
```

其中 c = 0000。

相等運算元爲 =、==、及 ===。指定運算元 = 被使用來將一個表示式右邊的值複製到這個表示式的左邊，如同在下式

```
a = 4‘b1010
```

相等運算元 == 被使用於

```
a == b
```

來表示「a 的值等於 b」。等式被寫成

```
c === d
```

這說明「c 與 d 完全相同」。

定時控制

定時控制 (timing controls) 陳述指定行動發生的時間。在一個程序區塊之中，有三種型式的定時控制。如同時脈的範例，一個簡單的延遲是使用 **#** <time> 來指定的。一個邊緣觸發的控制具有 **@** (signal) 的型式。在這條陳述之中，

```
@(posedge clk) reg_1 = reg 2 ;
```

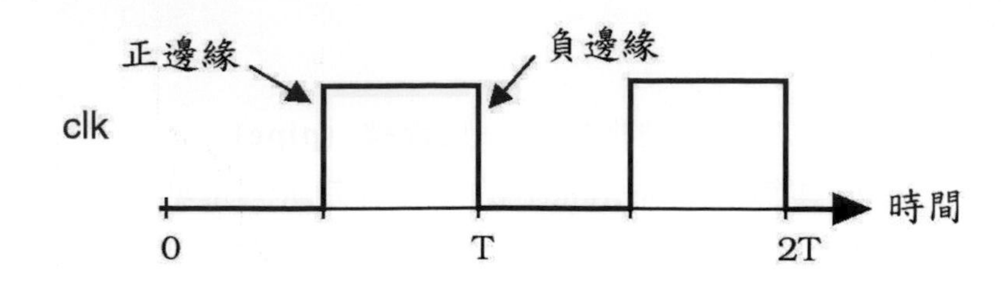

圖 10.23 時脈的邊緣

當時脈 clk 由一個 0 上升至一個 1，或者由 x 或 z 上升至 1 時，關鍵字 **posedge** 被使用來衍生這項指定。這個時脈的正向邊緣顯示於圖 10.23 之中。相類似地，一個負向邊緣觸發的事件可以下列型式的陳述來加以描述

```
@(negedge clk) output= a_in ;
```

一個負向邊緣變遷是由一個 1 至一個 0，或者由 x 或 z 至 0。藉由使用關鍵字 **or**，邊緣觸發的陳述可以包括數種訊號改變的可能性。階層觸發的事件是使用 **wait** 關鍵字來模擬。當 clk 是一個 1 時，

```
wait (clk) q_out = d_in ;
```

這項轉移就會付諸實行。一般而言，當這個表示式邏輯上是 TRUE【即，不為零】時，這個 **wait** 指示就會執行。

程序指定

一個程序指定 (procedural assignment) 被使用來改變或更新 reg 以及其它變數的值。它們通常可被區分為**區塊的** (**blocking**) 與**非區塊的** (**nonblocking**) 指定。

區塊的指定是依它們被列示的順序來執行，而且允許直截了當的順序或平行區塊。這個指定運算元「=」被使用於這些陳述之中。考慮下列的簡單碼列示

```
reg a, b, c, reg_1, reg_2 ;
initial
begin
    a = 1 ;
    b = 0 ;
    c = 1 ;
    # 10 reg_1 = 1'b0 ;
    # 5 c = reg_1 ;
```

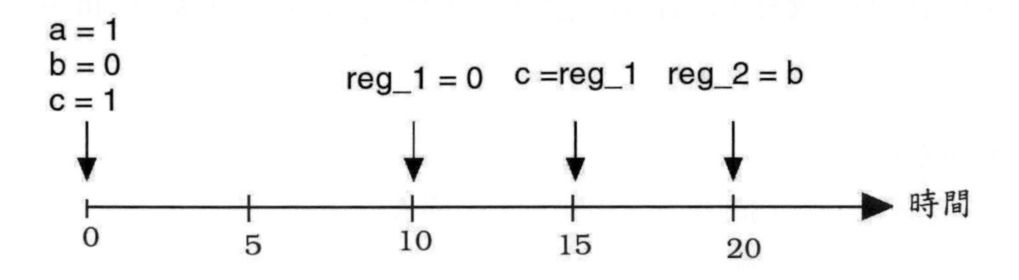

圖 10.24 非區塊指定的定時的範例

```
    # 5 reg_2 = b ;
end
```

這些陳述的順序是很重要的。a、b、與 c 的指定都是在時間 0 時所進行的。在 10 個時間單位之後，reg_1 被指定一個二元的 1 的值。然後，在這個事件之後 5 個時間單位時【在 15 時間單位時】，c 被指定為 reg_1 的值。最後，在 20 個時間單位時，reg_2 = b 會被執行。這些事件被整理於圖 10.24 之中。

非區塊的指定包含這個 <= 指定運算元，不要將這個運算元「小於或等於」關係運算元搞混。一個非區塊的陳述並不會將列示中的其它陳述的執行組合成一個區塊。在下列形式的一段列示之中

```
A <= input_a ;
B <= input_a & input_b ;
```

右手邊首先依據任何定時控制陳述來求值；然後這些值被轉移至左手邊的變數。

非區塊的指定要求對於相關數量的仔細考慮。考慮下面的編碼。

```
initial
    begin
        in_a = 1 ;
        in_b = 0 ;
    end
always
    # 10 clk = ~ clk ;
always @ (posedge clk)
begin
    in_a <= in_b ;
    in_b <= in_a ;
end
```

在每個上升的時脈邊緣，這會有從它們的起始指定來切換 in_a 與 in_b 值的效應。

條件的陳述

條件相依的陳述在行爲的模擬之中是威力很强大的構造。它們存在於最高的抽象階層，並使用像 C 的陳述群組來描述事件。

視乎目前的條件而定，這種 **if/else if** 構造可允許不同輸出。讓我們來檢視這個模組的列示。

```
module if_else_example ( ctrl , alu_op, clk) ;
input [ 1:0 ] alu_op ;
input clk ;
output ctrl ;
reg ctrl ;
always @ ( posedge clk )
    begin
        if (alu_op == 0)
            ctrl = 0 ;
        else if (alu_op == 1)
            ctrl = 1 ;
        else
            $display (“ Signal ctrl is greater than 1”) ;
        end
endmodule
```

這在時脈 clk 的正向邊緣檢測 alu_op 的值，並且給予 ctrl 的三種可能的結果。最後的 **else** 行則照料未列示的 alu_op = 2, 3 值。這個 **if /else** 構造也可以被套疊，而 **else** 則是附屬於最接近的 **if**。

一個 case 陳述是另外一種威力强大的構造。它具有下列的形式

```
case (condition)
```

並規定由條件的值所決定的結果。這可在下面的簡單 2:1 多工器的描述中看到。

```
module simple_mux (mux_out, p0, p1, select ) ;
input p0, p1 ;
input select ;
output mux_out ;
always @ (select or p0 or p1)
```

```
    case ( select )
    1'b0 : mux_out = p0 ;
    1'b1 : mux_out = p1 ;
    endcase
endmodule
```

這個 **case** 列示將選取的兩個可能值列入考量，並且每當在 **always @** 陳述之中所列示的變數有一項改變時，就會指揮哪一個輸入 p0 或 p1 會被傳送到 mux_out。

另外一種型式的編碼乃是使用迴路陳述所獲得的。這個 **repeat** 迴路以指定的次數來執行一組陳述。譬如，假設變數計數器具有一個 10 的值。則，

```
repeat (counter)
    begin
    ...
    end
```

會以一個迴路的方式來進行列於 **begin/end** 之間的陳述程序總共 10 次。一個相關的關鍵字為 **while** 具有下列的語法

```
while ( condition )
    begin
    ...
    end
```

只要條件為眞【不為零】，這就會執行這個 **begin/end** 區塊。如果一開始條件為假【零】，則整個區塊便會被忽略。Verilog 也有 **for** 結構連同下列的語法

```
for ( condition ) ...
```

這允許以條件表示式的檢測來執行這個陳述區塊。

一個 **forever** 迴路所作的就如同它的名稱所暗示：它在整個模擬期間都會執行。下面的時脈產生模組說明這種結構。

```
module clk_1 ;
reg clk ;
initial
    begin
        clk = 0 ;
        forever
```

```
            begin
            # 5 clk = 1 ;
            # 5 clk = 0 ;
            end
    end
endmodule
```

還有一些其它的條件結構可供使用，但是這些說明了最常使用編碼風格。

數據流動模擬與 RTL

數據流動模擬乃是由數據是如何移動及如何被處理來描述一個系統。如同一般的行爲模擬一樣，一段數據流動的描述是一種不提供結構細節的高階抽象。雖然這個定義會傾向改變，但是暫存器轉移階層 (RTL) 的模擬經常被解讀爲數據流動與行爲的編碼風格的一種組合。它使用可以被用來作爲合成工具的一項輸入的高階構造，然後這個合成工具會被使用來產生一個閘的網列檔。並不是所有的行爲關鍵字及陳述都可以被合成，因此 RTL 集中在一個被限制的集合。精通 RTL 通常是以學習如何來寫出可以被合成的碼爲中心，但是這是遠遠超過本書的範疇。

我們將只介紹 **assign** 關鍵字。連續的指定定義了關係及值。譬如，下列型式的陳述

```
assign a = ~ b & c ;
assign out_1 = ( a | b ) & (c | d ) ;
```

可以用來定義組合邏輯運算。一種有用的條件陳述爲

```
assign 輸出= (something ) ? < true condition > : < false condition >
```

在這種狀況下，*something* 代表一個變數或一段陳述。輸出的值是看 *something* 爲眞或假所決定的。一個 2:1 MUX 的描述可以被寫爲

```
module mux_2 (out, p0, p1, select ) ;
input p0, p1 ;
input select ;
output mux_out ;
assign out = (select ) ? p1 : p0 ;
endmodule
```

這種形式的陳述也可以被套疊。在後面各章之中，我們將看到 **assign** 及其它數

據流動構造的更多範例。

10.6 參考資料

Verilog 是一種豐富且威力強大的語言，具有許多錯綜複雜的細節。下面所列的所有書籍都提供比本書所包含的內容還更深入的討論。參考書 [3] 是一本教科書，而 [2] 與 [8] 則是寫成教科書的風格，但卻具有較少的範例及細節。參考書 [7] 被設計來提供 Verilog 的一項快速簡介。書籍 [9] 與 [12] 則是完整的參考書。

[1] Mark Gordon Arnold, **Verilog Digital Computer Design**, Prentice- Hall PTR, Upper Saddle River, NJ, 1999.

[2] J. Bhasker, **A Verilog HDL® Primer**, Star Galaxy Press, Allentown, PA, 1997.

[3] Michael D. Ciletti, **Modeling, Synthesis and Rapid Prototyping with the Verilog HDL**, Prentice-Hall, Upper Saddle River, NJ, 1999.

[4] Ken Coffman, **Real World FPGA Design with Verilog**, Prentice- Hall PTR, Upper Saddle River, NJ, 2000.

[5] Dan Fitzpatrick and Ira Miller, **Analog Behavioral Modeling with the Verilog -A Language**, Kluwer Academic Press, Norwell, MA, 1999.

[6] Pran Kurup and Taher Abasi, **Logic Synthesis Using Synopsys®**, 2nd ed., Kluwer Academic Publishers, Norwell, MA, 1997.

[7] James M. Lee, **Verilog Quickstart!**, Kluwer Academic Publishers, Norwell, MA, 1998.

[8] Samir Palnitkar, **Verilog® HDL**, SunSoft Press (Prentice-Hall), Mountain View, CA, 1996.

[9] Vivek Sagdeo, **The Complete Verilog Book**, Kluwer Academic Publishers, Norwell, MA, 1998.

[10] Bruce Shrive and Bennett Smith, **The Anatomy of a High- Performance Microprocessor**, IEEE Computer Society Press, Los Alamitos, CA, 1998.

[11] David R. Smith and Paul D. Franzon, **Verilog Styles for Synthesis of Digital Systems**, Prentice-Hall, Upper Saddle River, NJ, 2000.

[12] Donald E. Thomas and Philip R. Moorby, **The Verilog® Hardware Description Language**, 4th ed., Kluwer Academic Press, Norwell, MA, 1998.

[13] Bob Zeidman, **Verilog Designer's Library,** Prentice-Hall PTR, Upper Saddle River, NJ, 1999.

10.7 習題

[10.1] 寫出圖 P10.1 中所說明的這個模組的閘階層結構化描述。

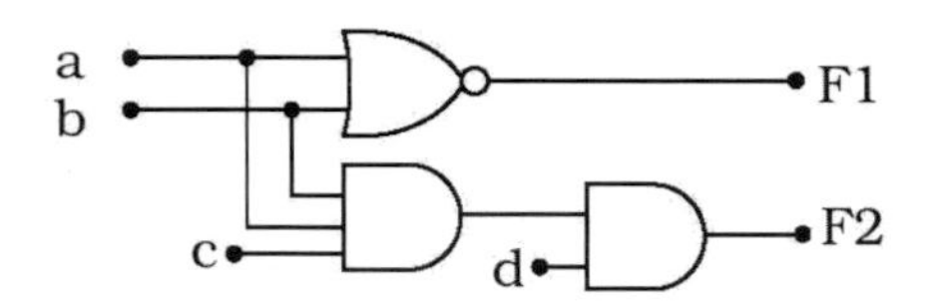

圖 P10.1

[10.2] 考慮圖 P10.2 中所說明的這個邏輯網路。建構描述這個電路的一個 Verilog 模組。

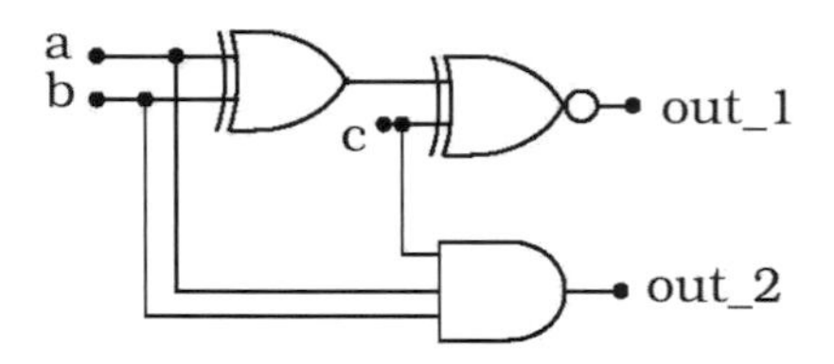

圖 P10.2

[10.3] 寫出圖 P10.3 中的這個 NAND 閂的一段 Verilog 描述。每個 NAND 閘都包括 2 單位的時間延遲。

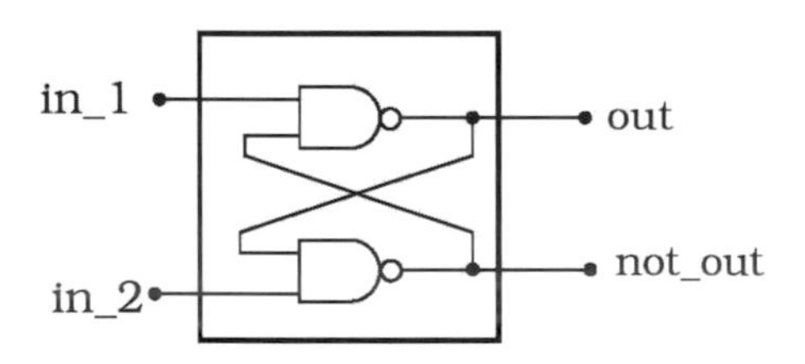

圖 P10.3

[10.4] 建構圖 P10.4 中所顯示的這個邏輯網路的 Verilog 模組。假設這個 NOT 閘有一個 1 單位的時間延遲，而這個 AND2 閘有一個 2 單位的延遲。

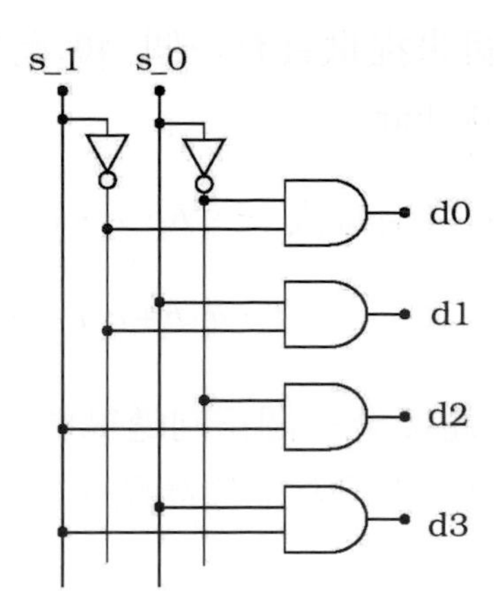

圖 P10.4

[10.5] 建構一個將下列函數實際裝置的 CMOS 邏輯閘的電路圖。

$$f=\overline{a\cdot(b+c)+b\cdot d} \tag{10.3}$$

然後使用 **nmos** 與 **pmos** 原始閘來寫出這個電路的一段 Verilog 描述。

[10.6] 建構下列這個函數的一個虛 nMOS 邏輯閘

$$F=\overline{a\cdot b\cdot c+a\cdot(d+e)} \tag{10.4}$$

然後使用 **nmos** 與 **pullup** 原始閘來寫出這個電路的一段 Verilog 描述。

[10.7] 使用 **cmos** 原始閘來寫出圖 P10.5 中的這個 2:1 MUX 的一個 Verilog 模組列示。指派一個 2 單位的時間延遲給每個傳輸閘。

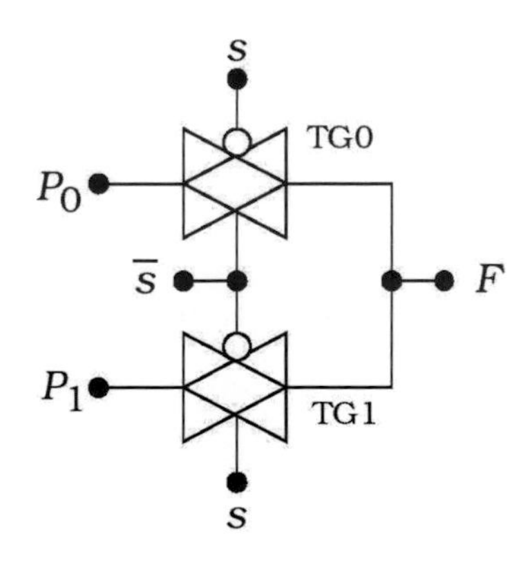

圖 P10.5

[10.8] 一個同步系統使用互補的時脈相位 ϕ 及 $\overline{\phi}$ 來控制數據的流動。建構一

個 Verilog 模組來提供具有一個 40 時間單位週期的兩個不重疊時脈訊號 clk 及 clk_bar。

[10.9] 一個組合邏輯網路由輸入 a、b、c、e、及 f 來產生下列的函數

$$A = \overline{a} \cdot b + c \cdot e + a \cdot (\overline{c} + f) \tag{10.5}$$

這個結果 A 被連接至一個正向邊緣觸發的 DFF 的輸入。這個 DFF 的輸出為 q。使用一組恰當的原始閘來寫出這個網路的一段 Verilog 描述。

11. 一般性的 VLSI 系統組件

VLSI 系統設計環繞組件函數的一個元件庫。原始閘的項目包括 FET 與基本的邏輯閘，但是比較高階的函數也是建構這個系統層級所必須的。在本章之中，我們將研究一些被使用來建構大規模系統，而且經常在一個 VLSI 囊胞元件庫之中可以發現的組件範例。這裡所呈現的囊胞並不完整；在後面各章將會介紹其它的組件。相反地，這種方法是想要來强調一個高階建築結構規範與所得到的電路及矽的實際裝置之間的連結。

11.1 多工器

在現代的數位設計之中，多工器是不可或缺的。一個 MUX 是由 n 條輸入線路及一條輸出 f 所構成的。這個組件的主要功能乃是使用一個 m 位元的選取字元來將輸入之中的一條連接到輸出。爲了涵蓋每一個輸入，我們必須選擇 m 使得 $n = 2m$。一種指定的替代方式乃是引進以 2 爲底的對數，使得 $\log_2(2) = 1$。因此，使用

$$m = \log_2(2^m) \tag{11.1}$$

我們可以說

$$m = \log_2(n) \tag{11.2}$$

得到選取線路的數目。

最簡單的範例是一個 2 至 1 多工器。有數種方法可以來描述這個組件。一種使用 **case** 陳述的行爲描述被呈現於前一章之中，而且在這裡加以重複以作爲參考。輸入線路被指定爲 p0 與 p1，而這個選取位元是以識別元 select 來表示。

```
module simple_mux (mux_out, p0, p1, select ) ;
input p0, p1 ;
input select ;
output mux_out ;
always@ (select)
```

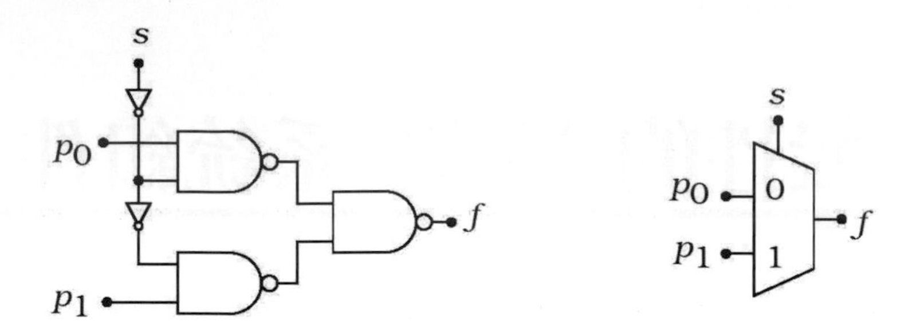

圖 11.1 閘階層的 NAND 2:1 多工器

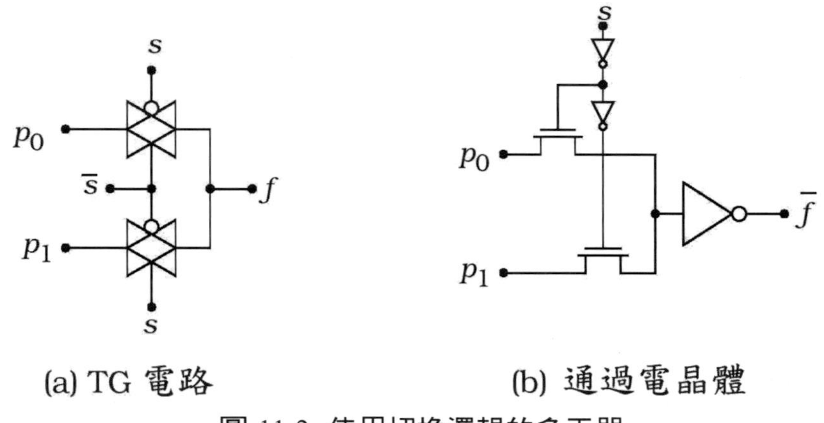

(a) TG 電路 (b) 通過電晶體

圖 11.2 使用切換邏輯的多工器

```
    case (s)
    1'b0 : f = p0 ;
    1'b1 : f = p1 ;
    endcase
endmodule
```

給予這段描述之後，我們可以獲得數種不同的邏輯與電路的實際裝置。一個閘階層的 NAND 實際裝置被說明於圖 11.1 之中。應用德摩根定理使我們得以推泡泡來獲得 SOP【AND-OR】型式

$$f = p_0 \cdot \overline{s} + p_1 \cdot s \tag{11.3}$$

由於一個 NAND2 閘須要四個 FET，因此我們可以使用 16 個電晶體來實際裝置整個網路連同驅動器。[1]

圖 11.2(a) 之中的傳輸閘電路也可能是在 CMOS 技術之中的一種可能的選擇。這個電路使用四個 FET【每一個 TG 兩個】來作爲路徑邏輯。如果我們

[1] 注意這個網路也可以使用一種結構列示來加以描述。

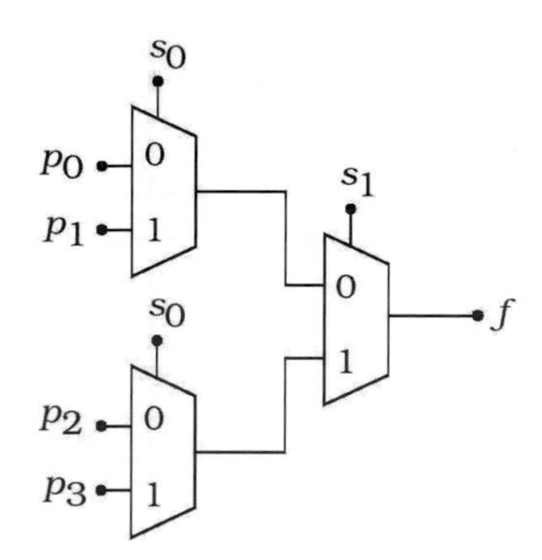

圖 11.3 使用引例的 2:1 元件的一個 4:1 MUX

將選取位元的一組緩衝 NOT 對包含進來的話，那麼 FET 的總數會被增大為 8。這個電路的主要問題乃是這些 TG 會有使響應變緩慢的寄生電阻及電容。圖 11.2(b) 顯示只使用 nFET 開關的相同組態。當具有選取驅動器時，FET 數會被降低為 6。然而，我們已經在輸出加進一個反相的驅動器，來補償這個 nFET 只會讓一個落在 0 V 至 V_{max} 範圍的電壓通過的這件事實，其中

$$V_{\max} = V_{DD} - V_{Tn} \tag{11.4}$$

而 V_{Tn} 是臨限電壓。這個反相器會幫助使這個輸出回復到全軌範圍 $[0, V_{DD}]$。雖然 FET 數會與 TG 電路相同，但是這個佈局圖的導線連接會比較簡單。當我們將高階的描述轉譯至矽時，諸如這些的考慮會成為重要的因素。

使用原始閘或者藉由引例 2:1 元件，我們可以設計較大的多工器。考慮以下列的列示來加以描述的一個 4:1 MUX

```
module bigger_mux (out_4, p0, p1, p2, p3, s0, s1) ;
input p0 , p1, p2, p3 ;
input s0, s1 ;
output out_4 ;
assign out_4 = s1 ? (s0 ? p3 : p2 ) : (s0 ? p1 : p0) ;
endmodule
```

由於這是一種高階的抽象思考，因此其中並沒有給予內部結構的細節。然而，這個 **assign** 陳述可以被解讀為三個分開的 2:1 多工器，其中第一個 ? : 使用 s1，而第二與第三個是基於 s0。這隱喻圖 11.3 中所說明的這種結構。選取位元 s0 被使用來挑選第一級元件之中的 (p0, p2) 或 (p1, p3)。最終的選擇是以

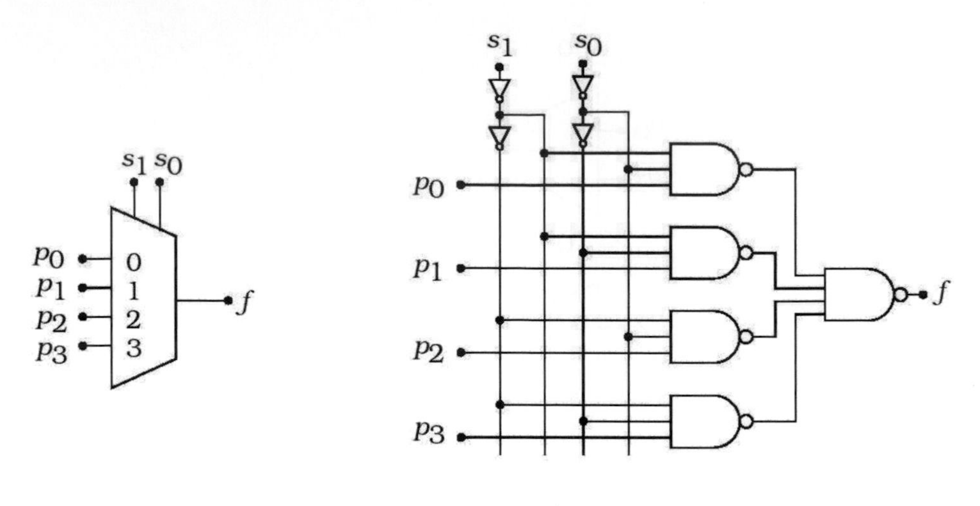

圖 11.4 閘階層的 4:1 MUX

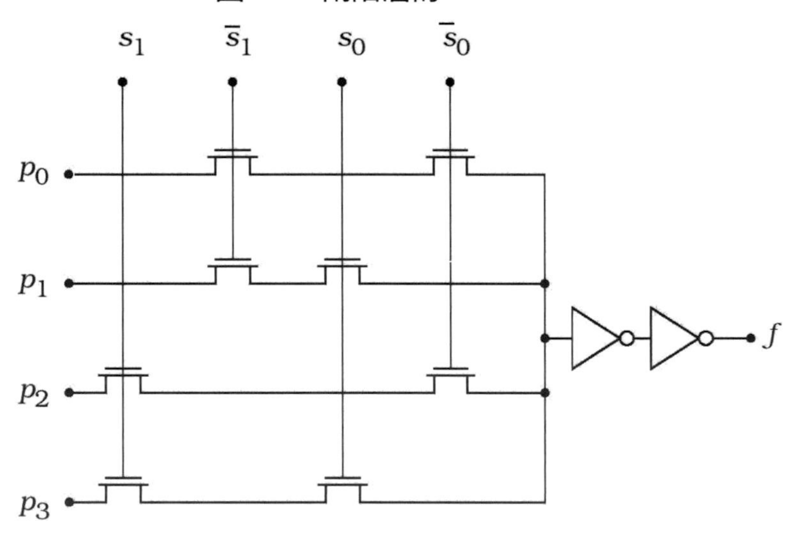

圖 11.5 使用 nFET 通過電晶體的 4:1 MUX

s1 來決定實際輸出 f 所達成的，這個輸出與 Verilog 列示之中的 out_4 相同。

另外一種在閘階層構造中的實際裝置被顯示於圖 11.4 之中。使用這個來作爲一項指引，等效的 Verilog 結構描述爲

```
module gate_mux_4 (out_gate, p0, p1, p2, p3, s0, s1) ;
input p0, p1, p2, p3 ;
input s0, s1 ;
wire w1, w2, w3, w4 ;
output out_gate ;
nand (w1, p_0, ~s1, ~s0) ,
```

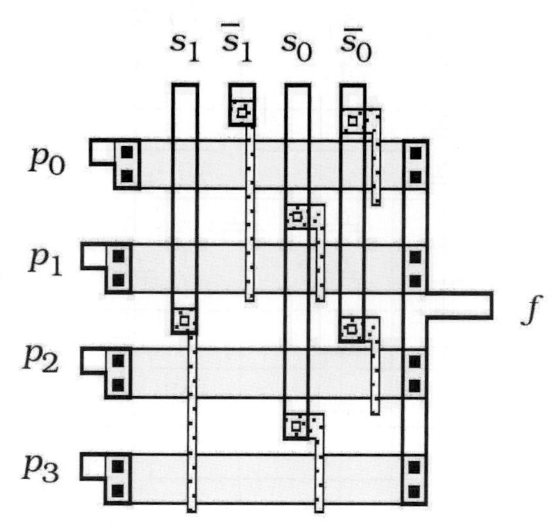

圖 11.6 簡單的 4:1 通過 FET MUX 的佈局圖

```
        (w2, p_1, ~s1, s0) ,
        (w3, p_2, s1, ~s0) ,
        (w4, p_3, s1, s0) ,
        (out_gate, w1, w2, w3, w4) ;
endmodule
```

我們已經使用 ~ 運算元來模擬這些 NOT 閘，但是我們也可以引例原始的 **not** 閘來得到相同的結果。在標準的邏輯之中，這是等同於下列的這個 SOP 表示式

$$f = p_0 \cdot \bar{s}_1 \cdot \bar{s}_0 + p_1 \cdot \bar{s}_1 \cdot s_0 + p_2 \cdot s_1 \cdot \bar{s}_0 + p_3 \cdot s_1 \cdot s_0 \quad (11.5)$$

這是應用基本的邏輯所獲得的。

還有另外一種網路乃是圖 11.5 中所顯示的通過 FET 陣列。這個網路使用 nFET 的 AND 性質來直接實際裝置這個邏輯表示式。這個電路的結構性描述被給予為

```
module tg_mux_4 (f, p0, p1, p2, p3, s0, s1) ;
input p0, p1, p2, p3 ;
input s0, s1 ;
wire w0, w1, w2, w3, w_o , w_x ;
output f ;
nmos (p0, w0, ~ s1), (w0, w_o, ~ s0) ;
nmos (p1, w1, ~ s1), (w1, w_o, s0) ;
nmos (p2, w2, s1), (w2, w_o, ~ s0) ;
nmos (p3, w3, s1), (w3, w_o, s0) ;
```

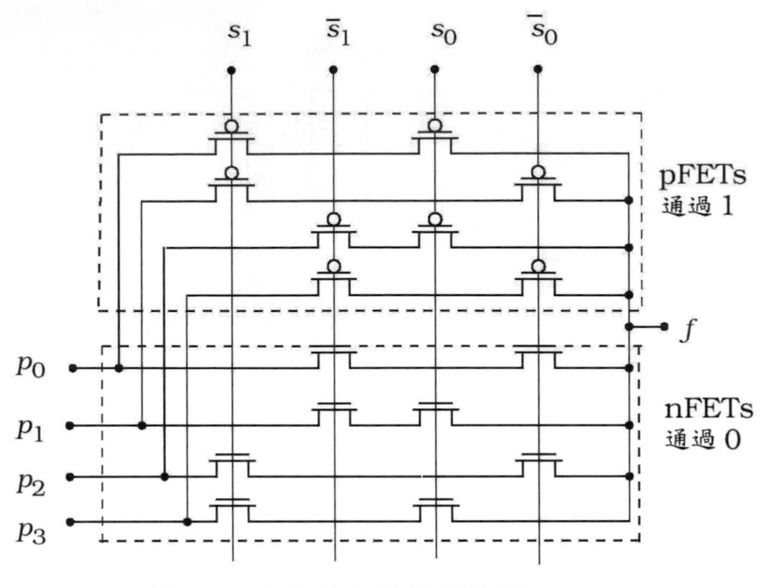

圖 11.7 全軌輸出的分割陣列 4:1 MUX

```
not (w_x, w_o), (f , w_x ) ;
endmodule
```

其中這些 **nmos** 例證已經被群集起來使它們比較容易來追蹤。在第 i 條線路之中的這些 FET 之間的導線連接被標示爲 wi ，其中 i = 0, 1, 2, 3，而 w_o 是這四條路徑的常見輸出導線。這些反相器之間的這條導線是 w_x。這個囊胞的簡單佈局圖策略被顯示於圖 11.6 之中。這種一對一對應關係是顯而易見的，但是藉由移動這些 FET 及重新繞線，組裝密度可以被改善。

圖 11.7 中所顯示的這個分裂陣列 nMOS/pMOS 電路使用類似的推論來提供這個函數。每個輸入看到一條通過一個 nFET 與一個 pFET 的鏈而到達輸出。由於 pFET 可以通過邏輯 1 電壓，而 nFET 會通過邏輯 0 電壓，因此這個輸出會有由 0 V 至 V_{DD} 的一個全軌擺幅。在這種狀況之下，輸出回復緩衝器不是必要的，但是如果它們被加進來的話，這個電路將會快很多。這種排列使用以類似於 TG 的方式來導線連接的互補對的這種想法。然而，由於這些 nFET 與 pFET 電路是分開的，因此如果每個開關都使用 TG 的話，交互連接的導線連接將會比較簡單。這些範例說明將一個高階 HDL 結構轉譯爲基本邏輯電路的許多可能的變形。

結構的規範將 n 位元的字元以與單一位元項目大約相同的方式來對待。假設我們有兩個 8 位元的字元

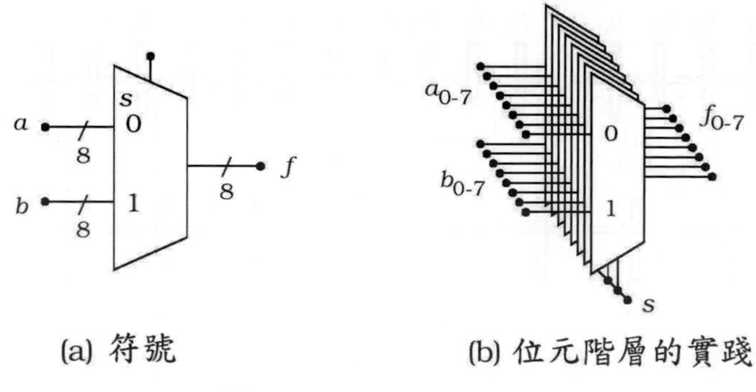

(a) 符號　　(b) 位元階層的實踐

圖 11.8 **一個向量** 2:1 MUX

$$\begin{aligned} a &= a_7 a_6 a_5 a_4 a_3 a_2 a_1 a_0 \\ b &= b_7 b_6 b_5 b_4 b_3 b_2 b_1 b_0 \end{aligned} \tag{11.6}$$

我們想要使用它們來作為一個 2:1 MUX 的輸入。而輸出

$$f = f_7 f_6 f_5 f_4 f_3 f_2 f_1 f_0 \tag{11.7}$$

是由選取位元 s 所決定的，使得

$$f_i = a_i \cdot \bar{s} + b_i \cdot s \tag{11.8}$$

對 $i = 0, \ldots, 7$。當然，這隱喻我們應該使用 8 個完全相同的 2:1 MUX，它們都是由相同的選取位元 s 所控制的。

在系統階層，我們傾向於將 a 與 b 視為單一個物體來對待。圖 11.8(a) 之中的這個 MUX 符號使用跨越這些線路的斜線符號 (/) 來表明字元的寬度。在列示中使用以 [7 : 0] 來指定的 8 位元向量，我們可以寫出一段 Verilog 描述

```
module mux_2-1_8b (f, a, b, s ) ;
input [7 : 0] a, b ;
input s ;
output [7 : 0] f ;
    assign f = s ? b : a ;
endmodule
```

延伸至較大的字元尺寸是透過將這些向量重新調整尺寸來達成的。這種位元階層的實際裝置更複雜，這是因為如同在圖 11.8(b) 中一般，我們必須使用 n 個平行的 2:1 MUX 單元。在實體階層，每個 1 位元的 MUX 會消耗面積，而且是

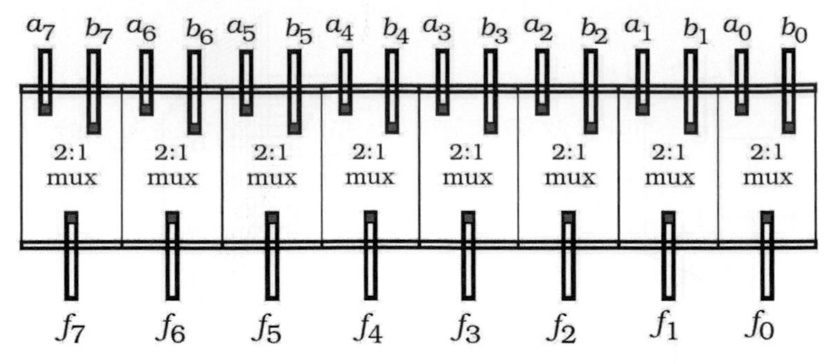

圖 11.9 一個 8 位元 2:1 MUX 的單一位元堆疊

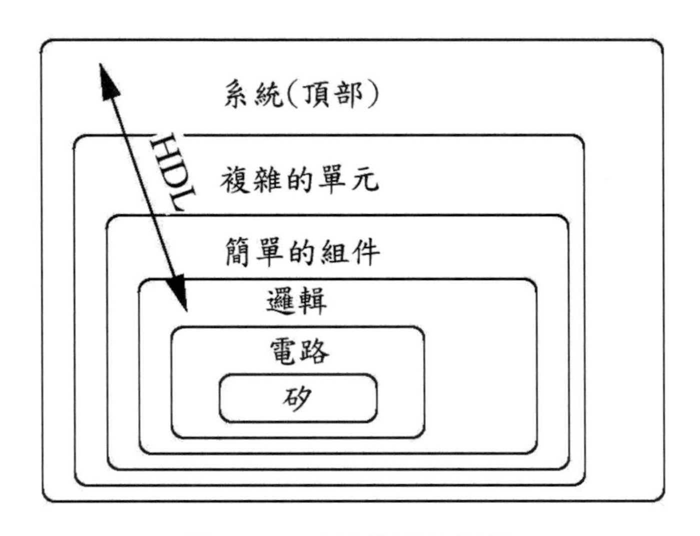

圖 11.10 系統階層的層級

以一組延遲時間來表述其特性。爲了建構 8 位元的網路，我們可以將八個完全相同的囊胞如同圖 11.9 中所顯示來砌磚。由於矽的電路【及所有邏輯閘】是在位元階層上被設計的，因此這個佈局圖的面積及導線連接可能會成爲限制的因素。

這項討論是意圖來說明一個重點。給予一個數位網路的一個高階建築描述之後，這個電路可以有數種選擇。每一種選擇都會導致一個具有它自己的佈局圖與切換特性的不相同實體設計。在一條關鍵的定時路徑之中，這些 TG 電路可能並不夠快。在一種不同的情況之下，一個有限的地產分配可能會使面積更加重要。VLSI 系統設計並不只是寫出良好的程式碼或推動多邊形而已。層級的每個階層對其它每個階層都會有某種效應。在一種由上而下的設計方法之中，我們通常發現這種行爲的規範可以以數種方式來實際裝置。某些方式可能會比其它方式來得好，但是這項選擇是由這些計量所決定的，這是因爲它們被應用於整個設計循環之中所致。

在這一整章之中，這個主題將會被維持。數種邏輯組件將在不同階層被分析來說明高階建築描述與這個電路或矽網路之間的這種連接。雖然這些組件本身就很重要，但是只有在這些組件被使用來建構更複雜的邏輯單元之後，關鍵的系統特徵才會浮現。這種層級是由圖 11.10 中的這個套疊圖來加以說明。在由上而下的設計之中，我們從一組規格要求開始，並且設計在一個 HDL 之中的高階建築模型。往下至矽的進展最終會造成一個矽的元件，但是各個階層之間的交互作用是以一種關鍵的方式來鏈結的。沒有系統可以比每一個後續階層所允許的更快的速度來操作，而矽的地產預算是底線的限制。當然，我們必須能夠製造這片晶片，並以使用者願意付的一個價格來銷售，而仍然維持一個獲利邊際！

11.2 二元解碼器

一個二元的 *n*/*m* 列解碼器接收一個 *n* 位元的控制字元，並啓動這 *m* 條輸出線路中的一條，而其它 (*m*-1) 條線路則不受影響。一個作用高 (**active-high**) 的解碼器在這條選取的線路設定一個 1，而保持其它線路在 0。一個作用低 (**active-low**) 的解碼器是剛好相反，所選取的線路被重設爲 0，而剩下的線路是在 1。

一個 2/4 作用高解碼器的符號與函數表被顯示於圖 11.11(a) 之中。這個 2 位元選取字元 $s_1 s_0$ 啓動對應於它的指定十進位值 0, 1, 2, 3 的這條線。這個函數表得到這個方程式

$$
\begin{aligned}
d_0 &= \overline{s_1} \cdot \overline{s_0} = \overline{s_1 + s_0} \\
d_1 &= \overline{s_1} \cdot s_0 = \overline{s_1 + \overline{s_0}} \\
d_2 &= s_1 \cdot \overline{s_0} = \overline{\overline{s_1} + s_0} \\
d_3 &= s_1 \cdot s_0 = \overline{\overline{s_1} + \overline{s_0}}
\end{aligned}
\tag{11.9}
$$

一個直截了當的 NOR 閘的實際裝置被顯示於圖 11.11(b) 之中。這給予這種結構化描述的基石

```
module decode_4 (d0, d1, d2, d3, s0, s1) ;
input s0, s1 ;
output d0, d1, d2, d3 ;
nor (d3, ~s0, ~s1) ,
    (d2, ~s0, s1)
```

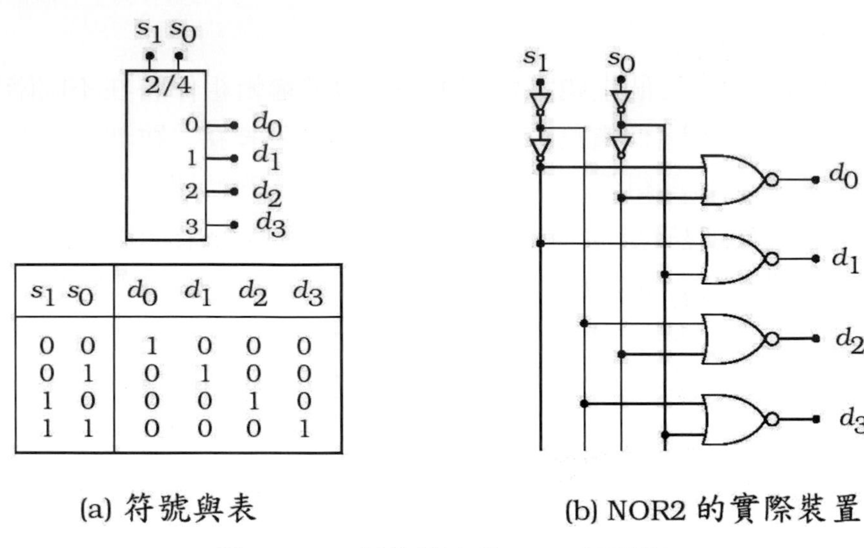

圖 11.11 一個作用高的 2/4 解碼器

```
    (d1, s0, ~s1)
    (d0, s0, s1)
endmodule
```

其中我們已經使用 ~ 這個運算元而將 NOT 驅動器吸收進入這個符號之中。

使用 **case** 關鍵字的一種等效建築描述可以被寫成

```
module dec_4 (d0, d1, d2, d3, sel ) ;
input [1 : 0] sel ;
output d0, d1, d2, d3 ;
case (sel)
    0 : d0 = 1, d1 = 0 , d2 = 0, d3 = 0 ;
    1 : d0 = 0, d1 = 1 , d2 = 0, d3 = 0 ;
    2 : d0 = 0, d1 = 0 , d2 = 1, d3 = 0 ;
    3 : d0 = 0, d1 = 0 , d2 = 0, d3 = 1 ;
endmodule
```

這明白地列示由 sel 的十進位值所決定的每種可能性。另外一種方法乃是使用 **assign** 程序。這代表這個運算的一個不包含結構資訊的抽象高階描述。雖然我們可以瞭解這個單元的操作，但是在它可以被建構之前，它必須先被轉譯成爲一個低階的描述。這提供了等效層級觀點的另一個範例。

一個作用低解碼器被顯示於圖 11.12 之中。在這種狀況之下，所選取的輸出被驅動至低電壓，而其它輸出則維持在邏輯 1 的值。這種設計是藉由以 NAND2 閘來取代 NOR2 閘所達成的。我們可以藉由改變邏輯來修改這個作用

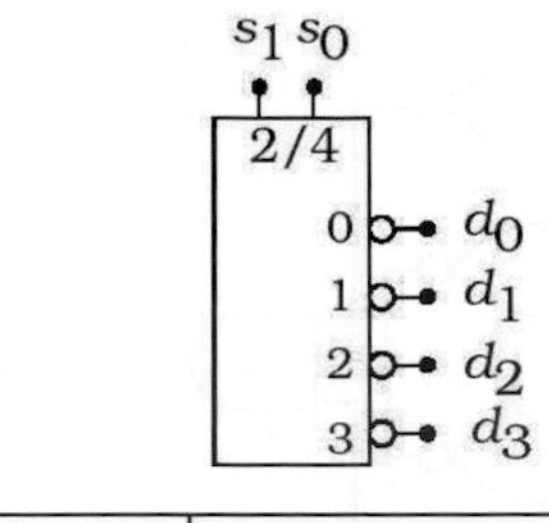

s_1	s_0	d_0	d_1	d_2	d_3
0	0	0	1	1	1
0	1	1	0	1	1
1	0	1	1	0	1
1	1	1	1	1	0

(a) 符號與表

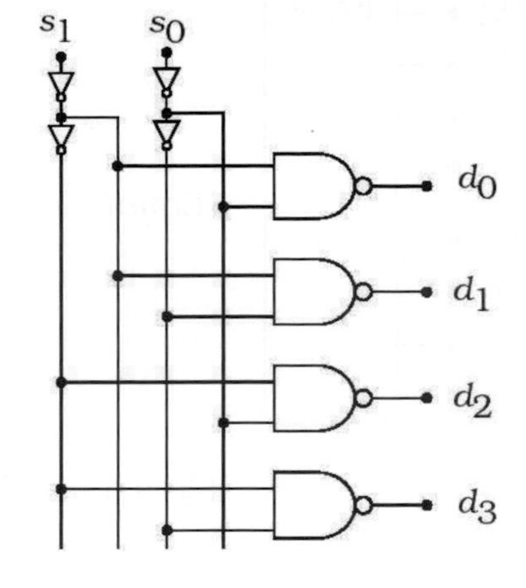

(b) NAND2 的實際裝置

圖 11.12 作用低的 2/4 解碼器

高的列示來寫出 HDL 程式碼。由觀察法，這個網路的閘階層結構化 Verilog 描述可以被建構成下列的型式

```
module dec_lo (d0, d1, d2, d3, s0, s1) ;
input s0, s1 ;
output d0, d1, d2, d3 ;
nand (d0, ~s0, ~s1) ,
     (d1, ~s0, s1) ,
     (d2, s0, ~s1) ,
     (d3, s0, s1) ;
endmodule
```

這些簡單的範例明顯地顯示大型組件在各個階層是如何被描述的。在實際操作之中，最常使用的一種是由這個問題以及它在設計層級之中的階層所決定的。一般而言，不會有一個對所有情況都是最佳的單一解決方案。

11.3 相等檢測器與比較器

一個**相等檢測器** (**equality detector**) 比較兩個 n 位元的字元，而如果這兩個輸入的每個位元都相等的話就會產生一個輸出 1。一個簡單的 4 位元電路被顯示於圖 11.13 之中。這個電路使用相等 (XNOR) 的關係

$$\overline{a_i \oplus b_i} = 1 \tag{11.10}$$

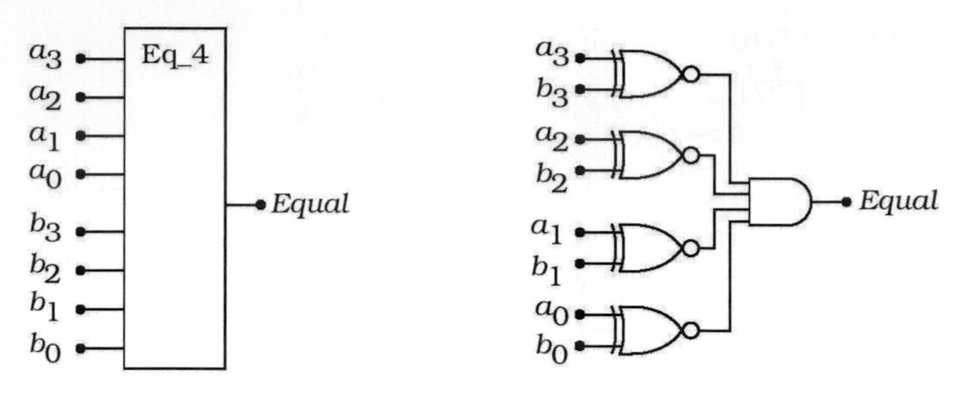

圖 11.13 一個 4 位元相等檢測器

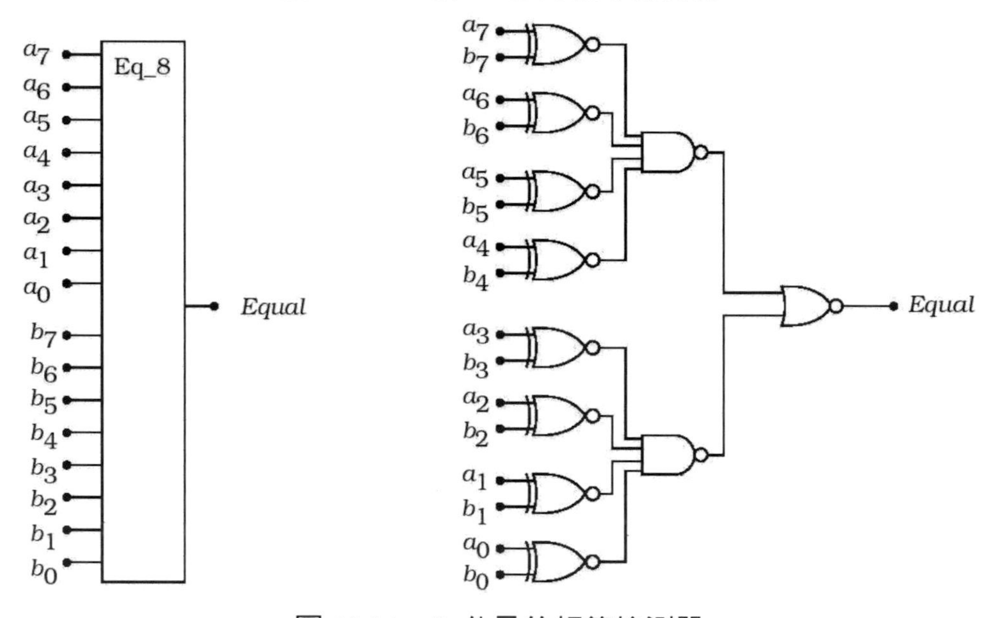

圖 11.14 8 位元的相等檢測器

若且唯若 $a_i = b_i$ 作爲比較這些輸入的一種手段。如果每一個 XNOR 都產生一個 1，則這個 AND 閘的輸出會給予 $Equal = 1$；否則，$Equal = 0$。

這項運算的一段 Verilog 列示爲

```
module equality (Equal , a, b ) ;
input [3 : 0] a, b ;
output Equal ;
always @ (a or b)
   begin
      if (a == b)
         Equal = 1 ;
      else
```

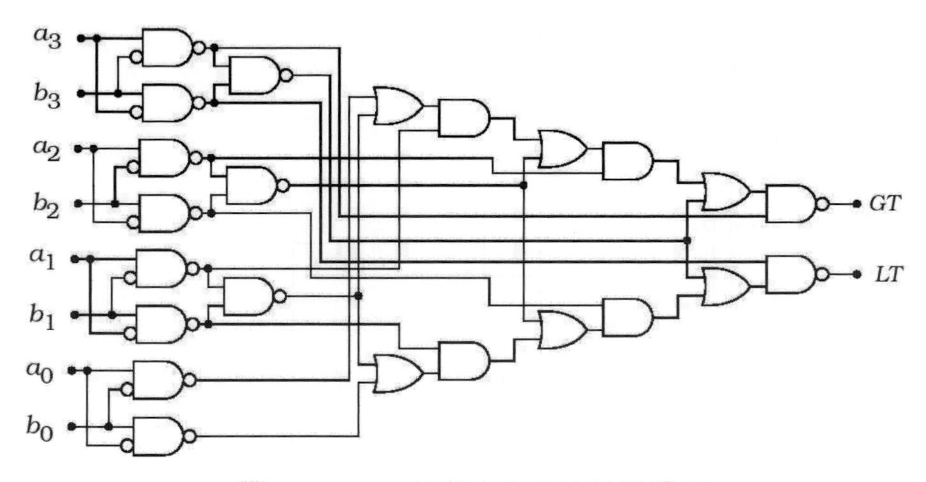

圖 11.15 4 位元大小的比較器邏輯

條件	GT	LT
$a > b$	1	0
$a < b$	0	1
$a = b$	0	0

圖 11.16 比較器輸出的綜合整理

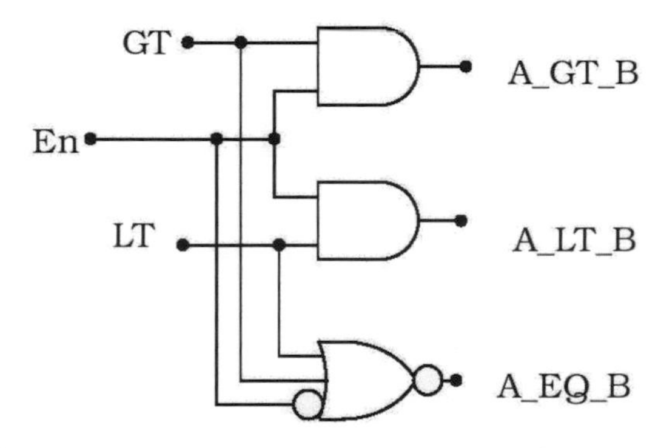

圖 11.17 A_EQ_B 與 Enable 特徵的額外邏輯

```
        Equal = 0 ;
    end
endmodule
```

這個電路的內部結構是隱藏在邏輯的相等條件 a == b 之中。在電路與 HDL 階層，延伸至任意字元大小都可以輕易被達成。一個範例便是圖 11.14 中所顯示的這個 8 位元的版本。這個圖形使用兩個 4 位元的電路，而以被 AND 在一塊的輸出來產生最終的結果。

大小比較器電路被使用來比較兩個字元 a 與 b，並決定究竟 $a > b$ 或 $a <$

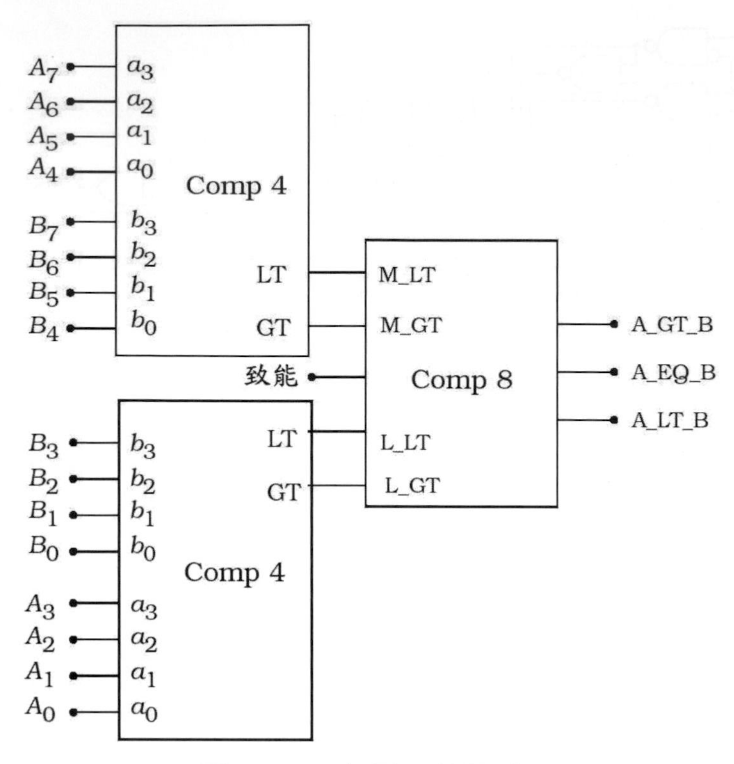

圖 11.18 8 **位元比較器系統**

b 是眞實的；相等條件 $a = b$ 也可以由這個邏輯來加以檢測。一個 4 位元的大小比較器的邏輯被顯示於圖 11.15 之中。這些輸入字元是以一個位元一個位元的方式被使用來產生兩個輸出，GT 與 LT，具有圖 11.16 中所綜合整理的結果。這些邏輯方程式的推導有一些繁瑣，但是我們可以由這個圖形來追蹤訊號的路徑。上面與下面邏輯鏈的這種對稱性乃是產生一個 GT 或 LT 結果的基石。藉由將這個電路串級成爲圖 11.17 中所顯示的這個邏輯網路，一個相等檢測輸出的選用特徵以及一個致能控制可以被加進來。

這個 4 位元比較器的一段 Verilog 列示可以被建構如下：

```
module comp_4 (GT, LT, a, b ) ;
input [ 3 : 0 ] a, b ;
output GT, LT ;
always @ (a or b)
   begin
      if (a > b)
         GT = 1 , LT = 0 ;
      elseif (a < b)
         GT = 0 , LT = 1 ;
```

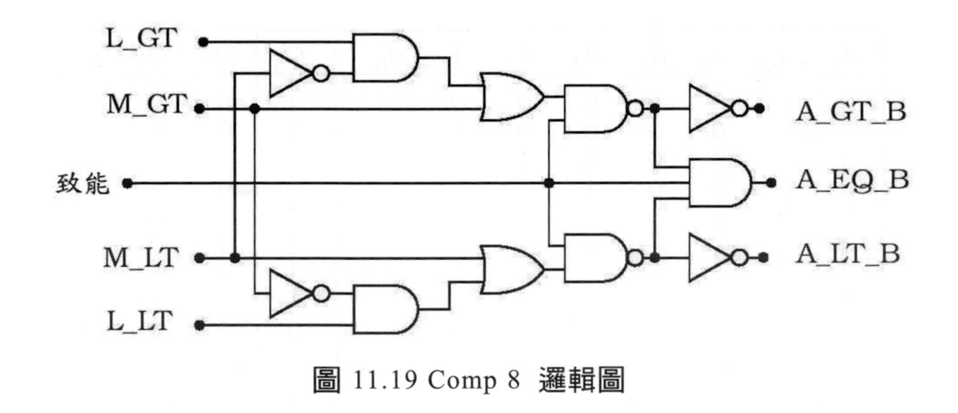

圖 11.19 Comp 8 邏輯圖

```
        else
            GT = 0 , LT = 0 ;
    end
endmodule
```

這段高階的描述完全遮住內部的結構，這使它非常適合建築的模擬。然而，這個邏輯與電路的實際裝置可能會相當複雜。

層級設計技術使我們得以使用兩個 4 位元的電路【Comp 4】以及一個介面網路來建構一個 8 位元的比較器。主要的電路被顯示於圖 11.18 之中。下面的 Comp 4 區塊接收每個字元的較低 4 個位元，而上面的區塊使用位元 4–7。被標示為 Comp 8 的這個介面區塊包含一個 Enable 輸入。介面網路的邏輯圖被顯示於圖 11.19 之中。上面的輸入是 *GT* Comp 4 的輸出，而下面的輸入則是來自這個 4 位元比較電路的 *LT* 值。然後，這些被比較來產生輸出。將 AND 閘及【在 A_GT_B 與 A_LT_B 輸出的】NAND-NOT 串級包含進來使我們得以產生相等訊號 A_EQ_B，如果這些字元相等的話，這個訊號將會是 1。注意當 A_EQ_B = 1 時，A_GT_B 與 A_LT_B 兩者都是零。

11.4 優先權編碼器

一個**優先權編碼器** (**priority encoder**) 檢視一個 n 位元字元的這些輸入位元，並產生一個輸出來指明最高優先權邏輯 1 位元的位置。考慮一個 8 位元的字元

$$d = d_7 d_6 d_5 d_4 d_3 d_2 d_1 d_0 \tag{11.11}$$

並且讓我們將最高優先權指派給位元 d_7，指派次高優先權給 d_6，於此類推。一個優先權編碼器的操作乃是檢測在 d 之中 1 的出現；如果兩個或更多個位元是

d_7	d_6	d_5	d_4	d_3	d_2	d_1	d_0	Q_3	Q_2	Q_1	Q_0
0	0	0	0	0	0	0	1	1	0	0	0
0	0	0	0	0	0	1	-	1	0	0	1
0	0	0	0	0	1	-	-	1	0	1	0
0	0	0	0	1	-	-	-	1	0	1	1
0	0	0	1	-	-	-	-	1	1	0	0
0	0	1	-	-	-	-	-	1	1	0	1
0	1	-	-	-	-	-	-	1	1	1	0
1	-	-	-	-	-	-	-	1	1	1	1
0	0	0	0	0	0	0	0	0	0	0	0

d_7 具有最高優先權　　　　當 $d_i = 1$ 時，$Q_3 = 1$

d_0 具有最低優先權　　　　對任何 $i = 0, \ldots, 7$

圖 11.20 **一個 8 位元優先編碼器的函數表**

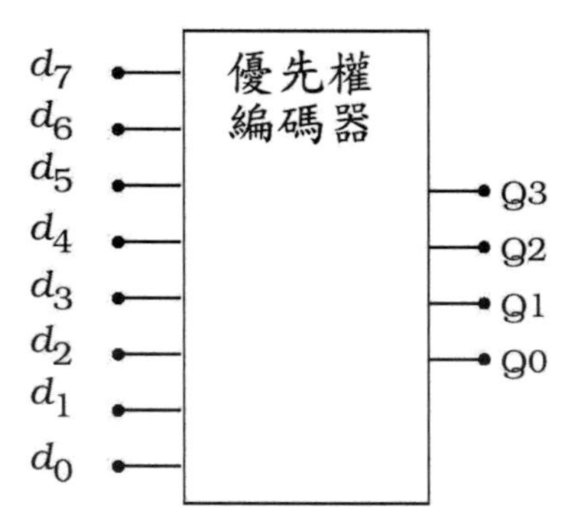

圖 11.21 **優先權編碼器的符號**

位於一個邏輯 1 的值，則具有最高優先權的這個輸入將會先行。如果我們使用 d 來作爲一個 8 位元優先權編碼器的輸入，則輸出字元

$$Q = Q_3Q_2Q_1Q_0 \tag{11.12}$$

被編碼來指明最高優先權的位元。這種規劃的一個函數表被提供於圖 11.20 之中。如果任何輸入位元是 1 的話，那麼這個位元 Q_3 等於 1。這個 3 位元的字元 $Q_2Q_1Q_0$ 被編碼來指明最高優先權的輸入位元。它並沒有正式的邏輯符號，因此當這個元件被使用於一個系統設計之中時，我們將使用圖 11.21 中所顯示的簡單盒子。

這個網路的邏輯被畫成兩個部分。圖 11.22 之中的第一段顯示每個位元的輸入緩衝器及補數產生器。這個 $Q2$ 與 $Q3$ 的輸出邏輯很簡單，並被給予爲下列的表示式

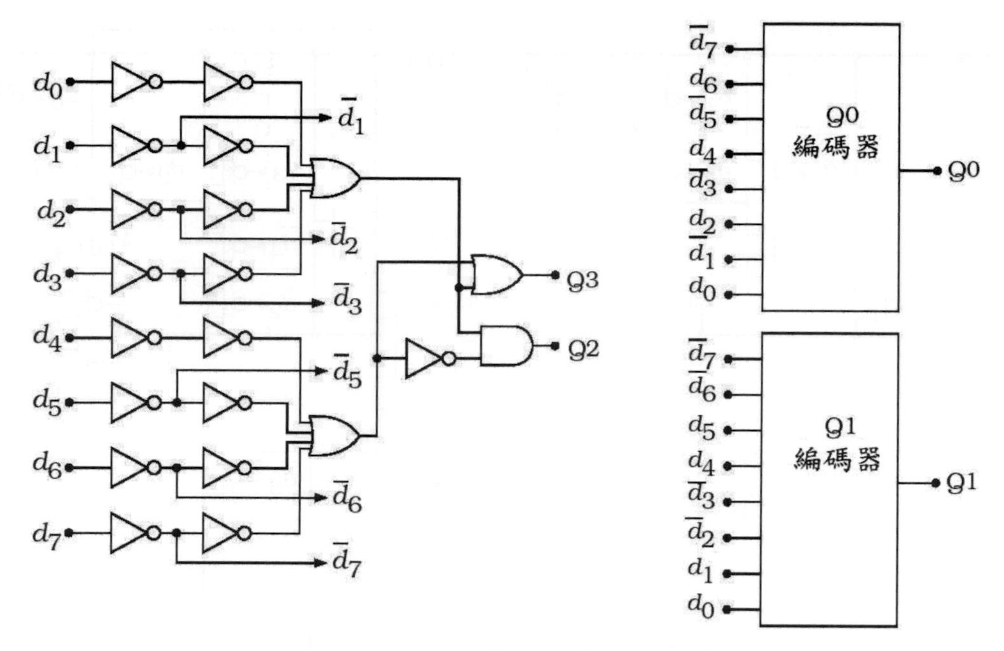

圖 11.22 優先權編碼器的邏輯圖

$$
\begin{aligned}
Q2 &= (d_0 + d_1 + d_2 + d_3) \cdot \overline{(d_4 + d_5 + d_6 + d_7)} \\
Q3 &= (d_0 + d_1 + d_2 + d_3) + \overline{(d_4 + d_5 + d_6 + d_7)}
\end{aligned}
\tag{11.13}
$$

這可由電路圖來加以驗證。如同圖 11.23 中所顯示的這個電路，這些 $Q0$ 與 $Q1$ 編碼器使用緩衝及補數的輸入。這個 $Q0$ 電路的邏輯方程式為

$$Q0 = \overline{d_7} \cdot \left[d_6 + \overline{d_5} \cdot \left(d_4 + \overline{d_3} \cdot \left[d_2 + \overline{d_1} \cdot d_0\right]\right)\right] \tag{11.14}$$

而

$$Q1 = \overline{d_7} \cdot \overline{d_6} \cdot \left[d_5 + \overline{d_4} + \overline{d_3} \cdot \overline{d_2} \cdot (d_1 + d_0)\right] \tag{11.15}$$

給予這個 $Q1$ 位元。

即便這個電路的內部細節很複雜，行為的描述只關心整體的功能表現而已。這個模組的一種實際裝置為

```
module priority_8 (Q, Q3, d ) ;
input [ 7: 0 ] d ;
output Q3 ;
output [ 2: 0 ] Q ;
always @ (d)
   begin
```

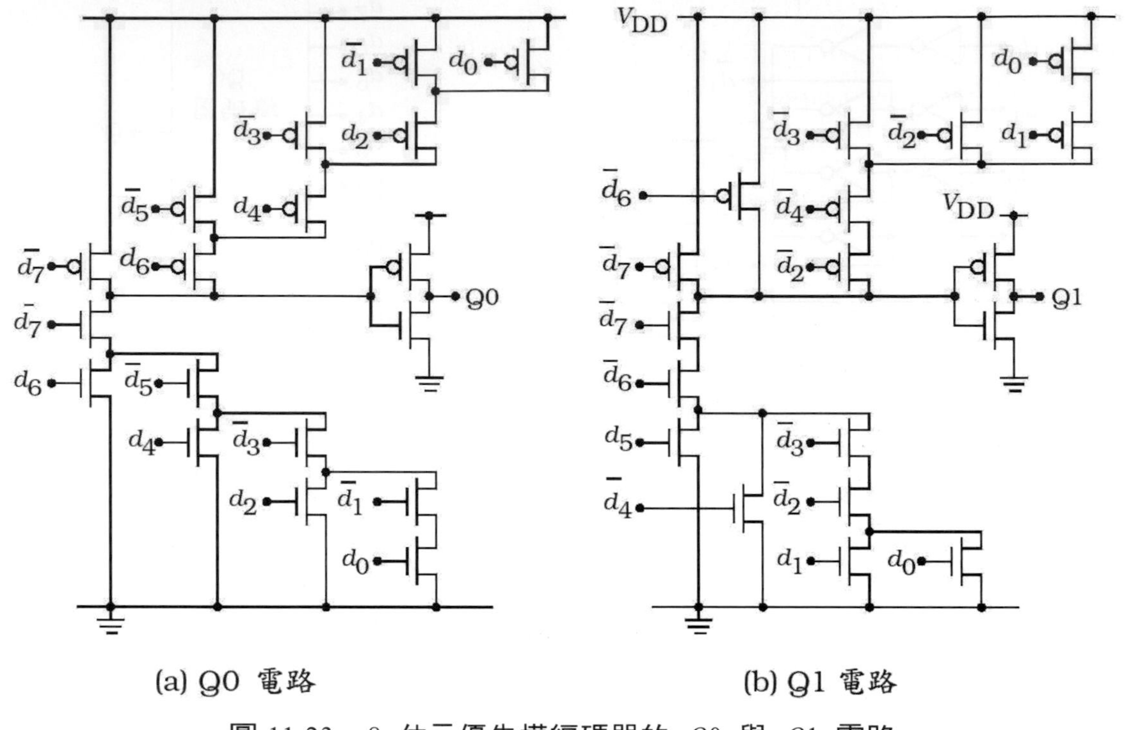

圖 11.23　8 位元優先權編碼器的 $Q0$ 與 $Q1$ 電路

```
        Q3 = 1 ;
        if ( A[7] ) Q = 7 ;
        elseif ( A[6] ) Q = 6 ;
        elseif ( A[5] ) Q = 5 ;
        elseif ( A[4] ) Q = 4 ;
        elseif ( A[3] ) Q = 3 ;
        elseif ( A[2] ) Q = 2 ;
        elseif ( A[1] ) Q = 1 ;
        elseif ( A[0] ) Q = 0 ;
        else
            begin
                Q3 = 0 ;
                Q = 3'b000 ;
            end
    end
endmodule
```

我們已經將 Q3 定義爲一個純量，而將 Q 定義爲一個 3 位元的向量，這個向量被指派一個對應於函數表中所列示 $Q_2Q_1Q_0$ 的十進位等效值。在說明一段高階描述與一段低階描述的區別時，這個範例是特別好。將 HDL 轉譯至電路圖並不是一個簡單的問題。而且，其它等效電路及邏輯演算法也可以被建構，每一種都會具有不同的面積及切換的性質。

11.5 移位與迴轉運算

移位與迴轉單元在許多不同的網路之中是很有用的。考慮一個 4 位元的字元 $a_3a_2a_1a_0$ 來作爲進入圖 11.24 中所顯示的這個一般性迴轉單元的輸入。輸出是一個被迴轉的字元 $f_3f_2f_1f_0$。一個 n 位元的迴轉是使用控制字元 RO_n 來加以指定，而這個 L/R 位元定義一個往左或往右的運動。譬如，一個 1 位元左迴轉的到下列的一個輸出

$$f_3f_2f_1f_0 = a_2a_1a_0a_3 \tag{11.16}$$

而一個 1 位元的向右迴轉會給予

$$f_3f_2f_1f_0 = a_0a_3a_2a_1 \tag{11.17}$$

一個迴轉會展現纏繞的行爲，其中一個被推出這個字元的位元會被加到另一邊。一項移位運算會强迫一個 0 進入未被佔用的空間。如果我們將這個單元修改來給予一個 1 位元的向左移位運算的話，那麼一個 $a_3a_2a_1a_0$ 的輸入會產生一個輸出

$$f_3f_2f_1f_0 = a_2a_1a_00 \tag{11.18}$$

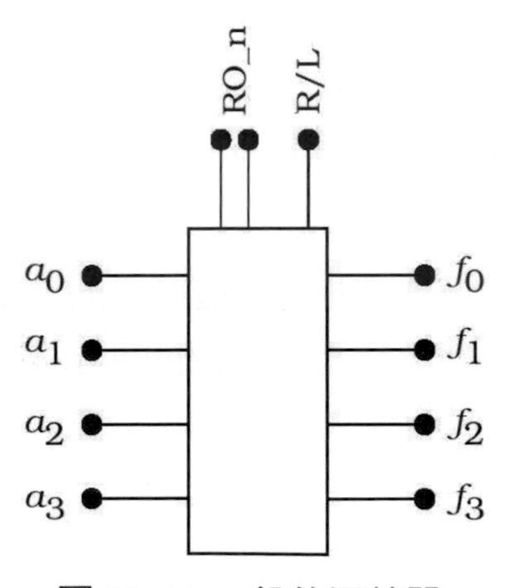

圖 11.24 一般的迴轉器

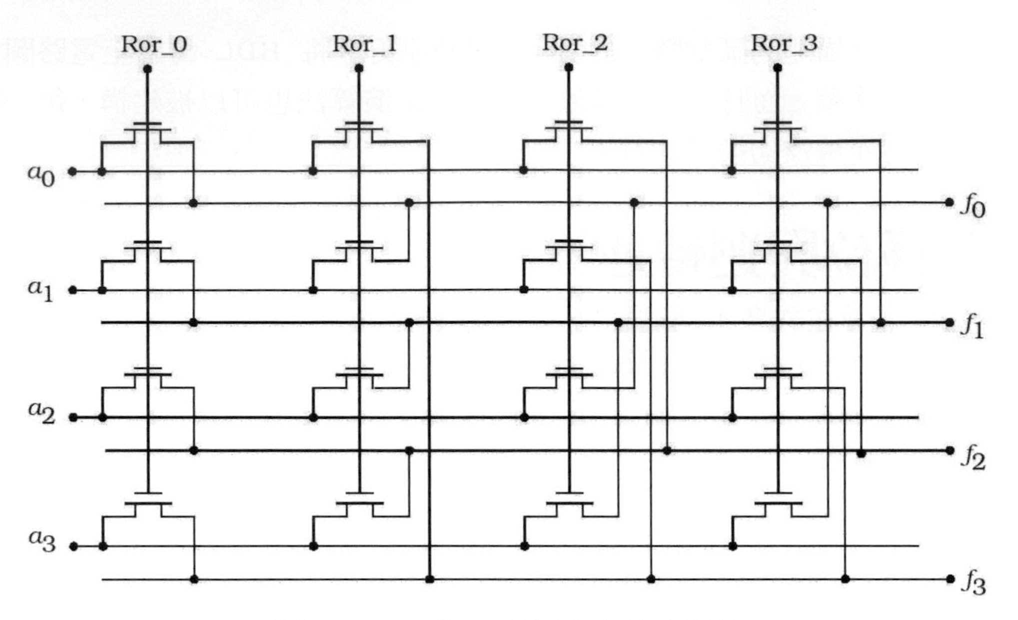

圖 11.25 一個 4 位元向右迴轉網路

具有一個類似於向右移位的運算。

Verilog 提供位元的移位運算元

```
<< // This is a shift left operation
>> // This is a shift right operation
```

這可以被使用來指定向量移位；兩者都會以 0 來將槽填滿。這些被顯示於下列的範例程式碼之中

```
reg [7:0] a ;
reg [7:0] new_1 ;
reg [3:0] new_2 ;
reg [3:0] b ;
    new_1 = a >> b ; // This shifts the 7-bit word a by b-bits to the right
    new_2 = a << b ; // This shifts a by b-bits to the left
...
```

一項迴轉可以以一些不同的方式來指定。最簡單的方式乃是如同在時脈行爲單元之中一個位元一個位元的排列，這是以下面的列示來加以描述

```
...
reg [3:0] ;
always @ (posedge clk)
    begin
```

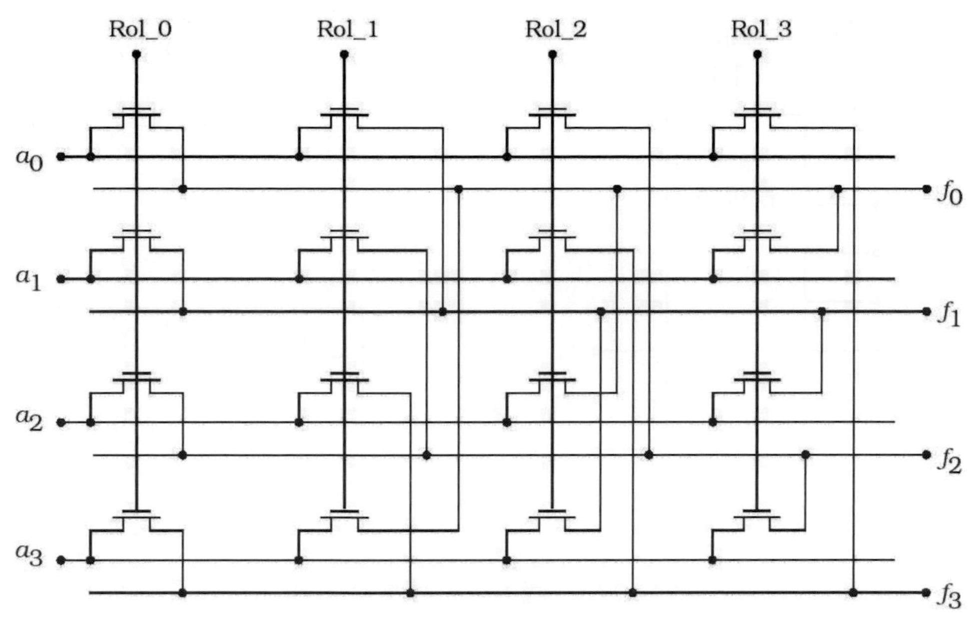

圖 11.26 向左迴轉的切換陣列

```
    // This is a bit-by-bit rotate left
    a[0] <= a[3] ;
    a[1] <= a[0] ;
    a[2] <= a[1] ;
    a[3] <= a[2] ;
end
```

…

我們可以藉由加進控制位元來包含更一般性的迴轉。

在 VLSI 電路之中，我們有許多不同的方式可以實際裝置旋轉及移位。雖然我們可以使用以 FF 爲基礎的標準設計，但是以 FET 切換性質爲基礎的較簡單網路則會得到高度規則化的設計。考慮一個 4 位元字元的迴轉。圖 11.25 之中的這個切換網路使用四個控制位元 Ror_0、Ror_1、Ror_2、Ror_3 來指明一個 n 位元的迴轉。這些訊號是使用組合邏輯所產生的；在任何給予的時間，這些訊號只會有一個是在 1。輸入位元 $a_3a_2a_1a_0$ 的訊號繞線是藉由使用 nFET 來作爲開關所達成的，這些開關給予我們所想要到達輸出線路 $f_3f_2f_1f_0$ 的連接。藉由將 FET 重新導線連接至圖 11.26 中所顯示的這種組態，我們可以產生一個向左迴轉的陣列。藉由追蹤每一行控制 FET 的輸入—輸出路徑，我們可以驗證這兩個網路的繞線連接。使用一個控制字元 Ro_n 來指定位元的數目，並使用一個左右移位的分離控制位元，這兩者可以被合併成爲一個單一陣列。

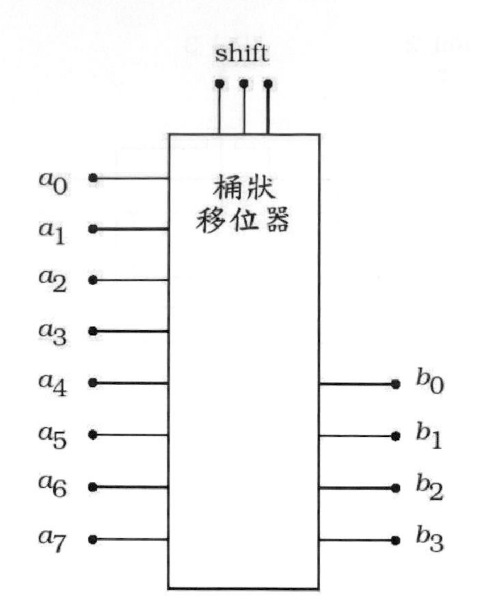

shift	$b_0b_1b_2b_3$
0	$a_0a_1a_2a_3$
1	$a_1a_2a_3a_4$
2	$a_2a_3a_4a_5$
3	$a_3a_4a_5a_6$
4	$a_4a_5a_6a_7$

圖 11.27 **一個** 8 × 4 **桶型移位器**

一個相關的組件乃是被指定爲具有一個 $m \times n$ 結構的**桶狀位移器 (barrel shifter)**，其中 m 是輸入字元之中的位元數目，而 n 是輸出位元的數目。常見的情況是當我們有 $m = 2n$ 及 $m = n$ 的這種情況。圖 11.27 顯示一個 8 × 4 的單元。如同在表格中所綜合整理，控制字元 *shift* 的十進位值是以輸入字元 $a_7a_6a_5a_4a_3a_2a_1a_0$ 來定義輸出 $f_3f_2f_1f_0$。我們可以使用一個 nFET 陣列來建構這個單元，而具有圖 11.28 中所顯示的結果。如同迴轉器的設計一般，每一行電晶體都是由一個單一位元訊號 Sh_n 所控制的，在這個設計之中 n = 0, 1, 2, 3, 4。這些是由 3 位元的控制字元 *shift* 藉由一個組合邏輯網路所產生的。在一個時間，行的訊號之中只會有一個是在 1，因此輸入至輸出的路徑是由作用的這行電晶體所定義的。一個具有纏繞的 4 × 4 網路就是一個迴轉器。在 ALU【算術與邏輯單元】之中，桶形移位器對於位元的操控是很有用的。對於電信及平行處理之中的應用而言，這個電路本身的整體結構提供了設計整合的閂切換網路及訊號路由器的一項基礎。

這個 nFET 陣列是極爲規則化，這使它在 CMOS 實體設計階層相對容易來佈局。元件庫的囊胞可能會像個別 FET 這麼的簡單，或者也可能會像被使用來產生較大陣列的 $p \times q$ 子單位這麼的複雜。只有 nFET 的設計的主要缺點乃是臨限電壓下降【以及附屬的微弱 1 的傳輸】的問題以及寄生所限制的切換時間。我們可以加進驅動器來使這些電路加速，並回復電壓的擺幅。另外，傳輸閘也可以被使用來作爲這些 FET 的一個一對一取代。雖然這個 pFET 面積消耗很小，

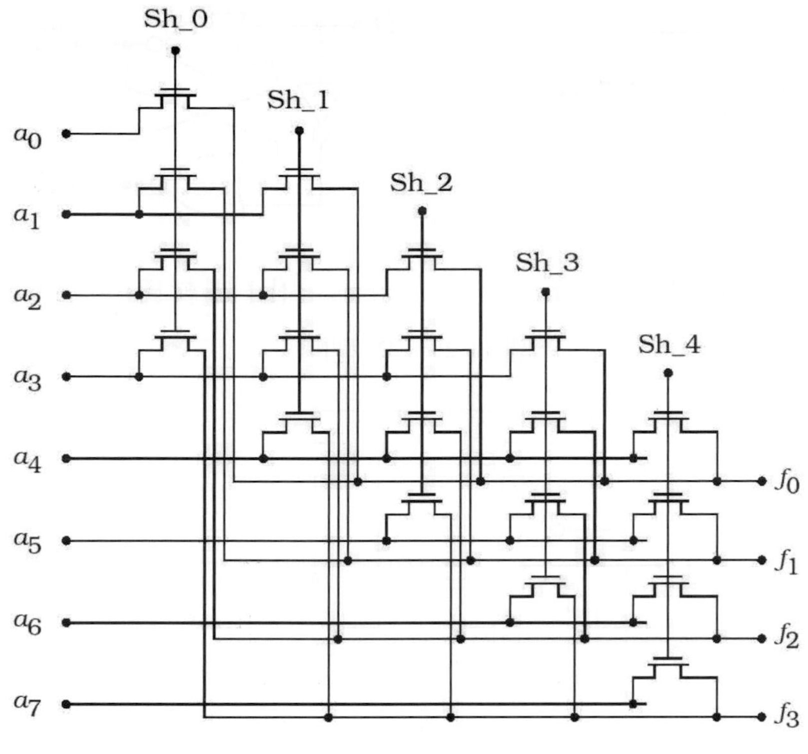

圖 11.28 FET **陣列的桶型移位器**

但是繞線複雜度會顯著地增大。

11.6 閂

一個**閂** (**latch**) 是一個可以接收並保持一個輸入位元的元件。一個簡單 D 型閂構成了許多設計的基礎。D 型閂的符號被顯示於圖 11.29(a) 之中，而圖 11.29(b) 則提供一個邏輯圖。由觀察法，我們看到這個電路是使用一個以 NOR 爲基礎的 SR 閂連同互補的輸入所構成的。這個閂是**透明的** (**transparent**)，其意義在於一段電路的延遲時間之後在輸出 Q 與 $\overline{Q}$ 處會看到 D 的一項改變。

這個元件的一項行爲的描述爲

```
module d_latch (q, q_bar, d) ;
input d ;
output q, q_bar ;
reg q, q_bar ;
always @ (d)
    begin
        # (t_d) q = d ;
```

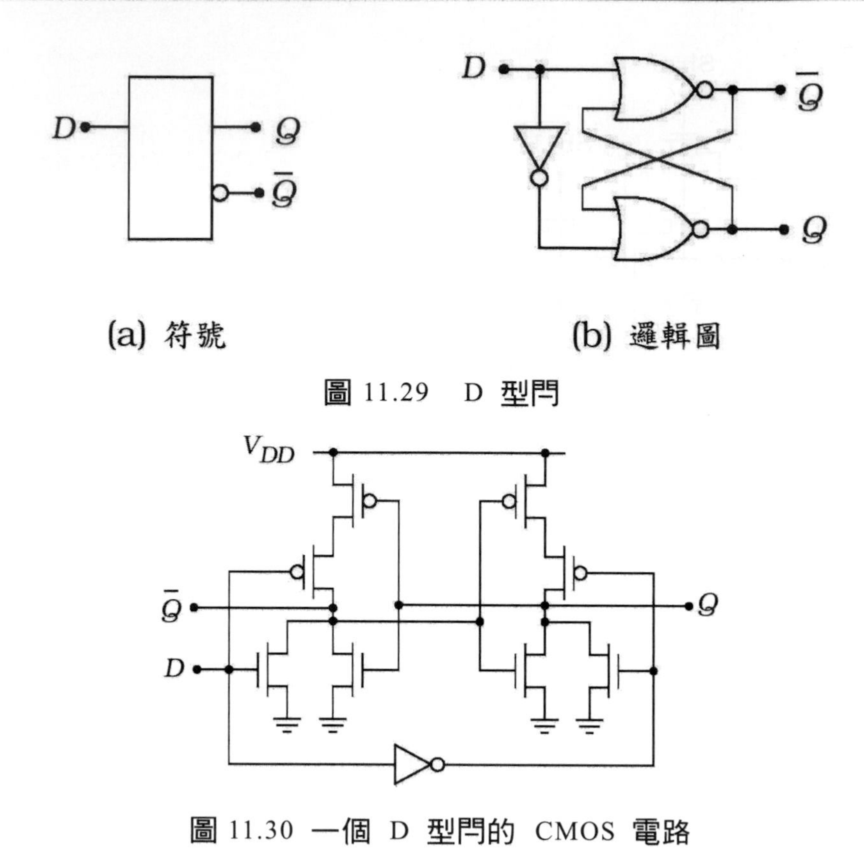

圖 11.29 D 型門

圖 11.30 一個 D 型門的 CMOS 電路

```
        # (t_d) q_bar = ~d ;
    end
endmodule
```

我們已經使用 t_d 來代表時間延遲。這項宣告模擬這個可以保持輸入狀態的交叉耦合的 NOR 電路的作用。等效的結構化描述爲

```
module d_latch_gates (q, q_bar, d ) ;
input d ;
output q, q_bar ;
wire not_d ;
not (not_d, d) ;
nor # (t_nor) g1 (q_bar, q, d),
    # (t_nor) g2 (q, q_bar, not_d);
endmodule
```

這提供了這個元件在電路與實體設計階層的一項一個閘一個閘的指引。

組合邏輯設計

我們可以使用邏輯圖或結構描述來建構這個 CMOS 電路。一種直接的轉譯被顯示於圖 11.30 之中。在實體的階層，這可以藉由引例兩個 NOR2 囊胞以及一個 NOT 囊胞，然後再加上交互連接的導線連接來產生。另外，一個量身訂製的佈局圖可能會消耗較少的面積。藉由將這些輸入依照圖 11.31 中所說明地繞線連接通過這些 AND 閘，我們也可以將一個致能 *En* 加到這個基本的 D 型門。

一個 $En = 0$ 的致能位元藉由強迫這個 AND 的輸出為 0 來阻擋這些輸入，這將這個 SR 門置於一個保持狀態之中。如果 $En = 1$，則 D 與 $\overline{D}$ 的值被允許進入這些 NOR 電路之中。為了將這項控制包含在行為描述之中，我們將這些碼重寫為

```
module d_latch (q, q_bar, d , enable) ;
input d, enable ;
output q, q_bar ;
reg q, q_bar ;
always @ (d and enable)

   begin
      # ( t_d ) q = d ;
      # ( t_d ) q_bar = ~ d ;
   end
endmodule
```

一個 enable = 1 的條件是改變這個狀態所必須的。

這段結構化的描述可以是基於這個電路的一段蠻力的列示。然而，由於 CMOS 允許使用複雜的邏輯閘來作為原始閘，因此描述複雜的閘然後將它引例到列示之中將會比較有道理。

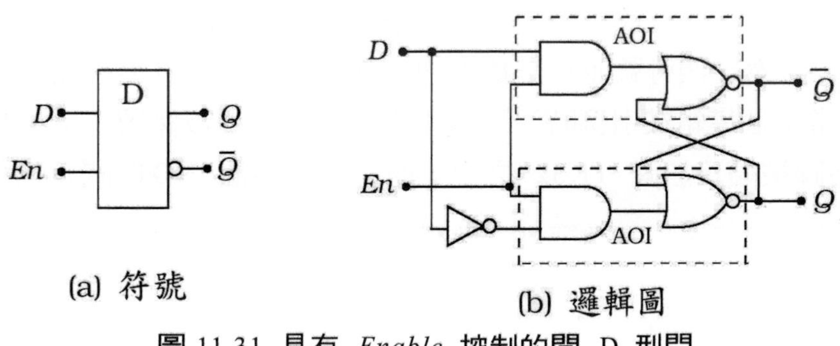

圖 11.31 具有 *Enable* 控制的閘 D 型門

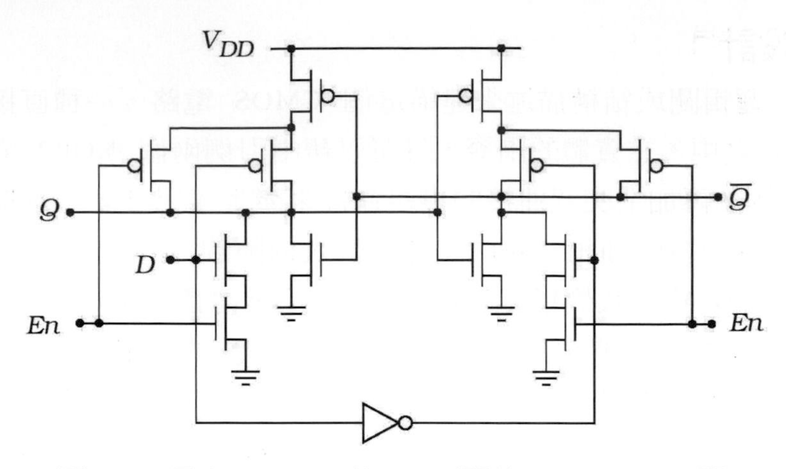

圖 11.32 具有 *Enable* 的 D 型閂的 AOI CMOS 閘

```
// First define the AOI module
module aoi_2_1 (out, a, b, c) ;
    input a, b, c ;
    output out ;
    wire w1 ;
    and (w1, a, b) ;
    nor (out, w1, c) ;
endmodule
// Now use this to build the latch
module d_latch_aoi (q, q_bar, d, enable) ;
    input d, enable ;
    output q, q_bar ;
    wire d_bar ;
    not (d_bar, d) ;
    aoi_2_1 (q_bar, d, enable, q) ;
    aoi_2_1 (q, enable, d_bar, q_bar) ;
endmodule
```

這個模組名稱 aoi_2_1 被解讀爲具有兩個 AND 輸入以及一個 OR 輸入的一個 AOI 閘。雖然這個符號並不是標準的符號，但是它在實際應用之中被廣泛地使用。注意當這個模組被引例時，這些輸入的順序必須被保留。這種實際裝置的 CMOS 電路圖被顯示於圖 11.32 之中，而且是由一個 NOT 閘及兩個 AOI 電路所構成的。

CMOS VLSI 閂

許多靜態 D 型閂的 CMOS VLSI 是由反相器以及 TG 或通過 FET 所建構而成的。這種設計是基於一種稱為**雙穩態電路** **(bistable circuit)** 的簡單靜態儲存組態的特性。一個雙穩態電路乃是一個可以無限期地【或者，至少在外加功率的期間】儲存【或保持】一個邏輯 0 或一個邏輯 1 的電路。

如同圖 11.33(a) 之中所顯示的，一個基本的雙穩態電路是由兩個反相器所組成的。這些閘乃是以導線來連接使得一個反相器的輸出是另一個反相器的輸入，因而構成一個閉迴路。任何具有偶數個反相器的閉迴路會得到一個雙穩態電路。如果我們使用圖 11.33(b) 之中的三個反相器，所得到的電路是不穩定的，而且也無法保持一個位元值。具有奇數個反相器的一個閉迴路通常被稱為是一個**環震盪器** **(ring oscillator)**，因為在任何點的訊號會在時間中震盪。

這個雙穩態電路的儲存機制是在圖 11.34(a) 之中加以說明。如果左邊是處於一個 $a = 1$ 的值，則追蹤訊號路徑通過上面的反相器顯示右邊會有一個 $\overline{a} = 0$ 的值。如果我們繼續並追蹤這個訊號通過下面的反相器到達左邊，我們獲得 $a = 1$ 的這個起始點。這顯示 $a = 1$ 的這個狀態是穩定，其意義乃是這個狀態可以由這個電路本身來加以維持。如同在相同的圖形中所顯示，相同的論述可以適用於 $a = 0$ 的這種狀況。在圖 11.34(b) 之中的這個 CMOS 電路使用兩個反相器來實際裝置這個雙穩定電路。

為了產生一個 D 型閂，我們必須提供輸入位元的入口節點。一種簡單的想

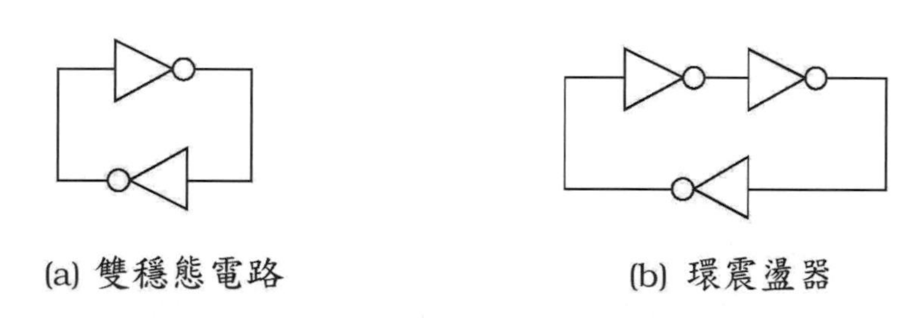

圖 11.33 閉迴路反相器組態

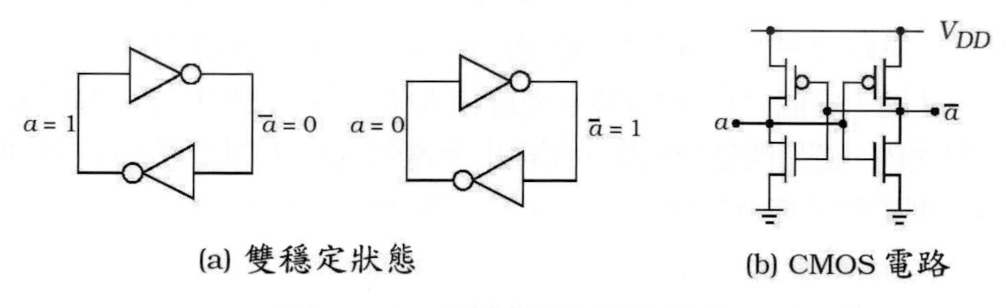

圖 11.34 一個雙穩態電路的操作

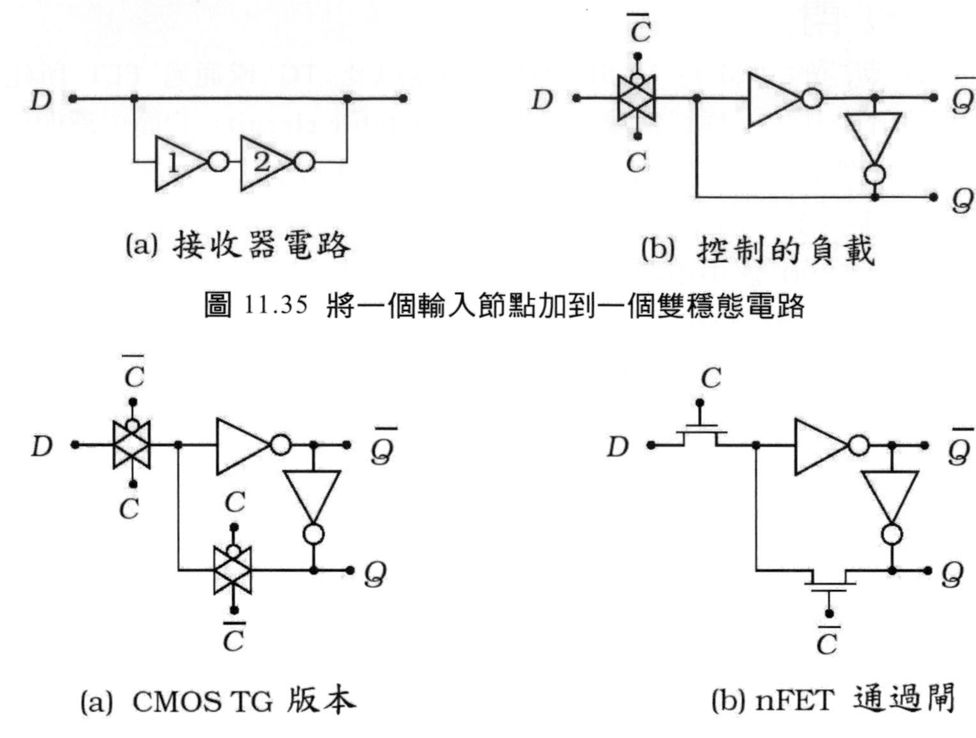

(a) 接收器電路 (b) 控制的負載

圖 11.35 將一個輸入節點加到一個雙穩態電路

(a) CMOS TG 版本 (b) nFET 通過閘

圖 11.36 使用相反相位開關的 D 型閂

法乃是在圖 11.35(a) 之中所顯示的**接收器電路** (**receiver circuit**)。D 的值是由反相器對所構成的這個雙穩定電路所保持的。這個電路會幫助這條線路來抵抗 D 之中的改變，這使它作爲一個由一條外部線路所驅動的接收器模組的輸入級時是很有用的。由反相器 2 的輸出到反相器 1 的輸入的這個**回饋迴路** (**feedback loop**) 提供了我們所想要的閂住作用，但卻會使這個設計變複雜。反相器 1 必須偵測改變，但是反相器 2 不可能這麼堅固，因此使它不能有狀態的改變。一般而言，反相器 1 可以使用相對大的 FET，但是反相器 2 則是藉由使用微小電晶體故意使它變得較虛弱。

如同圖 11.35(b) 中所顯示，在輸入處加上一個傳輸閘會給予我們控制這項負載的能力。當 $C = 0$ 【因此 $\overline{C} = 1$】時，這個 TG 是作爲一個打開的開關來使用，而這個電路會在輸出處保持 Q 與 $\overline{Q}$ 的值。當這個控制位元被設定爲 $C = 1$ 【$\overline{C} = 0$】時，這個 TG 會傳導並允許輸入位元 D 被轉移至這個閂住電路。在這段時間之內，這個閂是透明的，而輸出會達到 $Q = D$ 與 $\overline{Q} = \overline{D}$。如果 C 被重設爲 0，則這個狀態會被保持。因此，這個控制位元 C 是等同於之前使用的這個致能訊號 En。反相器設計的限制仍然會適用。

雖然這些電路可以輕易地建構在 CMOS 之中，但是它們是相對慢的元件。

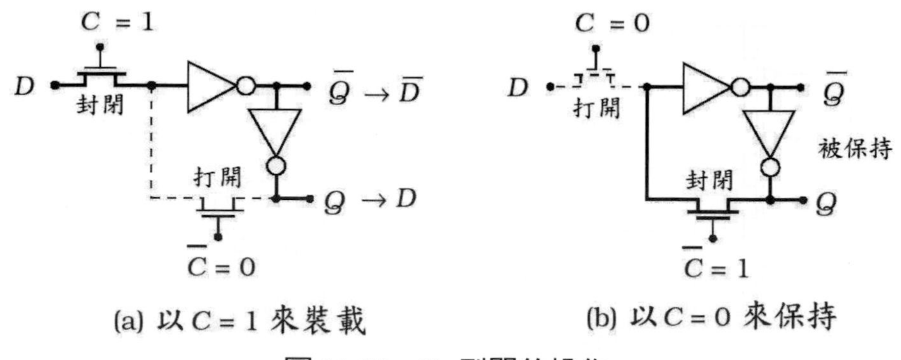

(a) 以 $C = 1$ 來裝載　　(b) 以 $C = 0$ 來保持

圖 11.37　D 型閂的操作

如同在圖 11.34(a) 中所討論，這是因爲這個雙穩態電路試圖保持這個儲存的值並抗拒改變。如果我們强迫儲存電壓改變的話，由輸出被送回到輸入的回饋會與這項變遷爭戰。這個問題的一種解決方案乃是在一個值被儲存的期間之內加上另一個打斷回饋迴路的開關。圖 11.36(a) 中所顯示的這個 TG 電路藉由在這些反相器之間使用一個相反相位的開關來達成的。在許多狀況之下，由於較簡單的導線連接的緣故，因此晶片設計師會比較喜歡使用 nFET 來取代 TG。這被顯示於圖 11.36(b) 之中；注意這個輸入 FET 是由 C 所控制的，而這個回饋電晶體則是被補數 $\overline{C}$ 所切換的。

這個 nFET 閂的操作被整理於圖 11.37 之中。當 $C = 1$ 時，會有一個輸入數據位元 D 的裝載發生。如同圖 11.37(a) 中所顯示，這會將這個輸入 FET 導通，並打開這個回饋迴路。因此這個輸入看到一條簡單的 NOT 鏈，而且非常快速地裝載。一個 $C = 0$ 的控制位元定義了保持狀態，並且是在圖 11.37(b) 中加以說明。這會將輸入 FET 關閉，但是回饋迴路被建立來保持 Q 與 $\overline{Q}$ 的值。由於一個 TG 的邏輯方程式與一個 nFET 的邏輯方程式完全相同，因此這段描述也適用於以 TG 爲基礎的電路。

C^2MOS 電路提供另一種 D 型閂設計風格的基礎。在圖 11.38(a) 中的這個閂使用一個 C^2MOS 反相器來作爲輸入級，而以時脈 ϕ 來控制裝載。當 $\phi = 0$ 時，D 被允許進入這個電路，在這裡它會穿越通過這個靜態的反相器。在特徵延遲時間之後，這會給予 $Q = D$。當這個時脈變遷至 $\phi = 1$ 時，第一級被驅動進入一個 Hi-Z 狀態，而這個回饋迴路則會被相反相位的反相器予以封閉。這會保持這個輸出，直到下一個時脈循環。

使用一對串級的 C^2MOS 反相器的一種變化被顯示於圖 11.38(b) 之中。這個網路的操作是相當不同的，這是因爲它是一個眞實的動態電路，換言之，它使

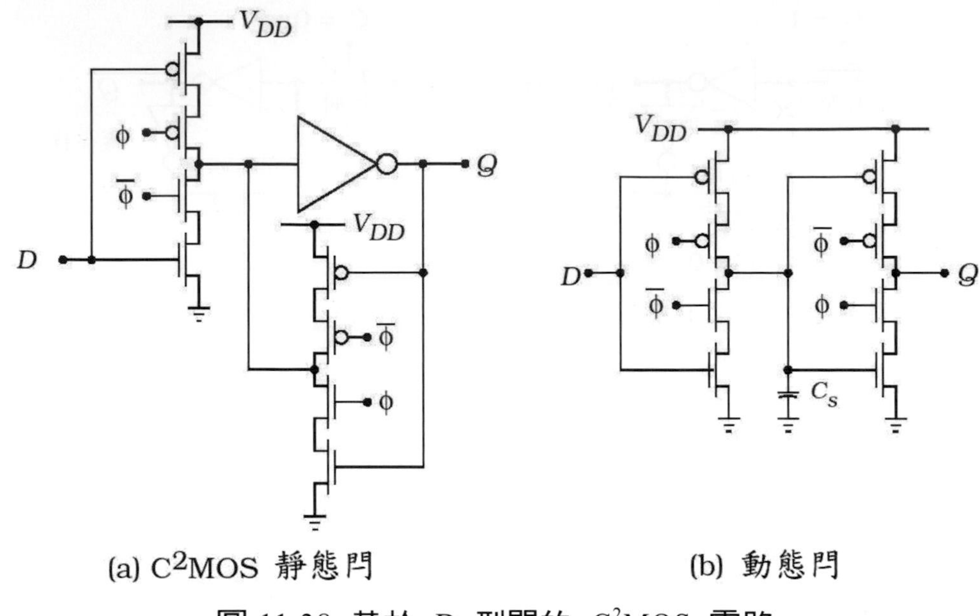

圖 11.38 基於 D 型閂的 C^2MOS 電路

用在電容性節點上的電荷儲存。在這兩級之間的這個寄生電容器 C_s 是作爲這個電路的儲存元件來使用。當具有 $\phi = 0$ 時，D 被允許進入，而對應於 $\overline{D}$ 的電荷會被儲存在 C_s 之上。當時脈改變至 $\phi = 1$ 時，第一級的輸出是處於一個 Hi-Z 狀態，這會保持在 C_s 上的電荷。這個時脈相位啓動第二級，這一級會有一個 Q 的輸出。Q 的值將會是 $\overline{D}$ 的值被這個電路的上升或下降時間所延遲。我們必須注意，電荷洩漏會限制 C_s 可以保持這個狀態的時間。雖然在這裡這個電路被介紹爲一個閂，但是這個電路經常被使用來作爲同步網路的一個時間延遲的元件。

11.7 D 型正反器

一個正反器 **(flip-flop)** 與一個閂之間的差異在於它是不透明的。**D 型正反器 (D-type flip-flop, DFF)** 是在 CMOS 電路之中最常被使用的正反器。基本的 DFF 設計是藉由將兩個相反相位的 D 型閂如同圖 11.39 中一般予以串級所獲得的一種主奴組態。這個時脈訊號 ϕ 控制操作，並提供同步化。當 $\phi = 0$ 時，這個主閘 **(master)** 閂允許一個 D 的輸入，而 M1 是作爲一個關閉的開關來使用。在這段時間之內，nFET M2 與 M3 是開路。當時脈進行 $\phi \rightarrow 1$ 的一項變遷時，開關 M2 與 M3 會關閉，並將這個位元轉移至奴閘加以實現。由於具有 $\phi = 1$ 時 M1 是打開的，因此這個主閘的輸入被阻擋。這個主奴電路的作用是作

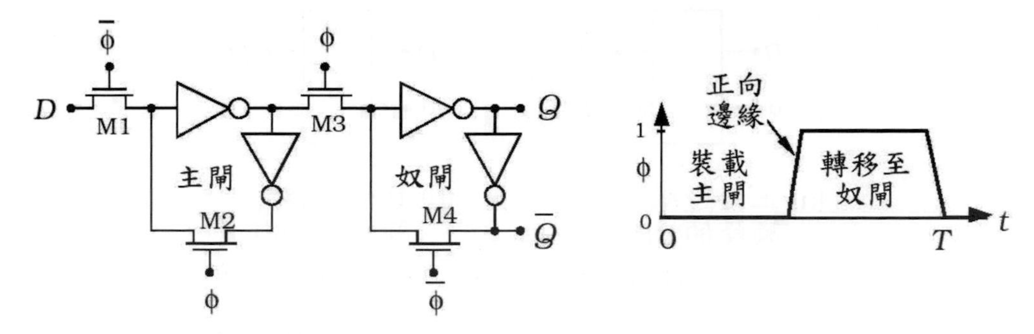

圖 11.39 主奴式 D 型正反器

爲一個**正向邊緣觸發 (positive edge-triggered)** 的元件，這是因爲在正向時脈邊緣的這段時間之內，D 的值定義了被傳輸至奴閘，而且可供使用來作爲 Q 的這個位元的值。[2] 注意一旦這個位元在時間 t_1 時被閂進這個奴閘之中，直到

$$t_1 + t_{FET} + t_{NOT} \tag{11.19}$$

之後，它才會出現在輸出，其中 t_{label} 是這個指定的元件的上升時間或下降時間。一個正向邊緣觸發 DFF 的符號被顯示於圖 11.40(a) 之中。這個「三角形」代表一個邊緣觸發的輸入。加入一個泡泡會產生圖 11.40(b) 中一個**負向邊緣觸發的 (negative edge-triggered)** DFF 的符號。在電路階層，我們所須要做的只是將訊號 ϕ 與 $\bar{\phi}$ 加以交換而已。

一個正向邊緣觸發的 DFF 的一段 Verilog 行爲描述可以被寫成下列的方式。

```
module positive_dff (q, q_bar, d, clk) ;
input d, clk ;
output q, q_bar ;
reg q, q_bar ;
always @ (posedge clk)
    begin
        q = d ;
        q_bar = ~ d ;
    end
endmodule
```

[2] 就最嚴格的意義來看，一個主奴式 FF 與一個眞實的正向邊緣觸發電路之間是有所差異。然而，在 VLSI 設計之中，這個術語是可以互換使用的。

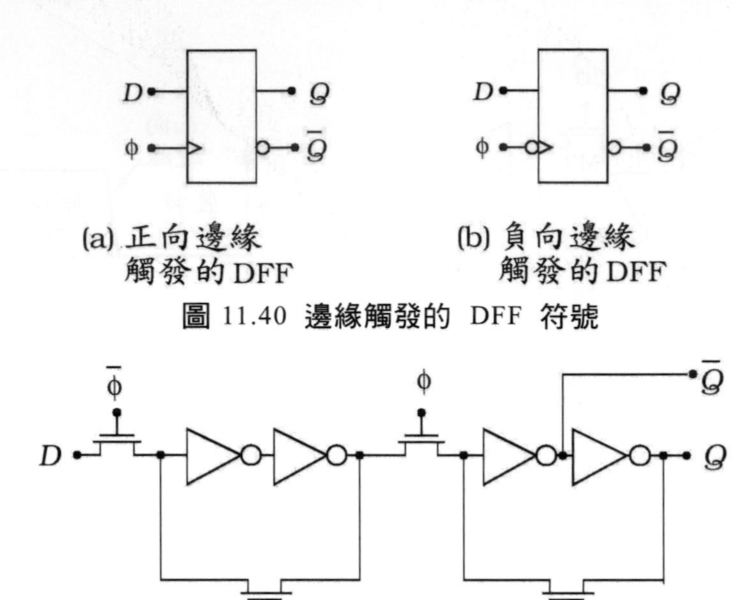

圖 11.40 邊緣觸發的 DFF 符號

圖 11.41 主奴式 DFF 的另一種電路

在一個實際的應用之中，我們須要一組延遲時間。一個負向邊緣觸發模組是藉由將 **always** 陳述修改至

```
always @ (negedge clk)
```

來獲得的。這會以一種明顯的方式來改變這項刺激。使用 **nmos** 與 **not** 原始元件來模擬圖 11.39 之中的這個電路的一段結構化的描述是直截了當的，而且被留作爲一個習題。

在這裡要重述的一項重點乃是，CMOS 電路的設計決定了通過這個 DFF 的延遲。考慮圖 11.41 中所顯示的替代電路。邏輯上，這是等同於圖 11.39 之中所畫的這個電路，但是由輸入 D 到輸出 Q 的這條數據路徑會通過四個反相器，而不是兩個反相器。由於每個邏輯閘都會引進額外的訊號延遲，因此這個電路將會比原始的設計來得緩慢。因此，我們看到這個電路的拓撲以及所得到的實體設計會直接影響以 HDL 列示來描述的高階結構的速度。這種型式的考慮乃是將高速 VLSI 與其它數位系統設計作一區別的因素之一。

我們可以藉由改變閘函數來將直接 **clear** 與 **set** 能力加進這個電路。其中的一種方法乃是使用 NAND2 邏輯。考慮圖 11.42 之中的這種狀況，其中一個輸入是一個控制位元 s，而另外一個輸入是一個數據值 in。當 $s = 0$ 時，無論 in

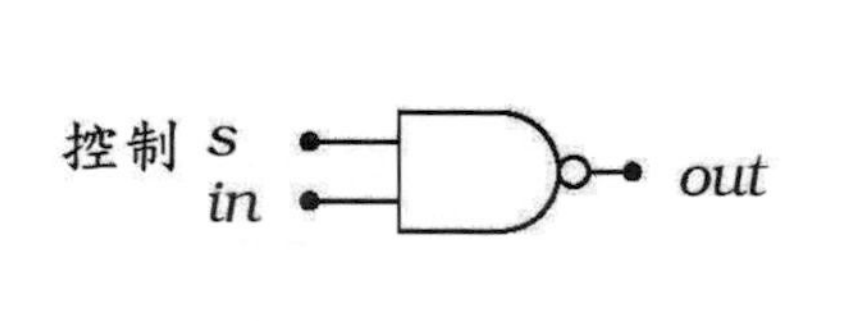

s	in	out
0	0	1
0	1	1
1	0	$\overline{in}$
1	1	$\overline{in}$

圖 11.42 NAND2 被使用來作爲一個控制元件

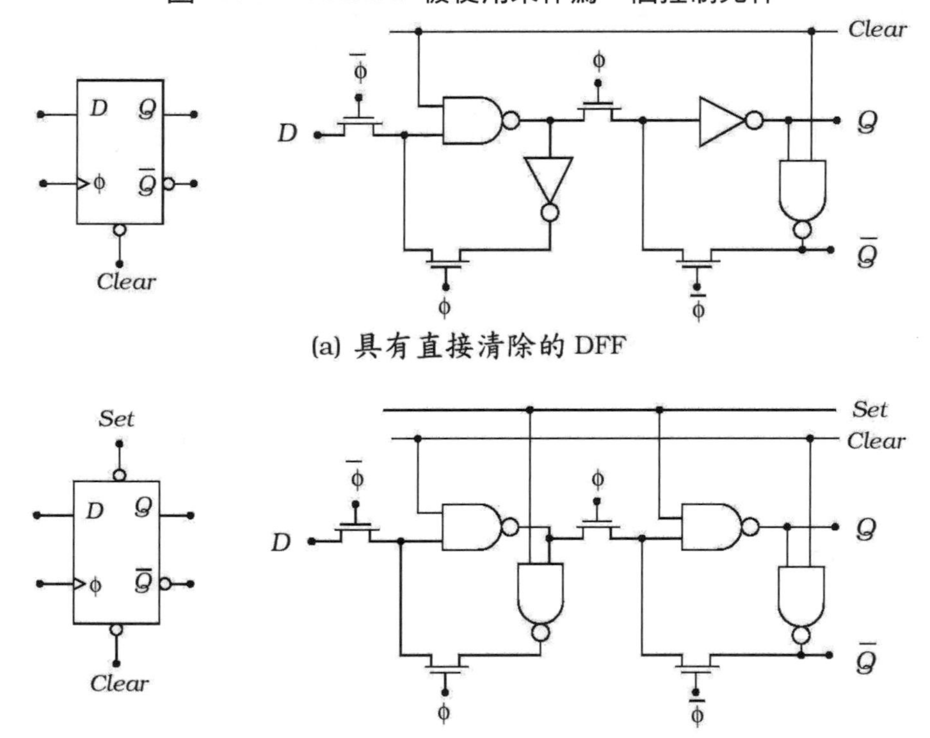

(a) 具有直接清除的 DFF

(b) 具有直接清除與設定的 DFF

圖 11.43 具有作用低 Clear 與 Clear/Set 控制的 DFF 電路

的值是多少，輸出都是 1。如果 $s = 1$，那麼如同圖中所示 $out = \overline{in}$。以 NAND2 閘來取代所挑選的反相器會得到具有聲明低的清除或設定輸入，或兩個一起，的 DFF。圖 11.43(a) 提供使用 *Clear* 控制來將這個閂的內涵清除【至 0】的這項能力。當具有 $Clear = 1$ 時，這個 NAND 閘是作爲反相器使用，而這個電路的行爲就如同一個正常的 DFF。當 $Clear = 0$ 時，在奴閘之中的這個 NAND 會強迫一個 $Q = 0$ 的輸出。這個主閘的輸出被强迫至一個邏輯 1，這會反相至一個 $Q = 0$ 的輸出。描述這個元件的一段 Verilog 列示爲

```
module dff_clear (q, d, clear, clk) ;
```

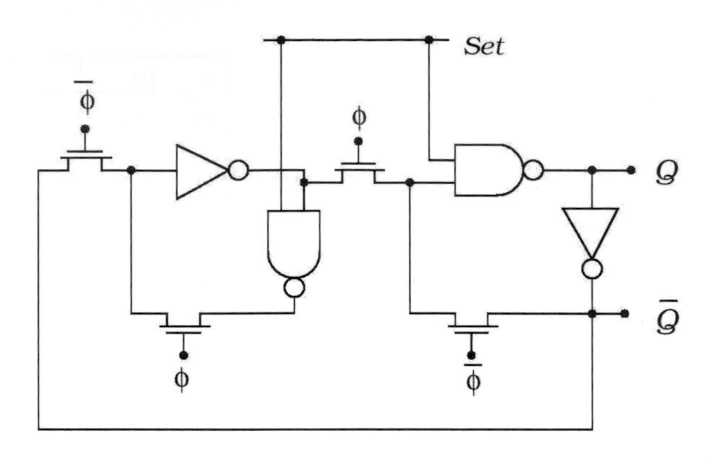

圖 11.44 使用回饋來將一個 DFF 電路修改成一個 TFF 電路

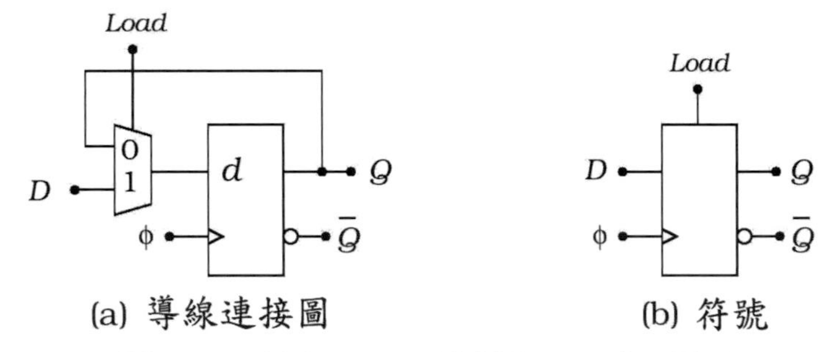

圖 11.45 具有 *Load* 控制的 D 型正反器

```
input d, clk, clear ;
output q ;
reg q ;
always @ (posedge clk )
        q = d ;
always @ ( clear )
    if ( clear )
        assign q = 0 ;
    else
        deassign q ;
endmodule
```

這段列示使用如果 clear 為 0 時就會被執行的 **deassign** 陳述。這會使 q 的值回到在 q = d 線路所建立的值。

一個具有清除與設定控制的 DFF 被顯示於圖 11.43(b) 之中。這一組能力是藉由以 NAND2 閘來取代其它兩個反相器所達成的。一個 *Set* = 1 的條件會給予正常的操作，而 *Set* = 0 則強迫奴閘至一個 *Q* = 1 的輸出。這是被這個主閘的輸出所增强。注意 *Clear* 與 *Set* 不能在相同的時間一起為 0，因為這會強

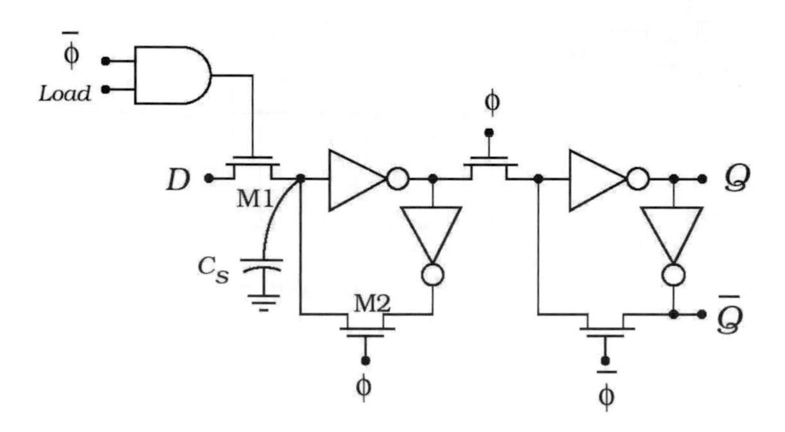

圖 11.46 **具有裝載控制的** CMOS **主奴式** FF。

迫 $Q = \overline{Q}$。在一個囊胞元件庫之中，通常可以發現 DFF 的數種變形，包括諸如輸入緩衝器、時脈緩衝器、及具有組合邏輯閘的輸入等特徵。譬如，藉由加進圖 11.44 中所顯示的一條由 $\overline{Q}$ 至 D 回饋迴路，我們可以產生一個在每個上升的時脈邊緣都會改變狀態的**雙態正反器** (**toggle flip-flop, TFF**)。這個聲明低的 *Set* 邏輯修改使起始的值得以被建立為 1。

一個基本的 DFF 會在每個時脈的邊緣裝載一個新的數據位元。藉由加上一個控制訊號以及這個電路的附屬邏輯，我們可以獲得在一段任意數目的時脈週期之內的儲存。一種簡單的古典解決方案被顯示於圖 11.45(a) 之中。這個控制訊號 *Load* 控制一個 2:1 MUX。如果這個控制訊號確定有 *Load* = 1 的話，那麼這個 MUX 會允許一個新的數據值 *D* 進入這個 DFF 之中。一個具有 *Load* = 0 值的控制位元會抓取輸出 Q，並將它重新引導回到輸入。這種型式的電路經常被整合成為一個單一的元件，而具有圖 11.45(b) 中所顯示的簡化符號。一段包含 *Load* 控制的簡單的 Verilog 描述為

```
module dff_load (q, q_bar, d, load, clk) ;
input d, clk, load ;
output q, q_bar ;
reg q, q_bar ;
always @ (posedge clk )
    begin
        if ( load ) q = d ;
        q_bar = ~ d ;
    end
endmodule
```

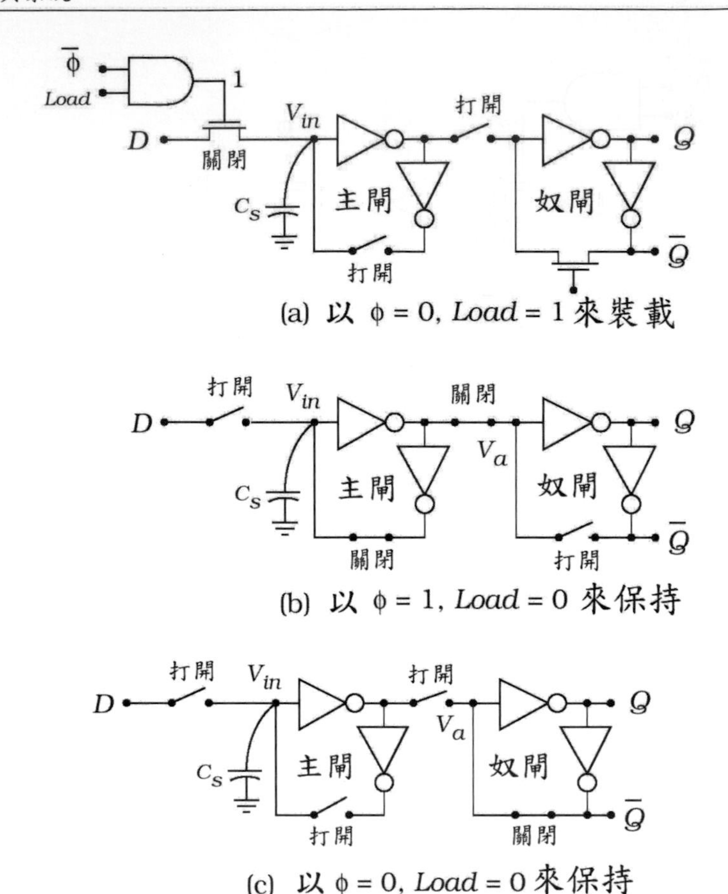

圖 11.47 **具有裝載控制的** CMOS DFF **的操作**。

設計一個控制裝載的 DFF 的另外一種方法被顯示於圖 11.46 之中。這是具有被應用於這個輸入 FET M1 的一個修改的控制訊號

$$\overline{\phi} \cdot Load \tag{11.20}$$

的基本 CMOS 主奴式排列。這使得只有當 *Load* 與 $\overline{\phi}$ 兩者都是 1 時才會裝載。這個電路的操作被顯示於圖 11.47 之中。一種裝載狀況被顯示於圖 11.47(a) 之中，而且與原始電路之中的操作完全相同。*D* 的值建立這個主閘電路的 0 V 或 V_{max} 的輸入電壓 V_{in}，這是分別對應於一個邏輯 0 或 邏輯 1。注意這個電壓建立了圖中所顯示的這個儲存電容器 C_s 的電荷狀態。

當 $Load = 0$ 時，一個數據保持狀態有兩種可能的狀況。當 $\phi = 1$ 時，這個主閘閂使用一條封閉的回饋迴路來保持這個數據位元的值，並將它轉移到這個奴閘與這些輸出。這被顯示於圖 11.47(b) 之中。另一方面，如果 $\phi = 0$ 而同時 *Load* $= 0$ 的話，那麼這個電路開關是處於圖 11.47(c) 中所顯示的這些狀態。這個主

閘回饋迴路是打開的。儲存是藉由在 C_s 上保持這個電荷所達成的，這使這個電路成爲會受制於電荷洩漏效應的一個準動態的電路。注意在這段時間之內，這個奴閘回饋迴路是封閉的。這建立起電壓 V_a。當這個時脈回到 $\phi = 0$ 時，圖 11.47(b) 之中的這個電路再度是有效的。這會有兩種效應。首先，這個主閘回饋迴路封閉，並建立靜態的保持能力。其次，這個奴閘電壓 V_a 會增強在 C_s 上的電壓值。我們必須牢記，電荷洩漏可能會在可使用的時脈頻率加上一個下限。特別是，使時脈閒置可能會造成當時脈重新開始時，這個電路會展現相當長的延遲。在發展測試使用這種設計的晶片的方法時，這可能會有顯著的分歧。

11.8 暫存器

一個**暫存器** (**register**) 乃是描述被使用來把一個字元當作一個單位實體來儲存的一群電路的一個一般性名詞。一個 1 位元的暫存器只是一個單一正反器而已，而一個 n 位元的暫存器會裝載並保持一個 n 位元的字元。暫存器是在 VLSI 設計之中的重要組件。它們使我們得以來設計構成現代數位系統基礎的序列電路及狀態機器。由單一位元邏輯到字元處理單元的這種變遷是在設計層級之中的一個關鍵步驟。

如同圖 11.48(a) 中所顯示，一個 n 位元正向邊緣觸發的暫存器可以藉由將 n 個單一位元 DFF 加以並聯來加以建構。圖 11.48(b) 中所顯示的這個暫存器

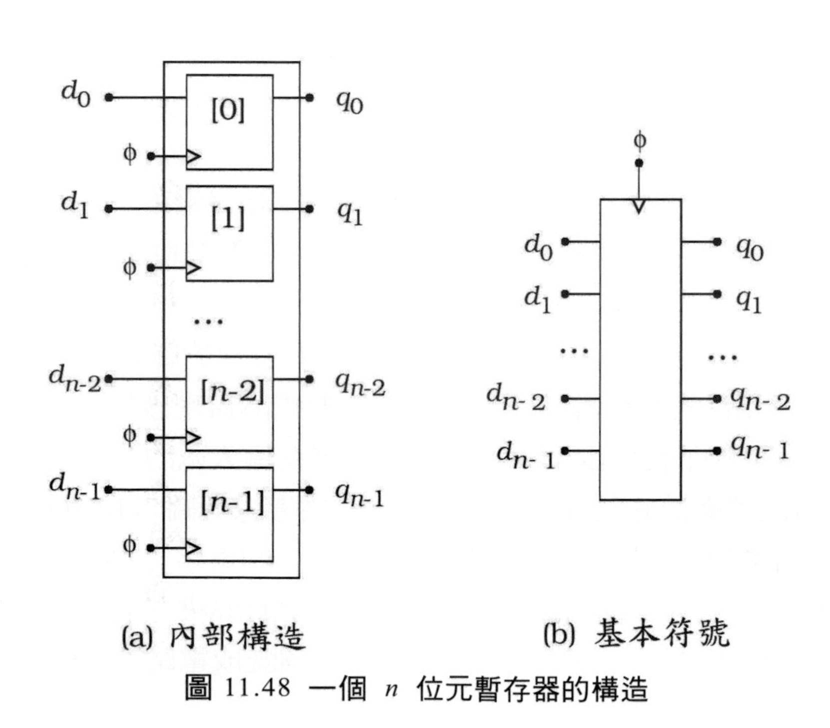

圖 11.48 一個 n 位元暫存器的構造

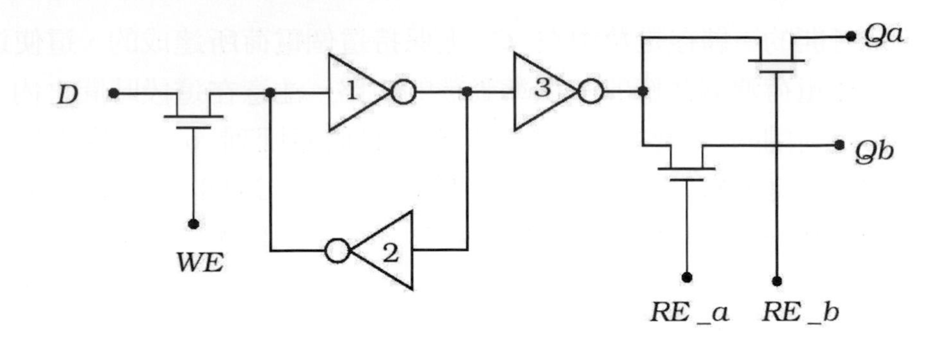

圖 11.49 一位元靜態多埠暫存器電路

符號將個別電路的細節遮住，但是提供了基本的操作：n 位元的輸入字元在一個上升的時脈邊緣被裝載進入暫存器之中。在一段電路所衍生的延遲時間之後，這些輸出會有效。如同在前一段之中所討論，保持的能力可以被加進來。

由於 DFF 本質上是由時脈所控制的，因此它們會影響這個網路的動態功率發散。之前在圖 11.47 中所描述的這種 DFF 操作顯示兩種動態功率的來源。一種來源是由於控制主奴排列的操作所須要的四個時脈的 FET 所造成的。藉由加上 C_L，這些會成爲時脈驅動器的負載，並使動態功率增大

$$P_{dyn} = C_L V_{DD}^2 f \tag{11.21}$$

這在每個循環都會發生。功率發散的其它來源乃是儲存節點電容 C_s 的再充電以補償電荷的洩漏；這是相對小的數量。當然，如果輸入位元的值被改變的話，這些反相器也會發散功率，但是這是無法避免的；邏輯運算一定須要能量。

一個純粹靜態多輸出埠的解決方案被顯示於圖 11.49 之中。這個電路是具有存取電晶體以及一個輸出驅動器的基本二反相器儲存電路。寫入致能訊號 WE 控制裝載，而這兩個讀取致能訊號【RE_a 與 RE_b】被使用來將這個輸出解多工爲 Qa 或 Qb。由於這使用單一末端的輸入，因此這些反相器的設計是很重要的。反相器 1 應該對於這個輸入很敏感，而且有合理的驅動強度來得到快速的響應。對這個反相器與反相器 3 而言，相對大的電晶體應該是合宜的。反相器 2 提供將數據位元閂住的這個回饋。由於它會抵抗在輸入處的改變，因此我們經常是以微小的電晶體而將它設計成微弱很多。這些考慮與圖 11.35(a) 中這個閂的文意之中所討論的考慮是完全相同的。在這個原始的電路之中並沒有包含時脈，而如果需要的話就必須被加到這個輸入。一種簡單的解決方案乃是加上一個時脈控制的 nFET 來與輸入電晶體串聯，或者產生這個既成電路的一個合成控制訊號

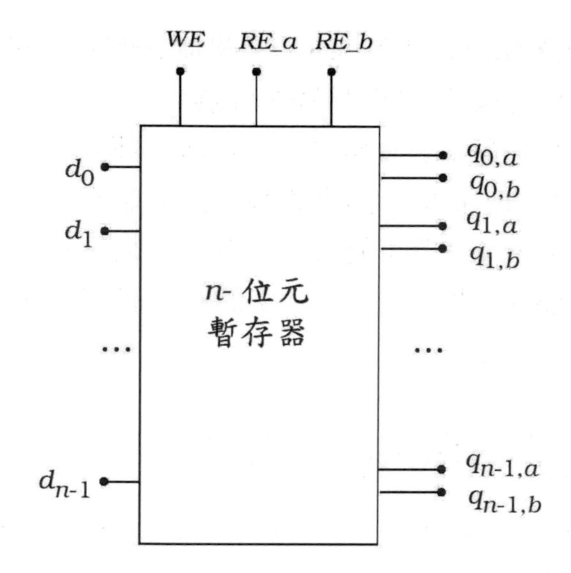

圖 11.50 **一個** n **位元靜態多埠暫存器電路**

$WE \cdot \phi$。

圖 11.50 中顯示使用這個電路的一個 n 位元暫存器。這個暫存器提供每個位元一個輸入及兩個輸出。如果需要的話，我們可以加上額外的埠。由於並不會有附屬於這個設計的時脈功率發散，因此對於這些內涵可能會被保持一段長時期時間的這種情況而言，它會是很有用的。特別是，它可以被使用來建構一個**暫存器檔案** (register file)，這是字元尺寸的儲存暫存器的一個集合。

11.9 組合所扮演的角色

在本章之中，這些邏輯組件被挑選來說明將一段高階 HDL 描述轉譯成爲一個邏輯或電路圖的技術。在每一種狀況之下，大規模的功能可以使用不同的邏輯網路或 CMOS 設計風格來實際裝置。由於一個給予的功能的每一種實現將會造成不同值的切換速度及矽的地產消耗，因此設計師所扮演的角色會因爲必須作出正確的選擇而變得更複雜。我們可以使用 CAD 工具包來建構不同的設計並表述它們特性來做比較。對關鍵的數據路徑或複雜的邏輯網路的設計而言，這會是特別地重要。

建築結構的細節是座落在設計層級的頂端。高階的抽象描述被使用來定義並驗證這個系統的操作。一旦這個模型在這個階層被驗證之後，它會往下移動至作爲邏輯組合基礎的一個描述性的階層。邏輯組合工具被設計來將 HDL 碼轉譯成爲一個邏輯網路，這個邏輯網路是由被儲存於元件庫之中的預先定義的原始閘所構成的。然後，只要在邏輯原始閘與 CMOS 囊胞之間有一個一對一的對應關係，這個邏輯網路的輸出就會被使用來建構這個電路。

組合是設計自動化的最重要層面之一。它將大部分的瑣碎工作轉移給機器。然而，就面積或速度而論，被組合出來的解決方案並不一定就是「最佳」的解決方案。在關鍵的單元之中，我們可能必須量身訂製來設計這個邏輯、電路、或者兩者同時來獲致所需要的特性。在本章之中的範例說明這個過程的複雜程度，以及在各種階層之中的相互影響。

11.10 深入研讀的參考資料

[1] Abdellatif Bellaouar and Mohamed I. Elmasry, **Low-Power Digital VLSI Design**, Kluwer Academic Publishers, Norwell, MA, 1995.

[2] Kerry Bernstein, et al., **High-Speed CMOS Design Styles**, Kluwer Academic Publishers, Norwell, MA, 1998.

[3] Michael D. Ciletti, **Modeling, Synthesis, and Rapid Prototyping with Verilog HDL**, Prentice Hall, Upper Saddle River, NJ, 1999.

[4] Randy H. Katz, **Contemporary Logic Design**, Benjamin/Cummings, Redwood City, CA, 1994.

[5] Pran Kurup and Taher Abasi, **Logic Synthesis Using Synopsys®**, 2nd ed., Kluwer Academic Publishers, Norwell, MA, 1997.

[6] Ken Martin, **Digital Integrated Circuit Design**, Oxford University Press, New York, 2001.

[7] Douglas J. Smith, **HDL Chip Design**, Doone Publications, Madison, AL, 1996.

[8] Michael J.S. Smith, **Application-Specific Integrated Circuits**, Addison-Wesley Longman, Reading, MA, 1997.

[9] John P. Uyemura, **A First Course in Digital Systems Design**, Brooks/Cole Publishers, Monterey, CA, 2000.

[10] John P. Uyemura, **CMOS Logic Circuit Design**, Kluwer Academic Publishers, Norwell, MA, 1999.

[11] Neil H. E. Weste and Kamran Eshraghian, **Principles of CMOS VLSI Design**, 2nd ed., Addison-Wesley, Reading, MA, 1993.

11.11 習題

[11.1] 考慮建構一個 4:1 MUX 的問題。

(a) 使用傳輸閘來設計一個 4:1 MUX。

(b) 使用 Verilog **cmos** 原始閘來寫出你的電路的一段結構化描述。

(c) 假設一個 TG 的電阻爲 R，而且這個開關的每一邊有一個電容 C，建構這個 MUX 的一個 RC 等效電路。

然後使用艾耳摩公式來求得通過這個多工器的最差狀況路徑延遲時間常數。

[11.2] 基於 **assign** 陳述來建構一個 16:1 MUX 的一個 Verilog 模組列示。使用一個 4 位元選取字元 $s_3s_2s_1s_0$ 來將所挑選的輸入 p_i (i = 0, …, 15) 映射到輸出。

[11.3] 考慮使用較小的 MUX 作爲原始閘所建構的一個 8:1 多工器。

(a) 使用 4:1 及 2:1 MUX 單元來建構一個 8:1 多工器。

(b) 挑選一個邏輯電路來實際裝置這項設計。

(c) 假設這些閘是使用靜態 CMOS 電路來建構的。如果這個 8:1 MUX 的輸出驅動一個等於 $10C_{inv}$ 的電容器 C_{out}，其中 C_{inv} 是一個單位反相器的電容，應用邏輯效力的技術來設計這些閘。

[11.4] 在主要邏輯路徑之中只使用傳輸閘來設計一個 2/4 作用高的解碼器。然後以 **cmos** 原始閘來建構你的電路的 Verilog 描述。

[11.5] 使用 NOR 閘來設計一個 2/4 作用低的解碼器。然後：

(a) 建構 Verilog 的結構化列示。

(b) 修改你的 Verilog 程式碼來包含一個輸入致能控制。然後建構這個新的電路。

[11.6] 使用標準動態或骨牌 CMOS 邏輯來設計一個 4:1 MUX。

[11.7] 設計一個 4 位元左右旋轉單元，它是以 2 位元字元 Ro_n 來指定旋轉的位元數目，而旋轉的方向則是以一個單一位元 R/L 來指定，使得 R/L =1 表示一個向右旋轉，而 $R/L = 0$ 是一個向左旋轉。以圖 11.25 與圖 11.26 之中的這些 FET 陣列爲基礎來設計。

[11.8] 寫出圖 11.14 中所顯示的這個 8 位元相等檢測器電路的一段結構化的 Verilog 描述。

[11.9] 考慮圖 P11.1 中所顯示的這個 4 位元移位暫存器。數據流 D 是由序列的位元 d_0、d_1、d_2、及 d_3 所構成的。定時的設定乃是使得第一個位元 d_0 在第一個時脈邊緣會進入第 0 級。在下一個上升的邊緣時，d_1 進入第 0 級，而 d_0 移動至第 1 級，於此類推。

(a) 使用 DFF 模組來作爲原始閘來寫出這個移位暫存器的一個 Verilog 描述。你可以使用本書的一段描述，或者你也可以寫出一段你自己的描述。

(b) 選取一種 DFF 的 CMOS 設計技術，並使用它來建構這個電路。

(c) 現在使用 **nmos** 與 **pmos** 原始閘來寫出這個移位暫存器的一個 Verilog 描述。

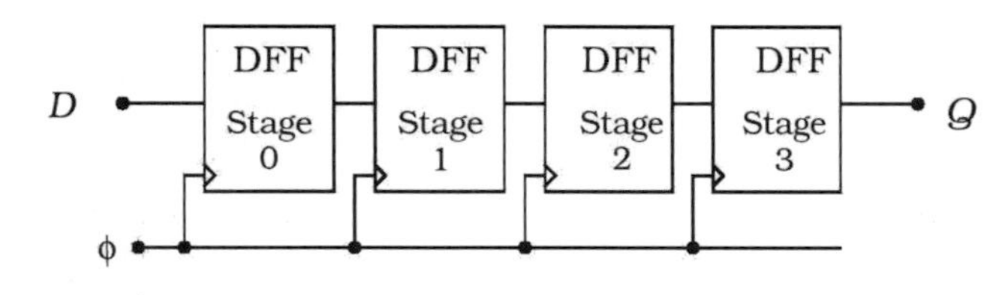

圖 P11.1

[11.10] 建構一個 8 位元暫存器的 Verilog 模組，這個暫存器在上升時脈邊緣裝載字元若且唯若這個控制位元 En 爲 1。你可以使用任何階層的描述。

[11.11] 寫出圖 11.49 中所顯示的這個暫存器電路的一個結構化描述。

12. CMOS VLSI 算術電路

在 VLSI 設計之中，諸如加法與乘法等算術功能有特殊的重要性。許多應用都須要這些基本的運算，但是自從早期的數位晶片被建構以來，良好的矽的實際裝置一直是一項挑戰。在本章之中，我們將詳細地檢視二元加法器，並將這項討論延伸來包括乘法器。

12.1 位元加法器電路

考慮兩個二元數字 x 與 y。二元的總和是以 $x+y$ 來表示，使得

$$\begin{aligned} 0+0&=0\\ 0+1&=1\\ 1+0&=1\\ 1+1&=10 \end{aligned} \tag{12.1}$$

其中最後一行之中的結果是一個二元的 10【即，在 10 進位中爲 2】。這個簡單的範例說明了加法的問題。如果我們取兩個具有數字 0, 1, … , (r-1) 以 r 爲底的數目，則這兩個數目的總和可能會超出這個數字集合本身的範圍。當然，這就是一個進位輸出 (carry-out) 觀念的起源。在二元總和 1+1 之中，這個結果 10 被視爲一個 0 連同一個 1 被移位到左邊而給予一個「1 的進位輸出」。

一個**半加器** **(half-adder)** 電路有兩個輸入【x 及 y】及兩個輸出【總和 s 及進位輸出 c】，而且是由圖 12.1 中所提供的這個表來加以描述。這些輸出被給予爲下列的基本方程式

$$\begin{aligned} s&=x\oplus y\\ c&=x\cdot y \end{aligned} \tag{12.2}$$

這是由這個表所直接得到。這個囊胞的一段高階 Verilog 行爲描述可以被寫成

```
module half_adder (sum, c_out, x, y ) ;
input x, y ;
```

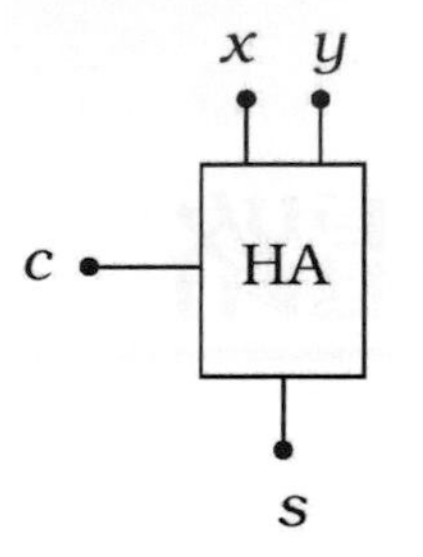

x	y	s	c
0	0	0	0
0	1	1	0
1	0	1	0
1	1	0	1

圖 12.1 半加器的符號與操作

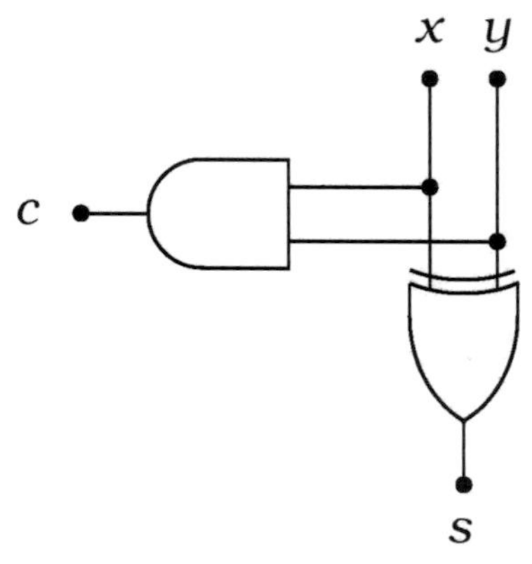

圖 12.2 半加器的邏輯圖

```
output sum, c _out ;
assign { c _out , sum } = x + y ;
endmodule
```

這將 x 與 y 定義爲單一位元的數值，然後使用連結運算元 { } 來獲得一個 2 位元的結果。這個運算元以所陳列的順序來將二元的區段「加以連接」而來產生一個單一的結果。另外，我們也可以建構圖 12.2 之中所顯示的閘階層網路。這是以下列的結構模型來加以描述

```
module half_adder_gate (sum, c_out, x, y ) ;
input x, y ;
output sum, c _out ;
and (c_out, x, y ) ;
xor (sum, x, y ) ;
endmodule
```

這段列示使用原始閘的例證。另外的兩種可能性被顯示於圖 12.3 之中。在圖 12.3(a)

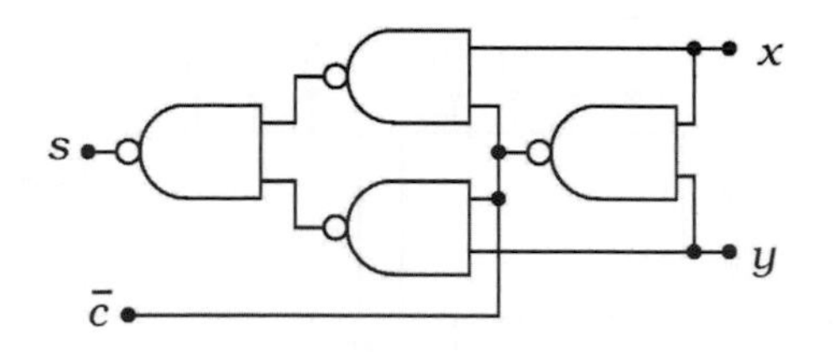

(a) NAND2 邏輯

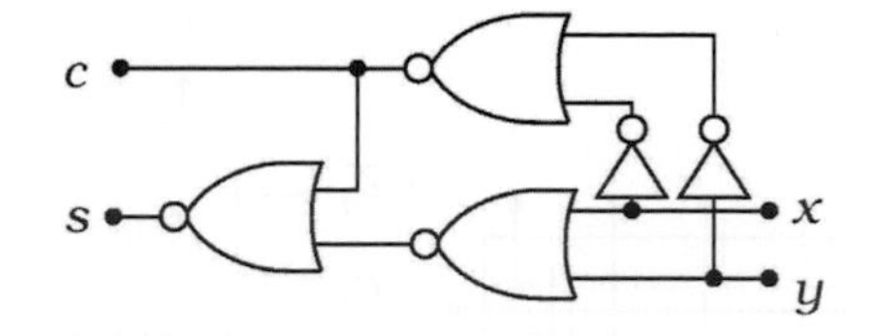

(b) 以 NOR 為基礎的網路

圖 12.3 另一種半加器邏輯網路

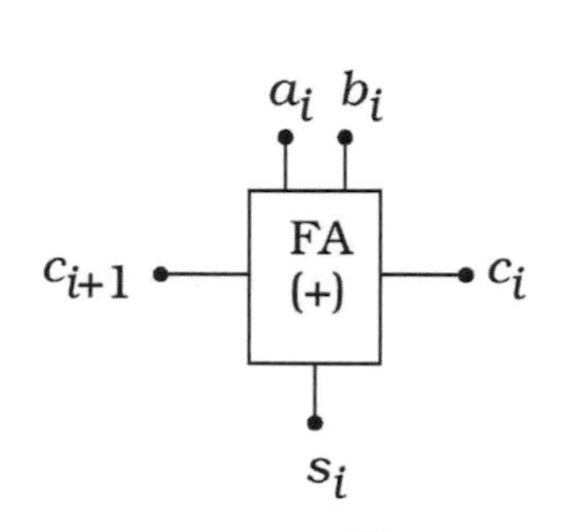

a_i	b_i	c_i	s_i	c_{i+1}
0	0	0	0	0
0	1	0	1	0
1	0	0	1	0
1	1	0	0	1
0	0	1	1	0
0	1	1	0	1
1	0	1	0	1
1	1	1	1	1

圖 12.4 全加器的符號與函數表

之中的半加器使用 NAND2 閘，而在圖 12.3(b) 中的另外一種則是一個以 NOR 爲基礎的設計。我們可能會比較喜歡這種 NAND 的設計，這是因爲它避免掉串聯的 pFET 鏈，但是由於一個半加器實在太過簡單，因此這項差異並不會是一個主要的因素。

一個更爲複雜的問題乃是將 n 位元的二元字元加總起來。考慮兩個 4 位元的數目 $a = a_3a_2a_1a_0$ 及 $b = b_3b_2b_1b_0$。相加之後會得到

$$\begin{array}{ccccc} & a_3 & a_2 & a_1 & a_0 \\ + & b_3 & b_2 & b_1 & b_0 \\ \hline c_4 & s_3 & s_2 & s_1 & s_0 \end{array} \tag{12.3}$$

其中 $s = s_3s_2s_1s_0$ 是這個 4 位元的結果，而 c_4 是進位輸出位元。爲了設計一個二元字元的加法器，在一行一行的基礎之上，我們將這個問題分解爲位元階層的加法器。在標準的進位演算法之中，第 i 行 (i= 0, 1, 2, 3) 的每個位元都依據全加器 **(full adder)** 方程式來運算

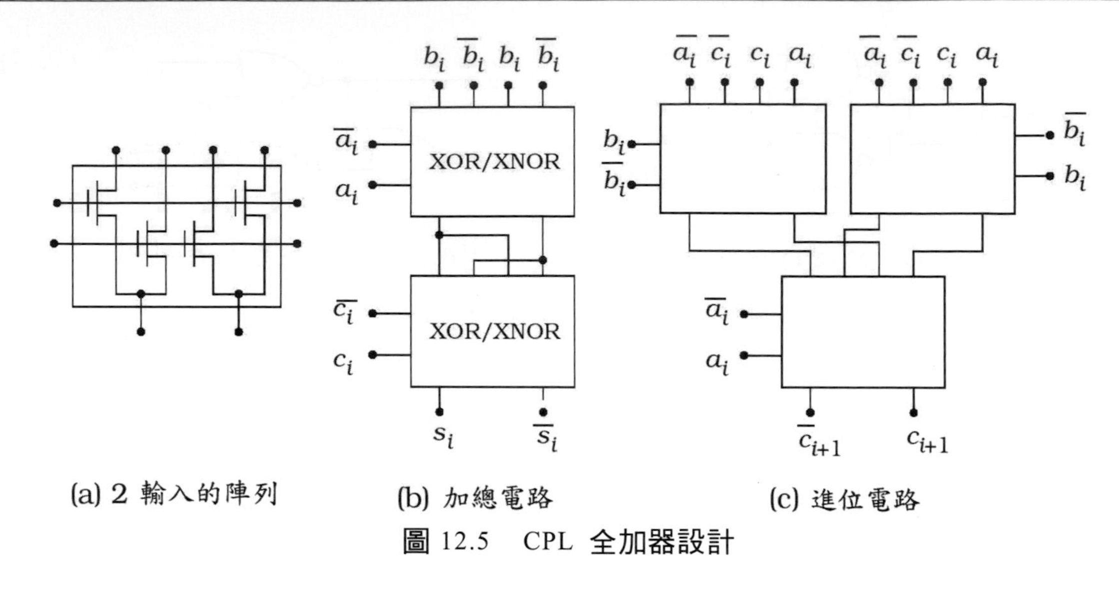

圖 12.5　CPL 全加器設計

$$\begin{array}{rr} & c_i \\ & a_i \\ + & b_i \\ \hline c_{i+1} & s_i \end{array} \tag{12.4}$$

其中 c_i 是來自第 $(i\text{-}1)$ 行的進位輸入 (carry-in) 位元，而 c_{i+1} 是這一行的進位輸出位元。這個運算是以圖 12.4 中所給予的全加器表連同一個簡單的電路圖符號來加以描述。這個網路的最常見表示式為

$$\begin{aligned} s_i &= a_i \oplus b_i \oplus c_i \\ c_{i+1} &= a_i \cdot b_i + c_i \cdot (a_i \oplus b_i) \end{aligned} \tag{12.5}$$

這可由函數表的一項 SOP 分析直接推導得到。如果想要的話，這個進位輸出位元也可以被寫成一種替代的型式

$$c_{i+1} = a_i \cdot b_i + c_i \cdot (a_i + b_i) \tag{12.6}$$

一種特別精簡的電路實際裝置乃是使用雙軌互補通過電晶體邏輯 (CPL) 所獲得的。基本的建構區塊會具有在圖 12.5(a) 之中所說明的一般形式的 CPL 2 輸入陣列。這個總和電路被顯示於圖 12.5(b) 之中；第一個 XOR/XNOR 閘的輸出是下列的這一對

$$a_i \oplus b_i \quad 及 \quad \overline{(a_i \oplus b_i)} \tag{12.7}$$

第二個閘會產生下列的總和

$$s_n = \overline{(a_i \oplus b_i)} \cdot c_i + (a_i \oplus b_i) \cdot \overline{c}_i \tag{12.8}$$

圖 12.5(c) 之中的這個進位電路採用 2 輸入的陣列來作爲一個組合邏輯元件。例如，左邊上面的陣列會產生下列的輸出

$$\begin{aligned} &\overline{a}_i \cdot b_i + \overline{b}_i \cdot \overline{c}_i \\ &\overline{b}_i \cdot c_i + a_i \cdot b_i \end{aligned} \tag{12.9}$$

而右上方的電路會得到

$$\begin{aligned} &\overline{a}_i \cdot \overline{b}_i + b_i \cdot \overline{c}_i \\ &b_i \cdot c_i + a_i \cdot \overline{b}_i \end{aligned} \tag{12.10}$$

最後一個閘使用這些來產生 c_{i+1} 及 $\overline{c}_{i+1}$。雖然這並不是一個看起來很簡單的解答，但是我們必須牢記 CPL 是一種雙軌的技術，這種技術在每一級都要求諸如 $(a_i, \overline{a}_i)$ 的互補變數對。而且，由於當它通過一個 nFET 時，臨限電壓損耗會使一個邏輯 1 電壓的值下降，因此在輸出處我們須要回復緩衝器或閂住電路。因此，CPL 是實際裝置 CMOS 全加器的一種有些特殊化的解決方案。我們順便注意到一個 CPL 半加器是很容易建構的，這是因爲它只須要 XOR/XNOR 及 AND/NAND 函數即可。

藉由將半加器簡單修改至下列的型式，我們可以獲得全加器的一個行爲描述

```
module full_adder (sum, c_out, a , b , c_in) ;
input a, b, c_in ;
output sum, c _out ;
assign { c _out, sum } = a + b + c_in ;
endmodule
```

所有變數都是純量【單一位元】，而連結運算元會產生兩個輸出。結構模擬可以基於圖 12.6(a) 中所顯示的這個閘階層網路。這是這個方程式組的一個直截了當的一對一轉譯。在這個階層，這個模組具有下列的型式

```
module full_adder_gate (sum, c_out, a, b, c_in ) ;
input a, b, c_in ;
output sum, c _out ;
```

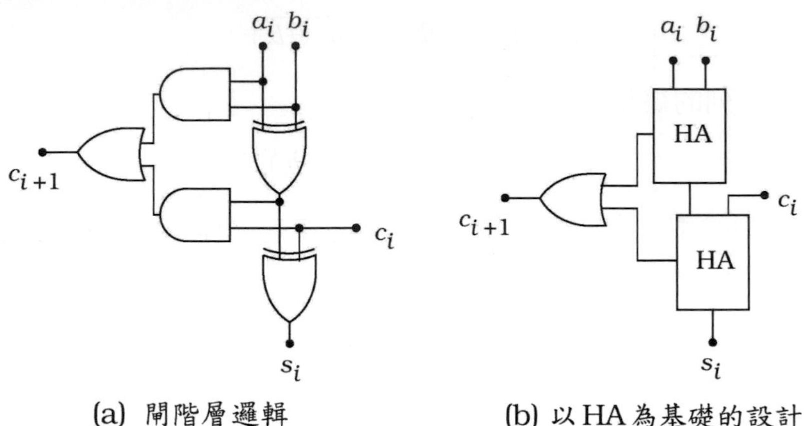

(a) 閘階層邏輯　　(b) 以 HA 為基礎的設計

圖 12.6 全加器邏輯網路

```
wire w1, w2, w3 ;
xor (w1, a, b) ,(sum, w1, c_in) ;
and (w2, a, b) ,(w3 , w1, c_in) ;
or (c_out, w2, w3) ;
endmodule
```

其中我們已經使用稍微不同的變數識別元來使這些程式碼更容易閱讀。如同圖 12.6(b) 之中所顯示，我們也可以由兩個 HA 模組來建構一個全加器。使用以下列列示所定義的這個模組的例證

```
module half_adder_gate (sum, c_out, x, y) ;
...
```

會給予

```
module full_adder_HA (sum, c_out , a, b, c_in) ;
input a, b, c_in ;
output sum, c _out ;
wire wa, wb, wc ;
or (c_out, wb, wc) ;
endmodule
```

來作爲這個描述。

由於全加器的重要性，這些年來已經有數種實際裝置被發展出來。藉由使用方程式 (12.6) 來寫出進位輸出位元，我們可以獲得靜態 CMOS 邏輯電路的一個 AOI

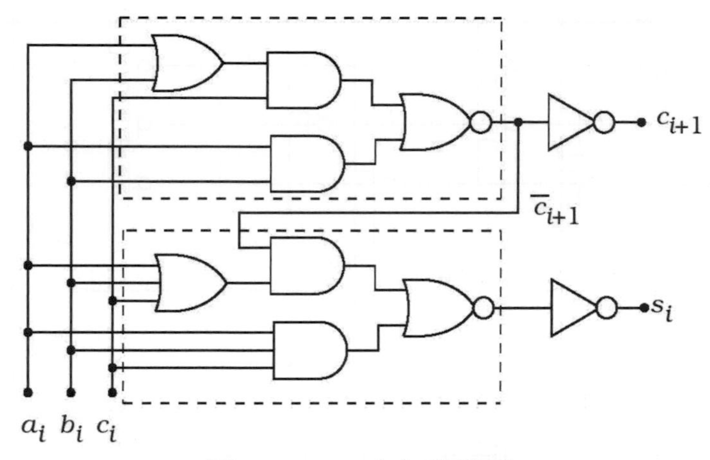

圖 12.7 AOI 全加器邏輯

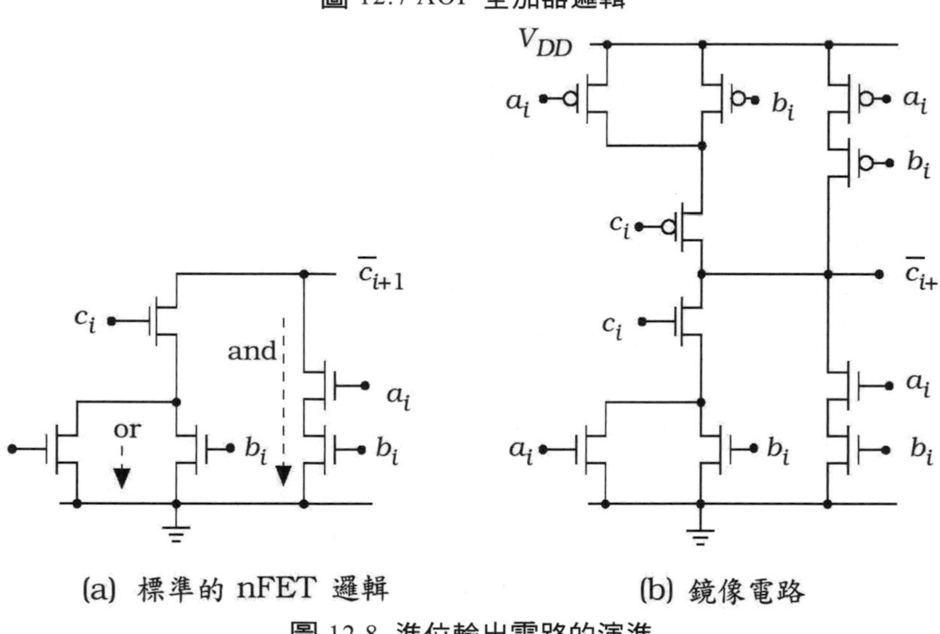

(a) 標準的 nFET 邏輯　　(b) 鏡像電路

圖 12.8 進位輸出電路的演進

演算法。這使我們得以寫出

$$\overline{s}_i = (a_i + b_i + c_i) \cdot \overline{c}_{i+1} + (a_i \cdot b_i \cdot c_i) \tag{12.11}$$

因此 c_{i+1} 與 $\overline{s}_i$ 兩者都具有 SOP 的形式。而且，$\overline{s}_i$ 使用 $\overline{c}_{i+1}$ 因此我們可以設計 $\overline{c}_{i+1}$ 的一個 AOI 閘，並使用輸出來饋送另一個 $\overline{s}_i$ 的 AOI 閘。圖 12.7 顯示這兩個 OAOI 網路的構造。上面的電路會產生 $\overline{c}_{i+1}$，而下面的電路在反轉之後則會給予

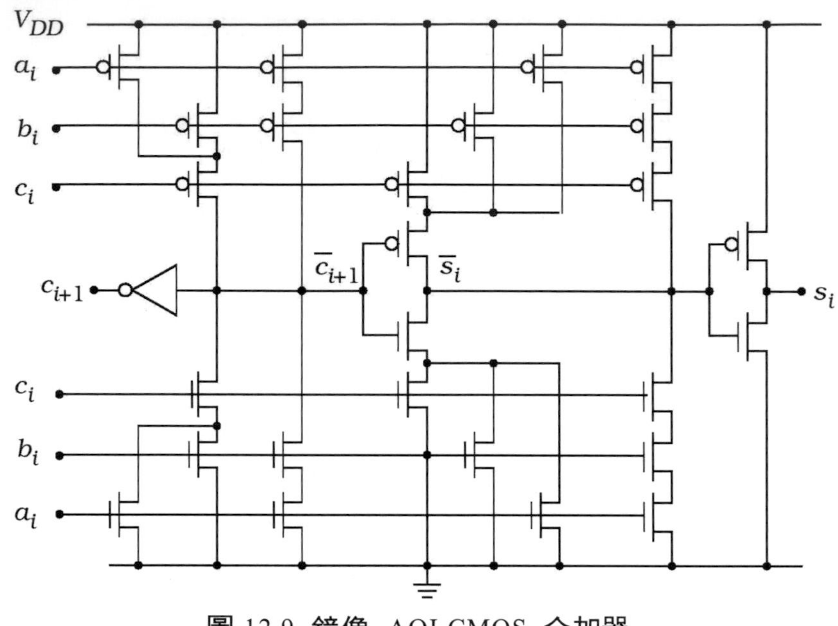

圖 12.9 **鏡像 AOI CMOS 全加器**

s_i。使用串聯並聯的 CMOS 閘來設計兩種 OAOI 電路是一種直截了當的練習。然而，注意方程式 (12.11) 包含四個 OR 運算，這指明底部的 AOI 閘將會有 4 串聯連接的 pFET。在一個字元加法器排列之中，這可能會衍生一個無法被接受的長延遲。

爲了找到一個更有效的電路，讓我們來考慮這個 AOI 邏輯圖所隱含的這個進位輸出電路的 nFET 陣列。使用標準的構造會給予圖 12.8(a) 中的這個 nFET 電路。我們看到有對應於下列的這些項的兩條主要下拉路徑

$$
\begin{gathered}
a_i \cdot b_i \\
c_i \cdot (a_i + b_i)
\end{gathered}
\tag{12.12}
$$

如果這兩條之中的任一條的值爲 1 的話，那麼輸出會被拉至 0【接地】。當 a_i 與 b_i 兩者都是 1 時，這個 NAND 項是很重要的；如果 $a_i = 1$ 或 $b_i = 1$，而 $c_i = 1$ 的話，那麼這個 OR 項會給予一個下拉。這引領我們來建構一個 pFET 鏡像電路以獲得圖 12.8(b) 中所顯示的這整個閘。如果 $a_i = b_i = 0$ 的話，那麼這些串聯的 pFET 會給予一個到達 1【V_{DD}】的上拉，這是與 nFET 下拉相反的狀況。如果只有一個是 0，那麼這個輸出是由 c_i 的值所決定的。

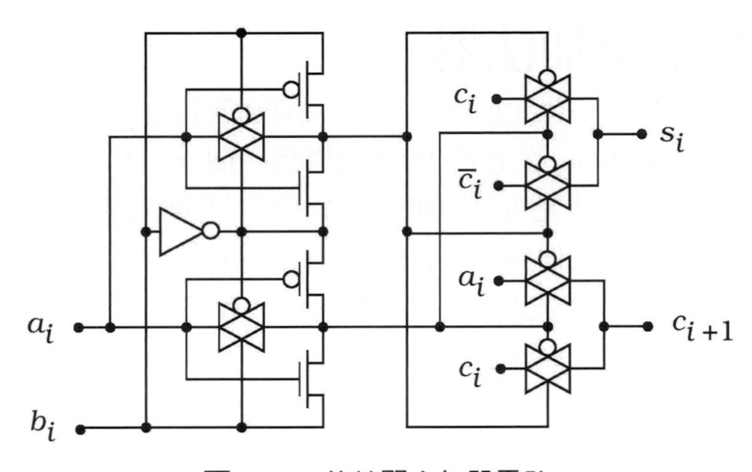

圖 12.10　傳輸閘全加器電路

為了使一個鏡像 CMOS 全加器的建構完整，讓我們將總和位元 $\overline{s}_i$ 寫成一個簡單的 OR 閘使得

$$\overline{s}_i = A + B \tag{12.13}$$

其中

$$\begin{aligned} A &= (a_i + b_i + c_i)\cdot \overline{c}_{i+1} \\ B &= (a_i \cdot b_i \cdot c_i) \end{aligned} \tag{12.14}$$

這與進位輸出電路有相同的特性，並使我們得以來建構圖 12.9 中所顯示的這個完整的全加器。這會比一個串聯—並聯的實際裝置來得快速，而且因為它的鏡像的 FET 陣列會使它很容易來佈局。

以傳輸閘 (TG) 為基礎的一個全加器被顯示於圖 12.10 之中。這些輸入電路提供 XOR 與 XNOR 運算，然後被 TG 的輸出陣列使用來產生總和及進位位元。這個電路具有 s_i 與 c_{i+1} 的延遲與追蹤邏輯流動路徑通過上面與下面區段所看到的延遲大約相同的這種特性。如果這些輸入位元被同時加上，則總和與進位輸出位元兩者將會在大約相同的時間有效。這與 AOI 電路是顯著地不同，在 AOI 電路之中，進位輸出位元首先被產生，然後再被使用來計算總和。

12.2 漣波進位加法器

既然現在我們已經有將單一位元加總的基礎，讓我們將這個問題延伸到二元字元的相加。一般而言，將兩個 n 位元字元相加會得到一個 n 位元的總和及一個進位輸出位元 c_n，這個進位輸出位元可以被使用來作為另一個較高階層的加法器的進位輸入，或者它也可以被使用來作為一個溢位旗標 (overflow flag)。一個一般性的符號被顯示於圖 12.11 之中。在我們的起始討論之中，我們將使用 $n = 4$。

漣波進位加法器是基於下列的加法方程式

$$\begin{array}{ccccc} & c_3 & c_2 & c_1 & c_0 \\ + & a_3 & a_2 & a_1 & a_0 \\ + & b_3 & b_2 & b_1 & b_0 \\ \hline c_4 & s_3 & s_2 & s_1 & s_0 \end{array} \tag{12.15}$$

其中 c_i 代表來自前一行的進位輸入位元。為了使所得到的結果更一般性起見，我們將保持第 0 個進位輸入位元 c_0。注意藉由將進位輸入字元包含進來，事實上這是將三個二元的字元相加。一個 n 位元漣波進位加法器需要 n 個全加器，其中進位輸出位元 c_{i+1} 被使用來作為下一行的進位輸入位元。這種 4 位元字元的狀況被顯示於圖 12.12 之中。

使用下列程式碼所說明的 Verilog 向量，我們可以建構一個高階的模型。

```
module four_bit_adder (sum, c_4, a, b, c_0) ;
input [ 3 : 0 ] a, b ;
input c_0 ;
output [ 3 : 0 ] sum ;
output c _4 ;
assign { c _4, sum } = a + b + c_0 ;
endmodule
```

這個程式碼使用連結來產生同時包含總和以及進位輸出位元 c_4 的一個 5 位元的輸出。另外一種模擬這種加法器的方法乃是如同圖形中所顯示使用被導線連接在一塊的四個全加器模組：

```
module FA_modules (sum, c_4, a, b, c_0) ;
input [ 3 :0 ] a, b ;
input c_0 ;
```

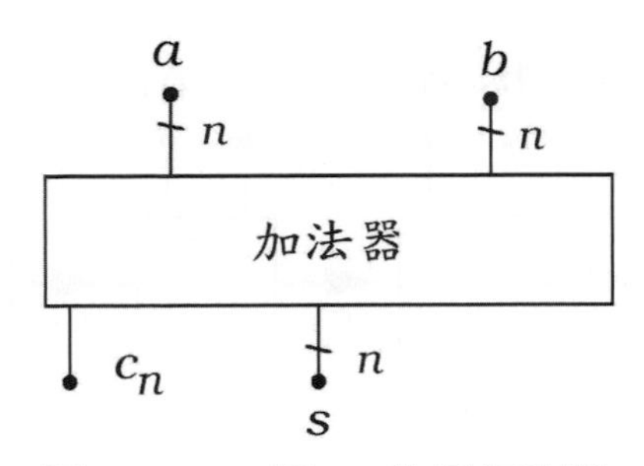

圖 12.11 一個 n 位元加法器

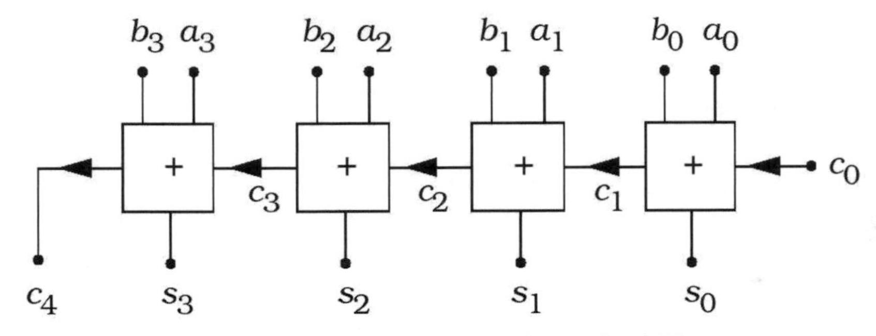

圖 12.12 一個 4 位元漣波進位加法器

```
output [ 3 : 0 ] sum ;
output c _4 ;
wire c _1, c_2, c_3 ;
/ * The single-bit FA modules instanced below have the syntax
    full_adder (sum, c_out, a, b, c_in) */
full_adder fa0 (sum[0], c_1, a[0], b[0], c_0 ) ;
full_adder fa1 (sum[1], c_2, a[1], b[1], c_1 ) ;
full_adder fa2 (sum[2], c_3, a[2], b[2], c_2 ) ;
full_adder fa3 (sum[3], c_4, a[3], b[3], c_3 ) ;
endmodule
```

這個範例使用下列的符號

```
sum[ i], a[i], and b[i]
```

來定義一個向量的第 i 個位元。這是很容易瞭解。如果我們定義一個數量，比如說

```
input [7: 0] Q ;
```

其中 $Q = 10001110$，則 Q[0] = 0、Q[1] = 1、Q [2] = 1，於此類推。如同以往，我

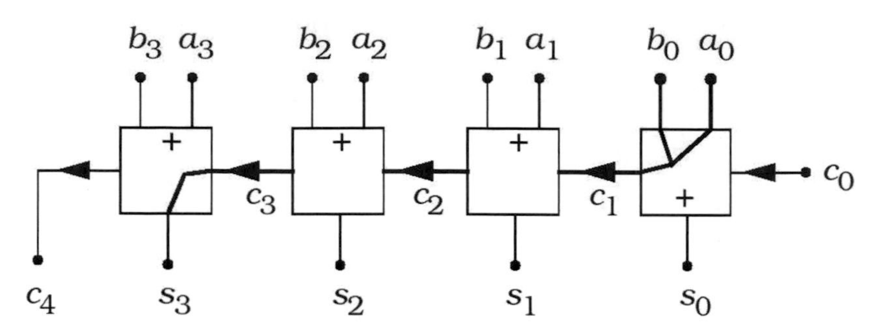

圖 12.13 通過 4 位元漣波加法器的最差狀況延遲

們假設被引例的模組例如

```
full_adder (sum, c_out, a, b, c_in) ;
```

被定義在列示之中的其它地方。從行爲描述以至於一個階層結構列示的任何階層，這都可以被寫出。

這種漣波進位加法器的構造提供相鄰電路輕易的連接。然而，也就是這項特徵使這種設計變得很緩慢。由於直到進入的進位位元有效之後，任何全加器的輸出才會有效，因此最左邊的電路會最後反應。直到這出現之後，這個字元的結果才會有效。

整體的延遲是由這個全加器電路的特性來決定的。不同的 CMOS 實際裝置將會產生不同的最差狀況延遲路徑。就我們的目的而言，讓我們假設圖 12.9 之中的這個 AOI 鏡像 CMOS 全加器被使用於這個 4 位元網路之中。由於這個進位輸出是計算總和時所必須的，因此由 c_i 到 c_{i+1} 的這個進位延遲必須被極小化。圖 12.13 顯示這個加法器的最長延遲路徑，在這個加法器之中進位位元被轉移通過每一級；我們假設所有輸入在同一時間都是有效的。一開始，讓我們藉由將個別延遲加總起來而得到總延遲 t_{4b} 爲

$$t_{4b} = t_{d3} + t_{d2} + t_{d1} + t_{d0} \tag{12.16}$$

其中 t_{di} 是通過第 i 級的最差狀況延遲。每一級的貢獻都可以被求得。對第 0 個位元，$t_{d0} = t_d\,(a_0,\ b_0 \rightarrow c_1)$，這是這些輸入產生進位輸出位元所須要的時間。通過區段 1 與 2 的延遲是相同的，而且是由進位輸入到進位輸出的時間；$t_{d1} = t_{d2} = t_d\,(c_{in} \rightarrow c_{out})$。最後，在這個設計之中，在最後的第 3 級之中的延遲是產生輸出總和位元

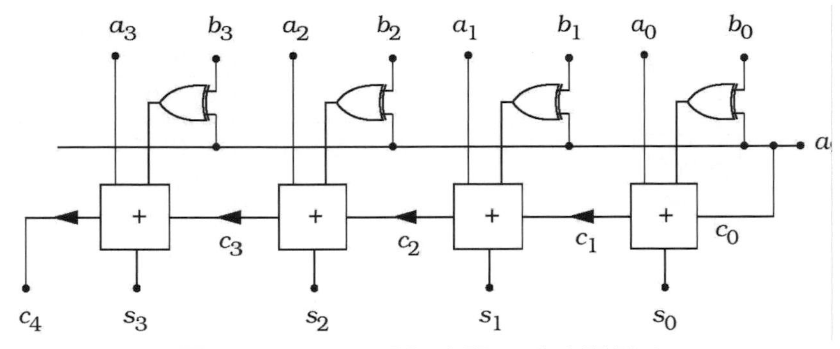

圖 12.14　4 **位元加法器—減法器電路**

s_3 所須要的時間，我們將它寫成 $t_{d3} = t_d(c_{in} \rightarrow s_3)$。因此，總延遲爲

$$t_{4b} = t_d(c_{in} \rightarrow s_3) + 2t_d(c_{in} \rightarrow c_{out}) + t_d(a_0, b_0 \rightarrow c_1) \tag{12.17}$$

如果我們將這項分析延伸至一個 n 位元的漣波進位加法器，則最差狀況的延遲爲

$$t_{n-bit} = t_d(c_{in} \rightarrow s_{n-1}) + (n-2)t_d(c_{in} \rightarrow c_{out}) + t_d(a_0, b_0 \rightarrow c_1) \tag{12.18}$$

這顯示這個延遲是 n 階層的延遲。我們將這個延遲表示爲下列的符號

$$\textbf{延遲} \approx \mathrm{O}(n) \tag{12.19}$$

因此，這種漣波結構並不是大字元的一種良好的選擇。

在前進到更爲先進的加法器設計之前，如同圖 12.14 中所顯示，讓我們來回想我們可以藉由將 XOR 閘與一個 *add_sub* 控制位元加總起來而建構一個 2 的補數減法器。當 $add\_sub = 0$ 時，這些 XOR 使這些 b_i 位元通過，而輸出是總和 $(a+b)$。一個 $add\_sub = 1$ 的控制位元會改變進入反相器的 XOR，而補數的值 $\overline{b_i}$ 則會進入全加器之中；$add\_sub = 1$ 也作爲 $c_0 = 1$ 的一個進位輸入。這些運算合併起來會給予 $(a - b)$ 這個差的 2 的補數演算法。這種技術也會以一種有限的方式適用於其它加法器網路。

12.3 進位前瞻加法器

進位前瞻 (**carry look-ahead, CLA**) 加法器被設計來克服進位位元的漣波效應所引進的潛在效應。對於給予 $c_{i+1} = 1$ 的這些狀況，這個 CLA 演算法是基於在下列方程式的進位輸出位元的起源

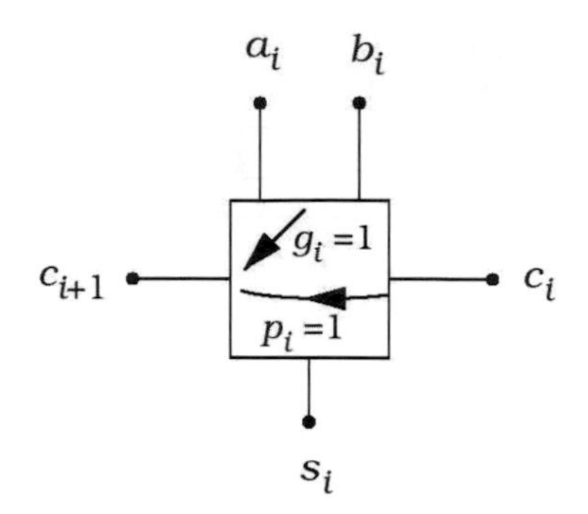

	g_i	p_i
	$a_i \cdot b_i$	$a_i \oplus b_i$
$a_i = b_i = 0$	0	0
$a_i = b_i = 1$	1	0
$a_i \neq b_i$	0	1

$c_{i+1} = a_i \cdot b_i + c_i \cdot (a_i \oplus b_i)$

圖 12.15 **進位前瞻演算法的基礎**

$$c_{i+1} = a_i \cdot b_i + c_i \cdot (a_i \oplus b_i) \tag{12.20}$$

由於這兩項之中的任一項都可能會造成這個輸出，因此我們分開來處理這兩者。首先，如果 $a_i \cdot b_i = 1$，則 $c_{i+1} = 1$。我們稱

$$g_i = a_i \cdot b_i \tag{12.21}$$

為**產生** (**generate**) 項，這是因為這些輸入被視為「產生」進位輸出位元。注意如果 $g_i = 1$，則我們必然會有 $a_i = b_i = 1$。第二項代表一個輸入進位 $c_i = 1$ 可以被「傳播」通過全加器的這種狀況。如果這個**傳播** (**propagate**) 項

$$p_i = a_i \oplus b_i \tag{12.22}$$

等於 1，這將會發生；如果 $p_i = 1$ 則 $g_i = 0$，這是因為這個 XOR 運算會產生一個 1 若且唯若這些輸入並不相同。圖 12.15 顯示這些產生與傳播項的行為。當具有這些定義時，這個進位輸出位元的方程式為

$$c_{i+1} = g_i + p_i \cdot c_i \tag{12.23}$$

CLA 的主要想法乃是首先計算每個位元的 p_i 與 g_i 的值，然後使用它們來求進位位元 c_{i+1}。一旦這些被求得之後，總和位元被給予為

$$s_i = p_i \oplus c_i \tag{12.24}$$

對每個 i。這避免了將進位位元沿著這條鏈往下漣波進位的需要。

讓我們來分析 4 位元的 CLA 方程式。當 c_0 被假設為已知時，我們得到

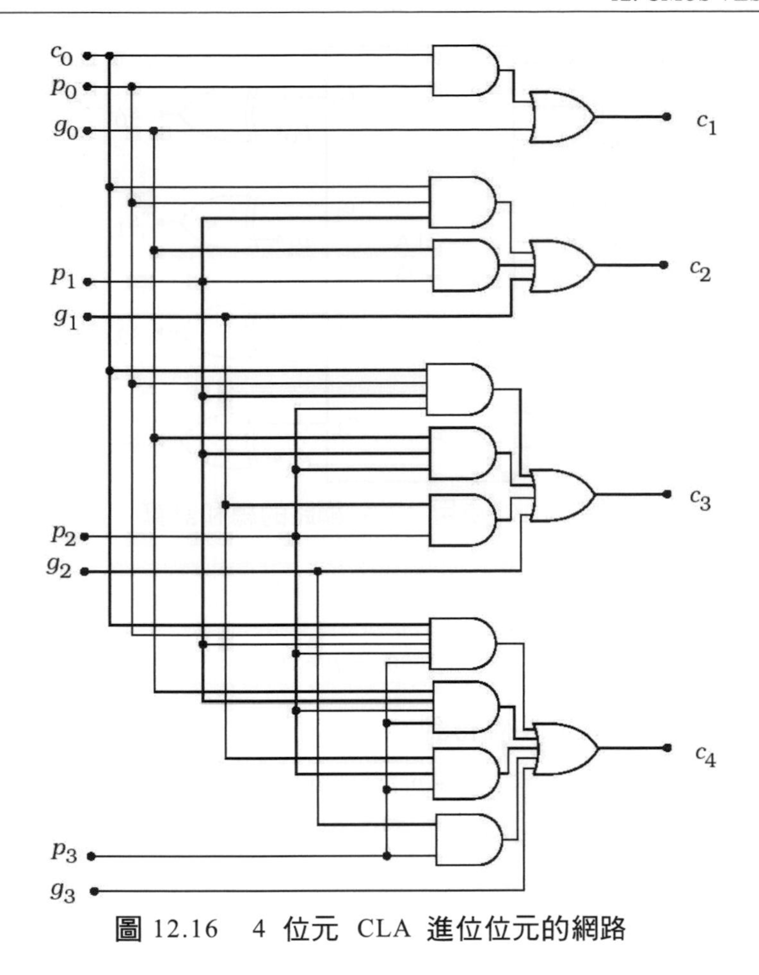

圖 12.16　4 位元 CLA 進位位元的網路

$$c_1 = g_0 + p_0 \cdot c_0 \tag{12.25}$$

c_2、c_3、與 c_4 的表示式都會具有相同的型式

$$\begin{aligned} c_2 &= g_1 + p_1 \cdot c_1 \\ c_3 &= g_2 + p_2 \cdot c_2 \\ c_4 &= g_3 + p_3 \cdot c_3 \end{aligned} \tag{12.26}$$

藉由注意到 c_i 可以被連續代入 c_{i+1} 之中，這些進位位元可以使用原始的產生及傳播項來加以表示。第一項簡化是藉由將 c_1 代入 c_2 方程式之中來得到下式所獲得的

$$c_2 = g_1 + p_1 \cdot (g_0 + p_0 \cdot c_0) \tag{12.27}$$

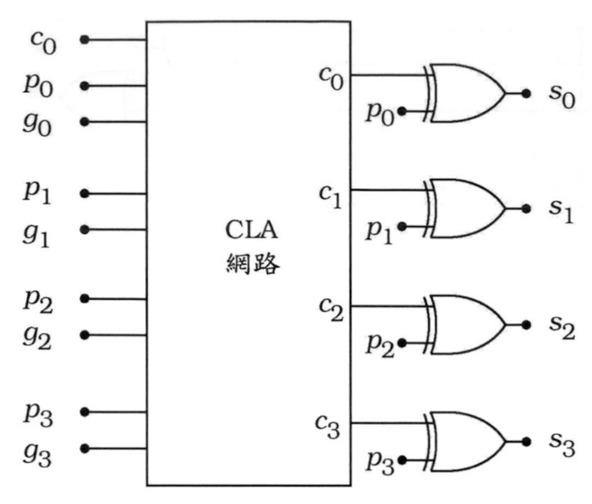

圖 12.17 **使用** CLA **網路的總和計算**

予以展開，得到

$$c_2 = g_1 + p_1 \cdot g_0 + p_1 \cdot p_0 \cdot c_0 \tag{12.28}$$

相類似地，將 c_2 代入 c_3 之中會得到

$$\begin{aligned} c_3 &= g_2 + p_2 \cdot (g_1 + p_1 \cdot g_0 + p_1 \cdot p_0 \cdot c_0) \\ &= g_2 + p_2 \cdot g_1 + p_2 \cdot p_1 \cdot g_0 + p_2 \cdot p_1 \cdot p_0 \cdot c_0 \end{aligned} \tag{12.29}$$

最後，進位輸出位元為

$$\begin{aligned} c_4 &= g_3 + p_3 \cdot (g_2 + p_2 \cdot g_1 + p_2 \cdot p_1 \cdot g_0 + p_2 \cdot p_1 \cdot p_0 \cdot c_0) \\ &= g_3 + p_3 \cdot g_2 + p_3 \cdot p_2 \cdot g_1 + p_3 \cdot p_2 \cdot p_1 \cdot g_0 + p_3 \cdot p_2 \cdot p_1 \cdot p_0 \cdot c_0 \end{aligned} \tag{12.30}$$

這些方程式顯示每個進位位元都可以由產生及傳播項來求得。而且，這種演算法會得到套疊的 SOP 表示式。圖 12.16 中所顯示的這個 4 位元網路使用展開的表示式的邏輯圖。注意這個閘排列的結構化本性。一旦這些進位輸出位元被計算出來之後，總和是使用方程式 (12.24) 中的這個簡單的 XOR 來求得。完整的加法器電路被顯示於圖 12.17 之中，其中這個「CLA 網路」箱代表圖 12.16 中的這個進位位元邏輯。這說明了與漣波進位設計的一項明顯的偏離。

一個 4 位元加法器的高階抽象 Verilog 描述可以被使用來描述任何加法器，包括以 CLA 為基礎的設計在內。然而，我們可以將行為碼重寫而以一種明白的方式來更完善地說明內部的演算法。下面以 **assign** 為基礎的 RTL 模組說明這個想法。

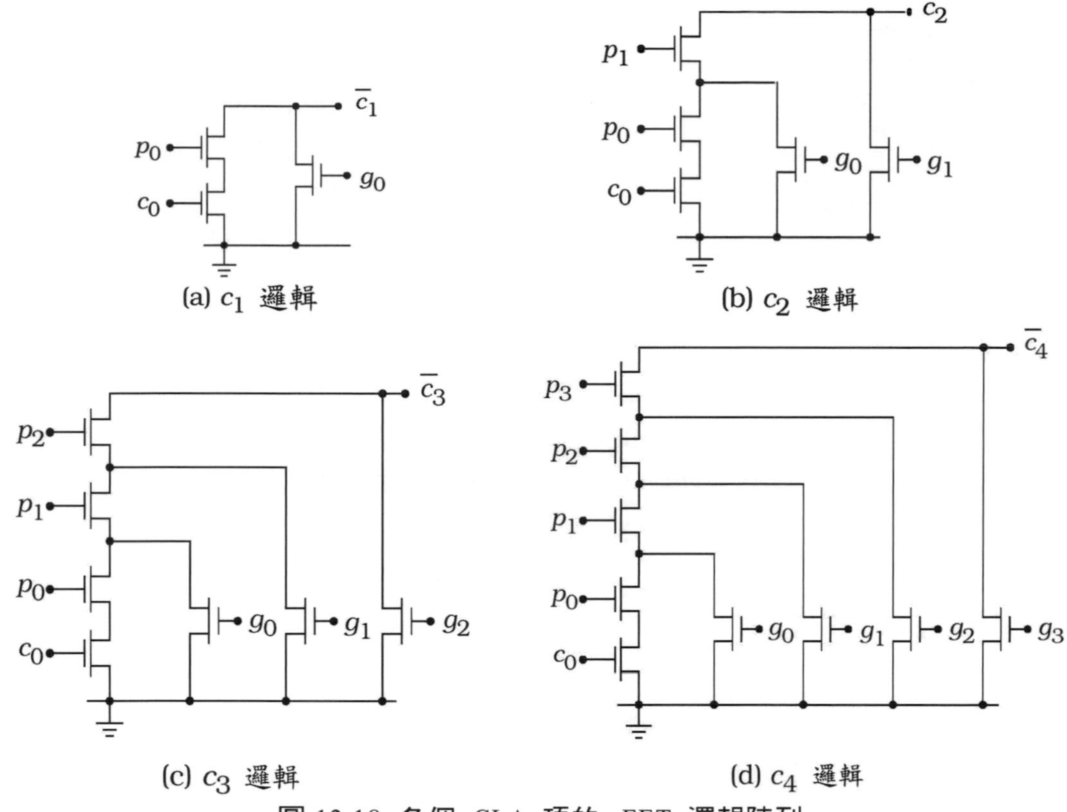

圖 12.18 各個 CLA 項的 nFET 邏輯陣列

```
module CLA_4b (sum, c_4, a, b, c_0 ) ;
input [ 3 : 0 ] a, b ;
input c_0 ;
output [ 3 : 0 ] sum ;
output c _4 ;
wire p0, p1, p2, p3, g0, g1, g2, g3 ;
wire c1, c2, c3, c4 ;
assign
      p0 = a[0] ^ b[0] ,
      p1 = a[1] ^ b[1] ,
      p2 = a[2] ^ b[ 2] ,
      p3 = a[3] ^ b[3] ,
      g0 = a[0] & b[0] ,
      g1 = a[1] & b[1] ,
```

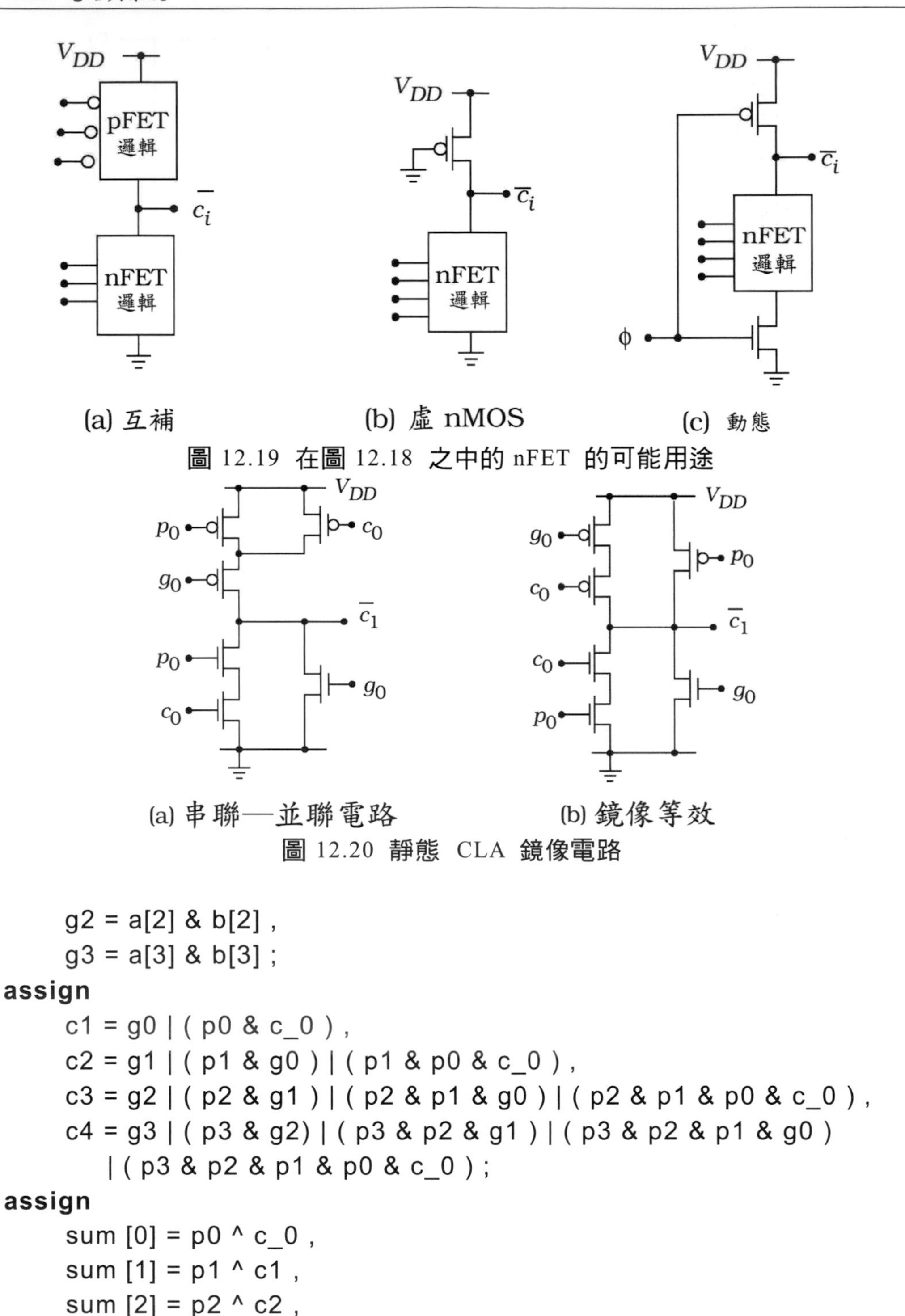

(a) 互補 (b) 虛 nMOS (c) 動態

圖 12.19 在圖 12.18 之中的 nFET 的可能用途

(a) 串聯—並聯電路 (b) 鏡像等效

圖 12.20 靜態 CLA 鏡像電路

```
        g2 = a[2] & b[2] ,
        g3 = a[3] & b[3] ;
assign
        c1 = g0 | ( p0 & c_0 ) ,
        c2 = g1 | ( p1 & g0 ) | ( p1 & p0 & c_0 ) ,
        c3 = g2 | ( p2 & g1 ) | ( p2 & p1 & g0 ) | ( p2 & p1 & p0 & c_0 ) ,
        c4 = g3 | ( p3 & g2) | ( p3 & p2 & g1 ) | ( p3 & p2 & p1 & g0 )
            | ( p3 & p2 & p1 & p0 & c_0 ) ;
assign
        sum [0] = p0 ^ c_0 ,
        sum [1] = p1 ^ c1 ,
        sum [2] = p2 ^ c2 ,
```

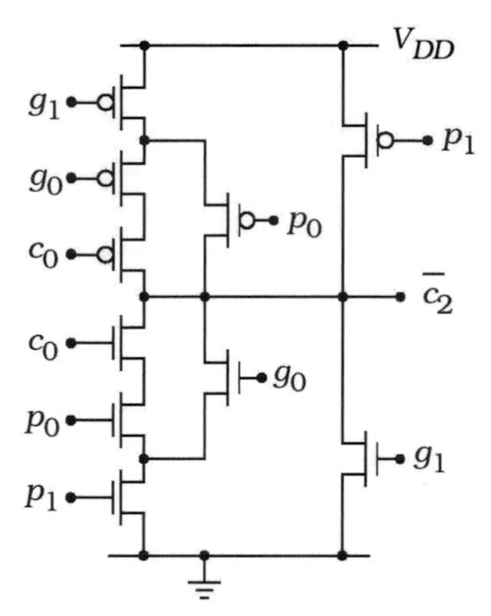

圖 12.21 $\bar{c}_2$ **的靜態鏡像電路**

```
        sum [3] = p3 ^ c3 ,
          c_4 = c4 ;
endmodule
```

在每個陳述上加上延遲時間便提供了模擬所須要的最終資訊。這個 CLA 方程式的重複本性可以藉由使用 Verilog 的 **for** 程序以一種更有效率的編碼風格來予以實際裝置。

為了將這種 CLA 演算法轉換成為電路，我們使用在第二章之中所發展出來的邏輯建構技術來產生圖 12.18 中所顯示的 nFET 陣列。注意每個進位輸出電路 $\bar{c}_i$ 都會構成次高項 $\bar{c}_{i+1}$ 的基礎。這是由於這個演算法的套疊 (nesting) 性質所造成的。

一旦這個 nFET 邏輯被設計之後，它就可以被使用於各種電路中。圖 12.19 顯示三種可能性。圖 12.19(a) 之中的這個結構代表標準的互補結構，其中我們使用推泡泡來產生一個 pFET 陣列，以獲得串聯－並聯的 pFET 陣列。圖 12.19(b) 之中的這種靜態虛 nMOS 方法可以被使用，但是我們必須關心元件的比值以確保不使用過大的 nFET 就會有足夠小的輸出低電壓 V_{OL}。如果選擇如同圖 12.19(c) 中的一個動態邏輯的話，這就可以避免。然而，這會引進定時的問題，並且給予只會在一小段時間區間之內有效的輸出。顯然，電路家族的挑選涉及許多因素的考慮。

讓我們來檢視使用完全互補靜態電路的可能性。圖 12.20(a) 中顯示的這個 $\bar{c}_1$

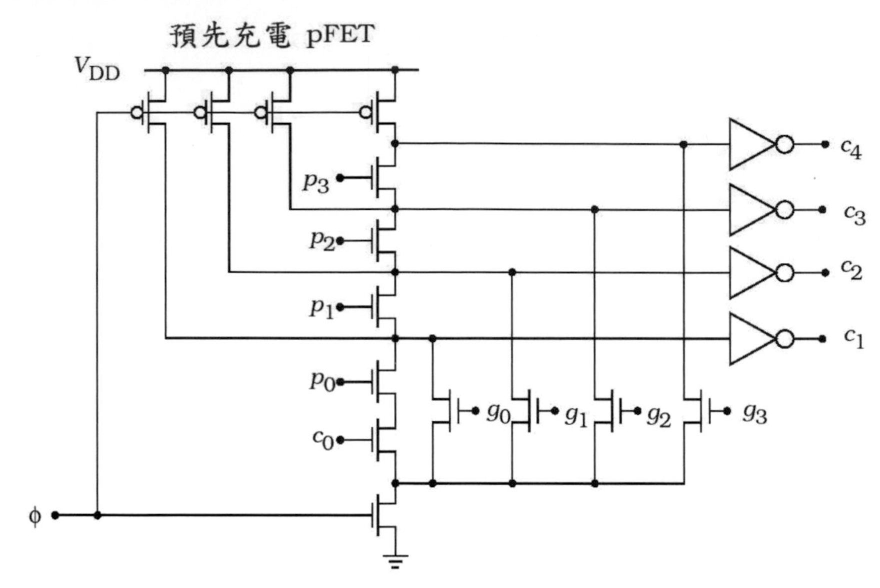

圖 12.22 MODL **進位電路**

電路顯示具有串聯–並聯結構的完整 nFET/pFET 陣列。然而，這具有類似於之前在圖 12.8 之中所分析的這個進位輸出電路，因此我們可以產生圖 12.20(b) 中所顯示的這個鏡像等效邏輯閘。對剩下的位元，這項進展可以持續下去。譬如，圖 12.21 顯示 $\bar{c}_2$ 的鏡像電路。注意在這個陣列之中的對稱性。這項特徵使我們得以在實體設計階層得到一個更爲結構化的佈局圖。

另外一種方法乃是使用**多重輸出的骨牌邏輯** (**multiple-output domino logic, MODL**) 來作爲基礎。這是可能的因爲進位位元由一個位元到下一個位元的套疊會給予實際裝置 MODL 所須要的 AND 關係。爲了解析地看到這種關係，還記得我們有

$$\begin{aligned} c_1 &= g_0 + p_0 \cdot c_0 \\ c_2 &= g_1 + p_1 \cdot c_1 \\ &= g_1 + p_1 \cdot (g_0 + p_0 \cdot c_0) \end{aligned} \tag{12.31}$$

我們可以使用 c_1 來作爲一個輸出，而 c_2 作爲另一個輸出，而這兩個之間是以 AND 運算而關聯起來。由於這種形式的關係對 c_3 與 c_4 也會成立，因此我們只需要一個單一的 MODL 閘來產生所有四個進位的位元。而且，MODL 是反相器被建構於這個結構之中的一個非反相邏輯家族。圖 12.22 顯示這個 4 位元 MODL 進

位電路，其中這個邏輯陣列提供每個進位位元一個分開的輸出。每個內部節點都加進一個預先充電 pFET。當這個電路是以位於 $\phi = 0$ 的時脈而處於預先充電之中時，所有的輸出都會被驅動至 0。在求值期之內 $(\phi = 0)$，這個邏輯網路會接納輸入。如果這個 c_1 網路允許內部節點來放電並產生 $c_1 = 1$，則下列條件中的一個

$$\begin{aligned} g_0 &= 1, \quad \text{或} \\ p_0 \cdot c_0 &= 1 \end{aligned} \tag{12.32}$$

會成立。如果 $p_0 \cdot c_0 = 1 = 1$，則一個 $p_1 = 1$ 的值將會把 c_2 驅動至 1。另外，進位輸出也可以以 $g_1 = 1$ 來產生。這種形式的交互相關會在這個邏輯網路之中持續向上來產生 c_3 與 c_4。這種使用一種單一邏輯閘來產生四個進位輸出位元的能力對我們是很有吸引力的。這個佈局圖將會具有一個單一 c_4 鏡像閘的複雜程度，但卻會有較少的電晶體。然而，我們必須牢記，MODL 是一種動態電路的技術，而且也會受到一些平常的限制：時脈將會是必要的，輸出也將會受制於電荷洩漏及電荷分享，而除非我們使用大型的 FET，否則串聯連接的 nFET 鏈將會給予很長的放電時間。

12.3.1 曼徹斯特進位鏈

曼徹斯特進位規劃 (Manchester carry scheme) 乃是處理 CLA 位元的一種特別優雅的方法。它是基於建構下列的基本方程式，而可以被串級來饋送到後續各級的一個開關邏輯網路

$$c_{i+1} = g_i + p_i \cdot c_i \tag{12.33}$$

考慮具有輸入 a_i、b_i、及 c_i 的一個全加器。我們將使用產生與傳播表示式

$$\begin{aligned} g_i &= a_i \cdot b_i \\ p_i &= a_i \oplus b_i \end{aligned} \tag{12.34}$$

來引進**進位宰殺 (carry-kill)** 位元 k_i 使得

$$\begin{aligned} k_i &= \overline{a_i + b_i} \\ &= \overline{a}_i \cdot \overline{b}_i \end{aligned} \tag{12.35}$$

這個項的名稱是源自於如果 $k_i = 1$，則 $p_i = 0$ 且 $g_i = 0$，因此 $c_{i+1} = 0$；因此 $k_i = 1$ 會「殺掉」進位輸出位元的這個事實。這可由圖 12.23 中顯示所有可能輸入的 p_i、

a_i	b_i	p_i	g_i	k_i
0	0	0	0	1
0	1	1	0	0
1	0	1	0	0
1	1	0	1	0

圖 12.23 **傳播、產生、及進位宰殺值**

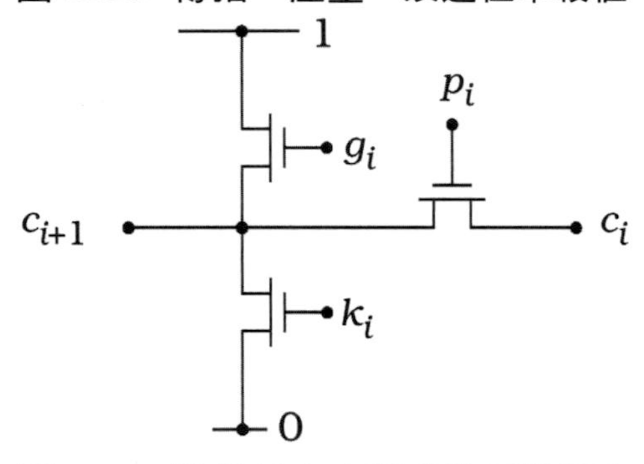

圖 12.24 **進位輸出方程式的切換網路**

g_i、及 k_i 值的這個表來加以驗證。注意對一組給予的 (a_i, b_i) 輸入而言，三個數量之中只有一個是邏輯 1。

曼徹斯特進位規劃便是基於這種行爲。由於三個量 p_i、g_i、及 k_i 之中只有一個可能是 1，因此我們可以使用圖 12.24 中所顯示的 FET 來建構這個開關階層的電路。這種拓撲已經被選取使得在一個時間只會有一個 FET 是一個關閉的開關。藉由檢視每一種可能性，我們可以來瞭解這項運算。首先，如果我們有 $(a_i, b_i) = (0, 0)$ 的話，那麼 $k_i = 1$ 且 $c_{i+1} = 0$。如果 $a_i \neq b_i$ 的話，則 $p_i = 1$，而輸入位元 c_i 會被傳播通過這個電路而給予 $c_{i+1} = c_i$。最後，一個 $(a_i, b_i) = (1, 1)$ 的輸入則表明一個進位輸出已經被一個 $g_i = 1$ 的項所產生，因此 $c_{i+1} = 1$。我們必須注意的是，在電路階層只使用 nFET 將會在通過這個電晶體的邏輯 1 傳輸之上衍生一個臨限電壓下降。

我們可以建構數種不同的曼徹斯特進位電路。兩種被顯示於圖 12.25 之中。圖 12.25(a) 中的這種靜態邏輯閘使用 $\overline{c}_i$ 來作爲一個輸入。首先，假設 $p_i = 0$。這會將 M1 打開，並阻擋輸入 $\overline{c}_i$ 傳播通過，但它也會將 nFET M3 導通。如果 $g_i = 0$，則 pFET M4 會被導通，並將輸出拉至 $\overline{c}_{i+1} = 1$。如果 $g_i = 1$，則兩個 nFET M2 與

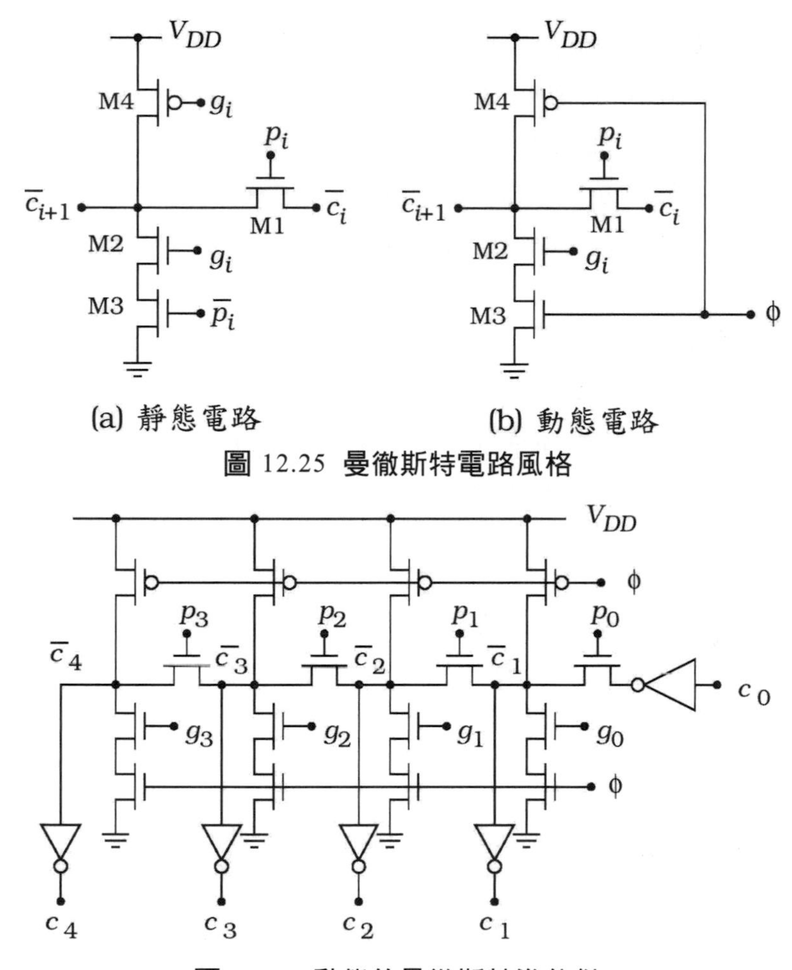

(a) 靜態電路　　　(b) 動態電路

圖 12.25 **曼徹斯特電路風格**

圖 12.26 **動態的曼徹斯特進位鏈**

M3 都會被導通，而 M4 則會被關閉，而給予一個 $\bar{c}_{i+1}=0$ 的輸出。而 $p_i = 1$ 的這種狀況就會比較複雜。產生項 g_i 必須是 0，因此 pFET M4 會被導通，而由於 M3 被關閉的緣故，因此這條 nFET 鏈是作爲一個開路來使用。因此，這個輸出會被 $\bar{c}_i$ 所控制。如果 $\bar{c}_i = 1$ 的話，那麼這個輸入會被傳輸至輸出，而且會被連接到電源供應的 pFET 所支持，因此 $\bar{c}_{i+1}=1$。然而，如果 $\bar{c}_i = 0$ 的話，則這個電路會簡化爲一個由 M4 與 M1 所構成的虛 nMOS 反相器，其中在輸入處的 $p_i = 1$。爲了獲得一個 $\bar{c}_{i+1}=0$ 的低輸出，對這個 nFET/pFET 而言，我們必須選取足夠大的尺寸比值來給予一個低輸出電壓。

一個動態電路被顯示於圖 12.25(b) 之中。除了以求值 nFET M3 取代一個邏輯電晶體之外，這種邏輯是類似於靜態的設計。在預先充電【$\phi = 0$】的期間之內，輸出節點被帶到一個邏輯 1 的電壓。當時脈切換至 $\phi = 1$ 時，求值會發生。如果 $p_i = 1$，會出現一個進位傳播，而如果 $g_i = 1$，這個節點被放電至 0。這個電路可以被使用來建構圖 12.26 中所顯示的曼徹斯特進位鏈。當 $\phi = 0$ 時，每一級都會進行預先充電。在求值時間之內，這些進位位元可供使用，而 c_4 會有最長的時間延遲。

12.3.2 延伸至寬加法器

進位前瞻方程式可以被延伸至比 4 位元還寬的加法器，但是我們必須小心由於通過這條最長延遲路徑增加的閘數所造成的硬體延遲。譬如，如果我們對一個 8 位元的設計使用一種蠻力的方法，則進位輸出位元 c_8 會有具有我們必須加以處理的一項

$$p_7 \cdot p_6 \cdot p_5 \cdot p_4 \cdot p_3 \cdot p_2 \cdot p_1 \cdot c_0 \tag{12.36}$$

各種技術已經被發表來獲得寬加法器的更有效率 CLA 網路。考慮兩個 n 位元字元的加法。紐曼 (von Neumann) 以及其他人員的研究已經證明，最長的進位鏈會有一個平均長度

$$\log_2(n) \tag{12.37}$$

譬如，一個 8 位元加法器之中的平均進位鏈為

$$\log_2(8) = \log_2(2^3) = 3 \tag{12.38}$$

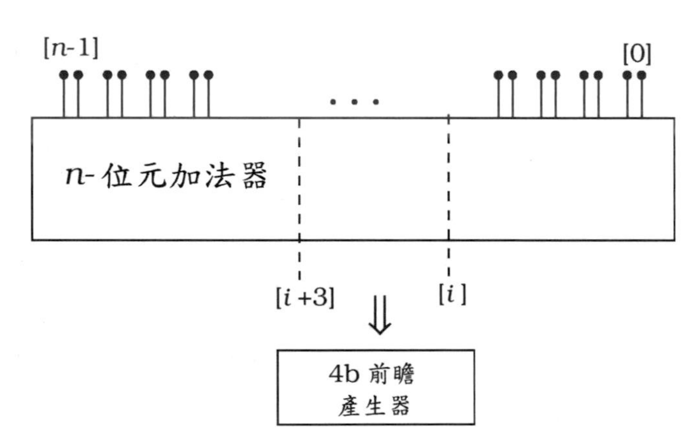

圖 12.27 一個 n 位元加法器網路

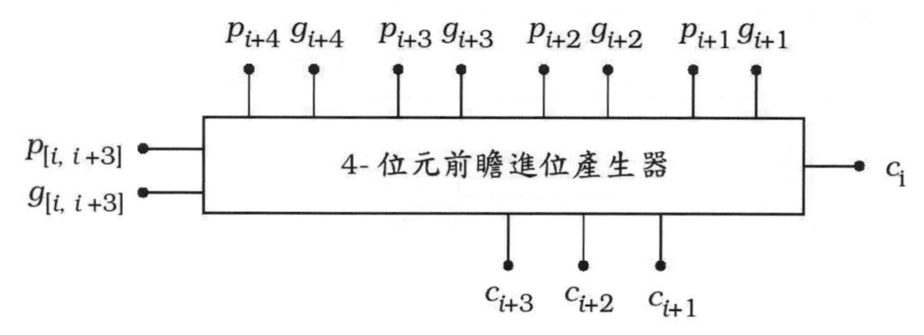

圖 12.28 4 **位元前瞻進位產生器訊號**

而一個 32 位元加法器有一平均長度

$$\log_2(32) = \log_2(2^5) = 5 \tag{12.39}$$

這暗示進位電路的長度並不一定要跨展這個字元的整個長度，而可以被打碎成為較小的區段。多階層 CLA 網路便是基於這種思想架構。

考慮圖 12.27 中以建築階層來呈現的這個 n 位元加法器；我們將假設 $n = 2^k$ 其中 k 是一個整數。我們選取一個位元位置 i，這是 4 的一個倍數，並且會產生一個由位元 i 至位元 i+3 的四位元**前瞻進位產生器網路 (lookahead carry generator network)**。這個產生器網路的功能被詳細描述於圖 12.28 之中。它使用產生與傳播位元來產生平常的進位輸出位元 c_{i+1}、c_{i+2}、及 c_{i+3}，但是也會計算**區塊產生 (block generate)** 訊號 $g_{[i,i+3]}$ 及**區塊傳播 (block propagate)** 訊號 $p_{[i,i+3]}$，這些訊號表述這個群組的整體特性，而且可以被饋送進入加法器的一個較高的區段。圖 12.29 中的這個邏輯圖提供區塊產生及傳播訊號的細節。注意與圖 12.16 中的 4 位元 CLA 邏輯之間的相似性；這項差異是落在區塊的輸出網路，在這裡導線連接被改變。我們可以以輸入數量來表示，而將區塊產生訊號寫成

$$g_{[i,i+3]} = g_{i+3} + p_{i+3} \cdot g_{i+2} + p_{i+3} \cdot p_{i+2} \cdot g_{i+1} + p_{i+3} \cdot p_{i+2} \cdot p_{i+1} \cdot g_i \tag{12.40}$$

而且是在圖形中被標示為 **or1** 閘所取得的。這個區塊傳播為

$$p_{[i,i+3]} = p_{i+3} \cdot p_{i+2} \cdot p_{i+1} \cdot p_i \tag{12.41}$$

這是圖形中 **and1** 閘的輸出。除了它們提供一群位元的整體特性之外，這個區塊產生與傳播是類似於這些位元數量。注意這個電路並沒有計算最終的進位輸出位元

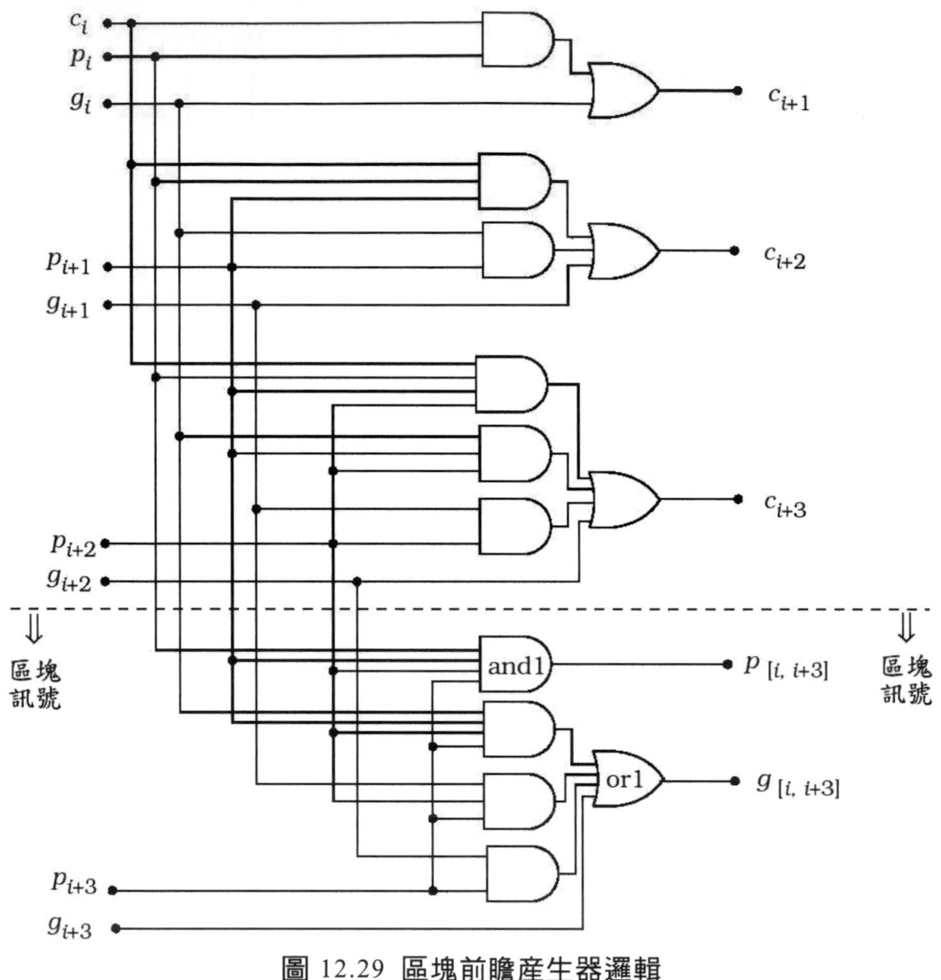

圖 12.29 區塊前瞻產生器邏輯

c_{i+4}。視加法器網路的整體結構而定，我們可能須要也可能不須要進位位元。如果須要的話，額外的邏輯也可以被提供。

我們可以使用多重的前瞻進位產生器區塊來設計一個寬的加法器。一個範例是圖 12.30 中所呈現的這個 16 位元進位網路。輸入 $a_{15} \ldots a_0$ 與 $b_{15} \ldots b_0$ 被饋送進入這個產生與傳播網路，這個網路產生在 CLA 區塊之中使用的 $(p_{15}, g_{15}), \ldots, (p_0, g_0)$ 值。這個 CLA 子系統通常是在各個階層來加以描述。在階層 1，四個 4 位元的前瞻進位產生器網路被使用來提供進位輸出爲元 c_{i+3}, c_{i+2}, c_{i+1}，以及這個區塊產生與傳播項 $g_{[i,i+3]}$ 與 $p_{[i,i+3]}$ 對 $i = 0, 4, 8, 12$。然後，這些區塊項被傳送到這個單一的階層 2 的 4 位元前瞻進位網路。這個階層 2 的區塊產生進位輸出位元 c_4, c_8,

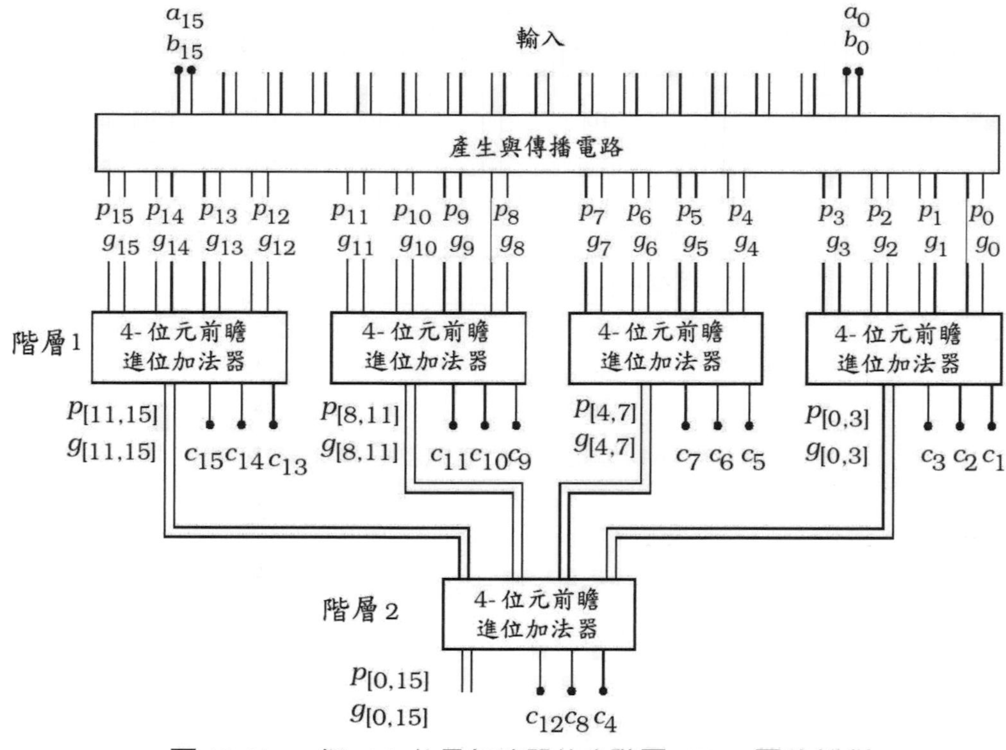

圖 12.30 一個 16 位元加法器的多階層 CLA 區塊規劃

c_{12}，以及字元產生與傳播項 $g_{[0,15]}$ 與 $p_{[0,15]}$。在這個時點，除了 c_{15} 之外的所有進位位元都已經被計算來使用於總和的方程式之中

$$s_i = p_i \oplus c_i \tag{12.42}$$

對一個 16 位元的加法器而言，我們可以使用字元產生與傳播項來求得最後的總和位元 s_{15} 以及進位輸出。

一個 64 位元加法器可以藉由在這個 16 位元的網路加入另外一階層的前瞻進位區塊來獲得。這種規劃被顯示於圖 12.31 之中。四個 16 位元的區塊被使用來產生四組群組產生及傳播項。然後，這些項被饋送到提供最終進位輸出位元的階層 3 區塊。我們必須注意每個區塊都會產生在總和計算之中所使用的進位輸出位元。在隨著這個電路所在的階層而改變的時間之內，這些進位輸出位元可供使用。階層 1 的位元首先可供使用，階層 2 的位元是第二，而階層 3 的位元是最後離開這個網路。並沒有預先設定的理由我們一定要使用 4 位元前瞻進位產生器電路；較小或較

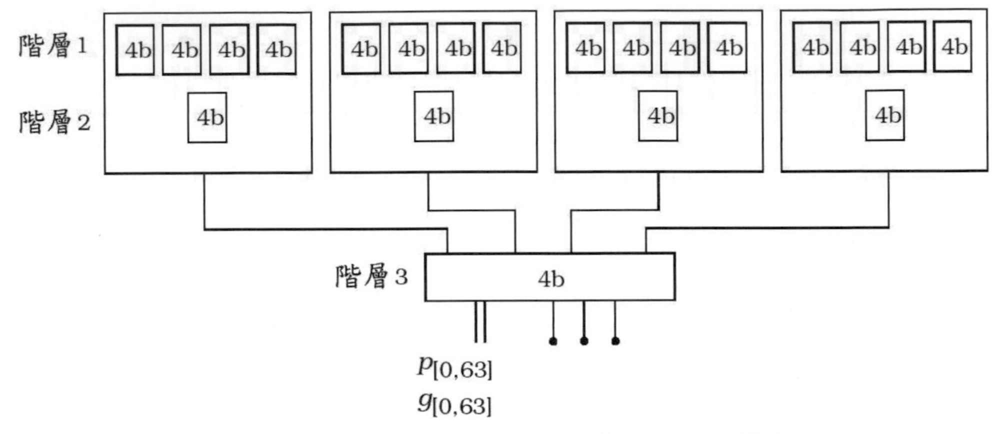

圖 12.31　64 位元 CLA 加法器的建築結構

大的寬度都是可以接受的。

在這裡我們已經檢視在 CLA 結構之中所涉及的基本觀念。有興趣的讀者可以由參考資料 [2] 來得到一項更詳細的討論。

12.4 其它高速加法器

在文獻之中，數種設計快速字元加法器的替代方法已經被發表。所有方法都是以縮短計算時間爲目標，而且每一種方法都會有不同的交換關係。這一節檢視這些設計之中的某一些，來說明由一個高階建築描述轉譯到電路階層時所會有的這些變化。

12.4.1 進位跳躍電路

一個**進位跳躍加法器 (carry-skip adder)** 被設計來藉由幫助一個進位位元在整個加法器的一部份附近傳播而使一個寬的加法器被加速。一個 4 位元加法器狀況的這個想法是在圖 12.32(a) 中加以說明。這個進位輸入位元被指定爲 c_i，而加法器本身會產生一個進位輸出位元 c_{i+4}。這個進位跳躍電路是由兩個邏輯閘所構成的。這個 AND 閘接納進位輸入位元，並將它與群組傳播訊號加以比較

$$p_{[i,i+3]} = p_{i+3} \cdot p_{i+2} \cdot p_{i+1} \cdot p_i \tag{12.43}$$

使用個別傳播値。來自這個 AND 閘的輸出與 c_{i+4} 會 OR 在一塊來產生圖形中所顯示的一個級的輸出

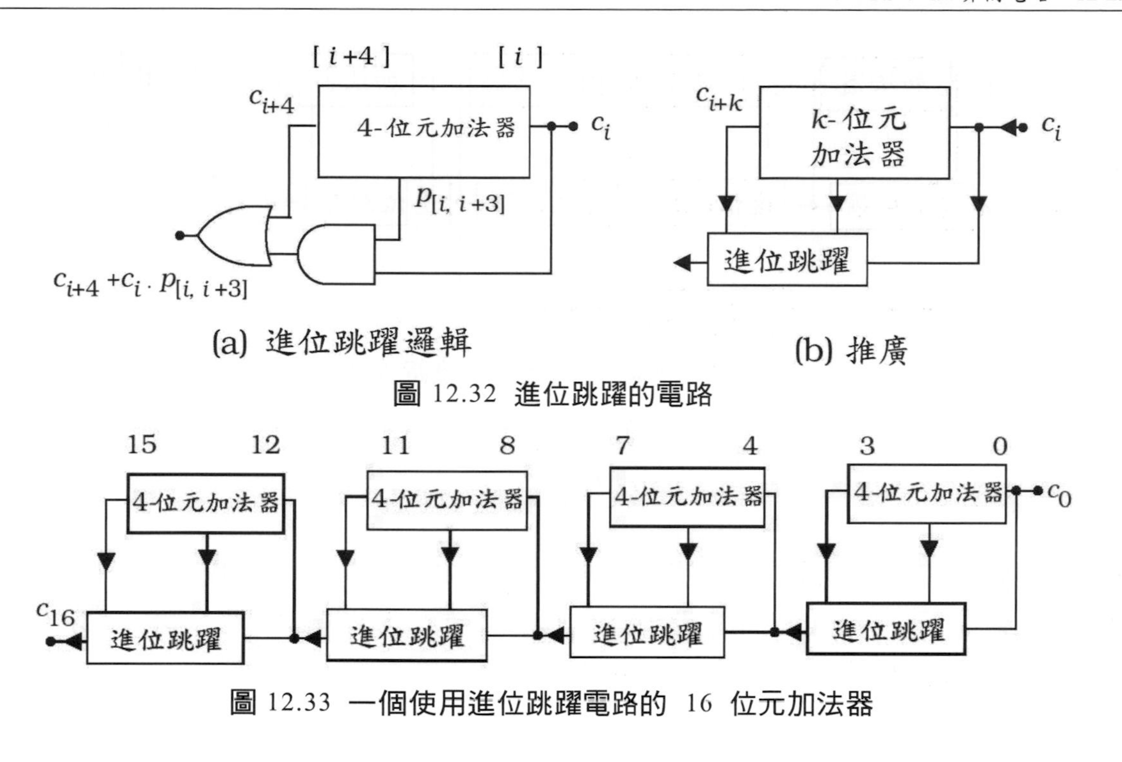

圖 12.32 進位跳躍的電路

圖 12.33 一個使用進位跳躍電路的 16 位元加法器

$$\text{進位} = c_{i+4} + p_{[i,i+3]} \cdot c_i \tag{12.44}$$

如果 $p_{[i, i+3]} = 0$，則這個群組的進位輸出是由 c_{i+4} 的值所決定的。然而，如果當這個進位輸入位元是 $c_i = 1$ 時 $p_{[i, i+3]} = 1$，則這個群組的進位輸入會被自動地傳送到下一群加法器。「進位跳躍」這個名稱是由於如果 $p_{[i,i+3]} \cdot c_i$ 這個條件是眞實，則這個進位輸入位元會跳過整個區塊的這件事實所造成的。圖 12.32(b) 顯示被推廣至 k 位元的一個區段。

進位跳躍電路的一個範例是圖 12.33 中所顯示的這個 16 位元加法器。這個進位跳躍群組的尺寸已經被選取爲每個區段都是 $k = 4$。通過這個電路的最差狀況延遲是當 $c_0 = 0$ 且第 0 個位元加法器產生一個 $c_1 = 1$ 的進位輸出位元之時。如果我們使用漣波加法器，則最差的狀況乃是這個位元隨著 $c_4 = 1$ 而浮現，然後跳過下一個區段群組 [7,4] 與 [11,8]，並進入最後的區塊，在這裡它漣波通過而到達輸出成爲 $c_{16} = 1$。

進位跳躍區塊的尺寸 k 會影響這種規劃的整體速度。使延遲極小化的一個 n 位元加法器的最佳區塊尺寸可以被估計爲

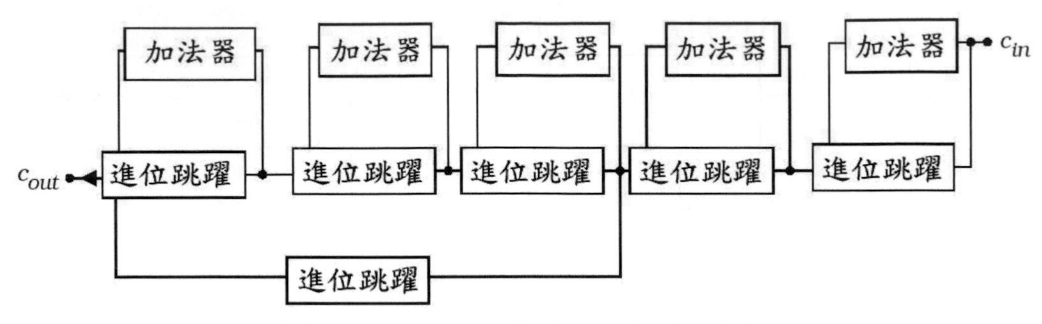

圖 12.34 一個 2 階層進位跳躍加法器

$$k = \sqrt{\frac{n}{2}} \tag{12.45}$$

對 $n = 16$ 而言，這個區塊大小將會 $k \approx 3$。另外的一種方法乃是我們可以使用一個可變的 k 值。這些進位跳躍電路可以被套疊來產生多階層的網路。圖 12.34 顯示一個 2 階層進位跳躍加法器的一個範例。

12.4.2 進位選取加法器

進位選取加法器 (carry-select adder) 使用多個窄加法器來產生快速的寬加法器。考慮兩個 n 位元數目 $a = a_{n-1} \ldots a_0$ 與 $b = b_{n-1} \ldots b_0$ 的加法。在位元階層，加法器延遲會由最不顯著的第 0 個位置往上增大，而第 $(n-1)$ 個位置必須有最複雜的邏輯。一個進位選取加法器將加法問題分解成為較小的群組。譬如，我們可以將這個 n 位元的問題分解為兩個 $(n/2)$ 位元的區段，然後給予將字元區段 $a_{n-1} \ldots a_{n/2}$ 與 $b_{n-1} \ldots b_{n/2}$ 相加的較高階群組特別的注意。因此，進位延遲將會以較低階字元區段 $a_{(n/2)-1} \ldots a_0$ 與 $b_{(n/2)-1} \ldots b_0$ 相加所產生的這個進位輸出位元 $c_{n/2}$ 為中心。我們知道這個進位位元只有兩種可能性：

$$c_{n/2} = 0 \quad \text{或} \quad c_{n/2} = 1 \tag{12.46}$$

一個進位選取加法器提供上面的字元兩個分開的加法器，每一種可能性一個。然後，一個 MUX 被使用來選取有效的結果。

考慮被分解為兩個 4 位元群組的一個 8 位元加法器來作為一個實際的範例。較低階層的位元 $a_3a_2a_1a_0$ 與 $b_3b_2b_1b_0$ 被饋送進入 4 位元加法器 L 來產生如同圖

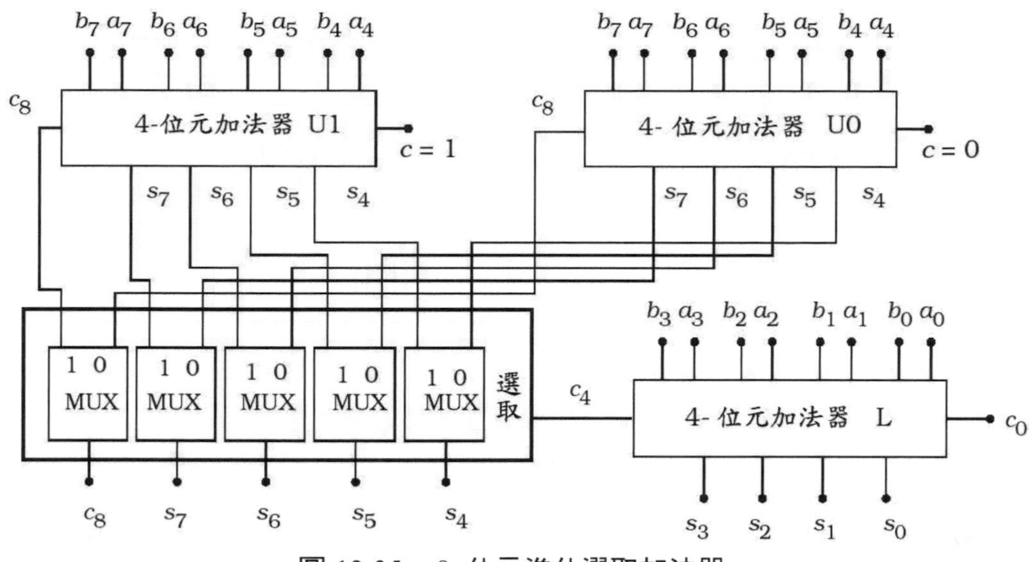

圖 12.35　8 **位元進位選取加法器**

12.35 中所顯示的這些總和位元 $s_3s_2s_1s_0$ 以及一個進位輸出位元 c_4。較高階層的位元 $a_7a_6a_5a_4$ 與 $b_7b_6b_5b_4$ 則被使用來作爲兩個 4 位元加法器的輸入。加法器 U0 以一個 $c = 0$ 的進位輸入來計算這個總和，而 U1 會進行相同的運算，只是它有一個 $c = 1$ 的進位輸入值。這兩組結果被使用來作爲一個 2:1 MUX 陣列的輸入。來自加法器 L 的這個進位位元 c_4 被使用來作爲 MUX 選取訊號。如果 $c_4 = 0$，則 U0 的結果會被送到輸出，而一個 $c_4 = 1$ 的值選取 U1 的結果來作爲 $s_7s_6s_5s_4$。進位輸出位元 c_8 也是由這個 MUX 陣列所選取的。

這種設計藉由允許總和的上半部分與下半部分同時計算而使字元的加法速度增大。所付出的代價乃是它要求一個額外的字元加法器、一組多工器、以及附屬的交互連接的導線連接。如果速度比面積的消耗來得更重要的話，那麼這種設計就會變成可行。我們可以使用多重階層來產生進位選取加法器，但是硬體成本也會相對應地增大。

12.4.3 進位儲存加法器

進位儲存加法器 (carry-save adder) 是基於一個全加器事實上是如同圖 12.36(a) 中所顯示的有三個輸入並且會產生兩個輸出的這種想法。雖然我們經常將第三個輸

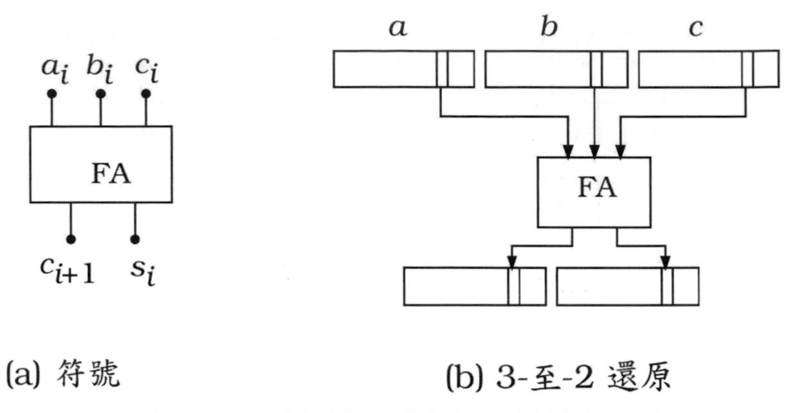

(a) 符號　　　(b) 3-至-2 還原

圖 12.36 一個進位儲存加法器的基本原理

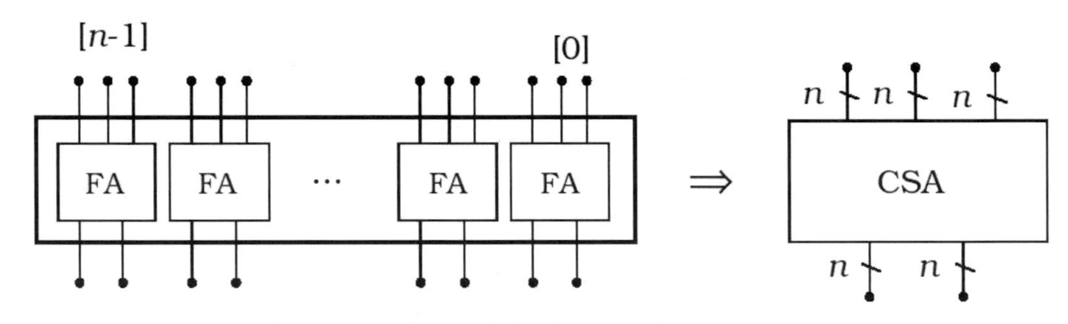

圖 12.37 一個 n 位元進位儲存加法器的產生

入附屬於一個進位輸入，但是它們同樣也可以被使用來作爲一個「正常」的值。在圖 12.36(b) 之中，這個 FA 被使用來作爲一個 3-2 簡化網路，在這個網路之中它是從來自 3 個字元的位元開始，將它們相加，然後得到一個 2 位元寬的輸出。我們可以藉由使用圖 12.37 中的 n 個分開的加法器來建構一個 n 位元的進位儲存加法器。「進位儲存」這個名稱源自於我們將這個進位輸出字元儲存起來，而不馬上使用它來計算一個最終總和的這項事實。

在我們將不只兩個數目相加的情況，進位儲存加法器 (CSA) 是很有用的。由於這種設計自動避免在進位輸出位元之中的延遲，因此一條 CSA 鏈可能會比使用標準加法器，或者以一個時脈來循環的同步網路還來得快速。

簡化的 7—至—2 規劃的一個範例被顯示於圖 12.38 之中。這是從 7 個 n 位元的字元 $a, b, \ldots, g$ 開始，並使用五個 CSA 單元來使它簡化成爲兩個字元。如果我們想要一個最終的總和，則一個正常的 CPA【進位傳播加法器】可以被使用於這

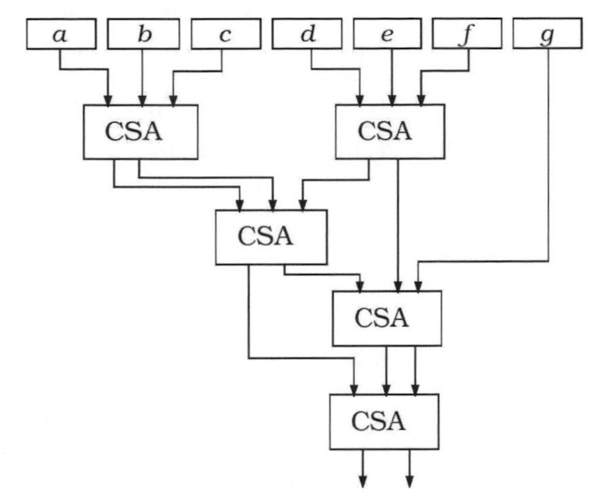

圖 12.38 使用進位儲存加法器的一個 7-至-2 簡化

條鏈的底部來將這兩個值加起來。

12.5 乘法器

二元乘法是基於下列的基本運算

$$0\times 0=0,\quad 0\times 1=0,\quad 1\times 0=0,\quad 1\times 1=1 \tag{12.47}$$

如果我們將兩個位元 a 與 b 相乘，則我們看到這個邏輯的 AND 運算會產生與圖 12.39 中的符號所整理相同的結果。因此，位元階層的乘法是一種無意義的運算。

當我們將 n 位元的字元相乘時就會開始變複雜。讓我們指定一個 $n=4$ 的字元長度來說明主要的想法。當具有被給予為 $a=a_3a_2a_1a_0$ 與 $b=b_3b_2b_1b_0$ 的輸入值時，由 8 位元 (2^n) 所給予的乘積 $a\times b$ 的結果

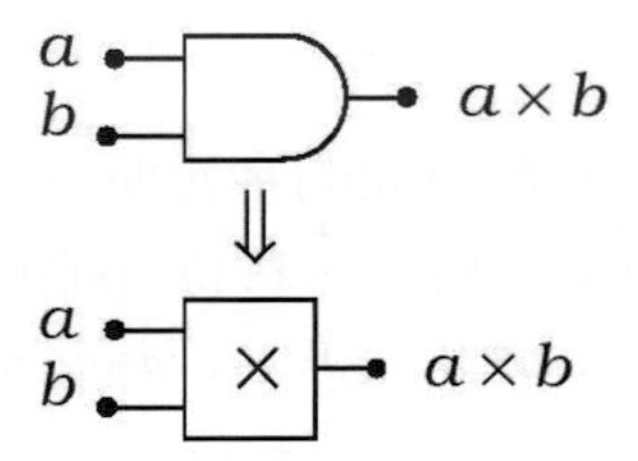

a	b	$a\times b$
0	0	0
0	1	0
1	0	0
1	1	1

圖 12.39 位元階層的乘法器

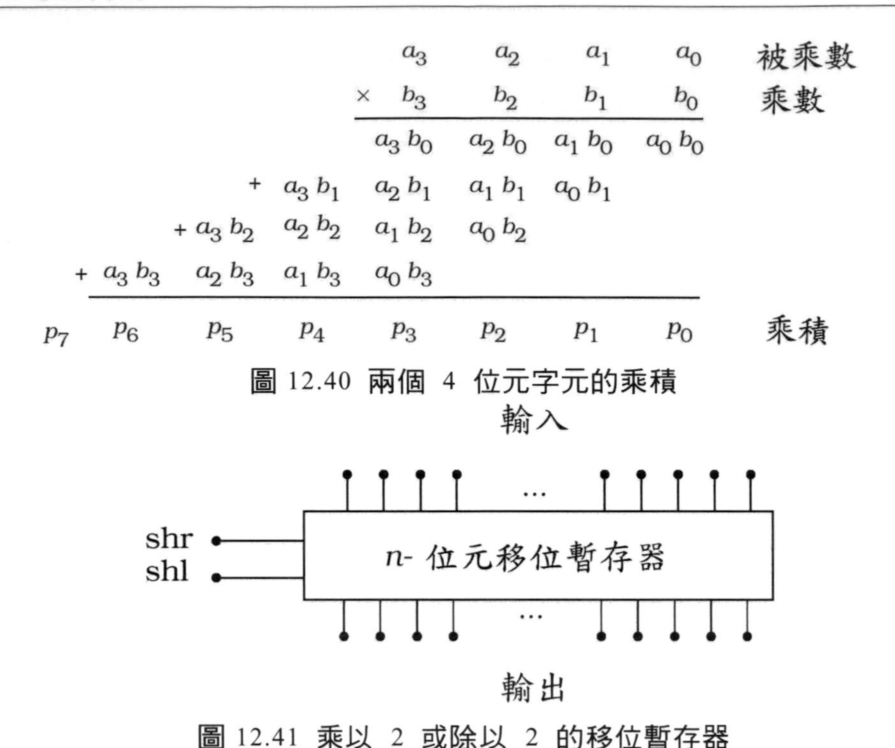

圖 12.40 兩個 4 位元字元的乘積

圖 12.41 乘以 2 或除以 2 的移位暫存器

$$p = p_7p_6p_5p_4p_3p_2p_1p_0 \tag{12.48}$$

如同圖 12.40 中所顯示。在一個位元一個位元的基礎上，每個位元 b_i 乘上被乘數 a。這個乘積項從最不顯著位元 b_0 開始被對齊至被乘數，而下一項【由於 b_1 所造成的】被往左移位一行。這個陣列會一直被建構起來，直到這個乘數的每個位元都被使用爲止。這些乘積位元 p_i 是將第 i 行的每一個相加所獲得的，並將來自第 $(i\text{-}1)$ 行的進位列入考慮。一個簡單的表示式爲

$$p_i = \sum_{i=j+k} a_j b_k + c_{i-1} \tag{12.49}$$

其中對 $(i - 1) \leq 0$ 的 $c_{i-1} = 0$。

值得記住的一個特殊狀況乃是乘以 2。對一個 8 位元的字元而言，這對應於一個 $b = 00000010$ 的輸入，而這是等同於對被乘數來進行向左移位 (shift left, shl) 的運算。乘以 $4 = 2^2$ 是以 $b = 00000100$ 所獲致的，於此類推。一般而言，如同在圖 12.41 中一般，乘以一個 2^m 的因數可以藉由在一個保存被乘數的暫存器上使用一

$$
\begin{array}{rrrrrrrrl}
 & & & & a_3 & a_2 & a_1 & a_0 & \text{被乘數} \\
 & & & \times & b_3 & b_2 & b_1 & b_0 & \text{乘數} \\
\hline
 & & & & (a_3 & a_2 & a_1 & a_0)\times b_0 & (a\times b_0)2^0 \\
 & & & (a_3 & a_2 & a_1 & a_0)\times b_1 & & (a\times b_1)2^1 \\
 & & (a_3 & a_2 & a_1 & a_0)\times b_2 & & & (a\times b_2)2^2 \\
+ & (a_3 & a_2 & a_1 & a_0)\times b_3 & & & & (a\times b_3)2^3 \\
\hline
p_7 & p_6 & p_5 & p_4 & p_3 & p_2 & p_1 & p_0 & \text{乘積}
\end{array}
$$

圖 12.42 乘積過程的另一種觀點

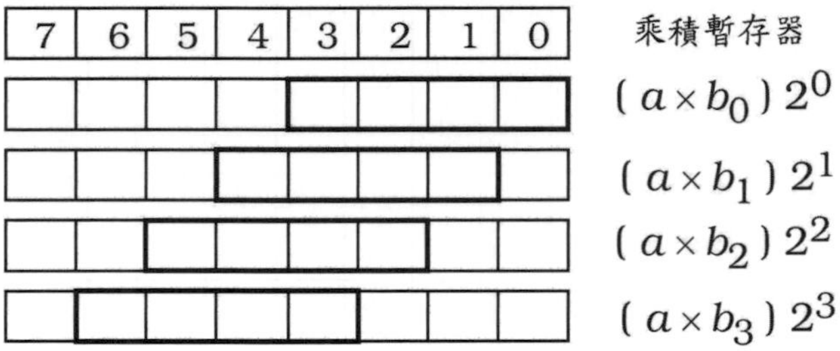

7	6	5	4	3	2	1	0	乘積暫存器
								$(a\times b_0)2^0$
								$(a\times b_1)2^1$
								$(a\times b_2)2^2$
								$(a\times b_3)2^3$

圖 12.43 乘法所使用的一個乘積暫存器

個 shl_*m* 運算來達成。除以 2^k 則是以一個向右移位 (shift right, shr_*k*) 指令來獲得。位元的溢位應該被監視來確保這些結果是有效的。

一個 4 × 4 位元乘法器的一個高階 Verilog 描述可以被寫成

```
module mult_4 (product, a , b) ;
input [ 3 : 0 ] a, b ;
output [ 7 : 0 ] product ;
assign #(t_delay) product = a * b ;
endmodule
```

來使用於最初的建築模擬之中。字元尺寸可以按照須要使用向量的規範來加以調整。然而，關鍵的時間延遲參數 t_delay 則是由實際裝置所決定的，而且精確的值是建立一個健全設計所必須的。

由乘積程序的細節，我們會得到以二元的切換網路來計算得到這個乘積的特定技術。看待這個過程的一種方式乃是這個位元 b_i 會乘上整個字元 a；每一項 $(a \times b_i)$ 都有以 10 為底的 2^i 加權。這被顯示於圖 12.42 之中。從第一行 $(a \times b_0) \times 2^0$ 開始並往下作動，每個 2^i 的因數代表位置的一項移位。這個過程的一種簡單的看法

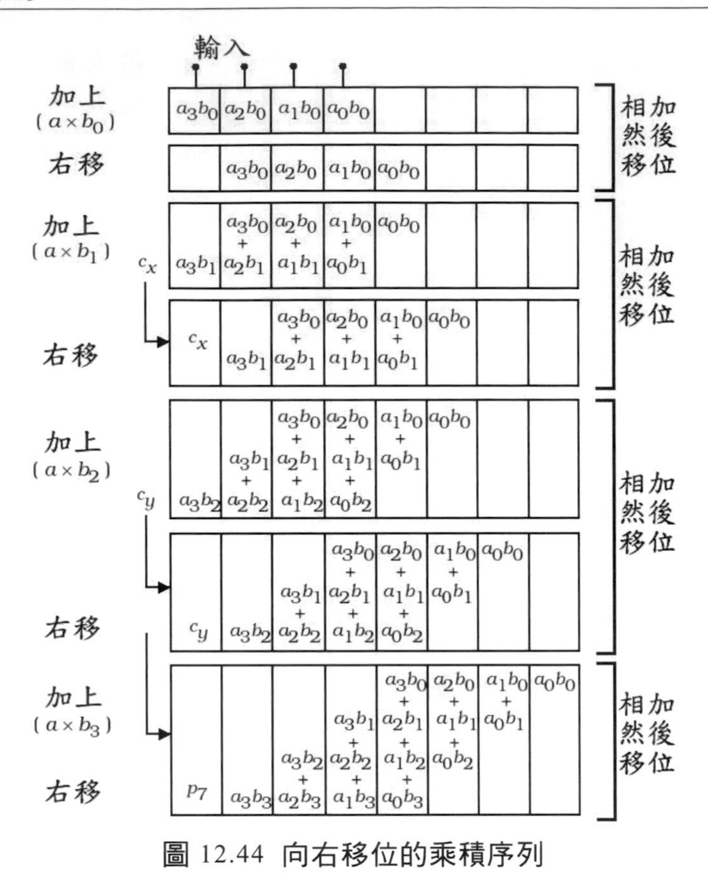

圖 12.44 向右移位的乘積序列

乃是使用圖 12.43 中所顯示的一個乘積暫存器。每一項 $(a \times b_i)$ 佔據一個被移位的位置，使得這個乘積是藉由將每一行的這些項加總來獲得的。

一種實際的裝置是基於圖 12.44 中所說明的這種順序。這個暫存器的左邊允許一個 4 位元字元的平行裝載。如同圖中所顯示，這個乘積是藉由連續的加法與向右移位運算所產生的。注意這些進位輸出位元是藉由將它們移位進入左邊的暫存器來加以追蹤。對兩個 n 位元字元的乘法而言，乘積的演算法可以被表示為

$$p_{i+1} = (p_i + a2^n b_i)2^{-1} \tag{12.50}$$

其中 $p_n = p$ 是最終的答案使得 $p_0 = 0$。這個 $(p_i + a\, b_i\, 2^n)$ 因數會給予加總，而 2^{-1} 代表一項往右移位。這個 2^n 乘上 a 因數被使用來補償在計算結束處的向右移位所引進的 2^{-n}。這個演算法可以被使用來產生圖 12.45 中所顯示以暫存器為基礎的一個以硬體來導線連接的乘法器網路，這個網路可使用標準的 VLSI 囊胞及序列設計

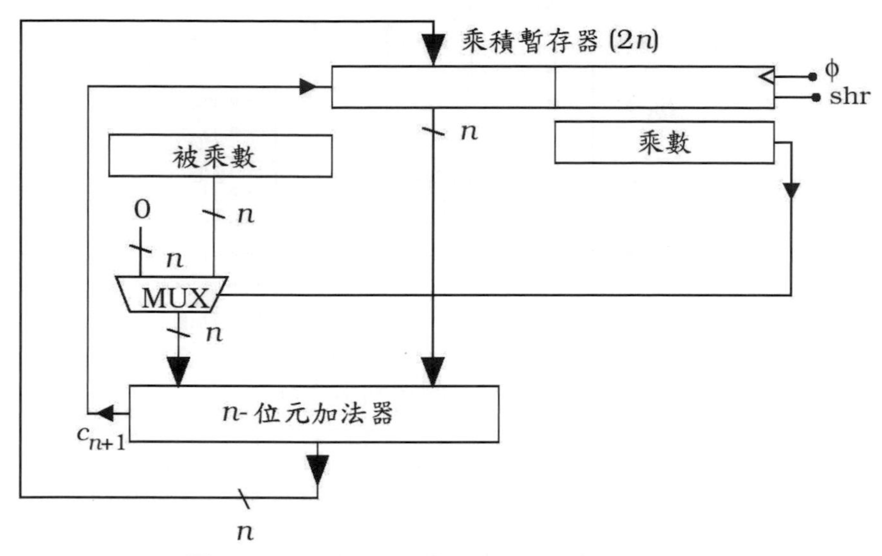

圖 12.45 以暫存器微基礎的乘法器網路

來加以建構。注意這些乘數位元 b_i 被使用來控制一個 2:1 多工器。如果 $b_i = 0$，一個 n 位元的零字元被傳送至加法器，而 $b_i = 1$ 將被乘數 a 導引至輸入。這種布斯 (Booth) 演算法可以被加至這個網路，其它數種改良也可以被加至這個網路。而且，我們順便注意到，我們也可以得到一個往左移位的演算法，這會導致一種不同的硬體實際裝置。

這種設計的型式可以在 Verilog 之中使用 **assign** 陳述及移位運算元來編碼。準確的延遲時間乃是精確模擬系統所必須的。這些延遲時間又是由元件庫之中的 VLSI 囊胞的特性所決定的。乘法器單元的複雜程度反映在 HDL 碼的長度以及設計一個有效率網路所須要的時間。

12.5.1 陣列乘法器

一個**陣列乘法器 (array multiplier)** 接納乘數與被乘數，並使用囊胞的一個陣列以平行的方式來個別計算位元的乘積 $a_j \cdot b_k$。圖 12.46 給予高階層觀點的一個簡單的符號。爲了決定這個陣列所須要的性質，我們將這種觀點展開來顯示圖 12.47 中的這種相乘程序的結構。每個區塊都要求我們首先必須計算位元的乘積 $a_j \cdot b_k$，然後將它加到在第 $i = (j + k)$ 行中的其它貢獻。這會產生下列每個乘積位元的這個總和

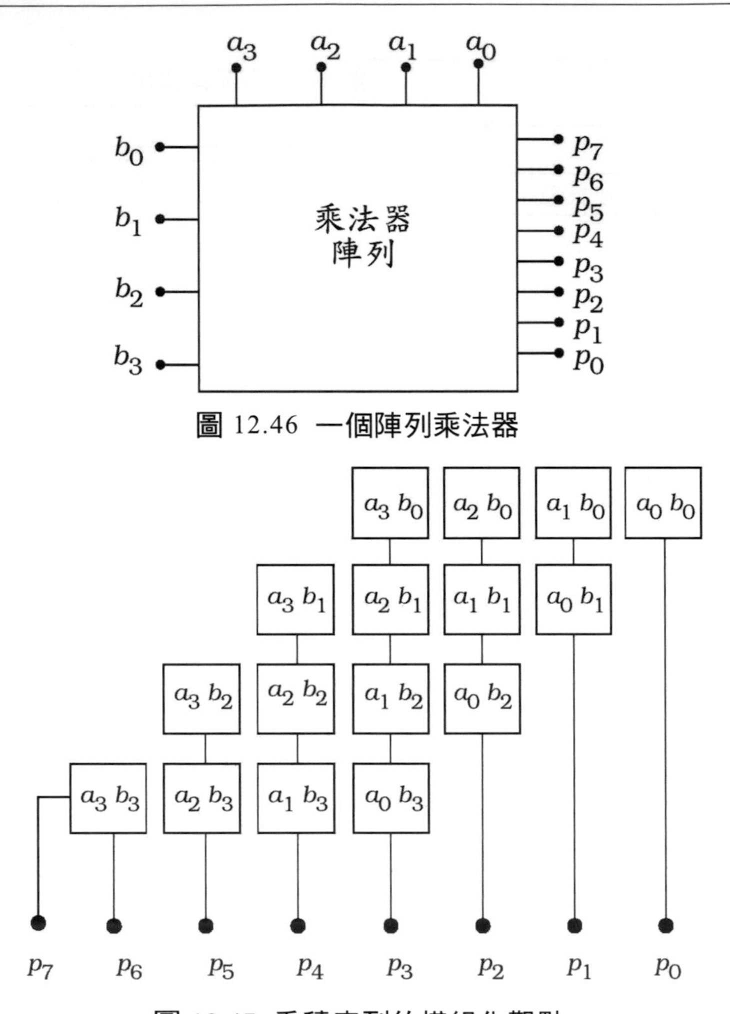

圖 12.46 一個陣列乘法器

圖 12.47 乘積序列的模組化觀點

$$p_i = \sum_{i=j+k} a_j b_k + c_{i-1} \tag{12.51}$$

這個運算的一個等效描述是藉由寫出以 10 爲底的值來獲得

$$A = \sum_{j=0}^{n-1} a_j 2^j \qquad B = \sum_{k=0}^{n-1} b_k 2^k \tag{12.52}$$

然後形成下列的這個乘積

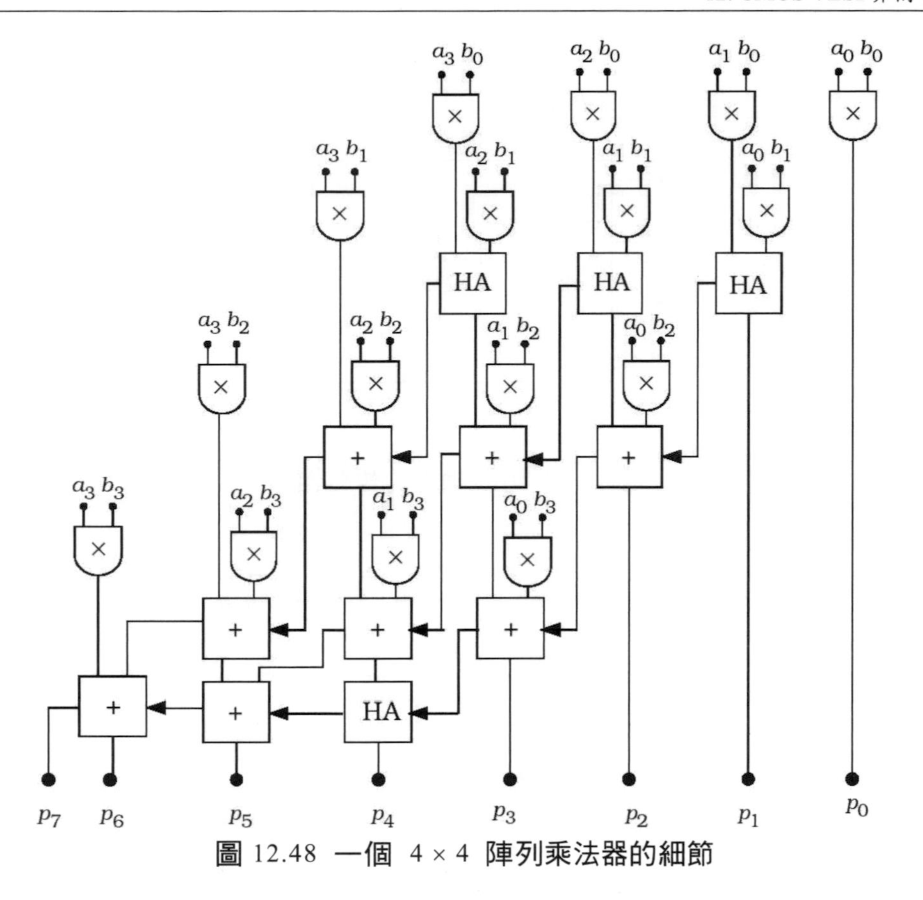

圖 12.48 一個 4 × 4 陣列乘法器的細節

$$P = AB = \left(\sum_{j=0}^{n-1} a_j 2^j\right)\left(\sum_{k=0}^{n-1} b_k 2^k\right) = \sum_{j=0}^{n-1}\sum_{k=0}^{n-1} a_j b_k 2^{j+k} \tag{12.53}$$

然後我們看到這些項 $a_j \cdot b_k$ 提供這個位元值以及 2^{j+k} 的加權。

一個 4 × 4 陣列的一般結構被顯示於圖 12.48 之中。這種規劃使用 AND 閘來計算得到位元乘積 $a_j \cdot b_k$。這些乘積位元是在每一行之中使用加法器來形成的。藉由注意這個進位輸出位元被饋送到在左邊行之中下一個可供使用的加法器，我們可以看出這些加法器被排列爲一條進位儲存鏈。這個陣列乘法器同時接納所有的輸入位元。在乘積位元的計算之中的最長延遲是由加法器的速度所決定的。進位位元源自於 p_1 行並傳播通過這些 p_2 – p_6 數量的這條 p_7 進位鏈會是一項顯而易見問題。如同圖 12.49 中所顯示，輸入暫存器也可以被加進來使數據流動同步化。如果需要的話，我們也可以使用一個輸出暫存器。一般而言，一個 n 位元字元的陣列乘

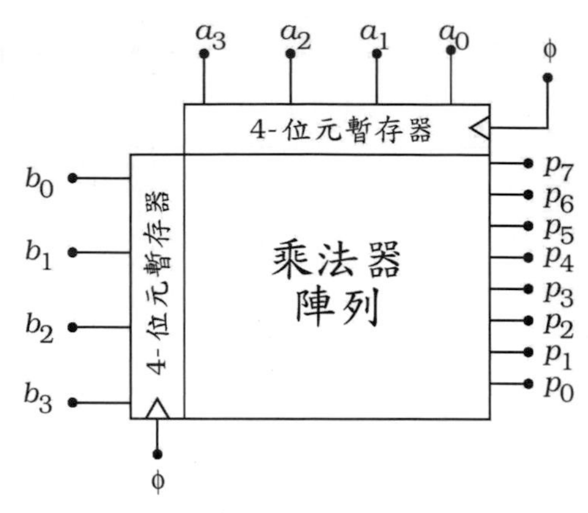

圖 12.49 時脈輸入的暫存器

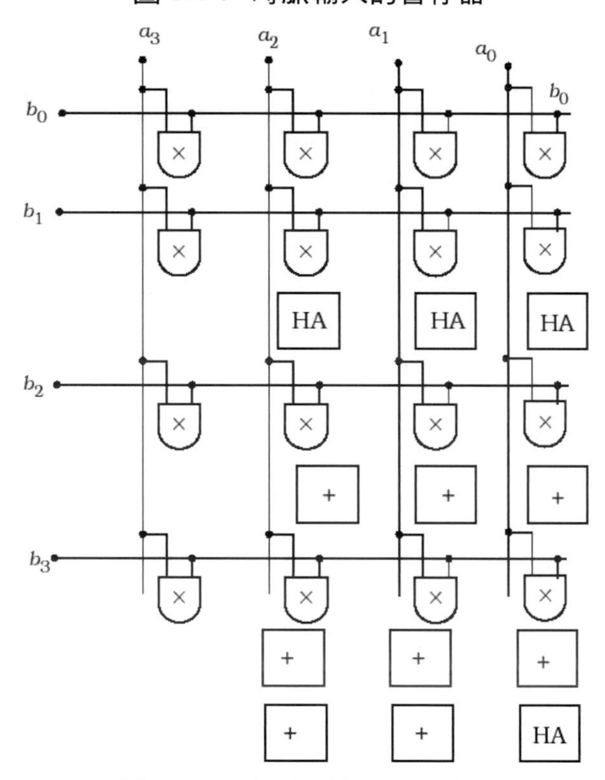

圖 12.50 陣列的最初囊胞置放

法器須要 $n(n\text{-}2)$ 個全加器、n 個半加器、以及 n^2 個 AND 閘。這個閘數使我們得以基於這些元件庫的項目來估計所須要的面積。

就佈局圖的目的而言，如果這些囊胞可以被排列來給予一個更爲方形的整體形狀的話，它將會很有用。一個最初的規畫乃是藉由對這些輸入位元使用一種規則化的交互連接圖案，然後將這些單元本身以數據流動的順序來置放所獲得的。如同圖 12.50 中的最初圖案製作所說明，這種陣列結構會開始演進。我們可以將實際的置放加以調整來容納交互連接的導線以及不同的囊胞尺寸。

12.5.2 其它乘法器

在文獻之中，已經有許多乘法器的演算法及電路被公開發表。鮑輔一伍理 (Baugh-Wooley) 乘法器是基於在有正負號的算術運算之中所使用的二的補數數目 (two's complement numbers)。對這種狀況而言，我們將輸入數目 A 與 B 寫成二的補數的型式

$$A = -a_{n-1}2^{n-1} + \sum_{j=0}^{n-2} a_j 2^j \tag{12.54}$$

及

$$B = -b_{n-1}2^{n-1} + \sum_{k=0}^{n-2} b_k 2^k \tag{12.55}$$

則這個乘積被給予爲

$$\begin{aligned} P = {} & a_{n-1}b_{n-1}2^{2(n-1)} + \sum_{j=0}^{n-2}\sum_{k=0}^{n-2} b_k a_j 2^{j+k} \\ & - a_{n-1}\sum_{k=0}^{n-2} b_k 2^{k+n-1} - b_{n-1}\sum_{j=0}^{n-2} a_j 2^{j+n-1} \end{aligned} \tag{12.56}$$

這個乘積可以使用加法器與減法器來實際裝置。藉由使用位元補數，這個乘積可以被轉換至一個只使用加法器的規劃。[1].

由基本計算機結構的研讀所熟悉的布斯演算法 (Booth algorithm) [5] 檢視乘數字元 B，並尋找 0，因爲它們對於總和沒有影響。這可以被使用來將 B 之中的位元加以編碼以產生指明在被乘數 A 上所進行的運算種類的一個控制數字。爲了明白看出這種技術的基本原理，我們從二的補數的型式來開始

$$B = -b_{n-1}2^{n-1} + \sum_{k=0}^{n-2} b_k 2^k \tag{12.57}$$

b_{2k+1}	b_{2k}	b_{2k-1}	E_k	對總和的效應
0	0	0	0	加 0
0	0	1	+1	加 A
0	1	0	+1	加 A
0	1	1	+2	將 A 向左移位，相加
1	0	0	-2	取二的補數(A)，向左移位，相加
1	0	1	-1	加二的補數 (A)
1	1	0	-1	加二的補數 (A)
1	1	1	0	加 0

圖 12.51 **布斯編碼數位運算的綜合整理**

這可被重寫為

$$B=\sum_{k=0}^{\frac{n}{2}-1}\left[b_{2k}+b_{2k-1}-2b_{2k+1}\right]2^k=\sum_{k=0}^{\frac{n}{2}-1}E_k 2^k \tag{12.58}$$

其中 $b_{-1}=0$，而且

$$E_k=b_{2k}+b_{2k-1}-2b_{2k+1} \tag{12.59}$$

是編碼的位元。由於 b_k 具有 0 或 1 的值，因此 E_k 可以具有 +2, +1, 0, -1, -2 的十進位值。為了計算乘積 $A\times B$，我們將 B 畫分成為重疊一個位元的 3 位元的區段。譬如，這個 8 位元的字元 B = 10**0**1**1**0**1**0 可以被集合為

$$10\mathbf{0},\ \mathbf{0}1\mathbf{1},\ \mathbf{1}0\mathbf{1},\ \mathbf{1}00 \tag{12.60}$$

其中這些重疊的位元是以粗體字型來顯示。對 b_{-1} = 0 的狀況，右邊的最後一個零會被加進來。每一群會給予一個決定一項操作的 E_k 值。這個乘積是藉由提供一個雙重字元大小的暫存器來計算得到的，這個暫存器在每個運算被完成之後會保持這個總和。圖 12.51 之中的這個表將這些被編碼的值的意義予以綜合整理。對圖中所顯示的這個範例而言，編碼的數字為 E_k = -2, +2, -1, -2。因此，這個 VLSI 電路可以使用相當簡單邏輯連同標準加法器囊胞來加以建構，這使它對於大字元的相乘會很有吸引力。另外一個被稱為是華勒斯樹 (Wallace tree) 的加法器電路可以藉由使用進位儲存加法器來加總而被使用來改善這個網路。

12.6 綜合整理

算術電路是藉由使用二元演算法來產生能夠與 VLSI 的規則化佈局、囊胞的重複、及快速電路的這些原理完善匹配的結構。在本章之中，我們已經檢視附屬於實際裝置議題的一些更重要的議題。我們只呈現基本原理。以較高數字爲底的數字的演算法、浮點數字、及一些其它的議題則留給有興趣且願意追求更深入研究的讀者去研讀。

隨著微處理器與其它 VLSI 電路演進至更高階層的績效，算術電路將持續會具有基本的重要性。這代表值得未來研究努力的一個迷人的領域。

12.7 參考資料

[1] Abdellatif Bellaouar and Mohamed I. Elmasry, **Low-Power Digital VLSI Design**, Kluwer Academic Publishers, Norwell, MA, 1995.

[2] James M. Feldman and Charles T. Retter, **Computer Architecture**, McGraw-Hill, New York, 1994.

[3] Ken Martin, **Digital Integrated Circuit Design**, Oxford University Press, New York, 2000.

[4] Behrooz Parhami, **Computer Arithmetic**, Oxford University Press, New York, 2000. 【這個主題的完整、深入的討論】

[5] David A. Patterson and John L. Hennessy, **Computer Organization & Design**, 2nd ed., Morgan-Kaufmann Publishers, San Francisco, 1998.

[6] Jan M. Rabaey, **Digital Integrated Circuits**, Prentice Hall, Upper Saddle River, NJ, 1996.

[7] Bruce Shriver and Bennett Smith, **The Anatomy of a High- Performance Microprocessor**, IEEE Computer Society Press, Los Alamitos, CA, 1998.

[8] William Stallings, **Computer Organization and Architecture**, 4th ed., Prentice Hall, Upper Saddle River, NJ, 1996.

[9] John P. Uyemura, **CMOS Logic Circuit Design**, Kluwer Academic Publishers, Norwell, MA, 1999.

[10] Neil H.E. Weste and Kamran Eshraghian, **Principles of CMOS VLSI Design**, 2nd ed., Addison-Wesley, Reading, MA, 1993.

[11] Wayne Wolf, **Modern VLSI Design**, 2nd ed., Prentice Hall PTR, Upper Saddle River, NJ, 1998.

12.8 習題

[12.1] 使用虛 nMOS 來設計一個具有輸入 a 與 b 的半加器。然後使用 **nmos** 及其它任何需要的原始閘來建構閘階層的 Verilog 描述。

[12.2] 考慮 CMOS 雙軌 CPL 邏輯族。(a) 使用圖 12.5(a) 之中的這個 2 輸入陣列來作為基礎，畫出一個半加器電路的電路圖。(b) 使用 **nmos** 原始閘來寫出一個 2 輸入陣列的一段 Verilog 模組描述。然後引例這個模組來產生這個半加器模組。(c) 使用 (b) 部分中的這個 2 輸入陣列模組來模擬 CPL 全加器。

[12.3] 畫出以下列的 CMOS 技術：(a) 靜態 CMOS；(b) 骨牌 CMOS；及 (c) TG 邏輯所作成的一個 4 位元的 CLA 電路所須要的 p_i 與 g_i。

[12.4] 使用串聯—並聯的 nFET-pFET 結構，建構 CLA 位元 c_2 與 c_3 的 CMOS 電路。指明在每個電路之中的最長延遲路徑。

[12.5] 使用圖 12.20 與圖 12.21 來作為一項指引，建構 CLA 位元 c_3 與 c_4 的靜態鏡像電路。

[12.6] 考慮圖 12.25(a) 中所顯示的這個靜態曼徹斯特進位電路。如果 V_{DD} = 3 V、r = 2.5、k'_n = 150 μA/V^2、及 $V_{Tn} = \left|V_{Tp}\right|$ = 0.7 V，檢查一個進位—傳播事件的 FET 尺寸調整問題。

[12.7] 考慮圖 12.26 中的這條動態曼徹斯特進位鏈。(a) 由 c_0 【反相器的輸出】開始一直到 c_4，畫出這條進位鏈的 RC 等效電路。假設每個電晶體都有一個電阻 R，而且每個閘的輸出節點都有一個電容 C_{out}。(b) 當 ϕ = 0 時，這條鏈被預先充電，而當 ϕ 被切換至 1 時，則會進行求值。在求值期間的一開始，c_4 的值是多少？ (c) 電荷洩漏會如何影響這條鏈的操作？

[12.8] 考慮 64 位元與 128 位元的加法器。每個加法器的一條進位鏈的平均長度是多少？

[12.9] 使用 4 位元的加法器區塊來設計一個 16 位元進位選取加法器。

[12.10] 建構一個具有閂住輸入的 2 × 2 陣列乘法器電路。然後，寫出你的設計的一段 Verilog 描述。

[12.11] 考慮圖 12.48 中的這個 4 × 4 陣列乘法器。這是否能夠被使用來作爲產生一個 8 × 8 陣列乘法器的建構區塊？如果可以的話，詳細說明這些問題，以及所須要做的修改。

[12.12] 提供一個 8 × 8 陣列乘法器的基本設計。建構這個電路需要多少加法器、全加器等？

[12.13] 決定下列字元的布斯編碼數字 E_k。(a) A = 10110011、(b) A = 01101101、及 (c) A = 01010010。

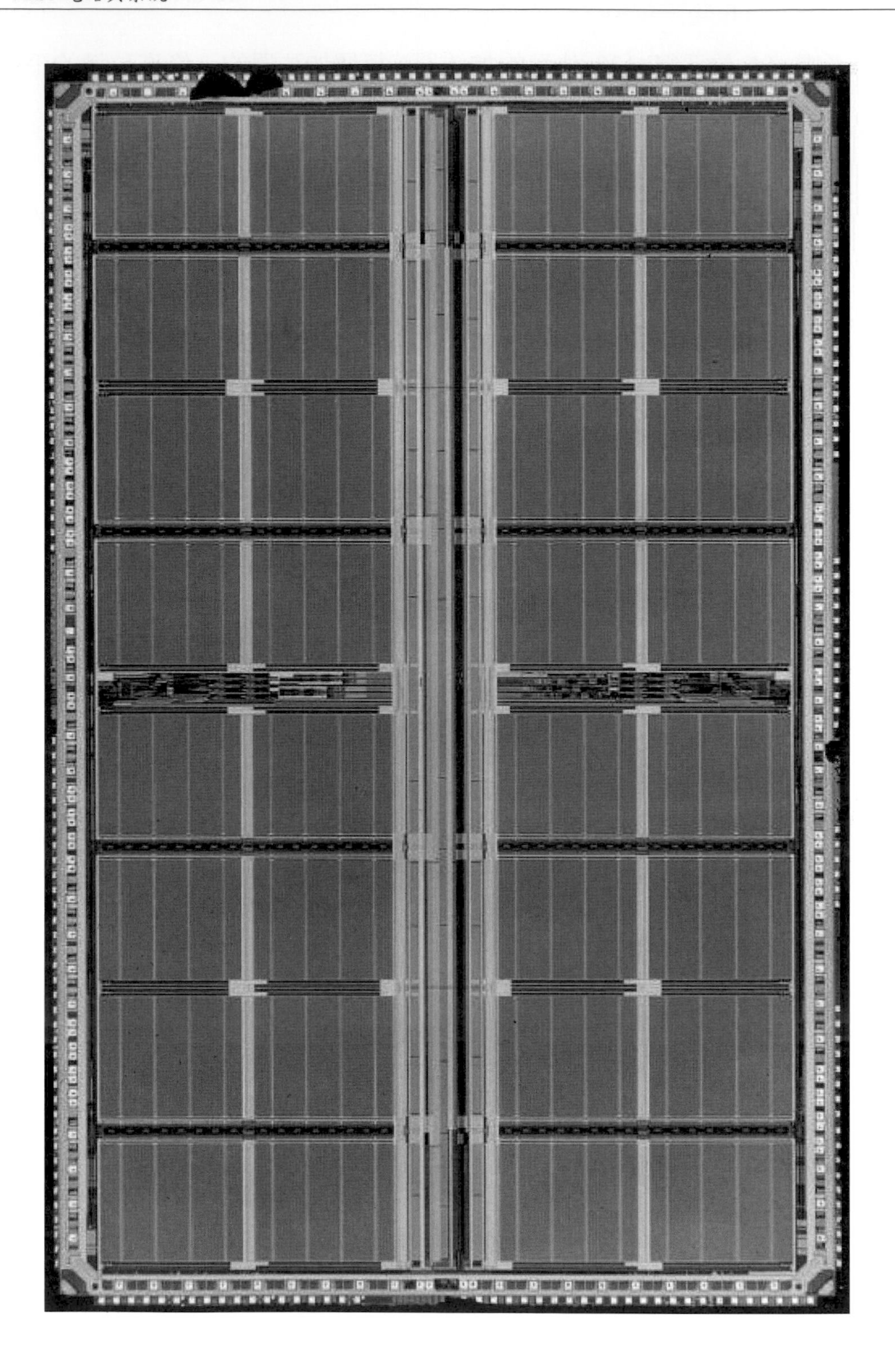

13. 記憶體與可程式邏輯

在現代的數位系統之中，記憶體是不可或缺的。它們提供二元變數與字元的短期及長期儲存。CMOS 記憶體的 VLSI 層面是很有意思的，因爲它們是使用一個囊胞元件庫來設計的，而且展現重複的佈局圖幾何形狀。本章討論半導體記憶體陣列的設計，並且以更一般性的可程式邏輯結構的一段簡介來結尾。

13.1 靜態 RAM

縮寫 **RAM** 代表**隨機存取記憶體** (**random-access memory**) 並隱喻當須要時允許存取任何位元【或位元組】的一個記憶體陣列。然而，實際上「RAM」的意義已經演化來隱喻一個具有讀取與寫入能力的記憶體，來與一個唯讀記憶體 (ROM) 陣列加以區別。

靜態隨機存取記憶體 (**static random-access memory, SRAM**) 囊胞使用一個簡單的雙穩態電路來保持一個數據位元。只要電源一直被外加至這個電路，一個靜態的 RAM 囊胞就可以保持這個儲存的數據位元。SRAM 有三種操作模式。當這個囊胞是在**保持** (**hold**) 狀態時，這個位元的值被儲存在這個囊胞之中以供未來使用。而在一個**寫入** (**write**) 的操作期間之內，一個邏輯 0 或 1 會被饋入這個囊胞來儲存。在一個**讀取** (**read**) 操作期間之內，這個儲存的位元的值會被傳輸到外部世界。

圖 13.1 顯示這種一般性的電路設計。一對交互耦合的反相器提供儲存，而兩個**存取電晶體** (**access transistor**) MAL 與 MAR 則提供讀取及寫入的操作。

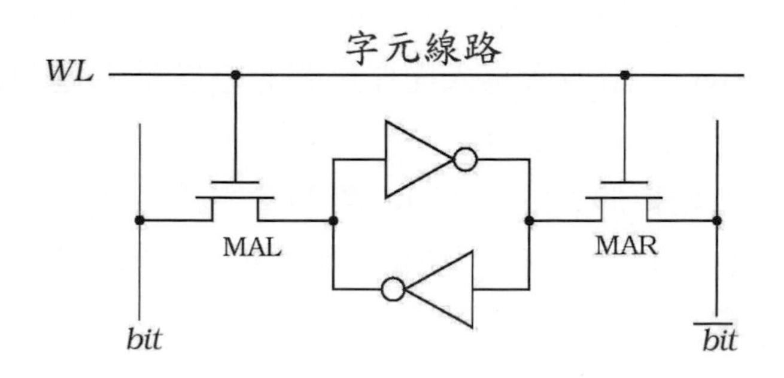

圖 13.1 一般性的 SRAM 囊胞

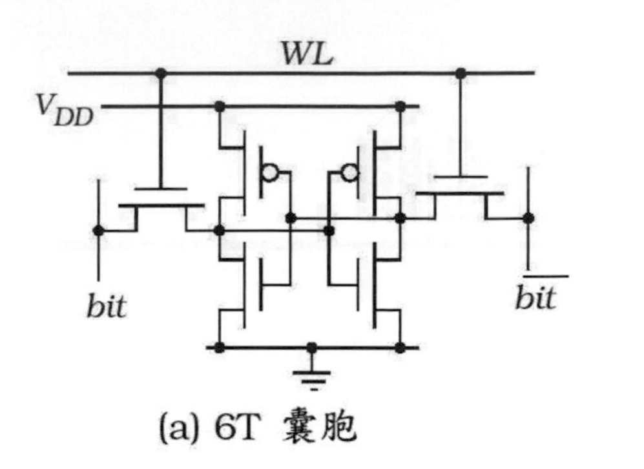

(a) 6T 囊胞

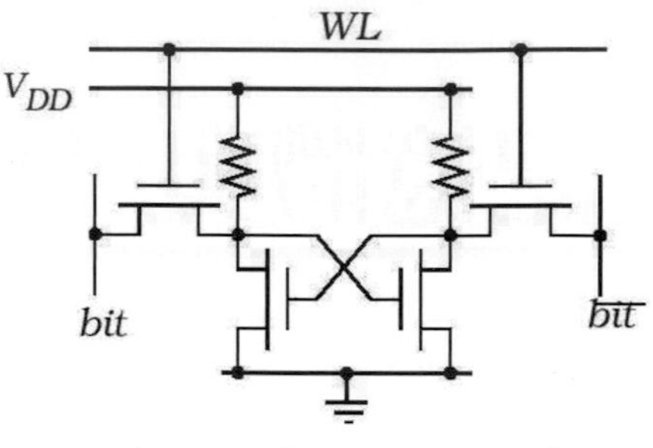

(b) 具有多晶矽電阻器的 4T 囊胞

圖 13.2 CMOS SRAM **電路**

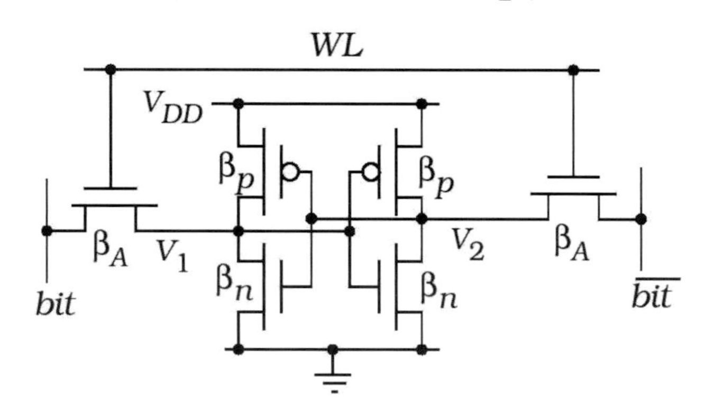

圖 13.3 6T SRAM **囊胞設計參數**

這些存取電晶體是被定義操作模式的**字元線路 (word line)** 訊號 WL 所控制的。當 $WL = 0$ 時，兩個存取 FET 都是關閉的，而這個囊胞是隔離的。這定義了保持的狀況。爲了進行一個讀取或寫入操作，這個字元線路被提高至一個 $WL = 1$ 的值。這會使這些存取電晶體導通，而將雙軌的數據線路一個位元一個位元地連接到外面的電路；這些線路通常分別被稱爲 **bit** 及 **bit-bar (**$\overline{bit}$**)** 線路。一個寫入操作是藉由將電壓置放在這個位元與位元線路上來進行的，然後這些線路是作爲輸入來使用。雙軌邏輯幫助寫入速度的增大。對一項讀取操作而言，這些 bit 及 bit-bar 線路被使用來作爲輸出，並被饋送進入一個決定儲存狀態的**感測放大器 (sense amplifier)**。讀取與寫入操作之間的差異是由這個囊胞陣列之外的電路來獲得的。

在實際操作中，有兩種形式的 CMOS 囊胞會主控。圖 13.2(a) 中的這個電路稱爲是 6 個電晶體 (6T) 的設計，並使用標準的 CMOS 反相器。圖 13.2(b) 中的這種 4 個電晶體 (4T) 使用電阻器來作爲一個 nMOS 電路之中的負載元件。這些電阻器是使用一層座落在矽【電晶體】階層之上的未摻雜多晶矽層所作

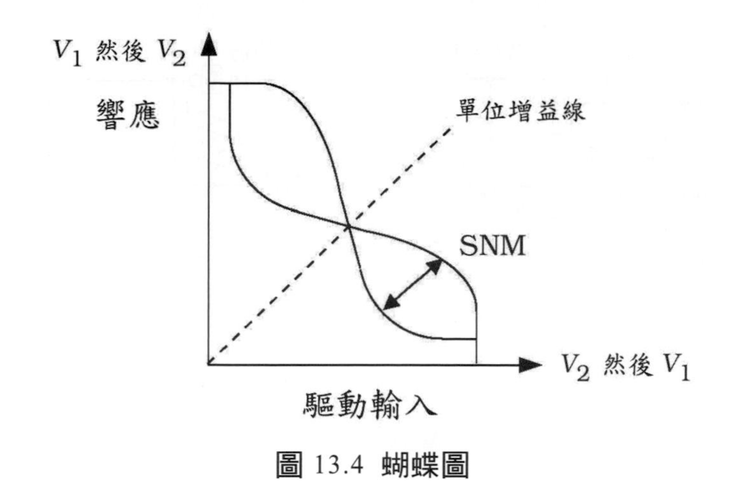

圖 13.4 **蝴蝶圖**

成的。這種設計可以獲得一個較小的囊胞面積，並允許較高的組裝密度，但卻必須在製程中加上一層額外的多晶矽層以及罩幕步驟。這兩種囊胞的電性是相當不同，這是因爲 4T 囊胞使用一個非常大【典型而言，大於約 1 G】的被動上拉電阻器。在這裡我們將專注於主控的 6T 設計。

基本的電路階層設計議題環繞在挑選電晶體縱橫比的值，以確保這個囊胞可以保持一個狀態，而仍然允許它可以在一個寫入操作的期間之內被改變而不會有過大的延遲。圖 13.3 顯示這些主要的參數。我們假設一個對稱的設計，使得 β_A 同時是兩個存取 FET 的元件轉移電導，而這個儲存囊胞本身使用分別具有以 β_n 及 β_p 來加以描述的尺寸的 nFET 與 pFET。

保持狀態的穩定性是由這個交互耦合反相器囊胞的功能性所決定的。這個反相器的 (β_n/β_p) 比值建立每個 NOT 閘的中間點電壓 V_M，而這個中間點電壓又會設定這種回饋的特性。這個特性通常是以一條被稱爲**蝴蝶圖 (butterfly plot)** 的曲線來加以描述，這條曲線是藉由在內部節點之一上強加一個輸入，並畫出另一邊的響應，然後在另一邊也進行相同的操作所獲得的。這個疊加的圖形給予如同圖 13.4 中的蝴蝶形狀。在圖形中被標示爲 **SNM** 的**靜態雜訊邊際 (static noise margin)** 是這些曲線沿著 45° 斜率的間隔，而且具有伏特的單位。它的值表明這個囊胞對於耦合的電磁訊號所造成我們所不想要的電壓改變的免疫階層，這種耦合的電磁訊號合起來被稱爲是**雜訊 (noise)**。一個合理的**雜訊邊際 (noise margin)** 是強健的儲存所必須的。這種 6T 囊胞設計給予一個比電阻器負載的 4T 設計更高的 SNM 值，這使它在有雜訊的高密度環境之中更有吸引

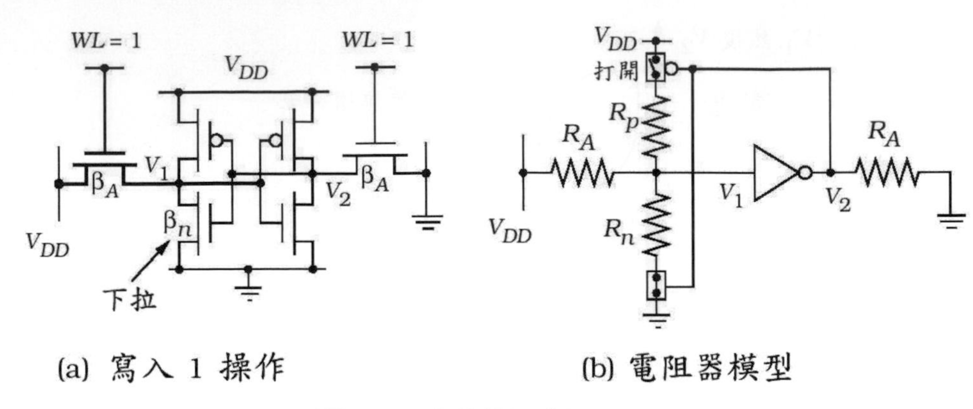

(a) 寫入 1 操作　　(b) 電阻器模型

圖 13.5 寫入至一個 SRAM

力。[1] 雖然 β_n 與 β_p 的值可以被調整來產生不同的蝴蝶特性，但是這些儲存 FET 通常被選取具有最小的可能縱橫比來使一個 SRAM 陣列的儲存密度極大化。

這個囊胞的讀取特性可以由圖 13.5(a) 來加以瞭解。在這種狀況之下，我們將 V_{DD} 的一個邏輯 1 位元線路電壓加至饋送這個存取 FET 的左邊 bit 線路，而右邊 bit-bar 線路被同時置於一個在 0 V 的邏輯 0 電壓。最差的狀況乃是一開始 $V_1 = 0$ V 且 $V_2 = V_{DD}$ 的這種狀況，這是因爲 bit 及 bit-bar 電壓兩者都必須改變內部的電壓的緣故。重要的設計參數是 (β_A/β_n)，這種 6T 囊胞的公佈值大約爲 2。這項陳述背後的推論可以由圖 13.5(b) 中所顯示的這個電路的電阻器模型看出來。輸入電壓 V_{DD} 乃是 V_1 會增大至一個邏輯 1 階層的緣由。然而，【在 R_n 的底部的】這個 nFET 開關是關閉的，並且會將 V_1 拉到 0 V，而這個回饋迴路連同其它反相器則會試圖來保持這個值。挑選 $\beta_A > \beta_n$ 隱喻 $R_A < R_n$，這會使得這個存取 FET 將 V_1 增大至切換儲存狀態所須要的階層時會更有效率。如果囊胞的面積是主導的因素的話，那麼 (β_A/β_n) 可以被選擇來具有一個接近於 1 的值。注意由於兩個 FET 都是 n 通道的元件，因此在這個佈局圖之中的設計比值會簡化爲縱橫比的比值

$$\frac{(W/L)_{nA}}{(W/L)_n} \tag{13.1}$$

在文獻之中，有時候這就被簡稱爲 β 比值。

[1] 電性雜訊的問題是在第十四章交互連接分析的範疇之中來加以討論的。

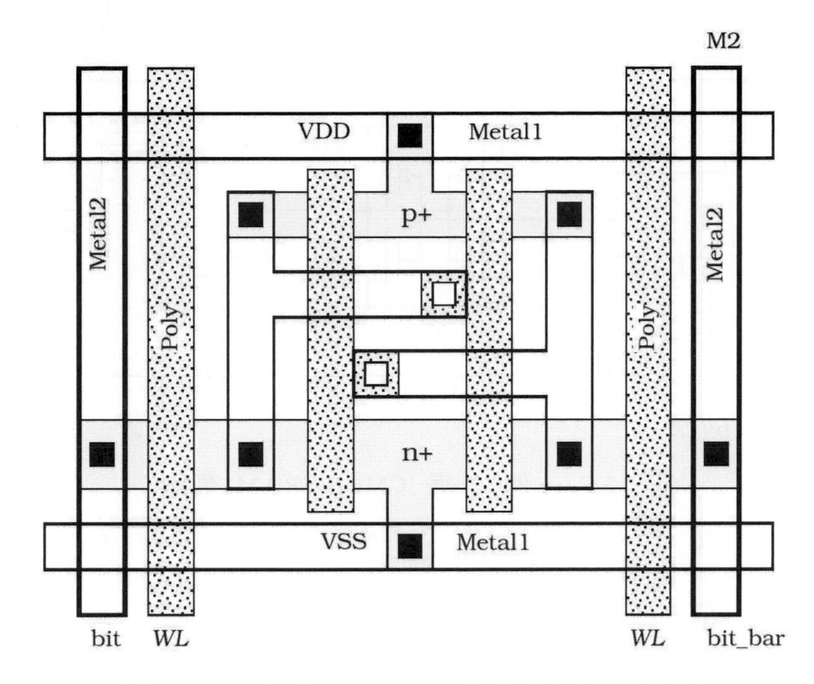

圖 13.6 **一個基本 SRAM 囊胞佈局圖的範例**

SRAM 囊胞佈局圖是由使囊胞面積極小化，而同時提供允許高密度陣列的埠位置的渴望所驅動的。圖 13.6 顯示使用在 Metal1 與 Metal2 層中的垂直線路來形成電源供應【VDD 及 VSS】與 bit、bit_bar 線路的囊胞設計的一種方法。儲存囊胞被包含在這個囊胞的中央部份之中。這些 nFET 的 n+ 區域被延伸超越這個反相器電路來形成具有在垂直方向上跑的線路的這些通過電晶體。在多晶矽線路之中允許 45° 旋轉對於降低面積會有所幫助。

多埠 SRAM (multiple-port SRAM) 囊胞提供不只一對的 bit、bit-bar 線路的囊胞存取。一個 2 埠的囊胞被顯示於圖 13.7 之中。這條字元線路 *WL* _1 控制 *bit*_1 線路的讀取寫入操作，而 *WL*_2 則對 *bit*_2 線路提供相同的控制。額外的邏輯必須被加進來以避免這兩個埠之間的衝突。多埠的記憶體可以簡化系統導線連接與佈局圖，這是因爲不同的邏輯區段可以分享一個記憶區塊的緣故。然而，在系統階層，我們必須發展出來一種追蹤記憶體內涵的方法，以及一種優先權存取規劃以確保正確的操作。

當 SRAM 被包含在一個囊胞元件庫之中時，它對於產生建構大型 SRAM 陣列所使用的多重囊胞排列是很有用的。一個 4 囊胞群組被顯示於圖 13.8 之中。這兩條字元線路是以 RW0 與 RW1 來表示，而且分別控制上面與下面的這些對。兩對位元線路 (X0, Y0) 與 (X1, Y1) 被分別使用來作爲左邊與右邊的

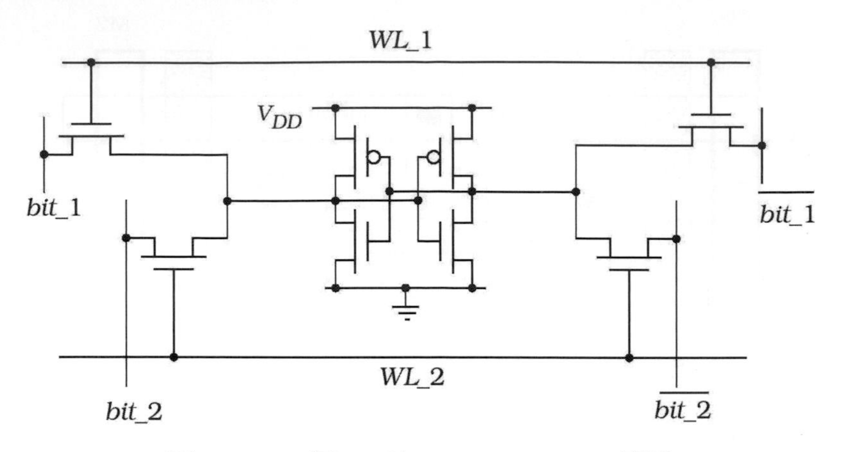

圖 13.7 一個 2 埠 CMOS SRAM 囊胞

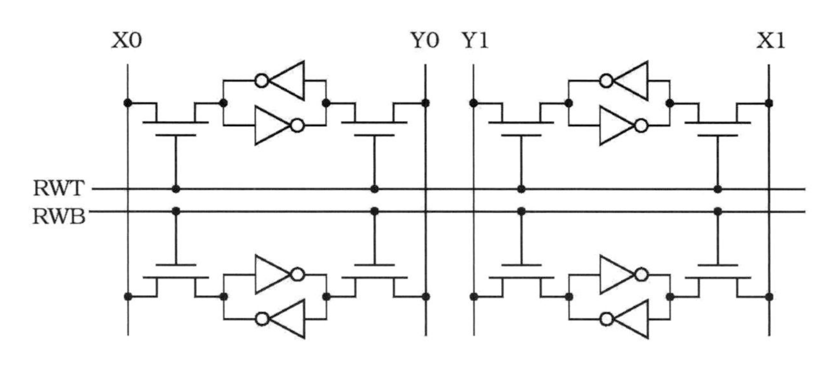

圖 13.8 4 囊胞 SRAM 群組

對；注意 X0 = Y0 且 X1 = Y1。當多重囊胞群組被包含來作爲一個元件庫的項目時，通常會有允許簡單介接的支持電路存在。

13.2 SRAM 陣列

靜態的 RAM 陣列是藉由將基本的儲存囊胞加以複製，並加上所須要的周邊電路來產生的。這個目標乃是獲得一個給予的囊胞佈局的最高儲存密度，在大多數的應用之中，短存取時間也是很重要的。

一個完整 SRAM 的設計提供了設計層級的一項有趣且有用的研究。圖 13.9 顯示一個作用的 SRAM 單元的最高階層圖形。在這個階層，一個 SRAM 是由 N 個儲存位置所構成的，而每個位置能夠保持一個 n 位元的數據字元

$$D_{n-1}D_{n-2}\cdots D_1D_0 \tag{13.2}$$

這個 SRAM 的大小被設計爲 $N \times n$。一個位置是使用一個 m 位元的地址字元

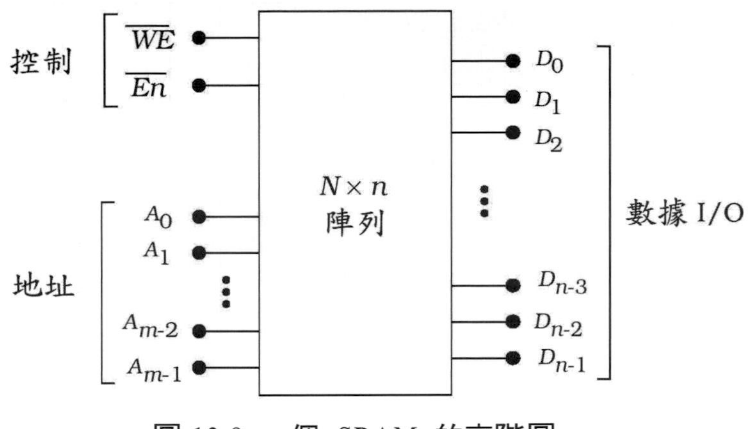

圖 13.9 一個 SRAM 的高階圖

來加以指定的

$$A_{m-1}A_{m-2}\cdots A_1A_0 \tag{13.3}$$

使得 $N=2^m$ 會使任何位置有獨一無二的選擇。這可以被使用來指定讀取與寫入操作。在這個圖形之中還包含了兩個控制位元。$\overline{WE}$ 是**寫入致能 (write-enable)** 訊號，而且被顯示爲一個聲明低的控制；當具有這種指定時，一個 $\overline{WE}=0$ 的值會造成一項寫入操作，而 $\overline{WE}=1$ 則表示一項讀取。這整個單元是被這個聲明低的致能訊號 $\overline{En}$ 所控制。當 $\overline{En}=1$ 時，讀取與寫入電路被失能，而這個記憶體是處於一個保持狀態。我們須要一個 $\overline{En}=0$ 的值來啓動讀取寫入操作。在晶片階層，$\overline{En}$ 會被重新命名爲**晶片選取 (chip select)** $\overline{CS}$ 或**晶片致能 (chip enable)** $\overline{CE}$。

範例 13.1

一個 128K × 8 SRAM 晶片保持 128K 的 8 位元字元，總數爲 1 Mb 的儲存。地址字元必須有下列的一個寬度

$$\begin{aligned} m &= \log_2(128\text{K}) \\ &= 17 \end{aligned} \tag{13.4}$$

來選取每個 8 位元字元的位置。

Verilog 並沒有提供二維記憶體的原始閘。然而，**reg** 數據型式可以被使用來寫出在系統階層描述 SRAM 的陳述。一個範例乃是在下列程式碼區段之中的

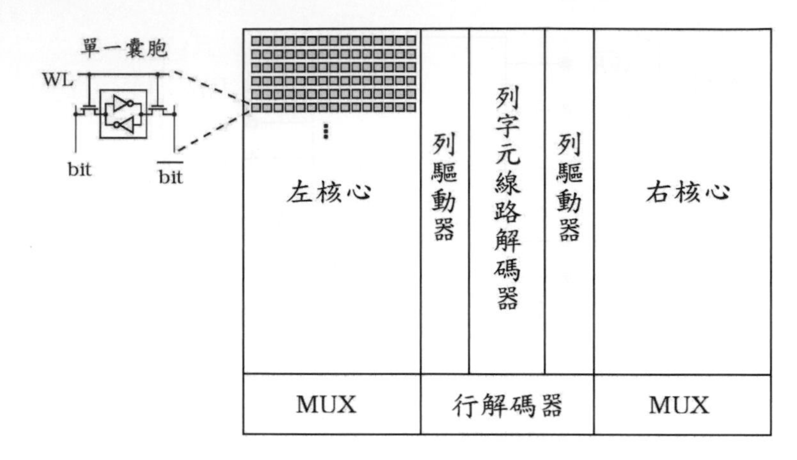

圖 13.10 中央的 SRAM 區塊建築結構

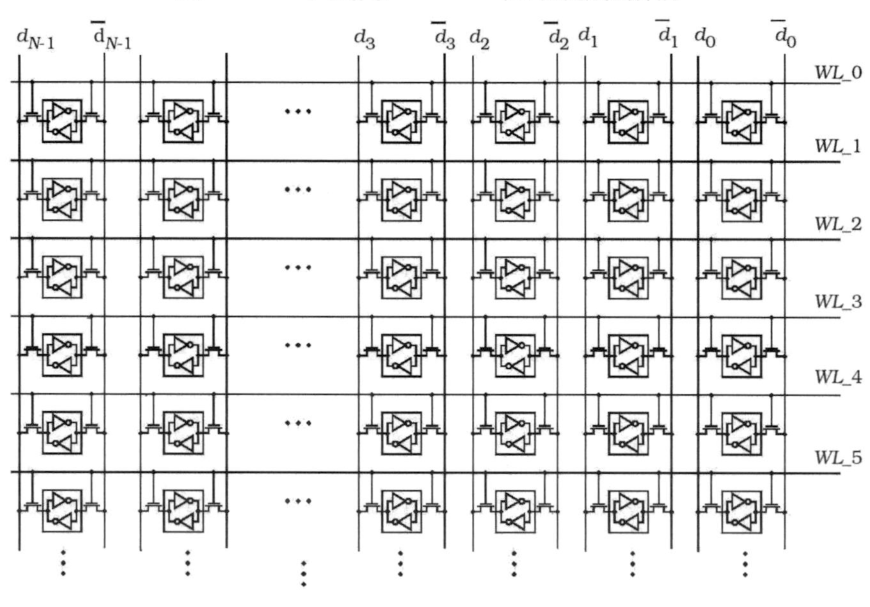

圖 13.11 一個核心區域之中的囊胞排列

這個 2KB 儲存單元 sram_1

```
…
reg [7 : 0 ] sram_1 [0 : 2047]
…
```

這使用 **reg** [7 : 0] 來定義以 sram_1 來表明的 8 位元的字元【即 1 byte】，其中地址是由 0 至 2047。這可被修改來得到任何字元或記憶體尺寸。高階 Verilog 描述的簡單性將這個 sram_1 單元內部結構的複雜性遮蓋住。為了看到記憶體的實體實際裝置，我們將從一個建築的觀點來開始，然後往下推進並研究

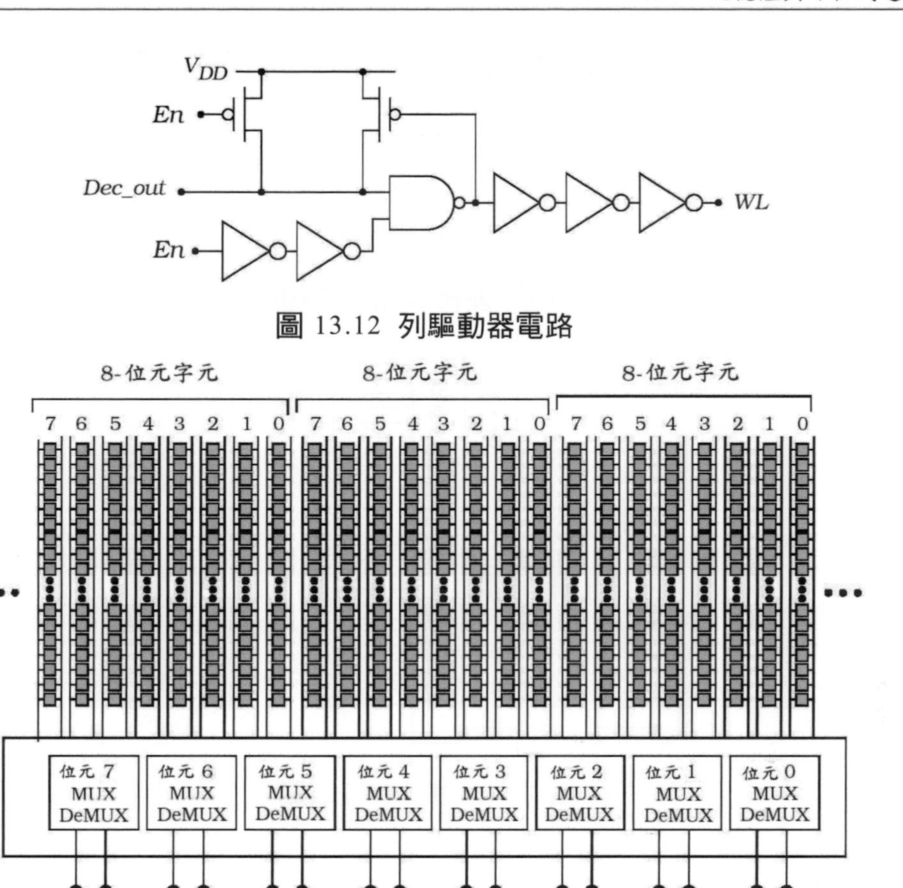

圖 13.12 列驅動器電路

圖 13.13 8 位元字元的行 MUX/DeMUX 網路

某些電路。這可以被使用來寫出較低層級階層的 Verilog 模型，這些階層在這個建築的驗證之中是很有用的。在這項討論之中，我們必須注意的一個關鍵點乃是在設計之中所產生的高度重複以及規則化的圖案製作。

在這裡所檢視的基本結構採用分享中央字元線路電路的兩個儲存囊胞的核心區域。我們順便注意到，許多種變形以及替代的設計也都是可能的。圖 13.10 之中的這個區塊圖顯示記憶體陣列的中央佈局結構。記憶囊胞被堆砌來產生圖中所顯示的左邊與右邊核心區域。一個單一囊胞被顯示於這個區塊結構的左邊。字元線路被假設是在水平方向上來跑的，而這些 bit 與 bit-bar 線路是在垂直方向上來製作圖案的。一個核心區域的寬度將是字元大小的一個倍數。譬如，如果我們使用 8 位元的字元的話，則每個核心將會有一個 $k \times 8$ 的寬度，其中 k 是在一列之中的字元數目。圖 13.11 是說明這些囊胞結構細節的一個核心區段的一個放大圖形。這個結構可以被使用來作爲目前這個範例的左邊及右邊的核心。在實體的矽階層，圖形中的這種規則的圖案製作將會被維持。囊胞的佈局圖是基於

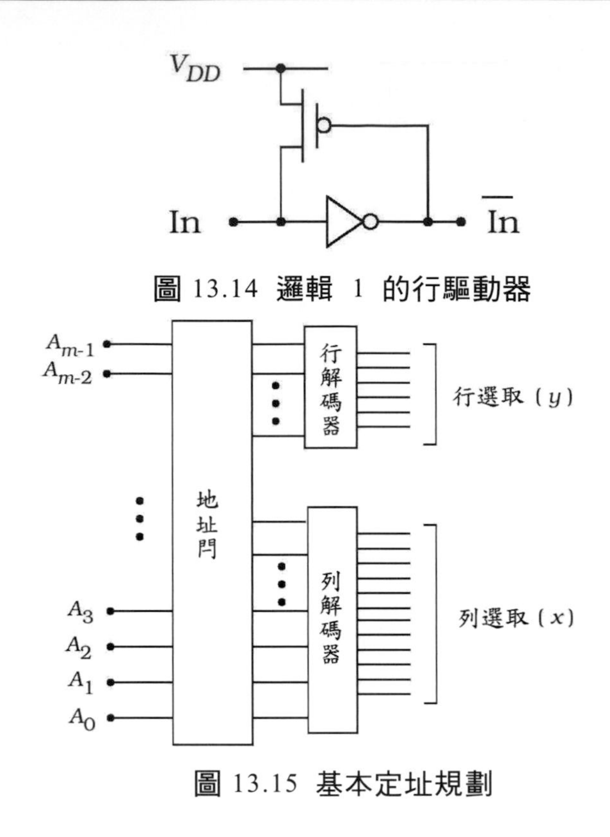

圖 13.14 邏輯 1 的行驅動器

圖 13.15 基本定址規劃

尋找允許適當的置放與導線連接連同一個高組裝密度的一個圖案。

一個中央置放的作用高列解碼器的輸出提供了到這些儲存囊胞的字元線路訊號。這個地址字元指定一個特定列，然後這一列被驅動至高準位。所挑選的這些列囊胞的通過電晶體被導通，允許讀取寫入操作發生。這個電路的位置使得一個單一解碼器同時被左邊與右邊記憶核心所使用。一個以元件庫爲基礎的靜態解碼器電路可以被直接引例而進入這個設計之中。列解碼器的輸出被餽送進入被使用來驅動這些陣列的字元線路的列驅動器電路之中。由於長交互連接線以及被連接到每條字元線路的這些存取電晶體所呈現的巨大電容性負載的緣故，因此驅動器是必要的。一個基本的列驅動器設計被顯示於圖 13.12 之中。這個解碼器的輸出被指定爲 *Dec_out*。第一個 pFET 是作爲一個上拉元件來使用，而第二個 pFET 則使用環繞這個 NAND2 閘的輸出來增强輸出。一條經過調整尺寸的反相器鏈被使用來提供這條字元線路的驅動能力。

由圖 13.11 之中的這個陣列，我們可以由記憶矩陣的這些行來看到這些囊胞的輸入／輸出 bit 與 bit-bar 數據線路。因此，我們可以看出來讀取與寫入操作的數據流動都是在垂直的方向上。一旦一條字元線路被這個列解碼器驅動至高電壓之後，這個列之中的每個囊胞都是可存取的。爲了選取在這一列之中的一個

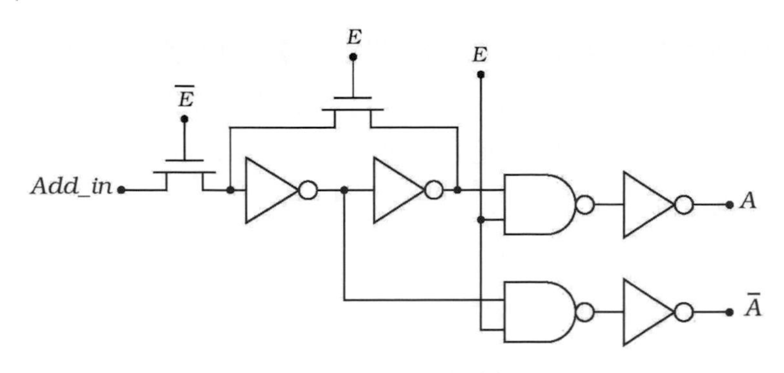

圖 13.16　地址閂電路

特定 k 位元字元，我們必須加上在這個矩陣之中選取一組特定的 k 行的行解碼器電路的這個群組。圖 13.10 中所顯示的這些 MUX 區段是由行解碼器所控制來將這些所選取的 (bit, bit-bar) 群組轉向。圖 13.13 之中顯示這種 8 位元字元狀況的這個行選取網路的整體結構。每個 MUX/DeMUX 區塊被連接到每個字元的適當數據線路；例如，每個字元的 bit_0 與 bit bar_0 線路被導線連接至位元 0 的 MUX/DeMUX 區塊。一項讀取操作必須有一個來自這些囊胞的輸出，因此這些電路是作爲多工器來使用。對一項寫入操作，DeMUX 模式必須被使用來將一個數據字元轉向進入適當的行之中。行驅動器被使用來饋送這些 MUX；一個簡單的回饋取向的邏輯 1 驅動器設計被顯示於圖 13.14 之中。當 $In=1$ 時，輸出是 0，而這又會將這個上拉的 pFET 導通；這個 pFET 被導線連接來幫助維持這個高輸入電壓。

爲了澄清定址的規劃，讓我們來檢視最簡單的狀況，在這種狀況下，m 位元的定址字元 $A = A_{m-1} \ldots A_2A_1A_0$ 被劃分爲具有 x 列及 y 行的列與行群組使得 $x + y = m$。在圖 13.15 的方塊圖之中，地址被饋送進入一個使它變穩定的地址閂暫存器。一個地址閂電路被顯示於圖 13.16 之中。它是由以致能訊號 E 來控制的一個基本的 D 型閂所構成的，這個致能訊號是由 En 及其它控制訊號所推導得到來使這個系統同步。當 E 由 0 變遷至 1 時，這個電路將一個輸入地址位元 Add_in 閂住。然後，輸出 A 與 $\overline{A}$ 被劃分爲行與列的區段，而且被使用來作爲解碼器網路的輸入。這使我們得以取用囊胞矩陣之中的任何字元群。

範例 13.2

128K × 8 SRAM 晶片要求一個 17 位元的地址字元。如果我們使用一個雙核心以及每條字元線路一個字元的安排，那麼我們須要 64K 條字元線路。如果我們將每條字元線路放大爲 64 位元【= 8 個字元】，則字元線路的數目被降低爲 8K。因此，這個 17 位元地址 $A_{16} \ldots A_0$ 可以被劃分成爲一個 4 位元的行定址群組 $A_{16}A_{15}A_{14}A_{13}$ 及一個 13 位元列地址群組 $A_{12} \ldots A_0$。其它陣列尺寸將這個地址字元成比例地劃分。

雖然靜態的元件庫電路可以被使用來建構圖 13.10 中所顯示的整個 SRAM 網路，但是動態電路藉由在高電容 bit 及 bit-bar 的 I/O【輸入／輸出】線路上採用一個預先充電來提供更快速的讀取操作。一行的一個區塊階層圖形被顯示於圖 13.17 之中。在頂部的這個預先充電電路是由一個時脈訊號 ϕ 所控制的，這個時脈訊號被使用來使這個操作與數據的流動同步。讀取與寫入操作是在這行的底部所表明。更多的細節被顯示於圖 13.18 中所顯示的這個展開圖之中。當 $\phi = 0$ 時，在一個讀取操作期間之內，這個預先充電電路是作用的；在這段時間之內，在每條數據線路上的電壓會被提升至 V_{DD}。當這個時脈改變至一個 $\phi = 1$ 的值時，求值會發生。在這段時間期間之內，一行的 bit 及 bit-bar 線路會被饋送

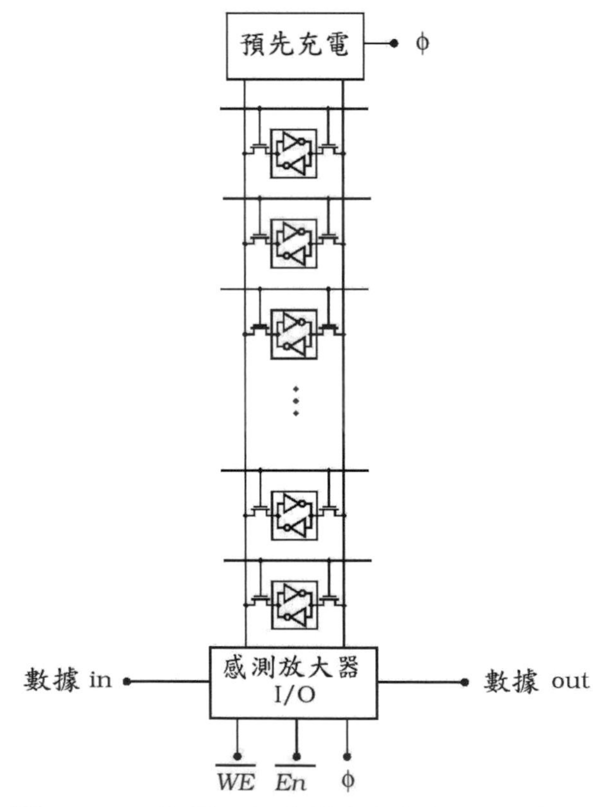

圖 13.17 一個單一行的預先充電與 I/O 電路

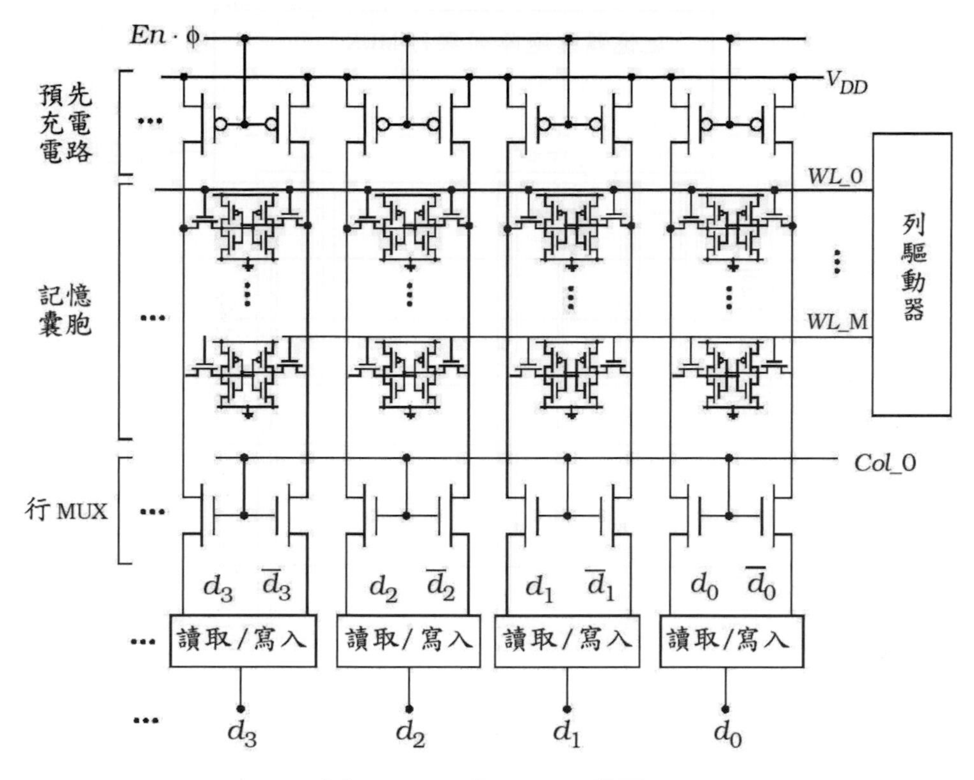

圖 13.18 行電路的展開圖

至一個決定這個儲存位元值的差分「感測」放大器。這個圖形也顯示這個行 MUX 電路。每個字元被一個控制訊號所選取；在這個圖形之中，Col_0 被使用來作爲一個範例。當 $Col\_0 = 1$ 時，這些 nFET 是作用的，而且整個 bit 與 bit-bar 線路群組被連接到這些讀取寫入電路區塊。每個字元群組使用一個分開的行選取訊號。

讀取寫入電路進行數種功能，包括：

- 在一寫入操作期間之內，將數據導引流動進入這個陣列之中，或者在一讀取操作期間之內，將數據導引流動離開這個陣列。
- 將讀取與寫入電路連接到每一行的 bit 及 bit-bar 線路。
- 提供放大器在一讀取操作期間之內來檢測輸出並將輸出放大。

一個 8 位元的字元設計的寫入電路的一個範例被顯示於圖 13.19 之中。輸入位元 d_7、d_6、 … 、d_1、d_0 被反相及緩衝來提供互補對 $(d_i, \overline{d}_i)$。當寫入致能控制位元具有一個 $WE = 1$ 的值時，這些 nFET 是作爲關閉的開關使用，將這些數據對連接至 bit 及 bit-bar 行。如同圖形中所顯示，每個位元對被饋送至定義 8 位

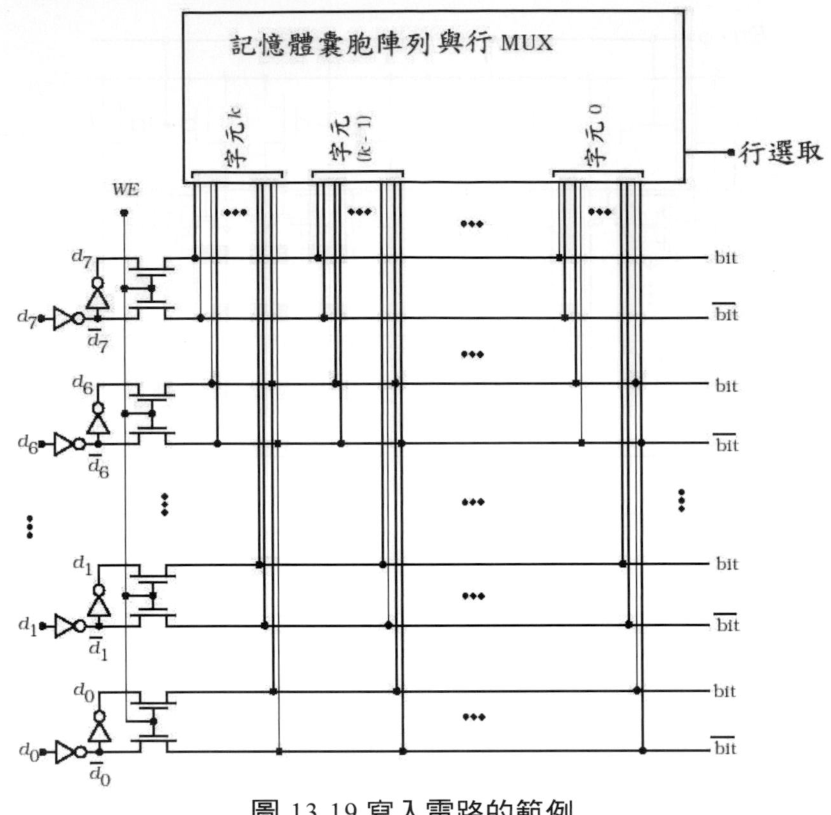

圖 13.19 寫入電路的範例

元字元行群組的適當位置。這些行多工器電路【圖中並沒有明白地顯示】決定哪一行會收到這個輸入字元。

在一個讀取操作的期間之內，我們須要額外的電路來檢測這個儲存的位元值。顯示於圖 13.20 之中的這個區塊階層的電路是基於使用具有 + 與 − 輸入的差分放大器【以三角形符號來表示】。每個輸出位元都須要一個完全相同的電路。一個差分放大器會產生由輸入電壓 v^+ 與 v^- 之間的差異電壓所決定的一個輸出

$$v_d = (v^+ - v^-) \tag{13.5}$$

這個放大器的輸出電壓爲

$$v_{out} = Av_d = A(v^+ - v^-) \tag{13.6}$$

其中 $A > 1$ 是這個放大器的電壓增益。當被使用於一個 SRAM 之中時，這些輸入是來自儲存囊胞的 bit 與 bit-bar 訊號。圖形中所顯示的這個電路使用一種二階層的感測規劃。第一階層是由一對被饋送相反相位輸入的差分放大器所構成

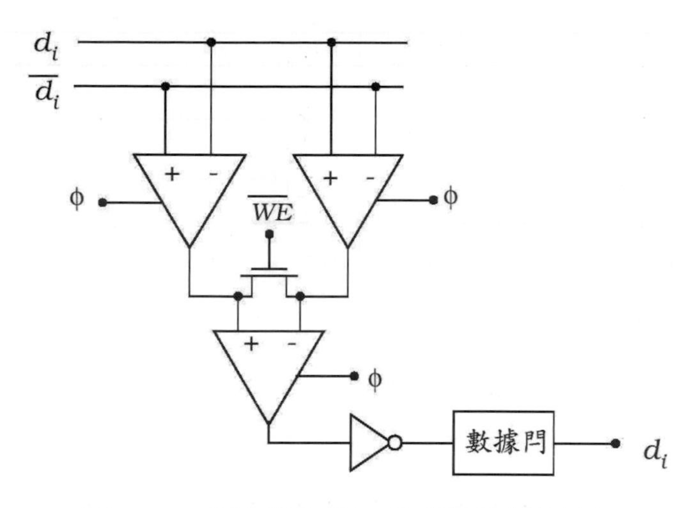

圖 13.20　讀取操作的一種感測規劃的範例

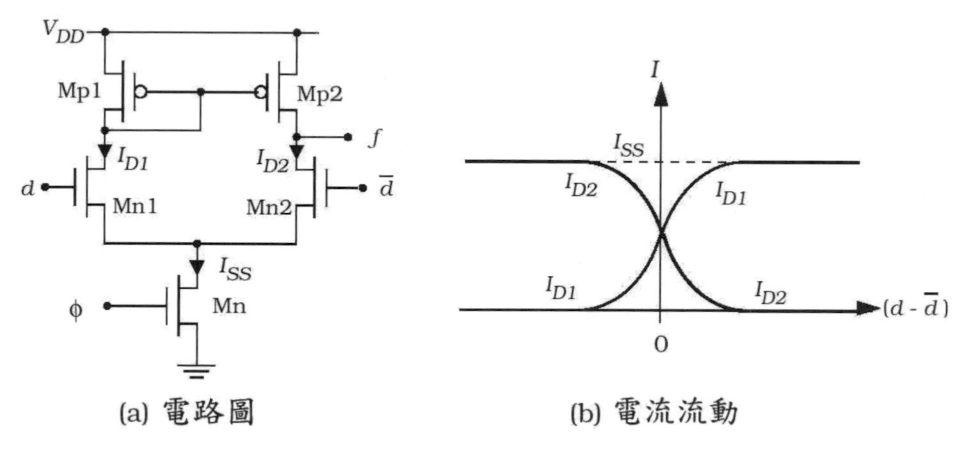

(a) 電路圖　　(b) 電流流動

圖 13.21　單一尾端差分放大器

的。然後，這些輸出被合併到一個單一差分放大器，而它將這些結果輸出至一個數據閂。爲了使這些電路與動態行預先充電電路相容，這些感測放大器本身也是由這個時脈訊號 φ 所控制的。

一個差分放大器的電晶體階層細節被顯示於圖 13.21(a) 之中。這是基於接收互補的輸入 d 與 $\overline{d}$ 的兩個輸入 nFETs Mn1 及 Mn2 的一種標準的設計。這些 pFET Mp1 與 Mp2 被使用來作爲**主動負載 (active load)** 元件，它們的作用有如非線性的上拉電阻器。由於這些 bit 及 bit-bar 電壓所造成的差異訊號 $(d-\overline{d})$ 控制在這些 nFET 之中流動的電流 I_{D1} 及 I_{D2}。當附屬於 d 的電壓很大時，I_{D1} 會增大；相類似地，增大 $\overline{d}$ 電壓會使 I_{D2} 增大。總電流是被通過這個時脈控制的 nFET Mn 的電流所控制的，使得

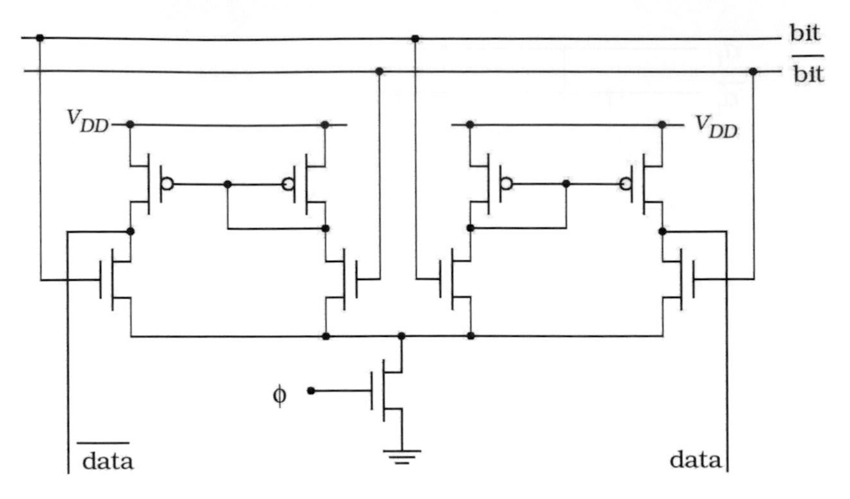

圖 13.22 **感測放大器網路的雙放大器規劃**

$$I_{SS} = I_{D1} + I_{D2} \tag{13.7}$$

在這個設計之中，當 $\phi = 1$ 時這個方程式會成立。分析這個電路會得到圖 13.21(b) 之中所說明的這種電流流動特性，這個圖形將電流呈現爲 $(d - \bar{d})$ 的一個函數。

當這些輸入是相同具有 $d = \bar{d}$ 時，$(d - \bar{d}) = 0$ 且 $I_{D1} = I_{D2}$。在一個 SRAM 的讀取操作期間之內，一個電壓將會比另一個電壓來得高。如果 $d > \bar{d}$，則 $I_{D1} > I_{D2}$，而 $d < \bar{d}$ 的輸入值則會給予 $I_{D2} > I_{D1}$。電流的差異會被轉譯成爲一個低或高的輸出電壓。在電路階層，這個設計問題是以選取這些電晶體的縱橫比爲中心，而這些縱橫比又建立起小訊號的增益。

一個一階雙重放大器對的電路圖被顯示於圖 13.22 之中。這將兩個個別的放大器以交叉驅動的排列來加以合併，而使這個檢測電路的敏感度增大。一個高敏感度表示讀取運算只將須要較少的時間，因而導致快速 RAM 陣列的這種想法。這種型式的電路也已經被使用來作爲通訊應用中的高速矽接收器。對於降低雜訊及製造中的製程變化效應，這個電路的平衡本性會很有吸引力。

13.3 動態 RAM

動態隨機存取記憶體 (Dynamic RAM, DRAM) 囊胞實質上比 SRAM 囊胞來得小，這會導致較高密度的儲存陣列。這降低每位元的成本，使它們對於諸如在微電腦系統之中的中央系統記憶體等須要大量讀取寫入記憶體規模的應用會很有吸引力。DRAM 比 SRAM 緩慢，因此須要更多的周邊電路。在電路階層，它們

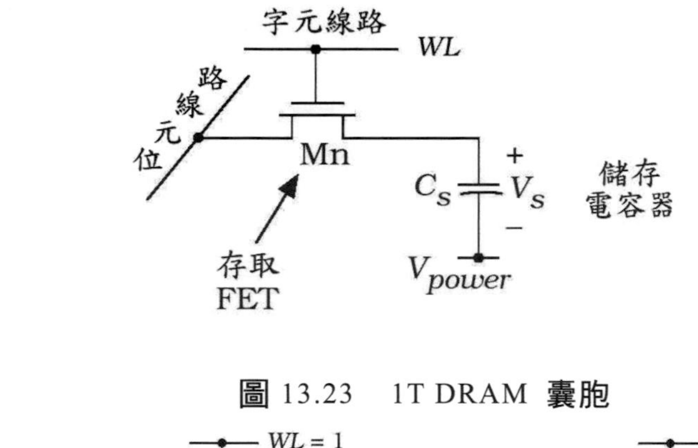

圖 13.23 1T DRAM 囊胞

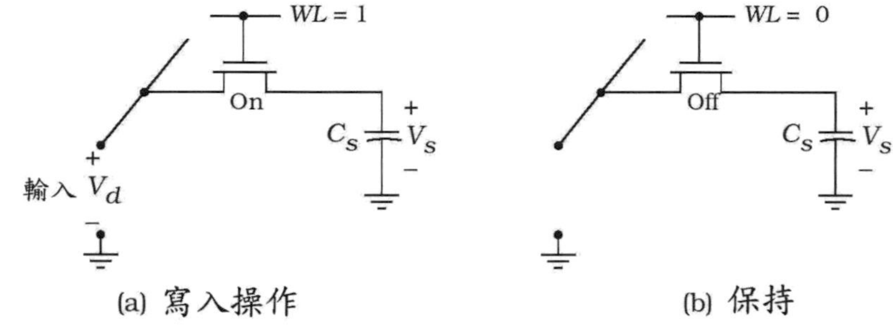

圖 13.24 一個 DRAM 囊胞之中的寫入與保持操作

的結構相當簡單，但是設計起來可能須要一些技巧，特別是當速度是一項議題時更是如此。

DRAM 儲存囊胞及系統的設計是一個高度特殊化的領域，這個領域只能藉由在實體階層工作而變熟練。然而，在 VLSI 系統階層，一個記憶體被視爲只是二元數據的一個儲存單元而已。當一個 DRAM 記憶體單元被使用於一個 VLSI 設計之中時，它通常是由一群特殊化的團隊所設計的一個元件庫項目來引例所得到的。[2] 由於這項觀察的緣故，因此我們對於 DRAM 的討論將被限制於基本原理的瞭解以明瞭這項操作與交換關係。

一個 1 電晶體 (1T) 的 DRAM 囊胞被顯示於圖 13.23 之中。它是由一個單一存取 nFET Mn 與一個儲存電容器 C_s 所構成的。這個囊胞是由字元線路訊號 WL 所控制的，而一條單一位元線路則提供到這個囊胞的 I/O 路徑。這個電容器的底部被連接到電源供應軌之中的一條，並且在圖形中是以 V_{power} 來表示；不論 V_{DD} 或 V_{SS} 都可以被使用。這個儲存的機制乃是基於在電容器上的暫時電荷拘留的這個觀念。一個跨降在電容器上的電壓 V_s 是對應於一個儲存的電荷 Q_s

[2] SRAM 通常是以相同的方式來看待。

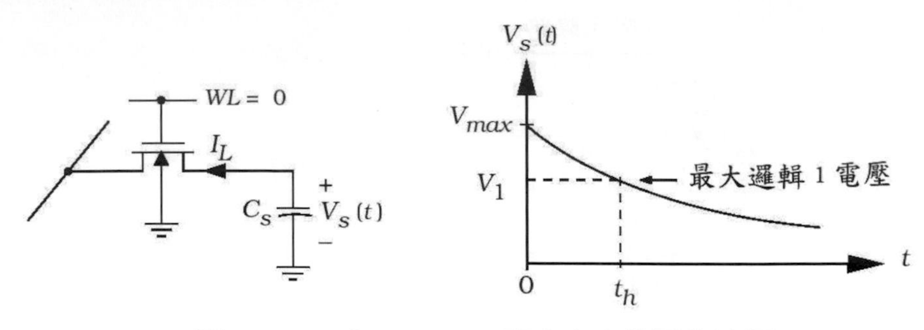

圖 13.25 **一個** DRAM **囊胞之中的電荷洩漏**

$$Q_s = C_s V_s \tag{13.8}$$

當 $V_s = 0$ V 時，$Q_s = 0$，而這個電荷狀態是一個邏輯 0。相反地，一個大 V_s 值會給予一個大 Q_s，這被定義爲一個邏輯 1 的電荷狀態。

對於 $V_{power} = V_{SS} = 0$ V 這種狀況的讀取操作被顯示於圖 13.24(a) 之中。施加 V_{DD} 到這個 nFET 的閘極會將這個存取電晶體導通，並允許這個儲存電容器的存取。輸入數據電壓 V_d 控制前往／來自 C_s 的電流。一個邏輯 0 的數據電壓 $V_d = 0$ V 會造成跨降在這個電容器上的一個電壓 $V_s = 0$ V，這是對應於一個 $Q_s = 0$ 的電荷狀態。如果我們外加一個等於電源供應的邏輯 1 數據電壓 $V_d = V_{DD}$，在閘極上的這個電壓會使被傳輸的訊號降低一個 nFET 的臨限電壓。可以被傳送到這個電容器的最大電壓爲

$$V_s = V_{\max} = V_{DD} - V_{Tn} \tag{13.9}$$

這會給予一個最大電荷

$$Q_{\max} = C_s(V_{DD} - V_{Tn}) \tag{13.10}$$

這個保持狀態是藉由將這個存取電晶體以一個字元線路訊號 $WL = 0$ 來關閉所達成的。這被顯示於圖 13.24(b) 之中。

這個囊胞的動態層面是發生在一個數據保持時間的期間之內。如同在第九章之中所討論，一個以 $V_G < V_T$ 而被偏壓進入截止的一個 MOSFET 仍然允許微小漏電流通過。這個 DRAM 電路問題被說明於圖 13.25 之中。在儲存電容器上的一個邏輯 1 電壓 $V_s = V_{max}$ 會提供這個漏電流 I_L 流動離開 C_s 的電動勢。這可以被描述爲

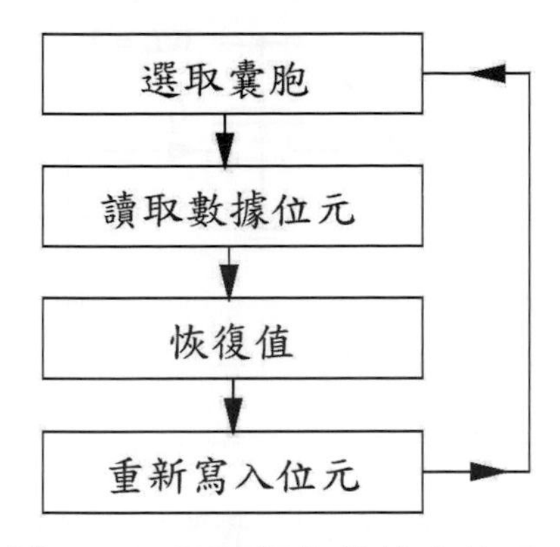

圖 13.26 **更新操作的綜合整理**

$$I_L = -\left(\frac{dQ_s}{dt}\right) \tag{13.11}$$

這顯示這個電流會由這個電容器移除電荷。使用方程式 (13.8) 的 Q_s 會得到電容器的關係式爲

$$I_L = -C_s\left(\frac{dV_s}{dt}\right) \tag{13.12}$$

因此 V_s 也會下降。假設一個 $V_s = V_{max}$ 的起始電壓會得到圖 13.25 中所闡明的電壓衰減。在圖形中，最小的邏輯 1 電壓是以 V_1 來表示。保持時間 t_h 被定義爲這個囊胞可以維持一個足夠大而被解讀爲邏輯 1 電壓的最長時間期間；在文獻中，這個保持時間又被稱爲**拘留時間 (retention time)**。一般而言，I_L 是這個電壓的一個函數，而要求得 $V_s(t)$ 我們必須求解一個非線性的方程式。然而，我們可以藉由假設 I_L 是一個常數，並寫出下式來加以估計

$$I_L = -C_s\left(\frac{\Delta V_s}{\Delta t}\right) \tag{13.13}$$

其中 ΔV_s 與 Δt 代表這些變數的改變。重新整理會得到保持時間的方程式爲

$$t_h = |\Delta t| = \left(\frac{C_s}{I_L}\right)(\Delta V_s) \tag{13.14}$$

來作爲最初的估計。這顯示我們可以使用一個大電容，並使漏電流極小化來使這個保持時間增大。舉例說明，如果 $I_L = 1$ nA、$C_s = 50$ fF、且 $(\Delta V_s) = 1$ V，則保持時間爲

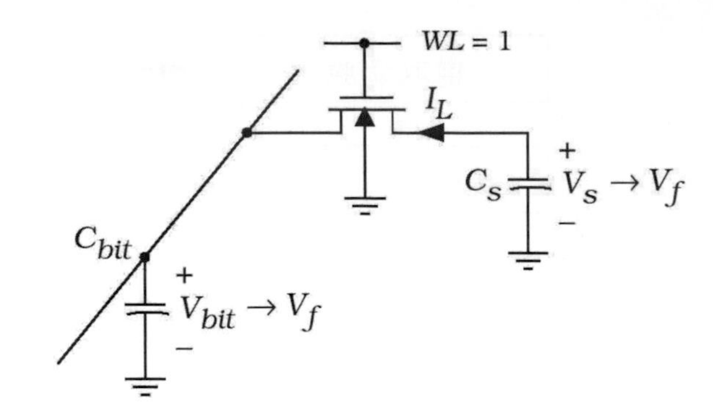

圖 13.27 一個 DRAM 囊胞之中的讀取操作

$$t_h = \left(\frac{50\times10^{-15}}{1\times10^{-9}}\right)(1) = 0.5\ \mu\text{s} \tag{13.15}$$

這說明了一個 DRAM 囊胞的保持時間是相當短的，而且清楚地合理化這個電路使用「動態」這個形容詞的理由。

只要外加功率，記憶體單元就必須能夠保持數據。爲了克服電荷洩漏的問題，DRAM 陣列採用一項**更新操作 (refresh operation)**，在這項操作之中，數據被周期性地從每個囊胞讀取、放大，然後被重新寫入。這個程序被陳列於圖 13.26 之中。這個循環必須在陣列之中的每個囊胞上來進行，而具有最小的更新頻率

$$f_{refresh} \approx \frac{1}{2t_k} \tag{13.16}$$

更新電路被包含在環繞囊胞陣列的這個固定邏輯之中。這種更新循環被設計來在背景之中操作，因此對於使用者而言是透明的。

一項讀取操作被顯示於圖 13.27 之中。在這個讀取時間時，在電容器上的這個電壓 V_s 提供電壓使電荷由 C_s 移動到位元線路電容 C_{bit}，這奠立了一個電荷分享的情況。C_{bit} 包括線路電容以及諸如感測放大器輸入電容的其它寄生的貢獻。在這個電容器上的起始電荷爲

$$Q_s = C_s V_s \tag{13.17}$$

其中一個邏輯 0 的 $V_s = 0$ V，而一個邏輯 1 的 $V_s > 0$。由 C_s 流動到 C_{bit} 的電流會持續直到這些電壓等於最終的電壓 $V_f = V_{bit} = V_s$ 爲止。電荷是依據下式來重新分佈

$$Q_s = C_s V_f + C_{bit} V_f \qquad (13.18)$$

由電荷守恆，Q_s 的起始值與最終值必須相等，因此

$$V_f = \left(\frac{C_s}{C_s + C_{bit}}\right) V_s \qquad (13.19)$$

這顯示一個儲存的邏輯 1 的 $V_f < V_s$。在實際操作之中，V_f 通常會被降低至零點幾伏特，因此感測放大器的設計將會成為一個關鍵的因素。

範例 13.3

假設我們有一個 DRAM 囊胞具有 C_s = 50 fF 以及一個 C_{bit} = 8 C_s 的位元線路電容。假設在儲存電容器上的最大電壓為 $V_s = V_{max}$ = 2.5 V，在一個邏輯 1 讀取操作期間的最終電壓為

$$V_f = \left(\frac{1}{9}\right)(2.5) = 278 \text{ mV} \qquad (13.20)$$

一個儲存的邏輯 0 會造成 V_f = 0 V，因此這個感測放大器必須能夠在 0 V 與 0.28 V 之間作一區別來決定這個儲存位元的值。

13.3.1 DRAM 囊胞的實體設計

藉由使用先進半導體製程技術來製作創新電容器結構，現代的 DRAM 晶片已經超過 1 Gb 的密度。這種 1T 儲存囊胞是由一個單一電晶體及一個儲存電容器所構成的。高密度的陣列是藉由降低個別囊胞的面積 A_{cell} 來使最小尺寸成為可能。定址、更新、及其它操作的周邊電路必須被加進來使這片晶片可以運作，而且可以輕易消耗超過 30% 的晶片總面積。

在標準的 MOS 製程之中，nFET 必須坐落在矽晶圓之上，由於次微米的線路寬度是標準的寬度，因此相對而言 FET 的面積是相當小的。降低這個囊胞的整體面積通常是圍繞在這個儲存電容器的設計。這個 C_s 的值必須是大約 40 fF 或者更大。使用平行板電容器的公式表明我們須要一個平板面積 A_p

$$A_p = C_s \left(\frac{t_{ins}}{\varepsilon_{ins}}\right) \qquad (13.21)$$

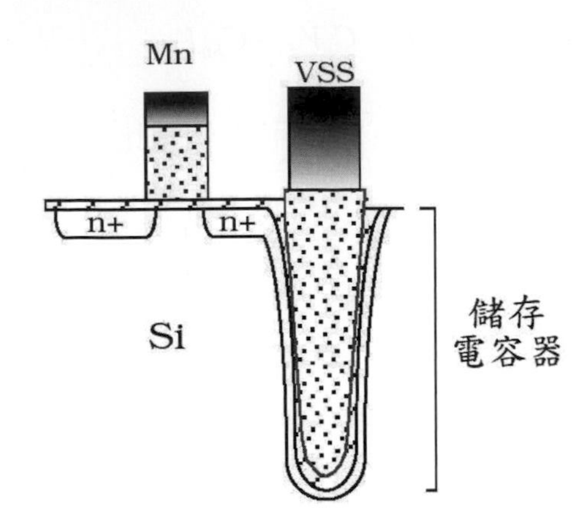

圖 13.28 一個 DRAM 囊胞使用一個壕溝電容器

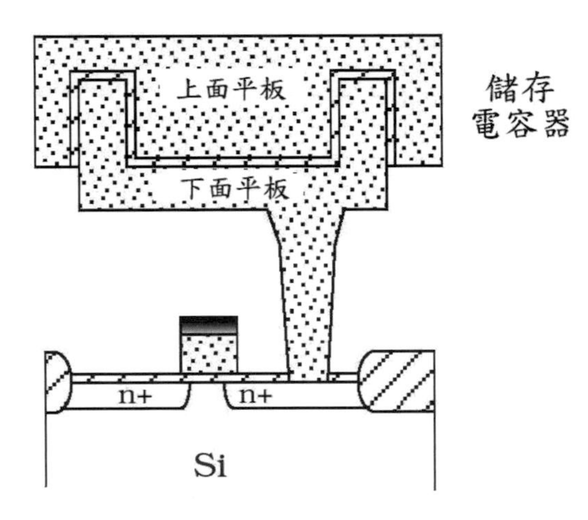

圖 13.29 堆疊電容器結構的目視圖

其中 t_{ins} 與 ε_{ins} 分別是這個絕緣體的厚度與電容率。假設一層二氧化矽是 50 Å 厚，這隱喻下面的平板面積

$$A_p = (40\times10^{-15})\left(\frac{50\times10^{-8}}{3.45\times10^{-13}}\right) = 5.8\times10^{-8}\ \text{cm}^2 \tag{13.22}$$

這是 5.8 μm^2。這是遠大於大陣列所可以使用的面積。譬如，一個 64Mb DRAM 通常須要一個大約 1.25 μm^2 的囊胞尺寸來符合晶片的要求。許多研究致力於建構使平板面積增大，而又不會使囊胞表面積 A_{cell}【又稱爲脚印尺寸 (footprint size)】增大的儲存電容器。正在使用的有兩種主要的結構：**壕溝電容器 (trench capacitor)** 及**堆疊電容器 (stacked capacitor)**。

使用一個壕溝電容器的一個儲存囊胞被顯示於圖 13.28 之中。這個電容器是藉由使用一種反應性離子蝕刻 (reactive ion etch, RIE) 過程而在矽之中產生一條深的壕溝所產生的。這兩邊都被氧化來產生一個玻璃絕緣體，然後被摻雜的多晶矽被使用來填補這條壕溝，並且作爲上面的平板來使用。下面的平板是由沿著整個邊牆面積的一個 n+ 佈植所產生的。平板面積 A_p 的增大是藉由使用這條壕溝的邊牆而不增大腳印面積 A_{cell} 來達成的。

如同圖 13.29 中的圖形所呈現的，一個堆疊的電容器設計將一個多晶矽結構置放於存取電晶體之上。我們也可以產生先進的三維結構來形成上面及下面的平板。平板面積 A_p 是由多晶矽平板所產生的表面幾何形狀所決定的。許多有意思的堆疊電容器設計已經被發表於文獻之中。此外，表面的皺摺及「凸塊」已經被加進來以進一步增大 C_s 的值。有興趣的讀者可以由參考資料 [8] 來得到關於這個主題的一項概觀。

13.3.2 劃分字元線路的建築

隨著 RAM 的容量增大，新的佈局圖設計已經被開發出來，以降低附屬於長交互連接線路的這些寄生電阻與電容的效應。多重的儲存核心被使用來將總儲存面積劃分成爲分開的囊胞**區塊** (**block**)；每個區塊都會定義一個特定的地址範圍。這些區塊可以被進一步地劃分爲**子區塊** (**sub-blocks**)、**子子區塊** (**sub-sub-blocks**) 等等，直到這個囊胞陣列可以被存取，而不致於會有過大的延遲爲止。圖 13.30 說明這個觀念。將儲存陣列劃分的優點乃是字元線路的繞線連接可以被劃分爲圖中所顯示的多條路徑。這種**劃分字元線路** (**divided-word line, DWL**) 結構會使解碼器電路被簡化，並且藉由將負載分佈在多重級之上而使存取的速度升高。

圖 13.31 中的這個邏輯圖形顯示導線連接的規劃。主要解碼器的輸出定義了**總體字元線路** (**global word lines**)。這些輸出連同區塊選取訊號被使用來啓動

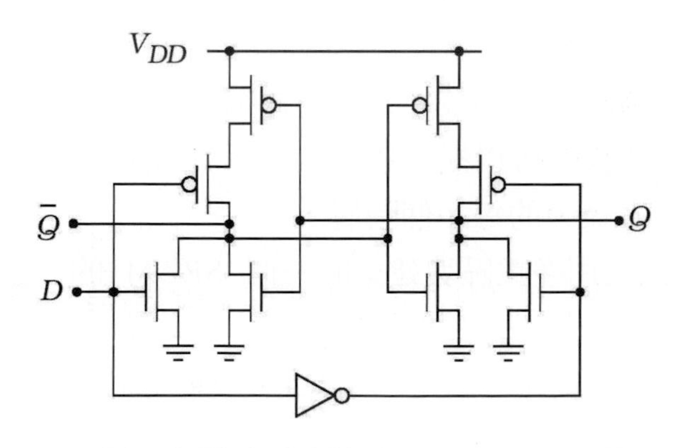

圖 13.30 **一個劃分字元線路建築結構** RAM **佈局圖的基本原理**

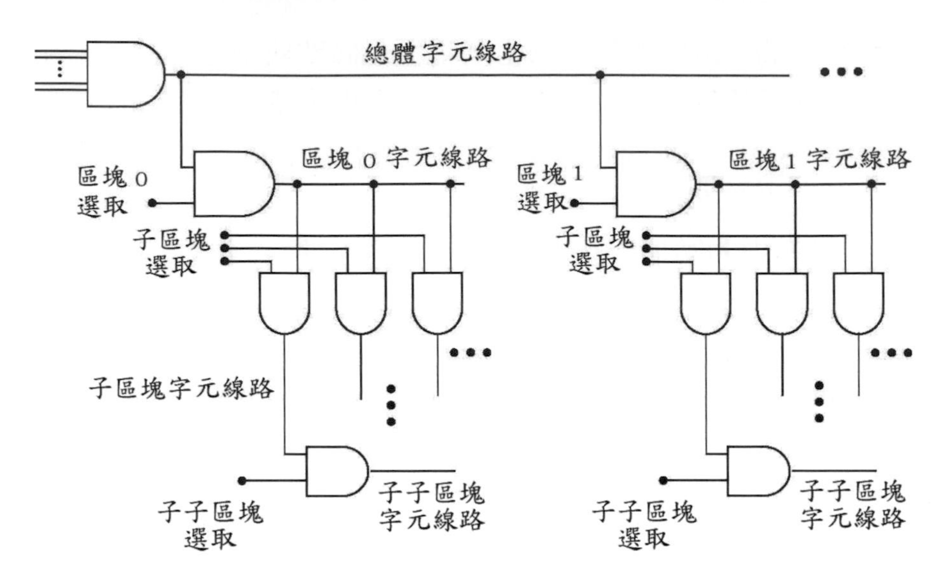

圖 13.31 一個 DWL 設計的邏輯

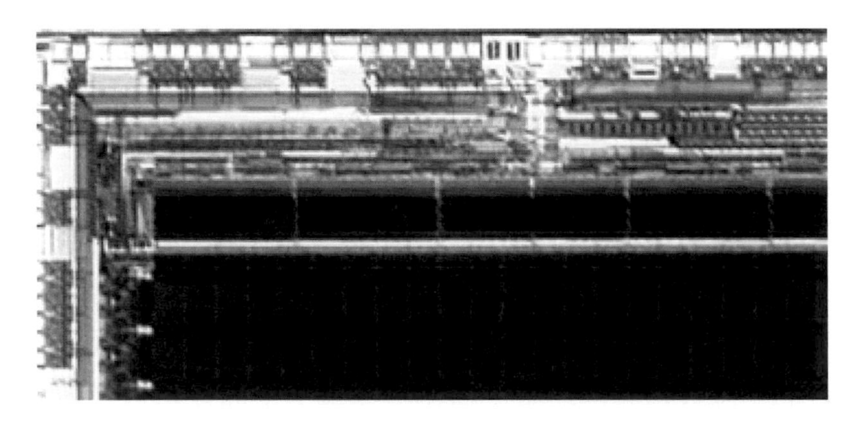

圖 13.32 SRAM 區塊與支持電路的相片

各條**區塊字元線路** (**block word lines**)。推進來到層級中的次低階層將我們帶到**子區塊字元線路** (**sub-block word lines**)，最終到達**子子區塊** (**sub-sub-block**) 的訊號。這些閘以及附屬的交互連接寄生可以被設計來使這種列選取程序加速。一種簡單的方法乃是應用邏輯效力的技術來使通過每一級【邏輯閘連同輸出負載】的延遲相等。這種方法使我們得以提升速度，而不須訴諸於過大的電晶體。這個技術可以被應用於設計層級中的每一個階層。

圖 13.32 是一個使用多重區塊建築的一個 SRAM 的一部份的微觀相片。囊胞區塊陣列可以由它們的規則佈局圖圖案製作來加以識別，而且在底部的下半部分中可以清楚看到。相片的上半段包含解碼器、驅動器、及包括感測放大器的輔助電路。

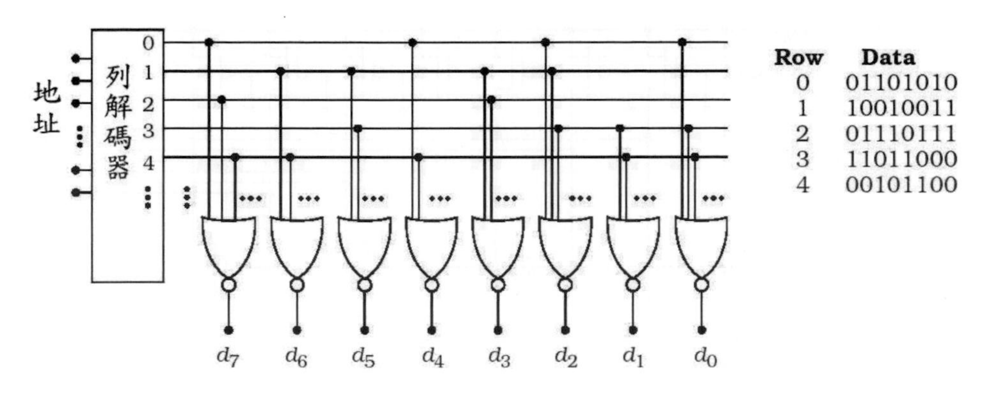

圖 13.33 一個以 NOR 爲基礎的 ROM 的邏輯圖

13.4 ROM 陣列

唯讀記憶體 (read-only memory, ROM) 被使用來作爲永久的位元儲存。一個 ROM 陣列的結構是類似於 RAM 所使用的這種結構，但是個別位元囊胞卻會簡單很多。在一個基本的唯讀記憶體之中，所儲存的數據是藉由選擇性地置放 FET 所產生的。由於這是在實體設計之中所達成的，因此一旦這片晶片被製作之後，這些數據就無法被更改。

圖 13.33 顯示使用 NOR 閘來儲存 8 位元的數據字元 $D = d_7d_6d_5d_4d_3d_2d_1d_0$ 的一個 ROM 陣列。一個地址字元被饋送進入一個作用高的列解碼器之中，這個解碼器將一條線路驅動至高電壓，而保持其它線路在邏輯 0 的階層。這些字元線路被連接到一個 NOR 閘的陣列，使得每一列定義了一個不同的數據字元。一個多重輸入的 NOR 閘提供了每個位元 d_i $(i = 0,\ldots, 7)$ 的數據輸出，使得每個閘的輸出是由下式所決定的

$$d_i = 0 \quad \text{如果任何輸入為} 1 \tag{13.23}$$

譬如，第 0 列在位元位置 7、4、2、及 0 會有到 NOR 閘的連接，這些位置會得到邏輯 1 的輸出。剩下的位元位置【6、5、3、及 1】並沒有被連接到第 0 列，而當第 0 列被驅動至高電壓時會給予邏輯 0 的輸出【這是因爲所有其它的列都是位於 0 的緣故】。因此，第 0 列是對應於下面的這個數據字元

$$D_{\text{Row }0} = 01101010 \tag{13.24}$$

每一列都是以相同方式來設計程式。

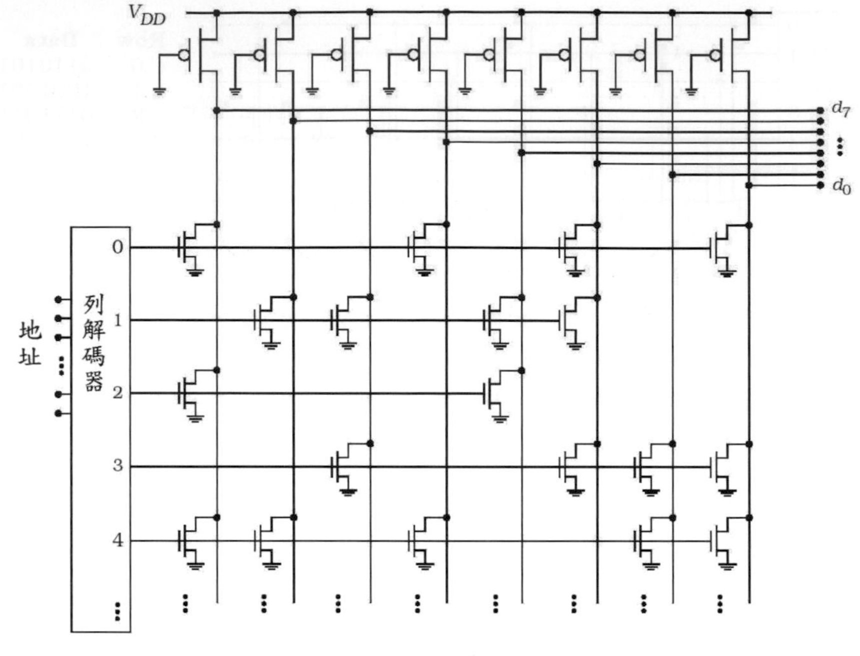

圖 13.34 使用虛 nMOS 電路的 ROM 陣列

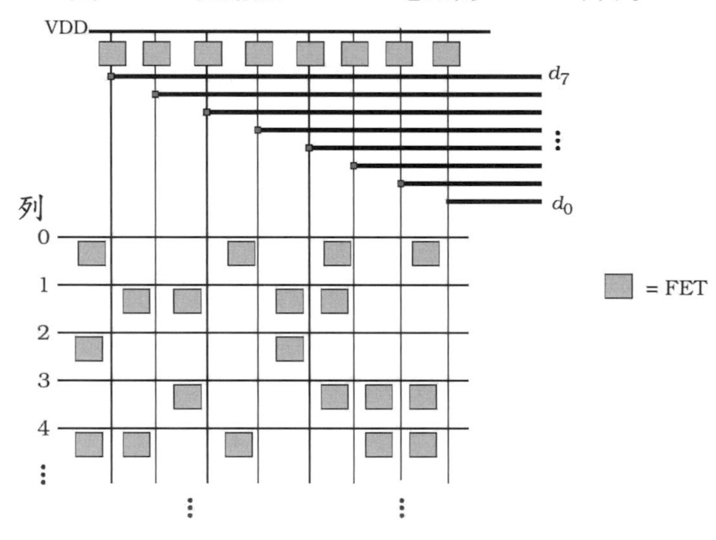

圖 13.35　ROM 佈局圖的地圖

這個 ROM 的虛 nMOS 實際裝置被顯示於圖 13.34 之中。由於每一個 NOR 閘都只須要一個上拉的 pFET，因此程式設計的工作是集中於作爲下拉元件的 nFET 的置放。一個邏輯 0 輸出乃是藉由將一個 FET 的閘極連接到驅動的字元線路來獲得的。這是透過注意當一個下拉電晶體導通時，它會提供到接地的一條良好的連接，並將輸出拉低的這項事實來加以瞭解。虛 nMOS 電路是成比例的電路，因此如同在第九章之中所討論的，輸出低電壓 V_{OL} 的值是由

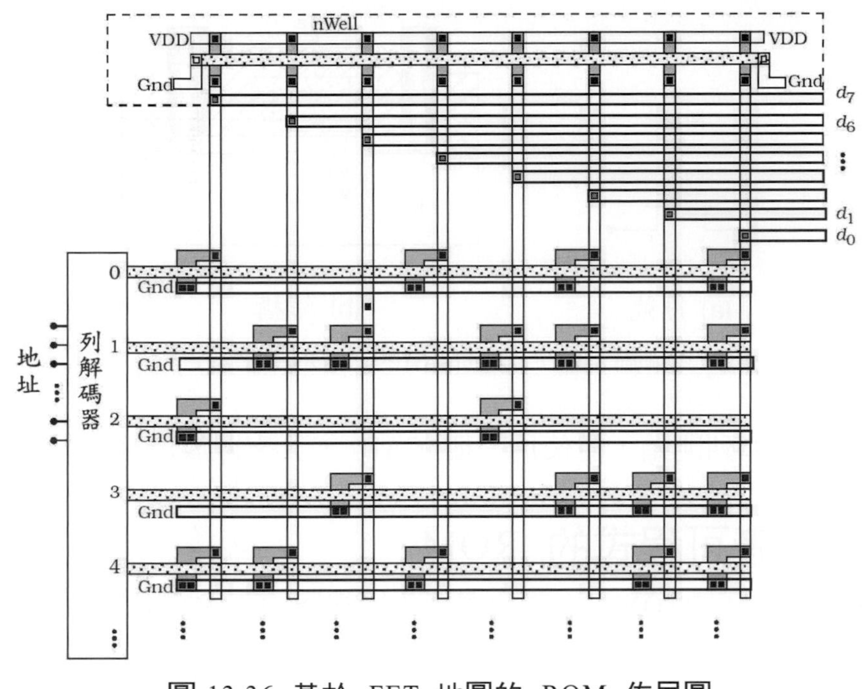

圖 13.36 **基於 FET 地圖的 ROM 佈局圖**

nFET/pFET 的比值 $(\beta_n/\beta_p) > 1$ 所決定的。由於每個下拉電晶體都會有一個 $C_G = C_{ox}W_L$ 的輸入電容的這件事實，因此選取 nFET 的縱橫比會變得比較複雜。因此，如果我們選取大 W_n 來獲致一個低 V_{OL}，那麼字元線路電容將會增大，並使這個列解碼器電路的速度變慢。虛 nMOS 電路的另外一個重要特性乃是，每當一個輸出是 $V_{out} = V_{OL}$ 的低電壓時，它們就會發散 DC 功率。而在 ROM 陣列之中，只有所選取的字元的邏輯 0 輸出位元才會消耗功率，這是由於列解碼器網路的選擇性本性，因此所有其它 FET 都被關閉所致。

這個 ROM 陣列提供佈局圖中規則性的一個良好範例。一個簡單 FET 圖被提供於圖 13.35 之中。這顯示了這些 FET 相對於輸入與輸出線路的如何來置放的。Metal1 被使用來作爲 NOR 閘在垂直方向上跑的連接【除了 VDD 線路之外】，而這些輸出則是從水平的 Metal2 線路抓出來的。這會造成圖 13.36 中所顯示的這個佈局圖。重新程式則是藉由加進或移除下拉電晶體來達成的。

以這種設計，我們可以使用各種方法來提供一個以元件庫爲基礎的 ROM。一種技術乃是在一條字元線路與一個 NOR 輸出的每個交點置放一個下拉 nFET，藉由以一個多晶矽接觸而將字元線路連接到 FET 的閘極，一個 0 被程式規劃進入這個位置。這是一個**罩幕可程式 (mask-programmable)** ROM 的一個範例，其中所儲存的數據是由多晶矽接觸罩幕所定義的。另外，我們也可以從一

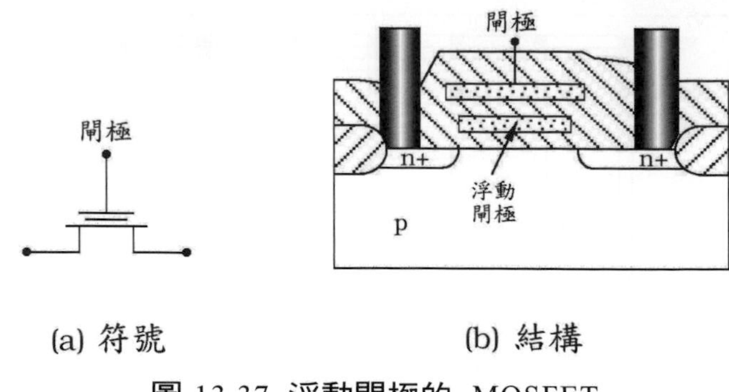

(a) 符號　　(b) 結構

圖 13.37 浮動閘極的 MOSFET

個空白的 nFET 陣列開始，並使用一種 CAD 工具來置放所需要的電晶體。

13.4.1 使用者可程式的 ROM

電性可程式的 ROM (PROM) 允許使用者依據應用的要求來儲存數據。特殊的電壓設定被使用來寫入到這些囊胞。讀取操作則是以正常的電壓階層來進行的，因此這些數據維持不變。許多 ROM 元件提供陣列內涵的抹除 (E) 及重寫功能。使用 UV 光線的光學抹除被使用於早期的 EPROM 設計之中，但是這些已經被電性可改變元件所取代。電性可抹除的 EPROM (E^2PROM) 被使用來儲存個人電腦之中的 BIOS 碼，並允許使用者針對新元件來更新這塊電路板特性。[3]

一個可程式的 ROM 陣列乃是使用特殊 FET 來建構的，這些 FET 使用一對堆疊的多晶矽閘極，而且具有圖 13.37(a) 中所顯示的電路符號。最上面的閘

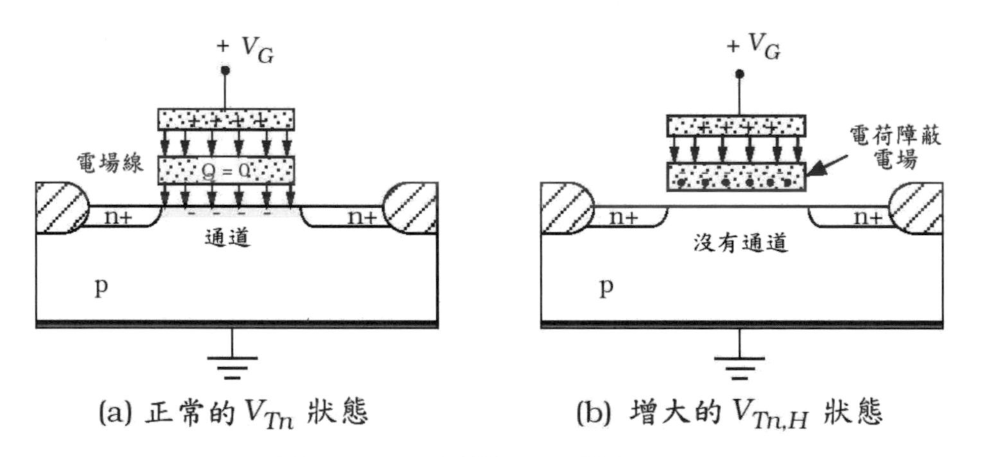

(a) 正常的 V_{Tn} 狀態　　(b) 增大的 $V_{Tn,H}$ 狀態

圖 13.38 浮動閘極上的電荷儲存效應

[3] BIOS 代表基本輸入輸出系統 (Basic Input/Output System)。當一部 PC 被打開時，BIOS 控制啓動程序，並使操作系統得以被裝載進入這個系統記憶體之中。

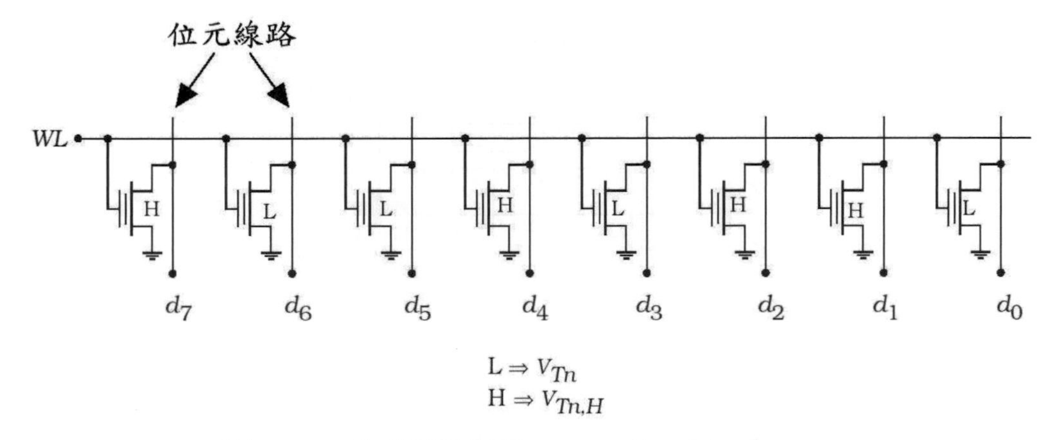

圖 13.39 **使用浮動閘極 nFET 的一個** E^2PROM

極構成這個電晶體的平常閘極端點。然而，另一層多晶矽閘極層被包夾在上面的多晶矽以及矽基板之間。它並沒有被電性連接到這個電晶體或輔助電路的任何部分，因此被稱為是一個電性**浮動閘極 (floating gate)**。詳細情形被顯示於圖 13.37(b) 之中。這個浮動閘極被使用來儲存負的電子電荷，這會使這個電晶體的臨限電壓增大至高於其正常值。

為了瞭解電荷儲存的機制與效應，首先考慮一個在浮動的閘極上有零電荷的電晶體。外加一個閘極電壓會產生圖 13.38(a) 中所指明的電場線。由於這個閘極是浮動的，因此這個結構的作用有如一對串聯連接的電容器，而電場會具有終止於 p 型基板上的電場線。這會產生電子通道層，並且允許洩極—源極的電流流動。在浮動閘極上的一個 $Q = 0$ 的值會給予具有正常【低】臨限電壓 V_{Tn} 的一個電晶體。如果帶負電的電子被儲存在浮動閘極之上，電場線會如同圖 13.38(b) 一樣地被改變。當具有正常的 V_G 值時，浮動閘極上的負電荷會屏障這些電場線，使它們無法到達矽的表面。這時候不會有通道被形成，而這個元件保持在截止之中。如果我們將閘極電壓增大至一個高值 $V_{Tn,H}$，則這個 FET 會到達作用區。然而，我們可以設計這個電晶體使得 $V_{Tn,H} > V_{DD}$，這會確保當它被置於一個電路之中時，它一定會在截止之中操作。

這種雙重臨限電壓特性會得到圖 13.39 中所顯示的一個 8 位元字元的 EPROM 規劃；為了簡化起見，我們只顯示讀取電路。在圖形中，具有一個低【正常】臨限電壓 V_{Tn} 的這些 nFET 是以「L」來加以表示，而具有較高臨限電壓 $V_{Tn,H} > V_{DD}$ 的元件則被標示為「H」。這一列的閘極被連接到來自一個列解碼器的字元線路訊號 WL。當這個字元被以 $WL = 1$ 來加以存取時，一個 $V_{WL} = V_{DD}$ 的電壓會被施加到這些邏輯電晶體。低 (L) 臨限電壓的 nFET 會導通，並將輸

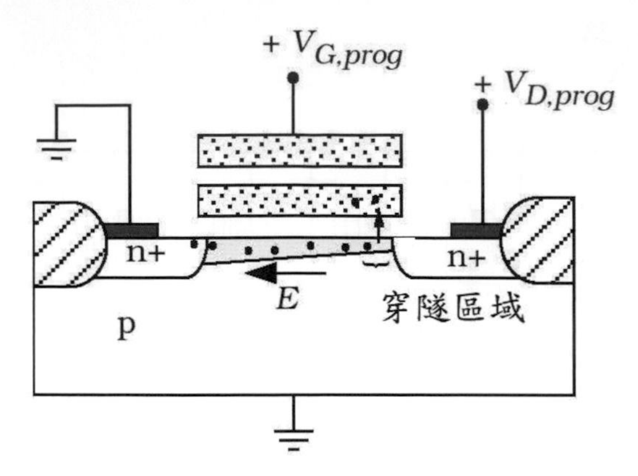

圖 13.40 一個浮動閘極 FET 的程式規劃

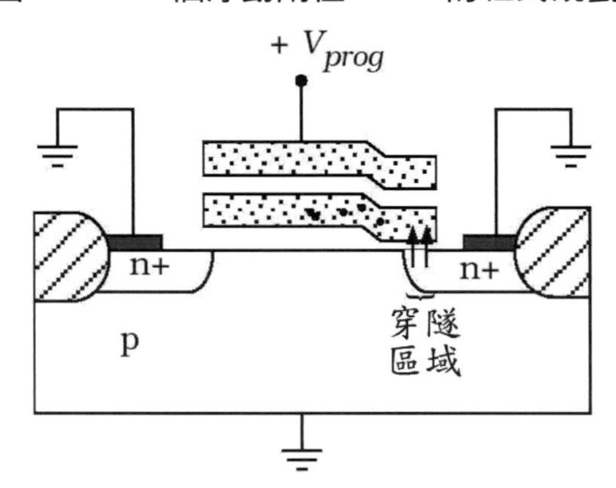

圖 13.41 福勞爾—諾漢穿隧

出拉到接地 (0 V)。而另一方面，高 (H) 臨限電壓的電晶體則會在位元線路上使用上拉元件來維持在截止之中，並產生邏輯 1 的輸出電壓。對所顯示的這個範例而言，輸出字元是

$$d_7d_6d_5d_4d_3d_2d_1d_0 = 10010110 \tag{13.25}$$

爲了使它能夠儲存任意的數據字元，在陣列之中的每一個 NOR 閘都必須導線連接一個浮動閘極的 FET 來作爲一個下拉的元件。

既然我們已經看到浮動閘極 FET 是如何被使用於電路之中，現在讓我們來檢視這種可程式技術。在我們剛剛研讀的這種結構之中，電子電荷使用**熱電子 (hot electron)** 的量子力學穿隧而被轉移到閘極，這些熱電子是高能量的通道電子。衍生穿隧所須要的這些狀況是藉由使用一個閘極電壓 $V_{G,prog}$ 來產生一條電子通道，以及如同圖 13.40 中所顯示被施加到洩極的一個程式電壓所獲得的。典型而言，$V_{D,prog}$ 的這個值大約是 12–30 V，並衍生一個由洩極指向源極的大電

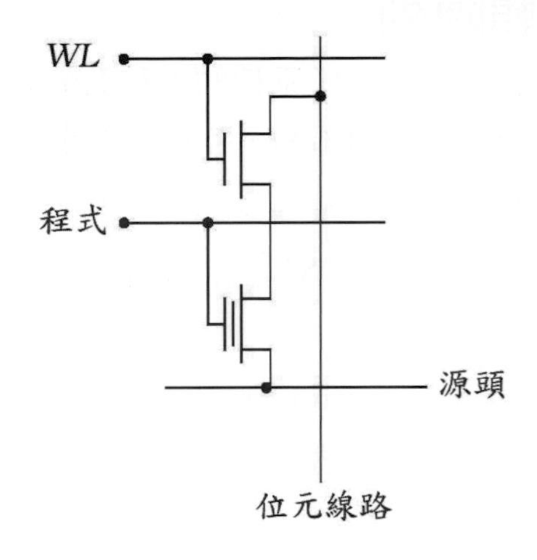

圖 13.42 EEPROM **囊胞連同寫入線路**

場。這個強大的電場會使電子加速至洩極這邊，在這裡它們可以散射並穿隧到這個浮動閘極。在這些結構之中，拘留時間經常被估計爲 10–20 年的階層。

其它浮動閘極的電晶體設計則使用**福勞爾—諾漢放射 (Fowler- Nordheim emission)**，其中如同圖 13.41 所顯示，閘極的幾何形狀被修改使得浮動閘極的一部份會延伸到 n+ 洩極的上面。一個大的閘極電壓被施加而在基板與閘極之間會產生一個大電場，這會增强通過這個氧化物的穿隧。在程式操作的期間之內，洩極與源極兩者都被接地。圖 13.42 中的這個囊胞電路是藉由當這條字元線路是在 $WL = 1$，而且這些位元與電源線路兩者都被接地時，對程式線路施加脈波來達成的。

抹除是藉由將外加的電壓極性反轉所達成的。一般性的 EPROM 陣列允許位元的抹除，而**快閃 EPROM (flash EPROM)** 則是以同時抹除大型囊胞區塊的方式來導線連接的。後者對於諸如數位攝影所產生的大量數據檔案的暫時儲存會是特別有用。

13.5 邏輯陣列

一個**邏輯陣列 (logic array)** 經常被解讀爲是一個可以被「程式規劃」來提供各種函數及系統工作的結構單元。它們的結構可能是與 ROM 類似，但是經常是被應用於更一般化的情況。在大多數的狀況下，這個邏輯陣列的結構是不變的。使用者使用一組定義的法則來將這個陣列加以程式。

13.5.1 可程式邏輯陣列

一個有用的範例乃是用來產生 SOP【乘積的總和】邏輯表示式的一個**可程式邏輯陣列 (programmable logic array, PLA)**。考慮一組四個輸入變數 a, b, c, d。一個 SOP 函數具有下列的型式

$$f = \sum_i m_i(a,b,c,d) \tag{13.26}$$

其中 $m_i\ (a,\ b,\ c,\ d)$ 是**最小項 (minterm)**，也就是說由輸入變數或它們的補數 AND 在一塊所構成的項。以正規的型式來表示，一個最小項會使用每一個變數；下標 i 的值是這個字元的等效十進位值。對目前的狀況，最低階的最小項被給予為

$$\begin{array}{lll} m_0 = \overline{a}\cdot\overline{b}\cdot\overline{c}\cdot\overline{d} & m_1 = \overline{a}\cdot\overline{b}\cdot\overline{c}\cdot d & m_2 = \overline{a}\cdot\overline{b}\cdot c\cdot\overline{d} \\ m_3 = \overline{a}\cdot\overline{b}\cdot c\cdot d & m_4 = \overline{a}\cdot b\cdot\overline{c}\cdot\overline{d} & m_5 = \overline{a}\cdot b\cdot\overline{c}\cdot d \end{array} \tag{13.27}$$

一個 SOP 型式是藉由將這些最小項 OR 而獲得的，例如

$$f = \overline{a}\cdot\overline{b}\cdot c\cdot\overline{d} + \overline{a}\cdot b\cdot\overline{c}\cdot d + a\cdot\overline{b}\cdot\overline{c}\cdot\overline{d} + a\cdot\overline{b}\cdot c\cdot d \tag{13.28}$$

這是等同於一個 AND-OR 邏輯序列，這種邏輯構成了 VLSI 實際裝置的基石。一個 AND-OR 的 PLA 的一般性結構被顯示於圖 13.43 之中。這些輸入被饋送到計算所須要的最小項的這個 AND 平面。然後，這些最小項被饋送到 OR 平面，在這裡它們會被 OR 在一塊。藉由將各個不同的最小項加在一塊，我們可

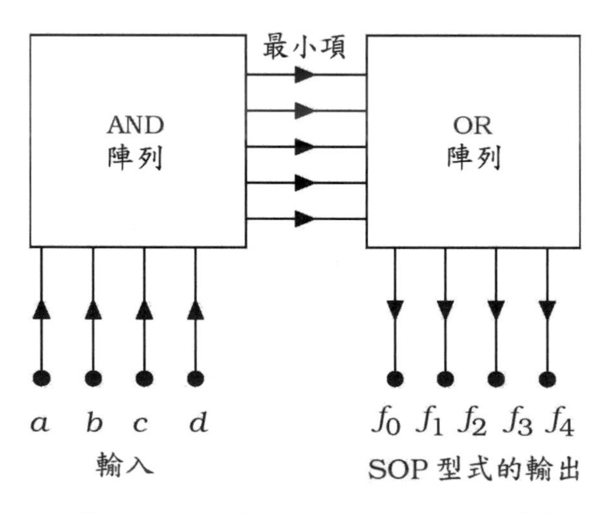

圖 13.43　一個 AND-OR PLA 的結構

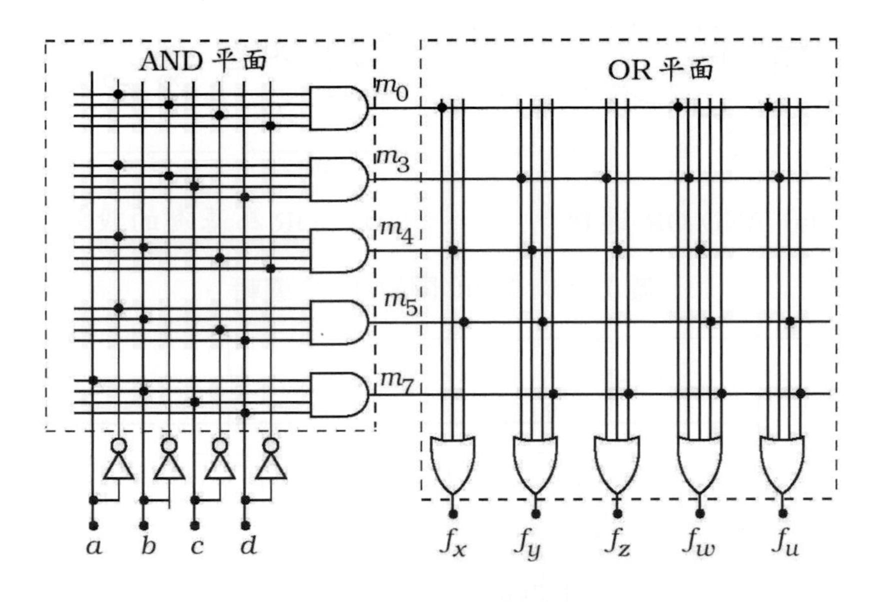

圖 13.44 PLA **的邏輯閘圖形**

以構成數個 SOP 函數 $f_0, f_1, \ldots,$ 。一個 PLA 的閘階層圖形被顯示於圖 13.44 之中。藉由將輸入合併起來，這個 AND 平面被挑選來提供五個最小項。這些最小項被饋送進入這個 OR 平面，在這裡它們被使用來產生所顯示的輸出函數。每個輸出都可以藉由追蹤輸入來加以決定。譬如，

$$f_x = m_0 + m_4 + m_5 \tag{13.29}$$

這可藉由直接讀取這些連接而被輕易地驗證。另外一個範例為

$$f_y = m_3 + m_4 + m_5 + m_6 \tag{13.30}$$

我們必須牢記，每一個最小項都被表示為正規的型式，換言之每個變數都會以補數或非補數的型式出現。這些最小項可以由一個函數表來直接讀取得到。

最常使用的 PLA 電路型式乃是每條連接藉由置放一個 FET 而可以被輕易程式的這種型式。虛 nMOS 或動態邏輯型式提供了明顯的解決方案，但是就如同在 NAND 閘中所須要的，兩者也都會有串聯連接的電晶體調整尺寸的問題。一種解決方案乃是在一個以 NOR 為基礎的邏輯串級之中產生 AND-OR 陣列。圖 13.45(a) 顯示我們所想要的邏輯流動。使用互補的輸入到一個 NOR 閘會產生圖 13.45(b) 的電路圖的這個 AND 函數。使用德摩根簡化，這可由求取下式的值來看出

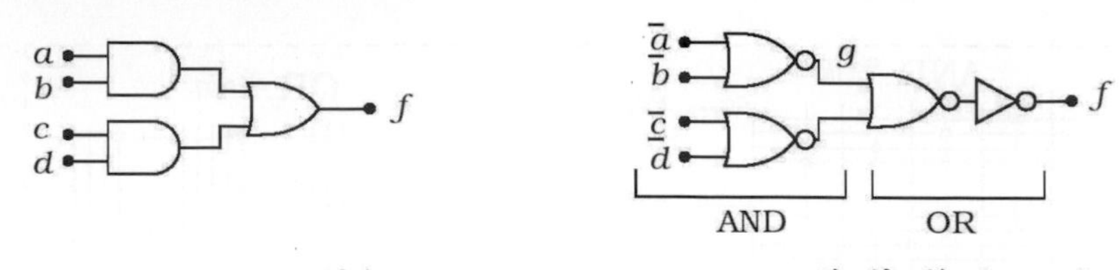

(a) AND-OR 邏輯　　(b)以NOR為基礎的設計

圖 13.45　NOR 閘的 PLA 邏輯

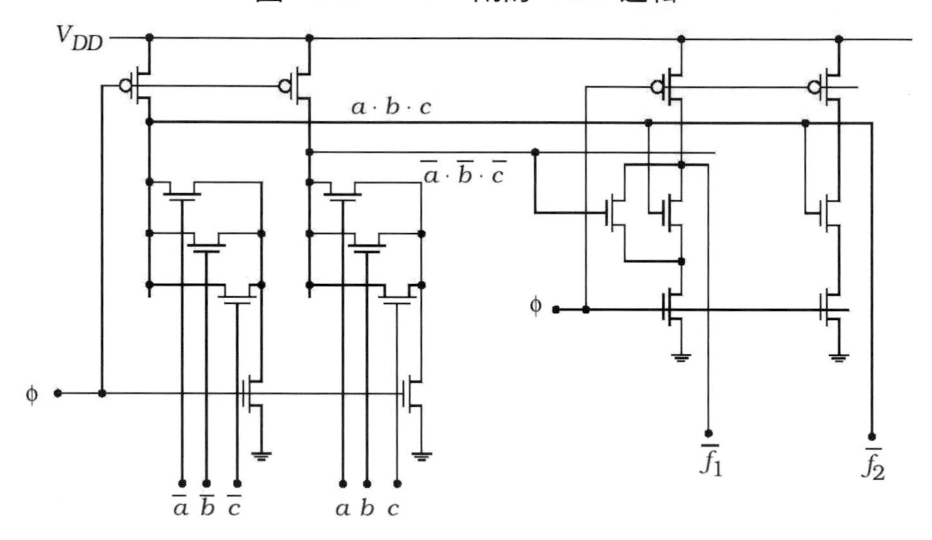

圖 13.46 一個以 NOR 閘爲基礎的動態 CMOS PLA

$$\begin{aligned} g &= \overline{(\overline{a} + b)} \\ &= a \cdot b \end{aligned} \tag{13.31}$$

這個 OR 運算是以一個 NOR—NOT 串級來產生的；另外，補數 $\bar{f}$ 也可以被使用來作爲輸出。基於這種等效的一個動態串級的基本結構是以圖 13.46 中的這個簡單範例來加以說明。這個 AND 平面是由 NOR 閘所構成的，而輸出被饋送到 NOR 閘。互補的輸出爲

$$\begin{aligned} f_1 &= \overline{a \cdot b \cdot c + \overline{a} \cdot \overline{b} \cdot \overline{c}} \\ f_1 &= \overline{a \cdot b \cdot c} \end{aligned} \tag{13.32}$$

其它的函數也可以藉由將這些閘在任一【或同時在兩個】平面之中展開而來產生。一個單一時脈 φ 被使用來使兩個平面的操作同步化。這些可以被劃分爲兩個不同的訊號，其中輸入平面稍微領先輸出平面。在這個設計之中，這些 nFET 的大小決定兩個閘的高—至—低時間。

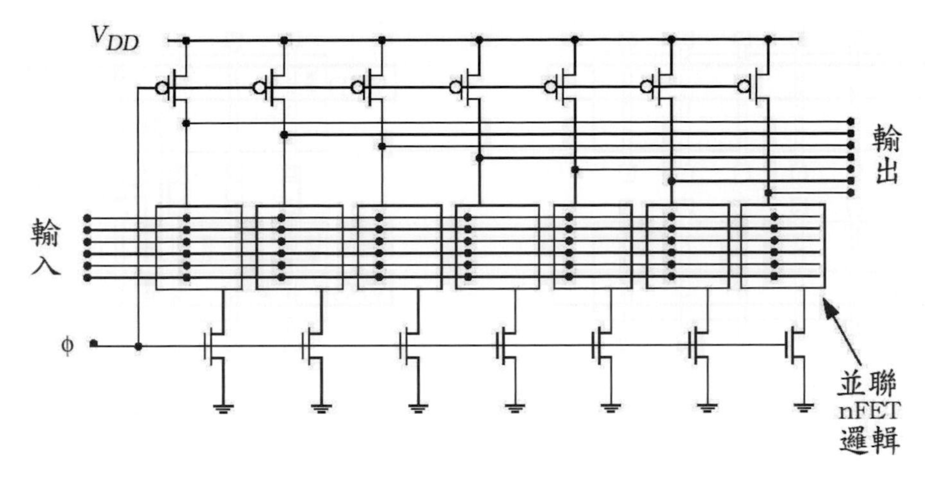

圖 13.47 **一般性以** NOR **為基礎的邏輯平面**

一個靜態的虛 nMOS 設計是藉由刪除這些 n 通道來對 FET 求值，並將這些 pFET 的閘接地所獲得的。由於虛 nMOS 電路是成比例的，因此這個輸出低電壓 V_{OL} 是由 (β_n/β_p) 的值所決定的，但是 NOR 閘的設計是直截了當的。另外一個問題乃是當 $V_{out} = V_{OL}$ 時會有 DC 功率發散發生。一種 PLA 的替代方法乃是設計一個以 NOR 為基礎的 OR-AND 陣列來實際裝置總和的乘積 (POS) 函數。這個陣列使用簡單的邏輯，而且是習題 [13.12] 的主題。

這種方法的可程式特徵可以在圖 13.47 中看到。任一邏輯平面都可以被表示為 NOR 閘的一個陣列。每個閘的輸出都是由 nFET 邏輯區塊所決定的。設計師藉由置放並將 FET 按照須要來導線連接進入每個閘之中而將這個陣列程式規劃。實體設計是以被置放於預先充電一求值電晶體對之間的規則 FET 圖案來表述的其特性。

13.5.2 閘陣列

閘陣列 (gate array) 這個名詞被使用來描述一整個種類的元件。它通常是指在邏輯上可以按照須要而被調整的一片使用者可程式晶片。程式的技術會隨著這片晶片本身的結構而改變。

在實體設計階層，就字面上來看，一個閘陣列乃是在交互連接罩幕階層被以導線連接的邏輯閘的一個陣列所組成的。這種形式的元件的基礎乃是圖 13.48(a) 中所說明的預先定義電晶體「海洋」。常見的 n+ 或 p+ 區域分別被使用來定義 nFET 與 pFET 串。金屬 VDD 與 VSS 線路的位置是已知，但是在一個尚未被程式規劃的陣列之中，並沒有到電源供應的連接；這些連接是由接觸罩幕來加上

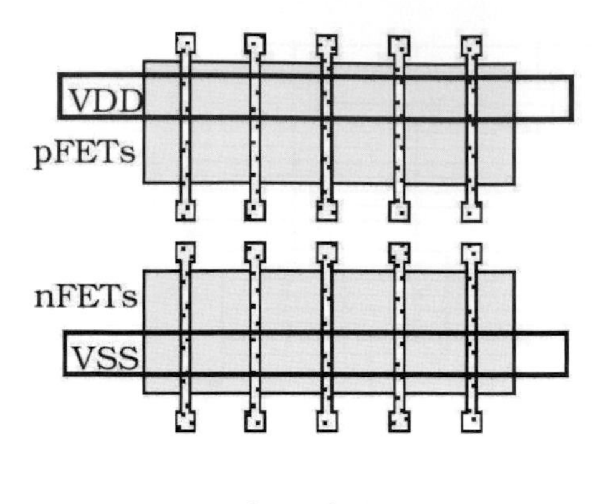

(a) 閘陣列基底

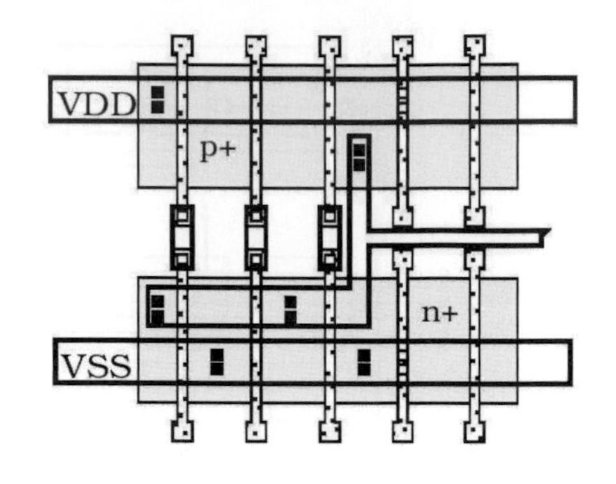

(b) NOR3 閘的導線連接

圖 13.48 一個閘陣列之中的電晶體排列

去。一般性的導線連接是藉由在金屬及接觸罩幕上加進特徵來達成的。

邏輯閘可以使用任何設計風格來加以建構，但是組合靜態設計卻是最簡單且最常見的。一個 NOR3 閘的導線連接被顯示於圖 13.48(b) 之中。電源供應的接觸已經被加到 VDD 與 VSS 線路。互補的 nFET/pFET 對是使用金屬及多晶矽接觸來導線連接的。電晶體的導線連接是以金屬及作用接觸來獲致，而產生三個並聯的 nFET 及三個串聯的 pFET。在這種形式的陣列之中，電性隔離是使用截止的電晶體所達成的。在 NOR3 閘之中，藉由將一個閘極綁至一個電源供應 VDD，邏輯 pFET 會與其它 p 通道電晶體隔開；一個 nFET 閘被連接到 VSS 以提供在 nFET 串相同的效應。更先進的技術使用氧化物隔離來克服高洩漏階層。這會導致較穩定的電性，但是除非常見的 n+/p+ 串被包含進來，否則它會使導線連接變得更為複雜，。

閘陣列使我們得以使用半量身訂製的邏輯來快速地製作原型。由於設計師可以進入到個別電晶體之中，因此在這些電路或邏輯上將不會有任何預先設定的限制。這種過程可以被提升到一個非常高階層的自動化，這是因為這個閘的地圖是明確定義的。一個缺點乃是最終的組態是源自於一個罩幕步驟，因此這片晶圓必須被傳送這條製造線的一部份。這會使這個設計循環增加時間。在電性中可能會發生另一個問題。在一個均勻的閘海洋之中，每種 FET 極性的縱橫比都是一樣的。我們不可能來調整尺寸，因此刪除了對於電晶體尺寸調整很敏感的某些電路。大的 (W/L) 值是很常見的，這使得我們可以以一種簡單的方式來設計高驅動電路。由於這些導線連接的寄生，特別是線路電容，會隨著長度而增大，因此切換速度可能會是一個問題。

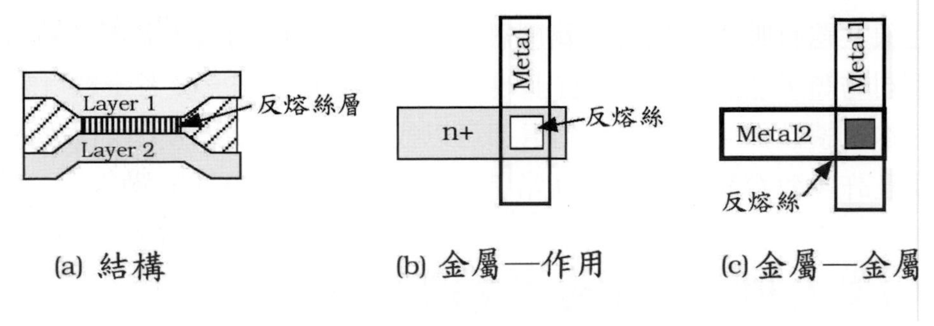

圖 13.49 可程式反熔絲排列

閘陣列設計的完成晶粒會比量身訂製來調整尺寸所得到的晶粒大非常多。這通常不會是我們的一項關切，這是因爲我們主要的目標是在 FET 階層以電路的半量身定製來提供快速的交貨時間 (turnaround)。

對測試邏輯設計以及有限生產的產品而言，**野外可程式閘陣列(field-programmable gate array, FPGA)** 已經變成非常受歡迎。如同它的名稱所暗示，一個 FPGA 可以「在野外」(in the field) 來程式規劃，這與必須在一個實驗室或製造線之中來程式規劃是不相同的。個人電腦的插入電路板讓使用者可以以一種快速、簡單的程序來定義這個邏輯並「燒錄」這個電路。測試一個系統的邏輯設計變成一項更爲直截了當的工作。現代的 FPGA 是極爲稠密，具有數十萬個閘。即使像一個 32 位元管線的微處理器的複雜系統也可以使用一個 FPGA 以硬體來加以模擬。

FPGA 被設計爲一般性的邏輯網路，使用者定義哪些元件會被啓動，以及它們是如何被導線連接的。程式規劃通常是一種電性的過程，這是藉由使用在實體階層就被建構到這個結構中的**反熔絲 (antifuse)** 排列來達成的。圖 13.49(a) 顯示一個反熔絲。由基本定義，正常而言一個反熔絲元件的作用是作爲圖中所顯示的導電層 1 與 2 之間的一個開路來使用。這種反熔絲是藉由強迫一個高電流通過它而被「燒掉」，這會使反熔絲層熔化，並產生介於 Metal1 與 n+ 之間的一個低電阻接觸。這可以如同在圖 13.49(b) 中一般被應用於一個金屬與作用的 n+/p+ 區域之間，或者如同在圖 13.49(c) 中一般被應用於一個金屬與多晶矽層之間。

在 FPGA 之中的原始網路會隨著製造商而改變。最一般性的方法乃是提供包含諸如組合邏輯、閂及或正反器、多工器、及查詢表等元件的一個邏輯區塊。系統設計是以一組 CAD 工具及涵蓋諸如有限狀態機器或同步處理器的許多標準情況的設計筆記而變得比較簡單。FPGA 設計的細節是遠超過本書的範疇，但是關於這項主題有數本優良的書籍已經被撰寫。Smith 的書【參考資料 [10]】涵蓋許多不同的商業產品，而且本質上幾乎是一本百科全書。參考資料 [3] 是這項主題的一本可讀性很高的簡介。到處都可以找到來自網站以及印刷本的製造商的數據，而且許多教育訓練的資訊通常都會被提供來幫助潛在的顧客。

13.6 深入研讀的參考資料

[1] R. Jacob Baker, Harry W. Li, and David E. Boyce, **CMOS Circuit Design, Layout and Simulation**, IEEE Press, Piscataway, NJ, 1998.

[2] Abdellatif Bellaouar and Mohamed I. Elmasry, **Low-Power Digital VLSI Design**, Kluwer Academic Publishers, Norwell, MA, 1995.

[3] Stephen D. Brown, Robert J. Francis, Jonathan Rose, and Zvonko G. Vranesic, **Field-Programmable Gate Arrays**, Kluwer Academic Publishers, Norwell, MA, 1992.

[4] Michael D. Ciletti, **Modeling, Synthesis and Rapid Prototyping with the Verilog HDL**, Prentice Hall, Upper Saddle River, NJ, 1999.

[5] Paul R. Gray and Robert G. Meyer, **Analysis and Design of Analog Integrated Circuits**, 3rd ed., John Wiley & Sons, New York, 1993.

[6] Ken Martin, **Digital Integrated Circuit Design**, Oxford University Press, New York, 2000.

[7] Betty Prince, **High Performance Memories**, John Wiley & Sons, Ltd., West Sussex, U.K., 1999.

[8] Betty Prince, **Semiconductor Memories**, 2nd ed., John Wiley & Sons, Ltd., West Sussex, U.K., 1991.

[9] Jan M. Rabaey, **Digital Integrated Circuits**, Prentice-Hall, Upper Saddle River, NY, 1996.

[10] Michael J. S. Smith, **Application-Specific Integrated Circuits**, Addison-Wesley, Reading, MA, 1997.

[11] John P. Uyemura, **A First Course in Digital System Design**, Brooks-Cole, Monterey, CA, 2000.

[12] John P. Uyemura, **CMOS Logic Circuit Design**, Kluwer Academic Publishers, Norwell, MA, 1999.

[13] M. Michael Vai, **VLSI Design**, CRC Press, Boca Raton, FL, 2001.

13.7 習題

[13.1] 使用圖 13.2 中所顯示的這兩個 SRAM 囊胞的電晶體原始閘來建構開關階層的 Verilog 模組。

[13.2] 建構可以儲存下列記憶體陣列的一段 Verilog 描述
(a) 在 2048 位置之中的 32 位元字元。
(b) 16K 位元組。
(c) 在 8K 位置之中的 8 位元字元。

[13.3] 假設一個 6T SRAM 囊胞被設計來具有一個 1 的 β 比值。即使 $R_A = R_n$，是否還能夠寫入這個囊胞？以電路的方式來解釋你的答案。

[13.4] 考慮在圖 13.31 中所說明的這種劃分字元線路的建築結構。應用邏輯效力的觀念來解釋爲何這種設計會比使用一條單一字元線路的設計更快速。將你的論述使用方程式以一種數量化的方式來呈現。對電容值等等，作一些必要的假設，爲了簡化起見，在你的分析之中使用一個 $r = 2$ 的值。

[13.5] 設計一個邏輯電路來避免圖 13.7 之中的雙埠 SRAM 囊胞之中的寫入衝突。假設兩個埠具有相同的優先權，而且強調的重點是避免同時的寫入。

[13.6] 在一個 DRAM 之中的這個儲存電容器有一個 $C_s = 55$ fF 的值。這個電路將電容器的電壓限制在一個 $V_{max} = 3.5$ V 的值之內。當存取電晶體關閉時，由這個囊胞流出的洩漏電流被估計爲 75 nA。
(a) 在 C_s 上可以儲存多少電子？
(b) 會有多少基本電荷單元 q 由於洩漏電流的緣故而在 1 秒之內離開這個囊胞？
(c) 計算使儲存的電荷數目下降至 100 所須要的時間。

[13.7] 一個 DRAM 囊胞有一個 $C_s = 45$ fF 的儲存電容。它被使用於一個 V_{DD}

$= 3.3$ V 及 $V_{Tn} = 0.55$ V 的系統之中。位元線路電容為 $C_{bit} = 250$ fF。

(a) 求在 C_s 之上所能夠儲存的最大電荷數量。

(b) 假設在這個電容器上的電壓被充電至一個 V_{max} 的階層。控制這個存取 FET 的這條字元線路時間 $t = 0$ 時被下降至一個 $WL = 0$ 的值。洩漏電流被估計為 50 nA。為了檢測一個邏輯 1 的狀態，在位元線路上的電壓必須至少是 1.5 V。求保持時間。

[13.8] 考慮一個 DRAM 囊胞有一個 $C_s = 55$ fF 的儲存電容。電源供應為 $V_{DD} = 3.0$ V，而存取 FET 有一個臨限電壓 $V_{Tn} = 0.65$ V。來自這個儲存電容器的洩漏電流被估計為 250 pA，而位元線路電容為 $C_{bit} = 420$ fF。當字元線路在時間 $t = 0$ 被帶到低電壓時，這個電容器有一個電壓 V_{max} 跨降在它上面。一個讀取操作是在時間 $t = 10$ ms 時藉由將字元線路提升至一個 $WL = 1$ 的值來啓動的。求位元線路上的電壓。

[13.9] 設計一個 AND-OR PLA 具有下列的輸出：

$$\begin{aligned} f_1 &= m_0 + m_2 + m_6 \\ f_2 &= m_0 + m_1 + m_4 + m_5 + m_6 \\ f_3 &= m_3 + m_4 + m_7 \end{aligned} \tag{13.33}$$

建構這個邏輯圖，然後將它轉譯成為一個與 CMOS 相容的電路。

[13.10] 設計一個 OR-AND PLA 來提供下列的輸出：

$$\begin{aligned} F_1 &= M_2 \cdot M_3 \cdot M_5 \\ F_2 &= M_0 \cdot M_1 \cdot M_4 \\ F_3 &= M_1 \cdot M_2 \cdot M_6 \cdot M_7 \end{aligned} \tag{13.34}$$

什麼常見的 CMOS 閘可以被使用來實際裝置這個陣列的實體設計？

[13.11] 使用 NOR 閘來作為一個基礎，設計一個動態的 CMOS AND-OR PLA。設計這個電路使得輸入為 a、b、c，而輸出為

$$\begin{aligned} g_1 &= (a \cdot \overline{b} \cdot c) + (\overline{a} \cdot \overline{b} \cdot \overline{c}) \\ g_2 &= (\overline{a} \cdot \overline{b} \cdot c) + (a \cdot b \cdot c) \\ g_3 &= (a \cdot \overline{b} \cdot \overline{c}) + (a \cdot \overline{b} \cdot c) \\ g_4 &= (\overline{a} \cdot \overline{b} \cdot \overline{c}) + (a \cdot \overline{b} \cdot \overline{c}) \end{aligned} \tag{13.35}$$

[13.12] 設計具有 a、b、c 來作為輸入的一個動態 CMOS NOR-NOR PLA，並且會輸出這些 POS 函數

$$\begin{aligned} f_1 &= (a+\overline{b}+c)\cdot(\overline{a}+b+c) \\ f_2 &= (\overline{a}+b+c)\cdot(a+b+c) \\ f_3 &= (a+\overline{b}+\overline{c})\cdot(\overline{a}+\overline{b}+\overline{c}) \end{aligned} \tag{13.36}$$

首先建構這個邏輯網路，然後設計這個電子電路。

[13.13] 設計一個包含下列數據的 FET 可程式 ROM。

地址	數據
0	0100
1	1111
1	1010
3	0001
4	1011
5	0111
6	1110
7	1001

(13.37)

[13.14] 考慮在圖 13.48(a) 中加以說明的一般性的閘陣列基底。以標準的串聯—並聯結構來設計產生下列這個函數的複雜邏輯閘的導線連接。

$$F = \overline{a\cdot b\cdot c + a\cdot e} \tag{13.38}$$

14. 系統階層的實體設計

CMOS VLSI 設計是圍繞在矽電路的實體特性。一個高階層的建築功能可以使用數種不同電路中的任何一種來實際裝置，但是這些區塊必須被導線連接在一塊才能使這片晶片的設計完成。在本章之中，我們將檢視宏觀實體設計的各層面。

14.1 大規模實體設計

截至這個時點，我們專注於研究使用 CMOS 技術的相對簡單的邏輯函數。一旦一個囊胞元件庫被創造之後，它可以藉由將邏輯單元引例進入主設計之中而被使用來建構一個複雜的 VLSI 系統。這種由下而上的描述代表由低階原始閘到一個高階系統的變遷。在設計層級之中附屬於這項改變的是當所强調的重點由位元階層的微米尺寸結構逐漸演進至較大尺寸的單元及區段時的實質考慮。交互連接線路、訊號分佈、及大電路區塊的特性僅僅只是我們所必須處理的一些問題而已。由於這片晶片的績效最終是由它的組件所決定的，因此實體設計與佈局圖的大規模層面會有關鍵的重要性。將一個快速切換的網路內嵌至一個緩慢的交互連接網目之中會使在低階層設計之中所獲得的速度被抵銷掉。

圖 14.1 中所顯示的一個典型的由上而下設計流程說明了一些重要的問題。在這個系統的 HDL 描述被撰寫及驗證之後，邏輯合成提供一個最初的設計。然後，這個網路會進行模擬，它所强調的重點乃是確保這個設計會如同我們所想要地表現。在這個序列之中再來是平面設計、囊胞置放、時脈的路徑、及訊號的繞線連接等實體設計步驟。這些步驟所關心的是解決晶片建構的大規模問題，而且也是本章的主題。一個高速數位系統的功能是與整體的定時緊密地連結：時脈的分佈、閘延遲、閂住、及其它的考慮。定時的資訊提供將每個後續設計階層與下一階層鏈結的一條回饋路徑。如同在這個圖形的左邊所表明，測試的問題也會在這個設計階段來加以檢視。測試 VLSI 晶片的問題對於產業是如此重要，因此在本書後面有一整章都是致力於這個問題。

一個矽積體電路的尺寸會隨著這個網路的複雜程度及電晶體數目而增大。整個來看，我們的目標乃是以最小面積 A_{chip} 來產生一片晶片，以同時增大每片晶圓的晶片數目 N 及整體的良率 Y。對一個給予的製程及晶圓尺寸而言，這項目

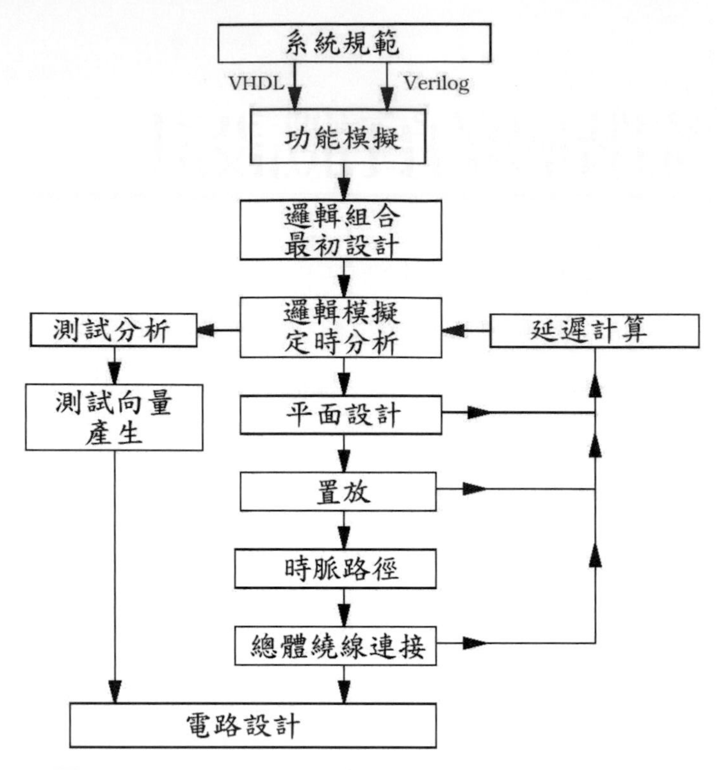

圖 14.1 設計流程顯示晶片階層的實體設計議題

標可能是挑選這個設計的最小尺寸的晶粒。無論實際晶片的尺寸是多大，當建構整片晶片時，會有一些與實體設計相關的問題會出現。最重要的議題將在本章之中加以介紹。這些問題之中的一些，例如交互連接的延遲及導線連接，便被認爲是未來我們所預期的主要設計障礙。

14.2 交互連接延遲的模擬

在高密度 VLSI 之中最關鍵的問題之一便是處理交互連接線路。它們引進了訊號延遲，這個訊號延遲會影響系統定時，而且經常會導致極爲複雜的佈局圖繞線連接問題。我們已經看到在製造過程之中給予交互連接線路特殊處理的許多範例：矽化物的多晶矽線路、多重金屬交互連接層、及銅的使用。在本節之中，我們將建構可提供交互連接延遲數學模型的等效電路。繞線連接的技術將在 14.5 節中加以討論。

我們分析的起點乃是圖 14.2 中所顯示代表晶片上一層任意材料層的簡單隔離交互連接線路。這條線路的尺寸被顯示爲具有長度 l、寬度 w、及厚度 t。由 In 至 Out 的這個線路電阻 R_{line} 是由下列的公式所給予的

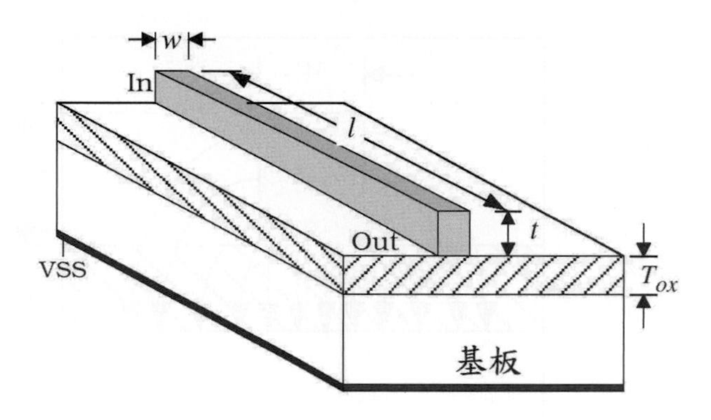

圖 14.2 隔離的交互連接線路

$$R_{line} = R_s\left(\frac{l}{w}\right)\Omega \tag{14.1}$$

其中 R_s 是這層的片電阻，而 (l/w) 是具有 $(w \times w)$ 尺寸的方塊數。定義每單位長度的電阻 r 爲

$$r = \frac{R_s}{w}\ \Omega/\text{cm} \tag{14.2}$$

這個方程式會成爲

$$R_{line} = rl \tag{14.3}$$

這顯示寄生電阻隨著線路長度 l 的增大是一種容易處理的型式。顯然，諸如多晶矽的高電阻率層會比低電阻率的金屬有更多的問題。

線路的總電容 C_{line} 可以使用簡單的平行板公式來估計

$$C_{line} = \frac{\varepsilon_{ox} lw}{T_{ox}}\ \text{F} \tag{14.4}$$

其中 T_{ox} 是線路與基板的這層氧化物的厚度。C_{line} 又被稱爲是這條線路的**自我電容 (self-capacitance)**。雖然這個方程式提供了一個最初的估計，但是它忽略了當這條線路是在一個正電壓時，來自邊緣及側邊的電場邊緣效應。圖 14.3 說明邊緣的電場修正的起源。將這些效應列入考慮的每單位長度電容 c 的一個經驗公式爲 [10]

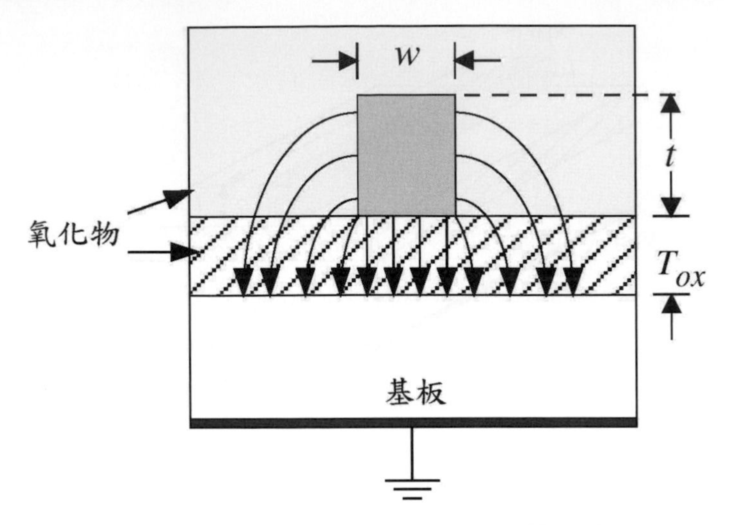

圖 14.3 一條隔離的交互連接的電場線

$$c = \varepsilon_{ox}\left[1.15\left(\frac{w}{T_{ox}}\right) + 2.8\left(\frac{t}{T_{ox}}\right)^{0.222}\right] \text{ F/cm} \tag{14.5}$$

使得

$$C_{line} = cl \tag{14.6}$$

是總電容，單位為法拉。觀念上，第一項代表由這條線路底邊的邊緣，而第二項是由厚度 t 所決定的，而且是由邊牆效應所造成的。在一片 CMOS 晶片之中，最大的線路電容值將在最接近基板的這些層上。

範例 14.1

考慮一條一階的金屬交互連接，具有下列的截面尺寸 w = 0.35 μm 及 t = 0.7 μm，而且從一層厚度為 T_{ox} = 0.9 μm 的一層氧化層上面經過。每單位長度的電容為

$$c = (3.9)(8.854\times10^{-14})\left[1.15\left(\frac{0.35}{0.9}\right) + 2.8\left(\frac{0.7}{0.9}\right)^{0.222}\right] \tag{14.7}$$

如果片電阻為 $R_s = 0.02\ \Omega$，則每單位長度的電阻為

$$r = \frac{0.02}{0.35\times10^{-4}} = 571\ \Omega/\text{cm} \tag{14.8}$$

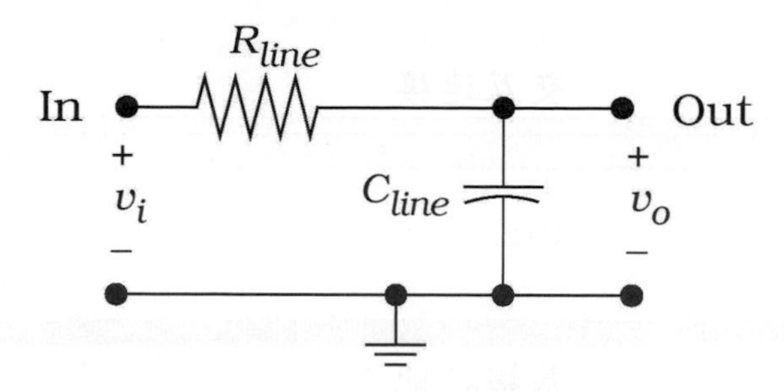

圖 14.4 單一階的階梯模型

一條長度爲 $l = 40\ \mu m$ 的交互連接的特性被表述爲

$$\begin{aligned} R_{line} &= (571)(40\times10^{-4}) = 2.29\ \ \Omega \\ C_{line} &= (1.07)(40\times10^{-4}) = 4.28\ \ \text{fF} \end{aligned} \tag{14.9}$$

將長度增大爲 $l = 225\ \mu m$，會得到

$$\begin{aligned} R_{line} &= (571)(225\times10^{-4}) = 12.85\ \ \Omega \\ C_{line} &= (1.07)(225\times10^{-4}) = 24.1\ \ \text{fF} \end{aligned} \tag{14.10}$$

而這個電阻仍然相對地小【因爲 R_s 很小】，寄生的線路電容是在 MOSFET 值的階層，使它對於這項分析是很重要的。

計算 R_{line} 與 C_{line} 的值使我們得以來建構電路模型來研究這些寄生電阻與電容的效應。模擬這條線路的最簡單方法乃是建構圖 14.4 中所顯示的這個簡單的二元件電路來包含由 In 至 Out 的這條線路的效應。這被稱爲是一個「單階階梯電路」，這是因爲它被畫圖的方式所致。如果輸入電壓 $v_i(t)$ 以一種步階的方式由 0 改變至 1 【反之亦然】，輸出電壓 $v_o(t)$ 的改變會被這個時間常數所延遲

$$\tau = R_{line}C_{line} \tag{14.11}$$

這構成了交互連接線路如何影響訊號的傳輸的一個低階的估計。我們必須更深入地探討這些寄生元件的起源，以瞭解何以這只是一種粗糙的近似而已。我們的研讀將使我們得以推導時間常數的一個更精確的值。

考慮一條交互連接線路如同圖 14.5 中所顯示地在 z 方向上延伸。輸入電壓 $v_i(t)$ 被施加在 $z = 0$ 處，而輸出是在 $z = l$ 處。如果我們將脈波輸入電壓改變至 $v_i \rightarrow V_{DD}$，則這個驅動源必須使電流移動通過這條電阻性的線路，而同時對

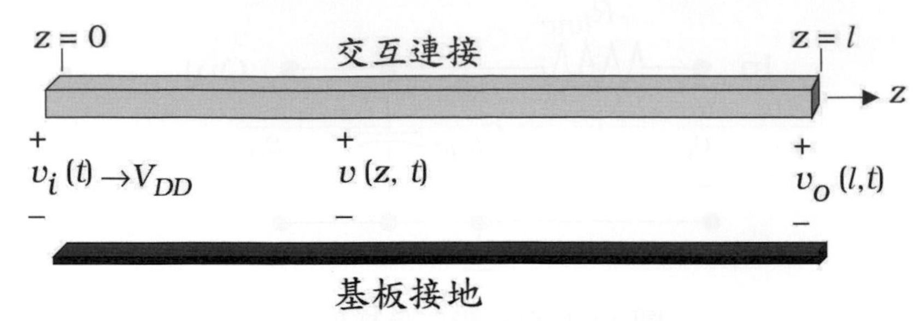

圖 14.5 **一條交互連接線路的物理模型**

它所碰到的線路電容充電。物理上，這項充電是在 $z = 0$ 處開始，並隨著 z 的增大而往右前進，因此線路電壓本身事實上是位置 z 與時間 t 兩者的一個函數。因此，我們將它指定爲 $v(z,t)$。這條線路的電阻與電容兩者本質上都是增量的 (incremental)；使用集總元件 (lumped element) 的值 R_{line} 與 C_{line} 來近似本質上就會限制這項分析的精準度。

有兩種技術可以被使用來模擬這個問題。第一種方法乃是將這條線路分割爲數個 RC 階梯來近似這些寄生電阻與電容的分佈本性。圖 14.6 說明這個程序。線路電阻 R_{line} 與線路電容 C_{line} 被劃分爲 m 個區段，具有下列給予的值

$$R_{in} = \frac{R_{line}}{m}, \quad C_{in} = \frac{C_{line}}{m} \tag{14.12}$$

然後，這些值被用來建構多階的 (multirung) 階梯。$m = 1$ 的這種狀況被顯示於圖 14.6(a) 之中。這個電路是由下列的參考時間常數來加以定義的

$$\begin{aligned} \tau_1 &= R_1 C_1 \\ &= R_{line} C_{line} \end{aligned} \tag{14.13}$$

圖 14.6(b) 之中的這個 2 階的階梯的時間常數 τ_2 可以使用艾耳摩公式來加以分析爲

$$\tau_2 = C_2(2R_2) + C_2(R_2) = 3R_2C_2 \tag{14.14}$$

相類似地，圖 14.6(c) 之中的這個 3 階的階梯是以下列的這個時間常數表示式來加以描述

$$\tau_3 = C_3(3R_3) + C_3(2R_3) + C_3(R_3) = 6R_3C_3 \tag{14.15}$$

一般而言，一個 m 階的階梯有一個時間常數

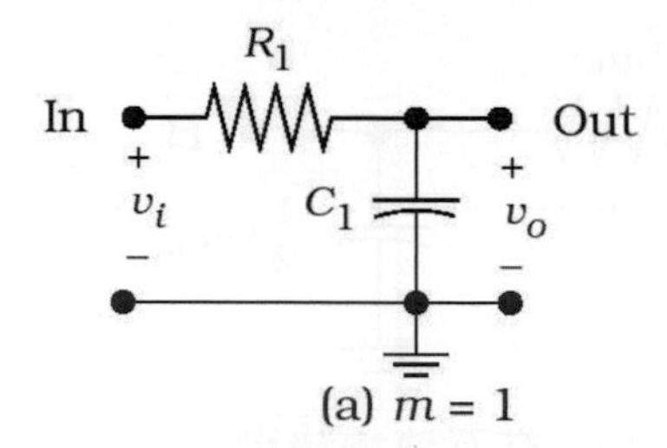

(a) $m = 1$

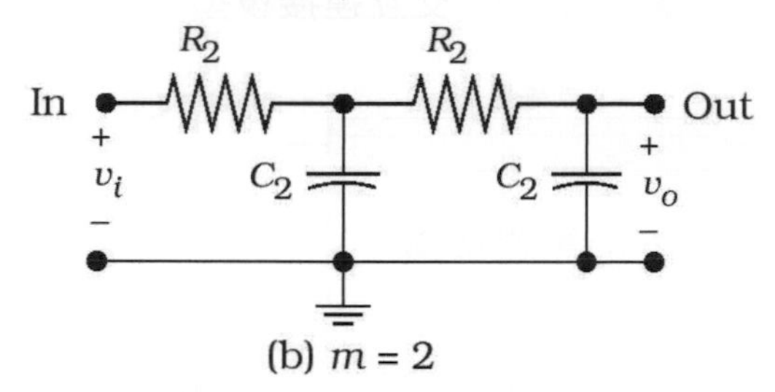

(b) $m = 2$

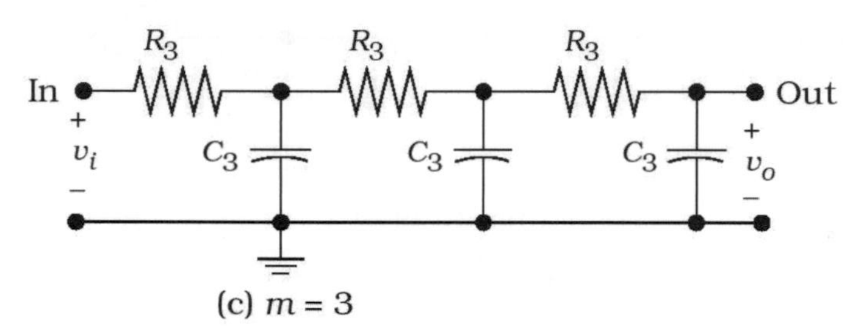

(c) $m = 3$

圖 14.6 多階的階梯電路

$$\tau_m = \frac{m(m+1)}{2} R_m C_m \tag{14.16}$$

將方程式 (14.12) 之中的這些關係代入這個表示式之中會給予下列以線路總電阻及電容來加以表示的時間常數的型式

$$\tau_m = \frac{m(m+1)}{2}\left(\frac{R_{line}}{m}\right)\frac{C_{line}}{m} = \frac{m(m+1)}{2m^2} R_m C_m \tag{14.17}$$

對大 m 值，這會有一個極限的型式

$$\tau = \tau_m \longrightarrow \frac{1}{2} R_{line} C_{line} \tag{14.18}$$

來作爲這條線路的總時間常數 τ。將這個方程式重寫爲

$$\tau = R_{line}\left(\frac{C_{line}}{2}\right) \tag{14.19}$$

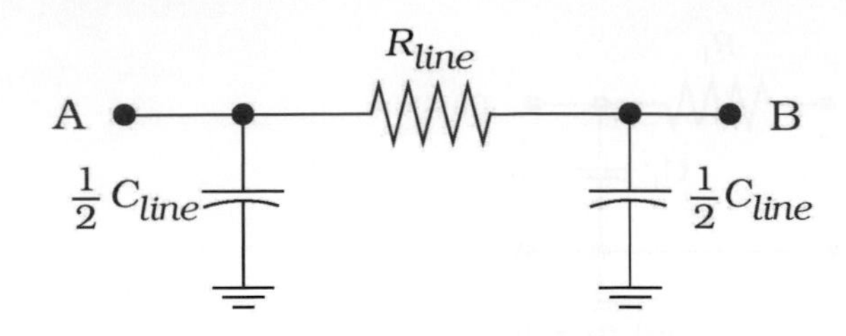

圖 14.7 簡單的 RC 交互連接模型

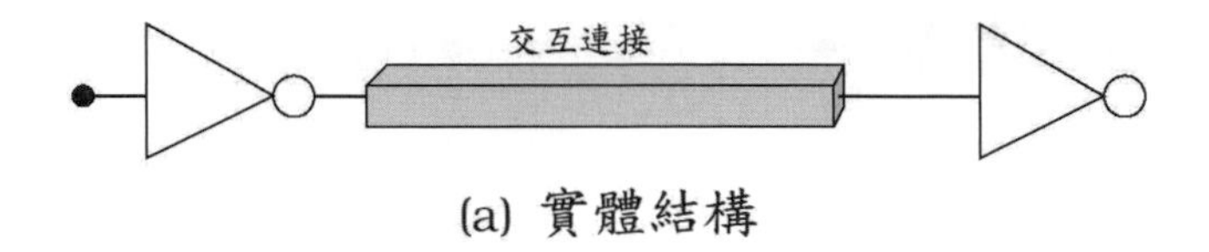

(a) 實體結構

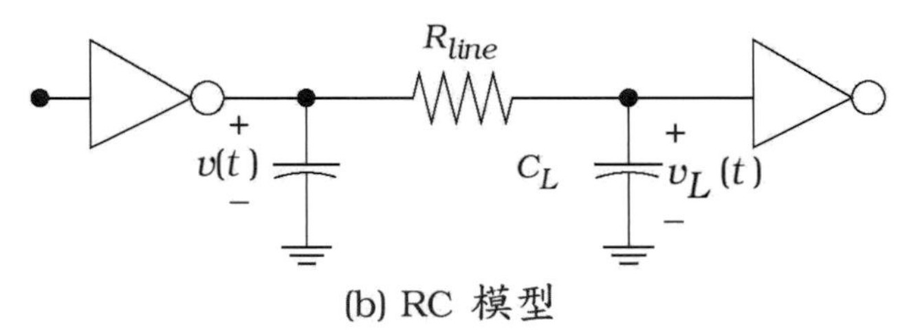

(b) RC 模型

圖 14.8 使用這個交互連接模型來估計訊號延遲

引領我們得到圖 14.7 中的「集總元件」網路。[1] 藉由將 $(C_{line}/2)$ 置放於每一端，這會使線路電容的效應被平衡。在實際的應用之中，這個簡化的交互連接模型經常被使用來獲得線路延遲的一個合理的一階估計。

圖 14.8 提供應用這個模型來計算訊號延遲的一個範例。圖 14.8(a) 之中的這條交互連接線路將兩個邏輯閘連接起來。驅動閘產生一個必須被傳輸至負載閘的輸出。這個 π 模型被使用來產生圖 14.8(b) 中的等效電路，圖中我們已經定義電壓 $v(t)$ 與 $v_L(t)$ 是分別對應於驅動閘輸出及負載的值。負載電容器 C_L 代表總負載電容，而且被給予爲

$$C_L = \left(\frac{1}{2}\right)C_{line} + C_{in} \tag{14.20}$$

而 C_{in} 是負載閘的輸入電容。注意 $v(t)$ 被定義爲跨降在左邊電容器上的一個驅動電壓。這種線路所衍生的訊號延遲可以藉由指定驅動電壓 $v(t)$ 然後計算響應 $v_L(t)$ 而計算得到。

讓我們使用圖 14.9 中所顯示的 $v(t)$ 的脈波輸入。在時間 t = 0 時，電壓

[1] 這被稱爲一個 「π」網路因爲這些元件被排列來形成這個希臘字母。

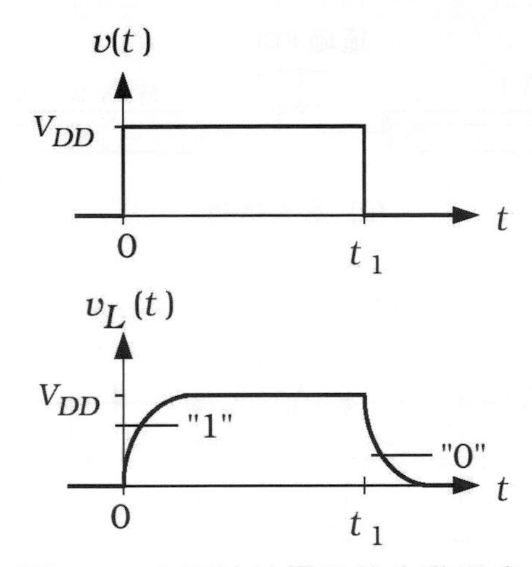

圖 14.9 交互連接電路的步階響應

以步階的方式由 0 V 改變至 V_{DD}。這項變遷可以被寫成

$$v(t) = V_{DD}u(t) \tag{14.21}$$

其中 $u(t)$ 是單位步階函數，被定義爲

$$u(t) = \begin{cases} 0 & (t < 0) \\ 1 & (t \geq 0) \end{cases} \tag{14.22}$$

這個電路的步階函數爲

$$v_L(t) = V_{DD}\left[1 - e^{-(t/\tau)}\right] \tag{14.23}$$

其中時間常數被給予爲

$$\tau = R_{line}C_L \tag{14.24}$$

如同在 $v_L(t)$ 圖形中所看到，這個寄生的效應乃是使上升減緩。最重要的一點乃是 $v_L(t)$ 必須在這個負載閘將這個輸入解讀爲一個邏輯 1 的值之前達到一個邏輯 1 的電壓【圖形中被顯示爲「1」】。

當 $v(t)$ 在時間 t_1 時由 V_{DD} 變遷至 0 V，相反的情況會發生。將驅動電壓以下式來加以模擬

$$v(t) = V_{DD}\left[1 - u(t - t_1)\right] \tag{14.25}$$

會給予一個衰減的電壓響應

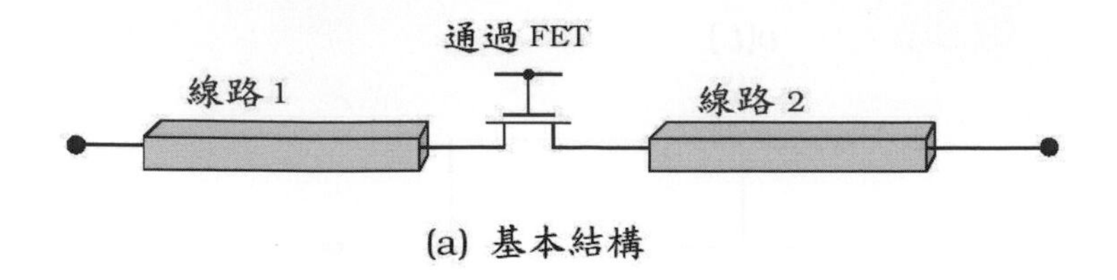

(a) 基本結構

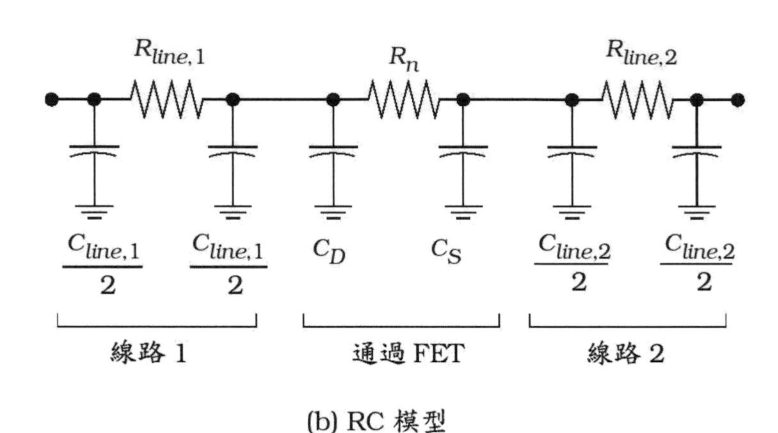

(b) RC 模型

圖 14.10 **模擬交互連接線路連同一個串聯的通過** FET

$$v_L(t) = V_{DD} e^{-(t-t_1)/\tau} \tag{14.26}$$

對 $t \equiv t_1$，這會成立。這個下降中的 $v_L(t)$ 值必須在負載閘感測這項變遷之前達到圖形中所顯示的這個「0」電壓。這個簡單的範例說明了交互連接的寄生一定會在 VLSI 網路中衍生訊號延遲的這件事實。

另一個範例被顯示於圖 14.10 之中。在圖 14.10(a) 之中的這個原始電路是由兩條交互連接線路連同它們之間的一個通過電晶體所構成的。圖 14.10(b) 之中的這個電路等效是使用導線與電晶體兩者的 RC 模型所得到的。這些 nFET 寄生的 R_n、C_D、及 C_S 是使用第六章之中所呈現的方程式來計算得到。注意並聯的電容器可以被合併來給予在內部節點的

$$\begin{aligned} C_1 &= C_D + \frac{C_{line,1}}{2} \\ C_2 &= C_S + \frac{C_{line,2}}{2} \end{aligned} \tag{14.27}$$

這個簡化的模型可以使用一個電路模擬程式來分析以決定延遲特性。

一項更為精準的分析是藉由使用一個 m 階的階梯網路來模擬這條交互連接來獲得的。這種方法的缺點乃是模擬這個電路所增加的計算時間。譬如，SPICE 分

析一個 n 節點電路所需要的 CPU 時間會隨著 n^2 來增大。因此即使我們使用簡單的交互連接模型，大型的 VLSI 電路區段可能還是會花費許多小時來模擬。通常，提供個別線路的延遲模型，然後使用它們來作爲電路模擬之中的巨集將會是比較有效率的。

雖然 RC 階梯很容易目視，然而在圖中的這個模擬電壓 $v(z,t)$ 的問題本質上是微分的問題。在這個階層分析交互連接會給予這個偏微分方程式 [14]

$$\frac{\partial^2 v(z,t)}{\partial z^2} = rc\frac{\partial v(z,t)}{\partial t} \tag{14.28}$$

這個方程式將這個電壓描述爲位置與時間的一個函數。當具有下列的一個步階輸入電壓來作爲一個邊界條件時

$$v(z=0,t) = V_{DD}u(t) \tag{14.29}$$

在一條無窮長的線路上的電壓被給予爲

$$v(z,t) = V_{DD}\,\mathrm{erfc}\left(\sqrt{\frac{rc}{4t}}\,z\right)u(t) \tag{14.30}$$

其中 $\mathrm{erfc}(\xi)$ 是互補誤差函數 (**complementary error function**)。一般而言，$\mathrm{erfc}(\xi)$ 會隨著模數 ξ 的增大而降低，而且是由這個積分表示法來加以描述

$$\mathrm{erfc}(\xi) = \frac{1}{\sqrt{\pi}}\int_{\xi} e^{-\alpha^2}\,d\alpha \tag{14.31}$$

將它微分會得到斜率爲

$$\frac{d}{d\xi}([\mathrm{erfc}(\xi)]) = -\frac{1}{\sqrt{\pi}}e^{-\xi^2} \tag{14.32}$$

這個方程式具有高斯的型式。然而，注意在這種狀況之下，$\xi = \xi(z,t)$，因此空間與時間的變化會同時被包含在這種運動之中。在方程式 (14.28) 之中的這個微分具有與熱力學的熱擴散方程式相同的型式。由於這個原因，電壓被視爲沿著線路往下擴散 (**diffusing**)，使得誤差函數的模數

$$\xi = \sqrt{\frac{rc}{4t}}\,z \tag{14.33}$$

會描述這種運動。這可以藉由保持 ξ 固定不變來看出：當時間 t 增大時，位置 z 必須使 ξ 保持在相同的值，而且以一種非線性【平方】的方式來增大。

在實際的應用之中，使用諸如 MatLab 及 MathCad 等計算機程式之中所提供的數值會比較簡單。雖然這個微分方程式提供更精準的訊號延遲值，加進諸如有限線路連同電容性的節點等實際的限制會使這項分析變成相當複雜。只有一些問題可以得到封閉型式的解答，這使數值分析成為必要的。由於這個理由，VLSI 設計師通常會比較喜歡使用較簡單的 RC 模型來作為大多數訊號路徑的最初估計。

14.2.1 訊號延遲對線路長度

這項分析的最重要結果之一乃是延遲時間常數 τ 對於線路長度 l 的相依性。使用上面所討論的任何分析技術都可獲得一致的結果。

時間常數的最簡單估計乃是由方程式 (14.11) 而得到下列的型式

$$\tau = R_{line} C_{line} \tag{14.34}$$

將方程式 (14.3) 及 (14.6) 代入，得到

$$\tau = Bt^2 \tag{14.35}$$

其中 $B = rc$ 是這條線路的一個常數，單位為 sec/cm^2。這顯示這個訊號延遲是正比於這條線路長度的平方。這種二次的相依性被顯示於圖 14.11 之中，而且對於在 VLSI 網路之中使用長交互連接線會有一主要的影響。由於不相等的線路長度會有不同的訊號延遲，因此這要求我們必須小心地規劃交互連接的導線連接，特別是在關鍵的數據路徑更必須小心。系統設計師必須很小心來精確地模擬及設

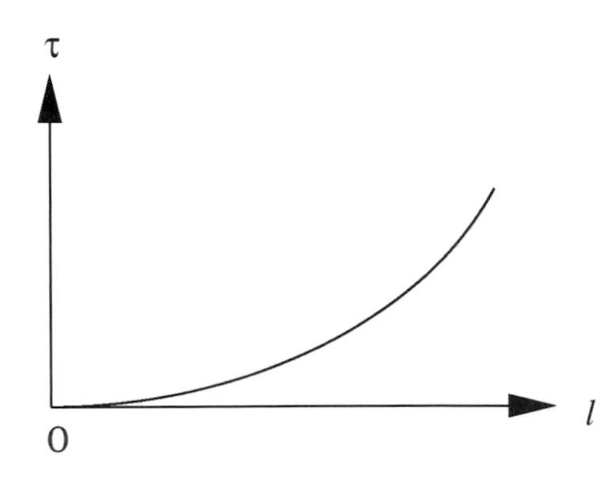

圖 14.11 時間延遲對線路長度的拋物線相依性關係

計交互連接的網路，以確保這個系統可以在我們所想要的速度來操作。

範例 14.2

假設已知一條長度爲 50 μm 的交互連接上的訊號延遲爲 0.13 ps。如果這條線路被增長至 100 μm，延遲會升高至下列的值

$$\tau = \left(\frac{0.13}{50^2}\right)100^2 = 0.52 \quad \text{ps} \tag{14.36}$$

其中我們已經使用這些給予的數據來求得這個方程式中的 B。一條 200 μm 長的線路有下列的一個延遲

$$\tau = \left(\frac{0.13}{50^2}\right)200^2 = 2.08 \quad \text{ps} \tag{14.37}$$

這顯示交互連接導線的相對長度會成爲重要的因素。

14.2.2 處理交互連接延遲

沿著交互連接線路的訊號延遲可能是高速系統設計之中的限制因素。在關鍵的單一位元路徑之中，它們必須被加到正常的閘延遲來獲得這個問題的一個精準的圖像。對於訊號的整體分佈，比方說在一個同步系統中的時脈 ϕ，它們會變得特別重要。在以字元爲取向的結構之中，一個 n 位元字元的每個位元都必須由一個單元被傳輸到另一個單元，最慢的位元傳輸路徑決定整個字元的數據流動速度。仔細的繞線連接規劃被使用來試圖使每個位元的線路長度相等。

由於交互連接延遲本質上就是電路與佈局的問題，因此詳細的分析通常是由電路設計群所進行的。他們被賦予創造出可以被使用於模擬程式之中，而不會消耗過量電腦時間的精確電路模型的這項工作。設計使用手冊通常會提供被表示爲電路或程式碼格式的這種型式的資訊，其它設計師可以藉由插入參數數值來直接使用。然後，高階的系統與邏輯設計師可以估計沿著所有路徑的交互連接延遲，以作爲建築結構的驗證使用。

無論如何來强調交互連接延遲的重要性都不過份。在特定問題範圍之中將會呈現更多的範例。在這些範例之中，在下一章之中所討論的總體時脈分佈的問題乃是高速同步設計的最爲關鍵的層面。

14.3 跨談

每當一條交互連接線路被置於與其它交互連接線路緊密相鄰時，這些導體會被一個寄生電容所耦合。在這些線路之中的一條施加一個電壓脈波會在所有與它耦合的線路上衍生一個雜散的訊號。這種現象稱為**跨談 (crosstalk)**。由於在一個邏輯閘的輸入處的一個雜散訊號可能會造成一個不正確的輸出，因此處理跨談問題是設計高密度 VLSI 晶片的一個非常重要的層面。

考慮圖 14.12 中所顯示的佈局圖，其中線路 1 與線路 2 是藉由寄生電容而彼此耦合。電容會隨著兩個導體之間的距離縮小而增大。因此最強的耦合是出現在這兩條線路被最小距離 S 所分隔之處。假設線路 1 與線路 2 分別具有電壓 V_1 與 V_2。讓我們以 C_c 來表示總耦合電容。電壓差 $V_{12} = (V_1 - V_2)$ 會衍生一個由線路 1 流動至線路 2 的電流 i_{12}，這個電流是由基本的電容器方程式來加以描述

$$i_{12} = C_c \frac{dV_{12}}{dt} = C_c \frac{d(V_1 - V_2)}{dt} \tag{14.38}$$

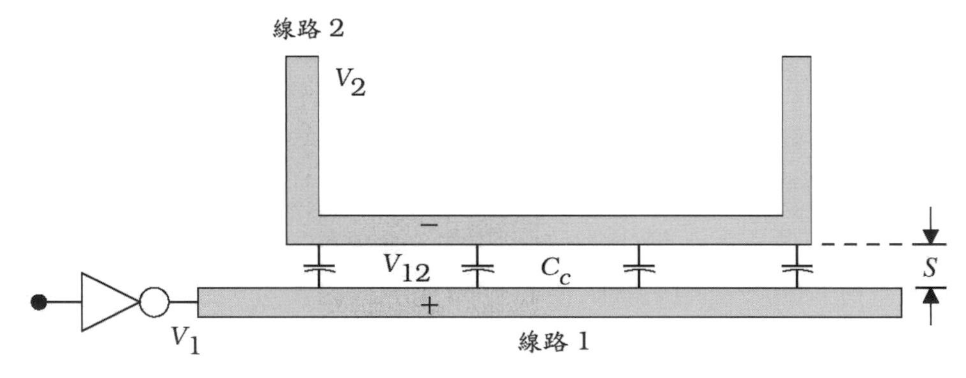

圖 14.12 兩條線路之間的電容性耦合

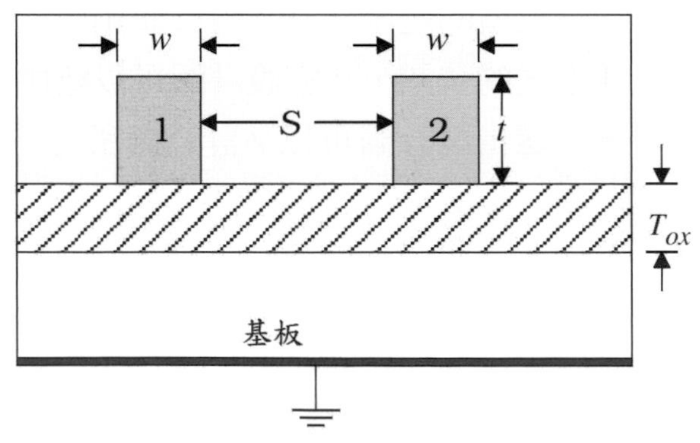

圖 14.13 耦合電容計算所使用的幾何形狀

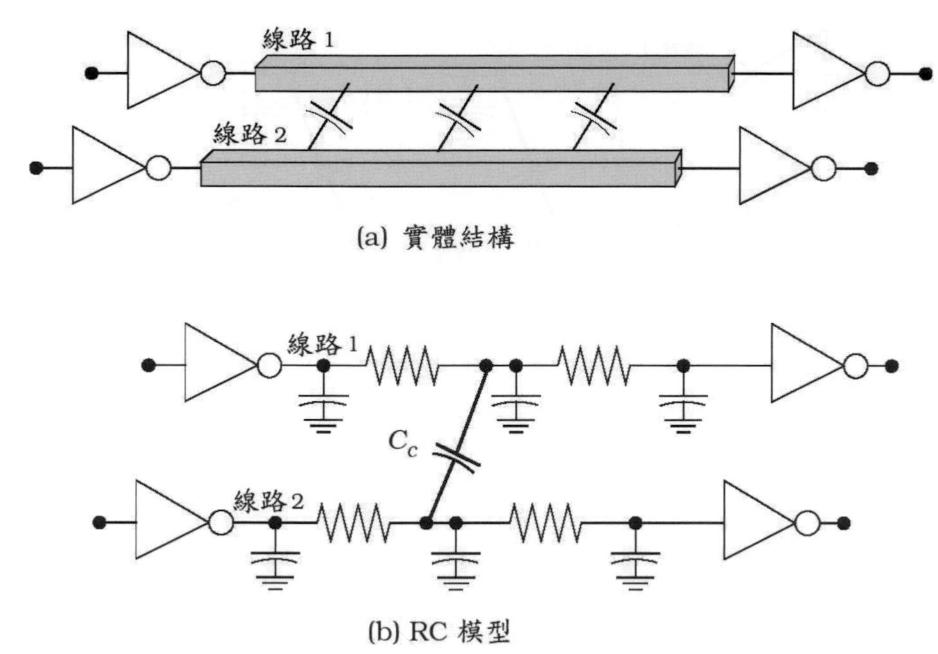

圖 14.14 集總元件耦合電路模型

這表示了電容性跨談的基礎。如果 C_c 很大，或者如果電壓差異 $(v_1 - v_2)$ 很快速地改變的話，就會有很強的耦合存在。由於高速設計要求大的時間導數【對應於快速改變的訊號】，因此 VLSI 設計經常是藉由降低 C_c 然後檢視切換極限來處理跨談。

圖 14.13 提供了以一個間隔 S 來分開的兩條相鄰交互連接線路【被標示為 1 與 2】的一個截面圖。每單位長度耦合電容的一個經驗方程式為 [10]

$$c_c = \varepsilon_{ox}\left[0.03\left(\frac{w}{T_{ox}}\right) + 0.83\left(\frac{t}{T_{ox}}\right) - 0.07\left(\frac{t}{T_{ox}}\right)^{0.222}\right]\left(\frac{S}{T_{ox}}\right)^{-1.34} \tag{14.39}$$

單位為 F/cm。單位為法拉的這個耦合總電容 C_c 是由下式來計算得到

$$C_c = c_c l_c \tag{14.40}$$

其中 l_c 是具有 S 間隔的耦合區段的長度。這顯示 c_c 會隨著 $(1/S)^{4/3}$ 來增大，因此使用一個小的線路間隔會使這個耦合電容增大。佈局圖設計法則將 S_{min} 被指定數值的這項事實列入考量。一條以跨談為基礎的設計法則會使石刻印刷可能能夠產生更細微的線路間隔的這項事實失效。

另外一個使用耦合電容 C_c 的範例被顯示於圖 14.14 之中。原始的電路【圖

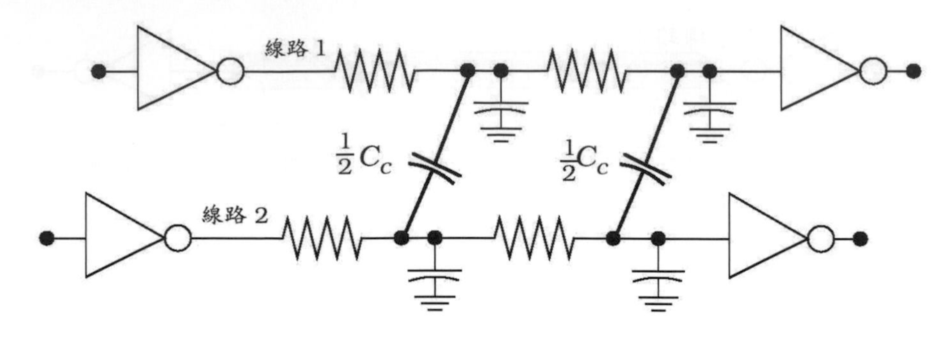

圖 14.15 耦合電路的替代模型

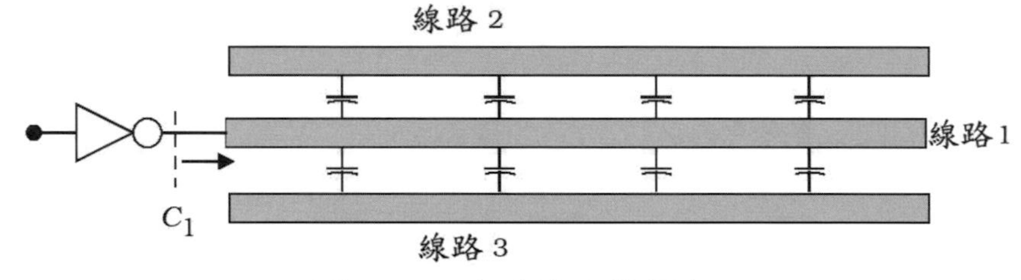

圖 14.16 多重線路的耦合

14.14(a)】連同這個佈局圖的尺寸提供了計算包括這個 C_c 值的這些寄生所需要的細節。這也可以被使用於諸如圖 14.14(b) 中所顯示的一個集總元件等效模型之中。這種方法對每一條交互連接線路使用一個對稱的 RC 等效電路，並且在中間使用一個具有 C_c 值的單一電容器來模擬這種耦合。圖 14.15 中所顯示的這個替代模型將這種耦合劃分爲兩個電容器 ($C_c/2$)；其它的拓撲也是可能的。

一條線路的總電容是由自身電容【由線路至接地】及任何耦合項所構成的。讓我們分別以 C_{11} 及 C_{22} 來表示線路 1 及 2 的自身電容，這些只是每條線路的適當 C_{line} 值而已。看進線路 1 的總電容被給予爲

$$C_1 = C_{11} + C_c \tag{14.41}$$

相類似地，線路 2 的總電容爲

$$C_2 = C_{22} + C_c \tag{14.42}$$

這些值對於設計每條線路的驅動電路是很重要的。如果一條交互連接線路被耦合至兩條相鄰的線路，則這兩條線路對總電容都會有所貢獻。圖 14.16 說明當線路 1 同時與線路 2 及線路 3 交互作用的這種狀況。在緊密間隔的區段之中，線路 1 的每單位長度總電容爲

$$c_1 = c + 2c_c \quad \text{F/cm} \tag{14.43}$$

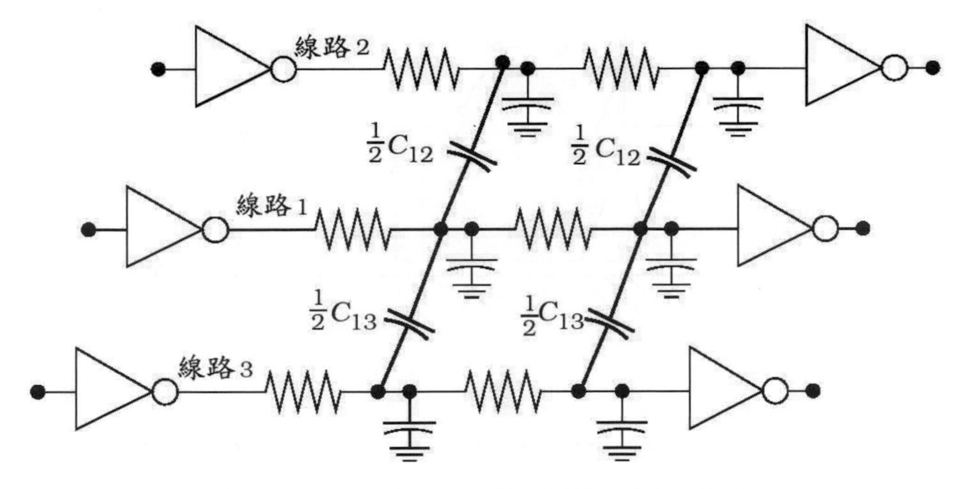

圖 14.17　3 條線路耦合問題的電路模型

將它乘以長度會給予總電容。理論上，晶片上的每個導體會與其它導體交互作用。然而實際上，我們通常將自己限制於最近鄰居 (**nearest -neighbor**) 之間的耦合，這可由 c_c 隨著 S 的增大而下降來使它合理化。

讓我們來檢視 3 線路網路的交互作用的物理。當具有最近鄰居的耦合時，在線路 1 上的電荷 Q_1 被寫成

$$Q_1 = C_{11}V_1 + C_{12}(V_1 - V_2) + C_{13}(V_1 - V_3) \tag{14.44}$$

其中 C_{12} 與 C_{13} 分別是由線路 1 至 2 以及由線路 1 至 3 的耦合電容，而 V_i 是在第 i 條線路 $(i = 1, 2, 3)$ 上的電壓。在線路 2 與線路 3 上的電荷爲

$$\begin{aligned} Q_2 &= C_{21}(V_2 - V_1) + C_{22}V_2 \\ Q_3 &= C_{31}(V_3 - V_1) + C_{33}V_3 \end{aligned} \tag{14.45}$$

這是因爲它們並不會彼此交互作用。這些方程式可以被合併來得到這種矩陣的型式

$$\begin{bmatrix} Q_1 \\ Q_2 \\ Q_3 \end{bmatrix} = \begin{bmatrix} (C_{11} + C_{12} + C_{13}) & -C_{12} & -C_{13} \\ -C_{21} & (C_{22} + C_{21}) & 0 \\ -C_{31} & 0 & (C_{33} + C_{31}) \end{bmatrix} \begin{bmatrix} V_1 \\ V_2 \\ V_3 \end{bmatrix} \tag{14.46}$$

我們可以證明這個電容矩陣是對稱的，具有 $C_{ij} = C_{ji}$。由於電流是電荷的時間導數，我們計算

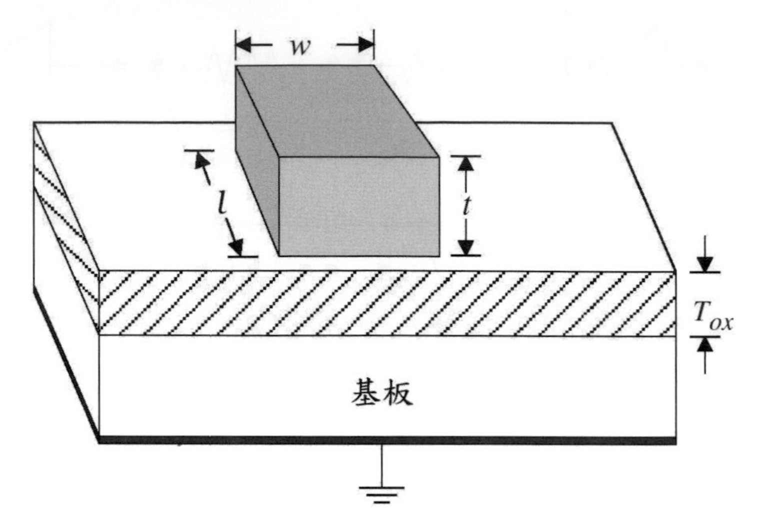

圖 14.18 平板幾何形狀

$$\begin{bmatrix} i_1 \\ i_2 \\ i_3 \end{bmatrix} = \frac{d}{dt}\begin{bmatrix} Q_1 \\ Q_2 \\ Q_3 \end{bmatrix} = \begin{bmatrix} (C_{11}+C_{12}+C_{13}) & -C_{12} & -C_{13} \\ -C_{21} & (C_{22}+C_{21}) & 0 \\ -C_{31} & 0 & (C_{33}+C_{31}) \end{bmatrix} \frac{d}{dt}\begin{bmatrix} V_1 \\ V_2 \\ V_3 \end{bmatrix} \tag{14.47}$$

這顯示線路電壓之中 (dV_1/dt) 的任何改變都會使 $i_2(t)$ 與 $i_3(t)$ 兩者都改變，其中這個效應的大小是由電容器的尺寸以及電壓的改變速率所決定的。相類似地，改變中的電壓 (dV_2/dt) 或 (dV_3/dt) 會造成 $i_1(t)$ 流動。這個 3 條線路的網路的電路階層的模型被顯示於圖 14.17 之中。我們可以使用一個標準的電路模擬器來加以分析。

在這個時點，引進圖 14.18 中所顯示的一塊隔離板的電容公式是很值得的。這個平板的總電容 C_p [F] 可以使用下式來估計

$$C_c = \varepsilon_{ox}\left[1.15\left(\frac{A}{T_{ox}}\right) + 1.40P\left(\frac{t}{T_{ox}}\right)^{0.222} + 4.12T_{ox}\left(\frac{t}{T_{ox}}\right)^{0.728}\right] \tag{14.48}$$

其中 $A = wl$ 是這塊平板底部的面積，而 $P = 2(w+l)$ 是周線。在這個表示式之中，第一項代表底部及邊緣的貢獻，第二項則給予邊牆的相加，而最後一項則代表這些角落。

跨談也會發生在不同材料層上的重疊線路之間。圖 14.19 說明 Metal2 從一條 Metal1 線路上跨越的這種狀況。關鍵的參數是這兩層之間的氧化物的厚度 $T_{ox,12}$。重疊電容 $C_{ov,12}$ 的最簡單近似就是平行板公式

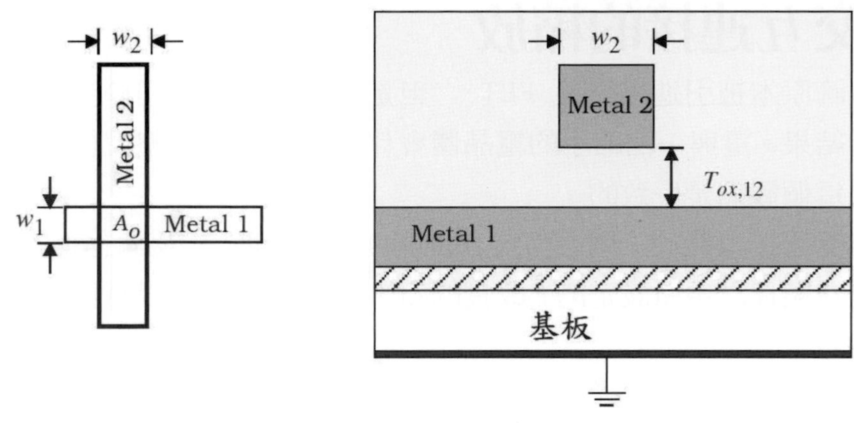

圖 14.19 重疊電容

$$C_{ov,12} = \frac{\varepsilon_{ox} A_{ov}}{T_{ox,12}} \tag{14.49}$$

而 $A_{ov} = w_1 w_2$ 是重疊面積。雖然這個公式將邊緣電場忽略不計，但是對於微小的重疊面積而言是足夠的。由於我們試圖使這個電路中的所有電容極小化，因此這會導致我們嘗試在一層給予的層上面畫出交互連接的這種佈局策略，因此它們會與在它直接上面與下面的這些層上的這些線路是彼此垂直的。換言之，我們嘗試畫出與 Metal2 線路垂直的 Metal1 線路，與 Metal3 線路垂直的 Metal2 線路，於此類推。

14.3.1 處理跨談

跨談問題可能會是非常深入，而且經常須要特殊化的群體研究。雖然簡化的方程式對於估計耦合參數是很有用的，但是計算機程式已經被開發來直接由電磁理論的麥斯威爾方程式 (Maxwell's equation) 來計算二維及三維的耦合參數。除了關於場強度與梯度的詳細資訊之外，這些程式碼也提供諸如 c 與 c_c 等可以被使用來計算這些電容的這些參數數值。線路電阻與電容被使用來產生等效電路模型，然後這些模型會使用諸如 SPICE 的程式來進行模擬研究。

跨談的詳細檢驗通常被交付給電路設計師及電磁學專家。VLSI 系統設計師通常看到的是諸如節點上的雜訊擾動階層等被表示爲各種參數型式的這些研究結果。其它時候，這種研究會造成在元件階層與系統階層的設計法則的改變。

14.4 交互連接的縮放

雖然縮放理論原本被引進來描述 FET，[2] 但是它也可以被應用於交互連接線路來得到有用的結果。這與一個縮小的電晶體會伴隨可影響電路整體績效的縮小尺寸交互連接的這個觀點是一致的。

一條交互連接線路的三個幾何尺寸是寬度 w、厚度 t、及氧化物的厚度 T_{ox}，這些尺寸是在製程之中所設定的。改良的石刻印刷使我們得以將線路寬度降低至一個較小的值

$$\widetilde{w} = \frac{w}{s} \tag{14.50}$$

其中 $s > 1$ 是縮放因數。這是將一條交互連接線路的表面幾何形狀加以縮放的基礎效應。

爲了瞭解這如何影響電性，還記得一層的片電阻被給予爲

$$R_s = \frac{\rho}{t} \tag{14.51}$$

電阻率 ρ 並不會因爲收縮 w 而降低，因此每單位長度的線路電阻會增大，如同在下式中所看到

$$\widetilde{r} = \frac{R_s}{\widetilde{w}} = sr \tag{14.52}$$

如果我們假設線路長度 l 是依據下式來縮放

$$\widetilde{l} = \frac{l}{s} \tag{14.53}$$

因此線路總電阻是不變的，使得[3]

$$\widetilde{R}_{line} = \widetilde{r}\widetilde{l} = R_{line} \tag{14.54}$$

當表面的尺寸被縮放時，每單位長度的電容會下降，這可以透過注意下式第一項的縮小來看出來

[2] 縮放理論是在 6.5.1 節之中加以介紹。
[3] 注意將一個佈局圖加以縮放並不表示交互連接的長度會以相同的方式來縮放。

$$\widetilde{c} = \varepsilon_{ox}\left[1.15\left(\frac{\widetilde{w}}{T_{ox}}\right) + 2.8\left(\frac{t}{T_{ox}}\right)^{0.222}\right] \tag{14.55}$$

這給予

$$\widetilde{c} = \varepsilon_{ox}\left[1.15\left(\frac{\widetilde{w}}{sT_{ox}}\right) + 2.8\left(\frac{t}{T_{ox}}\right)^{0.222}\right] \tag{14.56}$$

如果我們可以忽略邊緣的效應，或者假設第一項主控

$$\widetilde{c} = \frac{c}{s} \tag{14.57}$$

將線路長度 l 加以縮放，則這個新的線路電容被近似爲

$$\widetilde{C}_{line} = \widetilde{c}\,\widetilde{l} = \frac{C_{line}}{s^2} \tag{14.58}$$

這顯示一個 $1/s^2$ 的縮小。

即使是在一個使用矽化物的製程，一條多晶矽線路也將會展現最高的片電阻。在這種狀況之下，使線路長度縮小而不致使 R_{line} 的值增大是很重要的。這條線路的時間常數是依據下式來縮放

$$\widetilde{\tau} = \widetilde{R}_{line}\widetilde{C}_{line} = \frac{\tau}{s^2} \tag{14.59}$$

這是由於線路電容的縮小所造成的。注意如果 l 沒有被縮放的話，那麼 τ 就不會被表面的縮放所影響。相同的評論也適用於一條任意的金屬線路，其中時間常數是由線路電容所主控。

現在讓我們來檢視垂直尺寸 t 與 T_{ox} 都被縮小的情況，使得

$$\widetilde{t} < t, \quad \widetilde{T}_{ox} < T_{ox} \tag{14.60}$$

一般而言，對任何 $s_v > 1$ 的垂直縮放因數，這個方程式會成立。將厚度 t 縮小會有使片電阻增大的這種我們所不想要的效應，這是因爲

$$R_s = \frac{\rho}{t} \tag{14.61}$$

而電阻率 ρ 是一個常數。相類似地，一層較薄的氧化物會使 c 增大，因此 R_{line}

與 C_{line} 兩者都會增大，導致較長的延遲。如果相反地我們將 t 與 T_{ox} 增大的話，則 r 與 c 兩者都會比較小。

作爲一種最終的狀況，讓我們來檢視縮放如何影響耦合電容，並因而影響跨談。相鄰線路的表面幾何形狀的一種蠻力的縮放會規定

$$\widetilde{S} = \frac{S}{s} \tag{14.62}$$

其中 S 是如同之前在圖 14.13 中所顯示爲這些線路之間的間隔。爲了看出這是如何影響耦合，讓我們來檢視每單位長度耦合電容的基本公式

$$c_c = \varepsilon_{ox}\left[0.03\left(\frac{\widetilde{w}}{T_{ox}}\right) + 0.83\left(\frac{t}{T_{ox}}\right) - 0.07\left(\frac{t}{T_{ox}}\right)^{0.222}\right]\left(\frac{S}{T_{ox}}\right)^{-1.34} \tag{14.63}$$

整體的乘積因數

$$c_c \propto \left(\frac{1}{S}\right)^{1.34} \tag{14.64}$$

顯示將 S 縮放會使耦合電容增大。雖然實際的增大可能會因爲諸如 w 與 T_{ox} 等其它項的縮放而有一些抵銷，但是跨談的降低通常會主控包括地產消耗的所有其它考量。隨著製程的演進，縮小的 S 值是可能的，但是線路的間隔並沒有辦法像 FET 尺寸縮放得這麼多。

這段交互連接縮放的簡短討論說明這個理論是如何被使用來提供改善績效的想法。就它本身而言，它是一種高度理想化的方法，但是由於製程限制的緣故而無法被實際裝置。然而，它的確是將來改善的一個催化劑，這部分解釋了何以它仍然被視爲相當值得研究。

14.5 平面設計與繞線連接

以囊胞爲基礎的 VLSI 設計採用按照須要而被引例的預先設計電子電路模組來產生這個系統。在晶片階層，每個模組被視爲會消耗面積，而且必須被導線連接進入這個網路的一個區塊。這個步驟將系統及子系統建築直接鏈結至矽的實體設計。在這種規模之下，實體設計的問題與在電晶體與閘的佈局圖中所遭遇的這些問題是非常不一樣的。長的交互連接、複雜的導線連接網目、及其它大規模的因素對於這個完成的設計的整體績效是很關鍵的。**設計自動化 (design automation)**

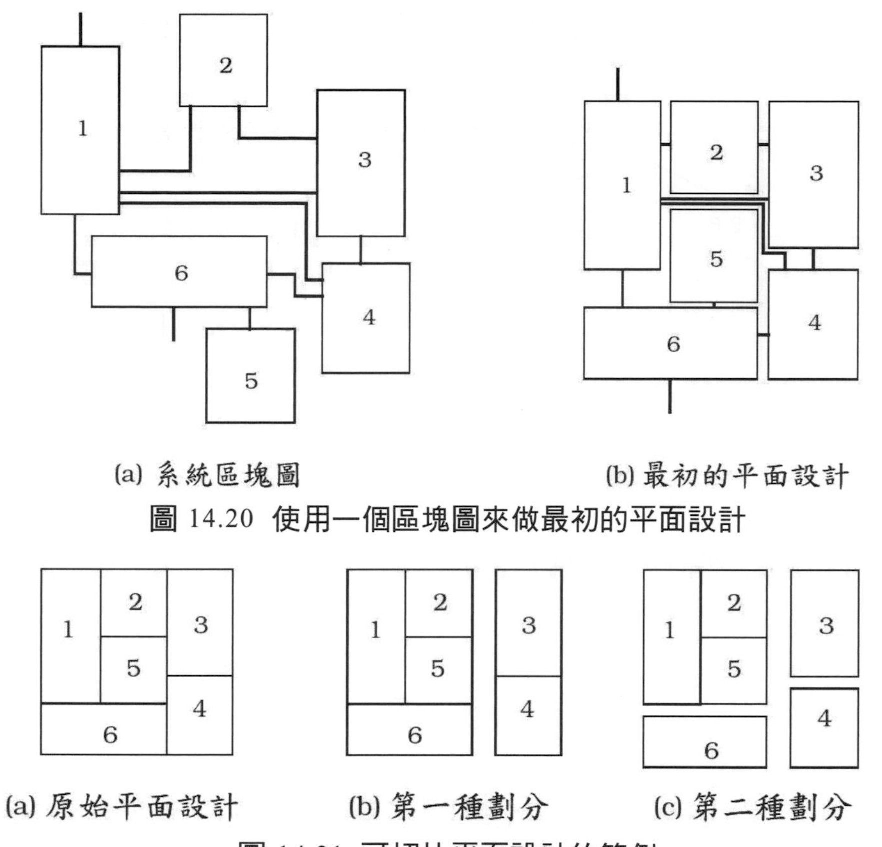

(a) 系統區塊圖
(b) 最初的平面設計
(a) 原始平面設計
(b) 第一種劃分
(c) 第二種劃分

圖 14.20 **使用一個區塊圖來做最初的平面設計**

圖 14.21 **可切片平面設計的範例**

的許多層面都是致力於這些問題。

平面設計 (floorplanning) 處理這些邏輯區塊是如何被置放進入整體的設計之中。這是在設計循環之中的早期便被完成，因此面積的預算必須被分派，而這片晶片的整個尺寸可以被估計。起始的平面設計圖可能是基於大型、複雜的功能單元，以及它們是如何被這個系統建築將它們導線連接在一塊。一旦一塊面積被分配之後，構成大單元的這些子系統的設計本身也會受到限制。甚至在實體設計開始之前，平面設計就已經被畫圖，因此它必須要有一群有經驗的設計師來提供基於之前的設計所得到的準則。

當一個邏輯模組被置放於這個設計之中時，它必須被導線連接到其它的單元。雖然簡單的點至點的導線連接也可以被加進來，但是現代 VLSI 系統要求數百萬條連接。交互連接的繞線連接規劃已經被發展出來提供對抗這個問題的一種結構性的方法。**置放與繞線 (place- and-route)** CAD 工具對於複雜系統的導線連接是很有用的。設計師指定一條交互連接導線的起點與終點，而這項工具則會產生不會違反任何設計法則的一種解決方案。這些程式碼是基於不同形式的圖形演

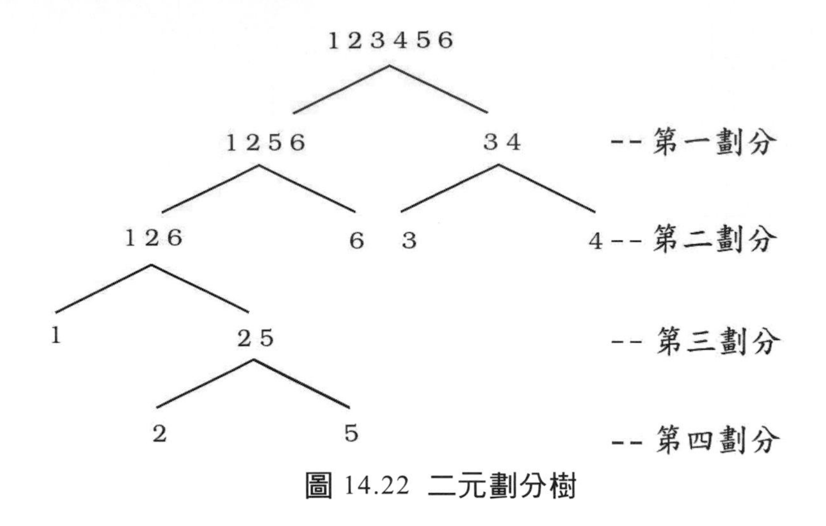

圖 14.22 二元劃分樹

算法，並且也展現各種程度的成功。

首先，讓我們來檢視平面設計的問題。任何數位系統都可以被分解為一組以一種特定方式而被導線連接的單元。一個簡單的範例被顯示於圖 14.20(a) 之中。這些交互連接線路表明不同區塊之間的通訊，而且每條交互連接線路會承載不同的位元數目。如果這些區塊的尺寸依據它們在佈局圖中的實際尺寸來加以縮放，那麼我們可以使用這個區塊圖來創造如同圖 14.20(b) 中初次嘗試的平面設計。在相鄰區塊之間所提供的導線連接通道會使導線的繞線連接變得比較容易。這對於使交互連接長度極小化是很重要的，而且如果我們被限制於一層或兩層交互連接層的話，這可能是必要的。

這個範例可以被使用來說明一個**可切片的平面設計圖 (sliceable floorplan)**，這是大規模佈局圖的最簡單方法之一。一個可切片的平面設計被定義為一個單一模組，或者可以使用一條橫跨一群相鄰的模組的垂直或水平線而被分割為數個模組【或模組群組】的一個平面設計。讓我們來將圖 14.20(b) 的平面設計圖重新繪製成為圖 14.21(a) 中所顯示的這種等效表示法。一條垂直切割直線可以被使用來獲得圖 14.21(b) 中所顯示的第一劃分。圖 14.21(c) 中所展現的二劃分的群組是使用兩條水平切割直線所獲得的。這種過程可以不斷地持續，直到只有分開的模組留下來為止。這些劃分可以使用圖 14.22 中所畫的這種樹狀結構來加以描述。這些數目代表這些被連接的模組群組，而這種切片過程可以由在每個枝幹的底部所指明的劃分階層來看出。注意最低的項目是基本的模組。一個不可切片的平面設計圖的一個範例被顯示於圖 14.23(a) 之中。不切開一個模組的話，那麼這就無法使用一條水平或垂直的切割直線來加以劃分。然而，如同

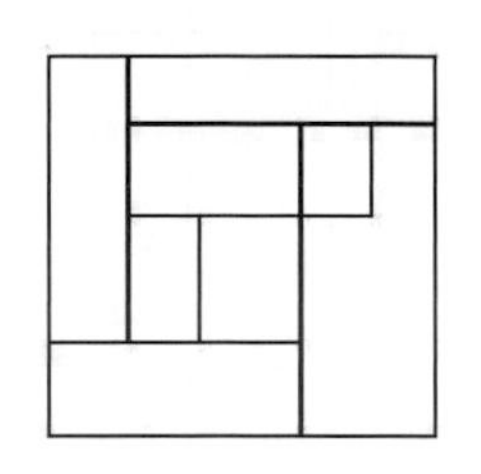

(a) 不可切片的平面設計

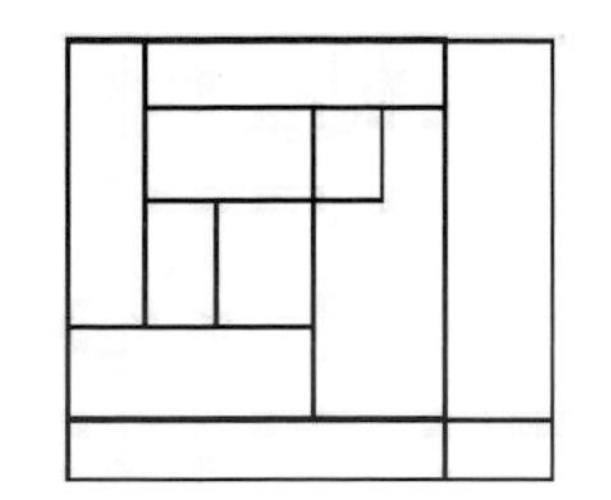

(b) 使用於可切片的設計

圖 14.23 一個不可切片的平面設計的範例

在圖 14.23(b) 中所說明，它可以被使用來作爲一個較大的可切片平面設計之中的一個模組。這種可切片的設計可以以一個樹狀網路來加以描述。如果一個不可切片的模組被使用於一個可切片的設計之中，則一個樹狀結構仍然可以被創造，但是這些切割直線必須以一種更爲限制的方式來定義。當一棵平面設計樹可以被建構起來時，這個設計被稱爲是**層級定義的平面設計 (hierarchically defined floorplan)**。這些在觀念上是很容易瞭解的，而且已經被使用來作爲求得遵守這種樹狀結構的佈局圖演算法的基礎。

平面設計的一種方法是**模擬退火 (simulated annealing)** 的觀念，這是基於在固體材料之中所發生的結晶構成的方式。還記得將雜質原子佈植進入一片矽晶圓之中會造成晶格結構的損壞，這是使用一個退火步驟來加以修復。這片晶圓被加熱，給予這些原子熱能並衍生運動。當溫度被降低時，原子會尋求最小能量的位置，這個位置是將它們置於結晶晶格之中所必要的點。模擬的平面設計退火是基於在一棵二元樹的頂點處的可能群集的一種演算法的技術；對這種樹狀結構相依性將這種方法侷限於可切片的平面設計。

考慮一個描述複雜系統的可切片的平面設計圖。通常，我們可能可以建構不只一棵二元樹來描述這個平面設計。由於每棵樹都是有效的，因此多棵樹的存在使這個問題的**解答空間 (solution space)** 膨脹。模擬退火藉由以一種序列的方式來檢視這個問題的不同組態來充分利用多重的解答。各種解答在這棵樹的每個頂點處被比較，而其中一個解答被挑選爲最佳的解答。移動到下一個頂點將這個過程重新來過一次，因此整體的解決方案已經以一步一步的方式被建構起來。每一種選擇都伴隨一個在每個頂點都必須被極小化的**成本計量 (cost metric)**。這種程序會造成一個可以被使用來評估這個解決方案的**總體成本函數 (global cost function)**。

其它平面設計的演算法方法會有類似的特性。每一種方法都會有專注於使用

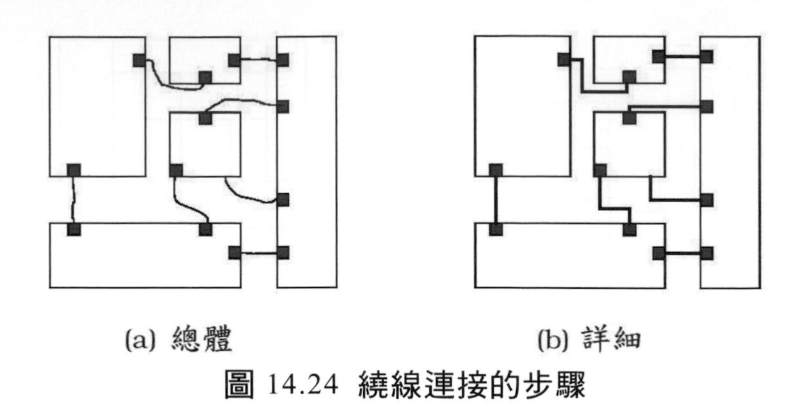

圖 14.24 繞線連接的步驟

一些明確定義的限制與極小化參數來設計平面設計的傾向。以層級爲基礎的方法已經被證明在許多情況之下都是很有用的，而且線性規劃 (linear programming) 的套裝程式也已經被使用來對付這個問題。

平面設計的一個固有的問題乃是定義模組本身。模組的數目以及導線連接的網建立這棵平面設計樹的結構，而這又會反過來影響這個設計。由我們對 VLSI 設計層級的研究，我們知道以囊胞爲基礎的設計會得到不同階層的複雜程度與實際裝置。給予一個任意的數位模組，它一定可以被分解成爲較小的單元。或者，它也可以被使用來作爲一個較大模組之中的一個原始的元件。如果一個模組只有一個單一的實際裝置可供使用的話，它被稱爲是一個**固定囊胞 (fixed cell)**。通常，會有兩個或更多個交替的囊胞設計可供使用，這定義了**可變囊胞 (variable cell)** 的觀念。當這些模組的特性被改變時，一種由上而下的平面設計演算法會產生不同的結果。當可變囊胞也列入考慮時，這個問題會因爲每個設計都將會有不同的晶片面積、功率損耗階層、訊號及交互連接延遲、及其它關鍵參數的值的這件事實而變得更複雜。最近幾年，平面設計尺寸調整 **(floorplan sizing)** 這個問題已經受到相當程度的注意，這有一部分是大型晶片不斷增大的複雜程度所造成的。在大多數的方法之中，一個共同的限制乃是方形囊胞的要求，這是因爲一般而言當求解平面設計與囊胞置放的一般性問題時，它們會是最容易使用的。

一旦一般性的平面設計被建構起來之後，交互連接的導線連接會成爲一項關鍵的關切。雖然導線連接的考慮會影響平面設計的選擇，但是直到實體設計正在進行之前，交互連接所衍生的延遲與定時的問題並不會很明顯。繞線連接是分兩個步驟來進行的：總體的步驟及詳細的步驟。總體的繞線連接處理在系統階層尋找連接路徑，而不須要指定實際的幾何資訊。詳細的繞線連接使用總體繞線連接的結果，並提供了諸如所使用的這些層以及管道的置放等佈局圖的特定細節。圖

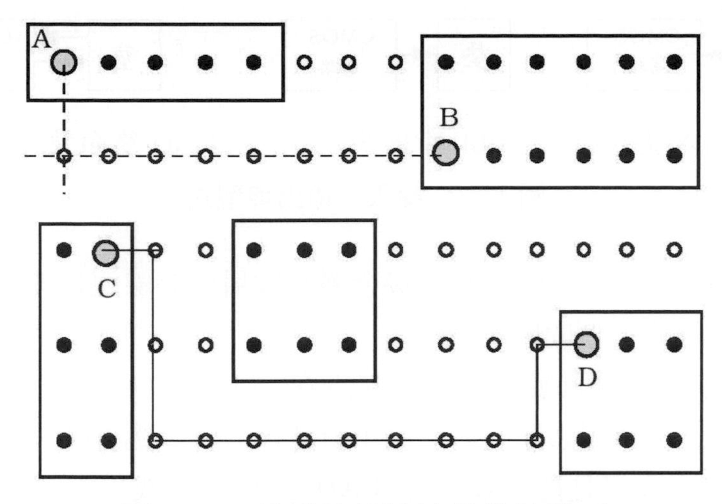

圖 14.25 **總體繞線連接的格線模型**

14.24 提供這兩種方法的一個觀點。一旦詳細的繞線連接被完成之後，這些交互連接延遲就會被設定，而這個設計必須進行驗證。

整體的繞線經常是使用圖形理論來加以模擬。在文獻之中，已經有許多的變形被發表，其中一些變形會比其它變形來得更爲直觀。這個繞線連接模型必須與製程及佈局圖設計風格緊密地綁在一塊。格線模型以及以棋盤爲基礎的演算法是最簡單之中的兩種。一個格線模型的一個範例被顯示於圖 14.25 之中。格子點被覆蓋在平面設計之上；這些模組之間的格子點被使用來連接構成一個給予的網路的這些線路。一種**線路探針 (line-probe)** 演算法藉由產生由一個源頭點與一個目標點開始，而不會被一個模組所阻擋的線路列示，來提供由一個源頭點到一個目標點的一條路徑。當來自源頭列示的一條線路與來自目標列示的一條線路交會時，比如說在圖形中由 A 到 B，我們就找到一個解答。如果我們找不到一個解答，我們產生額外的列示，並將它鏈結到這些源頭與目標數據。**迷宮繞線連接 (maze-routing)** 方法是一種替代的技術，它是藉由檢視來自源頭的可能路徑來開始，然後往外展開直到這個目標被一條路徑打到爲止。由 C 畫到 D 的這條路徑是使用迷宮觀點的繞線連接的一個範例。爲了尋找一個快速與有效率的方法，許多路徑尋找的演算法已經被研究。

詳細的繞線連接是藉由求解總體解決方案的一個區域來進行的。繞線連接區域被區分爲兩種型式。一條**通道 (channel)** 乃是一個兩邊被模組所侷限的方型繞線連接面積；一個**開關箱 (switchbox)** 區域是一個四邊都被侷限的方形面積。給予一個繞線連接的區域之後，這個解答必然會導致一個無法實質上被塞入配置面

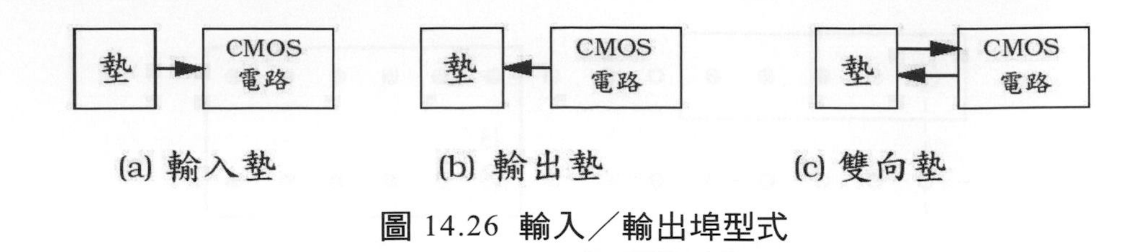

圖 14.26 輸入／輸出埠型式

積之中的佈局圖。不斷增大的交互連接金屬層數目使繞線連接變得比較簡單，但是管道的置放會進入這個問題之中。

設計自動化的這個領域已經演進成為在 VLSI 之中的一個非常複雜的領域。處理複雜程度與驗證議題的新產品不斷地被發佈。隨著晶片的密度與複雜度持續增大，開發出更好且更有效率的 CAD 工具已經成為這個領域進步所必要的。

14.6 輸入及輸出電路

晶片上的 CMOS 電路是藉由封裝而與外在世界隔離。這會使設計環境相當程度地簡化。電容階層被限制於 fF (10^{-15} F) 的階層，而且只會出現區域性的交互作用。然而，在某些點這個電路必須與這片晶片被使用的外部世界交互作用。稠密的印刷電路 (PC) 板的電容可以輕易落在 50-100 (pF) 的範圍之中。靜電電荷可能會堆積至超過 50 kV 的階層，這是高到足以損害敏感的 MOS 電晶體。輸入與輸出電路必須被設計來屏障內部網路免於被這些型式的問題所影響。

在 VLSI 電路與外在世界的介面埠可以被歸類成為三種形式：輸入、輸出、或雙向。在圖 14.26 之中，這些被顯示為墊型式的 I/O。輸入埠電路被設計來保護敏感的 CMOS 電路免於高電壓，而這個輸出電路的設計會有集中於高電容的 PC 板線路的傾向。雙向的電路市這些電路的組合，並允許一個埠同時作為一個輸入埠與一個輸出埠來工作。

14.6.1 輸入電路

靜態電荷會有堆積在【不導電的】介電質表面的傾向，而且可能會導致極高的電壓。靜態電荷堆砌的一項常見的原因乃是摩擦交互作用所造成的。[4] 大多數的人們都已經透過某種方式體驗過這種效應。走路跨越一個鋪地毯的房間可能會累積足夠的電荷，當接觸一個門把時可能會產生一個火花。物理上，這個電壓已經成

[4] 摩擦力的研究是摩潤學 (**tribology**) 這個領域的基礎。

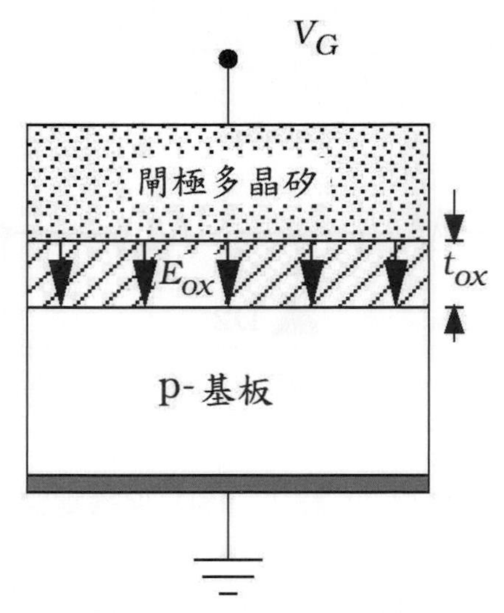

圖 14.27 一個 MOS 結構之中的氧化物電場

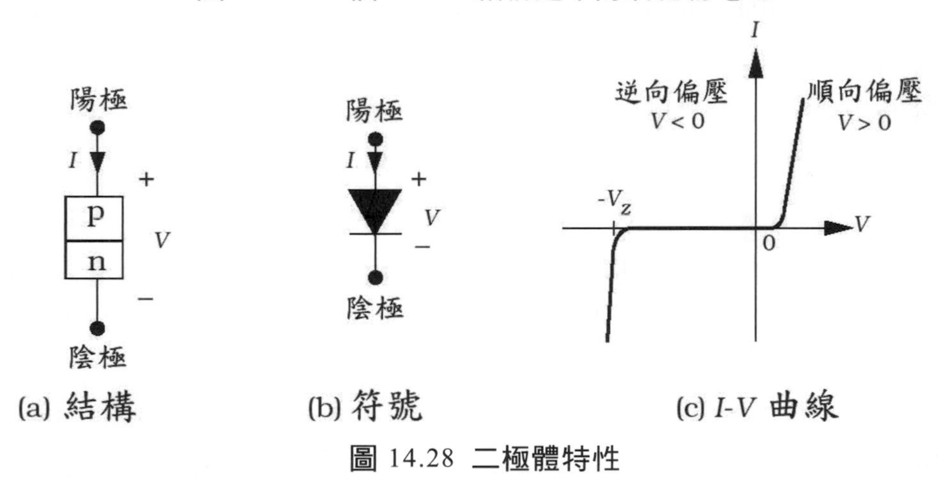

(a) 結構　(b) 符號　(c) *I-V* 曲線

圖 14.28 二極體特性

長到足夠大來使空氣的絕緣性質崩潰的一個值。

MOS 場效應電晶體對於靜電放電 (electrostatic discharge, ESD) 事件是極爲敏感。考慮圖 14.27 中所顯示的這個 MOS 結構，圖中閘極氧化物的厚度 t_{ox} 典型而言是小於 100 Å = 10 nm。當有一個 V_G 的閘極電壓被外加時，氧化物電場 E_{ox} V/cm 可以被估計爲

$$E_{ox} = \frac{V_G}{t_{ox}} \tag{14.65}$$

當具有 $V_G = 3$ V 與 $t_{ox} = 0.01$ μm 時，絕緣層中的電場有一個大約 $E_{ox} \approx 3 \times 10^6$ V/cm 的值。典型而言，視乎製程而定，可以被外加跨降在一個二氧化矽絕緣體上的最大電場是在大約 $E_{max} \approx 5\text{–}10 \times 10^6$ V/cm 的階層。如果電場超過這個值，

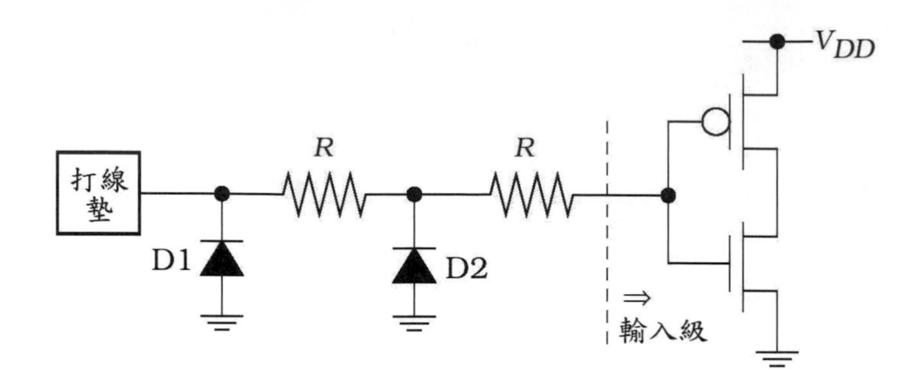

圖 14.29 輸入 ESD 保護電路

崩潰會發生而電流會流動至基板。這會摧毀這個氧化物的絕緣性質，因而摧毀這個電晶體的特性。即使一個單一的不良 FET 也會使整片晶片失效，因此這個問題被相當嚴肅地對待。

在整個製造過程之中到處都會遭遇靜電電荷的來源。此外，這些晶片必須能夠應付諸如貨運、開箱、及電路板插入等的日常程序。為了將這個因素列入考量，現代的 CMOS 晶片被設計具有保護輸入電晶體免於過量電荷階層的電路，而這些元件是置於導電泡棉之中來運送。即便有這些安全的防護，當處理晶片時還是要謹慎地遵照製造商的建議。這些藉由使用接地的工作平面以及可以將過量電荷排除至接地的手環而被設計來降低靜電荷階層。

CMOS 輸入保護電路乃是被設計來提供離開這個電晶體的放電路徑。這個網路對於輸入訊號必須相當透明，而且只有當不正常的電壓被施加時才會操作。最常見的設計使用電阻器—二極體網路來提供電荷丟棄路徑。圖 14.28 將一個 pn 接面二極體結構的相關特性予以綜合整理。一個二極體的陽極與陰極邊是以圖 14.28(a) 中所顯示的 p 與 n 區域來加以定義。圖中所顯示的電壓 V 被定義為正的；+ 在陽極，而 − 在陰極。正的電流 I 被定義為流動進入陽極且離開陰極。具有正的電壓及電流的一個二極體的電路符號被顯示於圖 14.28(b) 之中。圖 14.28(c) 中的這個 I-V 特性將 I 顯示為 V 的一個函數。一個 $V > 0$ 的條件定義一個順向偏壓，其中會有實質的電流流動。將極性反轉使得 + 邊是在陰極之上，而 − 邊是在陽極之上定義一個逆向偏壓的狀態使得 $V < 0$。一個逆向偏壓的二極體會阻擋低電壓的電流流動，但是如同圖形中所顯示，當 $V = -V_z$ 時會在**稽納電壓 (Zener voltage)** V_z 展現崩潰。這個 V_z 的值是由摻雜階層所設定的，而且是這個接面的一個特性。接面崩潰是非破壞性的：如果這個電壓被移除，然

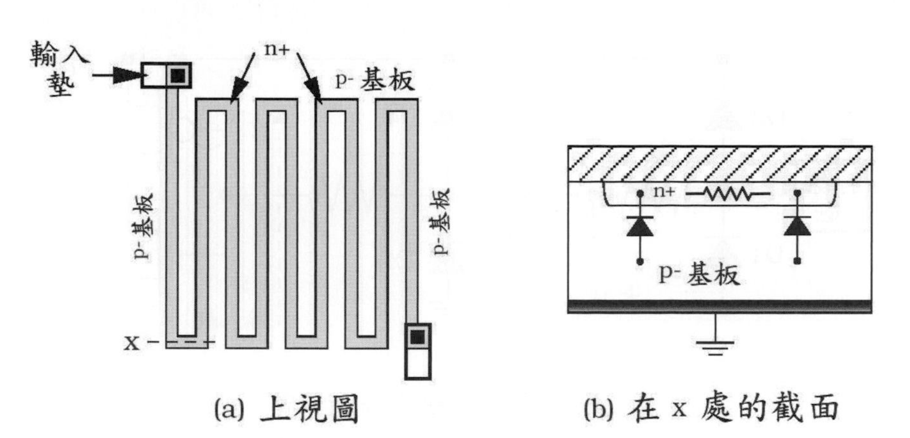

圖 14.30 輸入電阻器—二極體結構

後又再重新加上，這個二極體會以正常的方式來作用。

二極體可以與電阻器一起使用來構成圖 14.29 中所顯示的這個輸入保護電路。如果一個過大的正電壓被外加至輸入墊，這些電阻器會沿著輸入線路使電壓階層下降。在這些狀況之下，二極體 D1 與 D2 正在承受崩潰，而將電荷轉向遠離這些輸入級電晶體的閘極。典型而言，視乎這個接面而定，在一個 CMOS 電路之中的二極體會有 $V_z = 10–12$ V 或者更小。在實體設計階層，如同圖 14.30(a) 中所顯示，這些電阻器可以使用在 p 基板之中的 n 佈植層來製作。這個 n+ 區域使用一個蛇形圖案來獲得一個具有下列電阻的方形佈局

$$R = R_{s,n} n \tag{14.66}$$

其中 $n = (l/w)$ 是方塊的數目。在這種形式的幾何形狀之中，一個 90 度的轉角並沒有被計數爲完整的方塊；靜電分析顯示 $n_{corner} \approx 0.69$ 是一項合理的估計。這個逆向偏壓的 pn 接面二極體被自動地建構於圖 14.30(b) 中所顯示的這個結構之中。電阻器與二極體這兩者都是分佈的結構，而不是如同在這個電路圖之中的離散元件。

另外一種輸入保護設計被顯示於圖 14.31 之中。這種設計使用二極體 D1 及 D2，但是在輸入與電源供應之間加進額外的二極體 D3 與 D4。這個電路使到達這個閘的 DC 電壓保持在 $[-V_d, V_{DD} + V_d]$ 的範圍之中，其中 $V_d \approx 0.7$ V 是二極體的**導通電壓 (on voltage)**，即衍生電流流動所須要的值。一個特殊的高臨限電壓 nFET 已經被包含進來提供額外電荷排洩。這個 nFET 使用厚的隔離場氧化物 (FOX) 來作爲一個閘極的絕緣體，因此這個微弱的場效應會給予一個典型而言大約是 10–15 V 的高臨限電壓 V_{TF}。在正常的操作條件之下，$V_P < V_{TF}$ 且

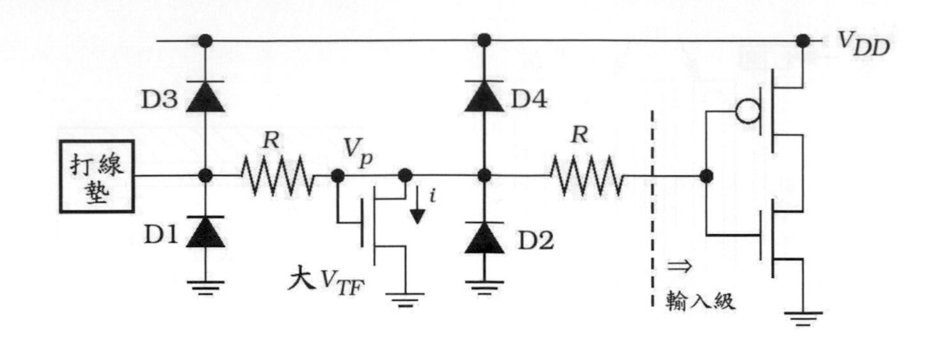

圖 14.31 另一種輸入保護電路

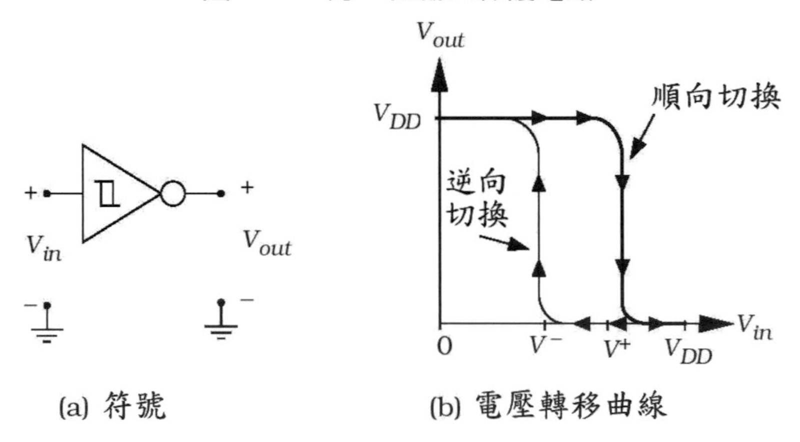

(a) 符號　(b) 電壓轉移曲線

圖 14.32 一個反相的史密特觸發器

$i = 0$。如果一個高輸入電壓將 V_P 增大至一個 V_{TF} 的值，這個 FET 會導通而且 i 會流動，使電荷遠離邏輯閘的輸入。某些設計只採用保護 FET 及 D1、D2 二極體。

在輸入保護網路被設計之後，其它考慮必須被應用於接收器。**史密特觸發器電路 (Schmitt trigger circuit)** 經常被使用來作爲輸入電路以防衛雜訊所衍生的錯誤切換。史密特觸發器是以在它們的電壓轉移曲線之中具有**遲滯 (hysteresis)** 來表述它們的特性。在電路階層，遲滯意指將輸入電壓 V_{in} 由 0 V 增大至 V_{DD} 會給予與將 V_{in} 由 V_{DD} 下降至 0 V 不同的一條曲線。圖 14.32(a) 顯示一個反相史密特觸發器閘的圖形符號；三角形中央的這個圖像將它與一個簡單的反相器加以區別。它顯示在圖 14.32(b) 中所說明的這個 VTC 的特性形狀。當 V_{in} 由 0 V 被增大時，V_{out} 保持在 V_{DD} 的高電壓直到 V_{in} 達到正向觸發電壓 V^+ 爲止；因此，V_{out} 下降至 0 V。對反轉的切換而言，V_{in} 會由 V_{DD} 出發並且被降低來給予 $V_{out} = 0$ V。輸出保持在低電壓，直到 V_{in} 被降低至反轉的觸發電壓 V^- 爲止。對於 $V_{in} < V^-$ 而言，$V_{out} = V_{DD}$。注意 $V^- < V^+$ 對於一個正常運作的史密

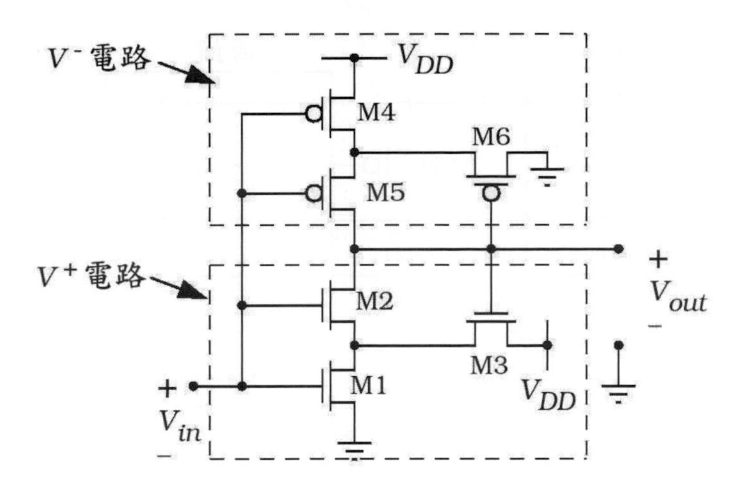

圖 14.33 **一個鏡像** CMOS **史密特觸發器**

特觸發器是必要的。這種遲滯確保在輸入訊號的上升或下降邊緣上的擾動不會衍生一個錯誤的切換事件。

一個 CMOS 史密特觸發器電路被顯示於圖 14.33 之中。這個電路使用一個鏡像設計，其中這些 nFET 決定 V^+，而 pFET 則決定 V^- 的值。考慮這些 nFET 電路。M1 與 M2 是串聯連接，而且兩者都被輸入電壓所驅動。當 $V_{in} = 0$ 時，$V_{out} = V_{DD}$ 且 M3 被導通。由於 M3 的洩極被連接至電源供應，因此它是作爲一條回饋路徑來使用。當 V_{in} 被增大時，即使在 M1 被導通之後，它也會使 M2 保持關閉。這項分析顯示順向觸發電壓被給予爲

$$V^+ = \frac{V_{DD} + \sqrt{\frac{\beta_1}{\beta_3}}\, V_{Tn}}{1 + \sqrt{\frac{\beta_1}{\beta_3}}} \tag{14.67}$$

其中這個元件的比值 (β_1/β_3) 是設計的變數。由於 M1 與 M3 兩者都是 nFET，因此這會簡化爲元件縱橫比的比值

$$\frac{\beta_1}{\beta_3} = \frac{(W/L)_1}{(W/L)_3} \tag{14.68}$$

以這種方式，M6 是這個 pFET 群組的回饋電晶體。由下式可以求得反轉觸發電壓

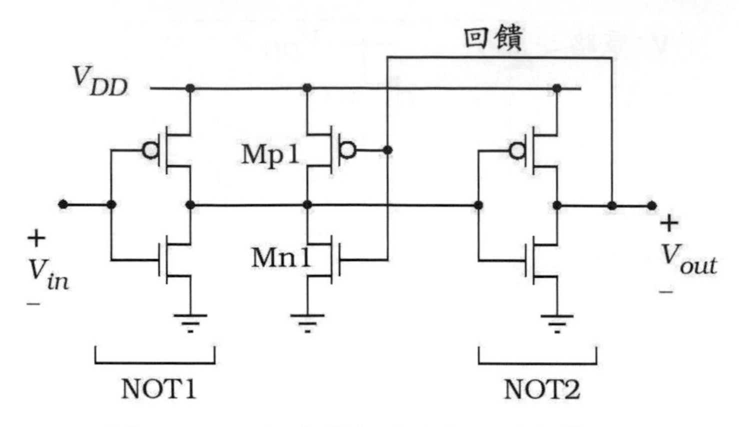

圖 14.34 一個非反相史密特觸發器電路

$$V^- = \frac{\sqrt{\frac{\beta_4}{\beta_6}}\left(V_{DD} - \left|V_{Tp}\right|\right)}{1 + \sqrt{\frac{\beta_4}{\beta_6}}} \tag{14.69}$$

其中

$$\frac{\beta_4}{\beta_6} = \frac{(W/L)_4}{(W/L)_6} \tag{14.70}$$

是 pFET 的比值。這個電路的比例特性可能會造成使用相對大 FET 的一個設計。這是因爲這些串聯連接的電晶體必須被作成很大以補償電阻，而這些切換電壓是由 M3 與 M6 所挑選的尺寸所決定的。

一個非反相的史密特觸發器電路被顯示於圖 14.34 之中。電晶體 Mp1 與 Mn1 分別被使用來作爲輸出電壓 V_{out} 透過回饋連接來加以控制的微弱上拉與下拉元件。假設 V_{in} = 0 V。第一個反相器 (NOT1) 的輸出是高電壓，因此第二個反相器 (NOT2) 的輸出 V_{out} = 0 V。這會將 Mp1 偏壓至導通，而會將 Mn1 偏壓至關閉。如果我們將 V_{in} 增大，NOT1 的輸出節點被 Mp1 保持在高電壓，這會使切換延遲。這些 Mp1 與 Mn1 的縱橫比必須很小，如此才能允許切換的發生。

14.6.2 輸出驅動器

輸出電路必須驅動這個墊的電容，以及被連接至腳針的外部負載。方程式 (14.48)

可以被使用來求得墊的電容 C_{pad}，但是不在晶片上的負載則會隨著應用而改變。一個典型的設計值大約是 80 pF，這大約是一個測試探針所呈現的負載。由於這是非常大於我們在正常的晶片上設計所遭遇的 fF 階層，因此我們必須使用大的輸出電晶體來維持高速。

範例 14.3

假設一個 0.5 μm CMOS 製程在一層 Metal3 層上面使用 I/O 墊，這層金屬層是以一個 14 aF/μm^2 的電容來表述其特性。這個 aF 的單位代表 attofarad 使得 1 aF = 10^{-18} F.

如果我們使用具有 75 μm × 75 μm 尺寸的墊，這個墊的電容為

$$C_{pad} = (14)(75^2) = 78.75 \quad \text{fF} \tag{14.71}$$

這必須被加到外部電容的貢獻之中。

晶片外的驅動器設計是 CMOS VLSI 設計的一個關鍵層面。我們已經看到簡單邏輯閘的晶片上切換時間是在次奈秒的範圍之中。將高速率的晶片上數據轉移至外在的世界會因為大的電容值變得更複雜。在 8.3 節中所討論的縮放驅動器鏈可以被使用來處理這個問題。圖 14.35 顯示必須驅動一個大 pF 階層負載電容器 C_L 的一個 4 級輸出電路。理論上，這種延遲最小化的分析指明這條鏈之中的級數 N 為

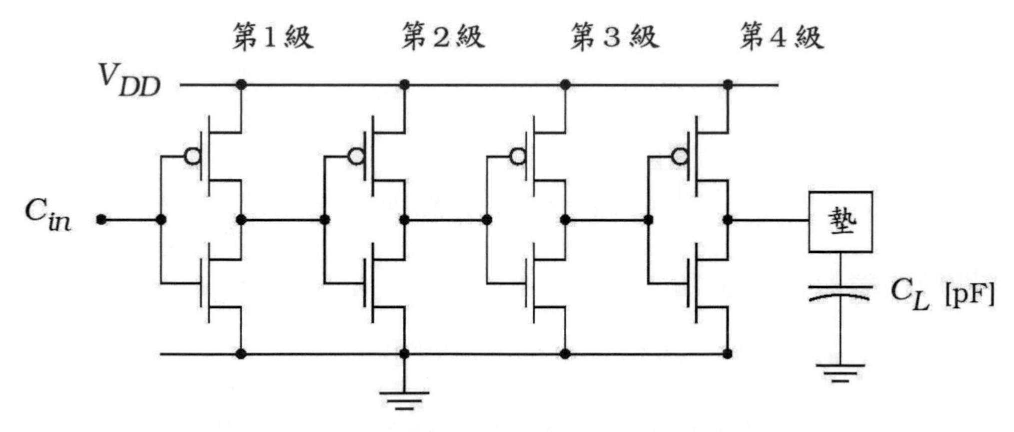

圖 14.35 縮放後的驅動器鏈輸出電路

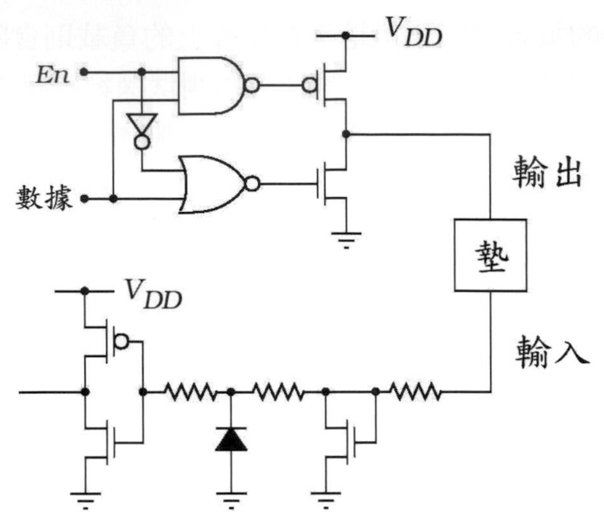

圖 14.36 一個雙向性的 I/O 電路

$$N = \frac{\ln\left(\dfrac{C_L}{C_{in}}\right)}{\ln(S)} \tag{14.72}$$

其中 S 是縮放因數。然而，大的輸出電容可能會導致大的 N 值及縱橫比，因此有時候關注輸出切換時間的要求可能會更實際。在這個範例之中，輸出特性是被第四級所決定的，這是因爲它驅動 C_L。如果我們指定上升與下降時間 t_r 與 t_f 的值，則時間常數的表示式可以被使用來寫出第四級的

$$\begin{aligned} t_r &= 2.2 R_p C_L \\ t_f &= 2.2 R_n C_L \end{aligned} \tag{14.73}$$

一旦我們知道電阻，縱橫比可以由下式來計算得到

$$\begin{aligned} \left(\frac{W}{L}\right)_{p,4} &= \frac{1}{k'_p\left(V_{DD} - \left|V_{Tp}\right|\right)R_p} \\ \left(\frac{W}{L}\right)_{n,4} &= \frac{1}{k'_n\left(V_{DD} - V_{Tn}\right)R_p} \end{aligned} \tag{14.74}$$

進入第四級的輸入電容爲

$$C_4 = C_{ox}\left[(WL)_{n4} + (WL)_{p4}\right] \tag{14.75}$$

這被認爲是第 3 級所看到的輸出電容。每一級都可以使用相同的上升與下降時

間來加以設計，而由輸出邊往內部電路來工作。這會被重複直到輸入電容 C_{in} 達到一個「正常的」階層爲止，而這會決定級數。使這些級的延遲相等是等同於使用線性的縮放。

一個雙向的墊提供輸入與輸出訊號的電路。這些輸入電路與上面所描述的完全相同。輸出驅動器應該有三態操作的能力，因此它們才不會干擾進入的訊號。一個範例被顯示於圖 14.36 之中。輸出電路使用由 NAND2 與 NOR2 邏輯網路所控制的大驅動器 FET。由於這些 FET 電容將會很大，因此這些閘被視爲一條縮放的驅動器鏈的一部份。致能訊號 En 是三態的控制訊號。當 $En = 0$ 時，輸出電路是在一個 Hi-Z 狀態，而這些墊可以被使用來作爲輸入。而當具有 $En = 1$ 時，輸出電路是作爲數據輸入的一個非反相緩衝器使用。【除非這個設計要求必須使用它】，否則我們必須小心來確保輸出訊號被輸入電路所使用。

14.7 功率分佈與消耗

經由兩個分開的墊進入晶片環境的電源供應值 V_{DD} 與 V_{SS} 被外加至源極。**電源供應分佈格線 (power supply distribution grid)** 是提供電壓至這個電路的每一部份的一組金屬線路。它必須被設計來具有允許高組裝密度，而能夠提供所須要的電流流動階層的一種幾何圖案。

兩個電性問題會有主控電源供應格線設計的傾向。第一個問題是**電致遷移 (electromigration)**，在這個問題之中當電流密度 $J\,[\text{A/cm}^2]$ 很大時，金屬原子由一端被移動到另一端。由於單位爲安培的總電流 I 與截面積 tw 之間的關聯爲

$$I = J(tw) \tag{14.76}$$

因此我們可以增大線路的寬度 w 來確保 J 會保持在可被接受的階層。這通常是透過一個提供不同電流範圍的最小寬度 w 的設計法則表來加以指定的。第二個問題乃是這條線路的電阻 R_{line}。由歐姆定律，跨降在這條線路的電壓降爲

$$V_{line} = IR_{line} \tag{14.77}$$

因此到達這個電路的電壓會被改變數量。線路寬度、繞線、及管道的置放都會對於這兩個點之間的總電阻有所貢獻。這兩個問題都可藉由使用較寬的線路來加以解決，但是這種使用蠻力的解決方案會消耗過量的面積。

像樹狀的結構是設計分佈規劃的最平常方法。一般性的想法被呈現於圖

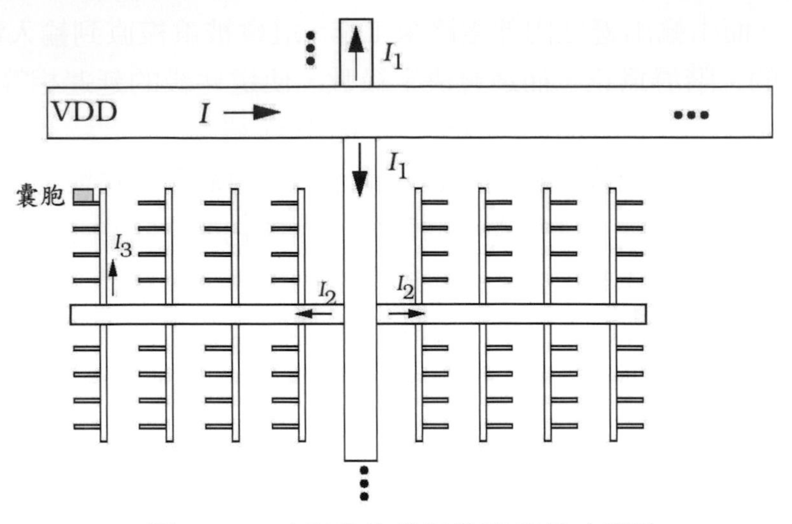

圖 14.37 功率分佈的線路寬度尺寸調整

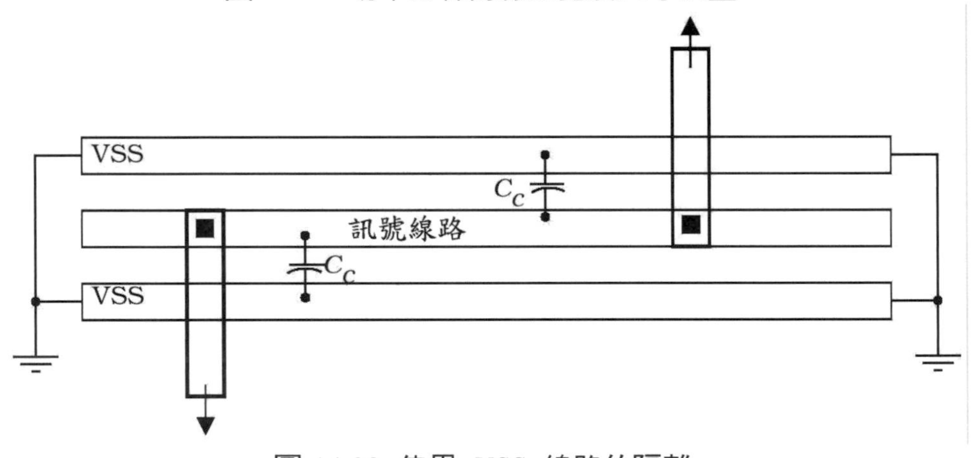

圖 14.38 使用 VSS 線路的隔離

14.37 之中。主要的 V_{DD} 線路被設計來具有一個足夠大的寬度來承載這整個電路的總電流 I。這被饋送進入枝幹之中，每一枝幹承載一個 I_1 的平均電流，使得

$$I = N_1 I_1 \tag{14.78}$$

其中 N_1 是次要線路的總數。每一條次要線路會饋送進入承載一個 I_3 電流的第三線路之中，以此類推，直到個別邏輯囊胞都被提供功率爲止。一旦我們知道這些電流的值，這些寬度就可以被計算得到。由於數位 CMOS 電路具有隨著時間而改變的電流要求，因此我們使用平均值來求得這些寬度。暫態的特性可能會要求將某些線路變寬。

實際的功率格線是藉由將電源供應線路繞線連接來加以設計，然後將它們纏

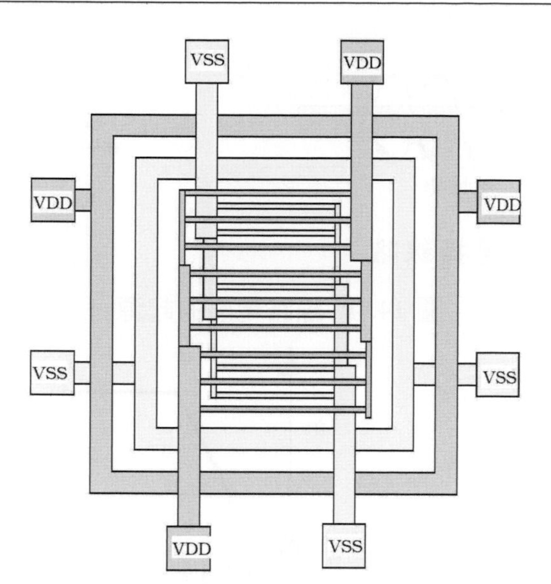

圖 14.39 **功率分佈規劃**

繞在一塊來形成一個功率網目。來自這個墊的電源匯流排通常會與那些施加在這些囊胞的電源匯流排隔離以降低雜訊的問題。這個想法可以由圖 14.38 中的這個繪圖來了解，其中一條訊號線被置放於兩條 VSS 【接地】線路之間來提供電性屏障。由實際觀點來看，我們獲致隔離是因為耦合電容 C_c 被連接至【相對】沒有雜訊的 VSS 線路的緣故。這可以被應用於圖 14.39 中以圖形來呈現的這種 2 金屬分佈模型。電源供應電壓 VDD 與 VSS 被使用來形成環繞內部電路區域的功率環。這個 VSS 環是作為這些囊胞的一層電性屏障來使用。金屬的寬度是依據從這些邏輯電路所抽取的電流來調整尺寸的。囊胞被置於最小寬度的 VDD 與 VSS 軌之間。

VLSI 設計的元件庫通常會有提供這片晶片功率的墊框架囊胞，因此這個設計專注於內部的區域。在關鍵的電路之中，寬度與負載階層的電性的設計法則可以在逐行的基礎上來應用，但是其中所涉及的數目通常要求必須有一個基於建築結構與電路設計的演算方法。

14.7.1 同時切換雜訊

同時切換雜訊 (**Simultaneous switching noise**, SSN) 是線路電壓的一個擾動，這是由許多同時切換事件所造成的。在文獻中，這個效應又被稱為是 **delta-I** (ΔI) 及**接地彈跳** (**ground-bounce**)。當這個電流是從一條非常快速改變的線路上抽取時，SSN 就會出現。由於高速的數位網路被設計來得到快速的切換，因此 SSN 問

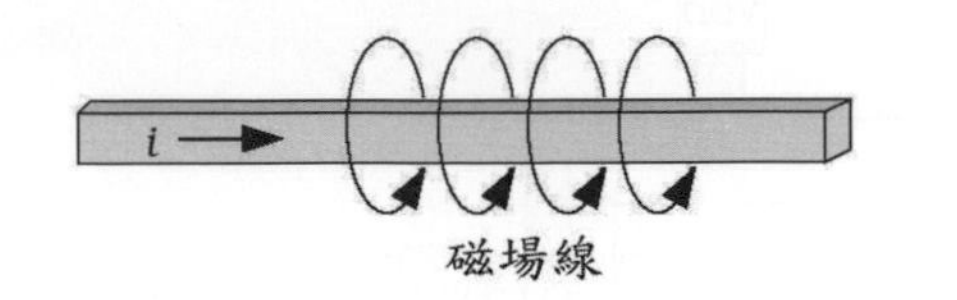

(a) 交互連接線路

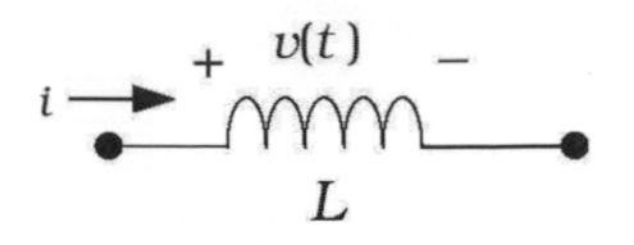

圖 14.40 線路電感的起源

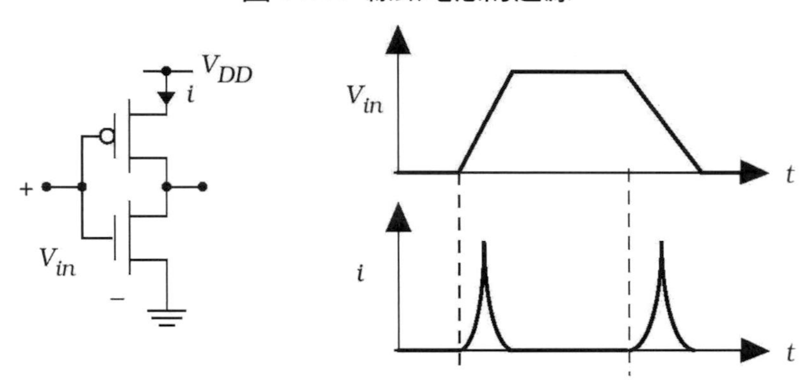

圖 14.41 一個反相器電路之中的電流流動

題在 VLSI 之中是很平常的。

所有導電線路都會展現某種**電感 (inductance)** L 來代表電流流動的磁性能量儲存性質。雖然我們通常忽略在傳輸低電流訊號的交互連接之中的電感效應，但是它們對於饋送高速電路的電源分佈線路是很重要的。由基本的電磁理論，我們可以瞭解這個基本的問題。一個電流 i 產生一個給予磁通量 Φ 的磁場使得

$$\Phi = Li \tag{14.79}$$

電感 L 具有亨利 (Henry) [H] 的單位，而且已經被引進來作為一個比例常數。圖 14.40(a) 顯示這個物理模型。**法拉第感應定律** (Faraday's Law of Induction) 說明一個隨時間改變的磁通量 $\Phi(t)$ 會依據下式來感應一個電壓 $v(t)$

$$v(t) = L\frac{d\Phi}{dt} \tag{14.80}$$

代入通量會給予一個電感器的 I-V 關係式

$$v(t) = L\frac{di}{dt} \tag{14.81}$$

電感器的符號被顯示於圖 14.40(b) 之中。這個方程式顯示感應的電壓與電流改

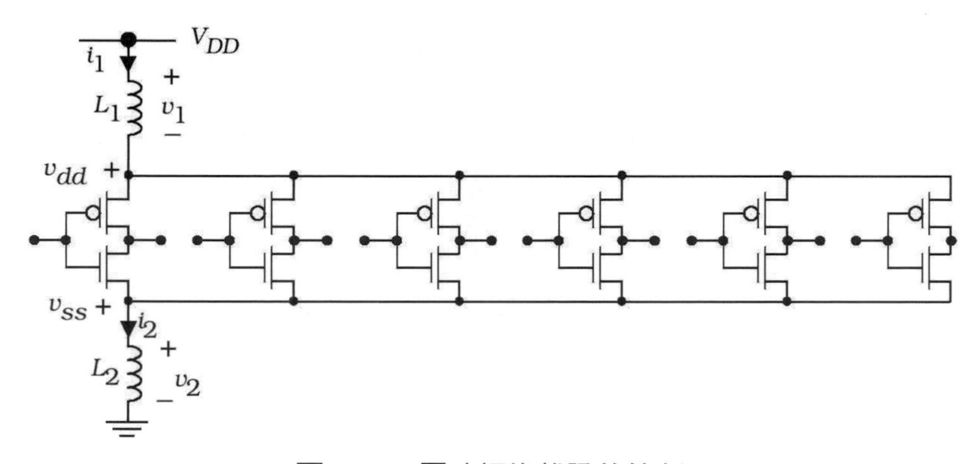

圖 14.42 **同時切換雜訊的範例**

變的時間速率 di/dt 成正比。

這種 SSN 的問題可以藉由複習圖 14.41 中所說明的這個簡單反相器的切換特性來加以瞭解。當輸入電壓 $V_{in} = 0$ 時，這個 nFET 是關閉的且 $i \approx 0$；零電流的情況對 $V_{in} = V_{DD}$ 也會成立，這是因為這個 pFET 被關閉所造成的。只有當兩個電晶體在 V_{in} 改變的一個期間之內都正在傳導時，由 V_{in} 到接地的直接電流流動才會發生。這個圖形顯示 (di/dt) 會有正與負的數值。如果輸入電壓 V_{in} 可以以較快的速率【即一個較陡峭的斜率】來改變的話，電流的導數會增大。

現在考慮圖 14.42 中所顯示的這種狀況，其中一條共同的電源供應軌被一群電路所使用。如果每個閘都在相同的時間被切換，那麼通過寄生電感 L_1 的電流 i_1 是由下式來計算得到

$$i_1(t) = \sum_j i_j(t) \tag{14.82}$$

在上式之中是對這些閘的整個集合來加總。跨降在這個電感器的電壓為

$$v_1(t) = L_1\left(\frac{di_1}{dt}\right) = L_1\sum_j\left(\frac{di_j}{dt}\right) \tag{14.83}$$

因此被施加到這些 pFET 的 v_{dd} 電壓的實際值為

$$\begin{aligned} v_{dd}(t) &= V_{DD} - v_1(t) \\ &= V_{DD} - L_1\sum_j\left(\frac{di_j}{dt}\right) \end{aligned} \tag{14.84}$$

跨降在 L_2 上的電壓 v_2 是以相同的方式來計算得到，因此

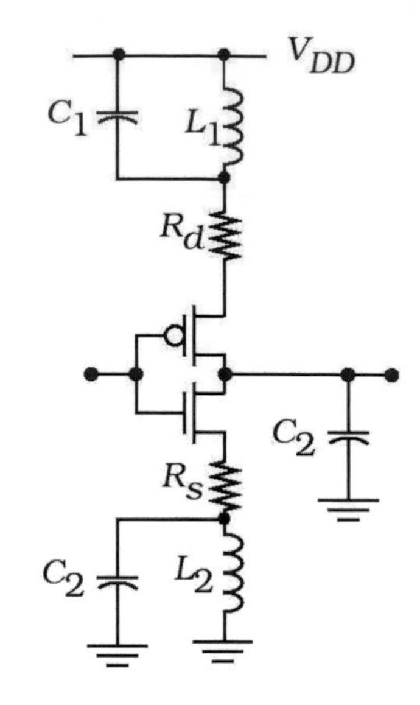

圖 14.43 完整的電路模型

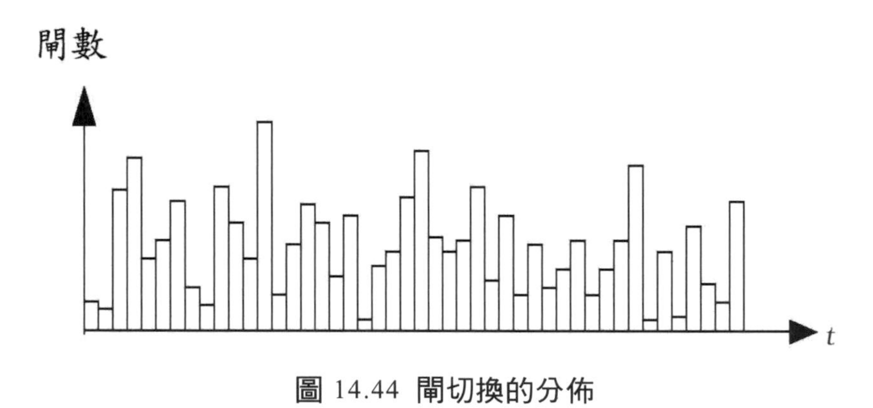

圖 14.44 閘切換的分佈

$$v_{ss}(t) = v_2(t) = L_2 \sum_k \left(\frac{di_k}{dt} \right) \tag{14.85}$$

是被施加到這個 nFET 源極端點的等效電壓。一般而言，i_1 與 i_2 並不相等，這是因爲電流會流進或流出這些閘的輸出極點。注意視乎這項變遷而定，這些導數可以是正的，也可以是負的。一項更完整的分析通常採用圖 14.43 之中的電路模型。除了線路電容 C_1 與 C_2 之外，這個圖形加進洩極與源極的電阻 R_d 與 R_s 來獲得波形模擬之中的較高準確度。

這項分析的主要結果乃是這些邏輯閘的輸出電壓是由 $v_{dd}(t)$ 與 $v_{ss}(t)$ 的瞬間值所建立的，而不是由 V_{DD} 與 0 V 的 DC 值所建立的。這些邏輯電壓階層的修正值可能會造成邏輯的錯誤。由於總電流是個別閘貢獻的總和，因此如果許

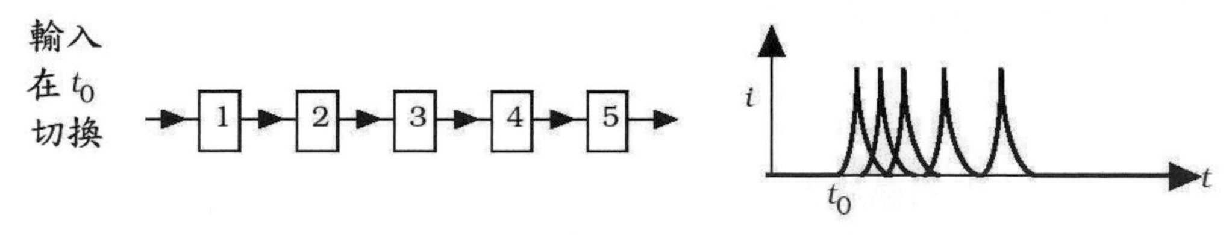

圖 14.45 一條隨機邏輯鏈中的切換電流

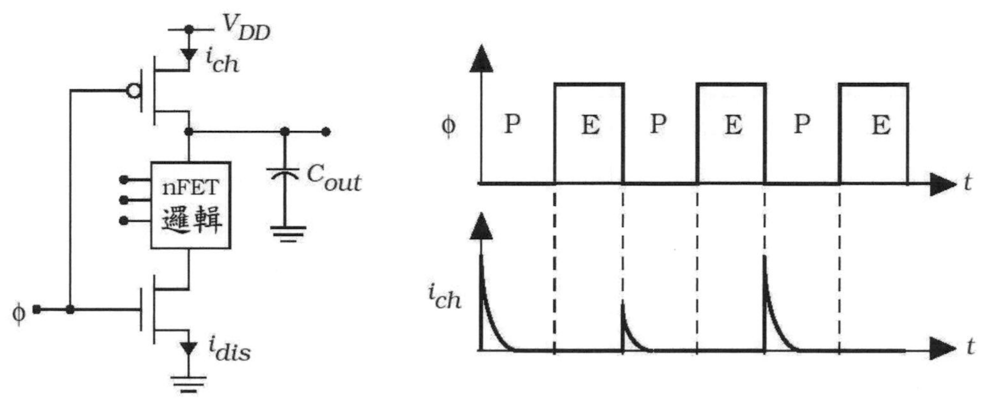

圖 14.46 一個動態邏輯閘之中的週期性充電電流

多閘在同一時間被切換的話，即使溫和的切換速度也會造成問題。諸如圖 14.44 中所顯示的一個長條圖顯示在任一給予的時間時的閘數目。這些數據經常是依據每個閘所抽取的峰值電流來加權 (weighted)。我們對於大量的閘正在改變的高活動週期特別關心。理想的情況乃是在任何給予的時間，正在改變的閘數是一個固定的常數，這是因為這會使我們得以獲致穩定狀態的電壓。

由於現代 VLSI 系統的複雜程度的緣故，因此預測閘的活動是一項極為複雜的工作。而且，電路設計的風格及時脈對這些結果會有直接的效應。隨機邏輯閘的一條串級鏈的最簡單的狀況是以圖 14.45 中所顯示的這個電流分佈來加以描述。這代表閘 1 邏輯群組的輸入在時間 t_0 時被切換，並沿著這條鏈漣波往下傳播。造成每個群組中的一個切換的這種狀況。電流突波之間的間隔可以被估計為這些閘的延遲時間。這種形式的考慮可以被使用於邏輯與電路設計階段，來使這些電流抽取階層表示為時間的一個函數相等。

由於時脈控制的關係，圖 14.46 的動態邏輯電路比較可以預測。當 $\phi = 0$ 時，這個電路是在預先充電 (P)，而充電電流 i_{ch} 會流動到輸出電容 C_{out}。當時脈改變至 $\phi = 1$ 時，這個電路會進行求值 (E)。如果一個邏輯 0 被產生的話，i_{dis} 會流動到接地，而在下一個預先充電的期間之內，輸出將會被重新充電。如果電荷被保持的話，將會出現洩漏，而這一級將仍然須要部分地重新充電。放電電流的流動是發生在求值期之內，而且是依據邏輯串級中每一級的位置來分佈的。

SSN 階層也是由封裝以及被使用來將這個晶粒連接到這些腳針的導線連接技術所決定的。在**多重晶片模組 (multiple-chip module, MCM)** 之中，SSN 可能會在不同晶片之間造成我們所不想要的交互作用。這些以及其它相關的問題是許多研究計畫的中心。

14.8 低功率設計的考量

晶片的整體功率發散 P [W] 在現代的 VLSI 之中有關鍵的重要性。如果使用一個電池電源供應的話，那麼 P 會決定必須重新充電之前的操作時間。即使在一個桌上型的系統之中，功率發散也必須被保持在低的值以確保矽不會熔化【最差狀況】，而且系統的冷卻規劃是足夠的。在電路及系統階層的低功率設計技術已經被發展出來。相當大量的研究是致力於研究這些問題及解決方案。

在一個數位 CMOS 電路之中，功率發散有三個主要的來源。

- 當輸入穩定時，由於由 V_{DD} 至接地的直接傳導路徑所造成的直流功率 P_{DC}。洩漏電流是在標準靜態 CMOS 邏輯電路之中這個分量的成因。
- 當一個輸入改變造成電源供應有一條通過這些電晶體而到接地的直接電流流動路徑時所發散的切換功率 P_{sw}。這是發生在一條電壓轉移曲線 (VTC) 的變遷部分之內，而且也是在前一節的討論之中被認爲是 SSN 問題的起源。
- 由於對電容性節點充電與放電所造成的動態切換功率 P_{dyn}。這是由下列的一般性公式來估計

$$P_{dyn} = aCV^2 f \tag{14.86}$$

其中 C 是電容單位爲法拉，a 是活動係數，V 是電壓的擺幅，而 f 是訊號的頻率。

瞬間總功率發散是下列的總和

$$P = P_{DC} + P_{sw} + P_{dyn} \tag{14.87}$$

每一項的值都會隨著電路設計的技術而有所改變，而晶片的特定區段可能會由某些貢獻所主控。

首先考慮直流洩漏項。這一項可以被寫成簡化的型式為

$$P_{DC} = I_{DDQ}V_{DD} \tag{14.88}$$

其中 I_{DDQ} 是當輸入沒有改變時的準靜洩漏電流。一個電晶體的洩漏電流的值是由製程所決定。這個晶片的總 I_{DDQ} 會隨著電晶體的數目而增大，而且也是由電路設計的技術所決定的。靜態 CMOS 邏輯閘會展現最小的準靜洩漏電流，晶片的值經常是小於大約 10 μA。所得到的功率發散是在零點幾微瓦特 (μW) 的階層。雖然在特定的設計之中它可能還會更大，但是它通常是這三項中最小的一項。

切換功率 P_{sw} 是一個閘的輸入訊號變遷造成由 V_{DD} 到接地的一條直接電流流動路徑的一項結果，而且是 SSN 的一個起源。每一次輸出電壓進行一項電壓變遷時它都會發生，而且是源自於這個電路的設計。靜態邏輯閘一定會發散切換功率，這是因為這條傳導路徑無法被刪除所致。一項簡單的估計為

$$P_{sw} = \langle I_{sw} \rangle V_{DD} \tag{14.89}$$

其中 $\langle I_{sw} \rangle$ 是平均的直流電流流動。來自一個隔離閘的貢獻會隨著電晶體的縱橫比而改變，這是因為 (W/L) 決定通過一個 FET 的電流流動階層。實際的大小是由輸入波形的形狀所決定的，這使它難以使用封閉型式的方程式來計算得到。電路模擬是最為準確的。

動態功率發散通常被認為是最難以處理。一般的表示式

$$P_{dyn} = aCV^2 f \tag{14.90}$$

顯示 P_{dyn} 會隨著訊號切換頻率 f 成正比地增大，因此它會隨著這個電路的速度而成長。使這個項的大小降低的一種方法乃是降低電源供應電壓 V_{DD}，這是因為它是 V 的最大【直流】值。這也會使其它貢獻的值降低。處理器的核心電壓目前是低於 2V，並且往甚至更低的電壓來推動。在電池操作的單元之中，一個降低的電源供應電壓也會是有好處的。

雖然這看起來好像是一種簡單的技術，但是它會在電路階層引進問題，它會導致較低的切換速度。當然，這會將原本使 V_{DD} 降低的目的打敗。為了瞭解這項陳述，還記得一個不飽和的 FET 會具有下列的一個電流

$$I_D = \frac{\beta}{2}\left[2(V_{GS} - V_T)V_{DS} - V_{DS}^2\right] \tag{14.91}$$

由於在這個電路之中的最高電壓為 V_{DD}，將它縮小隱喻 I_D 也將會下降。將 I_D 降低隱喻它會花費比較長的時間來對輸出電容充電，因而使上升與下降時間增大。這會使這個閘的切換速度變緩慢。為了補償這個效應，我們可以增大這個元件轉移電導項

$$\beta = \mu_n C_{ox}\left(\frac{W}{L}\right) \tag{14.92}$$

由於

$$C_{ox} = \frac{\varepsilon_{ox}}{t_{ox}} \tag{14.93}$$

因此將閘極氧化物厚度 t_{ox} 收縮會使 β 增大，因此改良的製程會有所幫助。否則，我們必須將通道寬度 W 增大來維持這個速度。

在文獻之中，降低 VLSI 晶片的功率發散的許多創新與獨特的方法已經被公佈。這個問題本身經常是同時在電路設計與建築階層來加以對付。有興趣的讀者可以參考文獻。論及這項主題的數本書已經被陳列於參考資料之中。

14.9 深入研讀的參考資料

[1] Abdellatif Bellaouar and Mohamed I. Elmasry, **Low-Power Digital VLSI Design**, Kluwer Academic Publishers, Norwell, MA, 1995.

[2] Anantha P. Chandrakasan and Robert W. Brodersen, **Low Power Digital CMOS Design**, Kluwer Academic Publishers, Norwell, MA, 1995.

[3] Dan Clein, **CMOS IC Layout**, Newnes, Woburn, MA, 2000.

[4] Sabih H. Gerez, **Algorithms for VLSI Design Automation**, John Wiley & Sons, Chichester, England, 1999.

[5] Bryan Preas and Michael Lorenzetti (eds.), **Physical Design Automation of VLSI Systems**, Benjamin-Cummings Publishing Company, Menlo Park, CA, 1988.

[6] Jan M. Rabaey, **Digital Integrated Circuits**, Prentice Hall, Upper Saddle River, NJ, 1996.

[7] Jan M. Rabaey and Massoud Pedram, **Low Power Design Methodologies**, Kluwer Academic Publishers, Norwell, MA, 1996.

[8] Michael Reed and Ron Rohrer, **Applied Introductory Circuit Analysis**, Prentice Hall, Upper Saddle River, NJ, 1999.

[9] Kaushik Roy and Sharat C. Prasad, **Low-Power CMOS VLSI Circuit Design**, John Wiley & Sons, New York, 2000.

[10] T. Sakurai and K. Tamaru, "Simple Formulas for Two- and Three-Dimensional Capacitances," *IEEE Trans. Electron Devices*, vol. ED-30, no. 2, pp. 183-185, Feb. 1983.

[11] M. Sarrafzadeh and C. K. Wong, **An Introduction to VLSI Physical Design**, McGraw-Hill, New York, 1996.

[12] Ramesh Senthinathan and John L. Prince, **Simultaneous Switching Noise of CMOS Devices and Systems**, Kluwer Academic Press, Norwell, MA, 1994.

[13] Naved Sherwani, **Algorithms for VLSI Physical Design Automation**, Kluwer Academic Publishers, Norwell, MA, 1993.

[14] John P. Uyemura, **CMOS Logic Circuit Design**, Kluwer Academic Publishers, Norwell, MA, 1999.

[15] M. Michael Vai, **VLSI Design**, CRC Press, Boca Raton, FL, 2001.

[16] Gary K. Yeep, **Practical Lower Power Digital VLSI Design**, Kluwer Academic Publishers, Norwell, MA, 1998.

14.10 習題

[14.1] 考慮一條交互連接具有圖 14.3 中所顯示的幾何形狀以及 T_{ox} = 1.10 μm、w = 0.5 μm、及 t = 0.90 μm。

(a) 使用忽略邊緣電容的簡單平行板公式來計算每單位長度的電容 c。以 [pF/cm] 的單位來表示。

(b) 求使用包括邊緣的經驗表示式所預測的 c 值。

(c) 假設在 (b) 部分的結果是正確的，如果邊緣效應被忽略的話，求百分比誤差。

(d) 這條交互連接線路有一個 R_s = 0.08 Ω 的片電阻。如果這條線路是 100 μm 長，求 R_{line} 與 C_{line} 的值。

[14.2] 一條交互連接具有圖 14.3 中所顯示的幾何形狀，及 $T_{ox} = 0.90$ μm、$w = 0.35$ μm、及 $t = 1.10$ μm。

(a) 求使用包括邊緣的經驗表示式所預測的 c 值。

(b) 這條交互連接線路有一個 $R_s = 0.04$ Ω／□ 的片電阻。如果這條線路是 48 μm 長，求 R_{line} 與 C_{line} 的值。

(c) 建構這條線路的一個 $m = 7$ 的 RC 階梯等效，然後使用這個模型來決定時間常數。將這個時間常數與使用較簡單的公式 $\tau = R_{line} C_{line}$ 所獲得的時間常數加以比較。

[14.3] 考慮具有圖 P14.1 中所顯示厚度的 4 層金屬的一個 CMOS 製程。求每一層的每單位長度的電容 c [pF/cm] 【金屬一至一基板電容】。假設 CMP 是在每一層氧化物被沉積之後來進行的。

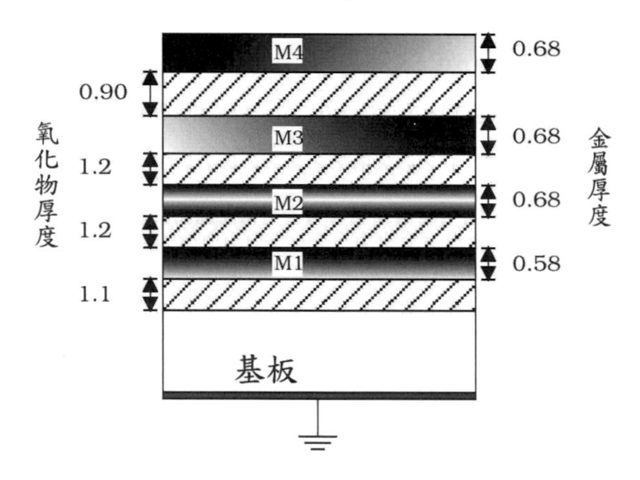

圖 P14.1

[14.4] 對圖 P14.1 中所顯示的 M1-M2 層，計算每 μm^2 的重疊電容。對 M3-M1 圖案的一個重疊來重作習題。

[14.5] 一條交互連接具有圖 14.3 中所顯示的幾何形狀。重要參數的值爲 $T_{ox} =$ 10,000 Å、$w = 0.35$ μm、$t = 0.85$ μm、$R_s = 0.008$ Ω、及 $l = 122$ μm。

(a) 求 R_{line} 與 C_{line} 的值。在你的計算之中永遠包含邊緣效應。

(b) 產生 $m = 2$ 與 $m = 6$ 區段的 RC 階梯等效。求這兩者之間的時間常數差異。然後，將你的 $m = 6$ 的結果與方程式 (14.19) 作一比較。

[14.6] 一條交互連接線路是以 $w = 0.35$ μm、$T_{ox} = 1.20$ μm、$t = 0.95$ μm、及 $R_s = 0.008$ Ω 來加以描述。

(a) 計算 r [Ω /cm] 與 c [pF/cm] 的值。

(b) 假設在方程式 (14.33) 中，$\xi = 0.05$。求交互連接時間延遲的方程式。

(c) 計算 100 μm、200 μm、及 300 μm 線路長度的延遲，單位為 ps。

[14.7] 在一個交互連接的階層，兩條線路分隔的間隔為 $S = 0.50$ μm。每一條個別線路都具有 $w = 0.35$ μm、$T_{ox} = 1.1$ μm、及 $t = 1$ μm。

(a) 計算每單位長度的耦合電容 c_c。

(b) 如果交互連接長度為 20 μm，求耦合電容。

對一個 30 μm 的交互連接長度來重作這個習題。

[14.8] 考慮兩條交互連接線路，兩條線路分隔的間隔為 $S = 0.40$ μm。每一條個別線路都具有 $w = 0.25$ μm、$T_{ox} = 1.2$ μm、及 $t = 0.85$ μm。

(a) 計算一條線路的每單位長度的自我電容 c。

(b) 計算這兩條線路之間的每單位長度的耦合電容 c_c。

(c) 假設這兩條線路都是 18 μm 長。求由這兩條線路中的一條看進去的總電容。

[14.9] 一條交互連接是以 $w = 0.4$ μm、$T_{ox} = 1.0$ μm、$t = 0.84$ μm、及 $R_s = 0.005$ Ω 來加以描述。它具有一個 50 μm 的長度。

(a) 求每單位長度的電容、線路的總電容、及線路電阻。

(b) 假設寬度與長度是以一個 $s = 1.5$ 的因數如同在方程式 (14.50) 之中一樣地來縮放。這個材料與氧化物的厚度值保持不變。對這條縮放後的線路，求線路電容與電阻的新值。

[14.10] 考慮描述一條分佈的 RC 線路上 $v(z,t)$ 的方程式 (14.30)。在 erfc(ξ) 函數之中，我們選取一個 $\xi = 0.9$ 的值。

(a) $v(z,t)$ 的值是多少？以電源供應電壓 V_{DD} 來表示。【erfc(ξ) 的數值可以在數學圖表或者在大多數的 PC 計算程式中找到。】

(b) 這條線路具有參數 $w = 0.5$ μm、$T_{ox} = 0.9$ μm、$t = 0.90$ μm、及 $R_s = 0.04$ Ω。求在這個延遲方程式 $\tau = Bl^2$ 之中由 ξ 的這項選擇所隱含的 B 值。

[14.11] 圖 14.33 中的這個史密特觸發器電路使用一個 $V_{DD} = 3.3$ V 的電源供應，而這些電晶體則是以這些臨限電壓值 $V_{Tn} = 0.7$ V 與 $|V_{Tp}| = 0.8$ V

來定義的。如果這些元件的比值為 $(\beta_1/\beta_3) = 6$ 與 $(\beta_4/\beta_6) = 4$，計算 V^+ 與 V^-。

[14.12] 考慮圖 14.33 中的這個史密特觸發器電路，這是在一個 $V_{DD} = 5$ V、$V_{Tn} = 0.7$ V、及 $|V_{Tp}| = 0.8$ V 的製程之中所製造的。設計這個電路來給予 $V^+ = 3.9$ V 與 $V^- = 1.2$ V。

15. VLSI 時脈與系統設計

同步設計採用時脈訊號來協調通過這個系統的數據移動。一個 VLSI 網路的總體速度經常是由時脈所加諸的限制來決定的。在本章之中，我們將檢視在一個 CMOS 環境之中的同步邏輯設計。

15.1 時脈的正反器

最簡單的 CMOS 時脈規劃是基於一個具有一個 T 秒的週期及一個 $f = (1/T)$ Hz 的頻率的單一時脈訊號 $\phi(t)$。一個理想的時脈波形被顯示於圖 15.1 之中。振幅由 0 改變至 1，具有一個對應的 $[0, V_{DD}]$ 電壓範圍。在古典的數位設計之中，數據的流動是藉由使用時脈來控制閂或正反器的裝載而被同步化的。圖 15.2 說明一個 D 型正反器的同步化。只有在一個上升的時脈邊緣，這個數據位元 D 才會被裝載進入這個 DFF 之中。如果上升邊緣是出現在一個時間 t_0 時，則在一個時間延遲 t_{ff} 之後會有下面的這個值：

$$Q(t_0 + t_{ff}) = D(t_0) \tag{15.1}$$

在下一個上升邊緣【在圖形中為 t_1】與之後的每個 0 至 1 時脈變遷，這種數據捕捉會再度發生。限制的電路因素乃是由電子學及負載所決定的這個 DFF 延遲時間 t_{ff}。將 t_{ff} 降低會允許一個較高頻率的時脈，這會使數據動速率增大。相同的評論也適用於一個負向邊緣觸發的 DFF。在 CMOS 之中，諸如 JK 正反器的其他型式正反器也可以被建構，但是它們很少被使用於高密度的設計之中，

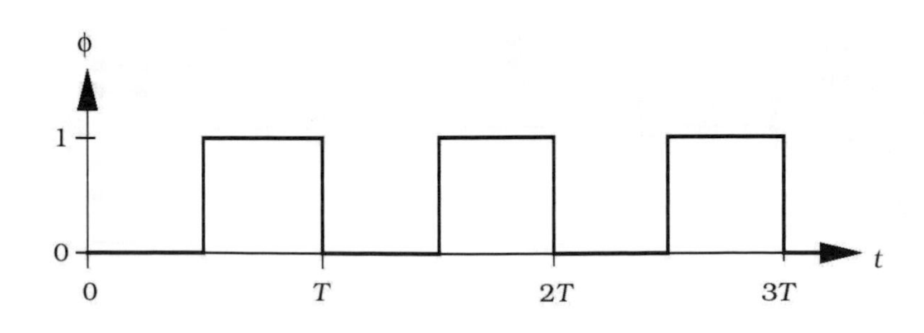

圖 15.1 理想的時脈訊號

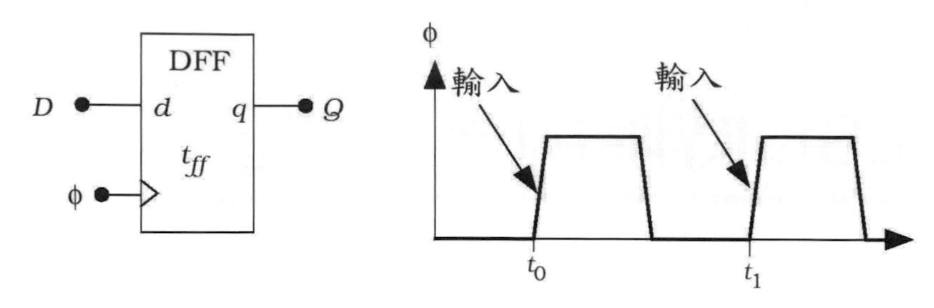

圖 15.2 一個 DFF 之中的定時

這是因爲它們很緩慢，而且會消耗更多的面積。

15.1.1 古典的狀態機器

時脈的正反器提供了古典序列邏輯網路的基石。使用單一時脈定時的狀態機器的兩個模型被顯示於圖 15.3 之中。圖 15.3(a) 中的摩爾機器 (Moore machine) 將輸入饋送至具有被饋送進入一個暫存器之中的輸出的組合輯所構成的這個輸入邏輯區塊。這個暫存器本身是 m 位元寬，而且可以使用正反器來建構；這會造成一個具有 $2m$ 個狀態的機器。這個狀態暫存器的輸出被饋送至這個輸出邏輯區塊來產生輸出數據。它們也被饋送回到這個輸入邏輯區塊。由於所儲存的數據被延遲一個時脈循環，因此這個機器的目前狀態將會影響下一個狀態。在圖 15.3(b) 中的這個**密理** (**Mealy**) 機器有相同的結構，但是允許目前的輸入對輸出有立即

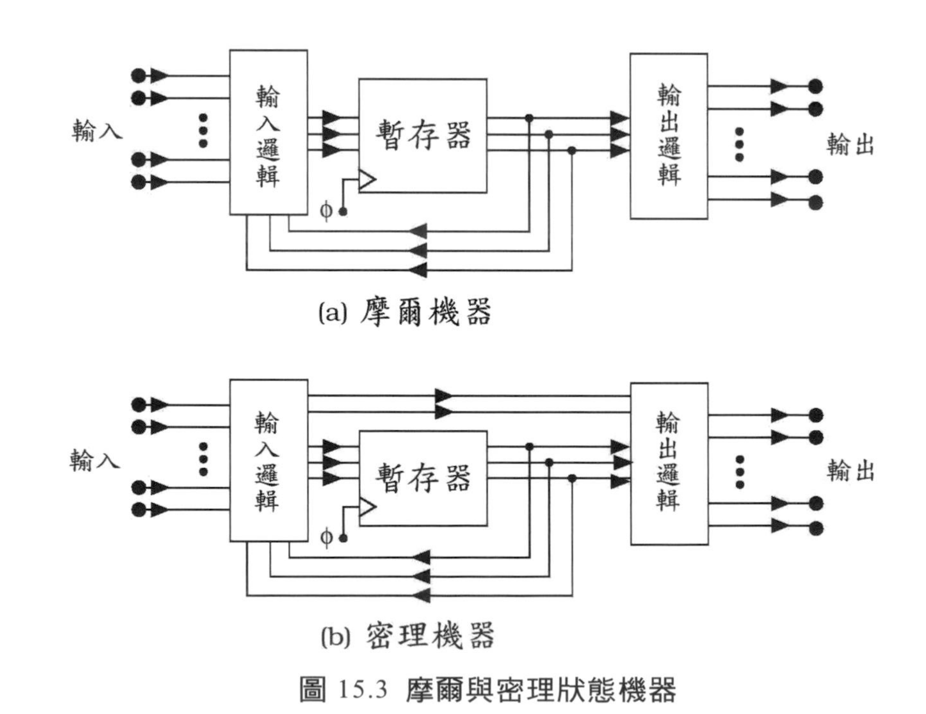

圖 15.3 摩爾與密理狀態機器

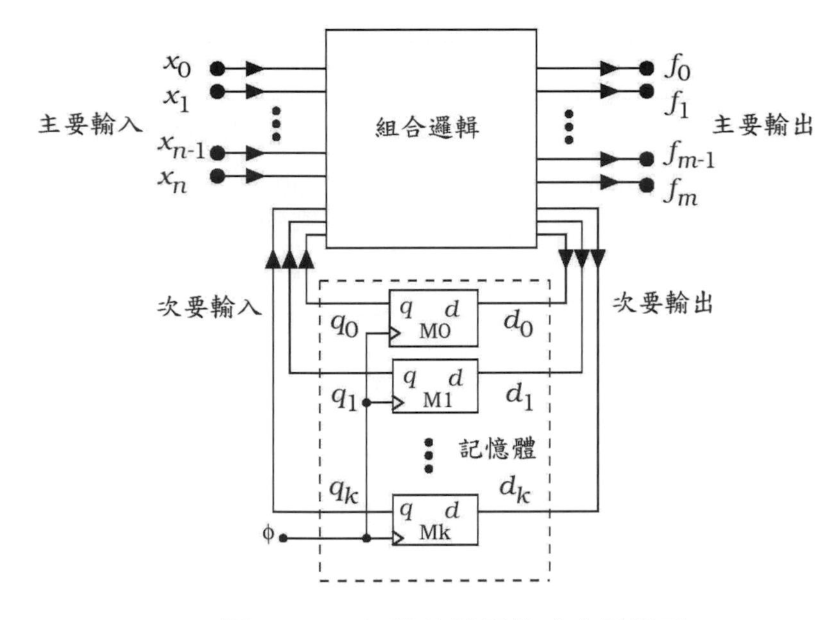

圖 15.4 **一個狀態機器的哈夫曼模型**

的效應。

在圖 15.4 中所顯示的這個**哈夫曼** (**Huffman**) 模型之中所包含的一般化建築之中包含**摩爾** (**Moore**) 與**密理** (**Mealy**) 模型來作爲特殊的狀況。外加的主要輸入 $x_0, x_1, \ldots, x_n$ 連同源自於這個記憶體單元的次要輸入 $q_0, \ldots, q_k$ 被饋送進入這個組合邏輯區塊。這些主要輸出 $f_0, f_1, \ldots, f_m$ 是由這個邏輯區塊所取得的。這些次要輸出 $d_0, d_0, \ldots, d_k$ 被使用來作爲這些時脈的 DFF 的輸入；在下一個時脈循環之中，這些是作爲次要輸入來使用。

序列的邏輯電路也可以使用這些古典模型之中的任何一個而被設計並實際裝置在 VLSI 之中。這是在邏輯階層設計以囊胞爲基礎的 ASIC 的最平常方法，在這個階層工程師是由狀態圖及邏輯電路來開始工作。CAD 工具被使用來組合這些電路，而置放與繞線程式會提供平面設計及交互連接的導線連接。這些矽的細節對設計師而言是隱形的。的確，功能複雜的的工具組使我們得以設計 ASIC，而不須要有任何實體設計的知識。這使它們對於快速交貨 (turnaround) 的原型是很有用的，而且如果速度可以接受的話，也可以被使用來大量生產。

FPGA 的設計也是非常倚重古典狀態機器理論，但是它通常會要求對於 VLSI 觀念有更深入的瞭解。組合邏輯電路是使用隨著製造商而改變的電路風格來達成的。個別的閘、PLA、可程式的邏輯元件 (programmable logic device, PLD)、及多工器的群組是很平常的。程式規劃是以 EPROM、熔絲、及 SRAM 陣

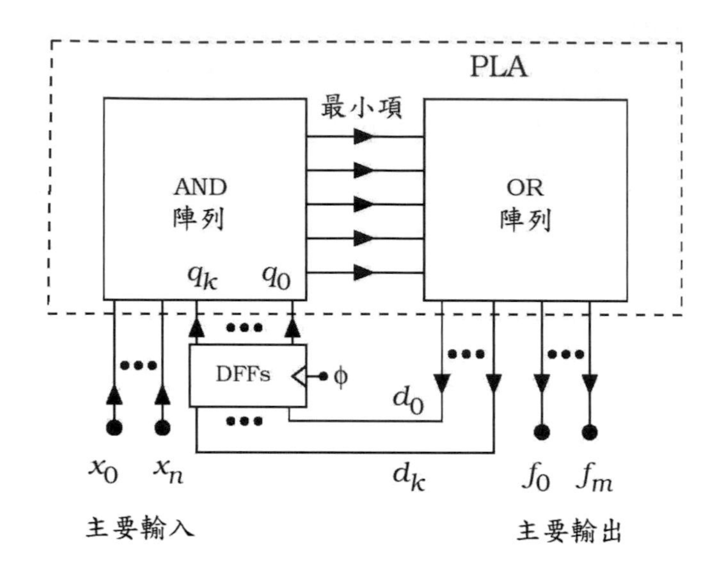

圖 15.5 使用 PLA 邏輯的哈夫曼狀態機器

列來達成的，而且某些還包含對照表 (lookup table, LUT) 來幫助設計。雖然晶片階層設計已經被自動化，但是設計師還是可以人工地進行分割、囊胞置放、及繞線連接來使這個電路的速度增大。由於 ASIC 與 FPGA 的設計特定細節是與製造商相關的，因此有興趣的讀者可以參閱特定元件的文獻來得到更多的細節。我們將追求一種說明電路與實體設計階層的重要層面的更為一般性設計問題的觀點。

古典的狀態機器被使用於所有型式的大型 VLSI 晶片之中。這種設計本身是基於標準的流程，但是通常會被更緊密地鏈結到實體設計的層面。在以囊胞為基礎的的晶片階層 VLSI 之中，這些正反器可以由元件庫來引例以作為預先定義的模組；這些邏輯網路可以使用原始的閘或邏輯陣列來加以設計。實體設計的關鍵層面是環繞閘及交互連接的延遲，以及時脈。

讓我們來研究一個狀態機器的一個結構，這個狀態機器使用哈夫曼 (Huffman) 模型作為一個基礎來說明主要的想法。圖 15.5 說明使用一個 AND-OR 可程式邏輯陣列來進行組合邏輯的一個區塊圖。這個 PLA 的 AND 平面可以被程式來產生

$$\sum_r m_r \tag{15.2}$$

其中一些被使用來作為主要的輸出 $f_0, \ldots, f_m$，而其它則被饋送回來作為儲存於這

些 DFF 之中的次要輸出 $d_0, \ldots, d_k$，以作為下一個時脈循環之中的次要輸入。這個邏輯設計的細節與我們在標準數位系統之中所碰到是完全相同的；在 PLA 之中，VLSI 的考量也會有所影響。時脈的週期 T 必須是足夠大來允許這個邏輯循環的完成。這個條件可以被表示為

$$T > t_{ff} + t_d + t_{su} \tag{15.3}$$

其中

- t_{ff} 是由這個正反器的輸入到輸出的延遲時間，
- t_d 是通過這個 PLA 的邏輯延遲時間，
- t_{su} 是這個正反器的「設置時間」，也就是輸入在被閂進這個 DFF 之前所必須穩定的時間。

由於這個邏輯陣列可能須要相當長的交互連接，因此這個電路可能並不夠快來達成所想要的速度。隨機的組合邏輯通常將會藉由降低 t_d 來產生一個較快速的電路，但是它會花費比較長的時間來設計。另外一種方法乃是改變正反器來降低 t_{ff} 與 t_d 的值。

這個簡單的電路範例說明 VLSI 可以輕易地被調適至以正反器儲存為基礎的古典狀態機器拓撲。然而，CMOS 電路可以提供比其它技術來得更複雜的時脈與定時策略。在 VLSI 之中，當我們更詳細研究這些電路之時，同步邏輯的完整功率會變得更為明顯。

15.2 CMOS 時脈風格

CMOS 允許寬廣種類的時脈風格。某些時脈風格是相當一般性的，而其它則是基於電路設計的技術。在這一節之中，我們將檢視在一個 VLSI 環境之中被使用來使數據流動同步化最常用的方法。

15.2.1 時脈的邏輯串級

最簡單乃是基於使用一個單一時脈 ϕ 本身【一種單相的設計】或者連同之前在第二章之中所介紹的互補訊號 $\overline{\phi}$ 【一種雙相的系統】。圖 15.6 顯示這一對的理想化波形。以電壓來表示，我們得到

$$V_{\overline{\phi}} = V_{DD} - V_{\phi} \tag{15.4}$$

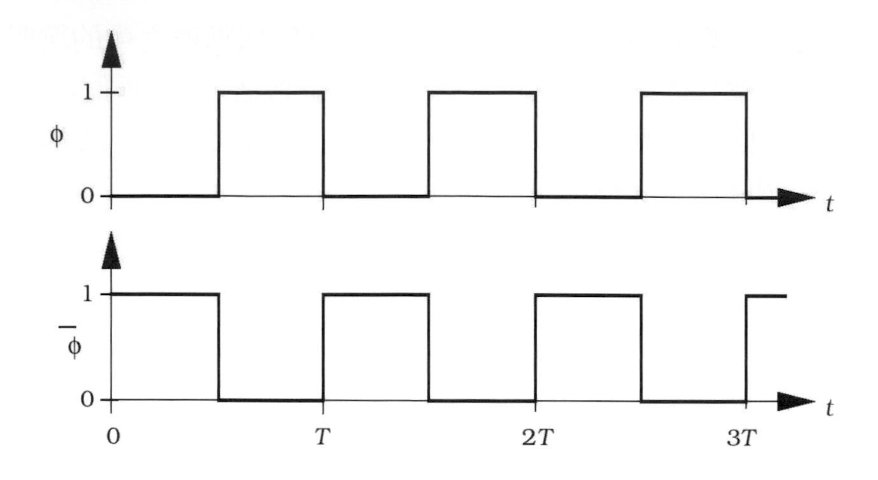

圖 15.6 互補的時脈

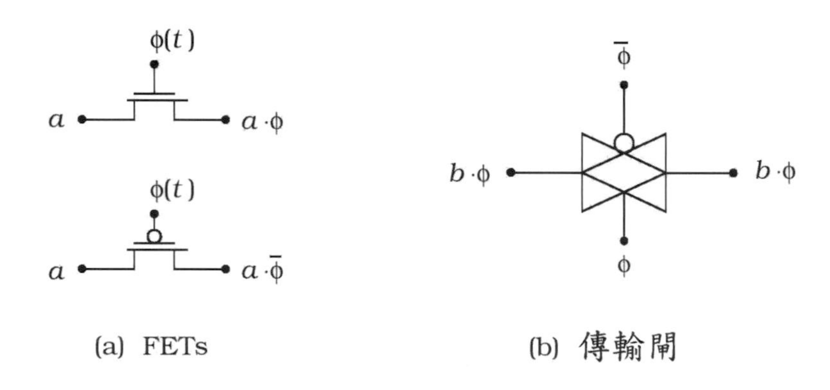

圖 15.7 時脈控制的電晶體

這是因爲兩者都被假設爲由 0 V 至 V_{DD} 範圍的全軌訊號。一對不重疊對永遠會滿足

$$\phi \cdot \overline{\phi} = 0 \tag{15.5}$$

對所有的時間 t，但是由於在上升／下降時間之內所必須的重疊的緣故，對互補的訊號而言，這並不是完全眞確的。

直接施加時脈訊號至 FET 會給予一個控制數據流動的簡單方法。三個主要的時脈元件被顯示於圖 15.7 之中。圖 15.7(a) 中任意一個單一極性的電晶體開關都可以被使用，但是一般而言我們選用 nFET 而不選用 pFET，這是因爲它較佳的傳導特性。使用這個 nFET 來作爲一個時脈元件的一個問題乃是這個輸出被侷限於 $[0, V_{max}]$ 電壓範圍，其中

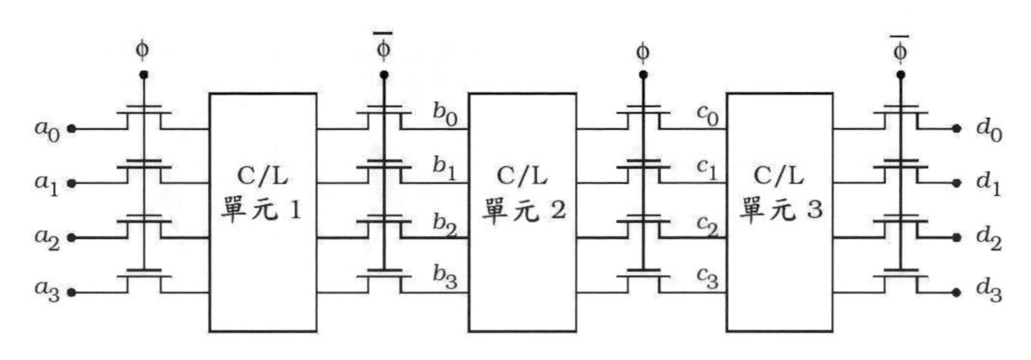

圖 15.8 一個時脈的串級

$$V_{max} = V_{DD} - V_{Tn} \tag{15.6}$$

是由於臨限損耗所造成的。除了通過一個微弱的邏輯 1 之外，這個變遷是相當緩慢的。圖 15.7(b) 中的這個傳輸閘使完整的電壓範圍 $[0, V_{DD}]$ 通過，而且對邏輯 0 與邏輯 1 的這兩個輸都有快速的切換。然而，一個 TG 須要兩個電晶體【一個 nFET 及一個 pFET】，而且附屬的並聯導線連接也會使繞線問題增大。在現代的高速設計之中，由於它們比較簡單，因此會有使用單一 nFET 而不使用 TG 的傾向，邏輯 1 的傳輸問題市藉由週邊電路的小心設計來加以處理的。由於時脈的 TG 電路已經在第二章之中被研究過，因此在這裡我們將專注於時脈的 nFET。如果我們想要的話，每個電路都可以被重新設計來容納 TG。

考慮圖 15.8 中的邏輯串級。在組合邏輯 (C/L) 單元之間的數據轉移是通過時脈的 nFET，它是以 ϕ 來控制進入單元 1 與 3 的輸入，而 $\overline{\phi}$ 控制進入單元 2 的位元。同步的流動可以藉由從一個 $\phi = 1$ 【$\overline{\phi} = 0$】的時脈開始而來看到。這些輸入 $a_0, \ldots, a_3$ 被允準進入單元 1 之中，而在特性延遲時間之後在這個邏輯區塊的輸出處可供使用。當這個時脈改變至 $\phi = 0$ 【$\overline{\phi} = 1$】 時，$b_0, \ldots, b_3$ 會被轉移進入單元 2 之中。在下一個半時脈的循環，ϕ 上升至 1 【因此 $\overline{\phi} = 0$】，並允許 $c_0, \ldots, c_3$ 進入單元 3 之中。在這個邏輯延遲之後，這個串級的輸出 $d_0, \ldots, d_3$ 可供使用。這種時脈的風格每個半時脈循環將數據由一個單元轉移至下一個單元，而這種數據流動直覺上是很明顯的。

定時圓圈與時脈扭曲

定時圓圈 (timing circles) 是目視數據流動很有用的簡單構造。這個時脈的串級的定時圓圈被顯示於圖 15.9 之中。兩個時脈訊號 ϕ 與 $\overline{\phi}$ 都有一個週期 T，而且我們假設在半個週期 $(T/2)$ 的時間之內有一個邏輯 1 的值，而在半個週期

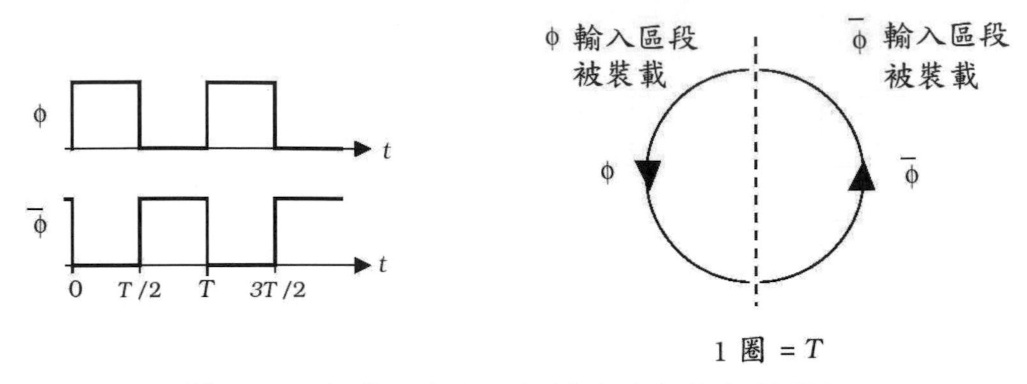

圖 15.9 一個單一時脈、雙重相位串級的定時圓圈

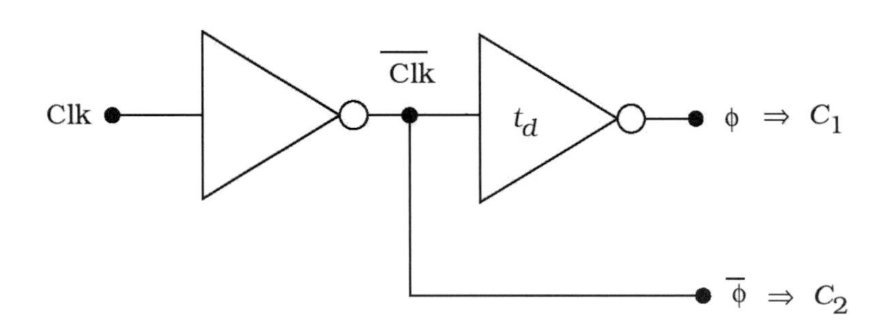

圖 15.10 時脈產生電路

的時間之內有一個邏輯 0 的值。這定義了被稱爲一個 50% 負荷循環。由於這些時脈每個週期都會重複，因此我們建構一個定時圓圈，其中完整的一圈代表 T，然後在時間週期之內以是在 1 的時脈來標示這個圓圈的每一部份。這個 $(\phi, \overline{\phi})$ 對會給予圖形中所顯示的定時圓圈。引進術語來描述圓圈中所包含的資訊將會是很有用的。這個片語「在 ϕ 期間之內」將被解讀來表示當 $\phi = 1$ 的這個時間。相類似地，我們將瞭解「在 $\overline{\phi}$ 期間之內」隱喻當 $\overline{\phi} = 1$ 的這個時間區間。當被外加至圖 15.8 中的這個時脈的串級時，這個定時圓圈顯示進入每一種型式的單元的數據流動。在 ϕ 期間之內，輸入被接納進入奇數的單元之中，在圖形之中這被稱爲「ϕ 輸入區段」。相類似地，偶數的單元 2 【「$\overline{\phi}$ 區段」】在 $\overline{\phi}$ 期間之內接納輸入。因此，在一個串級之中交替 ϕ 與 $\overline{\phi}$ 區段交替地出現會造成數據的一種同步移動通過一個系統。

一個時脈的串級是很簡單的，因此使用它來作爲基本的設計方法論是很有吸引力的。然而，當我們轉移到電路與實體設計的階層時，我們必須來處理數個複雜的因素。**時脈扭曲 (clock skew)** 是影響所有時脈系統的一個關鍵問題。時脈扭曲是一個時脈的定時與系統參考訊號不同相位的這種狀況。它可能源自於不同

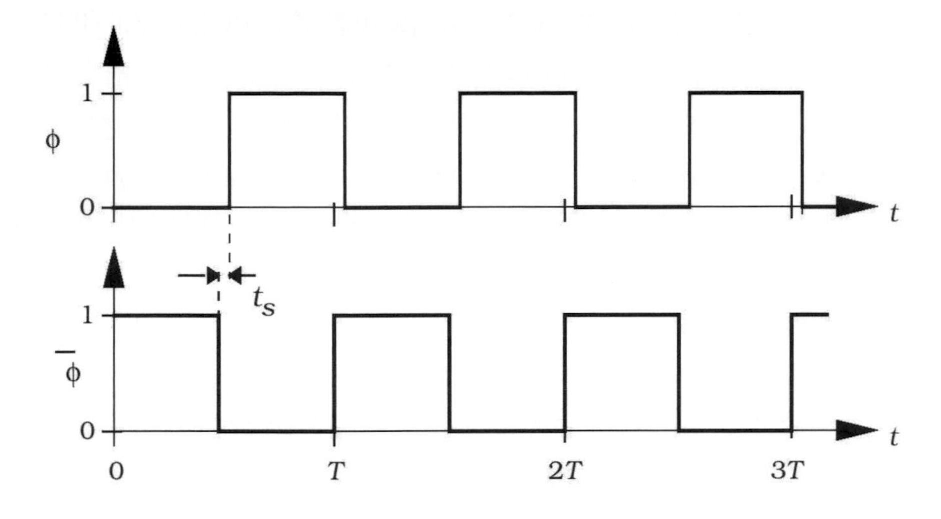

圖 15.11 時脈扭曲

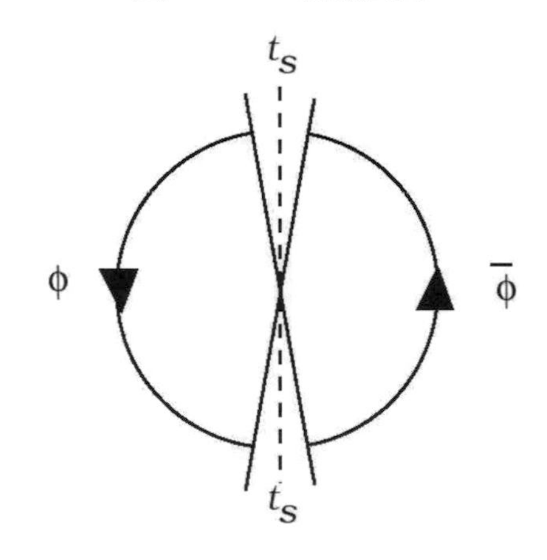

圖 15.12 具有時脈扭曲的定時圓圈

的來源，而且會限制時脈的頻率。在一個同步系統之中，這是等同於限制數據流動速率及整體的速度。

讓我們來檢視源自於時脈產生電路的時脈扭曲。圖 15.10 中的這個電路使用反相器，而由時脈訊號 Clk 來產生 ϕ 與 $\overline{\phi}$。如果這個線路電容 C_1 與 C_2 相等，則而且會稍微落後 $\overline{\phi}$ 這個反相器延遲 t_d。這定義了在圖 15.11 的時脈波形之中所顯示的扭曲時間 $t_s = t_d$。注意這個重疊會被時脈扭曲所增大。這會造成數據同步化與流動的問題，因此已經有許多的努力被導引來使 t_s 的值相對於時脈週期 T 被極小化。電路對於時脈扭曲的敏感度會隨著設計風格而改變。

藉由將定時圓圈修改至如同圖 15.12 中所顯示，時脈扭曲的整體效應可以被看出來。在這種方法之中，這種扭曲已經被繞著一條畫成虛線的垂直參考軸來均勻地分佈。這個扭曲時間 t_s 使 ϕ 與 $\overline{\phi}$ 兩個數據轉移事件的時間數量降低。這可能會要求我們必須使用一個較緩慢的時脈頻率來使這些邏輯單元得以處理數據。藉由設計這個分佈網路，我們可以將源自於時脈產生電路之中的扭曲控制於一個有限的程度。這是等同於改變圖 15.10 中所顯示的 C_1 與 C_2 的值，而且在 15.4 節所討論的時脈分佈問題的內文之中將會更詳細地加以處理。

電路效應與時脈頻率

時脈的串級的邏輯階層描述會遮住決定這個電路的終極速度的特性。由於通過這個串級的數據轉移速率是由時脈頻率所決定的，因此瞭解限制這個速度的電子因素是很重要的。這些因素可以使用圖 15.13 中所顯示的這個移位暫存器來加以說明。這項操作是直截了當的。一個 $\phi = 1$ 的時脈條件允許輸入 a 進入第一級之中。在這種狀況下，這個「邏輯單元」只是一個反相器而已。當具有一個 50% 的負荷循環 (duty cycle) 時，如同圖形中所表明，一個 $(T/2)$ 的時間區間被分配來做轉移。在這段時間之內，必須發生兩個事件。首先，a 的電壓等效必須通過這個 nFET，到達這個反相器的輸入。其次，這個反相器必須對這個輸入有所反應，並且會產生一個 $\overline{a}$ 的輸出。這使我們得以寫出下列最小可允許半週期的條件

$$\left(\frac{T}{2}\right)_{\min} = t_{FET} + t_{NOT} \tag{15.7}$$

在這個方程式之中，t_{FET} 是通過這個通過電晶體的延遲時間，而 t_{NOT} 則是閘的延遲。由於通過一個 nFET 的最差狀況傳輸是一個邏輯 1 的轉移，因此我們得到

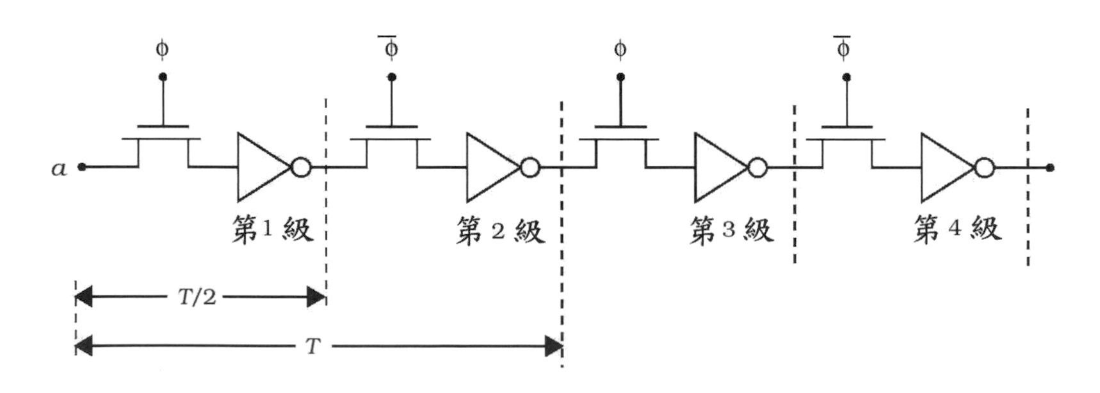

圖 15.13 移位暫存器電路

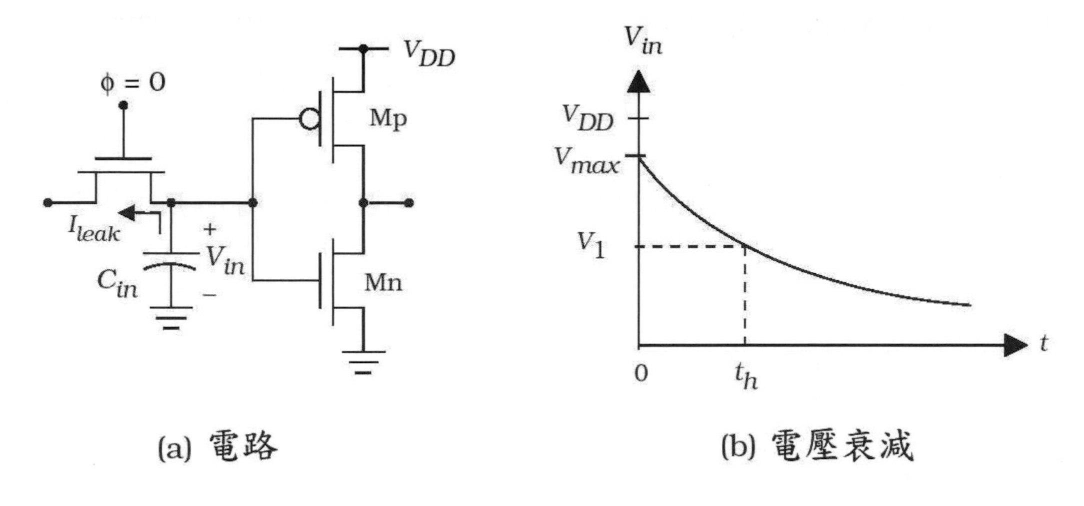

(a) 電路　　(b) 電壓衰減

圖 15.14 移位暫存器之中的電荷洩漏

$$\left(\frac{T}{2}\right)_{\min} = t_{r,FET} + t_{HL,NOT} \tag{15.8}$$

其中 $t_{r,FET} = 18\ \tau_{FET}$ 是這個 nFET 的延遲，而 $t_{HL,\ NOT}$ 則是 NOT 閘的高至低時間。因此，這個移位暫存器的最大時脈頻率為

$$f_{\max} = \frac{1}{T_{\min}} = \frac{1}{2\left(t_{r,FET} + t_{HL,NOT}\right)} \tag{15.9}$$

藉由寫出下式，這個移位暫存器的結果可以被延伸至一個任意的邏輯串級

$$f_{\max} = \frac{1}{T_{\min}} = \frac{1}{2\left(t_{r,FET} + t_{CL}\right)} \tag{15.10}$$

其中 t_{CL} 代表這條鏈之中的最長組合邏輯延遲。這清楚地說明系統時脈速度是如何由這些閘延遲來決定的。最大的績效要求我們必須使最差狀況的邏輯路徑儘可能地快速。對一組設計而言，藉由小心地挑選電路設計風格或佈局圖，這個要求可以在電路階層來達成。另外，將這個邏輯區塊分解成為較小的區段，並重新設計這個串級可能也會是值得的。

雖然它可能不是很明顯，但是這種 CMOS 設計風格本質上是動態的，並且會顯現電荷洩漏的問題。考慮一個邏輯 1 電壓被傳輸通過這個 nFET，然後時脈到達一個 $\phi = 0$ 的值的這種狀況。這是在圖 15.14(a) 中加以說明。雖然這個 nFET 是在截止狀況，但是會有一個洩漏電流 I_{leak} 流動，並且會從這個電容器

C_{in} 以下式所描述的方式來排除電荷[1]

$$I_{leak} = -C_{in}\frac{dV_{in}}{dt} \tag{15.11}$$

這個洩漏電流是電壓 V_{in} 的一個函數，使這個方程式成爲一個非線性的微分方程式。假設一個 $V_{in}(0) = V_{max}$ 的起始條件會給予一個類似於圖 15.14(b) 中所顯示的電壓延遲。在這個圖形之中，V_1 代表這個反相器要把這個輸入視爲一個邏輯 1 的值所須要的最小電壓。保持時間 t_h 是維持這個輸入狀態的限制因素。當這個時脈具有一個 50% 的負荷循環時，這意指

$$\left(\frac{T}{2}\right)_{\max} = t_h \tag{15.12}$$

這是因爲這個時脈有半個時脈週期爲 0 。這設定了最小時脈頻率 f_{min} 爲

$$f_{\min} = \frac{1}{T_{\max}} = \frac{1}{2t_h} \tag{15.13}$$

如果 $f < f_{min}$，那麼這個數據將會被毀壞。雖然這項考慮並不會影響一個高速的網路，但是它的確證明會有一個最低時脈速度的要求。這個性質的一項結果乃是時脈無法被停止來如同一個靜態電路一樣地測試。

保持時間是由洩漏電流、輸入電容、及 V_1 的值所決定的。一種降低電荷洩漏效應並使 f_{max} 增大的電路技術乃是設計反相器來具有一個相對小的中間點電壓值 V_M。由於 V_M 是介於 0 與 1 的電壓範圍，因此將它降低也將會使 V_1 降低。爲了設計這個電路，還記得

$$V_M = \frac{V_{DD} - |V_{Tp}| + \sqrt{\dfrac{\beta_n}{\beta_p}}\, V_{Tn}}{1 + \sqrt{\dfrac{\beta_n}{\beta_p}}} \tag{15.14}$$

給予這個反相器的 V_M，這是以電晶體的轉移電導比值

[1] 電荷洩漏是在第九章中的 9.5 節之中來處理。

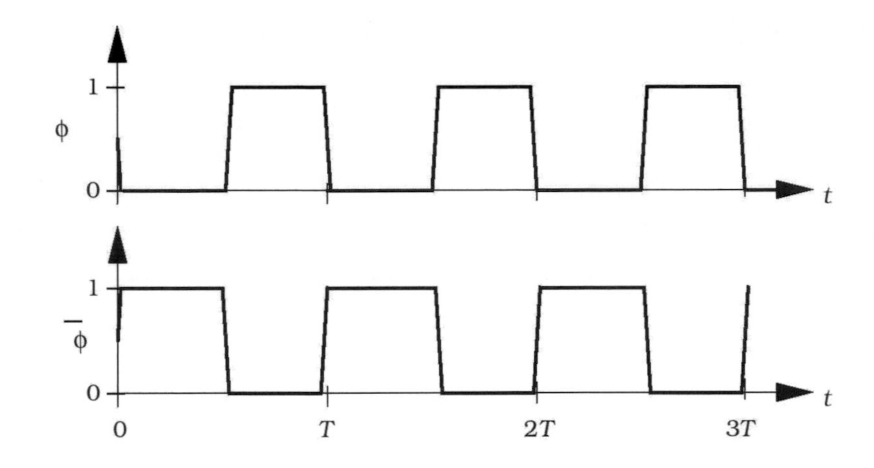

圖 15.15 具有有限上升與下降時間的時脈波形

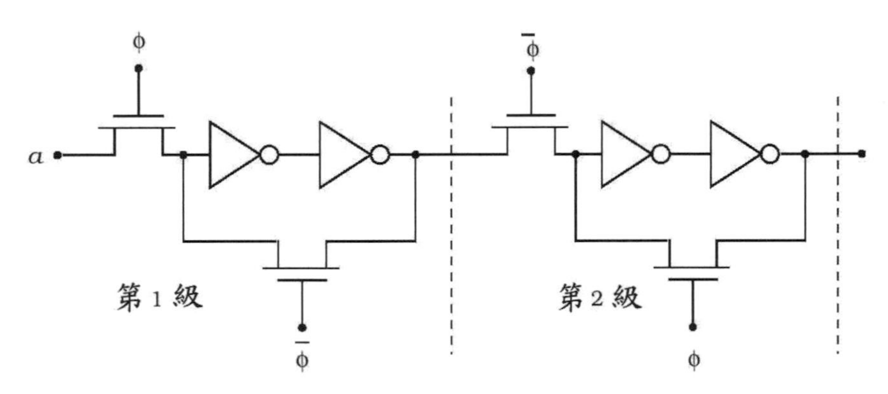

圖 15.16 靜態移位暫存器的設計

$$\frac{\beta_n}{\beta_p} = \frac{k'_n\left(\frac{W}{L}\right)_n}{k'_p\left(\frac{W}{L}\right)_p} \tag{15.15}$$

來加以表示。如果我們使用相同尺寸的元件，這會被簡化爲

$$\frac{\beta_n}{\beta_p} = \frac{k'_n}{k'_p} \tag{15.16}$$

且 $V_M < (V_{DD}/2)$。這可適用於一個任意的靜態邏輯閘，但是我們必須小心以確保這個閘的切換速度不會太過分地增大。

我們必須牢記時脈脈波實際上並不像一個步階，而會如同圖 15.15 中所說明具有有限的上升與下降時間。在這些重疊的期間之內，φ 與 $\overline{\phi}$ 所控制的 FET

都將會是部份傳導的。這可能會造成**訊號競賽 (signal race)** 的問題，其中下一個輸入值會競爭通過一個組合邏輯區塊，並產生一個被傳輸至下一級的不正確輸出。在設計的模擬與驗證的階段之中，這些情況必須被檢驗。

圖 15.16 中的移位暫存器藉由提供一個靜態回饋迴路來避免電荷洩漏。這種設計的缺點是增大的閘數，以及回饋路徑的繞線。簡短的觀察將可驗證這個電路只是一個修改的主奴式 DFF 電路而已。組合邏輯區塊可以被置放於以虛線來定義的這些平面處的這些級之間以達成一個時脈的串級。

雙重非重疊時脈

在這種技術之中，兩個不同、非重疊的時脈 ϕ_1 與 ϕ_2 被使用使得

$$\phi_1(t) \cdot \phi_2(t) = 0 \tag{15.17}$$

對所有時間 t，上式都會被強制實施。除了我們使用一個小於 50% 的負荷循環

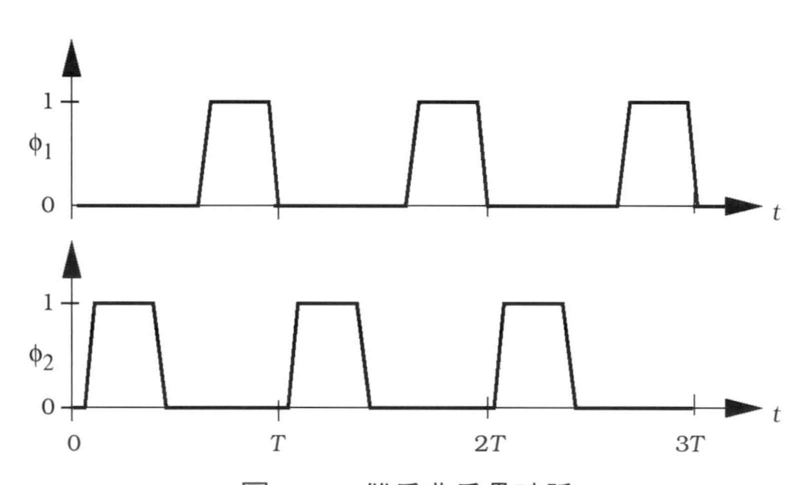

圖 15.17 雙重非重疊時脈

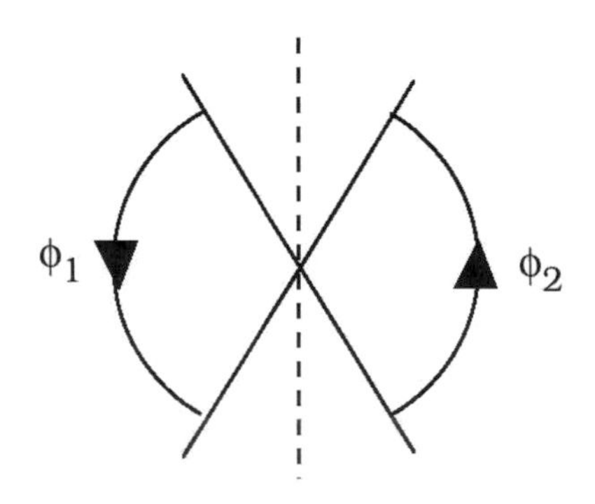

圖 15.18 一個 2 時脈網路的定時電路

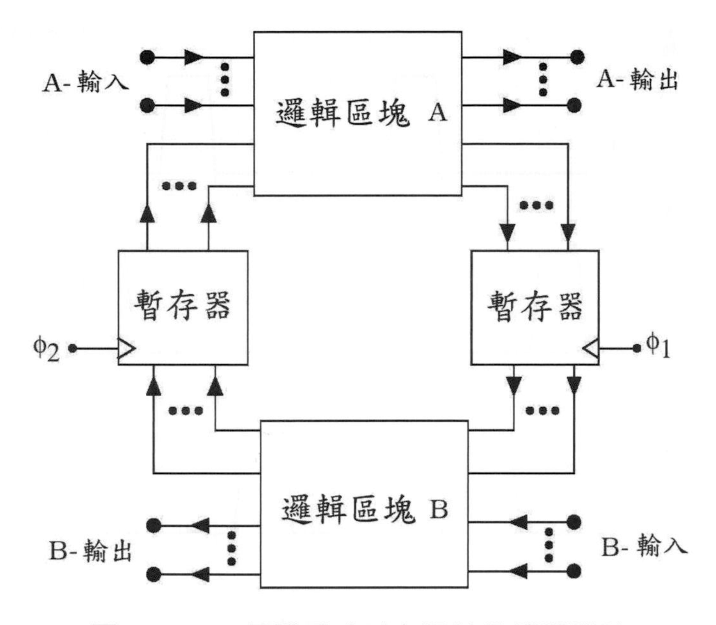

圖 15.19 **一個雙重時脈有限狀態機器設計**

之外，這是類似於單時脈、雙相位的方法。圖 15.17 說明一組典型的波形。這組波形可以被使用來以與 ϕ, $\bar{\phi}$ 對相同的方式來控制通過一個邏輯串級的數據流動。一個雙時脈系統的定時圓圈被顯示於圖 15.18 之中；由於較窄的脈波寬度的緣故，數據轉移時間會被降低。因爲不重疊的條件被維持的緣故，訊號競賽會被刪除。

基於雙時脈規劃的有限狀態機器可以提供威力强大的互動能力。一種較簡單的拓撲被顯示於圖 15.19 之中。這是由經由分開控制的回 暫存器來加以連接的兩個不同的邏輯網路邏輯區塊 A 與邏輯區塊 B 所組成的。在這種組態之中，邏輯區塊 A 的次要輸出被饋送到一個 ϕ_1 控制的暫存器，這提供了進入邏輯區塊 B 之中的次要輸入。這個網路左邊的這個 ϕ_2 控制的暫存器從邏輯區塊 B 抓取訊號，並將它們傳送到邏輯區塊 A。其它的變形包含將這些暫存器鏈結回到這個相同邏輯區塊的額外回饋路徑，比方說一組 ϕ_1 輸出被鏈結回到邏輯區塊 A。這種方法的主要困難乃是時脈本身的產生，這是因爲兩者都必須由一個單一參考訊號來推導得到的。

其它多重時脈規劃

我們可以產生不同多重時脈規劃來控制時脈的邏輯串級與狀態機器。譬如，一組三重、不重疊的時脈會有圖 15.20 中所顯示的波形。定時圓圈圖形是在圖 15.21

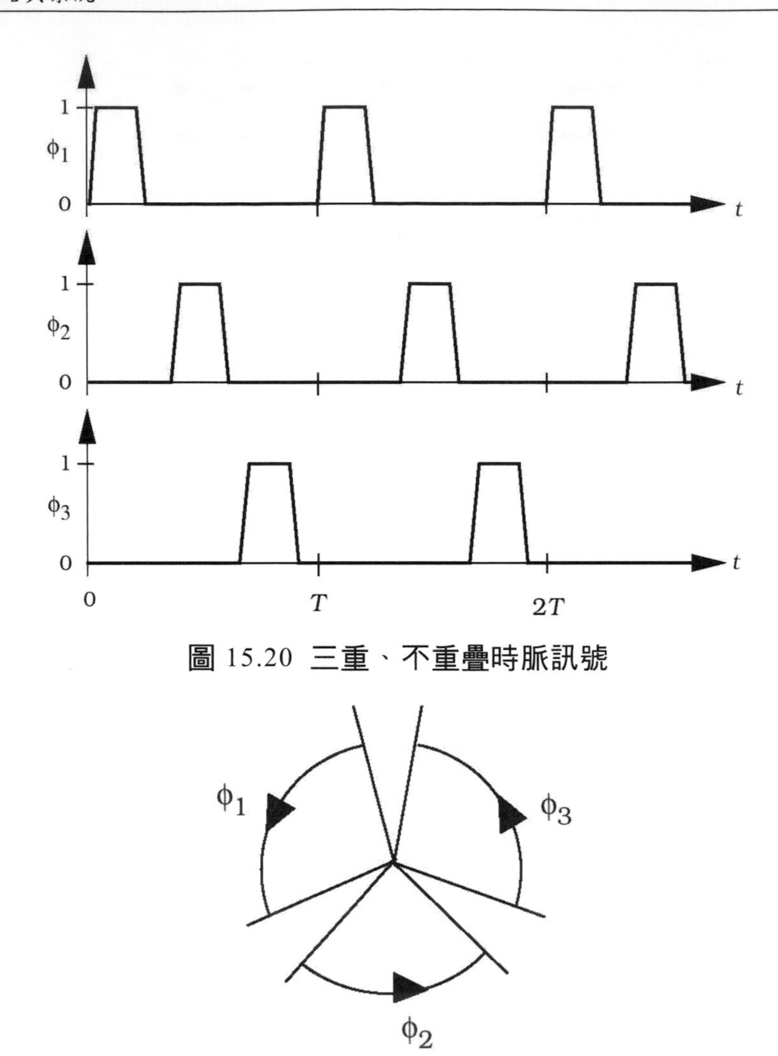

圖 15.20 三重、不重疊時脈訊號

圖 15.21 一個 3 時脈不重疊網路的定時圓圈

中加以說明。一個四時脈群組可以以一種類似的方式來看待。這些年以來，這些以及其它時脈規劃已經被引進來設計數位 MOS 積體電路。數種時脈規劃已經成功地被使用於商用晶片上的系統控制時脈，它們是基於較老式數位設計風格。有些 3 相及 4 相時脈策略被使用於只使用 pMOS 與 nMOS 的創新低頻動態邏輯電路。

然而，在現代的高速 VLSI 之中，複雜的時脈規劃會引進太多的問題使它們不值得一提。速度的增益是藉由改良的電路設計、製程、及結構修改所達成的。對於 1 GHz 或更高的系統時脈而言，這更是眞實不虛，在這種電路之中愈簡單愈好。在 VLSI 設計之中，最受歡迎的方法乃是使用一個單一時脈、雙重相位的系統。它可以良好地作用，而且允許結構中的變形，而不須要改變電路設計的風格。因此，我們將把我們的研究範圍縮小，只涵蓋簡單的時脈技術即可。

15.2.2 動態邏輯串級[2]

動態邏輯電路藉由控制這些邏輯閘電路的內部操作狀態來達成同步化的數據流動。雖然動態的邏輯串級可以被直接介接至較簡單的時脈邏輯網路，但是時脈的策略卻是不同的。

讓我們來複習圖 15.22 中的典型骨牌邏輯級的操作。當這個時脈具有一個 $\phi = 0$ 的值時，這一級是在預先充電 (P) 之中，其中 Mp 導通，而 Mn 是在截止之中。這將內部節點電容 C 充電至一個 $V = V_{DD}$ 的值，而這一級的輸出電壓是 $V_{out} = 0$。當這個時脈切換至 $\phi = 1$ 時，求值會發生。這個 pFET 被驅動進入截止之中，但是 Mn 是導通的；在這段時間之內，這個 nFET 邏輯陣列的輸入

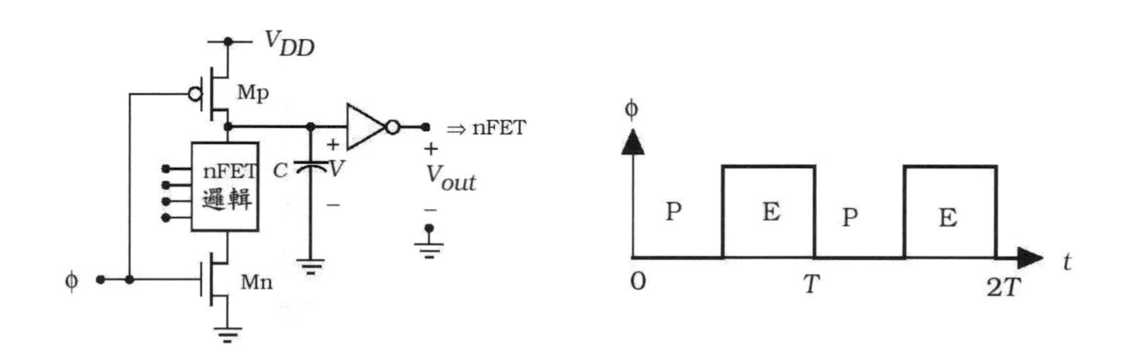

圖 15.22 一個骨牌邏輯級的操作

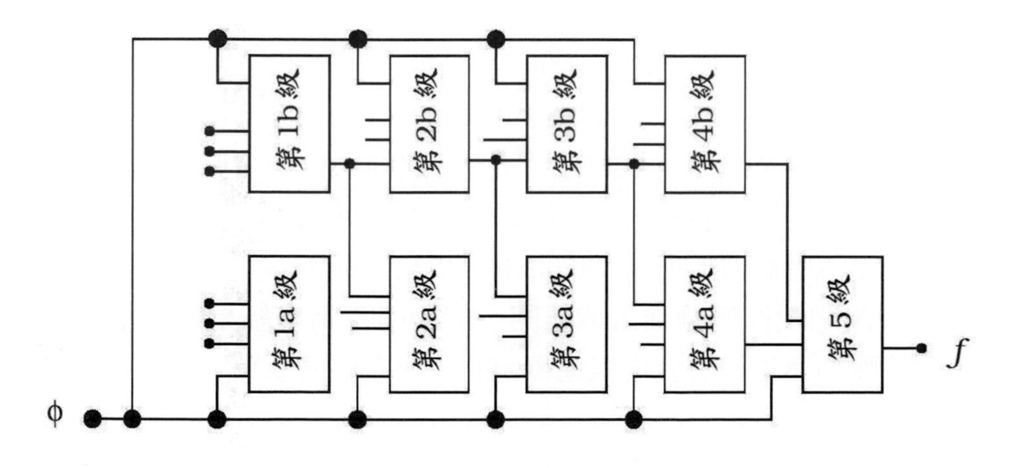

圖 15.23 一個動態邏輯串級

[2] 這一整節是以第九章的 9.5 節的內容為基礎。

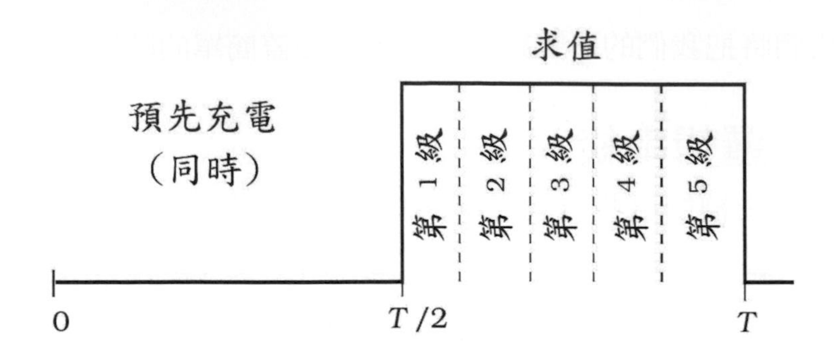

圖 15.24 在骨牌串級之中的定時序列

是有效的。如果這些輸入造成這個邏輯區塊的一個開路狀況，則 V 被保持在高電壓，這個閘的輸出為 0，無論電壓或邏輯上都是如此。這個輸出被連接至下一級中的一個邏輯 nFET，而 $V_{out} = 0$ V 將使它保持在截止之中。而另一方面，由這個邏輯陣列的頂部到底部的一個封閉開關的條件使 C 得以放電，因而會給予 $V = 0$ V。然後這個輸出切換至一個邏輯 1 電壓 $V_{out} = V_{DD}$。這會將下一級的這個邏輯 FET 驅動進入傳導之中。這是拿來說明這個時脈會自動地控制數據的流動，這是因為輸入與輸出只有在求值期間之內才會有效的緣故。

動態 CMOS 系統的定時可以藉由將相同的分析應用於一條邏輯鏈來瞭解。考慮圖 15.23 中的這些邏輯鏈，其中這些級都有相同的基本骨牌結構。第二級至第四級的每個輸入被假設是源自於一個骨牌閘，但是它們並沒有被明白地顯示。一個單一時脈波形 ϕ 被外加至這條鏈中的每一級，因此這個串級的行為如同一個單一邏輯群組。圖 15.24 中的這個波形顯示這條鏈在預先充電與求值期間的行為。當 $\phi = 0$ 時，每一級會在相同時間進行預先充電，而且沒有發生數據轉移。當 $\phi = 1$ 時，求值會發生。在這個時間，第 1a 級與第 1b 級的輸入被假設是有效的，並且會造成一個被饋送至第 2a 級的輸出，連同來自其它閘的輸入。這會產生被傳輸至第 3a 級的一個結果，連同來自第 2b 級的輸出。這種漣波作用會持續通過剩下的各級，直到最終的結果 f 有效為止。在定時圖形之中，這種漣波作用是以時脈波形的求值區間的分散來表明。

這個範例說明數據傳輸進入或離開一個動態邏輯串級是以這個時脈來順序排列。每個時脈循換是對應於這條邏輯鏈的一次完整的求值。對每一級都切換的狀況而言，在這條鏈之中所能夠包含的級數是由延遲所決定的。最大可允許的求值時間是由這個求值脈波的寬度 ($T/2$) 所設定的。長邏輯鏈可以以相對慢的時脈來調適。然而，這會引進電荷洩漏的問題，因此電荷保持器電路會變成是必要的。

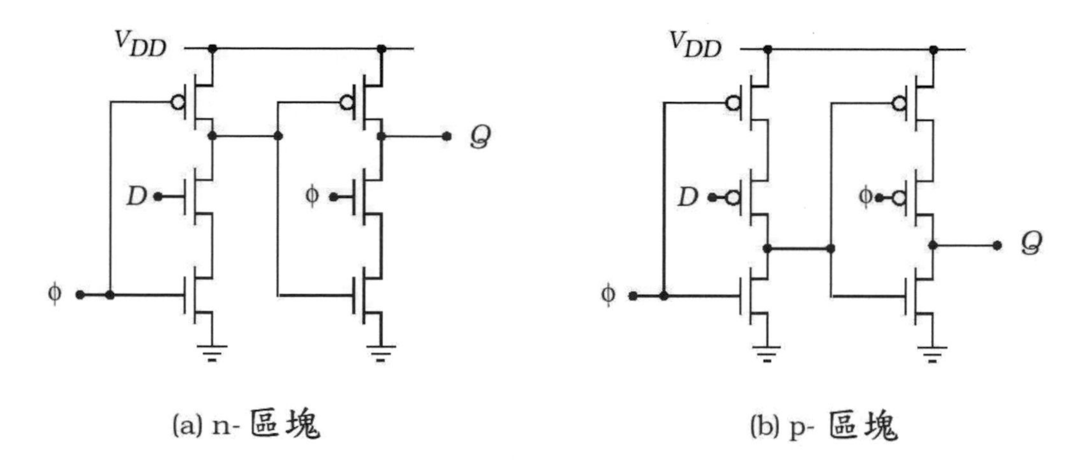

圖 15.25 **眞實單一相位時脈的閂**

雖然這個範例是以骨牌電路爲基礎，但是主要的結果適用於大多數的動態 CMOS 邏輯族。當動態邏輯串級被使用時，它們在輸入與輸出兩邊都界接至靜態電路。因此，數據流動是在系統階層所達成的。

在文獻中，許多型式的動態 CMOS 閂已經被公佈了。雖然大多數都是單一時脈、雙重相位的電路，但是 TSPC **【眞實單相時脈 (true single-phase clock)】**邏輯設計風格從頭到尾只使用一個單一時脈 ϕ。單相閂可以與靜態的閘設計介接來得到數據的同步化。兩個 TSPC 閂被顯示於圖 15.25 之中。圖 15.25(a) 之中的這個「n 區塊」電路是由兩級所構成的。第一級是一個簡單的動態反相器，而第二級則使用中間時脈控制的 nFET 來提供閂的操作。當 $\phi = 0$ 時，預先充電發生；在這段時間之內，輸出 Q 是處於一個高阻抗狀態【即，一個開路】。當 $\phi = 1$ 時，第一級正在求值，而輸出級則是作爲一個修改的 NOT 電路來操作。數據輸入 D 會被接受，而一個緩衝的值會出現在 Q。當這個時脈回到 $\phi = 0$ 時，這個值會被在 Q 處的輸出電容所保持。圖 15.25(b) 中的這個 p 區塊閂是以類似的方式來操作。TSPC 邏輯提供了許多對於 VLSI 設計很有吸引力的特性。然而，由於本質上它是動態的電路，因此將會出現電荷洩漏及電荷分享的問題。

15.3 管線的系統

管線 (pipelining) 是一種被使用來使通過一個同步邏輯串級的不同數據輸入的一個序列集合的流量增大的一種技術。由於電腦指令本質上就是序列的，因此在

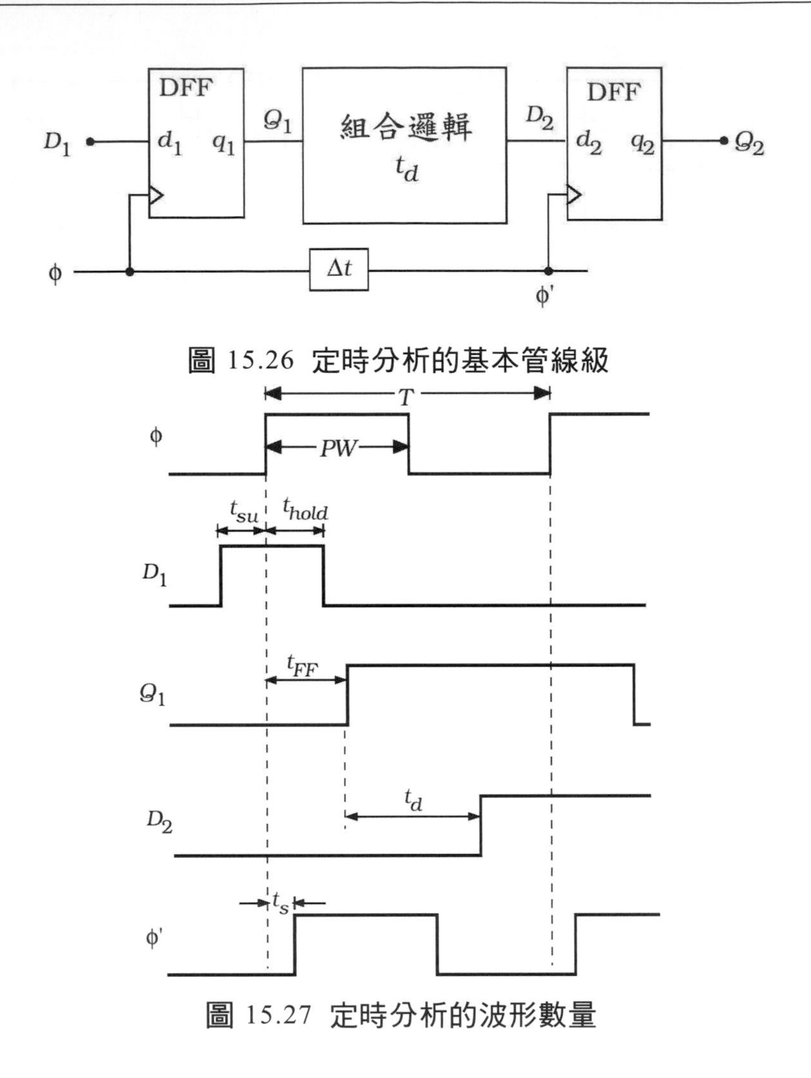

圖 15.26 定時分析的基本管線級

圖 15.27 定時分析的波形數量

微處理器之中管線被使用來提升 MIPs 額定規格。[3]

讓我們來分析圖 15.26 中所顯示的這個簡單暫存器 I/O 網路的定時要求來作爲引進這些觀念的一個基礎。輸入數據位元 D_1 在一個上升的時脈邊緣被閂進這個 DFF 之中，而在這個正反器的延遲時間 t_{ff} 之後作爲 Q_1 可供使用。位元 Q_1 進入這個組合邏輯網路【連同其它沒有被顯示的輸入】並在一段延遲時間 t_d 之後產生一個 D_2 的結果。這個結果 D_2 再下一個上升的時脈邊緣被閂進這個輸出 DFF 之中。

這個序列可以被使用來確立時脈波形上的定時要求。由於數據是在每個上升時脈的邊緣被閂進這些 FF 之中，因此我們必須確保週期 T 足夠大來允許正常的電路延遲。一個波形的一個範例被顯示於圖 15.27 之中。正反器延遲 t_{ff} 與邏

[3] MIPs 是代表每秒百萬個指令 (millions of instructions per second) 的一個縮寫。

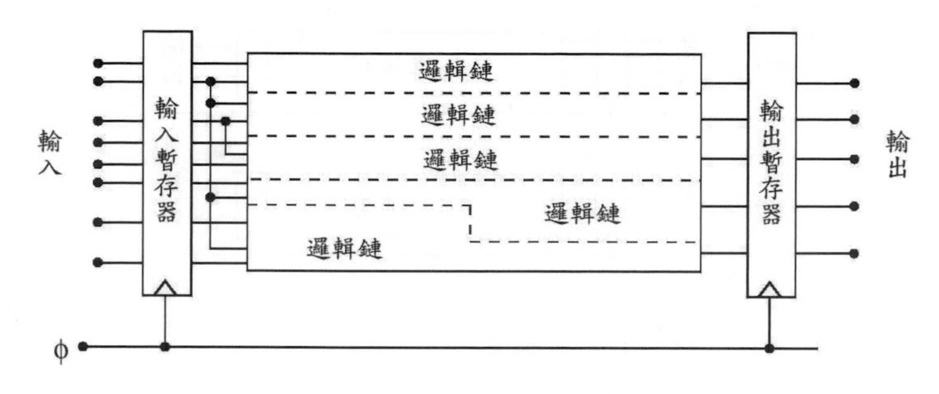

圖 15.28 **一個時脈的系統之中的邏輯鏈**

輯延遲時間 t_d 分別被顯示於 Q_1 與 D_2 的波形之上。兩個 FF 時間被顯示在 D_1 圖形之上。**設置時間** **(setup time)** t_{su} 是在這個時脈邊緣之前這個輸入必須穩定的時間，而**保持時間** **(hold time)** t_{hold} 則是在這個時脈邊緣之後這些輸入必須維持穩定以閂住正確值的最小時間。我們也已經介紹過一個**扭曲時間** **(skew time)** t_s 的可能性，這是使輸入時脈 ϕ 與輸出暫存器時脈 ϕ' 分離的時間。這組波形證明這個時脈的週期 T 必須滿足

$$T > t_{ff} + t_d + t_{su} + t_s \tag{15.18}$$

來容納所有的電路延遲。這個保持時間的要求 t_{hold} 在 DFF 上加上一個限制

$$t_{hold} < PW \tag{15.19}$$

其中 PW 是這個時脈的脈波寬度。方程式 (15.18) 給予時脈頻率的限制爲

$$f < \frac{1}{t_{ff} + t_d + t_{su} + t_s} \tag{15.20}$$

在標準的設計之中，整個系統使用一個單一時脈速率，因此系統時脈是由最緩慢的子系統或單元所決定的。如果一個長且複雜的邏輯電路串級是必要的話，延遲時間 t_d 將會是決定這個網路的時脈頻率時的關鍵因素。大 t_d 值要求長週期，這會使 f 的值降低。

藉由將這個串級劃分爲較小的區段，並使用一個較快速的系統時鐘，管線的系統被設計來增大一組序列輸入狀態的整體產出。圖 15.28 提供這個問題的一個目視圖。輸入暫存器匱送至數條複雜邏輯鏈，每一條鏈具有一個特徵延遲時間 t_d。具有最大 t_d 值的這條鏈決定這個單元的時脈速率；一個邏輯串級的延遲時

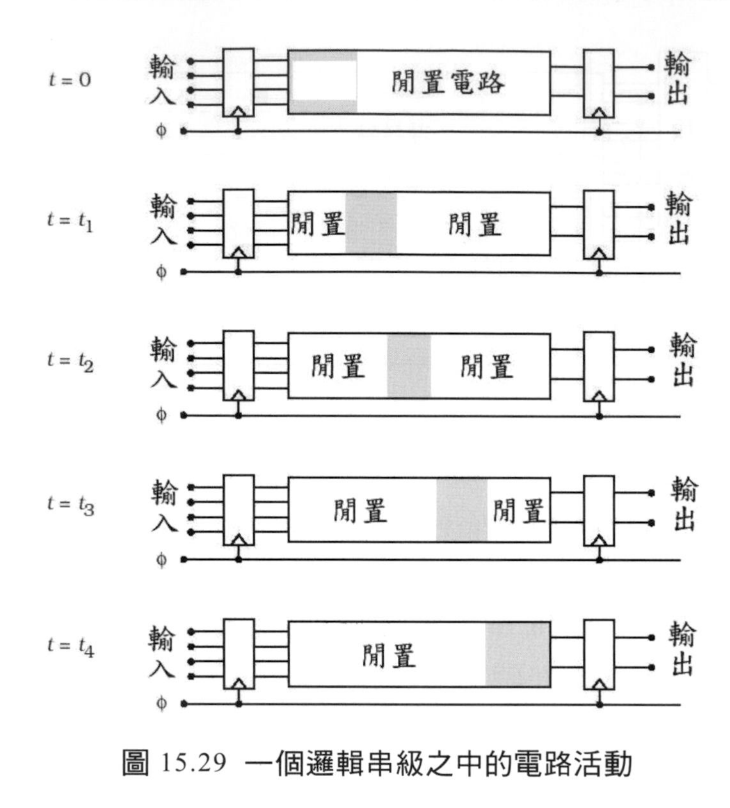

圖 15.29 一個邏輯串級之中的電路活動

間數值是由電路設計的風格、製程參數、及實體設計所建立的。

管線的想法可以藉由注意到邏輯計算是在輸入區開始，並傳播通過這條鏈來到輸出來瞭解。一旦一個電路完成一項計算，並將結果傳遞至下一級之後，在這個時脈循環的剩餘時間，它會維持閒置。電路使用的進程被顯示於圖 15.29 之中，圖中我們假設這個時脈的上升邊緣是發生在時間 $t = 0$ 時。後續的時間是以 t_i 來表示，其中對 $i = 1, 2, 3$，$t_{i+1} > t_i$。圖 15.30 中的這個時脈波形說明相對的時間值。由於通過一個邏輯閘的延遲會改變它的複雜程度與寄生電阻與電容，因此邏輯傳播速率將不會是均勻的。某些電路將會展現比其它電路更長的延遲。

這個範例提供管線的基礎。如果我們將長邏輯劃分為較小的群組，在各個區段之間加上暫存器，並使用一個較快速的時脈，那麼在任何時間這個電路的大部分都將是作用的。圖 15.31 顯示一條 4 級的管線。每一級是由一組輸入暫存器以及一個邏輯網路所構成的。時脈頻率 $f_{pipe} = (1/T_{pipe})$ 是由最慢的這級所設定的，而且會大於在原始串級中所使用的這個頻率 f。然而，管線設計是一種結構的修改，管線本身並不會給予較快速的響應。對這個 4 級的範例而言，相較於在非管線的網路中總時間延遲是原始的時脈週期 T，現在總時間延遲將會是 $4T_{pipe}$。如果相同的 CMOS 技術被使用於這兩種設計之中，則 $4T_{pipe} > T$ 也是可

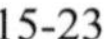

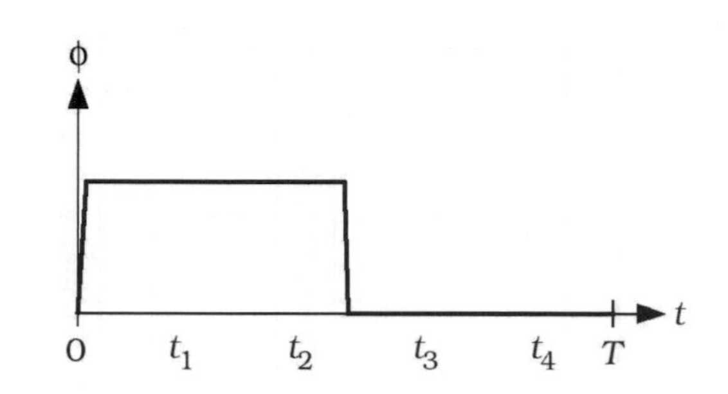

圖 15.30 邏輯串級之中的進展時間

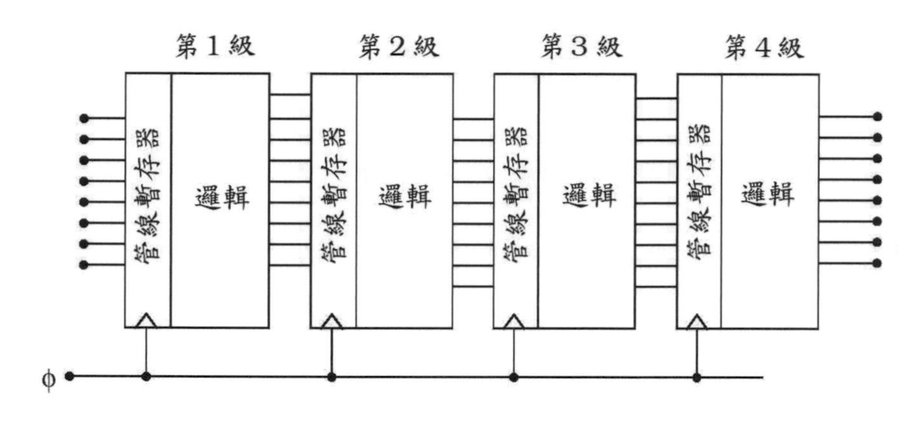

圖 15.31 一條 4 級的管線

能的。管線的吸引力乃是它增大了輸出結果的速率。譬如，假設我們有一組 N 個序列的輸入。在一個非管線的設計之中，總共須要 NT 秒來產生所有的結果。而另一方面，一旦一條管線被填滿【換言之，每一級主動地參與計算】之後，每個時脈循環都會產生一個輸出。對這個 4 級的規劃而言，產生整組輸出所須要的總時間爲

$$4T_{pipe} + (N-1)T_{pipe} = (N+3)T_{pipe} \tag{15.21}$$

其中左邊的第一項代表一開始填充這條管路所須要的時間。這是一個理想化的值，並且假設維持一條填滿的管線是可能的。在計算機結構之中，處理器數據路徑的高階管線設計是一項標準的議題，因此在這裡我們將不詳細討論。[4] 相反地，讓我們來檢視在一個 VLSI 設計之中使用一條管線的重要層面。

一個特別重要的問題乃是挑選原始系統之中的切斷點來定義較小的管線級。對第 i 級而言，最小的可允許時脈週期 T_i 是由下列條件所決定的

[4] 管線結構的一項優異的討論是包含於參考資料 [8] 之中。

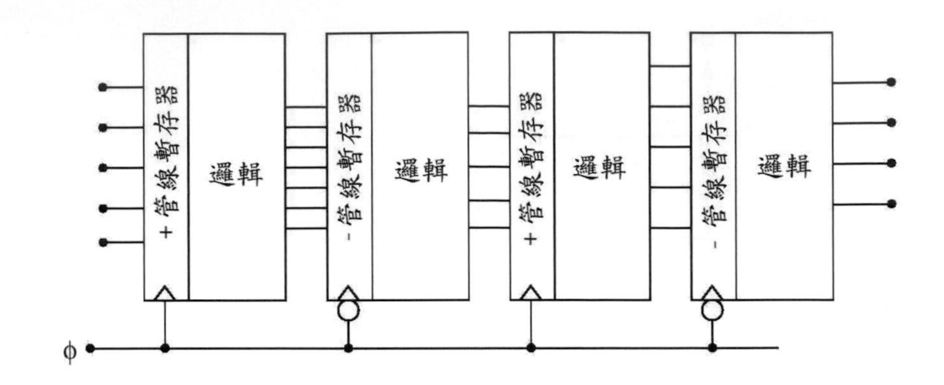

圖 15.32 具有正向邊緣與負向邊緣觸發的管線

$$T_i > t_{ff} + t_{su} + t_{d,i} + t_{s,i+1} \tag{15.22}$$

如果我們假設完全相同的管線暫存器被使用於每一級之中，則 $(t_{ff} + t_{su})$ 這些項是常數；而且，扭曲時間 $t_{s,i+1}$ 是由時脈分佈的規劃所設定的。這使得邏輯延遲時間 $t_{d,i}$ 成為關鍵的因素。一旦一個管線級的邏輯行為及操作被選定之後，邏輯與電路設計將會集中於使 $t_{d,i}$ 極小化。對一條 m 級的管線，管線時脈的週期被挑選為

$$T_{pipe} = \max\{T_1, \cdots, T_m\} \tag{15.23}$$

因為這個週期使得最緩慢的單元也會有足夠的時間來完成計算。許多工程的時間與努力被引導來處理這些緩慢的單元。各種演算法解決方案是使用不同的 CMOS 電路設計風格來加以產生並且實際裝置。譬如，骨牌邏輯串級已經被使用於晶片中關鍵的 ALU 電路之中，在這些晶片之中大部分的電路本質上都是靜態的。

使速度增大的一種建築的方法乃是將一個或更多個單元進一步地劃分，並使管線級的數目增大。這會使通過一個單元的延遲時間降低，並且允許一個較快速的時脈。然而，這種**深管線 (deep pipeline)** 設計須要更多的時脈循環來完成整條計算鏈，因此時脈週期的縮短可能不會造成一個較快速的網路。使這種設計可以接受經常要求在工程努力上的實質增加。另外一個會有所影響的因素乃是將每一級管線級與一個大規模行為函數連結起來的這種渴望。譬如，將一個記憶體單元分解成為較小的區段將會使設計與驗證兩者都困難很多。

實體設計的考慮也會有所影響。地產成本與功率發散階層永遠都是很重要的。每個邏輯/電路解決方案都會有不同的佈局圖及操作特性，而這些必須被列為

整體設計的考慮因素之中。位元暫存器必須閂住每個輸入位元，而且在使用 32 位元的字元的現代系統之中可能會相當大。在晶片階層，每個暫存器都必須要有一個時脈訊號及輸入/輸出線路，這會使交互連接的繞線問題變得更複雜。時脈與訊號扭曲的問題會隨著佈局圖的面積而增大。雖然管線是一種相當特定的建築設計風格，但是大多數提到的問題會出現任何先進的 VLSI 設計之中。

基本管線設計的一種變形顯示於圖 15.32 之中。交替的正向邊緣及負向邊緣觸發的輸入暫存器被使用來在時脈的每個改變之上閂住輸入。這與只使用正向邊緣觸發的正反器都有相同的基本問題。由於實體的限制仍然還是通過這個邏輯網路的延遲，因此我們並沒有獲得速度的增大。然而，它的確使得較慢的時脈可以被使用，這種較慢的時脈比較容易來產生與分佈。

15.4 時脈的產生與分佈

許多大型系統的設計是被**時脈分佈** (**clock distribution**) 的問題所限制的。當時脈頻率 f 達到 1 GHz (10^9 Hz) 階層時，這個問題會特別麻煩，這個頻率是對應於下列的一個時脈週期

$$T = \frac{1}{f} = 1 \text{ ns} \tag{15.24}$$

這是因為這個週期已經逼近這個閘本身的切換速度。因此時脈訊號在晶片上的各個點的分佈會變複雜，這是因為固有的 RC 時間延遲會依據下式隨著這條線路長度的平方而增大

$$\tau = Bl^2 \tag{15.25}$$

其中 B [sec/cm^2] 具有一個由實體的佈局圖及材料的成分所決定的一個固定值。這個問題的一個簡單觀點是以圖 15.33 的晶片平面設計來加以說明。這個輸入時脈訊號 Clk 必須被分佈至每個單元。如果我們採用圖中所顯示的直接時脈分佈線路，線路長度上的差異暗示會有不同的訊號延遲。每個單元都將會在相同頻率下操作，但是這些單元彼此之間可能會是不同相的。如同圖 15.34 中的這個波形所顯示，接收到的時脈 ϕ_a 可能會領先 ϕ_b，這可能又會領先 ϕ_c。在目前的這個範例之中，ϕ_b 是由 ϕ_a 被延遲一個時間區間

$$\Delta t_1 = B\left(l_b^2 - l_a^2\right) \tag{15.26}$$

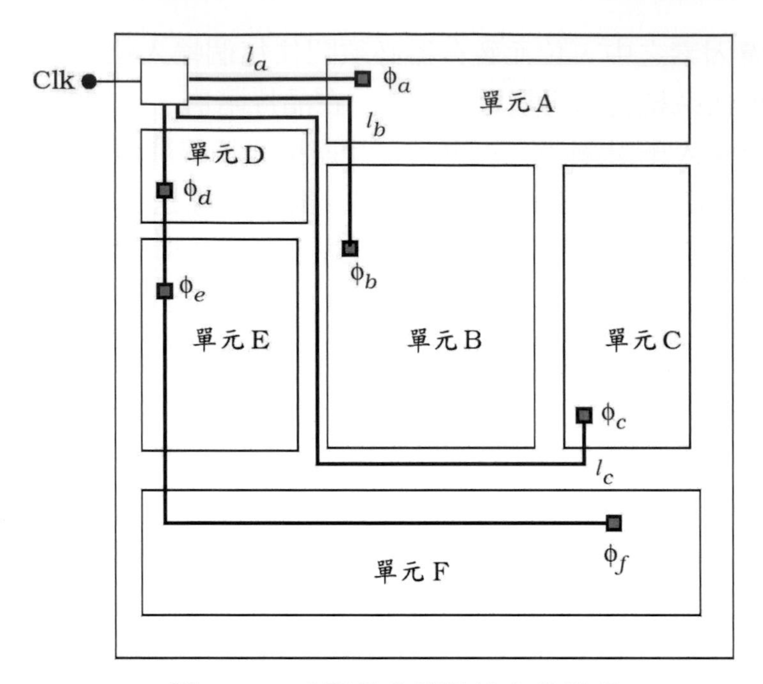

圖 15.33 時脈分佈到晶片上的模組

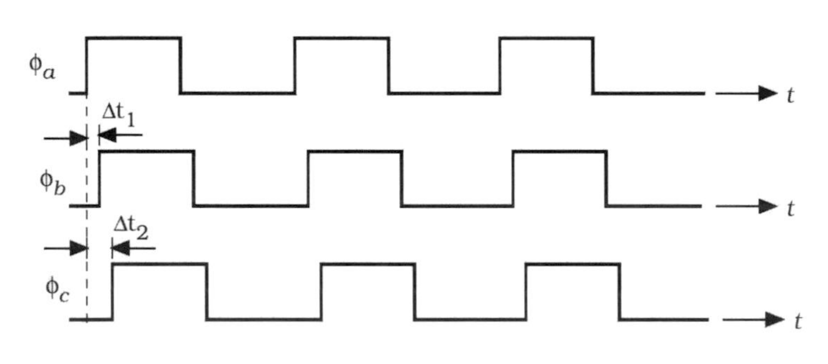

圖 15.34 時脈扭曲的範例

而 ϕ_c 落後 ϕ_b

$$\Delta t_2 = B\left(l_c^2 - l_b^2\right) \tag{15.27}$$

類似的論述對於送單元 D、E、及 F 的單一分佈線路的規劃也會成立。源自於訊號分佈線路的時脈扭曲問題可能會是很難處理的，特別是在大型晶片之中更是如此。

晶片階層的時脈通常被區分為兩個問題範圍。第一個問題處理電路的設計而由外加的參考訊號來產生時脈訊號。第二個問題關心將這些時脈以最小量的失真與扭曲來分佈到晶片上的單元。這兩個問題是被整體的時脈要求在時脈分佈網路之中的某個地方必須有長交互連接、及驅動器電路的這項事實所鏈結起來。

15.4.1 時脈的穩定化與產生

讓我們首先來檢視**時脈穩定化 (clock stabilization)**。一個外加的時脈訊號在印刷電路板 (PCB) 階層來控制系統的操作。這片 VLSI 晶片的內部電路必須與外部時脈同步。穩定化電路被使用於高速網路之中來確保晶片上的計算可以被恰當地介接至其它電路板階層的組件。

一個觀念上很簡單的時脈穩定化方法被顯示於圖 15.35 之中。外部的時脈訊號被外加至能夠產生所須要的時脈波形的時脈產生器電路。這個時脈波形被饋送通過一個電壓控制的延遲線路單元，如果須要的話這個單元會使訊號變緩慢。一條被縮放的緩衝器鏈會提供將這個時脈分佈到這片晶片所須要的驅動強度。這個網路的上半部分提供頻率的穩定化。這個輸出訊號會被取樣，並被傳送至一個相位檢測器電路，在這裡它會與外加的時脈來作比較。這個相位檢測器會產生一個輸出來指明這個輸出訊號是領先抑或是落後外部時脈。這項資訊被低通濾波器電路使用來產生一個控制這條延遲線路的 RC 時間常數的電壓 V_{adjust}。在圖 15.36 之中的這種**鎖相迴路 (phase-locked loop, PLL)** 設計是以類似的方式來操作。一個 PLL 被設計來檢測一個輸入與一個參考訊號之間的任何相位差異，並產生被適當地同步至這個參考訊號的一個輸出波形。在這種狀況之下，外部的時脈是輸入訊號，而這個回 迴路監視輸出並允許修正。一個 PLL 對於使頻率乘

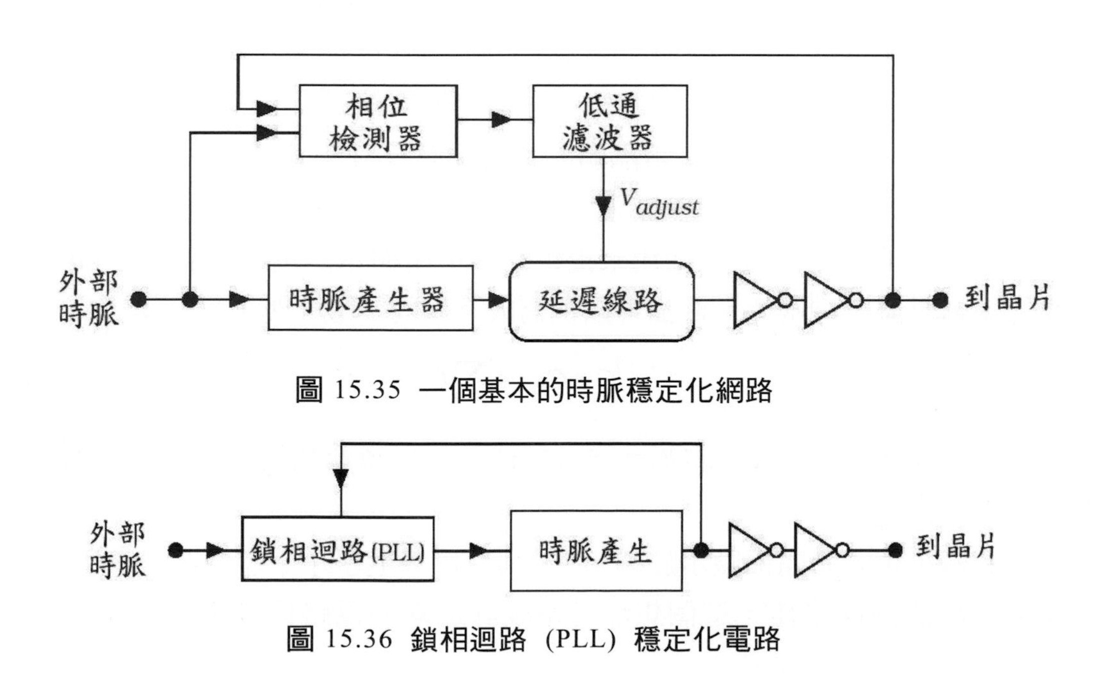

圖 15.35 一個基本的時脈穩定化網路

圖 15.36 鎖相迴路 (PLL) 穩定化電路

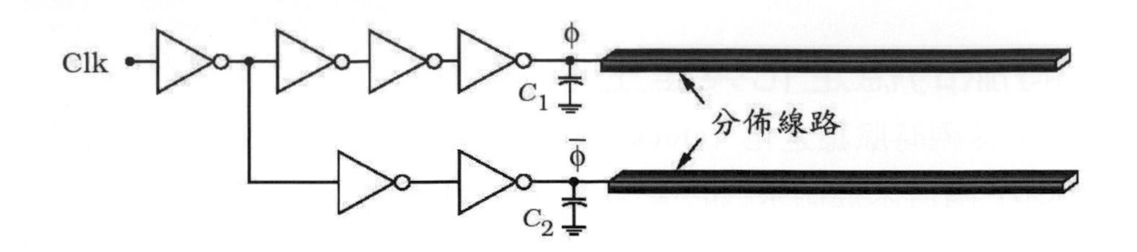

圖 15.37 **以反相器爲基礎的時脈產生電路**

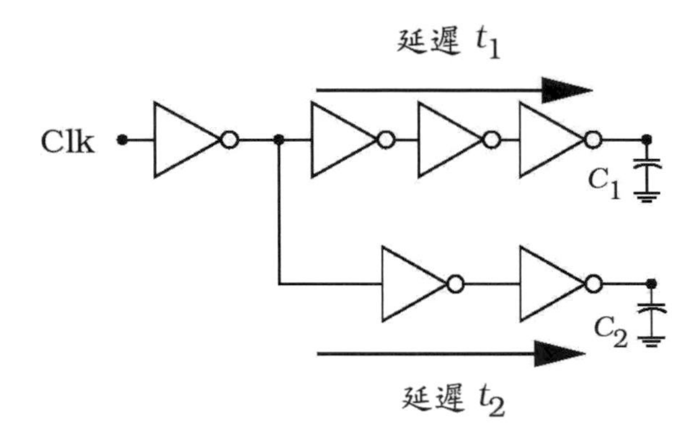

圖 15.38 **扭曲極小化電路**

法器電路變穩定也是很有用的，這個電路會產生基礎頻率的較高階和諧波。在**時脈回復模組 (clock recovery module)** 也可以發現類似的電路，這些模組被使用於串列的數據傳輸系統之中。一個時脈回復電路由數據流來萃取這段位元一時間區間與時脈訊號。在這種形式的一個系統之中，這種數據**裝框 (framing)** 的格式提供一串短的 0 與 1 的爆發，這提供一種同步化的參考。

時脈產生器電路是使用相對簡單的邏輯組態來加以設計的。使偏離這個時脈電路的扭曲極小化是藉由這些電晶體的小心調整尺寸來達成的。圖 15.37 中的這個以反相器爲基礎的簡單串級會由單一輸入 Clk 訊號來產生互補的時脈 ϕ 與 $\overline{\phi}$。縮放後的反相器鏈被使用來提供圖形中所顯示的這些電容 C_1 與 C_2 所須要的驅動電流。這兩個元件都可以被寫成下列的一般化型式

$$C = C_{line} + \sum C_G \tag{15.28}$$

其中 C_{line} 是線路的電容，而第二項將連接至這條線路的每一個時脈的 FET 的閘極電容加總起來。

扭曲極小化的問題被顯示於圖 15.38 之中。這指明 ϕ 與 $\overline{\phi}$ 分別通過上面與下面的鏈的兩條路徑。這個想法乃是設計這兩個電路使得延遲時間 t_1 與 t_2

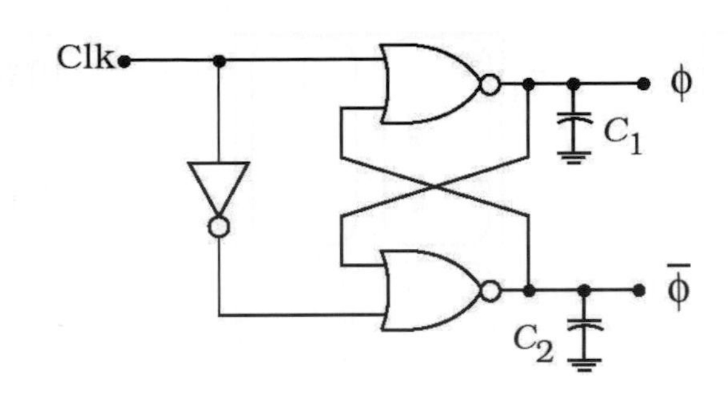

圖 15.39 使用一個閂來產生互補的時脈

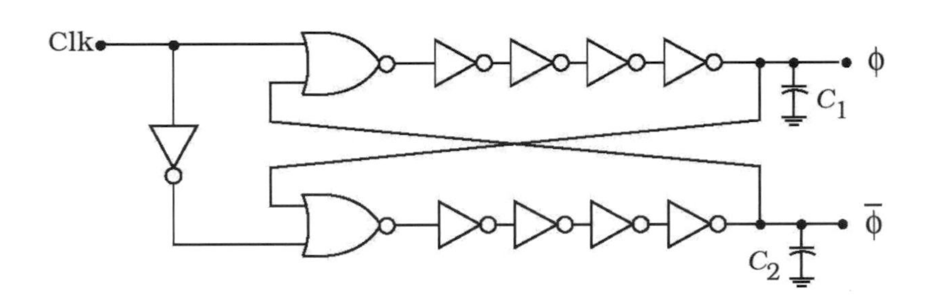

圖 15.40 產生不重疊時脈的電路

相等。在邏輯效力的技術之中，由於它的拓撲的關係，這被稱為是一個**叉子電路 (fork circuit)** [13]. 設計是基於使這兩條鏈的電性效力相等，注意 C_1 與 C_2 是【通常是】不相等的。這確立了級數與每一條鏈之中的相對尺寸。

產生兩個時脈相位的另外一種技術使用圖 15.39 中的 D 型閂的電路。由於這個核心電路只是一個具有戶部輸入的 SR 閂，這些輸出本身永遠是互補的，因此可以被使用來作為 ϕ 與 $\overline{\phi}$。這些是這些輸出波形之間的扭曲的兩個源頭。這個反相器可能會產生小量的扭曲，但是輸出電容 C_1 與 C_2 之間的一個差異可能會造成更多的問題。如果須要的話，這些個別的 NOR 閘可能會被「扭擰」(tweaked) 來補償。這個電路的一種變形被顯示於圖 15.40 之中。反相器鏈被加進來使回饋訊號被延遲。這會有產生不重疊輸出的這種效應，其中分開的程度是由這條鏈的延遲所決定的。

15.4.2 時脈繞線連接與驅動器樹

一旦一組穩定的時脈訊號被產生之後，它必須被分佈至晶片上的各個子單元。在建築階層，時脈分佈經常被視為一種繞線的問題，其中這些線路片段的長度是很關鍵的。當大電容及佈局繞線被付諸實現時，實體設計的考慮也會有所影響。

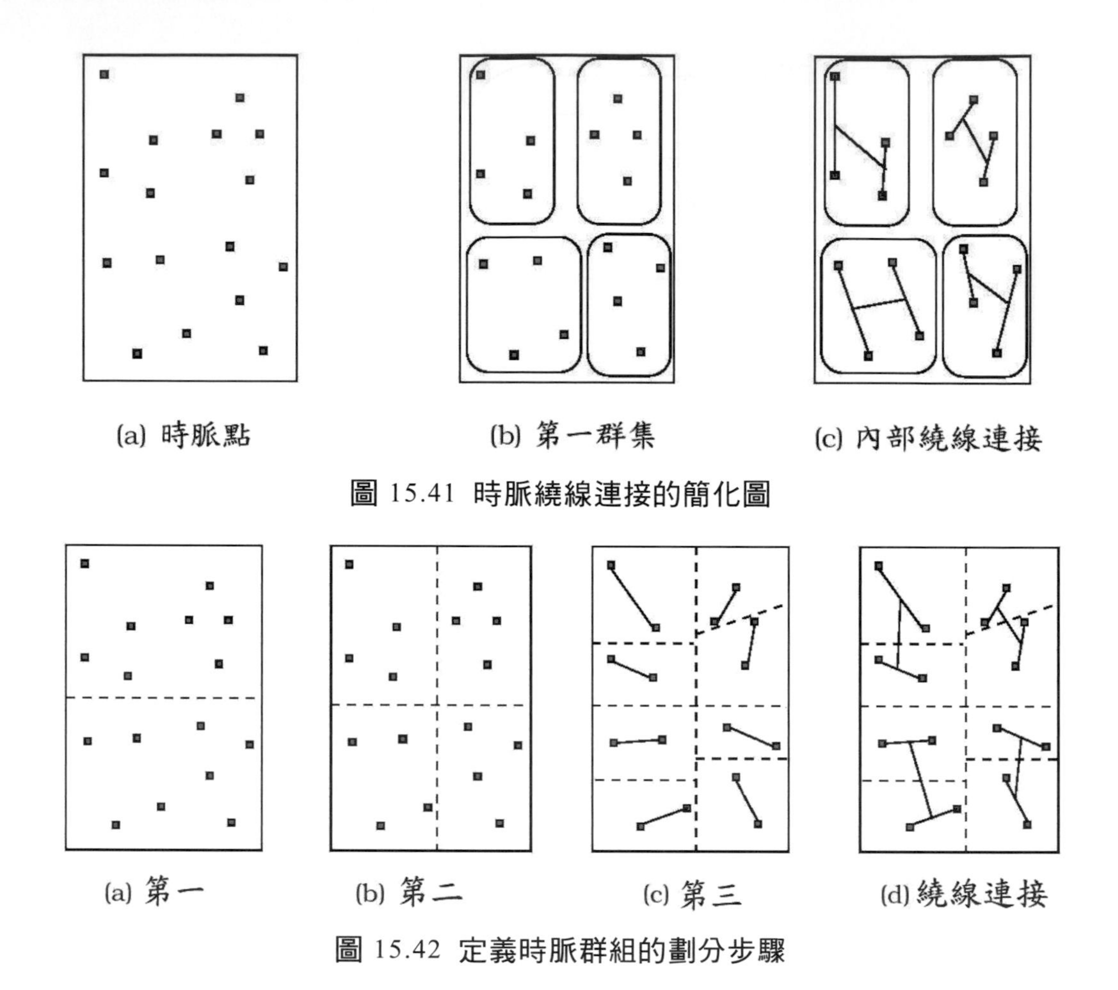

圖 15.41 時脈繞線連接的簡化圖

圖 15.42 定義時脈群組的劃分步驟

首先，讓我們來檢視繞線的問題。假設起始的平面設計將時脈接收器如同圖 15.41(a) 中所顯示來置放。由於這些是分佈在整個晶片面積之上，因此將這些點聚集起來是很有用的；圖 15.41(b) 顯示每個群組被選擇來包含 4 個接收器點的這種狀況。如果再來我們將每個群組之中的點予以導線連接，則我們的問題被檢化為驅動這些群組。內部繞線的一種方法被顯示於圖 15.41(c) 之中。這使用接近垂直的線路來連接接收器點；這些垂直線路使用導線與一條水平方向連接。由於在這個範例之中，這些接收器點是隨機置放，因此我們不可能只使用垂直或水平的繞線連接。

其它的演算法也可以被使用來定義時脈群組。分割被使用於圖 15.42 之中來獲得一個類似的結果。第一次分割使用如同圖 15.42(a) 中所顯示的一條水平線。第二個分割步驟採用一條垂直線來將這片晶片劃分為四個象限，並造成圖 15.42(b) 的群組。基於水平邊界的第三個步驟會產生圖 15.42(c) 中的 2 個點的

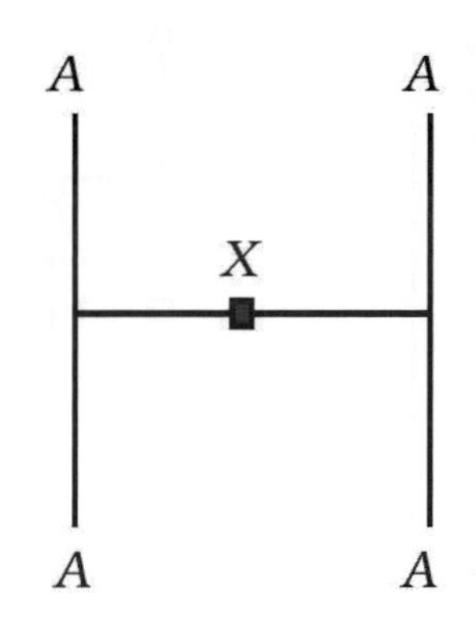

圖 15.43 字母 H 的幾何分析

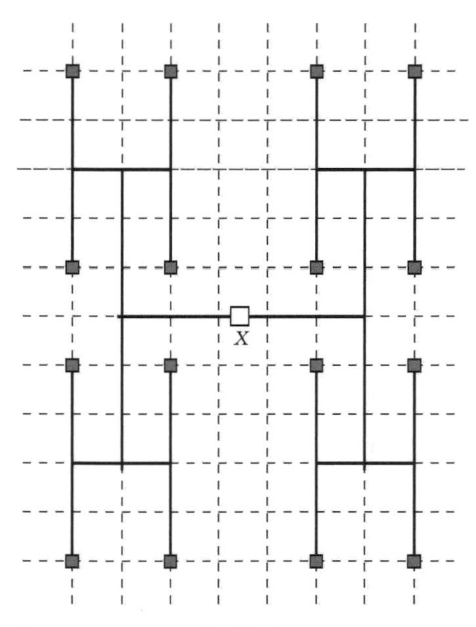

圖 15.44 宏觀階層的 H 型分佈樹

群組；這個群組之中的這些點可以如同圖中所顯示地導線連接。藉由連接兩個 2 點的群組，我們可以獲得四個點的群組，並造成圖 15.42(d) 中所呈現的起始繞線連接。注意在這個範例之中，這些群組與分割技術的結果是很類似的。

上面的這些範例說明數個重點。即使一個中度複雜的設計也會有數千個時脈驅動的電晶體。為了簡化繞線的問題，我們將緊密間隔的點聚集在一塊，然後專注於驅動這些群組而不是個別的點。我們可能必須產生由許多較小群組所構成的「超級群組」；在網路理論之中，這與產生一條交互連接的導線連接樹是相同的。這種過程只是由底部【個別接收器點】往上工作【時脈產生器】的層級設計而已。一旦我們認知這個問題的基本之後，我們可以使用一種由上而下的方法來對付這

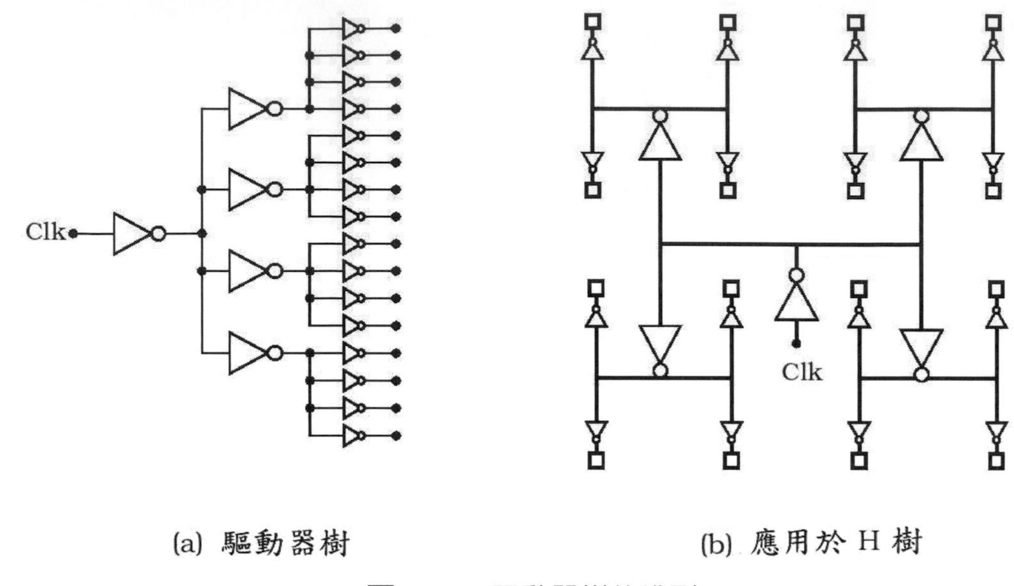

圖 15.45 驅動器樹的排列

個問題。這意指我們藉由首先在幾何上定義時脈的群組及接收點來設計時脈分佈規劃。在這些被完成之後，我們試圖將這些囊胞「塞入」到一個平面設計之中來與最佳設計相匹配。

在文獻之中，數種分佈的幾何形狀已經被研究過。在高密度 VLSI 之中一種更有用的規劃乃是 **H 樹 (H-tree)** 的規劃。這種技術是基於字母「H」的形狀，而且是相當容易瞭解的。圖 15.43 顯示一個「H」形，其中中心點被標示爲 X。這個結構的對稱性顯示由中心點至任何頂端 A 的距離 l_{XA} 是一個常數。如果我們由 X 來廣播一個訊號，並將接收器置放於對等的 A 點，則延遲

$$\tau_{XA} = Bl_{XA}^2 \tag{15.29}$$

是相同的。換言之，所有被接收的訊號都是同相的。一棵 H 樹是在一個幾何格線上使用 H 形狀來建構的。一個宏觀的設計被顯示於圖 15.44 之中。主控的時脈被置於中央點 X，而這些接收的訊號是由這個小 H 的尖端來抓取的。這些點可以被使用來作爲可能使用較小的 H 樹或直接驅動器的區域時脈分佈的源頭。雖然這些 H 樹看起來是一種顯而易見的解決方案，但是我們必須記得有兩個重要的合格因子 (qualifier)：

- 每一條時脈路徑的長度與電性都必須相同以產生我們所想要的效應，及

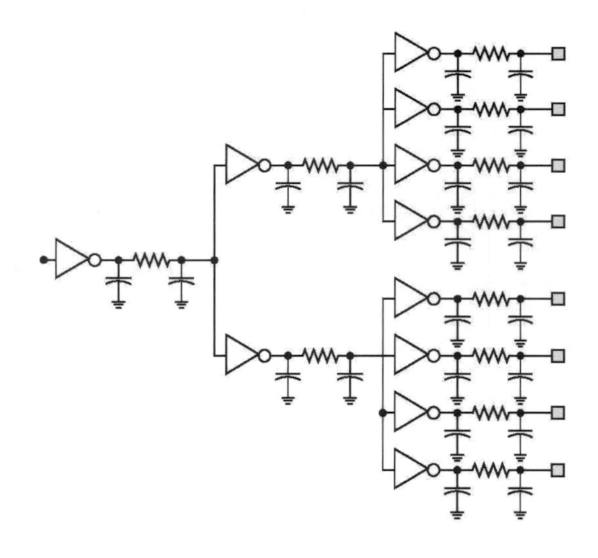

圖 15.46 具有交互連接寄生的驅動器樹設計

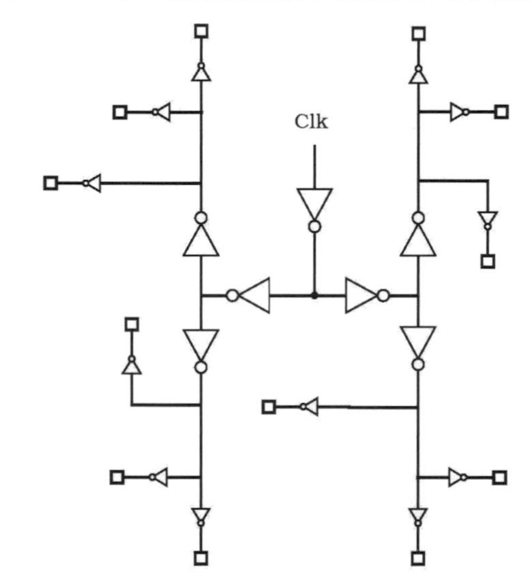

圖 15.47 具有等效驅動器區段的分部規劃

- 在每個接收器點的負載電容必須相同。

由於這棵樹的對稱性是很關鍵的，因此我們經常必須提供一層交互連接的金屬，其中這棵分佈樹具有最高的優先權。在這棵樹被建構起來之後，剩下的空間可以按照需要而被使用來作爲一般的導線連接。如果不可能的話，那麼這棵樹可以使用不同的交互連接層來加以設計，但是這些繞線的路徑還是應該完全相同。第二個項目本質上是電子的。它要求我們在每個點都必須使用電性完全相同的接收器/驅動器電路。

理想的由上而下的設計的一項設計乃是平面設計與系統組件必須被被置放

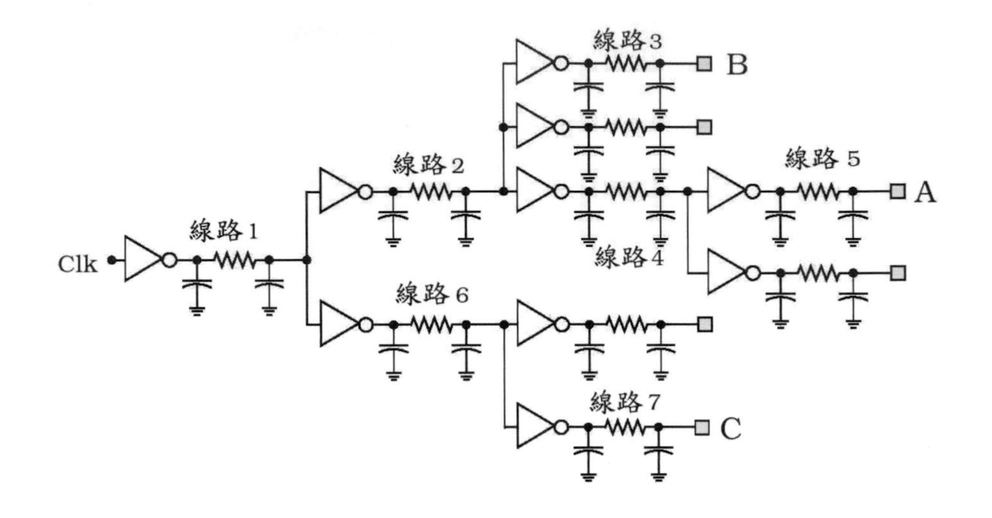

圖 15.48 一種不對稱分佈的電路

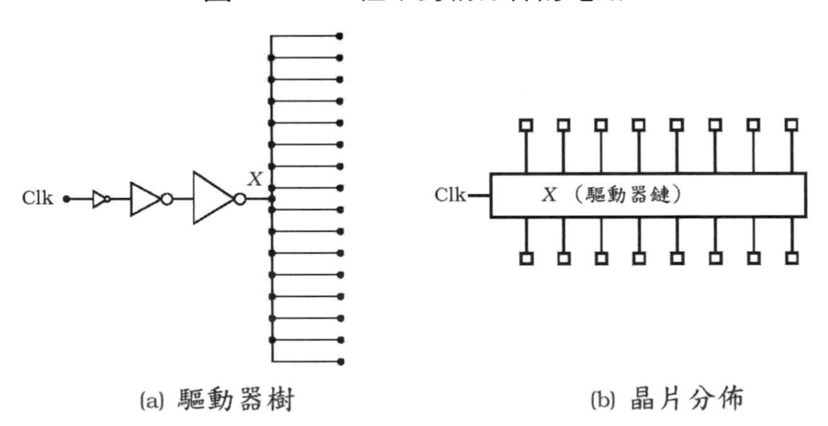

圖 15.49 具有多重輸出的單一驅動器樹

來容納這棵 H 樹的幾何形狀所定義的這些接收器點。這須要在電路與實體設計階層非常大量的規劃，而且可能不切實際。然而，並不是所有的努力都付諸流水，這是因爲主要的想法乃是使訊號延遲相等，而這是一個電性的問題。藉由仔細的電路設計，偏離這種確切的規範也是可能的。

一般所接受的控制時脈扭曲的最簡單方法乃是在分佈路徑之中包含驅動器。諸如被顯示於圖 15.45(a) 之中的一棵**驅動器樹 (driver tree)** 可以被使用來將交互連接分解成爲較小長度，並提供合理調整尺寸的緩衝器。驅動器的置放是由分佈的策略所決定的；一個 H 樹的範例被顯示於圖 15.45(b) 之中。這個驅動樹電路的設計是基於這些反相器與交互連接的寄生電阻與電容。在圖 15.46 之中，π-RC 模型已經被使用來包含線路的電阻與電容。一旦我們知道每個片段

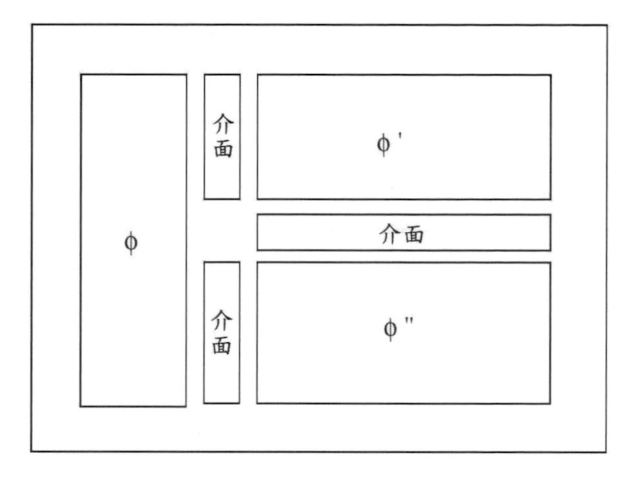

圖 15.50 非同步系統的時脈

的值，這些驅動器可以相對應地被調整尺寸。這個模型顯示這個分佈格線的實際幾何形狀並不重要，這是因爲電性的對稱性可以藉由使每一組枝幹之中的 RC 組件的值相等來達成的。我們可以在 H 樹之中產生許多可接受的變形。其中的關鍵乃是在等效的區段之中維持相等的線路長度。一個範例被顯示於圖 15.47 之中，圖中這種繞線連接提供到達每個接收器點的完全相同分佈路徑。雖然並沒有大規模的圖案製作是顯而易見的，但是這種佈局圖的確提供了我們所想要得到的結果。在實體設計階層，這種彈性是很有用的，特別是在高密度佈局圖之中更是如此。

這棵驅動樹之中的對稱性同時隱含電性的設計與佈局圖。我們也可以產生具有可接受績效的一種不對稱的規劃，但卻非常難以設計。圖 15.48 顯示一個採用不對稱樹狀分枝的驅動器網路。這個設計問題集中於使用共同的輸入 Clk 在接收器點 A、B、及 C 會產生對齊的【零扭曲】訊號。理論上，這可以在一個合理的扭曲規範之內來加以達成。邏輯效力可以被使用來作爲最初的尺寸調整，而所得到的設計將這些電阻包括進來來進行模擬。然而，以實際的觀點來看，被加到這個設計循環的額外時間可能會被認爲是浪費了。VLSI 依賴設計層級之中所有階層的對稱性及重複性，而且在每個可能的情況都應該使用。

時脈驅動器置放的另一種方法乃是將這些分佈點視爲一個電容性負載的陣列來對待，並建構一條單一緩衝器鏈來驅動整個群組。圖 15.49(a) 顯示這種技術的等效電路。不斷增大的反相器被調整尺寸來容納在第一級的輸出點 X 所看到的大電容 C_{out}。古典的縮放分析可以被使用來決定級數與縮放因數。由於 CMOS 電路必須在矽階層上來建構，因此這條驅動器鏈會比一棵分佈樹更容易使

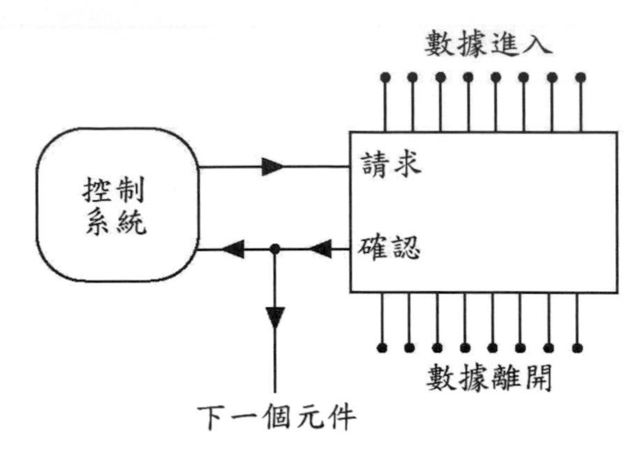

圖 15.51 一個自我定時元件的操作

用，在分佈樹之中我們必須持續地在【電晶體的】矽與一層高階的【交互連接的】金屬層之間使用管道及接觸切割不斷來回。佈局圖可以由圖 15.49(b) 中所顯示來看到。這些驅動器電路會造成一個提供連接點的大型驅動器「帶」(bar)；實際上，這條「帶」是輸出級的這些大型電晶體。這些份佈線路的長度決定相對於在 X 處相位的扭曲。相等長度的線路可以到處被使用，或者我們也可以使用不同的長度來故意地衍生在外圍單元上的時間延遲。

扭曲區段的使用會引起很有意思的一點。所有的時脈規劃都假設我們想要將系統中的每個單元同步化使彼此同相。這使我們可以得到穩定與可靠的設計，但卻不一定容易達成。如果我們願意偏離這種形式的系統時脈的話，我們也可以使用替代的時脈技術。一種方法乃是使用**區域同步 (locally synchronous)** 的單元，其中不同的邏輯區段是以一個與其它區段獨立的相位來操作的。這種觀念是在圖 15.50 中加以說明。時脈 ϕ, ϕ', 與 ϕ" 控制這些個別單元的行爲。在 VLSI 階層，這些單元會有相同頻率，但卻會有不同的相位。這些單元之中的通訊是使用介面邏輯電路來達成的。

藉由使用一個較緩慢的全體時脈來控制介面電路，我們可以達成同步系統的操作。這種技術在電路板階層的設計之中是很有名的。譬如，一個微處理器晶片的內部頻率比一部個人電腦的主機板上所使用的頻率大非常多。在目前的設計之中，最快速的 CPU 頻率高於 1 GHz，而在最佳的設計之中，電路板階層的操作大約是在 100 至 200 MHz。時脈乘法器電路被使用來使電路板頻率提升至處理器的階層。單晶片 VLSI 設計的一種更有效率的方法乃是使用鎖相技術在各個單元之間來通訊。這允許快速的系統操作，只要介接不要太過頻繁即可。

在文獻中受到很多注意的一種同步技術乃是**自我定時 (self-timed)** 系統的

技術。一個自我定時系統經常是完全非同步的，而且不使用任何外界提供的時脈。相反地，一個自我定時元件使用內部所產生的訊號來給它的操作定時。一個自我定時元件的一個簡單圖形被顯示於圖 15.51 之中。系統介接是透過握手 (handshaking) 線路來達成的，這種方法傳輸一個請求訊號至這個元件來進行一項操作；當這項操作完成時，這個元件以一個確認 (acknowledge) 訊號來回應。這個確認訊號可以被送回到這個控制單元，或被送到下一個元件來產生一個自我定時的串級。這個確認訊號本身經常是一個內部所產生的類比延遲。自我定時的電路被固定使用於諸如 DRAM 陣列存取電路之中的許多應用之中。它們相當快速，而且一般而言只須要較少的面積即可。

理論上，一個不同步的機器會給予最高的績效，因此我們對於使用自我定時網路一直很有興趣。自我定時的 VLSI 系統的缺點乃是這些電路很難設計，而且電性的操作對於製程的擾動所造成的元件與電路參數標準的變化會很敏感。這使得我們難以獲致一個可以在一條製造線中被大量生產的一個 VLSI 設計。在一個 VLSI 設計使用自我定時的電路的一項實際裝置的問題乃是可以處理自我定時的電路一至一系統問題的適當 CAD 工具組的開發一直落後不前。

15.5 系統設計的考慮

在本書之中不斷提及的一項主題乃是 CMOS VLSI 系統設計不應該被視爲只是另一種數位實際裝置的技術而已。雖然一個高階的結構模型被使用來啓動這個設計的循環，但是邏輯的演算法、電路設計風格、及實體設計的層面對於最終產品的績效都會有所貢獻。我們應該牢記這個觀點，因爲它提供開發下一代的新建築與設計風格的關鍵。

VLSI 設計的選擇通常是藉由將所有已知的相關因數加權，然後基於滿足最關鍵的規範來做選擇。次要的考慮被檢視來確保它們將不會有不好的效應。我們可能須要數個設計循環以解決所有細節來到達一個可被接受的設計被達成的這個點。在我們的 VLSI 方法之中，我們已經研讀將這些邏輯網路由高階的抽象描述往下轉譯至實體設計階層，並且已經發現在每個階層都有無數的選擇。然而，我們還是可以強調這些年來所演化出來的某些主要的 VLSI 的特定設計想法。我們將把我們的討論侷限於一些議題之中。設計一整片微處理器晶片的一項優良的系統階層觀點被呈現於參考資料 [12] 之中。

15.5.1 位元切片設計

考慮如同在圖 15.52 中接受 n 位元字元 A 與 B 並產生一個 n 位元結果 C 的一個算術與邏輯單元 (ALU)。在建築階層，這個 ALU 是藉由寫出下式來加以描述

$$C = C(A, B; \text{控制}) \tag{15.30}$$

其中這些控制訊號決定 C 對於輸入 A 與 B 的函數相依性。我們可以使用圖 15.53 中所顯示的區塊圖來描述這個 ALU 的操作。以這種觀點，這些 A 與 B 輸入被　送至大邏輯區塊之中的不同邏輯區段。每個區段接受 n 位元的字元來作爲輸入，但會產生一個不同的 n 位元輸出 f_k 其中 $k = 0, 1, \ldots, (m\text{-}1)$，而 m 是函數的數目。所有的結果都可供使用，但是這個 n 位元 ALU 的輸出 C 是由被施加至一個 m:1 MUX 的控制訊號所決定的。

位元切片設計 (bit slice design) 是基於邏輯是在位元階層來處理數據的這項事實。字元大小的運算是藉由使用進行相同運算的個別並聯連接的位元階層電

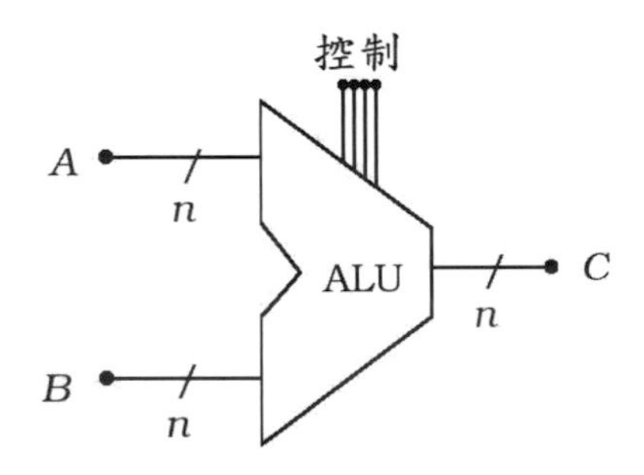

圖 15.52 一個 n 位元 ALU

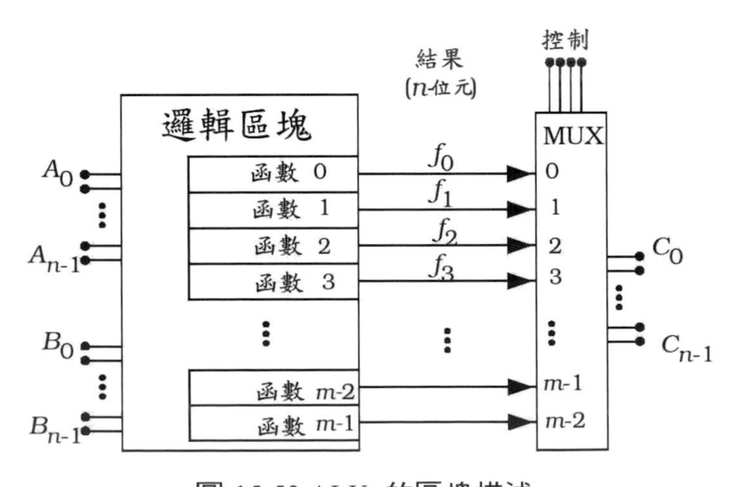

圖 15.53 ALU 的區塊描述

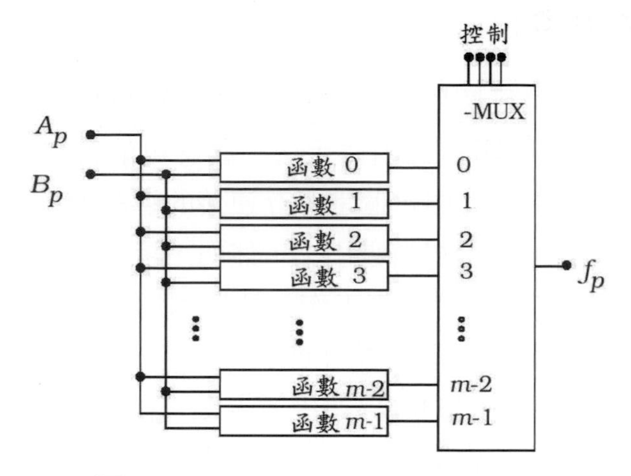

圖 15.54 一個 ALU 的位元切片

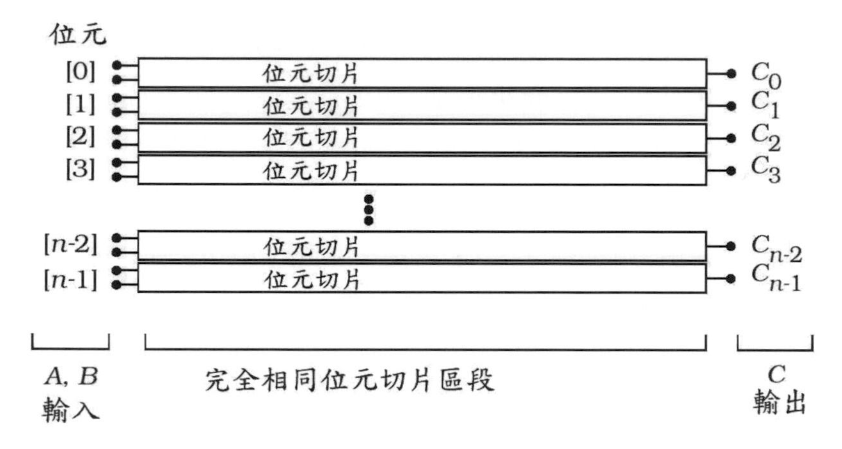

圖 15.55 以位元切片的 ALU 設計

路來獲得的。圖 15.54 是圖 15.53 中整個區塊圖的第 p 個位元的位元階層等效。對於 [0, n-1] 之中的 p 而言，輸入爲 A_p 與 B_p；輸出 C_p 是結果。以這種位元切片的理念，一個 n 位元的 ALU 是如同圖 15.55 中所顯示藉由 n 片完全相同的切片加以並聯所產生的。注意在區塊圖形中所看到的這種重複也會出現在邏輯、電路、及矽的階層。這種方法的優點乃是一旦這個切片被設計之後，它可以被儲存於一個元件庫之中，並按照需要而被引例來產生我們所想要的 ALU 寬度。這是類比於在 Verilog 之中產生具有下列型式的一個 1 位元數據型式的群組

```
reg A, B, C ;
```

之後將它改變爲下列的程式碼而被展開爲一個 32 位元的字元

```
reg [ 31,0 ] A, B, C ;
```

由於這個層面的緣故，位元切片設計的威力是很強大的。

在 VLSI 階層，經驗顯示應用位元切片觀念可能會也可能不會改善這個設計。在一個單一切片佈局圖之中，個別交互連接的導線連接會簡單很多，而單單這個因素就會使這種技術變得很有吸引力。然而，諸如 CLA 網路的某些電路最好是與 4 位元或較大的輸入群組來工作。這是因爲這些演算法本身是由同時存取這些輸入字元之中的數個位元位置的能力所決定的。將這些字元劃分爲單一位元的電路會使得相鄰切片之間的導線連接變複雜。在這些狀況之下，以相同的方式來使用多位元的切片可能會更有效率。一種替代的方法乃是改變整條數據路徑的切片寬度。

進入到實體設計階層的一個問題乃是當切片被建構在矽上面時的尺寸與形狀。這些切片應該被組裝在一塊來形成可以被塞進這個平面設計之中的一個區塊，但是有時候這會導致具有不成比例的囊胞縱橫比【寬度：高度】的個別切片。如果一個比另一個大很多的話，那麼長的交互連接可能會成爲一個問題。而另一方面，如果寬度：高度大約是 1:1 【表示一個方塊】的話，那麼以一種方便的形狀來建構一個字元大小的單元可能會很困難。

這個範例說明了當施加一個簡單的建築結構的想法到一個 VLSI 設計之中時，某些問題會出現。當我們在設計層級之中往下移動時，這個問題仍然是相同的，但是觀點與結果會改變。

15.5.2 快取記憶體

在微電腦設計之中，大型的系統記憶體被置於系統電路板之上，而且無論實體上或電性上都離這個**中央處理單元 (central processor unit, CPU)** 非常遠。而且，系統電路板的時脈比內部 CPU 的時脈慢很多，因此存取主記憶體通常被認爲是數據路徑之中最緩慢的路徑之一。

快取記憶體 (cache memory) 被設計來置放於 CPU 與主記憶體之間來使系統的操作加速。快取是由小段的快速記憶體 (SRAM) 所構成的，這些快速記憶體可以被這個處理器使用來作爲區域性讀取／寫入的儲存。它會與系統記憶體通訊，並使這些數據區塊得以被傳輸。這個觀念是在圖 15.56 中加以說明。在圖 15.56(a) 中的直接記憶存取可能會很緩慢。如同在圖 15.56(b) 中所顯示，在晶片上加上快取會使系統得以維持晶片階層的速度。在層級之中，最接近的快取

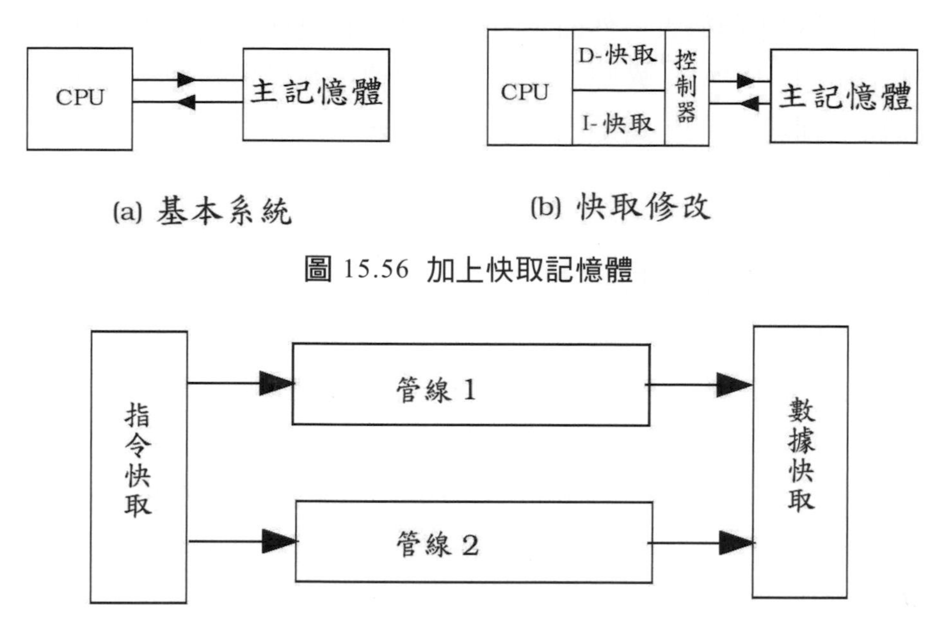

圖 15.56 加上快取記憶體

圖 15.57 一個雙重問題超級純量機器的區塊圖

稱爲 L1 (Level 1) 快取；它通常是一個晶片上的陣列。[5] 這個圖形顯示在 CPU 設計之中所發現的兩種區域記憶體的型式。I 快取被使用來保持指令，這些指令是從儲存程式碼的主記憶體抓取過來的。使 I 快取保持儘可能地滿使這個程式得以更自由地運作。數據快取 (D-cache) 區塊保持計算的結果；這些數據可能會被轉移至主記憶體，或者被保持來作爲後續指令的運算元。

這些 I 快取與 D 快取單元被使用於超級純量 (superscalar) 電腦建築結構之中，在這種結構之中多重數據路徑被採用來增大指令的處理速度。圖 15.57 顯示一個雙重問題超級純量 (dual-issue superscalar) 設計的一個簡單區塊圖。指令是在 I 快取之中被儲存與排序，而且視乎所須要的處理序列而定會被導引至任一條管線。結果則會被堆積在 D 快取之中依照須要來使用。這些快取控制器電路指揮來回主記憶體之間的數據流動。它必須以新的結果來使主記憶體隨時保持更新，並使指令快取儘可能地填滿。這種快取與超級純量設計的系統階層觀點在許多討論電腦結構的教科書中都加以討論，而且在這裡將不討論。

在 VLSI 設計之中，快取的須要是基於影響系統績效的實體限制。由於所須要的大面積的緣故，因此我們不可能在晶片上來提供大量的記憶體。由於我們預期在任何輸入／輸出埠都會變緩慢，因此晶片上的記憶體是我們非常想要的。一

[5] Level2 (L2) 快取是超越 L1 快取的下一階層。

個快取單元的尺寸不能過大。然而，由於它被加到這個系統來提升速度，因此即使 SRAM 電路比 DRAM 囊胞消耗更多的面積，我們還是使用 SRAM 電路。元件庫的設計是很有用的，這是因爲它們可以被直接引例至晶片之上，而且是被完整表述特性的。

15.5.3 心臟收縮系統與平行處理

系統階層的 VLSI 使我們得以目視通過由許多組件所構成的大系統的數據流動。在一個**心臟收縮系統 (systolic system)** 之中，數據的移動是由一個時脈來控制的，在每個循環之上移動一個相位。這個名稱是類比於藉由心臟來抽吸血液。心臟收縮設計對於諸如在**數位訊號處理 (digital signal processing, DSP)** 之中所發現的各種形式的演算法的硬體導線連接的實際裝置是很理想的。由於 DSP 在一個離散的時間尺規上來處理事件，因此一個時脈的每個循環會衍生的一群新的計算。

平行處理 (parallel processing) 這個領域處理類似的結構。它的目標乃是設計一個由數個個別連接的**處理器元件 (processor element, PE)** 所組成的計算系統。一個 PE 可能會是如同一個 AND 閘一樣的簡單，或者它也可能是像一個一般目的微處理器一樣的複雜。一個平行的機器被設計來具有許多 PE 以一種同時的方式對程式的不同部分來工作。在一個 VLSI 的實際裝置之中，一個 PE 是作爲一個可以藉由引例來複製的單元。圖 15.58 提供了在一個平行處理網路之

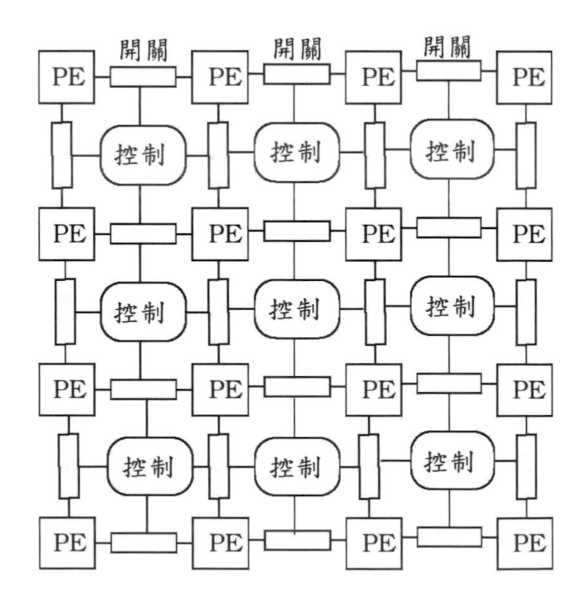

圖 15.58 **在平行處理網路之中的規則圖案製作**

中所發現的這些基本特徵的目視。個別的處理器元件透過切換陣列來通訊，這些陣列是由區域或整體的訊號來控制的。這些通訊路徑是由硬體導線連接的開關以及控制網路所指揮的。每個基礎元件在整個系統之中被不斷重複，充分利用了 VLSI 的最强層面之一。創造這種型式的一個巨大處理器的誘惑培育努力來達成**晶圓規模積集**（**wafer scale integration, WSI**）的設計。這種設計尚未被達成，這是因爲在製造一片無缺陷的晶圓所包含的困難程度的緣故。

15.5.4 綜合整理

這些簡短的範例被討論來强調在這個設計層級之中不同階層的交互作用。我們必須在各項矛盾的要求之間達到一個妥協，以確保這個完成的產品會具有我們所想要的特性。在一個階層改變這個設計經常也會在其它大多數的階層衍生出改變這個設計的需求。當然，這是我們在整本書一直在傳播的觀點。

VLSI 系統設計是一個深具挑戰性的領域，這是因爲它所產生的問題數目與型式的緣故。新的產品永遠會產生驚奇，特別是如果這片晶片是基於現代工藝的考慮的話更是如此。

15.6 深入研讀的參考資料

[1] Abdellatif Bellaouar and Mohamed I. Elmasry, **Low-Power Digital VLSI Design**, Kluwer Academic Publishers, Norwell, MA, 1995.

[2] H. B., Bakoglu, **Circuits, Interconnections, and Packaging for VLSI**, Addison-Wesley, Reading, MA, 1990.

[3] Kerry Bernstein, et al., **High Speed CMOS Design Styles**, Kluwer Academic Publishers, Norwell, MA, 1998.

[4] Stephen D. Brown, **Field-Programmable Logic Arrays**, Kluwer Academic Publishers, Norwell, MA, 1992.

[5] William F. Egan, **Phase-Lock Basics**, Wiley-Interscience, New York, 1998.

[6] James M. Feldman and Charles T. Retter, **Computer Architecture**, McGraw-Hill, New York, 1994.

[7] John P. Hayes, **Digital Logic Design**, Addison-Wesley, Reading, MA, 1993.

[8] David A. Patterson and John L. Hennessy, **Computer Organization & Design**, 2nd ed., Morgan Kaufmann Publishers, San Francisco, 1998.

[9] Jan M. Rabaey, **Digital Integrated Circuits**, Prentice-Hall, Upper Saddle River, NJ, 1996.

[10] M. Sarrafzadeh and C. K. Wong, **An Introduction to VLSI Physical Design**, McGraw-Hill, New York, 1996.

[11] Navid Sherwani, **Algorithms for VLSI Physical Design Automation**, Kluwer Academic Press, Norwell, MA, 1993.

[12] Bruce Shriver and Bennett Smith, **The Anatomy of a High-Performance Microprocessor**, IEEE Computer Society Press, Los Alamitos, CA, 1998.

[13] Ivan Sutherland, Bob Sproul, and David Harris, **Logical Effort**, Morgan Kaufmann Publishers, San Francisco, 1999.

[14] John P. Uyemura, **A First Course in Digital Systems Design**, Brooks-Cole Publishers, Pacific Grove, CA, 2000.

[15] John P. Uyemura, **CMOS Logic Circuit Design**, Kluwer Academic Publishers, Norwell, MA, 1999.

16. VLSI 電路的可靠度與測試

在製程序列被完成之後，**VLSI 測試** (**VLSI testing**) 處理被使用來決定一個晶粒是否恰當地表面。如果一個晶粒通過這個測試階段，那麼它就會被封裝並銷售。**可靠度** (**reliability**) 所關心乃是預測一個組件一旦開始操作之後的壽命。

16.1 一般性觀念

藉由檢視一旦製程步驟完成之後晶圓所會發生的事情，讓我們來開始我們的研讀。數週製程的最後結果是一列的晶粒處所，每一個晶粒都是一個潛在可以被封裝且銷售的良好運作電路。很不幸地，並不是每一個電路將會如同所設計一般來運作，這是由於在製程之中所發生的隨機變化問題所造成的。每個處所都必須承受一輪的電性測試，這些測試被挑選來決定這個電路是良好還是不好。

晶圓測試的程序是在圖 16.1 之中以圖形來加以說明。一個**測試探針** (**test probe**) 頭使我們可以擁有到一個晶粒 I/O 點的電性接觸。數組刺激會被施加至這些輸入，而響應則是由輸出來取得。基於這一組量測，這個系統被程式設計來接受或排斥這個晶粒。一個不好的晶粒將會被標記，以作爲未來的參考使用。在每個晶粒都已經被測試之後，這片晶圓是以沿著在個別處所之間跑的線路來畫線。在晶圓上施加一些壓力會導致沿著這些被畫線線路的破裂，這會造成個別的晶粒，但卻不會毀壞這些電路。良好的電路將會進入最終的組裝階段，其中機器人設備被使用來將這個晶粒置於一個封裝之中，將這個晶粒連接到封裝的電極，然後將這個封裝密封起來。

一旦一個積體電路被使用於一個電路板設計之中，晶片的可靠度會變成一個重要的因素。每個電子電路最終都會「破損」，而 VLSI 晶片也不例外。預期的**壽命** (**lifetime**) 乃是發生失效之前我們可以預期的操作鐘頭數。這是使用圖 16.2 之中的**浴缸曲線** (**bathtub curve**)[1] 來加以描述，這條曲線將一個給予的系統的失效數目畫成時間的一個函數。浴缸曲線是一個半對數圖，其中時間 t 的單位是小時，而這些點被畫成 $\log_{10}(t)$。在這條曲線之中顯示三個一般性的區域。

[1] 「浴缸曲線」這個名稱是由這個可靠度圖形的形狀所獲得的。

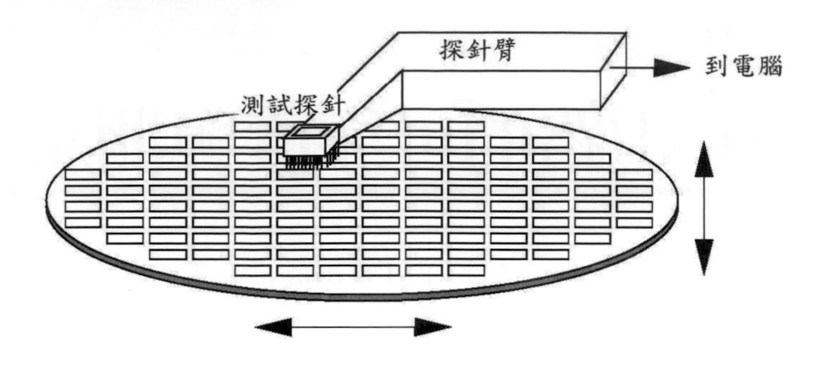

圖 16.1 晶圓測試的目視圖

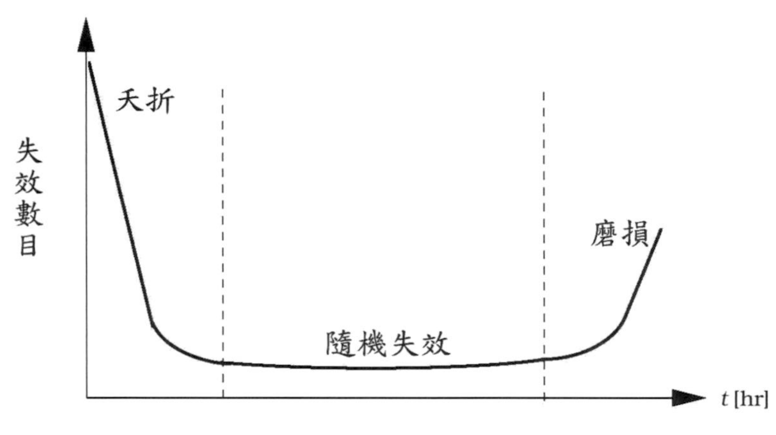

圖 16.2 浴缸可靠度曲線

夭折 (infant mortalities) 是在非常小的一段時間區間之後所發生的失效，換言之，也就是在系統壽命的早期。這些通常是製造的缺陷所造成的，而會在數小時的操作之後馬上彰顯出來。這條曲線的中央部份代表在正常操作期間之內的**隨機失效 (random failures)**，而**磨損 (wear-out)** 則描述壽命的結束。

任何元件的夭折數目可能會很大，特別是在生產前幾個月之中，當設計與製造正在被改善時更是如此。一旦一個電路被安裝在一塊電路板上，修理的成本會超過這個 IC 本身的成本，因此我們想要藉由進行一種**預燒 (burn-in)** 操作來使儘可能多的夭折被拔除掉。在一段預燒期間之內，這些電路是在具有比正常還高的電壓階層、高溫、及高溼度環境的壓力條件之下來操作的。這種想法乃是誘導潛在的失效發生在預燒的期間之內，而避免在電路板階層使用這個元件。這會相當程度地提升這個系統的可靠度。包括 VLSI 晶片製造商的電子元件製造商經常會對它們的產品提供某種形式的書面保證。產生可靠的組件對雙方都是有好處的。

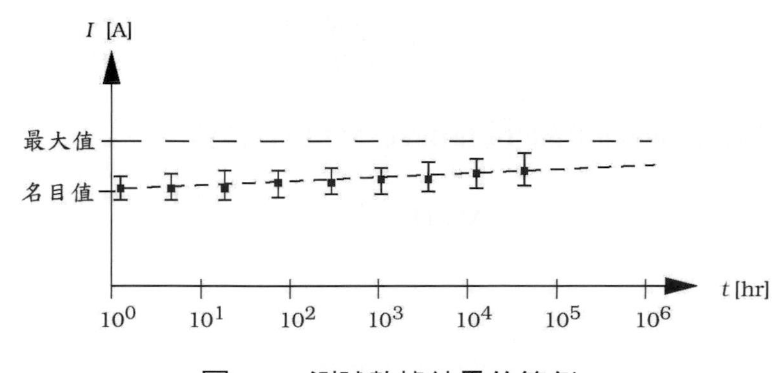

圖 16.3 **測試數據結果的範例**

預燒系統也被使用來獲得可靠度的數據。大量的電路試樣被提供功率，並且被置於烘箱恆濕箱之中。我們監視這個測試群組的衰退及或失效，每個失效的時間都會被登錄。一年只有 $24 \times 365 = 8760$ 鐘頭，因此有些測試系統是連續數年操作！其中的一種技術乃是量測一個關鍵參數【或一組參數】，並追蹤隨著時間的衰退。一個理想化的範例被顯示於圖 16.3 之中，這是一個電路的電源供應電流 I 被發現會隨時間而增大的一種情況。最大可允許的電流消耗是以 Max 階層來代表。在規則的時間區間所取得的數據會給予顯示這個測試群組的高值、低值、及一個平均值的數據點。這些數據可以被使用來外插得到這個預期的時間。最簡單的線性技術使用圖中所顯示的虛線來近似這個電流。然後，外插至 Max 階層則會給予這個元件壽命的一項估計。由於對數時間尺規的緣故，這種方法的一個問題乃是這條線斜率的一個輕微的改變會顯著地改變預期的壽命。

16.1.1 可靠度模擬

可靠度數據可以被使用來建構數學模型，這個數學模型使我們更容易瞭解失效速率。我們從時間 $t = 0$ 時開始測試一群元件。當時間推進時，在時間 t_1 時一個元件失效，然後在時間 t_2 時一個元件失效，於此類推。在這個測試期間結束時，我們發現有 N 個元件失效。這一群元件的總操作小時乃是下面的總和

$$T = \sum_{i=1}^{N} t_i \tag{16.1}$$

其中我們將以小時來加以量度。具備這個方程式，我們可以定義這群測試元件的**平均失效速率 (average failure rate)** 爲失效數目除以操作小時總數：

$$\lambda_{av} = \frac{N}{T} \tag{16.2}$$

到失效的平均時間 (mean time to failure, MTTF) 被給予為

$$\text{MTTF} = \frac{T}{N} = \frac{1}{\lambda_{av}} \tag{16.3}$$

並表示這群測試群體的平均壽命期。

被用來描述失效速率的單位認知到這些值是非常微小的。一個更常被使用的計量為 **FIT**，這代表 **failure-in-time**。這被定義為

$$1\ \text{FIT} = \text{在 } 1000 \text{ 小時的期間內在 } 1 \text{ 百萬個中的 } 1 \text{ 個失效} \tag{16.4}$$

或

$$1\ \text{FIT} = 1\ \text{ppm/K} \tag{16.5}$$

其中 **ppm** 代表每百萬之中的部分數。對於一個大樣本之中的一個元件而言，一個 1 FIT【10^9 個操作小時】的失效速率是對應於一個大約 125,000 年的壽命期。使用極端狀況來模擬老化的**加速壓力壽命測試 (accelerated-stress life testing)** 經常被採用來決定合理的 FIT 值。

範例 16.1

考慮一個擁有大約 200,000 個 FET 的晶片。要達成不超過一年 1 個電晶體失效的平均可靠度，所須要的 FIT 值是多少？

假設每年有 8760 小時，我們發現這些 FET 代表每年總共有 (200,000)(8760) = 1.752×10^9 元件小時。為了求得每年 1 個失效所須要的 FIT，我們寫出

$$\left(\frac{x}{10^9}\right)\left(1.752 \times 10^9\right) = 1 \tag{16.6}$$

其中 x 是 FIT 值。求解得到 $x = 0.67$ FIT 為所須要的速率。

這種簡單的失效分析方法提供很有價值的洞察，但是並不足以得到精準的估計。更複雜的數學模型將會提供較高的信心階層，而且被使用於這個領域的每個

地方。為了發展出來一種一般性的方法，假設我們量測一個測試群組之中的失效，並求得時間 t 的一個函數。我們引進一個被表示為時間的一個函數的**機率密度函數 (probability density function, PDF)** $f(t)$，使得

$$f(t)\ dt = \text{在時間增量 } dt \text{ 之中的失效比例} \tag{16.7}$$

一個簡單的模型乃是指數的函數

$$f(t) = \lambda e^{-\lambda t} \tag{16.8}$$

其中 λ 是一個常數。**累積分佈函數 (cumulative distribution function, CDF)** $F(t)$ 與 PDF 之間的關聯為

$$F(t) = \int_0^t f(\eta)\, d\eta \tag{16.9}$$

其中 η 是一個虛積分變數。對這個指數分佈而言，我們可以將方程式 (16.8) 積分來得到

$$F(t) = 1 - e^{-\lambda t} \tag{16.10}$$

元件的壽命是以被稱為是**壽命分佈 (life distributions)** 的模型來加以描述的。這個 CDF 是一個壽命的分佈，它可以被解讀為

- $F(t)$ 是在這個測試群組之中的一個隨機單元將會在 t 小時之前失效的機率。

另一種解釋是

- $F(t)$ 是這個測試群組中在 t 小時之前會失效的單元比例。

這兩種解釋在實際操作中都很有用。**可靠度函數 (reliability function)** $R(t)$ 被定義為

$$R(t) = 1 - F(t) \tag{16.11}$$

並且描述還沒有失效的這些單元，也就是在 t 小時之後仍然正常運作的這些單元。

這些函數使我們得以定義**危險速率 (hazard rate)** $h(t)$ 為

$$h(t) = \frac{1}{R(t)}\left(\frac{dF}{dt}\right) \tag{16.12}$$

這個函數可以被解讀爲一個單元在時間 t 與 $(t+dt)$ 之間失效的機率。對這個導數求值會給予

$$h(t) = \frac{f(t)}{R(t)} \tag{16.13}$$

這個危險速率又被稱爲是**瞬間失效速率** (**instantaneous failure rate**)，或者在文獻中就只被稱爲**失效速率** (**failure rate**)。[2] 圖 16.2 之中的浴缸曲線乃是危險速率圖形的一個範例。將這個危險速率加以積分會給予**累積危險函數** (**cumulative hazard function**)

$$h(t) = \int_0^t h(\eta)\, d\eta \tag{16.14}$$

這個函數可以被證明是等於

$$H(t) = -\ln\left[R(t)\right] \tag{16.15}$$

這會得到

$$F(t) = 1 - e^{-H(t)} \tag{16.16}$$

這是 $F(t)$ 與 $H(t)$ 之間的關係。

在兩個時間 $t_2 > t_1$ 之間的**平均失效速率** (**average failure rate, AFR**) 是由失效速率對這段時間區間的持續期間的比值所獲得的。爲了簡化起見，我們假設 $t_2 = T$ 且 $t_1 = 0$ 得到

$$AFR(T) = \frac{1}{T}\int_0^T h(\eta)\, d\eta \tag{16.17}$$

這可以被表示爲下列的替代型式

$$AFR(T) = \frac{H(T)}{T} = \frac{\ln R(T)}{T} \tag{16.18}$$

當被用來指定一個已經被操作 T 小時的元件的失效速率時，這個 AFR 是很有

---

[2] 我們注意到在某些論述之中將失效速率定義爲 $f(t)$，而沒有除以 $R(t)$。

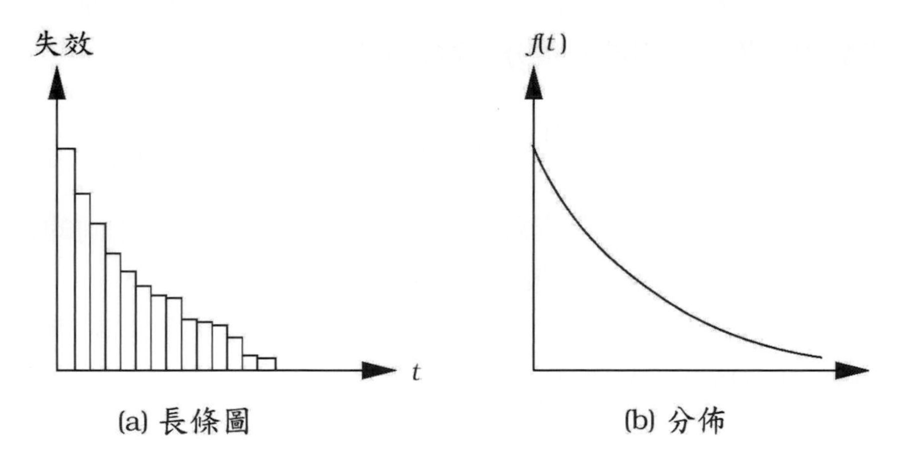

圖 16.4 **指數失效模型**

用的。

讓我們來檢視這些具有指數分佈函數的應用。假設我們對一群測試晶片進行一項加速壓力壽命測試實驗，並且畫出失效的數目來得到圖 16.4(a) 中所顯示的長條圖。我們可以將這些數據以下面的這個連續分佈來加以模擬

$$f(t) = \lambda e^{-\lambda t} \tag{16.19}$$

其中我們可以由這條曲線來估計得到 λ 的實際值。這條曲線被顯示於圖 16.4(b) 之中。由於

$$F(t) = 1 - e^{-\lambda t} \tag{16.20}$$

因此失效速率為

$$h(t) = \frac{1}{R(t)}\left(\frac{dF}{dt}\right) = \lambda \tag{16.21}$$

換言之，失效速率是不隨著時間而改變，具有一個每小時 λ 個失效的值的一個常數。這是指數函數所提供的簡單模擬的特性。平均失效速率被計算得到為

$$AFR(T) = \frac{\lambda T}{T} = \lambda \tag{16.22}$$

這也是一個常數。一般而言，MTTF 被給予為這個矩 (moment)

$$\text{MTTF} = \int_0^\infty t f(t)\, dt \tag{16.23}$$

對於這個指數的分佈，使用部分積分，這會成爲

$$\text{MTTF} = \int_0^\infty t\lambda e^{-\lambda t}\,dt = \frac{1}{\lambda} \tag{16.24}$$

這個指數分佈會給予與我們使用直觀所寫出來的較簡單表示式相同的結果。這項分析的限制因素乃是一個固定不變的失效速率的假設。

我們引進不同的分佈函數 $f(t)$ 來模擬具有非固定的失效速率情況。**衛爾佈分佈 (Weibull distribution)** 採用

$$f(t) = \frac{m}{t}\left(\frac{t}{c}\right)^m e^{-(t/c)^m} \tag{16.25}$$

其中 $m > 0$，而 $c\ (> 0)$ 被稱爲是**特徵壽命 (characteristic life)**。這會造成下面的一個失效速率

$$h(t) = \frac{m}{t}\left(\frac{t}{c}\right)^m \tag{16.26}$$

以及一個平均失效速率

$$AFR(T) = \frac{1}{c}\left(\frac{T}{c}\right)^{m-1} \tag{16.27}$$

這種分佈的形狀可以藉由調整 m 來選取。奇數的 m 值會得到看起來類似於指數的曲線，而偶數的 m 值則會產生更像高斯的分佈，在特定的 c 值會有峰值。譬如，$3 \le m \le 4$ 會獲得一條鐘型的曲線。在可靠度的模擬之中，我們也會使用其它分佈，包括常態函數及對數常態函數。

可靠度模擬是一個令人著迷的學習領域，這種模擬採用數據的統計分析來決定預測的壽命及失效速率。一個特別有挑戰性的問題乃是實驗的設計，以及提供有意義數據的附屬模型。隨著 VLSI 處理設備的複雜程度增大，可靠度議題將會變成更爲關鍵。許多具有堅强物理及統計模擬背景的工程師與科學家在這個領域追求他們的專業生涯。

16.2 CMOS 測試

現在讓我們將我們的討論導引至測試數位 CMOS 電路的這個問題。這種想法相當簡單。給予一個數位積體電路時，我們想要決定它是否正確地操作。我們假設

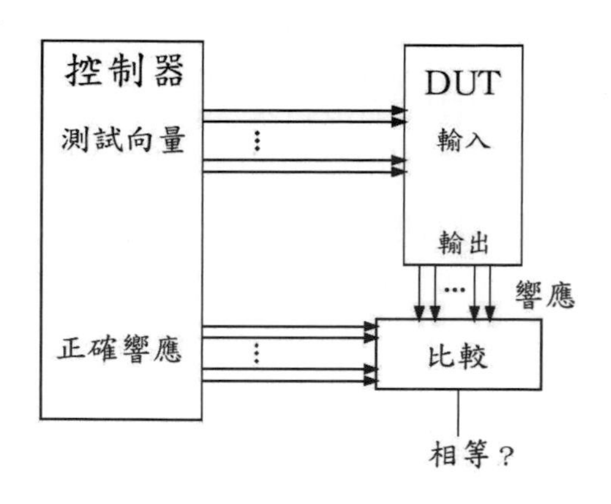

圖 16.5 **測試問題的概觀**

這個邏輯是正確的，而且建構一個正常作用的晶片應該是可能的。由於功能性是由設計所定義的，我們可以計算得到這個網路應該如何來回應一組輸入刺激，並使用這項知識來進行實際的測試。

一般性的程序被說明於圖 16.5 之中。一個**向量** (**vector**) 乃是被施加到一個**測試中的元件** (**device-under-test, DUT**) 或一個**測試中的晶片** (**chip-under-test, CUT**) 的一個二元輸入的陣列。對每一個輸入向量而言，它的響應都會被量測，並與預期的輸出來加以比較。我們須要不只一個單一的輸入向量來適切地測試這個 DUT，因此一般而言我們創造一組被設計來決定這片晶片的功能的**測試向量集合** (**test vector set**)。由於每種量測都須要花費時間，因此我們想要一組最小的測試向量集合，來縮短決定這片晶片是否正常運作所須要的總時間。**測試向量產生** (**test vector generation**) 是測試的更有挑戰性的層面之一。

產生測試向量的理念會隨著我們的意圖而會有相當程度地改變。**函數測試** (**functional testing**) 藉由强迫這個電路來進行各種函數，並檢查這個響應來決定究竟這片晶片是好還是不好。雖然這聽起來好像相當直截了當，但是這種將所有可能的測試向量的集合逐一進行來挑選可能會導致極長的測試期間。

錯誤模擬 (**fault modeling**) 則是更爲複雜。原型的晶粒被使用來表述諸如短路、開路、及不好電晶體等問題的一個製造過程的特性。一旦這些錯誤在實體階層被指出來之後，它們會被使用來產生一個專門來尋找這些問題的測試向量集合。雖然錯誤模擬要求相當大量的工作，但是它卻是很有用的，這是因爲它尋找已知的問題，並提供回饋至生產線。我們可以在一個實驗室之內來進行晶圓分析以驗證錯誤的起因，並且在應該負責的製造步驟之中作一些修正。長期而言，錯誤模擬對於提升這個設計的良率與可靠度會有所幫助。

16.2.1 在 CMOS 之中的錯誤模型

實體階層的 CMOS 錯誤通常可以使用簡單的等效電路來加以模擬。我們可以將這些模型使用於邏輯電路之中，以決定一個特殊的錯誤對於一個閘或邏輯單元的操作所會有的可量測效應。FET 電路的基本錯誤模型是相當簡單的。

當具有外加洩極—源極電壓 V_{DS} 時，一個**短路** (**short-circuited**) FET 乃是會永遠傳導洩極—源極電流的一個 FET；這個閘極無法控制這個運算。這也被稱爲一個**固定導通** (**stuck-on**) 的錯誤。一個**開路** (**open-circuit**) 或**固定關閉** (**stuck-off**) 的錯誤剛好相反：無論 V_{GS} 或 V_{DS} 是多少，電流絕對不會流動。這兩種錯誤的電路模型是很明顯的，但是還是被顯示於圖 16.6 之中以求完整。物理上，這些問題可能是由於金屬化或蝕刻問題或罩幕登錄誤差所造成的。

兩種以邏輯爲基礎的錯誤稱爲**固守** 0 (**stuck-at-0, sa0**) 及**固守** 1 (**stuck-at-1, sa1**) 問題。固守錯誤適用於由於短路或其它製程相關的失誤造成無法改變電壓的線路。最簡單的情況乃是一個節點被不小心地連接到電源供應 (sa1) 或接地 (sa0)。一個固守錯誤的效應會隨著位置而改變。譬如，在一個 nFET 的閘極處

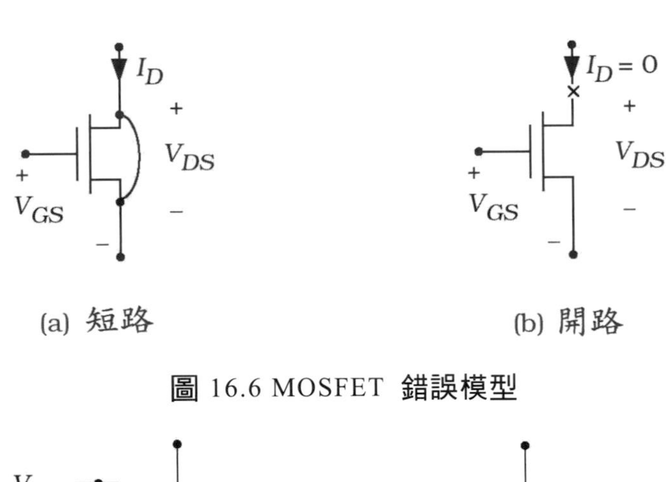

圖 16.6 MOSFET 錯誤模型

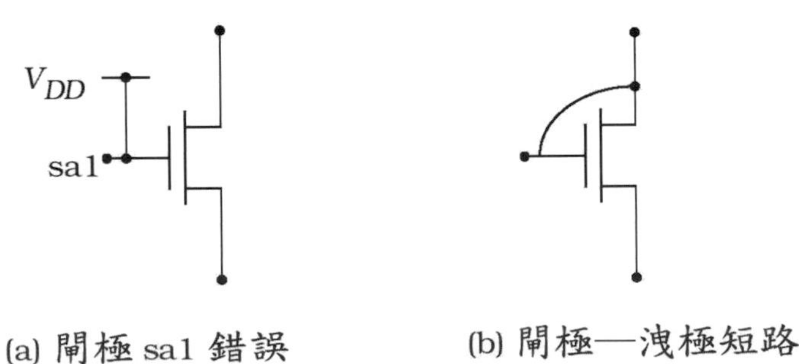

圖 16.7 錯誤模型的範例

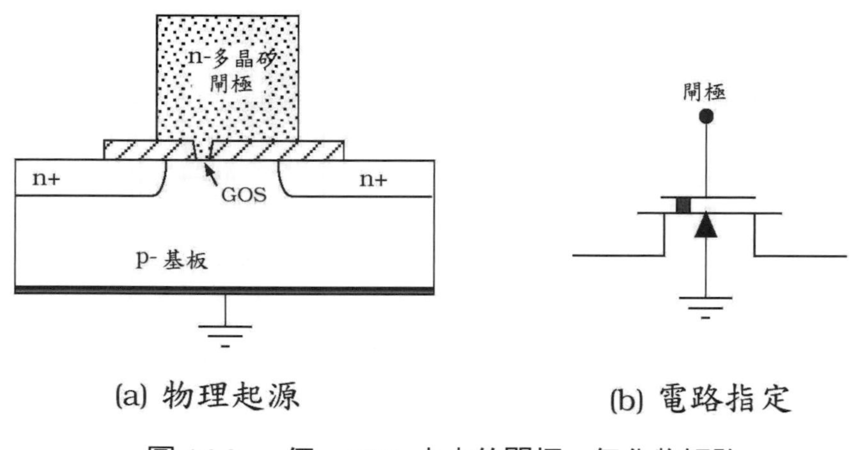

圖 16.8 一個 nFET 之中的閘極—氧化物短路

的一個 sa0 暗示它永遠無法被導通，而在一個 pFET 的閘極處的一個 sa0 錯誤則會得到一個無法被關閉的電晶體。顯然，這些錯誤會影響這個邏輯網路的操作。一組相關的錯誤乃是閘極–洩極及閘極–源極短路。圖 16.7 顯示這些缺陷的錯誤模型的範例。

閘極氧化物短路 (gate-oxide shorts, GOS) 則是 MOSFET 所獨有的。當絕緣的閘極氧化物有一個缺陷，而閘極材料如同圖 16.8(a) 中對一個 nFET 所顯示地接觸基板時，閘極氧化物短路就會發生。假設一個 n 摻雜的多晶矽閘極，這個 GOS 會在閘極與 p 型基板之間產生一個寄生的 pn 接面二極體。閘極電壓無法控制洩極電流，這會使這個電路不正常地運作。閘極氧化物的短路在 nFET 與 pFET 這兩者之中都可以發現，而且會有源自於晶圓表面的缺陷所造成的閘極氧化物不均勻成長的傾向。我們發現許多 GOS 問題會在晶圓上的區域性地成串出現。在這種狀況之下，受影響的晶粒會有許多 GOS 缺陷 FET 的傾向，這會使它們比較容易來發現。

16.2.2 閘階層測試

錯誤模型被使用來表述邏輯閘失效的特性。產生不同的錯誤電路使我們得以來求得一組適用於這個電路的測試向量。讓我們來檢視一個具有輸入 *A* 與 *B* 的簡單 NAND2 閘來作為一個範例。在圖 16.9(a) 之中，在 pFET MpA 的閘極處的一個固守 1 錯誤使這個電晶體保持在截止之中，而 MnA 是永遠導通的。圖 16.9(b) 之中的這個電路在 *B* 輸入有一個固守 0 錯誤。這禁止 MnB 導通，並使 MpB 保持在一種傳導狀態之中。這兩個電路代表不同的狀況。這些電路可以

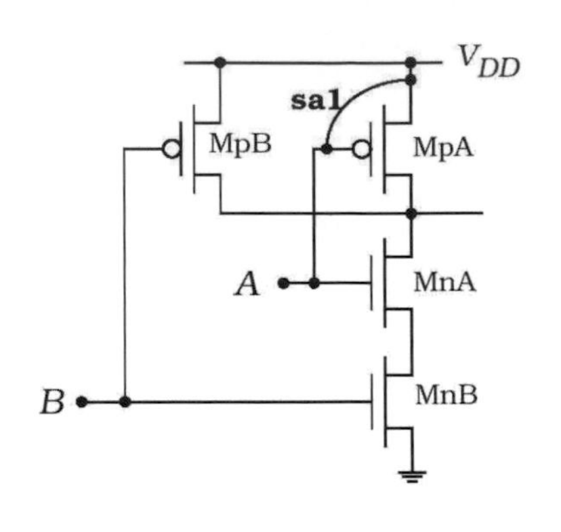

(a) 固守 1 錯誤

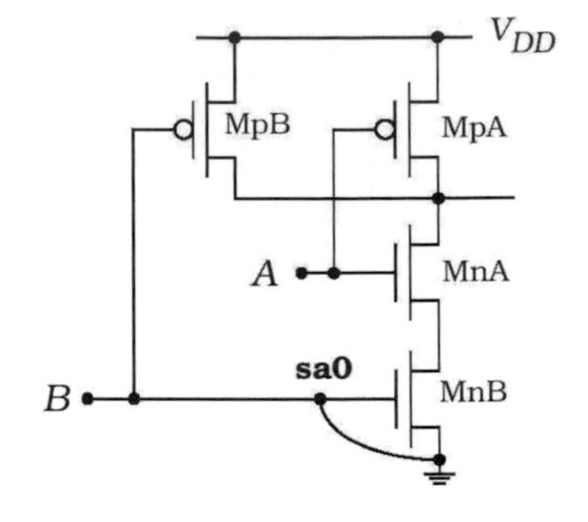

(b) 固守 0 錯誤

圖 16.9 具有固守錯誤的一個 NAND2 閘

A	B	F	F_{sa1}	F_{sa0}
0	0	1	1	1
0	1	1	0	1
1	0	1	1	1
1	1	0	0	1

圖 16.10 NAND2 閘的函數表

被使用來推導找到每個問題所須要的這些測試向量。圖 16.10 之中的這個函數表提供所須要的資訊。這個 NAND 閘的正常響應被顯示爲 F。圖 16.9(a) 中的 sa1 錯誤的響應是以 F_{sa1} 來加以表示。由於 MpA 絕對不會導通，因此這個閘的輸出無法一個 $(A,B) = (0,1)$ 的輸入而被拉至一個邏輯 1。這個向量可以被使用於這個問題的測試，這是因爲它應該會產生一個邏輯 1 的輸出。圖 16.9(b) 中的這個 sa0 錯誤會造成這個輸出以 F_{sa0} 行所綜合整理地來表現。在這種狀況之下，MpB 永遠是導通的，因此這個輸出被固著在一個 1 處。使用一個 $(A,B) = (1,1)$ 的輸入向量會找到這個錯誤。

由於每個電路節點都是電容性的，且擁有將電荷儲存一小段時間區間能力的這項事實，因此 CMOS 測試會變複雜。如果我們施加一組輸入測試向量到這個閘，響應可能會受到這項特性的影響。考慮圖 16.11 的 NAND2 閘之中的這種開路錯誤。這使 pFET MpA 無法傳導，而且應該會被這個輸入組合 $(A,B) = (0,1)$ 檢測出來。然而，注意這些輸出節點擁有一個無法被消除的電容 C_{out}。如果我們以 $(A,B) = (0,0), (0,1), (1,0), (1,1)$ 序列的輸入來循環通過，儲存的電荷可能會使這個閘看起來好像是恰當地操作。這項陳述是由圖 16.12 中的這個函數表來加

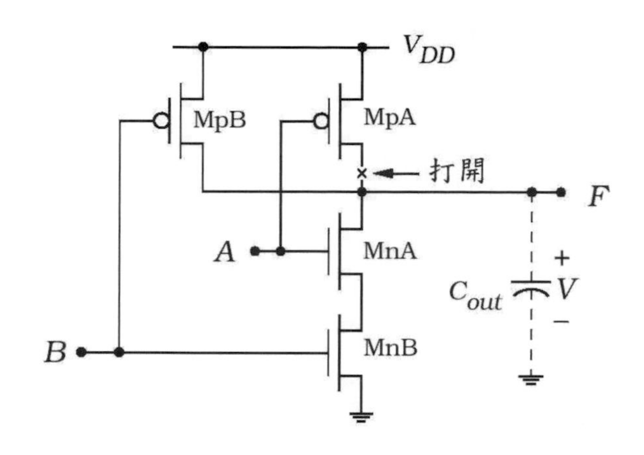

圖 16.11 對測試的電荷儲存效應

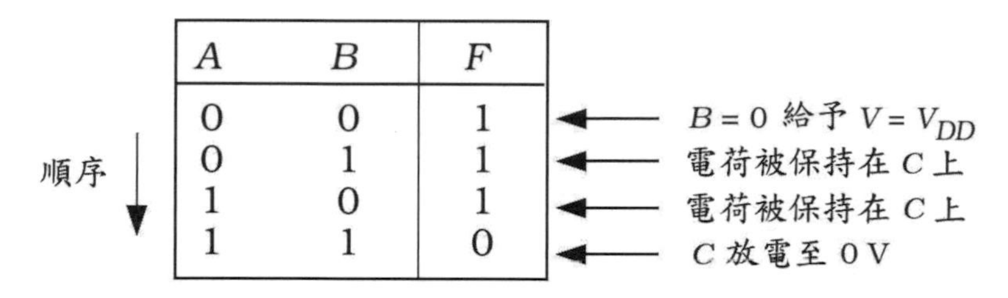

A	B	F
0	0	1
0	1	1
1	0	1
1	1	0

圖 16.12 電荷儲存問題的函數表

以合理化。第一個輸入 $(A,B) = (0,0)$ 給予一個邏輯 1 的輸出，而電容器 C_{out} 則會有一個電壓 $V = V_{DD}$ 跨降在它上面。如果我們快速地加上下一個輸入 $(A,B) = (0,1)$ 來確保一個短測試循環，那麼這個輸出看起來仍像是一個邏輯 1，這是因爲 C_{out} 可以保持電荷所致。循環通過剩下的輸入將會得到正常的結果，因此我們已經完全遺漏了這個錯誤。

爲了補償這個問題，我們使用一個**起始化向量** (**initialization vector**)「來準備」實際測試向量的這個閘。由於這個起始化向量 $(A,B) = (1,1)$ 會將這個輸出放電至 0 V，而且這個錯誤會防止 $(A,B) = (0,1)$ 來產生一個邏輯 1 的輸出，因此在目前的狀況之下，這個 $(A,B) = (1,1), (0,1)$ 序列會找到這個錯誤。

另外一種型式的問題是伴隨固定導通及固定關閉錯誤而發生的。考慮圖 16.13(a) 中的這個電路，其中 MpA 有一個固定導通【短路的】錯誤。如果我們外加一個 $(A,B) = (1,1)$ 的輸入向量，則 MnA 與 MnB 會連同 MpA 一起傳導。這會導致圖 16.13(b) 中所顯示的電阻器等效電路。輸出電壓是由電壓分配法則所給予的

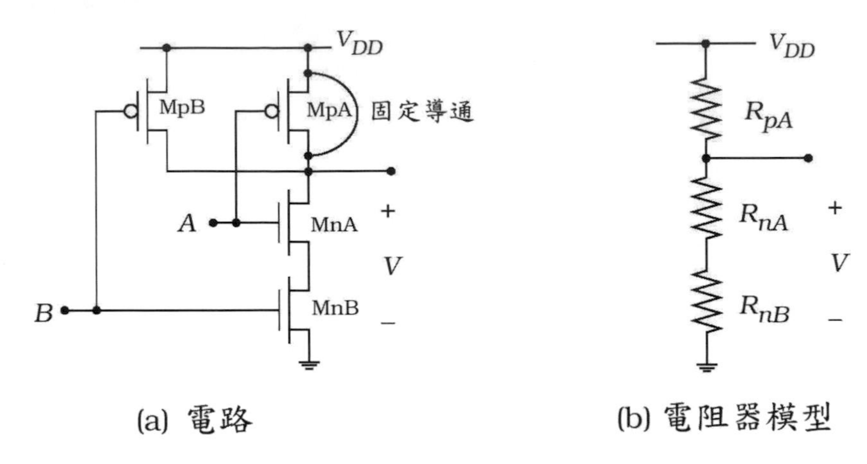

圖 6.13 一個 NAND 閘之中的固定導通錯誤

$$V = \left(\frac{R_{nA} + R_{nB}}{R_{nA} + R_{nB} + R_{pA}} \right) V_{DD} \tag{16.28}$$

由於這些 nFET 電阻是由縱橫比所決定的，而 R_{pA} 是由於短路所造成的，因此這個電壓可能會給予一個 V 的值，這會使它看起來好像這個閘是恰當地操作。如果總和 $(R_{nA} + R_{nB})$ 相較於 R_{pA} 是很小的話，那麼這就會是這種狀況。如果 $R_{pA} \approx (R_{nA} + R_{nB})$，則 V 大約是 V_{DD} 的一半，這可能會也可能不會被檢測爲一個不正確的值。

16.2.3 I_{DDQ} 測試

外加一個電源供應電壓至一片 CMOS 晶片會造成一個電流 I_{DD} 流動。當這些訊號輸入穩定【沒有切換】時，我們可以量測準靜漏電流 I_{DDQ}。這是在圖 16.14 中加以說明。我們發現每個晶片的設計都會有一個「正常」階層的範圍。I_{DDQ} 測試乃是基於洩漏電流的一個不正常讀數表明在晶片上會有一個問題的這項假設。通常，I_{DDQ} 測試是在測試循環的一開始就來進行的。如果一個晶粒無法通過測試，那麼它會被丟掉，而不再進行進一步的測試。

I_{DDQ} 洩漏的起源顯示於圖 16.15 之中。當我們將輸入電壓 V_{in} 掃至一個 NOT 閘時，電源供應電流 I_{DD} 會如同圖中所顯示地改變；峰值是出現在 $V_{in} = V_{in} = V_{out}$ 的中間點電壓。當這個輸入是在一個穩定的邏輯 0 或邏輯 1 的電壓範圍之中時，只有準靜洩漏電流 I_{DDQ} 才會流動。這個漏電流是由逆向偏壓的 pn 接面電流、次臨限的貢獻、以及其它電流所構成的。如果一個量測得到一個「異常」

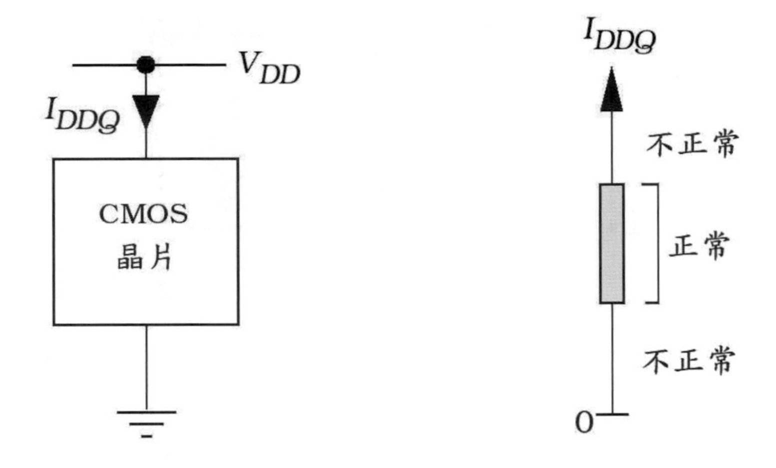

圖 16.14 基本的 I_{DDQ} 測試

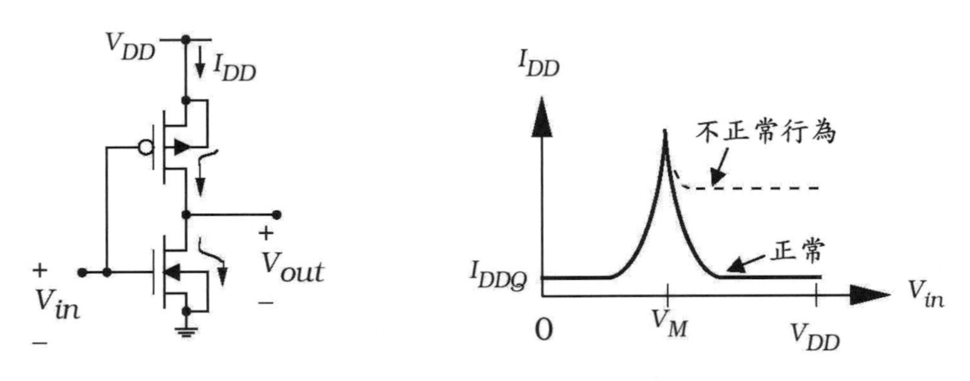

圖 16.15 一個 NOT 閘之中的洩漏電流

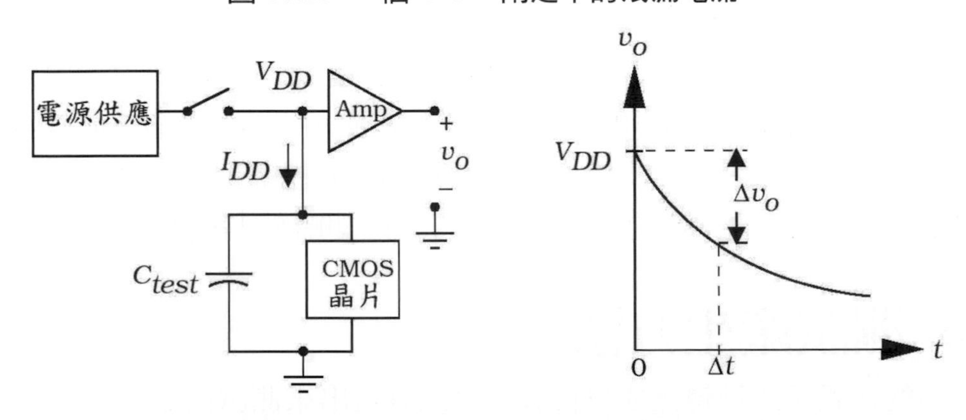

圖 16.16 一個 I_{DDQ} 量測系統的組件

的洩漏電流值，那麼我們就假設什麼地方出錯了。

一個基本量測系統的組件是在圖 16.16 中加以說明。測試晶片被模擬為與測試器電容 C_{test} 並聯。一個具有 V_{DD} 值的電源供應器是以一個在時間 $t=0$ 時

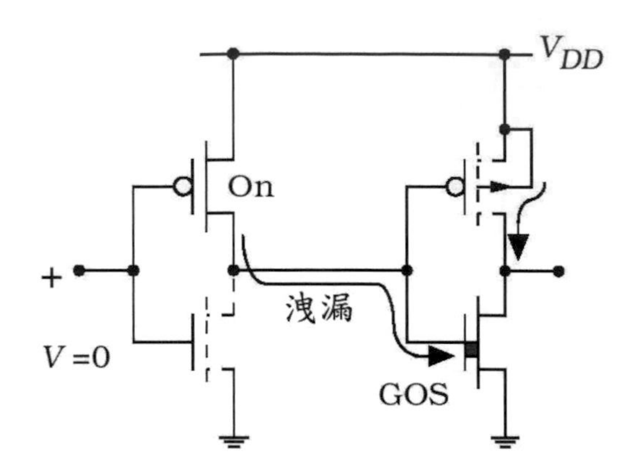

圖 16.17 發生 GOS 的 I_{DDQ} 測試

暫時關閉的開關而被連接到這片晶片。電流 I_{DD} 是以一個緩衝器【一個單位增益的放大器】來加以監控，並給予輸出電壓 $v_o(t)$。這個電流的值被估計爲

$$I_{DD} \approx C\left(\frac{\Delta v_o}{\Delta t}\right) \tag{16.29}$$

其中這個電壓在一段 Δt 的時間之中下降一個 Δv_o 的數量。在這個方程式之中，總電容 C 是 $C = C_{test} + C_{chip}$ 的總和。

I_{DDQ} 測試可以檢測 GOS 串，這是因爲它們會有使洩漏階層增大的傾向。圖 16.17 顯示當一個具有 GOS 的 nFET 被一個反相器電路所驅動時的這種情況。由於在 nFET 之中的這個 GOS 錯誤與逆向偏壓的 pn 接面相同，因此當具有圖中所顯示的這些電壓時，會有額外的洩漏電流在這個電路之中流動。以靜態邏輯電路來加以設計的 CMOS 晶片通常可以使用 I_{DDQ} 量測來加以測試；大多數的 ASIC 都落在這個種類之中。雖然這個技術已經被應用於某些動態的電路，但是對於測試向量集合的形成以及這些量測的解讀，我們必須很小心。

16.3 測試產生方法

一個實體的錯誤可以被轉換成爲使我們得以發展出來測試向量組的一個邏輯模型。測試使用常見的電路設計風格的所設計的 CMOS VLSI 晶片的許多技術已經被發展出來。這個問題可以藉由以範例來檢視實體電路與測試之間的關係來加以瞭解。

16.3.1 靜態 CMOS 邏輯

完全互補的 CMOS 邏輯閘可以使用獨立的 nFET 及 pFET 邏輯路徑來加以模擬。基本的技術與第二章之中所介紹的推泡泡很相像。考慮圖 16.18(a) 中所顯示的這個 NAND2 邏輯電路。爲了建構邏輯等效，我們將這些串聯連接的 nFET 視爲 AND 運算，而將並聯連接的電晶體視爲提供 OR 原始閘；nFET 有作用高的輸入，而 pFET 爲作用低的元件。這些被使用來建構圖 16.18(b) 中所顯示的這個邏輯模型，這是以分開的 n 及 p 邏輯路徑來表述其特性。這條 n 路徑的輸出爲 $S_0 = a \cdot b$，而 p 路徑會產生 $S_1 = \overline{a} + \overline{b} = \overline{S}_0$。這些被饋入一個產生 $f = f(S_0, S_1)$ 輸出的「B 邏輯區塊」。

這個 B 邏輯區塊的操作被綜合整理於圖 16.18(c) 的眞值表之中。對正常的 NAND 操作而言，$S_0 \neq S_1$，而這是等同於 $S_0 \oplus S_1 = 1$。這些是以分別造成一個 $f = 1$ 或 $f = 0$ 輸出的第二條及第三條線路來表述其特性。如果 $S_0 = S_1 = 0$，輸出爲 $f = \mathrm{M}$，這代表一個記憶狀態。以這個電路來加以表示，這隱喻由於比方說 FET 是在固定關閉狀態，因而造成這個輸出是浮動的。最後一個條件 $S_0 = S_1 = 1$ 乃是 nFET 與 pFET 兩者都正在傳導，而輸出會在兩個方向上被拉扯。這個輸出

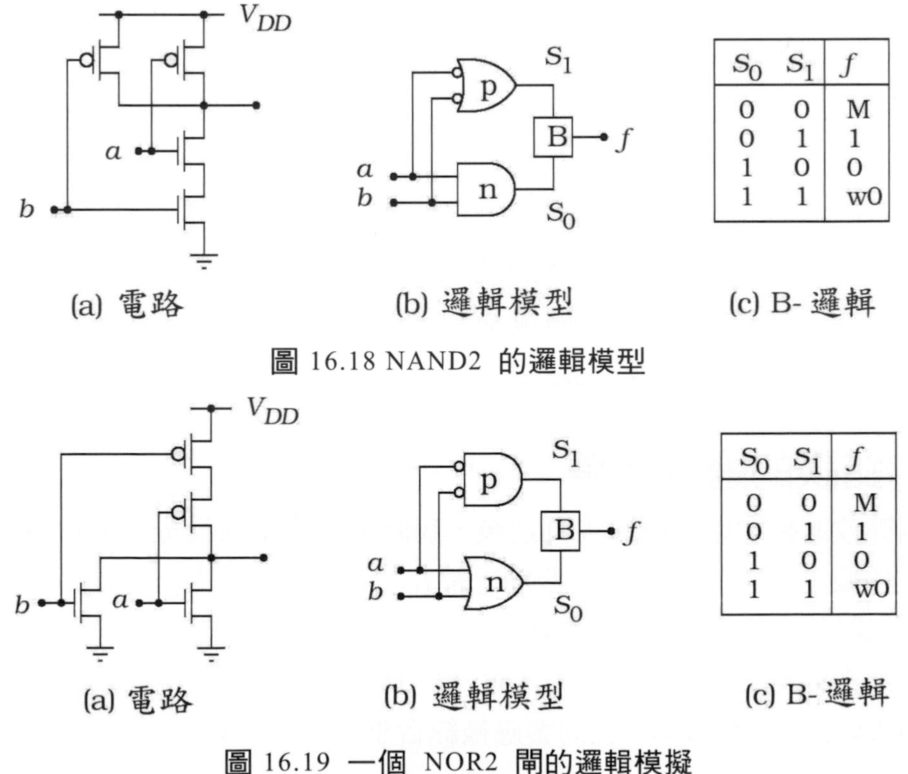

圖 16.18 NAND2 的邏輯模型

圖 16.19 一個 NOR2 閘的邏輯模擬

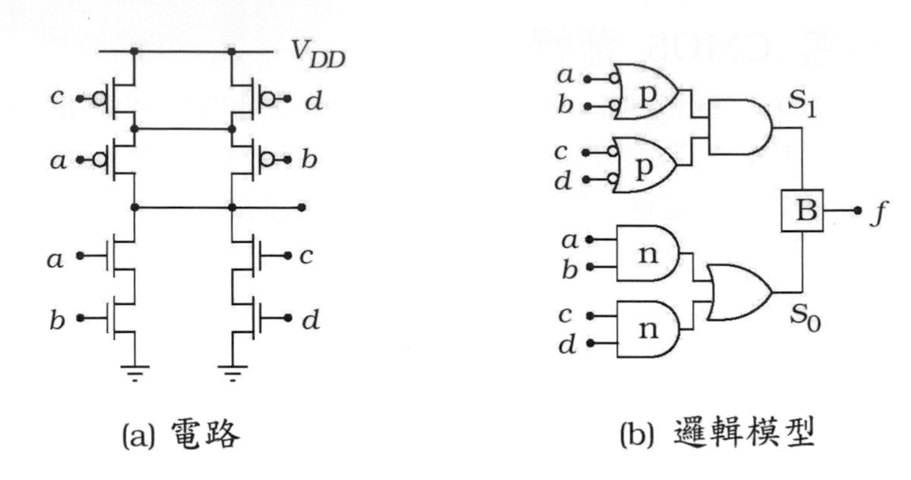

圖 16.20 一個 AOI 閘的邏輯模擬

被指定爲「w0」，這代表一個微弱的 0；這假設這個 nFET 下拉的強度主控這些 pFET 的上拉作用。如果這不是眞實的話，那麼這個輸出必須被改變至一個微弱的 1 (w1) 或一個中間的狀態。

這種形式的模擬可以被延伸至任意的靜態邏輯閘。圖 16.19 顯示一個 NOR2 閘的模擬。這個串聯與並聯電晶體的導線連接決定這些邏輯等效閘，而這些輸出被饋送進入這個 B 區塊之中。注意這個 B 區塊邏輯被視爲與 NAND2 閘相同。複雜的邏輯閘模型乃是將串聯的 AND 及並聯的 OR 關係式應用於電晶體群組所建構出來的。下列邏輯函數的 AOI 電路

$$F=\overline{a\cdot b+c\cdot d} \tag{16.30}$$

顯示於圖 16.20(a) 之中。這個 nFET 的邏輯等效顯示產生 S_0 的這種 AO 圖案製作。這條 p 路徑使用聲明低的輸入進入具有一個 $S_1=\overline{S}_0$ 輸出的一個 OA 網路。如果 $S_1\neq S_0$，這個 B 邏輯區塊產生一個等於 F 的 f 的輸出。如果有一個錯誤發生在其中的一條邏輯路徑之中，將會造成一個 $S_0=S_1$ 的狀況。

16.3.2 錯誤的邏輯效應

一旦一個等效邏輯網路被推導得到之後，我們可以將錯誤模擬應用於各個點，並分析在這些輸出的效應。電路的觀點已經在 16.2.2 節之中對靜態 CMOS 閘的狀況來加以討論。簡單的邏輯階層模擬提供一些更有用的資訊。

考慮固守錯誤 sa0 與 sa1 的效應。圖 16.21 顯示當這些錯誤出現在基本邏輯閘的輸入時的影響。AND 族的響應被綜合整理於圖 16.21(a) 之中。這些輸出

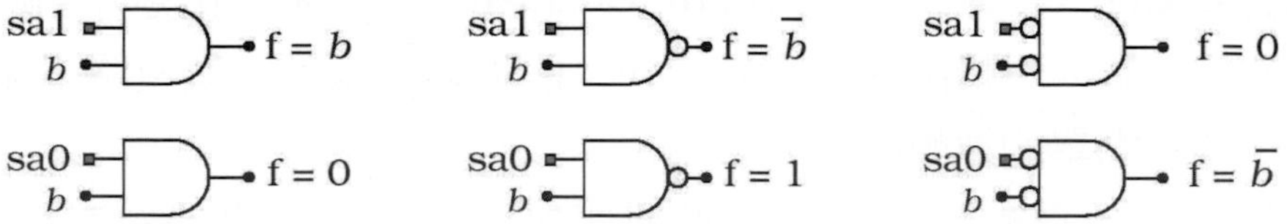

(a) AND 閘

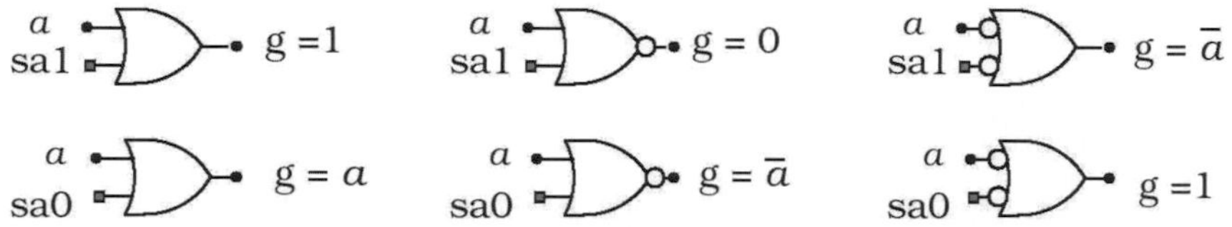

(b) OR 閘

圖 16.21 原始邏輯閘的固守錯誤效應的綜合整理

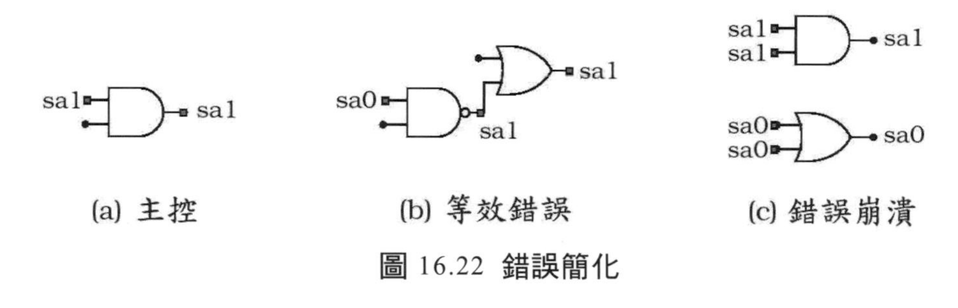

(a) 主控　(b) 等效錯誤　(c) 錯誤崩潰

圖 16.22 錯誤簡化

是使用適當的邏輯表格，並假設所顯示的這個輸入錯誤是唯一可能的問題所計算得到。譬如，下面這個簡單的 AND 運算

$$f(a,b) = a \cdot b \tag{16.31}$$

顯示在任一輸入處的一個 sa0 會給予 $f = 0$，而在 a 處的一個 sa1 則會得到 $f = b$。原始的邏輯閘 OR 家族的固守特性使用相同的方法而被綜合整理於圖 16.21(b) 之中。

多重錯誤的情況處理起來可能有些棘手。圖 16.22 說明在錯誤簡化之中的某些想法。圖 16.22(a) 顯示錯誤同時出現在一個 AND 閘的輸入與輸出處的這種狀況。在這種狀況下，輸出會將輸入錯誤加以覆蓋，因此在這個閘左邊的任何東西都會被忽略不計。這被稱為**錯誤主控 (fault dominance)**，而且對於測試向量產生的簡化是很有用的。等效的錯誤被顯示於圖 16.22(b) 之中。在這種狀況之下，會出現三個不同的錯誤，但是相同的行為也可以只以 sa0 輸入至這個

NAND2 閘來獲得。由**錯誤崩潰 (fault collapsing)** 的簡化被說明於圖 16.22(c) 之中。由於這些輸入與輸出完全相同，任一個閘都可以以一個短路來加以取代，因而導致一個較點單的邏輯網路。

這些範例顯示邏輯階層的錯誤模型如何可以被使用來描述實體電路的缺陷。產生測試向量組的一種重要技術乃是將錯誤置放於網路中的各個位置，然後計算這些效應。以這種方式來表述這個響應的特性使我們得以特定錯誤爲目標來構成測試向量。

16.3.3 路徑致敏

當即將被測試的這個閘是被內嵌於一個較大的邏輯網路時，我們可以使用現存的電路來產生由這個錯誤的位置至一個可觀察的輸出點的一條特定路徑。這種技術被稱爲**路徑致敏 (path sensitization)**，而產生這條路徑的程序則被稱爲**傳播 (propagation)**，這是因爲這個錯誤可以被視爲傳播通過這個邏輯網路。

考慮圖 16.23 中實際裝置下列函數的這個簡單邏輯電路

$$F = a_1 \cdot a_2 + \overline{a}_2 \cdot a_3 \tag{16.32}$$

我們想要決定在輸入 a_3 處來測試一個 sa0 錯誤的這些輸入。路徑致敏是以兩個步驟來進行的。第一個步驟稱爲順向驅動。在這個步驟之中，我們想要來區別正常操作與錯誤的效應。對 sa0 錯誤的狀況而言，我們設定 $a_3 = 1$，因此它與這個錯誤的輸入不同。爲了使這個值傳播通過 AND 閘極 G2，我們必須使一個反相器的輸出爲 1。然後，與 $a_3 = 1$ 合併給予 G2 的輸出爲 1。爲了使這個值傳播通過 OR 閘 G3，G1 的輸出必須是 0，這完成了順向驅動。

第二步驟稱爲反向追蹤 (backwards trace)。這使用順向驅動的結果來決定檢

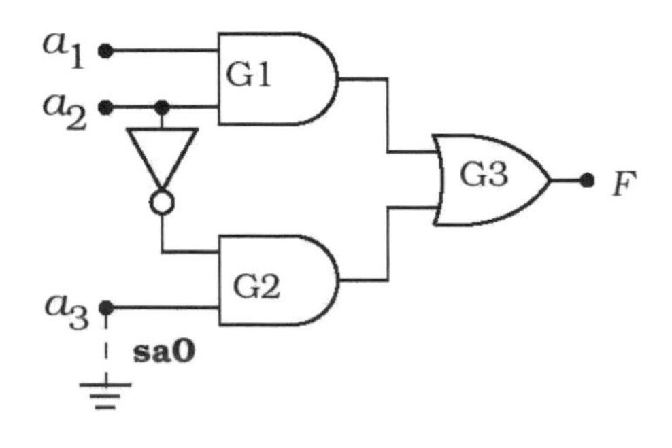

圖 16.23 路徑致敏的範例

測這個錯誤所須要的輸入。第一個條件爲 $a_3 = 1$。爲了確保這個反相器的輸出是 1，我們必須挑選 $a_2 = 0$。最後，爲了確保 G1 的輸出是 0，我們須要 a_1 或 a_2 中的一個必須是 0。由於我們已經挑選 $a_2 = 0$，因此 a_1 可以是 0，也可以是 1。這給予 sa0 錯誤的測試向量爲

$$(a_1, a_2, a_3) = (d, 0, 1) \tag{16.33}$$

其中 d 是一個隨意 (don't care) 狀態。這個簡單的範例說明這種程序。然而，我們並不一定能夠獲得一條單一路徑的一個可實現測試向量。因此，多重路徑的致敏是必須的。

16.3.4　D 演算法

在這種方法之中，變數 D 被引進來模擬一個良好電路與一個錯誤電路之間的差異。由基本定義，一個 $D = 1$ 表明一個良好的電路，而一個問題則是以 $D = 0$ 來表示。補數 $\overline{D}$ 則是以相反的方式來加以定義：$\overline{D} = 0$ 是良好的，而 $\overline{D} = 1$ 是錯誤的。這種 D 演算法提供了獲得任何可觀察錯誤的測試向量的一種技術。這項威力是必須增大複雜程度的，而完整的討論則是遠遠超越本書的範疇。然而，我們還是可以不須要進入這些細節之中便可以瞭解基本的想法。

我們即將檢視的第一個層面乃是一個閘的一個奇異蓋 (**singular cover**)；這

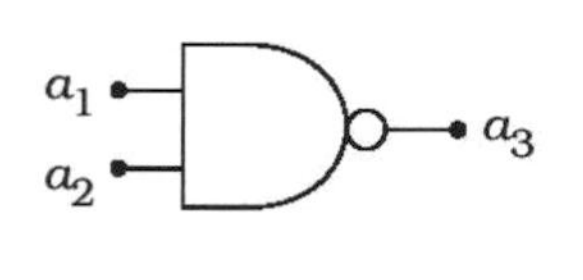

(a) 邏輯閘

a_1	a_2	a_3
0	d	1
d	0	1
1	1	0

(b) 奇異蓋

a_1	a_2	a_3
0	d	D
d	0	D

(c) D 立方體

圖 16.24　一個 NAND2 閘的奇異蓋

a_1	a_2	a_3
1	D	$\overline{D}$
D	1	$\overline{D}$
D	D	$\overline{D}$
1	$\overline{D}$	D
$\overline{D}$	1	D
$\overline{D}$	$\overline{D}$	D

圖 16.25 NAND2 閘的 D 立方體傳播

是等同於在圖 16.24(b) 之中的這個 NAND 範例所說明的精簡型式眞値表之中的一列，其中 d 是一個隨意的狀況。在這種形式之中，有不同奇異蓋的立方體的三列。圖 16.24(c) 顯示 NAND 閘的原始 D 立方體。由基本定義，原始的 D 立方體是當有一個錯誤時，由在輸出產生一個 D 或一個 $\overline{D}$ 所需要的輸入向量所組成的。在目前的狀況之下，這些是對應於 $(a_1, a_2) = (0, d)$ 及 $(d, 0)$，這是因爲這些會給予一個 $a_3 = 1$ 的輸出。

一個閘的 D 立方體是傳播一個 D 或 $\overline{D}$ 至輸出的一個或更多個輸入所須要的原始的立方體。圖 16.25 顯示這個 NAND2 閘的傳播 D 立方體。然後，這個 D 演算法檢視這些傳播 D 立方體的交叉來決定測試向量集合。

在測試理論之中，這個 D 演算法是非常有名。這是一種非常實際的方法，因爲它使我們得以使用一種結構化的方法論來進行多重路徑的致敏。路徑致敏的一個缺點乃是產生測試向量的這個過程可能會變得很長且深入。整體的時間可以藉由將這些技術與**錯誤模擬** (**fault simulation**) 加以耦合來加以降低。在這種方法之中，我們施加一個測試向量，然後決定哪些錯誤可以被決定。這通常會比求解反向的問題花費比較少的時間。

16.3.5 布林差

測試向量產生的另一種方法是**布林差** (**Boolean differences**)。考慮圖 16.26 中所顯示的這個 n 輸入網路。這個輸出是下列的一般函數

$$f(a) = f(a_1, a_2, \cdots, a_n) \tag{16.34}$$

讓我們挑選一個任意的輸入 a_k，並定義

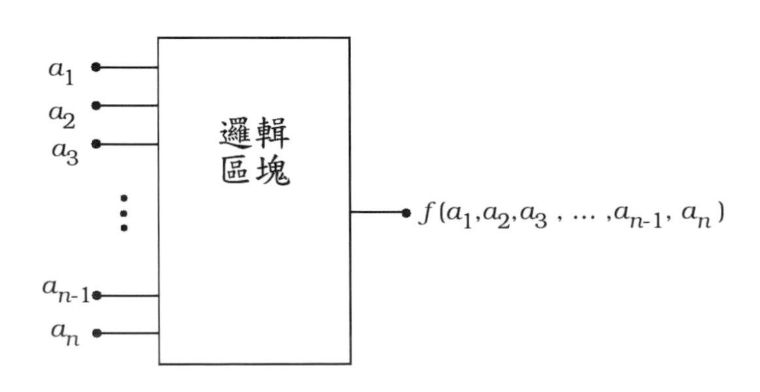

圖 16.26 推導布林差的基本網路

$$\begin{aligned} f_k &= f(a_1, a_2, \cdots, a_k = 1, \cdots, a_n) \\ f_{\bar{k}} &= f(a_1, a_2, \cdots, a_k = 0, \cdots, a_n) \end{aligned} \tag{16.35}$$

使用夏農 (Shannon) 展開定理，我們可以將原始的函數寫成

$$\begin{aligned} f(a) &= a_k \cdot f_k + \bar{a}_k \cdot f_{\bar{k}} \\ &= a_k \cdot f_k \oplus \bar{a}_k \cdot f_{\bar{k}} \end{aligned} \tag{16.36}$$

這提供了明白處理輸入 a_k 的一個表示式。

假設我們想要測試在 a_k 的一個錯誤。這給予一個以 $f(a)$ 來加以描述的輸出。由於這是一個值，因此我們知道將它與一個正確的輸出 $f(a)$ 作一比較將會得到

$$f(a) \neq f_\alpha(a) \tag{16.37}$$

如果這些輸入都相同的話。因此，我們可以寫出

$$f(a) \oplus f_\alpha(a) = 1 \tag{16.38}$$

並定義一個測試參數

$$f(a) \oplus f_\alpha(a) = 1 \tag{16.39}$$

使得 $t_\alpha = 1$ 表明有一個錯誤。

現在假設我們在 a_k 的有一個 sa0 錯誤。這種狀況的參數為

$$\begin{aligned} t_\alpha &= f(a) \oplus f_\alpha(a) \\ &= \left[a_{k\cdot} \cdot f_k \oplus \bar{a}_k \cdot f_{\bar{k}}\right] \oplus f_{\bar{k}} \\ &= a_{k\cdot} \cdot f_k \oplus (\bar{a}_k + 1) \cdot f_{\bar{k}} \\ &= a_{k\cdot} \cdot f_k \oplus a_k f_{\bar{k}}(a) \end{aligned} \tag{16.40}$$

或，

$$t_\alpha = a_k \cdot \left(f_k \oplus f_{\bar{k}}\right) \tag{16.41}$$

布林差被定義為

$$\frac{\partial f}{\partial a_k} = \cdot f_k \oplus f_{\bar{k}} \tag{16.42}$$

這會得到

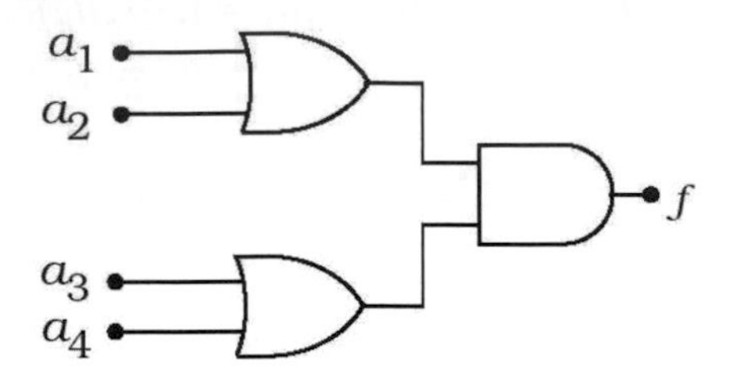

圖 16.27 布林差的應用範例

$$t_\alpha = a_k \cdot \left(\frac{\partial f}{\partial a_k} \right) \tag{16.43}$$

我們看到

$$\frac{\partial f}{\partial a_k} = 1 \quad \text{iff} \quad f_k \neq f_{\bar{k}} \tag{16.44}$$

然而，這隱喻改變 a_k 也將會改變這些輸出，因此這個錯誤是可觀察的。對於在 a_k 處的 sa0 測試而言，我們指派這個固守値的補數給這個輸入。因此，這個測試向量必須滿足下面的這個條件

$$a_k \cdot \left(\frac{\partial f}{\partial a_k} \right) = 1 \tag{16.45}$$

相反地，如果我們想要測試在 a_k 的一個 sa1 錯誤，我們加上下列的條件

$$\bar{a}_k \cdot \left(\frac{\partial f}{\partial a_k} \right) = 1 \tag{16.46}$$

來決定這個測試向量。

我們考慮圖 16.27 中的這個簡單的 OA 網路來作爲這種技術是如何運作的一個範例。輸出函數爲

$$f(a) = (a_1 + a_2) \cdot (a_3 + a_4) \tag{16.47}$$

假設我們想要檢測在 a_3 的錯誤。我們須要

$$\begin{aligned} f_{\bar{3}} &= (a_1 + a_2) \cdot (a_4) \\ f_3 &= (a_1 + a_2) \cdot (1) \end{aligned} \tag{16.48}$$

因此，布林差爲

$$\frac{\partial f}{\partial a_3} = f_{\overline{3}} \oplus f_3 \\ = (a_1 + a_2)\cdot(a_4) \oplus (a_1 + a_2) \\ = (a_1 + a_2)\cdot \overline{a}_4 \tag{16.49}$$

對一個在 a_3 的 sa0 錯誤而言，我們使用下列的條件

$$a_3 \cdot \left(\frac{\partial f}{\partial a_3}\right) = 1 \tag{16.50}$$

這給予下列的這個方程式

$$a_3 \cdot (a_1 + a_2)\cdot \overline{a}_4 = 1 \tag{16.51}$$

滿足這個關係式的這個測試向量爲

$$(a_1 a_2 a_3 a_4) = (1d10) \quad \text{或} \quad (d110) \tag{16.52}$$

其中 d 是一個隨意輸入。相類似地，一個在 a_3 的 sa1 錯誤給予這個條件

$$\overline{a}_3 \cdot (a_1 + a_2)\cdot \overline{a}_4 = 1 \tag{16.53}$$

以及

$$(a_1 a_2 a_3 a_4) = (1d00) \quad \text{或} \quad (d100) \tag{16.54}$$

作爲測試向量。這種布林差技術也可以被使用來求得一個邏輯網路的內部節點的測試向量。

16.4 綜合整理

可靠度與測試是現代 VLSI 系統的關鍵層面。在這個簡短的討論之中，我們只「刮到表面」而已，但是我們已經試圖來說明主要的問題及解決方案。

當 VLSI 系統的複雜程度增大時，測試會愈來愈困難。由於使用者傾向期望他們的系統將會永遠持續，因此可靠度是一種持續不斷的關注。有興趣的讀者如果花些時間來深入研讀將會發現這可能是一條終身的生涯路徑，每個世代它的重要性都會不斷增加。

16.5 參考資料

[1] Harry Bleeker, Peter van den Eijnden, and Frans de Jong, **Boundary-Scan Test,** Kluwer Academic Publishers, Dordrecht, The Netherlands, 1993.

[2] Niraj K. Jha and Sandip Kunda, **Testing and Reliable Design of CMOS Circuits,** Kluwer Academic Publishers, Norwell, MA, 1990.

[3] Arthur B. Glaser and Gerald E. Subak-Sharpe, **Integrated Circuit Engineering,** Addison-Wesley, Reading, MA, 1977.

[4] Ravi K. Gulati and Charles F. Hawkins (eds), **I_{DDQ} Testing of VLSI Circuits,** Kluwer Academic Publishers, Norwell, MA, 1993.

[5] Kenneth P. Parker, **The Boundary-Scan Handbook,** Kluwer Academic Publishers, Norwell, MA, 1992.

[6] Paul A. Tobias and David Trindade, **Applied Reliability,** Van Nostrand Reinhold, New York, 1986.

[7] Michael John Sebastian Smith, **Application-Specific Integrated Circuits,** Addison-Wesley Longman, Reading, MA, 1997.

[8] Neil H.E. Weste and Kamran Eshraghian, **Principles of CMOS VLSI Design,** 2nd ed.,Addison-Wesley, Reading, MA, 1993.

索引

C

D

E

F

G

H

I

J

K

L

M

N

O

P

Q

R

T

國家圖書館出版品預行編目資料

VLSI 電路與系統 / John P. Uyemura 原著 ; 李世鴻編譯. -- 初版. -- 台北市 : 全華, 民94 印刷

冊 ; 公分

含參考書目及索引

譯自 : Introduction to VLSI circuits and systems.

ISBN 978-957-21-4210-3 (平裝附光碟片)

1.積體電路

448.62 92016096

VLSI 電路與系統

Introduction to VLSI Circuits and Systems

原著 / John P. Uyemura

編譯 / 李世鴻

執行編輯 / 李孟霞

出版者 / 全華圖書股份有限公司

地址：23671 新北市土城區忠義路 21 號

電話：(02) 2262-5666 (總機)

傳真：(02) 2262-8333

發行人 / 陳本源

郵政帳號 / 0100836-1 號

圖書編號 / 05463007

初版十刷 / 2024 年 9 月

定價 / 新台幣 600 元

ISBN / 978-957-21-4210-3 (平裝附光碟片)

全華圖書 / www.chwa.com.tw

全華網路書店 Open Tech / www.opentech.com.tw

若您對書籍內容、排版印刷有任何問題，歡迎來信指導 book@chwa.com.tw

臺北總公司(北區營業處)

地址：23671 新北市土城區忠義路 21 號

電話：(02) 2262-5666

傳真：(02) 6637-3695、6637-3696

南區營業處

地址：80769 高雄市三民區應安街 12 號

電話：(07) 381-1377

傳真：(07) 862-5562

中區營業處

地址：40256 臺中市南區樹義一巷 26 號

電話：(04) 2261-8485

傳真：(04) 3600-9806

讀者回函卡

掃 QRcode 線上填寫 ▶▶▶

姓名：＿＿＿＿＿＿ 生日：西元＿＿＿年＿＿＿月＿＿＿日 性別：□男 □女

電話：（ ）＿＿＿＿＿＿ 手機：＿＿＿＿＿＿

e-mail：（必填）＿＿＿＿＿＿＿＿＿＿＿＿

註：數字零，請用 Φ 表示，數字 1 與英文 L 請另註明並書寫端正，謝謝。

通訊處：□□□□□＿＿＿＿＿＿＿＿＿＿＿＿

學歷：□高中・職 □專科 □大學 □碩士 □博士

職業：□工程師 □教師 □學生 □軍・公 □其他

學校／公司：＿＿＿＿＿＿＿＿ 科系／部門：＿＿＿＿＿＿＿＿

・需求書類：

□A. 電子 □B. 電機 □C. 資訊 □D. 機械 □E. 汽車 □F. 工管 □G. 土木 □H. 化工 □I. 設計

□J. 商管 □K. 日文 □L. 美容 □M. 休閒 □N. 餐飲 □O. 其他

・本次購買圖書為：＿＿＿＿＿＿＿＿＿＿ 書號：＿＿＿＿＿＿

・您對本書的評價：

封面設計：□非常滿意 □滿意 □尚可 □需改善，請說明＿＿＿＿＿＿

內容表達：□非常滿意 □滿意 □尚可 □需改善，請說明＿＿＿＿＿＿

版面編排：□非常滿意 □滿意 □尚可 □需改善，請說明＿＿＿＿＿＿

印刷品質：□非常滿意 □滿意 □尚可 □需改善，請說明＿＿＿＿＿＿

書籍定價：□非常滿意 □滿意 □尚可 □需改善，請說明＿＿＿＿＿＿

整體評價：請說明＿＿＿＿＿＿＿＿＿＿＿＿

・您在何處購買本書？

□書局 □網路書店 □書展 □團購 □其他＿＿＿＿＿＿

・您購買本書的原因？（可複選）

□個人需要 □公司採購 □親友推薦 □老師指定用書 □其他＿＿＿＿＿＿

・您希望全華以何種方式提供出版訊息及特惠活動？

□電子報 □DM □廣告（媒體名稱＿＿＿＿＿＿＿＿＿＿）

・您是否上過全華網路書店？（www.opentech.com.tw）

□是 □否 您的建議＿＿＿＿＿＿＿＿＿＿＿＿

・您希望全華出版哪方面書籍？＿＿＿＿＿＿＿＿＿＿

・您希望全華加強哪些服務？＿＿＿＿＿＿＿＿＿＿

感謝您提供寶貴意見，全華將秉持服務的熱忱，出版更多好書，以饗讀者。

填寫日期：　　/　　/

2020.09 修訂

親愛的讀者：

感謝您對全華圖書的支持與愛護，雖然我們很慎重的處理每一本書，但恐仍有疏漏之處，若您發現本書有任何錯誤，請填寫於勘誤表內寄回，我們將於再版時修正，您的批評與指教是我們進步的原動力，謝謝！

全華圖書　敬上

勘 誤 表

書號		書名		作者	
頁數	行數	錯誤或不當之詞句		建議修改之詞句	

我有話要說：（其它之批評與建議，如封面、編排、內容、印刷品質等・・・）